W0260505

DIE ZEIT WACHT
1842

Deutsche Gesellschaft für Neurologie
63. Jahrestagung vom 13.–15. September 1990 in Darmstadt

Verhandlungen der Deutschen Gesellschaft für Neurologie

6

Herausgegeben von
W. Firnhaber, K. Dworschak,
K. Lauer und M. Nichtweiß

Multiple Sklerose
Neuroonkologie
Konstitutionelle Dyslexie

Springer-Verlag
Berlin Heidelberg New York
London Paris Tokyo
Hong Kong Barcelona
Budapest

Prof. Dr. Wolfgang Firnhaber
Dr. Kurt Dworschak
Dr. Klaus Lauer
Dr. Michael Nichtweiß

Neurologische Klinik
Städtische Kliniken Darmstadt
Akad. Lehrkrankenhaus der
Johann Wolfgang Goethe-Universität
Frankfurt am Main

Heidelberger Landstraße 379
W-6100 Darmstadt-Eberstadt, BRD

Mit 100 Abbildungen und 82 Tabellen

ISBN-13:978-3-540-53905-6

Die Deutsche Bibliothek – CIP-Einheitsaufnahme
Deutsche Gesellschaft für Neurologie:
Verhandlungen der Deutschen Gesellschaft für Neurologie: ...
Tagung; Jahrestagung ...-Berlin; Heidelberg; New York;
London; Paris; Tokyo; Hong Kong; Barcelona; Budapest: Springer.
 ISSN 0721-4510
6. Multiple Sklerose, Neuroonkologie, konstitutionelle Dyslexie:
62. Tagung; Jahrestagung vom 13. bis 15. September 1990
Darmstadt. – 1991
ISBN-13:978-3-540-53905-6   e-ISBN-13:978-3-642-84478-2
DOI: 10.1007/978-3-642-84478-2

Der Text dieses Werkes wurde mit dem Desktop Publishing Programm „PageMaker" (Aldus Corporation) auf einem PC-386 mit DIN A3 Monitor (LORENZ Orga-Systeme, Frankfurt a. M.) satztechnisch aufbereitet und grafisch gestaltet und anschließend auf einem Postscript-Laserdrucker als fertige Druckvorlage ausgegeben.

Produktion: Karin Sachs, Congress Project Management GmbH
        Letzter Hasenpfad 61, W-6000 Frankfurt am Main 70, BRD

25/3130-543210

Vorwort

Die 63. Jahrestagung der Deutschen Gesellschaft für Neurologie, die 1990 in Darmstadt stattfand, weist im allgemeinpolitischen Kontext eine beglückende Besonderheit auf: nach über 40 Jahren konnten erstmals unsere Kolleginnen und Kollegen aus den ehemals sowjetisch besetzten Gebieten Mitteldeutschlands wieder als freie Menschen an einem wissenschaftlichen Kongreß unserer Gesellschaft teilnehmen. Das hat uns alle sehr beflügelt.

Der vorliegende Band spiegelt das umfassende Programm der Darmstädter Jahrestagung wider: die klinische Standortbestimmung der m u l t i p l e n S k l e r o s e ; die zunehmend besseren diagnostischen und in begrenztem Umfang auch besseren therapeutischen Bedingungen der N e u r o o n k o l o g i e und schließlich das für uns Neurologen neuropsychologische Neuland der k o n s t i t u t i o n e l l e n D y s l e x i e . Flankiert wurden die 3 Hauptthemen von zahlreichen Beiträgen aus dem breiten Feld der neurologischen Wissenschaft. So wurde vor allem jungen Teilnehmern Gelegenheit geboten, über ihre Forschungsergebnisse zu berichten. Im übrigen verweise ich auf meine Begrüßung- und Eröffnungsansprache, die Sie in diesem Buch lesen können.

Im Rahmen dieses Vorworts aber möchte ich auch auf einige technische und organisatorische Aspekte der Herstellung dieses Verhandlungsbandes eingehen.

Wir sahen uns vor die Aufgabe gestellt, die Kosten für die Herstellung der Auflage von 1.250 Exemplaren zu senken und außerdem einen möglichst frühen Erscheinungstermin von etwa 6 Monaten nach der Tagung zu erreichen.

Eine strikte Limitierung der Umfänge der Beiträge auf zwei bzw. fünf Druckseiten war ein Faktor und der Einsatz der Desk Top Publishing-Technik war der andere Faktor, die zur Kostensenkung und Verkürzung der Produktionszeit des Buches führen sollten. Beide Ziele haben wir in dem Maße erreicht, wie das bei einem solchen Pilotprojekt überhaupt möglich ist.

Mein Dank gilt deshalb allen Autoren für ihr Verständnis für die Limitierung der Länge der Beiträge. Besonderen Dank möchte ich aber den Autoren abstatten, die uns Disketten geliefert haben, für deren Erstellung eins der von uns vorgegebenen Textverarbeitungsprogramme benutzt wurde. Das ermöglichte uns die Eingabe der Texte von diesen Datenträgern in das Desk Top Publishing-System, das die Schreibmaschinenschrift des Manuskripts in die typographische Schrift "Times Roman 9/10" umwandelte und auf einem Postscript-Laserdrucker reproduktionsreif im Satzspiegel des Buches ausdruckte.

Etwas mehr als ein Drittel aller Autoren haben uns auf diese Weise loyal geholfen, Kosten und Zeit für die Erfassung ihrer Texte zu sparen, was uns dem gesteckten Ziel näher brachte.

Das Management der Herstellung dieses Buches haben der Springer-Verlag und die Deutsche Gesellschaft für Neurologie gemeinsam der Firma Congress Project Management GmbH, Frankfurt am Main, übertragen. Dieses Unternehmen hat uns auch bei der Organisation der Tagung selbst von Anfang an zur Seite gestanden.

Die bei dieser Pionierarbeit gesammelten Erfahrungen werden beim nächsten Verhandlungsband sicher zu einem weiteren Fortschritt in Richtung Kostensenkung und Verkürzung der Produktionszeit führen.

W. Firnhaber, Darmstadt

Inhaltsverzeichnis

Begrüßungs- und Eröffnungsrede des Vorsitzenden
W. Firnhaber 1

Festvortrag: Der behinderte Mensch in unserer Gesellschaft
F. Anschütz 5

Die Diagnose der Lepra aus neurologischer Sicht – Nonne-Gedächtnisvorlesung
H. Schliack 13

Wegbereiter der Neurologie in Deutschland
D. Seitz 19

Multiple Sklerose
– Epidemiologie, Verlauf und Prognose

Die deskriptive und analytische Epidemiologie der multiplen Sklerose
K. Lauer 25

Die Malignommortalität bei MS-Kranken: Ergebnisse einer prospektiven
epidemiologischen Studie
K. Lauer und W. Firnhaber 30

Verlauf und Prognose der multiplen Sklerose
S. Poser 32

Zur Frage klimatischer Einflüsse auf akute Schübe bei multipler Sklerose
W.-U. Weitbrecht und F. Simon 36

Multiple Sklerose mit Manifestation im Kindes- und frühen Jugendalter: Eine
klinische Studie an 31 Patienten
E. Sindern, J. Haas, U. Wurster und E. Stark 38

Der mögliche Einfluß verfeinerter diagnostischer Methoden auf die Häufigkeit
der Spätmanifestation der multiplen Sklerose
K. Lauer und W. Firnhaber 40

Späte Erstmanifestation der multiplen Sklerose – seltene Ausnahmen?
M. Haupts, J. Haan und P. Schejbal 42

Prognostische Relevanz klinischer und apparativer Initialparameter für den
Verlauf der multiplen Sklerose
C. Hartard, K. Spitzer, K. Kunze und R. Laubach 44

VIII

Liquorveränderungen im Schub der multiplen Sklerose und ihre Bedeutung für
den Ausgang des Schubes
D. Reichel und H. W. Kölmel 46

– Seltene Symptome und differentialdiagnostische Aspekte

Heterogenität der multiplen Sklerose: Pathogenetische und klinische Aspekte
H. Meyer-Rienecker 48

Homonyme Gesichtsfeldausfälle bei multipler Sklerose
K. Tiel und H. W. Kölmel 53

Extrapyramidal-motorische Störungen bei multipler Sklerose
W. Klostermann, P. Vieregge und D. Kömpf 55

Koinzidenz von multipler Sklerose und Chorea Huntington – zur Differentialdiagnose extrapyramidal-motorischer Störungen
B. Frank, H. Kolbe und H. Künkel 57

Sind epileptische Anfälle ein wenn auch seltenes Symptom der Encephalomyelitis
disseminata?
H.-J. Braune und G. Huffmann 59

Coenästhetische Symptomatik bei Encephalomyelitis disseminata
B. Wennhold, M. M. Hummel und W. Blankenburg 61

Die multiple Sklerose in der Psychiatrie
J. Kohler, R. Fehrenbach, S. Schneider und H. Zimmermann 63

Phantomgliederleben bei multipler Sklerose – zum Problem der partiellen
Deafferentierung
B. Frank 65

Die HTLV I-assoziierte Enzephalomyeloneuropathie: Differentialdiagnose zur
Encephalomyelitis disseminata
A. C. Ludolph 67

Läsionsmuster zerebraler Herde bei multipler Sklerose und subkortikaler arteriosklerotischer Enzephalopathie (SAE). Ein Vergleich von CCT- und MRT-Befunden
C. Menges, C. Weiller, U. Seiler, H. Brückmann und A. Thron 69

Zur klinischen Differenzierbarkeit von multipler Sklerose und M. Binswanger
C. Weiller, U. Seiler, C. Menges, H. Brückmann und E. B. Ringelstein 71

Der schmerzlose zervikale Bandscheibenvorfall als Differentialdiagnose der
multiplen Sklerose
K. Mohr, M. Nichtweiß und D. Rosenthal 73

Eine vorgetäuschte MS auf dem Boden einer konversionsneurotischen
Symptomatik
T. Rechlin und P. Joraschky 75

Leuko-Araiosis = Multiple Sklerose des höheren Lebensalters
T. Wetterling, C. Warecka, K. Wessel und K.-J. Borgis 77

Multiple Sklerose als Fehldiagnose bei Hirntumoren
A. Koulousakis 79

Intrazellulärer Vitamin B_{12}-Stoffwechseldefekt mit dem klinischen Bild einer
multiplen Sklerose: Ein Fallbericht
R. Gold, J. Winkler, R. Baumgartner, D. H. Hunneman, L. Kappos, U. Bogdahn
und H. G. Mertens 81

Neurootologischer Beitrag zur Diagnose der Encephalomyelitis disseminata
T. Meier, C. T. Haid, G. Gareis, A. Taghavy und W. Gottwald 83

Zur Vermeidbarkeit der Fehldiagnose MS – der Beitrag der klinischen Untersuchung
A. Taghavy, G. Bohmann und W. Sauerbrei 85

Atypische Encephalomyelitits disseminata – die epikritische Einordnung liquor-
und NMR-untypischer Krankheitsbilder
J. F. Spittler, B. Lodde und W. Gehlen 87

– Diagnostik 1: Bildgebende Verfahren

Der diagnostische Stellenwert der bildgebenden Verfahren bei der multiplen
Sklerose
W. Weinrich und R. Poburski 89

Kernspintomographie mit Gadolinium-DTPA bei foudroyantem Verlauf der
multiplen Sklerose
H. Rüttinger und M. Hermes 94

FAEP und MRT-Herdlokalisation bei Encephalomyelitis disseminata
G. Klös und P.-A. Fischer 96

Hirnstammherde bei multipler Sklerose – ein Methodenvergleich
M. S. Damian, D. A. Winter und M. Kaps 98

Multiple Sklerose: Irreversibilität des periventrikulären Befalls der Vorder- und
Hinterhörner im MRT-Längsschnitt
K. Baum, C. Nehrig und W. Schörner 100

Zur Bedeutung zerebraler Manifestationen für die Beeinträchtigung bei MS
U. Steller und F. Koschorek 102

Kognitiv-mnestische Diagnostik bei MS-Patienten
M. Haupts, P. Calabrese, H. Markowitsch und W. Gehlen 104

Änderungen von MRT-Läsionen, abhängig von der Krankheitsdauer der MS
D. A. Winter, M. S. Damian und M. Kaps 106

– Diagnostik 2: Neurophysiologische Verfahren

Der diagnostische Stellenwert der VEP bei der multiplen Sklerose
K. Lowitzsch 108

Der diagnostische Stellenwert der SEP bei der multiplen Sklerose
M. Stöhr und B. Riffel 113

X

Zur diagnostischen Wertigkeit der somatosensibel evozierten Potentiale nach
Trigeminusstimulation bei Encephalomyelitis disseminata
H.-J. Braune, R. Körber und G. Huffmann 116

Der diagnostische Stellenwert der Magnetstimulation bei der multiplen Sklerose:
Eine vergleichende Studie
C. W. Hess und J. Mathis 118

Motorisch evozierte Potentiale in der Diagnostik der Encephalomyelitis
disseminata
M. Tegenthoff, A. Jaspert, S. Kotterba und J.-P. Malin 123

Magnetstimulation des Nervensystems in der Diagnostik der MS
N. Skiba und T. W. Kallert 125

Motorisch und somatosensibel evozierte Potentiale bei multipler Sklerose
J. Rakicky und P. Berlit 127

Selektivität der Willkürbahnung bei transkranieller magnetischer Kortexstimulation
J. Netz, A. Minke und V. Hömberg 129

Akustisch evozierte Hirnstammpotentiale in der Diagnostik der Encephalomyelitis disseminata
U. W. Buettner 131

Klinische Anwendung von vestibulär evozierten Hirnpotentialen
H. Bagelmann und W. H. Zangemeister 136

– Diagnostik 3: Liquoruntersuchungen

Die diagnostische Bedeutung der Liquorbefunde bei der multiplen Sklerose
H. I. Schipper 138

Ist die Identifikation oligoklonaler Banden als IgG notwendig?
U. Wurster 143

Intrathekale IgG-Produktion in diagnostischen Untergruppen: Hinweis auf
unterschiedliche Pathomechanismen?
M. Münch, H. W. Kölmel und C. Riedel 145

Entzündungszeichen im Liquor cerebrospinalis bei MS: Vergleich von B-Zellgehalt, intrazerebraler IgG-Synthese und oligoklonalen Banden
E. Stark, U. Wurster und J. Haas 147

Der Liquor/Serum-Neopterinquotient in der Liquordiagnostik entzündlicher
ZNS-Erkrankungen
M. Grözinger, H. Henningsen, B. Pohlmann-Eden und P. Berlit 149

Einsatzmöglichkeiten der zweidimensionalen Gelelektrophorese in der Liquordiagnostik
R. Lange, P. Sinha, H. W. Kölmel und E. Köttgen 151

Isoelektrische Fokussierung. Coomassie-Blue- oder Silbernitrat-Färbung?
H. W. Kölmel und C. Riedel 153

Die MS-charakteristischen Liquorveränderungen als diagnostische Hilfe bei der
enzephalitischen Form der multiplen Sklerose
K. Felgenhauer und H. O. Reiber 155

– Immunologie/Virologie

Die Rolle zellulärer Immunreaktion in der Pathophysiologie neuroimmunolo-
gischer Erkrankungen
R. Hohlfeld 157

Multiple Sklerose: Erhöhte Expression von Interleukin 2-Rezeptoren auf CD4-
positiven Zellen im Liquor cerebrospinalis
H. W. Kölmel, C. Gericke und B. Thiele 160

Erhöhte Anteile von HLA-Klasse II-Antigen$^+$-T-Lymphozyten im Venenblut von
MS-Patienten. Eine Drei-Jahres-Verlaufsstudie
M. Schöffel, C. Neuhaus und H.-D. Volk 162

T-Lymphozyten-Subpopulationsanalysen im Liquor bei multipler Sklerose und
bei anderen entzündlichen ZNS-Erkrankungen
C. Hartard, S. Scharein, G. Köhncke und K. Kunze 164

Somatostatin (ST) und Neuropeptid Y (NPY) im Gehirn des Menschen. Radio-
immunologischer Nachweis bei Kontrollpersonen, Chorea Huntington (CH) und
multipler Sklerose (MS)
H.-J. Luboldt und A. Weindl 166

Effektivität der T-Zellvakzination in der Prävention demyelinisierender Autoimmunerkrankungen des Nervensystems
S. Jung und H. J. Schluesener 168

Entwicklung der Vielfach-Resistenz (multidrug-resistance) in autoimmunen
T-Lymphozyten
H. J. Schluesener und S. Jung 170

Veränderungen der Interferon-Produktion im Verlauf der akut-remittierenden
multiplen Sklerose
M. Dettke, P. Scheidt, H. Prange, S. Poser und H. Kirchner 171

Immunzytochemische Analyse von Immunglobulin enthaltenden Zellen im
Liquor cerebrospinalis bei Encepahlomyelitis disseminata
H.-J. Braune und C. Huffmann 173

Leukotrien C4, Klinik und Kernspinbefunde von MS-Patienten – ein Vergleich
mit verschiedenen Kontrollgruppen
K. Smektala, T. Finkbeiner, M. Haupts, T. Simmet und W. Gehlen 175

Proteinanalytische Untersuchungen im Speichel bei der multiplen Sklerose
K. Pietz und U. Wurster 177

HLA-Merkmale bei MS-Patienten mit zusätzlichen immunologischen Störungen
S. Seyfert, R. W. Ewald und S. Bünte 179

Virusinduzierte Autoimmunreaktionen im zentralen Nervensystem
U. G. Liebert 181

XII

– Psychische Aspekte

Neuropsychologische Rehabilitation bei multipler Sklerose
U. Manegold 186

Das psychologische Behandlungsspektrum in der stationären MS-Therapie
G. Melbert und W. R. Kießling 188

Zur Problematik der Krankheitsbewältigung (Coping) bei Patienten mit multipler
Sklerose
H. Stoll-Dieterle und W. R. Kießling 190

– Therapie 1: Pathogenetisch orientierte Verfahren

Kausal orientierte MS-Therapien: Probleme der Studienplanung
D. Seidel 192

Immunsuppressive Therapie der multiplen Sklerose: Pro und contra
U. Patzold 197

Wirksame immunsuppressive Behandlung der multiplen Sklerose ist möglich
– vorausgesetzt, man beherrscht die symptomatische Therapie
H. H. Kornhuber und E. Mauch 202

Die erfolgreiche Therapie der multiplen Sklerose mit dem Zytostatikum
Mitoxantron: Ergebnisse einer Pilot-Studie nach einem Jahr
E. Mauch, H. H. Kornhuber, U. Fetzer, H. Krapf, H. Laufen und R. Schoog 204

Lymphozytensubpopulationen von Multiple-Sklerose-Patienten mit rascher
Krankheitsprogression unter der Therapie mit Mitoxantron
U. Fetzer, E. Mauch, H. Laufen, H. Krapf und H. H. Kornhuber 206

Kernspintomographische Verlaufsuntersuchung Gadolinium-anreichernder
Herde bei MS-Patienten unter immunsuppressiver Behandlung mit Mitoxantron
H. Krapf, E. Mauch, U. Fetzer, W. Weidenmaier und H. H. Kornhuber 208

Mitoxantron bei MS: Eine offene Pilotuntersuchung mit Gadolinium-MRT-
Kontrollen
L. Kappos, R. Gold, E. Künstler, P. Seeldrayers, E. Hofmann, R. Heun,
E. Rohrbach und D. Städt 210

Erfahrungen einer offenen, NMR-kontrollierten Pilotstudie mit kombinierter
Immunsuppression bei multipler Sklerose
R. Gold, L. Kappos, C. Schicker, D. Städt, E. Künstler und E. Hofmann 212

Plasmapherese zur Therapie vital bedrohlicher Schübe bei der MS
S. Schönbeck, W. Samtleben und R. Hohlfeld 214

Stellenwert der intrathekalen Kortison-Therapie bei multipler Sklerose im
Vergleich zur systemischen Standardtherapie
H. Rüttinger, P. Rüttinger, K.-D. Wolf, K.-D. Kwiet, R. Heun, W. Tönjes und
K. Schimrigk 216

Die deutsch-schweizerische doppelblind-kontrollierte Multicenter-Studie über
die Wirkung von Sulfasalazin bei multipler Sklerose
M. Prosiegel und J. Mertin 218

– Therapie 2: Symptomatische Behandlung

Intrathekale Langzeit-Baclofen-Applikation zur Behandlung der Spastizität bei
Patienten mit therapieresistenter multipler Sklerose
V. Vadokas 220

Intrathekale Gabe von Baclofen zur Behandlung der Spastik bei MS-Patienten
A. Koulousakis 222

Kontinuierliche intrathekale Baclofen-Applikation als Behandlung anderweitig
therapierefraktärer Spastizität bei MS
I. Steckenreuther, J. C. Tonn, G. Hildebrandt und K. Roosen 224

Welche neurologischen Störungen lassen sich bei multipler Sklerose durch einen
neurochirurgischen Eingriff günstig beeinflussen?
K. Nittner und A. Koulousakis 226

Erfahrungen mit der Indikationsstellung zu zervikalen neurochirurgischen Eingriffen bei Patienten mit MS
N. Hüwel, V. Urban und A. Perneczky 228

Ablauf und Erfolg einer Vojta-Physiotherapie an ausgewählten MS-Patienten
G. Laufens, E. Jügelt, W. Poltz und G. Reimann 230

– Therapie 3: Rein empirische und unkonventionelle Verfahren

Alternative Behandlungsmethoden
J. Boese 232

Unkonventionelle Therapiemethoden bei multipler Sklerose
K. Schimrigk 236

Entzündungsbegleitende Vorgänge bei chronischen Formen der multiplen
Sklerose – Möglichkeiten einer indirekten Einflußnahme
E. W. Fünfgeld 241

Musiktherapie bei multipler Sklerose
U. Hagelstein und W. R. Kießling 243

Zur Verordnung von Vitamin B-Präparaten bei multipler Sklerose: Rationale
Therapie oder Verschreibung aus Hilflosigkeit?
I. Fiedler-Kaufmann und W. R. Kießling 245

Ernährungsgewohnheiten bei multipler Sklerose: Ergebnis einer Umfrage bei
450 Patienten
E. Nehmiz, W. R. Kießling und G. Raudies 247

Die Ultraschalltherapie der multiplen Sklerose nach Dr. Selzer: Ein historischer
Rückblick
W. R. Kießling 249

XIV

Einfluß von hydrolytischen Enzymen auf den Verlauf der Encephalomyelitis
disseminata: Korrelation zwischen Therapie, Krankheitsverlauf und zirkulierenden Immunkomplexen im Blut
C. Neuhofer, W. van Schaik und G. Stauder 251

ESEMS – Europäische Studie zur Enzymtherapie bei multipler Sklerose
G. Stauder und W. van Schaik 253

– Gutachterliche Probleme

Die Problematik der Kausalität aus rechtlicher Sicht bei der Erstellung von Gutachten auf dem Gebiet der sozialen Entschädigung
H. Müller 255

Die neurologische Begutachtung MS-Kranker im Sozialversicherungsrecht
G. Ritter und S. Poser 260

Multiple Sklerose als Traumafolge
R. M. A. Suchenwirth 264

Testpsychologische Begutachtung MS-Kranker
R. M. A. Suchenwirth 266

Neuroonkologie
– Bildgebende Diagnostik

Neurochirurgische Gesichtspunkte bei der radiologischen Diagnostik von
Tumoren des ZNS
W. I. Steudel 269

PET und Tumortherapie
K. Herholz, J. Jeske, J. Rudolf und W.-D. Heiss 275

Signalverhalten primärer Hirntumoren und Meningeome im Magnetresonanztomogramm nach Kontrastmittelgabe
S. Herrmann, C. Hornig und A. L. Agnoli 280

Rezidivdiagnostik von Hirntumoren: Vergleich nativer und kontrastmittelunter-
stützter MRT
W. Schörner, H. Henkes, T. Mitrovićs, R. Bittner, T. Heim und N. Heye 282

Frühes postoperatives CT und MR (-/+KM) nach Exstirpation von High grade-
Gliomen. Erste Ergebnisse einer prospektiven Studie.
F. K. Albert, M. Forstin, K. Sartor und S. Kunze 284

4-Tesla 1H-Spektroskopie bei Hirntumoren: zusätzliche artdiagnostische Hinweise
P. Schüler, G. Schuierer, H. Stefan, D. Hentschel, R. Ladebeck und W. Huk 286

Bedeutung der zerebralen Kernspintomographie bei Neurofibromatose Typ I
V. F. Mautner und E. Schneider 288

^{99m}Tc-HMPAO SPECT und CT in der Diagnostik von Hirntumoren
D. Dressler, H. Ische, M. Feldmann, P. M. Brenner und E. Voth 290

– Spontanverläufe, allgemeine Morphologie

Zur Spontanprognose zerebraler Tumoren
P. Berlit 292

Spontanverlauf nicht-operierter Meningeome
M. Schabet, J. H. Faiss, E. Gut und J. Dichgans 294

Längerüberlebende mit malignen Gliomen: Prognoseindikatoren und Verlauf
B. Müller, H.-A. Müller, J. Müller, W. Dittmann und P. Krauseneck 296

Morphologische Grundlagen der Klinik der Hirntumoren
H. D. Mennel 299

Differenzierung zentralnervöser Tumoren: Diagnosen und Fehldiagnosen
J. M. Schröder 304

– Spezielle Morphologie

Das maligne Meningeom – Charakteristika einer seltenen Untergruppe
J. Rakicky, T. Wagels und P. Berlit 305

Das Ästhesioneuroblastom: Eine Analyse von 235 Fällen aus der Literatur und
5 eigene Fälle
H. Pape, R. Wurm, T. Schnabel und G. Schmitt 307

Ist das pleomorphe Xanthoastrozytom ein Gliom?
A. Engelhardt, C. Brigel, G. Röckelein und B. Neundörfer 309

Zerebrale Mikrohamartome und Neurofibromatose
M. Bergmann, F. Gullotta und K. Maslowski 311

Primäre maligne Fibrohistiozytome des ZNS mit der Symptomatik von
Neurinomen und deren möglicher Zusammenhang mit exogenen Reizen
N. Heye, C. Zimmer, H. Henkes und W. R. Lanksch 313

Primäre Lymphome des Zentralnervensystems
G. Hamann, G. Stein, K. Schnabel und K. Schimrigk 315

ZNS-Lymphome bei AIDS
J. Madlener, W. Enzensberger, U. Woelki, E. B. Helm und P.-A. Fischer 317

Neurologische Erkrankung als Erstmanifestation maligner Lymphome
M. Nichtweiß, W. Steudel, S. Weidauer und W. Schlote 319

– Stereotaktische und andere Diagnostik

Technik und Indikation stereotaktischer Hirnbiopsien: Erfahrung an 374
diagnostischen Eingriffen
K. Bise, U. Steude, H. Fritsch und W. Feiden 321

Histologische Befunde an stereotaktischen Hirnbiopsien
W. Feiden, K. Bise, O. Gündisch und U. Steude 323

Zur Wertigkeit stereotaktischer Hirntumorbiopsien
A. Krone, R. Meyermann, W. Roggendorf, B. Müller, J. Krauss, E. Hofmann
und G. Mrass 325

Primäres intrazerebrales IgA-Lymphom – diagnostische Sicherung ohne
Hirnbiopsie
D. Burkhardt, H. I. Schipper, U. Kaboth und K. Felgenhauer 327

Autochthone IgG-Bildung bei Meningiosis neoplastica
M. Schabet, A. Melms, M. Weller und H. Wiethölter 329

Zur Wertigkeit neuerer Tumormarker in Serum und Liquor bei Hirnmetastasen
und Meningeosis carcinomatosa
U. Liebetrau, J. Rings, B. Kozak, J.-N. Petrovici und J.-P. Hedde 331

Intrathekale Synthese von Autoantikörpern bei paraneoplastischen Syndromen
des Nervensystems
E. Stark, U. Wurster und E. Sindern 333

Welchen Vorteil bringt die Immunzytochemie beim Nachweis meningealer
Neoplasien?
E. Stark 335

Nachweis von Cysteinyl-Leukotrienen aus menschlichem Hirntumorgewebe
im Urin
M. Winking, G. Lausberg und T. Simmet 337

Immunzytochemischer Nachweis eines primären Melanoms der Meningen
E. Stark und F. Manz 339

– Grundlagen, Tumorbiologie

Onkogene und neuroepitheliale Tumoren
U. Diedrich 341

Molekulare und funktionelle Untersuchung von Tumor-Suppressorgenen
R. Schäfer 346

Das invasive Verhalten von Glioblastom-Zellen im ZNS: Die Rolle von Proteasen
P. A. Paganetti, V. Amberger und M. E. Schwab 348

Biologische Charakterisierung eines neuroektodermalen Tumorwachstum-
inhibitors (MIA: Melanoma-inhibiting Activity)
U. Bogdahn, R. Apfel, C. Behl, S. Weilbach, J. Wilhelm, G. Dürr und D. Drenkard . 350

Plasma-Retinoide bei Hirntumoren
M. E. Westarp und H. H. Kornhuber 352

Zum Zusammenhang von Trauma und Gliom
D.-K. Böker 354

Energiemetabolismus in malignen Astrozytomen
H. Reichmann, B. Herting und J. Meixensberger 356

Molekulare Pathologie des Neuroblastoms
M. Schwab 358

Elektrophysiologische Verlaufsuntersuchung bei experimentell erzeugten Hirntumoren der Ratte
C. Roßberg, H. Hielscher, G. Wagener und H. D. Mennel 362

– Problemfälle

Intrakranielle Neoplasien – Problemfälle der klinischen und computertomographischen Diagnostik
M. Nichtweiß 364

Isolierte zerebrale Histiozytosis X des Hypothalamus
H. J. Möbius, W. Schlote, H. Hacker und P.-A. Fischer 369

Zur Klinik der Kolloidzysten
K. Kuchelmeister und F. Gullotta 371

Meningeale Erkrankungen – Vergleich von nativen und kontrastmittelunterstützten CT- und MR-Untersuchungen
W. Schörner, H. Henkes, B. Sander und R. Felix 373

Diagnostische und therapeutische Aspekte der meningealen Karzinose
M. Kaps, P. Oschmann und M. Altmannsberger 375

Leukämien und maligne Lymphome im Liquorzellbild. Diagnostik mit immunzytochemischen Methoden
S. Bamborschke 377

Zerebrale Metastasen bei unbekanntem Primärtumor
G. Hamann, T. Meier und K. Schimrigk 379

– Therapie

Perkutane Strahlenchirurgie
V. Sturm, W. Schlegel, O. Pastyr, G. Hartmann, H. Treuer, S. Schabbert und
W. J. Lorenz 381

Interstitielle Brachytherapie von Gliomen mit stereotaktisch implantierten
Jod-125 Seeds
V. Sturm, J. Voges, W. Schlegel, O. Pastyr, H. Treuer, S. Schabbert und W. J. Lorenz . 383

Interstitielle Lasertherapie bei Hirntumoren
F. Ulrich, M. Bettag und W. J. Bock 385

Neurochirurgische Gesichtspunkte zur Therapie von Tumoren des ZNS: Gliome
und Metastasen
W. I. Steudel 387

Hyperfraktionierte Strahlenbehandlung von Astrozytomen Grad III und IV.
Ergebnisse einer Phase II Studie
K. Schnabel, W. Berberich, M. Niewald, H. J. Tkocz, B. Ostertag und K. Schimrigk . 392

Interstitielle Curietherapie bei Patienten mit niedriggradigen Hirnstamm-Astrozytomen – Langzeitergebnisse
D. F. Braus, K. Schwechheimer, B. Volk und F. Mundinger 394

Behandlungsstrategie bei Metastasen in der hinteren Schädelgrube
M. Conzen, H. Ebel, J. Hoff und F. Oppel 396

Reoperation bei Rezidiven maligner Gliome
C. Ksinsik, B. Müller, W. Dittmann, H.-A. Müller und P. Krauseneck 398

XVIII

Reoperationsstudie von Patienten mit malignen Gliomen unter der "Multimodalen Therapie"
H. W. Pannek, F. Oppel und R. Schnabel 400

Therapie, Prognose und Spätkomplikationen bei 74 Kindern mit Medulloblastomen aus einer einzelnen Institution
P. Gutjahr, T. Hoppen, D. Voth, M. Dittrich, J. Kutzner und M. Schwarz 402

Behandlungsstrategien bei kindlichen Hirntumoren aus neurochirurgischer Sicht
J. Pospiech, R. Kalff und W. Grote 404

Präoperative Embolisierung von Meningeomen
R. v. Kummer, M. Forsting, R. Wirtz, P. Haag und K. Sartor 406

Die Bedeutung der Radiotherapie für die Behandlung von Thymomen
R. Wurm, H. Pape, K. Gieseler, C. Kölzer und G. Schmitt 408

– Tumorimmunologie Chemotherapie

Immunobiologie und Immunotherapie der Gliome
E. van Meir und N. de Tribolet 410

Natürliches Interferon-beta (nIFN-beta) und rekombinantes Interferon-gamma
(rIFN-gamma) adjuvant zur postoperativen Strahlentherapie maligner supratentorieller Hirngliome
K. v. Wild, W. Winkelmüller und F. Gullotta 416

MTT-Test als "Onkobiogramm" für den Einsatz an Kurzzeit-Zellinien von
menschlichen Tumoren des Zentralnervensystems
G. Nikkhah, J. C. Tonn, R. Schönmayr und W. Schachenmayr 418

Individualisierte Kombinationschemotherapie maligner Gliome
U. Bogdahn, D. Drenkard, M. Lutz, R. Apfel, C. Behl und H. G. Neumann 420

Ergebnisse der Kombinationsbehandlung maligner Gliome – Rostocker Studie
B. Bauer 422

Chemotherapie von Hirnmetastasen bei Bronchialkarzinomen
F. E. Seier, K. Demuth, B. Müller und P. Krauseneck 424

Adjuvante medikamentöse Therapiemöglichkeiten zerebraler Meningiome
U. M. H. Schrell und R. Fahlbusch 426

Sandwich-Therapie maligner Hirntumoren des Kindes- und Jugendalters:
Protokoll der Frankfurter Arbeitsgruppe
G. Jacobi, D. Schwabe, B. Kornhuber und R. Lorenz 428

Carrier-vermittelte Chemotherapie (CMC). Ein neues Konzept für eine
adjuvante Chemotherapie von malignen Gliomen
B. Wowra und W. J. Zeller 430

Entwicklung der Vielfach-Resistenz (Multidrug-Resistance) in neuroglialen
Tumoren: Diagnose durch immunhistologische Verfahren und Polymerase-
Kettenreaktion
H. J. Schluesener, C. Köppel, A. Krone und R. Meyermann 432

– Behinderungen, Lebensqualität, Therapie

Wertung der Lebensqualität bei Hirntumorpatienten mit der "Flic-Scale"
F. Weber, J. Menzel, W. Köning, J. Naumann und F.-T. Zimmermann 434

Postoperative Überlebenszeit und Überlebensqualität bei Patienten mit Gliomen
der Grade III und IV nach WHO
B. Knoke, U. Kehler und H. Arnold 436

Behinderungsprofil und Rehabilitationschancen bei neuroonkologischen
Patienten
W. Schupp 438

Zur sozialen Situation hirntumoroperierter Patienten im Bezirk Magdeburg
U. Friedel, I. Gellerich und B. Bauer 440

Über 22 Hirntumoren als Sekundärneoplasie nach bösartigen Erkrankungen im
Kindesalter
P. Gutjahr 442

– Varia

Zur Assoziation zwischen Meningeom und Malignom
J. Rakicky, T. Wagels und P. Berlit 444

Verzögerter postoperativer Hörverlust nach Entfernung großer Akustikusneurinome. Wertigkeit evozierter Potentiale
C. Strauss, R. Fahlbusch und J. Romstöck 446

Wernicke-Enzephalopathie als tödliche Komplikation bei akuter lymphatischer
Leukämie
H.-J. Christen, W. Brück, M. Lakomek und F. Hanefeld 448

Kortisontherapie bei zerebraler Strahlenspätschädigung
W. Greulich, A.. Sackmann und W. Gehlen 450

Meningiosis blastomatosa als letale Komplikation des Ästhesioneuroblastoms
P. M. Faustmann, H. Gerhard, K. Donhuijsen und G. Schwendemann 452

Zur Differentialdiagnose der spinalen Raumforderung
P. Berlit, A. Burgi und K. Tornow 454

Aphasien

Akute Aphasien: Diagnostik und klinischer Verlauf
R. Biniek, W. Huber, K. Willmes und R. Glindemann 456

Aphasietestergebnisse korrelieren mit Veränderungen des regionalen zerebralen
Glukosestoffwechsels bei Infarkten im linken Mediastromgebiet
H. Karbe, B. Szelies, K. Herholz und W.-D. Heiss 458

Aphasie bei subkortikalen Läsionen: Der vaskuläre Faktor
C. Weiller, E. B. Ringelstein, W. Reiche und U. Büll 460

Gekreuzte Aphasie bei ischämischem Hirninfarkt im Mediastromgebiet rechts
H. Menger, I. Schneider und H. Ringendahl 462

XX

Akustische Analyse der zerebellären Dysarthrie
H. Ackermann und W. Ziegler 464

Konstitutionelle Dyslexie

Die Frühentwicklung des Zentralnervensystems und mögliche Ursachen für die
Hemispärenasymmetrie
P. G. Layer 466

Funktionelle kortikale Organisation kognitiver Aktivität des Menschen
H. L. Lagrèze, A. Hartmann, A. Schaub und A. Deister 471

Neurobiologische und neuropathologische Korrelate von Sprachentwicklungsstörungen mit Berücksichtigung der Legasthenie
W. Schlote 473

Sprechen, Lesen und Schreiben als Beispiele sensomotorischer Hirnleistungen
H.-J. Freund 475

Paradigmen der kindlichen Entwicklung
R. Michaelis 478

Dyslexie und ihre Beziehung zur Sensomotorik
R. Gabriel und I. Flehmig 483

Gibt es entwicklungsabhängige Änderungen der Sprachdominanz im Schulalter?
Ergebnisse einer DC-Potentialstudie an 6 – 12 jährigen Schülern
E. Altenmüller und W. Kriechbaum . . . . : 489

Legasthenie und emotionale Entwicklung
F. Specht 491

Visuelle Informationsverarbeitung bei legasthenen Kindern
H. Remschmidt und A. Warnke 496

Die Verarbeitung sprachlicher Informationen bei Legasthenie
A. Warnke und H. Remschmidt 502

Instrumente der Legasthenie-Diagnose bei Jugendlichen und Erwachsenen
L. Dummer-Smoch 505

Behandlung von Kindern, Jugendlichen und Erwachsenen mit schwerer
Legasthenie in einer Nervenarztpraxis
W. Winkelmann und U. Winkelmann 511

Bildgebende Verfahren
– SPECT, PET

Fokale Epilepsien: SPECT-Untersuchungen mit 123-Jod Iomazenil und
^{99m}-Tc-HM-PAO
M. Cordes, F. Ferstl, H. Henkes, B. Schmitz, U. Keske, R. Langer, D. Schmidt
und R. Felix 513

SPECT-Untersuchungen mit ^{99m}-Tc-HM-PAO bei fokalen Epilepsien
M. Cordes, H. Henkes, W. Christe, K. Rosenkranz, U. Delavier, H. Eichstädt,
D. Schmidt und R. Felix 515

Fortbestehende Beeinträchtigungen hippokampaler Strukturen nach Normalisierung
des globalen Glukosestoffwechsels bei Patienten mit postanoxischem Syndrom
J. Kessler, C. Beil, M. Grond, U. Pietrzyk, T. Wullen und W.-D. Heiss 517

Altersabhängigkeit des zerebralen Glukosestoffwechselprofils bei Patienten mit
Alzheimer-Demenz
R. Mielke, M. Grond, R. Adams, K. Herholz, J. Kessler und W.-D. Heiss 519

Hemichorea – Nachweis erhöhter Glukoseutilisation im kontralateralen Striatum
mittels PET
A. Weindl, T. Kuwert, B. Conrad, H. Gräfin v. Einsiedel, D. Scholz, H. Herzog
und L. E. Feinendegen 521

Nutzung der zerebralen Perfusionsreserve durch Kognition bei normalem Altern
und zerebrovaskulärer Erkrankung
H. L. Lagrèze, A. Hartmann, A. Schaub, J. Boethling und U. Wirsing 523

Positronen-emissions-tomographische Untersuchungen sequentieller und
explorativer Fingerbewegungen
R. J. Seitz 525

Entzündliche Prozesse

Schwer erkennbare chronische paranasale Sinusitiden als häufige Ursache von
Kopfschmerzen
K. Rüb, H. Krapf, A. Kornhuber, H. H. Kornhuber und D. Nagel 527

Entzündliche Prozesse der (juxta) sellären Region
G. Hildebrandt und A. L. Agnoli 529

Zur Differentialdiagnose der "basalen Meningitis"
H.-G. Bredow, V. Hartmann, S. Lotz und A. Müller-Jensen 531

Cerebrale Gefäßerkrankungen
– Pathogenese

Deutsche Schlaganfall-Datenbank: Konzept, Parameterspektrum, Datenbanksystem
K. Spitzer 533

Zerebrale Autoregulation und Muster ischämischer Hirninfarkte
C. Weiller, E. B. Ringelstein, W. Reiche und U. Büll 535

Autoregulation der A. basilaris bei vertebrobasilären Durchblutungsstörungen
M. v. Maravic, C. Kessler, M. Albrecht, P. Schmidt und D. Kömpf 537

Vom "normalen" täglichen Alkohol zum Schlaganfall: Insulinresistenz, Hyper-
insulinämie-Adipositas, Diabetes, Hypertonie, Hyperlipidämie
H. H. Kornhuber, A. Kornhuber, J. Kornhuber und B. Backhaus 539

Homocystinurie als Ursache jugendlicher Hirninfarkte
T. Henze, B. Kitze und U. Gallenkamp 541

Über die Bedeutung des Circulus arteriosus Willisii für die zerebrale
Perfusionsreserve und die Pathogenese der Hirninfarkte bei Karotisverschluß
E. B. Ringelstein, M. Weckesser, S. Weckesser und C. Weiller 543

Über die Pathogenese der Schlaganfälle bei Karotisdissekaten: Mögliche
therapeutische Konsequenzen
W. Müllges, C. Weiller und E. B. Ringelstein 545

Dynamik zerebraler Perfusionsänderungen im Schlaf
J. Klingelhöfer, G. Hajak, M. Schulz-Varszegi, G. Matzander, E. Rüther und
B. Conrad 547

– Diagnostik

Zur Klinik und Diagnostik zerebraler Giant-Aneurysmen – ein Vergleich
zwischen CT, MRT und Angiographie
K. Maier-Hauff, K. Hansen und W. Schörner 549

Das Augenbewegungsverhalten von Patienten mit zerebraler Mikro- und Makro-
angiopathie in einfachen visuellen Erkennungsaufgaben
M. Hund und W. Huber 551

Hat sich die Prognose der spontanen Subarachnoidalblutung in den letzten Jahren
verbessert?
H. Schütz, B. Krack, B. Buchinger, R.-H. Bödeker und A. Laun 553

Subarachnoidalblutung ohne Aneurysmanachweis – Häufigkeit, Verlauf und
Prognose
U. Feldheim, B. Sauer, J. Marquardt und U. Fuhrmeister 555

Inwieweit haben sich das klinische Erscheinungsbild, die Risikofaktoren und die
Sterblichkeit der spontanen intrazerebralen Hämatome in den letzten Jahren
verändert?
H. Schütz, T. Dommer, I. Singer und R.-H. Bödeker 557

Erste Erfahrungen mit der transdiskalen Sonographie des zervikothorakalen
Rückenmarkabschnitts
J. Igloffstein und B. Schneider 559

Die transkranielle farbkodierte Real-Time-Sonographie des Erwachsenen: Eine
neue diagnostische Methode
G. Becker, J. Winkler und U. Bogdahn 561

Zerebrale Vasoreaktivität: Entwicklung einer multimodalen Testbatterie
A. Thie, M. Carvajal-Lizano, U. Schlichting, K. Spitzer und K. Kunze 563

Stellenwert nichtinvasiver Untersuchungsverfahren in der Diagnostik von
Karotisdissekaten
W. Müllges, E. B. Ringelstein, M. Leibold und C. Weiller 565

Gefäßverschluß der A. carotis: Ätiologische Differenz mittels Duplex-Sonographie
C. Arning 567

Transkranielle Dopplersonographie der A. basilaris bei VBI-Patienten während
extremer Kopfrotation
M. v. Maravic, C. Kessler, B. Petersen und D. Kömpf 569

Darstellung einer morphometrischen Methode zur quantitativen Analyse von
Plaques der Karotisbifurkation im B-Bild und ihre Reproduzierbarkeit
C. v. Maravic, C. Kessler, M. v. Maravic, D. Kömpf 571

Die Bedeutung arteriosklerotischer Veränderungen der extrakraniellen A. carotis
für okuläre Durchblutungsstörungen
M. Müller, K. Wessel, C. Kessler, C. v. Maravic, E. Mehdorn und D. Kömpf 573

Schwere reversible Enzephalopathie bei postpartaler Eklampsie: Diagnostischer
Stellenwert der transkraniellen Dopplersonographie
H. Hahm und A. Müller-Jensen 575

Veränderungen atherosklerotischer Plaques der Karotisarterien und ihre
klinische Relevanz: Eine 2-jährige B-Bild-sonographische Prospektivstudie
T. Meier, C. Weiller und E. B. Ringelstein 577

Zum prognostischen Wert zerebraler Strömungsparameter bei der Subarachnoidalblutung
J. Klingelhöfer, D. Sander, C. Bischoff und B. Conrad 579

Texturanalyse von arteriosklerotischen Plaques der A. carotis interna
G. Rothacher, H. Bressmer, C. Sievers, B. Nafe und G. Krämer 581

– Therapie

Diagnostische und therapeutische Strategien in der Schlaganfallbehandlung
K. Spitzer, A. Thie und K. Kunze 583

Die Anwendung von Antikoagulantien bei Patienten mit Dissektion zervikaler,
hirnversorgender Arterien
P. Hinse, A. Thie, M. Müller-Jensen und L. Lachenmayer 585

Frühe Antikoagulation beim akuten Schlaganfall
G. Leonhardt, C. Weiller, F. Guse und E. B. Ringelstein 588

Flunarizin beim Schlaganfall: Ergebnis einer prospektiven randomisierten
plazebo-kontrollierten Doppelblindstudie
Deutsche Schlaganfall-Forschungsgruppe (P.-J. Hülser, J. D. Herrlinger,
G. Hertel, H. Prange und Mitarbeiter, Leitung H. H. Kornhuber 590

Ist der extra-intrakranielle Bypass doch sinnvoll?
B. Kleiser und B. Widder 592

Die stereotaktische Bestrahlung zerebraler Angiome. Methodik, Indikation und
erste klinische Erfahrungen an einem Kollektiv von 107 Patienten
B. Wowra, B. Kimmig, R. Engenhart, M. Wannenmacher und S. Kunze 594

Transkranielle Ultraschalluntersuchung bei akuten Mediainsulten – Verlauf unter
tPA und Heparin
R. Biniek, E. B. Ringelstein, H. Brückmann, G. Leonhardt, B. Ammeling und
P. Nolte 596

Entzündliche Erkrankungen
– Diagnostik

Neuropsychologische Verlaufsuntersuchung bei viraler Enzephalitis und Meningitis
H. J. Gmeiner, C. Lang und H. Stefan ... 598

Zur Wertigkeit der Kernspintomographie bei nicht-herpetischen viralen Enzephalitiden Erwachsener
R. Harvarik und A. Müller-Jensen ... 600

Spontanverläufe monophasischer Guillain-Barré-Polyneuritiden
U. Giebisch, E. Gibbels und W. F. Haupt ... 602

Diagnose einer CMV-Enzephalitis bei einem immundefekten Patienten mittels stereotaktischer Hirnbiopsie und Anwendung der Polymerase chain reaction (PCR)
A. Rolfs, M. Preuß, K. Weigel und H. C. Schumacher ... 604

Liquor- und Serumfibronektin bei entzündlichen und neoplastischen Erkrankungen des Zentralnervensystems
M. Weller, N. Sommer, A. Stevens, H. Wiethölter und J. Dichgans ... 606

Neurosarkoidose: Neuere diagnostische Möglichkeiten und Falldarstellung
N. Sommer, M. Weller, D. Petersen, H. Wiethölter und J. Dichgans ... 608

Sarkoidose-Myositis: Zwei ungewöhnliche Fälle
C. Lefèbre, K. Wessel, E. Reusche, P. Vieregge und D. Kömpf ... 610

Rezidivierende Herpes-simplex-Virus-Enzephalitis
H. T. Eder, E. Mühler und T. Scherb ... 612

Subakutes organisches Psychosyndrom als klinische Manifestation einer Borrelieninfektion im Stadium II ohne weitere neurologische Störungen
J. Reeß, E. Mauch und H. H. Kornhuber ... 614

Prognostische Parameter bei nicht-bakteriellen Meningoenzephalitiden und Indikation zur Interferon-Therapie
A. Arlt, C. Hansen, K. Kunze und H. Goossens-Merkt ... 616

Systemischer Lupus erythematodes: Vergleich neuropsychiatrischer Befunde mit zerebralen MRT-Befunden
K. Baum, C. Nehrig, U. Hopf und W. Schörner ... 618

– Therapie

Liquorpherese – ein neuer Ansatz in der Therapie des Guillain-Barré-Syndroms
P.-J. Hülser, K. H. Wollinsky, M. Weindler, H.-H. Mehrkens und H. H. Kornhuber ... 620

Erfolgreiche Behandlung eines chronisch-rezidivierenden Guillan-Barré-Syndroms mit Hochdosis-Immunglobulin und Ciclosporin A
W. Müllges, E. B. Ringelstein, C. Sommer und W. M. Glöckner ... 622

Eitrige Meningitis bei Durafisteln – Indikation zur Frühoperation
J. Winkler, G. Becker, S. Schwab, E. Hofmann, J. Müller und U. Bogdahn ... 624

Subakute sklerosierende Panenzephalitits – ein Therapieversuch mit Beta-Interferon.
Klinik, Neurophysiologie, Neuroradiologie
A. Delcker, H. Gerhard und J. Faiss 626

Polyneuropathien

Polyneuropathien unbekannter Genese: Eine Follow-Up Studie
F. Grahmann, M. Winterholler und B. Neundörfer 628

Polyneuropathien bei benignen Gammopathien
K. Kunze und G. Pfeiffer 630

Polyneuropathic im Rahmen eines POEMS-Syndroms – eine Fallbeschreibung
D. Timmann und G. Schwendemann 632

Untersuchung der Vibrationsschwelle bei Gesunden und Patienten mit peripheren
Nervenstörungen
D. Claus, E. Müller, F. Grahmann und B. Neundörfer 634

Was bringt die Temperatur- und Schmerzschwellenbestimmung für die Poly-
neuropathiediagnostik?
S. Laicher, H. Wiethölter, A. Stevens, F. Stetter und J. Dichgans 636

Einfluß der Hämodialyse auf Temperatur- und Vibratometrieschwellen bei
chronisch terminaler Niereninsuffizienz
M. J. Hilz, D. Claus, G. Rösl, B. Neundörfer und R. B. Sterzel 638

Autonome Beteiligung bei alkoholischer und diabetischer Neuropathie
D. Claus, F. Grahmann, J. Demling und B. Neundörfer 640

Extrapyramydale Erkrankungen
– Diagnostik

Hirnatrophie, Corpus-callosum – Maße und Demenz bei Parkinson-Patienten
T. Günther, H. Baas, P.-A. Fischer und B. Lochner 642

Heredität und Familiarität bei Morbus Parkinson
P. Vieregge, A. Glaese, G. Ulm und D. Kömpf 644

Apomorphin in der Therapie und Differentialdiagnose von Parkinson Syndromen
T. Gasser, J. Schwarz, C. Trenkwalder, G. Arnold und W. H. Oertel 646

Klinisches Rating und Neurotransmitterbestimmung im Tagesverlauf bei Referenz-
personen und Patienten mit hyperkinetischen Syndromen
S. Winkel, U. Kauerz, A. Fabienke, L. Lachenmayer, K. Kunze und C. Dieu 648

– Therapie

Untersuchungen zur L-Dopa Einzeldosiskinetik bei Patienten mit fortgeschritte-
nem Parkinson-Syndrom
H. Baas, L. Demisch, P.-A. Fischer, R. Stark und T. Harder 650

Epilepsie
– Diagnostik

Die prächirurgische elektrophysiologische Diagnostik komplexer Epilepsien mit
Hilfe chronisch implantierter Subduralelektroden
A. Hufnagel, C. E. Elger, J. Schramm, W. Burr und G. Hefner 652

– Therapie

Therapieresistente Anfallsleiden bei porenzephalen Kindern. Erfolgreiche
neurochirurgische Therapie durch Zystenfensterung
K. H. Krähling, D. Palm, H.-J. König und G. Kurlemann 654

Die Therapie katamenialer Epilepsien mit GnRH-Agonisten
J. Bauer, L. Wildt, D. Flügel, Y. Ghane und H. Stefan 656

AIDS

MRT der HWS bei AIDS-Patienten mit Anämie: Signalarmes Knochenmark in
T1-gewichteter Sequenz (Erste Ergebnisse)
H. Henkes, J. Hierholzer, M. Cordes, W. Schörner, B. Sander, R. Felix und
U. Piepgras 658

Autonome Neuropathie bei HIV-Patienten
J. Kolb, W. Enzensberger, J. Madlener und P.-A. Fischer 660

Quantitative Western-Immunoblotting-Analyse zum neurobiologischen Verlauf
HIV-I-seropositiver Patienten
H. C. Schumacher, P. Selbstaedt und A. Rolfs 662

Nachweis von HIV-I-DNA im Liquor cerebrospinalis bei asymptomatischen
Patienten
A. Rolfs, M. Vallée und H. C. Schumacher 664

Immunzytologie des Liquor cerebrospinalis bei HIV-I-infizierten Patienten:
Prognostische Wertigkeit für die Entwicklung einer zerebralen Toxoplasmose
H. C. Schumacher, M. Wiedau und A. Rolfs 666

AIDS und Parkinson-Syndrom
W. Enzensberger, U. Woelki, H. Gräfin Vitzthum, W. Schlote und P.-A. Fischer . . . 668

Immunzytochemischer HIV-Nachweis im Liquor
B. Wildemann, B. Storch-Hagenlocher, H. Blechinger, S. Rabuffetti
und U. Wieland 670

Wertigkeit testpsychologischer Untersuchungen in verschiedenen Stadien der
HIV-Infektion
S. Rabuffetti, B. Wildemann, B. Storch-Hagenlocher, H. Blechinger und
M. Hartmann 672

Neurophysiologie

Wille und frontale Theta-Aktivität
A. W. Kornhuber, M. Lang, W. Kure und H. H. Kornhuber 674

Multikanal-Magnetfeldmessungen: Lokalisation und zeitlicher Ablauf von Funktionsstörungen des Nervensystems
H. Stefan, S. Schneider, P. Schüler und J. Bauer 676

Bereitschaftspotential bei zerebellärer Ataxie
K. Wessel, R. Verleger, D. Nazarenus, G. P. Huss und D. Kömpf 678

Elektroenzephalographischer Befund bei Alkoholabhängigen – Folge oder Ursache des Alkoholismus?
K. Fasshauer, A. Horn und H.-J. Greven 680

Neue Methoden zur Erfassung von Funktion und Morphologie des N. trigeminus bei Patienten mit Gesichtsschmerzen
M. Riepe, A. C. Ludolph, G. Fahrendorf, G. Reuther, R. Kromminga und
H. Masur 682

Ein Vergleich zweier Verfahren zur Ermittlung der peripheren und zentralen Leitungszeit zur oberen und unteren Extremität
P. Thier, E. Koenig und T. Bogumil 684

Die Auswirkungen der transkraniellen Magnetstimulation auf die kurzzeitige Gedächtnisspanne – Analyse mit computergestützter psychometrischer Methode
A. Hufnagel, C. E. Elger, C. Helmstaedter, H. Durwen, J. Wygrala und
T. Sudhop 686

Dreidimensionale Ganganalyse – ein Beitrag zur funktionellen Diagnostik
T. Platz, S. Hesse und K.-H. Mauritz 688

Die Anwendung motorisch evozierter Potentiale in einem Fall von Hemiplegia cruciata
H. E. Schulze, A. Ebner und U. A. Besinger 690

Doppelentladungen motorischer Einheiten und ihr mechanischer Effekt im pathologischen, willkürlichen und simulierten Tremor
J. Elek, A. Konstanzer, M. Schubert und R. Dengler 692

Zeitvariate Spektralanalyse des EEG – eine klinische Alternative zur Fouriertransformation
H.-J. Volke, G. Mühlau, G. Gottlebe und K.-P. Hoffmann 694

Immunologie / Transmitter-Stoffwechsel

Partielle humorale Defekte bei neurologischen Patienten
M. Constantinou, M. E. Westarp, V. Schreiner und P.-J. Hülser 696

Bedeutung der Antikörperproduktion gegen verschiedene Borrelia burgdorferi Partialantigene im Krankheitsverlauf der Neuroborreliose
P. Oschmann, H. Wellensiek, A. Schnettler, C. Hornig und W. Dorndorf 698

Myasthenia gravis: Bestimmung von Anti-Acetylcholin-Rezeptor-Autoantikörpern mit Hilfe der humanen Tumorzellinie TE671
R. Voltz, R. Hohlfeld, A. Fateh-Moghadam, T. Witt, M. Wick, B. Siegele und
H. Wekerle 700

Autoantikörper bei Schizophrenie
A. Henneberg, S. Ruffert und H. H. Kornhuber 702

Die Stabilität von Aminosäuren ist abhängig vom pH
M. E. Kornhuber 704

Nachweis mutmaßlich neurotoxischer Katecholamine im Blutplasma; Einfluß
von Radikalfängern auf deren Bildung in vitro
M. E. Kornhuber, M. Betz, H. H. Kornhuber, R. Prinzing und H. Zettlmeißl 706

Varia
– Diagnostik

Gibt es spezifische MR-tomographische Befunde bei der amyotrophen Lateral-
sklerose (ALS)?
C. Oberwittler, U. Bick, A. C. Ludolph, G. Fahrendorf, H. Masur und
G. G. Brune 708

Heterotopien grauer Substanz: MR-Befunde und klinische Aspekte
G. Schuierer, H. Stefan, F. Nüssel, G. Wenzel und W. J. Huk 710

CT und MRT in der Diagnostik epi- und subduraler Effusionen
H. Henkes, W. Schörner, W. Dewes, C. Sprung, K. Terstegge, P. Schubeus,
K. Neumann, R. Felix und U. Piepgras 712

Atraumatische Punktionstechnik reduziert postpunktionelle Syndrome
B. Müller, K. Adelt und H. Reichmann 714

Ambulante Lumbalpunktion mit einer atraumatischen Nadel ("Würzburger
Nadel")
A. Engelhardt, S. Oheim und B. Neundörfer 716

Zur Wertigkeit von Spätbefunden und Beschwerden nach operativer Therapie
eines Karpaltunnelsyndroms
H. Strenge, M. Hasenbring, U. Steller, H. Buchholtz, S. Barkus-Weidemann
und B. Helbig 718

Antidepressiva-assoziiertes malignes neuroleptisches Syndrom
E. Hund, B. Wildemann, K. Scheglmann und M. Hutschenreuther 720

Klinische und neurophysiologische Verlaufsuntersuchungen nach Herztrans-
plantation
H. Strenge, H. Porschke, C. Stauch, L. Döring, L. Freise, U. Steller und
B. Völker-Heyse 722

Zentralnervöse und/oder periphere Funktionsbeeinträchtigung bei Urämie:
Konstellation neurophysiologischer Parameter bei chronischer Niereninsuffizienz
und bei dialysepflichtigen Patienten
B. Pohlmann-Eden 724

Der Effekt von Carbamazepin auf das okulomotorische und vestibuläre System
E. Koenig, U. Christaller, V. Schrader und J. Dichgans 726

Ein Fall von Wismut-Enzephalopathie durch Einnahme von Magentherapeutika
G. Essinger und M. Huppertz 728

Hyperviskosität bei benigner intrakranieller Drucksteigerung
M. Brockmann, S. Koeppen, R. Maleßa, G. Schwendemann und L. Heilmann . . . 730

Cauda-equina-Syndrom nach Spinalanästhesie
R. Körber, H.-J. Braune und C. Huffmann 732

Körperzusammensetzung bei Muskelkranken im Vergleich zu Normalpersonen
K.-H. Krause, P. Berlit, C. Kuhn und C. D. Reimers 734

Muskuläre Ermüdbarkeit bei Patienten mit Kearns-Sayre-Syndrom
A. Konstanzer, R. Dengler, S. Zierz, M. Schubert und J. Elek 736

Migrationsstörungen im Zentralnervensystem: Symptome und Folgen
F. Hanefeld, H.-J. Christen und S. Mortazavi 738

Vestibuläre, okulomotorische und pupillomotorische Störungen bei unilateralen
Läsionen im Bereich des posterioren Thalamus
W. Heide, M. Fetter, E. Koenig, D. Petersen und H. Wilhelm 740

– Therapie

Die periphere selektive Denervation von Hals- und Nackenmuskeln als neueres
Verfahren in der Therapie des Torticollis spasmodicus
G. Dieckmann und V. Vadokas 742

Die selektive periphere Denervierung zur Behandlung des Torticollis spasmodicus
H.-P. Richter und V. Braun 744

Ergebnisse der operativen Behandlung bei Muskeldystrophie vom Typ Duchenne
T. Naumann, P. Kluger und W. Puhl 746

Kontraktilität, Histochemie und Myosinverteilung des denervierten schnellen
Kaninchenmuskels nach Intervallstimulation mit langen Impulsen
T. Mokrusch, U. Carraro, A. Engelhardt, M. Staberock, B. Schwandt, C. Rizzi,
C. Catani und B. Neundörfer 748

Behandlung des Torticollis spasmodicus mit lokalen Injektionen von Botulinum-
Toxin – 1-Jahres-Ergebnisse bei 37 Patienten
W. Poewe, F. Heinen, B. Kleedorfer, M. Wagner, L. Schelosky und G. Deuschl . . . 750

Klinik, Diagnose und Therapie der fokalen Dystonien – Einführung
W. H. Oertel, T. Gasser, J. Schwarz und G. Arnold 752

Die Botulinum-Toxin (BOTOX)-Therapie oromandibulärer Dystonie, spasmodischer Dysphonie und Dystonie im Extremitätenbereich
A. O. Ceballos-Baumann, C. Hasenau, R. Dengler und B. Conrad 754

Erfahrungen mit der Botulinum-Toxin-Therapie des essentiellen Blepharospasmus
R. Dengler, A. O. Ceballos-Baumann, W. Oertel und A. Konstanzer 756

XXX

Therapie des Torticollis spasmodicus mit Botulinus-Toxin A: Polymyographische
Identifikation relevanter Muskeln
G. Deuschl, F. Heinen, B. Kleedorfer, M. Wagner, C. H. Lücking und W. Poewe . . 758

Botulinum-Toxin bei nicht-dystonen Hyperkinesen: Spasmus hemifacialis,
Bruxismus und Hyperkinesen nach hypoglossofazialen Anastomosen
D. Dressler 760

– Krankheits- und Fallbeschreibung

Befunde bei chronischer Bleiintoxikation unter besonderer Berücksichtigung
von CCT und kranialer MRT
C. Schröter, H. Schröter und G. Huffmann 762

Adrenomyeloneuropathie
W. Köhler und G. Hertel 764

Die Adreno-Myelo-Neuropathie – eine Kasuistik
R. Körber, C. Baerwald, H.-J. Braune und C. Huffmann 766

Zur Klinik und Diagnostik lumbo-sakraler meningealer Zysten
T.-M. Wallasch 768

Paroxysmale dystone Choreoathetose
C. Klinz und K.-H. Biesold 770

Kearns-Sayre-Syndrom: Darstellung dreier Patienten
P. M. Brenner, D. Claus, A. Engelhardt, A. Spitzer, D. Dressler, B. Neundörfer,
V. Rummelt, G. E. Lang und H. Reichmann 772

Familiäre Mitochondriozytopathie mit Manifestation als Kearns-Sayre-Syndrom
bei heteroplasmatischer Deletion in der muskulären mitochondrialen DNA
E. Wilichowski, F. Hanefeld, C. Lock, A. Bruhn und D. Rating 774

Paranoid-halluzinatorische Psychose nach chronischer Intoxikation durch
Phenylisopropylamine im Rahmen einer Polytoxikomanie
D. John 777

Die transiente globale Amnesie: Follow-up-Ergebnisse bei 41 Patienten
S. Fegers 779

Adrenomyeloneuropathie: Diagnostisch wegweisende elektrophysiologische
und kernspintomographische Befunde
J. Machetanz, C. Bischoff und J. Klingelhöfer 781

Neurologische Befunde und soziales Schicksal von Absolventen zweier Schulen
für Geistigbehinderte
D. Bechinger, V. Baur, U. Fetzer und H. H. Kornhuber 783

Die klinischen, elektrophysiologischen und neuroradiologischen Charakteristika eines neuen Krankheitsbildes: adulte Patienten mit behandelter Phenylketonurie
A. C. Ludolph, K. Ullrich, U. Bick, H. Masur, G. Fahrendorf und S. Nedjat 785

Spontane Remission eines Massenprolaps C5/C6 bei einer erwachsenen Frau
– ein Äquivalent zur Discitis calcarea bei Kindern?
H. Masur, G. Fahrendorf, C. Oberwittler, S. Nedjat und E. Hilker 787

Myasthenia gravis – deskriptive Datenanalyse bei 60 Patienten zur Identifizierung
verlaufsprognostisch relevanter Variabler
F. Engler 789

Lumbosakrale Raumforderung 21 Jahre nach einem zervikalen Tumor
J. Eckert, G. Hedtmann, M. Horn, W. Schlote und W. I. Steudel 791

Sachverzeichnis 793

Verzeichnis der Autoren und Vortragenden 799

Begrüßungs- und Eröffnungsrede des Vorsitzenden

Meine sehr verehrten Damen und Herren,

im Namen der Deutschen Gesellschaft für Neurologie heiße ich Sie zur 63. Jahrestagung sehr herzlich willkommen.

Zum ersten Mal seit Gründung unserer Gesellschaft im Jahre 1907 findet in Darmstadt ein wissenschaftlicher Kongreß unseres Faches statt an einem Ort ohne Universitäts-Kliniken. Diese Tatsache mag u. a. zeigen, wie sich die Neurologie insbesondere seit 1949 in Deutschland entwickelt hat. Während es bis 1938 nur 4 neurologische Ordinariate, nämlich in Heidelberg, Hamburg, Breslau und Würzburg gegeben hat, ist unser Fach jetzt an allen westdeutschen Universitäten durch einen selbständigen Lehrstuhl vertreten. Aber auch an vielen Krankenhäusern kommunaler oder anderer Trägerschaften sind insbesondere in den letzten 15 Jahren neurologische Kliniken oder neurologische Abteilungen eingerichtet worden. So könnte der Eindruck entstehen, daß sich die Neurologie nach vielen mühevollen Anstrengungen ausreichend hat etablieren können, so daß der Prozeß als abgeschlossen eingestuft werden könne und daß die Forderung Otfried Foersters aus dem Jahre 1932 als eingelöst gelten könne, "... darum zu ringen und dahin zu wirken, daß der Neurologie auch nach außen hin die Stellung zuteil werde, die ihr nach ihrer Bedeutung nun einmal gebührt ...". Die hohen durchschnittlichen Belegungsziffern und die in der Regel kurzfristige Verweildauer aller Neurologischer Kliniken und Abteilungen aber zeigen, daß noch ein Bedarf an neurologischen Betten besteht. Wenn im politischen Raum immer wieder auf einen angeblich notwendigen Abbau von Krankenhausbetten hingewiesen wird, so kann die Neurologie kaum gemeint sein. Leider wird der bisher für die Neurologie positive Trend durch die angespannte Pflegesituation an den Krankenhäusern gebremst. Die Neurologie ist ein Fach mit hohem pflegerischem Aufwand. ....

..... Vor allem begrüße ich ganz herzlich unsere Landsleute aus der DDR, die erstmalig nach über 40 Jahren als freie Bürgerinnen und Bürger an unserer Jahrestagung wieder teilnehmen können. Darüber sind wir besonders froh.

Das 1. Hauptthema soll vor allem einer klinischen Standortbestimmung der multiplen Sklerose dienen. Die physikalisch-therapeutischen Möglichkeiten allerdings wurden bewußt ausgespart, weil sie im nächsten Jahr auf der Arbeitstagung unserer Gesellschaft in Erlangen erörtert werden sollen. Trotz vieler wertvoller Denkanstöße und weltweiter theoretischer und klinischer Forschung, deren Probleme und Ergebnisse auf allen wissenschaftlichen Tagungen unserer Gesellschaft immmer wieder vorgestellt und erörtert wurden, blieben die Ursachen der multiple Sklerose noch unbekannt. Daß sich hier eine grundlegende Wende vollziehen möge, erhoffen im Interesse der Betroffenen nicht nur die Forschenden, die sich interdisziplinär auf epidemiologischen, klinischen, virologischen und immunologischen Gebieten verbunden haben.

Die diagnostischen Möglichkeiten haben sich bei der multiplen Sklerose in den letzten Jahren glücklicherweise durch Labormethoden und durch apparative Erneuerungen merklich erweitert. Das ist für den Kranken hinsichtlich der weiteren Lebensplanung nicht ohne Bedeutung, zumal in vielen Fällen die therapeutischen Gegebenheiten nicht so desolat sind,

2

wie sie manchmal dargestellt werden. Das wird hoffentlich auf unserer Jahrestagung deutlich werden.

Das 2. Hauptthema beleuchtet ebenfalls die zunehmend besseren diagnostischen und auch therapeutischen Bedingungen in der Neuroonkologie. Hier sollten wir Neurologen das klinische Feld nicht den Radiologen, Onkologen und Neurochirurgen ohne weiteres überlassen, sondern mehr die interdisziplinäre Zusammenarbeit suchen. Denn der neurologische Sachverstand kann und darf nicht bei diesen zunehmend an Bedeutung gewinnenden Krankheitsbildern verloren gehen und ungenutzt bleiben. Häufig wird unter anderem dem Neurologen die komplizierte und sich am Einzelfall orientierende Beantwortung der Frage nach der Lebensqualität des Kranken zufallen, die aufgrund aktueller diagnostischer und therapeutischer Möglichkeiten nicht undiskutiert bleiben darf. Die Neuroonkologie liegt den Würzburgern besonders am Herzen. So danke ich vielmals den Herren Bogdahn und Krauseneck für ihre wertvollen Hilfen beim Erstellen des wissenschaftlichen Programmes zum 2. Hauptthema.

Mit dem 3. Hauptthema betreten wir Neurologen neuropsychologisches Neuland. Verständlicherweise werden Pädiater, Kinderneurologen und Kinderpsychiater mit den Problemen der konstitutionellen Dyslexie, also des angeborenen Handicaps, bei normaler Intelligenz nicht fehlerlos lesen und schreiben zu lernen, eher konfrontiert als wir, die wir überwiegend Erwachsene neurologisch untersuchen und behandeln. Aber da diese Störungen mit der Kindheit nicht abgelegt werden, können sie mit ihren Folgen uns durchaus begegnen. Die neuen neuropathologischen, neurophysiologischen und neuropsychologischen Erkenntnisse auf diesem Gebiet sind so interessant, daß sie nicht von der Neurologie vernachlässigt werden sollten. Zumindest sollte der emotional geäußerten Ansicht eines bei uns relativ bekannten Psychiaters fundiert entgegengetreten werden können, daß ".... die Legasthenie zu einer geradezu katastrophalen Krankheit im Kinder- und Jugendalter 'aufgeplustert' wurde ....", die durch einfaches Üben von Schreiben und Lesen behoben werden könne.

Die zahlreichen Beiträge zu den 3 Hauptthemen werden durch Präsentation mit freien Themen ergänzt, so daß wie vor 2 Jahren in Frankfurt etwa 350 Anmeldungen zu Referaten, Vorträgen und Postern zu bewältigen waren. Das Programm ist zum Teil sehr eng gestrafft. Es kann nur dann reibungslos ablaufen, wenn sich alle Vortragenden wirklich an die vorgegebenen Zeiten halten.

Leider wurden wieder mehrere Parallelsitzungen erforderlich, die ich prinzipiell bedaure. Aber gerade die nur alle 2 Jahre stattfindenden Jahrestagungen unserer Gesellschaft haben unter anderem auch das Anliegen, jungen Wissenschaftlern Gelegenheit zu bieten, über ihre Erkenntnisse und Ergebnisse vor einem größeren Auditorium berichten zu können. Diese Möglichkeiten sollten nicht unnötig beschnitten werden, wenn man Reformgedanken hinsichtlich Struktur und Aufgaben der Deutschen Gesellschaft für Neurologie auch im Hinblick auf ihre wissenschaftlichen Tagungen aufgreifen will.

Viel gravierender und nachteiliger ist das zunehmende Neben- und unmittelbar Vor- und Nacheinander vielfältiger neurologischer Symposien und Tagungen auf nationaler und auf internationaler Ebene, besonders jetzt im September und im Oktober. Wahrscheinlich wäre weniger mehr. Ob hier Absprachen möglich, sinnvoll oder überhaupt wünschenswert sind, ist eine offene Frage, die wahrscheinlich nicht einmal im deutschsprachigen Raum lösbar sein wird.

Dieses Phänomen der Vielfalt ist insofern als kritisch einzustufen, weil aus ihm die Zersplitterung der Neurologie droht, wenn diese nicht sogar schon in mancher Beziehung vollzogen ist. So wächst unserer Gesellschaft mehr und mehr als Hauptaufgabe zu, die

Einheitlichkeit des Faches Neurologie in Klinik, Praxis und Wissenschaft zu wahren und dort wieder herzustellen, wo sie verloren gegangen ist. Das verlangt einmal von den Beteiligten in der Regel ein Zurückstellen von Einzelinteressen und die Bereitschaft, am Gesamtgebäude Neurologie informativ und konstruktiv mitzubauen. Das beinhaltet zum zweiten, daß die Deutsche Gesellschaft für Neurologie und ihre jeweiligen Repräsentanten - auch wenn sie sich als wissenschaftliche Gesellschaft versteht - sich flexibel und dynamisch den anstehenden Fragen und den heutigen und zukünftigen Erfordernissen stellen. Das ist sehr zeit- und arbeitsintensiv und nebenberuflich im Ehrenamt wahrscheinlich zukünftig kaum noch zu leisten.

Mein Appell kann sich zunächst einmal nur an die allgemeine Bereitschaft zur rechtzeitigen Information und Mithilfe richten. Nur so kann unsere Gesellschaft im Sinne des Zitats von Otfried Foerster ihre Aufgaben auf Dauer erfüllen.

Die Darmstädter Jahrestagung versucht, sich wie ihre Vorgängerinnen als Glied in die Kette der wissenschaftlichen Veranstaltungen unserer Gesellschaft einzureihen. Mögen wir dieses Ziel erreichen. Darüber hinaus hoffe ich, daß Sie sich alle und insbesondere diejenigen, die Darmstadt noch nicht kennen, hier am Ort wohlfühlen mögen, dem man stete avantgardistische Impulse in der Kulturszene nachsagt.

Ich danke Ihnen für viele Mithilfen und für Ihr Kommen, mit dem Sie Ihr Interesse an diesem Kongreß bekunden.

Ich eröffne die 63. Jahrestagung der Deutschen Gesellschaft für Neurologie.

W. Firnhaber, Darmstadt

Der behinderte Mensch in unserer Gesellschaft

Festvortrag für die Eröffnungsfeier der Deutschen Gesellschaft für Neurologie 1990

F. Anschütz

Das Thema erlaubt verschiedene Formen der Darstellung. Ich werde den Umgang der Gesellschaft mit den Behinderten nutzen, um zu zeigen, daß eine einigermaßen befriedigende Lösung dieses so schweren Problems nur möglich wird, wenn auf dem festen Boden medizinischer Kenntnisse und mit Berücksichtigung gesetzlicher Vorschriften menschlich, d. h. individuell der Persönlichkeit des Betroffenen entsprechend, gehandelt wird. Gesellschaft ist einmal die Menschheit in ihrem soziokulturellen Entwicklungsstand mit den formulierten Menschenrechten, dann unsere Solidargemeinschaft mit dem Grundgesetz und dessen Folgen, dann die kleinste, so wichtige Einheit, die Familie. Im ärztlichen Alltag reduziert sie sich schließlich auf zwei Personen: den Betroffenen und seinen Helfer, hier den Arzt. Das Verhältnis zwischen diesen beiden ist nicht mehr mit Gesetzen, Vorschriften, Anweisungen zu beschreiben, es ist wissenschaftlich nicht mehr faßbar.

Dieses bedeutet, daß für den Umgang mit dem behinderten Menschen der Weg von rationalen, wissenschaftlich zu begründenden Fakten einerseits, über die schwer erwägbaren, psychosozialen Erkenntnisse, zu irrationalen, ja emotionalen Denkansätzen bis hin zu den Gefühlen führt. Ich sehe in diesem Gedankengang ein "Lehrstück" auch für die meisten unserer ärztlichen Handlungen des Alltags, welche vom sicheren Boden der mit wissenschaftlichen Methoden gewonnenen Erkenntnisse und den daraus begründeten Therapien zum individuellen, persönlichen Umgang mit kranken Einzelpersönlichkeiten und ihren Unwägbarkeiten reichen. Da wir Ärzte aber auch ein Teil der hier zu besprechenden Gesellschaft sind, muß dazu die Erkenntnis kommen, daß auch die Arztpersönlichkeit mit ihrer gedanklichen, der Wissenschaft verpflichteten Grundstruktur in die Denkansätze und Entscheidungen eingeht. Der Umgang mit den Behinderten wird nämlich nicht nur durch Stimmungen, Unzulänglichkeiten des Betroffenen mit Anpassung oder Ablehnung durch sein soziales Milieu gestaltet, sondern dessen Einordnung auch durch die Anforderung und durch die Duldsamkeit seiner Umgebung. Die Spannung des Themas ist durch die Kurzformel "die Regel und der Einzelfall" gegeben.

Es ist selbstverständlich, daß am Anfang jeder Beurteilung eine wissenschaftlich begründete Definition der jeweiligen Behinderung stehen muß. Im Grundgesetz ist das, was sein soll, festgelegt: Regeln, Vorschriften, Rechte des Behinderten. Die sozialen Daten über Anzahl, Einordnung beschreiben auch das Seiende. Daraus gehen die menschlichen, hohen gesellschaftlichen und die daraus sich ergebenden Schwierigkeiten, auch im Ökonomischen, hervor. Je mehr das Problem vom Einzelfall aus betrachtet wird, tritt aber die persönliche Verantwortung und Verarbeitung des Betroffenen in den Vordergrund, welche mit Bewältigungs- bzw. Verarbeitungsstrategien (Coping) eine zentrale Rolle spielen. Hier wird es dann notwendig, mit einem Begriff mit allen seinen Unwägbarkeiten sich auseinanderzusetzen, der zur Beurteilung einer Behindertensituation sicher notwendig, dessen wissenschaftliche Begründbarkeit aber als äußerst fragwürdig anzusehen ist, nämlich dem der "Lebensqualität".

Die großen Variationen der Behinderungen gehen aus den drei Themen des Kongresses hervor: Die leichte Störung der beginnenden multiplen Sklerose mit der bedrückenden Prognose und den bevorstehenden schweren Beeinträchtigungen, die Neuroonkologie mit möglichen postoperativen Dauerbeeinträchtigungen sowie mit den Belastungen durch Chemotherapie und Prognose und schließlich die Dyslexie und Dyskalkulie mit einer erst durch die zunehmende soziale Anforderung unserer Industriegesellschaft überhaupt hervorgerufenen Beeinträchtigung. Wegen dieser, auf dem Kongreß angesprochenen Themen habe ich die geistige Behinderung aus meinen Betrachtungen ausgenommen.

Das Problem der Krankheitserkennung und Krankheitsbezeichnung, die Diagnose am Einzelpatienten, soll nur kurz gestreift werden. Die wissenschaftliche Medizin liefert hier die Basis für alle weiteren Maßnahmen und bemüht sich, eine Deckung zwischen der Abstraktion eines erlernten Krankheitsbildes mit gleicher Ätiologie, gleichem Erscheinungsbild und in idealer Weise mit gleicher Behandlung mit den Symptomen des individuellen Kranken in Einklang zu bringen. Daß dieses nicht immer möglich ist, sollte zu der Erkenntnis führen, daß eine klinische Diagnose in der Regel nur einen gewissen, wenn auch vielleicht hohen Wahrscheinlichkeitsgrad erreichen kann. Die Vermutungsdiagnose (Konjektur nach Hartmann) und die daraus sich ergebende Indikation zu einer ärztlichen Handlung entsprechen eher dem wirklichen ärztlichen Denken und Handeln als die allgemeine Vorstellung von der Durchschauung eines Krankheitsbildes und der daraus abgeleiteten Therapie. Denn erst, wenn diese unter der bestimmten Modellvorstellung einer Krankheitsentität zum Ziel geführt hat, kann die vermutete Krankheitsbezeichnung als gesichert gelten. Im Falle der Beurteilung einer Behinderung jedenfalls sei in aller Deutlichkeit darauf hingewiesen, daß die Einordnung von Behinderten in unsere Gesellschaft nur möglich ist, wenn eine wissenschaftlich begründete, ärztliche Diagnose die Basis für alle weiteren Maßnahmen darstellt.

Als weitere feste Grundlage für die Handlungsanweisung, mit der Behinderung umzugehen, sind die im Grundgesetz der Bundesrepublik Deutschland verankerten Artikel maßgebend. Sie seien an dieser Stelle kurz genannt: Der Artikel 1 formuliert die Unantastbarkeit der Würde des Menschen, die Unverletzlichkeit und unveräußerlichen Menschenrechte. Im Artikel 2 ist die Entfaltung der Persönlichkeit und seiner Rechte genannt und der hoch angesiedelte Satz: Jeder hat das Recht auf Leben und körperliche Unversehrtheit. Schon allein aus diesen kurzen Auszügen geht hervor, daß behinderte Menschen ein Recht auf ein Leben haben, welches so normal wie nur immer möglich in unserer Gesellschaft verlaufen soll. Diese ist also zu dem "Normalisierungsprinzip" verpflichtet. Danach haben Behinderte aber auch das Recht, daß die Gesellschaft ihrem besonderen Schutzbedürfnis in vollem Umfang gerecht wird, also dem "Schutzprinzip" folgt. Deshalb haben alle körperlich, geistig oder seelisch Behinderten Anspruch auf Hilfe, die notwendig ist, um die Behinderung zu beseitigen, zu bessern oder in ihren Folgen abzumildern. Sie sollen die Möglichkeit erhalten, einen ihrer Fähigkeit und Neigung entsprechenden Platz in der Arbeitswelt und im gesellschaftlichen Leben zu finden. Medizinische Leistungen, berufsfördernde Maßnahmen und Hilfen zur allgemeinen sozialen Eingliederung können dafür in Anspruch genommen werden.

In der Bundesrepublik Deutschland wird die Zahl der Menschen, die an einer körperlichen, geistigen oder seelischen Behinderung leiden, auf 5 - 6 Millionen geschätzt. Jährlich müssen über 20.000 Menschen infolge von Unfällen oder Verschleißkrankheiten vorzeitig aus dem Arbeitsleben ausscheiden. 35 % dieser Gruppe sind jünger als 60 Jahre, 45 % älter. Etwa 3 Millionen Menschen sind als Schwerbehinderte anerkannt, 40 % dieser Schwerbehinderten gehen einer Erwerbstätigkeit nach. 5 % der Kinder eines Geburtenjahrganges werden als behindert bezeichnet, das sind 30.000 Kinder pro Jahr. 2,5 % aller Kinder unter 16 Jahren sind körperlich, geistig oder seelisch behindert.

Im einzelnen sind 127.000 Menschen hörbehindert, 199.000 sehbehindert, 244.000 leiden an einer Körperbehinderung der oberen Gliedmaßen, 300 000 der Wirbelsäule, 320 000 Menschen sind als chronisch krank eingestuft, 370 000 Menschen sind geistig behindert, rund 800 000 weisen eine Körperbehinderung der unteren Gliedmaßen auf, davon sind 300 000 auf einen Rollstuhl angewiesen. Die hier gegebenen Zahlen weisen auf den Umfang und die Schwere dieses Problems hin, besonders unter dem Gesichtspunkt der hohen Aufforderung unserer Gesellschaft an die Integration bzw. Hilfe für die Betroffenen.

Der Schilderung der Verhältnisse und der Aufforderung an die Gesellschaft, so wie sie sind, steht nun das "Seiende", d. h. die Verhältnisse, so wie sie sind, gegenüber. Ich erspare mir, Ergänzungsbedürftigkeiten und Fehlleistungen des Sozialsystems zu nennen. Es ist unser aller Pflicht, hier einzugreifen, wenn nötig. Es ist nämlich die einzelne Persönlichkeit des Betroffenen, die letztlich über Erfolg oder Mißerfolg der Einordnung in die Gesellschaft entscheidet, weil neben den geforderten und auch erfolgreich arbeitenden Sozialstrukturen persönliche, sozialpsychologische Prozesse bei jeder Anpassungsproblematik eine wesentliche Rolle spielen; wie sich nämlich der Betroffene fühlt, ist zum großen Teil eine Funktion dessen, was die Gesellschaft von ihm erwartet. Soziale Urteile, die die Behinderung betreffen, werden in der Regel so formuliert, daß sie für das Individuum die Erwartung der Gesellschaft im Hinblick auf sein Verhalten, auf sein Können und seine Einordnung widerspiegeln. Der Abbau der Leistungsfähigkeit mit der damit einhergehenden, fehlenden Produktivität wird von vornherein negativ bewertet. Es gelingt eben keineswegs häufig, z. B. für den schwerer Behinderten in seiner Umgebung eine Übereinstimmung von Erwartung und eigener Erfüllung zu erreichen, sei es am Arbeitsplatz oder auch in der Familie.

Unsere Gesellschaft ist eine Leistungsgesellschaft. Dieses sei am Beispiel der Faktoren, die den Berufserfolg beeinflussen, kurz dargestellt. Aus der Vielzahl dieser Faktoren sei die für das Tagesthema Dyslexie und Dyskalkulie so zentrale Stellung des Bildungsniveaus auf die soziale Stellung besonders hervorgehoben. Vergleichende Studien prüften die Bedeutung der Faktoren, die den Berufserfolg beeinflussen, im Vergleich der Jahre 1962 und 1973. Man kam zu dem Ergebnis, daß innerhalb dieser 10 Jahre die Bedeutung des Bildungsniveaus deutlich zunahm und zwar auf Kosten des Effektes sozialer Herkunftsfaktoren. Das bedeutet, daß in abnehmendem Maße die soziale Stellung der Familie allein den Berufserfolg der Nachkommen bedingt, sondern daß das von diesen erreichte Bildungsniveau wie Schule, Weiterbildung, Universität eine entscheidende Rolle spielt. Diese aus den USA genannten Veränderungen lassen sich ohne weiteres auf die Bundesrepublik übertragen. Von 1980 bis 1985 haben nämlich Absolventen der Sekundarstufe 1 von 1,5 auf 1,0 Millionen abgenommen, während gleichzeitig die Abschlüsse der Sekundarstufe 2 mit Abitur in den Jahren von 1975 auf 1985 von 460.000 auf 700.000 zugenommen haben. Eine andere Gegenüberstellung nennt folgende Zahlen: 1890 absolvierten 1,1 % aller 18jährigen eine höhere Schule mit Reifeprüfung, 1935 waren es 4,5 %, z. Zt. sind es mit Schwankungsbreiten in den verschiedenen Ländern zwischen 20 und 25 %, sogar bis 30 %.

Wenn auch der Patient mit Dyslexie oder Dyskalkulie nicht zu den Behinderten zu rechnen ist, sondern "nur von der Behinderung bedroht ist", so beruht diese Bedrohung auf der hohen Leistungserwartung unserer Industrie- oder vielleicht sogar besser "Informationsgesellschaft", in welcher ohne selbstverständliches Lesen oder Rechnen kein Fortkommen zu erwarten ist. Es ist sicher kein Zufall, daß diese, bereits um 1880 beschriebene Behinderung erst in den letzten Jahren zunehmend in das ärztliche Bewußtsein getreten ist.

In einer vorwiegend agrarwirtschaftlich orientierten Gesellschaft bleibt eine derartige Störung verborgen.

Andererseits wäre es aber falsch und ungerecht, diese Gesellschaft unkritisch zu desavouieren; sie hat ein soziales Empfinden entwickelt, das in früheren Zeiten fremd war. Sie gründete die Sozialinstitutionen und konstruierte darüber hinaus mit der von ihr entwickelten Technik auf Prothesen und Bewegungshilfen durch moderne Technologie, die sie mit großem Erfolg bei den vielen körperlich Behinderten einsetzt.

Als kleinste, aber tragfähigste Einheit in der gesellschaftlichen Struktur gilt die Familie. Wegen der Bedeutung für die Bewältigung der Probleme von Behinderten ist deshalb die soziale Institution der Familie im Mittelpunkt der kritischen Diskussion. Die Kernfamilie garantiert die emotional so wertvolle Bindung und damit ein Auffangnetz in Krisensituationen. Neben ihrer Fürsorge für Erziehung und Sozialisation von Kindern ist sie besonders als Schutzraum für Intimität und Emotionalität hervorzuheben, welche immer wieder gerade bei Behinderungen besonders zu Problemen führen. So ist bereits seit vielen Jahren die These vom Funktionsverlust der modernen Familie beschrieben als Wandel von der agrarisch vorindustriellen Großfamilie zu der typischen Kleinfamilie der Industriegesellschaft. Durch die Entwicklung des modernen Sozialstaates mit den von ihm angebotenen Sicherungsaufgaben, gerade bezüglich der Pflege von Kranken, Betreuung von Alten und Behinderten, ist die Familie darüber hinaus in wichtigsten Funktionen entlastet worden. Dazu kommt die Berufstätigkeit der Ehefrau in über 50 % der 50jährigen, 40 % der 60jährigen, welche Funktiontüchtigkeit familiärer Aufgaben für das Auffangen von Krisensituationen einschränkt.

Gegen die herbe Kritik an dieser Entwicklung sind allerdings begründete Einwände vorgebracht worden, welche auch über die Entwicklung des modernen Sozialstaates hinaus die moderne Familie als durchaus fähiges Auffangnetz für Krisen, auch als emotionale Stütze bei Krankheit und Behinderung, anerkennt. Die innerfamiliäre Dienstleistung über 2 - 3 Generationen im Sinne der "ambulanten Großmutter" sind auch heute noch umfangreicher, als allgemein angenommen wird. Immerhin leben 90 % aller 70jährigen im Familienverband.

Die weitere Entwicklung der Institution der Familie muß allerdings doch kritisch gesehen werden, da 1986 immerhin von 372.000 Ehen 122.000 wieder geschieden wurden und da die Zahl der unverheirateten Paare und der verheirateten, kinderlosen Paare, welche voraussehbar für die Bewältigung von eigenen und fremden Behinderungen und deren emotionalen Belastungen weniger infrage kommen, drastisch zugenommen hat.

Die Entwicklung der Familie in der Entwicklung unserer Gesellschaft war deshalb genauer darzustellen, weil hier die wesentlichen Quellen für die Bewältigung von chronischer Krankheit bzw. von Behinderung zu suchen sind. Der Kranke muß mit seiner Krankheit leben und muß seine Stellung in der Gesellschaft trotz seiner Abweichung von der Normalität finden, die von geringen Behinderungen der Mobilität bis zur Bettlägerigkeit reichen kann. Diese sog. Krankenrolle ist schon seit vielen Jahrzehnten beschrieben und teilweise definiert. Entsprechend seiner Behinderung ist der Betroffene von den Verantwortlichkeiten des Alltags entbunden. Er hat ein Recht auf Schutz, andererseits ist er verpflichtet, im Rahmen der Möglichkeit seinen Zustand gleichzuhalten, ja zu verbessern oder wieder herzustellen. Diese Definition bedarf allerdings einer Korrektur, weil dieses rationale Entscheidungsmodell aufgrund einer Fülle von Studien nicht in der Lage ist, die Realität angemessen zu beschreiben. Es lassen sich nämlich keine intersubjektiven Standards für Klagen wie Schmerzen, Reaktion auf Alter, Verlust auf sozioökonomischen Status, Toleranz von pekuniären Einschränkungen bei den einzelnen Betroffenen entwickeln. Umgekehrt muß außerdem auf sekundären Krankheitsgewinn aufmerksam gemacht werden, auf die Variationen in den Reaktionen älterer Menschen, auf die wesentliche Bedeutung sozialen Drucks, z. B. durch den Einfluß der Arbeitslosenquote auf Krankmeldungen. Eindeutige Zahlen liegen auch für Abhängigkeit von der Schichtzugehörigkeit vor. Die genannte Definition der Krankenrolle läßt kaum einen Raum für eine auf den Kranken zentrierte Sichtweise des menschlichen Leidens zu.

So sind in den letzten Jahren Strategien entwickelt worden, um dem Betroffenen, sei er behindert oder chronisch krank, Hilfen für die Bewältigung seines Zustandes zu geben (Coping). Mit Recht ist darauf hingewiesen worden, daß der Begriff der "Bewältigung" eine einmalige, abgeschlossene Aktivität des Behinderten beinhaltet und so der Ausdruck "Bearbeitung" vorzuziehen sei, weil hier die dauernde Auseinandersetzung mit dem Geschehen besser umschrieben ist. Die Auseinandersetzung mit belastenden äußeren und inneren Gegebenheiten, mit den Lösungsmöglichkeiten unter besonderen Anstrengungen, sind alltägliche Aufgabe des Betroffenen. Es gibt dafür keine Routinelösungen. Das individuelle, problemspezifische Bewerten steht ganz im Mittelpunkt. Immer wiederkehrende, langjährige Aktivitäten, auch mit der Möglichkeit des Scheiterns, und die Entdeckung neuer Quellen von Kräften sind dem Betroffenen aufgegeben. Es handelt sich darüber hinaus - wir entfernen uns immer weiter von naturwissenschaftlich meßbaren Größen - bei dieser Krankheitsbearbeitung um eine Gefühlsarbeit, Suche nach weiterer Information, Aufsuchen von Freunden, Bekannten in Krisensituationen und psychische Aktivierung, vor allem aber um Entspannung, Ablenkung. Aktive Teilnahme an sozialen und instrumentellen Handlungen, Beschäftigungstherapie, immerwährende Rehabilitation müssen vermittelt und auch angenommen werden. Daraus soll die Überzeugung eigener Wirksamkeit, der Sinnhaftigkeit der Bemühungen entstehen. Aber auch Aussprache über Angst, Bedrohung und Enttäuschung, Feindseligkeit und Überwindung jeglicher verleugnenden oder verdrängenden Mechanismen mit Anerkennung der Behinderung, d. h. der Realität angepaßte Bewältigung, sind notwendig. Das sind schwere Aufgaben für die Betroffenen, die der Hilfe unter anderem durch die geschulte Arztpersönlichkeit bedürfen. Starker Wille und Intelligenz des Betroffenen sind Voraussetzung. Die Grenzen sind damit gezeigt.

Speziell die in diesem Kongreß zu besprechende multiple Sklerose wird offenbar sehr unterschiedlich bearbeitet, je nachdem, wie die Krankheit mit der Geschlechtsrolle kollidiert, aber auch, ob die Krankheit als Aufforderung an die Partnerschaft betrachtet wird oder nicht. Die von Friedrich vorgelegte Studie an 92 Multiple Sklerose-Kranken zeigte, daß Frauen im allgemeinen besser in der Lage waren, die Umstellung ihrer sozialen Rollen und ihre Identität zu meistern als Männer und zwar nicht durch Fügsamkeit und Passivität. Die weibliche Patientengruppe verarbeitete die bei Erhalt der Partnerschaft sich verschlimmernde Symptomatik einfach besser. Bei einer Minderheit kam es jedoch zu erheblichen konfliktträchtigen Situationen mit Verleugnung und Zerreißproben der Ehe.

Aus dem bisherigen Ausgeführten geht die zentrale Stellung des Arztes für die Bewältigungsarbeit einer Behinderung hervor. Ausschöpfen letzter Möglichkeiten durch technische Hilfen, wirkungsvolle, aber nebenwirkungsarme Medikation, Einsatz aller möglichen sozialen Hilfen, Einspannen von Selbsthilfegruppen, Aktivierung im familiären Umkreis, und dann das Wichtigste: persönlicher, auch emotionaler Einsatz des Arztes bei der Bewältigungsarbeit, immer wieder, auch bei Rückschlägen. Das sind hohe Anforderungen.

Bei dieser so breiten und schweren, wohl kaum in idealer Weise zu erfüllenden Aufgabe zur Bewältigungsarbeit eines Betroffenen kommt der moderne Arzt nicht darum hin, sich mit dem wissenschaftlich so ungenauen Begriff der "Lebensqualität" auseinanderzusetzen. Die

Lebensqualität ist ein unentbehrlicher und erfolgreicher Streitbegriff gegen die einseitige Fixierung der Bearbeitung und Indikationsstellung auf pharmakologische Erfolgsmeldungen, beispielsweise der Onkologie und auch der Chirurgie, auf Letalität, Überlebenszeiten, Anzahl somatischer Remissionen bzw. Therapiekomplikationen. Es ist einfach nicht mehr angängig, den Erfolg einer Behandlung, die Stellung einer Prognose ausschließlich und allein auf diese so gut festlegbaren Begriffe wie z. B. der Lebenserwartung zu reduzieren. Schon die Arbeiten von Katz über die aktive und passive Lebenserwartung von Kranken hatten gezeigt, daß in der Erfolgsmeldung bei immer älter werdenden Menschen Jahre der zunehmenden und z. T. schwer zu tragenden, pflegerischen Abhängigkeit inbegriffen sind. Darüber hinaus bietet die Berücksichtigung der Lebensqualität dem Arzt Gelegenheit, vernachlässigte Dimensionen einer Erkrankung, z. B. die hier in Rede stehende Behinderung, die soziale Isolation, Funktionsstörungen, Veränderungen der äußeren Gestalt, Pflegebedürftigkeit u. v. a. m., in seine Entscheidungen für oder gegen Maßnahmen einzubeziehen. Er ist damit nämlich gezwungen, sich mit dem Kranken und seiner subjektiven Wirklichkeit zu identifizieren.

Was allerdings unter diesem Begriff wirklich zu verstehen ist, bleibt weitgehend offen: Multiorganversagen, psychosoziale Konsequenz von Behinderung, Therapienebenwirkungen, Komfort diagnostischer Verfahren, Besorgnisse von Ratsuchenden usw., usw. Ein auch nur einigermaßen nennbares Übereinkommen liegt nicht vor. Vor bestimmten Krankheitszuständen, z. B. vor einem apallischen Syndrom, verliert dieser Begriff seinen Sinn. Die empirische Forschung ist der medizinischen Wissenschaft bisher eine Begriffs- und Theorienbildung schuldig geblieben. Sie benutzt die verschiedensten genannten Dimensionen und Komponenten, welche sie mit hochstandardisierten Instrumenten zu quantifizieren versucht, d. h. die physischen, die soziologischen, krankheitsübergreifenden Indikatoren auch seelischer Gleichgewichtsstörungen. Aber sicher gehören auch die ökonomischen, politischen und kulturellen Determinanten mit dazu.

In der empirisch wissenschaftlichen Forschung kann der Begriff der Lebensqualität heute nicht als ausreichend definiert eingesetzt werden. Daß er dennoch in das ärztliche Gedankengut, in die ärztliche Entscheidung und auch in die ganz persönliche individuelle Beurteilung des einen Arztes für diesen einen Patienten gehört, weist auf die so wichtige Rolle auch nicht wissenschaftlich belegbarer Zusammenhänge im Umgang mit der Behinderung und schließlich im Verhältnis zwischen diesen zwei Persönlichkeiten hin; denn es ist das historische Verdienst der Lebensqualität in der Medizin, dem Kliniker, den Pflegepersonen, dem Gesundheitsökonomen und der Gesundheitsadministration bisher vernachlässigte Determinanten und Effekte ihrer Entscheidung ins Bewußtsein gehoben zu haben (Raspe). Es kommt eben für den Arzt und der ärztlichen Handlung nicht nur darauf an, allgemeingültige Regeln aufzustellen, wie z. B. "wenn - dann", sondern sich für das ganz persönliche Schicksal des einzelnen Kranken zu sensibilisieren. Dies ist deshalb notwendig, da durch Studium und Ausbildung das Streben nach Wissenschaftlichkeit und Überprüfbarkeit mit Anspruch auf Beweisbarkeit die Grundstruktur des Arztes prägt.

Abschließend sei an die uns allen bevorstehende Behinderung im Alter erinnert. Die Ausweitung des Themas auf den alten Menschen ist ohne weiteres möglich. Durch die Realisierung der Erkenntnis, daß wir alle betroffen sein werden, auch wenn wir hier alle noch gesund und munter zusammen sind, kann die Bedeutung des subjektiven Erlebnisses von uns allen herausgestellt und nachvollzogen werden. Mit zunehmender Abhängigkeit vom sozialen System, unter guten Umständen von der Familie, von einer einzelnen Pflegeperson, werden für den alten Menschen Dinge wichtig, die im emotionalen, persönlich Abstrakten liegen und die von irrationalen Abwägungen abhängig sind, wie primitive Freundlichkeit, Höflichkeit, Mitleid, Gegenwart, Fürsorge, Verständnis, Eingehen auf persönliche Bedürfnisse des Betroffenen. Vielleicht ist der Begleitende in der Lage, sogar persönliche Bereiche zugunsten des Schützlings aufzugeben.

Zum Abschluß eine Metapher:

Sie haben mich auf dem Weg durch die Behindertenproblematik vom sicheren Boden der Wissenschaft bis in die Wolken der Emotionen begleitet. Ich danke Ihnen. Bedenken Sie bitte, daß ein fester Boden nur dann blühen kann, wenn aus den hohen Wolken Regen fällt.

Die Diagnose der Lepra aus neurologischer Sicht
Nonne-Gedächtnisvorlesung in Darmstadt 1990

H. Schliack

Danksagung

Für die überraschende und hohe Ehrung, die Sie mir mit der Verleihung der NONNE-Gedächtnismünze erweisen, danke ich Ihnen und der Deutschen Gesellschaft für Neurologie sehr herzlich. Obwohl ich nie Mitarbeiter an der von Max NONNE gegründeten Eppendorfer Klinik gewesen bin, fühle ich mich dieser Schule von Anbeginn meiner klinischen Tätigkeit verbunden durch die gemeinsame Überzeugung, daß die Neurologie ein Zweig der inneren Medizin ist und daß die unmittelbare Krankenuntersuchung ihren diagnostischen Stellenwert auch heute nicht verloren hat.

Zur Wahl meines Themas

Diese Gedenkvorlesung will an das Lebenswerk von Max Nonne erinnern, in dessen Zentrum die Syphilis des Nervensystems stand, und sie soll Krankheiten beschreiben, die wie die Lues sowohl das Nervensystem als auch die Haut in besonderer Weise betreffen.

Meine Entscheidung, hier über die Lepra zu sprechen, folgt diesen Spuren und zugleich auch meinen bevorzugten Interessen: Die Lepra gilt allgemein vordergründig als dermatologische Krankheit. Und sie ist, soweit sie neurologische Bereiche berührt, eine Erkrankung der peripheren Nerven. Max Nonne selbst hat im Jahre 1893 zwei Arbeiten über Klinik und pathologische Anatomie der Neuritis leprosa vorgelegt.

Ich habe deshalb für die Gedächtnisvorlesung das Thema:

Die Diagnose der Lepra aus neurologischer Sicht gewählt.

Seit Beginn schriftlicher Geschichtsüberlieferungen ist der Aussatz bekannt. Die Aufzeichnungen im Alten Testament (3. Buch Mose, 13. Kapitel) mögen etwa 2700 Jahre alt sein. Ebenso lange gilt die Lepra als das Schreckgespenst aller Krankheiten, unter denen der Mensch zu leiden hat. Die frühe Erkenntnis, daß diese Krankheit übertragbar sei, führte bis in unsere Zeit hinein zu grausamen Schutzmaßnahmen, die Ihnen alle bekannt sind: zu absoluter Isolierung der Kranken oder auch nur der vermeintlich Kranken.

Unter den hygienischen Verhältnissen unserer Zeit konnten wir seit etwa hundert Jahren die Lepra in Europa als praktisch ausgemerzt betrachten. Tatsächlich kennt sie heute kaum noch ein Arzt in unserem Lande.

Diese Situation hat sich nun geändert, einerseits durch Gastarbeiter aus südlichen Ländern, andererseits durch den weltweiten Reise- und Geschäftsverkehr. Wir müssen damit rechnen, daß es in unserem Lande viele unerkannte Lepröse gibt. Die Krankheitserscheinungen spielen sich vor allem an der Haut und an den peripheren Nerven ab. Erstere sind lange Zeit so diskret, daß sie von den Betroffenen kaum bemerkt werden. Letztere führen primär zu lästigen oder behindernden Sensibilitätsstörungen.

Deshalb wird der Neurologe als einer der ersten Spezialisten konsultiert. Und damit dieser sich nicht mit der "Diagnose", ich möchte lieber formulieren: der "Nichtdiagnose", *Neuritis* begnügt, möchte ich Ihnen 3 Fälle aus meinen eigenen Beobachtungen vorstellen und die wichtigsten diagnostischen Merkmale zusammenfassen.

1. Unseren 1. Fall entdeckten wir kurz vor Weihnachten 1971 in unserer Berliner Poliklinik. Ein 28jähriger Gastarbeiter aus der östlichen Türkei war schon vor 5 Jahren nach Deutschland gekommen. ein Jahr später suchte er erstmals einen Arzt auf wegen diffuser schmerzhafter Mißempfindungen in Händen und Füßen. Zahlreiche Arztbesuche und wochenlange Klinikaufenthalte führten meist zur Annahme psychogener Beschwerden. Sprachliche Verständigungsschwierigkeiten mögen zu dieser Fehleinschätzung beigetragen haben. Der Prozeß war bereits soweit fortgeschritten, daß sich die Primärsymptome nicht mehr genau rekonstruieren ließen.

Im Dezember 1971 konnten wir folgende Befunde erheben:

Es bestanden neurotrophische Hautveränderungen an Fingern, Zehen und Fußsohlen mit Spuren vieler frischer und alter kleiner Verletzungen, trophische Ulzerationen, ausgedehnte Sensibilitätsstörungen an Fingern, Zehen, Planta und Palma. Störungen der Schweißsekretion ebendort, Atrophien der kleinen Hand- und Fußmuskeln.

Auffälligerweise waren die Muskeldehnungsreflexe überall gut erhalten, auch die Trizeps-surae-Reflexe. Die tastbaren Nervenstämme waren druckschmerzhaft und zum Teil eindrucksvoll "perlschnurartig" verdickt. Am Hals waren die subkutan verlaufenden Hautnerven unter der Haut deutlich sichtbar.

Erst bei sehr genauer Betrachtung fielen am Rumpf asymmetrisch angeordnete klein- und großflächige girlandenförmig begrenzte, diskret depigmentierte Flecken auf, die von einem mühsam erkennbaren, etwa 2 mm breiten, etwas dunkleren Rand umgeben waren. Eben diese Flecken erwiesen sich als analgetisch und thermanästhetisch. Die taktile Ästhesie war hier erhalten. Die gleichen Hautbezirke schwitzten weniger als die gesund gebliebenen Hautareale.

Eine Probeexzision aus dem Randbezirk eines solchen Flecken zeigte hier und da ein intrazelluläres Ödem und lymphoide Zellen in der Umgebung von Gefäßen und Nerven in der oberen und mittleren Cutis. Besonders im Bereich der ekkrinen Schweißdrüsen und der Mm. arrectores pilorum fand man dichte lymphohistiozytäre Infiltrate mit einigen Plasmazellen, hier auch ausgeprägte perineurale Infiltrate. Im Ziehl-Neelsen-Präparat Darstellung intrazellulär liegender säurefester Stäbchen.

Die Nervenleitgeschwindigkeiten waren stellenweise erheblich verzögert, vielfach nicht mehr meßbar.

2. Auch den nächsten Fall entdeckten wir in der Berliner Neurologischen Poliklinik.

Es ist mir hier ein Bedürfnis, darauf hinzuweisen, daß die dringende Verdachtsdiagnose bereits von meinem damaligen jungen Mitarbeiter, Herrn Dr. Gerhard Roth, gestellt worden war. Für den klinischen Lehrer ist es ja, wie viele von Ihnen wissen, eine besondere Freude, wenn er sieht, daß seine Saatkörner auf fruchtbaren Boden gefallen sind.

Ein 22jähriger Student der Technischen Universität, der aus Zentral-Indien stammte, kam mit den Symptomen einer einseitigen mäßig ausgeprägten isolierten distalen Ulnarisparese zu uns. Darüber hinaus wurden keine neurologischen Funktionsstörungen bemerkt, allerdings waren die tastbaren Nervenstämme am Oberarm deutlich verdickt.

Besonders eindrucksvoll waren hier die Hautveränderungen am Stamm. Bei dem ziemlich dunkelhäutigen Mann war in den lepromatös veränderten Hautbezirken am Stamm die Depigmentierung leicht zu erkennen. In allen diesen Flecken fanden wir wiederum lokalisatorisch exakt entsprechende Zonen dissoziierter Empfindungsstörungen und Störungen der Schweißsekretion. Die Diagnose wurde histologisch und bakteriologisch gesichert.

3. Epidemiologisch war der folgende Fall besonders bemerkenswert, denn hier handelte es sich um einen europäischen Geschäftsmann, der längere Zeit in Ostasien tätig gewesen war. Im allgemeinen wird die Gefährdung von Europäern unter geordneten hygienischen Verhältnissen ja als sehr gering eingeschätzt. Der Mann bemerkte 1981 Mißempfindungen im rechten Daumen, ein Kribbeln, Eingeschlafensein, schließlich eine ausgeprägte Vertaubung. Schmerzen bestanden nicht. Ganz allmählich verstärkten sich die Störungen. Es kamen ähnliche Beschwerden auch in der Kleinfingerseite der rechten Hand hinzu. Die dazwischen liegenden Finger (II - IV) blieben frei. Viele Monate später entdeckte er ähnliche Symptome am 2. und 3. Finger der linken Hand. Hier blieben nun Daumen, Ring- und Kleinfinger frei. Viel später entstanden Parästhesien und Vertaubungen an beiden Fußsohlen und Zehen, hier offenbar mehr diffus und symmetrisch. Nirgends bestanden zur Zeit der Untersuchung (noch 1987) motorische Funktionsstörungen.

Die wichtigsten Untersuchungsbefunde (1987) lassen sich folgendermaßen zusammenfassen:

1. Sensibilitätsstörungen an der rechten Hand, etwa dem Areal des N. radialis superficialis und des N. ulnaris entsprechend, links dagegen ausschließlich im Medianusgebiet.

2. Diffus begrenzte Sensibilitätsstörungen an den Füßen.

3. Keine erkennbaren motorischen Ausfälle. Alle Muskeldehnungsreflexe einschließlich Trizeps-surae-Reflexe waren seitengleich lebhaft auslösbar.

4. Die tastbaren Nervenstränge am Oberarm waren mittelgradig verdickt, stellenweise etwas knotig.

Eine frühere, auswärts durchgeführte elektroneurographische Untersuchung beschreibt an den Unterschenkeln nur minimale Leitungsstörungen, deshalb wurde eine axonale Polyneuropathie angenommen.

Am Rumpf entdeckten wir im Juli 1987 unregelmäßig begrenzte Hautveränderungen von Pfenniggröße bis zu 10 x 15 cm großen Flächen. Diese Zonen hoben sich nur diskret von den gesunden Hautpartien ab. Die Ränder waren hauchfein livide verfärbt. Die Flecken waren aber deutlich analgetisch und thermanästhetisch bei erhaltener taktiler Ästhesie. Die Schweißsekretion war hier erloschen. Diese Flecken waren stark photosensibel, d. h. sie röteten sich nach Sonnenbestrahlung tagelang sehr auffällig. Bei der Hautbiopsie wurden unspezifische lymphohistiozytäre Infiltrate beschrieben, die zum Teil in kleinste Hautnerven eingedrungen waren, einzelne Schaumzellen, keine Epitheloidzellen.

Aus verschiedenen Gründen wurden weitere Untersuchungen zunächst verzögert. Erst 1988 wurde die Diagnose Lepra histologisch und durch Bakteriennachweis gesichert und die Therapie begonnen. Unter der Therapie kam es dann offenbar zu einer milden fieberfrei verlaufenden Leprareaktion, die im wesentlichen zu einer Intensivierung der neuritischen Symptome führte. Nun erst flossen auch an den Händen die Sensibilitätsstörungen handschuhförmig zusammen. Es entstanden auch motorische Ausfälle, vor allem im Bereich des rechten N. ulnaris. Der rechte Trizeps-surae-Reflex war nur noch mit Mühe auslösbar. Die Nervenleitgeschwindigkeiten waren jetzt generell erheblich gestört, zum Teil nicht mehr meßbar.

Erst in diesem Stadium war also das Bild von einer systemischen Polyneuropathie wegen der Symmetrie der Ausfälle kaum noch zu unterscheiden. Vorher aber mußte man formal eine regellos verheilte Neuritis multiplex diagnostizieren.

Diskussion

Im folgenden möchte ich die Indizien für die Diagnose Lepra aus neurologischer Sicht zusammenfassen und ihren Ablauf zugleich pathogenetisch zu deuten versuchen.

Zuvor noch folgende Bemerkung:

Da es sich hier offensichtlich nicht um einen primär systemischen Krankheitsprozeß handelt, sondern um monotop oder polytop verstreute, proliferativ entzündliche, teils granumatöse Veränderungen, erscheint mir die Annahme einer generellen Anfälligkeit dieser bzw. Resistenz jener Nervenfasertypen wenig einleuchtend. Meines Erachtens lassen sich die Eigentümlichkeiten der leprösen Neuritis befriedigend erklären durch die Anatomie und die Pathogenese.

1. In aller Regel beginnen die Symptome lokalisiert, d. h. in Form einer Mononeuritis oder einer Neuritis multiplex, nicht dagegen als primär systemische Polyneuritis, und zwar von der Haut aus nach proximal hin fortschreitend.

Deshalb sind die für systemische Polyneuropathien üblichen elektroneurographischen Tests, die überwiegend an den Unterschenkeln vorgenommen werden, oft ohne Aussagewert. Die lepröse Neuritis spielt sich in den Schwann'schen Zellen und den Markscheiden ab und verursacht stets in den betroffenen Nerven erhebliche Verzögerungen der Leitgeschwindigkeiten. Man muß die Elektroneurographie also gezielt an den klinisch offensichtlich betroffenen Nerven vornehmen.

2. Anfangs - d. h. über Monate oder Jahre hinweg, fehlen motorische Störungen. Ich meine, dies folgendermaßen erklären zu können: Der entzündliche Prozess steigt bei der Lepra von der Haut her in den sensiblen und auch wohl in den vegetativen Hautnerven auf. Erst nach Überwindung einer mehr oder weniger langen distalen Strecke werden die Abgänge der motorischen Neurone mit erfaßt. Diese distale Strecke ist beim N. medianus und N. ulnaris relativ kurz, beim N. radialis sehr lang. Allein diese anatomischen Tatsachen machen es verständlich, daß hier - wenn überhaupt - erst spät, dort aber schon früher motorische Lähmungen auftreten.

3. Von dieser Regel, daß motorische Lähmungen erst spät auftreten, gibt es eine Ausnahme: Nicht selten werden einzelne Äste des N. facialis schon früh betroffen, z. B. die, die die Schließmuskeln des Auges versorgen. Auch dies läßt sich in unser Schema einordnen: Die Gesichtsmuskeln sind für die Mimik, Augenschluß und Mundbewegungen verantwortlich. Sie ziehen deshalb nicht in der Tiefe von einem Knochen zum anderen, sondern setzen oberflächlich unter der Epidermis an, deshalb sind die Fazialisneurone vom leprösen Prozeß ebenso leicht erreichbar wie die Nerven der Hautsensibilität.
Lepröse Fazialislähmungen sind zusammen mit Trigeminusausfällen mit verantwortlich für die gefürchtete Keratitis neuroparalytica und damit für die Erblindung Leprakranker. Freilich kann die spezifische Entzündung durch Schmierinfektionen auch direkt auf die Bindehaut und die Hornhaut übergreifen.

4. Die Muskeldehnungsreflexe bleiben bei der leprösen Neuritis im Gegensatz zu den systemischen Polyneuropathien in aller Regel lange Zeit erhalten. Auch dies läßt sich anatomisch in unser Schema einordnen: Die Nervenäste, die den M. triceps surae, den M. quadriceps oder die großen Armmuskeln motorisch und sensibel versorgen, verlassen die großen Nervenstämme weit proximal.

5. Störungen der Schweißsekretion findet man in den sensibilitätsgestörten Arealen sehr frühzeitig im Gegensatz zu den weiter proximal ansetzenden Engpaß-Syndromen, bei denen eine verwertbare Trockenheit der betroffenen Hautbezirke erst bei fast kompletten Defekten

festgestellt werden kann. Die in Begleitung der sensiblen Nervenfasern zur Haut ziehenden sympathischen Efferenzen werden naturgemäß sofort in den entzündlichen Prozeß einbezogen.

6. Als sehr wichtiges Krankheitszeichen muß die Verdickung der Nervenstränge angesehen werden, die man, jedenfalls in fortgeschrittenen Fällen, z. B. am Oberarm gut tasten, am Hals auch oft gut sehen kann. Diese Verdickungen sind unregelmäßig, manchmal knotig oder perlschnurartig. Man findet sie auch schon an Nerven, deren Funktion noch nicht erkennbar beeinträchtigt ist.

7. Ein entscheidendes, praktisch unverwechselbares Phänomen bilden die Hautveränderungen am Rumpf und an den proximalen Extremitätenabschnitten. Selten machen die Kranken von sich aus darauf aufmerksam. Man muß genau danach suchen, d. h., man muß den ganzen total entkleideten Körper inspizieren, wie dies auch unsere alten Lehrer, besonders auch Max Nonne immer wieder gelehrt haben.

Je stärker die Haut pigmentiert ist, desto eher fallen diese Flecken auf. Denn der lepröse Prozeß schädigt offenbar besonders die Pigmentzellen. Bei hellhäutigen Menschen sind die Flecken deshalb oft nur sehr schwer zu erkennen, am ehesten noch in den Randbezirken in Form millimeterbreiter, livide verfärbter Randsäume. Manchmal sind diese Bezirke photosensibel, d. h., sie blühen unter Sonnenbestrahlung geradezu auf, werden unübersehbar rot. Die Flecken sind unregelmäßig rundlich, pfennig- bis über handtellergroß.

Es kommt vor, daß man erst durch die Sensibilitätsuntersuchung die gestörten Areale erkennt und unter dem Eindruck dieser Befunde endlich auch die beschriebenen zarten Randsäume entdeckt. Der Defekt betrifft ausschließlich die Algesie und Thermästhesie, nicht oder erst sehr spät die taktile Ästhesie. Und genau innerhalb dieser Felder ist auch die Schweißsekretion erloschen.

Die Kenntnis vom diagnostischen Stellenwert dieser Schmerzunempfindlichkeit am Rumpf ist übrigens auch nicht neu. Etwa im Jahre 1170 fiel bei dem damals 9jährigen späteren König Balduin IV. von Jerusalem beim Spiel eine solche Schmerzunempfindlichkeit auf, und man erkannte, daß der Junge aussätzig war. Er wurde denn auch als König nicht viel älter als 20 Jahre, litt in den letzten Jahren unter Bewegungsstörungen und Verstümmelungen der Extremitäten, und er wurde blind.

8. Nach Feststellung dieser Symptome ist der Rest Routine. Ich kann in diesem Rahmen die weiteren diagnostischen Maßnahmen nur noch andeuten:

Frage nach Infektionsmöglichkeiten:

Histologische Untersuchung aus den Randstreifen der beschriebenen Hautflecken. Bakteriennachweis aus der Hautbiopsie oder dem Nasensekret. Serologisch läßt sich nur die tuberkuloide Form der Lepra mit guter Immunitätslage beweisen. Bei der gefährlicheren stürmischer verlaufenden lepromatösen Form ist der intrakutane Lepromin-Test negativ. Die moderne Lepra-Therapie ist aussichtsreich, sofern sie zuverlässig durchgeführt wird.

Die Infektiosität der Lepra ist unter geordneten hygienischen Verhältnissen sehr gering, bei der tuberkuloiden Form praktisch gleich Null. Es besteht also kein Anlaß, in Panik zu geraten, wenn man in seiner Sprechstunde einen Lepra-Kranken entdeckt.

18

Zusammenfassung

Es sind 2 Anliegen, die mich zu dieser Darstellung veranlaßt haben:

Zunächst wollte ich natürlich auf die Aktualität der Lepra aufmerksam machen, denn die meisten von uns kennen sie nur aus Büchern und Vorlesungen als eine Plage aus längst vergangenen Zeiten. Wir müssen damit rechnen, daß sie uns in der Sprechstunde oder in der Poliklinik täglich begegnen kann unter dem harmlos unschuldigen Bild einer Ulnaris- oder Medianusparese.

Das zweite Motiv halte ich indessen erkenntnistheoretisch für bedeutsamer. Ich wollte zeigen, daß eine sorgfältige unmittelbare Krankenuntersuchung, wie wir sie von unseren alten Lehrern gelernt haben, oft sicherer zum Ziel, d. h. zur Diagnose, führt als ungezielt eingesetzte moderne Apparate. Bei aller Anerkennung und aller Freude über die Ausweitung unserer medizinischen Kenntisse und unserer diagnostischen Möglichkeiten dürfen wir uns nicht den freien Blick für die unvoreingenommene Beobachtung der vorliegenden Krankheitsabläufe verstellen lassen. Nach wie vor sind die Kranken mit ihren Krankheitserscheinungen für viele Einsichten - seien sie nun individuell diagnostisch, seien sie übergreifend pathogenetisch - unsere besten Lehrmeister.

Wegbereiter der Neurologie in Deutschland

D. Seitz

Wilhelm Erb hat nach der Gründung unserer Gesellschaft als deren erster Vorsitzener 1908 einen Rückblick und Ausblick auf die Entwicklung und Zukunft der - wie es damals hieß - deutschen Nervenpathologie verfaßt. In jenem Aufsatz verwies er auf die Verhältnisse, die sich ihm darboten, als er im Wintersemester 1857/58 - also unmittelbar vor der Berufung von Nikolaus Friedreich auf den medizinischen Lehrstuhl - die Universität Heidelberg bezogen hatte.

"Anatomie und Physiologie", so schrieb er, "waren noch in einer Hand vereinigt. Die drei medizinischen Hauptfächer - Innere Medizin, Chirurgie und Geburtshilfe - umschlossen eigentlich noch alles, abgesehen von den grundlegenden Hilfsfächern: Anatomie, Physiologie, pathologische Anatomie und Arzneimittellehre."

Diese Verhältnisse waren aber bereits deutlich fortgeschritten im Vergleich mit jener Periode, in der es berechtigt ist, von den Wegbereitern der Neurologie zu sprechen. Sie umfaßt ungefähr den Zeitraum von 1790 - 1850 und läßt sich, allerdings schematisierend, für Deutschland in drei etwa gleich lange Zeitspannen gliedern.

Deutschland ist in diesem Zusammenhang definiert nach den damaligen politischen Ordnungen, also dem Heiligen Römischen Reich, den deutschen Nachfolgestaaten während der Napoleonischen Ära bzw. dem Deutschen Bund einschließlich West- und Ostpreußens.

Die erste Zeitspanne ist gleichsam ein Präludium der Neurologie des 19. Jahrhunderts. Wissenschaftlich war sie nämlich noch weitgehend beschränkt auf frühe neurophysiologische Studien und neuroanatomische Untersuchungen.

Erstere betrafen insbesondere die Kontroverse zwischen Galvani und Volta über die tierische Elektrizität. Hierher gehören umfangreiche Untersuchungen des jungen Alexander v. Humboldt (1769 - 1859), die er 1797 in einem zweibändigen Werk "Versuche über die gereizte Muskel- und Nervenfaser" zusammenfaßte.

Hinsichtlich der Neuroanatomie mag aus heutiger Sicht überraschen, welche grundlegenden Strukturen erst zu jener Zeit erkannt bzw. richtig zugeordnet wurden. Zu bedenken ist jedoch, daß den damaligen Anatomen als Hilfsmittel lediglich das in seiner Aussagekraft sehr begrenzte sog. einfache Mikroskop - im Grunde genommen ein Lupensystem - zur Verfügung stand.

An erster Stelle ist der aus Thorn stammende Samuel Thomas v. Sömmering (1755 - 1830) zu nennen, seit 1779 Professor der Anatomie und Chirurgie in Kassel und später in Mainz. Ihm verdanken wir vor allem eine meisterhafte Studie über den Ursprung und die Klassifikation der zwölf Hirnnerven. Allerdings war er noch der Ansicht, daß die Hirnnerven aus den Ventrikelwänden oder aus den Ventrikeln selbst entspringen würden. Er hat auch in seinem berühmten fünfbändigen Werk die Substantia nigra als eigenständige Struktur beschrieben.

Weiterhin ist hinzuweisen auf den aus Ostfriesland stammenden Kliniker Johann Christian Reil (1759 - 1813). Er war 1787 nach Halle und 1810 auf den Medizinischen Lehrstuhl der von Wilhelm v. Humboldt neugegründeten Berliner Universität berufen worden.

Ihm verdanken wir die nähere Beschreibung der Insel und der meisten Kleinhirnläppchen. Er war auch beteiligt an der strukturellen Differenzierung des Nucleus lentiformis und des

Lemniscussystems. Ferner verfolgte er als erster die Faserstrukturen vom Mittelhirn bis weit in das Rückenmark.

Vor allem ist Franz Josef Gall (1758 - 1828) anzuführen. Er hatte sich nach dem Abschluß seines Studiums 1785 zwar in Wien niedergelassen, sich zugleich aber auch wissenschaftlichen Studien gewidmet. 1798 verfaßte er seine bekannte Abhandlung "Über die Verrichtungen des Gehirns und über die Möglichkeit, mehrere Fähigkeiten und Neigungen aus dem Bau des Kopfes und Schädels zu erkennen."

Seine Auffassung, aus den verschiedenen Vorwölbungen des knöchernen Schädels auf eine besondere Entwicklung der darunter liegenden Hirnabschnitte und damit auf besondere individuelle geistige sowie seelische Eigenschaften schließen zu können, hatte er auch in Vorlesungen verbreitet.

Zeitgeschichtlich ist bemerkenswert, daß ihm diese durch Dekret des letzten Kaisers des alten Reiches 1801 verboten wurden. Der Kaiser hatte den Staatskanzler angewiesen: "Da über diese Lehre, von welcher mit Enthusiasmus gesprochen wird, vielleicht einige ihren eigenen Kopf verlieren dürften, diese Lehre auch auf Materialismus zu führen, mit hingegen die ersten Grundsätze der Religion und Moral zu streiten scheint, so werden Sie diese Privatvorlesungen alsogleich verbieten lassen."

Wenn sich die Schädellehre auch als falsch erwies, so erkannte Gall jedoch - wie Erna Lesky betont hat - die Strukturelemente des Nervensystems. Er widersprach insbesondere der bis dahin gültigen Auffassung, die graue Substanz der Hirnwindungen sei nur ein Schutzmantel, also eine Rinde für die darunter liegende weiße Substanz.

"Das Nervensystem besteht wesentlich aus zwei ganz verschiedenen Substanzen: Aus der Marksubstanz und der Rindensubstanz. Die Erstere ..... ist faserig, oder von feinsten Nervenfäden zusammengesetzt .... Die Rindensubstanz ist sulzig, gallertig, gräulich .... Von ihrer inneren Struktur weiß man nichts Zuverlässiges; aber sie ist nicht faserig und immer weicher als die fibröse weiße Substanz .... Sie umkleidet alle Nervenenden und ist unzertrennlich vom Ursprunge der Nervenfäden. Nie und nirgendwo besteht sie für sich allein .... Auch gibt es nie einen Nervenfaden, ohne daß er seinen Ursprung aus dieser Substanz erhalten hätte."

"Da wir also sehen, daß alle Nerven aus dieser sulzigen gallertartigen Substanz entstehen, so betrachten wir sie als den Urstoff und die Quelle des Nervensystems und möchten ihr gerne den Namen Matrix Nervorum beilegen."

Die damalige Rückständigkeit des Hofes in Wien wird besonders deutlich im Kontrast mit den Entwicklungen in Frankreich und England. Dort beflügelten die Medizin die Gedanken der englischen Aufklärungsphilosophie des 17. Jahrhunderts, die ihren Höhepunkt erreichte in dem Wirken von Diderot, D'Alambert, Voltaire und Rousseau.

Unmittelbarer Ausfluß jener neuen Ideen war bekanntlich die Überzeugung Pinels (1755 - 1826), daß die Geistesstörungen als Körperkrankheiten anzusehen seien. Seine Gedanken und sein Entschluß, deshalb die Geisteskranken von ihren Ketten zu befreien (1798), fanden übrigens rasch die Zustimmung Reils und inspirierten ihn zu seiner Studie (1803) "Rhapsodien über die Anwendung der psychischen Curmethode auf Geisteszerrüttungen".

Der Umbruch in Frankreich beschränkte sich bekanntlich nicht nur auf die Psychiatrie, sondern erfaßte die gesamte Heilkunde. E. H. Ackerknecht hat jene grundlegende Veränderung mit folgenden Worten charakterisiert: "Die mittelalterliche Medizin hatte sich auf die Bibliotheken konzentriert. Während der folgenden drei Jahrhunderte hatte sie sich auf das einzelne Krankenbett gerichtet. Im 19. Jahrhundert fand sie ihren Mittelpunkt in den Krankenhäusern."

Frankreich, besonders Paris, war Ausgangspunkt dieser neuen medizinischen Epoche. Die ärztliche Tätigkeit beschränkte sich nicht mehr auf die Beobachtung der Kranken. Hinzu kam die körperliche Untersuchung, insbesondere die von Auenbrugger schon 1761 entwickelte Perkussion und die von Laennec inaugurierte Auskultation. Vor allem wurden die klinischen Symptome mit den Ergebnissen der pathologisch-anatomischen Untersuchungen korreliert. Die Medizin der Symptome wurde zur Medizin der Läsionen.

Diese moderne Entwicklung fand auch sehr schnell Eingang in den großen Krankenhäusern von Dublin und London und verschaffte England einen ebenbürtigen Rang.

In Deutschland hatten dagegen in jener ersten Phase unserer Berichtszeit zunehmend spekulative Theorien um sich gegriffen, die jeden Fortschritt verhinderten. Angefangen von dem Vitalismus der Schule von Montpellier über den Magnetismus des Anton Mesmer bis zur Homöopathie Samuel Hahnemanns.

Schließlich gewann um 1810 - also während des zweiten Abschnitts unserer Periode - F.W.J. Schellings Naturphilosophie (Erster Entwurf eines Systems der Naturphilosophie 1799) die Oberhand und zog auch die begabtesten und erfahrensten Köpfe, u. a. Reil mit seinen Vorstellungen von der "Lebenskraft", in ihren Bann.

V. Noorden hat jene Epoche so umrissen: "Die philosophisch eingestellte Geisteswelt beherrschte die Medizin. Philosophische Betrachtungen suchten neben dem Universum das Einzelleben und den Sinn des Lebens zu erfassen. Die Verschmelzung solcher Fragen führte zur Naturphilosophie .... Nur vertieftes Studium findet sich noch in den uns jetzt abwegigen Gedankengängen zurecht, die die damaligen prominenten Lehrer, aber auch die Salons beschäftigen."

Aus jener Zeit ist als fortschrittlich Karl Friedrich Burdach (1776 - 1847) zu erwähnen. In Leipzig geboren, war er seit 1811 Professor in Dorpat und seit 1814 in Königsberg. Er setzte zunächst die neuroanatomische Tradition des 18. Jahrhunderts fort, schuf in diesem Zusammenhang den Begriff "Morphologie" und beschrieb den nach ihm bezeichneten Hinterstrang in seinem Werk "Vom Bau und Leben des Gehirns" 1819.

Fast gleichaltrig mit ihm ist Christian Friedrich Nasse (1778 - 1851) aus Bielefeld, ein Schüler von Reil. Er wurde 1819 der erste Direktor der Medizinischen Universitätsklinik in Bonn. Ursprünglich hatte er dem Mesmerismus und der Naturphilosophie angehangen. Sioli meinte, daß ihm unter dem Einfluß naturphilosophischer Spekulationen medizinisch schwer Verständliches aus der Feder geflossen sei.

Nasse hat sich aber in Bonn zu einem universellen Kliniker entwickelt. Er soll in Deutschland als erster die physikalische Diagnostik am Krankenbett ausgeübt und sich auch als erster in den klinischen Vorlesungen des Mikroskops bedient haben. Vor allem erachtete er Sektionen als besonders wichtig.

Seine Maxime lautete: "Durch die semiotische Verfolgung der Zufälle an Kranken, durch die von hier aus angeregten und zur Lösung gestellten physiologischen Fragen sich einen Weg zur richtigen Beurteilung und Erkenntnis der Kranken zu bahnen und womöglich genauere Einsichten in den naturgemäßen Weg der Heilung zu erlangen."

1821 hatte er eine Abhandlung verfaßt mit dem Titel: "Leichenöffnungen zur Diagnostik und pathologischen Anatomie" und 1826 war seine Schrift erschienen: "Über den Begriff und die Methode der Physiologie".

Nasses besonderes Interesse galt jedoch der Psychiatrie. Schon vor seiner Berufung hatte er die Einrichtung von Kliniken für psychische Krankheiten an den Universitäten gefordert und sich in Bonn um die Pflege und Anregung psychiatrischer Studien große Verdienste erworben. Er pflegte auch jeweils während des Sommersemesters über psychische Krankheiten und Krankheiten der Nervenzentren zu lesen.

Seine Aufmerksamkeit war aber auch in hohem Maße auf die Neurologie gerichtet. Seinen Schüler De Blois veranlaßte er bereits 1820, die Schriften von J. Abercrombie ins Deutsche zu übersetzen. Sie erschienen unter dem Titel "Über die Krankheiten des Gehirns und Rückenmarks".

Nasse selbst fügte einen Anhang über Geschwülste im Gehirn an, und zwar eine Kasuistik aus zwei eigenen Beobachtungen und 46 Fällen des Schrifttums, die sämtlich klinisch und pathologisch-anatomisch untersucht worden waren. Anschaulich und akribisch analysierte er die Lebensumstände, das Alter und Geschlecht der Kranken sowie die klinische Symptomatik. Ebenso sorgfältig gab er sodann die Leichenbefunde hinsichtlich der Beschaffenheit und Lokalisation wieder, schilderte aber auch, wie wir heute sagen, die zerebralen Umgebungsreaktionen.

Der dritte Teil der Studie betraf die Korrelation der klinischen und pathologisch-anatomischen Befunde.

Ferner veröffentlichte Nasse zwischen 1837 und 1840 eine umfangreiche "Sammlung zur Kenntnis der Gehirn- und Rückenmarkskrankheiten aus dem Englischen und Französischen". Mit demselben Recht wie die Psychiater können wir daher diesen Internisten mit seinen besonderen Kenntnissen und Erfahrungen auf dem Felde der pathologischen Anatomie und der Physiologie als frühen klinischen Vertreter unseres Faches bezeichnen.

Die von Nasse inaugurierte Übertragung der aktuellen Arbeiten von Abercrombie ins Deutsche gibt Anlaß, darauf hinzuweisen, daß sich in England und Frankreich seit 1810 eine rege Publikation neurologischer Schriften anbahnte. Erinnert sei an J. Parkinsons "Essay on the shaking palsy" von 1817. Das erste neurologische Lehrbuch überhaupt "A treatise on nervous disease" von J.A. Cooke mit den Kapiteln "On apoplexy, on palsy, on epilepsy" erschien zwischen 1820 und 1823. Nasses Anstoß fand daher manche Nachahmer mit dem Ziel, durch Übersetzung der englischen und französischen Schriften den Rückstand zu überwinden, der infolge des ungünstigen Zeitgeistes entstanden war.

Justus Radius in Leipzig übersetzte und kommentierte bereits in seinem Erscheinungsjahr (Paris 1824) G.P. Olliviers Abhandlung "De la moelle épinière et de ces maladies".

Charles Bells "Nervous system of the human body" London 1830 ist zwei Jahre später vorzüglich von Romberg übertragen worden. Letzterer machte in seinem Vorwort deutlich, daß er in dem Prioritätsstreit zwischen Bell und Magendie über die Funktion der vorderen und hinteren spinalen Wurzel dem Autor zuneigte. Wohl deshalb versah er die Schrift mit einem Anhang, in dem Johannes Müller aufgrund experimenteller Untersuchungen an Fröschen die Bellschen Ergebnisse glänzend bestätigte.

Die Werke des Klinikers und Physiologen Marshall-Hall "Das Nervensystem und dessen Krankheiten" sowie seine "Darstellung der Verrichtungen des Nervensystems" sind mehrmals ins Deutsche übertragen worden.

Die Ära der Naturphilosophie neigte sich um 1830 endgültig ihrem Ende zu. Aber schon 1824 war Johannes Lukas Schoenlein (1793 - 1864) zum ordentlichen Professor für spezifische Pathologie und zum Vorstand der Inneren Klinik in Würzburg berufen worden. Allen philosophischen Spekulationen abhold, war er ein Vertreter der, wie es damals hieß, naturhistorischen Schule. Er suchte den Anschluß an die modernen Prinzipien der französischen und englischen Medizin und bediente sich als erster in seinen Vorlesungen der deutschen Sprache, wie es übrigens auch Josef Skoda (1805 - 1881) tat, der neben v. Rokitansky (1804 - 1878) als Führer der sogenannten jungen Wiener Schule gilt.

Der allgemeine Umschwung kam auch den Neurowissenschaften zugute. Wiederum galt das zuerst für die Anatomie. Die Einführung des zusammengesetzten Mikroskops im Jahre 1836 beflügelten die Untersuchungen auf zellulärer Ebene und eröffnete völlig neue Perspektiven.

Ehrenberg hatte bereits in demselben Jahr Nervenzellen in den Hinterwurzeln nachgewiesen. E. Purkinje beschrieb 1838 die gangliösen Körperchen in verschiedenen Teilen des Gehirns, also die Zellkörper, insbesondere die nach ihm benannten Zellen der Kleinhirnrinde. Er prägte auch den Begriff "Protoplasma". Robert Remak (1815 - 1865), Assistent von Schoenlein, kam 1838 bei einer Untersuchung von Ochsen zu dem Ergebnis, daß die Axone des Rückenmarks kontinuierlich mit dem Zelleib verbunden sind. Vor allem zeigte er 1852 als einer der Ersten, daß die Proliferation von Zellen durch Zellteilung erfolgt und nicht durch endogene Bildung, wie es Schwann angenommen hatte.

Besonderer Erwähnung bedarf auch Benedictus Stilling aus Kassel (1910 - 1879), über den sich Otfried Foerster anläßlich unserer Jahresversammlung im Jahre 1925 folgendermaßen äußerte: "Nachdem Stilling chirurgischer Assistent in Marburg gewesen war, ließ er sich in Kassel nieder. In die Jahre 1836 fallen seine Arbeiten auf dem Gebiet der experimentellen Physiologie. Weit bedeutungsvoller sind jedoch seine Studien auf dem Gebiet der Anatomie der nervösen Zentralorgane. Er erdachte und übte die Methode der Serienschnitte an gefrorenem Material, die er - bedenken Sie das, meine Damen und Herren - alle mit dem Rasiermesser herstellte. Am 25. Januar 1842 stellte er den ersten dünnen Rückenmarksschnitt her und beschreibt selbst begeistert, welchen wunderbaren Eindruck er von dem Einblick in den Aufbau und die Faserung des Rückenmarks erhalten habe."

Stilling erkannte mit seiner Methode das Kreuz und Quer der Fasern in der grauen Substanz des Rückenmarks und die in diesem Netz angeordneten Nervenzellen unterschiedlicher Größe. Vor allem beschrieb er die Vorderhornzelle, die er als motorische Ganglienzelle bezeichnete.

Die Neurophysiologie wurde in Deutschland von Johannes Müller (1801 - 1858) begründet und von ihm selbst in seinem Handbuch der Physiologie 1838 umfassend dargestellt. Er war ein universaler Forscher, der auch auf dem Felde der Anatomie und Embryologie gewirkt hat. Für die Würdigung seiner Person und seines Werks bedarf es einer gesonderten Darstellung.

Die klinischen Fortschritte bleiben auch in dieser dritten Phase weniger spektakulär als die Ergebnisse der Grundlagenforschung. Einerseits ermangelte es noch an differenzierten histopathologischen Untersuchungen, die erst mit der Einführung des Mikrotoms und der Färbemethoden möglich wurden. Zum anderen fehlte es noch an einer subtilen klinischen Untersuchungstechnik. Beides begrenzte die Möglichkeit, Krankheitszustände artdiagnostisch zu unterscheiden. Erwähnt werden muß die Darstellung des Botulismus durch Kerner (1820) und der Tabes dorsalis durch v. Horn (1827). Hervorzuheben ist ferner die Darstellung der Poliomeyelitis durch J. Heine 1840. Schließlich ist die klinische Arbeit von F. Frerichs über die Hirnsklerose, also die multiple Sklerose, von 1849 zu nennen. Übrigens wurde sie pathologisch-anatomisch zuerst von Hooper 1828 beschrieben, also einige Jahre vor den bekannten Ausführungen von Cruveilhier und v. Rokitansky.

Trotz aller dieser frühen klinischen Bemühungen ist L.C. McHenry zuzustimmen, der zu dem Schluß kam, daß der erste wirkliche Fortschritt erst durch Romberg und Duchenne erreicht wurde.

Dieser Umstand hatte mich veranlaßt, in unserer Jubiläumsschrift von 1982 vom "Aufbruch in Berlin" zu sprechen, eine Wendung, die unser letzter Ehrenpräsident K.J. Zülch vor zwei Jahren in seiner umfassenden und glänzenden Beschreibung des Lebens und Wirkens Rombergs wieder aufgenommen hat.

Zum Schluß möchte ich noch auf einen bedeutenden Kliniker verweisen, der die frühe Periode mit der von Erb erlebten Entwicklung unseres Faches verbindet. Es ist Karl-Ewald Hasse, geboren 1810 in Dresden und 1902 in Hannover verstorben.

Nach der Promotion in Leipzig wurde er dort 1836 Prosektor und einige Jahre später Extraordinarius der Medizinischen Klinik und Pathologie.

1844 folgte er einem Ruf nach Zürich als Professor der Medizinischen Klinik und Pathologie. Als solcher wurde er 1852 Vorgänger von Friedreich in Heidelberg. Aber bereits 1956 wechselte er nach Göttingen, wo er bis zu seiner Emeritierung 1878 blieb.

Sein Hauptwerk aus der Leipziger Zeit ist die pathologisch-anatomische Darstellung der Krankheiten des Zirkulationsapparates und der Respirationsorgane. Wohl deshalb ersuchte ihn Virchow, an dem von ihm redigierten Handbuch der speziellen Pathologie und Therapie mitzuwirken. Hasse schrieb den Band über die Krankheiten des Nervenapparates noch in Heidelberg, legte aber letzte Hand an in Göttingen.

In jenem umfangreichen Werk hat er ausführlich die multiple Sklerose behandelt, die er als "eigenthümliche Form der partiellen Hirnsklerose" bezeichnet hatte.

Liest man seine differenzierte Beschreibung der makroskopischen pathologisch-anatomischen Veränderungen und die genaue Darstellung der Krankheitsentwicklung, ihres Verlaufs und ihrer wesentlichen vielfältigen Erscheinungsformen, wird deutlich, daß eine neue Epoche der Medizin in Deutschland angebrochen war, in der ihr schließlich eine führende Rolle zuerkannt werden sollte.

Meine Damen und Herren, damit schließt sich in mehrfacher Hinsicht der Kreis. Hasses Biographie zeigt die selbstverständlichen Verbindungen, die zu seiner Zeit in Deutschland und im deutschsprachigen Raum zwischen allen wissenschaftlichen Stätten bestanden und die wir bei dieser Tagung zu unserer großen Freude endlich wieder hergestellt sehen.

Sie bringt mich aber auch zum Ausgangspunkt meiner Ausführungen zurück, nach Heidelberg und jener Schule, die die Entwicklung unseres Faches entscheidend bestimmte.

Sie verweist ferner auf Göttingens alma mater, wo unser neuer Ehrenpräsident an Hasses Tätigkeit wieder anknüpfte und die multiple Sklerose zum wesentlichen Feld seiner wissenschaftlichen Tätigkeit machte.

Last not least spannt sie den Bogen von der Frühzeit unseres Faches, in der die multiple Sklerose noch nicht ihren Namen hatte, zu dem sehr umfangreichen Hauptthema dieser Tagung, das unser Herr Vorsitzender ausgewählt und so meisterhaft gestaltet hat.

Die deskriptive und analytische Epidemiologie der multiplen Sklerose*

K. Lauer

Angesichts der ungeklärten Ätiologie der MS kommt der epidemiologischen Forschung eine zentrale Bedeutung zu. Dieser Wissenschaftszweig hat in den vergangenen zwei Jahrzehnten einen geradezu exponentiellen Aufschwung genommen, was sich zunehmend in deskriptiven und vor allem analytischen Studien weltweit widerspiegelt. Als wesentliche Zielsetzungen epidemiologischen Arbeitens müssen die Grunddaten für die gesundheitspolitische Planung, die zuverlässigere Charakterisierung von klinischem Bild und Verlauf der einzelnen Krankheitsbilder und, bei ätiologisch unklaren Erkrankungen, das Herausarbeiten von möglichen Kausal- bzw. Risikofaktoren genannt werden.

Während die "deskriptive Epidemiologie" die Grundparameter Prävalenz, Inzidenz und Mortalität in ihren geographischen Verhältnissen und ihrem zeitlichen Verlauf darstellt, führt die "analytische Epidemiologie" mit verschiedenen Methoden an mögliche Kausalfaktoren heran (10). Unabdingbare Voraussetzung für sinnvolles analytisches Arbeiten sind weitgehende Vollständigkeit und Zuverlässigkeit der deskriptiven Daten unter Einschluß gerade auch der diagnostischen Klassifikation. Epidemiologisches Arbeiten kann im Rahmen der Ursachenforschung nur Spuren finden bzw. Hypothesen generieren, wobei die Wertigkeit der einzelnen Methoden unbedingt beachtet werden muß (z. B. niedrig bei der ökologischen Korrelationsstudie, hoch bei der prospektiven Interventionsstudie). Die Beweisführung hinsichtlich kausal relevanter Faktoren muß den experimentellen Wissenschaften überlassen bleiben.

Für die deskriptive Epidemiologie der MS bleibt auch bei neuen bzw. Folge-Studien in definierten Arealen der Eindruck einer abfallenden Morbidität in Richtung Äquator auf beiden Hemisphären bei der kaukasischen Rasse erhalten. Dies gilt namentlich für den europäisch-nordafrikanischen Raum und Australien/Neuseeland, hingegen weniger eindeutig für Nordamerika. Auch der bereits in frühen Stadien angedeutete Risikoabfall in den nördlichen Zonen Europas und Nordamerikas und der insgesamt peakförmige Verlauf der Morbiditätskurven im Bereich hoher geographischer Breiten wurde durch neuere Untersuchungen bestätigt. Die deutlichsten Abweichungen von dem generellen Prävalenzgefälle zwischen Mitteleuropa und Nordafrika ergeben sich aus den neueren italienischen Felduntersuchungen (Prävalenz 30 - 90) (2), die dieses Land, speziell Sardinien und Sizilien, ebenso wie den größten Teil Jugoslawiens in die Hochrisikozone für MS einordnen lassen. Vergleichbar umfangreiche Untersuchungen für Spanien und Griechenland liegen nicht vor, jedoch wurden zuletzt aus beiden Ländern höhere Raten berichtet (Prävalenz 15 - 30, stellenweise auch über 50). Ein bemerkenswerter und möglicherweise richtungsweisender steiler Abfall der Morbiditätsraten scheint im Zentrum des Mittelmeerraumes zwischen Sizilien und Malta zu bestehen (Prävalenzen 30 - 60 bzw. 4) (17), wobei dieser Unterschied nicht durch bekannte MS-assoziierte genetische Faktoren (HLA-DR2, -A3, -B7) erklärt werden kann (6).

Ein bislang einzigartiges epidemiologisches Phänomen ist das zwischen 1943 und 1960 beschriebene steile An- und langsamere Abschwellen der MS-Inzidenz auf den Faröer-Inseln, das als Folge einer durch britische Truppen im 2. Weltkrieg gesetzte Punktquellinfektion gedeutet wurde (11). Neben der infektiösen Ätiologie müssen angesichts erheblicher sozialer Wandlungen weitere Milieufaktoren, z. B. industrieller oder nutritiver Art (12, 13) erörtert werden. Bemerkenswert sind auch die Untersuchungen an Migrantenpopulationen. Während früher in Israel und in Südafrika eine Akquisition der Erkrankung bis zum 15. Lebensjahr beschrieben wurde, blieben die Befunde bei der im neuen Heimatland aufgewachsenen Folgegeneration uneinheitlich: die Kinder westindischer Immigranten in England erfuhren eine Risikoangleichung an die Verhältnisse im neuen Heimatland (7); das MS-Risiko blieb hingegen auch bei Kindern nordafrikanischer Sephardim-Juden in Israel niedrig (4). Beide Befunde zusammengenommen sprechen gegen eine Rolle genetischer oder streng klimatischer Faktoren und könnten eher auf enger an die Verhältnisse des Elternhauses gekoppelte Milieufaktoren hinweisen.

Für Asien, Afrika und Südamerika, aber auch für weiteste Teile der Sowjetunion liegen nur unzureichende Daten aufgrund von Hospitalserien vor. Lediglich in Japan und Hongkong wurden systematische Feldstudien durchgeführt. In Übereinstimmung mit letzteren sprechen die genannten Schätzungen für ein niedriges Risiko in Asien und Schwarzafrika (Prävalenz unter 5), und ein niedriges bis mittleres Risiko (Prävalenz 4 - 35) mit Süd-Nord-Gefälle in Lateinamerika. Bemerkenswert war die im Vergleich zum Rest der indischen Bevölkerung hohe Prävalenz von 21 bei den Parsen in Bombay (3).

Die mancherorts durchgeführten Zeitreihenuntersuchungen bzw. Folgestudien ergaben fast ausnahmslos einen 2- bis 3fachen Anstieg der Prävalenzraten in den 1980er im Vergleich mit den 1950er oder 1960er Jahren. Dieser wurde mit besseren Erfassungsmöglichkeiten bei Langzeit- bzw. Folgestudien, aber auch mit einer sinkenden Mortalität infolge erweiterter Behandlungsmöglichkeiten von MS-Komplikationen begründet. Umstritten blieb hingegen die Frage eines Anstiegs der MS-Inzidenz im Verlauf der letzten drei Jahrzehnte, z. B. in Bergen in Norwegen, in Südniedersachsen und Südwestfinnland, zuletzt auch im Raum Olmsted/Mower in Minnesota, USA, der in anderen Regionen (Göteborg, Australien) nicht bestätigt wurde. Die Frage, inwieweit ein Anstieg auch der Inzidenz Folge verbesserter diagnostischer und epidemiologischer Methodik ist oder ob er die Zunahme eines biologisch relevanten Ursachenprinzips widerspiegelt, ist bislang umstritten.

Verglichen mit der Situation in der Karzinom- oder Herz-Kreislauf-Forschung sind die Voraussetzungen für analytisch-epidemiologisches Arbeiten bei der MS wegen deren Seltenheit, der mangelhaften Brauchbarkeit von Mortalitätsdaten und der vermutlich langen Latenzperiode zwischen wahrscheinlicher Akquisition und Erstmanifestation wesentlich ungünstiger. Vor diesem Hintergrund müssen auch die z. T. sehr widersprüchlichen Ergebnisse gesehen werden. Trotzdem ist die Diskussion über mögliche Risikofaktoren bei der MS weiter fortgeschritten als etwa bei der rheumatoiden Arthritis (RA) (9).

Vor allem um ein evtl. Stadt-Land-Gefälle, eine Abhängigkeit des Risikos von Beruf oder Sozialstatus und eine mögliche individuelle Koinzidenz mit anderen Erkrankungen aufzudecken, wurden MS-Raten mit bevölkerungsstatistischen oder epidemiologischen Daten der jeweiligen Grundbevölkerung verglichen. Die Interpretation ist dabei durch mangelhafte Angleichung von MS- und Kontrolldaten in geographischer und/oder zeitlicher Hinsicht sowie durch oft unzureichende Alterskorrektur erschwert. Während eine Mehrzahl der Feldstudien höhere Prävalenzraten in städtischen Ballungsräumen betonte, war das Bild bei Berücksichtigung des Kindheitswohnsitzes uneinheitlich; dabei könnten allerdings Migrationsfaktoren das Muster verzerrt haben. Auswertungen ganzer Länder (z. B. Finnland und Dänemark für Prävalenz, BRD und Frankreich für Mortalität) ergaben keinerlei Anhalt für einen Risikounterschied zwischen Stadt und Land.

Das Muster der bislang MS-assoziierten Berufe war sehr heterogen. Während die ältere, meist auf Hospitalserien basierende Literatur besonderes Betroffensein landwirtschaftlicher, holzverarbeitender und metallverarbeitender Berufe betonte, hatten einzelne neuere Untersuchungen auf ein erhöhtes Risiko bei kaufmännischen Berufen oder bei Krankenschwestern hingewiesen; diese letztgenannten, nicht altersangeglichenen Daten wurden aber nicht durchgehend bestätigt. Auch der im angelsächsischen Raum gefundene höhere Sozialstatus der MS-Kranken konnte andernorts (z. B. auch BRD) nicht bestätigt werden.

Bei der Suche nach Krankheitskoinzidenzen blieb die früher behauptete verminderte Karzinomanfälligkeit MS-Kranker nicht unwidersprochen. Registerabgleiche oder Untersuchungen in Hospitalserien ergaben ein gehäuftes gleichzeitiges Auftreten von Myastenis gravis bzw. chronisch entzündlichen Darmerkrankungen und MS. Wegen kleiner Fallzahlen bedürfen diese Erkenntnisse unbedingt der Bestätigung.

Bei sog. "ökologischen Korrelationsstudien" wurden, abhängig von der geographischen Ausdehnung des Untersuchungsgebietes, bislang zahlreiche Assoziationen mit der MS-Rate beschrieben. Das Spektrum reicht von der geographischen Breite und kosmischen Strahlen über klimatische und diätetische Variablen bis hin zur Häufigkeit bestimmter anderer Erkrankungen und genetischer Faktoren in der jeweiligen Grundbevölkerung. Grundsätzliche Nachteile sind die fehlende Testung des individuellen Risikos und mögliche Interkorrelationen mit bekannten oder unbekannten Drittvariablen. Wenn bei der Vielfalt von Einzelbefunden das Kriterium der "Konsistenz der Assoziation" (10) als Maßstab für eine mögliche ätiologische Bedeutung gesetzt wird, erscheinen folgende Variablen als zumindest weiter untersuchungswürdig: Kühle und Niederschlagsreichtum, Konsum tierischer Fette, Eiweiße und Fleischprodukte (im Gegensatz zu Fisch oder Vegetabilien); Industrialisierungsgrad (jedoch ohne Bezug zu definierten Industriezweigen); Häufigkeit des Dickdarmkrebses, insbesondere des Rektumkarzinoms in der Bevölkerung. Andere Assoziationen, wie die mit definierten HLA-Faktoren (z. B. DR2 in Großbritannien) (15) und mit dem Alter zum Zeitpunkt der Serokonversion für neurotrope Viren (1) wurden auch in Fall-Kontroll-Studien bestätigt.

Der individuelle Expositionen testende Ansatz der Fall-Kontroll-Studie ist generell und im Sonderfall der MS mit einer Reihe von Irrtumsmöglichkeiten behaftet. So können Selektionsfaktoren bei der jeweiligen Kontrollgruppe die Ergebnisse erheblich verzerren. Darüber hinaus erschweren mnestische Probleme zu bestimmten Phänomenen in starkem Maße die Interpretation. Bei den entsprechenden Studien zur MS waren die methodischen Details wie Art und Umfang der Kontrollgruppe, Befragungsmodus und abgedeckte Themenfelder sehr unterschiedlich. Wenn wiederum das Kriterium der Konsistenz bzw. Multiplizität der Befunde herangezogen wird, kann allenfalls das Alter zum Zeitpunkt der einen oder anderen viralen Kindheitsinfektion als relevant herausgestellt werden. Andere Parameter wie Häufigkeit einzelner Infektionen, von Wohnungswechsel und Anästhesien blieben umstritten, während sich eine mögliche Rolle von Haus- oder Nutztieren, Impfungen, Traumen, Operationen sowie eines schlechten Zahnstatus nicht erhärten ließen.

Die Bedeutung genetischer Faktoren in der Pathogenese der MS ist heute unumstritten. Trotz methodischer Einwände stellt eine große kanadische Studie (5), bei der ein um den Faktor 10 erhöhtes Konkordanzrisiko für eineiige im Vergleich zu zweieiigen Zwillingen gefunden wurde, ein gewichtiges Argument dar, ebenso neuere Daten aus Finnland. Die in

Fall-Kontroll-Studien berichteten HLA-Assoziationen sprechen auch für eine genetische Prädisposition. Allerdings variierte das Spektrum MS-assoziierter genetischer Marker sehr von einer Population zur anderen. Als solche wurden bislang HLA-DR2/Dw2 in Nord- und Mitteleuropa, Nordamerika und Neuseeland, -DQw1 in Schottland, -DR4 in Italien und Jordanien sowie -DPw6 in Skandinavien herausgestellt (16). Weniger eindeutig waren die Bezüge zu definierten Immunglobulin-Allotypen, jedoch wurde ein besonders hohes Risiko bei bestimmten Kombinationen von Klasse-II- und Gm-Faktoren gefunden (8, 14).

Somit kann auch durch zahlreiche neuere Feldstudien das globale Muster der MS in seinen Grundzügen (abfallendes Risiko oberhalb und unterhalb des 60. nördlichen Breitengrades sowie im Bereich Neuseeland-Australien; Seltenheit in Afrika und Asien; besonderes Betroffensein der weißen Rasse) erhärtet werden. Die beitragende Rolle genetischer Faktoren ist ebenfalls wahrscheinlich, wobei aber ein einheitliches MS-assoziiertes Gen noch zu identifizieren bleibt. Die Frage, ob die MS-Inzidenz und damit das Erkrankungsrisiko gegenwärtig zunimmt, ist umstritten und letztlich wegen sich ständig ändernder methodischer Voraussetzungen schwer zu beantworten. Bemerkenswerte Einzelbefunde im Bereich der deskriptiven Epidemiologie wie das offensichtlich nur passager hohe Risiko auf den Faröer-Inseln, der steile Prävalenzgradient zwischen Sizilien und Malta und das in unterschiedlicher Weise sich entwickelnde MS-Risiko in der Folgegeneration bei Einwanderern aus Niedrigrisikozonen nach Großbritannien einerseits und nach Israel andererseits könnte wichtige Aufschlüsse liefern. Der allgemein als geringwertig angesehene Ansatz der "ökologischen Korrelationsstudie" hat zuletzt zu überraschend konsistenten Befunden für einzelne Parameter geführt (z. B. Industriedichte, bestimmte klimatische Faktoren bzw. deren Indikatoren), so daß eine weitere Ausschöpfung dieser relativ einfachen Untersuchungstechnik durchaus gerechtfertigt ist. Die Fall-Kontroll-Studie bedarf im Sonderfall der MS methodischer Verbesserungen wie Verwendung bevölkerungsbezogener Kontrollgruppen, Beschränkung auf jüngere Probanden und Einbeziehung von deren Eltern, um die Zuverlässigkeit der Ergebnisse zu erhöhen. Unter der Annahme von weltweit einheitlichen Ursachenfaktoren für die MS erscheinen solche Studien in Niedrigrisikogebieten besonders erfolgversprechend. Für die deskrikptive Epidemiologie sind, selbst in den Industrieländern, mehr Langzeituntersuchungen zur Ermittlung der tatsächlichen Prävalenz und Inzidenz notwendig. Schließlich sind Feldstudien in den bislang nicht oder sehr unzureichend untersuchten Regionen der Dritten Welt dringend geboten.

Literatur

1. Alter M, Xin ZZ, Davanipour Z et al (1986) Multiple sclerosis and childhood infections. Neurology 36:1386-1389
2. Battaglia MA (1989) Multiple sclerosis epidemiology in Europe. In: Battaglia MA, Crimi G (Hrsg) An update on multiple sclerosis. Monduzzi, Bologna:201-208
3. Bharucha NE, Bharucha EP, Wadia NH et al (1988) Prevalence of multiple sclerosis in the Parsis of Bombay. Neurology 38:727-729
4. Biton V, Abramsky O (1986) Newer study fails to support environmental factors in etiology of MS. Neurology 36 (Suppl 1):184
5. Ebers GC, Bulman DE, Sadovnick AD et al (1986) A population-based study of multiple sclerosis in twins. New Engl J Med 315:1638-1642
6. Elian M, Alonso A, Awad J et al (1987) HLA associations with multiple sclerosis in Sicily and Malta. Dis Markers 5:89-99
7. Elian M, Dean G (1987) Multiple sclerosis among the United Kingdom-born children of immigrants from the West Indies. J Neurol Neurosurg Psychiatr 50:327-332

8. Francis DA, Brazier DM, Batchelor JR et al (1986) Gm allotypes in multiple sclerosis: Influence on susceptibility in HLA-DQw1-positive individuals from the north-east of Scotland. Clin Immunol Immunopathol 41:409-416
9. Gran JT (1987) The epidemiology of rheumatoid arthritis. Monogr Allergy 21:162-196
10. Kelsey JL, Thompson WD, Evans AS (1986) Methods in observational epidemiology. Oxford University Press, Oxford
11. Kurtzke JF, Hyllested K (1986) Multiple sclerosis in the Faroe Islands 2. Clinical update, transmission and the nature of MS. Neurology 36:307-328
12. Lauer K (1988) Multiple sclerosis in relation to industrial and commercial activities in the Faroe Islands. Neuroepidemiology 7:228-233
13. Lauer K (1989) Dietary changes in temporal relation to multiple sclerosis in the Faroe Islands: An evaluation of literary sources. Neuroepidemiology 7:200-206
14. Salier JP, Sesboué R, Martin-Mondière C et al (1986) Combined influences of Gm and HLA phenotypes upon multiple sclerosis susceptibility and severity. J Clin Invest 78:533-538
15. Swingler RJ, Compston DAS (1986) The distribution of multiple sclerosis in the United Kingdom. J Neurol Neurosurg Psychiatr 49:1115-1124
16. Vartdal F (1989) HLA associations in multiple sclerosis: Implications for immunopathogenesis. Res Immunol 140:192-196
17. Vassallo L, Elian M, Dean G (1979) Multiple sclerosis in Southern Europe. II. Prevalence in Malta in 1978. J Epidemiol Comm Health 33:111-113

*Mit Unterstützung der Gemeinnützigen Hertie-Stiftung, Frankfurt

Die Malignommortalität bei MS-Kranken: Ergebnisse einer prospektiven epidemiologischen Studie

K. Lauer und W. Firnhaber

Epidemiologische Parallelen zu der einen oder anderen Tumorart könnten wegen der weiter fortgeschrittenen Diskussion über mögliche Risikofaktoren bei Tumorerkrankungen die Suche nach Kausalfaktoren auch bei der MS erleichtern. Die bisherigen Studien zum Thema "Malignome und MS" waren durch widersprüchliche Ergebnisse gekennzeichnet: während Auswertungen von Sektionsfällen (5) und von Krankheitsregistern (6) eher Hinweise auf ein vermindertes Karzinomrisiko bei MS-Kranken ergaben, zeigten ökologische Korrelationsstudien geographische Parallelen zwischen MS und Formen des Dickdarmkrebses (3, 12, 13). Da bei den erstgenannten Studien Selektionsfaktoren bzw. eine nicht ausreichende Korrektur von Alterseinflüssen eine Rolle gespielt haben könnten, wurde der Frage der individuellen Koinzidenz beider Erkrankungen nochmals an einem prospektiven epidemiologischen Krankengut nachgegangen.

In der Langzeitstudie zur MS-Morbidität in Südhessen (4) wurden in 2- bis 3jährigen Abständen alle Neurologen, Internisten und Allgemeinmediziner des Untersuchungsgebietes u. a. auch nach zwischenzeitlich verstorbenen MS-Kranken befragt. Durch Rückfrage bei den zuletzt behandelnden Ärzten und Kliniken bzw. anhand von Sektionsprotokollen wurde die Todesursache ermittelt. Die Zahl der so registrierten Krebstodesfälle wurde nach der direkten Methode (2) unter Verwendung der BRD-Bevölkerung 1985 (11) als Standard in eine "alterskorrigierte beobachtete Fallzahl" (Oc) transformiert. Als Basispopulation zur Berechnung altersspezifischer Mortalitätsraten im MS-Krankengut diente dabei das MS-Prävalenzmaterial von 1980, das 470 Kranke mit definierter Altersstruktur umfaßte. Die so ermittelte korrigierte Malignom-Sterberate über 9 Jahre in der MS-Population des südhessischen Areals wurde mit der entsprechenden Sterberate in der BRD anhand von Vierfeldertafeln unter Berechnung der Odds Ratio (OR) (2) verglichen.

Im Zeitraum 1980 - 88 betrug die alterskorrigierte beobachtete Fallzahl bei den Frauen für alle soliden Tumoren 14 (OR 2,2 p<0,004), für das Dickdarmkarzinom 8 (OR 6,7; p<0,0001), für das Mammakarzinom 3 (OR 2,2; p<0,03) und für das Uterus-, Ovarial- und Gallenwegskarzinom je 1 (n. s.). Bei den Männern fand sich ein alterskorrigierter Wert von 3 Fällen (OR 0,7; n. s.) für alle soliden Malignome und von 2 bzw. 1 für das Magen- und das Prostatakarzinom (n. s.). Nach Korrektur für die Zahl der angestellten Vergleiche blieben lediglich die Gesamttumorrate und die Rate für das Dickdarmkarzinom bei den Frauen signifikant erhöht.

Gegen eine Rolle spezifischer regionaler Faktoren für diese Häufung spricht die Tatsache, daß sowohl die Gesamtmalignomrate als auch die Rate für die erwähnten Einzeltumoren sich in den südhessischen Kreisen nicht wesentlich vom Bundesdurchschnitt unterschied (1). Iatrogene Einflüsse können auch nicht angeschuldigt werden, da nur eine der Patientinnen (mit Ovarialkarzinom) unter immunsuppressiver Therapie stand. Auch wenn wegen der kleinen Fallzahlen und wegen nicht bewiesener Grundannahmen bei der Berechnung (v. a. Konstanz der Sterberate und der Altersverteilung im MS-Krankengut über 9 Jahre; Konstanz der Tumormortalitätsraten in der BRD im selben Zeitraum) eine vorsichtige Interpretation angebracht ist, kann doch die früher angegebene verminderte Tumorempfänglichkeit MS-Kranker nicht bestätigt werden. Selektionsfaktoren bzw. unzureichende Alterskorrektur bei Betrachtung lediglich altersspezifischer Raten könnten die früheren Befunde mit erklären. Die jetzt beschriebene Häufung des Dickdarmkrebses bei MS-Kranken steht in Einklang mit den Ergebnissen ökologischer Korrelationsstudien weltweit (13) und in einzelnen Ländern bzw. Regionen (3, 12). Ein weiterer, vorerst nur schwer definierbarer Bezug zwischen MS und Dickdarm deutet sich durch die zuletzt beschriebene häufigere Koinzidenz von MS und Colitis ulcerosa (7, 8) an. Da Ernährungsfaktoren bei diesen Erkrankungen im Vordergrund der Diskussion zur Ätiologie stehen (10), könnten die genannten Befunde auf eine zumindest beitragende Rolle nutritiver Faktoren auch in der Pathogenese der MS hinweisen. In Analogie zum Dickdarmkrebs wären in diesem Fall in erster Linie an tierische Eiweiße und Fette bzw. an Säugetierfleisch gebundene Faktoren zu diskutieren.

Literatur

1. Becker N, Frentzel-Beyme R, Wagner G (1984) Krebsatlas der Bundesrepublik Deutschland, 2. Auflage. Springer, Berlin
2. Kelsey IL, Thompson WD, Evans AS (1986) Methods in observational epidemiology. Oxford University Press, Oxford
3. Lauer K, Firnhaber W (1989) The geographical distribution of multiple sclerosis in relation to common malignancies. 2nd SFRJ-GDR Joint Conference on MS, Igalo/Jugoslawien
4. Lauer K, Firnhaber W, Reining R, Leuchtweis B (1984) Epidemiological investigations into multiple sclerosis in Southern Hesse, Part I. Acta Neurol Scand 70:257-265
5. Maretschek M, Schaltenbrand G, Seibert P (1954) Statistische Untersuchungen über die multiple Sklerose anhand von 947 Sektionsprotokollen. Dtsch Med Wschr 172:287-308
6. Palo J, Duchesne J, Wikström J (1977) Malignant diseases among patients with multiple sclerosis. J Neurol 216:217-222
7. Rang EH, Brooke BN, Taylor JH (1982) Association of ulcerative colitis with multiple sclerosis. Lancet 2:55
8. Sadovnick AD, Paty DW (1989) Concurrence of multiple sclerosis and inflammatory bowel disease. New Engl J Med 321:762-763
9. Schottenfeld D, Fraumeni JF (1982) Cancer epidemiology and prevention. Saunders, Philadelphia
10. Schottenfeld D, Winaver SJ (1982) Large intestine. In: Schottenfeld D, Fraumeni JF (Hrsg) Cancer epidemiology and prevention. Saunders, Philadelphia:703-727
11. Statistisches Bundesamt, Wiesbaden (1986) Todesursachen 1985 (Fachserie 12, Reihe 4). W Kohlhammer, Stuttgart
12. Wender M, Kowal P, Pruchnik-Grabowska D et al (1987) Comparative epidemiological studies of multiple sclerosis and large bowel carcinoma in several provinces in western Poland (in polnischer Sprache). Neurol Neurochir Polska 21:207-211
13. Wolfgram F (1975) Similar geographical distribution of multiple sclerosis and cancer of the colon. Acta Neurol Scand 52:294-302

*Mit Unterstützung der Gemeinnützigen Hertie-Stiftung, Frankfurt

Verlauf und Prognose der Multiplen Sklerose

S. Poser

Um es vornweg zu sagen: Nach wie vor läßt sich zu Beginn der Multiple-Sklerose-Erkrankung im individuellen Fall der Verlauf und die Prognose der Krankheit nicht voraussagen. An dieser Tatsache hat auch die verfeinerte Liquordiagnostik und das Kernspintomogramm nichts geändert.

Trotzdem müssen wir immer wieder versuchen, prognostische Parameter zu gewinnen, einmal im Hinblick darauf, daß wir dem Patienten wenigstens die statistische Wahrscheinlichkeit, mit der gewisse Verläufe auftreten, anbieten können, und vor allem auch im Hinblick auf differenzierte therapeutische Studien.

Doch zunächst einmal zu einigen einfachen statistischen Daten. Ein Überblick über die Häufigkeit der Symptome zu den verschiedenen Zeitpunkten, nämlich zu Beginn, bei der jetzigen Untersuchung und im ganzen Verlauf ergibt das bekannte Muster mit Paresen und Sensibilitätsstörungen als führenden Symptomen durchweg. Zu Beginn sind Sehstörungen ein wichtiges Zeichen, im weiteren Verlauf werden Koordinationsleistungen zunehmend zum Problem. Diese Angaben beziehen sich auf eine multizentrische Studie, bei der keine besonderen Selektionskriterien verlangt waren. Einerseits wurden stationäre Patienten erfaßt, andererseits auch Patienten aus vier verschiedenen epidemiologischen Arealen. Aus dem Vergleich zwischen der Häufigkeit "im ganzen Verlauf"und "bei der jetzigen Untersuchung" ergibt sich die Rückbildungsfähigkeit der Symptome. Sie ist am besten für Augenmotilitätsstörungen und andere Hirnnervensymptome, mäßig für Sensibilitätsstörungen, schlecht für Pyramidenbahnläsionen im Sinne von spastischen Paresen und ebenfalls schlecht für Intelligenz- und Stimmungsstörungen. Wie stark sich die Selektion der Patienten auf eine derartige Statistik auswirkt, ergibt sich aus dem Vergleich von Patienten aus vier epidemiologischen Arealen mit den übrigen - meist stationären - Patienten. Die epidemiologische Gruppe ist in fast allen Funktionssystemen weniger betroffen im Vergleich zu den Krankenhaus-Patienten.

Betrachtet man diesen Unterschied noch einmal unter Zuhilfenahme eines sogenannten Progressionsindex (Schweregrad nach Kurtzke: Schweregrad/Krankheitsdauer), so wird der Unterschied besonders deutlich. 37 % der epidemiologischen, aber nur 23 % der Krankenhaus-Patienten waren der gutartigen Form zuzuordnen. Als gutartig wurden hier Patienten bezeichnet, die sich in einem Zeitraum von fünf Jahren um höchstens einen Schweregrad nach Kurtzke verschlechtert hatten (Progressionsindex höchstens 0,2).

Es ist immer wieder versucht worden, Untergruppen von Patienten zu definieren, deren Verlauf und Prognose günstiger bzw. ungünstiger einzuschätzen ist. Hierbei ergibt sich in der Literatur die Schwierigkeit, daß für die Prognose ganz verschiedene Parameter gewählt wurden. In vielen Untersuchungen wird lediglich der Schweregrad angegeben, die Patienten werden in drei Untergruppen je nach Schweregrad unterteilt. Es bleibt die Krankheitsdauer dabei oft unberücksichtigt. Der Versuch, die Verschlechterung in einem bestimmten Zeitraum als prognostisches Merkmal zu definieren, hat zu dem oben genannten Progressionsindex geführt. Er ist auch nur mit Einschränkungen sinnvoll, da er z. B. voraussetzt, daß sich die Krankheit linear verschlechtert. Fog und Linnemann konnten in subtilen Studien nachweisen, daß dies bei der Mehrzahl der Patienten auch tatsächlich der Fall ist (4). In einigen wenigen Studien wurde auch die Mortalität als Kriterium für die Prognose herangezogen. Dies Verfahren setzt jedoch eine lange Beobachtungszeit und eine große Zahl von Patienten voraus, so daß hierzu nur wenige gute Studien existieren. Schließlich kann auch noch die Berufstätigkeit nach einer bestimmten Krankheitsdauer als Maß für die Prognose verwendet werden. Da jedoch die Arbeitsmarktlage, die Motivation und das Sozialsystem des betreffenden Landes hierbei einen maßgeblichen Einfluß ausüben, eignen sich diese prognostischen Aussagen für Vergleichsstudien weniger.

Einig sind sich die meisten Autoren darin, daß ein höheres Erkrankungsalter mit einer ungünstigeren Prognose verbunden ist. Hierbei scheint jedoch das häufigere Vorkommen der primär chronischen Verlaufsform in dieser Altersgruppe wichtiger als das Erkrankungsalter per se. Man vermutet, daß der Verlaufstyp von der Immunitätslage determiniert wird. Da sich diese im Verlauf des Lebens ändert, läßt sich das Überwiegen der primär chronischen Verlaufsform bei höherem Erkrankungsalter verstehen.

Wenig Einigkeit besteht in der Literatur bezüglich der geschlechtsspezifischen Prognose. Die Autoren, die glauben, Unterschiede gefunden zu haben, berichteten meist über eine ungünstigere Prognose bei Männern. Die neuesten Daten aus der Mayo-Klinik in den USA (16) zeigten sogar hochsignifikante Unterschiede zwischen Männern und Frauen. Während sich MS-kranke Frauen in ihrer Lebenserwartung nicht von der sogenannten Normalbevölkerung unterschieden, war sie für MS-kranke Männer wesentlich schlechter. Da dies im Gegensatz steht zu unseren eigenen Befunden, habe ich versucht, dieser Diskrepanz auf die Spur zu kommen. Zum einen sind es sehr kleine Zahlen, auf die sich die Berechnungen von Wynn und Mitarbeitern beziehen, zum anderen arbeiten die Autoren nicht mit der Erkrankungsdauer und der Lebenserwartung nach Ausbruch der Erkrankung, sondern immer mit der Lebenserwartung nach Stellung der Diagnose. Unsere eigenen Untersuchungen haben ergeben, daß Männer wegen ihrer Symptome später zum Arzt gehen und auch später diagnostiziert werden. Sie haben also zum Zeitpunkt der Diagnose schon eine längere Krankheitsdauer hinter sich im Vergleich zu Frauen. Dies könnte ein Grund sein, warum die Ergebnisse differerieren. Im übrigen widerspricht die Aussage, daß MS-kranke Frauen eine nicht verminderte Lebenserwartung haben im Vergleich zur Normalbevölkerung, allen übrigen Statistiken.

Auch bezüglich der Initialsymptome besteht wenig Einigkeit. Optikusneuritis und sensible Symptome gelten zwar in mehreren Statistiken als Zeichen für eine günstige Prognose (11, 13), wohingegen motorische Symptome eher ungünstig sein sollen. Andere Literaturberichte sprechen aber gerade von motorischen Symptomen, die auf eine gute Prognose hinweisen (6).

Relativ gute Übereinstimmung herrscht darüber, daß zerebelläre Symptome zu Beginn eher auf eine ungünstige Prognose hinweisen (1). Auch die Symptome im weiteren Verlauf werden mit verschiedener Prognose belegt, darüber gibt es bei der sowieso bunten Symptomatik kaum Statistiken.

Relativ gesichert scheint der Befund, daß die nach 5 Jahren festgestellte Behinderung eine gute Prognose für die Zukunft zuläßt (9).

Zahl und Schwere der Schübe soll insgesamt keinen Einfluß auf die Prognose haben. Allerdings fand sich in einer neuen Veröffentlichung aus Ontario, Kanada, eine deutliche Abhängigkeit der Prognose von der Zahl der Schübe in den ersten Jahren (15). Patienten, die in den ersten Jahren viele Schübe durchmachten, waren später stärker behindert im Vergleich zu Patienten mit seltenen Schüben in großen Abständen.

Während man schon lange weiß, daß Liquorbefunde keine prognostische Aussage erlauben, wurde in das Kernspintomogramm zunächst in dieser Hinsicht viel Hoffnung gesetzt. Obwohl zu diesem Thema noch nicht sehr viele Veröffentlichungen vorliegen, scheint deren Ergebnis ähnlich widersprüchlich zu sein wie die Befunde, über die ich bisher berichtet habe. Während Koopmans und Mitarbeiter (5) aus der Vancouver-Gruppe glauben, aus dem Verteilungsmuster und der Konfiguration der Herde gewisse Rückschlüsse auf die Prognose ziehen zu können, fanden Thompson und Mitarbeiter (14), daß sich bei Patienten mit hohem Behinderungsgrad in Folge einer spinalen Verlaufsform gerade weniger und kleinere Herde zeigten im Vergleich zu Patienten mit wenig starker Behinderung, so daß dem NMR keine Bedeutung hinsichtlich der Prognose zugesprochen wird.

Nur bei der Untergruppe der reinen Optikusneuritiden scheint eine prognostische Aussage im NMR zu liegen. Sind schon bei der ersten Optikusneuritis disseminierte Herde im NMR zu sehen, so soll diese Gruppe in einem höheren Prozentsatz und schneller eine MS entwickeln im Vergleich zu den Patienten mit unauffälligem NMR (7).

Weitere Faktoren, die bei einer isolierten Optikusneuritis auf die spätere Entwicklung einer MS schließen lassen, sind nach Sandberg-Wollheim und Mitarbeitern (10) junges Erkrankungsalter, pathologischer Liquorbefund und rezidivierende Optikusneuritis.

Was bleibt nun von all dem Gesagten als gesichert übrig? Niedriges Erkrankungsalter und eine geringe Behinderung nach 5jähriger Krankheitsdauer sind Zeichen einer günstigen Prognose. Von einigen Autoren wird auch dem weiblichen Geschlecht, Sensibilitäts- und Sehstörungen zu Beginn und einer geringen anfänglichen Schubfrequenz eine bessere Prognose zugeschrieben, diese Aussagen müssen aber noch in größeren Studien abgesichert werden.

Auch wenn es nur am Rande zu meinem Thema gehört, will ich doch auf ein Faktum aufmerksam machen, das sich jetzt erneut ergeben hat. Zeeberg und Mitarbeiter (17) hatten schon in einer Doppelblindstudie, in der sie Azathioprin gegen Plazebo testeten, gefunden, daß bei chronisch progredienten Patienten kein Unterschied zwischen dem Medikament und dem Plazebo bestand. Hingegen waren sie überrascht von der geringfügigen Verschlechterung, die sich während der Beobachtungszeit bei beiden Gruppen ergab. Sie interpretierten ihre Befunde so, daß die Patienten durch die Teilnahme an einer Therapiestudie besser überwacht waren und daß sich deshalb ihr Verlauf günstiger gestaltete. Eine ähnliche Beobachtung ergab sich aus den Befunden von Ellison und Mitarbeitern (3) erneut. Sie behandelten drei Gruppen mit chronisch progredientem Verlauf mit unterschiedlicher Medikation. Eine Gruppe erhielt Azathioprin und Kortison, eine zweite Gruppe nur Azathioprin und die dritte Gruppe nur Plazebo. Es ergab sich kein signifikanter Unterschied in der Progredienz nach der Kurtzke-Skala. Jedoch hatten die Autoren aufgrund ihrer Vorberechnungen und Vorbeobachtungen mit einer wesentlich stärkeren Verschlechterung in der beobachteten Zeit bei den Plazebo-Patienten gerechnet. Insofern ergibt sich aus diesen beiden und ja auch schon aus der britisch-holländischen Azathioprin-Studie die Konsequenz, daß man Azathioprin bei der MS nicht mehr einsetzen sollte. Hingegen ist es angezeigt, Patienten sehr regelmäßig zu kontrollieren, um eventuelle Komplikationen rechtzeitig zu erfassen. Mit einer konstanten Beziehung zu den Patienten und engmaschiger psychosozialer Betreuung scheint sich der Verlauf am günstigsten zu gestalten.

Immerhin beträgt die mittlere Lebenserwartung vom Ausbruch der Krankheit an mindestens 30 Jahre. Das haben Untersuchungen von Resch (8) und Confavreux und Mitarbeitern (2) - zumindest für Mitteleuropa - ergeben.

Literatur

1. Citterio A, Azan G, Bergamaschi R, Erbetta A, Cosi V (1989) Multiple sclerosis: disability and mortality in a cohort of clinically diagnosed patients. Neuroepidemiology 8:249-253
2. Confavreux C, Aimard G, Devic M (1980) Course and prognosis of multiple sclerosis assessed by the computerized data processing of 349 patients. Brain 103:281-300
3. Ellison GW, Myers LW, Mickey MR, Graves MC, Tourtellotte WW, Syndulko K, Holevoet-Howson MI, Lerner CD, Frane MV, Pettler-Jennings P (1989) A placebo-controlled, randomized, double-masked, variable dosage, clinical trial of azathioprine with and without methylprednisolone in multiple sclerosis. Neurology 39:1018-1026
4. Fog T, Linnemann F (1970) The course of multiple sclerosis. Acta Neurol Scand 46, Suppl 47:1-175
5. Koopmans RA, Li DKB, Grochowski E, Cutler PJ, Paty DW (1989) Benign versus chronic progressive multiple sclerosis. Ann Neurol 25:74-81
6. Larsen JP, Riise T, Nyland H (1988) Epidemiological studies of multiple sclerosis in Western Norway. In: Cazzullo CL, Caputo D, Ghezzi A, Zaffaroni M (Hrsg). Virology and Immunology in multiple sclerosis, Springer, Berlin Heidelberg:110-114
7. Miller DH, Ormerod IE, McDonald WI, MacManus DG, Kendall BE, Kingsley DPE, Moseley IF (1988) The early risk of multiple sclerosis after optic neuritis. J Neurol Neurosurg Psychiatr 51:1569-1571
8. Resch J (1982) Die multiple Sklerose als Mortalitätsdiagnose in der Bundesrepublik Deutschland. Fortschr Neurol Psychiatr 50:52-63
9. Runmarker B, Andersen O (1989) Prognostic factors in a multiple sclerosis incidence material at a 25 year follow-up. In: Gonsette RE, Delmotte P (Hrsg) Recent advances in multiple sclerosis therapy. Excerpta Medica, Amsterdam New York Oxford:23-26
10. Sandberg-Wollheim M, Bynke H, Cronqvist S, Holtas S, Platz P, Ryder LP (1990) A long-term prospective study of optic neuritis. Ann Neurol 27:386-393
11. Sanders EACM, Bollen ELEM, van der Velde EA (1986) Presenting signs and symptoms in multiple sclerosis. Acta Neurol Scand 73:269-272
12. Swanson JW (1989) Multiple sclerosis. Mayo Clin Proc 64:577-586
13. Thompson AJ, Hutchinson M, Brazil J, Feighery C, Martin EA (1986) A clinical and laboratory study of benign multiple sclerosis. Q J Med 58:69-80
14. Thompson AJ, Kermode AG, MacManus DG, Kendall BE, Kingsley DPE, Moseley IF, McDonald WI (1990) Patterns of disease activity in multiple sclerosis. Brit med J 300:631-634
15. Weinshenker BG, Bass B, Rice GPA, Noseworthy J, Carriere W, Baskerville J, Ebers GC (1989) The natural history of multiple sclerosis. Brain 112:1419-1428
16. Wynn DR, Rodriguez M, O'Fallon WM, Kurland T (1990) A reappraisal of the epidemiology of multiple sclerosis in Olmsted County, Minnesota. Neurology 39:180-186
17. Zeeberg IB, Heltberg A, Stigsby B (1988) Azathiorine in chronic progressive multiple sclerosis. In: Confavreux C, Aimard G, Devic M (Hrsg) Trends in European multiple sclerosis research, Excerpta Medica, Amsterdam New York Oxford:420

Zur Frage klimatischer Einflüße auf akute Schübe bei multipler Sklerose

W.-U. Weitbrecht und F. Simon

Ein Zusammenhang zwischen Klima und vermehrtem Auftreten von Schüben oder Erkrankungsfällen bei multipler Sklerose (MS) wird wegen der ungewöhnlichen geographischen Verteilung der Erkrankung immer wieder postuliert (3). Während Luftfeuchtigkeit, Regen, Hitze oder Kälte keine Korrelation mit Erkrankungsfällen von MS zeigen, findet sich sowohl auf der Nord- als auch der Südhemisphäre eine grobe Beziehung zwischen Jahresdurchschnittstemperatur und Inzidenz der Erkrankung mit höherer Fallzahl bei kälterem Klima (5). Beebe et al. (1967) beobachteten des weiteren eine höhere Fallzahl bei Soldaten, die aus Berggebieten kamen, als bei solchen aus anderen Regionen (1). Um zu prüfen, inwieweit klimatische Einflüsse bei akuten Schüben doch eine Rolle spielen können, führten wir die folgende faktorenanlytische Pilotuntersuchung durch.

In der Zeit vom 1. 1. 87 bis zum 31. 5. 88 (= 517 Tage) wurden lokale meteorologische Parameter aufgezeichnet. Parallel dazu wurden mit Hilfe einer neurologischen Basisdokumentation (6) Patientendaten gespeichert. Es wurden in diesem Zeitraum 43 Patienten (11 Männer/32 Frauen) im Alter von 41,9 +/- 14,2 Jahre mit akutem Schub bei gesicherter MS aufgenommen. Aus den obengenannten Meßwerten wurde faktorenanalytisch für jeden Tag ein Druck-, Temperatur- und Feuchtigkeitsparameter errechnet und im Zeitreihenmodell der Aufnahmfrequenz gegenübergestellt (weitere methodische Einzelheiten siehe Literatur 2, 4, 7).
Zwischen den Absolutparametern Luftdruck, Luftfeuchtigkeit und Temperatur und der Aufnahmefrequenz war kein Zusammenhang nachweisbar. Bei faktorenanlytisch kalkulierten Wetterparametern ließ sich ein Zusammenhang zwischen einer hohen Gesamtluftfeuchtigkeit am Vortag oder Aufnahmetag und der Aufnahmefrequenz von Männern zeigen (Modell I/Tab. 1).

Bei der Bildung von 24-Stundendifferenzen ergibt sich sowohl bei direktem Vergleich als auch bei Vergleich mit den aus den 24-Stundendifferenzen faktorenanlytisch errechneten komplexen Wetterparametern ein Zusammenhang zwischen einem Temperaturanstieg vom Vortag zum Aufnahmetag und der Aufnahmefrequenz von Männern (Modell III/Tab. 1). Der Vergleich der Patientenuntergruppen zeigte, daß Männer (1 Fall) nicht häufiger als Frauen (3 Fälle) Infekte hatten. Ein Zusammenhang zwischen Wetterparametern oder deren 24h-Stundendifferenzen und der Aufnahmefrequenz von Frauen oder des Gesamtkollektivs ergab sich nicht.

Wie in früheren Untersuchungen (5) ließen sich auch hier keine Zusammenhänge zwischen meteorologischen Absolutparametern und der Aufnahmefrequenz von Patienten mit akutem Schub bei MS finden. Unsere Untersuchung deutet aber an, daß klimatische Einflüsse sich geschlechtsunterschiedlich auswirken. Infekte kommen hier als Bindeglied nicht in Frage. Trotz der Signifikanz der Faktorenladungen kann unsere Untersuchung bei geringer Patientenzahl nur als Pilotstudie mit einer neuen Analyseart angesehen werden.

Literatur

1. Beebe GW, Kurtzke JF, Kurland LT, Auth TL, Nagler B (1967) Studies on the natural history of multiple sclerosis 3. Epidemiologic analysis of the Army experience in World War II. Neurol (Minneap) 17:1-17
2. Clauß G, Ebner H (1977) Grundlagen der Statistik. Harri Deutsch-Thun, Frankfurt a M
3. Faust V (1978) Biometeorologie. Hippokrates, Stuttgart
4. Hartung J, Elpelt B, Klösner K-H (1987) Statistik. Lehr- und Handbuch der angewandten Statistik. Oldenbourg, München Wien
5. Prineas JW (1970) The etiology and pathogenesis of multiple sclerosis. In: Vinken PJ, Bruyn GW (Hrsg) Handbook of clinical neurology, vol 9. North-Holland Publishing Company, Amsterdam:107-160
6. Weitbrecht W-U (1989) Neurologische Basisdokumentation mit Hilfe eines Mikrocomputers. Verh Deutsch Ges Neurol 5:1196-1199
7. Weitbrecht W-U, Simon F (1990) Einfluß des Wetters auf Akutkrankenhausaufnahmen. Fortschr Med 108:287-291

Tabelle 1. Ergebnis der Faktorenanalyse. Die Werte geben die Faktorladung an. (P=Luftdruck, T=Temperatur, F=Luftfeuchtigkeit, V=Vortag, D=Differenz)

Modell I (Vortagsparameter zu Aufnahmefrequenz):

	Faktor 1	Faktor 2	Faktor 3	Kommunalität
VP-Fakt.	-.1354	.3082	-.0588	.1168
VT-Fakt.	.0341	.0674	-.9808	.9676
VF-Fakt.	-.0345	.6319	-.0746	.4061
Gesamt	.9812	.1821	.0276	.9967
Frauen	.9096	-.2603	-.0722	.9004
Männer	.3660	.7469	.1650	.7190

Modell II (Aufnahmetagsparameter zu Aufnahmefrequenz):

	Faktor 1	Faktor 2	Kommunalität
P-Fakt.	.1899	.2240	.0862
T-Fakt.	.0400	.1849	.0358
F-Fakt.	.0488	.6272	.3958
Gesamt	-.9749	.2067	.9932
Frauen	-.9121	-.2414	.8902
Männer	-.3505	.7622	.7038

Modell III (Differenz Vor-/Aufnahmetag zu Aufnahmefrequenz):

	Faktor 1	Faktor 2	Faktor 3	Kommunalität
DVP-Fakt.	.0922	.1488	-.1200	.0451
DVT-Fakt.	.2420	-.6298	.1920	.4920
DVF-Fakt.	-.0102	-.0226	.9549	.9125
Gesamt	.9473	.3122	.0221	.9953
Frauen	.9310	-.1430	-.0934	.8960
Männer	.2697	.8007	.1884	.7494

Modell IV (Differenz Aufnahme-/Folgetag zu Aufnahmefrequenz):

	Faktor 1	Faktor 2	Faktor 3	Kommunalität
DP-Fakt.	.2986	.3956	-.2115	.2904
DT-Fakt.	-.1033	-.1768	-.6882	.5156
DF-Fakt.	.0375	.2043	-.6916	.5215
Gesamt	-.9302	.3599	-.0238	.9954
Frauen	-.9326	-.1360	-.0917	.8966
Männer	-.2358	.8774	.1013	.8358

Multiple Sklerose mit Manifestation im Kindes- und frühen Jugendalter: eine klinische Studie an 31 Patienten

E. Sindern, J. Haas, U. Wurster und E. Stark

Die multiple Sklerose manifestiert sich überwiegend zwischen dem 20. und 40. Lebensjahr. Im Mittel liegt das Erkrankungsalter bei 30 Jahren. Die Erkrankung kommt aber sowohl im Kindes- und Jugendalter als auch jenseits des 60. Lebensjahres vor. Betrachtet man die von Bauer und Hanefeld 1989 publizierten Zahlen, so wurden in der Literatur bis 1980 lediglich 102 Fälle von multipler Sklerose mit einer Manifestation unter 15 Jahren berichtet, in der Zeit danach bis 1988 167 Fälle.

Aus unserem Krankengut von 620 dokumentierten MS-Kranken wurden 31 Kranke ermittelt, die bis einschließlich des 16. Lebensjahres erkrankt waren. Sie machen 5 % unseres dokumentierten Gesamtkollektivs aus. Als Vergleichsgruppe wurden aus diesem Krankengut die Daten von 72 Kranken ausgewertet, die zwischen dem 20. und 40. Lebensjahr an einer multiplen Sklerose erkrankt waren. Das Manifestationsalter unserer im Kindes- und Jugendalter erkrankten Patienten mit multipler Sklerose lag im Mittel bei 14,1 Jahren. Der jüngste Patient, den wir erfaßt haben, war bei Erkrankungsbeginn 9 Jahre alt.

Bezüglich der Initialsymptome waren die Kranken mit juveniler MS statistisch (Signifikanzniveau p < 0,05) nicht von den Kranken mit erwachsener MS zu unterscheiden. Die häufigsten Initialsymptome waren in beiden Gruppen Optikusneuritiden und Sensibilitätsstörungen. Unter dem Bild einer akuten Querschnittsmyelitis erkrankten 3 junge Mädchen. Diese Erkrankung führte bei allen innerhalb kurzer Zeit zu einer schweren funktionellen Beeinträchtigung mit hochgradiger Pflegebedürftigkeit. Der Anteil dieser bösartigen Verläufe betrug immerhin 14 % aller weiblichen Kranken mit juveniler MS und unterschied sich von dem Gesamtkollektiv besonders in Anbetracht der raschen Progredienz.

Die Dauer der Erkrankung bei der Auswertung der dokumentierten Daten betrug für die Kranken mit juveniler MS im Mittel 11,5 Jahre, bei Kranken mit späterer Manifestation war die mittlere Krankheitsdauer 8,7 Jahre. Sowohl bei den juvenilen als auch bei den übrigen MS-Kranken war der Verlauf in typischer Weise durch Schübe und Remissionen gekennzeichnet, wobei der schubförmig progrediente Verlauf in beiden Gruppen vorherrschte (61 % bzw. 62 %). Der Anteil der schubförmigen Kranken lag mit 32 % bei der juvenilen MS etwas häufiger als bei Kranken mit erwachsener MS mit 27 %, obwohl die juvenilen Kranken länger krank waren als die erwachsenen MS-Kranken. Einen chronisch progredienten Verlauf zeigten 7 % der Kranken mit jugendlicher MS und 11 % der Kranken mit erwachsener MS. Statistisch bestand kein Unterschied zwischen den Gruppen.

Den Progressionsindex berechneten wir mit Hilfe einer Neurostatus genannten objektivierten Werteskala, die den neurologischen Befund in Wertepunkten erfaßt. Die Punktzahl wurde durch die Krankheitsdauer geteilt und ergab so ein Maß für die Krankheitsprogression. Dieses Maß ist nur sehr grob und entspricht nicht dem natürlichen Verlauf der Erkrankung, der in der Regel nicht linear ist. Auch in der Progression der Erkrankung fanden wir keinen signifikanten Unterschied. Das Manifestationsalter hatte somit keinen Einfluß auf die Progression. Den ungünstigsten Progressionsindex bei den Patienten mit juveniler MS hatten signifikant die Kranken mit chronisch-progredientem Verlauf (p = 0,016).

Die Schubrate berechneten wir für die Kranken mit jugendlicher MS mit 0,68 (SD = 0,44), für die älteren Kranken mit 0,63 (SD = 0,28) Schüben pro Jahr. Die Schubrate korrelierte in beiden Gruppen mit dem Progressionsindex (p = 0,02 für die juvenilen bzw. p = 0,0008 für die erwachsenen MS-Kranken).

Bei den Liquorbefunden ist zu berücksichtigen, daß die mittlere Dauer der Erkrankung zum Zeitpunkt der für diese Untersuchung relevanten Liquorentnahme bei den Kranken mit juveniler multipler Sklerose immerhin im Mittel bei 6,2 Jahren lag und bei den Kranken mit erwachsener MS bei 5,8 Jahren. Ausgehend von diesen Daten unterschied sich der mittlere IgG-Index (0,99, SD = 0,61 gegenüber 1,12, SD = 0,65) und die mittlere Zellzahl pro µl (9,67, SD = 8,5 gegenüber 7,70, SD = 7,8) nicht signifikant. In der isoelektrischen Fokussierung fanden sich bei 92 % der Kranken mit erwachsener multipler Sklerose oligoklonale Banden. Bei den jugendlichen MS-Kranken wurden bei 27 Patienten, entsprechend 87 %, oligoklonale Banden festgestellt. Hierbei ist zu berücksichtigen, daß bei 2 Kranken, die mehrfach punktiert wurden, die oligoklonalen Banden erst bei der Wiederholungspunktion zu finden waren. Dies hängt möglicherweise mit dem auch bei den jugendlichen Kranken zu unterstellenden subklinischen Beginn der multiplen Sklerose vor der Manifestation zusammen. Die 4 jugendlichen Kranken, die keine oligoklonalen Banden hatten, zeichneten sich durch einen schubförmigen, sehr günstigen Verlauf der multiplen Sklerose aus. Der IgG-Index war entsprechend ebenfalls nicht erhöht.

Bei 28 der Kranken mit jugendlicher multipler Sklerose wurde eine zerebrale Kernspintomographie durchgeführt. Zur Auswertung kamen die T2-betonten Aufnahmen. 23 Kranke hatten die typischen pathologischen Signalintensitäten, vornehmlich periventrikulär, seltener im Hirnstamm.

Zusammenfassend zeigte sich, daß Kranke mit einer Manifestation der multiplen Sklerose unterhalb von 17 Jahren sich hinsichtlich der Schubrate, des Progressionsindex und der Verlaufsformen sowie der häufigsten Initialsymptome gegenüber Kranken mit typischem Manifestationsalter zwischen 20 und 40 Jahren gleich verhalten. Sie unterscheiden sich auch nicht nach längerer Krankheitsdauer bezüglich des IgG-Index und des Vorkommens oligoklonaler Banden. Auch die Befunde der zerebralen Kernspintomographie sind nicht unterschiedlich. Die Schubrate korreliert in beiden Gruppen mit dem Progressionsindex.

Literatur

1. Bauer HJ und Hanefeld F (1989) Enzephalitische Formen der Multiplen Sklerose bei Kindern. Verhandlungen der Deutschen Gesellschaft für Neurologie 5:408-414

Der mögliche Einfluß verfeinerter diagnostischer Methoden auf die Häufigkeit der Spätmanifestation der multiplen Sklerose*

K. Lauer und W. Firnhaber

In der Literatur schwanken die Angaben zum Anteil der MS-Kranken mit Spätmanifestation nach dem 50. Lebensjahr sehr stark. Kurtzke (2) zitiert Raten von 0,7 - 19,1 %, während in einer speziell diesem Thema gewidmeten neueren Studie (4) Angaben zwischen 1,3 und 4,7 % zitiert werden. In ihrer Arbeit diskutieren Noseworthy et al. (4), daß in neueren Serien wie ihrer eigenen (9,4 %) dieser Prozentsatz infolge verbesserter diagnostischer Verfahren höher liegen dürfte, insbesondere wenn derartige Diagnoseverfahren im jeweiligen Klassifikationsschema Berücksichtigung finden können.

Ausgehend von dieser Untersuchung an einem Hospitalkrankengut wurde von uns zum einen eine ausgedehntere Literaturauswertung zu dieser Frage vorgenommen, die sich auf insgesamt 24 Arbeiten erstreckte. Von diesen waren 9 nach 1981 erschienen, die übrigen zum großen Teil älteren Datums. Neun Studien bezogen sich auf ein epidemiologisches Krankengut, die restlichen umfaßten Hospitalserien. Weiterhin wurde im eigenen, seit 1979 prospektiv verfolgten epidemiologischen Krankengut die Frage eines möglichen Einflusses neuer diagnostischer Verfahren auf den Anteil der Spätfälle untersucht. Diese Möglichkeit war dadurch gegeben, daß in der eigenen Klinik ebenso wie in den umliegenden neurologischen Abteilungen die Einführung der isoelektrischen Fokussierung des Liquors 1982 erfolgte und andererseits aus strukturellen Gründen die ab Mitte 1982 erstmals registrierten Patienten von den früher erfaßten getrennt dokumentiert worden waren. Somit bot sich ein Vergleich zwischen diesen beiden Serien zur Klärung der angeschnittenen Frage an. Insgesamt wurden 573 Patienten (199 Männer, 374 Frauen) mit eindeutiger oder wahrscheinlicher MS (1) ausgewertet. Abnorme VEP als Ausdruck einer Optikusläsion und oligoklonale IgG-Banden im Liquor als weiteres Entzündungskriterium wurden ab 1982 in das Klassifikationsschema nach H. Bauer (1) einbezogen. 320 Patienten waren bis Mai 1982 registriert worden ("alte Serie"), 253 danach ("neue Serie").

Die Literaturauswertung ergab, daß, entgegen den Angaben von Noseworthy et al. (4), bereits in der älteren Literatur der Anteil der ab 50 Jahren Ersterkrankten oftmals über 5 % lag. Bei einem Gesamtdurchschnitt von 7,1 % (+/- 4,0 %) fand sich kein Unterschied zwischen älteren (vor 1982) und neueren Studien (7,2 vs. 7,0 %). Hingegen lag der Anteil der Spätfälle ab 50 J. in epidemiologischen Serien (8,1 %) deutlich höher als in Hospitalserien (5,5 %) (p < 0,02). Auch der Anteil der Patienten mit Erstmanifestation ab 40 J. war in epidemiologischen Studien höher (29,1 vs. 20,0 %; p < 0,002), während Patienten mit frühem Beginn (< 20 J.) in Klinikserien stärker vertreten waren (12,1 vs. 7,6 %; p = 0,002).

Im eigenen Gesamtkrankengut (N = 573) betrug der Anteil der Frühfälle 10,3 %, der Spätfälle ab 40 J. 16,8 % und der Spätfälle ab 50. Lebensjahr 3,7 %. Während die beiden erstgenannten Raten keine signifikanten Unterschiede zwischen "alter" und "neuer" Serie zeigten, lag der Anteil der Fälle mit Manifestation nach dem 49. Lebensjahr in der neuen Serie mit 8,3 % deutlich höher als in der alten Serie (2,2 %) (OR = 4,05; p < 0,002). Der

Unterschied zwischen "alter" und "neuer" Serie war bei beiden Geschlechtern erkennbar. 12 (43 %) der insgesamt 28 Spätfälle (ab 50 J.) hatten einen primär chronischen Verlauf gegenüber 18 % im Gesamtmaterial (3) (chi² 10,23; p<0,01). Im Durchschnitt hatten diese 28 Patienten Schweregrad (DSS) 5,0 in neun Jahren erreicht (Progressionsindex 0,55) im Vergleich zu DSS 4,1 in 14 Jahren (Progressionsindex 0,29) im epidemiologischen Gesamtkrankengut des Areals (3). Während Krankheitsdauer (7,8 vs. 11,8 Jahre) und DSS (5,0 vs. 4,4) zwischen den Spätfällen der neuen und denen der alten Serie keinen Unterschied zeigten, lag der Anteil der Patienten mit rein spinaler Anfangssymptomatik (motorisch und/ oder sensibel unterhalb von C2) in der "neuen" Serie mit 19/21 Fällen signifikant höher als in der "alten" Serie mit 2/7 (chi² 10,73; p<0,01). Hingegen unterschied sich der Anteil der dauerhaft bis zur Registrierung und Untersuchung klinisch rein spinal gebliebenen Formen (8/21 vs. 1/7) nicht signifikant zwischen beiden Serien. Bei 17 von 21 Patienten der neuen gegenüber 1 von 7 Patienten der alten Serie war nach oligoklonalen Liquorbanden gesucht worden, in allen Fällen mit positivem Resultat (chi² 10,16; p<0,01), während 12/17 untersuchten Patienten der neuen gegenüber allen drei untersuchten Patienten der alten Serie abnorme VEP aufwiesen (nicht signifikant).

Somit variiert der Anteil der MS-Patienten mit Spätmanifestation nach dem 49. Lebensjahr in der Literatur stark, wobei jedoch die sehr unterschiedlichen methodischen Ansätze und Klassifikationsschemen berücksichtigt werden müssen. Epidemiologische Serien weisen im Schnitt einen höheren Anteil dieser Patienten auf als Hospitalserien. Gemessen an vielen Literaturangaben lag der entsprechende Anteil im eigenen epidemiologischen Krankengut eher niedrig, möglicherweise als Folge einer stärkeren Miterfassung von Frühfällen mit leichterem Verlauf. Sowohl in der Häufigkeit als auch in den klinischen Charakteristika unterschieden sich die nach Einführung der verfeinerten Liquordiagnostik einbezogenen Patienten dieser Manifestationsaltersgruppe deutlich von den zuvor erfaßten: Ihr Anteil am jeweiligen Gesamtmaterial war annähernd viermal so groß, und Patienten mit rein spinaler Anfangssymptomatik in Kombination mit positiven oligoklonalen Banden waren wesentlich stärker vertreten, während der Einfluß der VEP-Diagnostik auf ihren Anteil weniger deutlich war. Dies reflektiert sowohl die Verfügbarkeit dieser liquordiagnostischen Methode als auch ihre rasche Einbeziehung in das diagnostische Klassifikationsschmea von H. Bauer (1). Somit können die Befunde und Schlußfolgerungen von Noseworthy et al. (4) anhand der eigenen Erfahrungen an einer epidemiologischen Serie weitgehend bestätigt werden.

Literatur

1. Bauer HJ (1972) Communication to: Judgement of the validity of a clinical MS diagnosis. Acta Neurol Scand 50 (Suppl 58):71-74
2. Kurtzke JF (1970) Clinical manifestations of multiple sclerosis. In: Vinken PJ, Bruyn GW (Hrsg) Handbook of clinical neurology, Vol 9. North Holland Publ, Amsterdam:161-216
3. Lauer K, Firnhaber W (1987) Epidemiological investigations into multiple sclerosis in Southern Hesse. V. Course and prognosis. Acta Neurol Scand 76:12-17
4. Noseworthy J, Paty D, Wonnacott T, Feasby T, Ebers G (1983) Multiple sclerosis after age 50. Neurology 33:1537-1544

*Mit Unterstützung der Gemeinnützigen Hertie-Stiftung

Späte Erstmanifestation der multiplen Sklerose - seltene Ausnahmen?

M. Haupts, J. Haan und P. Schejbal

Klinische Diagnosekriterien begrenzen die Diagnose einer multiplen Sklerose meist bis zum 50. Lebensjahr (4). Immer wieder sind jedoch spätere Manifestationen beobachtet worden, sowohl in Autopsieserien wie in klinischen Kollektiven (1). Kesselring berichtet über einen Anteil von 6,8 % im eigenen Patientengut (3). Möglicherweise entgehen einige ältere Patienten der korrekten Diagnosestellung, weil diagnostische Konventionen zu eng gefaßt werden. Auch alterstypische Multimorbidität zieht diagnostische Schwierigkeiten nach sich.

Die Patientenakten der Bochumer Neurologischen Universitätskliniken wurden retrospektiv auf Erstdiagnosen einer multiplen Sklerose ab dem 50. Lebensjahr geprüft.

In der Patientengesamtheit fanden sich 35 Patienten im Alter von 50 - 74 Jahren (28 Frauen, 7 Männer), bei denen die Diagnose einer multiplen Sklerose erst nach dem 50. Lebensjahr gestellt werden konnte. 27 von ihnen hatten auch die ersten Symptome erst nach dem 50. Lebensjahr entwickelt. Die Latenz bis zur Diagnosestellung betrug 0 - 23 Jahre, im Mittel 5,1 Jahre. Primär und sekundär chronische Verläufe dominierten (21 Fälle) gegenüber schubförmig-remittierenden. Behinderungsgrade nach Kurtzke-EDSS lagen im Mittel bei 5,0 Punkten (Spanne 1,0 - 8,0). Bezüglich der klinischen Symptomatik waren Zeichen einer N. opticus-Affektion nur in 4 Fällen (11 % der Patienten) zu erheben, allerdings fielen 75 % der VEP pathologisch aus; Kleinhirnsymptome zeigten 14 Patienten (40 %). Mit MS zu vereinbarende pathologische Befunde fanden sich in 90 % der Liquoruntersuchungen, 89 % der NMR-Tomogramme und 75 % der VEP-Untersuchungen.

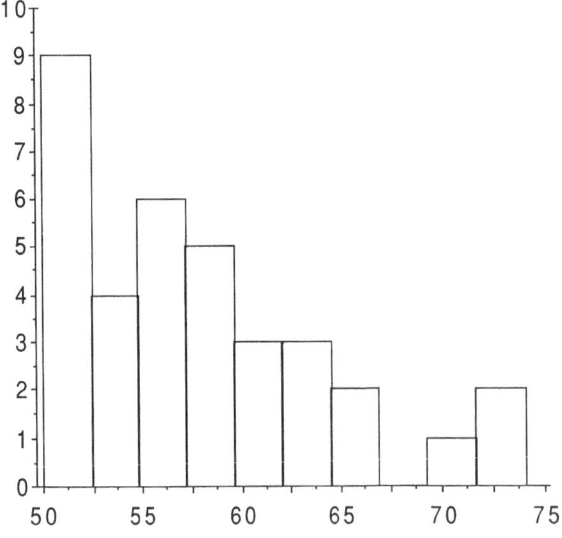

Abb. 1. Diagnosealter (Jahre)

Fallbeispiel: Eine 55jährige Frau wird zur Abklärung eines seit über 12 Monaten langsam progredienten unsystematischen Schwindelempfindens eingewiesen. Keine wesentlichen Vorerkrankungen, Kreislaufbefunde und HNO-Untersuchung ohne Hinweise, bisherige Medikationsversuche erfolglos. Diskrete Facialisschwäche links, sonst unauffälliger Hirnnervenstatus (Visus o. B.). Grobe Kraft nur mäßig entfaltet; MER seitengleich, keine Pyramidenbahnzeichen. Bauchhautreflexe bei adipösen BD unsicher. Mäßige Dysmetrie in Zeige- und Positionsversuchen, Einbeinstand nicht möglich. Pallhypästhesie beider Füße von 4/8. NMR: multiple signalintense Herde in T2- und Mischbildern. VEP: bds. pathologische Latenzverzögerung. Liquor: 3/3 Zellen, Gesamteiweiß 26,8 mg/dl, Nachweis oligoklonaler Banden. Besserung der Symptomatik unter Kortikoidtherapie und Krankengymnastik. Diagnose: MS. Die Diagnosestellung einer multiplen Sklerose im höheren Alter verläuft oft nicht geradlinig, vielfach gehen lange Latenzzeiten und Fehldiagnosen voraus. Schubförmige Exazerbationen sind seltener, schleichender Verlauf und fehlende Visussymptome sind in unserem Kollektiv häufig. Schweregrad der Behinderung (vgl. Kurtzke-EDSS-Werte) und Häufigkeit pathologischer Befunde der technischen Zusatzuntersuchungen jedoch sind kaum von denen jüngerer Kollektive verschieden. Das Fehlen von Augensymptomen wird ebenso wie das starke Überwiegen des weiblichen Geschlechts auch aus anderen Kollektiven berichtet (1, 3). Auch die Häufigkeitsverteilung unserer Patienten bestätigt die Daten anderer Untersucher: bei einer geschätzten Gesamtzahl von etwa 400 MS-Patienten in der Stadt Bochum entsprechen die dorther stammenden Patienten unserer Stichprobe etwa 5 % aller MS-Kranken.

Die MS jenseits des 50. Lebensjahres ist damit keine ganz seltene neurologische Erkrankung. Allerdings versagen klinische Diagnosekriterien hier oft. Konsequenterweise sollten technische Zusatzuntersuchungen hinzugezogen werden; in unserem Kollektiv lagen diagnoseweisende Befundraten ebenso wie bei jüngeren Patienten bei 75 - 90% (2).

Literatur

1. Georgi W (1961) Multiple Sklerose. Schweiz Med Wschr 20:605-607
2. Haupts M, Haan J, Weber A (1989) Stellenwert apparativer Verfahren bei der Multiplen Sklerose. In: Fischer P, Baas H, Enzensberger W (Hrsg) Verhandlungen der Deutschen Gesellschaft für Neurologie 5. Springer, Berlin Heidelberg New York:598-600
3. Kesselring J (1989) Multiple Sklerose. Kohlhammer, Stuttgart
4. Poser C, Paty D, Scheinberg L, McDonald W (1984) The diagnosis of multiple sclerosis. Thieme-Stratton Inc New York

Prognostische Relevanz klinischer und apparativer Initialparameter für den Verlauf der multiplen Sklerose

C. Hartard, K. Spitzer, K. Kunze und R. Laubach

Die Krankheitsprogredienz und die Verlaufsform der multiplen Sklerose (MS) unterscheiden sich bei verschiedenen Patienten sehr. Es ist nicht möglich, den Verlauf einer MS mit Sicherheit vorauszusagen. Trotzdem ist es doch insbesondere für therapeutische Entscheidungen wünschenswert, den wahrscheinlichen weiteren MS-Verlauf in einem frühen Erkrankungsstadium abzuschätzen. Wir haben dazu die prognostische Relevanz der bei der klinischen Erstmanifestation und in den ersten zwei Erkrankungsjahren erhobenen klinischen und Liquorparameter bei 39 MS-Patienten analysiert.

Patienten und Methoden

Wir untersuchten 12 Männer und 27 Frauen. Das mittlere Erkrankungsalter war 30,1 Jahre. 28 Patienten hatten einen schubförmigen Verlauf, 5 einen primär schubförmigen-sekundär chronisch progredienten und 5 einen primär chronisch progredienten Verlauf. Es wurden nur Patienten aufgenommen, die nach den Kriterien von Poser et al. (3) bei der Nachuntersuchung die Kriterien einer klinisch oder laborgestützt gesicherten MS erfüllten, nicht immunsuppressiv behandelt wurden und keine schweren Begleiterkrankungen hatten. Alle Patienten wurden bei der MS-Erstmanifestation zwischen 1982 und 1986 stationär in unserer Klinik einschließlich Liquoranalyse untersucht, überwiegend auch bei im Krankheitsverlauf auftretenden MS-Schüben stationär behandelt und 1989 ambulant nachuntersucht. Dabei wurde der klinische Befund erhoben, der Wert auf der Kurtzke Expanded Disability Status Scale (EDSS) (2) und der Progressionsindex als Wert auf der Kurtzke EDSS dividiert durch die Zahl der Erkrankungsjahre ermittelt.

Ergebnisse

Zerebelläre und motorische Symptome im Initialstadium korrelierten mit einer ungünstigen Prognose, während sich Sensibilitätsstörungen und Visustörungen als prognostisch günstig erwiesen (p<0,007). Motorische und zerebelläre Symptome waren auch signifikant häufiger mit einem chronisch progredienten Verlaufstyp assoziiert, verglichen mit anderen klinischen Symptomen (p<0,003). Eine höhere Zahl von MS-Schüben korrelierte signifikant mit einer ungünstigen Prognose, während eine geringe Schubfrequenz sich als prognostisch günstig erwies (p<0,02). Dagegen ergab sich keine Korrelation zwischen der Anzahl der MS-Schübe in den ersten zwei Erkrankungsjahren und dem Verlaufstyp der Erkrankung (p = 0,44). Ein chronisch progredienter Verlauf führte signifikant zu einer ungünstigeren Prognose, während ein schubförmiger Verlauf mit einer günstigen Prognose korreliert (p<0,001). Es fand sich kein signifikanter Zusammenhang zwischen dem Erkrankungsalter und dem Progressionsindex oder dem Verlaufstyp, aber eine Tendenz zu einem chronisch progredienten Verlauf bei höherem Erkrankungsalter (p = 0,07). Auch für das Geschlecht und zahlreiche Liquorparameter (Liquorzellzahl, oligoklonale Banden, IgG-Index nach Delpech und Lichtblau, IgG-Tagesproduktion nach Tourtellotte, im ZNS lokalisiertes IgG nach der Formel von Reiber) ergaben sich keine signifikanten Zusammenhänge weder für den Verlaufstyp noch für die Krankheitsprogredienz.

Diskussion

Da die Patienten mit motorischen und zerebellären Symptomen bei der Erstmanifestation überwiegend einen chronisch progredienten Verlaufstyp aufwiesen, kann nicht sicher entschieden werden, ob die höhere Krankheitsprogredienz überwiegend auf die klinische Symptomatik oder auf den Verlaufstyp zurückzuführen ist. Die untersuchte Patientenzahl ist für eine Diskriminanzanalyse zu klein. Die Ergebnisse dieser Studie bestätigen die unserer vor zwei Jahren abgeschlossenen retrospektiven Untersuchung an 112 Patienten, deren Verlauf wir über 4 bis 23 Jahre, im Mittel 11,4 Jahre beobachteten (1). In diesem Patientenkollektiv fanden wir eine ungünstige Prognose für motorische und zerebelläre Symptome im Initialstadium, ein höheres Erkrankungsalter, eine frühe klinische Dissemination, eine kurze Dauer bis zum Auftreten motorischer, zerebellärer oder psychiatrischer Symptome, eine kurze Dauer der ersten Remission, höhere Werte auf der Kurtzke EDSS 1 und 2 Jahre nach der Erstmanifestation und für einen chronisch progredienten Verlaufstyp. Eine günstige Prognose wurde bei dem umgekehrten Verhalten dieser Parameter, Sensibilitätsstörungen im Initialstadium und bei einem schubförmigen Verlaufstyp beobachtet. Auch von zahlreichen anderen Autoren wird eine ungünstigere Prognose für den chronisch progredienten MS-Verlaufstyp und eine günstigere Prognose bei schubförmigem Verlauf beobachtet. Die Untersuchungsergebnisse zu der prognostischen Relevanz der klinischen Erstsymptomatik sind unterschiedlich. Einzelne Autoren fanden eine ungünstigere Prognose bei motorischen und zerebellären Störungen im Initialstadium, andere konnten diese Befunde nicht bestätigen (1). Für die untersuchten Liquorparameter ergab sich auch in zahlreichen anderen Studien keine prognostische Relevanz (1).

Es ergibt sich insgesamt in unseren beiden Untersuchungen und auch bei der Durchsicht der Literatur der Eindruck, daß der chronisch progrediente Verlauf oft mit einer ungünstigeren Prognose assoziiert ist, bei Patienten mit diesem Verlaufstyp häufiger motorische und zerebelläre Symptome auch bereits bei der Erstsymptomatik beobachtet werden und das Erkrankungsalter bei diesen Patienten meistens höher liegt. Möglicherweise handelt es sich bei dieser Erkrankungsform um eine auch pathogenetisch unterschiedliche Krankheitsentität.

Auch wenn der Verlauf der MS sehr unterschiedlich ist und in keinem Fall mit Sicherheit vorausgesagt werden kann, weisen unsere Untersuchungen noch darauf hin, daß aufgrund der initialen klinischen Symptomatik und des initialen klinischen Verlaufes prognostische Einschätzungen möglich sind.

Das Literaturverzeichnis ist bei den Verfassern erhältlich.

Liquorveränderungen im Schub der multiplen Sklerose und ihre Bedeutung für den Ausgang des Schubes[+]

D. Reichel und H. W. Kölmel

In dieser Untersuchung werden in Anlehnung an frühe Arbeiten (9, 5) Liquorbefunde mit der klinischen Entwicklung vor und nach Lumbalpunktion (LP) korreliert. Folgende Fragen bestehen: 1. Gibt es in den Phasen eines Schubes (Verschlechterung, Plateauphase, Verbesserung) verschiedene Liquorbefunde? 2. Lassen bestimmte Liquorbefunde Rückschlüsse auf die Prognose eines Schubes zu? 3. Gibt es in den verschiedenen Schubphasen unterschiedliche prognostische Marker?

Patienten und Methode

Die Untersuchung umfaßt 85 Patienten mit klinisch definitiver MS (7). Keiner der Patienten bekam innerhalb von 6 Monaten vor oder nach der Lumbalpunktion immunmodulierende Substanzen. 78 Patienten befanden sich im Schub, 7 Patienten zeigten keine Veränderung des neurologischen Status in den letzten 6 Monaten vor der LP. Nach dem aktuellen Verlauf der Erkrankung wurden die Patienten in 4 Gruppen geteilt: Phase 1-Gruppe: während der Verschlechterung punktiert (n = 30); Phase 2-Gruppe: nach der Verschlechterung, aber vor Verbesserung punktiert (n = 34); Phase 3-Gruppe: nach Einsetzen der klinischen Besserung punktiert (n = 14); Phase 4-Gruppe: Patienten mit stationärer MS (n = 7). Die T-Zell-Subpopulationen wurden nach der von uns verwendeten Methode bestimmt (4). Die intrathekale IgG-Synthese wurde mit drei Formeln abgeschätzt (IgG-Index, De-Novo-IgG-Synthese, IgGp). Der neurologische Status zum Zeitpunkt der LP und nach abgeschlossener Verbesserung wurde mit der EDSS (5) und zur Kontrolle mit der NRS (8) quantifiziert. Für die statistische Analyse wurde der Mann-Whitney-Test für unabhängige Stichproben und der Spearman-Rangkorrelationskoeffizient benutzt.

Ergebnisse

1. Liquorveränderungen im Schub: Die einzelnen Ergebnisse sind in der Tabelle aufgelistet. Die Zellzahl war in der Phase 1 am höchsten und fiel schon in der Phase 2 signifikant ab. Der Unterschied zwischen der Phase 1-Gruppe und den anderen Gruppen war statistisch signifikant, während innerhalb der drei anderen Phasen kein Unterschied bestand.

Der Anteil der T4-Lymphozyten lag in allen drei Schubphasen etwas höher als bei stationärer MS, ohne daß dieser Unterschied statistisch gesichert werden konnte. Der Anteil der T8-Lymphozyten an der Zellzahl lag in der Phase 1-Gruppe in etwa auf gleicher Höhe wie bei stationärer MS und fiel erst in den späteren Phasen des Schubes auf signifikant niedrigere Werte. Der T4/T8-Quotient stieg im Verlauf eines Schubes immer weiter an und erreichte in der Phase 3 signifikant den höchsten Wert.

2. Liquorbefunde und die Prognose des Schubes: Mit steigender Zellzahl ergab sich eine signifikant bessere Prognose für den Schub ($r_s = 0,3340$, $p < 0,0005$). Betrachtet man jedoch die klinischen Gruppen getrennt voneinander, so findet man, daß diese Korrelation vor allem für die Patienten der Phase 1-Gruppe gilt ($r_s = 0,5037$, $p < 0,01$) und in der Phase 2-Gruppe nur noch ein schwacher Zusammenhang zwischen Zellzahl und Schubprognose besteht ($r_s = 0,3340$, $p < 0,05$). In der Phase 3-Gruppe war dann kein Zusammenhang mehr zwischen Zellzahl und Schubprognose herstellbar.

Diskussion

Wir fanden, daß sich die Zellzahlerhöhung bereits in der Plateauphase abschwächt und ein Unterschied der Zellzahl zwischen Phase 2, 3 und 4 nicht mehr statistisch gesichert werden konnte. Die Bewegung des T4/T8-Quotienten verläuft zur Zellzahlerhöhung entgegengesetzt. Ist während der Verschlechterung noch der T4/T8-Quotient fast gleich mit dem Quotienten bei stationärer MS, so steigt er nach dem Ende der Verschlechterung und noch mehr nach Beginn der neurologischen Verbesserung auf seine höchsten Werte. Dieser Befund könnte erklären, weshalb einige Autoren eine Erhöhung des T4/T8-Quotienten bei akuter MS sehen (1, 2, 7) und andere nicht (3, 5). Unsere Ergebnisse bestätigen die Rolle der T-Lymphozyten als Marker eines Immunprozesses im ZNS. Deutlich erhöhte T4/T8-Quotienten im akuten Schub können als Anzeichen einer bereits einsetzenden Reparationsphase gewertet werden. Ein persistierend niedriger T4/T8-Quotient stellt ein eher ungünstiges Merkmal dar und zeigt ein mögliches Fortschreiten der Erkrankung und eine Verschlechterung der Symptomatik an.

Literatur

1. Antonen J, Sürjälä P, Oikarinen R et al (1987) Acute multiple sclerosis exacerbations are characterized by low cerebrospinal fluid suppressor/cytotoxic T-cells. Acta Neurol Scand 75:156-160
2. Cashman N, Martin C, Eizenbaum J-F et al (1982) Monoclonal antibody defined immunoregulatory cells in multiple sclerosis cerebrospinal fluid. J Clin Invest 70:387-393
3. Fredrikson S (1988) Studies on activation variables in multiple sclerosis. Acta Neurol Scan 77 (Suppl 115)
4. Kölmel HW, Sudau C (1988) Cell count and ratio of helper/inducer to suppressor/cytotoxic T-cells in the cerebrospinal fluid of patients with multiple sclerosis. J Neurol 236:424-426
5. Kurtzke JF (1983) Rating neurologic impairment in multiple sclerosis: An expanded disability status scale (EDSS). Neurology 33:1444-1452
6. Matsui M, Mori KJ, Saida Takiguchi I, Kameyama M (1988) The imbalance in cerebrospinal fluid T-cell subsets in active multiple sclerosis. Acta Neurol Scan 77:202-209
7. Poser CM, Paty DW, Scheinberg I et al (1983) New diagnostic criteria for multiple sclerosis: guidelindes for research protocols. Ann Neurol 14:445-449
8. Sipe J, Knobler R, Braheny S et al (1984) A neurologic rating scale (NRS) for use in multiple sclerosis. Neurology 34:1368-1372
9. Tourtellotte WW (1970) Cerebrospinal fluid in multiple sclerosis. In: Vinken PG, Bruyn LGW (Hrsg) Handbook of Clinical Neurology, Vol 9. Elsevier, Amsterdam:324-382

⁺Mit Unterstützung der Deutschen Multiple-Sklerose-Gesellschaft

Heterogenität der multiplen Sklerose: Pathogenetische und klinische Aspekte

H. Meyer-Rienecker

Der derzeitige Stand der Kenntnisse über die MS verlangt zunehmend eine Synopsis. Dabei steht im Zentrum der klinischen Probleme das Phänomen der Variabilität bzw. Heterogenität der Erkrankung. Es betrifft eine Reihe von Komponenten wie die genetische Basis und Pathogenese, die exogene Viruseinwirkung und die Immunreaktivität, die morphologischen Variationen, die Krankheitsdynamik und besonders die verschiedenartigen Verlaufsformen.

1. Genetischer Polymorphismus

Eine Vielzahl von Befunden zu den polymorphen HLA-Molekülen und über die HLA-Assoziation (HLA-A3, -B7, -DR2 u. a.) weisen auf genetische Komponenten. Dies stellt einen grundlegenden Aspekt für die Heterogenität dar. Vor allem die Klasse-II-HLA-DR, -Q und -P Gen-Loci und die hier kodierte Ia-Expression (Immun-Antwort-Gen) und weitere sowie nicht HLA-bezogene Determinanten sind bedeutsam (6, 9). Die Untersuchungen ergaben Hinweise auf ein Multi-Loci-System für die Krankheits-Empfänglichkeit. Insgesamt resultiert ein Polymorphismus, und es sind in erheblichem Maße polygenetische Einflüsse anzunehmen (6, 10, 11).

2. Pathomorphologische Variabilität

Die Pathomorphologie zeigt einige der bekannten Variationen: im Bereich der Lokalisation, der disseminierten Entmarkungsreaktion und der selektiven Gewebeschädigung einschließlich der Sekundärveränderungen. Im einzelnen bestehen Unterschiede bei der Entzündungsreaktion bis zur Fluktuation innerhalb der Subpopulationen (CD4$^+$-/CD8$^+$-T-Zellen), der Infiltratzellen und Störung der Bluthirnschranke (5, 13), der Ödemläsion sowie Mediator-Verteilung. Voraussetzung für die Reaktivität - und eine der Grundlagen der Heterogenität - ist die Expression von MHC-Antigenen und damit der Immun-Antwort-Gene (Ia). Im Mittelpunkt stehen hier die Astrozyten als akzessorische Immunzellen im ZNS. Ihre Aktivierung als Ia$^+$-Astrozyten erfolgt durch Virusinfekte, Bakterien und Zytokine (wie gamma-IFN, TNF), wodurch sie als Phagozyten mit Antigen-Präsentation für die CD4$^+$-(Helfer/Inducer)T-Lymphozyten wirken (6, 7). Die Astrozyten selbst zeigen, wie neuere Untersuchungen ergaben (10, 18), eine Heterogenität, regional und hinsichtlich ihrer Funktion, der Reaktivität und Rezeptorexpression, nicht zuletzt für Neuropeptide, -transmitter und Neuromodulatoren.

3. Immunreaktivität

Ein offensichtlicher Ausdruck der Heterogenität sind die nicht stets konstanten Abweichungen der Immunreaktivität.

A) Im *zellulären* Bereich sind diesbezüglich einige zum Teil widersprüchliche Resultate - nicht zuletzt innerhalb der Kompartimente und weiterer Subpopulationen - bekannt (4, 6, 16). Dabei sind das Phänomen der Fluktuation (wie auch methodische Probleme) zu berücksichtigen. Die Veränderungen betreffen die aktivierten (transformierten) T-Lymphozyten, die reduzierte Suppressorfunktion (CD4+-[Helfer/Inducer] > CD8+-[Suppressor/zytotoxische] T-Lymphozyten), den Mangel an Suppressor-induzierenden Signalen, eine verminderte NK-Zellaktivität und die polyklonale B-Lymphozytenaktivierung (Plasmazellen). Der Grad der Ausprägung ist unterschiedlich; Korrelationen zur Krankheitsaktivität sind bislang kaum nachgewiesen.

B) Die *humoralen* Abweichungen stellen sich etwas gleichförmiger dar, jedoch auch hier finden sich keine uniformen Befunde. Es betrifft dies die lokale IgG- > -M > -A-Bildung, die oligoklonalen Banden(muster), Anti-MBP-Antikörper (phasenabhängig). Immunkomplexe (gegen kaum definierte Antigene), demyelinisierende Antikörper (auch funktionell) und aktivierte Komplementkomponenten (C5 - C6) sind weniger uniform, spezifische Antikörper gegen verbreitete Viren nur in einem gewissen Prozentanteil zu ermitteln (5, 16).

C) Es sind nicht zuletzt die verschiedenen *Liquorsyndrome* Ausdruck der variablen Reaktivität bei der MS. Eine Zusammenstellung entsprechender Resultate (ohne Berücksichtigung der rel. charakteristischen oligoklonalen Banden) zeigt die Tabelle 1 (differenziert nach geringer*, mäßiger** und schwerer*** Krankheitsdynamik).

Tabelle 1. Liquorbefunde (% gem. Verlaufsgruppen; N = 345)

L. typisch-komplett	23,6*	34,7**(s)	46,5***(s)
L. typisch-inkomplett	42,2	39,3 (s)	33,8 (s)
L. atypisch, erheblich	1,8	1,4	1,4
L. atypisch, gering	16,2	16,4	11,2
L. weitgehend normal	16,2(s)	8,2	7,1

Die unterschiedlichen Befunde für die einzelnen Verlaufsgruppen sind nur zum Teil signifikant (s).

4. Mehrphasische Pathogenese

Auf die Heterogenität weisen auch einige Fragen zur Pathogenese. Sie beinhalten verschiedene nicht geklärte Faktoren wie die Problematik der genetischen Disposition und Protektion, die Wertigkeit der allgemeinen Virus-Infektionen für die Induktion und im Verlauf, die Bedeutung der Autoantigene, die Grundlagen der Immunregulationsstörung, inkonstante Abweichungen der T-Lymphozyten-Subpopulationen bis hin zur Bedeutung der - teilweise nur funktionell wirksamen - demyelinisierenden Faktoren (11, 13, 14, 15, 16).

Abb. 1.

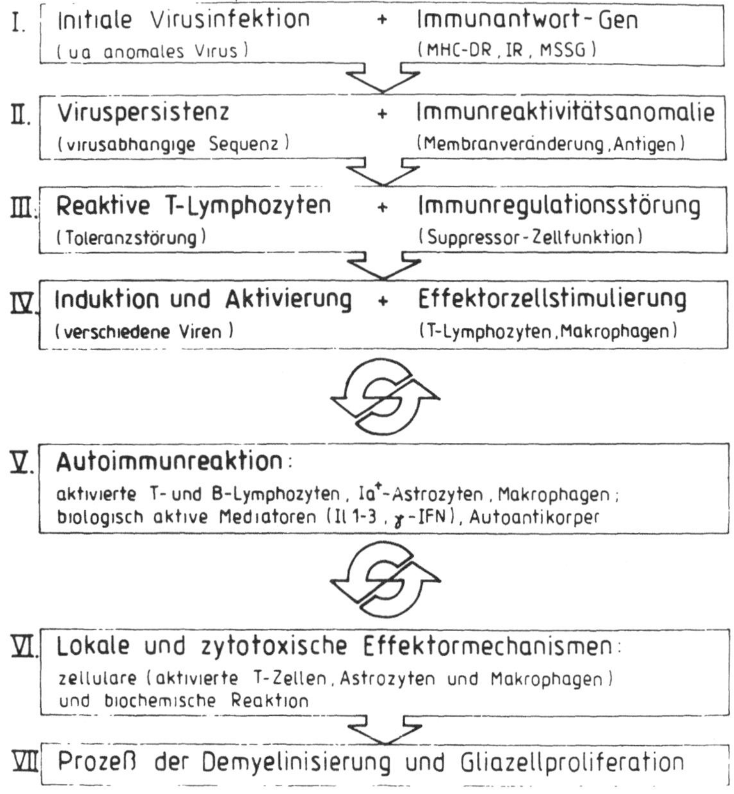

Unabhängig von diesen Problemen gestattet der bisherige Erkenntnisstand die Darlegung des Konzeptes einer mehrphasischen Pathogenese (s. Abb. 1). Ausgehend von einer anomalen Virusinfektion im Kindesalter, verbunden mit einer genetisch bedingten Störung der Immunantwort sowie Anomalie der Immunregulation und nachfolgender, wahrscheinlich virusbedingter Induktion mit Lymphozyten-Aktivierung, setzt stufen- und kaskadenförmig eine Autoimmunreaktion mit Autonomisierungstendenz und efferenten Effektormechanismen ein. Daß innerhalb dieser - sich über einen längeren Zeitraum erstreckenden - Ablaufkette sowohl hinsichtlich der Reaktivität als auch der klinischen Dynamik eine erhebliche Variabilität und somit Heterogenität resultiert, ist erklärlich.

5. Neuro- und immuno-endokrine Interaktionen

Zusätzlich zu den mehrphasischen pathogenetischen Variablen bewirken eine Reihe *efferenter und afferenter Regelkreise* eine weitere, bislang zu wenig berücksichtigte Modulation (2, 3, 8, 17). Es ist einerseits die neuro-immuno-endokrine Achse (Hypothalamus - Hypophyse - Nebennierenrinde) mit vorwiegend immunsuppressiven Wirkungen, ferner die autonome Innervation lymphatischer Organe. Andererseits wesentlich sind *humorale Wechselbeziehungen* über Neurotransmitter, Neuropeptide und Neurohormone, die einen regulativen bzw. immunmodulierenden Einfluß haben. Auf Grund des Nachweises von

Rezeptorstrukturen an immunkompetenten Zellen (z. B. für Adrenalin, Katecholamine, dopaminerge Substanzen, Endorphine, Enkephaline, Serotonin, Somatostatin, STH, Substanz P, TSH u. a.) wurden einige Effekte der neuroendokrinen Peptide bekannt, die - zum Teil konträr bzw. konzentrationsabhängig - hemmend oder fördernd sind. So können Endorphine und Enkephaline eine vermehrte Lymphozyten-Proliferation, NK-Zellaktivität und Il-1-Bildung sowie verminderte Antikörper-Synthese bewirken. Es sind jedoch die neuro- und immuno-endokrinen *Aktivitäten*, z. B. der endogenen Opioide, auf das Immunsystem sowohl in vitro als auch in vivo sowie gemäß den Sequenzen und Molgewichtsbereichen verschiedenartig (17).

Einzelheiten zur *Bildung immunreaktiver Peptide* durch (aktivierte) Zellen des Immunsystems (selektiv und abhängig von verschiedenen Stimuli) sind eine weitere Erkenntnis der letzten Jahre (2, 8). Es betrifft neben dem ACTH die Endorphine, Enkephaline, das Somatostatin, TSH und VIP u. a. Darüber hinaus bestehen weitere Feed-back-Mechanismen in Form von *Effekten der Produkte der Immunreaktion* auf das Nervensystem. Im besonderen sind es afferent einige Mediatoren und Immunotransmitter (Zytokine, Lymphokine), die einen neuro- und immunomodulierenden Einfluß ausüben. So kann z. B. das alpha- und/oder beta-IFN (neben einer MHC-Antigenexpression und vermehrten Il-1-Synthese) eine Erregung der Neurone, Verhaltens- und Affektstörungen, eine Analgesie, Katalepsie und Somnolenz bewirken, das Il-1 (außer der Erhöhung des Corticotropin-Releasing-Faktors) Fieber und Muskelproteolyse hervorrufen, den NREM-Schlaf stimulieren und ein Mitogen für die Astroglia darstellen. Die hier nur auszugsweise und beispielhaft angeführten Regelkreise und *pluripotenten* Wirkungen machen eine heterogene (bzw. phasenhaft modulierte) Reaktivität erklärlich.

6. Krankheits- und Verlaufsformen

Ausdruck der Heterogenität sind im speziellen die *unterschiedlichen Verlaufstypen*. Verschiedene Untergruppen sind zu klassifizieren, wobei alle latenten Formen (a) nur den Sicherheitsgrad einer möglichen Erkrankung aufweisen (sofern nicht die MRT-Untersuchung eindeutig ist). Neben den klinisch wahrscheinlichen lassen sich die eindeutigen Erkrankungen (b) in drei Typen gliedern: es ist jedoch im Hinblick auf die Verlaufsdynamik und Intensität der Störungen eine weitere Differenzierung notwendig (12). Die Sonderformen (c) weisen nicht nur differente pathogenetische Mechanismen, sondern auch verschiedenartige Verläufe auf. Die Tabelle 2 zeigt die Resultate der Analyse unserer Krankheitsfälle, die Häufigkeit in den einzelnen Gruppen.

Unter den weitgehend definiten Fällen überwiegen die sekundär progredienten Formen vor den primär progredienten; die ausschließlich schubförmigen, re- und intermittierenden Verläufe betreffen - nach dem Langzeit-follow-up - einen geringeren Anteil. Hierzu ergaben unsere Untersuchungen (12) den Übergang vom schubförmig-intermittierenden Verlauf zum progredienten Verlauf etwa zwischen dem 7. und 11. Jahr nach Krankheitsbeginn (früher bei Männern als bei Frauen). Die Entwicklung des Defektgrades (EDSS nach Kurtzke), entsprechend der Krankheitsdauer (12), zeigt eine relativ kontinuierliche Zunahme für das männliche Geschlecht (nach 15 Jahren lediglich 25 %, nach 20 Jahren nur 18 % gehfähig), weniger die Frauen (42 %, später 32 %). Es weist dies auch auf einige Unterschiede zwischen den Geschlechtern, ein weiterer Aspekt, der bei differenzierenden Analysen zu berücksichtigen ist.

Tabelle 2. Krankheits- und Verlaufsformen (n = 687)　　　　n %

a. Mögliche bis wahrscheinliche MS		
1. Latent, subklinisch (mögliche) Erkrankung	8,3	
2. Inzipient, erster Schub (wahrscheinlich)	10,5	
3. Benigne Verlaufsform	2,2	12,7
b. Klinisch eindeutige (definitive) MS	n %*	
1. Schubförmig-remittierend, wenig Störungen	9,5	
2. Schubförmig-remittierend, deutliche Störungen	10,9	20,4
3. Sekundär progredient, wenig Störungen	18,8	
4. Sekundär progredient, deutliche Störungen	17,8	45,1
5. Sekundär progredient, relativ maligne	8,5	
6. Primär progredient, deutliche Störungen	21,0	
7. Primär progredient, relativ maligne	13,5	34,5
c. Sonderformen der Erkrankung		
1. Para- oder postinfektiöse Enzephalomyelitis	4,4	
2. Akute Encephalomyelitis disseminata u. a.	2,6	7,0

n %* = Anteil bezogen auf klinisch eindeutige Erkrankungen

7. Klinische Variabilität und Resümee

Die angeführten Faktoren und Wechselbeziehungen sowohl genetischer Art als auch der Regulation und der vielfältigen Interferenzen im pathogenetischen Ablauf machen verständlich, daß die klinische Heterogenität der Erkrankung vielgestaltig ist (1, 12). Sie betrifft den (1.) Beginn, die Alters- und (2.) Geschlechtsverteilung, die (3.) Vorgeschichte und Initialsymptome, die (4.) schubauslösenden Komponenten (und Risiko- sowie Begleitfaktoren), die (5.) Verteilung der Läsionen mit charakteristischen und seltenen Symptomen im Verlauf, vor allem jedoch die (6.) Schubrate (Exazerbation/Zeitintervall), den sich ergebenden (7.) Verlaufstyp und schließlich die Erkrankungsdynamik, die (8.) Progression und Remission sowie vor allem die (9.) Reaktion gegenüber verschiedenen Therapeutika (responder - non-responder), auch letztlich in Form des (10.) Defektgrades die Folgen des mehrphasischen Prozeßablaufes.

Das Literaturverzeichnis ist beim Verfasser erhältlich.

Homonyme Gesichtsfeldausfälle bei multipler Sklerose

K. Tiel und H. W. Kölmel

Das Auftreten homonymer Gesichtsfeldausfälle bei multipler Sklerose gilt als seltenes oder ungewöhnliches Symptom (2, 4, 6). Savitzky und Rangell (1950) halten eine homonyme Hemianopsie für mit der Diagnose der multiplen Sklerose nicht vereinbar. Nach Ansicht dieser Autoren sind solche Gesichtsfeldausfälle immer die Folge weiterer zerebraler Erkrankungen. Wir berichten im folgenden über fünf Patienten mit einer multiplen Sklerose, bei denen homonyme Gesichtsfelddefekte Folge dieser Erkrankung waren. In allen Fällen lagen computer- und kernspintomographische Befunde des Gehirns vor. Außerdem wurde eine kinetische und eine statische Perimetrie durchgeführt.

Patienten und Ergebnisse

Innerhalb von 2 Jahren haben wir 3 Patienten mit gesicherter und 2 Patienten mit wahrscheinlicher multipler Sklerose behandelt. Bei den letzteren handelte es sich um den ersten Schub der Erkrankung. Nach den klinischen, elektrophysiologischen und kernspintomographischen Befunden lagen bei allen Patienten disseminierte Läsionen vor. Es bestand ein typisches Liquorsyndrom. Die Tabelle zeigt die wichtigsten klinischen Daten: 2mal lagen homonyme Hemianopsien, 2mal homonyme Quadrantenanopsien und einmal ein homonymes parazentrales Skotom vor. 2 Patienten waren gleichzeitig an einer Retrobulbärneuritis erkrankt. Die Gesichtsfelddefekte waren bei 3 Patienten durch parieto-occipitale Läsionen, bei 2 Patienten durch Herde im Tractus opticus verursacht. Dreimal trat eine vollständige Erholung ein. Auch mit der statischen Perimetrie waren in diesen Fällen keine Defekte mehr nachweisbar. 2 dieser Patienten wiesen Läsionen im Tractus opticus auf. Bei 4 Patienten trat zusammen mit dem Gesichtsfelddefekt der erste oder ein erneuter Schub der Erkrankung auf. Dabei wurde der Schub immer durch den Gesichtsfelddefekt eingeleitet. Weder der Schweregrad der Erkrankung (gemessen mit der EDSS) noch das Vorliegen einer Retrobulbärneuritis hatten einen Einfluß auf den Defekttyp und seinen zeitlichen Verlauf. Bei 2 Patienten waren normale visuell evozierte Potentiale (VEP) ableitbar. Bei ihnen war der zentrale Gesichtsfeldbereich innerhalb 10 Grad ausgespart.

Diskussion

Savitsky und Rangell (1950) konnten homonyme Sehstörungen immer auf andere, dann zusätzliche Hirnerkrankungen wie z. B. Infarkte, Hämatome oder Neubildungen zurückführen. Das Auftreten der Anopsie zu Beginn eines Schubes, vor allem aber die bildmorphologischen Befunde belegen bei unseren Patienten den pathogenetischen Zusammenhang der Gesichtsfeldausfälle mit der multiplen Sklerose.

Nach pathologisch-anatomischen Untersuchungen sind Läsionen des Tractus opticus, des Corpus geniculatum laterale und der retrogeniculären Sehbahn häufig zu finden (5). Bei unseren Patienten gelang der kernspintomographische Nachweis von Läsionen im Bereich der retrochiasmalen Sehbahn. Vor Einführung der Kernspintomographie war die Darstellung derart lokalisierter Läsionen nicht möglich.

Bei den beiden Patienten mit Tractus-Läsionen kam es zu einer kompletten Remission des Gesichtsfelddefekts. Eine solche Erholung konnte jedoch nur bei einem von 3 Patienten mit parieto-okzipital gelegenen Entmarkungsherden beobachtet werden. Bei den in der Literatur mitgeteilten Fällen trat bei 3 von 4 Patienten mit computertomographisch nachgewiesenen retrogeniculären Läsionen eine Besserung ein (1, 3).

Die vergleichsweise seltene Beschreibung homonymer Gesichtsfeldausfälle bei multipler Sklerose ist auf die angewandten Untersuchungsmethoden zurückzuführen. Die Ableitung von VEP ist zur Erfassung dieser Sehstörungen weniger geeignet als die statische Perimetrie. Mit dieser Methode konnten Meienberg et al. (1982) bei Patienten mit multipler Sklerose subklinische Gesichtsfelddefekte bei normalen VEP nachweisen. Bei 2 unserer Patienten lagen normale VEP vor. Nur mit der Perimetrie gelang der Nachweis einer Läsion im visuellen System. Offenbar ist die statische Perimetrie besser geeignet, Gesichtsfeldstörungen nachzuweisen, auch dann, wenn der Patient nicht über eine Sehstörung klagt.

	Gesichtsfelddefekt	Läsion im MRT	EDSS	Opticus-neuritis	Verlauf des Gesichtsfelddefekts
1	homonyme Quadrantenanopsie nach links unten	parieto-okzipitale Sehstrahlung	3,0	keine	komplette Erholung
2	homonymes parazentrales Skotom links	parieto-okzipitale Sehstrahlung	4,5	beidseits	inkomplette Besserung (EDSS 3,0)
3	inkomplette homonyme Hemianopsie nach rechts	parieto-okzipitale Sehstrahlung	3,5	keine	geringe Besserung (EDSS 3,5)
4	homonyme Quadrantenanopsie nach links unten	Tractus opticus rechts	3,5	rechts	komplette Erholung (EDSS 1,5)
5	komplette homonyme Hemianopsie nach rechts	Tractus opticus links	4,0 >> 6,0	keine	komplette Erholung (EDSS 3,0)

Das Literaturverzeichnis ist bei den Verfassern erhältlich.

Extrapyramidal-motorische Störungen bei multipler Sklerose

W. Klostermann, P. Vieregge und D. Kömpf

Extrapyramidale Bewegungsstörungen sind ein seltenes Erscheinungsbild der multiplen Sklerose (MS). In pathologischen Untersuchungen fanden Brownell et al. (2) 4 % der Plaques in den Stammganglien, Lumsden (8) 6,8 % in den Basalganglien sowie weitere 2 % im Thalamus. In einer Kernspin-Studie fanden Kesselring et al. (6) Läsionen der Basalganglien in 8 % der Fälle. Wir berichten über zwei Patienten mit einem Parkinson-Syndrom und einen Patienten mit einem Torticollis spasmodicus bei zugrunde liegender MS. Bei allen drei Fällen lag nach klinischen Kriterien (12) eine definitive MS vor, und der Liquor war in typischer Weise verändert.

Fall 1: geb. 1931, weiblich, MS-Erstmanifestation in der 4. Lebensdekade, chronisch progredienter Verlauf mit zusätzlicher schubweiser Verschlechterung. Bereits mit Beginn der Erkrankung imponierte ein Parkinson-Syndrom vom hypokinetisch-rigiden Typ mit nur geringem Ruhetremor. Während eines stationären Aufenthaltes infolge eines erneuten Schubs 1986 war die Patientin insbesondere durch die Hypokinese behindert. Ein erster Therapieversuch mit 250 mg L-Dopa (+ Benserazid) täglich brachte keine deutliche Befundbesserung. Diese stellte sich dann nach intravenöser Gabe von 100 mg Prednisolon über eine Woche und anschließender schrittweiser Reduktion ein.

Fall 2: geb. 1936, männlich, MS-Erstmanifestation mit 24 Jahren, schubweiser Verlauf mit unvollständiger Remission. Nach 28jährigem Verlauf kam es im Rahmen eines neuen Schubs auch zu einer vorwiegend hypokinetischen Parkinson-Symptomatik. Nach Rückgang einer gleichzeitig bestehenden Hemiparese kam diese Symptomatik noch deutlicher zur Darstellung. Die leise und monotone Sprechweise war phänomenologisch sicher von einer zerebellären Dysarthrie abzugrenzen. Wir behandelten mit einer Prednisolon-Stoßtherapie von 500 mg i.v. über fünf Tage. Die Symptome waren im Verlauf so weit rückläufig, daß sich die Gabe von Anti-Parkinson-Medikamenten erübrigte.

In beiden Fällen 1 und 2 fanden sich im MRT neben den typischen multiplen Herden im Marklager mit periventrikulärer Betonung auch deutliche Herde der Thalami beidseits sowie der Pallida.

Ein Parkinson-Syndrom ist eine sehr seltene Ausdrucksform einer MS. In der Literatur beinhalten nur zwei Kasuistiken ein MRT (9). In beiden Fällen wurden keine Herde der Stammganglien beschrieben. L-Dopa (in Verbindung mit Carbidopa) war in beiden Fällen wirksam, im einen Fall jedoch erst beim zweiten Therapieversuch nach 8jährigem Verlauf. Der geringe Therapieerfolg von L-Dopa in unserem Fall 1 sowie der parallele klinische Verlauf der Parkinson-Symptomatik und der übrigen ZNS-Ausfallserscheinungen in beiden Fällen legen die MS als Ursache des Parkinson-Syndroms nahe. Pathophysiologisch zugrunde liegen könnte eine Läsion kortikostriato-thalamischer motorischer Schleifen infolge der beschriebenen pallido-thalamischen Herde (1). Daneben ist natürlich auch eine zufällige Assoziation nicht auszuschließen.

Fall 3: geb. 1951, weiblich, MS-Erstmanifestation mit 30 Jahren, schubweiser Verlauf mit unvollständiger Remission. Die ersten, passageren Symptome der MS gingen dem Auftreten eines Torticollis spasmodicus (Ts) um vier Jahre voraus. Erst bei stationärer Abklärung der

Genese des Ts wurde auch die Diagnose der MS gestellt. In der EMG-Polygraphie fand sich eine vermehrte tonische Innervation des re. M. sternocleidomastoideus sowie dessen pathologische Ko-Aktivierung bei Kopfwendung nach rechts. Im Kernspin fand sich neben den typischen periventrikulären Herden keine Läsion der Stammganglien. Dagegen stellte sich ein Herd im rechten Halsmark in Höhe HWK 2 dar, also im oberen Kerngebiet des N. accessorius, in dem die Neurone des M. sternocleidomastoideus lokalisiert sind.

In der Literatur sind nur zwei Fälle eines Ts bei MS bekannt (3, 11). In einer dieser Kasuistiken wurde der Ts auf einen kernspintomographisch nachgewiesenen, frisch aufgetretenen Herd im Mesenzephalon zurückgeführt (11). Auch bei Halsmarkläsionen anderer Genese wurde ein Ts beobachtet (7).

Dystone Syndrome bei Stammganglienläsionen werden durch einen Ausfall der zentral hemmenden und regulierenden Impulse erklärt (10). In unserem Falle wäre denkbar, daß die homolateral absteigenden Bahnen des extrapyramidalen Systems an der beschriebenen Lokalisation im oberen Halsmark lädiert wären, während die von kontralateral gerade gekreuzt habenden Pyramidenbahnfasern noch ausgespart wären. Dagegen könnte auch eine Unterbrechung der kortiko-bulbären Fasern mit der Folge einer Enthemmung von Hirnstamm- bzw. Halsmarkreflexen, z. B. von Stellreflexen des Kopfes, zugrunde liegen, wie es gleichermaßen auch zur Pathogenese des Blepharospasmus bei rostralen Hirnstammläsionen angenommen wurde (5). Eine Störung von Reflexen auf Halsmarkniveau wäre auch durch eine Schädigung der Afferenzen möglich (4).

Literatur

1. Alexander GE, Crutcher MD (1990) Functional architecture of basal ganglia circuits: neural substrates of parallel processing. TINS 13:266-271
2. Brownell B, Hughes JT (1962) Distribution of plaques in the cerebrum in multiple sclerosis. J Neurol Neurosurg Psychiat 25:315-320
3. Guillain G, Bize R (1933) Sur un cas de sclérose en plaques avec torticolis spasmodique. Rev Neurol 40:133-138
4. Hagenah R, Freckmann N, Müller D (1983) Torticollis spasmodicus - eine zentralmotorische Krankheit? In: Seitz D, Vogel P (Hrsg) Verhandlungen der Deutschen Gesellschaft für Neurologie, Bd. II. Springer, Berlin Heidelberg New York:446-449
5. Jancovic J, Patel SC (1983) Blepharospasm associated with brainstem lesions. Neurology 33:1237-1240
6. Kesselring J, Ormerod IEC, Miller DH, du Bouley EP, McDonald WI (1989) Magnetic resonance imaging in multiple sclerosis. Thieme, Stuttgart New York
7. Kiwak KJ, Deray MJ, Shields WD (1983) Torticollis in three children with syringomyelia and spinal cord tumour. Neurology 33:946-948
8. Lumsden CE (1970) The neuropathology of multiple sclerosis. In: Vinken PJ, Bruyn GW (Hrsg) Handbook of neurology, Vol 9, North-Holland Amsterdam, pp 217-309
9. Mao CC, Gancher ST, Herndon RM (1988) Movement disorders in multiple sclerosis. Movement Disorders 3:109-116
10. Marsden CD, Obeso JA, Zarranz JJ, Lang AE (1985) The anatomical basis of symptomatic hemidystonia. Brain 108:463-483
11. Plant GT, Kermode AG, du Boulay EP, McDonald WI (1989) Spasmodic torticollis due to a midbrain lesion in a case of multiple sclerosis. Movement Disorders 4:359-362
12. Poser CM, Paty DW, Scheinberg L et al (1983) New diagnostic criteria for multiple sclerosis: guidelines for research protocols. Ann Neurol 13:227-231

Koinzidenz von multipler Sklerose und Chorea Huntington - zur Differentialdiagnose extrapyramidal motorischer Störungen

B. Frank, H. Kolbe und H. Künkel

Extrapyramidal motorische Störungen sind als Symptom einer multiplen Sklerose ein seltenes Phänomen. Trotz der häufigen Affektion der Basalganglien durch Plaques finden sich nur wenige Mitteilungen über extrapyramidale Störungen bei der multiplen Sklerose (3, 4, 5). Selten ist eine extrapyramidal motorische Störung Initialsymptomatik einer multiplen Sklerose.

Bei einer Patientin, bei der eine Chorea Huntington bekannt war, wurde zusätzlich eine multiple Sklerose diagnostiziert. An diesem Beispiel soll die Notwendigkeit einer weiterführenden Diagnostik bei anscheinend eindeutigen Basalganglienerkrankungen hervorgehoben werden.

Die 24jährige Patientin wurde wegen eines progredienten Tremors beider Beine, einer Ataxie sowie unwillkürlichen Bewegungen des Gesichtes aufgenommen. In der Familie waren bei dem Urgroßvater, dem Großvater, dem Großonkel und der Mutter eine Chorea Huntington bekannt. Seit 1984 entwickelten sich bei der Patientin eine Schwäche der Beine, eine Gangstörung sowie unwillkürliche Bewegungen der Hände, Füße und des Gesichtes. Klinisch fand sich im Bereich der Hirnnerven eine beidseits abgeblaßte Papille sowie unwillkürliche Bewegungen perioral und im Bereich der Zunge. An den Extremitäten traten, insbesondere bei Positionswechsel, choreatische Bewegungen auf. In Ruhe fanden sich lediglich abnorme Bewegungen an Händen und Füßen. Die Muskeleigenreflexe waren beidseits gesteigert auslösbar; die Reflexe der Babinskigruppe beidseits positiv. Die Koordinationsversuche zeigten eine beidseitige Dysmetrie und Extremitätenataxie. Das Gangbild war breitbasig und ataktisch. Die Prüfung der Sensibilität ergab regelrechte Verhältnisse.

Laborchemisch fanden sich regelrechte Befunde einschließlich der Bestimmung der immunologischen Parameter, der Bestimmung des Serum- und Urinkupferspiegels sowie der Schilddrüsenwerte.

Der lumbal gewonnene Liquor zeigte eine Pleozytose von 19,5/µl, eine IgG-Erhöhung auf 15,2 mg/100 ml sowie oligoklonale Banden.

Die P100-Latenzen der visuell evozierten Potentiale waren mit 165 bzw. 163 msec deutlich verzögert.

Kernspintomographisch (Siemens, 1.0 Tesla) fanden sich mehrere Areale erhöhter Signalintensität in den T2-gewichteten Sequenzen periventrikulär, subkortikal in der weißen Substanz, im Zentrum semiovale sowie eine Verplumpung der Seitenventrikel. Darüber hinaus fiel eine Minderung der Signalintensität beidseits im Putamen, Thalamus, der Substantia nigra und im Globus pallidus auf.

Angesichts der durch neuropathologische und kernspintomographische Studien belegten Häufigkeit von Basalganglienaffektion durch die multiple Sklerose finden sich extrapyramidal motorische Symptome selten (6). Die Ursache für diese Diskrepanz ist letztlich unklar. Prinzipiell können demyelinisierende Plaques in den Basalganglien jede Form der extrapyramidal motorischen Störungen hervorrufen (4, 5). Diese Formen müssen gegenüber anderen symptomatischen Basalganglienaffektionen - wie beispielsweise nach einer perinatalen Hypoxie, im Rahmen eines Lupus erythematodes oder endokrinologischen Erkrankungen - und den idiopathischen Basalganglienerkrankungen abgegrenzt werden. Im geschilderten Fall ist eine Koinzidenz von multipler Sklerose und Chorea Huntington anzunehmen. Die Kernspintomographie zeigte periventrikulär und subkortikal in der weißen Substanz Signalanhebungen, wie sie bei der multiplen Sklerose häufig gefunden werden. Darüber hinaus fanden sich aber auch Dichteminderungen im Bereich der Stammganglien, die auf eine erhöhte Eisenablagerung hinweisen. Diese Veränderungen finden sich bei der Chorea Huntington und anderen heredodegenerativen Veränderungen, sind für diese aber nicht spezifisch (2).

Unseres Wissens ist die beschriebene Kasuistik der erste Bericht einer Assoziation von multipler Sklerose und einer Chorea Huntington. Es ist anzunehmen, daß es sich hierbei um ein statistisch zufälliges Zusammentreffen beider Erkrankungen handelt. Unabhängig hiervon ist der berichtete Fall interessant hinsichtlich der unterschiedlichen Pathogenese extrapyramidal motorischer Störungen und deren Differentialtherapie.

Literatur

1. Berger RJ, Sheremata WA, Melamed E (1984) Paroxysmal dystonia as the initial manifestation of multiple sclerosis. Arch Neurol 41:747-750
2. Drayer BP, Burger P, Hurwitz B, Dawson D, Cain J (1987) Reduced signal intensity on MR images of thalamus and putamen in multiple sclerosis: increased iron content? Am J Radiol 149:357-363
3. Mao CC, Gancher ST, Herndon RM (1988) Movement disorders in multiple sclerosis. Movement disorders 3:109-116
4. Riley D, Lang AE (1988) Hemiballism in multiple sclerosis. Movement disorders 3:88-94
5. Taff I, De Reuck J (1985) Monoballism and multiple sclerosis. Clin Neurol Neurosurg 87:41-43

Sind epileptische Anfälle ein wenn auch seltenes Symptom der Encephalomyelitis disseminata?

H.-J. Braune und G. Huffmann

Hirnorganische Anfälle treten bei Patienten mit Enzephalomyelitis disseminata nur selten auf. In einem großen Kollektiv von 812 solcher Patienten, zusammengestellt von Ritter und Poser 1974 (8), wurden Epilepsien nur in neun Fällen gefunden. Es wurde daraus geschlossen, daß es sich angesichts der Tatsache einer Prävalenzrate der Epilepsie in der Normalbevölkerung von 0,5 % um ein zufälliges Zusammentreffen dieser beiden Erkrankungen handeln müsse. Hopf et al (3) stellen hingegen 1970 Angaben von 20 Publikationen seit 1905 zusammen, was einem Kollektiv von etwa 8500 Patienten mit Encephalomyelitis disseminata entspricht. In diesem Kollektiv war es bei 207 Patienten gleichzeitig zu gesicherten zerebralen Anfällen gekommen, was also etwa 2,5 % entspricht. Dieser Prozentsatz deckt sich mit demjenigen, der auch in neueren Studien in der Schweiz (4) und in Finnland (5) gefunden wurde. Damit liegt er deutlich über der Prävalenz der Epilepsien, die mit 0,5 % angegeben wird. Insbesondere bei Berücksichtigung der Altersverteilung der beiden Krankheitsbilder mit einem Gipfel im Kindes- und Jugendalter der Epilepsie, aber einem Häufigkeitsgipfel zwischen dem 20. und 40. Lebensjahr bei Encephalomyelitis disseminata müsse insofern angenommen werden, daß die Koinzidenz nicht zufällig sein könne und epileptische Anfälle bei Patienten mit Enzephalomyelitis disseminata etwa zehnmal häufiger vorkommen als in der Durchschnittsbevölkerung (4).

In einer retrospektiven Analyse der Krankengeschichten von 210 Patienten mit klinisch gesicherter Encephalomyelitis disseminata nach den Kriterien von Poser et al. (7), die in unserer Klinik während der letzten zehn Jahre stationär behandelt wurden, fanden sich neun Fälle mit gleichzeitigem Auftreten von hirnorganischen Anfällen, was einer Koinzidenz von etwa 4,5 % entspricht.

Auch in dem von uns analysierten Kollektiv ist somit die Koinzidenz zwischen dem Auftreten einer Enzephalomyelitis disseminata sowie hirnorganischen Anfällen deutlich höher als die Prävalenz epileptischer Anfälle in der Normalbevölkerung. Dabei ist es in einem Fall zu epileptischen Anfällen bereits sechs Jahre vor dem Auftreten als typisch geltender Befunde der Encephalomyelitis disseminata gekommen, wahrscheinlich also unabhängig von dieser Erkrankung. Möglicherweise hat es sich jedoch hierbei um ein Frühsymptom der Encephalomyelitis disseminata gehandelt, was jedoch nur sehr selten vorzukommen scheint (2, 6).

Bei den acht anderen Patienten in unserem Kollektiv traten die epileptischen Anfälle erst nach der klinisch gestellten Diagnose der Encephalomyelitis disseminata auf. In einem Fall scheint es jedoch unabhängig von der entzündlichen Erkrankung zu einem Gefäßprozeß mit Hirnstammbeteiligung gekommen zu sein, der möglicherweise für die epileptischen Anfälle und den späteren Exitus letalis verantwortlich gemacht werden muß. Bei einem anderen Patienten kam es nur einmal zu einem hirnorganischen Anfall kurz nach einer Operation in Vollnarkose, also einem sogenannten Gelegenheitsanfall. Es verbleiben also sechs Fälle, etwa 2,9 % unseres Kollektivs, bei denen sich keine andere Ursache außer der Encephalo-

60

myelitis disseminata selbst ausmachen ließ. Dabei zeigte sich in Übereinstimmung mit der Literatur, daß etwa 2/3 der Anfälle primär fokaler Natur waren und bei etwa 1/3 gleichzeitige und gleichseitige zentrale Ausfälle wie Mono-, Hemiparesen und Sensibilitätsstörungen vorlagen. Dabei scheint es zwischen der Manifestation der Epilepsie und der Schwere der Enzephalomyelitis disseminata eine gewisse Beziehung zu geben. Auch treten die Anfälle meistens in einem späteren Stadium der Erkrankung auf.

Es ist anzunehmen, daß einerseits die nur selten anzutreffenden rindennahen Plaques (ca. in 5 %) (1) selbst zu einer mechanisch-elektrischen Induktion der Krampfanfälle führen können, andererseits auch die einen frischen Schub begleitende Labilität zerebraler Steuerungsvorgänge die Manifestation einer konstitutionellen Krampfbereitschaft bewirken kann (4).

Literatur

1. Brownell B, Hughes JT (1962) Distribution of plaques in the cerebrum in multiple sclerosis. J Neurol Neurosurg Psychiat 25:315-320
2. Frick E (1987) Multiple Sklerose. VHC Verlagsgesellschaft, Weinheim
3. Hopf HC, Stamatovic AM, Wahren W (1970) Die cerebralen Anfälle bei der multiplen Sklerose. Z Neurol 198: 256-276
4. Kesselring J (1985) Paroxysmale Phänomene bei der Multiplen Sklerose. Schweiz Med Wschr 115:1054-1059
5. Kinnunen E, Wilkström J (1986) Prevalence and prognosis of epilepsy in patiens with multiple sclerosis. Epilepsia 27:729-733
6. Poser S (1978) Multiple sclerosis: an analysis of 812 cases by means of electronic data processing. Springer, Berlin Heidelberg New York
7. Poser CM, Paty DW, Scheinberg L, McDonald WJ, Davis FA, Ebers GC, Johnson KP, Sibley WA, Silberberg DH, Toutelotte WW (1983) New diagnostic criteria for multiple sclerosis: guidelines for research protocols. Ann Neurol 13:227-231
8. Ritter G, Poser S (1974) Epilepsie und Multiple Sklerose. Münch Med Wschr 116:1983-1986

Coenästhetische Symptomatik bei Encephalomyelitis disseminata

B. Wennhold, M. M. Hummel und W. Blankenburg

Einleitung

Viele Patienten mit Enzephalomyelitis disseminata (E. d.) zeigen psychopathologische Auffälligkeiten (4). Zu psychotischen Manifestationen kommt es allerdings selten (3). Coenästhesien wurden bisher nicht beschrieben. Wir berichten über eine 40jährige Patientin, die sich von Dezember 1989 bis März 1990 wegen einer im Vordergrund stehenden, bisher als schizophren-coenästhetisch eingeordneten Symptomatik in unserer stationären Behandlung befand.

Kasuistik

Die Patienten war seit mehr als zehn Jahren durch eine Fülle körperlicher Mißempfindungen gequält; u. a. nannte sie - ich zitiere -:
"Ständig einen Krampf im Kopf, als drücke eine Faust das Gehirn zusammen", "eine Blase und Ausstülpungen am Kopf", "zwischen den Schulterblättern etwas in der Größe eines Balles, eines Feuerballes, brennend, bohrend, bis in den Nacken ziehend", "ein Blinzeln des Feuerballes", "ein Gefühl, als ob der Kopf abgeschraubt und falsch wieder aufgesetzt" sei. Die bei der weiteren Exploration dargestellten Elektrisierungs- und multilokulären Taubheitsgefühle wurden als nicht so beeinträchtigend erlebt, daß sie spontan berichtet worden wären.

Außer Leibgefühlsstörungen bestehen Gedankenentzug und eine Asthenie. In früheren Jahren mußte ein Zusammenhang zwischen einem chronischen Partnerschaftskonflikt und den Mißempfindungen diskutiert werden. Aufgrund der Vielgestaltigkeit der körperlichen Symptomatik, die damals auch kurzzeitig mit Miktionsbeschwerden einherging, hatte man vor zehn Jahren an einen entzündlichen ZNS-Prozeß gedacht. Entsprechende Untersuchungen einschließlich Liquorbefund ergaben jedoch keine Auffälligkeiten. Eine später aufgetretene Uveitis veranlaßte zu weiteren differentialdiagnostischen Überlegungen. Da sich für das psychopathologische Bild keine organische Ursache fand, nahm man letztendlich eine rein psychiatrische Erkrankung an, zumal bei der Mutter der Patientin eine Psychose aus dem schizophrenen Formenkreis bekannt ist. Zahlreiche psychopharmakologische Behandlungsversuche führten zu keiner dauerhaften Besserung der Leibgefühlsstörungen.

Auch bei der Aufnahme in unsere Klinik standen die Mißempfindungen im Vordergrund, darüber hinaus ließ sich bis auf eine nicht sicher einordenbare Dysästhesie des rechten Arms kein neurologisch auffälliger Befund erheben. Der psychopathologische Eingangsbefund war geprägt durch die mit erheblichem Leidensdruck vorgetragenen körperlichen Symptome ohne das Kriterium des Gemachten, deren Beschreibung grotesk anmutete.

Im Verlauf kam es zu einer rechtsseitigen Hemisymptomatik mit beinbetonter Parese als führendem Symptom; die Bauchhautreflexe waren nicht mehr auslösbar.

Im Liquor zeigten sich eine lymphozytäre Pleozytose, Plasmazellen, intrathekale IgG-Produktion, oligoklonale Banden. Die evozierten Potentiale waren nicht sicher pathologisch. Im cranialen MRT* fanden sich deutliche Hinweise auf einen entzündlichen Prozeß. Unter zunächst hochdosierter Kortisongabe war die Hemiparese bereits nach wenigen Tagen deutlich rückläufig. Auch die Leibgefühlsstörungen besserten sich; dies jedoch nicht anhaltend.

Diskussion

Bei der Patientin liegt eine klinisch eindeutige E. d. mit typischem Liquorbefund nach der Klassifikation von Poser et al. (1983)[2] sowie pathologischem MRT vor.

Daneben bestehen Leibgefühlsstörungen, die dem coenästhetischen Prägnanztyp der Psychosen aus dem schizophrenen Formenkreis nach Huber (6) zugeordnet werden können und die nach der Schichtregel Jaspers (6) zur Einordnung psychopathologischer Syndrome hier als Ausdruck einer organischen Psychose zu werten wären. Die letztgenannte Hypothese wird scheinbar gestützt durch die Beobachtung des nicht ausreichenden Ansprechens auf Neuroleptika, die auch andere Autoren bei Patienten mit schizophrenieformer Symptomatik bei E. d. beschreiben (5).

Allerdings ist auch die therapeutische Beeinflußbarkeit des endogenen, coenästhetischen Typs der Schizophrenien begrenzt, so daß der mangelnde psychopharmakologische Effekt im vorliegenden Fall zur Differentialdiagnose wenig beitragen kann.

Psychosen mit schizhophreniformem Bild bei E. d. gehen nicht mit einer erhöhten familiären Belastung mit Schizophrenien einher (8). Die Mutter unserer Patientin leidet allerdings an einer Psychose aus dem schizophrenen Formenkreis. Diese Tatsache deutet eher auf eine zufällige Koinzidenz beider Erkrankungen im vorliegenden Fall hin.

In der Literatur werden akute und chronische psychopathologische Syndrome bei E. d. auch früh und vor dem Auftreten neurologischer Defizite, insbesondere jedoch für fortgeschrittene Krankheitsstadien beschrieben (7).

Darüber hinaus gibt es Berichte über eine gleichzeitige Manifestation, bei der das Vorliegen einer Funktionspsychose wahrscheinlicher ist (5, 1).

Ob die psychopathologischen Auffälligkeiten der neurologischen Symptomatik vorausgingen oder umgekehrt, läßt sich im vorliegenden Fall nicht sagen, da sich eine zeitlich exakte Zuordnung aus der Anamnese nicht ergab.

Die differentialdiagnostische Entscheidung endogene oder Funktionspsychose bei E. d. ist bei dieser Patientin nicht möglich.

Dieser Fall zeigt erneut, daß im Grenzgebiet zwischen Neurologie und Psychiatrie eine mehrdimensionale Diagnostik erforderlich ist.

Mittlerweile wurde auch im Nervenarzt ein Fall einer E. d. mit coenästhetischer Symptomatik veröffentlicht (Wurthmann C, Daffertshofer M, Hennerici M: Qualitativ abnorme Leibgefühle bei M. S. Nervenarzt, 6/1990, S. 361-363).

*Wir danken der Praxis Dres. Halbsguth/Lochner in Frankfurt für die freundliche Überlassung der MRT-Bilder.

Das Literaturverzeichnis ist bei den Verfassern erhältlich.

Die multiple Sklerose in der Psychiatrie

J. Kohler, R. Fehrenbach, S. Schneider und H. Zimmermann

Auf vielfältige psychische Krankheitserscheinungen im Verlauf der multiplen Sklerose (MS) haben schon die Erstbeschreiber der Erkrankung im vorigen Jahrhundert hingewiesen.

Neben psychoreaktiven Symptomen kommen vor allem psychoorganische Veränderungen im Verlauf der chronischen Enzephalitis, seltener akut psychotische Manifestationen vor.

Durch die begrenzten diagnostischen Möglichkeiten war es in der Vergangenheit jedoch nicht möglich, bestimmte psychische Störungen frühzeitig einer MS zuzuordnen. Die teilweise bizarre Symptomatologie ohne direkte topografische Zuordnung zu definierten neuronalen Strukturen sowie die oft fehlende Objektivierbarkeit lassen oftmals an eine Hysterie denken.

Mit Einführung der Kernspintomographie und Anwendung der isoelektrischen Fokussierung (IEF) in der Liquoranalyse hat sich jedoch die diagnostische Situation grundlegend verändert (4).

Die MS wird heute wesentlich früher und sicherer diagnostiziert. Ungewöhnliche Verlaufsformen mit vorwiegend oder ausschließlich psychiatrischer Symptomatik werden zunehmend beobachtet (Übersicht bei 1, 2). Über deren Häufigkeit liegen jedoch keine aktuellen Daten vor (3).

Wir haben den lumbalen Liquor von 154 Patienten (68 Frauen) der Psychiatrischen Universitätsklinik Freiburg analysiert und ausgewertet. Die Liquorproben wurden im Rahmen einer diagnostischen Lumbalpunktion zwischen April 1988 und September 1989 gewonnen.

In 22,1 % (34/154 Pat.) fand sich ein pathologischer Liquorbefund. Eine intrathekale Immunreaktion mit erhöhtem IgG-Index und/oder Nachweis von oligoklonalen Banden in der IEF ließ sich bei 8,4 % (13/154) aller Patienten nachweisen. Die oligoklonalen Banden waren dabei bei 6,5 % (10/154) einziger pathologischer Liquorbefund.

Durch eine ergänzende Kernspintomographie konnte bei 5,2 % (8/154) der Patienten eine laborgestützte gesicherte MS nach den Kriterien von Poser et al. diagnostiziert werden (5). Es handelte sich um fünf Frauen und drei Männer zwischen 21 und 64 Jahren. Das Durchschnittsalter betrug 37,8 Jahre.

Vier Patienten hatten eine psychiatrische Anamnese von mehr als zwei Jahren. Bei keinem Patienten ergaben sich klinische Hinweise auf eine typische MS. Neurologische Vorerkrankungen waren allerdings bei zwei Patienten bekannt (Fischer-Syndrom, Adie-Syndrom).

Bei vier Patienten standen psychopathologisch depressive Syndrome im Vordergrund. Bei drei Patienten fand sich eine vorwiegend schizophrene Symptomatik mit z. T. rezidivierendem Verlauf (zwei Patienten). Eine Patientin litt unter einer Eßstörung (Bulimie-Anorexie).

In drei Fällen gab primär die klinisch psychiatrische Symptomatologie Anlaß zur Lumbalpunktion (LP). In einem Fall handelte es sich dabei um die Erstmanifestation einer schizophrenen Psychose, bei den übrigen beiden Patienten mit depressiver Symptomatik bestand der Verdacht auf eine gleichzeitige hirnorganische Komponente.

Ein pathologischer CT-Befund mit Nachweis von multiplen hypodensen Marklagerherden führte bei zwei Patienten zur LP. Bei den restlichen drei Patienten wurde der Liquor wegen der im Verlauf auftretenden, teilweise diskreten neurologischen Störungen (Parästhesien, Pyramidenbahnzeichen, Liftschwindel, pathologischer Nystagmus, Ataxie) untersucht.

Die MS ist in der Psychiatrischen Klinik keineswegs eine Rarität. Der psychopathologische Befund läßt dabei keine Differenzierung zu einer endogenen Psychose zu. Depressive Syndrome stehen im Vordergrund. Im Einzelfall läßt sich eine Koinzidenz von MS und psychiatrischer Erkrankung nicht gänzlich ausschließen. Diagnoseweisend können flüchtige, wechselnd lokalisierte Parästhesien, neurologische Ausfälle im Krankheitsverlauf und ein pathologisches Computertomogramm im Rahmen der psychiatrischen Basisdiagnostik sein.

Literatur

1. Felgenhauer K (1990) Psychiatric disorders in the encephalitic form of multiple sclerosis. J Neurol 237:11-18
2. Kohler J, Heilmeyer H, Volk B (1988) Multiple sclerosis presenting as chronic atypical psychosis. J Neurol Neurosurg Psych 51:281-284
3. Mettler FA, Crandell A (1959) Neurological disorders in psychiatric institutions. J Nerv Ment Dis 128:148-159
4. Paty DW, Oger JJF, Kastrukoff LF, Hashimoto SA, Hooge JP, Eisen AA, Eisen KA, Purves SJ, Low MD, Brandejs V, Robertson WD, Li DKB (1988) MRI in the diagnosis of MS: A prospective study with comparison of clinical avaluation, evoked potentials, oligoclonal banding, and CT. Neurology 38:180-185
5. Poser CM (1984) The Diagnosis of multiple sclerosis. New York, Thieme-Stratton

Phantomgliederleben bei multipler Sklerose - zum Problem der partiellen Deafferentierung

B. Frank

Phantomgliederlebnisse sind nach Gliedmaßenamputationen ein bekanntes Phänomen, kommen aber auch an nicht amputierten, aber partiell oder komplett deafferentierten Gliedmaßen wie beispielsweise nach traumatischen Armplexusläsionen, Transversalsyndromen oder bei der Durchführung von Peridural- oder Spinalanästhesien zur Beobachtung (1, 2, 5, 6). Pathophysiologisch wurden Phantomgliederlebnisse zum einen im Kontext der Körperschemastörungen diskutiert (2). Andererseits rückten in den letzten Jahren Deafferentierungsmechanismen in den Mittelpunkt des Interesses (5). Gliedmaßenphantome wurden bei der multiplen Sklerose bisher nur in Einzelfällen beschrieben (4). Es wird über vier Patienten mit einer multiplen Sklerose berichtet, die alle ein Phantomglied schilderten.

Bei den jeweils zwei Frauen und Männern (mittleres Alter 49 Jahre) war eine multiple Sklerose unterschiedlicher Zeitdauer (Mittel 10,4 Jahre) mit typischen klinischen, liquorchemischen und kernspintomographischen Befunden bekannt. Zwei der Patienten schilderten ein schmerzloses Lage- und Bewegungsphantom des linken Armes bei ipsilateraler Hemihypästhesie, -hypalgesie und Thermhypästhesie; die anderen Patienten berichteten ein Lage- und Bewegungsphantom bei komplettem sensiblem und motorischem Transversalsyndrom. Die Bewegungen dieser Phantomglieder erfolgten unabhängig vom Willen her und manifestierten sich vor allem an den distalen Extremitätenabschnitten in Form von Flexionsbewegungen. Zwei Patienten erlebten den linken Arm und die Hand hinter dem Kopf liegend. Bei einem war es zu einer Verkleinerung des Phantoms gekommen; bei dem anderen Patienten war keine Größenänderung des Phantomarms eingetreten. Die zwei Patienten mit einem Transversalsyndrom berichteten über ein Lagephantom der Beine. Einer dieser Patienten erlebte beide Beine in den Hüftgelenken flektiert und gestreckt; der andere schilderte ein Lagephantom, bei dem beide Unterschenkel übereinandergeschlagen seien.

Bei den geschilderten Phantomgliederlebnissen scheint der Deafferentierung, die durch die sensiblen Ausfälle bei allen Patienten anzunehmen ist, eine übergeordnete Bedeutung zuzukommen. Zur Beurteilung dieser Deafferentierungsvorgänge stehen sowohl tierexperimentelle Modelle als auch klinische Beobachtungen zur Verfügung. Tierexperimentell konnte gezeigt werden, daß nach einer kompletten Deafferentierung Hinterhornzellen der Lamina V pathologische Entladungsmuster aufweisen, denen über zentrale Projektionssysteme via Thalamus und somato-sensorischer Kortex ein pathologischer Triggermechanismus zugewiesen wird (3, 5).

Analoge Befunde werden von Patienten mit einem traumatischen Transversalsyndrom berichtet, die unter Phantomschmerzen litten. Auch hier konnten durch intraoperative Mikroelektrodenableitungen pathologisch entladende Zellverbände im Hinterhornbereich identifiziert werden (3). Weiterhin ist für dieses pathologische Entladungsverhalten der Zellverbände im Hinterhornbereich der Verlust segmentaler Afferenzen mit resultierender Minderung des Impulsstromes somato-sensorischer Projektionssysteme auf den Hirnstamm diskutiert worden (5). Eine Minderung hemmender Einflüsse auf zentrifugale Systeme führt

zur Enthemmung dieser Projektionssysteme und kann somit das pathologische Entladungsverhalten auslösen.

Auch bei den Phantomgliederlebnissen der Patienten mit einer multiplen Sklerose muß in
Anbetracht der vorliegenden Sensibilitätsstörungen von einer partiellen oder kompletten
Deafferentierung ausgegangen werden, als deren Resultat komplexe spinale oder subkorti-
kal-thalamische "phantombildende" Mechanismen diskutiert werden müssen.

Literatur

1. Carlen P, Wall PD, Nadvorna H, Steinbach T (1978) Phantom limbs and related phenomena in recent traumatic
   amputations. Neurology 28:211-217
2. Conomy JP (1973) Disorders of body image after spinal cord injury. Neurology 23:842-850
3. Loeser JD, Ward AA, White LE (1968) Chronic deafferentation of human spinal cord neurons. J Neurosurg
   29:48-50
4. Mayeux R, Benson DF (1979) Phantom limb and multiple sclerosis. Neurology 29:724-726
5. Melzack R, Loeser JD (1978) Phantom body pain in paraplegics. (Evidence for a central "Pattern Generating
   Mechanism" for pain.) Pain 4:195-210
6. Mihic DN, Pinkert E (1981) Phantom limb pain during peridural anesthesia. Pain 11:269-272

Die HTLV I assoziierte Enzephalomyeloneuropathie: Differentialdiagnose zur Encephalomyelitis disseminata

A.C. Ludolph

Obwohl das Krankheitsbild einer endemischen spastischen Paraparese seit Ende des 19. Jahrhunderts (1) in verschiedenen subtropischen und tropischen Regionen bekannt ist, liegen erst seit 1985 verläßliche Hinweise für die Ätiopathogenese dieses häufigen Krankheitsbildes vor. Es ist wahrscheinlich, daß das Retrovirus HTLV I eine wesentliche Rolle in der Verursachung dieses Krankheitsbildes spielt. Die Fortschritte in der Definition der klinischen Symptomatik und der Aufklärung der Ätiologie des Krankheitsbildes haben auch dazu geführt, daß die Frage der Nomenklatur zur Zeit nicht einheitlich behandelt wird. Neuere Vorschläge für die Namensgebung sind chronische HTLV I assoziierte Myelitis (21, 4) oder auch HTLV I assoziierte Enzephalomyeloneuropathie (3).

Obwohl das Krankheitsbild ganz überwiegend in tropischen und subtropischen Regionen (vor allem in Teilen Südjapans, der Karibik, Panama, Peru, Kolumbien, Teilen von Westafrika, den Seychellen, aber auch im pazifischen Raum) auftritt, ist es nicht ausgeschlossen, daß aufgrund von Wanderung und Tourismus selten auch einmal in gemäßigten Breiten die Frage der Differentialdiagnose zu hier endemischen Krankheitsbildern - insbesondere der im klinischen Bild ähnlichen primär chronischen spinalen Form der multiplen Sklerose - von Interesse ist. So wurden Patienten mit tropischer spastischer Paraparese in Italien, Frankreich, der Arktis, Nordjapan sowie unter Einwanderern in Großbritannien und New York gesehen.

Überlegungen zur Epidemiologie und das Vorliegen einer positiven Serologie gegen HTLV I stellen eine wesentliche Hilfe in der Differentialdiagnose dar; das Vorliegen einer positiven HTLV I-Serologie allein kann aufgrund der bekannten zahlreichen Abweichungen der Immunantwort bei der multiplen Sklerose jedoch nicht als differentialdiagnostisches Kriterium für das Vorliegen der tropischen spastischen Paraparese angenommen werden. Auch klinische Hilfsmittel wie die Untersuchung evozierter Potentiale, die Kernspintomographie oder die Liquoruntersuchung können nicht sicher zwischen beiden Krankheitsbildern differenzieren. Daher ist es notwendig, auch klinische Kriterien mit zur Abgrenzung hinzuzuziehen.

Das klinische Bild der tropischen spastischen Paraparese weist eine große Ähnlichkeit mit dem der primär chronischen spinalen Form der multiplen Sklerose auf. Es unterscheidet sich in den verschiedenen Endemiegebieten nicht: Die Erkrankung tritt häufiger unter Frauen als Männern auf, beginnt in der Regel im Alter von 30 - 50 Jahren mit Rückenschmerzen, zunehmender Schwäche und Parästhesien der unteren Extremitäten sowie Blasen-Mastdarmstörungen und Beeinträchtigungen der Sexualfunktionen. Im Verlauf von Monaten oder Jahren entwickelt sich häufig langsam progredient das voll ausgeprägte klinische Bild einer spastischen Paraparese mit ausgeprägten Blasen-Mastdarmstörungen und einer Beeinträchtigung der Tiefensensibilität. Das Babinskizeichen ist in der Regel positiv, die Bauchhautreflexe fehlen bei etwa der Hälfte der Patienten. Selten treten Optikusatrophie, Anomalien der Pupillenfunktion, eine Beeinträchtigung des Hörvermögens, Kleinhirnstörungen sowie

Muskelatrophien und Hirnnervenausfälle auf. Im Liquor findet sich eine leichte Pleozytose, das Gesamteiweiß kann erhöht sein und oligoklonale Banden werden nachweisbar. Als wichtigste Übertragungswege gelten die Brustmilch, Sperma und Bluttransfusionen.

Klinische Merkmale, die die tropische spastische Paraparese von der primär chronischen spinalen Form der multiplen Sklerose unterscheiden, sind die folgenden: 1. bei der TSP können periphere Nerven oder Muskeln mitbeteiligt sein, 2. das Auftreten oligoklonaler Banden im Serum bei der tropischen spastischen Paraparese, 3. der Nachweis von Lymphozyten im Blut, die die Kernanomalien aufweisen, wie sie typisch für die T-Zelleukämie des Erwachsenen sind, 4. eine positive Syphilisserologie, 5. das Vorliegen eines Siccasyndroms und 6. Hinweise für das Vorliegen einer lymphozytischen Alveolitis durch zytologische Untersuchung nach Bronchiallavage.

Auf dem Boden dieser klinischen Gemeinsamkeiten und Differenzen zwischen beiden Krankheitsbildern haben Poser, Roman und Vernant kürzlich vorgeschlagen (2), daß die Diagnose einer multiplen Sklerose nur dann in die einer tropischen spastischen Paraparese umgewandelt werden sollte, wenn neben einer positiven Serologie zumindest zwei der oben genannten klinischen Kritierien positiv sind. Die HTLV I-Serologie allein oder Kernspintomographie, evozierte Potentiale und oligoklonale Banden im Liquor stellen nur eine geringe differentialdiagnostische Hilfe dar.

Literatur

1. Cruickshang EK (1976) Effects of malnutrition on the central nervous system and the nerves. In: Vinken PJ, Bruyn GW (Hrsg) Handbook of clinical neurology (Vol 28): Metabolic and deficiency diseases of the nervous system. Elsevier, North Holland, Amsterdam:1-41
2. Poser SM, Roman GC, VErnant J-C (1990) Multiple sclerosis or HTLV-I myelitis? Neurology 40:1020-1022
3. Rodgers-Johnson PE, Garruto RM, Gajdusek DC (1988) Tropical myeloneuropathies - a new aetiology. TINS 11:526-531
4. Roman GC (1989) Tropical spastic paraparesis and HTLV I myelitis. In: Vinken PJ, Bruyn GW (Hrsg) Handbook of clinical neurology (Vol 56); Viral diseases. Elsevier, North Holland, Amsterdam:525-542

Läsionsmuster zerebraler Herde bei multipler Sklerose und subkortikaler arteriosklerotischer Enzephalopathie (SAE). Ein Vergleich von CCT- und MRT-Befunden.

C. Menges, C. Weiller, U. Seiler, H. Brückmann und A. Thron

Bei Patienten mittleren Alters, insbesondere zwischen dem 40. und 60. Lebensjahr, die unter schubförmig auftretenden neurologischen Ausfällen leiden, ist es klinisch oft schwierig, die Differentialdiagnose MS oder SAE zu klären.

Auch die bildgebenden Verfahren zeigen hier oft uncharakteristische "white matter lesions", die keine sichere Zuordnung zu einer der beiden Krankheiten erlauben.

Ziel der Studie war es, die Aussagekraft der Kernspintomographie und der Computertomographie bei der Differentialdiagnose MS/SAE zu vergleichen und zu prüfen, ob charakteristische Muster von Läsionen im Computertomogramm und im Kernspintomogramm für beide Erkrankungen herausgearbeitet werden können.

In der teils retrospektiven, teils prospektiven Untersuchung wurden zwischen April 1987 und August 1989 50 Patienten mit gesicherter MS im Alter zwischen 19 und 63 Jahren und 40 Patienten mit gesicherter SAE im Alter zwischen 53 und 83 Jahren mit CCT und MRT in T2-Gewichtung ohne Kontrastmittel untersucht.

Die MS-Patienten waren nach den Poser-Kriterien (2) klinisch sichere Fälle. Die SAE-Patienten haben alle Insulte mit typischen Lakunären Syndromen nach Fisher (1) erlitten. Das CCT war in allen Fällen vereinbar mit der klinischen Diagnose einer zerebralen Mikroangiopathie.

Die in beiden bildgebenden Verfahren nachweisbaren Befunde wurden nach folgenden Kriterien erfaßt und ausgewertet:
1) Anzahl, Lokalisation, Größe, Form und Begrenzung der einzelnen Läsionen
2) Wiederkehrende Formationen mehrerer Läsionen, die beschreibend als streifenförmige, perlschnurartige, girlandenförmige oder andererseits als konfluierende Plaques bezeichnet wurden.
3) Ausmaß und Ausdehnung der periventrikulären Dichteminderung im CCT, synonym der vermehrten Signalintensität im MRT.

Dabei kamen wir zu folgenden Ergebnissen:
1) Anzahl, Lokalisation, Größe und Form der Einzelläsionen unterschieden sich weder im CCT noch im MRT signifikant. Der einzige Unterschied bei den Einzelläsionen bestand darin, daß im MRT bei MS häufiger unscharfe Läsionen zu sehen waren als bei SAE. Im Vergleich CCT/MRT zeigte das MRT die bekannte höhere Sensitivität im Nachweis von Läsionen. Von 25 MS-Patienten, die im T2-gewichteten Bild mehr als 10 abgrenzbare Läsionen boten, hatte im CCT nur einer mehr als 10 Läsionen. Aber auch bei der SAE zeigte das MRT eine deutlich höhere Sensitivität. Von 28 Patienten mit mehr als 10 Läsionen im MRT hatten auch hier nur 3 Patienten mehr als 10 Läsionen im CCT.

2) Bei der Betrachtung der Formationen fand sich im MRT kein signifikanter Unterschied zwischen beiden Gruppen. Im CCT hingegen zeigten die SAE-Patienten 6 mal häufiger typisch formierte Läsionen als MS-Patienten. Insbesondere streifenförmige Muster, vom Ventrikelvorderhorn bis zur Capsula externa reichend, fanden sich signifikant öfter bei SAE. 25 % der Binswanger-Patienten wiesen dieses Läsionsmuster auf, im Gegensatz dazu nur 2,5 % der MS-Kranken.

3) Eine sogenannte periventrikuläre Dichteminderung im CCT wiesen 87,5 % der SAE-Patienten, aber nur 14 % der MS-Kranken auf. Die entsprechende periventrikuläre Signallanhebung im MRT war bei SAE in 30 %, bei MS in 16 % der Fälle vorhanden. Der Grund hierfür ist die in der Kernspintomographie im T2-gewichteten Bild hohe Signalintensität einer Läsion, die sich von der des Liquors nicht unterscheidet. So wird die Beurteilung des Ausmaßes der periventrikulären Demyelinisierung erschwert. Wahrscheinlich kann hier eine protonengewichtete Aufnahme hilfreich sein. Augenscheinlich stellt sich die diffuse Demyelinisierung bei SAE im CCT sehr gut dar bei vergleichsweise schlechter Auflösung einzelner Läsionen.

Daraus folgt: Die Domäne der Kernspintomographie ist die hohe Sensitivität für den Nachweis multipler Läsionen. Da sich bei MS wie auch bei SAE eine deutliche Diskrepanz zwischen Anzahl der Läsionen im CCT und MRT zeigt, ist dieses Kriterium allein nicht geeignet, die Differentialdiagnose zu klären.

Das Erscheinungsbild der Einzelläsionen im CCT und MRT gibt keinen sicheren Hinweis auf die eine oder andere Erkrankung, so daß auch hiermit kein Entscheidungskriterium zur Verfügung steht.

Einen konkreten Anhaltspunkt für die Spezifität der Diagnose SAE kann allein das CCT geben. Bilaterale streifenförmig formierte Läsionen vom Ventrikelvorderhorn zur Capsula externa und eine diffuse periventrikuläre Dichteminderung machen die Diagnose SAE sehr wahrscheinlich.

Deshalb sollte bei Patienten mittleren Alters trotz der insgesamt hohen Sensitivität des MRT bei der Klärung der Differentialdiagnose MS/SAE nicht auf die Computertomographie verzichtet werden.

Literatur

1. Fisher CM (1982) Lacunar strokes and infarcts: A review. Neurology 32:871-876
2. Poser CM et al (1983) New diagnosic criteria for multiple sclerosis: Guidelines for research protocols. Ann Neurol 13:227-31

Zur klinischen Differenzierbarkeit von multipler Sklerose und M. Binswanger

C. Weiller, U. Seiler, C. Menges, H. Brückmann und E. B. Ringelstein

Die multiple Sklerose und der M. Binswanger sind ätioloigsch grundverschiedene Krankheiten mit verschiedener Alters- und Geschlechtsprädilektion. In der Klinik stellt sich die Differentialdiagnose aber immer wieder. Denn: Beide Krankheiten sind häufig. 20 % aller Patienten mit Lakunen sind unter 50 und viele MS-Kranke über 50 Jahre alt (1). Beide Krankheiten führen zu Entmarkungen des zentralen Nervensystems, die MS zu entzündlichen Plaques, der M. Binswanger letztlich durch Verschlüsse perforierender Markarterien zu ischämischen Lakunen und zur ischämischen Marklagerschädigung. Wir haben hier untersucht, ob sich entzündliche und vaskuläre Demyelinisierung anhand des klinischen Erscheinungsbildes unterscheiden lassen.

Wir haben 50 Patienten mit klinisch gesicherter MS nach Poser et al. (5) und 40 hypertensive Patienten mit lakunären Insulten, beginnender Demenz und "typischem" CT-Befund eines M. Binswanger (2) verglichen. Die Kriterien nach Poser et al (5) und nach Schumacher (6) wurden nicht nur auf die MS, sondern auch auf die Binswanger Patienten angewandt und umgekehrt die Lakunären Syndrome nach Fisher (2) auch auf die MS-Patienten. Die Auftretenshäufigkeit MS-typischer Symptome nach Mc Alpine et al. (4) und der Behinderungsgrad nach Kurtzke (3) für MS-Kranke wurden in beiden Gruppen verglichen, wie die Anzahl und die Dauer der Einzelsymptome, die Dauer der Krankheit und die Anzahl der Schübe im Gesamtverlauf.

78 % aller Binswanger-Patienten hatten nach den Poser-Kriterien eine klinisch sichere MS. Die Binswanger-Patienten erfüllten aufgrund des Alters nicht die Schumacher-Kriterien, aber auch 13 MS-Patienten hatten nach dieser Klassifikation keine MS aufgrund des Alters. Von neun typischen lakunären Syndromen, Diagnosekriterium einer zerebralen Mikroangiopathie, kamen nur das "Dysarthria clumsy hand"-Syndrom und die "durchgehende sensomotorische Hemiparese" überzufällig häufig bei den Binswanger-Patienten vor. Die meisten der "typischen" MS-Symptome nach Mc Alpine waren bei beiden Krankheiten, d. h., MS und M. Binswanger, gleich häufig, "Schwindel" sogar häufiger beim M. Binswanger. Vier der zwölf MS-typischen Symptome traten in der Tat signifikant häufiger bei MS- als bei Binswanger-Patienten auf: Schwäche einer Extremität, einseitige Visusminderung, Parästhesien und Tetraspastik, also Symptome, die durch spinale Herde oder Opticusneuritis hervorgerufen werden können. Dies sind Stellen des ZNS, an denen es keine lakunären Infarkte gibt, da sie nicht durch Endarterien vom Typ der perforierenden Markarterie versorgt werden. Die Dauer der Einzelsymptome war signifikant kürzer bei den Binswanger-Patienten. Die MS-Patienten hatten mehr Symptome als die Binswanger-Patienten. Zwei Drittel aller MS-Patienten hatten mehr als die für eine "multiplicity in time" zu fordernden zwei Schübe. Die MS-Patienten hatten einen höheren Behinderungsgrad auf der Kurtzke-Skala als die Binswanger-Patienten, sie waren allerdings in unserem Kollektiv auch länger erkrankt.

Die Differentialdiagnose zwischen MS und M. Binswanger kann sehr schwierig sein. Bei der Häufigkeit beider Krankheiten mögen einige Patienten im Laufe des Lebens sowohl an einer MS als auch an einem M. Binswanger erkranken. Standardisierte Skalen sind für die Differentialdiagnose zwischen MS und M. Binswanger nicht geeignet. Vaskuläre wie entzündliche Entmarkungsherde des ZNS führen überwiegend zu gleichartigen Symptomen. Spinaler Befall und Opticusneuritis sind jedoch MS-typisch. Am meisten unterscheiden sich beide Krankheiten im Längsschnitt. Klinische Hauptmerkmale der MS bleiben die über die einfache zeitliche und räumliche Duplizität hinausgehende Häufung von Symptomen und Schüben. Diese werden aber gerade nicht durch standardisierte Skalen erfaßt.

Literatur

1. Arboix A, Marti-Vialta JL, Garcia JH (1990) Clinical study of 227 patients with lacunar infarcts. Stroke 21:842-847
2. Fisher CM (1982) Lacunar strokes and infarcts: A review. Neurology 32:871-876
3. Kurtzke JF Clinical manifestations of multiple sclerosis. In: Vinken PJ, Bruyn GW (Hrsg) Handbook of clinical neurology, Vol 9. North-Holland, Amsterdam:161-216
4. Matthews WB, Acheson ED, Batchelor JR, Weller RO (1985) Mc Alpine's multiple sclerosis. Churchill Livingstone, Edinburgh:96-98
5. Poser CM, Paty DW, Scheinberg L, McDonald I, Davis F, Ebers GC, Johnson KP, Sibley WA, Silberberg DH, Tourtellotte WW (1983) New diagnostic criteria for multiple sclerosis: giudelines for research protocols. Ann Neurol 13:227-231
6. Schumacher GA, Beebe GW, Kibler RF, Kurland LT, Kurtzke JF, McDowell F, Nagler B, Sibley WA, Tourtellotte WW, Willmon TL (1965) Problems of experimental trial of therapy in multiple sclerosis. Ann NY Acad Sci 122:552-568

Der schmerzlose zervikale Bandscheibenvorfall als Differentialdiagnose der multiplen Sklerose

K. Mohr, M. Nichtweiß und D. Rosenthal

Treten Erkrankungen der Halswirbelsäule mit Zervikobrachialgien auf, ist der Weg vom ersten Krankheitssymptom zur endgültigen Diagnose oft kurz und mit klinischer, neurophysiologischer und computertomographischer Diagnostik ambulant zu beschreiten. Nun bleiben aber lokalisierende Schmerzen - zervikal oder radikulär - sowie Bewegungseinschränkungen trotz vertebragener Ursache bei medullären Erscheinungen selbst bei medialen Bandscheibenvorfällen keineswegs selten aus (4, 5, 11). Unterschiedlich schwere neurologische Defizite können sich in sehr variablem Tempo entwickeln (4, 5, 11) und zumal bei jüngeren Patienten weitere Abklärung unter ganz anderen diagnostischen Annahmen bedeuten.

Unter 738 aufgrund degenerativ bedingter HWS-Erkrankungen operierter Patienten fanden sich 15 in der Neurolog. Klinik Darmstadt und 11 in der Neurochirurg. Universitätsklinik Frankfurt diagnostizierte Patienten, bei denen klinisch die Erscheinungen der Rückenmarks-Kompression vorlagen und intraoperativ ein sequestrierter monosegmentaler zervikaler Bandscheibenvorfall bestätigt werden konnte.

Gemeinsame Grundlage der Diagnostik war in 24 von 26 Fällen das pathologische zervikale Myelogramm i. S. eines inkompletten bzw. kompletten KM-Stops. In allen Fällen wurde eine standardisierte seitliche HWS-Aufnahme (Film-Focus-Abstand 120/150 cm) bezüglich anlagebedingter und erworbener Spinalkanalweite ausgewertet. Bei fünf Patienten lagen zusätzlich VEP, bei 15 Patienten SEP sowie in 24 Fällen Liquorbefunde vor.

2/3 (17) der Patienten waren bei Erkrankungsbeginn zwischen 30 und 50 Jahren alt, also in einer Altersgruppe, in der auch erste MS-Symptome häufig sind (9, 13). Das Durchschnittsalter betrug 44 Jahre. Männer waren im Verhältnis 1,5 : 1 häufiger als Frauen betroffen. Die mittlere Anamnesedauer präoperativ lag im untersuchten Patientengut bei 5,5 Monaten, bezogen auf das erste faßbare neurologische Defizit.

In zwölf Fällen fehlte jede zervikale oder radikuläre Schmerzsymptomatik (zweimal initial Kreuzschmerzen!). Bei 14 Patienten waren wenigstens geringfügige zervikale Schmerzepisoden eruierbar, welchen in unterschiedlichem Abstand neurologische Ausfälle folgten und in neun Fällen ein hinweisendes zervikales Lokalsyndrom bei Aufnahme entsprach (viermal Nacken-Schulter-Schmerz ohne sicheren Dermatombezug). HWS-stellungsabhängige Parästhesien, i. S. eines Lhermitte'schen Zeichens mißdeutbar, ließen sich bei acht Patienten beobachten.

Das häufigste klinische Bild bestand in meist diskreten spastischen Paraparesen mit häufig querschnittsartig begrenzten sensiblen Störungen der unteren Extremität (11mal thorakales Niveau) mit wechselnden Hyperästhesien sowie unscharf segmentbezogenen beidseitigen Sensibilitätsstörungen der oberen Extremitäten.

Blasenstörungen blieben - im Gegensatz zur spinalen Form der MS (9) - bei <4% der Patienten die Ausnahme und traten später auf.

Eine Gemeinsamkeit aller untersuchten Patienten war die degenerativ bedingte Einengung des Sagittaldurchmessers des zervikalen Spinalkanals in den operierten Segmenten auf Werte unter 12 mm (im Durchschnitt) sowie eine anlagebedingte Spinalkanalenge (Verhältniszahl <1) (10). Entsprechend gilt die absolute (<10 mm) bzw. relative (10 - 13 mm) Spinalkanalstenose als prädisponierend für das Auftreten einer zervikalen Myelopathie (2, 4, 11). In zwei von fünf Fällen fand sich ein pathologisches VEP, einmal ergab sich eine signifikante Amplitudenreduktion beidseits, einmal kam wegen Schielamblyopie einseitig kein verwertbares Potential zustande. In 15 Fällen waren Medianus- und/oder Tibialis-SEP i. S. kortikaler Latenzverzögerungen verändert. Der lumbale Liquor wies in 13 von 24 Fällen eine mäßige Eiweißerhöhung (>50 mg/dl), in 5 eine erhöhte Zellzahl auf. Bei einem von 7 Patienten fielen fünf positive oligoklonale Banden im Neutralbereich auf.

Treten bei jüngeren Patienten "schubweise" oder rasch progredient und schmerzlos spinale Defizite auf, ist die Bewertung von Dissemination anzeigenden klinischen und elektrophysiologischen Befunden sowie des Liquors diagnostisch entscheidend. Die Möglichkeit falsch positiver und unsicherer Befunde (1, 3, 8) sollte Anlaß sein, früh in der diagnostischen Abklärung den Hinweischarakter von relativen und absoluten Engen des Spinalkanals, erkennbar auf der seitlichen HWS-Aufnahme, zu nutzen.

Literatur

1. Bynke H, Olssohn J, Rosen I (1977) Diagnostic value of visual evoked response: clinical eye examination and CSF analysis in chronic myelopathy. Acta Neurol Scand 26:55-69
2. Hayashi H et al (1987) Etiologic factors of myelopathy. Clin Orth Rel Res 214:200-209
3. Hamel E, Frohwein RA, Karimi-Nejad A (1980) Classification and prognosis of cervical myelopathy. In: Grote W, Brock M, Clar H-E et al (Hrsg) Advances in neurosurgery of cervical myelopathy infantile hydrocephalus: long-term results. Springer, Berlin Heidelberg New York:115-117
4. Herrmann HD (1986) Zervikale Myelopathie. In: Hopf H Ch, Poeck K, Schliak H (Hrsg) Neurologie in Praxis und Klinik, Bd III. Thieme, Stuttgart New York:134-150
5. Jomin M, Lesoin F, Lozes G, Thomas CE, Rousseaux M, Clarisse J (1986) Herniated cervical discs. Analysis of a series of 230 cases. Acta Neurochirurgica 79:107-113
6. Jeffreys RV (1986) The surgical treatment of cervical myelopathy due to spondylosis and disc degeneration. J Neurol Neurosurg Psychiatry 49:353-361
7. Kostulas V (1985) Oligoclonal IgG Bands in cerebrospinal fluid methodological and clinical aspects. Acta Neurol Scand 103, Vol. 72 (Suppl)
8. Lauer K, Firnhaber W (1986) An evaluation of laboratory investigations in patients with multiple sclerosis. J Chron Dis 39:767-774
9. Mc Alpine D, Lumsden ChE, Acheson ED (1972) Multiple Sclerosis. A Reappraisal. Churchill-Livingstone, Edingburgh London
10. Ritter G et al (1975) Konstitutionelle Enge des zervikalen Spinalkanals. Dtsch Med Wschr 100:358-361
11. Roosen K, Grote W (1985) Zervikale Bandscheibenschäden und Myelopathie. In: Schirmer M. (Hrsg) Querschnittslähmungen. Springer, Berlin Heidelberg New York Tokyo 31:2-319
12. Roulleau J, Manelfe C (1975) Plan x-ray diagnosis of tumours of the spinal cord and column. In: Vinken PJ, Bruyn GW (Hrsg) Handbook of clinical neurology, Vol 19. North-Holland Publishing Comp, Amsterdam Oxford: 139-177
13. Rudick RA, Schiffer RB, Schwetz KM, Herndorn RM (1986) Multiple Sclerosis. The problem of incorrect diagnosis. Arch Neurol 43:578-583

Eine vorgetäuschte MS auf dem Boden einer konversionsneurotischen Symptomatik

T. Rechlin und P. Joraschky

Einleitung

In der Regel beschäftigt sich der Arzt mit der Erkennung und Behandlung von Krankheiten und Störungen. Eine zentrale Informationsquelle stellen dabei die Angaben des Patienten dar. Bei den meisten Patienten kann der Arzt in der Tat davon ausgehen, daß die anamnestischen Angaben zutreffend sind. Nichtsdestoweniger wird die Häufigkeit des Auftretens von selbstschädigenden Verhaltensweisen in allen medizinischen Bereichen unterschätzt.Die artefiziellen Syndrome können sich bekanntlich an verschiedenen Organen abspielen, wobei die unbewußte Bedeutung des gewählten Organes häufig erst während der Therapie verständlich werden kann. Im folgenden soll sehr verkürzt eine Krankengeschichte vorgestellt werden, die im mittelfränkischen Raum eine Reihe von Nervenärzten beschäftigt hat.

Krankengeschichte

Ein mittlerweile 29jähriger Patient wurde erstmals im April 1986 in der Neurologischen Klinik untersucht. Er gab an, seit seiner Pubertät mehr als 20mal und in den letzten Monaten gehäuft, unter von der LWS ausstrahlenden Schmerzen, die bis in den großen Zeh ziehen würden, gelitten zu haben. Anschließend habe das rechte Bein "gekribbelt" und sei "pelzig geworden". Ein gleichzeitig eintretender Kraftlosigkeitszustand halte 3 - 6 Stunden an. Seit Ostern 1986 sei eine ähnliche Schwäche mit Schmerzen im rechten Arm aufgefallen; seit November 1985 habe er nicht mehr die Kraft, mit der rechten Hand einen Tennisschläger zu halten. *Neurologisch* fanden sich keine sicheren Hirnnervenausfälle und keine nachweisbaren Paresen, keine Reflexdifferenzen bei erhaltenen Bauchhautreflexen. Es lag ein leichtes Absinken des rechten Armes beim Armvorhalteversuch und eine leichte Minderbewegung des rechten Armes vor. Bei der Sensibilitätsprüfung wurde eine paramedian begrenzte Hypästhesie und Hypalgesie der rechten Körperhälfte, Unsicherheit bei Lagesinnprüfung des rechten Daumens und der rechten Zehe sowie eine rechtsseitige Minderung des Vibrationsempfindens angegeben. Zusätzlich zeigte sich eine Hypästhesie und Hypalgesie im Bereich der Trigeminusäste I und II links. Die Anamnese und der Befund erzeugten bei den Untersuchern eine gewisse Ratlosigkeit, denn EEG, VEP, AEP, SEP, CT, NMR, Laborbefunde und Liquor einschließlich Liquorzytologie zeigten sich unauffällig. Vorsichtig wurde der Verdacht auf einen ungeklärten Hirnstammprozeß oder eine ED geäußert, insgesamt die Diagnose offen gelassen. Im September 1986 wurde der Patient erstmals stationär behandelt. Der Patient gab nun nebeneinander stehende Doppelbilder an, die sich ohne Therapie quasi über Nacht zurückbildeten. Im Liquor wurden 19 Zellen/mm^3 gefunden und eine schwach positive kontrollbedürftige Reaktion auf oligoklonale Antikörper, ein Befund, der im weiteren Verlauf trotz mehrerer Punktionen nicht mehr reproduziert wurde. Der Unterschied zwischen subjektiven Klagen (der Patient trug mittlerweile sogar eine Pernonäusschiene) und objektivem Befund wurde immer deutlicher. Zunehmend stellten sich bei dem Patienten "Lähmungen" an beiden Beinen, Erektionsstörungen und Blasenentleerungsstörungen ein. Seit Oktober 1987 war er an einen Rollstuhl gebunden, im Februar 1988 wurde ihm auf eigenen Wunsch ein Zystofix-Katheter gelegt. Von hausärztlicher Seite sei ihm die Diagnose einer MS mitgeteilt worden.

Im Februar 1988 wurde der Patient erstmals stationär in der Neurologischen Klinik untersucht und behandelt. Da die körperliche Untersuchung wieder eine Diskrepanz zwischen objektiven Befunden und den subjektiven Klagen ergab und sämtliche apparativen Untersuchungen einschließlich Liquoruntersuchung, evozierter Potentiale und NMR ohne pathologischen Befund blieben, wurde eine psychogene Körperstörung diagnostiziert.

Bei der psychosomatischen Untersuchung zeigte sich der Patient gegenüber einer Psychotherapie ambivalent. In einem Gespräch mit einer Therapeutin berichtete er dann überraschend und emotional stark beteiligt, daß er nun schon seit acht Jahren verheiratet sei, ohne daß es bisher mit seiner Frau, die an Vaginismus leide, zum Geschlechtsverkehr gekommen sei. Die allmählich eingetretene Impotenz, bedingt durch die Erkrankung, stelle in dieser Hinsicht eine ausgesprochene Erleichterung dar. So könne er zum Beispiel wegen der Beinlähmung das gemeinsame Schlafzimmer im Obergeschoß nicht mehr betreten. Diese Eingeständnisse wurden im weiteren Therapieverlauf vom Patienten bestritten.

Zu diesem Zeitpunkt zeigte sich die Therapie bereits ziemlich festgefahren. Der Patient hatte ein ganzes Ärztesystem mit seiner Behandlung beauftragt, die niedergelassenen Ärzte mißtrauten den Diagnosen der Universitätskliniken oder kannten diese nicht, mehrere Ärzte verschrieben dem Patienten zum Teil die gleichen Schmerz- und Beruhigungsmittel. Durch einen unvernünftigen Hauskauf war der Patient in eine finanzielle Situation gekommen, die ein langes Aufschieben von Versorgungswünschen und die notwendige Zeit für eine Besserung im Rahmen einer Psychotherapie nicht zuließen. Zudem befürchtete der Patient, wegen der ihm bekannten Psychogenese seiner Störung bei Besserung, wie er sagte, sein Gesicht zu verlieren. Er kannte zu dieser Zeit sämtliche Arztbriefe und hatte sich hinsichtlich einer MS belesen, aktiv engagierte er sich in der DMSG für besonders schlechte Verläufe und plante Prozesse gegen vermeintlich falsch behandelnde Ärzte.

Bei den weiteren ambulanten Gesprächen, die er intensiv wünschte, drängte er auf eine Einweisung in eine MS-Spezialklinik, ein Attest hinsichtlich einer Erwerbsunfähigkeit und die Gewährung eines Behinderten-Autos.

Eindrucksvoll vermittelt die Krankengeschichte die vielfältigen Schwierigkeiten, die der Umgang mit selbstschädigendem Verhalten mit sich bringen kann. In der Regel wird die zutreffende Diagnose erst verspätet gestellt, also nachdem zahlreiche somatische Diagnosen und Differentialdiagnosen dem Patienten erläutert und entsprechende Therapien begonnen wurden. Es besteht fast immer ein ganzes Netzwerk von Ärzten, welche an der Behandlung - ohne voneinander zu wissen - beteiligt sind. Üblicherweise kennt der Patient sämtliche Arztbriefe und beginnt sehr früh, entsprechende Fachliteratur zu lesen.

Ursprünglich lag bei dem Patienten eine klassische Kastrationsproblematik und narzistische Störung zugrunde. In der Begegnung mit medizinischen Institutionen kommt es zu einer kämpferischen Haltung, die ambivalent ist. Der "offen" gezeigten Behandlungsbereitschaft stehen unbewußte Motive gegenüber. Leugnung, Spaltung und Betrug scheinen nahtlos ineinander überzugehen. Besondere Bedeutung kommt in der Beurteilung der klinischen Untersuchung zu, die bei diesem Patienten Widersprüche zur Anamnese aufdeckt und frühzeitig zum Einleiten einer tiefenpsychologisch orientierten Behandlung führen sollte.

Leuko-Araiosis = Multiple Sklerose des höheren Lebensalters?

T. Wetterling, C. Warecka, K. Wessel und K.-J. Borgis

Die klinische Bedeutung von Marklager-Hypodensitäten im CT, die deutlich gehäuft bei Patienten über 65 Jahren auftreten, ist noch nicht abschließend geklärt. Hachinski et al. (1) führten hierfür die deskriptive Bezeichung "Leuko-Araiosis'"(LA) ein. Häufig wird dieser CT-Befund auch als charakteristisch für eine subkortikale arteriosklerotische Enzephalopathie (M. Binswanger - SAE) angesehen. Ähnliche periventrikuläre Dichteminderungen finden sich im CT aber auch bei Patienten mit multipler Sklerose (MS). Die meisten der wenigen bisher autopsierten LA-Patienten weisen eine perivaskuläre Demyelinisierung, die inhomogen vorwiegend periventrikulär im Marklager lokalisiert ist, auf.

Um zu überprüfen, ob es weitere Gemeinsamkeiten gibt, wurden die Daten von 67 eigenen Patienten (Alter 74,2 +/- 9,1 J.) mit der radiologischen Diagnose LA (1) mit Literaturangaben zur MS (2) verglichen.

1. Liquor-Befunde

Bisher existieren von LA-Patienten kaum Liquor-Befunde. Die Befunde bei unseren Patienten (n = 13) sind in Tab. 1 zusammengefaßt.

Tabelle 1. Liquor-Befunde bei Leuko-Araiosis (obere Normgrenze in Klammern)

ges. Protein (mg/l)		431	+/- 166	(- 450)
Albumin (mg/l)		188	+/- 79	(- 350)
IgG (mg/l)		33,8	+/- 16,6	(- 40)
IgA (mg/l)		5,5	+/- 3,1	(- 6)
IgM (mg/l)		5,2	+/- 2,8	(0,8)
IgG-Index (Delpech et al)		0,53	+/- 0,15	(- 0,75)
Liquor/Serum-Quotient	Alb	5,9	+/- 2,4	(- 7,4)
	IgG	3,1	+/- 1,4	

Blut-Liquor-Schrankenstörungen fanden sich bei keinem LA-Patienten. 46,1 % der LA-Patienten zeigten oligoklonale IgG-Banden im Liquor, aber in keinem Fall ergab sich ein Hinweis auf eine autochthone IgG-Produktion. Auffällig waren auch die hohen IgM-Werte im Liquor (signifikant erhöht gegenüber neuropsychiatrischen Alterskontrollen; p < 0,05).

2. Vergleich klinischer Befunde: MS- versus LA-Patienten

Der Vergleich der klinischen Befunde der LA- mit denen der MS-Patienten wurde anhand der Skalen von Poser et al. (3) vorgenommen (Tab. 2). Nur zwei LA-Patienten wiesen in dieser Skala einen Wert von >36 auf, von dem eine MS wahrscheinlich ist.

Diskussion

Die vorliegenden Ergebnisse zeigen, daß sich die klinischen Symptome bei MS- und LA-Patienten deutlich unterscheiden, so daß von zwei verschiedenen Entitäten auszugehen ist, die sich nicht nur hinsichtlich des Erkrankungsalters unterscheiden.

Tabelle 2. Klinische Symptomatik bei Leuko-Araiosis im Vergleich zu multipler Sklerose

Klinisches Merkmal	Leuko-Araiosis	multiple Sklerose
Pyramidenbahnstörungenn	8,5 %	96,0 - 100 %
okuläre Symptome (VEP)	6,0 %	80,6 - 92,0 %
Blasenstörungen	18,4 %	38,0 - 92,7 %
Störungen von Vibration, Lageempfindung (SSEP)	0 %	64,0 - 82,0 %
Nystagmus (AEP)	0 %	46,0 - 72,7 %
Parästhesie	2,7 %	54,8 - 70,9 %
Dysarthrie	16,3 %	32,0 - 61,3 %
Gangataxie	8,2 %	36,0 - 67,7 %
kognitive Störungen	59,2 %	6,0 - 51,6 %
Liquor: autochtones IgG, oligoklonale Banden	46,1 %	85,0 - 99,0 %
CT-Veränderungen	100 %	25,0 - 70,0 %

Aufgrund der bunten neurologischen Symptomatik bei MS- und auch LA-Patienten fällt eine differentialdiagnostische Abgrenzung im Einzelfall nicht leicht. So könnten einige LA-Fälle, besonders die mit oligoklonalen Banden im Liquor, an einer spät manifesten MS erkrankt sein. Andererseits könnten die Liquorbefunde (oligoklonale Banden, hohes IgM) auf eine mögliche immunologisch bedingte Demyelinisierung bei einigen LA-Patienten (besonders denen ohne lakunäre Infarkte) hinweisen. Die meisten der wenigen bisher autopsierten LA-Patienten zeigten lakunäre Infarkte, aber keine entzündlichen Infiltrate. Daher ist eine vaskuläre Genese der LA wahrscheinlicher (z. B. SAE).

Bisher ist sehr umstritten, ob Leuko-Araiosis ein eigenständiges (zudem schlecht definiertes) Krankheitsbild darstellt. Daher sind weitere Untersuchungen notwendig, um zu überprüfen, ob mit Hilfe des Liquorbefundes, des Verteilungsmusters der Marklager-Läsionen im CT bzw. NMR sowie des Erkrankungsalters eine Subspezifizierung der Leuko-Araiosis (z. B. in MS, SAE und Hydrozephalus) gelingt.

Literatur

1. Hachinski VC, Potter P, Merskey H (1987) Leuko-Araiosis. Arch Neurol 44:21-23
2. Bewermeyer H, Bamborschke S, Assheuer J, Dreesbach HA, Buchberger G, Neveling M, Mai JK, Heiss W-D (1986) Zusatzuntersuchungen zur Sicherung der Diagnose bei multipler Sklerose. DMW 111:1398-1405
3. Poser CM, Poser S, Paty DW (1984) A revised numerical scoring system for multiple sclerosis. In: Poser CM et al (Hrsg) The diagnosis of multiple sclerosis. Thieme Stratton, New York:4-241

Multiple Sklerose als Fehldiagnose bei Hirntumoren

A. Koulousakis

Bekanntlich gibt es kaum subjektive Beschwerden und kaum objektiv nachweisbare Veränderungen am Zentralnervensystem, die nicht den Beginn einer multiplen Sklerose darstellen können. Es werden oft die verschiedensten differentialdiagnostisch in Frage kommenden Krankheitsbilder zuerst in Erwägung gezogen, während in Wahrheit eine beginnende multiple Sklerose vorliegt. Umgekehrt können aber auch die verschiedensten Erkrankungen irrtümlich an eine multiple Sklerose denken lassen. Die Diagnose MS kann verhängnisvolle Folgen haben, wenn es sich um einen Hirntumor handelt, weil dann mitunter wertvolle Zeit bis zu therapeutischen Maßnahmen vergeht.

Daß bei gutartigen Tumoren nach Tönnis dann nur in 50 - 60 % eine vollständige Restitution eintrat, läßt folgern, daß diese Fälle zu spät erkannt worden sind und deshalb nicht rechtzeitig einer gezielten zweckgerichteten Behandlung zugeführt werden konnten. Wisplinghoff 1968 fand vor der Ära des Computertomogramms, daß von 3 909 nachgewiesenen Hirntumoren bei 50 Patienten die Diagnose einer multiplen Sklerose im Verlauf der Krankheit gestellt und diese behandelt wurde.

Unter der Entwicklung der diagnostischen Möglichkeiten wäre zu erwarten, daß die Fehldiagnose MS bei Hirntumoren eine Rarität wäre. Wir waren überrascht festzustellen, daß von 112 Erst-Diagnosen bei stereotaktischer Probeentnahme in unserer Abteilung bei zwei Patienten (1,6 %) die Diagnose einer MS in einem Zeitraum von 1 - 18 Monaten diagnostiziert und behandelt wurde. In Anlehnung zu der Arbeit von Wisplinghoff wurden Anamnesedauer, Entwicklung der einzelnen Symptome, neurologische Symptomatik und Tumorlokalisation verglichen.

Die ersten Störungen bei den als Enzephalitis disseminata verkannten Hirntumoren waren Sehstörungen, Paresen, Gangunsicherheit, Gleichgewichtsstörungen, Kopfschmerzen, Hörstörungen, Bewußtlosigkeit und Anfälle. Bei unseren zwei Patienten waren einmal Sehstörungen und einmal Paresen die ersten und führenden Symptome. Die Zeitspanne vom Beginn der Symptome bis zur Feststellung des Tumors betrug zwischen 15 Tagen bei einem Glioblastom und 16 Jahren bei einem Akustikusneurinom. Bei unseren zwei Patienten war der Zeitraum deutlich auf 1 bzw. 18 Monate verkürzt. Bezogen auf die Geschwulstart stehen im ausgewerteten Krankengut zahlenmäßig die gutartigen Geschwülste an erster Stelle, wobei die Meningiome die längste Anamnese - bis zu 9 Jahren bei einem Mittelwert von 5,5 Jahren - führend waren. In etwa gleicher Häufigkeit wurden selläre und paraselläre raumbeengende Prozesse angetroffen mit der kürzesten Vorgeschichte von 1 - 2 Jahren. Ihnen folgten zahlenmäßig Akustikusneurinome, Astrozytome und Angiome in etwa gleicher Häufigkeit. Aber auch weitere intrakranielle raumbeengende Prozesse wie Epidermoide, Glioblastome und sogar Karzinommetastasen haben zur Fehldiagnose MS geführt. Bei unseren zwei Patienten handelt es sich einmal um ein Glioblastom und einmal um ein Optikusgliom. Wird der Zeitraum der Fehlbehandlung zu den Hirnregionen in Beziehung gesetzt, so hatten die Kleinhirnbrückenwinkeltumoren mit 4,1 Jahren die längste Vorgeschichte, danach folgten mit Abstand die supratentoriellen Prozesse und die Kleinhirntumoren mit 2,4 bzw. 2,3 Jahren. Die Hirnstammtumoren wurden am schnellsten (1,5 Jahre) diagnostiziert. Entscheidend für die Fehldiagnose einer MS war die neurologische Symptomatik und der Verlauf der Krankheit. Im allgemeinen wurden in der Hälfte aller Fälle Sehstörungen in Form von Doppeltsehen, Augenflimmern, schwarzen Flecken vor den Augen, mitunter sogar völlige Erblindung eines Auges angegeben. Das gilt auch für unseren Patienten mit dem Optikusgliom. Bei einem Viertel der Patienten mit Sehstörungen wurde eine retrobulbäre Neuritis festgestellt, die dann für die Diagnose MS richtungweisend war. Ein wichtiges Symptom, über das in den meisten Fällen geklagt wurde und das auch den Ausschlag zur Fehldiagnose gab, waren Paresen in den Armen und Beinen, wobei hierzu auch ein Schwächegefühl und Ungeschicklichkeit in den Extremitäten gerechnet wurde. Das gilt für unseren zweiten Patienten. Bei zehn Patienten im Krankengut von Wisplinghoff (1968) waren Remissionen der Paresen an der Diagnose MS maßgeblich beteiligt.

Werden im einzelnen die Symptome mit den Hirnregionen in Beziehung gesetzt, so fällt auf, daß bei den Großhirntumoren (27 Fälle) Sehstörungen in 17 Fällen das führende Symptom der Fehldiagnose MS waren. In 6 Fällen wurde eine retrobulbäre Neuritis festgestellt. Weiter war das Auftreten von Remissionen in 7 Fällen auffällig. Von insgesamt 27 Großhirntumoren hatten somit 13 die für eine MS als charakteristisch geltenden Zeichen einer retrobulbären Neuritis oder remittierende Verläufe. Im übrigen waren immer mehrere Symptome verantwortlich gemacht worden. Bei den Kleinhirntumoren (7 Fälle) überwog die Gangunsicherheit. Bei den Kleinhirnbrückenwinkeltumoren (11 Fälle), unter denen zahlenmäßig das Akustikusneurinom überwog, war wie bei den Kleinhirntumoren die Gangunsicherheit in 9 Fällen das führende Symptom; auch Hörstörungen (6 Fälle) wurden relativ häufig beobachtet. Remittiernde Verläufe wurden hierbei nur vereinzelt gesehen. Schließlich lagen bei den verkannten Hirnstammtumoren (5 Fälle) wenigstens zwei Symptome vor, wobei meistens die Sehstörung das führende Symptom war; dagegen wurden Remissionen vollständig vermißt.

Zusammenfassung

Die Differentialdiagnose zwischen MS und Hirntumoren kann trotz Entwicklung von hochkarätigen diagnostischen Methoden einschließlich Biopsien unter stereotaktischen Bedingungen in einigen Fällen erschwert sein. Die Fehldiagnose MS bei Hirntumoren kann verhängnisvolle Folgen haben, weil wertvolle Zeit bis zu therapeutischen Maßnahmen vergeht. Im Vergleich zu einer Untersuchung bei ca. 4 000 Hirntumoren vor der CT-Ära kann gesagt werden, daß die ersten Symptome mit Sehstörungen und/oder Paresen sowie der Tumorsitz gleich geblieben sind. Handelte es sich in der Vergangenheit eher um gutartige Tumoren, so dominieren heute maligne Prozesse. Ein weiterer Unterschied ist die Durchschnittszeit zwischen Symptombeginn und Feststellung des Tumors. Während früher Verläufe bis zu fünf Jahren und mehr häufig vorkamen, beträgt Dank der Diagnostik die Zeit heute weniger als ein Jahr. Das kann gerade bei der Art der Tumoren entscheidend für den Therapieverlauf sein.

Literatur

1. Wisplinghoff K-P (1968) "Multiple Sklerose" als Fehldiagnose bei intracraniellen raumbeengenden Prozessen. Inaugural Diss, Köln

Intrazellulärer Vitamin B$_{12}$-Stoffwechseldefekt mit dem klinischen Bild einer multiplen Sklerose: ein Fallbericht

R. Gold, J. Winkler, R. Baumgartner, D. H. Hunneman, L. Kappos, U. Bogdahn und
H. G. Mertens

Die funikuläre Myelose stellt das neurologische Leitsymptom von Vitamin B$_{12}$-Mangelerkrankungen dar, die fast immer durch Resorptionsstörungen oder nutritiv entstehen. Daneben können auch viel seltenere Störungen im extrazellulären B$_{12}$-Transport und im intrazellulären Stoffwechsel zu internistisch/neurologischen Krankheitsbildern führen. Wir beschreiben einen schubförmig-remittierenden, MS-ähnlichen Krankheitsverlauf infolge einer Störung im intrazellulären B$_{12}$-Stoffwechsel.

Die Erkrankung unserer Patientin begann im Alter von zwölf Jahren mit einer Hinterstrangsymptomatik. Zwei Jahre später wurde nach einem 2. Schub mit Pyramidenbahnsymptomen eine Imurek-Therapie eingeleitet, unter der sie sechs Jahre stabil blieb. Unmittelbar nach Absetzen von Imurek trat eine Verschlechterung auf, erstmalig auch mit Reflexverlust und Fußheberschwäche beidseits als Zeichen einer peripheren Neuropathie. Nach Wiederaufnahme der Imurek-Behandlung entwickelte sich nach drei Jahren ein schubförmig progredienter Krankheitsverlauf, der sich auch durch Cyclophosphamidtherapie und Plasmapheresen nicht aufhalten ließ. Die Patientin wurde mit einer progredienten Tetraparese beatmungspflichtig. Internistischerseits bestanden zu dieser Zeit eine Anämie (Hb 8 g%), Elektrolytentgleisung sowie eine vermehrte Thromboseneigung.

Im Vordergrund der differentialdiagnostischen Überlegungen stand initial die multiple Sklerose. Allerdings konnten Liquor, kraniale und spinale Kernspintomogramme und visuell evozierte Potentiale bei wiederholten Untersuchungen keinen Hinweis für eine Dissemination der Erkrankung über das Myelon hinaus liefern. Lediglich zweimal fanden sich maximal 3 feine Banden in der isoelektrischen Fokussierung. Nur somatosensorisch- und magnetevozierte Potentiale waren pathologisch. B$_{12}$-Spiegel und Schilling Test waren normal. Insbesondere die Neuropathie ließ immer wieder an der MS zweifeln. Bei elektrophysiologischen Verlaufskontrollen zeigte die Erkrankung deutliche Progredienz. Im EMG fanden sich Zeichen einer axonalen Neuropathie. Die Suralisbiopsie bestätigte eine deutliche axonale Neuropathie mit sekundärer Demyelinisierung, erlaubte jedoch keine weitere differentialdiagnostische Zuordnung.

Im Zuge der terminalen Verschlechterung wurde erneut ein ausführliches Screening durchgeführt. Eine Knochenmarksbiopsie im Rahmen der internistischen Durchuntersuchung zeigte eine Erythropoese mit makrozytären Zügen. Die Analyse lysosomaler Enzyme und der Muskelenergiestoffwechsel waren bis auf einen Carnitinmangel (7,1 nmol/mg Protein; Norm 20,0 +/- 7,6) unauffällig. Im Rahmen eines Urinscreenings auf Organoazidurien wurden schließlich eine hochgradige Methylmalonylazidurie (3 030 µg/mg Kreatinin) sowie eine geringe Homozystinurie festgestellt.

Methylmalonat (MM) und Homocystein sind Zwischenprodukte in zytosolischen oder intramitochondrialen Vitamin B$_{12}$-abhängigen Reaktionen: Homocystein wird in einer Methylcobalamin (MeCbl)- und Folsäure-abhängingen Reaktion zu Methionin methyliert.

MM ist ein Zwischenprodukt in der Umwandlung von verschiedenen Abbauprodukten in Succinyl-CoA (SC) und sukzessiven Einschleusung in den Zitrat-Zyklus. Diese Reaktion benötigt Adenosincobalamin (AdoCbl) als Koenzym. Durch Fibroblastenanalysen ließ sich der Defekt genauer definieren. Der Propionateinbau der Fibroblasten war mit 644 pmol/mg Prot. (Norm: 5.410 +/- 1.729) erniedrigt und steigerte sich nach Hydroxycobalamin-Zugabe auf 1.348 (Norm: 5.592 +/- 1.767). Die Aktivität der MM-CoA Mutase lag mit 55 pmol SC Bildung/Minute (Norm 103 +/- 40) im unteren Normbereich.

Bei MM-Azidurien durch einen Defekt der MM-CoA Mutase oder im intrazellulären Cobalamin-Metabolismus resultieren meist sehr schwere und oft letale Krankheitsbilder innerhalb der ersten Lebenswochen (3); nur selten sind asymptomatische Kinder oder Erwachsene beschrieben worden (2). Allerdings gibt es zwei einzelne Fallberichte über Jugendliche oder junge Erwachsene mit Myelopathie bzw. MS-ähnlichem Bild und einer ähnlichen Stoffwechselstörung (1, 4). Die heutigen pathophysiologischen Vorstellungen sind noch nicht gesichert: Man nimmt an, daß dem Defekt der MeCbl-Synthese eine größere Bedeutung für die neurologischen und hämatologischen Störungen zukommt, da dadurch ein Mangel an freiem Folat auftritt. Dieses spielt in der Nukleotidsynthese und in der Regulation von ZNS-Enzymdefekten eine wichtige Rolle. Das im Krankheitsverlauf evidente initial gute Ansprechen auf Immunsuppression legt eine sekundäre Rolle immunologischer Faktoren nahe.

Sämtliche Störungen bei unserer Patientin lassen sich durch einen Defekt im intrazellulären B_{12}-Stoffwechsel erklären. Ihre (noch?) asymptomatische Schwester hat eine fast genauso hohe MM- und Homocystinurie; die Erkrankung wird üblicherweise aut. rez. vererbt. Nachdem bereits die Fibroblastenanalysen Hinweise für eine Beeinflußbarkeit des Stoffwechseldefektes durch B_{12}-Gaben erbracht hatten, begannen wir eine initial intravenöse Substitutionstherapie mit 2 mg Hydroxycobalamin pro Woche. Darunter reduzierte sich die MM-Azidurie bis auf 102 µg/mg Kreatinin. Nach einem halben Jahr wurde auf orale Substitution umgestellt (10 mg/die). Auch klinisch zeigte sich eine deutliche Stabilisierung. Die Patientin kann bereits wieder 10 m mit dem Rollator gehen.

Unser Fallbericht zeigt die Bedeutung von intrazellulären B_{12}-Metabolismusstörungen als wichtige und behandelbare Differentialdiagnose der MS.

Literatur

1. Carmel R, Watkins D, Goodman SI et al (1988) Hereditary defect of cobalamin metabolism (cblG mutation) presenting as a neurologic disorder in adulthood. N Engl J Med 318:1738-1741
2. Ledley FD, Levy HL, Shih VE et al (1984) Benign methylmalonic aciduria. N Engl J Med 311:1015 - 1018
3. Matsui SM, Mahoney MJ, Rosenberg LE (1983) The natural history of the inherited methylmalonic acidemias. N Engl J Med 308:857-861
4. Shinnar S, Singer HS (1984) Cobalamin C mutation (methylmalonic aciduria and homocystinuria) in adolescence. A treatable cause of dementia and myelopathy. N Engl J Med 311:451-454

Neurootologischer Beitrag zur Diagnose der Encephalomyelitis disseminata

Th. Meier, C.T. Haid, G. Gareis, A. Taghavy und W. Gottwald

Symptome seitens des N. vestibulocochlearis stehen bei der Encephalomyelitis disseminata (E.D.) in der Literatur eher im Hintergrund (5, 9, 10). Neben der Hörbahn gehört jedoch auch das gleichgewichtserhaltende System mit zu den Prädilektionsorten der disseminierten Entmarkungen. Deshalb möchten wir auf die Bedeutung der Vestibularisprüfung (3, 4) zur Diagnostik der E. D. hinweisen und wichtige Befunde herausstellen.

Es wurden 124 Patienten (76 Frauen und 48 Männer) mit sicherer MS untersucht, deren Altersverteilung sich über einen Zeitraum vom 2. bis zum 6. Lebensjahrzehnt erstreckte, mit einem Maximum zwischen dem 20. und 40. Lebensjahr. 29 % der Patienten wurden im ersten Jahr ihrer Erkrankung untersucht, bei 50 % waren seit der Diagnosestellung 1 bis 10 Jahre verstrichen, die Krankheitsdauer bei den restlichen 21 % war länger als 10 Jahre.

Als anamnestisches Leitsymptom wurde Schwindel mit 82 % (101 von 124 Patienten) neben den bekannten Symptomen der E. D. am häufigsten angegeben. Interessanterweise kam bei der näheren Aufschlüsselung der systematische Schwindel (Drehschwindel 27 %, Schwankschwindel 25 %, Fallneigung 10 %) deutlich häufiger vor als der unsystematische Schwindel mit Unsicherheitsgefühl bei 17 % und Benommenheit bei 3 % der Fälle. Gehbehinderungen unterschiedlicher Ausprägung wurden auf näheres Befragen von 70 % angegeben, Sehstörungen von 65 % und Sensibilitätsstörungen von 58 %. Sprechstörungen beklagten nur 17 % der Patienten.

Bei 48 Patienten (39 %) ließ sich ein Spontannystagmus feststellen, der in 27 Fällen horizontal-rotierend schlug. Ein dissoziierter Spontannystagmus als Hinweis auf eine Schädigung im Bereich des Fasciculus longitudinalis medialis konnte bei 8 % der Patienten gefunden werden. Ein zentraler Spontannystagmus zeigte sich weiter in vertikaler (4 %), rein rotierender (2 %) oder diagonaler (2 %) Form sowie als Pendelnystagmus (2 %).

Bei der Prüfung des Nystagmus in 9 Blickrichtungen lag zu 32 % ein Blickrichtungsnystagmus vor. In 10 % ergab sich der Befund eines regellosen, bei 22 % der eines regelmäßigen Blickrichtungsnystagmus. Dieser trat häufig als sogenannter rosettenförmiger Typ auf, d. h., der Nystagmus schlug in die jeweils eingenommene Blickrichtung.

Das optomotorische System, bei der MS nicht selten gestört (6, 10), konnte bei 85 Patienten anhand der langsamen Pendelblickfolgebewegung geprüft werden, wobei sich bei 61 % ein auffälliger Befund bei der Auswertung der Elektronystagmogramme ergab.

Die Lageprüfung, eine sehr sensible Provokationsmethode des gesamten gleichgewichtserhaltenden Systems, war in unserem Krankengut in etwa der Hälfte (52 %) der untersuchten Fälle pathologisch. Richtungsbestimmter (27 %) und richtungswechselnder (25%) Lage- und/oder Lagerungsnystagmus waren nahezu gleich häufig.

Die Versuche nach Romberg und Unterberger sowie der Blindgang zur Prüfung der vestibulo-spinalen Koordination waren insgesamt zu 68 % auffällig. 38 % wiesen eine zerebelläre Läsion auf.

84

Eine Trigeminusbeteiligung fanden wir bei 20 Patienten, eine Affektion des Fazialis-
nerven lag bei 11 Patienten vor.

Die Kalorische Prüfung, die bei 112 der 124 Patienten durchgeführt werden konnte, war
bei 53 Erkrankten (47 %) pathologisch, wobei nur in 5 Fällen eine peripher-vestibuläre
Schädigung festgestellt wurde. In der überwiegenden Mehrheit waren zentral-vestibuläre
Störungen zu finden, vor allem ein Richtungsüberwiegen des Nystagmus ("directional
preponderance", 14 %) und eine gesteigerte vestibuläre Reaktion (13 %). Bei 8 Patienten
(7 %) konnten wir mit der sogenannten "vermehrten Einzelreaktion" (3, 4) eine Reak-
tionsform feststellen, die wir bislang nur bei E. D. und hier wiederum nur bei Warmspülung
beobachtet haben. Wir sprechen von einer vermehrten Einzelreaktion, wenn die Reak-
tionsintensität einer Spülung die der anderen drei um mehr als das Doppelte übertrifft. Die
Wiederholung aller Spülungen, auch in umgekehrter Reihenfolge, zur Vermeidung eines
Spülfehlers oder der Aktivierung eines latenten Spontannystagmus ist Voraussetzung.

Bei unserem nicht selektionierten Patientengut konnten wir bei der Vestibularisprüfung
in 80 % der Fälle in wenigstens einer Teiluntersuchung einen pathologischen Befund
erheben. Hierbei sprechen wichtige Verdachtsmomente bei pathologischer Gleichgewichtsprüfung für das Vorliegen einer Encephalomyelitis disseminata: Entsprechende Anamnese
und Patientengruppe, Spontannystagmus von zentralem Charakter und/oder ein Blickrichtungsnystagmus, Störung der Blickmotorik, Enthemmung oder vermehrte Einzelreaktion
bei der kalorischen Prüfung, fluktuierende Befunde bei den Kontrolluntersuchungen. Auch
wenn diese Befunde keinesfalls alleine zur Diagnose MS verleiten dürfen, sind wir trotzdem,
wie auch andere Untersucher (1, 2, 3, 4, 7, 8, 9), der Überzeugung, daß die Neurootologie,
hier dargestellt am Beispiel der Gleichgewichtsprüfung, einen wichtigen Beitrag zur Diagnosestellung der multiplen Sklerose liefern kann.

Literatur

1. Aantaa E, Riekkinen PJ, Frey HJ (1973) Electronystagmographic findings in multiple sclerosis. Acta
   Otolaryng 75:1-5
2. Aust G, Clausen CF (1973) Über die Möglichkeiten der neurootologischen Diagnostik bei der Multiplen
   Sklerose. HNO 21:46-48
3. Gareis G (1986) Untersuchungen zur neurootologischen Symptomatik der Encephalomyelitis disseminata.
   Dissertation, Erlangen
4. Haid CT, Wigand ME, Gottwald W, Taghavy A, Egg D (1976) Darstellung der Nystagmusreaktion bei
   Encephalomyelitis disseminata im Frequenz-Kalorigramm. Zeitschrift für Hörgeräteakustik, Sonderheft
5. Hopf H Ch, Poeck K, Schliak H (Hrsg) (1981) Neurologie in Praxis und Klinik. Thieme, Stuttgart New York
6. Müri RM, Meienberg O (1987) Klinisch erfaßbare Augenbewegungsstörungen bei multipler Sklerose.
   Nervenarzt 58:171-174
7. Meran A (1981) Zur otoneurologischen Symptomatik der Multiplen Sklerose. Arch Oto-Rhino-Laryng 214:351-
   359
8. Noffsinger D, Olsen WO, Carhart R, Hart CW, Saghal V (1972) Auditory and vestibular aberrations in
   multiple sclerosis. Acta Otolaryngol (Suppl) 303
9. Oberascher G, Kofler B und Pommer B 1985) Otoneurologische Befunde bei der Multiplen Sklerose. HNO
   33:23-25
10. Poser S (1986) Multiple Sklerose. Wissenschaftliche Buchgesellschaft, Darmstadt

Zur Vermeidbarkeit der Fehldiagnose MS - der Beitrag der klinischen Untersuchung

A. Taghavy, G. Bohmann und W. Sauerbrei

Multiple Sklerose ist eine Erkrankung, deren Ätiopathogenese auch heute noch unbekannt ist und gegen die man deshalb keine kausale Therapie kennt. Die Diagnose geht seit Charcot von einem neuropathologischen Konzept aus und muß nach wie vor klinisch gestellt werden, da es auch heute noch trotz Kernspintomographie und Liquordiagnostik keinen verläßlichen spezifischen Labortest für diese Erkrankung gibt.

Die klinischen Erscheinungen entsprächen der Multilokalität und der Mehrphasigkeit resp. Progredienz der pathologisch anatomischen Läsionen. Zur klinischen Diagnosestellung gehört, was nicht selten übersehen wird, daß die krankhaften Erscheinungen durch andersartige Läsionen nicht erklärt werden können.

Fehldiagnosen der Erkrankung MS sind im allgemeinen nicht häufig. In diesem Beitrag soll der Anteil der klinischen Untersuchung verdeutlich werden. Das ist eine retrospektive offene Studie, die an eine frühere Studie (3) anknüpft. Dort wurde eine Übereinstimmung der Aufnahmediagnose MS mit der Entlassungsdiagnose in etwa 78 % gefunden. Die dabei am häufigsten diagnostizierten abweichenden Entlassungsdiagnosen waren: Zerebraler Gefäßprozeß 12mal, spinaler Tumor 11mal, Hirntumor 8mal und "entzündlicher" Prozeß 8mal.

Die bislang formale sollte durch eine inhaltliche Analyse unter Zugrundelegung von sorgfältiger Anamnese- und Befunderhebung ergänzt werden.

Bei 600 Patienten wurde im Zeitraum von 1968 - 1981 die Diagnose multiple Sklerose bei Aufnahme gestellt; davon waren 125 Diagnosen falsch-positiv, d. h. die Aufnahmediagnose MS konnte bei der Entlassung nicht aufrecht erhalten werden, es handelte sich vielmehr um andere neurologische Erkrankungen. Das Alter dieser Patienten betrug 40,9 Jahre +/- 14,2. Über diesen Studienzeitraum betrug die Anzahl der Patienten mit falsch-positiver Aufnahmediagnose im Mittel 9/Jahr (Spannweite 14 - 15). Die jährliche Aufnahme der Patienten mit MS betrug 40.

In dieser Arbeit werden die falsch-negativen Aufnahmediagnosen nicht berücksichtigt.

95 von 125 Krankengeschichten (KG) erfüllten die Kriterien der Auswertung. Diese bestanden aus ausführlicher Erhebung der Anamnese und körperlicher Untersuchung.

Angelehnt an Kriterien der klinischen Diagnose von MS nach Rose et al. (1) haben wir anhand der Anamnese und des Aufnahmebefundes und sonstiger Informationen (apprative Diagnostik ausgeschlossen) zwischen der Zuordnung "nicht MS", "mögliche MS", "wahrscheinliche MS" und "sichere MS" unterschieden.

Von den 95 Patienten (39 Männer, 36 Frauen) mit der Aufnahmediagnose MS erhielten von uns 42 (44,2 %) die Zuordnung "nicht MS", 22 (23,2 %) "mögliche MS", 22 (23,2 %) "wahrscheinliche MS" und 9 (9,5 %)" sichere MS". Die nach Analyse der Aufnahmeuntersuchung zur Kategorie wahrscheinliche (22 Fälle) resp. sichere MS (9 Fälle) gehörenden Patienten wurden mit folgenden Diagnosen entlassen: 6mal Tumoren der kranio-zervikalen Übergangsregion, 4mal basiläre Impression, 3mal zerebelläre Heredoataxie, 3mal Migraine accompagnée resp. basiläre Migräne, 3mal Multiinfarktsyndrom, resp. multiple Hirnem-

86

bolien, 2mal Lues cerebrospinalis, 2mal amyotrophische Lateralsklerose, 2mal chronische Arzneimittelintoxikation (Bromismus und Barbituratmißbrauch), 2mal symptomatische Trigeminusneuralgie (nicht MS-bedingt), 1mal Shy-Drager-Syndrom, 1mal Fisher-Syndrom, 1mal Morbus Bechterew mit vertebrobasilärer Insuffizienz, 1mal schmerzloser zervikaler Bandscheibenvorfall. Folgende Faktoren sind verantwortlich für die Mehrzahl der Fehldiagnosen: 1. Überbewertung resp. Fehlbewertung von: Anamnese, Angaben von Doppelbildern und Parästhesien, Endstellnystagmus und temporale Abblassung resp. sich zurückbildende Stauungspapille, 2. nicht berücksichtigen von Verlauf der Retrobulbärneuritis, Familienanamnese, Alter der Patienten bei Krankheitsbeginn, spinaler Ataxie, praktischer Unvereinbarkeit von Hypo- und Areflexie und MS, und schließlich 3. Unkenntnis besonderer Krankheitsbilder resp. Manifestationsformen von MS, und schließlich 4. gelegentliche falsche Beobachtung ("Diagnose vor Befund").

Wir halten dafür, daß die abgestufte Diagnosesicherheit mit Einführung der Kernspintomographie nicht "erledigt" ist, denn sie reduziert den Gebrauch von apparativer Diagnostik auf ein vernünftiges Maß; eine sichere MS-Diagnose ergibt keine Indikation für eine Kernspintomographie, wenngleich wir in 9 von 600 Fällen eine die MS imitierende Erkrankung feststellen konnten, die jedoch durch einfachere Methoden zu verifizieren gewesen wäre (z. B. basiläre Impression). Umgekehrt ergibt sich bei rein spinaler Form von MS ohne sichtbare Optikusbeteiligung die Indikation zur Ableitung von VEP (2). Durch die Analyse der Krankheitsgeschichten bei "falsch-positiven" MS-Patienten erhöht sich die Treffsicherheit der MS-Diagnostik von 79 auf 85 - 88 %.

Es ist vorgekommen, daß Nicht-Neurologen Patienten zum Ausschluß von MS zur Kernspintomographie geschickt haben; diese ist eigentlich auch ein neurologisches Instrumentarium.

Wir sind der Ansicht, daß die Diagnose MS durch Neuroanamnese und klinische Untersuchung allein auf 90 - 95 % Treffsicherheit erhöht werden kann, wobei ein wohl überlegter Gebrauch von Laboruntersuchungen dann unerläßlich bleibt.

Literatur

1. Rose AS, Ellison GW, Myers LW and Tourtellotte W (1976) Criteria for the clinical diagnosis of multiple sclerosis (Abstract). Neurology 26:20-22
2. Taghavy A (1984) Visuell evozierte Potentiale (VEP) und multiple Sklerose (MS). Nervenheilkunde 3:66-71
3. Taghavy A, Steinmüller J, Sauerbrei W (1989) Wie häufig kann man allein durch Anamnese und klinische Untersuchung die Diagnose MS stellen? Psycho (aktuelles Forum) 15:382-384

Atypische Encephalomyelitis disseminata - die epikritische Einordnung Liquor- und NMR-untypischer Krankheitsbilder

J. F. Spittler, B. Lodde und W. Gehlen

In den vergangenen 15 Jahren hat sich die Sicherheit der Diagnosestellung bei der multiplen Sklerose entscheidend gewandelt. Die früher unvermeidliche Unsicherheit einer frühen diagnostischen Festlegung erforderte eine kritische Einstufung der Diagnose in fraglich, wahrscheinlich oder sicher. Die in ca. 60 - 95% typisch pathologischen Befunde von Elektrophysiologie, Liquoranalytik und MRT (2, 3, 7, 8, 9) haben die diagnostische Sicherheit so weit erhöht, daß diese Einstufung stark an Bedeutung verloren hat. Allerdings ist eine verbleibende diagnostische Unsicherheit selbst für die höchstwertigen Methoden dokumentiert. In dieser Situation interessierte uns, wie die Krankheitsfälle mit untypischen Liquor- und MRT-Befunden aus der epikritischen Sicht des weiteren Verlaufes einzuordnen sind.

Von 1984 bis 1988 wurden von uns 231 Patienten stationär betreut, bei denen die Verdachtsdiagnose einer MS krankenblatt-aktenkundig dokumentiert ist (77 männl., 154 weibl., Erkrankungsbeginn im Mittel: 33,3 J., mittlere Krankheitsdauer 4,9 J.). Zum Verlauf berichteten 60 Patienten einen Schub, 126 Patienten 2 oder mehr Schübe. Zur ZNS-Lokalisation wiesen 62 Patienten eine monotope, 168 eine polytope Symptomatik auf. Die Erkrankung verlief nach letztmöglich heranzuziehender Beurteilung einschließlich späterer stationärer Aufenthalte weiterhin mit einem Schub ohne Remission in 12, weiter schubförmig in 157, sekundär progredient in 18 und primär progredient in 44 Fällen.

Für die standardisierte Einschätzung der Diagnosewahrscheinlichkeit sind in der Literatur verschiedene Formalisierungen vorgeschlagen worden (1, 4, 5). Mehrfach haben Autoren darauf hingewiesen, daß der erfahrene Kliniker in einer Reihe von Fällen eine andere diagnostische Sicherheit annehmen wird, als dies von formalen Schemata mit unterschiedlichem Einbezug von diagnostischen Methoden und unterschiedlicher klassifikatorischer Absicht (z. B. Therapiestudien) vorgegeben wird. Dementsprechend haben wir vorwiegend unter Berücksichtigung der charakteristischen oder uncharakteristischen Symptomatik und des typischen oder untypischen Verlaufes sowie aller Zusatzbefunde außerdem eine eigene individualisierende Einschätzung vorgenommen. Die Zuordnungen unserer 231 Patienten nach den verschiedenen Vorschlägen der Literatur und unserer eigenen individualisierenden Einschätzung ergibt ein divergentes Bild: fraglich/wahrscheinlich/sicher nach (5): 115/61/55; nach (2): 96/67/68; nach (4): 43/26/162; eigene Einschätzung: 103/34/94.

Aus diesem Gesamtkollektiv wurden 48 Patienten mit der Diagnose MS (fraglich, wahrscheinlich und sicher) entlassen, wiesen ein Krankheitsbild mit mindstens 2 schubförmigen Ereignissen und mindestens 2 ZNS-Lokalisationen auf und waren bezüglich Liquor und MRT vollständig untersucht. Die diagnostische Wahrscheinlichkeit einer MS war nach unserer eigenen individualisierenden Einschätzung in 4 Fällen "fraglich", in 11 Fällen "wahrscheinlich" und in 33 Fällen "sicher". Aus dieser Kerngruppe wurden diejenigen 18 Patienten 1,5 bis 6 Jahre nach dem ursprünglichen stationären Aufenthalt katamnestisch nachuntersucht, welche zur MS-Diagnose unpassende negative oder fragliche Befunde in der Liquoruntersuchung bezüglich der oligoklonalen Banden oder im MRT aufgewiesen hatten. Sie wurden nach weiteren Schüben befragt und klinisch-neurologisch sowie elektrophysiologisch auf zusätzliche ZNS-Lokalisationen untersucht.

Eine tabellarische Übersicht zeigt anschaulich die Wertigkeit der einzelnen Methoden: Unspezifisch positive Befunde in der autochtonen IgG-Produktion (6), konkordante wie falsch-positiv wie falsch-negativ diskordante Befunde in den oligoklonalen Banden und der Elektrophysiologie und generell gut korrelierende, jedoch im Einzelfall diskrepante Befunde im MRT. Einzelne MS-untypische Befundkonstellationen wurden exemplarisch herausgehoben, bei den Patienten mit negativem MRT: *W.C.:* Trotz schubfreier Katamnese, negativer oligoklonaler Banden und negativen MRT-Befundes bleibt in diesem Falle, gestützt auf die Elektrophysiologie, auch weiterhin die wahrscheinlichste Diagnose die MS. *B.B.:* Eine als signifikant anzusehende autochtone IgG-Produktion kann ohne offenkundigen pathogenetischen Zusammenhang mit dem zur Aufnahme führenden klinischen Krankheitsbild vorkommen. *M.M.* und *O.M.:* Blande Verläufe und weitgehend isoliert spinale Verläufe mit mehreren Schüben können ohne sicher pathologischen MRT-Befund einhergehen.

Unter den 4 Fällen mit untypischem oder nicht eindeutigem MRT-Befund waren bemerkenswert: *K.W.:* Eine am ehesten unabhängige Gleichzeitigkeit einer floriden Toxoplasmoseenzephalitis und einer beginnenden MS mit einem weiteren Schub und weiteren ZNS-Lokalisationen im späteren Verlauf. *F.G.:* Eine am ehesten doch als psychogen einzuordnende Beschwerdesymptomatik zeigte im weiteren Verlauf neue Symptome, jedoch mehrfach eine unauffällige Elektrophysiologie.

Schließlich zeigen die Patienten mit für eine MS typischen MRT-Befunden ein weitgehend, jedoch nicht uneingeschränkt gleichförmiges Bild mit selbst bei negativen oligoklonalen Banden in fast allen Fällen eher zunehmender Diagnosesicherheit. *S.D.:* Hier fällt nur der letzte, allerdings im MRT von Anfang an als möglicherweise auch vaskulär erkrankt eingeordnete Patient mit reiner Schrankenstörung im Liquor und unauffälliger Elektrophysiologie auf.

Zusammenfassung

Bisherige Untersuchungen zur Aussagefähigkeit der oligoklonalen Banden im Liquor und des MRT für die MS-Diagnose haben die Häufigkeit positiver Befunde jeweils prozentual von einem Gesamtkollektiv dargestellt. In Ergänzung zu diesem Verfahren haben wir diejenigen Patienten mit der fraglichen, wahrscheinlichen und sicheren Diagnose einer MS 1,5 - 6 Jahre nach der ursprünglichen Diagnosestellung nachuntersucht, welche in diesen Methoden zur Verdachtsdiagnose diskrepante Befunde aufgewiesen hatten. Die Epikrise zeigt, daß die MRT, die oligoklonalen Banden und die Elektrophysiologie ihren bekannten hohen Stellenwert in der MS-Diagnostik haben, daß jedoch auch nach einer Katamnese diskordante Befunde bestehen bleiben und die klinische Synopsis zu einer gewichtenden Wertung aller Befunde herangezogen werden muß.

Das Literaturverzeichnis ist bei den Verfassern erhältlich.

Der diagnostische Stellenwert der bildgebenden Verfahren bei der multiplen Sklerose

W. Weinrich und R. Poburski

Die multiple Sklerose war bis vor wenigen Jahren der bildgebenden Diagnostik nur sehr eingeschränkt zugänglich. Mit den klassischen neuroradiologischen Verfahren Pneumenzephalographie, Angiographie und Myelographie war praktisch nur der Ausschluß anderer Erkrankungen bei einem einzelnen monosymptomatischen Schub der multiplen Sklerose möglich. In seltenen Fällen zeigte sich in fortgeschrittenen Stadien als unspezifischer positiver Befund eine Hirnatrophie durch Erweiterung der inneren und äußeren Liquorräume. Wegen der Invasivität dieser Untersuchungen und der damit verbundenen Komplikationsrate wurden sie sparsam und zögerlich eingesetzt. So ist es zu erklären, daß eine lange Reihe von Publikationen über Fehldiagnosen von MS existiert, bei denen z. B. eine langjährige Tetraparese auf einen Tumor des kraniozervikalen Übergangs zu beziehen war. Entmarkungsherde ließen sich mit keinem dieser Verfahren darstellen.

Mit der Computertomographie stand erstmals ein neuroradiologisches Verfahren zur Verfügung, mit dem MS-Herde intrakraniell abgebildet werden konnten. Frische Entmarkungsherde stellen sich als leicht unscharfe hypodense Bezirke in der weißen Substanz dar, ältere Herde zeigen sich bevorzugt schärfer abgegrenzt hypodens. Frischere Herde weisen als Zeichen der lokalen Schrankenstörung Kontrastmittelenhancement auf. Dieses ist besonders ausgeprägt bei Applikation hoher Kontrastmitteldosen und verzögerter CT-Untersuchung.

Aber auch die Computertomographie war allenfalls als additives diagnostisches Instrument zu nutzen, da keinesfalls alle MS-Patienten positive Befunde boten und überdies eine diagnostische Zuordnung aufgrund der Morphologie allein nicht möglich war. Die Häufigkeit positiver Befunde schwankte in größeren Serien zwischen 40 und 60 %, scheint aber im Mittel bei etwa 50 % zu liegen. Die Nachweishäufigkeit von MS-Herden im CT ist neben der Selektion der Patienten vom Stand der Gerätetechnik, vom Untersuchungszeitpunkt, von Art und Häufigkeit von Kontrastmittelapplikationen und von subjektiven Beurteilungskriterien des Untersuchers abhängig. Wir fanden in unserem eigenen Krankengut lediglich eine Rate von etwa 30 % positiven Befunden, da wir auf hochdosierte Kontrastmittelgaben in der Regel verzichtet haben.

Für die Beurteilung herdförmiger Läsionen in der weißen Substanz des Großhirns ist die Computertomographie relativ empfindlich, für die Beurteilung infratentorieller oder spinaler Herde ist sie hingegen nur in Ausnahmefällen geeignet. Die knöchernen Strukturen der Schädelbasis und der Wirbelsäule führen zu den methodenspezifischen Knochenaufhärtungsartefakten, die die Dichte- und Ortsdiskriminanz herabsetzen.

Ein qualitativer und in gewisser Hinsicht auch quantitativer Sprung in der Wertigkeit der Bilddiagnostik bei der MS wurde durch die Einführung der Magnetresonanztomographie (MRT) erreicht. Nach der Erstpublikation Youngs über MRT-Befunde bei MS 1981 erschienen ab 1983 zahlreiche Arbeiten zum Leistungsvergleich von MRT und CT, die durchgehend die Überlegenheit der MRT nachwiesen. Besonders erwähnenswert erscheinen hierzu die Publikationen aus der Gruppe um Young ab 1983, die detailliert zeigten, daß alle in der Computertomographie darstellbaren Herde sich auch in der Kernspintomographie zeigten und regelmäßig darüber hinaus weitere Läsionen gefunden wurden. Die Validität dieser Befunde konnte später durch postmortal untersuchte Gehirne und anschließenden Vergleich mit den Autopsiebefunden gesichert werden.

Die Überlegenheit der MRT können wir an einem eigenen Fallbeispiel aus der Frühzeit der Bilddiagnostik der MS belegen. In einem Computertomogramm aus dem Jahre 1983 zeigte sich eine rechtsfrontale Hypodensität sowie eine unsichere weitere Läsion im parietalen Marklager der gleichen Seite. Bei einer Kontrolluntersuchung ein Jahr später fanden sich zusätzliche Herde im linkshemisphärischen Marklager. Die zu dieser Untersuchung parallel angefertigte Kernspintomographie auf einem Gerät der ersten Generation zeigte dagegen multiple Läsionen in der weißen Substanz sowie auch periventrikuläre Dichteanhebungen, die auch in der groben Matrix dieses frühen Bildes erkennbar waren.

Noch deutlicher ist die Diskrepanz zwischen CT und MRT bei neuerem Bildmaterial. Ein kürzlich untersuchter 16jähriger Patient entwickelte subakut eine sensomotorische Halbseitensymptomatik rechts. Im CT zeigte sich eine flaue hypodense Zone im parietalen Marklager der linken Seite. Drei Monate später war diese Läsion bei zurückgebildeter Klinik schärfer demarkiert, bot aber noch ein geringes Kontrastmittelenhancement. Weitere kleine Dichteanhebungen waren in der Frontalregion zu erkennen. Kernspintomographisch konnten dagegen sowohl im T2-gewichteten Bild als auch in einer protonendichten Sequenz multiple Signalanhebungen in beiden Marklagerregionen dargestellt werden. Auch hier zeigten sich also mehr Läsionen im MR und sie traten deutlicher in Erscheinung. Aufgrund dieser Erfahrungen ist die CT-Diagnostik der multiplen Sklerose heute obsolet und wird von uns nur noch in Ausnahmefällen durchgeführt.

In der Kernspintomographie werden zur MS-Diagnostik im wesentlichen zwei Abbildungsmodi eingesetzt. Mit der Inversion-Recovery-Sequenz ist eine besonders hohe Dichteauflösung mit guter Differenzierung von grauer und weißer Substanz zu erreichen. MS-Herde stellen sich signalarm dar. Sensitiver ist die Spin-Echo-Technik, die zur Standarduntersuchung geworden ist. Hierbei bilden sich in der T2-Gewichtung die MS-Läsionen signalreich ab. Die anatomische Auflösung ist bei diesem Verfahren weniger gut, wird aber kompensiert durch das gleichzeitig angefertigte T1-Bild. Ein Vorteil der Spin-Echo-Sequenz gegenüber der Inversion-Recovery-Technik ist die kürzere Untersuchungszeit, da gleichzeitig mehr Schichten angeregt werden können.

Die Morphologie der Läsionen bei MS in der Magnetresonanztomographie ist inzwischen anhand größerer Serien von Patienten mit klinisch eindeutiger MS gut dokumentiert worden. Typisch sind Läsionen im periventrikulären Bereich, vorwiegend nahe der Cella media, die konfluieren können und sich dann als diffuse periventrikuläre Dichteanhebungen darstellen. Die weiter lateral gelegenen Herde sind im Mittel kleiner und nur noch im Marklager erkennbar. Herde in der Kortexregion, die sich bei autoptischen Untersuchungen in großer Zahl finden lassen, werden in der Regel nicht erkannt. Infratentoriell lassen sich in der Hirnstammregion sowie in den Kleinhirnhemisphären ebenfalls MS-Läsionen nachweisen. Nach einer Zusammenstellung von Kesselring (1989) sind kranial positive Befunde bei 98 % der Patienten mit klinisch eindeutiger MS nachzuweisen. Auch er fand die Herde am häufigsten in der Nachbarschaft zur Cella media, etwas weniger häufig davon abgesetzt im Marklager. Als Spätfolge der multiplen Sklerose entwickelt sich neben einer wenig charakteristischen Hirnatrophie eine Balkenatrophie.

Angesichts der hohen Sensitivität der Kernspintomographie für Läsionen der weißen Substanz stimmt es nachdenklich, daß es dennoch einen geringen Prozentsatz von "MR-negativen" Patienten gibt. Bei Durchsicht entsprechender Arbeiten fällt auf, daß in der Regel eine spinale Diagnostik nicht durchgeführt wurde. Dies ist angesichts des hohen zeitlichen Aufwandes ohne wegweisende klinische Symptomatik in der Routinediagnostik auch nicht zumutbar, sollte aber bei wissenschaftlichen Fragestellungen berücksichtigt werden.

Wir fanden bei einem Patienten mit einer inkompletten hoch-zervikalen Querschnittsläsion im kranialen Kernspintomogramm keine Läsionen mit pathologischen Signalanhebungen im T2-Bild. Bei der zervikalen Untersuchung stellte sich hingegen im T1-Bild eine Verbreiterung des Myelons auf Höhe HWK 1 dar, die bereits im sagittalen T2-Bild eine pathologische Signalintensität bot, die im Axialschnitt noch deutlicher hervortrat.

Die Kernspintomographie ist das erste technische Untersuchungsverfahren, das eine deutlich höhere Sensitivität aufweist als die klinische Untersuchung. Ein Großteil der multiplen nachweisbaren Läsionen liegt in klinisch stummen Regionen. Dies wird verständlich, wenn man sich die anatomischen Gegebenheiten vergegenwärtigt. Unsere klinische Untersuchung beschränkt sich auf die Prüfung einiger weniger neurofunktioneller Systeme. Untersucht werden in der Regel das okulomotorische, das visuelle, das pyramidale, das somatosensible und das auditive System. Klinisch relevante Symptome sind nur von Läsionen zu erwarten, die einen nennenswerten Prozentsatz von Fasern eines Systems betreffen. Dies ist in der Capsula interna oder im Hirnstamm leicht möglich, weniger wahrscheinlich jedoch subkortikal. Das häufige Auftreten visueller Symptome bei der MS, die nicht immer auf eine Optikusneuritis zu beziehen sind, könnte sich aus der engen Nachbarschaft der Sehstrahlung zu den Seitenventrikeln erklären lassen, da hier ja auch die bevorzugten Läsionsorte liegen.

Neben der hohen Sensitivität der MRT liegt ein weiterer Vorteil dieses Verfahrens in der Möglichkeit, die Dynamik des entzündlichen Prozesses einzuschätzen. Die Prozeßaktivität läßt sich durch Kontrolluntersuchungen im Abstand von Wochen bis Monaten nachweisen, wenn sich dann eindeutige neue Läsionen darstellen. Dies ist insbesondere dann von Bedeutung, wenn die neuen Herde in klinisch stummen Regionen liegen und den klinischen Befund somit nicht verschlechtern. Der Nachweis neuer Läsionen im MRT bei unverändertem klinischen Befund wurde erstmals von Kappos u. Mitarb. (1988) in einer kontrollierten Therapiestudie als wesentliches Auswertekriterium genutzt.

Hinweise auf eine Dissemination in Ort und Zeit lassen sich aber auch aus einer einmaligen Untersuchung ohne und mit Gadolonium ableiten. Frischere Herde reichern aufgrund der lokalen Schrankenstörung Gadolinium an, während ältere Herde kein Kontrastmittel speichern. Als Beispiel sei exemplarisch ein singulärer MS-Herd dargestellt, der in der Akutphase eine deutliche, aber nicht ganz scharfe Anhebung des T2-Signals sowie eine ausgeprägte Verstärkung des T1-Signals durch Gadolinium aufweist. Drei Monate später ist die Läsion im T2-Bild kleiner, aber schärfer begrenzt, im Gadolinium-T1-Bild läßt sie sich nur noch als flaue Signalminderung nachweisen. Eine Kontrastmittelaufnahme findet nicht mehr statt. Die Beobachtungen an diesem einzelnen Herd decken sich mit den in der Literatur berichteten Erfahrungen. Die Größe der T2-Herde kann im Verlauf der Erkrankung wieder abnehmen. In seltenen Fällen wurde auch berichtet, daß Herde verschwunden wären. Allerdings waren dies Untersuchungen ohne überlappende Schichtführung, so daß es vorstellbar erscheint, daß durch den Partialvolumeneffekt ein kleiner gewordener Herd bei der Kontrolluntersuchung dem Nachweis entging. Die Bedeutung der Kontrastmittelanreicherung ist nicht abschließend geklärt. Das Auftreten neuer Herde bei Nachuntersuchungen korrespondiert mit dem Vorhandensein von kontrastmittelspeichernden Läsionen. Ob dies aber in der Tat ein verläßliches Kriterium für die Diagnose aktive MS ist, ist noch nicht sicher entschieden. Wir plädieren für eine eher zurückhaltende Anwendung der Gadoliniumgabe, da hierdurch der Kernspintomographie der Vorteil der Non-Invasivität genommen wird, die Kosten erheblich erhöht werden und zusätzliche Untersuchungszeit benötigt wird.

Wichtig für die Vergleichbarkeit von verschiedenen Untersuchungen bei einem Patienten ist die möglichst exakte Konstanthaltung der variablen Untersuchungsparameter sowie eine überlappende Schichtführung. Eine scheinbare Intensitätszunahme von Läsionen kann durch eine Verringerung der Schichtdicke oder durch eine Veränderung der Fenstereinstellung vorgetäuscht werden.

Trotz der hohen Sensitivität ist auch die Kernspintomographie kein Untersuchungsverfahren, das MS-spezifische Veränderungen darzustellen vermag. "Befunde wie bei MS", wie es im Radiologenjargon häufig heißt, werden oft auch bei vaskulären Enzephalopathien erhoben. Diese Differentialdiagnose ist bei Patienten jenseits des 50. Lebensjahres von größerer Bedeutung; bei jüngeren Patienten ist sie dann zu bedenken, wenn weitere Hinweise für eine Gefäßerkrankung vorliegen. Des weiteren können MS-ähnliche Bilder durch eine Vielzahl von Erkrankungen hervorgerufen werden. Von Bedeutung sind bei Erwachsenen postinfektiöse Demyelinisierungen, Läsionen durch Immunvaskulitiden, Sarkoidose und die progressive multifokale Leukenzephalopathie nach intrathekaler zytostatischer Therapie. Die MS bleibt also eine klinische Diagnose, die weiterhin durch Liquoruntersuchungen und neurophysiologische Befunde bestätigt werden muß. Allerdings hat sich nach unserer Einschätzung die Gewichtigkeit der Zusatzuntersuchungen verschoben. Die große Bedeutung, die die evozierten Potentiale für den Nachweis klinisch stummer Läsionen hatten, muß angesichts der bildlichen Darstellbarkeit zumindest für kraniale Lokalisationen relativiert werden. Die evozierten Potentiale dienen bei uns jetzt eher der Beurteilung von Funktionsmöglichkeiten neurofunktioneller Systeme. Im spinalen Bereich bieten sie zudem wertvolle Hinweise zur Höhenbestimmung, die dann zur gezielteren Bilddiagnostik verwendet werden können. Wenn man die Bedeutung der verschiedenen Zusatzuntersuchungen gegeneinander abwägt, darf nicht vergessen werden, daß eine Kernspintomographie bei etwa 5 bis 10 % von Patienten in einem unselektierten Kollektiv nicht durchführbar ist. Hierbei handelt es sich um Patienten mit Herzschrittmacher, Metallimplantationen oder Klaustrophobie. In diesen Fällen muß auf die Bilddiagnostik verzichtet werden.

Vorwiegend von ambulant tätigen Kollegen wird zur Zeit diskutiert, ob bei "typischer" Klinik und "typischem" MRT-Befund auf eine Liquoruntersuchung verzichtet werden kann. Wir halten die Liquoruntersuchung weiterhin für erforderlich, da eine spezifische MS-Morphologie nicht existiert und zumindest die erste Diagnose mit mehreren Verfahren abgesichert werden sollte.

Die Kernspintomographie hat unser Bild der MS im wortwörtlichsten Sinne verändert. Läsionen, die noch vor 20 Jahren nur für den Pathologen sichtbar waren, sind heute für den Kliniker zu einem vertrauten Bild geworden. Angesichts des hohen technischen und ökonomischen Einsatzes sei zum Abschluß die Frage erlaubt, bei welchen Patienten eine MRT sinnvoll ist. Sie ist sicher sinnvoll bei einem erstmaligen MS-Verdacht, wenn die Diagnose erhärtet werden soll. Sie ist ferner sinnvoll als Verlaufskontrolle zur weiteren Bestätigung der Diagnose und zur Beurteilung der Prozeßaktivität bei Patienten mit klinisch möglicher und wahrscheinlicher multipler Sklerose. Bei klinisch eindeutiger MS halten wir eine Kernspintomographie nur dann für erforderlich, wenn untypische Symptome auftreten. Bei chronischen MS-Erkrankungen, die häufig einen mehrere Jahrzehnte andauernden

Verlauf haben, muß man grundsätzlich mit fortschreitendem Lebensalter auch an das Auftreten von Zweiterkrankungen denken. Wir haben in den vergangenen Jahren mehrere solcher Fälle erlebt, bei denen z. B. eine schwere zervikale Myelopathie oder ein spinales Meningeom zu einer scheinbaren Verschlechterung einer langjährig stabilen Multiple-Sklerose-Symptomatik führte. In diesen Fällen dient also die MRT in erster Linie dem Nachweis von Zweiterkrankungen.

In kontrollierten Studien hat die MRT eine Indikation zur Beurteilung der Prozeßaktivität unter einer immunsuppressiven Therapie. Hierauf wurde bereits hingewiesen. Nicht sinnvoll sind kasuistische Untersuchungen mit dieser Fragestellung außerhalb von kontrollierten Studien, da sich hieraus im Einzelfall kaum Konsequenzen ableiten lassen. Angesichts der stürmischen Entwicklung der MR-Technik in den letzten Jahren sind weitere Verbesserungen in der Zukunft zu erwarten. Insbesondere die spinale Diagnostik dürfte sich hinsichtlich der Auflösung weiter verbessern. Zur Zeit lassen sich kleinere Läsionen nur in axialer Schichtung nachweisen, während sie in den Sagittalebenen häufig nicht zu erkennen sind. Aus klinischer Sicht dürfte sich der Stellenwert der Kernspintomographie unter Einbeziehung der spinalen Untersuchungen weiter erhöhen, wenn die frühe Diagnosesicherung an Bedeutung gewinnt, weil eine effektivere Frühtherapie zur Verfügung steht als dies bisher der Fall ist.

Literatur

1. Aschoff JC, Lindner U, Kornhuber HH (1984) Entmarkungsherde und Hirnatrophie im kranialen Computertomogramm bei multipler Sklerose. Nervenarzt 55:208-213
2. Bradley WG, Bydder G (1990) MR atlas of the brain. Köln, Deutscher Ärzte-Verlag
3. Ebers GC, Paty DW, Sears ES (1984) Imaging in multiple sclerosis. In: Poser C (Hrsg) The diagnosis of multiple sclerosis. Thieme, Stratton New York
4. Kappos LD, Städt D, Ratzka M, Keil W, Schneiderbanger-Grygies S, Heitzer T, Poser S, Nadjmi M (1988) Magnetic resonance imaging in the evaluation of treatment in multiple sclerosis. Neuroradiology 30:299-302
5. Kesselring J, Ormerod IEC, Miller DH et al (1989) Magnetic resonance imaging in multiple sclerosis. Thieme, Stuttgart New York
6. Lukes SA, Norman D (1983) Computertomography in acute disseminated encephalomyelitis. Ann Neurol 13:567-572
7. Lumsden CE (1970) The neuropathology of multiple sclerosis. In: Vinken PJ, Bruyn GW (Hrsg) Handbook of clinical neurology Vol 9, Amsterdam North Holland:217-309
8. Ormerod IEC, Roberts RC, du Boulay EPGH, McDonald WI, Callahan MM, Halliday AM, Johnson G, Kendall BE et al (1984) NMR in multiple sclerosis and cerebral vascular disease. Lancet II:1334-1335
9. Ormerod IEC, Miller DH, McDonald WI et al (1987) The role of NMR imaging in the assessment of multiple sclerosis and isolated neurological lesions: a quantitative study. Brain 110:1579-1616
10. Poser CM, Paty DW, Scheinberg L et al (1983) New diagnostic criteria for multiple sclerosis: guidelines for research protocols. Ann Neurol 13:227-231
11. Reider-Groswasser I, Kott E, Bennmair J, Hubermann M, Machtey Y, Gelernter I (1988) MRI parameters in multiple sclerosis patients. Neuroradiology 30:219-223
12. Sears ES, McCammon A, Bigelow R, Haymann LA (1982) Maximising the harvest in contrast enhancing lesions in multiple sclerosis. Neurology 32:815-820
13. Sutton D, Young JWR (1990) A short textbook of clinical imaging. Springer, London Berlin Heidelberg
14. Young IR, Hall AS, Pallis CA, Legg NJ, Bydder GM, Steiner RE (1981) Nuclear magnetic resonance imaging of the brain in multiple sclerosis. Lancet II:1063-1066
15. Young IR, Randell CP, Kaplan PW, James A, Bydder GM, Steiner RE (1983) Nuclear magnetic resonance (NMR) imaging in white matter disease of the brain using spin-echo-sequences. J Comput Assist Tomogr 7:290-294

Kernspintomographie mit Gadolinium-DTPA bei foudroyantem Verlauf der MS

H. Rüttinger und M. Hermes

Die Kernspintomographie (KST) hat schnell das Stadium überwunden, in dem sie nur dem Nachweis örtlich disseminierter Herde bei Verdacht auf eine MS diente. Sie erlaubt oft besser als andere Verfahren, die Dynamik und die Aktivität des Entzündungsprozesses zu erfassen. Mit Hilfe von Gadolinium-DTPA kann man z. B. über den Nachweis einer gestörten Bluthirnschranke frische, akut-entzündliche Herde von älteren Herden unterscheiden.
Es werden kernspintomographische Befunde von vier jungen Patienten mit foudroyanten Verläufen vorgestellt.

1. Eine 22jährige Patientin entwickelte innerhalb von zwei Tagen eine hochgradige armbetonte Hemiparese, eine überwiegend motorische Aphasie und eine inkomplette Hemianopsie. Die KST zeigte zu Beginn (Abb. 1 a) und deutlicher einen Monat später (Abb. 1 c) ausgedehnte signalintensive Veränderungen in den T2-betonten Sequenzen, die fast das gesamte Marklager der linken Hemisphäre wie ein Ausgußstein einnahmen. Nach Gabe von Gadolinium-DTPA reicherte ein Teil dieses großflächigen Herdes deutlich das Kontrastmittel an (Abb. 1 b und 1 d). Der Liquor (mit eindeutiger autochthoner IgG-Produktion) und der weitere Verlauf (Rückbildung der Gadolinium-Anreicherung und des Ödems unter Kortison; später rezidivierend typische Schübe mit Auftreten neuer Herde) bestätigten, daß es sich um die ungewöhnliche Erstmanifestation einer MS handelte.

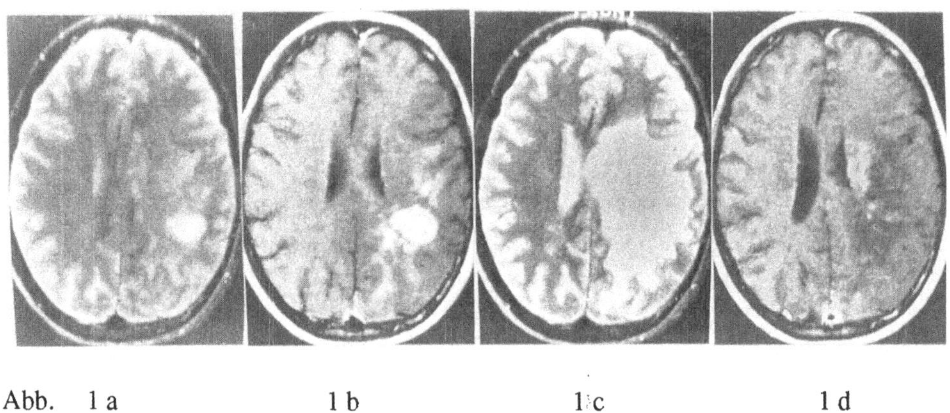

Abb.   1 a   1 b   1 c   1 d

2. Bei einer 28jährigen Patientin ist die Entwicklung neuer Herde (vgl. Abb. 2 a und b) zu verfolgen, die trotz einer systemischen Kortison-Therapie in üblicher Dosis (beginnend mit 100 mg Methylprednisolon) noch deutlich an Größe und Intensität zunahmen (vgl. Abb. 2 b und c) und in den T1-betonten Sequenzen direkt nach Infusion von Gadolinium-DTPA speicherten (Abb. 2 d). Nach einer hochdosierten Kortison-Therapie (beginnend mit 1000 mg Methylprednisolon) zeigte sich einen Monat später eine deutliche Befundbesserung.

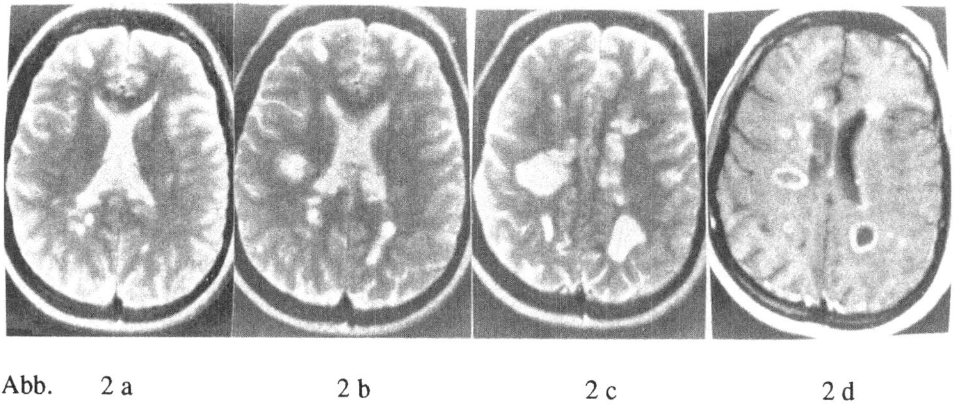

Abb. 2 a 2 b 2 c 2 d

3./4. Zwei männliche Patienten (26 und 27 Jahre) hatten einen rasch schubförmig progredienten Verlauf mit im Vordergrund stehender zerebellärer Ataxie und hirnorganischer Wesensänderung (EDSS nach Kurtzke zur Zeit der Untersuchung 6,5 bzw. 9,5). Bei beiden sind nach Gabe von Gadolinium-DTPA sehr viele aktive Herde zu sehen.

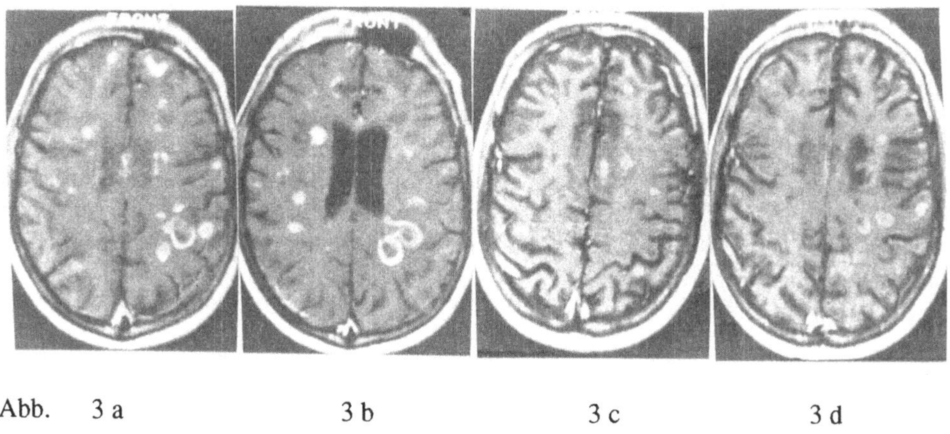

Abb. 3 a 3 b 3 c 3 d

Derart gravierende und rasch progrediente Verläufe bei der MS sind zum Glück die Ausnahme. Aber an den extremen Beispielen kann man die Dynamik und Pathogenese eines Prozesses oft besser studieren als an stabilen Verläufen.

FAEP und MRT-Herdlokalisation bei Encephalomyelitis disseminata

G. Klös und P.-A. Fischer

Die Diagnostik der Encephalomyelitis disseminata (E. d.) umfaßt heute eine Vielzahl von Untersuchungen. Die obligate Liquoruntersuchung weist den entzündlichen Charakter der Erkrankung nach, die bildgebenden Verfahren Computertomographie und vor allem Magnetische Resonanz-Tomographie (MRT) sowie die evozierten Potentiale dienen dem Nachweis der disseminierten Verteilung der Läsion. Da die MRT erstmals die zuverlässige Darstellung von E. d.-Herden im Hirnstamm erlaubt, lag der Vergleich mit den frühen akustisch evozierten Potentialen (FAEP), die Ausdruck der funktionellen Integrität der aufsteigenden Hörbahn im Hirnstamm sind, nahe. Bei 43 Patienten mit aktueller neurologischer Symptomatik wurden MRT und FAEP in geringem zeitlichem Abstand durchgeführt bzw. gemessen. Es handelte sich um 19 Männer und 24 Frauen im Alter zwischen 17 und 53 Jahren, das Durchschnittsalter lag bei 34 Jahren.

Die MRT erfolgte an einem 0,5 Tesla supraleitenden Magneten der Firma Picker. Zur Suche nach Entmarkungsherden wurde eine T2-gewichtete Spin-Echo-Sequenz (TR 2200, TE 120 ms) angewandt. Die Schichtrichtung lag transversal mit einer Schichtdicke von 10 mm. In einigen Fällen wurden im Hirnstammbereich auch 5 mm-Schichten angefertigt. Die Technik des FAEP folgte Chiappa (2) und Stockard (5) und entsprach den Empfehlungen von Hacke (3) zur Methodik. Hingewiesen sei auf die monaurale Stimulation mit getrennter Anwendung von Sog- und Druckreizen. Zur Beurteilung wurden die Interpeak-Latenz (IPL) und Amplitudenkriterien herangezogen.

Bei 19 Patienten mit klinisch eindeutiger E. d. nach der Klassifikation von Bauer (1) wies die MRT in 10 Fällen ausschließlich supratentorielle Herde nach. In 9 Fällen stellten sich infratentorielle Herde dar, meist in Kombination mit zusätzlichen supratentoriellen Herden. Von 19 Patienten mit klinisch wahrscheinlicher E. d. wiesen 6 Patienten nur supratentorielle und 12 Patienten infratentorielle Herde auf. Ein Patient hatte keinen E. d.-Herd. 5 Patienten mit klinisch fraglicher E. d. hatten in 3 Fällen supratentorielle MRT-Herde, bei 2 Patienten war kein Herd nachweisbar.

14 Patienten (67 %) der 21 Patienten mit infratentorieller MRT-Läsion hatten pathologische FAEP. Bei den 19 Patienten mit ausschließlich supratentoriellen Herden waren die FAEP in zehn Fällen (53 %) pathologisch, so daß innerhalb der beiden Gruppen nicht der erwartete große Unterschied in der Häufigkeit pathologischer FAEP-Befunde besteht. Dagegen wird das Ausmaß der FAEP-Veränderungen von der Lokalisation des MRT-Herdes erheblich beeinflußt. Die pathologischen FAEP der Patienten mit ausschließlich supratentorieller Läsion wiesen eine Verlängerung der IPL oder ein pathologisches Amplitudenverhältnis IV/V zu I auf. Der Abbruch der Potentialkette als Ausdruck der schwersten Hörbahnläsion wurde bei insgesamt 6 Patienten beobachtet, die alle der Gruppe mit infratentoriellen MRT-Läsionen angehörten. Diese schweren FAEP-Veränderungen waren in 4 Fällen doppel- und in den restlichen beiden Fällen einseitig. Nur einmal bestand eine Hörminderung.

Einige charakteristische Befundkonstellationen sollen anhand von 4 Patienten dargestellt werden. 1. **W. S.** Bei der Patientin trat im Rahmen eines Schubes eine Hörminderung links auf. Die MRT zeigte einen Solitärherd im Gebiet der Cochleariskerne und des Lemniscus lat. der gleichen Seite. Im FAEP Abbruch der Potentialkette links nach Peak III. Mit Rückbildung des MRT-Herdes Restitution von Peak IV/V, eine Verlängerung der IPL III - V persistierte. 2. **P. T.** Bei komplexer Hirnstammsymptomatik in der MRT Signalsteigerung im unteren Lemniscus lat. links. Im FAEP Abbruch der Potentialkette auf der gleichen Seite nach Peak II. Das 18 Monate vorher abgeleitete FAEP war normal, die 8 Monate später durchgeführte Ableitung zeigte die Restitution von Peak V. In der Folge rascher Wechsel gravierender FAEP-Veränderungen ohne klinisches Korrelat. 3. **A. R.** Bei klinisch rein spinaler Symptomatik war bei MRT-Kontrollen ein Herd im linken Hirnschenkel, der Kontrastmittel (KM) anreicherte, neu aufgetreten. Die FAEP waren regelrecht. 4. **H. M.** 8 Tage nach akutem Beginn einer schweren Hirnstammsymptomatik mit "one-and-a-half" Syndrom und Facialisparese links waren MRT mit KM und FAEP regelrecht. Bei erneutem Auftreten der identischen Symptomatik ein halbes Jahr später MRT-Herd im unteren Vierhügel links. Das FAEP zeigte jetzt den Abbruch der Potentialkette nach Peak III auf beiden Seiten.

Die Ergebnisse lassen den Schluß zu, daß frische MRT-Herde zu deutlichen FAEP-Veränderungen führen, wenn sie im Verlauf der Hörbahn liegen. Infratentorielle MRT-Herde ohne pathologisches FAEP lagen im Kleinhirn, in den Hirnschenkeln, den Kleinhirnsticlen und in der Medulla. Ein Grund für die überraschend hohe Zahl pathologischer FAEP-Befunde bei ausschließlich supratentoriellen MRT-Herden könnte zum einen die meist gewählte Schichtdicke von 10 mm sein, die der Feinheit der Hirnstammstrukturen nicht angemessen ist. Zum andern reichern frische E. d.-Herde infolge des Zusammenbruchs der Bluthirnschranke KM an, 2 Wochen bevor mit der konventionellen MRT Veränderungen nachweisbar sind (4). Die routinemäßige Anwendung von KM bei der Suche nach E. d.-Herden könnte daher zu einer besseren Übereinstimmung der Befunde beider Methoden führen. Wie Fall 4 zeigt, kann offenbar auch eine mit massiver Klinik einhergehende Hirnstammläsion zunächst dem Nachweis durch Kontrast-MRT und FAEP entgehen.

Literatur

1. Bauer H (1980) Multiple Skerose. In: Bock HE, Gerock W, Hartmann F (Hrsg) Klinik der Gegenwart. Urban & Schwarzenberg, München
2. Chiappa KH (1981) Brainstem auditory evoked potentials. In: Stalberg E, Young RR (Hrsg) Clinical Neurophysiology. Butterworth, London
3. Hacke W, Diener HCW, Büttner U (1985) Empfehlung zur Untersuchungsmethodik evozierter Potentiale in der Routinediagnostik. Zschr EEG EMG 16:162-164
4. McDonald WI, Barnes D (1989) Lessons from magnetic resonance imaging in multiple sclerosis. Trends in Neurosciences 12:376-379
5. Stockard JJ, Stockard JE, Sharbrough FW (1980) Brainstem auditory evoked potentials in neurology: Methodology, interpretation, clinical application. In: Aminoff MJ (Hrsg) Electrodiagnosis in clinical neurology. Churchill Livingstone, New York

Hirnstammherde bei multipler Sklerose - ein Methodenvergleich

M.S. Damian, D.A. Winter und M. Kaps

Apparative Methoden haben eine zentrale Rolle in der Diagnostik der multiplen Sklerose erlangt. Evozierte Potentiale und Magnetresonanztomographie (MRI) erfassen in der Suche nach klinisch inapparenten Herden besonders gut supratentorielle Läsionen. Im Hirnstamm begünstigt die funktionelle Anatomie hingegen eine klinische Manifestation schon kleinster Entmarkungsherde.

Ziel dieser Arbeit ist es, kritisch zu bewerten, inwieweit apparative Verfahren, verglichen mit der klinischen Untersuchung, die Diagnostik demyelinisierender Läsionen im Hirnstamm im frühen Krankheitsverlauf verfeinern.

Wir haben Befunde von 93 konsekutiv bei uns untersuchten MS-Patienten ausgewertet. Bei allen wurde ein MRI angefertigt, die frühen akustisch evozierten Potentiale (FAEP) untersucht und im Vergleich mit dem klinischen Befund bewertet. 56 % unseres Gesamtkollektivs bestehen aus Patienten mit "wahrscheinlicher MS" nach den Kriterien der Poser-Commitee. Diese Zusammensetzung ist für unsere Ziele von Vorteil, da die Empfindlichkeit diagnostischer Mittel vor allem in den frühen Stadien der Erkrankung interessiert. Wir haben auschließlich eindeutig dem Hirnstamm zugeordnete Symptome gewertet.

Unter diesen Bedingungen fanden sich bei 59 der 93 Patienten klinische oder apparative Hinweise für eine Hirnstammbeteiligung. Von diesen 59 Fällen wurde der Nachweis zu folgenden Anteilen von der klinischen Untersuchung, den FAEP oder der MRI erbracht:

34 % nur Klinik, 12 % Klinik und MRI, 12 % Klinik und FAEP, 19 % Klinik, MRI und FAEP, 7 % MRI und FAEP, je 8 % MRI oder FAEP. Es fällt auf, daß bei 3/4 der Fälle schon klinisch eine Hirnstammbeteiligung bestand. Bei 1/3 aller Patienten waren klinische Zeichen sogar alleiniger Hinweis auf die Hirnstammläsion, MRI und FAEP fielen negativ aus. Die Symptome dieser Gruppe waren in der Regel relativ diskrete Augenmotilitätsstörungen, inkomplette Hirnnervenstörungen oder in Einzelfällen paroxysmale Hirnstammsymptome.

Patienten mit ausgeprägten Augenmotilitätsstörungen hatten zumeist größere Läsionen, welche auch im MRI darstellbar waren. Im MRI der 9 Patienten mit einer kompletten oder doppelseitigen internukleären Ophthalmoplegie (INO) ließ sich bei 7 eine Läsion im Bereich des Fasc. longitudinalis med. abgrenzen. Dies ist eine der wenigen Situationen, wo apparativer Befund und klinischer Ausfall lokalisatorisch ganz sicher verknüpft werden konnten. Ansonsten war es schwierig, einzelne Ausfälle bestimmten Plaques zuzuordnen, ebenso wie bei pathologischen FAEP.

Die Domäne apparativer Techniken sollte in der Aufdeckung klinisch inapparenter Läsionen liegen. Gerade darin aber zeigten sich MRI, verglichen mit supratentoriellen Scans, und FAEP eher enttäuschend - nur bei 1/4 der Fälle wurden stumme Hirnstammherde nachgewiesen. Dies geschah zu 8 % durch das MRI, zu 8 % durch FAEP und zu 7 % durch beide Verfahren zusammen: Sie stellen Unterschiedliches dar, sind aber gleich empfindlich.

Die Wertigkeit einer diagnostischen Methode zeigt sich im wesentlichen auch daran, wie früh im Verlauf der Erkrankung ein Befund erbracht wird. Verglichen mit der Gesamtgruppe findet sich bei rein klinischem Nachweis der Hirnstammläsion eine Verschiebung hin zur "wahrscheinlichen" MS bei rein klinischem Nachweis der Hirnstammläsion (30 % "sicher", 70 % "wahrscheinlich"). Bei "wahrscheinlicher" MS war der Nachweis der Hirnstammbeteiligung: 44 % klinisch, 25 % MRI und/oder FAEP, 31 % klinisch und apparativ. Somit ist gerade im Frühstadium eine Hirnstammbeteiligung am ehesten klinisch feststellbar.

Zusammenfassend besteht derzeit das effektivste Werkzeug für den Nachweis einer Hirnstammbeteiligung in einer exakten klinischen Unterschung. Selbst kleinste Läsionen können aufgrund des geringen "stummen" Anteils am Hirnstamm rasch klinisch erfaßbar werden. Der rein apparative Nachweis einer Hirnstammbeteiligung bei bereits gesicherter MS kann jedoch in diagnostischer Hinsicht fast als "overkill" gewertet werden.

Multiple Sklerose: Irreversibilität des periventrikulären Befalls der Vorder- und Hinterhörner im MRT-Längsschnitt

K. Baum, C. Nehrig und W. Schörner

Longitudinale magnetische Resonanztomogramme gewinnen für die objektive Verlaufsbeurteilung der multiplen Sklerose zunehmend an Bedeutung (1 - 3). Bislang unbeantwortet ist die Frage, ob sich die einzelnen Befundkonstellationen im MRT hinsichtlich ihrer Reversibilität voneinander unterscheiden und damit - zumindest hypothetisch - eine prognostisch relevante Aussage ermöglichen. Unsere prospektive Verlaufsstudie über einen Zeitraum von 2 - 3 Jahren zielte daher auf die eventuelle Etablierung prognostisch relevanter MRT-Befundkriterien.

Bei 50 Patienten mit gesicherter MS (mittleres Lebensalter: 40,1 Jahre, mittlere Erkrankungsdauer: 7,8 Jahre, mittlerer Kurtzke-EDSS-Score: 4,3, primär chronisch progredienter Verlauf: 11 Patienten, schubförmiger Verlauf: 39 Patienten) erfolgten im zeitlichen Intervall von 2 - 3 Jahren (777 Tage im Mittel) anatomisch korrespondierende, zerebrale MRT-Verlaufskontrollen, jeweils in zwei axialen Spinecho-Sequenzen (0,35/0,5 T Magnetom: SE 1600/35 + 70 ms, lückenlose Multiple-Slice-Doppelechotechnik, Matrix: 256 x 256). Die MRT-Auswertung wurde ohne Kenntnis des klinischen Status im Quer- oder Längsschnitt durchgeführt. Eine Läsion galt als pathologisch bei Nachweis eines Mindestdurchmessers von 3 mm in beiden korrespondierenden SE-Sequenzen. Im Verlaufs-MRT wurde eine Vergrößerung bzw. Verkleinerung der jeweiligen Läsion ab einer Differenz von größer als 2 mm zum Ausgangs-MRT gewertet. Wegen der Konfluenzneigung periventrikulärer Entmarkungsherde wurde eine Differenzierung vorgenommen zwischen umschriebenen (= non-periventrikulären) Läsionen des zerebralen Marklagers einerseits und dem periventrikulären Befall andererseits. Eine Läsion galt als non-periventrikulär, wenn Hirnparenchym normaler Signalintensität zwischen ihr und dem Ventrikelsystem nachweisbar war. Neben der Erfassung der Läsionsänderungen durch zwei unabhängig voneinander auswertende Rater erfolgte die semiquantitative Erfassung des periventrikulären Befalls zusätzlich mit Hilfe eines periventrikulären Scores: Hierbei fand der maximale Querdurchmesser des periventrikulären Befalls im Bereich von insgesamt sechs Prädilektionsorten, jeweils seitendifferent nach unterschiedlichen Größenkategorien ausgewertet, Eingang in einen periventrikulären Score, dessen hypothetisches Maximum 36 betrug.

Isoliert im zerebralen Marklager zeigten 90 % der Patienten Zeichen einer non-periventrikulären Progredienz, wobei sich mindestens eine Läsion als vergrößert oder - häufiger - neu aufgetreten erwies. Die Zahl der non-periventrikulären Läsionen stieg im Mittel von 6,0 auf 9,0. Periventrikulär, also mit Anschluß an das Ventrikelsystem, ließ sich bei 72 % der Patienten eine Progredienz nachweisen, wobei der mittlere periventrikuläre Score einen Anstieg von 12,7 auf 16,2 zeigte.

Non-periventrikulär wiesen 54 % der Patienten Zeichen einer morphologischen Remission auf, hingegen nur 4 % periventrikulär. Bei keinem Patienten zeigten hierbei die kappenförmigen Entmarkungsherde im Bereich der Vorder- und Hinterhörner der Seitenventrikel eine Remission. Ebenso fand sich periventrikulär keine Remission im Bereich der Unterhörner der Seitenventrikel, ebensowenig periventrikulär um den III. und IV. Ventrikel. Lediglich zwei Patienten zeigten periventrikulär in Höhe der Pars centralis jeweils auf einer Seite eine entsprechend den Studienkriterien nachvollziehbare Remission einer Läsion: In den Ausgangs-MRT waren diese beiden, vergleichsweise großen Läsionen von pilzförmiger Gestalt mit stilartiger Verbindung zum Ventrikelsystem vergleichbar den in der Literatur beschriebenen ovoiden Läsionen (4). Die initialen MRT beider Patienten erfolgten während eines ausgeprägten klinischen Schubes mit anschließender, weitgehender Remission. Ein wegen der Läsionsgröße außerhalb des Studiendesigns zusätzlich nach 84 Tagen durchgeführtes MRT zeigte bei einer Patientin an gleicher Stelle eine deutlich kleinere, längliche Läsion. Das wie vorgesehen dann nach 747 Tagen durchgeführte Kontroll-MRT erwies sich im Bereich dieser Läsion als unverändert, so daß es sich bei der beschriebenen Läsion retrospektiv zunächst um ein zirkumskriptes Hirnödem gehandelt haben muß mit konsekutivem, relativ schnell abgeschlossenem Vernarbungsvorgang.

Die periventrikuläre Progredienz war in erster Linie nachweisbar im Bereich der Vorder- und Hinterhörner der Seitenventrikel. Wiederholte MRT-Querschnittanalysen (5, 6) haben auf die Prädilektion des Befalls der Vorder- und Hinterhörner hingewiesen. Der fehlende Nachweis einer periventrikulären Remission in diesem Bereich erklärt partiell diese Prädilektion. Letztlich kommt dem longitudinalen Befund einer fehlenden periventrikulären Remission eine prognostisch relevante Wertigkeit zu in dem Sinne, daß bei Vorliegen kappenförmiger Entmarkungsherde periventrikulär im Bereich der Vorder- und Hinterhörner die Wahrscheinlichkeit einer spontanen oder vielleicht auch therapeutisch beeinflußten Remission in diesem Bereich eher klein ist. Daraus ergibt sich möglicherweise ein limitierender Faktor für therapeutische Erwartungen (7): Diese Schlußfolgerung wird in unserer Verlaufsstudie auch insofern gestützt, als zum Zeitpunkt des Ausgangs-MRT immerhin 22 der 50 Patienten einen Schub (mit anschließender, zumindest partieller klinischer Remission) aufwiesen, der spontan oder auch im Einzelfall antiödematös durch Kortikosteroide beeinflußt wurde.

Zusammenfassend kommt dem fehlenden Nachweis periventrikulärer Remissionen im Bereich der Vorder- und Hinterhörner der Seitenventrikel in einer MRT-Verlaufsstudie über 2 - 3 Jahre letztlich eine prognostisch relevante Wertigkeit zu. Daraus ergibt sich möglicherweise ein limitierender Faktor für therapeutische Erwartungen. MRT-Verlaufsstudien erlauben im Einzelfall Rückschlüsse auf histopathologische Reaktionsstadien einzelner Entmarkungsherde.

Das Literaturverzeichnis ist bei den Verfassern erhältlich.

Zur Bedeutung zerebraler Manifestationen für die Beeinträchtigung bei MS

U. Steller und F. Koschorek

Ein für den Einsatz der Magnetresonanztomographie (MRT) in der Diagnostik der MS entscheidender Aspekt ist die hinreichend gute Darstellung des betroffenen Hirn- und Rückenmarkparenchyms und der somit gegebenen Möglichkeit der topographischen Zuordnung und quantitativen Erfassung pathologischer Signalveränderungen. Wenn bislang Korrelationsuntersuchungen hinsichtlich MRT- und klinisch-neurologischer Befunde eher enttäuscht haben, wurde in den letzten Jahren bei MS-Patienten verschiedentlich über signifikante Korrelationen zwischen Signalveränderungen und neuropsychologischen (1 - 4, 6) und psychiatrischen (5) Befunden berichtet. In vielen Untersuchungen erfolgte die Auswertung des MRT-Gesamtbildes lediglich durch Zuordnung zu einem relativ groben Score. Einige Autoren und auch wir in einer Voruntersuchung (6) ermittelten bzw. vermuteten jedoch signifikante Korrelationen zwischen neuropsychologischen Defiziten, insbesondere Gedächtnisstörungen und rechts- (2) bzw. linkshemisphärischen (3), bilateralen medio-temporalen (1), links-parietalen (3) und rechts temporo-okzipitalen Läsionen (6). Inwiefern sich derartige Aussagen aufrechterhalten lassen, versuchten wir unter Zuhilfenahme eines individuell angepaßten Auswerteschemas zur topographischen MRT-Analyse in einer prospektiven Untersuchung an 39 MS-Patienten zu klären. Darüber hinaus interessierte uns die Frage, inwieweit zerebrale Läsionen einzeln oder in ihrer Gesamtheit für körperliche Alltagsbeeinträchtigungen verantwortlich sind.

28 Frauen und 11 Männer im Alter von 18 bis 55 Jahren (Median 35) mit einer nach der Poser-Klassifikation klinisch (n = 21) oder laborgestützt (n = 18) definitiven MS, einer Krankheitsdauer von 0 - 278 Monaten (Median 2 Jahre, 3 Monate), einem Behinderungsgrad von 2,8 +/- 1,8 nach Kurtzke (EDSS) wurden durchschnittlich 12 Tage nach Anfertigung der MRT klinisch-neurologisch und neuropsychologisch untersucht. Dabei wurden neben einem strukturierten Interview folgende Tests durchgeführt: Benton Form C, Benton Wahlform, Kimura Recurring Figures (n = 18) (visuell-konstruktive Gedächtnistests, Wiedererkennen), Token-Test (n = 28) (Aphasie-Screening), Mehrfachwahl-Wortschatz-Test nach Lehrl MWT-B und Raven Test SPM Teil C ("kristalline" und "fluide" Intelligenz). Die Auswertung erfolgte entsprechend der für den Benton C- und Token-Test publizierten Normen, die anderen wurden als pathologisch bewertet, wenn das individuelle Ergebnis unterhalb der 25. Perzentile des Gesamtergebnisses lag. Die Alltagsbeeinträchtigung wurde anhand einer vorgegebenen Skala (Acticities of Daily Living: ADL) bewertet, welche die Bereiche Gehen, Ankleiden, Körperpflege, Nahrungsaufnahme und Sprache umfaßt.

Zur MRT-Auswertung wurden sämtliche Hardcopies der in SE-Technik angefertigten transversalen T2-gewichteten Schichten (1,5 T, Matrix 252^2, 5 mm Schichtdicke, TR 3010, TE 100) herangezogen. Mit Hilfe eines speziell erstellten Gitters, welches jeden MR-Schnitt in 12 "Quadranten" unterteilt, erreichten wir eine reproduzierbare lagegenaue Übereinanderprojektion benachbarter Schnitte zur Vermeidung einer Mehrfachzählung größerer Herde. Jede im Parenchym gelegene Signalhyperintensität (im folgenden "Herd") wurde u. a.

entsprechend folgender Kriterien charakterisiert und in eine Datenbank eingegeben: Identifikationsnummer, sicher/unsicher (für Herd), Schicht-Nr., Größe, Lokalisations-Code, periventrikulär (ja/nein), konfluierend (ja/nein). Die gezählten 977 sicheren tel- und dienzephalen Herde verteilen sich zu 64 % auf frontale, 10 % auf temporale, 16 % auf parietale, 8 % auf okzipitale und 2 % auf dienzephale Areale. 62 zusätzliche Herde lagen mesenzephal, pontin, zerebellär (35) bzw. in der Medulla oblongata. Die links- und rechtshemisphärische Verteilung war 495 : 482. Zu 77 % waren die Herde kleiner als 10 mm im Durchmesser, eine Konfluenz war bei 63 % der Herde nicht zu sehen, peri- und nicht periventrikuläre Lokalisationen kamen fast gleich häufig vor (483 : 494).

Bei der bisherigen Auswertung unseres Datenmaterials ließen sich unter Verwendung mehrerer Verfahren (Spearmann- Rangkorr.-Koeff., U-Test n. Mann-Whitney, H-Test n. Kruskal-Wallis) keine signifikanten Beziehungen zwischen Manifestationen in umschriebenen Hirnarealen und neuropsychologischen Testergebnissen nachweisen. Hervorhebenswert scheint auch, daß die Krankheitsdauer nicht global mit dem Gesamtbefall (Herdzahl/ -größe) korrelierte. Gefundene signifikante Korrelationen zwischen Krankheitsdauer und der Summe kleiner rechts-hemisphärischer, aller rechts-temporalen und aller rechts-nicht-periventrikulären Herde sind schwer zu interpretieren und möglicherweise rein zufällig. Ein ähnlich uneinheitliches Korrelationsmuster ergab sich auch hinsichtlich des ADL- Gesamtscores. ADL-Gehen korrellierte am stärksten mit der Summe großer rechts- und linkshemisphärischer Herde (rs = 0,419 bzw. 0,534; p<0,01).

Entgegen unserer Erwartungen waren die von anderen Autoren und die von uns früher gefundenen signifikanten Korrelationen zwischen zerebralen MR-Veränderungen einerseits und neuropsychologischen Testbefunden andererseits nicht nachzuvollziehen. Gründe könnten einerseits die unterschiedlichen methodischen Ansätze, andererseits aber auch unterschiedliche morphologische Substrate der im MR-Bild nachweisbaren Signalveränderungen sein. Ein Fazit unserer bisherigen Auswertung ist, daß Korrelationen von zerebralen MR-Signalveränderungen mit Beeinträchtigungen (unter Einschluß neuropsychologischer Defizite) bei MS allenfalls gering sind und Aussagen hinsichtlich einer hirnlokalen Zuordnung nur zurückhaltend, wenn überhaupt, gemacht werden können.

Literatur

1. Brainin M, Goldberg G, Ahlers C, Reisner I, Neuhold A, Deecke L (1989) Structural brain correlates of anterograde memory deficits in multiple sclerosis. J Neurology 235:362-365
2. Haas J, Meciossek E, Stark E (1987) Gedächtnisstörungen bei der Multiplen Sklerose. Psycho 13:395
3. Mann U, Staedt D, Kappos L, Wense AVD, Haubitz I (1989) Correlation of MRI findings and neuropsychological results in patients with multiple sclerosis. Psychiatry Research 29:293-294
4. Medaer R, Nelissen E, Appel B, Swerts M, Geutjens J, Callaert H (1987) Magnetic resonance imaging and cognitive functioning in multiple sclerosis. J Neurology 235:86-89
5. Reischies FM, Baum K, Bräu H, Hedde JP, Schwindt G (1988) Cerebral magnetic resonance imaging findings in multiple sclerosis. Arch Neurol 45:1114-1116
6. Steller U, Koschorek F (1989) Neuropsychologisches Defizit bei MS-Patienten in Beziehung zu magnetresonanztomographischen Befunden. Verh Dtsch Ges Neurol 5:595-597

Kognitiv-mnestische Diagnostik bei MS-Patienten

M. Haupts, P. Calabrese, H. Markowitsch und W. Gehlen

Gedächtnisstörungen sind auch in frühen und mittleren Stadien der multiplen Sklerose in den letzten Jahren wiederholt beschrieben worden, wobei visuell-räumliche Leistungen und Gedächtnis eher als verbale Fähigkeiten gestört waren (2, 5).

Wir untersuchten 30 stationär behandelte MS-Patienten, 19 Frauen, 11 Männer, 26 davon in abklingender akuter Symptomatik, im Alter von 21 - 61 Jahren (Mittel 35 Jahre). 5 Patienten zeigten Erstmanifestationen, 16 schubförmige Verläufe, 9 chronisch-progrediente Formen. Testpsychologisch wurden die verkürzte Form des Hamburg-Wechsler-Tests WIP (1), der Alltagsgedächtnistest RBMT mit insgesamt 10 Subtests (Orientierung, Namen, Versteck, Abmachung, Taschenrechnervorgang, Bilder, Text, Gesichter, Weg, z. T. mit wiederholter Prüfung nach Verzögerung) (3) sowie der Corsi-Cube-Test (4) eingesetzt. Nonparametrische Statistik wurde mit dem Mann-Whitney-U-Test, parametrische mit t-Test berechnet.

Die nach MS-Verlaufstypen geordneten Gesamttestresultate zeigten statistisch signifikante Unterschiede zwischen schubförmigen und chronischen Verlaufsformen (p = 0,02; Median 125 resp. 87 Punkte) (Abb. 1). Gleiches gilt für die Resultate des Corsi-Tests (p = 0,04). WIP-IQ-Werte zeigten den gleichen Trend ohne Signifikanzniveau (Median 102 resp. 91; p = 0,07). Lokalisatorische Korrelationen zwischen Testleistungsdefiziten und im NMR-Tomogramm sichtbaren Läsionen fanden sich nicht, insbesondere ließen sich Störungen visuell-räumlich strukturierter Testaufgaben nicht parieto-okzipitalen Läsionen zuordnen. Dagegen korrelierten die in 4stufiger Skala (0 = 0 Läsionen, 1 und 2 = Einzelherde in zunehmender Quantität, 3 = massive Konfluenzen und Atrophie) semiquantitativ erfaßten Läsionsausdehnungen mit den Summenwerten von RBMT und Corsi-Test: bei Vergleich von Patienten mit NMR-Einzelherden mit denen mit ausgedehnten, konfluenten Läsionen korrelierten die entsprechenden Testleistungen jeweils signifikant (p = 0,02) (Abb. 2).

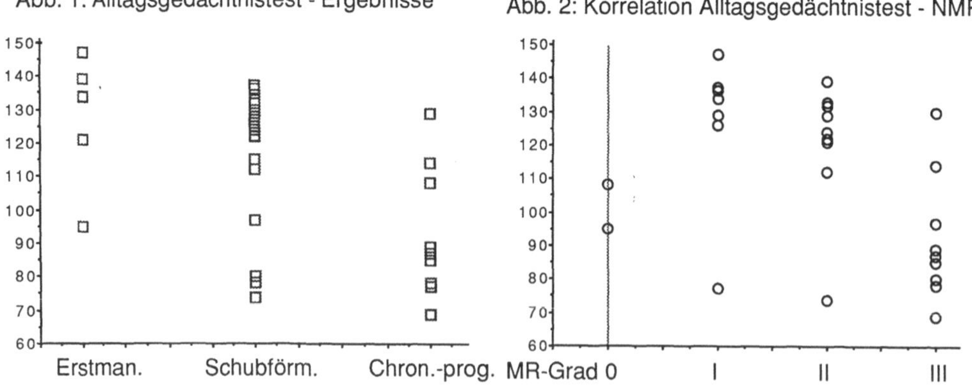

Abb. 1: Alltagsgedächtnistest - Ergebnisse

Abb. 2: Korrelation Alltagsgedächtnistest - NMR

Auf der Ebene der Subtests war die Verteilung von Testleistungen im Verbal- und Handlungsteil des WIP auffällig: kritische Differenzen (auf 5 %-Niveau) zugunsten des Verbalteils (AW, GF) fanden sich bei 13 Patienten, nur in 3 Fällen fielen die Handlungsaufgaben (BE, MT) besser aus. Im RBMT-Testprofil zeigten sich im Vergleich zu 12 alters- und geschlechtsparallelisierten Kontrollpersonen im t-Test signifikante Subtestdifferenzen für Namen, Versteck und Taschenrechneraufgabe nach Verzögerung. Die Subtests für Bilder und Gesichter differierten innerhalb der Patientenpopulation signifikant.

Zwischen Verlaufsdauer der Erkrankung oder Behinderungsgrad nach Kurtzke-EDSS und Testresultaten waren statistisch keine Zusammenhänge zu sichern.
In Übereinstimmung mit der Literatur fanden wir beträchtliche kognitive und mnestische Defizite, jedoch keine globale "Demenz". Für klinisch bedeutsam halten wir, daß weder Verlaufsdauer noch EDSS eine Vorhersage von entsprechenden Testleistungen gestatten - die im Falle des RBMT alltagsnahen Aufgaben entsprechen. Ebenso können die oft gut erhaltenen Verballeistungen den Untersucher von bestehenden Defiziten ablenken. Eine wichtige Beobachtung scheint uns, daß Patienten trotz manifester Störungen in Teilbereichen je nach Aufgabenstellung durch Nutzung assoziativer Verknüpfungen Defizite erfolgreich kompensieren können - vgl. Subtest "Weg" auf dem Stadtplan des Alltagsgedächtnistests, der auch nach verzögerter Prüfung leichter gelöst wurde als Aufgaben wie Taschenrechnerbedienung oder Gesichterwiedererkennen. Hier sollte ein therapeutisch-rehabilitativer Ansatz möglich sein.

Literatur

1. Dahl G (1986) WIP. Handbuch. 2. Aufl. Hain-Verlag, Königstein
2. Grant I, McDonald W, Trimble M, Smith E, Reed R (1984) Deficient learning and memory in early and middle phases of multiple sclerosis. J Neurol Neurosurg Psychiatry 47:250-255
3. Hempel U, Markowitsch H, Hoffman E, Kessler J (1991) Alltagsgedächtnis. Beltz Test-Verlag, Weinheim
4. Milner B (1971) Interhemispheric differences in the localization of psychological processes in man. Brit Med Bull 27:272-275
5. Rao S, Hammeke T, McQuillen M (1984) Memory disturbance in chronic progressive multiple sclerosis. Arch Neurol 41:625-631

Änderung von magnetresonanztomographischen Läsionen, abhängig von der Krankheitsdauer der multiplen Sklerose

D.A. Winter, M.S. Damian und M. Kaps

Die Magnetresonanztomographie (MRT) hat sich als apparative Methode zur Diagnosesicherung der multiplen Sklerose (MS) durchgesetzt. Die Ergebnisse von Serienableitungen zeigten eine wesentlich höhere Krankheitsaktivität im Vergleich zu der klinisch vermuteten (magnetresonanztomographische Schubrate: je nach Autor bis zu 4,9 "Schüben"/Jahr [2, 6]), so daß die MRT der Klinik bezüglich der Aussage über eine Progredienz der Erkrankung überlegen zu sein scheint. Mit dem Ziel, Therapiestudien vergleichen zu können, versuchten wir, einen vermuteten statistischen Zusammenhang zwischen Erkrankungsdauer und Anzahl der Herde herzustellen. Ferner ermittelten wir Basisdaten für unser Patientenkollektiv bezüglich der Lokalisation und Größe der MRT Läsionen in Abhängigkeit von der Erkrankungsdauer und unterschiedlichen Stadien der Erkrankung.

Methode

93 Patienten mit wahrscheinlicher oder sicherer MS (Klassifikation des Poser-Kommitees [4]) wurden im Zeitraum 1983 - 1988 magnetresonanztomographisch untersucht.

Die Läsionen wurden nach Anzahl, Größe (periventrikuläre Randsäume, 5 - 10 mm, 10 - 20 mm und konfluierende Herde) und Lokalisation (Marklager: "centrum semiovale" + "deep white matter"; *Periventrikulär*: Seitenventrikel, Vorder-, Hinter-, Temporalhorn, Corpus callosum; *Infratentoriell*: Hirnstamm, Kleinhirn) ausgezählt.

Ergebnisse

Patienten mit sicherer MS (nach Poser) weisen nahezu doppelt soviele Herde auf wie Patienten mit wahrscheinlicher MS (s. Tab. 1).

Tabelle 1:	Mittlere Herdzahl	Gesamtherdzahl	Dauer der MS
Sichere MS (n=41)	18,0	736	6 Jahre
Wahrscheinliche MS (n=52)	7,5	400	2 Jahre
	12,2	1136	

Im Gesamtkollektiv (n = 93) besteht eine signifikante Zunahme der Anzahl der Herde mit der Erkrankungsdauer (rs = 0.286, p < 0.05). Aufgrund der Normalverteilung der Daten bei Patienten mit wahrscheinlicher MS läßt sich eine Regressionsgerade berechnen mit r = 0.52, p < 0.05.

Diese Korrelation setzt sich zusammen aus der *signifikanten* Beziehung bei Patienten mit wahrscheinlicher MS (rs = 0.335, p < 0.05) mit einer durchschnittlichen Erkrankungsdauer von zwei Jahren und der *nicht signifikanten* Beziehung der Fälle mit gesicherter MS (rs = 0.162) mit einer durchschnittlich 6jährigen Anamnese.

Die mangelhafte Korrelation bei Patienten mit sicherer MS erklärt sich durch die Problematik der Herdauszählung. In späteren Stadien der MS wird eine Differenzierung von Einzelherden aufgrund des Auftretens konfluierender Bezirke erschwert.

Supratentoriell ändert sich die Häufigkeit der einzelnen Lokalisationen in Abhängigkeit der Diagnosesicherheit nicht. Ca. 80 % der Patienten weisen Läsionen im tiefen Marklager und periventrikulär auf. Demgegenüber läßt sich bei Patienten mit sicherer MS nahezu doppelt so häufig (73 %) eine *infratentorielle* Beteiligung (Hirnstamm oder Kleinhirn) im Vergleich zu Patienten mit wahrscheinlicher MS (38 %), feststellen (Chi^2 = 10.30, p<0.01). Bei 49 % der Patienten mit sicherer MS konnte mindestens ein Hirnstammherd nachgewiesen werden, im Gegensatz zu 21 % der Patienten mit wahrscheinlicher MS (Chi^2= 6.37, p <0.05).

Das *Verteilungsmuster* der 1136 ausgezählten Herde bleibt bei sicherer und wahrscheinlicher MS unverändert. Ca. 50 % der Herde liegen periventrikulär, 34 % im tiefen Marklager und 17 % infratentoriell .

Infratentorielle Herde stellen 17 % aller Herde dar; davon liegen 44 % im Hirnstamm, 40% im Kleinhirn und 15 % periventrikulär um den 4. Ventrikel.

Diskussion und Zusammenfassung

Eine statistische Aussage über die Progredienz der MS, basierend auf der Zunahme der Herdzahl, bleibt problematisch. Wir fanden eine deutliche Zunahme der Anzahl der Herde in frühen Stadien der Erkrankung, im weiteren Verlauf ließ sich dieser Zusammenhang nicht mehr nachweisen. Der positive Zusammenhang zwischen Erkrankungsdauer und Herdzahl in *frühen* Stadien der MS war in unserem Kollektiv wahrscheinlich deswegen evident, weil ein hoher Anteil an Erstmanifestationen und kurzen Erkrankungsverläufen im Vergleich zur Literatur (3, 5) vorlag. In fortgeschrittenen MS-Stadien bereitet die Quantifizierung der MRT-Läsionen Schwierigkeiten, so daß die genaue Beurteilung einer Progredienz oder eines Therapieeffektes problematisch erscheint; zudem kommen mit der Zeit die sehr verschiedenen Verlaufsformen der MS zum Tragen.

Das Verteilungsmuster der supratentoriellen Herde ändert sich im Verlauf der MS nicht; auffällig zeigte sich eine gehäufte infratentorielle Beteiligung bei Patienten mit sicherer MS. Eine infratentorielle Beteiligung ist bei Patienten mit MS demnach als genauso typisch zu werten wie die periventrikuläre (1).

Das Literaturverzeichnis ist bei den Verfassern erhältlich.

Der diagnostische Stellenwert des VEP bei der MS

K. Lowitzsch

Der *N. opticus* und das *Chiasma* sind bei der MS in hohem Maße beteiligt, worauf bereits vor 100 Jahren Parinaud (1884) und Uhthoff (1890) hinwiesen. Führendes Symptom ist die meist plötzlich auftretende Sehstörung, die natürlich auch andere Ursachen wie etwa eine akute Chorioretinitis, kompressive Läsionen von Opticus und Chiasma oder auch ischämische Ausfälle wie bei der Arteriitis cranialis oder der vorderen ischämischen Opticusneuropathie haben kann.

Klinisch ist der Opticus beim ersten Schub in über 1/3 der Fälle mitbeteiligt, wie Wikström u. Mitarb. in ihrer ausführlichen Studie an 1271 MS-Patienten zeigen konnten (21). Im Verlauf der Erkrankung steigt diese Rate dann auf über 85 % an.

Pathologisch-anatomisch ist die vordere Sehbahn schließlich in nahezu 100 % affiziert (12).

Das *Kontrast-VEP*, durch Schachbrettmuster ausgelöst, gilt seit den Untersuchungen von Halliday (3) als Methode der Wahl zum Nachweis der *Opticusneuritis* in allen Stadien. Auch nach klinischer Erholung von Visus und Gesichtsfeldausfällen bleibt das VEP pathologisch verändert als Marker der abgelaufenen Demyelinisation (5, 6, 9). In sechs Literaturkollektiven mit insgesamt 304 Augen nach Opticusneuritis (ON) war das VEP in 92,5 % verzögert (10).

Bei *MS-Patienten mit und ohne ON* (11 Kollektive mit insgesamt 1558 Patienten) fand sich eine pathologische VEP-Rate von 87 % mit und immerhin 46 % ohne ON (10).

Bedeutung des VEP für Diagnose und Verlauf

Diagnose und Klassifikation hängen entscheidend vom Nachweis des Entmarkungsprozesses nach Ort und Zeit ab. Das VEP als Funktionstest supraspinaler markhaltiger ZNS-Abschnitte, die funktionell klar vom Hirnstamm abzugrenzen sind, kann oft den Nachweis der "zweiten Läsion" erbringen. Diese Objektivierung einer Läsion ermöglicht die *Reklassifikation* in etwa 30 % der Fälle mit suspekter MS (7).

Verlaufsuntersuchungen, auch unter Therapie, Untersuchungen des *Partnerauges* sowie *differentialdiagnostische* Probleme (Tab. 1) und die Abklärung von *Fehldiagnosen* (Tab. 2) werden durch den Einsatz des VEP erleichtert. Immerhin liegt die Rate von Fehldiagnosen auch in MS-Kliniken z. T. bei 10 % (4, 20).

Tabelle 1. Wichtige DD zur MS	Tabelle 2. MS-Diagnose: Fehldiagnose?

- Heredoataxien
- Neuro-Spirochätosen
   - Neuro-Lues
   - Neuro-Borreliose
- Toxoplasmose
- Speicherkrankheiten
- AIDS (?)
	- Fehlen von ophthalmologischen Befunden
	- Fehlen von Remissionen
	- Eng umschriebene Lokalisation (hintere Schädelgrube,
	  kraniozervikaler Übergang, RM)
	- Atypische Symptomkonstellation (Fehlen von Sensibilitäts-/
	  Blasenstörung)
	- Fehlen von Liquorveränderungen
	
	nach Rudick et al (1986) Arch Neurol 43:578-583

VEP und multimodale Studien

In den letzten Jahren wurden zunehmend multimodale Studien an MS-Kollektiven durchgeführt, wobei verschiedene EP-Modalitäten, der Liquorbefund sowie der MRI-Befund in ihrer jeweiligen Sensitivität berechnet wurden (Tab. 3). Dabei ist auf die unterschiedlichen Klassifikationen zu achten.

Tabelle 3. Multimodale EPs (MEP: VEP, AEP, SEP, SEPM., SEPT.), Liquorbefunde (CSF/oligokl. Banden), Magnetresonanz-Bilder (MRI) bei MS-Patienten verschiedener Diagnose-Kategorien (s = sicher: w = wahrsch.; f = fraglich) (*nach McAlpine 1972, **CM Poser 1983). Sensitivität in %. (Lit. bei Lowitzsch 1990)

Autoren	n	Klassifik.	CSF/ oligok.Bd.	VEP	AEP	SEP/M./T.	MEP	MRI
Kirshner et al 1985	36	s + w*	53	72	50	77	92	97
Aminoff et al 1987	36	s, w, f*	?	36	22	44/47	58	78
Guérit, Monje 1988	65	s**	89	78	54	85	97	95
Gilmore et al 1989	38	s**	~75	68	47	61/71	-	79
Comi et al 1989	60	s, w, f**	58	70	43	48/61	90	83
Baumhefner et al 1990	62	s**	100	85	46	89	-	97
total	297		75	68	44	72	~84	88

Je höher die Kategorie, desto höher ist auch die Rate pathologischer Liquorbefunde. VEP und SEP zeigen ähnliche Prozentsätze von durchschnittlich 68 bzw. 72 %, während die AEP-Rate in allen Studien deutlich niedriger lag. Die Gesamt-EP-Rate kam jedoch mit 84 % nahe an die MRI-Rate von 88 % heran.

Werden verschiedene klinische Subkategorien betrachtet, so liegt die VEP-Rate zwar in der Gesamtgruppe von 200 suspekten MS-Fällen mit 46 % relativ niedrig, in der ON- und Myelopathiegruppe jedoch mit 87 bzw. 54 % deutlich höher: die MRI-Befunde erreichen jedoch auch deutliche Prozentwerte von 49 bis 66 %. Dabei wurden hier strenge Maßstäbe angelegt: mindestens 4 Herde, jeweils über 3 mm im Durchmesser, oder 3 Herde, davon 1 periventrikulär.

In ca. 5 % der Patienten jedoch finden sich entweder normale EP-Werte, normale Liquorbefunde oder ein normales MRI; die Diagnose muß unsicher bleiben. Anzustreben ist immer eine Kombination der verschiedenen Methoden, die hinsichtlich der Funktion und Morphologie unterschiedliche Aussagen enthalten.

VEP und MRI des Opticus

Durch eine spezielle Technik gelang es, Entmarkungen in verschiedenen Abschnitten des Opticus und des Chiasma bei 37 ON-Patienten darzustellen (15). Dabei hatten 37 von 44 ON-Nerven (84 %) einen pathologischen Befund, während das VEP in allen Fällen pathologisch war. Auch bei den asymptomatischen Optici war das VEP mit 27 % dem MRI überlegen (20 %).

Die Läsionen fanden sich überwiegend im orbitalen und intrakanalikulären Abschnitt. Das liegt an der erschwerten Darstellung des intrakraniellen Abschnittes.

Damit bleibt das VEP bevorzugte Methode zum Nachweis von Leitungsstörungen im N. opticus.

VEP und besondere MS-Formen

Besondere Verlaufs- und Manifestationsformen der MS wie rein monosymptomatische ON, rein spinale Manifestationen, MS "nach Alter 50", MS "Plus", d. h. in Kombination mit anderen Krankheiten wie Gefäßprozessen oder Tumoren sowie die "subklinische" MS werfen immer wieder diagnostische und therapeutische Probleme auf.

Monosymptomatische ON

Das Risiko, nach einer unkomplizierten Opticusneuritis eine MS zu entwickeln, wird sehr unterschiedlich eingeschätzt und liegt zwischen wenigen Prozent und 75 % (14, 19). Rizzo und Lessell (1988) haben 60 Patienten über 15 Jahre lang beobachtet und fanden, daß 74 % der Frauen und 34 % der Männer eine MS entwickelten.

Die Autoren erwarteten nach 20jähriger individueller Beobachtungszeit dann Raten von 91,3 % für Frauen bzw. 45 % für Männer.

Die Prognose hängt also vom Erkrankungsalter und der Beobachtungsdauer ab. Die hohe Rate von MRI-Befunden des ZNS (61 - 66 %; 17, 18) läßt den Verdacht zu, daß die "isolierte ON" meist die Erstmanifestation einer MS ist.

Besonders hilfreich ist das VEP bei der Diagnostik und Verlaufsbeobachtung von chronischen Myelopathien ungeklärter Genese. In den Untersuchungsserien von Paty (18) und von Filippi et al. (1) war das VEP als Hinweis auf eine supraspinale Läsion immerhin in über 50 % der Fälle pathologisch (Tab. 4).

Bemerkenswert ist die Rate von 60 % pathologischer MRI-Befunde, welche indirekt den durch das VEP geäußerten MS-Verdacht bestätigt.

Tabelle 4. Multimodale Studien (CSF, EP, MRI) bei isolierter ON und chronischer ungeklärter Myelopathie. Im übrigen s. Tab. 3

Autoren	Jahr	n (Pat.)	Oligokl. Bd. +	VEP	AEP	SEP	MRI
Ormerod et al	1986	35 (ON)	—	100	30	(3)	61
Paty et al	1988	38 (ON)	61	87	—	34	66
total		73	~61	93,5	—	~32	63,5
Paty et al (chron.progr.Myelop.)	1988	52	62	54	—	75	60
Filippi et al (Myelop.ungeklärt)	1990	42	48	50	28	76	59
total		94	55	52	28	75	60

MS nach Alter 50

Die MS nach 50 hat eine Häufigkeit zwischen 4,5 % und knapp 10 % (14, 16), wird aber wahrscheinlich öfter falsch diagnostiziert. Dabei liegt der eigentliche "subklinische" Beginn meist viel früher; Erstsymptome werden fehlgedeutet oder nicht bemerkt. Die Erstdiagnose wird daher auch nur in ca. 1/3 richtig gestellt, die Rate fraglicher Fälle liegt mit 1/3 deutlich höher (16).

Klinisch stehen im Beginn motorische Störungen mit chronischer Progredienz im Vordergrund.

Die Rate asymptomatischer pathologischer EP ist daher viel höher als bei jüngeren Patienten. So läßt sich durch Einsatz des VEP und der Liquordiagnostik in der suspekten Gruppe eine Reklassifikation in einem höheren Prozentsatz als bei jüngeren Patienten erzielen (87 gegenüber 64 %) (16).

"MS Plus"

Bei Hinzutreten oder gleichzeitigem Auftreten anderer Krankheiten, insbesondere von hypertensiven oder entzündlichen Gefäßprozessen, wird die Diagnosestellung schwierig, da die hohe Trefferquote des MRI bei Anwendung strenger Kriterien nur relevant ist bei einem Alter unter 50. Hier rückt dann das VEP als funktionsdiagnostische Methode wieder ganz auf einen vorderen Stellenwert und ist zusammen mit dem MRI deutlich überlegen.

"Subklinische" MS

Mit der Differenzierung paraklinischer Methoden und deren multimodaler Anwendung nimmt die Wahrscheinlichkeit zu, *subklinische MS-Herde* darzustellen, die dann der klinischen Manifestation vorausgehen oder im weiteren Verlauf ohne klinische Symptome bleiben. Zu diesen Methoden gehören z. Zt. die EP, die IgG-Bestimmungsmethoden im Liquor und die Magnetresonanztomographie. So häufen sich die Fälle, bei denen teils per Zufall, teils als Screening bei irgendwelchen Beschwerden pathologische, nach Ansicht der befundenden Radiologien "MS-typische" MRI-Befunde erhoben werden.

Auch wurden durch systematische Liquor- und MRI-Studien bei klinisch völlig gesunden monozygoten Zwillingen und bei Familienangehörigen von MS-Patienten höhere Raten "subklinischer" MS gefunden (13). Auch autoptisch sind derartige unerwartete "MS-Affektionen" bekannt (2).

Hierdurch ergeben sich neue Aspekte und neue Probleme:

"Subklinische" MS:
Wie häufig?
In welchem Alter?
Verlauf? Dauer?
Familiäre Häufung?
Prognose? Aufklärung?
Konsequenzen? Therapie?

Das VEP hat auch hier als beliebig oft wiederholbare, unschädliche und preiswerte Untersuchungsmethode seinen hohen Stellenwert in der MS-Diagnostik.

Literatur

1. Filippi M, Martinelli V, Locatelli et al (1990) Acute- and insidious-onset myelopathy of undetermined aetiologie: contribution of paraclinical tests to the diagnosis of multiple sclerosis. Neurology 237:171-176
2. Lynch SG, Rose JW, Smoker W et al (1990) MRI in familial multiple sclerosis. Neurology 40:900-903
3. Halliday AM, McDonald WI, Mushin J (1972) Delayed visual evoked responses in optic neuritis. Lancet I:972-985
4. Herndom RM, Brooks B (1985) Misdiagnosis of multiple sclerosis. Semin Neurol 5:94-98
5. Lowitzsch K, Kuhnt U, Sakmann Ch et al (1976) Visual pattern evoked responses and blink reflexes in assessment of MS diagnosis. J Neurol 213:17-32
6. Lowitzsch K (1982) Visuell evozierte Potentiale bei der Multiplen Sklerose. Akt Neurol 9:170-174
7. Lowitzsch K, Maurer K (1982) Pattern reversal visual evoked potentials in reclassification of 472 MS patients. Clin Appl of Evoked Pot in Neurology:487-491
8. Lowitzsch K, Welkoborsky HJ (1983) "Normalisierung" des VEP bei multipler Sklerose? EEG-EMG 15:93-95
9. Lowitzsch K (1985) Pathophysiologie des VEP bei der multiplen Sklerose. Akt Neurol 12:62-64
10. Lowitzsch K, Welkoborsky HJ (1987) Musterumkehr-VEP und Computerperimetrie am Partnerauge bei Opticusneuritis. EEG-EMG 18:179-184
11. Lowitzsch K (1990) Evozierte Potentiale in der klinischen Diagnostik, 2. Auflage. Thieme, Stuttgart
12. Lumsden CE (1970) The neuropathology of multiple sclerosis. In: Vinken PJ, Bruyn GW (Hrsg) Handbook of clinical neurology, Vol 9. North Holland, Amsterdam:217-309
13. Lynch SG, Rose JW, Smoker W, Petajan JH (1990) MRI in familial multiple sclerosis. Neurology 40:900-903
14. Matthews WB, Acheson ED, Batchelor JR, Weller RO (1985) Mc Alpine's Multiple Sclerosis. Churchill Livingstone, Edingburgh
15. Miller DH, Newton MR, van der Poel JC et al (1988) Magnetic resonance imaging of the optic nerve in optic neuritis. Neurology 38:175-179
16. Noseworthy J, Paty D, Wonnacott T et al (1983) Multiple sclerosis after age 50. Neurology 33:1537-1544
17. Ormerod I, McDonald W, Du Boulay G et al (1986) Disseminated lesions of presentation in patients with optic neuritis. J Neurol Neurosurg Psychiatr 49:124-127
18. Paty DW, Oger JJF, Kastrukoff LF et al (1988) MRI in the diagnosis of MS. Neurology 38:180-185
19. Rizzo JF, Lessell S (1988) Risk of developing multiple sclerosis after uncomplicated optic neuritis. Neurology 38:185-190
20. Rudick RA, Schiffer RB, Schwetz KM et al (1986) Multiple sclerosis. Arch Neurol 43:578-583
21. Wikström J, Poser S, Ritter G (1980) Optic neuritis as an initial symptom in multiple sclerosis. Acta Neurologica Scandinavia 61:178-185

Der diagnostische Stellenwert der SEP bei der multiplen Sklerose (MS)

M. Stöhr und B. Riffel

Einleitung

Untersuchungen der somato-sensibel evozierten Potentiale (SEP) sind im Rahmen der MS-Diagnostik aus mehreren Gründen von entscheidender Bedeutung.

1. Sie ermöglichen eine Objektivierung von Parästhesien und Sensibilitätsstörungen, darüber hinaus aber auch in vielen Fällen den Nachweis klinisch stummer Herde innerhalb des lemniskalen Systems der Somatosensorik.

2. Die mittels SEP-Untersuchungen nachweisbare Kombination von Leitungsblock und Impulsleitungsverzögerung belegt den demyelinisierenden Charakter der Erkrankung.

3. Mehrkanal-Ableitungen erlauben eine Lokalisation des Krankheitsprozesses, was besonders bei Herden im Rückenmark und Hirnstamm von Bedeutung ist.

4. Bei einem Teil der MS-Patienten kann allein durch SEP-Untersuchungen der Nachweis der Multifokalität der Erkrankung erbracht werden; in den übrigen Fällen gelingt dies meistdurch Mitberücksichtigung klinischer Symptome oder evozierter Potentiale anderer Modalität.

1. Objektiver Nachweis einer Funktionsstörung im somato-sensiblen System

Parästhesien und Sensibilitätsstörungen zählen einerseits zu den häufigsten, andererseits zu den am schwierigsten zu erfassenden Symptomen der multiplen Sklerose. Deshalb ist es oft wünschenswert, entsprechende Angaben des Patienten durch den Einsatz eines apparativen Funktionstests zu objektivieren. Hierzu eignen sich Ableitungen der spinalen und kortikalen somatosensibel evozierten Potentiale nach Gesichts-, Arm- bzw. Beinnervenstimulation. Der jeweils günstigste Stimulationsort richtet sich nach der Lokalisation etwaiger Parästhesien oder Sensibilitätsstörungen. Fehlen diese, so ist eine Untersuchung des Tibialis-SEP wegen dessen hoher Trefferquote vorzuziehen. So fand sich in einer eigenen Untersuchung bei Patienten mit sicherer MS und Hinterstrangsymptomen ausnahmslos eine pathologische Leitungsverzögerung im Tibialis-SEP (2). Aber auch bei Patienten dieser Gruppe ohne klinisch nachweisbare Störung der epikritischen Sensibilität an den Beinen ergaben sich in 73 % pathologische Befunde; dies bedeutet, daß damit zahlreiche klinisch stumme Herde nachweisbar sind. Demgegenüber zeigten nur 61 % der Patienten Veränderungen des Trigeminus-SEP, wobei fast die Hälfte keine Sensibilitätsstörung im Gesicht aufwies (4). Eine Untersuchung des Trigeminus-SEP ist damit - ähnlich wie die der FAEP - in erster Linie dann indiziert, wenn es um den Nachweis eines supraspinalen Herdes geht, während sonst die Tibialis- und in zweiter Linie die Medianus-Stimulation vorzuziehen ist.

Außer der Wahl des geeignetsten Stimulationsortes muß auf eine adäquate Befundauswertung geachtet werden, um alle diagnostisch wichtigen Informationen zu erfassen. So ist die selbst in vielen Studien übliche alleinige Messung der absoluten Latenzen der kortikalen Reizantworten ungenügend, um leichtere Impulsleitungsstörungen zu erfassen. Neben diesem Parameter müssen die Latenzintervalle zwischen den spinalen und kortikalen Komponenten, die Seitendifferenzen der absoluten Latenzen und Latenzintervalle sowie Amplitudenquotienten (kortikale versus spinale Potentiale) ermittelt werden, wobei letztere den Nachweis eines Leitungsblockes gestatten. Bei Auswertung des Tibialis-SEP sind darüber hinaus Körperlängen-korrigierte Normwerte der Latenzen und Latenzintervalle heranzuziehen (Riffel et al. 1984).

2. Nachweis des demyelinisierenden Charakters der Erkrankung

Die MS ist morphologisch durch linsen- bis pflaumengroße in der weißen und grauen Substanz des ZNS verstreute Plaques gekennzeichnet. Dabei sind zumindest in der Frühphase die einen Entzündungsherd durchlaufenden Axone erhalten, während deren Markscheiden einen meist diskontinuierlichen Zerfall aufweisen. Dies hat zur Folge, daß eine den Herd durchlaufende Impulswelle teilweise blockiert, teilweise verzögert wird, wobei die Verzögerung je Plaque bis zu 20 msec. betragen kann (1).

Eine Leitungsblockade ist anzunehmen, wenn spinale und/oder kortikale Reizantworten ausgefallen sind, wobei - z. B. durch Ableitung einer weiter kaudal oder peripher generierten Komponente - sichergestellt sein muß, daß die Reizbedingungen adäquat waren und die Impulswelle das ZNS überhaupt erreicht hat. Partielle Leitungsblockierungen lassen sich aus einer Abnahme von Amplitudenquotienten unter die jeweiligen Normgrenzwerte (4) erschließen. Von größerer Spezifität für die Annahme eines Entmarkungsprozesses sind Impulsleitungsverzögerungen. Weitgehend beweisend hierfür sind einerseits ausgeprägte Latenzverlängerungen (mehr als 5 msec. über dem oberen Normgrenzwert bei Tibialis-Stimulation), andererseits auch geringere Latenzzunahmen bei normaler Form und Amplitude der Reizantworten und fehlenden Sensibilitätsstörungen im Versorgungsgebiet des stimulierten Nerven.

3. Lokalisation des Krankheitsprozesses

Eine Sensibilitätsstörung, z. B. in einer Hand, kann auf einen Prozeß an irgend einer Stelle zwischen sensibler Rinde und peripheren Nervenaufzweigungen zurückgehen. Durch Armnervenstimulation und Ableitung der aszendierenden Impulswelle, z. B. über dem Erb'schen Punkt, C7, C2 und von der Kopfhaut oberhalb des sensiblen Kortex gelingt eine Eingrenzung des Schädigungsortes. So führt z. B. ein Entmarkungsherd im kaudalen Halsmark bereits zu Veränderungen der Komponente N13a (bei C7), während ein höher gelegener zervikaler Prozeß bis hinauf zur kaudalen Medulla oblongata erst die Komponente N13b (C2) in Mitleidenschaft zieht. Rostral der Hinterstrangkerne lokalisierte Plaques bedingen eine Latenzverzögerung, Amplitudenminderung und/oder Deformierung des kortikalen Primärkomplexes (N20/P25) nach Medianus-Stimulation. Damit ermöglicht die SEP-Methode eine annähernde Lokalisierung des die Sensibilitätsminderung hervorrufenden - oder ebenso auch eines klinisch stummen - Herdes.

4. Nachweis der Multifokalität der Erkrankung

Neben dem schubweisen Verlauf stellt die Multifokalität ein entscheidendes diagnostisches Kriterium der MS dar. Gelingt der Nachweis mehrerer zentral-nervöser Herde nicht bereits aufgrund der klinischen Symptomatik, kann dies oft durch SEP-Untersuchungen erreicht werden. Beispiele hierfür sind der Nachweis spinaler Herde mittels Tibialis- oder Medianus-SEP beim Vorliegen einer klinisch eindeutigen Hirnstammsymptomatik (z. B. dissoziierter Nystagmus) oder Retrobulbärneuritis. Manchmal erlauben aber auch die SEP-Befunde allein die Annahme mehrerer Herde, so z. B., wenn hiermit sowohl eine spinale als auch eine supraspinale Leitungsverzögerung festgestellt wird.

Literatur

1. Bostock H, Sears TA (1978) The internodal axon membrane: electrical excitability and continuous conduction in segmental demyelination. J Physiol (Lond) 280:273-301
2. Ebensperger H (1980) Somatosensorisch evozierte kortikale Potentiale nach elektrischer Stimulation des Nervus tibialis. Untersuchungen an Normalpersonen und an Patienten mit Multipler Sklerose. Dissertation, Tübingen
3. Riffel B, Stöhr M, Körner S (1984) Spinal and cortical evoked potentials following stimulation of the posterior tibial nerve in the diagnosis and localization of spinal cord diseases. Electroencephalogr Clin Neurophysiol 58:100-407
4. Stöhr M (1989) Somatosensible Reizantworten von Rückenmark und Gehirn (SEP). In: Stöhr M, Dichgans J, Diener HC, Büttner UW (Hrsg) Evozierte Potentiale (SEP-VEP-AEP-EKP-MEP), 2. Auflage. Springer, Berlin Heidelberg New York London Paris Tokyo Hongkong

Zur diagnostischen Wertigkeit der somatosensibel evozierten Potentiale nach Trigeminusstimulation bei Encephalomyelitis disseminata

H.-J. Braune, R. Körber und G.Huffmann

Der Hirnstamm ist reich an markhaltigen Fasern, so daß er zu den Prädilektionsorten der Entmarkungsherde bei Encephalomyelitis disseminata gehört. Der N. trigeminus ist klinisch in etwa 7 % der Fälle beteiligt, in etwa 2 % als Initialsymptom (3). Es finden sich eine Hypästhesie, Kribbelparästhesien und ein herabgesetzter Cornealreflex. Selten ist eine Hyperästhesie; motorische Störungen werden nie gefunden. Das Geschmacksvermögen kann beeinträchtigt sein. Diese Störungen treten jedoch meistens nur vorübergehend auf, auch in fortgeschrittenen Fällen bestehen keine gravierenden Ausfälle.

Um klinisch stumme Entmarkungsherde aufzufinden, werden unterschiedliche Potentiale bei der klinischen Diagnostik der Encephalomyelitis disseminata abgeleitet (1). Dabei ist die Häufigkeit pathologischer Befunde (Sensitivität) bei den einzelnen Methoden unterschiedlich hoch.

Es sollte die diagnostische Wertigkeit der somatosensibel evozierten Potentiale nach N. trigeminus-Stimulation bei E.D. im Vergleich zu den anderen elektrophysiologischen Methoden untersucht werden.

Bei 72 Patienten mit klinisch gesicherter Encephalomyelitis disseminata (nach den Kriterien von Poser et al.; 4) wurden visuell evozierte Potentiale (VEP), Blinkreflex (BR), frühakustisch evozierte Potentiale (FAEP), Medianus- und Tibialis-SEP abgeleitet. Zusätzlich wurden die somatosensorisch evozierten Potentiale nach N. trigeminus-Stimulation sowohl nach Stimulation an der Unterlippe (3. Ast) als auch einen Zentimeter oberhalb der Nasolabialfalte am Jochbein (2. Ast) gemessen. Als pathologisch werden Peak-Latenz-Verzögerungen größer als 2,5 Standardabweichungen vom Durchschnittswert des Normalkollektivs bzw. Amplitudendifferenzen im Seitenvergleich von mehr als 50 % angesehen.

Dabei fielen die VEP in 76 %, die FAEP in 21 %, der Blinkreflex in 36 %, die Medianus-SEP in 35 %, die Tibialis-SEP in 54 % und die Trigeminus-SEP in 59 % der Fälle ein- oder beidseits pathologisch aus.

Nach den VEP stellten die Trigeminus-SEP somit den sensitivsten neurophysiologischen Parameter bei unserem Kollektiv in der E.D.-Diagnostik dar. Dies mag am ehesten mit dem ausgedehnten Verlauf im Hirnstamm (Nucleus et tractus spinalis n. trigemini, Nucleus sensorius principalis n. trigeminii, Nucleus et tractus mesen-cephalici n. trigemini, Tractus spinothalmicus lateralis und auch Lemniscus medialis zum Nucleus ventralis postero-medialis des Thalamus) und Großhirn zusammenhängen (vom Thalamus ziehen die 3. Neurone der Trigeminusbahn durch den hinteren Schenkel der Capsula interna zum Fuß des Gyrus postcentralis).

Die Diskrepanz zwischen der Häufigkeit pathologischer Befunde bei Trigeminus-SEP und den sehr viel selteneren klinischen Ausfällen weist auf ihre Bedeutung zur Erfassung klinisch stummer Herde hin. Ihnen sollte zur Sicherung der Disseminiertheit des entzündlichen Geschehens in der Diagnostik der Enzephalomyelitis disseminata ein höherer Stellenwert eingeräumt werden.

Literatur

1. Diener HC, Dichgans J (1989) Wertigkeit der somatosensorisch, visuell und akustisch evozierten Potentiale in der Diagnostik der multiplen Sklerose. In: Stöhr M, Dichgans J, Diener HC, Buettner KW (Hrsg) Evozierte Potentiale, 2. Auflage, Springer, Berlin Heidelberg New York:455-464
2. Eisen A, Paty D, Purves S, Hoirch M (1981) Occult fifth nerve dysfunction in multiple sclerosis. Can J Neurol Sci 8:221-225
3. Frick E (1987) Multiple Sklerose. Edition Medizin, Weinheim
4. Poser CM, Paty DW, Scheinberg L, McDonald WI, Davis FA, Ebers GC, Johnson KP, Sibley WA, Silberberg DH, Tourtelotte WW (1983) New diagnostic criteria for multiple sclerosis: Guidelines for research protocols. Ann Neurol 13:227-231

Der diagnostische Stellenwert der Magnetstimulation bei der multiplen Sklerose: Eine vergleichende Studie

Ch. W. Hess und J. Mathis

Seit der Einführung der transkraniellen nicht-invasiven Kortexstimulation durch Merton und Morton (9) ist es möglich, das pyramidale motorische System im Zentralnervensystem elektrophysiologisch zu erfassen. Merton und Morton gelang es erstmals, mittels einzelner elektrischer Hochvoltreize durch den intakten Schädel hindurch den motorischen Kortex zu reizen und damit Muskelzuckungen in den Extremitäten auszulösen. Die Latenzen der von den Muskeln abgegriffenen motorischen Summenpotentiale ließen auf eine Aktivierung des schnellen pyramidalen Systems schließen. Bei Patienten mit multipler Sklerose (MS) ließen sich - analog zu den afferenten evozierten Potentialen - nun auch im zentralen motorischen System ganz erhebliche Leitungsverzögerungen nachweisen (3, 11). Wegen der Schmerzhaftigkeit der am Schädel applizierten Hochvoltreize fand die Methode in der klinischen Neurologie jedoch keine breite Anwendung. Erst mit der Entwicklung eines leistungsstarken Magnetfeldpuls-Generators gelang es, den motorischen Kortex am wachen Menschen absolut schmerzfrei zu reizen (1). Die Untersuchung der motorisch evozierten Potentiale (MEP) erwies sich als ausgesprochen einfach und rasch durchführbar und erfreute sich zunehmender Beliebtheit in der klinischen Elektrophysiologie. Der diagnostische Wert der kortikalen Magnetstimulation wurde auch wieder zuerst bei Patienten mit MS demonstriert (5, 6), wobei das Ausmaß der manchmal gemessenen Leitungsverzögerung überraschte. Letztere erreichte bei einigen MS-Patienten das sechsfache des Normwertes. Im Gegensatz zu den afferent ausgelösten evozierten Potentialen müssen bei den MEP nur die Summenpotentiale *einzelner Reize* gemessen werden, womit eine Mittelwertbildung (Averager) überflüssig wird. Wegen der inhärenten Variabilität der zentralen MEP bezüglich Amplitude und Latenz müssen im Unterschied zu den peripher evozierten motorischen Summenpotentialen allerdings einige Summenpotentiale gesammelt werden. Beim Vergleich mit den klinischen Befunden an der gemessenen Extremität fand sich eine eindeutige Korrelation mit Symptomen der Spastik, viel weniger mit einer Parese im entsprechenden Muskel. Selten wurden auch pathologische Verzögerungen an Extremitäten ohne jeglichen abnormen klinischen Befund beobachtet (6). Im Vergleich mit den vom entsprechenden Arm aus somatosensibel evozierten Potentialen (SEP) zeigten die von den Handmuskeln abgeleiteten MEP eine vergleichbare Sensitivität. Wenn von einem Beinmuskel abgeleitet wurde, fanden sich zwar erwartungsgemäß eher mehr pathologische Befunde bei klinisch eindeutigen Fällen. Die Ausbeute pathologischer MEP bei klinisch stummen Läsionen war jedoch eher kleiner (7). Die anfängliche Hoffnung, daß die gemessene Verzögerung in der motorischen Erregungsleitung für demyelinisierende Erkrankungen spezifisch sei, hat sich keineswegs bewahrheitet. Es zeigte sich nämlich, daß die MEP noch weniger für MS pathognomonische Befunde lieferte als die SEP. So konnten z. B. auch bei der myatrophischen Lateralsklerose (ALS), bei der Friedreich'schen Ataxie und bei der zervikalen Myelopathie infolge Spondylose z. T. beträchtliche Verlängerungen der zentral motorischen Laufzeit gefunden werden (7, 13), wenn auch nicht in dem extremen Ausmaß, wie es bei manchen MS-Patienten der Fall war. Es stellte sich deshalb die Frage, ob durch Einbezug mehrerer Zielmuskeln von den oberen und unteren Extremitäten die Spezifität und Sensitivität der Methode erhöht werden kann. Zu diesem Zwecke wurden anhand von zwei großen Patienten-Kollektiven die MEP-Befunde bei MS mit denjenigen bei der kompressiven zervikalen Myelopathie verglichen.

Methodik

Das Prinzip der Methode besteht darin, daß durch eine auf den Skalp gelegte Reizspule ein Stromstoß geleitet und somit ein kurzer Magnetpuls generiert wird, welcher seinerseits im Gehirn kleine Reizströme induziert (5). Die an den Extremitätenmuskeln evozierten Muskelpotentiale werden mit Oberflächenelektroden abgeleitet und sind in derselben Größenordnung wie die von peripheren Nerven evozierten, wenn der Zielmuskel eine geringe willkürliche Vorinnervation ausführt. Es wurde beiderseits vom abductor digiti minimi (ADM), M. biceps brachii (BB) und vom M. tibialis anterior (TA) abgeleitet. Um ein Maß für die zentrale motorische Laufzeit (ZML) zu bekommen, wurden für die Muskeln an den oberen Extremitäten die motorischen Wurzeln durch eine transkutane elektrische Reizung am Nacken mittels Hochvoltstimulator erregt und die Latenz der dadurch erzielten motorischen Summenpotentiale von jenen, welche durch Kortexreizung evoziert wurden, subtrahiert (Abb. 13 und 14). Für den TA wurden die kortiko-muskulären Gesamtlatenzen der Patienten mit Körpergrößen-korrelierten Werten Gesunder verglichen. Zusätzlich wurden bei einigen Patienten auch noch die lumbosakralen Wurzeln mit dem Hochvoltgerät gereizt, um eine zentrale Laufzeit zum TA zu errechnen. Es wurden einerseits 102 Patienten mit MS untersucht, wovon 67 nach den Kriterien von Poser et al. (12) klinisch oder Labor-unterstützt sichere MS-Fälle waren. Auf der anderen Seite wurden 81 Patienten mit radiologisch nachgewiesener kompressiver zervikaler Myelopathie untersucht, wovon 23 ihre Läsion im mittleren oder unteren zervikalen Niveau (zwischen C5 bis C8) und 48 die Kompression im oberen Zervikalbereich (oberhalb C5) hatten. Folgende Normgrenzen kamen zur Anwendung: ZML = $\leq$ 8,4 ms (ADM), 8,4 ms (BB; Kortikomuskuläre Laufzeit = $\leq$ (Körpergröße) x 0,308 - 20.387 ms (TA); Amplitude (in Prozent der peripheren Reizantwort) < 15 % (ADM), 6 % (BB). Beim TA wurde die Amplitude nicht berücksichtigt.

Resultate

Betrachtet man die verschiedenen Zielmuskeln getrennt, so fand sich bei den MS-Patienten (sichere MS-Fälle in Klammern) ein pathologischer MEP-Befund auf einer oder beiden Seiten in folgender Häufigkeit: ADM = 51 % (58 %), BB = 56 % (60 %), TA = 64 % (64 %). Die analogen Werte für die Patienten mit zervikaler Myelopathie (Myelopathie auf mittlerem/unterem Niveau in Klammern) betrugen: ADM = 47 % (59 %), BB = 31 % (43 %), TA = 52 % (67 %). Normale Werte beiderseitig an allen drei Muskeln fanden sich bei der MS in 25 % (18 %) und bei der Myelopathie in 23 % (0 %) der Fälle. Würde man sich auf die beiderseitige Ableitung von nur einem Zielmuskel beschränken, so würde der TA für beide Krankheiten die größte Ausbeute an pathologischen Befunden liefern. Von den Zielmuskeln an den oberen Extremitäten war die Ableitung vom ADM bei der Myelopathie leicht ergiebiger, während der BB bei der MS leicht im Vorteil lag. Vergleicht man die unterschiedlichen Kombinationen, so wächst erwartungsgemäß die Ausbeute mit Einbezug mehrerer Muskeln (Abb. 1 und 2), wobei allerdings der Zuwachs an pathologischen Befunden bei den Myelopathie-Patienten (Abb. 2) viel eindrücklicher ist als bei der MS (Abb. 1). In Abbildung 3 sind speziell die unterschiedlichen "Ausfallsmuster" an den oberen Extremitäten verglichen, wobei die Myelopathie-Patienten je nach Höhenlokalisation in zwei Gruppen aufgeteilt wurden. Daraus ist ersichtlich, daß pathologische MEP zu beiden Muskeln der oberen Extremität (auf einer oder beiden Seiten) bei der MS weitaus häufiger zu finden waren als bei der Myelopathie. Bei der Myelopathie auf mittlerem und unterem zervikalem Niveau fanden sich am ADM deutlich häufiger pathologische MEP als am BB, weshalb dort das Ausfallsmuster "ADM pathologisch/BB normal" besonders oft zu finden war, während es bei der MS eher selten vorkam.

Diskussion

Zahlreiche Untersuchungen der letzten Jahre haben gezeigt, daß die Untersuchung der MEP mittels magnetischer Kortexstimulation bei der MS eine relativ empfindliche Methode darstellt, um Läsionen im pyramidalen motorischen System zu objektivieren und zu quantifizieren (2, 5, 7, 8, 10, 14, 15). Es stellte sich die Frage, ob methodische Verbesserungen die Sensitivität und Spezifität der Technik zu erhöhen vermögen. Die vorliegende Untersuchung mittels MEP-Ableitung vom ADM, BB und TA zeigt, daß die Ausbeute an pathologischen Befunden und damit die Sensitivität der Methode sowohl bei der MS wie auch bei der zervikalen Myelopathie tatsächlich erhöht werden kann, wenn mehrere Zielmuskeln in die Untersuchung miteinbezogen werden. Der Zuwachs an pathologischen Befunden ist allerdings bei der MS vergleichsweise geringer ausgefallen als bei der Myelopathie, indem z. B. die Ableitung von allen drei Zielmuskeln bei der MS kaum sensitiver ist als die Ableitung lediglich vom ADM und TA (Abb. 1). Vergleicht man die Ausbeute der MEP von jedem Zielmuskel einzeln, so ergibt sich generell eine höhere Sensitivität mit zunehmend kaudalerem Zielmuskel. Dies konnte aufgrund der längeren Verlaufsstrecke der entsprechenden intramedullären kortikospinalen Axone erwartet werden. Die Gesetzmäßigkeit trifft für die zervikale Myelopathie in strenger Form eindrücklicher zu als für die MS, wo die MEP vom BB etwa gleich häufig pathologisch waren wie vom ADM.

Indem wir ein Krankenkollektiv mit definierter mechanischer zervikaler Beeinträchtigung zum Vergleich beigezogen haben, wollten wir untersuchen, ob auch die *Spezifität* der MEP durch Ableitung von mehreren Zielmuskeln erhöht werden kann. Gerade die Abgrenzung einer mußmaßlichen chronisch-progredienten Verlaufsform einer spinalen MS von der relativ häufigen zervikalen Myelopathie ist manchmal schwierig, da die Wertigkeit radiologischer Befunde bei der häufigen zervikalen Spondylose oft schwer einzuschätzen ist. Die zervikale Myelopathie ist häufig auf mittlerem und unterem Niveau lokalisiert, so daß die pyramidalen Bahnen, welche die Mononeurone des BB versorgen, nicht behelligt sein sollten. Der Vergleich ergab, daß tatsächlich das erwartete MEP Ausfallsmuster "pathologischer ADM und normaler BB" bei der mittleren zervikalen Myelopathie am häufigsten anzutreffen war, während bei der MS weitaus am häufigsten die MEP beider Muskeln pathologisch ausfielen (Abb. 3). Bemerkenswerterweise waren allerdings bei der Myelopathie im mittleren Bereich in über 25 % der Fälle die MEP vom BB ebenfalls pathologisch, während bei der hoch-zervikalen Myelopathie in 20 % der Fälle die MEP der BB normal und die des ADM pathologisch waren. Selbst das "inverse" Ausfallsmuster mit pathologischen

MEP vom BB und normalen MEP vom ADM kam in einem beträchtlichen Prozentsatz von 12 - 20 % der Myelopathien vor. Schließlich fand sich das "Myelopathie-Muster" mit normalen MEP vom BB und pathologischen MEP vom ADM in über einem Drittel der MS-Fälle (Abb. 3). Die erwarteten, für die untersuchten Läsionen typischen Ausfallsmuster wurden somit zwar in signifikanter Häufigkeit gefunden, aber nicht mit einer Präzision, wie sie in der klinischen Diagnostik erwünscht wäre.

Zusammenfassend kann man sagen, daß Sensitivität und Spezifität der Methode durch Einbezug mehrerer Zielmuskeln erhöht werden können, ohne daß die Untersuchung ungebührlich kompliziert wird. Die Spezifität erreicht aber mit den untersuchten Zielmuskeln ADM, BB und TA im hier durchgeführten Vergleich von MS und zervikaler Myelopathie nicht einen Grad, welcher im Einzelfall die diagnostische Treffsicherheit entscheidend erhöht hätte. Obwohl es denkbar ist, daß die Spezifität wie auch die Sensitivität durch Einbezug von noch mehr abgeleiteten Zielmuskeln noch weiter gesteigert werden kann, so bleibt doch zu befürchten, daß die dadurch erhöhte diagnostische Treffsicherheit dann durch eine unverhältnismäßige Komplizierung des Untersuchungsganges erkauft werden müßte. Der zukünftige Wert der Methode wird deshalb weniger in der Differentialdiagnose zwischen zentralnervösen Krankheiten mit motorischen Symptomen liegen, sondern vielmehr im Aufdecken von klinisch stummen Läsionen im pyramidalen System. Als rasche ambulante und kostengünstige Screening-Methode wird die Methode gerade bei Patienten mit wenig objektivierbaren Ausfällen, bei welchen der Verdacht auf eine frische MS besteht, wertvolle Dienste leisten können.

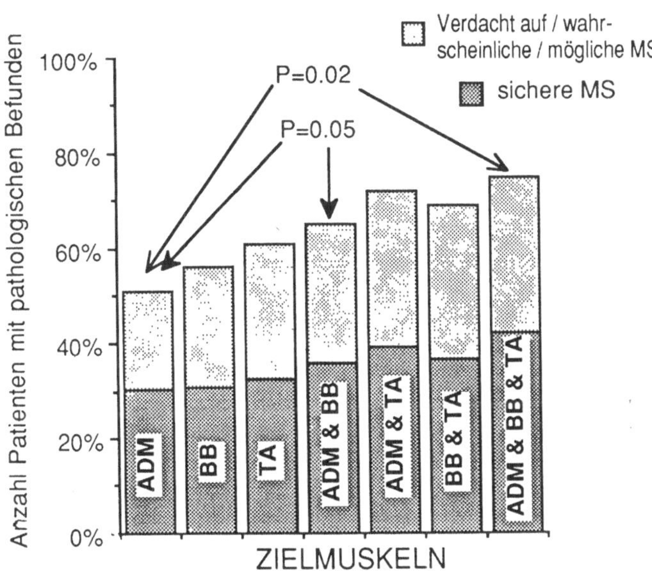

Abb. 1. Von 102 MS-Patienten ist der Anteil mit pathologischen MEP-Befunden auf einer oder beiden Seiten in Abhängigkeit von den berücksichtigten Zielmuskeln dargestellt. Der statistische Vergleich wurde mit dem X^2-Test durchgeführt (P-Wert für signifikante Unterschiede eingetragen).

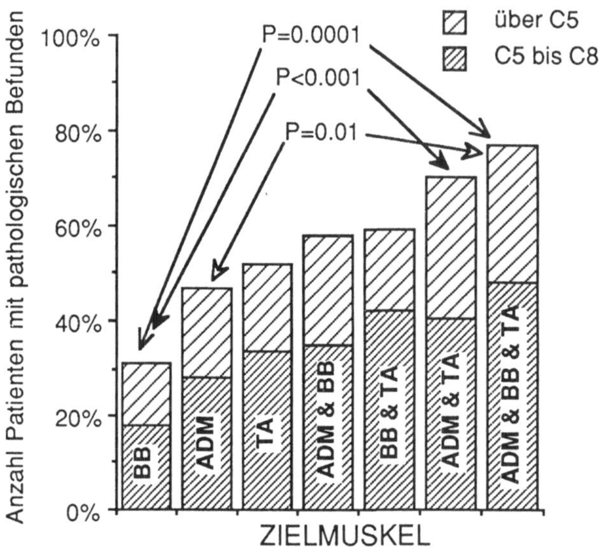

Abb. 2. Analoge Darstellung wie in Abb. 1 für 81 Patienten mit zervikaler kompressiver Myelopathie.

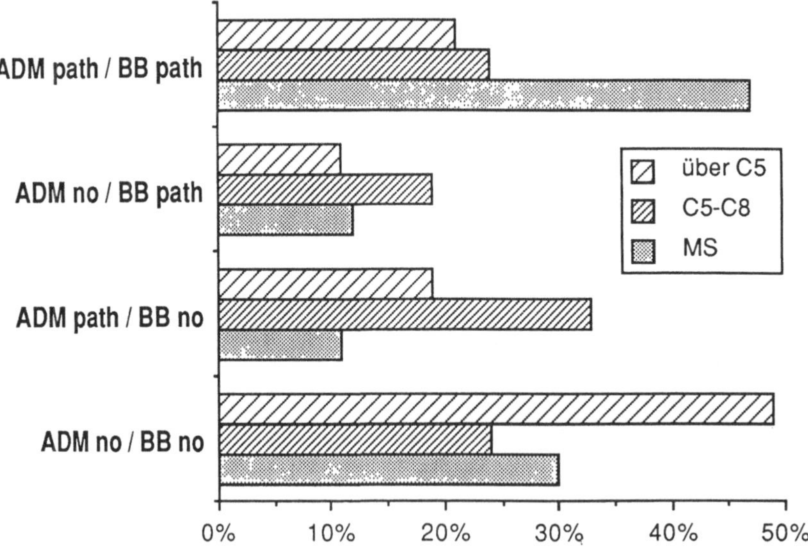

Abb. 3. Anteil Patienten in Prozenten mit den vier möglichen "Ausfallsmustern" der MEP an den oberen Extremitäten (Beinmuskeln hier nicht berücksichtigt). Vergleich zwischen MS und zervikaler Myelopathie (Niveau oberhalb C5 einerseits und zwischen C5 und C8 andererseits dargestellt). Pathologische MEP sowohl vom ADM wie auch vom BB (auf einer oder beiden Seiten) fand sich weitaus am häufigsten bei der MS, während pathologische MEP vom ADM mit normalen MEP vom BB am häufigsten bei der zervikalen Myelopathie auf mittlerem oder unterem Niveau (C5 - C8) anzutreffen waren.

Das Literaturverzeichnis ist bei den Verfassern erhältlich.

Motorisch evozierte Potentiale in der Diagnostik der Encephalomyelitis disseminata

M. Tegenthoff, A. Jaspert, S. Kotterba und J.-P. Malin

In der klinischen Routinediagnostik der Encephalomyelitis disseminata (E. d.) nehmen die afferent evozierten Potentiale heute einen festen Platz ein. Seit der Einführung der transkortikalen Stimulationstechniken wurde von mehreren Untersuchern auch über einen Einsatz dieser neuartigen Methodik bei E.d.-Patienten berichtet. Innerhalb unseres klinisch diagnostischen Routineprogramms leiteten wir motorisch evozierte Potentiale ab, um zu einer Einschätzung hinsichtlich ihrer diagnostischen Wertigkeit zu gelangen.

Wir untersuchten bisher 34 Patienten im Alter zwischen 22 und 73 Jahren mit einer Krankheitsdauer zwischen Erstdiagnose und bis zu 32 Jahren bekannter E. d., bei denen nach den Kriterien von Poser eine "sichere" E. d. bestand. Neben der Erhebung des klinisch-neurologischen Befundes erfolgte die Ableitung von VEP, AEHP sowie Medianus- und Tibialis-SSEP. Weiterhin wurden ein zerebrales NMR sowie eine differenzierte Liquordiagnostik durchgeführt. MEP wurden unter Vorinnervation mittels Oberflächenelektroden nach transkranieller magneto-elektrischer Stimulation vom M. abd. poll. brev., M. tib. ant. sowie bei 14 von 34 Patienten vom M. mentalis abgeleitet. Weiterhin erfolgte die radikuläre Magnetstimulation über HWK 7 bzw. LWK 1 zur Errechnung der theoretischen zentralen motorischen Leitungszeit (CMCT) und die supramaximale periphere Elektrostimulation zur Registrierung der peripheren M-Antwort.

Insgesamt fanden wir in der beschriebenen Patientengruppe bei 57 % der Ableitungen pathologische MEP-Veränderungen. Dabei dominierte eine z. T. extreme Latenzverlängerung der CMCT in 53 %. In etwa der Hälfte der pathologischen Fälle waren begleitende Veränderungen der Potentialamplitude (23 %) oder der Potentialkonfiguration (25 %) faßbar, die sich isoliert nur in 4 % der Fälle fanden. Die jeweiligen Mittelwerte der CMCT in der untersuchten Patientengruppe lagen mit 11,8 +/- 4,1 msec für die obere und 22,6 +/- 7,5 msec für die untere Extremität statistisch signifikant oberhalb der bekannten Normwerte. Im Einzelfall waren exzessive Verlängerungen der CMCT auf maximal 32,2 msec im Bereich der oberen und 43,3 msec im Bereich der unteren Extremität nachweisbar. Die apparative Zusatzdiagnostik erbrachte in folgender Häufigkeit pathologische Veränderungen: AEHP 47 %, Medianus-SSEP 70 %, VEP 75 %, Tibialis-SSEP 81 %, zerebrales NMR 89 %, Liquordiagnostik 97 %; MEP (M. mentalis) 50 %, MEP (M. abd. poll. brev.) 64 %, MEP (M. tib. ant.) 85 %. Abweichend zu bekannten Literaturwerten findet sich in der untersuchten Patientengruppe eine übergroße Häufigkeit pathologischer Medianus-SSEP sowie eine eher geringe Treffsicherheit der VEP. Die Häufigkeit pathologischer MEP-Befunde bei z. T. inkohärenten E. d.-Patientengruppen wird in der bisherigen Literatur mit 72 - 85 % angegeben, womit unsere Ergebnisse übereinstimmen. Im Gegensatz zu Ingram et al. (3), die pathologische Veränderungen der CMCT im Bereich der oberen und unteren Extremität in etwa gleicher Häufigkeit fanden, dominieren in der vorliegenden Untersuchung eindeutig die pathologischen Veränderungen im Bereich der unteren Extremitäten. Dies erscheint aufgrund des längeren zentral-nervösen Leitungsweges durchaus plausibel, da bekanntermaßen

124

häufig spinale Entmarkungsherde im Rahmen einer E. d. auftreten. Die geringste Häufigkeit pathologischer MEP-Veränderungen fand sich erwartungsgemäß im Hirnnervenbereich. Eine Kombination von MEP und SSEP ließ in 97 %, also bei 33 der untersuchten 34 Patienten, pathologische Veränderungen erkennen und erreicht damit innerhalb des untersuchten Kollektivs hinsichtlich der Sinsitivität die Liquordiagnostik. Alleinige Veränderungen der MEP bei ansonsten völlig normalem Ausfall der übrigen neurophysiologischen Diagnostik waren lediglich in einem Fall vorhanden. In der Literatur wird diese Konstellation z. T. in größerer Häufigkeit beschrieben.

Ein Vergleich der MEP-Befunde zum Vorhandensein bzw. Fehlen klinischer Pyramidenbahnzeichen ließ in 72 % der Fälle eine Übereinstimmung erkennen. In 18 % fanden sich pathologische MEP ohne klinische Pyramidenbahnzeichen im Sinne eines Nachweises subklinischer Veränderungen des Tractus corticospinalis. Demgegenüber war jedoch in 9 % der untersuchten Extremitäten trotz positivem Babinskiphänomen ein normales MEP als falsch negatives Resultat ableitbar. Eine Erweiterung der klinischen Parameter auf zentral motorische Defizite zeigte eine Übereinstimmung zu den MEP-Befunden in 69 %. Es fanden sich jedoch häufiger falsch negative Befunde, d. h., normale MEP bei vorhandenen zentralen Paresen in 18 % der Fälle. Dies entspricht den Mitteilungen verschiedener anderer Untersucher, die gleichfalls die beste Korrelation der MEP-Befunde zu klinisch faßbaren Pyramidenbahnzeichen fanden. In etwa 20 % der Fälle konnte gleichfalls eine subklinische Läsion der Pyramidenbahnen mittels MEP diagnostiziert werden.

Die in der Mehrzahl der pathologischen Befunde beobachteten Latenzverlängerungen sind nach den bisherigen Erfahrungen als unspezifisch und nicht allein typisch für eine Entmarkungskrankheit anzusehen, da auch beim Vorliegen einer ALS, eines Hirninfarktes oder z. B. einer traumatischen Schädigung Verlängerungen der CMCT auftreten können. Lediglich die z. T. exzessiv, d. h., auf das 4- bis 5fache der Norm verlängerten Latenzzeiten scheinen auf Entmarkungskrankheiten wie die E. d. beschränkt zu sein. Pathophysiologisch wird neben einer primär verlangsamten Erregungsleitung aufgrund disseminierter Demyelinisierungsherde auch eine Verlängerung der Dauer der notwendigen Reizsummation am Motoneuron oder evtl. eine Ersatzleitung über langsamer leitende dünnere Myelinfasern diskutiert.

Zusammenfassend stellen MEP bei der E. d. eine sinnvolle Erweiterung der neurophysiologischen Diagnostik auf zentrale efferente Bahnsysteme dar. Die schmerzfreie transkortikale Magnetstimulation ist dabei aus unserer Sicht eindeutig der Elektrostimulation vorzuziehen. Die MEP erlauben eine empfindliche Funktionsdiagnostik im Bereich des zentralen Nervensystems. Es findet sich eine Korrelation zu klinischen zentral-motorischen Ausfallserscheinungen, wobei jedoch insbesondere auch subklinische Läsionen faßbar sind. In der diagnostischen Wertigkeit entsprechen die MEP etwa den SSEP, wobei die Kombination beider Methoden die neurophysiologische Diagnosewahrscheinlichkeit einer E. d. erhöht. Die pathophysiologischen Grundlagen der referierten MEP-Veränderungen sind bisher nicht eindeutig geklärt. Eine Aufnahme der motorisch evozierten Potentiale als weiterer bedeutsamer apparativer Zusatzbefund in die üblichen klinischen Diagnosekriterien der E. d. erscheint sinnvoll.

Das Literaturverzeichnis ist bei den Verfassern erhältlich.

Magnetstimulation des Nervensystems in der Diagnostik der MS

N. Skiba und Th.W. Kallert

Einleitung

Die elektro-magnetische transkranielle Stimulation ist eine einfach durchzuführende und den Patienten wenig belastende Untersuchungsmethode.

Bei Kenntnis der Kontraindikationen (z. B. Herzschrittmacher, intrakranielle Metallklips, bekannte Epilepsie) kann sie gefahrlos auch bei schwerkranken Patienten angewandt werden. Ihr Einsatz ist sinnvoll bei den verschiedensten Erkrankungen des zentralen und peripheren Nervensystems, wobei sie die evozierten Potentiale ergänzt.

In der hier vorliegenden Arbeit wurde die Aussagefähigkeit dieser Methode bei der multiplen Sklerose untersucht.

Methodik

Es erfolgte grundsätzlich die Untersuchung der oberen und unteren Extremitäten. Ohne Muskelvorspannung (nach unserer Erfahrung mit mehr Artefakten verbunden) wurde bei den oberen Extremitäten mit Oberflächenelektroden aus dem M. abd. dig. minimi und im Bereich der unteren Extremitäten aus dem M. ext. dig. brevis abgeleitet. Bei Untersuchung der oberen Extremität wurde jeweils kortikal, über dem unteren Halsmark (etwa Höhe HWK 7) und dem Plexus brachialis gereizt. Bei der unteren Extremität erfolgte die Stimulation kortikal und lumbal (etwa Höhe LWK 1). Die Untersuchungen wurden mit dem Novametrix Magstim 200 durchgeführt, die angewandte Feldstärke betrug zwischen 1.0 und 1.5 Tesla.

An 20 gesunden Probanden wurden Mittelwerte der Latenzen nach Stimulation über allen Reizpunkten sowie der sog. zentralen mot. Leitzeit ermittelt. Als pathologisch wurden Latenzverzögerungen ab dem 3fachen der Standardabweichung, konstante Amplitudenminderungen von mehr als 50 % im Seitenvergleich bzw. der ein- oder beidseitige Verlust der Muskelantwort angesehen.

Ergebnisse

32 Patienten (18 F, 14 M) mit MS wurden in oben beschriebener Weise untersucht. Die Diagnosesicherung erfolgte in 30 Fällen durch den Liquor, in 2 Fällen zeigten sich eindeutig pathologische Kernspintomogramm-Befunde. Das Durchschnittsalter betrug 38,2 Jahre, die durchschnittlicher Dauer der Symptomatik 42,5 Monate.

Grundsätzlich bei allen Patienten wurden ebenfalls die visuell evozierten Potentiale (Bildschirmreizung) und die somato-sensibel evozierten Potentiale des N. medianus abgeleitet. Bis auf 4 Ausnahmen erfolgte auch die Ableitung der N. tibialis-SEP. Insgesamt fanden sich in 26 Fällen (81 %) pathologische Magnetstimulationsbefunde nach Ableitung aus den oberen und unteren Extremitäten, 7mal pathologische Befunde nur nach Ableitung aus den unteren, einmal isoliert ein abnormer Befund nach Ableitung von den oberen Extremitäten. Bei 6 Patienten mit gesicherter E. d. waren alle Magnetstimulationsbefunde unauffällig. Bei Berücksichtung der Ergebnisse allein nach kortikaler Reizung fanden sich nach Ableitung von den oberen Extremitäten in insgesamt 19 Fällen (59,4 %), von den unteren Extremitäten in 25 Fällen (78,1 %) pathologische Befunde. Die als am aussagekräftigsten geltenden VEP waren in 24 Fällen (75,0 %) ein- oder beidseits abnorm.

Im Vergleich zu den bildgebenden Verfahren war das Kernspintomogramm mit insgesamt 17 pathologischen Befunden bei 18 untersuchten Patienten die weitaus aussagefähigste nicht-invasive Methode (94 % Trefferquote). Das kraniale Computertomogramm (Nativuntersuchung, 8 mm Standardschicht) war in 14 Fällen von insgesamt 29 durchgeführten Untersuchungen (48,3 %) pathologisch verändert.

Diskussion

Bei Berücksichtigung ihrer einfachen Durchführbarkeit, ihrer geringen Belastung für den Patienten und unter Beachtung der entsprechenden Kontraindikation erscheint uns die transkranielle Magnetstimulation in der Diagnostik der multiplen Sklerose in der Klinik, aber auch in der Praxis eine wertvolle Ergänzung bisher angewandter, nicht invasiver diagnostischer Methoden.

Wenn auch die Patientenzahl bisher relativ gering ist, kann die Trefferquote pathologischer Befunde in etwa mit der der visuell evozierten Potentiale gleichgesetzt werden, wobei letztere als die aussagekräftigste elektrophysiologische Methode gilt. Sicherlich weist jedoch die Magnetstimulation eine höhere Trefferquote als die zeitlich viel länger in Anspruch nehmende mehrkanälige Ableitung der SEP auf.

Bemerkenswert ist auch, daß bei 4 unserer Patienten die Magnetstimulation die einzige elektrophysiologische Zusatzuntersuchung war, die pathologisch ausfiel. Somit erscheint sie uns als durchaus geeignet, bei der nicht-invasiven Diagnostik der MS einen sinnvollen Beitrag zu leisten.

Literatur

1. Agnew WF, McCreery DB (1987) Considerations for safety in the use of extracranial stimulation for motor evoked potentials. Neurosurgery 20:143-147
2. Barker AT, Freeston IL, Jalinous R, Merton PA, Morton HB (1985a) Magnetic stimulation of the human brain. J Physiol London 369:3P
3. Claus D (1989) Transkranielle motorische Stimulation. Gustav-Fischer-Verlag, Stuttgart
4. Cowan JMA, Dick JPR, Day BL, Rothwell JC, Thompson JD, Marsden CD (1984) Abnormalities in central motor pathway conduction in multiple sclerosis. Lancet II:304-307
5. Hess CW, Mills KR, Murray NMF (1986) Measurement of central motor conduction in multiple sclerosis by magnetic brain stimulation. Lancet II:355-358
6. Ludolph AC, Wenning G, Masur H, Füratsch N, Elger CE (1989) Die elektromagnetische Stimulation des Nervensystems. I Normwerte im zentralen Nervensystem und Vergleich mit der elektrischen Stimulation. EEG-EMG 3:153-159
7. Stöhr M, Dichgans J, Diener HC, Büttner UW (1989) Evozierte Potentiale, Springer-Verlag

Motorisch und somatosensibel evozierte Potentiale bei multipler Sklerose

J. Rakicky und P. Berlit

Die Diagnose einer multiplen Sklerose beruht auf dem Nachweis von multiplen Läsionen des ZNS, die zeitlich versetzt auftreten. Die Einführung der evozierten Potentiale Anfang der siebziger Jahre in die neurologische Diagnostik ermöglichte den Nachweis subklinischer Läsionen der afferenten Bahnsysteme. Die Untersuchung motorischer efferenter absteigender Bahnsysteme wurde durch die 1980 von Merton und Morton bzw. 1985 von Merton entwickelte Methodik der transkraniellen Kortexstimulation möglich. Die Aussagekraft der somatosensibel evozierten Potentiale bei multipler Sklerose wird in Abhängigkeit vom Verlaufstyp zwischen 41 % (9) und 83 % (8) angegeben. Studien der zentralen motorischen Leitungszeit ergaben pathologische Befunde in 74 % (8) bzw. 100 % (2) der Patienten mit multipler Sklerose.

Im Rahmen einer prospektiven Studie wurden in unserer Klinik bei 31 Patienten mit einer nach den Kriterien von Poser et al. (6) sicheren multiplen Sklerose somatosensibel (SSEP) und motorisch (MEP) evozierte Potentiale vergleichend abgeleitet. Die SSEP wurden im Routinelabor mit dem Gerät der Fa. Tönnies, die MEP mit dem Gerät Novametrix 200, Fa. Madaus, (Durchmesser der Spule 14 cm), abgeleitet. Die SSEP wurden von N. medianus und N. tibialis bds. registriert, wobei in die Auswertung die absoluten Latenzen (auch im Seitenvergleich) und die Interpeaklatenzen der Komponetnen N13a und N20 bei den Medianus-SSEP (M-SSEP) und die Latenzen der P40 kortikalen Komponente bei den Tibialis-SSEP (T-SSEP) genommen wurden. Die Verzögerung der zentralen motorischen Latenz (bzw. Block der zentralen Leitung bei normaler peripherer Leitung) wurde bei den MEP (Ableitung von M. interosseus dors. 1 und M. tibialis anterior bds.) als pathologisch gewertet.

Es handelte sich um 12 Männer (Durchschnittsalter 41,4 Jahre) und 19 Frauen (Durchschnittsalter 41,9 Jahre). Der Schweregrad der klinischen Behinderung entsprach im Median der Stufe 4 der Kurtzke Skala. Pathologische Befunde bei der Ableitung der MEP wurden bei 30 Patienten (96,7 %) registriert, was über den Angaben von anderen Autoren liegt (79 % [9]; 82 % [8]; 70 % [7]). Die T-SSEP waren mit 80,6 % seltener pathologisch. Dies entspricht den Beobachtungen von anderen Autoren (76 % [4]; 80 % [7]). Auffällig war die niedrige Zahl der pathologischen M-SSEP Befunde (32,3 %). Dies ist möglicherweise im Zusammenhang mit dem relativ großen Projektionsareal im sensiblen Kortex zu diskutieren. Ähnliche Beobachtungen berichten 1985 Nuwer et al. (42 % ; 5) und Witt et al. (41 %; 9). Insgesamt zeigten M-SSEP und/oder T-SSEP bei 23 Patienten (74,2 %) pathologische Befunde, was ebenfalls den Literaturangaben entspricht. Eine detaillierte Darstellung der SSEP und MEP Befunde zeigt die Tabelle 1.

128

Tabelle 1.

	Pathologisch		Unauffällig	
	n	%	n	%
M E P	30	96,7	1	3,3
S S E P	25	80,6	6	19,4
T - S S E P	25	80,6	6	19,4
M - S S E P	10	32,3	21	67,7

Eine Blockade der zentralen Leitung lag auschließlich bei der Ableitung von der unteren Extremität vor (T-SSEP - 25,8 %;n = 8; MEP - 22,6; n = 7). Eine Übereinstimmung des klinischen Befundes (pathologisch oder unauffällig) mit den M-SSEP, T-SSEP bzw. MEP-Befunden lag in 63 %, 70 % bzw. 80 % vor, was ebenfalls gut mit den Angaben im Schrifttum korrespondiert (4, 7, 8). Ein Vergleich der MEP und SSEP-Ergebnisse erbrachte mit 35,5 % (n = 11) für die obere und 67,7 % (n = 21) eine bessere Übereinstimmung für die untere Extremität, insgesamt jedoch keine sichere Beziehung, was unter Berücksichtigung der Tatsache, daß es sich hierbei um zwei anatomisch und funktionell getrennte Systeme handelt, plausibel erscheint. Von den 30 Patienten, die im MRT pathologische Signalsteigerungen zeigten (96,7 %), wurden 6 mit einem umschriebenen Herdbefund bezüglich der Klinik, der SSEP und MEP verglichen. Nur in einem Fall (19 %) ergab sich eine Übereinstimmung zwischender Herdlokalisation und den Befunden der evozierten Potentiale. Die klinische Symptomatik zeigte jedoch keine Beziehung zu den MRT Befunden, was den Angaben in der Literatur entspricht (3, 7, 8). Insgesamt erwiesen sich die MEP in der MS-Diagnostik als eine Methode mit hoher Sensitivität, aber geringer Spezifität.

Literatur

1. Baumhefner RW, Tourtelotte WW, Syndulko K, Waluch V, Ellison GW, Meyers LW, Cohen SN, Osborne M, Shapshak P (1990) Quantitative multiple sclerosis plaque assessment with magnetic resonance imaging. Arch Neurol 47:19-26
2. Cowan JMA, Dick JPR, Day BI (1984) Abnormalities in central motor pathway conduction in multiple sclerosis. Lancet II:304-307
3. Crisp DT, Kleiner JE, DeFillip GJ, Geenstein JI, Liu TH, Sommers D (1985) Clinical correlations with magnetic resonance imaging in multiple sclerosis. Neurology 35 (Suppl 1):137
4. Chiappa KH (1988) Use of evoked potentials for diagnosis of multiple sclerosis. Neurol Clinics 6 (4):861-880
5. Nuwer MR, Visscher BR, Packwood JW, Namerow NS (1985) Evoked potential testing in relatives of multiple sclerosis patients. Ann Neurol 18:30-34
6. Poser CHM, Paty DW, Scheinberg L, McDonald WI, Davis FA, Ebers GC, Johnson KP, Sibley WA, Silberberg DH, Tourtellotte WW (1983) New diagnostic criteria for multiple sclerosis: guidelines for research protocols. Ann Neurol 13:227-231
7. Rossini PM, Caramia M, Lavaroni F, Spadaro M, Floris R, Tanfani G, Zarola F, Traversa R, Marciani MG, Bernardi G (1987) Non-clinical tests of the diagnosis of multiple sclerosis. Rivista di Neurol 57:33-40
8. Rossini PM, Zarola F, Bernardi G, Floris R, Perretti A, Pelosi L, Caruso G, Caramia MD (1989) Sensory (VEP, BAEP, SEP) and motor-evoked potentials, liquoral and magnetic resonance findings in multiple sclerosis. Neurosurgery 20:183-181
9. Witt, ThN, Garner CG, Oechsner M (1988) Zentrale motorische Leitungszeit bei Multipler Sklerose: Ein Vergleich mit visuell und somatosensorisch evozierten Potentialen in Abhängigkeit vom Verlaufstyp. EEG-EMG 19:247-254

Selektivität der Willkürbahnung bei transkranieller magnetischer Kortexstimulation

J. Netz, A. Minke und V. Hömberg

Ziel dieser Studie war es, die Selektivität von Bahnungsmechanismen zu untersuchen und Hinweise zu finden, inwieweit es sich um ein rein peripheres Phänomen handelt. In dem ersten Experiment hatten die Versuchspersonen die Aufgabe, den jeweiligen Zielmuskel so selektiv wie möglich mit ungefähr 10 % Maximalkraft zu aktivieren. In dem zweiten Experiment hingegen wurden die Probanden aufgefordert, die gleichen Zielmuskeln ebenfalls selektiv, aber nur mental zu aktivieren, d. h., nur in Gedanken eine Anspannung der jeweiligen Muskeln durchzuführen ohne eine sichtbare oder registrierbare Antwort. Die jeweils entwickelte Kraft wurde durch DMS-Streifen registriert. Das EMG-Vergleichsniveau war die mittlere EMG-Amplitude in der Sekunde vor der Stimulation. Die Stimulationsintensität lag ca. 5 % über der höchsten Schwelle der jeweiligen vier Muskeln, jedoch nicht über 65 % Maximalintensität. Kontrollbedingung war in beiden Experimenten Entspannung aller Muskeln des Armes.

Tabelle 1. Mittlere Latenzen und Standardabweichungen der MEP verschiedener Muskeln in dem Experiment "Selektive Voraktivierung"

selektiv aktivieren	Latenzen (ms)				
	Thenar	Extensor	Biceps	Triceps	Muskel-entspannung
Thenar	17,3 +/- 4,0 n = 96	21,3 +/- 3,3 n = 70	22,4 +/- 2,2 n = 57	22,4 +/- 1,6 n = 80	22,5 +/- 1,9 n = 49
Extensor digitorum	17,6 +/- 2,3 n = 72	15,1 +/- 3,4 n = 93	17,6 +/- 2,6 n = 73	17,4 +/- 1,6 n = 85	17,3 +/- 1,6 n = 47
Biceps	15,7 +/- 1,8 n = 17	16,0 +/- 2,9 n = 17	10,9 +/- 2,5 n = 89	14,5 +/- 3,1 n = 55	14,2 +/- 1,3 n = 26
Triceps	16,1 +/- 1,6 n = 24	14,5 +/- 3,7 n = 17	16,1 +/- 3,4 n = 40	10,9 +/- 2,4 n = 81	16,7 +/- 2,6 n = 19

Die Latenzen der jeweils aktivierten Muskeln, die sich in der Diagonale befinden, sind jeweils deutlich (2,4 bis 4,7 ms) kürzer. Die Schwellen, abgeleitet aus der jeweiligen Anzahl von auswertbaren Reizantworten, und die Amplituden verhalten sich analog. In einem Vergleich der selektiven Aktivierungsbedingung mit den drei übrigen Aktivierungsbedingungen ergab sich eine hochsignifikante Differenz (ungepaarter T-Test $p \leq 0{,}001$) für die Latenzen und Amplituden, während sich die drei nicht selektiven Aktivierungsbedingungen gegenüber der Kontrollbedingung in beiden Meßgrößen nicht signifikant unterscheiden.

Im zweiten Experiment zeigt das Spontan-EMG vor der Stimulation keinen signifikanten Bedingungseffekt außer in der Kontrollbedingung, die sich signifikant von allen übrigen durch eine niedrigere Spontan-EMG-Aktivität unterscheidet. Hingegen zeigen die MEP-Amplituden (Tabelle 2) und MEP-Latenzen wiederum einen, wenn auch sehr viel geringeren, selektiven Aktivierungseffekt. Der T-Test ist in diesem Falle nur für Biceps und Triceps auf dem 5 %-Niveau signifikant.

Tabelle 2. Mittlere Amplituden und Standardabweichungen der MEP verschiedener Muskeln in dem Experiment "Mentale Aktivierung"

selektiv aktivieren	Thenar	Extensor	Biceps	Triceps	Muskel-entspannung
	Amplituden (μV)				
Thenar	640 +/- 463 n = 55	570 +/- 565 n = 57	480 +/- 512 n = 56	551 +/- 500 n = 53	670 +/- 660 n = 52
Extensor digitorum	520 +/- 450 n = 55	566 +/- 458 n = 57	570 +/- 490 n = 56	513 +/- 360 n = 51	480 +/- 620 n = 53
Biceps	262 +/- 494 n = 54	250 +/- 440 n = 55	420 +/- 540 n = 54	180 +/- 246 n = 51	190 +/- 230 n = 48
Triceps	126 +/- 165 n = 54	133 +/- 125 n = 53	138 +/- 148 n = 55	200 +/- 156 n = 53	120 +/- 180 n = 46

Diskussion und Schlußfolgerung

Der Bahnungseffekt kann dadurch erklärt werden, daß durch die selektive Voraktivierung die Schwellen der Alpha-Motoneurone so gesenkt werden, daß der Potentialburst sie rascher und in einem höheren Grade depolarisieren kann. Diese Erklärung, die auch durch andere Studien unter Zuhilfenahme des H-Reflexes (1) nahegelegt wurde, stimmt gut mit den Ergebnissen des ersten Experiments überein.

Das zweite Experiment legt jedoch nahe, daß eine Depolarisation der Alpha-Motoneurone möglicherweise nicht der einzige Bahnungs-Mechanismus ist, da dieser sich sonst in einem bedingungsspezifischen Effekt im Spontan-EMG vor dem Stimulus gezeigt haben sollte. Es sei denn, man nimmt an, daß bei der willkürlichen Voraktivierung andere Motoneurone angesprochen werden als bei der Magnetstimulation selber. Mögliche zusätzliche Bahnungsmechanismen könnten auf einer präsynaptischen spinalen oder auf einer kortikalen Ebene liegen.

Eine Bahnung synergistischer Muskelgruppen ist somit sehr selektiv möglich und nicht immer eindeutig durch benachbarte Muskeln kontrollierbar. Auch bei Kontrolle der Zielmuskeln selbst durch Oberflächen-EMG und Kraftregistrierung ist eine davon unabhängige Bahnung sowohl für proximale als auch distale Muskelgruppen möglich.

Das Literaturverzeichnis ist bei den Verfassern erhältlich.

Akustisch evozierte Hirnstammpotentiale in der Diagnostik der Encephalomyelitis disseminata

U.W. Buettner

Die Rolle der akustisch evozierten Hirnstammpotentiale (AEHP) in der Diagnostik der Encephalomyelitis disseminata läßt sich nicht allein mit den Begriffen Sensitivität und Spezifität erfassen. Besonders wichtig erscheint im Zusammenhang mit der multiplen Sklerose die Frage nach der Fähigkeit, mit den AEHP eine Lokalisation des Prozesses zu ermöglichen. Darüber hinaus sollten auch Aussagen zur Prognose der Erkrankung möglich sein.

Sensitivität

Die Sensitivität der AEHP beim Nachweis der multiplen Sklerose ist nach zahlreichen im wesentlichen übereinstimmenden Untersuchungen niedriger als die der visuell (VEP) und somatosensibel (SEP) evozierten Potentiale, hier zumindest des Tibialis-SEP.

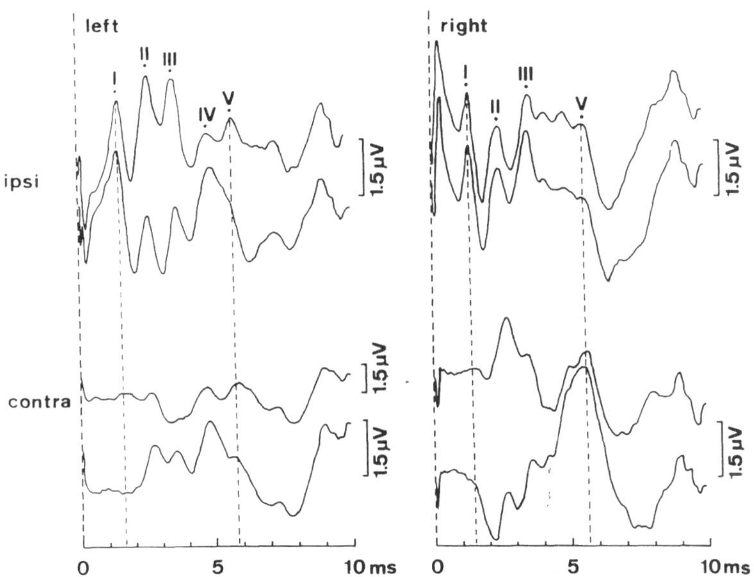

Abb.1. Patientin mit gesicherter MS. Simultane Ableitung ipsi- und kontralateral zur Stimulation mit Sog-Clicks mit einem Bandpassfilter von 0,1 - 1 KHz. Die Ableitung zeigt links eine pathologische Amplitudenminderung des vermutlich in der rostralen Brücke generierten IV-V Komplexes sowie auf der rechten Seite eine seltenere, nicht pathologisch zu wertende Desynchronisation mit Entstehung zusätzlicher Gipfel vor dem Peak V. Sämtliche Latenzen und sogenannten Interpeaklatenzen sind normal.

132

Die Sensitivität entspricht etwa der des Medianus-SEP (2, 3, 5). Bei größeren Untersuchungen und gesicherter MS liegt die Trefferquote zwischen 47 und 89 % (1). Auch die Aufdeckung sogenannter klinisch stummer Herde gelingt mittels AEHP seltener als mit visuell und somatosensorisch evozierten Potentialen. Bei ausschließlich nachgewiesener Retrobulbärneuritis ermöglicht das AEHP in weniger als 15 % die Aufdeckung eines zusätzlichen Hirnstammherdes (3). In diesem Zusammenhang muß darauf hingewiesen werden, daß nur in etwa 2 - 8 % der Fälle bei multipler Sklerose über Hörminderung geklagt wird oder eine solche mittels einfacher Tonschwellenaudiometrie gefunden wird. Erst eine Untersuchung der interauralen Zeitdifferenz und eine Intensitätsdiskrimination von alternierenden monauralen Clicks führt in wesentlich höherem Prozentsatz zu pathologischen Befunden (8). Entsprechend der Theorie führen Störungen der afferenten Hörbahn durch Läsionen des zentralen Myelins insbesondere zu Veränderungen der Peaks III - V der AEHP; dagegen werden die vermutlich im Bereich des N. acusticus generierten Peaks I und z. T. auch II verschont. Demyelinisierungen der zentralen Hörbahn führen zu Latenz-Verzögerungen, Amplitudenminderungen bis hin zu einer vollständigen Desynchronisierung der Peaks und gelegentlich auch Erscheinen normalerweise nicht auftretender Gipfel.

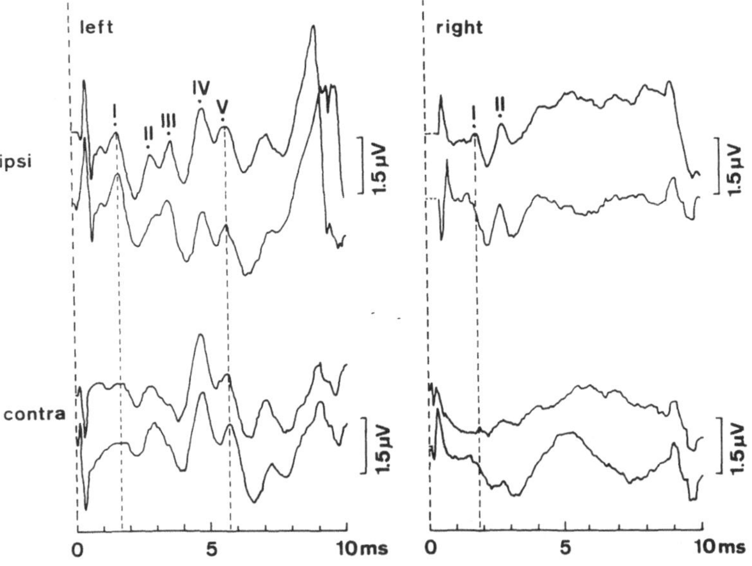

Abb. 2. Patientin mit gesicherter MS. Ableitetechnik wie unter Abb. 1 beschrieben. Bei Registrierung links normale Amplitudenrelationen und Latenzen, während rechts nach gut erkennbaren Gipfeln I und II ein Abbruch sämtlicher Potentiale erfolgt. Ein derartiger Befund zeigt eine Läsion unmittelbar am Eintritt des N. acusticus in den Hirnstamm an. Er erlaubt jedoch zur Ätiologie der Schädigung keine Aussage.

Zwei Beispiele von AEHP bei gesicherter MS belegen die Vielfalt von Veränderungen der Potentiale, wie sie bei dieser Erkrankung registriert werden können (Abb. 1 und 2).

Um eine Erhöhung der Sensitivität der AEHP zu erreichen, wurden auch in jüngerer Zeit verschiedene Untersuchungen durchgeführt, in denen durch Variation der Ableite- und Auswertetechnik eine größere Zahl pathologischer Befunde beschrieben wurde. Schon aus theoretischen Gründen sind sogenannte alternierende Clicks den Sog- und Druck-Clicks in der Routinediagnostik unterlegen, es sei denn, sie werden komplementär eingesetzt, um den

Peak I besser zu definieren. In einer weiteren Untersuchung konnte gezeigt werden, daß mit alternierenden Clicks in der Diagnostik der MS eine deutlich niedrigere Sensitivität erreicht wird als mit den übrigen Stimulationsformen (7).

Auch simultane Ableitungen ipsi- und kontralateral sollen die Sensitivität der AEHP erhöhen, indem zusätzliche Beurteilungskriterien eingeführt werden (5). Diese Untersuchungen bedürfen jedoch aufgrund eigener langjähriger Erfahrungen mit dieser Technik einer sehr zurückhaltenden Beurteilung. Ungeklärt bleibt weiterhin der Wert einer hochfrequenten Stimulation oder der Anwendung von Clickpaaren in der Diagnostik der MS (9).

Eine ausführliche Diskussion der zahlreichen vergleichenden Untersuchungen der evozierten Potentiale untereinander, auch unter Einbeziehung der zahlreichen Hirnstammreflexe, der Magnetstimulation, des Liquors und von bildgebenden Verfahren wie Computertomographie und Magnetresonanztomographie führte hier zu weit. Es besteht jedoch die Gefahr, daß durch unkritische Vergleichsuntersuchungen suggeriert wird, daß durch die eine oder andere Methode auch spezifische Aussagen gemacht werden könnten. Sämtliche elektrophysiologischen Untersuchungen erlauben nur Ausagen über das im engeren Sinne untersuchte System. Sie können allenfalls etwas über eine Funktionsstörung der Neurone aussagen, die einen Beitrag zum evozierten Potential oder zum Reflexpotential leisten. Eine unmittelbare Korrelation zur Wahrnehmung oder zur Ursache der Funktionsstörung ist nicht möglich. Für die bildgebenden Verfahren gilt zwar eine hohe Sensitivität und gute Lokalisation, z. B. der Demyelinisierung, jedoch sagen die Veränderungen wenig über die hieraus sich ergebende Funktionsstörung oder über die Ätiologie der Veränderungen. Viele Untersuchungen zur Sensitivität verschiedener Methoden in der MS-Forschung erscheinen unter diesem Aspekt weder besonders originiell noch wissenschaftlich fundiert. In diesem Zusammenhang fehlen Untersuchungen, die eine Beziehung zwischen NMR- oder CT-Morphologie, elektrophysiologischer Funktion und Wahrnehmung herstellen.

Spezifität

Wie für alle elektrophysiologischen Methoden gilt auch für die AEHP, daß eine Spezifität der pathologischen Veränderungen nicht gegeben ist. Die üblichen Kriterien für die Beurteilung evozierter Potentiale, wie Veränderungen der Latenzen und Amplituden bzw. der Amplitudenrelationen reichen nicht aus, um z. B. zwischen verschiedenen demyelinisierenden Erkrankungen unterscheiden zu können. Ausgeprägte Latenzverzögerungen finden sich zwar vorwiegend bei Erkrankungen der Markscheiden, doch ergeben sich gelegentlich ganz ähnliche Befunde, z. B. auch bei Tumoren. Gerade bei den AEHP finden sich umgekehrt schon frühzeitig bei der MS, wohl abhängig vom Grad der afferenten Desynchronisation, Amplitudenminderungen und Ausfall von Komponenten. Eine verstärkte Spezifität könnte allenfalls durch Nachweis von Veränderungen der evozierten Potentiale im Zeitverlauf oder durch spezielle Methoden wie hochfrequente Stimulation oder Doppelreizung erreicht werden. Hiermit werden nämlich entweder krankheitsspezifische oder pathophysiologische Eigenschaften der elektrischen Leitstrukturen berücksichtigt.

Lokalisation

Die besondere Stärke des AEHP liegt darin, daß es zur Lokalisation eines Hirnstammprozesses beitragen kann und häufig zwischen kochleären und retrokochleären Prozessen unterscheiden kann.

134

Tabelle 1 zeigt eine Zuordnung der verschiedenen Peaks des AEHP und der vermuteten
Generatoren im Hirnstamm.

I	-	N. cochlearis
II	-	N. cochlearis (Porus acusticus internus)
III	-	kochleäres Kerngebiet (ipsilateral)
IV	-	obere Oliven
V	-	?, (jedenfalls subkortikal)
VI	-	?, (jedenfalls subkortikal)
VII	-	?, (jedenfalls subkortikal)

In günstig gelagerten Fällen kann also allein durch den Nachweis eines umschriebenen
Prozesses im Hirnstamm, z. B. in der Gegend der oberen Oliven (Abnormalität nach Peak III)
oder bei Abbruch der Potentiale nach dem II. Peak (Läsion im Bereich des Eintritts des
Hörnerven in den Hirnstamm; Abb. 2) ein multifokaler Prozeß nachgewiesen werden.

Prognostische Beurteilung

Eine prognostische Beurteilung ist im Einzelfall durch Ableitung von AEHP oder der übrigen
evozierten Potentiale nicht möglich. Interessant erscheinen aber statistische Untersuchungen, die eine prognostische Einschätzung bestimmter Subkollektive von Patienten mit
vermuteter MS erlauben (4). Die Autoren untersuchten unter anderem Patienten mit vermuteter MS und fanden heraus, daß im Falle einer Aufdeckung subklinischer Herde durch
multimodale EP-Untersuchung in einer Follow-up Untersuchugn von 2 1/2 Jahren in einem
hohen Prozentsatz eine klinische Verschlechterung und in etwa 50 % die Diagnosesicherung
erfolgte. Umgekehrt, bei fehlendem Nachweis subklinischer Herde, kam es nur in einem
geringen Prozentsatz zu klinischer Verschlechterung und nur in 4 % zur Sicherung der
Diagnose.

Zusammenfassend muß für die AEHP gesagt werden, daß sie sich nicht als unkritische
Suchmethode bei MS-Verdacht eignen, da ihre Sensitivität vergleichsweise zu niedrig ist. Sie
sollten jedoch eingesetzt werden, wenn vermutete Hirnstammherde nachgewiesen werden
sollen oder aber ein besonderes Interesse besteht, einen subklinischen Hirnstammherd zu
entdecken.

Literatur

1. Buettner UW (1989) Akustisch evozierte Potentiale. In: Stöhr M, Dichgans J, Diener HC, Buettner UW (Hrsg)
   Evozierte Potentiale. Springer, Berlin Heidelberg New York:383-453
2. Chiappa KH, Harrison JL, Brooks EB, Young BR (1980) Brainstem auditory evoked responses in 200
   patients with multiple sclerosis. Ann Neurology 7:135-143
3. Fischer C, Mauguiere F, Ibanez V, Courjon J (1986) Potentiels evoqués visuels, auditifs precoces et
   somésthesiques dans la sclérose en plaques (917 cas). Rev Neurol (Paris) 142:517-523
4. Hume AL, Waxman SG (1988) Evoked potentials in suspected multiple sclerosis: diagnostic value and
   prediction of clinical course. J Neurol Scienc 83:191-210
5. Kjaer M (1980) The value of brainstem auditory, visual, and somatosensory evoked potentials and blink reflexes
   in the diagnosis of multiple sclerosis. Acta Neurol Scand 62:220-236
6. Quaranta A, Mininni F, Longo G (1986) ABR in multiple sclerosis. Ipsi- versus contralateral derivation. Scand
   Audiol 15:125-128

7. Tackmann W, Vogel P (1987) Brainstem auditory evoked potentials evoked by clicks of different polarity in multiple sclerosis. Eur Neurol 26:193-198
8. Van der Poel JC, Jones SJ, Miller DH (1988) Sound lateralization, brainstem auditory evoked potentials and magnetic resonance imaging in multiple sclerosis. Brain 111:1453-1474
9. Zeitlhofer J, Hess CW, Ludin HP (1988) Brainstem auditory-evoked potentials studied with paired stimuli in multiple sclerosis patients. Eur Neurol 28:131-134

Klinische Anwendung von vestibulär evozierten Hirnpotentialen

H. Bagelmann und W.H. Zangemeister

Um ereignisbezogene Potentiale vestibulären Ursprungs zu erhalten, wurden Probanden und Patienten aufgefordert, den Kopf unter *zwei Versuchsbedingungen aktiv* zu drehen. Sie saßen in einem abgedunkelten Raum, vor ihnen in 1,2 Meter Entfernung eine gerundete Projektionswand.

1. *VOR-supp-Kondition:* Einem Laserpunkt (185 Grad/s, Amplitude +/- 25 Grad, Frequenz: 0,5 Hz) sollte mit Kopfwendungen gefolgt werden.
2. *Vor-Kondition::* Kopfdrehungen erfolgten nach einem akustischen Stimulus mit dem Kopf bei geschlossenen Augen.

   Dabei wurden folgende Daten erhoben:

EEG: Differente (Platin) Elektrode über Pz, gegen zusammengeschaltete indifferente bei T5/T6. Miniaturvorverstärker verkürzten die Kabellänge.

EOG: Mit Oberflächenelektroden wurden horizontale und vertikale Augenbewegungen aufgezeichnet. Die *Kopfbeschleunigung* wurde mittels eines über einen Helm am Kopf des Probanden fixierten Winkelakzelerometers erfaßt und das Akzelerationssignal "on-line" differenziert. Alle Daten wurden 30 Hz tiefpaßgefiltert und nach Magnetbandaufzeichnung mit einer Samplingfrequenz von 100 Hz digitalisiert und per Computer (ILS-Software) weiterbearbeitet. Insgesamt dauerte die Untersuchung 45 - 55 Minuten.

Die einzelnen Kopfwendungen wurden, nach Drehrichtung getrennt, mindestens 32mal gemittelt. Als *Triggerpunkt* wurde die *maximale Beschleunigungszunahme*, das Maximum der Ableitung der Akzeleration verwendet. Jedes Trial wurde von Hand ausgewählt und das EEG auf Artefaktfreiheit hin untersucht. Nach Mittelung wurden die Einstreuungen der Augenbewegungen in Abhängigkeit von der Blickrichtung ermittelt und durch Subtraktion aus den Kurven entfernt. Abschließend wurden die gemittelten EEGs mit einem digitalen 3-Hz-Hochpaßfilter bearbeitet, um niederfrequente Bewegungsartefakte auszuschließen. Mit den anderen Daten (EOG, Akzeleration, dACC) wurde entsprechend verfahren. Wir erhielten auf diese Weise vier gemittelte evozierte Potentiale pro Versuchsperson, nach Drehrichtung und Untersuchungsbedingung (*VOR-supp/VOR*) getrennt.

Die gefundenen Signale wurden hinsichtlich ihrer Abhängigkeit von der Maximalbeschleunigung und der Beschleunigungsänderung (Größe der normierten Ableitung) untersucht.

12 Normalpersonen zwischen 24 und 64 Jahren wurden untersucht, davon drei im Abstand von sechs Monaten zur Reliabilitätsprüfung ein zweites Mal. Nach Aufarbeitung wie oben beschrieben erhielten wir ein konstantes Signal: Stabil bei allen Normalpersonen war ein *P200*, bei 92 % konnten wir ein *N105* und ein *N295* finden. Abhängigkeiten hinsichtlich des Reizes waren signifikant in Bezug auf die normalisierte Ableitung der Akzeleration; hinsichtlich des absoluten Beschleunigungsmaximums fand sich eine deutliche Abhängigkeit, da mehr Zeit benötigt wird, um große Beschleunigungswerte aufzubauen.

Außer einem etwas ungünstigeren Signal-Rausch-Verhältnis unter *VOR-Bedingungen* ergaben sich keine wesentlichen Unterschiede der gemittelten evozierten Potentiale zwischen den beiden Konditionen.

Bei einigen Probanden wurden *frühe* positive Peaks gefunden (P 65), die sich nicht wie die restlichen Peaks in Bezug auf Abhängigkeiten hinsichtlich der Akzeleration verhielten.

Zum Vergleich wurden 20 Patienten im Alter zwischen 20 und 80 Jahren mit dem Leitsymptom Schwindel derselben Untersuchung unterzogen. Die Patienten hatten Läsionen des Kleinhirnes, des Hirnstamms oder der inneren Kapsel sowie Schwindel nach beginnender Carbamazepin-Medikation.

	P165)	N1(105)	P2(200)	N2(295)
	Normalpersonen (n max = 68)			
Anzahl an Werten:	21	60	68	60
Mittelwert	68,23	105,9	198,9	296,9
Standardabweichung:	28,7	52,71	71,53	71,27
Abhängigkeit von				
ACC Max. (p)	-.191 (>25)	.4165 (<.5)	.1147 (<25)	.1603 (<25)
dACC/ACC (p)	.1506 (<25)	-.5318 (<.005)	-.5594 (<.0005)	-.4123 (<.5)
	Vertigopatienten (n max = 82)			
Anzahl an Werten:	54	52	52	33
Mittelwert:	107,98	195,05	292,7	398,1
Standardabweichung:	49,68	72,03	92,04	110,37
Abhängigkeit von				
ACC Max. (p)	-.0542 (>25)	.0156 (>25)	-.0691 (>25)	-.0437 (>25)
ACC/ACC (p)	-.1343 (>25)	-.2933 (<5)	-.3846 (<1)	-.5969 (<.1)

Seitendifferenzen: Normalpersonen-Vertigopatienen - Median (ms): li/re

Normalpersonen	56	14,5	25	46,5
Vertigopatienten:	45	61	121,5	208
t-Test:	p>25	p<.5	p<.005	p<.05

Bei den untersuchten Patienten konnten in Bezug auf Muster, Latenzen und Asymmetrien deutliche Abweichungen der EP von denen der Normalpersonen gefunden werden (Tabellen): Die Latenzen waren mit Ausnahme von 4 Patienten verlängert. Bei 9 Patienten sahen wir deutliche Seitendifferenzen. Bei 12 fanden wir Signale mit verminderter Amplitude. Bei 35 EP von Vertigopatienten war eine frühe Negativität um 50 ms zu sehen, die sich bei den Normalpersonen nicht fand. Die Asymmetrien der EP bei Links- und Rechtsdrehungen waren signifikant erhöht.

Die Ergebnisse dieser Prüfung von vestibulär evozierten Hirnpotentialen bei Patienten mit Schwindel zentraler Genese weisen auf die Wahrscheinlichkeit klinischer Anwendungsmöglichkeiten dieser Methode hin.

Das Literaturverzeichnis ist bei den Verfassern erhältlich.

Die diagnostische Bedeutung der Liquorbefunde bei der multiplen Sklerose

H.I. Schipper

In einer Übersicht zur diagnostischen Bedeutung von Liquorveränderungen bei der MS müssen pathogenetisch interessante, aber praktisch-klinisch (noch) nicht verwertbare Veränderungen ausgeschlossen bleiben, wie das basische Myelinprotein einschließlich seiner Antikörper, die T-Lymphozyten-Analyse (sei es der Subpopulationsverteilung, sei es der Aktivierungszeichen), zirkulierende Immunkomplexe, freie Leichtketten, Komplementaktivierung, Prostaglandin- und Neopterinsynthese, Zytokine.

Diagnostisch aussagekräftig sind letztlich nur die lymphoplasmazelluläre Pleozytose und die lokale Immunglobulinproduktion (vorzugsweise von IgG) bei intakter oder allenfalls gering gestörter Blut/Liquor-Schrankenfunktion. Eine kritische Untersuchung dieser Veränderungen besonders im Frühstadium der Erkrankung erscheint notwendig, um falsche Vorstellungen zu eliminieren und auch über neue, weitergehende Untersuchungsmöglichkeiten mit zusätzlichem diagnostischen Aufschluß zu berichten.

Die Nachweishäufigkeit der Liquorveränderungen hängt in hohem Maße von der verwendeten Methodik ab, auf die daher näher eingegangen werden soll:

1) Die lymphoplasmazelluläre Pleozytose (selten mehr als 150/3 Zellen) wird in etwa 40 - 60 % gefunden. Der Nachweis von aktivierten, Immunglobulin enthaltenden B-Lymphozyten erscheint bei dieser chronischen Erkrankung nicht so hilfreich wie bei akuten Entzündungen.

2) Die Schrankenfunktionsstörung muß durch Bildung des Liquor/Serum-Quotienten von Albumin belegt weden. Das Gesamteiweiß ist hierfür nicht hinreichend aussagekräftig: in unserem Krankengut wurden bei 19 % Gesamteiweißerhöhungen nur 12 % durch eine Schrankenstörung, aber 7 % allein durch eine massive lokale IgG-Produktion verursacht.

3) Der quantitative Nachweis einer lokalen IgG-Produktion gelingt in etwa 75 %. Hier ist der Vergleich des Liquor/Serum-Quotienten von IgG mit dem des Albumin (sog. IgG-Index) (9) bestens etabliert. Übersichtlicher ist die Schemaauswertung, welche einen simultanen Überblick über Schrankenverhältnisse und lokale Immunglobulinproduktion erlaubt. Dabei kommt das von Reiber und Felgenhauer etablierte Schema (6) den tatsächlichen Verhältnissen am nächsten, weil seine Grenzlinie zunächst die Obergrenze des Normalbereiches markiert, um sich dann allmählich der Grenzlinie des IgG-Index von 0.7 anzunähern, entsprechend der sich im Schrankenstörungsbereich verändernden Selektivität der Filterfunktion (s. auch Abb. 4). Diese Grenzlinie (Limes) wird weiter unten in anderem Zusammenhang zusätzliche Bedeutung erlangen. Die Formeln zur Berechnung der lokal synthetisierten IgG-Menge von Tourtellotte (10) und Reiber (5) sind für die Diagnose nicht erforderlich.

4) Wichtiger ist der qualitative Nachweis der lokalen IgG-Produktion über die Demonstration oligoklonaler IgG-Subfraktionen. Hier ist die empfindlichste Technik gerade gut genug: In dem vom diagnostischen Standpunkt aus besonders interessanten frühen Stadium der Erkrankung ist häufig das IgG quantitativ noch nicht pathologisch, wohl aber sind in 97 % oligoklonale IgG-Subfraktionen nachweisbar (7). Das bedeutet: isoelektrische Fokussierung, keine Agargelelektrophorese.

5) Lokale IgM-Produktion wird in ca. 25 %, IgA in 10 - 18 % gefunden, sie helfen bei der Differentialdiagnose nicht weiter.

Der Nachweis dieses entzündlichen Liquorsyndroms ist keinesfalls MS-spezifisch, sondern recht unspezifisch. Gleiche Veränderungen werden von einer breiten Palette andersartiger entzündlicher Erkrankungen bewirkt, z. B. Kollagenosen, Angiitiden, Sarkoidose, chron. Borrelienenzephalomyelitis, Neurolues, Lymphome, tuberkulöse Meningoenzephalitis, zusätzlich auch akute Entzündungen in der Abklingphase. Das bedeutet, daß wir uns von Ausdrücken wie "MS-Liquor" trennen sollten und auch den Begriff "chronisch-entzündliches Liquorsyndrom" relativieren müssen.

Vor weiteren, insbesondere Zusammenhangsfragen, muß zunächst auf die Frage: Wie konstant sind diese Liquorveränderungen? eingegangen werden. Während die Zellzahl starken Schwankungen unterliegt, zeigen Schrankenfunktion und IgG eine relativ hohe Konstanz. Besonders beim IgG finden wir zwar eine hohe **inter**individuelle, aber nur eine relativ geringe **intra**individuelle Schwankungsbreite der Quotienten - in unserem Kollektiv durchschnittlich 26,5 % der Mittelwerte, wobei Werte im akuten Schub und unter Cortison einbezogen wurden (7).

Allerdings hängt das Ausmaß der Liquorveränderungen von zahlreichen Parametern wie Alter und Geschlecht der Patienten, Verlaufsform, Dauer, Akuität und Progressionsgeschwindigkeit der Erkrankung sowie der Therapie in unterschiedlichem Maße ab. Daher konnten gültige Aussagen hierzu nur an einem hinreichend großen Krankengut mit multivariater statischer Auswertung gewonnen werden. Wir haben 4 Gruppen von je 60 Patienten untersucht, die bei Erstmanifestation, 1 Jahr, 5/6 Jahre und mehr als 15 Jahre danach lumbalpunktiert worden waren. Zur Frage des Zusammenhanges zwischen Liquorparametern und Krankheitsprogression wurden 151 Patienten mit mindestens 5jähriger Krankheitsdauer in ähnlicher Weise ausgewertet (7). Die allseits unbestrittene Tatsache, daß Zellzahl und IgG im Schub ansteigen (1) und unter ACTH/Cortison abfallen (11), wurde nicht in die Auswertung einbezogen. Dabei ergaben sich folgende Beziehungen der einzelnen Parameter:

Die **Zellzahl** steigt wie gesagt im akuten Schub, wobei sicherlich die Entfernung der Plaques vom Liquorraum eine wichtige Rolle spielt, und fällt unter Kortison. Sie ist signifikant abhängig von der Verlaufsform. Vor allem aber fällt sie mit zunehmendem Alter (unab-

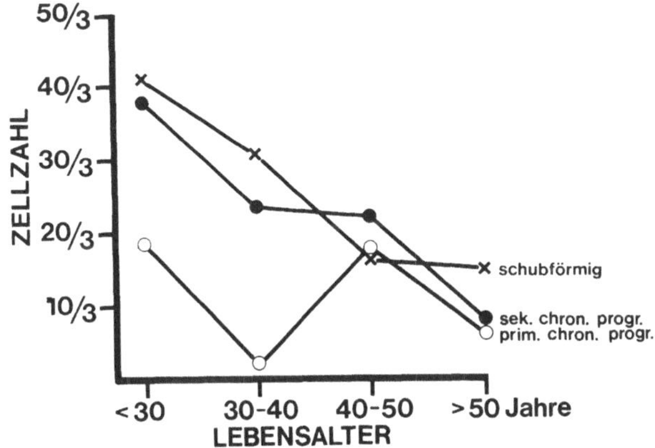

Abb. 1. Pleozytose in Abhängigkeit von Lebensalter und Verlaufsform der Erkrankung (7)

hängig von der Krankheitsdauer) entsprechend einer im Alter insgesamt weniger intensiven Immunantwort. Das bedeutet, daß auch akute Krankheitsphasen in höherem Lebensalter überwiegend mit normaler Zellzahl einhergehen. Ein Unterschied zwischen Gruppen verschiedener Krankheitsprogression besteht nicht, außer vielleicht bei schubförmigen Verlaufsformen, wobei sich allerdings Signifikanzen durch die hohe Schwankungsbreite der Einzelwerte verwischen.

Die **Schrankendurchlässigkeit** steigt signifikant mit dem Alter (ebenfalls unabhängig von der Krankheitsdauer) und ist vor allem zwischen den Geschlechtern unterschiedlich. Es besteht also keine höhere Schrankendurchlässigkeit zu Beginn der Erkrankung. Wohl aber zeigt sich ein signifikanter Zusammenhang zwischen erhöhter Schrankendurchlässigkeit und rascherer Krankheitsprogression.

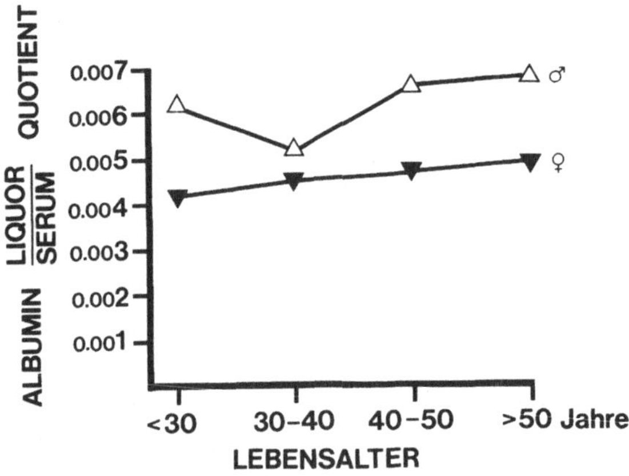

Abb. 2. Schrankendurchlässigkeit in Abhängigkeit von Lebensalter und Verlaufsform der Erkrankung (7)

Etwas verwirrend ist das Bild bei der lokalen **IgG-Produktion**. Anstieg im Schub und Abfall unter Kortison sind unbestritten. Ebenso eindeutig ist der Unterschied zwischen den drei Verlaufsformen. Auch zeigt sich eine relative Konstanz über die Dauer der Erkrankung. Diese hohe Konstanz der quantitativen IgG-Werte ist unabhängig vom Krankheitsverlauf. Wir fanden sie z. B. auch längere Zeit nach monosymptomatisch gebliebener Optikusneuritis. Der fehlende Rückgang des IgG im Verlauf zeigt, daß der Terminus "ausgebrannte MS" sich nicht auf die Liquorparameter bezieht, sondern nur klinisch zu verstehen ist. Angesichts der bei Erstmanifestation stark schwankenden Werte steht zur Konstanz der Gesamtgruppe nicht im Widerspruch, daß bei der Erstmanifestation der Erkrankung 25 % der Patienten quantitativ noch normale IgG-Werte zeigen - lediglich das empfindlichere oligoklonale IgG ist bereits in 98 % dieser Frühfälle nachweisbar (wenn durch isoelektrische Fokussierung bestimmt!): oligoklonales IgG kann der einzige pathologische Liquorparameter šein!

Das oligoklonale IgG ist dabei in Bezug auf die Menge der Banden signifikant mit der Höhe des IgG verbunden. Es zeigt aber eine deutliche Fluktuation seines Musters: ca. die Hälfte aller von uns nachuntersuchten Bandenmuster hatte sich innerhalb etwa eines halben Jahres verändert. Erklärungsmöglichkeiten schließen neben einer variablen Antikörperantwort gegen das gleiche Antigen auch eine Antwort gegen variable Antigene bis hin zur Bildung von "nonsense antibodies" ein.

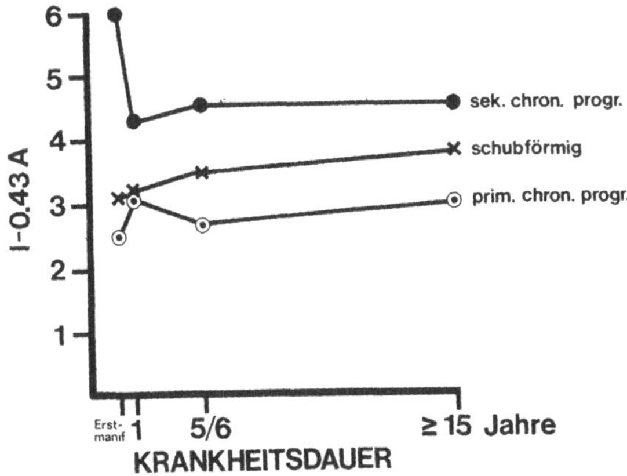

Abb. 3. Lokale IgG-Produktion in Abhängigkeit von Krankheitsdauer und Verlaufsform der Erkrankung (7)

Die lokale IgG-Produktion ist nicht sicher mit dem Ausmaß der im NMR sichtbaren Plaquefläche verbunden. Mehrere Untersucher berichten über eine allenfalls sehr schwache Korrelation (2, 3). Auch wir haben eine Gruppe von 40 MS-Patienten mit beginnender MS untersucht und keine sichere Korrelation gefunden.

Eine signifikante Korrelation zwischen Krankheitsprogression und Höhe der lokalen IgG-Produktion fand sich in unseren Untersuchungen nicht. Andererseits beobachteten wir nach monosymptomatischer Optikusneuritis, daß das Risiko, eine MS zu entwickeln, eindeutig an die Höhe der IgG-Produktion gekoppelt ist (8). Insgesamt also wäre die Kombination aus Schrankenstörung und hoher IgG-Produktion in der Initialphase doch wohl als prognostisch eher ungünstig einzustufen.

Es ist nicht bekannt, gegen welche Antigene sich diese lokale Immunantwort richtet. Wir wissen aber seit langem, daß weniger als 10 % des Liquor-IgG Spezifitäten gegen Masern/Röteln/Zoster (MRZ)-Viren aufweist und daß diese lokale Produktion von MRZ-Antikörpern im ZNS praktisch nur bei der MS vorkommt. Die Schwierigkeit bei der diagnostischen Verwertung dieser Beobachtung lag bisher im Nachweis der lokalen Produktion. Erst die Verwendung der gleichen, hochempfindlichen Nachweistechnik für Serum und Liquor (also ELISA) und von kontinuierlichen Meßwerten (und nicht Titer-Verdopplungsstufen) gibt uns eine hinreichende Meßgenauigkeit für die Bildung des spezifischen Liquor/Serum-Quotienten von z. B. Masern-IgG.

Bei einer monospezifischen Masern-Antikörper-Produktion (z. B. bei der SSPE) würden wir jetzt den Masern-IgG-Quotienten mit dem entsprechenden Liquor/Serum-Quotienten des Gesamt-IgG durch Indexbildung vergleichen. Mit dem Gesamt-IgG-Quotienten anstelle des Albumin-Quotienten deshalb, weil wir so mit einem gleich großen Molekül vergleichen, anstelle des kleineren Albumin. Der resultierende Indexwert ist normalerweise gleich 1 und genauer als der Albuminquotient. Ein Anstieg über 1.5 zeigt eine lokale (in diesem Beispiel masern-)spezifische IgG-Produktion an.

Bei der MS ist das Verfahren etwas schwieriger, da ja der Gesamt-IgG-Quotient ebenfalls pathologisch erhöht ist, und zwar höher als der des spezifischen IgG. Bei einer Indexbildung nach obigem Muster würden wir also falsch erniedrigte Werte erhalten. Das bedeutet, daß wir

hier als Vergleichs-Quotienten nicht den tatsächlichen Gesamt-IgG-Quotienten benutzen
können, sondern nur die obere Grenze des Normalbereiches O IgG (limes), die wir für den
jeweiligen Albumin-Quotienten aus dem Schema ablesen.

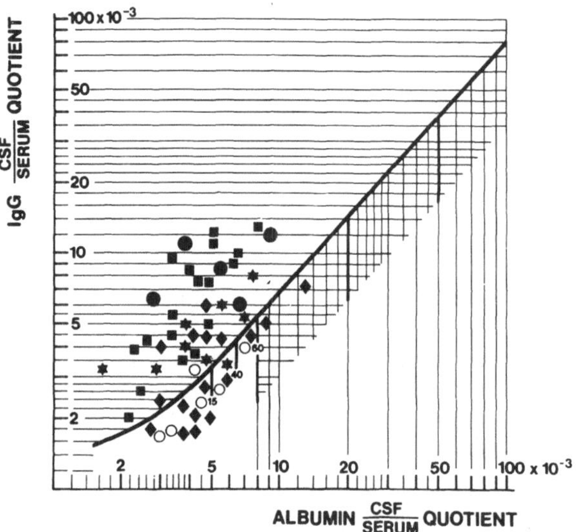

Abb. 4. Lokale spezifische Antikörperproduktion gegen Masern/Röteln/Zoster/H. simplex bei MS: Nachweis von
4 Ak = Punkt, 3 Ak = Quader, 2 Ak = Stem, 1 Ak = Rhombus, 0 Ak = Kreis

Mit dieser Technik können wir bereits bei der Erstmanifestation in 90 - 93 % aller Fälle eine
lokale Produktion gegen MRZ nachweisen (4). Diese nach unserem gegenwärtigen Wissensstand praktisch nur bei der MS vorkommende "unspezifische" Reaktion gibt uns ein
zusätzliches diagnostisches Hilfsmittel an die Hand, das nicht etwa die bisherigen Liquorbefunde nur quantitativ erweitert, sondern qualitativ neben ihnen steht. Die Diagnose MS gilt
als klinisch sicher, wenn drei Bedingungen erfüllt sind:
- disseminierte Krankheitsmanifestation
- schubförmiger oder chronisch-progredienter Verlauf
- entzündliche Liquorveränderungen.
Die Forderung, die MRZ-Reaktion als viertes, gleichwertiges Kriterium der diagnostischen
Sicherheit anzuwenden, ist nur noch wenig verfrüht.

Das Literaturverzeichnis ist beim Verfasser erhältlich.

Ist die Indentifikation oligoklonaler Banden als IgG notwendig?

U. Wurster

Der Nachweis von qualitativen IgG-Veränderungen im Liquor stellt einen unverzichtbaren Bestandteil des diagnostischen Vorgehens bei der multiplen Sklerose (MS) dar. Der Grund für die schwankende Nachweishäufigkeit von 70 - 100 % dürfte neben der Sicherheit der klinischen MS-Diagnose hauptsächlich in der Vielzahl der Trennmethoden (Disc-, SDS-Polyacrylamid-, Agarose-Elektrophorese, Agarose-, Polyacrylamid-Isoelektrofokussierung), den unterschiedlichen Detektionssystemen (Proteinfärbung, Immunfixation, Immunfärbung nach Blotting) und den angelegten Bewertungskriterien zu suchen sein. Als Einwand gegen die Verwendung von Proteinfärbungen wird häufig unspezifische Miterfassung von anderen mit dem IgG wandernden Proteinen angeführt. Diese Kritik ist für die Agarose-Elektrophorese belegt, bei der 9 % der Bewertungen nach Immunfixation revidiert werden mußten (2). Eine vergleichende Studie dieser Art fehlt jedoch bislang für die Isoelektrofokussierung (IEF). Im Rahmen methodischer Beiträge wurde lediglich auf einzelne Fälle mit 1 oder 2 Proteinbanden hingewiesen, bei denen es sich laut Immunfixation (3, 4) oder Immunoblotting (5) nicht um IgG handelte. Die Gesamtbeurteilung hinsichtlich eines oligoklonalen Musters änderte sich dadurch jedoch nicht.

Tatsächlich liegen in jedem Liquor 2 - 3 alkalische Nicht-IgG-Proteine vor, wie man durch vorherige Absorption des IgG mit Protein A zeigen kann (7). Die extrem kathodische Bande bei pH 9,3 stellt das Gamma-trace-Protein (Post-gamma-Globulin oder Cystatin C) dar. Ein Abbauprodukt desselben findet sich besonders nach Lagerung bei pH 8,0. Bei pH 7,2 taucht eine in der Silberfärbung rötlich getönte Bande auf. Die beschriebenen Banden sind liquorspezifisch, d. h., sie kommen im parallel geführten, auf gleiche IgG-Konzentration eingestellten Serum nicht vor. Da man sich ihre Positionen leicht merken kann, besteht im Grunde keine Verwechslungsgefahr. Ihre Anwesenheit ist sogar vorteilhaft, da sie als Marker für Liquor etwaige Vertauschungen mit Serum beim Probenauftrag anzeigen können. Weiterhin läßt sich aus ihrer Intensität auf das Ausmaß einer Schrankenstörung zurückschließen. Treten um pH 7 mehrere markante Banden auf, so handelt es sich wahrscheinlich um Hämoglobin, was durch entsprechende Stix-Tests überprüft werden kann.

Während also im Normalfall bei der IEF keine Fehlinterpretationen alkalischer Proteine als IgG zu erwarten sind, ist es doch denkbar, daß in besonderen Stoffwechsellagen, etwa bei Leberschädigungen oder Untergang von Hirngewebe, neue, sonst nicht vorhandene basische Proteine auftreten. Im ersten Fall würden jedoch atypische Banden sowohl im Serum als auch im Liquor (identische Banden) auftauchen. Der Anteil hirnspezifischer Proteine beträgt weniger als 1 % des Liquor-Proteins (1), und selbst bei ausgedehnten Infarkten benötigt man hochempfindliche RIA- und ELISA-Verfahren, um eine Erhöhung nachzuweisen. Daher werden wohl kaum Konzentrationen erreicht, die zu einer Anfärbung genügen. Selbst wenn ein atypisches Protein mit einem (statistisch viel weniger wahrscheinlichen) alkalischen isoelektrischen Punkt exprimiert würde, würden kaum mehr als 1 - 2 Banden resultieren. Da in der Silberfärbung mindestens 4 Banden für ein oligoklonales Muster gefordert werden (7), würde also auch diese hypothetische Konstellation kaum zu einer Fehlbeurteilung führen. Eine Absenkung des Limits auf 1 Bande erfordert sicherlich den spezifischen Nachweis von IgG. Der diagnostische Zugewinn für die MS ist aber marginal, denn von 159 Patienten mit klinisch sicherer MS wiesen lediglich 4 (2,5 %) weniger als 4 Banden auf. Diese waren mit 2 oder 3 Banden als "fraglich oligoklonal" registriert worden. Andererseits erfaßt man bei einer Untergrenze von 1 IgG-Bande auch sämtliche schwachen und unbedeutenden Immunreaktionen bei einer Vielzahl von Krankheitsbildern. So fand sich bei 2200 fortlaufend untersuchten Patienten unter den 278 (12,6 %) mit mindestens 4 Banden nur 1 Hirninfarkt, bei den 116 (5,3 %) mit 1 - 3 Banden aber bereits 7.

Bei dem Nachweis von IgG über Immunfixation müssen eine Verbreiterung der Banden und ein verstärkter Hintergrund in Kauf genommen werden. Die Anfertigung von Press-Blots von Agarose-IEF-Gelen ist zur Identifikation von IgG sehr beliebt. Allerdings ist die Auflösung der IEF mit Agarose schlechter als mit Polyacrylamid. Blots von Polyacrylamid-IEF-Gelen werden üblicherweise durch Auflegen von mit Antikörpern beschichteten Membranen angefertigt (6), wobei jedoch hoch-affine und besonders konzentrierte IgG- Banden bevorzugt erfaßt werden. Es wurde daher versucht, das IgG aus 1 mm dicken Polyacrylamid-IEF-Gelen (PAG-Plates, Pharmacia-LKB) elektrophoretisch auf Nitrozellulosemembranen zu transferieren. Bei deutlich oligoklonalen Mustern gelang dies auch problemlos, wohingegen zarte, in der Silberfärbung gerade noch sichtbare Banden, besonders solche im Bereich oberhalb pH 8,3, durch Immunfärbung nicht mehr darstellbar waren. Da es sich bei einem Blot um eine Kopie handelt, muß die Auflösung naturgemäß hinter dem Original der Silberfärbung zurückbleiben. Außerdem sind Blots nicht transparent, was die Auswertung gegen den polyklonalen Hintergrund zusätzlich erschwert. Unter diesen Umständen bietet die Identifikation von IgG für die Routinediagnostik der MS keine Vorteile gegenüber einer mit Silber durchgeführten Proteinfärbung. Letztere ist in zweifelhaften Fällen selbst bei einem Grenzwert von mindestens 4 Banden eher noch sensitiver als der direkte Nachweis einer singulären IgG-Bande im Liquor.

Literatur

1. Felgenhauer K (1988) Liquordiagnostik. In: L Thomas (Hrsg) Labor und Diagnose. Medizinische Verlagsgesellschaft, Marburg:1403-1423
2. George PM, Lorier MA, Donaldson I, Mac G (1983) An evaluation of cerebrospinal fluid oligoclonal banding confirmed by immunofixation on agarose gel. J Neurol Neurosurg Psych 46:500-504
3. Hackler R, Kleine TO, Schlenska GK (1989) Automated isoelectric focusing (IEF) and immuno-detection of oligoclonal bands in unconcentrated CSF: comparison with agarose gel electrophoresis. J Clin Chem Biochem 27:909-910
4. Holzer G (1987) Isoelektrische Fokussierung auf ultradünnen Polyacrylamidgelen mit anschließender Immunfixation und Silberfärbung zur hochempfindlichen Darstellung oligoklonaler IgG-Fraktionen in Liquor und Serum. Lab Med 11:1-6
5. Kostulas V (1985) Oligoclonal IgG bands in cerebrospinal fluid: methodological and clinical aspects. Acta Neurol Scand 72 (Suppl 103):1-112
6. Schipper HI, Bertram G, Kaboth U (1988) Microheterogeneity of paraproteins. I. Diagnostic value of isoelectric focusing followed by immunoblotting. Clin Chim Acta 171:271-278
7. Wurster U (1988) Liquoranalytik. In: H Schliack, HC Hopf (Hrsg) Diagnostik in der Neurologie. Thieme, Stuttgart:212-236

Intrathekale IgG-Produktion in diagnostischen Untergruppen: Hinweis auf unterschiedliche Pathomechanismen?

M. Münch, H.W. Kölmel und C. Riedel

Entzündliche Reaktionen des ZNS werden über eine Aktivierung des Immunsystems vermittelt, meßbar anhand von intrathekal synthetisiertem IgG. IgG-Index und oligoklonale Banden stellen zwei unterschiedliche Parameter zu dessen Bestimmung dar. Wir untersuchten beide Parameter anhand verschiedener diagnostischer Untergruppen, um mögliche Verteilungsunterschiede festzustellen.

Hierfür analysierten wir retrospektiv die Daten der Liquor- und Serumproben von 405 Patienten. Neben den üblichen Untersuchungen wurden die Konzentrationen von Albumin, IgG, IgM und IgA mit der radialen Immundiffusion bestimmt. Zusätzlich wurde die isoelektrische Fokussierung durchgeführt, der IgG-Index berechnet und die graphische Auswertung nach Reiber vorgenommen. Für die von uns verwendete Fokussierung war eine Einengung des Liquors notwendig, die Färbung erfolgte mit Coomassie Blue, die anschließende Auswertung erfolgte optisch auf dem Lichtkasten.

Für die Aufteilung in diagnostische Untergruppen wurden die endgültigen Diagnosen aus dem Entlassungsbericht der Patienten ausgewertet. Die Unterteilung erfolgte in die Untergruppen von Patienten mit MS, entzündlichen neurologischen Erkrankungen (IND) sowie anderen neurologischen Erkrankungen (OND).

In der MS-Gruppe fanden sich bei 92 % der sicheren Diagnosen oligoklonale Banden, in der IND-Gruppe bei 32,9 %, in der OND-Gruppe bei 12,9 %. Der IgG-Index, der quantitativ meßbare Immunglobulinproduktion anzeigt, war bei 71,2 % der MS-Patienten, 27 % der IND- und 10,4 % der OND-Gruppe pathologisch. Analoge Ergebnisse zeigte die graphische Auswertung nach Reiber (intrathekale IgG-Produktion bei 69,2 % der MS-, 36,2 % der IND-, 12,4 % der OND-Gruppe nachweisbar).

Eine weitere Aufschlüsselung der Verteilung dieser verschiedenen Parameter intrathekaler IgG-Synthese innerhalb diagnostischer Untergruppen zeigte, daß bei den MS-Patienten der Befund isolierter Banden mit 17,3 % am höchsten war, während isoliert erhöhter IgG-Index lediglich bei 5,6 % zu finden waren. Beide waren bei 69,2 % erhöht. Die entsprechenden Daten in der IND-Gruppe waren 15,8, 9,9 und 17,1 %, in der OND-Gruppe 9,5, 5,0 und 3,5 %.

Innerhalb der IND- und OND-Gruppen suchten wir nach weiteren Subgruppierungen, die ein möglicherweise abweichendes Muster aufwiesen. Dabei zeigte sich, daß bei Patienten mit Neuroborreliose und Polyradikulitis das Verteilungsmuster ähnlich dem bei MS-Patienten war, d. h., der Anteil an isoliert erhöhten Banden lag wesentlich höher als der von erhöhtem IgG-Index. Die HIV-positiven Patienten wiesen dagegen ein umgekehrtes Muster auf: Ein höherer Prozentsatz zeigte einen pathologischen IgG-Index als den Nachweis oligoklonaler Banden. In der OND-Gruppe ließ sich kein entsprechendes Muster finden.

In Übereinstimmung mit der Literatur (3, 5, 8) zeigt sich in der Gruppe der MS-Patienten mit gesicherter Diagnose der Nachweis von o. B. mit 92 % als sensitivster Parameter intrathekaler IgG-Produktion noch vor dem Auftreten von quantitativ meßbarer IgG-Erhöhung. In den übrigen Diagnosegruppen zeigte sich ebenfalls ein höherer Prozentsatz von Patienten mit oligoklonalen Banden als mit unauffälligem IgG-Index, die Diskrepanz war jedoch weniger deutlich als in der MS-Gruppe.

Eine Erklärungsmöglichkeit für die Diskrepanz zwischen dem Auftreten von Banden und der quantitativ meßbaren Erhöhung des IgG bei entzündlichen Erkrankungen des Nervensystems ist der Zeitpunkt der Untersuchung sowie das Ausmaß der Gewebedestruktion. Während in frühen Stadien der Entzündung zunächst eine spezifische Immunantwort als Reaktion auf antigene Stimuli erfolgt, läßt sich in fortgeschrittenen Stadien oder bei opportunistischen Zweit- und Drittinfektionen, wie etwa bei HIV-positiven Patienten, eine quantitative Erhöhung des intrathekalen IgG nachweisen.

Ein weiterer wichtiger Faktor für die Diskrepanz zwischen dem Auftreten von Banden und erhöhtem IgG-Index stellt das Ausmaß der Störung der Blut-Liquor-Schranke dar. Gallo und Mitarbeiter etwa fanden (2) eine deutliche Abhängigkeit des Auftretens von Banden, aber auch von erhöhtem IgG-Index von der Intaktheit der Blut-Liquor-Schranke: Bei MS-Patienten ohne Schrankenstörung waren bei 99 % Banden nachweisbar, dagegen bei ausgeprägter Schrankenstörung nur noch bei 33 %.

Der von uns gefundene Anteil von 12,9 % oligoklonaler Banden in der OND-Gruppe entspricht den Befunden anderer Untersucher und weist auf die Unspezifität dieses Befundes hin (3, 4, 6, 8). Ob es sich dabei um eine Antikörperproduktion durch die Freisetzung vorher maskierter Antigene, eine unspezifische Stimulation oder ein Epiphänomen handelt, ist ungeklärt.

Die von uns gefundenen Unterschiede zwischen der Verteilung von erhöhter IgG-Synthese und dem Auftreten von oligoklonalen Banden legen den Schluß nahe, daß zwei verschiedene Prozesse der Immunglobulinproduktion unabhängig voneinander ablaufen können: Während oligoklonales IgG die Reaktion weniger B-Zellklone auf antigene Stimuli darstellt, ist die quantitativ meßbare Erhöhung der IgG-Synthese das Ergebnis einer polyklonalen B-Zell-Stimulation. Die Bandenverteilung gleicht dann dem Muster im Serum. Zur weiteren Analyse der im Liquor synthetisierten Immunglobuline und zur Aufklärung ihrer pathogenetischen Relevanz sind weitere differenzierte Methoden wie 2-D-Elektrophorese oder Immunoblotverfahren erforderlich.

Das Literaturverzeichnis ist bei den Verfassern erhältlich.

Entzündungszeichen im Liquor zerebrospinalis bei MS: Vergleich von B-Zellgehalt, intrazerebraler IgG-Synthese und oligoklonalen Banden

E. Stark, U. Wurster und J. Haas

Der Nachweis entzündlicher Veränderungen im Liquor zerebrospinalis nimmt in der Diagnostik der multiplen Sklerose eine zentrale Rolle ein. In allen Richtlinien zur diagnostischen Klassifikation der multiplen Sklerose ist das Vorhandensein dieser Liquorveränderungen von großer Bedeutung. Oft wird die Diagnose einer eindeutigen MS vom Vorhandensein entzündlicher Liquorveränderungen abhängig gemacht. Vor der Einführung der verschiedenen Methoden zum Nachweis oligoklonaler Ig-Banden kam dem Nachweis einer lymphozytären Pleozytose eine große Bedeutung zu, das Vorhandensein von Plasmazellen konnte auch bei normaler Zellzahl eine chronische Entzündung beweisen. Leider finden sich die zytologischen Kriterien nur bei maximal 60 % aller Patienten mit MS. Mit der Einführung der isoelektrischen Fokussierung zum Nachweis oligoklonaler Banden verlor die zytologische Liquoruntersuchung in der MS-Diagnostik ihre Bedeutung. Durch die Einführung immunologischer Methoden in die morphologische Diagnostik ist die Sensitivität in den letzten Jahren erheblich gesteigert worden. Da man den T-Lymphozyten ähnlich wie bei der experimentellen allergischen Enzephalomyelitis auch bei der MS eine zentrale Bedeutung beimaß, sind zunächst vor allem diese Zellen in Blut und auch im Liquor untersucht worden. Daß die T-Zellverteilung zwar die Krankheitsaktivität widerspiegelt, jedoch relativ unabhängig von der Art der Krankheit ist, wurde in verschiedenen Untersuchungen gezeigt (1, 3). Andererseits zeigen die T-Zellsubpopulationen und die intrathekale IgG-Syntheserate keinerlei Abhängigkeit voneinander. Es stellt sich deshalb die Frage, ob der Anteil an B-Zellen den entzündlichen Prozeß bei der MS besser widerspiegelt.

In 67 Liquorproben von Patienten mit definitiver MS wurde der Anteil an B-Zellen immunozytochemisch bestimmt. Zum Vergleich dienten 24 bzw. 37 Proben von Patienten mit bakterieller und viraler Meningitis sowie 13 Proben von Patienten mit Herpes zoster. Als Kontrolle dienten 18 Patienten mit vaskulären Erkrankungen des ZNS oder Augen- und Ohrenkrankheiten sowie 17 Proben mit Meningeosis carcinomatosa. Der Nachweis der B-Zellen erfolgte an Zytozentrifugenpräparaten mit monoklonalen Antikörpern und einem Immunoenzymassay.

Dabei fand sich eine schwache positive Korrelation zwischen relativem B-Zellanteil und intrathekaler IgG-Synthese (Rangkorrelationskoeffizient 0,25). Dies heißt, daß die mit modernen Methoden bestimmten B-Zellwerte offenbar plausibler sind als ältere Angaben. Bei Untersuchungen mit Rosettentests beispielsweise lag der B-Zellgehalt bei Kontrollpatienten ohne entzündliche Erkrankungen oft höher als bei der MS (2).

In rund 70 % der Kontrollpräparate und der Hälfte der Proben bei Meningeosis waren B-Zellen nicht nachzuweisen, ansonsten lag ihr Anteil meist unter 1 %. Setzt man diesen Wert als Obergrenze für nichtentzündliche Erkrankungen, so hat man auf der einen Seite bei der Meningeosis rund 1/3 falsch positive Befunde. Untersucht man, welche anderen liquorzytologischen Parameter bei den Patienten mit B-Zellvermehrung bei meningealer Tumoraus-

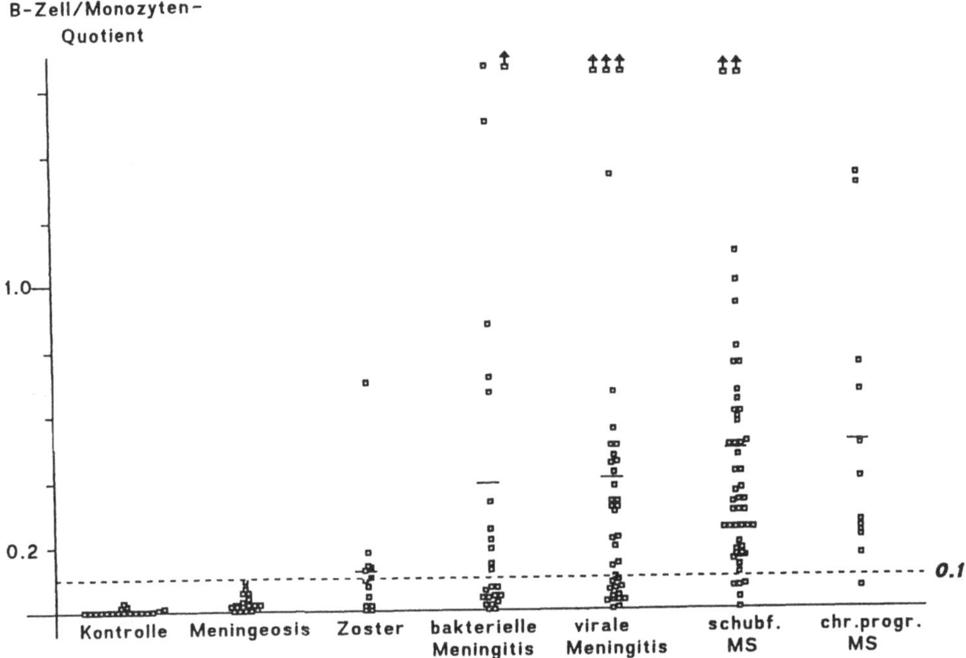

saat verändert sind, so fällt auf, daß in diesen Proben der Anteil an Monozyten erhöht ist. Offensichtlich kommt es also bei unspezifischen Reizzuständen nicht nur zu einem Einstrom von Monozyten, sondern auch zu einer geringen B-Zellvermehrung. Es lag deshalb nahe, den Anteil an B-Zellen in Relation zum Monozytenanteil anzugeben. Dieser Quotient aus B-Zell- und Monozytenanteil lag bei den Kontrollen und den Patienten mit Meningeosis unter 0,1, bei den MS-Patienten lag er in über 90 % der Fälle darüber. Dieser Quotient scheint also besser geeignet zu sein, eine chronische Entzündung festzustellen. Auch beim Zoster und bei den Meningitiden war dieser Wert in rund der Hälfte der Fälle erhöht. Diese Proben waren in der Mehrzahl in der Frühphase der Erkrankung gewonnen worden, oligoklonale Banden fehlten hier meist. Es ist deshalb anzunehmen, daß ein Anstieg des B-Zell/Monozyten-Verhältnisses früher nachgewiesen werden kann als eine intrathekale IgG-Synthese. Von besonderem Interesse ist die Frage, was bei MS-Patienten festgestellt wird, bei denen oligoklonale Banden im Liquor fehlen. Bislang konnten wir vier Patienten mit klinisch und kernspinto- mographisch definitiver bzw. wahrscheinlicher multipler Sklerose untersuchen. Hier war der B-Zell/Monozyten-Quotient bei 2 der 4 Patienten erhöht. Es ist deshalb denkbar, daß die immunzytochemische Bestimmung der B-Zellen im Liquor bei einem Teil der Patienten ohne oligoklonale Banden die entzündliche ZNS-Erkrankung beweisen kann. Hier sind jedoch weitere Untersuchungen nötig, die jedoch bei der Seltenheit des Fehlens von oligoklonalen Banden bei MS sehr lange Zeit in Anspruch nehmen werden. Von Nachteil bei dieser Untersuchung ist, daß hier größere Liquormengen als zum Nachweis oligoklonaler Banden notwendig sind. Beträgt beispielsweise der B-Zellanteil bei einer Zellzahl von 0,5/µl ein halbes Prozent, so sind bei einer präparativen Zellausbeute von 25 % rund 2 ml Liquor notwendig, um eine einzige B-Zelle nachzuweisen.

Das Literaturverzeichnis ist bei den Verfassern erhältlich.

Der Liquor/Serum Neopterinquotient in der Liquordiagnostik entzündlicher ZNS-Erkrankungen

M. Grözinger, H. Henningsen, B. Pohlmann-Eden und P. Berlit

Eine Verbindung aus der Gruppe der Pteridine - das Neopterin - wird im menschlichen Körper infolge Stimulation der zellulären Immunität von Monozyten bzw. Makrophagen gebildet, wobei Interferone als Mediatoren fungieren. In den letzten Jahren konnten Zusammenhänge zwischen entzündlichen neurologischen Erkrankungen und dem Neopterinspiegel im Liquor nachgewiesen werden (1, 2, 3, 4, 5, 6).

Wie sich anhand von Beispielen zeigen läßt, kann Neopterin jedoch auch durch Diffusion aus dem Serum im Liquor erhöht sein, ohne daß eine Entzündungsreaktion im Liquorraum vorliegt. Wir haben deshalb statt des Neopterinspiegels im Liquor den Quotienten aus Liquor- und Serumneopterin QN betrachtet. In der folgenden Untersuchung soll gezeigt werden, daß QN eine sinnvolle Ergänzung der üblichen Liquorparameter darstellt und einen Anhalt für das Ausmaß der entzündlichen Reaktion im Liquorraum gibt.

Bei je 356 Liquor- und Serumproben wurden mittels des Radioimmunoessay Riacit (Henning/Berlin) die Neopterinspiegel bestimmt und der Quotient QN berechnet. Weiter wurden die üblichen Liquorparameter L (Zellzahl, Gesamteiweiß, Albuminquotient und IgG-Index) bestimmt. L wurde als normal gewertet, wenn alle Liquorparameter innerhalb der üblichen Normbereiche lagen. In einer Voruntersuchung an einem Normalkollektiv hatte sich der Mittelwert und die Standardabweichung von QN zu 0,41 bzw. 0,20 ergeben, so daß ein Normalbereich von QN < 0,90 festgelegt wurde (4).

In einer Wertung der Ergebnisse von L und QN in Verbindung mit der Diagnose ergab sich folgende Konstellation:

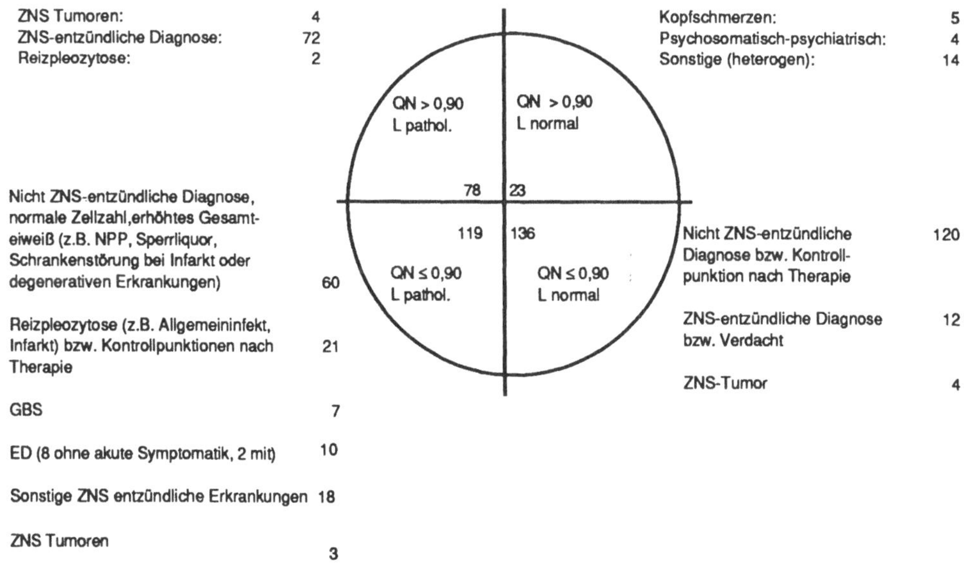

Es zeigt sich also, daß bestimmte Liquorsyndrome wie z. B. eine Reizpleozytose oder eine reine Schrankenstörung nicht mit einer Erhöhung von QN einhergehen - wie dies ja auch bei fehlender Stimulation der zellulären Immunität im Liquorraum erwartet werden kann. Berücksichtigt man diese Tatsache, so ergibt sich in einem hohen Prozentsatz der untersuchten Fälle - um 80 % - ein einheitliches Bild bei der Beurteilung von L, QN und der Diagnose.

Daß QN in manchen Fällen ein hilfreicher zusätzlicher Parameter sein kann, soll folgende Tabelle mit Beispielen zeigen:

Diagnose	Liquorbefund (nur patholog. Werte)	QN
Bakterielle Meningitis	192/3 Granulozyten, GEW 580 mg%	14,70
Sichere MS mit Schub	IgG-Index 0,76	2,00
Zoster Polyradikulitis	22/3 Zellen, IgG-Index 0,83	1,41
Neurosarkoidose	31/3 Zellen	2,73
Meningeosis carcinomatosa	Atypisches Zellbild, GEW 61 mg%	1,21
HIV Enzephalitis	IgG-Index 1,2	1,08
Hirnstammenzephalitis	46/3 Zellen, GEW 69 mg%	1,03
Allgemeininfekt	32/3 Zellen	0,05
Allgemeininfekt	GEW 89 mg%	0,50
atypischer Gesichtsschmerz	16/3 Zellen	5,00
Anorektische Raktion	unauffällig	4,90
Gliom	unauffällig	0,91

Literatur

1. Fierz W, Dommasch D, Niederwieser A (1987) Neopterin in cerebro-spinal fluid as a prarameter of local cellular immune reactions in the central nervous system. In: Lowenthal A, Raus J (Hrsg) Cellular and humoral immunological components of cerebrospinal fluid in multiple sclerosis. Plenum Publ Corp, New York:369-379
2. Fredrikson S, Link H, Eneroth P (1987) CSF neopterin as marker of disease activity in multiple sclerosis. Acta Neurol Scand 75:352-355
3. Fredrikson S, Eneroth P, Link H (1987) Intrathecal production of neopterin in aseptic meningoencephalitis and multiple sclerosis. Clin Exp Immunol 67:76-81
4. Grözinger M, Nestle C, Teuber J, Berlit P (1989) Neopterin in der Diagnose entzündlicher neurologischer Erkrankungen. Psycho 15:344-348
5. Grözinger M, Henningsen H, Teuber J, Nestle C, Berlit P (1989) CSF and Serumneopterin levels in patients with inflammatory neurological diseases and in controls. 14th World Congress of Neurology New Delhi
6. Wachter H, Fuchs D, Hausen A, Reibnegger G, Werner ER (1989) Neopterin as marker for activation of cellular immunity: immunologic basilar and clinical application. Adv Clin Chem 27:81-141

Einsatzmöglichkeiten der zweidimensionalen Gelelektrophorese in der Liquordiagnostik*

R. Lange, P. Sinha, H.W. Kölmel und E. Köttgen

Die Entwicklung der isoelektrischen Fokussierung (IEF) in Agarose- oder Polyacryl-amidgelen führte zum Einsatz dieser Technik in der Liquordiagnostik (2). Bei entzündlichen Prozessen des Nervensystems findet man im Liquor u. a. oligoklonale Banden, die sich je nach verwendetem Trenn- und Färbeverfahren in unterschiedlicher Zahl und Intensität zeigen (7).

Eine noch differenziertere Darstellung wird erreicht, wenn man die Liquorproteine nicht nur entsprechend ihrem isoelektrischen Punkt (pI), sondern auch nach ihrem Molekularge-wicht trennt. Zum ersten Mal setzte O'Farrell (6) diese beiden Trennverfahren kombiniert zur Analyse von Stoffgemischen ein. Seitdem haben mehrere Autoren versucht, die Methode für die Darstellung von Liquorproteinen einzusetzen (1, 3, 9).

Neben der Schwierigkeit, bei bestimmten Erkrankungen Regelmäßigkeiten im Pro-teinmuster zu finden, waren der Reproduzierbarkeit der hochauflösenden 2-D-Elektro-phorese methodische Grenzen gesetzt. Die Schwierigkeiten kamen hauptsächlich durch driftende pH-Gradienten zustande, die durch die Verwendung von Trägerampholyten, die sich zunächst entsprechend ihrer Ladungsbilanz im elektrischen Feld anordnen müssen, zu erklären sind (4). Mit der Synthese von Acrylamidpuffern, d. h. Akrylamidderivaten mit defi-nierten pI-Werten, ist man heute in der Lage, Gele mit definierten pH-Gradienten herzu-stellen. Diese Acrylamidpuffer werden fest in das Gel eingebunden und verändern ihre Lage nicht mehr (8). Die vorliegende Untersuchung beschäftigt sich mit der Einsatzmöglichkeit der hochauflösenden zweidimensionalen Elektrophorese in der Liquordiagnostik mit im-mobilisiertem pH-Gradienten in der 1. Dimension.

Für die Pilotstudie wurde zunächst die Gesamteiweißkonzentration des Liquor cere-brospinalis von je drei Patienten mit den Diagnosen Encephalomyelitis disseminata, Neuro-borreliose, Neurolues und AIDS sowie von drei Kontrollpersonen bestimmt. Das Pro-benmaterial wurde lyophilisiert und in Probenpuffer (9 M Harnstoff, 2 % NP40, 2 % w/v Trägerampholine und 10 mM DTT) gelöst.

Die vorher getrockneten Gelstreifen der 1. Dimension wurden rehydriert (8 M Harnstoff, 5 % Glyzerin, 0,5 % NP-40 v/v, 0,5 % w/v Trägerampholyte pH 3,5 - 10, 10 mM DTT) und die Proben über Nacht bei 300 V, 2 mA, 5 W fokussiert. Nach 16 h wurde die Voltzahl für 0,5 h auf 5000 erhöht. Die fokussierten Proben wurden zur Vorbereitung für die zweite Dimension 2 x 10 Min. in 6 M Harnstoff, 3 % SDS, 30 % Glyzerin, 1 M Tris-HCl (pH 6,8) und 10 mM DTT equilibriert. Dem Puffer des 2. Equilibrierungsschrittes wurden 3 % Jod-acetamid zugesetzt. Für die 2. Dimension wurden ein 12 %-Gel verwendet und die Proben entsprechend ihrer Molekulargewichte vertikal getrennt (40 mA/Gel). Die Proteinprofile wurden durch eine modifizierte Heukeshoven-Silberfärbung sichtbar gemacht (5).

Die Gefriertrocknung des Probenmaterials erlaubte, definierte Proteinmengen elek-trophoretisch zu trennen.

Die Kombination IEF (immobilisierter pH-Gradient) und SDS-Polyacrylamidgel-Elektrophorese bot eine genauere Beurteilung des Liquorproteinprofils als die eindimensionale IEF. Es wurde eine hohe Reproduzierbarkeit der Proteindarstellung mit immobilisiertem pH-Gradienten in der 1. Dimension erreicht. Die Methode soll zukünftig bei der Charakterisierung molekularer Eigenschaften von im Liquor auftretenden Proteinen genutzt werden.

Literatur

1. Bracco F, Gallo P, Tavolato B, Battistin L (1985) Two-dimensional electrophoresis of cerebrospinal fluid proteins in normal and pathological conditions. Neurochem Res 10:1203-1219
2. Delmotte P (1971) Gel isoelectric focusing of cerebrospinal fluid proteins as a potential diagnostic tool. J Clin Chem Biochem 9:334-338
3. Endler AT, Young S, Yanagihara T, Currie DS, Reid T (1987) High resolution two-dimensional polyacrylamide gel electrophoresis of cerebrospinal fluid in patients with neurological diseases. J Clin Chem Biochem 25:61-70
4. Görg A, Postel W, Günther S (1988) The current state of two-dimensional electrophoresis wiht immobilized pH gradients. Electrophoresis 9:531-546
5. Heukeshoven J, Demick R (1985) Simplified method for silver staining of proteins in polyacrylamide gels and mechanisms of silver staining. Electrophoresis 6:103-112
6. O'Farrell PH (1975) High resolution two-dimensional gel electrophoresis of proteins. J Biol Chem 250:4007-4021
7. Olsson JE, Nilsson K (1979) Gammaglobulins of CSF and serum in multiple sclerosis: Isoelectric focusing on polyacrylamide gel and agar gel electrophoresis. Neurology:1383-1385
8. Righetti PG, Gianazza E, Gelfi C, Chiari, Sinha P (1989) Isoelectric focusing in immobilized pH gradients. Anal Biochem 61:1602-1612
9. Wiederkehr F, Ogilivie A, Vonderschmitt DJ (1987) Cerebrospinal fluid proteins studied by two-dimensional gel electrophoresis and immunoblotting technique. J Neurochem 49:363-372

*Diese Studie wurde von der BERLIN-Forschung, dem Förderungsprogramm für junge WissenschaftlerInnen der Freien Universität Berlin, unterstützt.

Isoelektrische Fokussierung. Coomassie-Blue- oder Silbernitrat-Färbung?

H.W. Kölmel und C. Riedel

Die isoelektrische Fokussierung von Serum- und Liquoreiweiß hat sich zu einer der wichtigsten Methoden entwickelt, um verschiedene entzündliche Erkrankungen des ZNS nachzuweisen. Durch ihre hohe Sensitivität hat sie die konventionelle elektrophoretische Trennung im Agargel im wesentlichen verdrängt. Zwei Methoden der Bandendarstellung haben sich in den letzten Jahren etabliert: die Färbung mit Coomassie-Blue und die Darstellung mit Silbernitrat. In den meisten Laboratorien wird wegen ihrer leichten Handhabung die Coomassie-Blue-Färbung durchgeführt, manche Autoren empfehlen allerdings trotz größeren Zeit- und technischen Aufwandes die Silbernitratfärbung (1, 2,). Um die angeblichen Vor- und Nachteile herauszuarbeiten, haben wir in einer Untersuchungsreihe beide Methoden miteinander verglichen.

Material und Methoden

In die Studie wurden Liquor und Serum von 24 Patienten einbezogen. Nach isoelektrischer Fokussierung von Liquor- und Serumprotein wurde jeweils ein Gel mit Coomassie-Blue und ein weiteres mit Silbernitrat gefärbt. Die Comassie-Blue-Färbung kam mit kommerziell erhältlichen Gelen aus. Für die Silbernitratfärbung wurden eigene Gele hergestellt, da sich uns die kommerziell erhältlichen als häufig artefaktanfällig erwiesen.

Folgende Diagnosen wurden gestellt: 4mal klinisch definitive MS, 6mal klinisch wahrscheinliche MS, 1mal Neuroborreliose, 13mal Kontrollen (funktionelle Störungen, Kopfschmerzen usw.).

Unsere Auswertung erfolgte in zwei Trennbereichen, pH 6,7 - 8,0 und 8,0 - 9,8. Als positiver Befund wurde gewertet, wenn im entsprechenden Bereich nur im Liquor mehr als eine Bande zu identifizieren war.

Ergebnisse

Oligoklonale Banden - in der Regel IgG - lassen sich v. a. in den pH-Bereichen 5,3 bis 9,8 nachweisen (4). Der überwiegende Teil der oligoklonalen Banden befindet sich im pH-Bereich 8,0 - 9,8. In den von uns festgelegten Bereichen ließen sich mit Silber-Nitrat insgesamt 81, mit Coomassie-Blue 44 Banden nachweisen (Tab. 1). Schärfere Darstellung der Banden fand sich bei der Silbernitratfärbung. Bei der Kontrollgruppe waren weder nach Silbernitrat noch nach Coomassie-Blau Banden identifizierbar. Die einzelnen Ergebnisse sind in der Tabelle aufgelistet.

Tabelle 1. Zahl der oligoklonalen Banden nach Coomassie-Blue- und nach Silbernitratfärbung. Patient 1 - 4 gesicherte MS, Patient 5 - 10 wahrscheinliche MS, Patient 11 Neuroborreliose

Patient	Coomassie-Blue pH		Silbernitrat pH	
	6,7 - 8	8 - 9,9	6,7 - 8	8 - 9,8
1	-	3	-	10
2	-	2	-	6
3	-	1	-	5
4	-	2	-	6
5	-	4	-	6
6	-	-	-	-
7	1	5	2	12
8	1	3	-	7
9	2	8	1	7
10	2	7	2	14
11	-	3	-	3

Diskussion

Sowohl Coomassie-Blue wie Silbernitrat erweisen sich als sensitive Methode, oligoklonale Banden im Serum und Liquor darzustellen. Handelte es sich um Patienten, bei denen Anamnese und Befund keinerlei Hinweis auf eine entzündliche Erkrankung des Nervensystems gaben, so fanden sich bei beiden Methoden keine oligoklonale Banden. Bei allen Patienten, die Banden nach der Silbernitratfärbung aufwiesen, fanden sich auch Banden nach der Coomassie-Blue-Färbung. Beide Methoden erwiesen sich demnach, was die Aussage "positiv" oder "negativ" anbelangt, als gleichwertig.

Die Coomassie-Blue-Färbung erfordert konzentrierten Liquor. Die Konzentration führt zu einer unkalkulierbaren Erhöhung des IgG, damit ist die Vergleichbarkeit mit den Werten des Serum nur eingeschränkt möglich. Eine Angleichung der IgG-Werte von Liquor und Serum würde eine erneute quantitative Bestimmung des IgG in dem konzentrierten Liquor notwendig machen. Die Konzentration ändert die relative Menge der verschiedenen Liquorproteine und erfordert eine erhebliche Liquormenge, nämlich 3 - 5 ml. Verwendet man die Silbernitratfärbung, so kommt man mit 15 - 20 µl aus.

Die Zahl der Banden nach Silbernitrat liegt höher. Die Banden sind trennschärfer, ein Umstand, der die Lesbarkeit des elektrophoretischen Ergebnisses erleichtert.

Das Literaturverzeichnis ist bei den Verfassern erhältlich.

Die MS-charakteristischen Liquorveränderungen als diagnostische Hilfe bei der enzephalitischen Form der multiplen Sklerose

K. Felgenhauer und H.O. Reiber

Der Liquor durchströmt einen U-förmigen Raum und wir punktieren seinen tiefsten Punkt. Erkrankungen am aufsteigenden Schenkel können deshalb der Liquoranalyse völlig entgehen, etwa Hemisphäreninfarkte. Die Entmarkungsherde der multiplen Sklerose jedoch liegen bevorzugt am absteigenden Schenkel, also in jenen Teilen des Zentralnervensystems, die mit dem lumbalen Liquorraum im Diffusionsgleichgewicht stehen. Dies sind die periventrikulären Regionen, die perizisternalen Anteile der basalen Rinde und des Hirnstamms, die Kleinhirnrinde sowie das Rückenmark und die Medulla oblongata.

Deshalb finden sich bei 98 % aller MS-Kranken entzündliche Liquorveränderungen, obwohl die Zone des intensiven Stoffaustausches für Makromoleküle - also Proteine - nur einige Millimeter breit ist:

Oligoklonale Immunglobuline	98 %
MRZ-Reaktion (ASI > 1,5)	94 %
Intakte Blutliquorschranke (Alb < 7×10^{-3})	88 %
Aktivierte B-Lymphozyten (> 0,1 %)	79 %
Pathologischer IgG-Quotient	73 %
Pleozytose (> 4/µl)	61 %

Wie bei allen anderen Erkrankungen mit plasmazellulären Entzündungsherden zeigen die Gammaglobuline ein oligoklonales Muster, d.h., die Immunantwort im Gehirn ist heterogener, breiter als die systemische Immunreaktion. Die bisher einzige MS-charakteristische Liquorveränderung ist die MRZ-Reaktion, d.h. die Lokalsynthese von Antikörpern gegen das Masern-, Röteln- und Zostervirus. Die Blutliquorschranke ist normal oder nur leicht verändert, weil Verminderungen des Liquorturnovers kaum auftreten. Aktivierte B-Lymphozyten sind bei erregerbedingten Erkrankungen Aktivitätsmarker. Ob das auch für die Prozeßdynamik der MS gilt, wissen wir nicht, zumal Liquorveränderungen und klinisches Bild kaum korrelieren. Die lokal synthetisierten Immunglobuline gehören überwiegend der Klasse G an.

Diese Befundkonstellation hat einen hohen differentialdiagnostischen Wert. Verwechslungen mit anderen Erkrankungen kommen nur noch selten vor. Die folgenden Liquorveränderungen sind zunehmend seltener:

Lokale IgM-Synthese	26 %
Leichte Schrankenstörung (QAlb = $7\text{-}10 \times 10^{-3}$)	11 %
Pleozytose über 35/µl	6 %
Lokale IgA-Synthese	6 %
Mäßige Schrankenstörung (QAlb = $10\text{-}20 \times 10^{-3}$)	1 %

Eine Prävalenz der MRZ-Reaktion von über 90 % findet man nur dann, wenn der Antikörpergehalt auf die jeweilige IgG-Konzentration bezogen und der Antikörper-Spezifiäts-Index (ASI) ermittelt wird. Dieser gibt an, um wieviel größer der Antikörpergehalt des Liquors im Vergleich zum Serum ist. Bei der MS ist es besonders wichtig, auf welchen IgG-Wert man bezieht.

Nehmen wir an, daß im Serum jedes 10. IgG-Molekül ein spezifischer Antikörper ist (QSer = 0,1) und daß im Liquor ein gleich großer Anteil hinzukommt. Beziehen wir die Antikörpermenge auf Gesamt-IgG, ist der Index 1,9 (0,19 : 0,1). Beziehen wir auf die passiv hindurchgetretene IgG-Menge, dann ist der Index 2,4 (1,9 : 8/0,1). Beide Werte sind größer als 1,5, also pathologisch. Bei der MS wird der aus dem Serum hindurchgetretene Antikörper durch zahlreiche andere intrathekal gebildete Antikörper "verdünnt". Beziehen wir auf Gesamt-IgG, dann finden wir einen irreführenden Index von 1,2 (0,12 : 0,1). Beziehen wir jedoch auf die sehr kleine IgG-Fraktion aus dem Serum, dann errechnet sich ein Index von 6,0 (1,2 : 0,2/0,1).

Die Mengen der mit diesem Verfahren bei der MS gefundenen Virusantikörper, etwa gegen das Zostervirus (VZV) sind durchaus mit den monoviralen Reaktionen bei der Zostermeningitis und -ganglionitis vergleichbar. Auch die Kreuzreaktionen mit dem Herpes simplex-Virus (HSV) sind gleich.

Mit diesem Verfahren finden sich auch bei den massiven humoralen Reaktionen erregerbedingter Erkrankungen keine "Bystander"-Reaktionen mehr, etwa bei der Paralyse, der Neuroborreliose Bannwarth oder der Zystizerkose. Alle ASI-Werte der neurotropen Viren sind normal.

Nahezu alle chronischen Enzephalitis-Psychosen hatten eine positive MRZ-Reaktion und sollten bis zum Beweis des Gegenteils den entzündlichen Entmarkungskrankheiten vom Typ der MS zugerechnet werden.

Wie bei der "klassischen" MS gehören die lokal produzierten Antikörper überwiegend zur Klasse IgG. Die klinischen Bilder sind überaus vielgestaltig, dafür ein Beispiel:

Die Erkrankung begann bei der 24jährigen Studentin mit einer organischen Wesensänderung, sie wurde ängstlich, mißtrauisch, grüblerisch und unkonzentriert. Es folgte eine paranoide Psychose: Sie fühlte sich vom Teufel verfolgt, stößt unmotivierte Schreie aus, mißdeutet Geräusche und Gesten und wähnt ihren Freund in Jesu Gestalt auf Station. Dann entwickeln sich 3 Schübe einer Depression mit 2 Selbstmordversuchen und ausgeprägten Schuldgefühlen. Zeitweilig rutscht sie in einen Stupor ab. Die Depression geht in eine anhaltende bipolare Psychose über. Zweimal schlägt die Depression mit einem großen Anfall für mehrere Tage in eine Manie um. Sie verliert zunehmend den Bezug zur Realität. Am Ende des Beobachtungszeitraumes entwickelt sich eine paranoid-halluzinatorische Psychose. Sie hört eine männliche Stimme, die ihre Handlungen kommentiert und mit der sie bisweilen streitet. Sie hat ausgeprägte formale und inhaltliche Denkstörungen wahnhaften Charakters.

Völlig unabhängig vom Auf und Ab der klinischen Bilder steigt die Zellzahl im Verlaufe von 4 Jahren auf Werte um 60/µl an. Die lokal synthetisierte IgG-Fraktion beträgt im ersten Jahr 3 mg/dl und am Ende des Beobachtungszeitraumes 13 mg/dl.

Das Literaturverzeichnis ist bei den Verfassern erhältlich.

Die Rolle zellulärer Immunreaktion in der Pathophysiologie neuroimmunologischer Erkrankungen

R. Hohlfeld

Wegen der besonderen strukturellen und funktionellen Eigenschaften der Bluthirnschranke und anderer Besonderheiten wurde das Zentralnervensystem lange Zeit als "blinder Fleck" des Immunsystems betrachtet. Erst in jüngster Zeit stellte sich heraus, daß das Zentralnervensystem keineswegs völlig vom Immunsystem abgeschirmt ist. Allerdings sind nur ganz wenige Elemente des Immunsystems als "Patrouille" zugelassen. So ist die normale Bluthirnschranke für Immunglobuline nahezu undurchlässig. Allerdings können aktivierte T-Lymphozyten völlig unabhängig von ihrer Antigenspezifität die Bluthirnschranke durchdringen. Durch die strenge Selektion der das Zentralnervensystem überwachenden Immunzellen wird das Risiko einer Schädigung unbeteiligter (Bystander-) Zellen so gering wie möglich gehalten. Dies ist im Bereich des Zentralnervensystems deshalb besonders wichtig, weil sich auch geringste Schädigungen deletär auswirken können und weil die Möglichkeiten der Regeneration nahezu fehlen. Bei schweren Infektionen kommt es allerdings zu einer weitgehenden Öffnung der Bluthirnschranke, die dann einen breiten Einstrom von Antikörpern und Immunzellen ermöglicht.

Da aktivierte T-Lymphozyten unabhängig von ihrer Antigenspezifität die Bluthirnschranke durchwandern können, kann der Austritt von Zellen ins umliegende Gewebe alleine lediglich einen notwendigen, aber keineswegs bereits hinreichenden Schritt in der Pathogenese der neurologischen Autoimmunerkrankungen bedeuten. Eine lokale Aktivierung und Gewebsschädigung setzt vielmehr voraus, daß die eingewanderten Immunzellen "ihr" Antigen in immunogener Form präsentiert bekommen. Seit langem weiß man, daß die Expression von HLA-Antigenen normalerweise im zentralen Nervensystem nahezu fehlt. Eines der wichtigen allgemeinen Prinzipien, das sich in den letzten Jahren herauskristallisiert hat, ist, daß neben den sogenannten "professionellen" Antigen-präsentierenden Zellen (B-Lymphozyten, Makrophagen, dendritischen Zellen) bestimmte Zellen im lokalen Milieu des Zielorgans "fakultativ" HLA exprimieren können und Antigen-präsentierende Funktion erlangen können. Dies gilt in gleicher Weise für das zentrale und periphere Nervensystem sowie für die Muskulatur. Inzwischen klassisches Beispiel für eine fakultative Antigen-präsentierende Zelle sind die Astrozyten, wobei möglicherweise die strategische Anordnung dieser Zellen im Bereich der Bluthirnschranke (Kapillaren) eine Rolle spielt. Astrozyten können selbst eine Reihe von Zytokinen und anderen Entzündungsmediatoren produzieren (z. B. Interleukin 1, Tumor-Nekrose-Faktor [TNF], Prostaglandine). Andererseits reagieren Astrozyten auf eine Reihe von Zytokinen, die von T-Lymphozyten oder Makrophagen abgegeben werden.

Interferon-Gamma, das vorwiegend von T-Lymphozyten sezerniert wird, induziert auf Astrozyten HLA-Klasse-II-Antigene, wobei andere Zytokine wie TNF wahrscheinlich synergistisch wirken können. Weitere Zytokine (TNF, Interleukin-6/Lymphotoxin) können die Proliferation von Astrozyten stimulieren.

Neben den Astrozyten sind eine Reihe weiterer Zellen des zentralen und peripheren Nervensystems und des Muskels Kandidaten für lokale Antigen-Präsentation. Es ist hierbei wichtig, daß die (induzierte) HLA-Expression nicht notwendig auch die funktionelle Befähigung zur Antigen-Präsentation bedeutet. Überdies müssen die lokalen Zellen mit fakultativer immunologischer Rolle keineswegs immer einen stimulierenden Effekt ausüben. Vielmehr ist durchaus denkbar, daß solche Zellen lokal zu einer Hemmung der Autoimmunreaktion beitragen können (z. B. Sekretion von Apo-Lipoprotein E und immunsuppressiven Prostaglandinen durch Astrozyten).

Für die Herkunft der präsentierten Autoantigene gibt es zwei grundsätzliche Möglichkeiten. Erstens können die relevanten Antigene durch die Antigen-präsentierenden Zellen selbst produziert worden sein. Zum Beispiel können Schwann-Zellen nach Stimulation mit Interferon-Gamma ein Myelinprotein des peripheren Nervensystems, P2, T-Zellen in immunogener Form präsentieren. Für diejenigen Antigene, die im Kontext mit HLA-Klasse 1 präsentiert werden, wird ohnehin angenommen, daß es sich um endogen produzierte Proteine handelt. Die zweite Möglichkeit ist die, daß die Antigen-präsentierenden Zellen Antigen aus der Umgebung aufnehmen und den T-Zellen präsentieren. Ein Beispiel hierfür könnten zum Beispiel die Schwann-Zellen im Bereich der neuromuskulären Synapse bieten. Kürzlich konnte gezeigt werden, daß Schwann-Zellen Acetylcholinrezeptor immunogen präsentieren können.

Welches sind die bei den neurologischen Autoimmunerkrankungen bedeutsamen Autoantigene? Da im Bereich des zentralen und peripheren Nervensystems die Demyelinisierung im Vordergrund steht, ist es naheliegend, vor allem Myelin-Komponenten als Autoantigene zu verdächtigen. Als Antigene für T-Lymphozyten sind vor allem das MBP, das PLP und das P2 in Tiermodellen untersucht worden; als Antigene für Antikörper kommen das MAG (Myelin-assoziiertes Glykoprotein) und das MOG (Myelin/Oligodendroglia-Glykoprotein) in Frage. Weitere für humorale Autoimmunreaktionen möglicherweise bedeutsame Antigene sind die Glykolipide und die Ganglioside.

Lokale Antigen-Präsentation und Antigen-Erkennung durch autoimmune T-Lymphozyten und Autoantikörper ist nur ein erster Schritt in der Entstehung der autoimmunen Gewebsläsion. Die eigentliche "Effektorphase", d. h., die lokale Gewebsschädigung, ist ebenso kompliziert wie die Induktionsphase. Grundsätzlich können in der Effektorphase entweder zelluläre oder humorale Schädigungsmechanismen im Vordergrund stehen. Klassische Beispiele für vorwiegend T-Zell-vermittelte Autoimmunreaktionen sind die experimentellen Tiermodelle EAE und EAN. Typisches Beispiel für eine Antikörper-vermittelte Autoimmunreaktion ist die menschliche und die experimentelle Myasthenia gravis. Bei der multiplen Sklerose und der Myositis sprechen die histologischen Befunde für eine wichtige Rolle zellvermittelter Immunität. Natürlich läßt sich keineswegs ausschließen, daß Autoantikörper ebenfalls beteiligt sind. Bei der EAE läßt sich demonstrieren, daß gleichzeitige Injektion von MBP-spezifischen T-Lymphozyten und einem Antikörper gegen ein Oberflächenantigen der Myelinscheide (Myelin/Oligodendroglia Glykoprotein, MOG) einen synergistischen Effekt auf die entzündliche Demyelinisierung haben.

Ausblick für die Therapie

Eines der vorrangigen Ziele der klinisch-neuroimmunologischen Forschung ist die Entwicklung neuer Strategien für eine *spezifische* Immuntherapie. Die bisher gebräuchlichen immunsuppressiven Medikamente wirken unspezifisch und sind mit einem hohen Nebenwirkungsrisiko belastet. Die interessantesten neuen Therapieansätze wurden mit Hilfe der

EAE, der zur Zeit am besten charakterisierten experimentellen Autoimmunerkrankung überhaupt, entwickelt. Bei der EAE sind die immunogenen Autoantigen-Determinanten, die Restriktionselemente, und der von den autoaggressiven T-Lymphozyten benutzte Antigen-Rezeptor bereits sehr weitgehend charakterisiert. Dabei zeigte sich, daß die Autoimmunreaktion gegen MBP zwar eindeutig polyklonalen Ursprungs ist, daß aber dennoch das Spektrum der beteiligten T-Lymphozyten-Klone relativ beschränkt ist. Insbesondere benutzen sowohl bei der Ratte wie auch bei der Maus die autoaggressiven T-Lymphozyten ganz bevorzugt nur ein V-Beta-T-Zellrezeptor Gensegment. Zwei aktuelle Strategien für die spezifische Immuntherapie basieren auf dieser genauen Kenntnis des trimolekularen Komplex der Autoantigen-Erkennung. Ziel der ersten Strategie ist es, die Antigen-präsentierenden MHC-Moleküle durch *"Designer-Peptide"* zu blockieren. Diese Designer-Peptide können durch geringfügige Modifikation von den Autoantigen-Peptiden abgeleitet werden und dann theoretisch mit den Autoantigen-Peptiden um die HLA-Bindungsstelle konkurrieren bzw. die Autoantigen-Peptide vom HLA Molekül verdrängen. Damit wären dann diejenigen HLA-Moleküle, die Autoantigen-Peptide präsentieren können, spezifisch blockiert.

Ein zweiter interessanter Ansatz sieht vor, die Eigenschaften der relativ wenigen T-Zell-Rezeptoren, die bei der Autoantigen-Erkennung eine Rolle zu spielen scheinen, auszunutzen, um entweder spezifische Antikörper gegen solche autoaggressiven T-Zell-Rezeptoren zu entwickeln oder um zelluläre Reaktionsmechanismen gegen die autoaggressiven T-Zell-Rezeptoren in Gang zu setzen. Mit beiden Therapieansätzen gibt es erstaunliche Behandlungserfolge bei der EAE. Ob und inwieweit diese Strategien Anwendung beim Menschen finden können, etwa bei der Behandlung der multiplen Sklerose, ist derzeit noch völlig offen.

Literatur

1. Hohlfeld R (1989) Neurological autoimmune disease and the trimolecular complex of T-lymphocytes. Ann Neurol 25:531-538
2. Schönbeck S, Chrestel S, Hohlfeld R (1990) Myastenia gravis: Prototype of the antireceptor autoimmune diseases. Int Rev Neurobiol (im Druck)
3. Toyka KV, Hartung HP, Hohlfeld R (1987) Klinische Neuroimmunologie. Edition Medizin - VCH Verlagsgesellschaft, Weinheim
4. Wekerle H, Linington C, Lassmann H, Meyermann R (1986) Cellular immune reactivity within the CNS. Trends Neurosci 9:271-277

Multiple Sklerose: Erhöhte Expression von Interleukin2-Rezeptoren auf CD4-positiven Zellen im Liquor cerebrospinalis

H.W. Kölmel, Ch. Gericke und B. Thiele

Auf der Zelloberfläche von T- und B-Lymphozyten, natürlichen Killerzellen, Monozyten und manchen Gewebszellen können auf entsprechenden Reiz hin Rezeptoren für Interleukin2 (Il-2) ausgebildet werden. Auf den meisten frisch isolierten T-Lymphozyten von gesunden Probanden können Rezeptoren (Il-2 R) nicht nachgewiesen werden; werden sie allerdings polyklonal aktiviert, so kann man nach wenigen Tagen auf all diesen Zellen Il-2 R nachweisen (5). Die Il-2 R-Expression ist demnach das Zeichen für eine frühe T-Zell-Aktivierung. Eine verstärkte Expression von Il-2 R aus T-Lymphozyten des Blutes wurde bei Patienten mit MS beschrieben, die Befunde an Liquorzellen sind nicht einheitlich.

Material und Methode

Es wurden Liquor und Blut von 41 Patienten untersucht. 4 Patienten litten an einer schubförmig verlaufenden multiplen Sklerose (MS), 9 Patienten an anderen entzündlichen Erkrankungen (IND); 28 Patienten dienten als Kontrollgruppe, sie hatten nicht entzündliche neurologische Erkrankungen.

Die Isolierung der Lymphozyten aus dem Blut erfolgte ebenso wie ihre Markierung nach den üblichen Schritten. Die Präparation der Liquorlymphozyten erfolgte anhand einer nach Lal u. Mitarb. (4) modifizierten Methode. 3 bis 10 ml Liquor wurden unmittelbar nach der Entnahme bei 250 g 10 min zentrifugiert, das Zellpellet anschließend in RPMI 1640 resuspendiert. Die Inkubation mit den monoklonalen Antikörpern erfolgte für 15 min bei 21° C. Nach Waschen und Zentrifugieren in PBS erfolgte die Fixation in 1 % Paraform-aldehyd.

CD4 und CD8 wurden mit FITC bzw. PE, CD25 (Il-2 R) mit PE konjugiert. Die monoklonalen Antikörper wurden im Überschuß hinzugegeben. An einem FACScan (Becton-Dickinson) erfolgte die durchflußzytometrische Auswertung. Die mononukleären Zellen von Blut und Liquor wurden nach ihren Licht-Scatter-Parametern bestimmt, ihre Fluoreszenz-aktivität von FITC (grün) und PE (rot) außerdem mit einem Zwei-Farben-Laser simultan gemessen.

Ergebnisse

Im Blut zeigte die IND-Gruppe weniger Il-2 Rezeptor tragende Zellen als die OND-Gruppe. Bei der MS-Gruppe ergab sich eine Vermehrung der CD25$^+$-Lymphozyten. Im Liquor lag das Verhältnis Il-2 Rezeptor tragender Zellen bei allen drei Gruppen niedriger als im Blut. Es fanden sich für die Gesamtheit Il-2 R positiver Zellen keine Unterschiede zwischen der IND,

OND- und MS-Gruppe. Unterschiede ergaben sich allerdings für die T-Zell-Untergruppen. So wiesen im Liquor die MS-Gruppe, ebenso, wenn auch geringer, die IND-Gruppe, im Vergleich zur OND-Gruppe sowohl mehr CD25$^+$CD4$^+$ als auch mehr CD25$^+$CD8$^+$ auf. Im Blut konnte dieser Unterschied nicht gefunden werden. In der CD8$^+$-Subpopulation lag der relative Wert CD25-positiver Zellen bei allen Gruppen im Liquor höher als im Blut.

Bisher uneinheitlich stellt sich das Bild der CD25$^+$CD4$^-$ und ebenso der CD25$^+$CD8$^-$-Zellen in Blut und Liquor dar.

Diskussion

Mit unseren Befunden können wir die Ergebnisse früherer Untersuchungen bestätigen, die von Bellamy u. Mitarb. (1), de Freitas u. Mitarb. (2) und von Selmaj u. Mitarb. (6) durchgeführt wurden. Im Blut von Patienten mit frischem Schub einer MS finden sich vermehrt Lymphozyten, die Il-2 Rezeptoren tragen. Das in dieser Hinsicht negative Ergebnis von Hafler u. Mitarb. (3) könnte daran liegen, daß die Untersucher nicht Patienten mit schubförmiger, sondern mit chronisch-progredienter MS in ihre Studie einbezogen hatten.

Der Anteil CD25$^+$CD4$^+$- wie CD25$^+$CD8$^+$-T-Zellen im Liquor ist sowohl bei der MS- wie bei der IND-Gruppe erhöht; dieser Befund ist im Blut kaum ausgeprägt. Weiterhin konnten wir im Blut eine erhöhte Zahl Il-2 R tragender Zellen nachweisen, die CD4$^-$ und CD8$^-$ waren, ein Befund speziell bei den Patienten mit MS, aber auch bei 5 Patienten aus der OND-Gruppe. Im Liquor gab es solche Befunde nicht.

Aus den Ergebnissen läßt sich folgern: Bei MS im akuten Schub kommt es zu einer Aktivierung von verschiedenen Zellen im Blut. Im Liquor macht sich speziell die Aktivierung der CD4$^+$ und CD8$^+$ Zellen bemerkbar. Die Bestimmung dieser Zellen im Liquor kann möglicherweise Aufschluß auf die Aktivität des Entzündungsprozesses geben. Es ist denkbar, daß die Zellaktivierung bei Patienten mit chronisch progredienter MS nicht mehr in dieser Form zu Tage tritt.

Literatur

1. Bellamy AS, Cader VL, Feldmann M, Davidson AN (1985) The distribution of interleukin-2 receptor bearing lymphoytes in multiple sclerosis: evidence for a key role of activated lymphoytes. Clin Exp Immunol 61:248-256
2. De Freitas EC, Sandberg-Wollheim M, Schonely K, Boufal M, Koprowowski H (1986) Regulation of interleukin2 receptors on T cells from multiple sclerosis patients. Proc Natl Acad Sci 83:2637-2641
3. Hafler DA, Hemler ME, Christenson L, Williams JM, Shapiro HM, Strom TB, Strominger JL, Weiner HL (1985) Investigation of in vivo activated T cells in multiple sclerosis and inflammatory central nervous system disease. Clin Immunol Immunopathol 37:163-171
4. Lal RB, Edison LJ, Chused TM (1988) Fixation and long-term storage of human lymphocytes for surface marker analysis by flow cytometry. Cytometry 8:213-219
5. O'Garra A (1989) Interleukins and the immune system I. Lancet I:943-947
6. Selmaj J, Plater-Zyberk C, Rockett KA, Maini RN, Alam R, Perkin GD, Rose FC (1986) Multiple sclerosis: increased expression of interleukin-2 receptors on lymphocytes. Neurology 36:1392-1395

Erhöhte Anteile von HLA-Klasse II-Antigen[+]-T-Lymphozyten im Venenblut von MS-Patienten: Eine 3-Jahres-Verlaufsstudie

M. Schöffel, C. Neuhaus und H.-D. Volk

Ausgehend von Arbeiten, die sich mit dem Wert komplementärer Untersuchungsverfahren zur Bestimmung der MS-Aktivität befassen, konzipierten wir eine Studie. Das Ziel bestand in einer Optimierung der konventionellen MS-Therapie mit Hilfe geeigneter Aktivitätsparameter. Von einer Verlaufsstudie über mindestens zwei Jahre erwarteten wir neue Befunde.

In einer ersten Phase der Studie sollte ein geeigneter Aktivitätsmarker identifiziert werden. 12 MS-Patienten mit schubförmig-progredientem Verlauf wurden monatlich untersucht (neurologischer Status, aktuelle Anamnese, Venenblutentnahme). Aus dem Venenblut wurden die mononukleären Zellen mittels Dichtegradienten-Zentrifugation separiert. Die Durchflußzytometrie (EPICS-C, Coulter Electronic, Krefeld) mit Proben von insgesamt 11 verschiedenen monoklonalen Antikörpern gegen Differenzierungs- und Aktivierungsmarker auf Lymphozyten wurde parallel ausgeführt, ohne jeweils Befunde auszutauschen. Nach 12 Monaten ergab die Synopsis der Ergebnisse eine signifikante Beziehung von MS-Schüben zu erhöhten Anteilen HLA-II Antigen[+]T-Lymphozyten (HLA-II[+]T-Lymphozyten), erhöhten Anteilen CD20[+]B-Lymphozyten und erniedrigten Anteilen CD8[+]T-Lymphozyten. Zu bemerken ist, daß die Messung des Anteils HLA-II[+]T-Lymphozyten auch im sogenannten "monocyte gate" erfolgen muß, da hier oftmals größere Anteile von Lymphoblasten vorliegen.

Auf Grundlage dieser Resultate begann 1986 eine 2. Studie mit 12 MS-Pateinten, die in gleicher Weise beobachtet wurden. Das immunologische Monitoring umfaßte ausschließlich HLA-II[+]T-Lymphozyten im Venenblut. Die Ergebnisse und Erfahrungen dieser Verlaufsstudie bis Ende 1989 werden in kurzer Form dargestellt und diskutiert.

In insgesamt 32 Monaten klinisch-immunologischen Monitorings konnte die signifikante Beziehung des erhöhten Anteils HLA-II[+]T-Lymphozyten zu MS-Schüben bestätigt werden (Tabelle). Bei einem kleinen Teil der Patienten konnten kurzfristige Kontrollen der Aktivierung durchgeführt werden. Die Dynamik der Expression dieses Markers ist jedoch heterogen. Es fanden sich ein stetiger Anstieg des Anteils im Venenblut, aber auch Fluktuationen zwischen 10 % und 40 % innerhalb von 21 Tagen.

Tabelle 1. MS-Aktivität in Beziehung zum Anteil HLA-Klasse II[+]T-Lymphozyten im Venenblut

HLA DR[+]CD3[+]	Remission	Schub
< 10 %	228	28
> 10 %	65	63

Chi^2Test: $p < 0,0001$

Von 43 klinisch definierten MS-Schüben wurden 25 Schübe mit Kortikoiden behandelt. Der retrospektive Vergleich zu unbehandelten Schüben ergab keinen signifikanten Einfluß auf die Expression unseres Markers durch herkömmliche Kortikoid-Stoßbehandlungen (Max.-Dosen von 120 mg Prednisolon am Tag).

MRT-Serien-Untersuchungen konnten bei 5 Patienten vor und nach immunologischer Aktivierung ausgeführt werden. Lediglich bei einer Patientin fand sich ein "neuer Herd". Die Befunde sind jedoch einzuschränken, da kein Kontrastmittel eingesetzt wurde.

Die konzipierte frühzeitige Kortikoid-Stoßtherapie im Rahmen reproduzierbarer Erhöhungen des Anteils HLA-II$^+$T-Lymphozyten konnte nicht konsequent realisiert werden. Lediglich in zwei Fällen wagten wir einen frühzeitigen Kortikoid-Einsatz. Darunter konnte die Aktivierung weiterhin nachgewiesen werden. Ein MS-Schub wurde in den folgenden fünf Monaten nicht beobachtet.

Der wesentliche Kritikpunkt unserer Untersuchungen besteht in der Korrelation eines immunologischen Parameters mit MS-Schüben, die durch neurologische Untersuchungen diagnostiziert werden und deren Ende nur schwer mit neurologischen Befunden festzulegen ist. Hieraus ergeben sich auch die kontroversen Ergebnisse verschiedener Autoren. Erhöhte Anteile HLA-II$^+$T-Lymphozyten wurden im Liquor, jedoch nicht im Venenblut bei "aktiver MS" gefunden (3, 5). Im Venenblut konnten Konttinen et al. (6) nur in der Remissionsphase erhöhte Anteile dieser aktivierten T-Lymphozyten finden. Dagegen ergaben Quer- und Längsschnittuntersuchungen mit diesem Aktivierungsmarker auch Befunde, die keine Korrelation mit Krankheitsphasen aufweisen (1, 2). Wir meinen, daß Querschnittanalysen orientierende Hilfe geben, aber keine endgültige Einschätzung erlauben. Gerade die längerfristige Beobachtung in unserer Studie erlaubt weiterführende Interpretationen unserer Ergebnisse. Von 65 gemessenen Aktivierungen in der Remissionsphase stehen 22 Befunde in unmittelbarer zeitlicher Beziehung zu MS-Schüben in den folgenden Wochen. Entsprechend der Festlegung müssen diese der Remissionsphase zugeordnet werden, könnten jedoch hypothetisch der vorausgehenden immunologischen Aktivierung vor MS-Schüben entsprechen. Weitere Argumente kommen von Ergebnissen der MRT-Serien-Untersuchungen (4, 7). Die sogenannte Remissionsphase ist ein klinisch definierter Abschnitt, der offenbar nicht mit den morphologisch faßbaren Veränderungen im ZNS korreliert. Schübe sind die Spitze eines Eisberges.

Um immunologische Aktivitätsmarker zur Optimierung der konventionellen MS-Therapie einzusetzen, müßten zwei Fragen beantwortet werden: In welcher zeitlichen Beziehung stehen immunologische Aktivierungen zu morphologischen Veränderungen? Handelt es sich im Venenblut um oligoklonal expandierte T-Lymphozyten gleicher Herkunft wie T-Lymphozyten, die im ZNS pathogenetisch wirksam sind?

Das Literaturverzeichnis ist bei den Verfassern erhältlich.

T-Lymphozyten-Subpopulationsanalysen im Liquor bei multipler Sklerose und bei anderen entzündlichen ZNS-Erkrankungen

C. Hartard, S. Scharein, G. Köhncke und K. Kunze

Zahlreiche Untersuchungen der letzten Jahre weisen auf die Bedeutung autoimmunologischer Vorgänge und insbesondere auch aktivierter T-Lymphozyten in der Pathogenese der multiplen Sklerose (MS) hin. Imbalancen der T-Lymphozyten-Subpopulationen im Liquor und im Blut wurden bei der MS von vielen Autoren beobachtet. Die Befunde sind jedoch sehr unterschiedlich und zum Teil widersprüchlich. Es stellt sich die Frage, ob die Anzahl der $CD4^+$ T-Helferzellen und der $CD8^+$ T-Suppressorzellen und/oder die $CD4^+/CD8^+$ Quotienten in Liquor und Blut bei der MS zusätzliche Informationen über die Akuität und den Verlaufstyp der chronisch entzündlichen ZNS-Erkrankung ermöglichen.

Material und Methoden

Wir analysierten die Lymphozytensubpopulationen $CD3^+$, $CD4^+$ und $CD8^+$ im Liquor bei 21 Patienten im MS-Schub (MS-S) und im Blut bei 9 dieser Patienten, im Liquor bei 9 Patienten mit chronisch-progredienter MS (MS-CP), 10 mit viraler Meningoenzephalitis (MENC), 2 mit bakterieller Meningoenzephalitis (MENC) und 13 mit nichtentzündlichen neurologischen Erkrankungen (NNE), davon bei 9 auch im Blut. Die Lymphozytenseparation erfolgte aus dem Blut durch Zentrifugation mit Ficoll, aus dem Liquor durch Zytozentrifugation. Die Antikörpermarkierung wurde in 3 Stufen durchgeführt, zunächst mit monoklonalem Maus-Antikörper gegen das $CD3^+$-, $CD4^+$- oder $CD8^+$-Lymphozytenantigen (Dakopatts), dann peroxidasekonjugiertem Kaninchen-Anti-Maus-Antikörper (Dianova) und anschließend peroxidasekonjugiertem Ziege-Anti-Kaninchen-Antikörper (Dianova), Diaminobenzidine und H_2O_2. Die Zellen wurden mit Hämalaun gegengefärbt. Es wurden je Patient 100 Lymphozyten ausgewertet.

Ergebnisse

Die statistische Analyse der T-Lymphozytensubpopulationen im Liquor ergab eine signifikante Erhöhung der $CD4^+$-Zellen im Liquor in der Gruppe der chronisch progredienten MS-Patienten ($p < 0,05$), eine signifikante Reduktion der $CD8^+$-Zellen im Liquor ($p < 0,05$) bei den Patienten mit MS-Schüben und signifikant erhöhte Werte des $CD4^+/CD8^+$-Quotienten bei den Patienten mit MS-Schüben ($p < 0,05$) und denen mit Meningoenzephalitiden ($p < 0,05$) im Vergleich zu den Patienten mit nichtentzündlichen neurologischen Erkrankungen (NNE).

Die Lymphozytensubpopulationsanalysen im Blut zeigten keine Unterschiede zwischen den MS-Schüben und den NNE. Der Vergleich der Werte im Blut mit denen im Liquor bei den

Patienten im MS-Schub führte zu signifikant höheren Werten im Liquor für CD3$^+$ (p < 0,005), CD4$^+$ (p < 0,05) und für den CD4$^+$/CD8$^+$-Quotienten (p < 0,05). Bei den Patienten mit nichtentzündlichen neurologischen Erkrankungen wurden keine signifikanten Unterschiede zwischen Blut und Liquor beobachtet.

Die Analyse weiterer Liquorparameter ergab eine signifikant erhöhte Zellzahl in beiden MS-Gruppen (p < 0,005) und bei den Meningoenzephalitiden (p < 0,05) im Vergleich zu den NNE. Das Gesamteiweiß und das Albumin unterschieden sich in beiden MS-Gruppen nicht von den nichtentzündlichen neurologischen Erkrankungen, während signifikante Erhöhungen bei Meningoenzephalitiden gesehen wurden (p < 0,05). Dagegen fand sich eine signifikante Erhöhung des IgG im Liquor in beiden MS-Gruppen (MS-S (p < 0,05) und MS-CP (p< 0,001), nicht jedoch bei den Meningoenzephalitiden. Der Vergleich beider MS-Gruppen ergab keine signifikanten Unterschiede. Es fiel aber eine Tendenz zu höheren IgG-Werten bei der chronisch progredienten MS im Vergleich zu der schubförmigen MS auf. Das nach der Formel von Reiber berechnete, im ZNS synthetisierte IgG war in der Patientengruppe mit chronisch progredienter MS höher als bei den Patienten mit schubförmiger MS, aber in beiden Patientengruppen hochsignifikant höher als bei den Meningoenzephalitiden (p < 0,005). Die Unterschiede zwischen schubförmiger und chronisch progredienter MS lagen an der Signifikanzgrenze (p = 0,053). 20 von 21 Patienten mit schubförmiger MS und 7 von 9 Patienten mit chronisch progredienter MS hatten oligoklonale Banden im Liquor. In der Liquorzytologie fand sich eine Verschiebung zu einem höheren Lymphozytenanteil in beiden MS-Gruppen im Vergleich zu den Meningoenzephalitiden und auch zu den nichtentzündlichen neurologischen Erkrankungen.

Diskussion

Es ergaben sich somit, entgegen unserer vorläufigen Mitteilung, in dem inzwischen bearbeiteten größeren Patientenkollektiv doch einige Unterschiede der Lymphozytensubpopulationen und auch der Immunglobulin-G-Konzentration im Liquor zwischen Patienten mit MS-Schüben und jenen mit chronisch progredienter MS. Auch von anderen Autoren wurden Unterschiede der T-Lymphozytensubpopulationen bei verschiedenen MS-Verlaufsformen oder Aktivierungsgraden beobachtet. Zaffaroni et al. fanden einen höheren CD4$^+$/CD8$^+$-Quotienten im Liquor im MS-Schub im Vergleich zur chronisch progredienten MS, nicht jedoch im Blut (3). Matsui et al. beschrieben einen höheren Liquor-CD4$^+$/CD8$^+$-Quotienten bei der aktiven MS im Vergleich zur inaktiven MS (1). Dagegen sahen Polman et al. überhaupt keine Unterschiede der Lymphozytensubpopulationen im Liquor bei schubförmiger und chronisch progredienter MS im Vergleich zu nichtentzündlichen neurologischen Erkrankungen (2). Möglicherweise sind die von uns beobachteten Unterschiede der Lymphozytenpopulationen zwischen schubförmiger und chronisch progredienter MS auch Hinweise auf unterschiedliche pathogenetische Mechanismen bei diesen beiden Verlaufsformen der Erkrankung. Inwiefern den Lymphozytensubpopulationen in Liquor und Blut auch eine prognostische Relevanz zukommt, bleibt prospektiven Untersuchungen vorbehalten.

Das Literaturverzeichnis ist bei den Verfassern erhältlich.

Somatostatin (ST) und Neuropeptid Y (NPY) im Gehirn des Menschen. Radioimmunologischer Nachweis bei Kontrollpersonen, Chorea Huntington (CH) und multipler Sklerose

H.-J. Luboldt und A. Weindl

ST und NPY sind Peptide mit neurotransmitterartiger Aktivität, die im ZNS weit verbreitet vorkommen. In Neuronen von Striatum und Amygdala wurde eine Kolokalisation beider Peptide nachgewiesen (3). Da bei neurodegenerativen Erkrankungen ST- und NPY-Neurone unterschiedlich betroffen sind, haben wir die Verteilung beider Peptide vergleichend bei 10 Kontrollpersonen (Alter 26 - 77 J.), bei einer Patientin mit Systemdegeneration des ZNS (CH) und bei einer Patientin mit unsystematischer ZNS-Erkrankung (MS) quantitativ bestimmt. Früh postmortal entnommenes Gewebe wurde rasch tiefgefroren. Kortikale Brodmann-Areale sowie tiefer gelegene Strukturen wurden exzidiert, in 1M Essigsäure erhitzt, homogenisiert, zentrifugiert; der Überstand wurde lyophilisiert. Nach Rekonstitution in Puffer wurden 100µl eingesetzt in Radioimmuno-Assays für ST (Incstar; Empfindlichkeit 15 pg/ml; Interassayvarianz 8,8 %) bzw. für NPY (Peninsula; Empfindlichkeit 30 pg/ml; Interassayvarianz 16,6 %). Die Ergebnisse sind in Abb. 1 dargestellt. ST-Konzentrationen waren relativ hoch in den untersuchten cortikalen Arealen 6, 10, 11, 18, 20, 24, 38, 44, 45, in Caudatum, Putamen, Pallidum, Claustrum, sehr hoch in Amygdala, relativ hoch im Thalamus, niedriger in S. nigra, Nu. ruber, Lamina quadrigemina, niedrig im Kleinhirn, an der unteren Nachweisgrenze im Corpus callosum. Ähnlich war die Verteilung von NPY bei insgesamt etwas niedrigeren Werten. Bei CH waren die ST- und NPY-Werte im Striatum deutlich erhöht. Bei MS waren die Werte u.a. in Neostriatum, Pallidum und präfrontalem Kortex erhöht. Die radioimmunologisch nachgewiesenen regionalen Konzentrationsunterschiede von ST und NPY entsprechen der immunhistochemisch nachgewiesenen regionalen Verteilung von ST und NPY Neuronen (2, 3). Bemerkenswert ist der Konzentrationsanstieg von ST und NPY im Striatum bei CH. Mittelgroße unbedornte Neurone, in denen ST und NPY kolokalisiert sind (3), degenerieren bei MH nicht (2), möglicherweise infolge einer protektiven Wirkung des ebenfalls in diesen Neuronen nachweisbaren Enzyms NADPH-Diaphorase (1). Die Befunde zeigen, daß sich aus radioimmunologischen - in Ergänzung zu immunhistochemischen - Untersuchungen über Peptide im Post-mortem-Gewebe des Menschen Aufschlüsse über pathophysiologische Mechanismen gewinnen lassen.

Literatur

1. Ferrante RJ, Kowall NW, Beal MF, Richardson E, Bird E, Martin JB (1985) Selective sparing of a class of striatal neurons in Huntington's disease. Science 230:561-563
2. Kowall NW, Ferrante RJ, Beal MF, Richardson EP, Sofroniew MV, Cuello AC, Martin JB (1987) Neuropeptide Y, somatostatin and reduced NADPH-diaphorase in the human striatum: A combined immunocytochemical and enzyme histochemical study. Neuroscience 20:817-828
3. Schwartzberg M, Lange W, Unger J, Weindl A (1990) Distribution of neuropeptide Y in the prosencephalon of man and cotton-head tamarin (Saguinus oedipus). Colocalization with somatostatin in neurons of striatum and amygdala. Anat Embryol 181:157-166

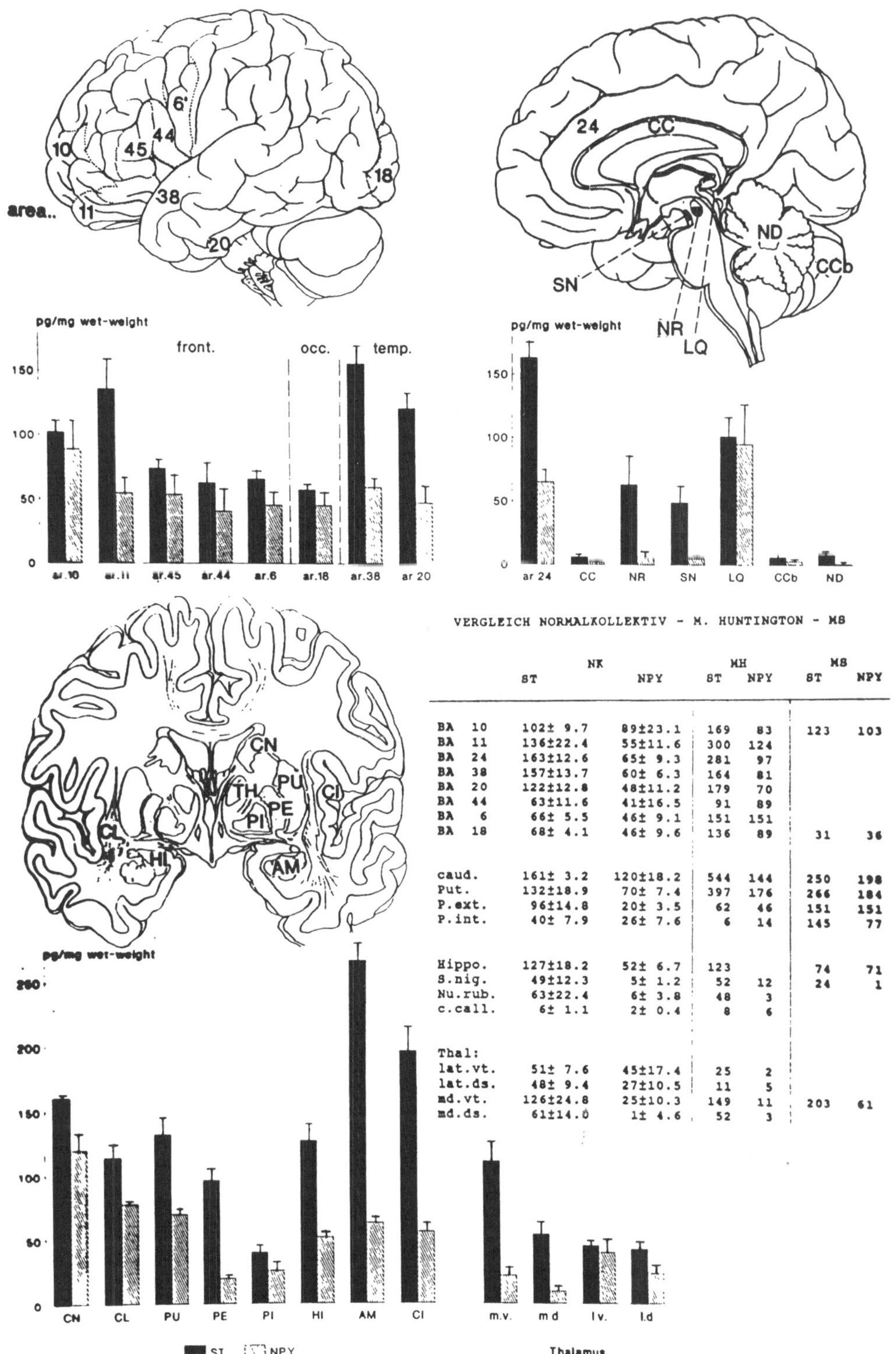

VERGLEICH NORMALKOLLEKTIV - M. HUNTINGTON - MS

	NK		MH		MS	
	ST	NPY	ST	NPY	ST	NPY
BA 10	102± 9.7	89±23.1	169	83	123	103
BA 11	136±22.4	55±11.6	300	124		
BA 24	163±12.6	65± 9.3	281	97		
BA 38	157±13.7	60± 6.3	164	81		
BA 20	122±12.8	48±11.2	179	70		
BA 44	63±11.6	41±16.5	91	89		
BA 6	66± 5.5	46± 9.1	151	151		
BA 18	68± 4.1	46± 9.6	136	89	31	36
caud.	161± 3.2	120±18.2	544	144	250	198
Put.	132±18.9	70± 7.4	397	176	266	184
P.ext.	96±14.8	20± 3.5	62	46	151	151
P.int.	40± 7.9	26± 7.6	6	14	145	77
Hippo.	127±18.2	52± 6.7	123		74	71
S.nig.	49±12.3	5± 1.2	52	12	24	1
Nu.rub.	63±22.4	6± 3.8	48	3		
c.call.	6± 1.1	2± 0.4	8	6		
Thal:						
lat.vt.	51± 7.6	45±17.4	25	2		
lat.ds.	48± 9.4	27±10.5	11	5		
md.vt.	126±24.8	25±10.3	149	11	203	61
md.ds.	61±14.0	1± 4.6	52	3		

Effektivität der T-Zellvakzination in der Prävention demyelinisierender Autoimmunerkrankungen des Nervensystems

S. Jung und H.J. Schluesener

Die T-Zellvakzination ist eine vielversprechende Immuntherapie, die sich in induzierten und spontanen Autoimmunerkrankungen wie der experimentellen allergischen Enzephalomyelitis (EAE), der Adjuvans-Arthritis, der Thyreoiditis und dem Diabetes mellitus der NOD-Maus bewährt hat (1 - 3). Nach Vakzination mit attenuierten autoantigen-spezifischen T-Lymphozyten entwickeln Versuchstiere eine langdauernde spezifische Resistenz gegen die aktive Induktion der Autoimmunerkrankung.

Immunologische Grundlage der induzierten Resistenz ist die Erkennung der pathogenen autoantigen-spezifischen, CD4-positiven T-Lymphozyten und ihrer Rezeptoren (T-Zellrezeptoren) durch das Immunsystem (4), also die Auslösung einer Immunreaktion gegen die krankheitsinduzierenden T-Lymphozyten und die Reetablierung der immunologischen Selbsttoleranz.Da die T-Zellvakzination als eine mögliche spezifische Immuntherapie der multiplen Sklerose diskutiert wird, untersuchten wir die T-Zellvakzination bei der Antikörper-unterstützten demyelinisierenden EAE und der experimentellen allergischen Neuritis (EAN) von Lewis Ratten.

Bei der demyelinisierenden EAE wird nach Immunisierung der Tiere mit basischem Myelinprotein (MBP) in komplettem Freund'schen Adjuvans (CFA) zusätzlich der monoklonale Antikörper 8-18C5 injiziert, welcher gegen das Myelin/Oligodendrozyten Glykoprotein (MOG) gerichtet ist. Es kommt zu einer fulminant verlaufenden, typischerweise demyelinisierenden Enzephalomyelitis mit oft letalem Ausgang (5).

In den Experimenten wurden Lewis Ratten mit der MBP-spezifischen und enzephalitogenen T-Zellinie S179/2 vakziniert. Kontrolltiere wurden mit einer ovalbumin-spezifischen Linie geimpft oder blieben unbehandelt. Zwei Tage später wurden alle Tiere mit MBP/CFA immunisiert und weitere 7 Tage später wurde der Anti-MOG- Antikörper injiziert. Die ungeimpften oder mit der ovalbumin-spezifischen Linie vakzinierten Tiere entwickelten alle eine letale Enzephalomyelitis. Die mit der MBP-spezifischen Linie vakzinierten Tiere entwickelten hingegen keine klinische Symptomatik und auch die histologische Untersuchung des Rückenmarkes zeigte keine pathologischen Veränderungen, im Gegensatz zu entzündlichen Infiltraten mit ausgedehnter Demyelinisierung in den unbehandelten Tieren. Die Vakzination mit attenuierten S179/2 Zellen induzierte also eine vollständige Resistenz gegen die hyperakute demyelinisierende EAE (6).

Die EAN ist in Lewis Ratten aktiv durch Immunisierung mit P2, einem basischen Protein des Myelins peripherer Nerven, oder mit einem Peptid (MPS, mit den Aminosäuren 53-78 des P2) aktiv induzierbar (7). Auch durch Übertragung aktivierter, P2-spezifischer T-Lymphozyten wird eine monophasisch verlaufende, primär demyelinisierende Neuritis hervorgerufen (8).

Sechs Tiergruppen wurden mit 3 verschiedenen P2-spezifischen, bestrahlten oder fixierten T-Zellinien unterschiedlicher Spezifität und Neuritogenität vakziniert. Nach Immunisierung mit MPS/CFA entwickelten unbehandelte Kontrolltiere und auch alle vakzinierten Tiere klinische Symptome einer Neuritis. Der Schweregrad und die Dauer der Symptome wurden durch die Vakzination nicht signifikant beeinflußt. Unterschiedliche, für P2 und MPS hochspezifische T-Zellinien induzierten also keine Resistenz gegen die MPS-induzierte Neuritis, obwohl die Milzzellen von vakzinierten Tieren bei In-vitro-Tests eine deutliche suppressive Aktivität auf die Aktivierung von T-Lymphozyten zeigten; diese suppressive Aktivität war jedoch nicht spezifisch gegen P2-reaktive Zellen gerichtet.

Die Ergebnisse zeigen, daß die T-Zellvakzination im EAE-Modell, in dem die Demyelinisierung durch zusätzliche Injektion des Anti-MOG- Antikörpers hervorgerufen wird, eine Resistenz gegen die Erkrankung induzieren kann, daß aber in der primär demyelinisierenden EAN die vakzinationsinduzierte Modulation des Immunstatus nicht ausreicht, die Erkrankung zu verhindern.

Literatur:

1. Cohen IR (1989) The physiological basis of T cell vaccination against autoimmune disease. Cold Spring Harbor Symp Quant Biol 54:879
2. Ben-Nun A, Wekerle H, Cohen IR (1981) Vaccination against autoimmune encephalomyelitis with T-lymphocite line cells reactive against myelin basic protein. Nature 292:60
3. Lider O, Karin N, Shinitzky M, Cohen IR (1987) Therapeutic vaccination against adjuvant arthritis using autoimmune T cells treated with hydrostatic pressure. Proc Natl Acad Sci USA 84:4577
4. Sun D, Qin Y, Chluba J, Epplen TJ, Wekerle H. (1988). Suppression of experimentally induced encephalomyelitis by cytolytic T-T cell interactions. Nature 332:843
5. Schluesener HJ, Sobel RA, Linington C, Weiner HL (1987) A monoclonal antibody against a myelin oligodendrocyte glycoprotein induces relapses and demyelination in central nervous system autoimmune disease. J Immunol 139:4016
6. Schluesener HJ, Meyermann R (1989) T cell vaccination in monoclonal antibody-induced hyperacute experimental allergic encephalomyelitis. J Neuroimmunol 24:233
7. Uyemura K, Suzuki M, Kitamura K, Horie K, Ogawa Y, Matsuyama H, Nozaki S, Muramatsu I (1982) Neuritogenic determinant of bovine P2 protein in peripheral nerve myelin. J Neurochem 39:895
8. Linington C, Izumo S, Suzuki M, Uyemura K, Meyermann R, Wekerle H 1984) A permanent rat T cell line that mediates experimental allergic neuritis in the Lewis rat in vivo. J Immunol 133:1946

Entwicklung der Vielfach-Resistenz (multidrug-resistance) in autoimmunen T-Lymphozyten

H.J. Schluesener und St. Jung

$CD4^+$-T-Lymphozyten sind von zentraler Bedeutung bei der Entwicklung von Autoimmunerkrankungen, entweder durch direkte Autoaggression oder aberrante Regulation immunologischer Prozesse. Zur Behandlung chronischer Autoimmunerkrankungen werden Cyklosporine und andere Chemotherapeutika eingesetzt, um die klonale Expansion autoaggressiver T-Lymphozyten zu verhindern.

Ein generelles Problem bei der Chemotherapie ist die Entwicklung einer Vielfach-Resistenz (multidrug-resistance), die auf die Expression eines Membranproteins, des P-Glykoproteins, zurückgeführt werden kann, das gewisse Zytostatika und auch Zyklosporine aus der Zelle herauspumpt. Die Entwicklung einer Vielfach-Resistenz unter Therapie mit Immunsuppressiva würde erhebliche Implikationen für den Therapieverlauf haben.

Wir beobachteten, daß P-Glykoprotein in autoimmunen T-Lymphozytenlinien spontan, d.h. ohne vorherige Zytostatika-Exposition, synthetisiert werden kann. Durch Northern-Blots, diagnostische Polymerase-Kettenreaktion und durch immunhistologische Verfahren ließ sich eindeutig die Transkription und Translation des mdr1-Gens nachweisen, das für das P-Glykoprotein kodiert. Da sich durch diese Verfahren die Expression von Vielfach-Resistenzgenen in autoimmunen T-Lymphozyten diagnostizieren läßt, könnte für die Therapie von Autoimmunerkrankungen analog zur Chemotherapie von Tumoren eine 'Chemosensitivitätstestung' entwickelt werden.

Veränderungen der Interferon-Produktion im Verlauf der akut-remittierenden multiplen Sklerose*

M. Dettke, P. Scheidt, H. Prange, S. Poser und H. Kirchner

Die Integration der Interferone (IFN) in das pathophysiologische Krankheitsgeschehen der multiplen Sklerose (MS) ist Ziel intensiver Forschungsbemühungen. Bisherige Studien über die leukozytäre IFN-Synthese von an MS erkrankten Patienten ergeben ein uneinheitliches Bild: So werden sowohl herabgesetzte (7, 10), normale (8, 9) als auch erhöhte (6) IFN-Syntheseraten beschrieben. Da diese Untersuchungen überwiegend als horizontale Querschnittstudien geführt wurden, ist eine Aussage über Änderung des IFN-Produktionsniveaus im Rahmen der individuellen Krankheitsdynamik nur begrenzt möglich.

Innerhalb einer prospektiven Blindstudie wurden daher die individuellen In-vitro-IFN-Produktionsprofile von 6 an akut-remittierender MS erkrankten Patienten sowie von 8 gesunden Probanden aufgezeichnet. Im Rahmen einer im 2- bis 6wöchigen Abstand durchgeführten standardisierten neurologischen Untersuchung wurde die individuelle Krankheitsdynamik anhand der erweiterten Kurtzke-Skala (EDSS), der Incapacity Status-Skala und des Ambulation-Index dokumentiert. Das parallel über eine Venenpunktion gewonnene Blut wurde nach Zusatz der IFN-Induzenten - Concanavalin A als IFN gamma-Stimulus, Newcastle-Disease-Virus als IFN alpha-Induktor - in einem Vollblutkultursystem inkubiert. Die quantitative Auswertung erfolgte für beide IFN-Subtypen getrennt in einem IFN gamma-spezifischen ELISA bzw. für IFN alpha in einem biologischen Testsystem. Während des halbjährigen Untersuchungszeitraumes wurden bei den 6 Patienten insgesamt 7 Schübe beobachtet.

Während die intraindividuelle IFN-Produktionsrate gesunder Spender zeitlich weitgehend konstant war (individuelle Streubreite zwischen den einzelnen Untersuchungszeitpunkten <40 %), wiesen die Syntheseprofile der MS-Patienten intermittierende IFN-Produktionsspitzen auf. Die im individuellen Synthesemuster auftretenden IFN-Produktionserhöhungen korrelierten mit der klinischen Krankheitsdynamik, wobei die Produktionsspitzen der beiden IFN-Subtypen zu einem unterschiedlichen Zeitpunkt auftraten. Während die IFN gamma-Sekretion 4 bis 6 Wochen vor klinischer Manifestation eines Schubes auf das 2- bis 3fache der im Intervall gefundenen Werte anstieg und parallel mit dem Auftreten neurologischer Veränderungen wieder auf Intervallhöhe abfiel, zeigte die IFN alpha-Sekretion erst nach Symptommanifestation einen Anstieg über das Ausgangsniveau. Im Rahmen der Remissionsphase sank diese erhöhte IFN alpha-Synthese langsam auf Ausgangswerte zurück.

Obgleich infolge der geringen Patientenzahl eine vorsichtige Interpretation unserer Studie angebracht ist, legen unsere Befunde eine pathophysiologische Bedeutung der im peripheren Blut nachweisbaren veränderten IFN-Produktion im Rahmen der Schübe nahe. Desweiteren deuten die in Abhängigkeit vom Krankheitsstadium unterschiedlich veränderten Syntheseraten an IFN gamma und IFN alpha auf eine differenzierte Beteiligung der verschiedenen IFN-Subtypen innerhalb des entzündlichen Prozesses hin. Von besonderem klinischem Interesse ist insbesondere die im Einklang mit Beck et al. (1) gefundene erhöhte

IFN gamma-Sekretion vor klinischer Manifestation eines Schubes. Betrachtet man die MS als Ausdruck einer systemischen Fehlregulation des Immunsystems, könnte diese IFN gamma-Erhöhung möglicherweise über eine MHC class II-vermittelte Antigenpräsentation ein initiales Startsignal der T-Zellaktivierung darstellen (3, 4). Da im peripheren Blut IFN alpha überwiegend von Makrophagen synthetisiert wird und dieser Zelltyp in vitro die Fähigkeit zur Nervendemyelinisierung besitzt (2, 5), ist die erhöhte IFN alpha-Syntheserate im Anschluß an das Auftreten neuer Symptome als Ausdruck des erhöhten Aktivierungszustandes dieses Zellsystems interpretierbar.

Literatur

1. Beck J, Rondot P, Catinot L, Falcoff E, Kirchner H, Wietzerbin J (1988) Increased production of interferon gamma and tumor necrosis factor precedes clinical manifestation in Multiple Sclerosis: do cytokines trigger off exacerbations? Acta Neurol Scand 4:318-323
2. Brehm G, Kirchner H (1986) Analysis of the interferons induced in mice in vivo and in vitro by Newcastle disease virus and by polyinosinic-polycytidylic acid. J IFN Res 6:21-26
3. Frohman EM, Van den Noort S, Gupta S (1989) Astrocytes and intracerebral immune responses. J Clin Immunol 9:1-9
4. Hafler DA, Weiner HL (1989) MS: a CNS and systematic autoimmune disease. Immunol Today 10:104-107
5. Hann-Bonnekoh PG, Scheidt P, Friede RL (1989) Myelin phagocytosis by peritoneal macrophages in organ cultures of mouse peripheral nerve. J Neuropath Exp Neurol 48:140-153
6. Hirsch RL, Panitch HS, Johnson KP (1985) Lymphocytes from multiple sclerosis patients produce elevated levels of interferon gamma in vitro. J Clin Immunol 5:386-389
7. Neighbour PA, Miller AE, Bloom BR (1981) Interferon response of leukocytes in multiple sclerosis. Neurology 31:561-566
8. Santoli D, Hall W, Kastrukoff L, Lisak RP, Perussia B, Trinchieri G, Koprowski H (1986) Cytotoxic activity and interferon production by lymphocytes from patients with multiple sclerosis. J Immunol 126:1274-1278
9. Tovell DR, MC Robbie IA, Warren KG, Tyrell DLJ (1983) Interferon production by lymphocytes from multiple sclerosis and non-MS patients. Neurology 33:640-643
10. Vervliet G, Carton H, Meulepas E, Billiau A (1984) Interferon production by cultured peripheral leucocytes of MS patients. Clin Exp Immunol 58:116-126

*Mit finanzieller Unterstützung der Deutschen Multiple-Sklerose-Gesellschaft, München

Immunzytochemische Analyse von Immunglobulin enthaltenden Zellen im Liquor cerebrospinalis bei Encephalomyelitis disseminata

H.-J. Braune und G. Huffmann

Der Nachweis von Immunglobulin produzierenden Zellen im Liquor cerebrospinalis ist für die Diagnose und Differentialdiagnose entzündlicher Erkrankungen des zentralen Nervensystems von großer Bedeutung (3). Es treten während der Entwicklung von ruhenden Lymphozyten bis hin zu Plasmazellen verschiedene Reifungsstadien auf. Während der Proliferation und klonalen Expansion von B-Lymphozyten finden sich Immunglobulin enthaltende Zellen, bei denen es sich teils um einfache Vorläufer von späteren Plasmazellen handelt, teils aber auch um spätere B-Memory-Lymphozyten und andere Lymphozytensubpopulationen mit regulativen Aufgaben. Einige von ihnen produzieren IgG-, andere IgA- oder IgM-Antikörper.

Auch bei Encephalomyelitis disseminata wurden Immunglobulin enthaltende aktivierte B-Lymphozyten aller drei Subpopulationen im Liquor nachgewiesen (1). Weber et al. (4) fanden in 91 % ihrer Patienten solche Zellen, wobei insbesondere die durchschnittliche Anzahl von IgG-positiven Zellen im Liquor deutlich höher war als im peripheren Blutbild. Beuche et al. (1) konnten keine Korrelation zwischen dem klinischen Schweregrad der Encephalomyelitis disseminata und der Häufigkeit an aktivierten B-Lymphozyten finden.

Es wurden im Liquor von 34 Patienten mit klinisch gesicherter Encephalomyelitis disseminata entsprechend den Kriterien von Poser et al. (2) neben den immunzytochemischen Färbungen auf IgG-, IgM- und IgA-Globulin enthaltende Zellen die oligoklonalen Banden untersucht. Als Kontrollkollektiv dienten 30 Patienten mit zerebralen Durchblutungsstörungen. Es wurden entsprechend der vor allen Dingen in der Neurologischen Univ.-Klinik Göttingen in den letzten Jahren entwickelten Methode Zytozentrifugen-Präparate der Liquorzellen angefertigt und mit der indirekten alkalischen Phosphatase-Methode gefärbt (4). Ein Nachweis von mehr als 0,1 % von auf solche Weise ge
färbten intrazytoplasmatisch Immunglobulin-positiven B-Lymphozyten gilt als positiver Nachweis von aktivierten B-Lymphozyten.

In der Gruppe von Liquores von Patienten mit ED (n = 34) konnten im Liquor in 21 Fällen (entspricht 62 %) nur IgG-produzierende Zellen nachgewiesen werden, in 4 Fällen traten zusätzlich IgM-produzierende Zellen auf (entspricht 11,7 %), bei 2 Fällen waren IgG- und IgA-produzierende Zellen nachweisbar (entspricht 5,8 %). Bei 2 Patienten waren alle drei Subpopulationen zu finden. Insgesamt gelang der Nachweis Immunglobulin enthaltender Zellen also in 29 Fällen (entspricht 85,3 %). Bei allen ED-Patienten waren die oligoklonalen Banden im Liquor positiv, im Kontrollkollektiv waren sie negativ.

In guter Übereinstimmung mit den Angaben in der Literatur konnte somit in ca. 85 % der untersuchten Liquores von Patienten mit klinisch gesicherter ED der immunzytochemische Nachweis von Immunglobulin enthaltenden aktivierten B-Lymphozyten geführt werden. Die oligoklonalen Banden im Liquor waren in 100 % positiv.

174

Es ergibt sich die Frage, ob der Nachweis aktivierter B-Lymphozyten mit der Heftigkeit des entzündlichen Schubes korreliert. Bei Durchsicht der klinischen Unterlagen ergab sich lediglich bei den 6 Patienten, in deren Liquor IgM-Immunglobulin enthaltende Zellen nachgewiesen werden konnten, ein besonders schwerer klinischer Verlauf. In allen anderen Fällen fand sich ein Zusammenhang zwischen dem Liquorbefund und dem klinischen Verlauf nicht.

Literatur

1. Beuche W, Thomas RS, Riedmann P (1988) Aktivierte B-Lymphozyten des Liquor cerebrospinalis in: Holzgräfe M, Reiber H, Felgenhauer, K (Hrsg) Labordiagnostik von Erkrankungen des Nervensystems. Perimed, Erlangen: 57-63
2. Poser CM, Paty DW, Scheinberg L, McDonald WJ, Davis FA, Ebers GC, Johnson KP, Sibley WA, Silberberg DH, Tourtellotte WW (1983) New diagnostic criteria for multiple sclerosis: guidelines for research protocols. Ann Neurol 13:227-231
3. Schädlich HJ, Felgenhauer K (1985) Diagnostic significance of IgG-synthesising activated B cells in acute inflammatory diseases of the central nervous system. Klin Wschr 63:505-510
4. Weber T, Riedmann P, Jürgens S, Prange HW, Felgenhauer K (1988) Immuncytochemical analysis of immunglobulin-containing cells in CSF and blood in inflammatory disorders of the central nervous system. J Neurol Sci 86:61-72

Leukotrien C4 (LTC4), Klinik und Kernspinbefunde von MS-Patienten - ein Vergleich mit verschiedenen Kontrollgruppen

K. Smektala, Th. Finkbeiner, M. Haupts, Th. Simmet und W. Gehlen

Die Leukotriene sind wie die Prostaglandine und Thromboxane Produkte des Stoffwechsels der Arachidonsäure. Sie gelten als Entzündungsmediatoren und sind bei unterschiedlichen Krankheitsbildern, z. B. der Psoriasis oder Arthritiden, in lokal erhöhten Konzentrationen gemessen worden. Cysteinyl-Leukotriene wie beispielsweise das immunoreaktive LTC4 können die Gefäßpermeabilität erhöhen. Die Synthese konnte hauptsächlich in Makrophagen und Leukozyten, aber auch in Gliazellen nachgewiesen werden (1, 7). Bei einigen Erkrankungen des ZNS (Tumoren, Anfallserkrankungen etc.) wurden erhöhte Leukotrien-Konzentrationen gefunden (8, 9). So wurde auch die Rolle der Leukotriene in der Pathogenese der multiplen Sklerose erwogen. 1988 und 1989 berichteten Neu und Prosiegel über erhöhte Spiegel von Leukotrienen im Liquor von MS-Patienten (4, 6).

Wir bestimmten LTC4-Konzentrationen im Liquor von 30 MS-Patienten (Alter 24 - 61 Jahre) und verschiedenen Kontrollgruppen. Bei 15 Patienten lag ein schubförmiger, bei 8 Patienten ein chronisch-progredienter Verlauf vor. Bei 7 Probanden handelte es sich um eine Erstmanifestation. 42 Patienten mit anderen neurologischen Erkrankungen bildeten die erste Kontrollgruppe. Als Ausschlußkriterium galt ein pathologisch veränderter Liquor ebenso wie Erkrankungen mit nachgewiesenen Erhöhungen des LTC4. 16 Patienten mit anderen entzündlichen Erkrankungen des ZNS dienten als zweite Vergleichsgruppe.

Der Liquor wurde direkt nach Gewinnung im Reagenzgefäß inaktiviert und bis zur weiteren Verarbeitung auf -20° C tiefgekühlt. Dann erfolgte die Bestimmung der LTC4-Konzentration mittels Radioimmunoassay. Hierzu wurde ein eigens entwickeltes Antiplasma gegen Cysteinyl-Leukotriene verwendet. Die Kreuzreaktion mit den biologisch aktiven Abbauprodukten LTD4 und LTE4 beträgt jeweils 40 %.

Entgegen den bisherigen Resultaten bei LTC4-Bestimmungen zeigten sich bei unseren MS-Patienten mit im Mittel 17 pg/ml (SD 13) ähnliche Konzentrationen wie in der Kontrollgruppe (M = 22 pg/ml, SD 16). In der Gruppe mit anderen entzündlichen Erkrankungen zeigten sich Mittelwerte von 57 pg/ml (SD 53), und im Vergleich zu den MS-Patienten ergab sich ein statistisch signifikanter Unterschied (Mann-Whitney-U-Test: p<0,01). Bei weiterer Aufteilung der MS-Erkrankten in die unterschiedlichen Verlaufsformen zeigten sich bei den schubförmigen Verläufen mit M = 21 pg/ml (SD 16) ähnliche Werte wie bei den Kontrollpatienten, die Patienten mit chronischer Verlaufsform (M = 10 pg/ml, SD 6) hatten gegenüber der Kontrollgruppe sogar signifikant niedrigere Werte (p<0,01).

Weder Anreicherung von Gadolinium im Kernspintomogramm, Erkrankungsalter, Erkrankungsdauer, Liquorveränderungen noch der Behinderungsgrad nach Kurtzke zeigten eine relevante Korrelation zu den Leukotrienkonzentrationen. Lediglich bei zwei Patienten in unserem Kollektiv mit einer MS konnten wir mit 106 und 65 pg/ml deutlich höhere LTC4-Spiegel messen. Dabei handelte es sich beide Male um schwer behinderte Patienten (Kurtzke-Grad 7,0) mit sekundär chronischem Verlauf. Bei beiden Probanden ergab die Anamnese jedoch eine vorausgegangene intrathekale Applikation von Kortison bzw. Interferon. Aus diesem Grund gingen die beiden Fälle nicht in die übrigen Berechnungen ein.

Bei Patienten mit einer multiplen Sklerose ist von mehreren Autoren ein erhöhter Leukotriengehalt im Liquor gemessen worden (4, 6). Im Gegensatz dazu ergab sich eine verminderte Freisetzung von Leukotrienen aus Granulozyten und Thrombozyten-Graunulozyten-Gemisch des peripheren Blutes (2, 5). In der Arbeitshypothese setzte man eine permanente Freisetzung von LTC4 aus den Granulozyten voraus, wodurch sich letztlich eine Anreicherung der Leukotriene im Liquor ergeben könnte (4). Diese erhöhte LTC4-Konzentration im Liquor konnten wir in unserer Untersuchung nicht bestätigen. Statt erhöhter LTC4-Spiegel fanden wir im Vergleich zur Kontrollgruppe ähnlich hohe Werte und signifikant niedrigere Konzentrationen als bei Patienten mit anderen entzündlichen Erkrankungen. Bemerkenswert erscheint uns, daß bei den Patienten mit primär chronischem Verlauf deutlich niedrigere LTC4-Werte gemessen wurden. Da es sich in unserem Kollektiv jedoch nur um 8 Patienten dieser Art handelte, sind wir mit einer wertenden Einordnung zurückhaltend und möchten die weiteren Ergebnisse abwarten. In unserem Patientengut führte meist eine bis dahin nicht völlig gesicherte Diagnose zur Lumbalpunktion, so daß von relativ frisch erkrankten Patienten auszugehen ist. Bei den beiden Patienten mit erhöhten LTC4-Werten ist eine sichere Unterscheidung zwischen ursächlich MS-bedingter oder reaktiver Erhöhung aufgrund der vorangegangenen intrathekalen Injektion nicht zu treffen. Selbstverständlich spielt die Spezifität des verwendeten Antikörpers im RIA eine wesentliche Rolle. Schließlich stellt sich auch die Frage, ob ein erhöhter Leukotriengehalt im Liquor bei der MS plausibel ist. Die multiple Sklerose ist nicht gekennzeichnet durch granulozytäre, sondern durch lymphozytäre Veränderungen. Lymphozyten sind nicht in der Lage, LTC4 zu synthetisieren. Es bliebe noch eine Produktion des LTC4 durch die Gliazellen zu diskutieren. Wir konnten eine erhöhte Konzentration von LTC4 im Liquor von MS-Patienten im Gegensatz zu anderen Autoren jedoch nicht finden.

Literatur

1. Hartung HP, Toyka KV (1987) Leukotriene production by cultured astroglia cells. Brain Res 435:367-370
2. Merrill JE, Strom SR, Ellison GW, Myers LW (1989) In vitro study of mediators of inflammation in multiple sclerosis. J Clin Immunol 9:84-96
3. Neu I (1990) Experimentelle Grundlagen zur Behandlung der Multiplen Sklerose mit leukotrienhemmenden Substanzen. DMSG-Aktiv 146:7-10
4. Neu I, Mallinger J, Prosiegel M, Wildfeuer A, Mehlber L, Ruhenstroth-Bauer G (1988) Multiple Sklerose: Leukotriene im Liquor cerebrospinalis. Münch med Wschr 130:80-81
5. Prosiegel M, Neu I, Wildfeuer A, Mehlber L, Mallinger J (1987) Leukotrienes B4 and C4 in MS. Acta Neurol Scand 75:361-363
6. Prosiegel M, Neu I, Wildfeuer A, Mehlber L, Mallinger J (1987) Multiple Sklerose und Leukotriene. Münch Med Wschr 129:48-49
7. Shirazi Y, Imagawa DK, Shin ML (1987) Release of leukotriene B4 from sublethally injured oligodendroytes by terminal complement complexes. J Neurochem 48:271-278
8. Simmet T, Luck W, Winking M, Delank WK, Peskar BA (1990) Identification and characterization of cysteinyl-leukotriene formation in tissue slices from human intracranial tumors: Evidence for their biosynthesis under in vivo conditions. J Neurochem 54:2091-2099
9. Simmet T, Seregi A, Hertting G (1988) Characterization of seizure-induced cysteinyl-leukotriene formation in brain tissue of convulsion-prone gerbils. J Neurochem 50:1738-1742

Proteinanalytische Untersuchungen im Speichel bei der multiplen Sklerose

K. Pietz und U. Wurster

Eine heutzutage weithin akzeptierte Vorstellung geht davon aus, daß es sich bei der multiplen Sklerose (MS) um eine Autoimmunerkrankung handelt, die wahrscheinlich durch virale Erreger induziert wird. Banale Infekte können bei der MS schubauslösend wirken, und im Liquor finden sich vermehrt Antikörperaktivitäten gegen eine Reihe von viralen Antigenen. Die vorderste Linie der Immunabwehr des Organismus bilden die Schleimhautbarrieren mit ihren lokal produzierten Glykoproteinen und IgA-Antikörpern. Es wäre denkbar, daß bei der MS auch ein Defekt im mucosa-assoziierten Immunsystem vorliegt, der eine unzulängliche oder fehlgesteuerte Immunantwort zur Folge hat. Als leicht zu gewinnende Flüssigkeit des sekretorischen Immunsystems wurde der Speichel auf seine allgemeine Proteinzusammensetzung und speziell auf die molekulare Beschaffenheit des IgA untersucht.

Von 56 MS-Patienten (davon 11 unter Kortison- und 10 unter Azathioprin-Therapie), 31 Kontrollpersonen und 16 Patienten mit einem IgA-Plasmozytom wurde über 10 bis 20 Minuten spontaner Ruhespeichel gesammelt. Im 45000 g Überstand wurden das Gesamtprotein mit der Coomassie-Blau-Methode und Albumin, IgG und IgA nephelometrisch bestimmt. Um die höhermolekularen Proteine des Speichels und speziell die polymeren Formen des IgG mit höherer Auflösung zu trennen, wurden zusätzlich zu den üblichen, mit Silber gefärbten SDS-Polyacrylamid-Gradientengelen noch großporige Gele mit einer Ausschlußgrenze von 3×10^6 D verwendet. Die Erscheinungsformen des IgA wurden nach Tank-Blotting auf 0,2 mm Nitrozellulose durch Detektion mit monoklonalen Antikörpern gegen Alpha-, Kappa- und Lambda-Ketten sowie gegen sekretorische Komponente untersucht.

Obwohl sich die Speichelflußraten der einzelnen Patientengruppen im Mittel nicht unterschieden, war die interindividuelle Schwankung mit 0,1 - 1,0 ml/min beträchtlich. Zur Kompensation des dadurch verursachten Verdünnungseffektes wurden sämtliche Proteinkonzentrationen mit der Flußrate multipliziert und als Syntheseraten im mg/min ausgedrückt. Während für das Gesamtprotein im Speichel und das aus dem Blut filtrierte Albumin und IgG keine Unterschiede festgestellt werden konnten, lag die Syntheserate des vorwiegend lokal produzierten IgA bei den MS-Patienten mit 22,1 mg/min signifikant niedriger als bei den Kontrollen mit 28,4 mg/min. Eine Behandlung mit Kortison führte zu einer signifikanten Verminderung der Albuminwerte im Speichel, was auf die gefäßabdichtende Wirkung dieses Medikaments zurückgeführt wird.

Vermutete Unterschiede in der Proteinzusammensetzung des Speichels, z. B. auch genetisch bedingte, konnten mit der SDS-Elektrophorese, bis auf eine bei den MS-Kranken weniger häufige Bande mit 140000 D, nicht gefunden werden. Wie durch vergleichende Untersuchungen an Patienten mit IgA-Plasmozytomen gezeigt werden konnte (2), sind Immunoblots von großporigen SDS-Gradientengelen gut geeignet, um die molekulare Beschaffenheit des IgA im Speichel zu beurteilen. Die von Coyle (1) beschriebenen qualitativen Veränderungen des IgA im Speichel von Patienten mit MS, die von ihr als Folge einer chronischen Entzündung der Schleimhautbarrieren interpretiert worden waren, konnten von uns nicht bestätigt werden. Weder für den Anteil an monomerem IgA noch für die Häufigkeit oder die Intensität der freien sekretorischen Komponente ergaben sich Unterschiede zwischen MS-Patienten und dem Kontrollkollektiv. Darüberhinaus wurde, wie aus Abb. 1 ersichtlich, in keinem Fall eine Zonierung des IgA oder ein Ungleichgewicht in der Verteilung der Kappa- bzw. Lambda-Leichtketten beobachtet. Allerdings könnte die bei unseren MS-Patienten erniedrigte IgA-Produktion im Speichel doch eine verminderte sekretorische Immunkompetenz anzeigen.

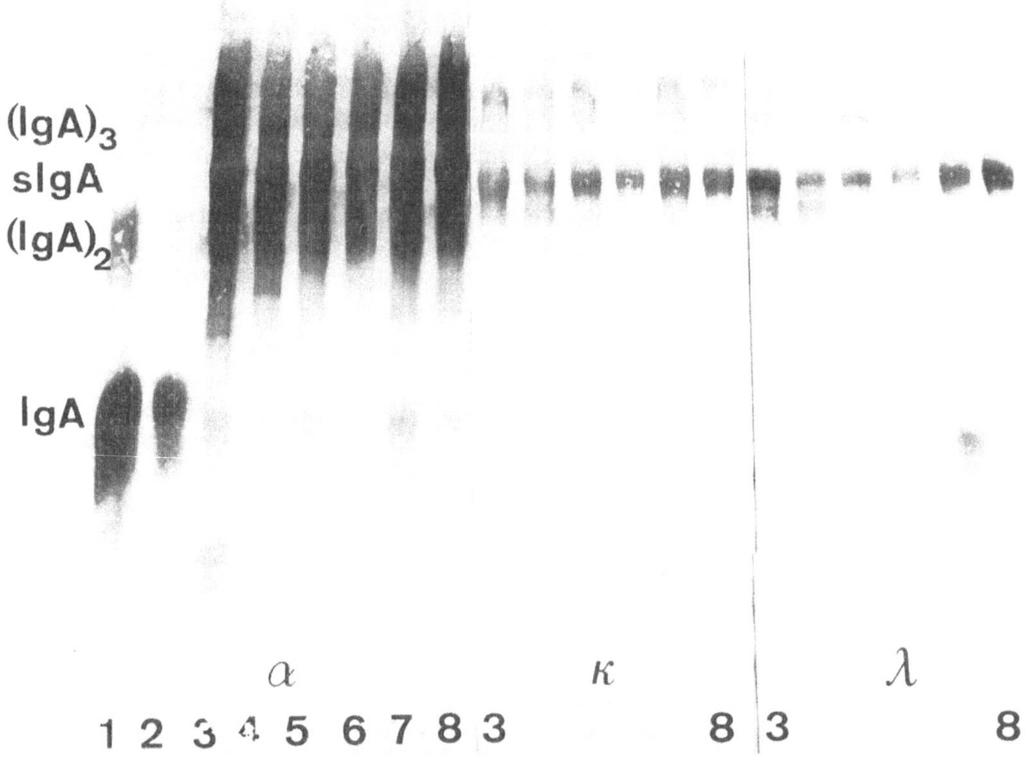

Abb. 1. Alpha-, Kappa- und Lambda-Reaktivität im Speichel. Immunoblot nach Trennung im 4- bis 11 % T SDS-Gel. Bahn 1: IgA Standard 20 mg/l, 2: IgA 4 mg/l. Sämtliche Speichel wurden auf eine einheitliche IgA-Konzentration von 20 mg/l eingestellt. Bahn 3 und 4: Kontrollpersonen, Bahn 5, 6, 7, 8: MS-Patienten

Literatur

1. Coyle PK (1989) Molecular analysis of IgA in multiple sclerosis. J Neuroimmunol 22:83-92
2. Wurster U, Pietz K (1989) Polymeric forms of IgA in serum and saliva of patients with IgA myeloma: Immunoblotting with large-pore three-component gels. In: Radola BJ (Hrsg) Electrophoresis Forum '89, TU, München:465-467

HLA-Merkmale bei MS-Patienten mit zusätzlichen immunologischen Störungen

S. Seyfert, R.W. Ewald und S. Bünte

Einleitung und Fragestellung

Immunologische Erkrankungen sind mit HLA-Merkmalen assoziiert. Bei der multiplen Sklerose (MS) wurde für "Kaukasier" eine signifikante Häufung von Dw2/DR2, z.T. von A3 und B7 gefunden. Da die Assoziationen nicht hoch sind, wurde nach Patienten-Untergruppen mit höherer HLA-Assoziation gesucht - bislang mit unsicheren Ergebnissen.

Wir typisierten mit dieser Frage MS-Patienten, die auf zusätzliche immunologische Erkrankungen und Auto-Antikörper untersucht worden waren. Bei solchen Patienten könnten besondere HLA-Konstellationen vorliegen.

Patienten und Methoden

Unter 101 konsekutiven Patienten mit klinisch sicherer oder wahrscheinlicher MS (65 w, 36 m) wurden 13 Patienten mit zusätzlichen immunologischen Erkrankungen gefunden (Hyper- oder Hypothyreose 8 w, Alopecia areata 2 w, chronische Sacroiliitis 1 w und 1 m, Colitis ulcerosa 1 m) sowie 47 weitere Patienten mit zirkulierenden Auto-Antikörpern (gegen Schilddrüse, Steroidzellen, Hypophyse, Parietalzellen, glatte und quergestreifte Muskulatur, Zellkerne, DNS, IgG) (2).

77/101 MS-Patienten wurden HLA-A, -B, -C, -DR typisiert (48/77 mit zusätzlichen immunologischen Störungen, 29/77 ohne solche). 17/101 Patienten waren verzogen oder lehnten die Typisierung ab, 7/101 Patienten waren verstorben. Die Untersuchung erfolgte im Mikrozytotoxizitäts-Test nach Terasaki (3).

Ergebnis und Diskussion

1. Das mit MS assoziierte HLA-Merkmal DR2 fand sich in typischer Weise gehäuft (binomialer Test, p < 0.05). Die Patientenstichprobe ist hierin repräsentativ. Die Merkmale A3 und B7 waren statistisch nicht gehäuft. Ihre Assoziation mit der MS ist auch nach Angaben in der Literatur deutlich niedriger als für DR2.

HLA-Phänotyp	Häufigkeit		
	eigene MS-Gruppe (n = 77)	in MS-Gruppen (a) aus der Literatur (4)	bei Berliner Blutspendern (n = 664) (1)
DR2	47 %	41 %	31 % p < 0.05

2. Die Merkmale DR2, A3 und B7 waren bei den MS-Patienten mit zusätzlichen immunologischen Erkrankungen und/oder Auto-Antikörpern gleich häufig vertreten wie bei den MS-Patienten ohne solche Störungen (Chi^2-Test).

Eine erhöhte Assoziation einer dieser MS-Gruppierungen mit den MS-assoziierten HLA-Merkmalen zeigte sich demnach nicht!

3. Die mit einer Reihe immunologischer Erkrankungen assoziierten Merkmale A1, B8, DR3, DR4 und B27 waren sowohl in der gesamten Stichprobe als auch in den unter 2. genannten Untergruppen gleich häufig wie in der Bevölkerung (1) (binomialer Test).

4. In der kleinen Untergruppe von 20 MS-Patienten mit zusätzlichen immunologischen Erkrankungen und/oder höhertitrigen Auto-Antikörpern war das MS-typische HLA-Merkmal DR2 gleich häufig vertreten wie in der Bevölkerung (1) (binomialer Test).

HLA-Phänotyp	Häufigkeit	
	bei MS-Patienten mit immun. Erkr. +/oder höhertitr. Auto-Antikörpern	bei Berliner Blutspendern (1)
DR2	7/20 (35%)	206/664 (31%) nicht sign.

Dieser Befund beleuchtet die Schwierigkeit, die genetische Disposition zu MS zu lokalisieren! Oder könnten hier Patienten mit MS-imitierenden Erkrankungen miterfaßt sein? In klinischer, laborchemischer und MRT-morphologischer Hinsicht zumindest ergab sich dafür kein Hinweis.

Literatur

1. Bünte S, Dieckmann KP, Angelidis U et al (1990) Frischblutspende Klinikum Steglitz. FU Berlin
2. Seyfert S, Klapps P, Meisel C et al (1990) Multiple sclerosis and other immunologic diseases. Acta Neurol Scand 81:37-42
3. Terasaki PL, McClelland JD (1964) Microdroplet assay of human serum cytotoxins. Nature 204:998
4. Tiwari JL, Terasaki PL (1985) HLA and disease associations. Springer, New York

* Mit Unterstützung durch die Sanitätsrat Dr. med. Arthur Arnstein-Stiftung, Berlin

Virusinduzierte Autoimmunreaktionen im Zentralen Nervensystem

U.G. Liebert

Die Überwindung von viralen Infektionskrankheiten ist das Ergebnis komplexer Interaktionen zwischen Virus und Wirtsimmunsystem. Verschiedene virusspezifische und unspezifische Immunmechanismen spielen dabei eine Rolle. In Form von Überempfindlichkeitsreaktionen vom Spättyp oder Immunkomplexen können die antiviralen Immunreaktionen selbst im Sinne eines immunpathologischen Prozesses am viralen Erkrankungsprozeß beteiligt sein. Außerdem können virusinduzierte Immunreaktionen, die gegen normale Gewebsbestandteile des Wirts gerichtet sind, die Basis für die Entwicklung einer Autoimmunerkrankung bilden. Die pathogenetische Rolle der bei Virusinfektionen auftretenden organspezifischen und organunspezifischen Autoimmunreaktionen ist in den meisten Fällen unbekannt. Infektionen mit zahlreichen RNA- und DNA-Viren sind häufig mit dem transienten Nachweis von Autoantikörpern, z. B. gegen Zellkerne, Zytoskelett, glatte Muskulatur, Nierentubuli oder Lymphozyten, assoziiert. Die Kreuzreaktionen zwischen viralen und normalen zellulären Bestandteilen sind ein häufiges Phänomen. Virusinduzierte Autoantikörper haben in der Regel einen niedrigen Titer und spielen wahrscheinlich keine wesentliche Rolle in der Pathogenese von Autoimmunkrankheiten, da sie nach der Eliminierung des kausalen viralen Erregers durch das Wirtsimmunsystem nicht mehr nachweisbar sind. Dagegen ist über die mögliche pathogenetische Rolle von virusinduzierten zellvermittelten Autoimmunreaktionen relativ wenig bekannt. Die virusinduzierte Autoimmunreaktion könnte gegen die im Verlauf der viralen Replikation veränderten Zellkomponenten gerichtet sein und unter bestimmten Bedingungen in Abwesenheit des infektiösen Erregers weiter bestehen und sich verselbständigen.

1. Autoimmunität bei humanen Virus-Erkrankungen des ZNS

Bei einer Reihe von Erkrankungen des ZNS wird eine virusinduzierte zellvermittelte Autoimmunreaktion als pathogenetisch bedeutsamer Faktor angesehen. Dazu gehören in erster Linie die postinfektiösen Enzephalomyelitiden, die als häufigste Spätkomplikation von exanthematösen Viruserkrankungen insbesondere nach Masern und Röteln sowie Infektionen mit Influenza und Varizellen-Zoster-Virus vorkommen. Bei diesen Erkrankungen kann meist kein infektiöses Virus aus dem Liquor cerebrospinalis oder aus dem Hirngewebe isoliert werden, es kommt zu keiner intrathekalen antiviralen Immunglobulinsynthese, und der Nachweis von viralen Antigenen oder Nukleinsäuren mit immunhistologischen oder In-situ-Hybridisierungstechniken gelingt nicht. Die neuropathologischen Veränderungen ähneln stark denen der experimentellen allergischen Enzephalomyelitis (EAE), so daß eine Autoimmunpathogenese für diese Erkrankungen angenommen wird. Diese Interpretation wird durch indirekte Befunde unterstützt. So konnte in Patienten mit einer akuten postinfektiösen Masernenzephalitis eine signifikante Proliferation von aus dem

Blut isolierten Lymphozyten gegen menschliches basisches Myeloprotein (MBP) nicht nur während der klinischen Symptomatik, sondern bis 30 Tage später nachgewiesen werden (6). Ähnliche Befunde wurden bei den postinfektiösen Enzephalomyelitiden nach Röteln, Windpocken und viralen Infektionen des Respirationstraktes sowie bei Patienten mit Enzephalomyelitis nach Pocken- und Tollwutimpfung erhoben. Letztere Erkrankung ist wahrscheinlich das humane Äquivalent der EAE, da früher der Impfstoff (Semple-Vakzine) in infiziertem Hirngewebe hergestellt wurde. Die Häufigkeit der postinfektiösen Enzephalitiden ist aufgrund der Schutzimpfungen und wegen der Aufhebung der Pockenimpfung stark zurückgegangen. Allerdings erlangt diese Komplikation möglicherweise wieder eine größere Bedeutung, da durch Impfungen keine lebenslange Immunität entsteht und Impflücken auftreten.

Auch für die Pathogenese der multiplen Sklerose werden sowohl Autoimmunprozesse als auch Virusinfektionen, insbesondere mit dem Masernvirus, diskutiert. Die multiple Sklerose könnte auf der Grundlage eines bereits in der Kindheit abgelaufenen viralen Infektes entstehen. Es ist vorstellbar, daß zytotoxische Antikörper oder Lymphozyten die Virusinfektion im ZNS zwar eliminieren, ein virusinduzierter Autoimmunprozeß jedoch als immunologische Narbe zurückbleibt. Ein immunpathologischer Prozeß könnte später in Gang kommen, wenn die autoreaktiven Lymphozyten reaktiviert werden und den chronischen Krankheitsprozeß Jahre nach der primären Infektion auslösen. Andererseits könnte auch ein Virus, das die Fähigkeit hat, im ZNS zu persistieren, einen Autoimmunprozeß in Gang setzen. Selbst im Falle einer restringierten viralen Genexpression ohne Replikation von infektiösem Virus würde die kontinuierliche oder zyklische Expression einzelner viraler Komponenten für die Initiation einer Immun- und gegebenenfalls Autoimmunreaktion ausreichen mit der Folge eines chronischen, progredienten Krankheitsprozesses. Vor diesem Hintergrund ist ein besseres Verständnis der pathogenetischen Grundlagen virusinduzierter Autoimmunität von großer Wichtigkeit.

ZNS-Erkrankungen auf der Grundlage virusinduzierter Autoimmunität

Erkrankung	Assoziiertes Virus
Postinfektiöse Enzephalomyelitis	Masernvirus
	Varizellen-Zoster-Virus
	Rötelnvirus
	Influenzavirus
	Mumpsvirus
	(Adenoviren?)
Enzephalomyelitis nach Impfung	Tollwutvirus
	Pockenvirus
multiple Sklerose	verschiedene DNA und/oder RNA Viren

2. Experimentelle Tiermodelle für virusinduzierte Autoimmunität im ZNS

Um die pathogenetischen Mechanismen aufzuklären, durch die Viren Autoimmunprozesse im ZNS auslösen, wurden Tiermodelle etabliert, bei denen neurotropes Masernvirus (MV) oder das murine Coronavirus JHM in Ratten subakute Enzephalitiden auslösen. In beiden Modellen werden im Verlauf der subakuten Enzephalitis autoreaktive T-Lymphozyten mit Spezifität für ZNS-Antigene induziert.

Die Infektion von 3 - 5 Wochen alten Ratten mit dem JHM Coronavirus führt mit einer mehrmonatigen Inkubationszeit zu einer subakuten Entmarkungsenzephalomyelitis (SDE) mit den charakteristischen klinischen Symptomen einer Ataxie und Paresen der Hinterläufe bis hin zu Tetraparese. Einige Tiere weisen einen schubweisen Verlauf mit mehrfachen Exazerbationen auf. Neuropathologisch findet man eine Leukoenzephalitis mit perivasulären lymphomonozytären Zellinfiltraten und ausgedehnten primären Entmarkungsherden vor allem in Mittelhirn und Rückenmark (7). Während der Remissionen können neben frischen Demyelinisierungsherden auch Remyelinisierungsvorgänge in verschiedenen Stadien beobachtet werden. Die Basis der SDE bildet eine chronische Virusinfektion mit zyklischer Virusvermehrung, da unabhängig von der Inkubationszeit aus Hirngewebe erkrankter Ratten Coronavirus mit konventionellen Methoden isoliert werden kann. In Remissionsphasen sind dagegen die Versuche zur Virusisolation erfolglos.

Im Gegensatz zur Coronavirus-Enzephalitis weist die subakute Masernenzephalitis (SAME) keine Entmarkungsherde auf. Vielmehr sieht man nach Inkubationszeiten von Wochen bis Monaten lediglich ausgedehnte entzündliche Infiltrate in der grauen und der weißen Substanz von Groß- und Mittelhirn mit Aussparung von Kleinhirn und unteren Abschnitten des Rückenmarks (8). Die in 4 Wochen alten Lewis-Ratten induzierbare Erkrankung ist monophasisch, ein schubweiser Verlauf wurde nicht beobachtet. Zu keinem Zeitpunkt während und nach der SAME kann infektiöses Virus aus Hirngewebe isoliert werden, da es in Hirnzellen zu einer restringierten viralen Genexpression kommt. Interessanterweise persisitiert in etwa 25 % der Tiere eine histopathologisch nachweisbare Enzephalitis in Abwesenheit des viralen Erregers. Ebenso gelingt in 30 % der Tiere mit klinisch apparenter SAME nicht die Isolation und der Nachweis von MV-spezifischen Proteinen oder Nukleinsäuresequenzen im Gehirn.

Bei beiden Tiermodellen erweist die Analyse der humoralen und der zellulären Immunreaktionen das Vorliegen von Autoimmunität gegen Hirnantigene (9, 16). Sowohl bei der SAME als auch bei der SDE kann neben einer intrathekalen Synthese virusspezifischer Antikörper der Nachweis oligoklonaler Immunglobuline geführt werden, deren Spezifität wahrscheinlich gegen ZNS-Antigene gerichtet ist (2, 3). Weiterhin besteht eine Lymphozytensensibilisierung für MBP, die sowohl in der Milz als auch in den zervikalen Lymphknoten vorkommt. Die autoreaktiven Zellen können in vitro zu CD4$^+$-T-Zellinien gezüchtet werden. Die adoptive Übertragung von MBP-spezifischen T-Lymphozyten erzeugt in normalen Empfängertieren die klinischen Symptome der EAE. Histopathologisch finden sich die klassischen EAE-typischen perivaskulären lymphomonozytären Infiltrate im Rückenmark (9, 16). Diese Befunde zeigen, daß die zellvermittelte Autoimmunreaktion gegen Hirnproteine eine Rolle in der Pathogenese von SDE und SAME spielen könnte. Darüber hinaus werden T-Zellen, die zwar eine Spezifität für MBP aufweisen, jedoch in gesunden Empfängertieren keine EAE induzieren, enzephalitogen, wenn die Empfängertiere zuvor mit einer subklinischen Masernvirus-Dosis infiziert wurden (10). Offensichtlich erhöht also die lokale MV-Infektion des ZNS die Empfänglichkeit für autoreaktive T-Lymphozyten.

3. Mögliche Mechanismen der virusinduzierten Autoimmunität

Grundsätzlich können Viren Autoimmunität auf verschiedene Weise erzeugen. Beispielsweise ist es vorstellbar, daß T- und/oder B-Zellen durch mitogene Eigenschaften von Viren polyklonal aktiviert werden, wodurch auch präexistente autoreaktive Klone expandiert werden.

Eine weitere Möglichkeit ist die direkte Induktion von Klasse I- und II-MHC-Molekülen auf der Oberfläche infizierter Zellen (11, 12). Dieser Effekt kann durch geringe Dosen von Lympho- und Zytokinen verstärkt werden. Zellen, die wie z. B. Astrozyten normalerweise keine MHC Klasse II-Moleküle exprimieren, könnten auf diesem Weg die Fähigkeit erlangen, mit dem Immunsystem und autoreaktiven T-Zellen zu interagieren und Antigendeterminanten zu präsentieren (4).

Autoimmunreaktionen können auch nachweisbar sein, wenn die Immunregulation gestört wird. Dies könnte das Ergebnis einer Infektion von Lymphozytensubpopulationen durch lymphotrope Viren sein. Ein lytischer Infektionszyklus hätte die Eliminierung der infizierten Zellen zur Folge, eine persistierende oder latente Infektion unter Umständen eine Störung ihrer normalen Funktion. Die Folge könnte in beiden Fällen eine Autoimmunreaktion sein, die entweder durch Fehlen der normalerweise vorhandenen Suppression autoreaktiver T-Lymphozyten oder durch die Verstärkung spezifischer Immunreaktionen bedingt wäre (13). Beispielsweise sind während der akuten Masern Funktionen des Immunsystems wie Antikörperproduktion und Mitogenreaktivität verändert, so daß schwere Komplikationen entstehen können, etwa die Exazerbation einer Tuberkulose.

Ein weiterer Mechanismus virusinduzierter Autoimmunität beruht auf der Hypothese, daß immunogene Determinanten auf einem infektiösen Agens die Sekretion von Antikörpern oder die Bildung von Lymphozyten auslösen, die mit homologen Epitopen auf einem Wirts-(Selbst-)Protein reagieren können (15). Voraussetzung für diesen Molekulares Mimikry genannten Mechanismus ist das Vorhandensein von für Virus und Wirt gemeinsamen linearen oder konformationsabhängigen Epitopen, die jedoch wegen der ansonsten bestehenden Immuntoleranz nicht identisch sein dürfen. Dagegen sind homologe Determinanten, die sich in einer oder mehreren Aminosäuren unterscheiden, genügend unterschiedlich, um eine kreuzreaktive Immunreaktion auszulösen. Durch computergestützte Analysen sind zahlreiche solcher homologer Epitope gefunden worden. Beispielsweise weisen MBP und das Polymeraseprotein des Hepatitis B-Virus (HBV) eine identische Sequenz von 6 Aminosäuren auf. Obwohl im Tiermodell durch Immunisierung mit einem homologen Dekapeptid eine kreuzreaktive Immunantwort und eine EAE induziert werden konnten (5), bleibt es fraglich, ob Molekulares Mimikry für Autoimmunerkrankungen verantwortlich ist, da keine Assoziation von HBV-Infektionen mit ZNS-Krankheiten besteht, auch nicht in China, wo eine hohe Durchseuchung und Prävalenz von HBV-assoziierten Prozessen (z. B. Hepatome) vorliegt.

Im Laufe einer Virusinfektion werden sowohl Wirtszellbestandteile in die virale Hülle eingebaut als auch Membranveränderungen der Wirtszelle, z. B. durch Insertion viraler Glykoproteine, induziert. Gegen diese durch die virale Infektion veränderten Antigene kann es zu Autoimmunreaktionen kommen, da Neuexposition zuvor nicht vorhandener oder sequestrierter antigener Determinanten vom Immunsystem als fremd erkannt werden und zu Autoimmunreaktionen führen können (14). In diesem Zusammenhang wurde kürzlich gezeigt, daß die Interaktion von einzelnen viralen Strukturproteinen, z. B. des Matrix-Proteins der Paramyxoviren, zur Ausbildung neuer antigener Determinanten auf dem Aktin und zu Autoimmunreaktionen führt (1).

4. Zusammenfassung

Die Entstehung von zellvermittelten Autoimmunreaktionen als Folge von Virusinfektionen scheint eine Rolle in der Pathogenese von subakuten und chronischen ZNS-Erkrankungen zu haben. Zur Zeit ist kein einzelner Faktor bekannt, der zur Autoimmunreaktion im ZNS führt. Vielmehr ist es vorstellbar, daß die Pathogenese dieser Erkrankungen multifaktoriell ist und ihnen verschiedene relativ häufige virusinduzierte Veränderungen zugrunde liegen.

Literatur

1. Anomasiri WT, Tovell DR, Tyrrell DJL (1990) Paramyxovirus membrane protein enhances antibody production to new antigenic determinants in the actin molecule: A model for virus-induced autoimmunity. J Virol 64:3179-3184
2. Dörries R, Watanabe R, Wege H, ter Meulen V (1986) Murine coronacirus-induced encephalomyelitis in rats: analysis of immunoglobulins and virus-specific antibodies in serum and cerebrospinal fluid. J Neuroimmunol 12:131-142
3. Dörries R, Liebert UG, ter Meulen V (1988) Comparative analysis of virus-specific antibodies and immunoglobulins in serum and cerebrospinal fluid of subacute measles virus-induced encephalomyelitis (SAME) in rats and subacute sclerosing panencephalitis (SSPE). J Neuroimmunol 19:339-352
4. Fontana A, Fierz W, Wekerle H (1984) Astrocytes present myelin basic protein to encephalitogenic T-cell lines. Nature 301:273-276
5. Fujinami RS, Oldstone MBA (1985) Amino acid homology and immune responses between the encephalitogenic site of myelin basic protein and virus: a mechanism for autoimmunity. Science 230:1043-1045
6. Johnson RT, Griffin DE, Hirsch RL et al (1984) Measles encephalomyelitis: clinical and immunological studies. N Engl J Med 310:137-141
7. Koga M, Wege H, ter Meulen V (1984) Sequence of murine coronavirus JHM induced neuropathological changes in rats. Neuropathol Appl Neurobiol 10:173-184
8. Liebert UG, ter Meulen V (1987) Virological aspects of measles-virus induced encephalomyelitis in Lewis and BN rats. J Gen Virol 68:1715-1722
9. Liebert UG, Linington C, ter Meulen V (1988) Induction of autoimmune reactions to myelin basic protein in measles virus encephalitis in Lewis rats. J Neuroimmunol 17:103-118
10. Liebert UG, Hashim GA, ter Meulen V (1990) Characterization of measles virus-induced cellular autoimmune reactions against myelin basic protein in Lewis rats. J Neuroimmunol 29:139-147
11. Massa PT, Dörries R, ter Meulen V (1986) Viral particles induce Ia antigen expression on astrocytes. Nature 320:543-546
12. Massa PT, Schimpl A, Wecker E, ter Meulen V (1987) Tumor necrosis factor amplifies measles virus-mediated Ia induction on astrocates. Proc Natl Acad Sci USA 84:7242-7245
13. McChesney MB, Oldstone MBA (1987) Virus perturb lymphocyte functions: Selected principles characterizing virus-induced immunosuppression. Ann Rev Immunol 5:279-304
14. Notkins AL, Onodera T, Prabhakar B (1984) Virus-induced autoimmunity. In: Notkins AL, Oldstone MBA (Hrsg) Concepts in viral pathogenesis. Springer, New York:210-215
15. Oldstone MBA (1987) Molecular mimicry and autoimmune disease. Cell 50:819-820
16. Watanabe R, Wege H, ter Meulen V (1983) Adoptive transfer of EAE-like lesions from rats with corona virus-induced demyelinating encephalomyelitis. Nature 305:150-153

Neuropsychologische Rehabilitation bei multipler Sklerose

U. Manegold

Störungen der kognitiven Hirnfunktionen fanden bisher nur wenig Beachtung; dabei sind es gerade die kognitiven und emotionalen Anpassungsleistungen eines Patienten, die eine Bewältigung in Alltag und Beruf ermöglichen. Testpsychologische Untersuchungen haben in den letzten Jahren ein breites Spektrum von Hirnleistungsstörungen bei MS aufgedeckt - und zwar überwiegend unabhängig von Krankheitsdauer und körperlicher Beeinträchtigung (8). Trotz widersprüchlicher Untersuchungsergebnisse zeichnen sich einige Tendenzen ab:
- Weder die Selbsteinschätzung der Patienten noch die Fremdeinschätzung durch Angehörige gibt auch nur annähernd genaue Hinweise auf das Vorliegen von kognitiven Beeinträchtigungen (1, 2).
- Subtile Störungen der räumlichen Wahrnehmung und des visuellen Gedächtnisses sind ein Frühindikator, stellen aber nicht zwangsläufig das wichtigste prognostische Kriterium dar (3, 9).
- Selektive Störungen überwiegen, globale Beeinträchtigungen sind eher die Ausnahme (4).
- Bei affektiven Störungen stehen depressive Bilder und Affektlabilität im Vordergrund, die letzteren häufig in Kombination mit kognitiven Störungen (5, 8).
- Automatische, langzeiterworbene verbale Fähigkeiten sind meist erhalten; Defizite im Bereich dynamischer Frontalhirnfunktionen wie Anpassungsvermögen, Planung, Organisation, Gebrauch von Rückkopplungseffekten scheinen für einen Teil der Patienten charakteristisch zu sein (10).
- Neurophysiologische Screening-Verfahren sind zur Erfassung kognitiver Störungen nicht ausreichend - sorgfältige testpsychologische Untersuchungen sind unabdingbar (7).

Anhand von Patientenbeispielen wurden Tendenzen und Schwierigkeiten in der Bewertung eines computergestützten Hirnleistungstrainings vorgestellt. Fünf Patienten nahmen 3mal wöchentlich an einem ambulanten Computertraining mit begleitender Beratung teil. Anhand der Vor- und Nachtestergebnisse konnten unterschiedliche selektive Störungsmuster bei MS demonstriert werden. Dabei zeigten sich in besonderem Maße Defizite in den Bereichen optisches Kurzzeitgedächtnis und visuomotorische Koordination. Mit Hilfe der Aufmerksamkeitsbatterie von Zimmermann (11) wurde die Alertness-Reaktion dargestellt, die als Maß für die globale Höhe des Aufmerksamkeitsniveaus gilt. Gemessen wurde die Reaktionszeit auf ein optisches Signal. Während sich das Aufmerksamkeitsniveau bei einem Teil der Patienten in Erwartung eines Warnreizes steigerte, trat bei anderen nach dem Warnton eine charakteristische Inhibition, d. h. eine abrupte Verlängerung der Reaktionszeit, auf, was im Sinne einer fundamentalen Beeinträchtigung des Aufmerksamkeitsniveaus interpretiert werden kann.

Die Bereiche optisches Kurzzeitgedächtnis und visuomotorische Koordination wurden speziell trainiert mit einem Programm, bei dem die Position farbiger Felder simultan und positionsgenau erinnert werden mußte (6). Dieses Programm eignete sich besonders zur Erarbeitung neuer Lern- und Merkstrategien. Am Beispiel von Trainingsverläufen konnten auffallende Unterschiede in der Aufmerksamkeitsspanne von MS-Patienten unabhängig vom Grad körperlicher Behinderung gezeigt werden, wobei ein Schwerpunkt auf dem Nachweis von kurzen Ausfällen der Aufmerksamkeitszuwendung, sog. "lapses of attention", lag. Die Grenzen der Aufmerksamkeitsspanne einschätzen zu lernen, stellte dementsprechend ein wichtiges Therapieziel dar.

Der Vergleich der Lebensbedingungen verschiedener Patienten ergab, daß zwischen Teilleistungsstörungen im kognitiven Bereich und den Fähigkeiten zur Bewältigung von Alltagssituationen nicht zwangsläufig eine direkte Beziehung bestehen muß. Anhand von Fallbeispielen wurde verdeutlicht, daß Patienten mit Beeinträchtigungen des Kurzzeitgedächtnisses, der Aufmerksamkeitsspanne und Wortfindungsstörungen ihr Alltagsmanagement überraschend gut bewältigen können, solange sie auf einen ausreichenden Fundus langfristig erworbener Fähigkeiten zurückgreifen können. In diesem Zusammenhang wurde die Frage gestellt, inwieweit sich Teilleistungsstörungen durch Umwegstrategien kompensieren lassen. Eine Anpassung an neue Anforderungen war nur einem Teil der Patienten möglich. Es wird deshalb empfohlen, gerade bei Patienten mit geringer oder fehlender Compliance sowohl nach den hirnorganischen wie auch den psychosozialen Hintergründen sorgfältig zu forschen und sie in das therapeutische Konzept mit einzubeziehen.

Literatur

1. Crammon D, Ziehl J (1988) Neuropsychologische Rehabilitation. Springer, Berlin
2. Fischer JS (1989) Objective nemory testing in multiple sclerosis. John Libbey, Londen Paris:39-49
3. Grant I, McDonald WI, Trimble KR (1989) Neuropsychological impairment in early multiple sclerosis. John Libey, London Paris:17-26
4. Haas J (1987) Über neuropsychologische Funktionsstörungen bei der Multiplen Sklerose. Habil Schrift, Hannover
5. Jouvent R et al (1988) Cognitive impairment, emotional disturbances and duration of multiple sclerosis. In: Jensen K, Knudsen L, Stenager E, Grant I (Hrsg) Mental disorders and cognitive deficits in multiple sclerosis. John Libbey, London Paris:139-146
6. Kuratorium ZNS, Softwarekatalog (1989) Bonn, 1. Auflage
7. Poeck K (1989) Klinische Neuropsychologie. 2. neubearb Auflage, Thieme, Stuttgart
8. Rao SM (1986) Neuropsychology of multiple sclerosis: A critical review. Journal of Clinical and Experimental Neuropsychology 8:503-542
9. Stenager E, Knudsen L, Jensen K (1989) Correlation of Bock depression inventory score, Kurtzke disability status scale and cognitive functioning in multiple sclerosis. In: Jensen K, Knudsen L, Stenager E, Grant I (Hrsg) Kental disorders and cognitive deficits in multiple sclerosis. John Libbey, London Paris:147-152
10. Vowels LK, Gates GR (1986) Neuropsychological findings. In: Simons AF (Hrsg) Multiple sclerosis: Psychological and social aspects:82-88
11. Zimmermann P, Poser U (1989) Computergestützte Diagnostik in der Neuropsychologie. Tagungsbericht, Kuratorium ZNS, Gailingen

Das psychologische Behandlungsspektrum in der stationären MS-Therapie

G. Melbert und W.R. Kießling

Die chronische Erkrankung multiple Sklerose bedroht den betroffenen Menschen in seiner gesamten körperlichen Identität; er sieht sich privat, familiär und beruflich vor eine Vielzahl von Problemen gestellt. Der MS-Betroffene versucht, diese schwere Erkrankung auf unterschiedliche Art und Weise in sein Leben zu integrieren. Der lebenslange Bewältigungsprozeß bezieht sich dabei auf die körperlichen, psychischen und sozialen Folgen der Erkrankung (2, 6). In den letzten Jahren wird neben medizinischen, physio- und ergotherapeutischen sowie sozialarbeiterischen Maßnahmen auf die Bedeutung von psychologischer Beratung und Therapie hingewiesen (1, 8). In der ambulanten Betreuung ist das Angebot sowie die Inanspruchnahme von psychologischer Hilfe bisher allerdings eher gering (7). Bisher liegen nur vereinzelte Berichte über psychotherapeutische Erfahrungen mit MS-Betroffenen vor (3, 4, 5).

In unserer Spezialklinik bieten wir in stationärem Rahmen seit Jahren psychologische Betreuung an und konzentrieren uns dabei hauptsächlich auf drei Bereiche: Vermittlung von Entspannungstechniken, Durchführung von Gesprächsgruppen sowie psychologische Einzelbetreuung.

Wir bieten sowohl die Progressive Muskelentspannung nach Jacobson als auch das Autogene Training nach Schultz an. Beide Verfahren dienen der Prophylaxe und zur Reduzierung von alltäglichen Streßreaktionen. Bei der verringerten Belastbarkeit und der vermehrten Streßanfälligkeit der MS-Betroffenen halten wir diese Methoden für sinnvolle Selbsthilfeverfahren im Alltag. Ca. 40 % unserer Patienten machen von diesem Angebot Gebrauch.

Bei der Gruppenarbeit haben wir uns für das Konzept der offenen Gesprächsgruppe· entschieden. Einmal in der Woche wird auf jeder Station für interessierte Patienten ein Gruppengespräch durchgeführt, das immer von einem Psychologen/in und dem jeweiligen Stationsarzt/ärztin geleitet wird. Die Gruppengröße bewegt sich meist zwischen 8 und 15 Teilnehmern. Die Gesprächsthemen werden von den MS-Betroffenen eingebracht und können alle Lebensbereiche umfassen, die für MS-Betroffene durch die Auseinandersetzung mit der Erkrankung bedeutsam sind. Eine kleine Auswahl der Themen: Diagnosemitteilung, Arzt-Patient-Beziehung, Verhältnis zu den "Gesunden", emotionales Erleben wie Angst, Trauer und Wut, Verluste im Bereich der Berufstätigkeit und der Freizeit, Hilfe annehmen und ablehnen können, schnelle Ermüdbarkeit, das Finden und Akzeptieren von neuen Leistungsgrenzen, Selbstwertgefühl, Bedeutung der Familie. Durch die Gesprächsgruppe wird die aktive Auseinandersetzung mit der Erkrankung gefördert. Die MS-Betroffenen können im geschützten Rahmen der Gruppe Gefühle zulassen und Erlebnisse austauschen, die sonst weitgehend unterdrückt werden. Die Teilnehmer können voneinander lernen und mehr Selbstsicherheit und Selbstvertrauen für den Alltag gewinnen.

Ca. 25 % der Patienten nehmen in unserer Klinik die Möglichkeit zu psychologischer Einzelbetreuung in Anspruch. Nach unserer Einschätzung liegt die Notwendigkeit einer psychologischen Betreuung eher doppelt so hoch. Der Grad der Behinderung und das Alter spielen bei der Bereitschaft, den Psychologen aufzusuchen, keine Rolle. Frauen sind nach bisherigen Erfahrungen motivierter als Männer.

In den therapeutischen Gesprächen wird individuell auf die aktuelle Lebenssituation und die bisherige Lebens- und Krankheitsgeschichte des/der MS-Betroffenen eingegangen. Wichtig ist, die bisherigen erfolgreichen oder gescheiterten Selbsthilfeversuche und Bewältigungsstrategien zu berücksichtigen.

Häufiger Anlaß für psychologische Einzelbetreuung sind langdauernde Depressionen, die, verbunden mit geringem Selbstwertgefühl, zu weitgehender Teilnahmslosigkeit, Passivität, Rückzug aus der sozialen Umwelt und Resignation geführt haben. Weitere wichtige Bereiche sind die Bearbeitung von sozialen Ängsten sowie Intervention bei akuten Krisen (oft verbunden mit Suizidgedanken).

Auch die sexuellen Probleme, die sonst meist verschwiegen werden, kommen häufig zur Sprache, was auf den großen Leidensdruck und die Belastung für die Betroffenen hinweist. Partnerschafts- und Familienprobleme werden ebenfalls immer wieder angeführt. Vielfältige Kommunikationsstörungen, Abhängigkeiten, Schuldgefühle, Fixierungen, Eifersuchtsprobleme usw. sind weit verbreitet und haben gravierende Auswirkungen auf das Leben mit der Erkrankung.

Psychologisch/psychotherapeutische Interventionen können dazu beitragen, die Bewältigungsfertigkeiten des MS-Betroffenen zu fördern, ihn bei Konfliktlösungen zu unterstützen und damit zu einer befriedigenderen Lebensgestaltung zu führen.

Die psychotherapeutische Arbeit mit chronisch Kranken ist nicht einfach und auch für die Therapeuten belastend. Aus diesem Grund ist bei uns eine Supervision durch Balint-Gruppenarbeit gewährleistet.

Literatur

1. Bauer HJ (1989) Medizinische Rehabilitation und Nachsorge bei Multipler Sklerose. Fischer, Stuttgart New York
2. Beutel M (1988) Bewältigungsprozesse bei chronischen Erkrankungen. Weinheim, VCH
3. Dahlmann W (1990) Multiple Sklerose: Krankheit und Erkrankte. Psychosomatik/Neurologie 5:391-395
4. Friedrich H (1988) Gruppenpsychotherapie mit Multiple-Sklerose-Kranken. In: Deter HC, Schüffel W (Hrsg) Gruppen mit körperlich Kranken. Springer, Berlin Heidelberg New York:160-173
5. Friedrich H, Poser S (1983) Psychiatrisch-psychotherapeutische Erfahrungen bei schweren neurologischen Erkrankungen am Beispiel der Multiplen Sklerose. In: Bönisch E, Meyer JE (Hrsg) Psychosomatik in der klinischen Medizin. Springer, Berlin Heidelberg New York:39-54
6. Kächele H, Steffens W (1988) Bewältigung und Abwehr. Springer, Berlin Heidelberg New York
7. Kießling WR, Weiss A, Raudies G (1990) Zum Stand der professionellen Betreuung Multiple-Sklerose-Kranker. Rehabilitation 90:201-203
8. Scheinberg LC (1984) Multiple sclerosis: a guide for patients and their families. Raven, New York

Zur Problematik der Krankheitsbewältigung (Coping) bei Patienten mit multipler Sklerose

H. Stoll-Dieterle und W.R. Kießling

Krankheitsbewältigung (Coping) bei chronischen Erkrankungen läßt sich ganz allgemein als ein fortlaufender Prozeß charakterisieren, dessen Ende aufgrund des ungewissen Krankheitsverlaufs nicht absehbar ist. Da aber wenig darüber bekannt ist, wie speziell MS-Betroffene mit ihrer Erkrankung zurecht kommen oder umgehen, wurde eine Studie durchgeführt, die folgende Fragestellungen aufweist:
1. Findet Coping bei MS-Kranken statt?
2. Welche Bewältigungsstrategien werden von seiten dieser Patienten präferiert?
3. Wie schätzen die Betroffenen ihre Möglichkeiten ein, ihre Krankheit zu verarbeiten?

Untersucht wurden insgesamt 42 Patienten mit gesicherter MS (25 Frauen und 17 Männer im Alter zwischen 20 und 40 Jahren), die nach der Kurtzke-Skala verschiedene Behinderungsgrade aufwiesen. Grundlage der Untersuchung war ein selbständig entworfener Fragebogen, der sich einerseits auf die von Heim et al. (1) sowie von Muthny (3) ausgearbeiteten Fragebögen zur Krankheitsbewältigung bezieht. Die Datenerhebung erfolgte im Rahmen eines halbstandardisierten Interviews. Neben persönlichen Daten wie z. B. Alter, Geschlecht, Familienstand usw. wurden Daten zur Ursachenattribution der Erkrankung erhoben, ebenso Informationen über zwischenmenschliche Beziehungen. Den größten Teil des Interviews nahmen Fragen zur Krankheitsbewältigung ein, wobei insgesamt 29 verschiedene Bewältigungsstrategien zur Beurteilung vorgelegt wurden (Tab. 1).

Tabelle 1.

Bewältigungsstrategien (N = 29)

A) Handlungsbezogene Strategien	B) Kognitionsbezogene Strategien	C) Emotionsbezogene Strategien
1) Ablenken	9) Ablenken	19) Auflehnung
2) Altruismus	10) Akzeptieren	20) Auslösen von Emotionen
3) Aktives Vermeiden	11) Dissimulieren	21) Emotionale Entlastung
4) Kompensation	12) Haltung bewahren	22) Unterdrücken von Gefühlen
5) Konstruktive Aktivität	13) Problemanalyse	23) Optimismus
6) Sozialer Rückzug	14) Relativieren	24) Passive Kooperation
7) Aktive Informationssuche	15) Religiosität	25) Resignation
8) Zuwendung bekommen	16) Nachgrübeln	26) Selbstbeschuldigung
	17) Veränderung der Lebenseinstellung	27) Wut ausleben
	18) Sinngebung	28) Angst vor Gefühlen
		29) Ablehnen von Gefühlen

Die Untersuchungsergebnisse lassen eindeutig die Möglichkeit der MS-Betroffenen erkennen, ihre Krankheit zu bewältigen. Allerdings indentifizieren sich die MS-Betroffenen mit mehreren Bewältigungsformen gleichzeitig, wobei es keine geschlechtsspezifische Verwendung der einzelnen Strategien gibt.

Strategien, die im Sinne sozialer Erwünschtheit zu deuten sind (z. B. Altruismus), lassen nicht nur die höchste Häufigkeit (ca. 98 %), sondern auch den höchsten Ausprägungsgrad (5-Punkte-Skala) erkennen. Daneben nimmt auch das "Relativieren", der Vergleich mit anderen, beim Coping einen hohen Stellenwert ein (95 %).

"Aktives Vermeiden" als Bewältigungsstrategie kristallisiert sich erst im Verlauf der Erkrankung heraus. Für die Möglichkeit der Integration von Abwehr- und Bewältigung (2) ist hiermit ein wichtiger Beleg erbracht. Die Schlüsselfunktion, die die Familie in Bezug auf die Bewältigung der MS einnimmt, konnte, übereinstimmend mit bereits bestehenden Forschungsergebnissen, bestätigt werden. Die enorme Bedeutung der Berufstätigkeit im Hinblick auf eine bessere Krankheitsbewältigung bei MS-Patienten ließ sich entgegen anderen Mitteilungen nicht bestätigen.

Das eindrucksvollste Ergebnis der Studie ist das Hervortreten der Strategie "Resignation", die maßgeblich an der Beurteilung der Bewältigungsmöglichkeiten durch den Patienten selbst beteiligt ist. Der Wegfall von "Resignation" weist auf besseres Coping hin. Damit rückt die Bedeutung emotionsbezogener Bewältigungsstrategien klar in den Vordergrund; erst in zweiter Linie stehen kognitionsbezogene Bewältigungsmuster. Dieses Ergebnis widerspricht der in der Literatur vertretenen Annahme, daß der Prozeß der Bewältigung mit der Verwendung vorwiegend kognitiver Strategien ermöglicht wird. Die von Heim et al. (1) und Muthny (4) erwähnten handlungsbezogenen Strategien müßten daher bezüglich ihres Stellenwertes nochmals überprüft werden.

Aus den dargestellten Ergebnissen lassen sich verschiedene psychotherapeutische Einflußmöglichkeiten ableiten. Vor allem sollte ein stärkeres Abheben auf den Bereich der Emotionen angestrebt werden. Der Patient sollte darauf vorbereitet werden, sich Umgebungen schaffen zu können, in denen er angstfrei über seine Gefühle reden kann. Zulassen und Erleben von Gefühlen sind dabei von großer Bedeutung. Auch die Kommunikationsfähigkeit und die Bereitschaft, über die Krankheit zu sprechen, nicht nur mit Ärzten, sondern vor allem auch im Kreise der Familie, sollte gefördert werden. Nach den bisherigen Erfahrungen lassen sich diese Ziele durchaus im Rahmen einer supportiven Gruppen- und Einzelpsychotherapie verwirklichen, wobei natürlich vorauszusetzen ist, daß entsprechende Motivationsbereitschaft und Introspektionsfähigkeit von seiten der Patienten gegeben sein müssen.

Literatur

1. Heim E, Augustiny K-F, Blaser A, Buerki C, Schaffner L und Valach L (1986) Erfassung der Kranknheitsbewältigung: Die Berner Bewältigungsformen (BEFO). Psychiatrische Universitätspoliklinik, Bern
2. Kächele H, Steffens W (1988) Bewältigung und Abwehr. Beiträge zur Psychologie und Psychotherapie schwerer körperlicher Krankheiten. Springer, Berlin
3. Muthny FA (1989a) Freiburger Fragebogen zur Krankheitsverarbeitung (FKV)-Manual. Beltz, Weinheim
4. Muthny FA (1989b) Wege der Krankheitsverarbeitung und Verarbeitungserfolg im Vergleich verschiedener chronischer Erkrankungen. In: Speidel H, Strauß B (Hrsg) Zukunftsaufgaben der psychosomatischen Medizin. Springer, Berlin

Kausal orientierte MS-Therapien: Probleme der Studienplanung

D. Seidel

Das Dilemma einer bis heute nicht vorhandenen, verläßlich wirksamen kausal orientierten Therapie der multiplen Sklerose schließt die besondere Problematik ihres Wirksamkeitsnachweises ein. In einer vom Komitee "Therapien der MS" der Internationalen MS-Gesellschaft herausgegebenen Aufstellung von über 100 Therapieverfahren (16) werden u. a. auch die Ergebnisse von 15 verschiedenen Behandlungsarten aufgeführt, die bereits zwischen 1935 und 1950 angewandt wurden. Bei der Mehrheit (66 %) der 435 rekrutierten Patienten trat eine Besserung ein. Dennoch werden diese Behandlungsverfahren heute kaum noch eingesetzt. Offenbar überwog später der Eindruck der Wirkungslosigkeit, so daß wir die Frage beantworten müssen, ob es sich hier um reine Plazebo-Effekte oder um eine fehlerhafte Studienplanung gehandelt haben könnte. Wir wissen heute, daß offenbar beides eine Rolle gespielt haben mag: Neben grundlegenden Fehlern in der Studienanlage lassen sich hier vermutete Plazebo-Effekte auch bis heute in fast allen kontrollierten MS-Studien nachweisen. Die Gründe hierfür mögen vielfältig sein: zum einen stellen Patienten, die sich zu Studienzwecken freiwillig rekrutieren lassen, von vornherein eine Selektion von Patienten dar, die sich auch unter einer Plazebo-Therapie strikt an ärztliche Maßnahmen, an vernünftige Lebensweise und an regelmäßig verordnete symptomatische Therapie halten. Außerdem scheint eine von Medavar (zitiert nach 13) so bezeichnete "Verschwörung des guten Willens" zwischen Arzt und Patienten innerhalb jeder MS-Studie zu existieren, in deren Folge der an Heilung interessierte Patient und der helfenwollende Arzt nicht die notwendige Objektivität aufbringen können, die für die Beurteilung von Therapieeffekten erforderlich ist.

In der Beurteilung kausal orientierter MS-Therapien ergeben sich - vorab zusammengefaßt - vielfältige Probleme, bedingt durch die Eigenheiten der Erkrankung selbst, durch die Auswahl geeigneter Zielkriterien und durch die Festlegung eines geeigneten, auch ethisch vertretbaren Prüfmodus. Sie beginnen aber schon im Hinblick auf die Auswahl geeigneter Prüfsubstanzen. Die selbstverständlich zu fordernde statistische Signifikanz ist verantwortlich für den hohen zeitlichen, personellen und apparativen Aufwand, damit auch für die finanzielle Größenordnung derartiger Studien und die Grenzen ihrer Durchführbarkeit.

Beginnen wir mit den Problemen, die durch die Eigenheiten der Erkrankung selbst bedingt sind: Üblicherweise teilen wir sie in unterschiedliche Verlaufstypen (rein schubförmig, primär schubförmig und sekundär chron. progredient, primär chron. progredient) ein, obwohl kernspintomographische Längsschnittuntersuchungen die Berechtigung dieser rein klinischen Einteilungen längst in Frage gestellt haben (11). Denn auch in stabilen Phasen lassen sich durch Kernspintomographie (MRT) ständig neue Herde in neurol. stummen Hirnarealen nachweisen. Letztere führen möglicherweise vor allem als periventrikuläre Marklagerdemyelinisierungen zur Dyskonnektion kortikaler Projektions- und Assoziationsareale und damit zu vorwiegend neuropsychol. Defiziten (6), die sich der üblichen grob querschnittsartigen Erhebung des psychischen Befundes lange Zeit entziehen können. So stellen die grob auffälligen neurol. Defizite hier nur die Spitze des Eisberges dar. Die Eigentümlichkeiten kindlicher MS-Formen, die fast enzephalitisch verlaufende akute disseminierte

Enzephalomyelitis (ADEM) oder auch die Besonderheiten der spätmanifesten, vorwiegend spinalen Form der MS lassen nach wie vor berechtigte Zweifel an einer einheitlichen Pathogenese bzw. Entität der Erkrankung zu.

Die vor allem in den Initialstadien der Erkrankung hohe Remissionstendenz einzelner Schübe ist ein wichtiger Faktor für die bereits erwähnten vermuteten Plazebo-Effekte. Darüber hinaus zeigt die Erkrankung MS häufige Symptom- und Befindlichkeitsfluktuationen, die mitunter von eigentlichen Schüben in der Bewertung schwer abgrenzbar sind. Hierzu gehören alle als Uhthoff-Phänomen (17) bekannten Symptomverschlechterungen nach Erhöhung der Körperkerntemperatur, z. B. nach körperlicher Anstrengung oder infolge febriler Infekte. Die ohnehin problematische Festlegung "Was ist ein Schub?" leitet über zur Problematik der Auswahl geeigneter Zielkriterien bei MS-Therapiestudien. Was wollen wir durch unsere Therapie beeinflussen? Natürlich die Krankheitsprozeßaktivität! Diese läßt sich durch die Schubfrequenz nur grob oder gar nicht erfassen. Die klinische Relevanz eines Schubes hängt ja in erster Linie mehr von der Topik als von der Größe der Entmarkung ab. Wir wissen heute, daß auf ein klinisch manifestes Schubäquivalent möglicherweise im gleichen Zeitraum etwa drei kernspintomographisch nachweisbare zusätzliche frische Entmarkungen kommen (10). Die MS-Therapie mit natürlichem ß-Interferon wurde in einer Plazebo-kontrollierten Studie von Jacobs aufgrund des vorübergehenden Rückgangs der Schubfrequenz als wirksam deklariert, obwohl die Verschlechterung im neurologischen Status in beiden Gruppen nach Ablauf des Beobachtungszeitraumes fast gleich ausfiel (8).

Als weitere mögliche Ziel- und Bewertungskriterien wurden in der Vergangenheit vor allem Veränderungen innerhalb der bekannten Kurtzke-Skala (12) erfaßt bzw. als sogen. Progressionsindex ermittelt (fortschreitende Differenz in der Kurtzke-Skala dividiert durch Krankheitsjahre). Die Kurtzke-Skala erfaßt auch in der erweiterten Form von 1983 vor allem die Mobilität, weniger andere mitunter stark beeinträchtigende Symptome wie vorschnelle Ermüdbarkeit, affektive Störungen oder Schmerzsyndrome. Eine vergleichsweise winzige Entmarkung im Hirnstamm oder oberen Halsmark kann bereits das pathologische Korrelat eines "Kurtzke-8-Patienten" sein, wohingegen multiple größere Entmarkungen in den fronto-parietalen Marklagern zu kaum relevanten Schweregraden in der Kurtzke-Skala führen können. Bei der groben Rasterung überrascht es daher nicht, daß in einer jüngst veröffentlichten italienischen Studie zur Erfassung der sogen. Inter-Rater-Reliabilität bei Anwendung der Kurtzke-Skala die größten Unterschiede in der Bewertung sensibler und psychomentaler Ausfälle auftraten (1). Daraus leitet sich die Forderung nach gesonderten Trainingsprogrammen für alle an einer multizentrischen Studie beteiligten Rater ab. In Anbetracht des eher groben funktionellen Scoring-Systems der Kurtzke-Skala erscheinen daher manche Studien, die minimale therapiebedingte Veränderungen in der Kurtzke-Skala mit zwei Stellenwerten hinter dem Komma angeben, problematisch. Detailliertere neurologische Bewertungssysteme haben sich dagegen wohl aufgrund des hohen Zeitaufwandes nur begrenzt durchgesetzt. Dagegen arbeiten viele Studien in der Therapiebewertung nur noch mit einer groben Einteilung (verbessert, gleichbleibend, verschlechtert). Hierzu ein Beispiel: In der Bostoner Cyclophosphamid-Studie (7) zeigte sich, daß im günstigsten Fall bei Gabe des Cyclophosphamid i. v. 16 von 20 (also 80 %) der Patienten nach einem Jahr entweder gebessert wurden oder stabil blieben. In der kalifornischen Azathioprin-Methylprednisolon-Studie (4) schnitten - derart beurteilt - sogar 88 % der Fälle im gleichen Zeitraum positiv ab, obwohl alle Teilnehmer an dieser Studie vor Beginn der Therapiephase ebenfalls einen vorwiegend chron. progredienten Verlauf aufwiesen und während der einjährigen Behandlungsphase ausschließlich Plazebo erhielten (zitiert nach 14).

Auch diese Studie macht deutlich, wie wichtig bei der Evaluation vermeintlicher MS-Therapien der Prüfmodus ist. Auf keinen Fall ist ein Vergleich zu sogen. "historischen" Kontrollgruppen auch unter Rekrutierung großer Zahlen sogen. Spontanverläufe möglich (5). Auch macht der nichtlineare Verlauf einer MS eine intraindividuelle Verlaufsbeobachtung (also den Vergleich zwischen Behandlungsperiode und unbehandelter Vorperiode) problematisch: Vor allem in den ersten Krankheitsjahren weist die Erkrankung mehrheitlich eine höhere Progression auf. An der deutschen multizentrischen zweiarmigen Azathioprin-versus-Cyclosporin-A-Studie erwies sich das Fehlen eines dritten Therapiearmes, nämlich einer Plazebo-Kontrollgruppe, nachträglich als entscheidendes Manko (9). Doch ergaben sich hier bereits in der Studienplanung ethische Probleme, obwohl ein pos. Azathioprin-Effekt auf den MS-Verlauf damals und auch heute noch längst nicht zweifelsfrei bewiesen werden konnte. Es fehlt bis heute in kontrollierten MS-Studien eine etablierte Standardtherapie, so daß die Forderung nach künftig nur noch Plazebo-kontrollierten Studien nur konsequent ist. Diese sind aber ethisch nicht vertretbar oder auch nicht praktikabel. Dazu zwei Beispiele: Die intrathekale ß-Interferon-Therapie nach Jacobs (8) (mit mehr als 10 Lumbalpunktionen) erwies sich als Plazebo-kontrollierte Studie in Deutschland als undurchführbar, wie erste Gespräche einer vorbereitenden Arbeitsgruppe zur Durchführung einer multizentrischen ß-Interferon-Studie zeigten. Ein weiterer Punkt: Invasive Therapien beinhalten Risiken, Nebenwirkungen und Unverträglichkeiten. Um so schwieriger wird das sogen. "Blinding" durch Plazebo. In der Cop-I-Studie von Bornstein (2) war das "Blinding" schon durch lokale Hautreaktionen an der Einstichstelle erschwert, das Ergebnis wurde verfälscht und die Studie angreifbar. In der britisch-niederländischen Doppelblind-Azathioprin-Studie (3) wußten signifikant häufiger die Patienten der Verum-Gruppe, daß sie aufgrund der häufigen gastrointestinalen Beschwerden in der Azathioprin-Gruppe waren. Wo immer eine Therapie mit erheblichen Nebenwirkungen ohne die Möglichkeit des "Drugmonitorings" überprüft wird, bleibt die Beurteilung der "Compliance" problematisch. In vielen Studien mit immunsuppressiv wirksamen Substanzen ist dies nur indirekt an Hand hämatologischer Parameter möglich, bei sogen. immunmodulativen Verfahren, z. B. der Interferon-Therapie, fast gar nicht durchführbar. Oft existieren speziell für diese Therapien keine plausiblen Vorstellungen zur Dosisfindung. Das Problem der einmal gewählten Dosis wurde im übrigen auch in der Cyclosporin-Studie und in der zitierten Azathioprin-Studie deutlich. Bei fehlenden Therapieeffekten wird nämlich als erster Grund oft die vermeintlich zu niedrig gewählte Dosierung der Therapie vorgebracht.

Der nächste Problemkreis ergibt sich aus der Notwendigkeit des Erreichens einer statistischen Signifikanz: Je geringer die zu erwartenden Unterschiede in den Zielkriterien ausfallen, desto größer muß auch das Ausgangskollektiv gewählt werden. So müssen bei 15 - 20 % erwarteter Veränderungen in den Zielparametern wenigstens 300 MS-Patienten gegen 300 Kontrollen getestet werden, bei einer erwarteten (utopisch optimistischen) Veränderung von 50 % entsprechend noch 50 gegen 50. Dies gelingt - wenn überhaupt - nur durch längere Therapie bzw. Beobachtungszeiträume von wenigstens zwei Jahren und unter Einbeziehung einer Vielzahl paraklinischer Parameter, insbesondere des kranialen und spinalen kernspintomographischen Monitorings, auch unter Einbeziehung T1- gewichteter Sequenzen vor und nach Verabreichung von Gadolinium. Die Forderung nach nur noch kernspintomographisch kontrollierten MS-Therapiestudien scheint sich weltweit durchzusetzen (15, 18). Auch ist das kernspintomographische Monitoring heute unverzichtbar bei kleinen offenen oder einfach-blind kontrollierten Pilotstudien, bei denen aufgrund einer z. B. invasiven Immunsuppression mit bereits augenfälligen Nebenwirkungen die Möglichkeiten des "Blindings" oder des Doppel-blind-Prüfdesigns von vornherein kaum realisierbar sind.

Bei all den hier geschilderten Problemen der Studienplanung bieten sich für die Zukunft abschließend folgende Lösungsstrategien an:

1. Bei der Auswahl zu prüfender Substanzen sind erfolgversprechende Vorerfahrungen entweder aufgrund klinischer Analogien zu anderen Autoimmunerkrankungen oder aufgrund tierexperimenteller Vorbefunde, z. B. am Tiermodell der EAE, zu fordern.

2. Bedingt durch eine starke Heterogenität im Verlauf, in der Krankheitsprogression und in den klinisch-neurol. Ausfällen sind enge Ein- und Ausschlußkriterien zu fordern, obwohl sich dadurch die Zahl der für Therapiestudien zu randomisierenden Patienten erheblich einschränkt.

3. Der organisatorische, personelle und materielle Gesamtaufwand großer prospektiver multizentrischer randomisierter und kontrollierter Doppelblindstudien läßt sich durch eine Ausweitung der Zielparameter verringern. Dies schließt bei der MS notwendigerweise wenigstens eine zweijährige Beobachtungsphase und die Erfassung paraklinischer Verlaufsparameter, namentlich das MRT-Monitoring, ein. Eine Erfassung subklinischer Läsionen im Bereich der vorderen Sehbahnen, im Hirnstamm und Myelon erfordert die Bestimmung neurophysiologischer Parameter und zur Quantifizierung psychopath. Defizite den Einsatz hier relevanter Testsysteme. Durch die Einbeziehung paraklinischer Parameter vergrößert sich jedoch der finanzielle Aufwand erheblich. Für die bereits erwähnte, in Planung befindliche multizentrische deutsche ß-Interferon-Studie wurde so ein Gesamtkostenaufwand von ca. 1,5 Mill. DM ermittelt. Dies macht noch einmal die Grenzen der Durchführbarkeit deutlich, da finanzielle Aufwendungen dieser Größenordnung eine massive Unterstützung von staatlicher und industrieller Seite erforderlich machen.

Literatur

1. Amato MP, Fratiglioni L, Groppi C et al (1988) Interrater reliability in assessing functional systems and disability on the Kurtzke scale in multiple sclerosis. Arch Neurol 45 (7):746-748
2. Bornstein MB, Miller A, Slagle S et al (1987) A pilot trial of Cop 1 in exacerbating-remitting multiple sclerosis. New Engl J Med 317:408-414
3. British and dutch multiple sclerosis azathioprine trial group (1988) Double-masked trial of azathioprine in multiple sclerosis. Lancet II:179-183
4. Ellison GW, Myers LW, Mickey MR et al (1986) A randomized, double-blind, placebo-controlled, variable dosage, comparative therapeutic trial fo azathioprine with and without methylprednisone in multiple sclerosis. Abstract. Neurology 36 (Suppl):284
5. Ellison GW, Mickey MR, Myers LW (1988) Alternatives to randomized clinical trials. Neurology 38 (Suppl 2):73-75
6. Franklin GM, Heaton RK et al (1989) Correlation of neuropsychological and MRI findings in chronic progressive multiple sclerosis. Neurology 38:1826-1829
7. Hauser SL, Dawson DM, Lehrich JR et al (1983) Intensive immunosuppression in progressive multiple sclerosis. N Engl J Med 308:173-180
8. Jacobs L, Salazar AM, Herndon R et al (1986) Multicenter double blind study of effect of intrathecally administered natural human fibroblast interferon on exacerbations of multiple sclerosis. Lancet 2:1411-1413
9. Kappos L, Patzold U, Dommasch D et al (1988) Cyclosporine versus azathioprine in the long-term treatment of multiple sclerosis: Results of the German multicenter study. Ann Neurol 23:56-63
10. Kappos L, Städt D, Ratzka M et al (1988) Magnetic resonance imaging in the evaluation of treatment in multiple sclerosis. Neuroradiology 30:299-302
11. Koopmans RA, Li DKB, Oger JJK, Kastrukoff LF et al (1989) Chronic progressive multiple sclerosis: Serial magnetic resonance brain imaging over six months. Ann Neurol 26:248-256
12. Kurtzke JF (1983) Rating neurological impairment in multiple sclerosis: an expanded disability rating scale (EDSS). Neurology 13:1444-1452
13. Mertin J (1989) Therapie. In: Kesselring J (Hrsg) Multiple Sklerose. Kohlhammer, Stuttgart Berlin:183-191
14. Noseworthy JH (1988) There are no alternatives to double-blind, controlled trials. Neurology 38 (Suppl 2):76-79

15. Noseworthy JH, Vandervoort MK et al (1989) A referendum on clinical trial research in multiple sclerosis. Neurology 39:977-981
16. Sibley WA (1989) Therepeutic claims, 2nd edit. Demos Publications, New York
17. Uhthoff W (1890) Untersuchungen über die bei der multiplen Herdsklerose vorkommenden Augenstörungen. Arch Psychiatr Nervenkr 21:55-116
18. Weiner HL, Paty DW (1989) Diagnostic and therapeutic trials in multiple sclerosis: A new Look. Summary of Jekyll Island workshop. Neurology 39:972-976

Immunsuppressive Therapie der multiplen Sklerose: Pro und Contra

U. Patzold

Seit über zwei Jahrzehnten wird immer wieder über Nutzen und Gefahren der Immunsuppression (IS) bei der multiplen Sklerose (MS) leidenschaftlich diskutiert. Wegen der methodischen Schwierigkeiten von Therapiestudien bei dieser Krankheit wurde die Diskussion zunächst über viele Jahre ausgetragen, ohne daß fundierte Kenntnisse über die Wirkung der IS vorlagen. Nun haben wir aber genügend Erfahrungen mit den unterschiedlichsten Methoden der IS. Es ist Zeit, Bilanz zu ziehen, Nebenwirkungen und Wirkungen gegenüberzustellen und zu fragen: wie soll es eigentlich weitergehen?

Zunächst zu den Nebenwirkungen: Sie sind in der Tat beträchtlich! DIMDI registriert fast 20 000 Artikel, die sich allein seit 1983 mit dem Thema beschäftigen. Ich will mich deshalb auf die zwei wesentlichsten Nebenwirkungen beschränken, nämlich die Induktion bösartiger Geschwülste und die Begünstigung von Infektionen. Und noch eine Beschränkung muß ich mir auferlegen: Von den vielen Verfahren der IS - es gibt keine, die nicht bei der MS erprobt wurden - will ich nur auf Cyclophosphamid (Cyp), Azathioprin (Aza) und Cyclosporin A (CyA) eingehen.

Bei Transplantierten ist die Induktion von Geschwülsten durch Aza klar erwiesen. 17 Jahre nach einer Transplantation haben 55 % der Kranken ein Malignom, am häufigsten Haut- und Lippenkrebs, an zweiter Stelle ein Non-Hodgkin-Lymphom (27). Die Risikorate ist im Vergleich zur Normalbevölkerung für eine Reihe von Karzinomen stark erhöht; sie beträgt z. B. für: Leber-Ca 5,4, Lungentumoren 4,0, Brustkrebs bei Männern 8,3, Zervix-Ca 6,2, Vulva-Vagina-Ca 34,0, Blasen-Ca 9,3, Nieren-Ca 6,9, Gliome >1000, Schilddrüsen-Ca 251, Non-Hodgin-Lymphome 9,9, Leukämien 9,5, Karposi-Sarkome 1000 (1). Im Mittel treten die Karzinome 44 Monate nach der Transplantation auf (15). Die einzelnen Karzinome haben aber eine unterschiedliche mittlere Latenz: Karposi-Sarkome 24 Mo, Lymphome 43 Mo, andere Karzinome 65 Mo, Vulva-Ca 96 Mo; die Häufigkeit von Hauttumoren nimmt dagegen mit der Zeit ständig zu (3).

Die ursprüngliche Hoffnung, CyA rufe keine Malignome hervor, hat sich nicht bestätigt: es verursacht häufiger Lymphome als Hautkrebse, besonders auch Karposi-Sarkome und diese treten eher nach der Transplantation auf als bei konventioneller IS (21, 4).

Die onkogene Wirkung von Cyp ist lange bekannt: Induziert werden Blasenkrebse, außerdem Leukämien und Lymphome (22). Besonders zeigt dies die Häufung von Zweittumoren nach zytostatischer Therapie: So ist die Häufigkeit von Leukämien nach Hodgkin-Therapie streng abhängig von der Cyp-Dosis; ihre Inzidenz steigt bis zum 7. Jahr kontinuierlich bis auf 13 % an (19). Das Risiko, an einem Blasenkarzinom zu erkranken, beträgt nach 12 Jahren 10,7 % (20). Nach Behandlung von Ovarialtumoren mit Cyp steigt die Häufigkeit der Leukämien auf 14,6 %, bei Brustkrebsen auf 2,7 % (9).

Wie steht es nun um die Kanzerogenität der IS bei Autoimmunkrankheiten? Die erhebliche onkogene Potenz des Cyp muß auch bei diesen als erwiesen gelten. In vielen Einzelberichten wird insbesondere auf die Entstehung von Blasen- und Urothelkarzinomen hingewiesen. Eine sorgfältige Statistik bei Rheumakranken ergab folgenden Sachverhalt: von 119 Patienten litten nach einem 10jährigen Follow-up 29 an Geschwülsten, während nur 10 Tumoren bei den Kontrollen auftraten; signifikant erhöht war die Zahl von Blasen- und Hautkrebsen; wichtig ist, daß das Risiko auch nach Absetzen der Therapie über Jahre bestehen blieb (2). Günstiger als Cyp schneidet dagegen Aza ab: bei 393 Rheumakranken, die damit behandelt wurden, traten keine Lymphome oder Leukosen auf, auch die Zahl der soliden Malignome war nicht vermehrt (25). Beunruhigende Zahlen sind aber von Pitt et al. 1987 (23) veröffentlicht worden: Von 41 Rheumakranken, die über 7 Jahre lang mit Aza behandelt wurden, hatten immerhin 3 ein Lymphom bekommen. Man muß danach annehmen, daß eine langfristige Behandlung mit Aza Lymphome induzieren kann. Nach 6jähriger Aza-Behandlung einer Myasthenie-Kranken haben Hohlfeld et al. (11) ein Lymphom beobachtet; wir selbst haben nach langjähriger Aza-Behandlung sowohl bei einem MS-Kranken wie auch bei einer Myasthenie-Kranken ein Lymphom sehen können. Bei der chronischen Hepatitis steigt unter Aza möglicherweise die Zahl der Leberkarzinome (26). Wir selbst haben eine Häufung von soliden Karzinomen bei MS-Kranken bislang nicht beobachten können. Es liegen aber auch warnende Berichte von Lhermitte et al. (14) vor, die bei langfristiger Therapie von 131 MS-Kranken immerhin 10 Karzinome beobachtet hatten.

Nun zum zweiten Punkt: das Risiko nosokomialer Infektionen. Es wird häufig unterschätzt. Es ist zu rechnen mit Listeriose, Tuberkulose, Pilzinfektionen, mit septischen Zuständen durch Problemkeime. Besonders dramatisch verlaufen Zytomegalie-Infektionen. Sie werden häufig nicht rechtzeitig als solche erkannt. Einer unserer langfristig immunsupprimierten MS-Kranken ist hieran gestorben. Hinzu kommen noch die substanzspezifischen Nebenwirkungen, also beim Cyp Haarausfall, Knochenmarksdepression, Schleimhautulzerationen, Zystitis, beim CyA Hypertonie, Nierenfunktionsstörung, Hirsutismus, Gingiva-Hyperplasie, bei Aza gastrointestinale Störungen, Leberschäden, peptische Ulzera.

Bei diesem Horrorbild werden Sie fragen: was spricht denn eigentlich für eine IS der MS? Vor allem dies: Sie ist theoretisch bestens zu begründen. Kaum jemand zweifelt noch ernsthaft daran, daß es sich bei der MS um eine Autoimmunerkrankung handelt. Die Demyelinisierung wird nach heutigen Vorstellungen durch autoreaktive MBP-spezifische T-Zellen in Gang gesetzt; sie können aus dem peripheren Blut von MS-Kranken isoliert werden (1). Wenn die IS theoretisch so gut begründet ist, bleibt die Frage, ob sie denn auch wirke?

Zunächst zum Cyp: Es gibt nur eine größere kontrollierte Studie von 1983: Geprüft wurde die Wirksamkeit einer Stoßtherapie von 400 - 500 mg über 10 bis 14 Tage lang gegeben, gemessen wurde die Krankheitsprogression; die Behandlung war einer Plasmaaustauschtherapie auch in Kombination mit einer niedrig dosierten Zytostatika-Gabe überlegen. Die Studie wurde leider frühzeitig abgebrochen (10). 1988 hat diese Arbeitsgruppe ihre Erfahrungen bei 164 Kranken mitgeteilt, die sie in 6 Jahren behandelt hatten: Ein Jahr nach der Behandlung sollen sich 83 % der Kranken gebessert oder stabilisiert haben, aber eine erneute Verschlechterung soll im Durchschnitt nach 17,6 Monaten eingetreten sein (3). Diese Erfahrung deckt sich exakt mit den Beobachtungen von Hommes et al. (12). Nach bisheriger Erkenntnis ist eine einzige Pulstherapie nicht in der Lage, den Verlauf der MS langfristig entscheidend zu verbessern. Dies ist bei einer lebenslangen chronischen Erkrankung auch nicht zu erwarten. Es wäre theoretisch eine wiederholte Pulstherapie erforderlich oder eine langfristige niedrig dosierte Cyp-Gabe von etwa 1 - 2 mg/kg Körpergewicht täglich. Gonsette et al. (8) haben mit einer niedrig dosierten Cyp-Gabe eine gewisse Stabilisierung über längere Zeit zu erzielen versucht. Goodkin et al. (7) haben dagegen mit einer wiederholten Pulstherapie keine wesentlich besseren Ergebnisse erzielt. Eine andere Studie über den

Nutzen einer monatlichen Intervalltherapie wurde wegen der Nebenwirkungen abgebrochen (16). Wir selbst haben wiederholt beobachten können, daß bei häufigen Schüben unter einer Azathioprin-Behandlung eine Beruhigung dann eintrat, wenn die IS auf eine niedrig dosierte Dauertherapie mit Cyp umgestellt wurde. Es handelt sich hier aber nur um Einzelbeobachtungen, deren Wertigkeit eingeschränkt ist.

Wie steht es nun mit Aza? Es sind jetzt zwei große kontrollierte Studien vorgelegt worden, eine holländisch-englische und eine amerikanische (5, 6). Sie zeigen beide, daß Aza wirksam ist und daß das Fortschreiten der Krankheit unter dieser Therapie gemildert wird. Die Wirksamkeit von Aza wird in den Studien belegt, obschon sie zumeist bei Kranken mit weit fortgeschrittenen Symptomen durchgeführt worden sind, bei denen aus methodischen Gründen ein Therapieerfolg nur schwer zu fassen ist. Nach eigener Untersuchung ist bei chronisch progredientem Krankheitsverlauf bei weit fortgeschrittenen Krankheitsbildern und nach langer Krankheitsdauer der Nutzen von Aza sicherlich gering (18). Einen Effekt konnten wir selber nur bei schubförmig progredienten Krankheitsverläufen sehen. Wahrscheinlich bestimmen auch andere Faktoren das Schicksal der Kranken im fortgeschrittenen Stadium als die eigentliche entzündliche Infiltration, die ja einer IS überhaupt nur zugänglich wäre. Fest steht, daß insbesondere die Aza-Therapie über Jahre als Dauertherapie gegeben werden muß, wenn sie wirksam sein soll, und daß es nach Absetzen der IS zu einer raschen Verschlechterung kommen kann.

CyA hat die in die Substanz gesetzten Hoffnungen leider nicht erfüllt. Es hat zahlreiche Nebenwirkungen und allenfalls geringe Wirkungen bei der MS. Dies zeigt die in Amerika durchgeführte groß angelegte Untersuchung an etwa 500 Kranken (27). Die eigene Studie zu CyA hatte ergeben, daß es dem Aza keineswegs überlegen ist und sehr viele Nebenwirkungen hat (13).

Zusammenfassend läßt sich feststellen: Die IS ist eine eingreifende Therapie, deren Risiken mit der Dauer der Behandlung zunehmen. So sehr sie auch theoretisch begründet ist, ist sie als Routinebehandlung der MS zur Zeit nicht zu empfehlen: Denn sie führt nicht zu einer Heilung der Krankheit. Sie kann nicht einmal das Fortschreiten der Erkrankung stoppen, sondern allenfalls die Raschheit der Progredienz mildern. Sie ist wahrscheinlich wirksamer, wenn sie bei frischen Krankheitsfällen eingesetzt wird und wenn sie langfristig durchgeführt wird. Das Dilemma ist, daß es zur Zeit keine exakten Parameter gibt, die es gestatten, schon im Frühstadium der Krankheit die Fälle zu erkennen, bei denen es rasch zu einer Verschlechterung kommt. Denn nur bei diesen ist eine mehrjährige IS mit den bisherigen Methoden zu rechtfertigen. In dieser Situation bleibt nichts anderes übrig, als insbesondere im Frühstadium der Erkrankung den individuellen Verlauf durch wiederholte klinische und auch kernspintomographische Untersuchungen abzuschätzen. Nach dem bisherigen Stand der Erkenntnis sollte dann, wenn sich rasch weitere Symptome einstellen oder eine Progredienz im MRI faßbar ist, der Versuch einer IS unternommen werden, wobei zunächst Azathioprin eingesetzt werden sollte. Nur bei malignen Krankheitsverläufen ist eine Therapie mit Cyp gerechtfertigt.

Wie soll es weitergehen? Die bisherigen Studien haben gezeigt, daß das Konzept der IS wahrscheinlich richtig ist und daß es sich um den ersten bescheidenen Schritt hin zu einer kausalen Therapie der MS handelt. Ich glaube nicht, daß es viel Zweck hat, immer wieder durch größere oder kleinere Studien die herkömmlichen Verfahren der IS bei der MS zu überprüfen, weil von ihnen wesentlich neuere Erkenntnisse nicht zu erwarten sind. Es sei denn, man könnte nachweisen, daß eine sofortige, aber zeitlich begrenzte IS, die schon bei Ausbruch der Erkrankung eingesetzt wird, die Prognose wesentlich verbessern könnte. Diese

Frage ist noch nicht geklärt. In Zukunft müßten wir vielmehr versuchen, zu einer gezielteren IS zu gelangen. Daß dies vielleicht in Bälde möglich sein könnte, darauf weisen aufregende jüngste Forschungsergebnisse hin, denn es hat sich gezeigt, daß die autoreaktiven T-Zellen der MS-Kranken Rezeptoren von nur geringer Heterogentität tragen (17, 28). Sollte es gelingen, hiergegen Antikörper zu geben, hätten wir eine kausale Therapie der MS.

Literatur

1. Allegretta M, Nicklas JA et al (1990) T cells responsive to myelin basic protein in patients with multiple sclerosis. Science 247:718-721
2. Baker GL, Kahl LE et al (1987) Malignancy following treatment of rheumatoid arthritis with cyclophosphamide. Am J Med 83:1-9
3. Carter JL, Hafler DA et al (1988) Immunosuppression with high-dose i. v. cyclosphosphamide and ACTH in progressive multiple sclerosis: cumulative 6-year experience in 164 patients. Neurology 38 (Suppl 2):9-14
4. Cockburn IT, Krupp P (1989) The risk of neoplasms in patients treated with cyclosporine A. J Autoimmun 2:723-731
5. Double-masked trial of azathioprine in multiple sclerosis. British and Dutch Multiple Sclerosis Azathioprine Trial Group (1988) Lancet 2:179-183
6. Ellison GW, Myers LW et al (1989) A placebo-controlled, randomized, double-masked, variable dosage, clinical trial of azathioprine with and without methylprednisolone in multiple sclerosis. Neurology 39:1018-1026
7. Goodkin DE, Plencner S et al (1987) Cyclophosphamide in chronic progressive multiple sclerosis. Maintenance vs nommaintenance therapy. Arch Neurol 44:823-827
8. Gonsette RE, Demonty L et al (1984) Immunosuppression with cyclophosphamide in multiple sclerosis. In: Gonsette RE, Delmotte P (Hrsg) Immunological and clinical aspects of multiple sclerosis. MTP Press, Lancaster: 126-134
9. Haas JF, Kittelmann B et al (1987) Risk of leukaemia in ovarian tumour and breast cancer patients following treatment by cyclophosphamide. Br J Cander 55:213-218
10. Hauser SL, Dawson DM et al (1983) Intensive immunsuppression in progressive multiple sclerosis. A randomized, three-arm study of highdose intravenous cyclophosphamide, plasma exchange and ACTH. N Engl J Med 308:173-180
11. Hohlfeld R, Michels M et al (1988) Azathioprine toxicity during long-term immunosuppression of generalized myasthenia gravis. Neurology 38:258-261
12. Hommes OR, Lamers KJB et al (1980) Effect of intensive immunosuppression on the course of chronic-progressive multiple sclerosis. J Neurol 223:177-190
13. Kappos L, Patzold U et al (1988) Cyclosporine versus azathioprine in the long-term treatment of multiple sclerosis-results of the German multicenter study. Ann Neurol 23:56-63
14. Lhermitte F, Marteau R et al (1984) Traitement prolongé de la sclérose en plaques par l'azathioprine a doses moyennes. Bilance de quinze années d'experience. Rev Neurol (Paris) 140:553-558
15. Mankin J, Hudson WH et al (1989) A parametric analysis of the hazard of cancer after transplantation. Transplant Proc 21:3201-3204
16. Myers LW, Fahey JL et al (1987) Cyclophosphamide pulses in chronic progressive multiple sclerosis. A preliminary clinical trial. Arch Neurol 44:828-832
17. Oksenberg JR, Stuart S et al (1990) Limited heterogeneity of rearranged T-cell receptor V alpha transcripts in brains of multiple sclerosis patients. Nature 345:344-346
18. Patzold U (1985) Multiple Sklerose-Verlauf und Therapie. Thieme, Stuttgart New York
19. Pedersen-Bjergaard J, Larsen SO et al (1987) Risk of therapy-related leukaemia and preleukaemia after Hodgkins disease. Lancet II:83-88
20. Pedersen-Bjergaard J, Ersboll J et al (1988) Carcinoma of the urinary bladder after treatment with cyclophosphamide for non-Hodgkins lymphoma. N Engl J Med:1028-1032
21. Penn I (1987) Cancers following cyclosporine therapy. Transplant Proc:2211-2213
22. Penn I (1987) Neoplastic consequences of transplantation and chemotherapy. Cancer Detect Prev Suppl 1:149-157
23. Pitt PI, Sultan AH et al (1987) Association between azathioprine therapy and lymphoma in rheumatoid disease. JR Soc Med 80:428-429
24. Sheil AGR, Flavel S et al (1987) Cancer incidence in renal transplant patients treated with azathioprine or cyclosporine. Transplant Proc 19:2214-2216

25. Singh G, Fries JF et al (1989) Toxic effects of azathioprine in rheumatoid arthritis. A national post-marketing perspective. Arthritis Rheum 32:837-843
26. Tage-Jensen U, Schlichting P et al (1987) Malignancies following long-term azathioprine treatment in chronic liver disease. A report from the Copenhagen Study Group for Liver Diseases. Liver 7:81-83
27. The Multiple Sclerosis Study Group (1990) Efficacy and toxicity of cyclosporine in chronic progressive multiple sclerosis: a randomized, double-blinded, placebo-controlled clinical trial. Ann Neurol 27:591-605
28. Wucherpfennig KW, Ota K et al (1990) Shared human T cell receptor V beta usage to immunodominant regions of myelin basic protein. Science 248:1016-1019

Wirksame immunsuppressive Behandlung der Multiplen Sklerose ist möglich - vorausgesetzt, man beherrscht die symptomatische Therapie

H.H. Kornhuber und E. Mauch

Multiple Sklerose ist eine Autoimmunkrankheit; gesichert ist, daß ACTH den einzelnen Schub abkürzt. Ebenso wirksam und mit weniger Nebenwirkungen belastet ist ein Prednisolon-Stoß; die Wirkung hält aber meist nur kurz an. Eine längere Verhütung neuer Entmarkungsherde wird erreicht durch Zugabe von niedrigdosiertem Cyclophosphamid (Cy) oder Mitoxantron (Mx) nach dem Kortison. Das Neue an dieser Methode (4, 9) besteht darin, daß anders als zuvor mit Haarausfall in jedem Fall (1) niedrige Dosen des Mittels genügen, die zu keinerlei ernsten Nebenwirkungen führen, wenn man die Lebensgesamtdosis beachtet, von der an das Risiko steigt: diese ist bei Cy 53 g (5; Hauptrisiko Neoplasie), bei Mx etwa 300 mg (Hauptrisiko Kardiomyopathie). Man gibt Cy 6 - 8 mg/kg, mißt die Wirkung an den Lymphozyten nach 4 Tagen und tastet sich so in mehreren Infusionen an eine Senkung des Ausgangswertes auf die Hälfte, nicht aber unter $1000/mm^3$ heran. Im Mittel werden nicht mehr als 2 g pro Kur gebraucht. Da man so auch chronisch-progrediente Fälle für etwa drei Vierteljahre stabilisieren kann (9), kann man selbst dann, wenn man Kuren in halbjährlichen Abständen macht, etwa 25 Jahre behandeln. Vom Mx gibt man etwa 20 mg in einer Dosis intravenös; die Wirkung ist gut, hält aber anscheinend nicht so lange an wie beim Cy, so daß man bei chronischer Progredienz Infusionen in vierteljährlichen Abständen macht. Nach etwa 4 Jahren kommt man dann an die Gesamtdosis, von der an man mit Ultraschall nach Kardiomyopathie fahnden muß. Wichtig ist, während der Behandlung mit Cy gegen hämorrhagische Zystitis durch Mesna und reichlich Flüssigkeit zu sorgen. Diese neuen Behandlungen sind Fortschritte, wie auch die narbenlose Abheilung frischer Herde (Kernspin-Tomographie mit Gadolinium) zeigt; es handelt sich um Standardbehandlungen, die sich aber nur zur Anwendung durch solche Kliniken eignen, die sich in symptomatischer Therapie (1, 2, 6) geübt haben.

Denn Voraussetzung für die Anwendung dieser hochwirksamen Mittel ist die Ausheilung von Infekten. Dabei ist nicht nur an die heute seltene Tuberkulose, an Druckgeschwüre, paranasale Sinusitis usw. zu denken, sondern vor allem an die bei der MS häufigen chronischen Harnwegsinfekte infolge neurogener Blasenstörungen. Die in vielen Kliniken weltweit vernachlässigte symptomatische Therapie zur kompetenten Routine zu machen, ist deshalb für die wirksame MS-Behandlung imperativ (3). Harnableitungen durch Dauerkatheter oder Operationen lösen das Problem der neurogenen Blase nicht, sondern machen es schlimmer. Medikamente nützen bei der überdehnten Überlaufblase wenig. Die Retention wird durch die Überdehnung verschlimmert. Auch manueller Druck auf die Blase führt nicht zum Ziel. Der Circulus vitiosus muß zunächst durch intermittierendes Katheterisieren alle 3 Stunden (sechsmal täglich) behoben werden (7). Nach ein bis zwei Wochen ist auch eine lange überdehnte Harnblase in der Regel wieder elastisch, so daß das Katheterisieren entbehrlich wird, weil nun das üblich Blasentraining mit Klopfen und Ausdrücken der Blase wirkt. Zur Kontrolle ist Restharnmessung nötig; dazu haben wir die nichtinvasive Methode mit Ultraschall eingeführt (8). Der Restharn muß unter 50 ml sein. Diese Methoden sind effizient. Unter 350 unausgelesenen konsekutiven MS-Patienten wurde bei der Aufnahme 197 mal Restharn gefunden, im Mittel 113 ml; bei der Entlassung war er auf 28 ml reduziert (p < 0.0001), d.h. im Mittel normalisiert. Auch bei Patienten, die mit schon jahrelang liegenden suprapubischen Ableitungen oder Dauerkathetern kamen (die entfernt wurden), ließ sich der Restharn normalisieren, im Mittel von 166 ml bei Aufnahme auf 23 ml bei Entlassung (7). Mit der Beseitigung des erhöhten Restharns verschwinden auch die Inkontinenz und Pollakisurie. Detrusorhyperaktivität und Dyssynergie sind reversible Folgen der Harnretention.

Invasive urodynamische Untersuchungen sind bei MS-Patienten in der Regel unnötig, es genügen Restharnmessungen mit Ultraschall, die übliche Harndiagnostik mit Sediment und Bakterienkultur sowie eine Inspektion der Nieren mit Ultraschall. Patienten, die auf diese Therapie nicht ansprechen, sind indolente Tetraplegiker mit schwerer Hirnatrophie (7); bei ihnen ist Gewöhnung durch einen Miktionsplan mit regelmäßigem Training hilfreich. Antibiotische Behandlung nach Testung, Prävention neuer Infekte durch Fortsetzung des Blasentrainings auch zu Hause und Ansäuern des Harns mit L-Methionin und Ascorbinsäure. Wichtig ist Fortsetzung des Blasentrainings zu Hause (6). Dazu bilden wir die Angehörigen und die örtlichen Krankenschwestern aus, auch mit dezentralen praktischen Kursen, und schreiben Pflegebriefe. Zur nichtinvasiven Restharnmessung in der ambulanten Versorgung wurde von uns das erste battcriebetriebene Ultraschallgerät entwickelt, das Ursoson (10). Das Nachfolgegerät mit 16 Graustufen, höherer Auflösung und Anschließbarkeit an kommerzielle Fernsehgeräte wird 1990 von Renner-Medizintechnik, 7929 Heuchlingen, geliefert. Neben der Einführung dieser Methoden in Europa kommt es nun vor allem darauf an, Patienten, Angehörige und Ärzte dazu zu bringen, neue Schübe nicht zu bagatellisieren, sondern rasch mit den jetzt vorhandenen wirksamen Methoden zu behandeln. Um ein Überschreiten der kritischen Gesamtdosen zu verhüten, haben wir einen Immunsuppressionspaß eingeführt. Außerdem geben wir den MS-Patienten ein Merkblatt zur gesunden Lebensführung.

Literatur

1. Gonsette RE, Demonty L, Delmotte P (1977) J Neurol 214:172-181
2. Kornhuber (1980) In: Boese A (Hrsg) Search for the cause of multiple sclerosis. Verlag Chemie, Weinheim
3. Kornhuber HH (1987) In: Karg G (Hrsg) Multiple Sklerose. Hertie-Stiftung, Frankf a M
4. Kornhuber HH, Mauch E (1986) Dtsch Med Wschr 111:1778
5. Kornhuber HH, Mauch E, Petru E, Schmähl D (1987) Dtsch Med Wschr 12:530
6. Kornhuber HH, Riebler R (1984) Mit der MS leben. Schattauer, Stuttgart
7. Kornhuber HH, Schütz A (1990) Eur Neurol (im Druck)
8. Kornhuber HH et al (1980) Arch Psychiat Nervenkr 228:1-6
9. Mauch E, Kornhuber HH et al (1989) Eur Arch Psychiat Neurol Sci 238:115-117
10. Widder B, Kornhuber HH, Renner A (1983) Dtsch Med Wschr 108:1552

Die erfolgreiche Therapie der multiplen Sklerose mit dem Zytostatikum Mitoxantron: Ergebnisse einer Pilot-Studie nach 1 Jahr

E. Mauch, H.H. Kornhuber, U. Fetzer, H. Krapf, H. Laufen und R. Schoog

Mit dem Zytostatikum Cyclophosphamid (CY) ist auch in niedriger Dosierung eine wirksame Behandlung der multiplen Sklerose möglich (7). Nun hat sich Mitoxantron (MX) bei der experimentellen allergischen Encephalomyelitis (EAE) als 10- bis 20fach potenter erwiesen als CY (6,9). In Tierexperimenten bewirkt MX eine Suppression vor allem der humoralen Immunantwort (1). Außerdem wurde in vitro eine makrophagen-vermittelte Hemmung der T-Helferzellfunktion bei gleichzeitiger Verstärkung der T-Suppressorzellfunktion festgestellt (2). Nach klinischen Erfahrungen mit dem seit 1985 in Deutschland zugelassenen MX in der Onkologie ist die Verträglichkeit von MX erheblich besser als die der bisher üblichen Zytostatika (4). Da die renale Elimination nur eine untergeordnete Rolle spielt, ist der Einsatz bei Patienten mitNiereninsuffizienz oder einer chronischen Zystopyeltitis nicht so problematisch wie die Gabe von CY. Insbesondere wurde eine kanzerogene Wirkung bislang nicht festgestellt. Zu beachten ist bei der Langzeittoxizität aber die Möglichkeit einer Kardiomyopathie.

Im Rahmen einer Pilotstudie wurden 10 MS-Patienten mit gesicherter Diagnose behandelt (7 Frauen; 3 Männer). Ausgewählt wurden Patienten mit rascher Krankeitsprogression. So machte die klinische Verschlechterung im Jahr vor Aufnahme in die Studie bei den Patienten durchschnittlich 2,2 Punkte (1 - 6) auf der Kurtzke Skala aus; der Progressionsindex betrug 2,0, beides viel höher als im Durchschnitt der MS-Patienten. Im Kernspintomogramm (NMR) mit Gadolinium fanden sich bei allen Patienten frische Herde mit Zeichen einer Blut-Liquor-Schrankenstörung. Die Patienten erhielten MX vierteljährlich 1 Jahr lang in je einmaliger Dosis von 12 mg/m² Körperoberfläche (= ca. 20 mg pro Patient) als Injektion in eine laufende Infusion von 500 ml isotonischer Kochsalzlösung. Begleitend wurde Domperidon (3 x 2 ml) über 3 Tage und bei Übelkeit zusätzlich Alizaprid gegeben. Bei der ersten MX-Therapie war außerdem eine 5tägige Behandlung mit hochdosiertem Prednisolon vorgesehen. Da bei 2 Patienten eine Kortison-Unverträglichkeit bestand, erhielten nur 8 Patienten zur 1. MX-Gabe zusätzlich Prednisolon. 1 Patient hat nach 6 Monaten (2 MX-Gaben) die Behandlung trotz Besserung des klinischen Bildes abgebrochen auf Druck der eigensinnigen Pflegeperson (auf Wunsch von Patienten selbst haben wir bei über 250 Behandlungen noch nie einen Abbruch erlebt); auch dieser Patient wurde aber in die Auswertung eingeschlossen.

Bereits nach der ersten MX-Gabe konnte bei allen Patienten die klinische Verschlechterung gestoppt werden; bei 4 der 10 Patienten besserte sich der neurologische Status sogar. Nach 1 Jahr waren 8 von 9 Patienten im Vergleich zum Aufnahmestatus gebessert; 1 Patient blieb gleich. Im NMR wiesen die 10 Patienten vor der MX-Therapie insgesamt 169 Gd-anreichernde Herde auf. 1 Jahr später stellten sich nur noch 10 anreichernde Plaques bei 9 Patienten dar. Diese Herde sind während der Studie neu entstanden. 213 alte nicht-anreichernde Plaques im ZNS haben sich unter der Therapie nicht verändert.

Daß es sich bei der Abheilung der frischen Herde nur um Spontanremissionen handelt, ist nach klinischer Erfahrung angesichts der raschen Progredienz dieser Fälle äußerst unwahrscheinlich. Ein Patient mit chronisch progredientem Verlauf hatte vor der MX-Therapie 76 Gd-anreichernde Herde, nach 1 Jahr keinen aktiven Entzündungsplaque mehr. Dieser Patient hat außerdem kein Kortison zusätzlich erhalten. Zudem zeigt die klinische Erfahrung, daß Kortison bei der Behandlung des akuten Schubes zwar wirksam ist, die Wirkung bei chronischer Progredienz hält aber nur kurze Zeit an. Schon Fog hat festgestellt, daß Kortison, obgleich es den einzelnen Schub abkürzt, am Krankheitsverlauf im Ganzen nichts ändert (3).

In der Literatur gibt es bislang nur 2 Arbeiten, die sich mit unserer Studie vergleichen lassen. Bei Miller (8), der ebenfalls den Verlauf Gd-anreichernder Herde bei MS-Patienten untersucht hat, ist der Rückgang der aktiven Plaques bei weitem nicht so ausgeprägt wie in unserer Studie, obgleich die Patienten anfangs ausnahmslos im Schub, aber nicht nach besonders schweren Fällen ausgewählt waren; die Therapie wird nicht angegeben (offenbar aber keine MX-Behandlung). Kesselring (5) fand sogar eine Zunahme der aktiven Plaques 15 Tage nach einer hochdosierten Kortisontherapie. Die Nebenwirkungen unserer MX-Therapie waren minimal. 4 Patienten haben niemals Nebenwirkungen bemerkt. Bei 6 Patienten waren Übelkeit und Mattigkeit nach den Infusionen aufgetreten, die nur 1 - 2 Tage anhielten. Nur 2 Patienten erbrachen gelegentlich nach der MX-Infusion. Ab einer kumulativen Gesamtdosis von 160 mg/m² (ca. 300 mg) muß aber auf mögliche Kardiotoxizität geachtet werden; auch bei Patienten ohne kardiale Risikofaktoren ist dann regelmäßig die Herzfunktion mit Herzecho zu kontrollieren. Diese Empfehlung basiert allerdings auf den Erfahrungen mit aggressiven Zytostatika-Kombinationen in der Onkologie. Bei unseren Patienten fanden wir keinerlei Veränderungen in regelmäßig durchgeführten EKG-Kontrollen mit Rhythmusstreifen. Die Ergebnisse erlauben den Schluß, daß MX ein wirksames und zugleich gut verträgliches Zytostatikum zur Behandlung der MS ist.

Literatur

1. Fidler JM, DeJoy SQ, Gibbons JJ (1986) Selective immunomodulation by the antineoplastic agent mitoxantrone. I. Suppression of B lymphocyte function. J Immunol 137:727-732
2. Fidler JM, DeJoy SQ, Smith FR, Gibbons JJ (1986) Selective immunomodulation by the antineo plastic agent mitoxantrone. II. Nonspecifec adherent suppressor cells derived from mitoxantrone-treated mice. J Immunol 136:2747-2754
3. Fog T, Linnemann F (1970) The course of multiple sclerosis (in 73 cases with computerdesigned curves). Acta Neurol Scand 46/Suppl. 47
4. Gruener A, Ingenhag W, Clark J (1985) Mitoxantron - Klinische Pharmakologie, Untersuchungen und Analysen zur Vertraeglichkeit. Fortschr Antimikrob und Antineoplast Chemoth 4:387-399
5. Kesselring J, Miller DH, MacManus DG, Johnson G, Milligan NM, Scolding N, Compston DAS, McDonald WI (1989) Quantitative magnetic resonance imaging in multiple sclerosis: the effect of high dose intravenous methylprednisolone. J Neurol Neurosurg Psychiatry 52:14-17
6. Levine S, Saltzman A (1986) Regional suppression, therapy after onset and prevention of relapses in experimental allergic encephalomyelitis by mitoxantrone. Journal of Neuroimmunology 13:175-181
7. Mauch E, Kornhuber HH, Pfrommer U, Hähnel A, Laufen H, Krapf H (1989) Effective treatment of chronically progressive multiple sclerosis with low-dose cyclophosphamide with minor side-effects. Eur Arch Psychiatr Neurol Sci 238:115-117
8. Miller DH, Rudge P, Johnson G, Kendall BE, MacManus DG, Moseley IF, Barnes D, McDonald WI (1988) Serial gadolinium enhanced magnetic resonance imaging in multiple sclerosis. Brain 111:927-939
9. Ridge SC, Sloboda AE, McReynolds RA, Levine S, Oronsky AL, Kerwar SS (1985) Suppression of experimental allergic encephalomyelitis by mitoxantrone. Clinical Immunology and Immunopathology 35:35-42

Lymphozytensubpopulationen von Multiple-Sklerose-Patienten mit rascher Krankheitsprogression unter der Therapie mit Mitoxantron

U. Fetzer, E. Mauch, H. Laufen, H. Krapf und H.H. Kornhuber

Im Rahmen einer Pilotstudie wurde bei 10 MS-Patienten mit rascher Krankheitsprogression eine 1jährige Intervalltherapie mit Mitoxantron (MX) durchgeführt. Wir verabreichten das Zytostatikum alle 3 Monate in einer Dosierung von 12 mg/m² KO. Bei der ersten Gabe erhielten 8 Patienten zusätzlich 5 Tage lang hochdosiert Prednisolon.

An begleitenden Untersuchungen wurde u.a. die Bestimmung von 10 Lymphozytensubpopulationen im peripheren Blut unter Verwendung von monoklonalen Antikörpern der Firmen Becton Dickinson, Coulter und Ortho durchgeführt. Wir wandten eine modifizierte Immunoperoxidasetechnik in Form der ABC-Methode (4) an, wobei zur Vermeidung möglicher zirkadianer Schwankungen der Lymphozytenuntergruppen stets mit frischem, zwischen 8 und 9 Uhr morgens abgenommenem EDTA-Blut gearbeitet wurde. Die Typisierung wurde in 3monatigen Abständen jeweils direkt vor der Mitoxantrongabe sowie 1, 2, 3 und 4 Wochen nach der ersten Verabreichung von MX durchgeführt. Einmalig wurden bei einer Kontrollgruppe von 20 Gesunden bzw. Patienten mit Lumboischialgie die Lymphozytensubpopulationen bestimmt.

Vor Therapie zeigt sich bei den MS-Patienten im Vergleich zur Kontrollgruppe ein signifikant höherer Anteil von Interleukin-2-Rezeptor-positiven Zellen, Natürlichen Killerzellen sowie OKT 9- und OKT 10-positiven Zellen. Eine von manchen Autoren beschriebene Erhöhung der B- und HLA-DR-Antigen-positiven Zellen bei MS-Patienten (1, 2, 6, 7, 8) konnten wir nicht nachweisen.

Nach MX-Gabe kommt es nach ca. 2 Wochen zu einem maximalen Leukozytenabfall. Anschließend erfolgt ein leichter Wiederanstieg bei anhaltender Tendenz zur Normalisierung über den gesamten Beobachtungszeitraum von 1 Jahr. Der Lymphozytenwert erreicht seinen tiefsten Stand mit durchschnittlich 1436/µl bereits 1 Woche nach Therapie. Unter der Intervalltherapie mit MX kommt es zu einer selektiven Supprimierung der B-Lymphozyten und HLA-DR-Antigen-positiven (B-Zellen und aktivierte T-Zellen) Zellen um ca. 40-50 % der Ausgangswerte über den gesamten Beobachtungszeitraum von 1 Jahr. Dies wird in den Untersuchungen von Gonsette (5) bestätigt. Im Tierexperiment bei Mäusen ließ sich eine makrophagenvermittelte Hemmung der B-Zellproliferation und eine direkte Minderung der B-Zellzahl durch MX nachweisen (3). Weitere aktivierte Lymphozytenpopulationen, wie Interleukin-2-Rezeptor- sowie OKT 9- und OKT 10-positive Zellen zeigen eine Tendenz nach unten in Richtung Normalisierung der Werte. Wir konnten keine signifikante Auswirkung von MX auf die T-Lymphozyten (gesamt) oder die T-Helfer- und T-Suppressorzellen beobachten. Der T4/T8-Quotient bleibt unter der Therapie weitgehend konstant.

Die Lymphozytentypisierung mit monoklonalen Antikörpern ist eine Methode, mit welcher Unterschiede in der Verteilung immunologisch bedeutsamer Lymphozytenuntergruppen zwischen MS-Patienten und Gesunden festgestellt werden können. Ferner kann durch Verlaufskontrollen während einer immunsuppressiven Therapie deren Wirkung genauer überprüft werden. Zur Sicherung der Ergebnisse bedarf es weiterer kontrollierter Studien an einem größeren Patientenkollektiv.

Literatur

1. Chalon MP, Sindic CJM, Boon L, Laterre EC (1987) Peripheral blood B and T-lymphocyte populations in patients with multiple sclerosis. Acta Neurol Belg 87:245-260
2. Crockard AD, McNeill TA, McKirgan J, Hawkins SA (1988) Determination of activated lymphocytes in peripheral blood of patients with multiple sclerosis. J Neurol Neurosurg Psychiatry 51:139-141
3. Fidler JM, DeJoy SQ, Gibbons JJ (1986) Selective immunomodulation by the antineoplastic agent mitoxantrone. J Immunol 137:727-732
4. Frickhofen N, Bross KJ, Heit W, Heimpel H (1985) Modified immunocytochemical slide technique for demonstrating surface antigens on viable cells. J Clin Path 38:671-676
5. Gonsette RE, Demonty L (1989) Mitoxantrone: a new immunosuppressive agent in multiple sclerosis. In: Gonsette RE, Delmotte P (Hrsg) Recent advances in multiple sclerosis therapy. Elsevier, Amsterdam:161-164
6. Konttinen YT, Bergroth V, Kinnunen E, Nordström D, Kouri T (1987) Activated T lymphocytes in patients with multiple sclerosis in clinical remission. J Neurol Sciences 81:133-139
7. Link H, Fredrikson S (1987) HLA-DR expression and neopterin levels as activity markers in multiple sclerosis. Riv Neurologia 57:154-158
8. Selmaj K, Plater-Zyberk C, Rockett KA, Maini RN, Alam R, Perkin GD, Rose CF (1986) Multiple Sclerosis: Increased expression of interleukin-2 receptors on lymphocytes. Neurology 36:1392-1395

Kernspintomographische Verlaufsuntersuchung Gadolinium-anreichernder Herde bei MS-Patienten unter immun-suppressiver Behandlung mit Mitoxantron

H. Krapf, E. Mauch, U. Fetzer, W. Weidenmaier und H.H. Kornhuber

Einleitung

Es gibt bisher wenige Prospektivstudien, die sich mit der Bedeutung der Kernspintomographie (NMR) für die Therapiekontrolle bei der multiplen Sklerose (MS) beschäftigen. In den bisherigen Arbeiten wurden die Patienten meist ohne Gadolinium untersucht (3,4,6), so daß frische Läsionen mit gestörter Bluthirnschranke nicht von alten, inaktiven Läsionen abgegrenzt werden konnten (1,2). Patienten mit ungünstigem Verlauf werden derzeit meist immunsuppressiv mit Zytostatika behandelt. Aufgrund ihrer hohen Sensitivität im Nachweis von intrakraniellen Demyelinisierungen (7) bietet sich hier das NMR mit Gd.-Gabe zur Therapiekontrolle an.

Methodik

In einer prospektiven Pilotstudie zur immunsuppressiven Behandlung der multiplen Sklerose mit dem Zytostatikum Mitoxantron wurden zehn Patienten mit gesicherter Encephalomyelitis disseminata innerhalb eines Jahres jeweils sechsmal kernspintomographisch nativ und mit Gd.-Gabe untersucht. Die erste NMR-Untersuchung erfolgte unmittelbar vor Studienbeginn, NMR-Kontrollen 1, 3, 6, 9 und 12 Monate nach Mitoxantron-Gabe. Alle NMR-Untersuchungen wurden bei einer Feldstärke von 1,0 Tesla (Magnetom) durchgeführt, nativ in lückenlos axialer Schichtung mit 5mm Schichten (TR 500 bis 800 ms mit TE 13 bis 30 ms, TR von 2500 ms mit TE von 30 bzw. 90 ms). Zusätzlich erfolgte die T1-gewichtete Darstellung unmittelbar nach Gabe von 20 ml Gd-DTPA (Magnevist[R]). Behandelt wurden 7 Frauen und 3 Männer (Durchschnittsalter 31 Jahre), deren mittlerer Progressionsindex mit 2,0 für das Jahr vor Studienbeginn sehr hoch war. Die weiteren klinischen Daten und das Behandlungsprotokoll sind dem Beitrag von E. Mauch zu entnehmen.

Ergebnisse

Bei den 10 Patienten wurden insgesamt 58 NMR-Untersuchungen durchgeführt, ein Patient brach die Behandlung nach dem 4. NMR ab. Bei der Erstuntersuchung betrug die Gesamtzahl der anreichernden Herde 169. Dabei hatten 5 Patienten 7 oder mehr Herde (Maximum 76), 3 Patienten hatten ein oder zwei Herde, bei 2 Patienten waren lediglich diskrete periventrikuläre Anreicherungen nachweisbar. In den NMR-Kontrollen nach Therapiebeginn reduzierte sich die Gesamtzahl der anreichernden Läsionen kontinuierlich (2. NMR: 47 Herde; 3. NMR: 40 Herde; 4. NMR: 5 Herde; 5. NMR: 1 Herd), im letzten NMR waren insgesamt

10 neue Herde nachweisbar. 73,5 % der Herde waren kleiner als 5 mm im Durchmesser, in 86 % lag eine homogene Gd.-Anreicherung vor. Bei allen Herden war die Gadolinium-Anreicherung in höchstens zwei aufeinanderfolgenden NMR-Untersuchungen nachweisbar, wobei kein Herd eine Größenzunahme aufwies. Häufigste Lokalisation der Läsionen war das periphere subkortikale Marklager (48,5 %), gefolgt von der periventrikulären Region (21 %). Im Vergleich zu Studienbeginn hatten sich 4 Patienten mit schubförmigem Verlauf am Ende der Behandlung um durchschnittlich 2,5 Punkte auf der Kurtzke-Skala verbessert, die übrigen 5 Patienten blieben stabil. Eine Patientin erlitt nach der Erstbehandlung 2 Krankheitsschübe. Bei ihr waren entsprechend im 3. NMR 20 neue anreichernde Herde nachzuweisen. Eine ältere Patientin mit chronisch progredientem Verlauf hatte sich nach 9 Monaten vorübergehend geringfügig verschlechtert, gleichzeitig war ein kleiner anreichender Herd periventrikulär nachweisbar. Trotz 7 neuer Herde im letzten NMR zeigte eine junge Patientin keine neurologische Verschlechterung. Bei den übrigen 6 Patienten traten in 29 NMR-Kontrollen bis zum Studienende 17 neue Herde mit Schrankenstörung auf, durchschnittlich 0,62 pro Untersuchung. Eine Korrelation zwischen Liquorbefunden und Ausmaß der Gadoliniumanreicherung fand sich nicht.

Diskussion

Die bei unseren Patienten im 1. NMR ermittelte Zahl von Gd.-anreichernden Herden stimmt mit den Ergebnissen anderer Untersuchungen bei akut verschlechterten MS-Patienten überein (1,2). In der bisher einzigen vergleichbaren Arbeit von Miller (5) war die Reduktion der anreichernden Herde innerhalb von 6 Monaten (56 vs. 10) signifikant geringer (p<0.01) als bei unserem mit Mitoxantron behandelten Kollektiv (169 vs. 5). Bei allen klinischen Verschlecherungen im Beobachtungszeitraum waren gleichzeitig neue anreichernde Herde im NMR erkennbar, die zu einer irreversiblen Schädigung des ZNS führten. Neben den neurologischen Untersuchungsbefunden scheint daher auch die Häufigkeit von asymptomatischen Anreicherungen im NMR bei klinisch sich verbessernden oder stabilen Patienten ein wichtiger, bislang wenig beachteter Parameter zu sein, um die Effektivität einer immunsuppressiven Behandlung zu beurteilen.

Zusammenfassend ist die Kernspintomographie mit Gadolinium nach den vorliegenden Ergebnissen eine sehr geeignete, teilweise der klinischen Untersuchung sogar überlegene Methode, um die Wirksamkeit einer immunsuppressiven Therapie bei MS-Patienten zu überprüfen.

Das Literaturverzeichnis ist bei den Verfassern erhältlich.

Mitoxantron bei MS: Eine offene Pilotuntersuchung mit Gadolinium-MRT Kontrollen*

L. Kappos, R. Gold, E. Künstler, P. Seeldrayers, E. Hofmann, R. Heun, E. Rohrbach und D. Städt

In den letzten 20 Jahren haben einige unkontrollierte und einige kontrollierte Untersuchungen zeigen können, daß eine pauschal-immunsuppressive Behandlung den Verlauf der multiplen Sklerose bei einer Reihe von Patienten günstig beeinflussen kann (4). Trotzdem lassen die zur Zeit zur Verfügung stehenden Medikamente (insbesondere Azathioprin und Cyclophosphamid) noch manches zu wünschen übrig. Auf der Suche nach einer bei rasch progredientem Verlauf gut wirksamen Substanz mit annehmbarem Nutzen/Risiko-Verhältnis haben wir, ausgehend von ersten Erfahrungsberichten (3), die Effekte von Mitoxantron in einer Pilotstudie untersucht. Mitoxantron ist ein bereits seit längerem eingeführtes Zytostatikum, dessen immunsuppressive und immunmodulierende Eigenschaften in den letzten Jahren näher untersucht wurden (1). Es wirkt offenbar vor allem auf B-Zellen und scheint den relativen Anteil von Zellen mit Suppressor-Funktion zu erhöhen. Um auch im Rahmen einer kleinen Studie einen Eindruck vom Einfluß der Behandlung auf die Krankheitsaktivität zu erhalten, wurde neben klinischen Parametern die Veränderung in der Zahl der Gadolinium-aufnehmenden Läsionen in der MRT als wesentliches Kriterium herangezogen. Gadolinium-Aufnahme ist eine Eigenschaft von neu entstehenden MS-Herden und gilt allgemein als Zeichen der Krankheitsaktivität (5, 7). Seit Ende 1988 wurden 16 Patienten mit klinisch gesicherter MS in diese Studie aufgenommen. 14 davon hatten zum Zeitpunkt der Analyse einen Verlauf unter Therapie von 6 bis maximal 18 Monaten. Aufnahmekriterien waren: entweder schubförmig progredienter oder sekundär chronisch progredienter Verlauf mit Änderung um zwei oder mehr Stufen der Kurtzke-Skala (6) (EDSS) während der letzten zwei Jahre bzw. einer oder mehr Stufen während des letzten Jahres oder schubförmige Verläufe mit verbleibenden Residuen (zwei oder mehr Schübe während der letzten Jahre, einer oder mehr während der letzten 6 Monate, aber nicht in den letzten zwei Monaten vor Therapiebeginn); EDSS unter 7,0; im Aufnahme-MR drei oder mehr Läsionen im Nativ Scan und zwei oder mehr Gadolinium-aufnehmende Läsionen in wiederholten T1-Gadolinium Scans. Schließlich fehlende kardiale Erkrankungen und Kontraindikationen gegen Immunsuppression sowie Einwilligung zur Teilnahme in der Studie. Die Therapie erfolgte mit 10 mg/qm Körperoberfläche Mitoxantron i. v. alle 3 Wochen insgesamt 3 x; bei fehlender Leukopenie Erhöhung der Dosis um 25 %, gegebenenfalls Wiederholung. Bei Abfall der Leukozyten unter 2000 entsprechende Erniedrigung der Dosis bzw. Verschieben der nächsten Applikation bis zum Anstieg über 3500. Zweimalige Wiederholung der Injektion, falls die klinische Untersuchung und/oder die Gadolinium-Aufnahmen, die alle 3 Monate wiederholt wurden, Hinweise auf eine persistierende Krankheitsaktivität ergaben. Gravierende Nebenwirkungen traten nicht auf. Regelmäßig trat eine leichte Übelkeit auf sowie die erwünschte Leukopenie. In zwei Fällen temporäre Amenorrhoe, ein Fall von Stomatitis aphthosa, kein Patient mit ins Gewicht fallendem Haarverlust.
Die Ausgangsdaten und Ergebnisse nach 6 Monaten finden sich in Tab. 1.

Tabelle 1. Ausgangs- und Follow-up Daten der 14 Patienten mit mindestens 6monatigem Beobachtungsinterval unter Therapie

Nr	Geschlecht	Alter	Dauer	Verlaufsform	EDSS		GdLäsionen	
					Mo. 0	Mo .6	Mo.0	Mo.6
1	w	40	16	SP	5.5	5.5	21	0
2	w	47	9	SP	6.0	5.5	8	1
3	w	36	14	SP	6.0	6.0	8	1
4	w	42	22	SR	3.0	2.5	9	0
5	w	18	1	SR	5.0	3.0	39	0
7	w	33	15	SR	3.5	3.5	23	0
8	m	24	4	SR	3.0	2.0	3	0
9	m	38	10	SR	5.0	5.0	3	0
10	w	37	11	SP	6.5	6.5	3	0
11	w	25	16	CP	8.5	7.0	2	1
12	w	34	6	SR	3.5	3.5	2	0
13	m	42	11	CP	4.0	4.0	3	0
14	m	38	9	SR	2.5	2.5	2	0
15	w	23	2	SP	7.0	4.0	13	1
MW		34 J	10 J		4.9	4.3	9.9	0.3

SR: schubförmig mit Residuen; SP: progredienter Verlauf mit überlagerten Schüben; CP: sekundär chronisch progredienter Verlauf. Mo: Monat nach Therapiebeginn

Der Unterschied in der EDSS war im Wilcoxon-Paar-Vergleichstest mit einem p von 0,03, der Unterschied in der Anzahl der Gadolinium-Läsionen mit einem p von 0.001 zum Zeitpunkt nach 6 Monaten statistisch signifikant. Die beobachtete Reduktion des Gadolinium-Enhancements während der ersten 6 bis 12 Monate nach einer Mitoxantron-Behandlung ist nach unseren Erfahrungen deutlich ausgeprägter als nach Behandlung mit anderen Substanzen (hochdosierte Steroide, Cyclophosphamid, Kombination von Azathioprin und Cyclosporin (2)). Aufgrund unserer Ergebnisse ist die Dauer der Wirkung einer Mitoxantron-Induktionsbehandlung bei etwa 6 - 18 Monaten anzusiedeln. Danach müßten wahrscheinlich wieder Auffrischungsbehandlungen erfolgen. Inwiefern bei höheren kumulativen Dosen (über 150 mg/qm KO) die von uns bisher nicht beobachteten kardiotoxischen Nebenwirkungen auftreten können, müßte noch näher geklärt werden. Aufgrund der relativ guten Verträglichkeit und der Ergebnisse dieser Pilotuntersuchung sollte möglichst bald eine kontrollierte klinische Studie zur Wirkung dieser Substanz folgen.

Literatur

1. Fidler JM et al (1986) J Immunol 136:2747-2754 und 137:727-732
2. Gold R et al (1991) Erfahrungen einer offenen NMR kontrollierten Pilotstudie. Verh Dtsch Ges Neurol 6:
3. Gonsette RE und Demonty L (1989) In Gonsette RE und Delmotte P (Hrsg) Recent advances in MS therapy. Elsevier, Amsterdam:161-164
4. Kappos L (1990) Immunsuppressive Therapie der Multiplen Sklerose mit Azathioprin und Cyclosporin A. Springer
5. Kappos L et al (1988) Neurology 38 Suppl 3, 1:255
6. Kurtzke JF (1983) Neurology 1444-1452
7. McDonald WI und Barnes D (1989) Trends in Neurosc 376-379

*Mit Unterstützung der Hermann und Lilly Schilling Stiftung

Erfahrungen einer offenen, NMR-kontrollierten Pilotstudie mit kombinierter Immunsuppression bei MS

R. Gold, L. Kappos, C. Schicker, D. Städt, E. Künstler und E. Hofmann

In den letzten Jahren wiesen große Studien (1, 2, 4) eine gesicherte, aber auch limitierte Wirkung von Azathioprin (Aza) und Cyclosporin (CyA) als Monotherapie bei verschiedenen Verlaufsformen der MS nach.

Aufgrund der Wirkungsmechanismen der beiden Medikamente kann man sich einen synergistischen Effekt einer Kombinationsbehandlung vorstellen: Cyclosporin supprimiert selektiv die Lymphokinproduktion der T-Zelle und somit die Lymphozytenaktivierung, während Azathioprin als Nukleotid-Analoges einen vor- und nachgeschalteten Schritt, die DNA-Synthese schnell proliferierender Zellen, hemmt. Wir setzten deshalb die Kombinationstherapie bei Patienten mit überdurchschnittlich aktiver MS im Rahmen einer offenen Pilotstudie ein.

Das Patientenkollektiv umfaßte 14 Patienten (3 Männer, 11 Frauen) mit einem durchschnittlichen Alter von 28 Jahren (SEM: 1,3) bei einer mittleren Krankheitsdauer von 5,7 Jahren (SEM: 1,1). Der Krankheitsverlauf war bei 12 Patienten schubförmig-remittierend und bei 2 Patienten schubförmig progredient. 12 der Patienten hatten eine immunsuppressive Vorbehandlung (11 Aza, 1 CyA). Einschlußkriterien waren eine erhöhte Schubfrequenz (max. 5 Schübe pro Jahr) oder floride Krankheitsaktivität in wiederholten Gadoliniumstudien (max. 13 gadoliniumaufnehmende Läsionen (GEL)).

Die Kombinationsbehandlung wurde mit 2,5 mg/kg Aza und 5 mg/kg CyA eingeleitet und die Dosis anhand des MCV, der Leukozytenwerte bzw. der Blutspiegel adaptiert. Zur Therapieüberwachung wurden regelmäßige (zunächst 2 wöchentliche, später monatliche) Blutbild- und Serumkontrollen sowie RR-Messungen durchgeführt. Vor Einleitung der CyA-Therapie erfolgte eine nephrologische Untersuchung einschließlich Kreatininclearance. Die durchschnittliche Therapiedauer betrug 10,9 Monate (SEM: 1,3).

Zur Therapiebeurteilung wurde (retrospektiv) für jeden Patienten ein Vergleichsintervall gebildet, so daß der Krankheitsverlauf vor der Kombinationstherapie mit dem entsprechenden Verlauf unter Kombinationstherapie verglichen werden konnte. Als Parameter zur Beurteilung des Therapieerfolgs dienten EDSS (4), der quantifizierte Neurostatus sowie die Kernspintomographie (T1- Sequenzen nach Gd-Applikation sowie T2-Sequenzen). Falls bei Therapiebeginn ein Schub vorlag, wurde dieser für die Auswertung nicht berücksichtigt, sondern die jeweils letzten vorangehenden Untersuchungsbefunde herangezogen. Zur statistischen Auswertung wurden der Wilcoxon-Test und Kontingenz-Tafeln eingesetzt.

Im EDSS zeigte sich im Vergleichsintervall vor Therapiebeginn eine auf dem 5 %-Niveau signifikante Verschlechterung von durchschnittlich 2,2 (SEM: 0,3) auf 3,1 (SEM: 0,4). Unter der Kombinationstherapie blieb der EDSS mit 3,3 (SEM: 0,5) stabil. Der Neurostatus verschlechterte sich im Vergleichsintervall vor Therapiebeginn von durchschnittlich 28,1 (SEM: 6,6) auf 38,6 (SEM: 6,6; p < 0,05), unter der Therapie kam es zu einer signifikanten Verbesserung auf 33,6 (SEM: 6,6; p < 0,05). Die Verbesserung unter Therapie ist gegenüber der Verschlechterung im Vergleichszeitraum auf dem 1 %-Niveau signifikant.

In den kernspintomographischen Untersuchungen nahm die Zahl der Gd-aufnehmenden Läsionen von durchschnittlich 2,9 bei Therapiebeginn (SEM: 0,9) auf 0,9 (SEM: 0,3; p < 0,01) ab. Allerdings zeigten in den T2-gewichteten Sequenzen 8 von 11 Patienten, bei denen vergleichbare NMR vorlagen, eine Progredienz im Sinne des Größerwerdens oder der Vermehrung der Zahl der Läsionen. Exemplarisch werden kernspintomographische Verlaufskontrollen mit Abnahme der GEL bzw. Zunahme der Läsionen in T2-gewichteten Sequenzen vorgestellt. Zwei Krankheitsverläufe dienen als Beispiele einer Stabilisierung bzw. Progredienz unter der Kombinationstherapie.

Zusammenfassung

Die theoretisch erfolgversprechende Kombinationstherapie wurde von unseren Patienten gut vertragen. Es gab eine Tendenz zur Stabilisierung des Krankheitsverlaufes, die für den Neurostatus und für die Gd-Läsionen sogar signifikant war.

Allerdings zeigten trotz Kombinationstherapie 6 Patienten klinische Progression. Kernspintomographisch hatten 8 von 11 Patienten mit vergleichbaren NMR-Untersuchungen eine Zunahme der Läsionen in T2-Sequenzen.

Unsere Erwartungen bezüglich synergistischer Wirkung der Kombinationstherapie bei überdurchschnittlich aktiver MS konnten somit nicht erfüllt werden. Aufgrund unserer Untersuchungen kann jedoch nicht ausgeschlossen werden, daß sich in größeren kontrollierten Studien doch positive Effekte deutlicher zeigen würden.

Literatur

1. British and Dutch Multiple Sclerosis Azathioprine Trial Group (1988) Double-masked trial of azathioprine in multiple sclerosis. Lancet II:179-183
2. Kappos L, Patzold U, Dommasch D et al (1988) Cyclosporine vs. azathioprine in the long-term treatment of multiple sclerosis (MS) - results of the German multicenter study. Ann Neurol 23:56-63
3. Kurtzke JF (1983) Rating neurologic impairment in multiple sclerosis: an expanded disability status scale (EDSS). Neurology 33:1444-1452
4. The Multiple Sclerosis Study Group (1990) Efficacy and toxicity of cyclosporine in chronic progressive multiple sclerosis: A randomized, double-blinded, placebo-controlled trial. Ann Neurol 27:591-605

Plasmapherese zur Therapie vital bedrohlicher Schübe bei der MS

S. Schönbeck, W. Samtleben und R. Hohlfeld

Die Plasmapherese hat einen festen Platz in der Behandlung neurologischer Autoimmunerkrankungen wie der Myasthenia gravis und des Guillain-Barré-Syndroms. Unter der Vorstellung, daß auch die multiple Sklerose durch Autoimmunprozesse verursacht bzw. unterhalten wird, hat man auch hier versucht, den Verlauf der Erkrankung durch Plasmaseparation zu beeinflussen.

Bei der Plasmapherese werden die humoralen Bestandteile des Bluts bis zu einem Molekulargewicht von etwa 300 kD mittels einer Membran aus der Blutbahn entfernt, während die Zellen verbleiben. Der genaue Wirkungsmechanismus der Plasmapherese auf die MS, einer zellvermittelten Autoimmunerkrankung, ist derzeit noch unklar. Denkbar ist, daß die Eliminierung von Antikörpern eine Rolle spielt, da den Antikörpern bei der Demyelinisierung zumindest im Tierexperiment eine entscheidende Bedeutung zukommt. Daneben kann die Wirkung aber auch auf einer Beeinflussung anderer entzündungsmediierender Substanzen wie Interferon, TNF oder Interleukinen beruhen.

Sowohl beim chronisch progredienten als auch beim schubförmig progredienten Verlauf der MS ist die Plasmapherese meist kombiniert mit anderen Immunsuppressiva (Cyclophosphamid) angewandt worden. Verschiedene in den vergangenen Jahren durchgeführte Studien zum chronisch progredienten Verlauf kommen im wesentlichen alle zu dem selben Ergebnis: Eine langfristige Besserung ist durch Plasmapherese nicht zu erzielen (1-3). Der akute Schub hingegen scheint durch Plasmapherese in Verbindung mit Cyclophosphamid signifikant verkürzt werden zu können, wie die prospektiv und doppelblind durchgeführte Studie von Weiner et al. zeigte (4).

An Hand eines Fallbeispiels soll demonstriert werden, wo derzeit unserer Meinung nach eine Indikation zur Plasmapherese in der Therapie der MS besteht. Bei einer 25jährigen Patientin, die seit Mai 1989 an einer schubförmig progredient verlaufenden MS erkrankt ist, kam es im Dezember 1989 zu einem erneuten schweren Schub mit Tetraplegie und ausgeprägter Hirnstammsymptomatik, die sich innerhalb von 48 Std. entwickelt hatte. Die Schutzreflexe waren aufgehoben, die Vitalkapazität lag unter 1.5 l (Grad 9.5 auf der Kurtzke-Leistungsskala). Als Initialtherapie erhielt die Patientin hochdosiert Kortikosteroide für eine Woche (Urbason 500 mg i.v. für 4 Tage, dann 100 mg p.o. für 4 Tage), worunter es nicht zu einer Besserung der Symptomatik kam. Daraufhin wurde bei der Patientin mit kombinierter Plasmapherese und Immunsuppression nach dem Schema von Weiner et al. begonnen. In einem Zeitraum von 6 Wochen wurden bei der Patientin insgesamt 10 Membranplasmapheresen durchgeführt. Bei jeder Einzelbehandlung wurden im Durchschnitt 3000 ml entfernt und durch ein gleiches Volumen einer 4 %igen Humanalbuminlösung ersetzt. Gleichzeitig wurde niedrigdosiert Cyclophosphamid (2mg/kg KG Endoxan) gegeben und die Methylprednisolon-Behandlung (40 mg Urbason/die) für 2 Wochen fortgesetzt. Blutbild, Eiweiß und quantitative Immunglobuline wurden regelmäßig kontrolliert. Bereits 4 -10 Std. nach der ersten Plasmapherese kam es zu einer dramatischen

Verbesserung des klinischen Befundes, wobei die Patientin in der Lage war, einzelne Worte zu sprechen und distal ihre linken Extremitäten zu bewegen. Nach den folgenden 3 Plasmapheresen konnten alle 4 Extremitäten wieder gegen Schwerkraft bewegt werden, und nach 6wöchiger Therapie war die Patientin mit Unterstützung gehfähig (Grad 6.5 auf der Kurtzke Skala). Es kam zu keinerlei Komplikationen.

Zusammenfassend ergeben sich im wesentlichen 2 Schlußfolgerungen:

1. Es gibt keine Indikation zur Plasmapherese bei chronisch progredientem Verlauf der MS.

2. Eine Indikation zur Plasmapherese ist gegeben beim lebensbedrohlichen Schub, der sich auf hochdosierte Kortisontherapie nicht ausreichend zurückgebildet hat.

Literatur

1. Hauser SL, Dawson DM, Lehrich JR et al (1983) Intensive immunosuppression in progressive multiple sclerosis. New Engl J Med 308:173-180
2. Khatri BO, McQuillen MP, Harrington GJ et al (1985) Chronic progressive multiple sclerosis: double-blind controlled study of plasmapheresis in patients taking immunosuppressive drugs. Neurology 35:312-319
3. Noseworthy JH et al (1990) The Canadian cooperative study of cyclophosphamide and plasma exchange in progressive multiple sclerosis (abstract). Neurology 40:284
4. Weiner HL Dau, PC Khatri, BO et al1989 Double-blind study of true vs. sham plasma exchange in patients treated with immunosuppression for acute attacks of multiple sclerosis. Neurology 39:1143-1149

Stellenwert der intrathekalen Kortison-Therapie bei multipler Sklerose im Vergleich zur systemischen Standardtherapie

H. Rüttinger, P. Rüttinger, K.-D. Wolf, K.-D. Kwiet, R. Heun, W. Tönjes und
K. Schimrigk

Nachdem wir schon seit Ende der 70er Jahre gute Erfahrungen mit der intrathekalen Anwendung von Triamcinolonacetonid gesammelt hatten, haben wir in den letzten Jahren die Wirkung und Verträglichkeit sowie den Indikationsbereich der intrathekalen Kortison-Therapie im Vergleich zur etablierten systemischen Kortison-Therapie genauer untersucht. Systemisch behandelten wir zu Beginn mit 100 mg Methylprednisolon (Urbason[R]) und reduzierten um 20 mg alle 5 Tage. Bei der intrathekalen Therapie gaben wir 3 x 40 mg Triamcinolonacetonid (Volon A-Kristallsuspension[R]) im Abstand von 8 Tagen. Die Gesamtdosis bei systemischer Therapie betrug somit ca. das 13fache der intrathekalen Dosis.

Insgesamt wurden 150 MS-Patienten untersucht. Bei allen war die Diagnose durch Liquor und MRT gestützt. Patienten mit Erstschub wurden in den Therapievergleich einbezogen. Meßparameter für den Therapieerfolg waren u. a. die EDSS nach Kurtzke und der "Ambulation-Index" nach Hauser, erhoben vor Therapie und 3 Wochen nach Therapiebeginn.

Beide Therapiegruppen waren bezüglich der entscheidenden Ausgangskriterien wie Alter, Schweregrad, Verlaufsform usw. sehr gut vergleichbar und zeigten auch in den verschiedenen Abstufungen der Schweregrade eine gute Übereinstimmung.

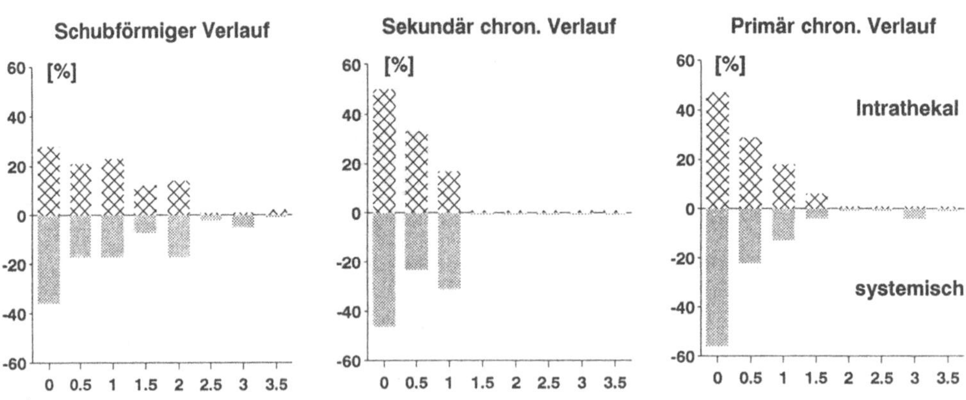

Betrachtet man zunächst das Gesamtergebnis, so sind Häufigkeit und Ausmaß einer Verbesserung im Bereich der EDSS und des Ambulation-Index in beiden Therapiegruppen gleich. In den Abbildungen ist ein Teil der Ergebnisse differenzierter dargestellt, oberhalb der Linie finden sich die Ergebnisse der intrathekalen Therapie, in der unteren Hälfte spiegelbildlich die Ergebnisse der systemischen Therapie. Die Zahl auf der Abszisse entspricht der jeweiligen Änderung in der Kurtzke-Skala, von keiner Änderung links (0) bis zur maximalen Änderung von 3,5. Die Höhe der Säulen zeigt, wieviel Prozent der Patienten sich jeweils um die entsprechende Punktzahl geändert haben. Man erkennt in Abb. 1, daß der Therapieerfolg bei schubförmigem Krankheitsverlauf größer ist als bei den beiden chronischen Formen; beide Therapien verhalten sich jedoch bei den einzelnen Verlaufsformen gleich.

Bei der unterschiedlichen Applikationsform des Kortisons, einmal intravasal, einmal direkt in den Liquorraum, interessiert, ob die Wirkung vom Ausmaß der Liquorveränderungen abhängig ist. Beide Therapien sind bei Vorliegen einer Pleozytose wirksamer als bei normaler Zellzahl. Berechnet man jedoch den Anteil des autochthon produzierten IgG am Gesamt-IgG im Liquor nach der von Reiber angegebenen Formel, so zeigt sich ein interessanter Unterschied. Die Wirkung des systemisch gegebenen Kortisons ist im Mittel unabhängig von der im ZNS produzierten IgG-Menge. Intrathekal verabreichtes Volon A^R wirkt dagegen umso besser, je höher der Anteil des autochthon produzierten IgG ist. Dies läßt die Überlegung aufkommen, ob sowohl das hohe IgG als auch der gute Therapieerfolg auf liquorraumnahe Plaques zurückzuführen sind.

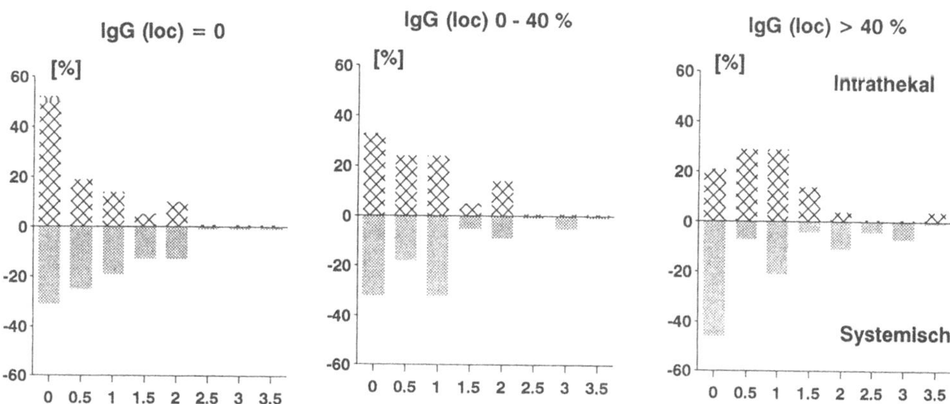

Die intrathekale Therapie mit Volon A^R ist eine zumindest gleichwertige Alternative zur systemischen Standard-Therapie bei akutem Schub oder Progression einer MS, und dies bei deutlicher Dosiseinsparung, sehr guter Verträglichkeit und Vermeidung systemischer Kortison-Nebenwirkungen; sie stellt eine Erweiterung unserer therapeutischen Möglichkeiten in der Akutbehandlung der MS dar. Unter klinischen Gesichtspunkten (z. B. Verlaufsform, Alter, Erkrankungsdauer) konnten wir keine Prädiktoren für einen unterschiedlichen Erfolg der beiden Applikationsweisen finden, nur das autochthon produzierte Liquor-IgG scheint ein prognostischer Parameter für das Ansprechen auf die intrathekale Therapie zu sein.

Die deutsch-schweizerische doppelblind-kontrollierte Multicenter-Studie über die Wirkung von Sulfasalazin bei multipler Sklerose

M. Prosiegel und J. Mertin

Wir untersuchten in unserer Arbeitsgruppe die mögliche Rolle von Leukotrienen in der Krankheitsentstehung der MS und ihrem Tiermodell, der experimentellen allergischen Enzephalomyelitis (EAE). Leukotriene sind Produkte des Arachidonsäurestoffwechsel; während die Prostaglandin- und Thromboxan-Entstehung aus Arachidonsäure durch das Enzym Cyclooxygenase vermittelt wird - welches durch nichtsteroidale Antiphlogistika hemmbar ist - entstehen Leukotrine durch Vermittlung des Enzyms Lipoxygenase. Dieses Enzym kann z. B. durch die Versuchssubstanz BW755C gehemmt werden. Als wichtigste biologische Eigenschaften der Leukotriene, die es uns sinnvoll erscheinen ließen, diese Substanzgruppe zu untersuchen, seien genannt: 1) sie sind chemotaktisch; 2) sie steigern insbesondere im Bereich postkapillärer Venolen die Gefäßpermeabilität; 3) sie besitzen immunmodulatorische Wirkungen. Da die entzündlichen Infiltrate bei er MS bzw. der EAE bevorzugt um postkapilläre Venolen angeordnet sind und einer Störung der Bluthirnschranke (BHS) bei beiden Erkrankungen eine pathogenetische Bedeutung zuzukommen scheint (1), erschien uns anfangs insbesondere die permeabilitätssteigernde Wirkung bestimmter Leukotriene (insbesondere des Leukotriens C_4) von besonderer Bedeutung. Wir fanden bei MS-Patienten im Vergleich zu Kontrollen eine signifikant verminderte Leukotrien-Freisetzung aus neutrophilen Granulozyten des Blutes (2), was man dahingehend deuten könnte, daß durch übermäßige Freisetzung dieser Mediatoren die Blutzellen gewissermaßen entleert sind. Bzgl. der Liquorkonzentration von Leukotrienen sind die Ergebnisse widersprüchlich, einige Autoren fanden erhöhte, andere erniedrigte Spiegel. Bei EAE-Tieren konnten wir durch Gabe der Substanz BW755C (dualer Hemmer der Cyclooxygenase und der Lipoxygenase) die Erkrankung supprimieren, wobei sich auch histologisch signifikant weniger zelluläre Infiltrate im ZNS der behandelten im Vergleich zu unbehandelten Kontrolltieren fanden (3).

Auf der Suche nach einem Pharmakon, welches ähnliche Wirkungen wie BW755C entfaltet, aber auch beim Menschen einsetzbar ist (BW755C ist dafür wegen seiner hohen Toxizität nicht geeignet), erschien uns Sulfasalazin besonders interessant (Handelsnamen Azulfidine[R], Fa. Pharmacia). Sulfasalazin ist u. a. immunsuppressiv, entzündungshemmend, hemmt den Arachidonsäure-Stoffwechselweg und wird seit Jahren erfolgreich bei entzündlichen Darmerkrankungen und rheumatoider Arthritis eingesetzt. Eine Untersuchung an EAE-Tieren zeigte, daß Sulfasalazin in der Lage ist, die Erkrankung zu supprimieren (4). Allerdings kann die Wirkung von Sulfasalazin nicht (allein) auf eine vollständige BHS-Abdichtung zurückgeführt werden, da auch bei den behandelten Tieren - wenngleich gegenüber den Plazebo-Tieren signifikant gemindert - perivenoläre Infiltrate nachzuweisen waren. Vermutlich hemmt Sulfasalazin nicht die initiale Invasion autoaggressiver Zellen ins ZNS, möglicherweise aber doch die weitere Anlockung und Penetration derartiger Zellen (durch eine Hemmung der Freisetzung von Mediatoren im ZNS?); auch die immunsuppressive Wirkung von Sulfasalazin könnte für die EAE-supprimierende Wirkung (mit)verantwortlich sein.

Aufgrund des supprimierenden Effektes von Sulfasalazin auf die EAE und der Tatsache, daß Sulfasalazin seit vielen Jahren mit Erfolg bei entzündlichen Darmerkrankungen und der rheumatoiden Arthritis eingesetzt wird (beides Erkrankungen mit gewissen klinischen Parallelen zur MS), haben sich - mit Einverständnis der Ethikkommissionen der Landesärztekammern - 11 Zentren aus der BRD und der Schweiz für die Mitwirkung an der Durchführung einer doppelblind-kontrollierten Studie über die Wirkung von Sulfasalazin in der Behandlung von Patienten mit MS entschlossen (Teilnehmer: Angstwurm, Neurologische Universitätsklinik, Klinikum Großhadern, München; Hess, Neurologische Universitätsklinik, Bern; Kappos, beratend in Fragen der MRT-Auswertung, Neurologische Poliklinik der Universität, Basel; König, Marianne-Strauß-Klinik, Kempfenhausen; Künstler, Klinische Forschungsgruppe für MS der Neurologischen Universitätsklinik, Würzburg; Lagreze, Neurologische Universitätsklinik, Bonn; Mertin, Kliniken Schmieder, Gailingen; Mir, Klinik Dr. Evers, Sundern-Langscheid; Prosiegel, Neurologisches Krankenhaus, München; Ruhenstroth-Bauer, Max-Planck-Institut für Biochemie, Martinsried; Seidel, Augusta-Hospital, Isselburg).

In die Studie werden Patienten mit gesicherter MS vom schubförmigen Verlaufstyp aufgenommen. Primäres Beurteilungskriterium ist die Zahl der auftretenden Schübe; sekundäre Beurteilungskriterien sind die EDSS von Kurtzke, der Hauser'sche Ambulationsindex, MRT-Befunde, VEP-Befunde sowie die Befunde neuropsychologischer Testungen und die Erfassung der subjektiv erlebten Lebensqualität. Die Studie beginnt im Herbst 1990 und wird (einschließlich einer ca. 1jährigen Rekrutierungsphase) 4 Jahre dauern.

Literatur

1. Juhler M (1988) Pathophysiological aspects of acute experimental allergic encephalomyelitis. Acta Neurol Scand 78 (Suppl):1-21
2. Prosiegel M, Neu I, Wildfeuer A, Mehlber L, Mallinger J, Ruhenstroth-Bauer G (1987) Leukotriene B_4 and C_4 in MS. Acta Neurol Scand 75:361-363
3. Prosiegel M, Neu I, Mallinger J, Wildfeuer A, Mehlber L, Vogl S, Hoffmann G, Ruhenstroth-Bauer G (1989) Suppression of experimental autoimmune encephalomyelitis by dual cyclo-oxygenase and lipoxygenase inhibition. Acta Neurol Scan 79:223-226
4. Prosiegel M, Neu I, Ruhenstroth-Bauer G, Hoffmann G, Vogl S, Mehlber L, Wildfeuer A (1989) Suppression of experimental autoimmune encephalomyelitis by sulfasalazine. N Engl J Med 321:545-546

Intrathekale Langzeit-Baclofen-Applikation zur Behandlung der Spastizität bei Patienten mit therapieresistenter MS

V. Vadokas

Die Spastizität stellt immer eine täglich erlebte Behinderung und Beeinträchtigung für Patienten mit MS dar. In vielen Fällen können die systemisch verabreichten Antispastika nur leicht modulierende Effekte erzielen, und zentrale Nebenwirkungen sind nicht selten.

Eine Alternative zu den bislang bekannten Eingriffen, wie z. B. dorsaler Rhizotomie (2, 8), Myelotomie, Tenotomie und epiduraler Neurostimulation (3), ist die intrathekale Dauerapplikation von Baclofen mittels eines Medikamenten-Pumpsystems. Diese Methode wurde erstmals 1985 von amerikanischen und deutschen Untersuchungsgruppen versucht (1, 6). In verschiedenen experimentellen Studien konnte die Wirksamkeit intrathekalen Baclofens zur Unterbrechung polysynaptischer segmentaler Reflexe nachgewiesen werden. Tierexperimentelle Langzeituntersuchungen sowie In-vitro-Untersuchungen hatten keine toxische Wirkung dieses Medikamentes bei intrathekaler Behandlung nachweisen können (5, 6, 9). Auch Verträglichkeitsuntersuchungen in Bezug auf pH, Tonometrie, Turbidimetrie beim Zumischen mit Liquor ergaben keine Auffälligkeiten.

Methodik

In 90°-Seitenlagerung wird ein Katheter und ein Port-System intrathekal eingelegt. Mittels täglicher Bolusinjektionen werden die Sensitivität des Patienten und seine optimale Tagesdosis ausgetestet. Danach wird der Port gegen die Pumpe (Infusaid, Fa. Fresenius) ausgetauscht. Durch die in die Pumpe zu injizierende Baclofen-Lösung wird die Gaskammer zusammengepreßt und gibt dann unter Körperwärme sukzessive über eine mehrere Meter lange Kapillare diese Baclofen-Lösung ab.

Ergebnisse

In der Abt. für Funktionelle Neurochirurgie des Universitätsklinikums Göttingen wurden in einer offenen Studie 32 Patienten intrathekal mit Baclofen behandelt. 13 dieser Patienten litten an einer Therapie-resistenten MS mit ausgeprägter Spastizität. Durch die wirkortnahe Gabe des Baclofens konnte mit extrem niedrigen Dosen (30 - 500 µg/die) über eine Beobachtungszeit von über 3 Jahren eine gute Beeinflussung der spastischen Tonuserhöhung erreicht werden. Initial kam es regelmäßig zu einer Dosissteigerung. Später, d. h. nach ca. einem halben Jahr, blieben die Tagesdosen weitgehend konstant, so daß angenommen werden kann, daß eine Toleranzentwicklung - wenn überhaupt - offensichtlich sehr langsam erfolgt. Funktionelle Scores der oberen und unteren Extremitäten bzw. des Rumpfes zeigten erhebliche Verbesserungen. Bettlägerige Patienten wurden wieder rollstuhlfähig, und die physiotherapeutischen Anwendungen konnten leichter und intensiver angewandt werden.

Die Miktion wurde günstig beeinflußt. Defäkation und sexuelle Funktion blieben unverändert, ebenso das durch die Grundkrankheit bestimmte neurologische Defizit und seine zeitliche Entwicklung.

Außerdem wurden viele Nebenwirkungen im Körper, z. B. die mäßige Magen-Darm-Verträglichkeit, Müdigkeit bzw., bei oraler Überdosierung, Dämpfung des ZNS, deutlich reduziert.

Technische Komplikationen traten in 15 % der Fälle auf (Katheterdislokation und Pumpendysfunktion) und waren leicht korrigierbar.

Zur Anwendung sollte das Verfahren nur kommen, wenn

a) alle kausalen Maßnahmen bei der Behandlung der Grundkrankheit ausgeschöpft sind,

b) die maximal zulässige orale Medikation die Spastizität nicht beeinflußt und zu Nebenwirkungen führt, und

c) der Grad der Spastizität das tägliche Leben der Patienten erheblich behindert.

Zusammenfassend ist die intrathekale Langzeitzufuhr von Baclofen bei den meisten Formen von spinaler Spastizität, insbesondere der multiplen Sklerose, sehr effektiv (7). Wesentlicher Vorteil ist die niedrige Baclofen-Dosis, so daß durchschnittlich 1/100 der oralen Dosis erforderlich ist. Die operative Implantation ist chirurgisch einfach, das Pumpen-System, energetisch nicht erschöpfbar, muß nur ca. alle 4 bis 6 Wochen nachgefüllt werden. Eine ambulante Weiterbehandlung ist dadurch möglich.

Literatur

1. Dralle D, Müller H, Zierski J, Klug N (1985) Intrathecal baclofen for spasticity. Lancet 2:1003
2. Foerster O (1913) On the indications and results of excision of posterior spinal roots in man. Surg Gynecol Obstet 16:463-475
3. Gybels J, van Roost D (1987) Spinal cord stimulation for spasticity. In: Syman NN et al (Hrsg) Advances and technical standards in neurosurgery. Vol 15, Springer, New York:63-96
4. Kroin JS, Penn RD, Bessinger RC, Arzbaecher RC (1984) Reduced spinal reflexes following intrathecal baclofen in the rabbit. Exp Brain Res 54:191-194
5. Müller H, Zierski J, Penn RD (1988) Local-spinal therapie of spasticity. Springer, Berlin Heidelberg New York Tokyo
6. Penn RD, Kroin JS (1985) Continuous intrathecal baclofen in severe spasticity. Lancet 2:125-127
7. Penn RD, Kroin JS (1987) Long-term intrathecal baclofen infusion for treatment of spasticity. J Neurosurg 66:181-185
8. Sindou M, Abdennebi B, Sahrkey P (1985) Microsurgical selective procedures in peripheral nerves and the posterior root-spinal cord junction for spasticity. Appl Neurophysiol 48:97-104
9. Wilson PR, Yaksh TL (1987) Baclofen is antinociceptive in the spinal intrathecal space of animals. Europ J Pharmacol 51:323-330

Intrathekale Gabe von Baclofen zur Behandlung der Spastik bei MS-Patienten

A. Koulousakis

Einleitung

Motorische Restfunktionen, vitale Funktionen wie Schlaf und Atmung einschl. allgemeiner Pflege und Physiotherapie bei MS-Patienten können durch Spasmen und Spastik erheblich beeinträchtigt werden.Destruierende neurochirurgische Eingriffe, stereotaktische Hirnoperationen einschl. Stimulationsverfahren, vor allem der Rückenmarksbahnen, wurden in den früheren Jahren zur operativen Behandlung der Spastik durchgeführt. Die Ergebnisse waren jedoch schlecht bei hochgradiger Spastik mit beginnenden Kontrakturen (Koulousakis et al. 1987). Seit 1986 wird in unserer Klinik und in weiteren inzwischen 38 Zentren in Deutschland im Rahmen einer Studie die intrathekale Gabe von Baclofen ausgetestet. Die ersten Ergebnisse bei inzwischen 200 dokumentierten Fällen mit einem Langzeitverlauf von mindestens 1 Jahr wurden in Berlin im März 1990 bekannt gegeben.

Krankengut und Methode

41 Patienten im Alter von 19 bis 78 Jahren wurden von August 1986 bis August 1990 in unserer Klinik mittels intrathekaler Gabe von Baclofen behandelt. Es handelte sich um 23 Patienten mit einer spinalen und 18 Patienten mit einer zerebralen Spastik. Die Gruppe der MS-Patienten ist inzwischen die größte von unseren Spastik-Patienten mit einer Verdoppelung der Zahl innerhalb des letzten Jahres. Die Indikation zur intrathekalen Therapie mit Baclofen wurde gestellt, nachdem sämtliche medikamentösen Therapien einschl. Physiotherapie und verschiedene neurochirurgische Eingriffe keine deutliche Besserung gebracht haben. Mitentscheidend waren die pflegerischen Schwierigkeiten wegen der Spastik und der Kontrakturen. 6 Patienten war es unmöglich, in einem Rollstuhl zu sitzen.

Die intrathekale Therapie mit Baclofen wird in 4 Phasen durchgeführt: *I. Bolusinjektion, II. Implantation des intrathekalen Katheters und des Port, III. Titration, IV. Pumpenimplantation* Als Testung wird eine Bolusinjektion von Baclofen nach Lumbalpunktion in einer Dosis von 50 bis 250 µg bei Erwachsenen intrathekal verabreicht. Der Wirkungseintritt erfolgt bereits nach 30 Minuten, die Wirkungsdauer beträgt 8 - 9 Stunden. Bei guter Auswirkung der Bolusinjektion auf die Spastik oder/und die krampfartigen Spasmen wird dann ein intrathekaler Katheter nach lumbaler Punktion bei L 2/3 implantiert. Der intrathekale Katheter wird unter Röntgenkontrolle bis ca. BWK 6 hochgeschoben, damit eine Dislokation bis zur Entferung des Katheters aus dem Wirbelkanal vermieden werden kann. Anschließend wird der Katheter an ein Port-System an der Thoraxwand oder lateral im Abdomen angeschlossen.

In der Folgezeit wird über das Port-System mittels spezieller Nadeln und Perfusor eine Einstellung mittels Titration ab 50 µg/die aufwärts vorgenommen. Die MS-Patienten benötigen im Vergleich zu anderen Spastik-Gruppen eine deutlich geringere Dosis; die meisten Patienten brauchen max. 250 µg täglich, davon über die Hälfte weniger als 100 µg tägl. Langzeitergebnisse nach 6 Monaten bis 3 Jahre zeigen, daß es dabei nur zu einer unwesentlichen Dosissteigerung gekommen ist. Schließlich wird bei überzeugendem Einfluß auf die Spastik das Port-System mittels einer voll implantierbaren Pumpe mit einem festen Flow von 0,9 bis 1,8 ml/Tag ausgetauscht. In Abhängigkeit von der Durchflußgeschwindigkeit muß der obere Behälter mit dem Medikament in Abständen von 4 - 8 Wochen nachgefüllt werden. Absolute Sterilität ist bei jedem Füllvorgang erforderlich.

Komplikationen - Nebenerscheinungen

Die Operationskomplikationen bei Port- und Pumpenimplantation ähneln denen bei Shuntimplantationen. Durch technische Komplikationen bedingte operative Revisionen sind in bis zu 10 % der Fälle erforderlich. Eines der häufigsten Probleme ist die Dislokation des intrathekalen Katheters. Durch Implantation des Katheters bis im mittleren BWS-Bereich konnte diese Komplikation nur in einem Fall beobachtet werden. Andere Komplikationen oder Nebenerscheinungen, vor allem Wundheilungsstörungen im Bereich der Hauttasche über der Pumpe oder dem Port einschl. Meningitis wurde in der Gruppe der MS-Patienten nicht beobachtet.

Ergebnisse

Neurologische Untersuchungen mit Bewertung der Spastik (Asworth-Scala), der Spasmen mittels Spasmenscore und Konusscore wurden zu Hilfe genommen, um die Wirkung von Baclofen auf untere und obere Extremitäten zu beurteilen. Bei allen Patienten wurde eine deutliche Tonusminderung beobachtet. Die Ergebnisse bei den Patienten mit einer spinalen Spastik waren besser als bei den Patienten mit einer zerebralen Spastik. Bei 50 % der Fälle war der Tonus normal, in einigen Fällen sogar eher in eine Hypotonie übergegangen. Während der Nachuntersuchungen war bei einigen Patienten, die stehen konnten, eine Dosisminderung mit entsprechend geringer Spastiksteigerung erforderlich. Alle Patienten berichteten über eine deutliche Besserung der Beschwerden im Alltag und bei der Physiotherapie. Alle Patienten konnten im Rollstuhl sitzen, einige davon bereits am 3. postoperativen Tag. Erstaunlich gut war die Wirkung auf die sog. "Kontrakturen", die sich bereits zu Beginn der Therapie gut beeinflussen ließen.

Zusammenfassung

Die intrathekale Gabe von Baclofen ist inzwischen eine etablierte Methode zur Behandlung von schwersten spastischen Zuständen bei MS-Patienten. Die Ergebnisse bei unseren 11 Patienten stimmen mit den Beobachtungen von Zierski, Müller und Penn (2) überein. Im Vergleich zu den Ergebnissen der spinalen Stimulation sind die Ergebnisse spektakulärer, vor allem bei den Fällen mit spinaler Spastizität. Die Applikation von Baclofen mittels implantierter Pumpe ohne Wirkung von elektrischem Strom bringt Vorteile bei der Langzeittherapie. Die spinale Gabe von Baclofen ist sicherlich eine Alternative zu den destruierenden neurochirurgischen Verfahren. Wie die weiteren Langzeitergebnisse ausfallen, muß noch abgewartet werden. Die ersten Ergebnisse sind ermutigend.

Das Literaturverzeichnis ist beim Verfasser erhältlich.

Kontinuierliche intrathekale Baclofen-Applikation als Behandlung anderweitig therapierefraktärer Spastizität bei multipler Sklerose (MS)

I. Steckenreuter, J.C. Tonn, G. Hildebrandt und K. Roosen

Spastik tritt im Verlauf einer MS bei praktisch allen Patienten auf. In den meisten Fällen ist sie medikamentös und krankengymnastisch gut behandelbar, bei einigen Kranken ist eine ausreichende Tonussenkung hierdurch jedoch nicht zu erzielen bzw. muß die Therapie wegen Nebenwirkungen der Antispastika abgebrochen werden (2). Eine der am häufigsten eingesetzten Substanzen ist Baclofen, ein GABA B-Agonist, der zu einer Hemmung exzitatorischer Potentiale führt und so die neuronale Erregbarkeit vermindert (3, 4). Der tonussenkende Effekt ist gut, Nebenwirkungen führen bei oraler Gabe jedoch in 25 - 30 % der Fälle zum Therapieabbruch (3). Durch kontinuierliche Applikation direkt am Wirkort - der Rückenmarksoberfläche - lassen sich die notwendigen Dosen um den Faktor 10^2 bis 10^3 senken und die Nebenwirkungen reduzieren (1, 2).

Wir haben in der Neurochirurgischen Klinik der JLU Gießen bei 73 Patienten mit anderweitig therapierefraktärer Spastik Pumpen zur kontinuierlichen intrathekalen Baclofen-Therapie subkutan implantiert. Bei 26 Patienten lag der Spastik eine MS zugrunde, 22 hiervon konnten katamnestisch erfaßt werden. Die von uns verwendete Pumpe wird mit Gasdruck betrieben und hat ein Füllungsvolumen von 50 ml. Die tägliche Flußrate beträgt, je nach Pumpe, 1 - 2 ml, so daß die Füllungsintervalle zwischen 3 und 5 Wochen schwanken. Die Methode besteht aus drei Schritten: 1. Testen der Wirksamkeit von Baclofen durch Bolusinjektion von 50 - 100 µg über Lumbalpunktion. 2. Bei nachgewiesenem Effekt Implantation des intrathekalen Katheters und eines Ports; über den Port Applikation steigender Baclofen-Boli und Titrieren der optimalen Dosis. 3. Austausch des Ports gegen die Pumpe. Die Daten der 22 erfaßten MS-Kranken wurden erhoben durch Studien der Krankenakten und einen Fragebogen, der von den Patienten ausgefüllt wurde. In Einzelfällen wurden diese Informationen durch telefonische Interviews mit den Patienten, deren Angehörigen oder betreuenden Ärzten ergänzt. Die Evaluierung beruhte auf der Selbsteinschätzung der Patienten.

Von 22 MS-Patienten verstarben 5, bei 2 wird die Pumpe derzeit nur mit physiologischer Kochsalzlösung gefüllt, da deren Spastik zur Zeit anderweitig gut beherrschbar ist. Die Behandlung dauerte im Mittel 25 Monate, die kürzeste Therapie umfaßte 1 Monat, die längste 47 Monate. Die initiale Dosis betrug durchschnittlich 195 µg täglich, minimal 50 µg, maximal 500 µg pro Tag. Dosisanpassungen wurden im Verlauf bei allen Patienten erforderlich, der aktuelle Mittelwert lag bei 212 µg täglich, minimal 12 µg, maximal 849 µg pro Tag. Den spasmus-hemmenden Effekt beurteilten 64 % der Patienten als gut, 22 % als ausreichend und je 7 % als zu stark bzw. zu schwach. Komplikationen traten bei 63,3 % der MS-Patienten auf, bei 22,7 % mehrfach. Sie führten in 3 Fällen zur Explantation des Systems. Die Komplikationen ließen sich einteilen in technische (Pumpendefekt: 13,6 %; Katheterkomplikationen: 18 %; Hämatom/Serom der Pumpentasche: 9 %; Druckschädigung der Haut über der Pumpe: 4,5 %; Ischialgie: 4,5 %), medikamentöse (Thrombosen: 13,6 %; Sedierung:

9 %) und iatrogene lokale Infektion: 4,5 %; Überdosierung während der Titrationsphase: 4,5 %). Katheterkomplikationen umfaßten Dislokationen aus dem Intrathekalraum, Obstruktion sowie Dekonnektion des Katheters von der Pumpe. Atrophische Hautschädigungen entstanden durch Druck der Pumpe, das Risiko war bei sehr schlanken Patienten und Tragen eng anliegender Kleidung erhöht. Thrombosen nach Reduktion der Spastik führten in einem Fall zum Tod durch Lungenembolie. Eine Überdosierung in der Titrationsphase führte bei einem Patienten zur Atemdepression und erforderte eine eintägige Beatmung.

Mit einer guten bzw. ausreichenden Wirkung auf die Spastik bei MS in 86 % der Fälle konnten wir die eindrucksvollen Ergebnisse anderer Untersucher bestätigen (1, 2, 4). Die Möglichkeit der ambulanten Betreuung in neurologischen Zentren oder Praxen sowie der meist mögliche Verzicht auf orale Antispastika sind weitere Vorteile der Methode. Dem steht jedoch eine nicht unerhebliche Zahl von Komplikationen gegenüber, die diese Technik belasten und bei der Indikationsstellung berücksichtigt werden müssen. Aus den von uns beobachteten Komplikationen zogen wir für das praktische Vorgehen folgende Konsequenzen: Wir verwenden fast ausschließlich Pumpen mit Sideport, da hierüber sowohl die Aspiration von Liquor als auch die Kontrastmitteldarstellung des Kathetersystems möglich ist und somit die Diagnostik bei Verdacht auf eine Katheterkomplikation wesentlich erleichtert wird. Die Zahl atrophischer Hautschädigungen wird sich in Zukunft senken lassen, da inzwischen kleinere Pumpen angeboten werden. Die Zahl der Katheterdislokationen und -dekonnektionen läßt sich durch sorgfältiges Fixieren des Katheters mit nicht resorbierbarem Nahtmaterial senken. Eine 3wöchige postoperative Low-dose-Heparinisierung hat seit ihrer Einführung die Entstehung von Thrombosen verhindert. Die Gefahr postoperativer Infektionen läßt sich durch eine peri- und postoperative Antibiotika-Prophylaxe senken. Die Möglichkeit einer Überdosierung in der Titrationsphase erfordert eine lückenlose Überwachung des Patienten. Durch diese Maßnahmen konnte die Komplikationsrate in den letzten Jahren gesenkt werden. Dennoch sollte die kontinuierliche intrathekale Baclofen-Applikation mittels implantierbarer Pumpen zum jetzigen Zeitpunkt MS-Patienten vorbehalten bleiben, deren Spastik durch orale Medikation und intensive Krankengymnastik nicht behandelbar ist. Wie vorteilhaft diese Therapie für solche Patienten ist, verdeutlicht folgendes Ergebnis: Von den befragten MS-Kranken würden sich 73 % erneut zur Implantation einer Pumpe entscheiden, 13 % wären unentschlossen, 13 % würden eine erneute Implantation ablehnen.

Literatur

1. Penn RD, Savoy SM, Corcos D et al (1989) Intrathecal baclofen for severe spinal spasticity. N Engl J Med 320:1517-1521
2. Müller H, Zierski J, Dralle D, Hoffmann O, Michaelis G (1988) Intrathecal baclofen in spasticity. In: Müller H, Zierski J, Penn RD (Hrsg). Local-spinal therapy of spasticity. Springer, Berlin Heidelberg:155-214
3. Noth J (1988) Pharmacotherapy of spasticity. In: Müller H, Zierski J, Penn RD (Hrsg). Local-spinal therapy of spasticity. Springer, Berlin Heidelberg:93-96
4. Ochs G, Weinzierl FX, Gudden W, Struppler A (1989) Intrathekale Baclofentherapie bei Spastik. Akt Neurol 16:133-137

Welche neurologischen Störungen lassen sich bei multipler Sklerose durch einen neurochirurgischen Eingriff günstig beeinflussen

K. Nittner und A. Koulousakis

Bei einem neurochirurgischen Eingriff muß hinsichtlich des *Vorgehens* grundsätzlich unterschieden werden, ob es sich um eine destruierende Operation oder aber um einen nicht destruierenden sog. invasiven oder augmentativen Eingriff handelt, der dann in einem Stimulationsverfahren besteht oder den in letzter Zeit entwickelten intrathekalen Injektionen von Medikamenten über ein implantiertes Pumpensystem.

Hinsichtlich des *Ortes* bestehen die Möglichkeiten zentral im Gehirn stereotaktisch, im Rückenmark sowie am peripheren Nerven Einfluß auf jeweils bestimmte Störungen zu nehmen.

Als *Indikation* für ein neurochirurgisches Vorgehen ist immer entscheidend, daß alle konservativen Behandlungsmöglichkeiten erschöpft sind und diese nicht zu dem erwarteten oder gewünschten Ergebnis geführt haben. Aber auch selbst dann dürfen keine Kontraindikationen vorliegen und das Risiko einer Operation muß in einer vertretbaren Relation zu dem durch den Eingriff erhofften Ergebnis stehen.

Als spezielles Risiko muß bei dieser Erkrankung die Möglichkeit eines Schubes berücksichtigt werden, der durch entsprechende hormonelle Abdeckung prä-, intra- und postoperativ vermieden werden soll. Eine Neigung zu Infekten - sei es vom Allgemeinbefinden her, sei es als Ursache einer gestörten Blasenfunktion - kann ebenfalls Zurückhaltung angezeigt erscheinen lassen. Darüber hinaus hängt die Möglichkeit einer günstigen neurochirurgischen Beeinflussung vom *klinischen Bild* und von den neurologischen Störungen im speziellen ab.

Tremor- auch in Verbindung mit einer *Ataxie* - ist am besten durch eine stereotaktische Hirnoperation in thalamischen und/oder subthalamischen Strukturen zu beeinflussen. Nach einer vorausgegangenen Testreizung mit günstigem Ergebnis verschwindet der Tremor durch Ausschaltung in diesen Gebieten oder er wird - wie vor allem die Ataxie der Extremitäten - zumindest günstig oder sogar entscheidend günstig beeinflußt. Die Patienten sind dann meistens wieder in der Lage, zielgerichtete Handlungen - wie z. B. essen und trinken - selbständig auszuführen.

Bei *Lähmung* eines oder beider Beine im Sinne einer hochgradigen spastischen Paraparese oder einer Paraplegie mit Gehunfähigkeit kann ein offener neurochirurgischer Eingriff am Rückenmark für den Patienten sehr hilfreich sein. Hierbei wird nach Laminektomie von Th 10 - 12 eine Längsspaltung des unteren Rückenmarksabschnittes von L 1 bis S 1 vorgenommen, um den Reflexbogen zwischen Vorder- und Hinterhorn zu unterbrechen. Bei noch funktionsfähiger Armmotorik werden diese Patienten wieder rollstuhlfähig und können sich ohne fremde Hilfe fortbewegen.

Besteht eine *Monoplegie* der unteren Extremität, die durch Spasmen oder Fußfehlstellung - z. B. durch einen Spitzfuß - bis zur Gehunfähigkeit führen kann, läßt sich die als longitudinale Myelotomie bezeichnete Längsspaltung des Rückenmarks auch halbseitig und unter bestimmten Voraussetzungen partiell durchführen.

Bei *zusätzlichen Schmerzen* und segmentbezogenen Paresen kann durch eine begrenzte Spaltung des Rückenmarks in der Sagittalebene - die als mediane Commissurotomie bezeichnet wird - Schmerzlinderung bis Schmerzfreiheit erreicht werden. Hierbei werden in den betroffenen Segmenten die kreuzenden Schmerzbahnen unterbrochen.

Einer Alkohol- oder Phenolinjektion in den lumbalen subarachnoidalen Liquorraum ist mit Vorbehalt zu begegnen. Hiernach kann es zu einer Nekrose des unteren Rückenmarksabschnittes kommen; der normalerweise den Conus und Epiconus enthaltende Liquorraum ist dann leer.

Eingriffe an den Rückenmarkswurzeln - als motorische, sensible oder kombinierte Wurzelresektion - haben heute und vor allem bei der MS keine Indikation.

Die bei MS-Kranken in der Relation häufig zu beobachtende *Trigeminusneuralgie* kann durch den kaum belastenden Eingriff der Thermokoagulation im Ganglion Gasseri meistens behoben werden.

Gehstörungen als Folge der durch Tonuserhöhung beeinträchtigten Motorik werden am günstigsten durch nicht destruierende invasive Verfahren beeinflußt.

Mittels Stimulation des Rückenmarks über Elektroden, die in den Wirbelkanal epidural eingeführt und an den Ort der optimal beeinflußten Störungen implantiert werden, wird die Tonuslage gesenkt und hierdurch eine Verbesserung der Bein- oder analog der Armmotorik erreicht.

Eine wahrscheinlich sehr aussichtsreiche Beeinflussung der durch Spastik gestörten Motorik kann von der erst in letzter Zeit entwickelten intrathekalen Verabreichung von Baclofen mittels eines subkutan implantierten Pumpensystems erwartet werden.

Während des fast 30jährigen Bestehens der Abteilung für Stereotaxie an den Universitätskliniken Köln wurden von 2.531 Operationen 117 Eingriffe bei Kranken mit multipler Sklerose vorgenommen (4,6 %). Hiervon waren 58 stereotaktische Hirnoperationen (49,6 %). Bei den weiteren 59 Eingriffen handelte es sich zum Großteil um epidural in den Wirbelkanal implantierte Elektroden und Generatoren zur Rückenmarksstimulation (35), um Unterbrechung von Bahnsystemen im Rückenmark (8), um Eingriffe im Ganglion Gasseri wegen Trigeminusneuralgie (6) und um seltener angewandte Methoden (10), wozu zunächst auch die intrathekale Verabreichung von Baclofen über ein Katheter-Pumpensystem zu zählen war. Vereinzelt war es erforderlich, Operationen kombiniert auszuführen - wie z. B. eine Hirnoperation mit einer Myelotomie oder mit einer Elektrodenimplantation.

Bei allem, was wir zum Wohl der uns anvertrauten Kranken tun, sollten wir in Bescheidenheit wissen, daß es begrenzt und vergänglich ist und von neuen Methoden abgelöst wird.

Erfahrungen mit der Indikationsstellung zu zervikalen neurochirurgischen Eingriffen bei Patienten mit multipler Sklerose

N. Hüwel, V. Urban und A. Perneczky

Nur wenige andere Indikationsstellungen operativer Behandlungen in der Neurochirurgie bedürfen so sehr der Kooperation zwischen Neurologen und Neurochirurgen wie das Zusammentreffen von MS und Kompression des zervikalen Myelons durch chirurgisch behebbare Raumforderungen oder Stenosen.

Im Vordergrund der Ursachen für zusätzliche neurologische Ausfälle neben dem meist "bunten neurologischen Bild" stehen zervikale degenerative Veränderungen wie Osteochondrosen oder Bandscheibenvorfälle.

Nur selten gelingt es, neurologisch oder neurophysiologisch abzuklären, ob die MS die verursachende Klinik bewirkt hat oder Läsionen im Bereich der HWS.

Unsere darzustellenden Erfahrungen betreffen ein Patientengut, dessen Primärdiagnose MS lautet. Die sicherste Stellung dieser Diagnose ist auch heute noch möglich beim Vorliegen von zwei Feststellungen: schubweiser Verlauf und Nachweis von disseminierten enzephalomyelitischen Herden.

Meist weisen Patienten erhebliche degenerative Veränderungen auf, ohne daß in der Anamnese Hinweise auf den Zeitpunkt der Entstehung einer klinischen Symptomatik zu finden sind.

Über viele Jahre werden Zeichen der zervikalen Myelopathie beobachtet, deren Verursachung der Grunderkrankung zugewiesen wird. So kennen wir Krankheitsverläufe, in denen Patienten über mehrere Jahre mit zunehmender Gangstörung beobachtet werden. Auch wenn eine absichernde Nativdiagnostik der radiologisch faßbaren Veränderungen angestrebt wird, fehlt oft der Mut und die Erfahrung, eine weitere neuroradiologische Diagnostik zu veranlassen. Und in aller Regel belegen dann MRI und CT, daß sehr wohl auch Stenosen und Bandscheibenvorfälle strukturelle Läsionen bedingen können.

Unsere Beobachtungen betreffen nicht Patienten mit akuter radikulärer Symptomatik und MS, sondern ausschließlich myelopathische Veränderungen. Ebenso wie sich die Neurochirurgie zur Mikroneurochirurgie entwickelt hat, sind auch immer mehr neuroanatomische und mikro-neuroanatomische Gesichtspunkte in den bildgebenden Verfahren zur Beurteilung herangezogen worden.

Das Primat hat beim angesprochenen Patientengut der Hinweis auf eine strukturelle Läsion des zervikalen Myelons, auch wenn zusätzlich noch intramedulläre E. d.-Herde vorliegen.

Unsere Erfahrungen mit dieser Indikationsstellung zur operativen Intervention sind außerordentlich befriedigend. Auch bei bis zu 7 Jahren dauernder Gehunfähigkeit waren postoperative Verläufe zu beobachten, die schon nach 14 Tagen deutliche Verbesserungen der Motorik und einen Rückgang der Myelopathie nachweisen ließen.

Die Wahl der operativen Zugänge und der Operationsstrategie trägt das ihre dazu bei, daß es zu so erfolgreichen Besserungen kommen konnte.

Bei monosegmentaler Stenosierung durch Bandscheibenvorfall ist die Methode der Wahl die Discektomie von ventral und anschließend die interkorporale Fusion mit heterologen Implantaten.

Bei multisegmentaler Läsion hat Vorrang die dorsale Entlastung durch Laminoplastik ohne Veränderung der Wirbelsäulenstatik.

Die sachgerechte Indikationsstellung und die Wahl des operativen Vorgehens haben die Erfolge in der Behandlung begünstigt.

Nach unserer Erfahrung kann die chirurgisch behebbare Läsion des zervikalen Myelons beim angesprochenen Patientengut nicht mehr selbstverständlich die Indikationsstellung bei nachgewiesener MS ausschließen, sondern sollte eher zur Vielfalt der operativen Möglichkeiten beitragen.

Ablauf und Erfolg einer Vojta-Physiotherapie an ausgewählten MS-Patienten*

G. Laufens, E. Jügelt, W. Poltz und G. Reimann

Bei der Behandlung MS-bedingter Symptome, insbesondere bei der Lokomotionsverbesserung, kommt der Physiotherapie eine erhebliche Bedeutung zu. Eine Ausnutzung aller gegebenen Möglichkeiten erscheint daher notwendig und sinnvoll. Das Physiotherapie-Konzept von V. Vojta (2) fußt auf angeborenen spinalen (1) Programmen.

Bei 28 ausgewählten MS-Patienten (Behinderungsgrad 3,5 - 6,5; Alter 22 bis 72 Jahre) wurde während eines Klinikaufenthaltes eine Erstbehandlung über 5 Wochen, pro Tag ca. 45 Minuten lang, durchgeführt.

In der 1. und 2. sowie in der 4. und 5. Woche wurden die während eines standardisierten Behandlungskonzepts auftretenden Muskelraktionen in der Kreuzgang-Bauchlage mittels eines Haut-EMG (Ag/AgCl-Elektroden) gemessen. Die EMG-Ableitungen erfolgten an 8 Beinmuskeln (jeweils M. rectus fem., M. biceps fem., M. tibialis ant. und M. gastrocnemius) während der Druckreizung an den Tuber-calcanei-Zonen und an 8 Armmuskeln (jeweils M. infraspinatus, M. triceps brachii., M. biceps brachii., M. extensor digit.) während der Druckreizung an den Acromion-Zonen.

Jede Fersenzone wurde im Wechsel 2x4 Minuten, jede Acromionzone 1x4 Minuten gereizt. Die Patienten führten während dieser Zeit keine willentlichen Bewegungen durch. Alle bei den Messungen durchgeführten Behandlungen erfolgten durch dieselbe Therapeutin.

Die erhaltenen EMG-Signale wurden gefiltert und verstärkt auf Oszillographen verfolgt, gleichzeitig digitalisiert und mit einer Samplingrate von 1 Sekunde abgespeichert und weiterverarbeitet. Von den pro Therapieeinheit erhaltenen und gemittelten Werten wurden jeweils die Mittelwerte für eine der Therapiephase vorangehende Vergleichsphase (30 - 60 Sek.) abgezogen, so daß sich eine gesteigerte Muskelaktivität in positiven, eine abnehmende Aktivität in negativen Werten ausdrückt.

Die Entwicklung der Muskelaktivitäten scheint im wesentlichen in drei Hauptlinien zu verlaufen:

1. Mittel über 9 Personen, durchschnittlicher Behinderungsgrad 5,6: Die über das EMG feststellbaren Muskelaktivitäten nehmen für die meisten der hier untersuchten Muskeln während der Therapiezeit gegenüber der jeweiligen Grundaktivität und auch von Woche zu Woche sehr deutlich zu (oft mehr als 100 %). Die Mittelwertvergleiche über 9 Personen zeigen, daß am Hinterhauptsbein insbesondere der M. tibialis ant. (unmittelbare Folge der Auslösung am Tuber calcanei!) und am Gesichtsbein der M. biceps fem. jeweils am stärksten reagieren. Letzteres kann als Hinweis auf eine sich hier im Sinne des Kreuzgangs entwickelnde Flexion und Gesamtprogrammierung verstanden werden. Bei einigen Personen ist diese Bewegung auch sichtbar. Die Mittelwertvergleiche für die Schulter-/Armmuskeln ergeben für die Hand-Extensoren und Armbeuger sehr starke Zunahmen.

2. Mittel über 13 Personen, durchschnittlicher Behinderungsgrad 5,5: Die über das EMG feststellbaren Muskelaktivitäten sind in der 4. Messung mehrheitlich nicht größer als die in

der 1. Messung erhaltenen Werte, und/oder die während der Therapie erhaltenen Muskelaktivitäten ändern sich mehrheitlich gegenüber der Ausgangsaktivität um weniger als 10 %. Deutlichere Reaktionen beschränken sich auf lokale Einzelprogramme, z. B. Tibialisaktivitäten am Hinterhauptsbein oder Extensorreaktionen an beiden Händen.

3. Mittel über 6 Personen, durchschnittlicher Behinderungsgrad 5,6: Die EMG-Aktivitäten der 3. und 4. Messung liegen für eine größere Zahl von Muskeln deutlich unter denen für die 1. Messung. Insbesondere fällt auf, daß an denjenigen Extremitäten, an denen für den Kreuzgang phasische Reaktionen programmiert sind, in der 3. und 4. Messung verstärkt negative Werte auftreten. So ergeben sich am jeweiligen Gesichtsbein für den M. biceps fem. und M. tibialis ant. zunehmend negative Werte und entsprechend für den Hinterhauptsarm verstärkt negative Werte bei M. triceps und M. infraspinatus. Insgesamt entsteht der Eindruck einer im Laufe der Zeit physiologisch herbeigeführten Verminderung erhöhter Grundaktivitäten.

Zusätzlich zu den EMG-Messungen ließen alle Patienten zu Beginn und gegen Ende des Klinikaufenthaltes über 2 Tage ihre lokomotorische Gesamtaktivität mit Aktometern registrieren (am Arm und am seitengleichen Bein jeweils ein Aktometer). Diese Aktometer registrieren die Bewegungen in allen Richtungen und speichern mit einer Rate von 2 Minuten. Die Aktivitätsregistrierungen zeigen, daß im Einzelfall in allen 3 Gruppen sowohl Steigerungen als auch Abnahmen der Gesamtaktivität vorkommen. Während sich aber für die Gruppe 1 eine durchschnittliche Steigerung von immerhin 24,8 % ergibt, werden für die 2. Gruppe nur 3,5 % und für die 3. Gruppe 16,9 % erhalten.

Ein Zusammenhang zwischen Ausgangsaktivität und lokomotorischer Aktivitätssteigerung besteht nicht. Setzt man die prozentualen Änderungen der Gesamtaktivität in Beziehung zu den prozentualen Änderungen der EMG-Aktivität bei der Physiotherapie - jeweils wiedergegeben durch die Prozentabweichung der 4. Messung vom Mittel aus allen Messungen für 6 ausgewählte Muskeln - so zeigt sich: Für die Gruppen 1 und 2 (15 auswertbare Personen) existiert eine signifikante Korrelation (p < 5 %).

Bei Einbeziehung der Patienten der Gruppe 3 ergibt sich keine Korrelation. Je stärker sich also die EMG-Steigerungen bei der Physiotherapie und damit die angeborenen Lokomotionsmuster entwickeln, desto wahrscheinlicher ergeben sich auch Steigerungen in der Gesamtaktivität.

Bei den meisten Personen der Gruppe 2 kann das angeborene Bewegungsmuster offensichtlich weniger schnell oder effektiv entwickelt werden. Personen der Gruppe 3, die im Vergleich zu den anderen Gruppen eine deutliche Tonuserhöhung aufweisen, verhalten sich uneinheitlich. Bei abnehmenden EMG-Aktivitäten ergeben sich abnehmende oder unveränderte, z. T. jedoch erhebliche Steigerungen der lokomotorischen Aktivitäten.

Literatur

1. Laufens G, Seitz S, Staenicke G (1991) Vergleichend biologische Grundlagen zur angeborenen Lokomotion, insbesondere zum "reflektorischen Kriechen" nach Vojta. Z Krankengymnastik (im Druck)
2. Vojta V (1984) Die zerebralen Bewegungsstörungen im Säuglingsalter. 4. Aufl. Enke, Stuttgart

* Mit Unterstützung der Gemeinnützigen HERTIE-Stiftung, Frankfurt, und der Deutschen MS-Gesellschaft, Landesverband Nordrhein-Westfalen, Düsseldorf
Für umfangreiche Auswertungen danken wir S. Seitz, G. Staenicke und B. Steinacker

Alternative Behandlungsmethoden

J. Boese

Die MS-Kranken wissen, daß die sog. Schulmedizin kein Konzept anbieten kann, das Heilung oder wenigstens sicheren Stillstand der Krankheit erwarten läßt. So ist es verständlich, daß sie sich - hilfesuchend - immer wieder auch alternativen, unkonventionellen und umstrittenen Heilmethoden zuwenden. Für diese Nachfrage nach einem erfolgverheißenden Alternativkonzept gibt es natürlich ein entsprechendes Angebot; es kommt von Ärzten und Heilpraktikern, von Kliniken und kommerziellen Unternehmen.

Wenn Ärzte ein eigenes Verfahren entwickeln, wollen sie meist nicht als Außenseiter gelten. Sie sind überzeugt, wirklich helfen zu können, und möchten von der seriösen, wissenschaftlichen Medizin anerkannt werden. Erst wenn diese Anerkennung ausbleibt, tritt der Gegensatz offen in Erscheinung - mit dem Vorwurf, die "Schulmedizin" versage den Patienten bewußt die Hilfe, die mit der eigenen Methode längst hätte erbracht werden können.

Außenseiterverfahren, d. h., außerhalb der Schulmedizin angesiedelte Behandlungsformen, haben eine Reihe von gemeinsamen Merkmalen (das gilt nicht nur im Hinblick auf die Therapie der MS!):

1. Charakteristisch ist natürlich, daß das alternative Konzept die komplizierten Pathomechanismen der MS fehlinterpretiert oder vereinfacht oder sichere Erkenntnisse negiert.
2. Der Außenseiter stellt sein Verfahren als unangreifbares Dogma hin, kritische Gegenargumente werden als patientenfeindlich abgetan.
3. Die verbreitete Angst vor Chemie und Apparatemedizin wird geschickt genutzt, und die eigene Methode als sanft, biologisch und natürlich dagegengesetzt.
4. Erstaunlich ist der therapeutische Optimismus, mit dem extrem hohe Heilungs- und Besserungsraten in Aussicht gestellt werden.
5. Bei Mißerfolg wird die Schuld der falschen Vorbehandlung, vor allem aber dem Patienten selbst zugewiesen, weil er irgendeine der komplizierten Regeln des Behandlers nicht befolgt habe.

Zwei Außenseiterverfahren, die z. Zt. aktuell diskutiert werden, werden näher erläutert:

I. Die "neue Strategie gegen MS" des Dr. Fratzer aus der Pfalz und

II. die "Immuno-Augmentative Therapie" der Gesellschaft für Immuntherapie in Frankfurt.

I. Herr Dr. Fratzer hat 1989 sein Buch "Schach der MS" auf den Markt gebracht. Dieser "Report für Betroffene" ist didaktisch geschickt aufgebaut und flüssig-laiengerecht geschrieben.

Zur Person des Autors: Herr Dr. Fratzer ist 47 Jahre alt und als Praktischer Arzt in Hettenleidelheim in der Pfalz niedergelassen.

Die multiple Sklerose bekommt für ihn erstmals Bedeutung, als seine 18jährige Nichte im Sommer 1985, also heute vor fünf Jahren, daran erkrankt. Aus der Tatsache, daß unter seiner Betreuung bei der jungen Patientin zunächst keine weiteren Schübe beobachtet werden, schließt er, daß er eine nebenwirkungsfreie, natürliche MS-Therapie gefunden habe.

In kurzen Artikeln im "Heilpraktiker-Journal" und in einem "Bio-spezial Magazin" macht er auf seine Methode aufmerksam und bietet Patienten, die sich daraufhin bei ihm melden, die Teilnahme an einem "Großstichprobenversuch einer neuen MS-Therapie" an.

Das entscheidende Prinzip in Dr. Fratzers "neuer Therapie" ist die Hemmung der Entzündungsvorgänge im Zentralnervensystem. Dazu bietet er seinen Lesern ein sehr einleuchtendes Behandlungsschema an: Für die zerstörerische Wirkung der Entzündung sind vor allem die Folgeprodukte der Arachidonsäure verantwortlich. Wenn man nur die Zufuhr von Linolsäure stoppt, kann aus den Phospholipiden der Membranen die Arachidonsäure-kaskade - mit dem hochaktiven Prostaglandin E_2 und den Leukotrienen der 4er-Gruppe - nicht mehr in Gang gesetzt werden. Das ergibt eine klare therapeutische Konsequenz: Ein evtl. Mangel an Linolsäure darf nicht ausgeglichen werden; alle hochwertigen Pflanzenfette und -öle (wie z. B. Nachtkerzenöl) werden wegen ihres hohen Linolsäuregehaltes streng verboten; der Fettbedarf muß mit tierischen Fetten, also gesättigten Fettsäuren, gedeckt werden.

"Maßgeschneidert" wie das Linolsäureverbot ist auch Dr. Fratzers zweiter Schritt zur Entzündungshemmung, nämlich die Zufuhr von Omega-3-Fettsäuren, die die Arachidon-säure aus dem Stoffwechsel verdrängen und deren Folgeprodukte weniger entzündungsför-dernd sein sollen (Prostaglandin E_3 und Leukotriene der 5er-Gruppe).

Herr Dr. Fratzer reduziert in diesen Schemata die hochkomplizierten Wechselwirkungen der Entzündung auf ein unvertretbar einfaches Maß. Er berücksichtigt weder die große Zahl der Mediatoren (es gibt mehr als 60 Prostaglandine!) noch ihr enorm breites Wirkungs-spektrum, aber auch nicht die verwirrende Zahl physiologischer und pathophysiologischer Einflüsse, die in ihre Bildung und in ihre wechselseitige Regulierung eingreifen.

So sind z. B. die Prostaglandine ja nicht nur Entzündungsmediatoren, sondern sie spielen eine wichtige Rolle auch bei der Blutdruckregulation, bei der Magensaftsekretion, bei der Wehentätigkeit und bei der Regulation des Bronchialtonus.

Die entzündungshemmende Basisbehandlung des Dr. Fratzer ist mit dem rigorosen Verbot von hochwertigen Pflanzenfetten und der Zufuhr von Fischölkapseln noch nicht erschöpft. Die MS-Kranken müssen nämlich mit dem Präparat TR-Ossan^R (neuerdings Demes) lebenslang Schalentierextrakte zu sich nehmen; die darin enthaltenen Glucosami-noglykane sollen den "Bindegewebsstoffwechsel" des Gehirns stabilisieren. Und dauernd zugeführt werden müssen auch Selen- und Vitamin E-Präparate. Dann ist noch eine "Begleitmedikation" als notwendige Dauermaßnahme vorgeschrieben; diese Begleitmedi-kation umfaßt einen Sonnenhutextrakt (Lymphozil forte^R), Isoprinosin (Delimmun^R), ein Fermentpräparat (Wobenzym^R) und Amantadin.

Es ist sicher nicht vertretbar, generell allen MS-Patienten Selenpräparate, Delimmun^R und Amantadin zu verordnen; und es ist kaum zu erwarten, daß Glucosaminoglykane einen positiven Effekt auf den Krankheitsverlauf der MS ausüben. Aber eines ist ganz sicher: Wenn die Kranken den Vorschlägen von Herrn Dr. Fratzer folgen, werden sie früher oder später Mangelerscheinungen erleiden, da essentielle, d. h. ungesättigte, Fettsäuren ja nur noch mit den Fischölkapseln aufgenommen werden dürfen und diese mit 1 - 2 g Omega-3-Fettsäuren weit unter dem Tagesbedarf dosiert werden.

Abschließend ein Wort zur Seriosität, zur Ehrlichkeit in Dr. Fratzers Argumentation:

Bis zum Oktober 1988 bekamen Patienten, die an dem "Großstichprobenversuch" teilnehmen wollten, neben der genannten medikamentösen Therapie die klare Anweisung: "Verwenden Sie zum Braten, Kochen, Backen und für Salate ausschließlich hochwertige Pflanzenöle und Pflanzenfette!" Dann aber, im November 1988, also nur einen Monat später, stellt Dr. Fratzer in einer "wissenschaftlichen Erläuterung" für einen Kostenträger plötzlich das Verbot der Linolsäure als entscheidendes Behandlungsprinzip dar. Trotz dieses therapeutischen Sinneswandels macht es ihm gar nichts aus, in dieser Erläuterung - und später in seinem Buch - eine Erfolgsstatistik zur "neuen Strategie" vorzulegen, die ausschließlich Patienten umfaßt, die bis dahin ja gerade falsch und gefährlich behandelt wurden - nämlich mit reichlicher Zufuhr von Pflanzenölen und Pflanzenfetten!

II. Eine Gesellschaft für Immuntherapie mbH, die 1987 in Frankfurt ihren Geschäftsbetrieb aufgenommen hat, bietet für die MS-Behandlung eine "Immuno-Augmentative-Therapie" an. Dieses Verfahren wurde in den 60er Jahren von einem amerikanischen Zoologen, einem Dr. Lawrence Burton, zur Krebsbehandlung entwickelt; Dr. Burton leitet jetzt ein immunologisches Forschungszentrum in Freeport auf den Bahamas.

Für die Tumorabwehr sollen nach Dr. Burton vier Faktoren verantwortlich sein:

Zirkulierende Tumorantikörper (TAK) reparieren oder vernichten entstandene Krebszellen.

Die Aktivität dieser Tumorantikörper wird ausgelöst durch den Tumorkomplementfaktor (TFK), der von den Krebszellen produziert wird.

Blockierende Proteinfaktoren (BPF) bremsen den Krebszerfall und schützen damit die Leber vor Überlastung.

Antiblockierende Proteinfaktoren (APF) heben diese Blockade zum richtigen Zeitpunkt auf und lassen die Antikörper erneut aktiv werden.

Die Gesellschaft für Immuntherapie hat ihren Sitz in Frankfurt; die Behandlung wird aber ausschließlich in Gelsenkirchen durchgeführt, wo ein niedergelassener Internist, ein Dr. Morkramer, nebenberuflich das Behandlungszentrum der Gesellschaft leitet. Die Patienten müssen sich in Gelsenkirchen in ein Hotel einmieten. Über Wochen hinweg wird ihnen täglich mindestens einmal Blut entnommen, die vier genannten Tumorfaktoren werden gemessen und die Werte auf die Bahamas gekabelt. Dort erfolgt die Berechnung der "Soforttherapie" mit Hilfe eines Computerprogrammes; noch am selben Tag erhalten die Erkrankten die vom Computer in Freeport festgelegten und dosierten Injektionen mit den Blut- bzw. Tumorprodukten.

Herr Dr. Burton hat nie versucht, sein Konzept der Tumorentstehung und Tumorbehandlung wissenschaftlich zu belegen; in den von der Gesellschaft zur Verfügung gestellten Unterlagen wird nur immer wieder betont, daß er allein die regulierenden Faktoren bestimmen, die Produkte herstellen und ihren Einsatz berechnen könne.

Daß für Dr. Burton und für die Frankfurter Gesellschaft für Immuntherapie ausschließlich kommerzielle Interessen maßgeblich sind, ergibt sich daraus, daß das Tumorkonzept nun plötzlich auch auf chronisch-entzündliche Erkrankungen wie die multiple Sklerose ausgedehnt wird. Im Frühjahr vorigen Jahres erhielten die Landesverbände der Deutschen MS-Gesellschaft mit dem Firmenprospekt ein Anschreiben, daß als "Nebeneffekt der Krebstherapie" eine Wirksamkeit des Verfahrens auf die MS festgestellt wurde. Erst ein Jahr später, im Mai 1990, wurde dann auch eine Erklärung für diese Wirksamkeit nachgeliefert. Der "therapeutische Schlüssel" liegt danach in der gezielten Zufuhr des Antiblockierenden Proteinfaktors (APF), weil dieser bei MS und bei allen anderen Autoimmunkrankheiten herabgesetzt sei. So wird nun der MS-Kranke nach Bestimmung der Faktoren und nach Computerberechnung in Freeport in Gelsenkirchen genauso behandelt wie ein Krebskranker und erhält täglich Tumorantikörper, Tumorkomplement und Antiblockierendes Protein injiziert.

Von einer Behandlung nach den Prinzipien der Immuno-Augmentativen Therapie muß dringend abgeraten werden, nicht nur, weil das Konzept völlig unbegründet ist und weil extrem hohe Behandlungskosten entstehen (DM 15.000,—). Entscheidend ist, daß die Behandlung gefährlich ist! Es handelt sich bei den injizierten Produkten um Blutbestandteile von gesunden und krebskranken Spendern. Diese Produkte unterliegen nicht der Kontrolle des Arzneimittelgesetzes, weil sie - wie Frischzellen - nicht als Arzneimittel gelten. Schon 1986 waren alle amerikanischen Ärzte darauf hingewiesen worden, daß diese Behandlung ein ernstes öffentliches Gesundheitsrisiko darstellt, nachdem in den Produkten des Dr. Burton bakterielle Verunreinigungen, aber auch HIV-Antikörper und HBs-Antigene nachgewiesen worden waren.

Was immer sich hinter den Angeboten der Außenseiter verbirgt - der Glaube, wirklich helfen zu können, der Wunsch, Anerkennung zu finden, oder das reine Gewinnstreben - solange eine kausale Behandlung nicht möglich ist, müssen sich alle Ärzte, die MS-Kranke betreuen, wie bisher auch mit den alternativen Heilangeboten auseinandersetzen, um die Patienten sachlich beraten zu können und um sie zu schützen vor voraussehbaren Enttäuschungen, vor unnötigen finanziellen Belastungen und vor schädlichen Nebenwirkungen dieser Verfahren.

Unkonventionelle Therapiemethoden bei multipler Sklerose

K. Schimrigk

Die Überlegenheit unserer wissenschaftlich untermauerten diagnostischen Verfahren gegenüber den diagnostischen Intuitionen medizinischer Außenseiter - Irisdiagnostik, Magnetometer, Wünschelrute, Pulsqualität, um nur einige zu nennen - ist evident. In der Therapie dagegen ist die Grenze nicht immer leicht zu ziehen. Manche ehemalige Außenseitermethode hat Einzug gehalten in das Repertoire der Schulmedizin, so z. B. *Naturheilmethoden* im engeren Sinne, die sich des Wassers, der Luft, der Wärme, der Kälte, der Bewegung usw. bedienen. Niemand wird bei hinreichender Qualität den Wert dieser Anwendungen bezweifeln, die doch zu unserem natürlichen Lebensraum gehören. Der wissenschaftliche Beweis für die Heilkraft steht wohl für alle diese Anwendungen noch aus; nicht anders bei jenen heute von Außenseitern als natürliche Heilmethoden angesprochenen Verfahren wie Akupunktur, Neuraltherapie, Homöopathie.

Wir haben bereits Merkmale von Außenseitermethoden kennen gelernt. Ich möchte dem noch einige hinzufügen - die letztgenannten Methoden betreffend. Sie stellen gewissermaßen die Kehrseite einer pragmatischen Medizin dar.

- Heilwirkung bei einer sehr großen Zahl sehr heterogener Krankheiten.
- Eine verläßliche Voraussage der Wirkung ist nicht möglich.
- Unwirksamkeit ist kein Anlaß, Heilmittel oder Diagnose infrage zu stellen.
- Eine Wirkung setzt oft überraschend schnell ein, die Reproduzierbarkeit ist aber unsicher.
- Eine Wirkung besteht oft allein im Bereich subjektiver Empfindung und ist schwer zu objektivieren.

Diese Eigenschaften erschweren eine kontrollierte, kritische Anwendung und die wissenschaftliche, experimentelle Überprüfung der Bedingungen ihrer Effizienz. Dies geht auch aus Einwänden hervor (Gosau 1990), die nur aus einer besonderen Denkweise heraus verstanden werden können, die sich gerne durch verbale Übernahme kompliziertester Grundlagen wie z. B. der Immunologie, der Massenwirkungsgesetze, der Kybernetik oder anderer, ein wissenschaftliches Gepräge gibt. Mit Hilfe neologistischer, nur scheinbar wissenschaftlich gebräuchlicher Wendungen schafft sie sich ganz unvermittelt den Übergang zur Magie, z. B.:

- Energiegenerierung mit tachionischer Energie
- Löschung der Restgenome
- Konversion von Schwerkraft-Feld-Energie in elektrische Energie
- Energie - Plasmazündung
- Kirlian-Positivität der Rohkost
- mangelhafte Konversion von scalar-elektromagnetischer Energie in Photonenenergie infolge unterwertiger Kondensatorfunktion der Zellmembran.

Zur Homöopathie kann man bei Gosau (1990) eine Reihe richtiger Behauptungen lesen, die jedoch untereinander nicht schlüssig sind und somit nicht beweisen, was sie sollen:

"Diese Prinzipien haben nichts gemeinsam mit pharmakologischen Interpretationen von Wirkorten oder Wirkmechanismen. Biokybernetische Medizin ist informative Medizin. Sie wirkt durch Übertragung und Rückübertragung von Information. Informationsfluß ist nicht Substratfluß - deshalb sind biokybernetische Methoden, wenn ihr Ansatz richtig gewählt ist, so schnell und sicher. Diese Medizin benutzt informativ wirkende Medikamente dazu, um Störungen im Organismus von sehr hoher Hierarchie auszugleichen." Wir kommen noch einmal darauf bei der Atlastherapie.

Eine wissenschaftliche Überprüfung der Wirkung solcher "Medikamente" kann somit scheitern, weil andere Prüfungssysteme als der Mensch nicht von humanen Krankheiten betroffen werden, die diese Therapie fordern. Zudem hat die Therapie keine "zwingende", sondern nur eine nach normal ausgleichende Wirkung. Und schließlich können niedrige Potenzen (D3 - D6), wie sie unter dem Aspekt einer Medikamentenprüfung wohl verwendet würden, noch eine pharmakologische, also nicht nur informative Wirkung haben (Gosau 1990).

Letztlich scheint diese besondere Denkweise dem Patienten entgegenzukommen, der ja geradezu erwartet, daß Wirkungen dieser Verfahren nicht auf die übliche Art meßbar sind. Unbegreiflich wie das Leiden muß wohl auch die Therapie sein. So werden immer wieder leichtfertig Hoffnungen gesetzt gerade bei jenen Patienten, die durch den Krankheitsdruck so leicht verführbar sind, und fragwürdigen Therapieverfahren kommt arglos Unterstützung zu.

Seit einigen Jahren wird ein Tee aus den Blättern der Gartenraute zur Therapie der MS empfohlen, - Ruta graveolens - einem herbaromatischen, mit doppelt- oder dreifach gefiederten Blättern und endständigen Rispen oder Trugdolden und Kapselfrüchten versehenen Staudengewächs. Es wächst auf trockenem Boden in Süd- und Südost-Europa und Südamerika. Seit Jahrhunderten ist es in verschiedenen Arten, die nach Geruch und Blattform ähnlich sind, als Zier-, Gewürz- und Heilpflanze gezogen worden. Ein Gedicht, das der Abt von Reichenau Walahfrid Strabo um 842 bis 849 in *Hortulus, Liber de Cultura Hortorum*, geschrieben hat, dokumentiert dies (Czygan 1987):

"Diesen schattigen Hain ziert bläulichschimmernder Raute grünend Gebüsch.
Ihre Blätter sind klein, und so streut sie wie Schirmchen kurz ihre Schatten nur hin.
Sie sendet das Wehen des Windes aus und die Strahlen Apolls bis tief zu den untersten Stengeln.
Rührt man leicht sie nur an, so verbreitet sie starke Gerüche.
Kräftig vermag sie zu wirken, mit vielfacher Heilkraft versehen,
so, wie man sagt, bekämpft sie besonders verborgene Gifte,
reinigt den Körper von Säften, die ihn verderblich befallen."

In alten Pharmakopoeen ist zu lesen, daß die Blätter in kleinen Gaben Appetit und Verdauung fördern, in größeren Gaben erhitzend wirken. Als Hausmittel benutzt man die Blätter als Tee, den frischen Saft als Frühlingskur, den Aufguß als Mundwasser bei fauliger Bräune. Empfohlen wird der Tee auch bei Kolik, Schwindel, Atembeschwerden, Unterleibsbeschwerden, Eklampsie, Hysterie und die Tinktur ebenfalls gegen hysterische Leiden, Menstruationsstockungen und Madenwürmer (Ulsamer 1905).

Die neuere Literatur über Ruta ist spärlich. An Ratten wurde eine antiödematöse, antipyretische, äntiinflammatorische Wirkung nachgewiesen sowie eine dosisabhängige Reduzierung der motorischen Aktivität und Vermeidungsverhalten. Analgetische und fibrinolytische Aktivitäten (Wirkung auf Prothrombin- und Fibrinogenspiegel) bestanden nicht (Al-Said et al. 1990). Bemerkenswert ist eine durch Ruta hervorgerufene Photosensibilität der Haut (Ena und Camarda 1990) und eine UV-A-vermittelte Mutagenität in Algen durch Furoquinoline und Furokumarine, die auch in handelsüblichen Tinkturen enthalten sind (Schimmer und Kuhne 1990). Mutagen sind offenbar auch Metaboliten von in Ruta vorhandenen Alkaloiden (Paulini und Schimmer 1989). Chloroform-Extrakte aus allen Teilen von Ruta graveolens hatten bei Ratten signifikant kontrazeptive Wirkung (Kong et al. 1989).

Gefördert durch die Fördergemeinschaft *Natur & Medizin e. V.* läuft derzeit ein umfangreiches Forschungsprogramm an der Kieler Universität und eine klinische Studie in Laasphe. Insgesamt wird das Projekt mit DM 680.000,- unterstützt (Natur & Medizin, 1990). Eine wissenschaftliche Veröffentlichung liegt m. W. bisher nicht vor.

Aus der Sicht des Gesetzgebers gibt es hinsichtlich der Wahl einer Therapiemethode keinen Unterschied zwischen der sog. Schulmedizin und unkonventionellen Verfahren, die wissenschaftlich nicht, noch nicht oder nicht mehr anerkannt sind. Der Patient und der in seinem Auftrag handelnde Arzt können ihre Therapiemittel frei wählen (Wimmer 1986). Allerdings gilt für den mit unkonventionellen Therapiemethoden arbeitenden Arzt gleichermaßen die Verpflichtung, rechtzeitig, wahrheitsgemäß und umfassend, d. h., über die Diagnose und die Wirksamkeit der vorgesehenen Therapie wie auch über den Stellenwert alternativer Behandlungsmöglichkeiten aufzuklären. Diese Forderung könnte bereits das Ende vieler Außenseitermethoden einleiten, wenn nicht gerade dort, wo der Erfolg wissenschaftlich anerkannter Maßnahmen noch unsicher und der Leidensdruck am größten ist, sich das Bedürfnis nach magischen Verfahren umso stärker meldet.

Um nicht die geringste Chance zu versäumen, wird nicht selten neben den klinisch verordneten Medikamenten noch ein übriges getan. Ohnehin sind in der Klinik wohl nur die organischen Symptome berücksichtigt und die ganzheitliche Schau vernachlässigt worden. In der *Homöopathischen Materia medica* ist nachzulesen, daß den aufgedeckten Symptomen und Begebenheiten: Kopfschmerzen beim Lesen, Rückenschmerzen, Extremitätenschmerzen, Fehlen eines festen Haltes, Sehen von Doppelbildern, Verweilen bei zurückliegenden Ereignissen, Empfindlichkeit auf Musik, Liebeskummer, Verschlimmerung um 10 Uhr vormittags, allein *Natrum muriaticum* entspricht, allenfalls unterstützt durch *Gelsemium* (nach Hanemann 1838; Hering 1887/88; Keller 1960/62). Und diese Therapie kostet nicht einmal ein Zehntel der ärztlich verordneten Medikamente.

Arzneien der besonderen Therapierichtungen - und dazu gehören u. a. die Homöopathie, anthroposophische Methoden, die Naturheilkunde - sind nach dem Gesundheitsreformgesetz (GRG) auch in die kassenärztliche Versorgung einbezogen. Es ist - wie es heißt - bei der Beurteilung der besonderen Wirkungsweise dieser Arzneimittel Rechnung zu tragen (S. 34 Abs. 22 Satz 3 SBG-V), d. h., es können nicht die Anforderungen der Schulmedizin zugrunde gelegt werden, sondern die von der jeweiligen besonderen Therapierichtung als maßgebend erachteten Standards (Wimmer, 1986). Mit anderen Worten, es ist von dem jeweils ganz anderen, der besonderen Methode zugrunde liegenden Denkansatz auszugehen.

Alte und neue Methoden kämpfen inzwischen um ihre Anerkennung bei den Krankenkassen. In der Schweiz sind größere Krankenkassen offenbar bereit, evtl. gegen Zusatzprämien auch die Kosten für eine Behandlung beim Heilpraktiker zu übernehmen. Eine einfache Kalkulation liegt dem zugrunde. In der Schweiz soll es ca. 3000 niedergelassene praktische Ärzte mit 52 Mill. Konsultationen geben. Eine Konsultation kostet im Mittel 110 Schweizer Franken ohne Medikamente. Bei den Heilpraktikern kommt die Konsultation im Mittel auf 65 Franken (DRS 1990). Allerdings ist der Therapieerfolg schwer im Vergleich zu ermitteln.

Die Vielfalt der Symptome und der nicht vorhersagbare Verlauf der multiplen Sklerose, vor allem aber die ausgeprägte Tendenz zu kurz oder lang anhaltenden Spontanremissionen nach einem akuten Schub der Erkrankung sollten immer wieder vor einer allzu optimistischen Deutung eines Therapieerfolges warnen. Erfolgsaussichten sind umso günstiger, je früher nach einem Schub die Therapie einsetzt, und konventionelle wie unkonventionelle

Heilmittel haben ihre beste Wirkung bei frisch aufgetretenen Störungen.

Der folgenden kurzen Betrachtung physikalischer unkonventioneller Therapiemethoden bei multipler Sklerose sei ein Satz von C. Clark (1968) vorangestellt, ergänzt von D. Rusch (1987): Jede hinreichend fortgeschrittene Technik kann nicht von Mystik unterschieden werden. Und: jede neue technische Errungenschaft muß unbedingt medizinisch genutzt werden. Daß inzwischen der Computer bei der Diagnosestellung und Therapiefindung im Rahmen der Elektroakupunktur nach Voll (EAV) hilft, ist schon fast banal (König 1989).

Zur Behandlung der Spastik bei multipler Sklerose werden seit wenigen Jahren sog. Soft-Laser und niederfrequente Magnetfeld-Therapiegeräte eingesetzt, zunächst bevorzugt in orthopädischen Praxen. Inzwischen erfreuen sie sich auch bei Neurologen und praktischen Ärzten zunehmender Beliebtheit. Magnetfeldgeräte sind bereits auch von zahlreichen Patienten gekauft worden (Preis ca. DM 3000,- bis 5000,-).

Soft-Laser haben eine Leistungsdichte von einigen Milliwatt auf einer Fläche von wenigen Quadratzentimetern. Die einzigen, in ihrer Wirkung auf biologische Strukturen nicht bekannten Unterschiede zu normalem Licht sind die Kohärenz und die Monochromatik bei einer jeweils charakteristischen und eben gleichphasischen Wellenlänge. Bleibt die Farbe entsprechend der Wellenlänge, die sich auch aus jeder normalen Lichtquelle durch entsprechende Filterung gewinnen läßt (Rusch 1987).

Argumente für eine Magnettherapie werden aus den vergangenen Jahrtausenden herbeigeholt. Der *Papyrus von Ebers* erwähnt bereits 3000 Jahre vor unserer Zeitrechnung die Anwendung des Meteoreisens zur Heilung von Kopfverletzungen. Hippokrates (460 - 377 a.c.n.) empfiehlt pulverisierten Magnetstein gegen Unfruchtbarkeit, Durchfall und Kolik. Gewaltige Heilkräfte wurden den Magnetopathen zugesprochen, unter ihnen dem Arzt Anton Mesmer. Man weiß, daß Mesmer später, als der Zulauf zu ihm kaum noch zu bewältigen war, auf Magnetstein und persönliches Eingreifen mehr und mehr verzichtete und durch sein Fluidum und magische Kreise, sogar durch magnetisches Wasser seine Wirkung ebenso erfolgreich vermittelte. Geomagnetische Störungen, die in Fünfjahresperioden auftreten sollen (Düll u. Düll 1935), und Magnetreizung peripherer Nerven müssen gleichfalls als Begründung für die so geradezu zwingend erscheinende Wirksamkeit einer neuen Therapiemethode herhalten.

Die maximal erreichbare magnetische Induktion liegt bei den handelsüblichen Geräten etwa im Bereich von 10 Millitesla bzw. 100 Gauß (Rusch 1987). Schon in Bereichen von 40 bis 60 Gauß konnte Guseo (1986) einen elektromyographisch meßbaren Effekt feststellen, Entladungen also, die synchron mit den Impulsen der zylindrischen Magnetspulen auftraten und mit der Stärke des Feldes zunahmen. 104 Multiple-Sklerose-Patienten wurden so behandelt, und bei 75 % trat eine Besserung um 3 bis 13 % auf, entsprechend 1 bis 5 Punkten auf der Kurtzke-Skala. Da die Ausgangssituation nicht bekannt ist, sind die Ergebnisse nicht ohne weiteres überprüfbar. Messungen während des Betriebs eines zylindrischen Magnettherapiegerätes ergaben bei maximaler Einstellung der Induktion eine Stromdichte von etwa 1 Mikroampere pro Quadratzentimeter (Rusch 1987), also sehr deutlich unter den bei der Elektrotherapie erforderlichen Mindestströmen gelegen. Es ist danach nicht sehr wahrscheinlich, daß die mit dem EMG-Gerät gemessenen Potentiale dem Muskel entstammen. Sie könnten z. B. auf der magnetischen Induktion in den Kabeln bzw. Oberflächenelektroden beruhen. Es muß bei der gepulsten Magnetotherapie und einem evtl. Therapieeffekt auch damit gerechnet werden, daß in den Spulen erhebliche Wärme entsteht und daß es durch die Ampere'schen Abstoßungskräfte zu niederfrequenten Vibrationen kommt.

Bei fast allen Außenseitermethoden spielt das *pars pro toto* eine große Rolle. In jeder Zelle, in jeder Region des Körpers steckt das ganze Universum. Die ursprüngliche, chinesische Akupunktur bezog sich auf die Kraftlinien des ganzen Körpers. Inzwischen gibt es unter geradezu holographischen Vorstellungen die Ohr-, Hand-, Fuß- usw. Akupunktur. Wie der Akupunkteur alter Ordnung die notwendigen Maßnahmen aus der Pulsdifferenz entnehmen kann, so schließt der Metamertherapeut aus der erhöhten arthromuskulären Reaktion im Dermatom auf eine irgendwo im vegetativen System liegende Störung des Sympathikotonus (Lohse-Busch 1988). Dabei soll die entwicklungsgeschichtlich zentrale Rolle der zerviko-okzipitalen Übergangsregion Bedeutung haben (Christ et al. 1987).

Man geht davon aus, daß über die metamere arthromuskuläre Reaktion hinaus vegetative Auswirkungen erkennbar sind, die für eine sich hier niederschlagende Störung im vernetzten System des Sympathikus sprechen. Somit sei es nicht erheblich, an welcher Stelle eines vernetzten Regelkreises eingegriffen wird, um das System zu verändern. Wichtig ist allein, daß der gesetzte Reiz überschwellig ist. Da zu den Steuerorganen des arthromuskulären Regelkreises auch die sympathischen Ganglien gehören und das System hierarchisch gegliedert ist, d. h., ausgehend vom Ggl. cervicale superius gesteuert wird, kann die metamere Therapie dieses Ggl. über C1 zu einem Absinken des globalen Sympathikotonus führen. Ursache ist ein überschwelliger, so rasch nicht adaptierbarer Reiz, wodurch es dann zu einer allmählichen Tonusminderung des Sympathikus kommt. Ähnliche Reaktionen sind auch von anderen Metameren zu erwarten, jedoch durch die vertikale Organisation des Sympathikus nicht weitreichend genug. Deshalb ist die Therapie des steuernden Ggl. cervicale superius erforderlich. Der eingangs erwähnte Gedanke der informativen Medizin ist ebenso wie das *pars pro toto* wieder erkennbar.

Die Tonusminderung des Sympathikus ist es in der Tat, die wir stets an den Anfang jeder Therapie, an den Anfang jeden Gesprächs zu setzen haben, ob mit oder ohne zusätzliche Handgriffe. Das kostet Zeit, unter Umständen sehr viel Zeit und persönlichen Einsatz. Im Mittel behandelt jeder niedergelassene Arzt in der Schweiz 26 Patienten pro Tag (DRS 1990). Bei den Heilpraktikern soll die Zahl zwischen 7 bis 8 Patienten pro Tag liegen. Der Vorwurf, daß wir zu wenig Zeit für unsere Patienten haben, ist berechtigt. Der Vorteil des Heilpraktikers ist offenkundig. Und fragt man unsere Patienten, die sich Außenseitermethoden zugewendet haben, dann hört man nicht selten, daß sie zwar nicht so sehr an solche Methoden glauben, daß sie aber endlich einen Arzt gefunden haben, der selbst behandelt und sich Zeit für sie nimmt. Wenn wir "Schulmediziner" nicht alles tun, um dem Menschen in seinem Leiden gerecht zu werden, werden wir weiteres Terrain verlieren. Wie heißt es in "Natur & Medizin" (1990): "Halten Sie Schritt mit uns, denn im Jahr 2000 wird die Naturheilkunde noch viel gefragter sein als heute." Es ist zu hoffen, daß auch die Leistungen der sog. Schulmedizin dann noch viel überzeugender darzustellen sind als heute.

Das Literaturverzeichnis ist beim Verfasser erhältlich.

Entzündungsbegleitende Vorgänge bei chronischen Formen der multiplen Sklerose - Möglichkeiten einer indirekten Einflußnahme

E.W. Fünfgeld

Pathologisch anatomische Untersuchungen haben auch bei chronischen Formen der multiplen Sklerose Herde aller Altersstufen aufgedeckt (4). Serumaustritte - seröse Entzündung, Dysorie - wurden schon früher vom Standpunkt der Allergietheorie bei der MS beschrieben (5). Ein prämenstruelles Wasserretentionssyndrom ist bei Frauen relativ häufig (62 %) (3). Deshalb wurde seit mehreren Jahren konsequent eine Befragung von MS-kranken Frauen in dieser Richtung durchgeführt, auch in Bezug auf eine vorübergehende Verschlechterung der klinischen Symptomatik. 20 % der Befragten gaben eine positive Antwort, sie erhielten oral einen Roßkastanienextrakt (Venostasin^R). Von einigen Patientinnen wurde Minderung oder sogar Verschwinden der prämenstruellen Wasserretention berichtet, eine Verstärkung der krankheitsbedingten Beschwerden vor der Menses wurde nun verneint. Mit Hilfe des computerisierten EEGs (Dynamic Brain Mapping, Research Institute in Tarrytown, New York) wurde deshalb versucht, die Wirkung einer Entwässerung objektiv zu erfassen (6 Pat.): Eine i.v.-Injektion von 500 mg Acetazolamid (Diamox^R) wurde verabreicht und die Reaktion nach 30 bzw. 60 Minuten mit dem Initialbefund unmittelbar vor der Injektion verglichen. Bei allen Patienten zeigte sich eine mehr oder minder deutliche Frequenzbeschleunigung, die jedoch nach längstens 48 Stunden wieder weitgehend dem Initialbefund angenähert war.

Das nachfolgende Fallbeispiel soll die Wirkung des Carboanhydrasehemmers deutlich machen:

1. Der 33jährige H. H. erkrankte mit 23 Jahren an MS und bot eine deutliche linksseitige Symptomatik mit Spastik an den unteren Extremitäten. Im konventionellen EEG mäßige Allgemeinveränderung. Die 20-Frequenzband-Analyse vor der Applikation (Abb. 1 ob. Teil) zeigte über allen Ableitepunkten eine starke Theta-Aktivität und nur geringe Alpha-Anteile. 60 Minuten nach der i.v.-Gabe von 500 mg Diamox^R deutliche Beschleunigung der Theta-Anteile, Reduktion von Delta und Aktivierung von Alpha (Abb. 1 unt. Teil).

Die schwere klinische Symptomatik bei dem nachfolgend beschriebenen Krankheitsverlauf gab den Anstoß, die seit mehreren Jahren als wirksam erkannte Ginkgo biloba-Infusionstherapie (Tebonin^R, nach EGb 761 extrahiert) auch in diesem Falle einzusetzen (2, 1).

2. Die 52jährige G. Tu. erkrankte vor 16 Jahren an einer schleichenden, linksbetonten E. d. (1974 durch LP gesichert). Anfang August 1990 aufgenommen, verstärkte sich ein bereits vorbestehendes Übelkeitsgefühl und Erbrechen, die Patientin behielt kaum mehr geringe Mengen von Nahrung und Flüssigkeit bei sich. Sehr auffälliges konventionelles EEG mit erheblicher Verlangsamung vor allem über vorderen und zentralen Punkten und leichter Rechtsbetonung. 20-Frequenzband-Analyse (21.08.1990, Abl. parasagittal zum gl.-seitigen Ohr, Abb. 2, oberer Teil): überwiegend Theta-Aktivität, okzipital und parietal deutlich rechtsbetont. Um einen weiteren Wasserverlust zu verhindern und gleichzeitig eine Kalorienzufuhr zu ermöglichen, Infusionsbehandlung mit tgl. 500 ml Laevulose 5 und dem Zusatz von jeweils 4 Ampullen Tebonin^R zur Infusion.

Bereits nach fünf Infusionstagen trat eine deutliche Besserung des klinischen Bildes ein, das CEEG zeigte einen Rückgang der rechtsbetonten Theta-Aktivität, später eine Zunahme und Beschleunigung der Alpha-Wellen. Nach 10 Infusionen wurde auf die orale Medikation mit Ginkgo biloba-Tropfen umgestellt und 5 Tage später eine EEG-Kontrolle durchgeführt (5.9.1990, Abb. 2, unterer Teil): Okzipital starker Rückgang der Theta-Aktivität und eine wesentliche Aktivierung der Alpha-Wellen! Der klinische Befund entsprach durchaus diesem günstigen Einfluß.

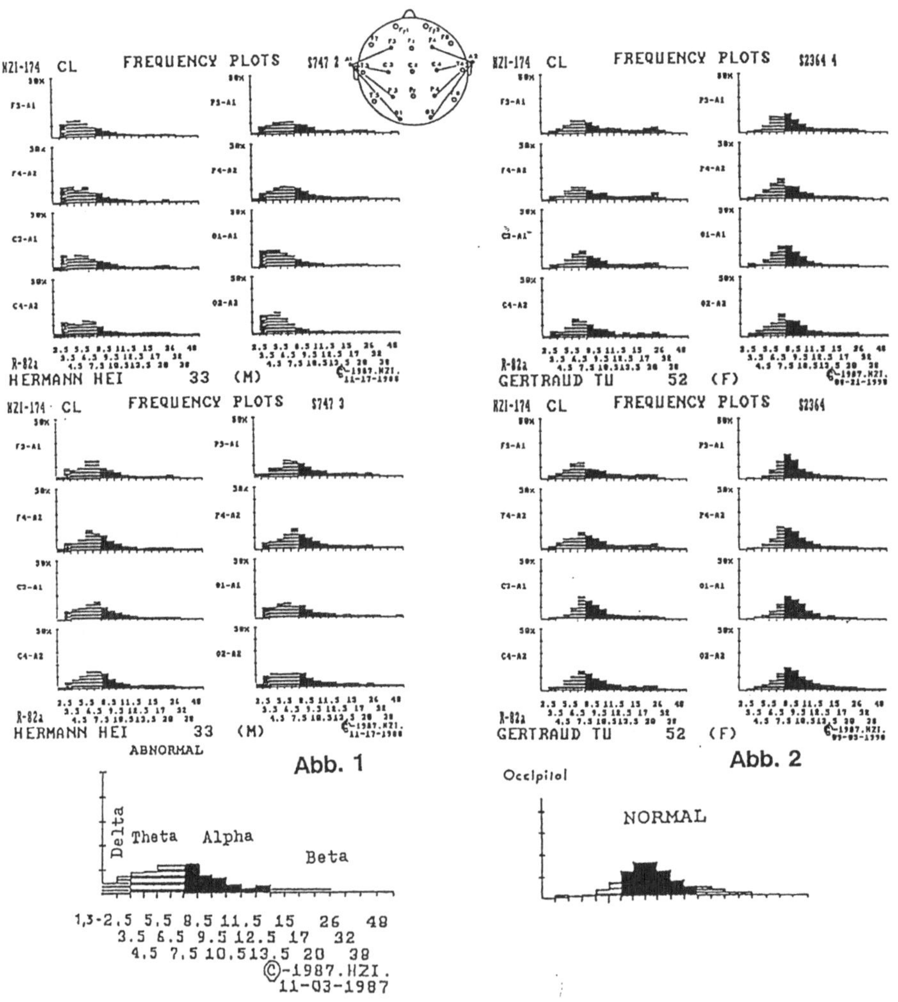

Literatur

1. Braquet P (1987) Ginkgoglides: Potent platelet-acitvating factor antagonists isolated from Ginkgo biloba L. Chemistry, pharmacology and clinical applications, Drugs of the Future:643-699
2. Fünfgeld EW (1989) Computergestützte EEG-Diagnostik. TW Neurologie/Psychiatrie 3:520-529
3. Halbreich U, Endicott J (1982) Classification of premenstrual syndromes. In: Freedman RC (Hrsg) Behaviour and menstrual cycle. Dekker, New York:243-265
4. Poser S, Ritter G (1980) Multiple Sklerose in Forschung, Klinik und Praxis. Schattauer, Stuttgart
5. Schaltenbrand G (1943) Die Multiple Sklerose des Menschen. Thieme, Leipzig

Musiktherapie bei multipler Sklerose*

U. Hagelstein und W.R. Kießling

In einer Zeit, die leider gekennzeichnet ist von einer ungenügenden psychologischen Betreuung der MS-Kranken (2), haben wir in das stationäre Nachsorgekonzept unserer Klinik verschiedene psychotherapeutische Behandlungsverfahren integriert. Hierzu gehören vor allem die stützende Einzel- und Gruppengesprächstherapie sowie imaginative Entspannungsmethoden wie z. B. das Autogene Training oder die progressive Muskelrelaxation nach Jacobson. Vor vier Jahren konnte dieses Angebot durch die Musiktherapie erweitert werden, in deren Rahmen sowohl aktive als auch rezeptive Arbeitsformen praktiziert werden. Neben Einzelmusiktherapie und instrumentaler Improvisationsgruppe sind dies freies Ausdruckmalen zur Musik, Liedersingstunde und entspannendes Musikhören.

Schwerpunktmäßig betonen wir die musikalische Improvisationsarbeit, und zwar überwiegend im Rahmen von Gruppen mit 3 - 7 Teilnehmern. Da das verwendete Instrumentarium nach therapeutischen Gesichtspunkten ausgesucht ist, bedarf es von seiten der Teilnehmer keiner musikalischen Vorbildung. Instrumente aus dem Orff-Schulwerk, Saiteninstrumente und Schlitztrommeln sind einfach in der Handhabung und selbst für schwerbehinderte Patienten leicht zu spielen. Was den strukturellen Ablauf dieser Gruppenarbeit betrifft, so wechseln je nach Stabilität der Gruppen mehr oder weniger strukturierte Improvisationen mit vorbereitendem bzw. aufarbeitendem Gespräch, in dem es um die erlebten und wahrgenommenen musikalischen Beziehungen, den individuellen Klangeindruck und den Grad des Beteiligtseins an der Improvisation geht. Inhaltliche Schwerpunkte beziehen sich mehr oder weniger auf a) Kontaktaufnahme und Kommunikation innerhalb der Gruppe, b) Erfahrung mit der eigenen kreativen Ausdrucksfähigkeit (Mitteilung eigener Stimmungen und Gefühle), c) Selbst- und Fremdwahrnehmung über die musikalische Sprache, d) Auseinandersetzung mit individuellen (auch zum Teil belastenden) Themen auf der Symbol- und verbalen Ebene, und e) Übung von Abgrenzung und Entwicklung eines Gruppengefühls. Dem Musiktherapeuten kommt die Aufgabe zu, im Einklang mit seinen Methoden als Person zu den Patienten eine musikalische Beziehung aufzunehmen. Eine Kontaktaufnahme auf der Basis dieser Symbolebene gelingt oft leichter als auf der verbalen Ebene. Fühlen sich die Patienten nonverbal angenommen und verstanden, so wird es einfacher, Befinden und individuelle Gefühle auch sprachlich zu artikulieren.

Beim freien Ausdrucksmalen zur Musik geht es darum, Sensibilität im Hören zu entdecken und zu entwickeln und die Höreindrücke in gemalte Bilder zu übertragen. Der kreative Vorgang führt im Sinne einer Transformation von einem für alle gleichen Höreindruck über den differenzierten Prozeß der individuellen Wahrnehmung zu einem unverwechselbaren persönlichen Ausdruck, bei dem das technische Können analog zur musikalischen Improvisation keine Rolle spielt. Liedersingstunde: Das gemeinsame Singen von Volksliedern, in denen es um so zentrale emotionale Erfahrungen wie Liebe, Freude, Abschied geht, kann die Teilnehmer in Kontakt mit ihren Gefühlen bringen und gleichzeitig ein sehr positives Gruppengefühl bewirken.

Entspannendes Musikhören: Hier handelt es sich um eine rein rezeptive Form der Musiktherapie ohne nachfolgendes Gespräch bzw. ohne Thematisierung wahrgenommener

Eindrücke und Empfindungen. In der Regel wird in diesem Rahmen den Patienten klassische Musik angeboten.

Die bisherige musiktherapeutische Arbeit mit MS-Betroffenen hat speziell im Rahmen der instrumentalen Improvisationsgruppe und dem freien Ausdrucksmalen zu Musik gezeigt, daß verschiedene Themen und Bedürfnisse in den Vordergrund treten. Immer wieder sind es krankheitsbezogene Themen wie z. B. Behinderung, Angst, Wut und Trauer, aber auch Hoffnung und Trost. Daneben ist das Bedürfnis nach Harmonie, Stabilität und Geborgenheit auffallend (3, 4). Wir glauben jedoch nicht, daß es sich hierbei, um MS-spezifische Charakteristika handelt, denn ähnliche Bedürfnisse werden auch in der musiktherapeutischen Arbeit mit anderen Kranken, z. B. Alkoholikern, berichtet (1). Eine weitere, nicht unwesentliche Erfahrung musiktherapeutischer Arbeit ist die von seiten der Teilnehmer häufig ungenügende und inkonstante Motivation, die sich immer wieder als limitierender Faktor erweist. Als schwerwiegendes Motivationshindernis stellte sich hierbei weitaus weniger die körperliche Behinderung heraus als vielmehr ein intellektuelles, leistungsorientiertes, oft der Familientradition entsprechendes Musikverständnis, ferner die Angst vor irritierenden emotionalen und zwischenmenschlichen Erfahrungen oder die Erwartung sofortiger Besserung des Befindens wie bei der Einnahme eines Medikaments.

Zusammenfassend läßt sich feststellen, daß das breite Spektrum musiktherapeutischer Arbeitsfelder sich als wertvolle Ergänzung unserer psychotherapeutischen Arbeit mit MS-Kranken erwiesen hat. Musiktherapie ermöglicht Selbsterfahrung und themenzentriertes Arbeiten, wobei es allerdings falsch wäre zu glauben, Musiktherapie sei ein Verfahren, das speziell die Thematisierung und Bearbeitung einzig und allein von Problemen und Konflikten beinhaltet. Entscheidend nach unserem therapeutischen Verständnis sind vielmehr die beiden Aspekte von Spiel und Hören. Spielen hat etwas zu tun mit Kreativität, Genuß und Freude, aber auch mit Neugierde, etwas Neues auszuprobieren und zu entdecken. Gerade diese vitalen Elemente ermöglichen unseres Erachtens einen wesentlichen Brückenschlag zur aktuellen Krankheitsverarbeitung. Was das Hören betrifft, so werden Kontakt und Kommunikation eine neue Qualität bekommen, wenn man hinhört, und zwar auf andere ebenso wie auf sich selbst. Spätestens an diesen beiden Aspekten wird klar, daß die Musiktherapie keine Methode ist, die sich in allen Einzelheiten beschreiben läßt oder deren Wirkungen gar meßbar wären. Musiktherapie muß erlebt werden.

Literatur

1. Haardt AM, Klemm K (1982) Musiktherapie. Selbsterfahrung durch Musik. Heinrichshofens's Verlag, Wilhelmshaven
2. Kießling WR, Weiss A, Raudies G (1990) Zum Stand der professionellen psychischen Betreuung Multiple-Sklerose-Kranker. Rehabilitation 29:201-203
3. Kießling WR, Lengdobler H (1990) Freie Gruppenmusikimprovisation bei Multipler Sklerose. Musik-, Tanz- und Kunsttherapie 2:84-87
4. Lengdobler H, Kießling WR (1989) Gruppenmusiktherapie bei Multipler Sklerose: Ein erster Erfahrungsbericht. Psychother Med Psychol 39:369-373

*Mit freundlicher Unterstützung der Gemeinnützigen Hertie-Stiftung, Frankfurt

Zur Verordnung von Vitamin B-Präparaten bei multipler Sklerose: Rationale Therapie oder Verschreibung aus Hilflosigkeit?

I. Fiedler-Kaufmann und W.R. Kießling

Die Therapie der multiplen Sklerose mit Vitamin B-Präparaten und Folsäure unter einen Oberbegriff wie "alternativ" oder "unkonventionell" zu stellen, sie gar als "Außenseitermethode" oder als "Therapiemethode der vergangenen Zeit" (8) zu bezeichnen, scheint angesichts der Häufigkeit der Verordnung und des Personenkreises, der verordnet, nicht angebracht.

Die Vitamine B1, B6 und B12 sowie Folsäure gelten als neurotrop; die im Labor nachgewiesene Wirkung auf den Stoffwechsel von Nervenzellen wurde jedoch in der Anwendung am Menschen nicht gesichert.

Historisch begründet sich die Vermutung des Nutzens dieser Vitamine auf die neurologische Symptomatik der Krankheiten, die bei der Mangelversorgung mit B-Vitaminen und Folsäure (5) entsteht; jedoch, was die eine Krankheit bessern kann, muß bei einer anderen Krankheit, seien auch manche Symptome der jeweiligen Mangelkrankheit ähnlich, nicht helfen.

Schaut man sich den Personenkreis der verordnenden Personen an, so ergibt sich, daß es keineswegs Außenseiter sind, die B-Vitamine bei der MS verschreiben, sondern es sind im wesentlichen Ärzte und Ärztinnen, die für sich in Anspruch nehmen, "ganz normale Schulmediziner" zu sein. Fragt man Kolleginnen und Kollegen nach dem Sinn dieser Therapie, so erhält man in den allermeisten Fällen eine ähnliche Antwort wie die folgende: "Ich weiß nicht genau warum, erwiesen ist der Nutzen wohl nicht, aber schaden kann es auch nicht."

Dies ist auch der Tenor der neurologischen Lehrbücher und der Standardwerke zur MS, die sich zu dem Problem der Vitamin B-Verordnung bei MS entweder gar nicht oder aber wie eben erwähnt äußern. Kritische Stimmen, die zu dem Aspekt der Verschreibung aus Hilflosigkeit Stellung nehmen, sind selten (7).

Zur Häufigkeit der Verordnung von Vitamin B-Präparaten liegen uns unterschiedliche Zahlen vor.

Bei einer Fragebogenaktion unter 847 Patientinnen und Patienten der Neurologischen Klinik Selzer gaben 24 % an, regelmäßig ein Vitamin B-Komplex-Präparat oral einzunehmen oder injiziert zu bekommen (12). Eine weitere Umfrage, ebenfalls in unserer Klinik, ergab in einer Stichprobe von 450 an MS Erkrankten sogar einen Anteil von 63,3 %, der aktuell ein Vitamin B-Präparat erhielt (6).

Auf unsere Frage, ob irgendwann einmal im Laufe der (meist langjährigen) Erkrankung an MS eines der bekannten Vitamin B-Präparate eingenommen wurde, fanden sich von 100 Patientinnen und Patienten nur 4, die noch nie Vitamin B-Präparate erhalten hatten.

Die Höhe der Dosierung der jeweiligen Vitamin-Präparate mutet willkürlich an, nach unseren Erfahrungen wird kaum ein Medikament so variabel in bezug auf die Menge der Wirkstoffe verordnet.

Therapieschemata speziell für die Behandlung der MS gibt es nicht.

Eine Kontrolle der Serumspiegel von Vitamin B1, B6, B12 und Folsäure bei 164 MS-Kranken mit der Unterscheidung in Einnehmer/in oder Nichteinnehmer/in ergab folgende Zahlen:

Folsäure: Von 142 Daten insgesamt 133 Werte im Normbereich (= Nichteinnehmer/innen), 8 Werte über der Labornorm (= Einnehmer/innen) und 1 Wert unter der Labornorm (= Nichteinnehmerin).

Die Einnahme eines Folsäurepräparates erfolgte als "Substitutionstherapie" bei Carbamazepinmedikation.

Vitamin B1: Von 87 Daten insgesamt 83 Werte im Normbereich (= 31 Einnehmer/innen, 52 Nichteinnehmer/innen), 0 Werte über der Labornorm und 4 Werte unter der Labornorm (= Nichteinnehmer/innen).

Vitamin B6: Von 66 Daten insgesamt 33 Werte im Normbereich (= Nichteinnehmer/innen), 31 Werte über der Labornorm (= Einnehmer/innen) und 2 Werte unter der Labornorm (= Nichteinnehmer/innen).

Vitamin B12: Von 147 Daten insgesamt 104 Werte im Normbereich (= Nichteinnehmer/innen), 40 Werte über der Labornorm (= Einnehmer/innen) und 3 Werte unter der Labornorm (= Nichteinnehmer/innen).

In der wissenschaftlichen Literatur gab und gibt es mehrere Ansätze, Zusammenhänge zwischen Vitamin B12 und MS herzustellen; die Resorption wurde untersucht (2, 4), ein "overlap syndrome" postuliert (3) und ein gemeinsamer Autoimmunmechanismus vermutet (10, 11). Eine Therapie mit Megadosen hatte keinen Einfluß auf den Krankheitsverlauf (9).

MS ist nach dem heutigen Stand der Wissenschaft keine Vitaminmangelkrankheit und sollte auch nicht aus Hilflosigkeit als solche therapiert werden, wenngleich auch bei MS-Kranken Vitaminmangelzustände vorkommen. Vor einer Substitutionstherapie sollte jedoch in jedem Fall eine Serumspiegelbestimmung stehen.

Literatur

1. Bässler KH (1989) Nutzen und Gefahren einer Megavitamintherapie mit Vitamin B6. Dtsch Ärzteblatt 86:2404-2408
2. Grann V, Glass GBJ (1961) Blood serum levels and intestinal absorption of vitamin B12 in multiple sclerosis. J Lab Clin Med 54, 4:562-567
3. Kerley JM, Patten BM (1985) MS and B12 malabsorption. A new overlap syndrome. Neurology 35 (Suppl 1):316
4. Lauer K, Firnhaber W (1986) An evaluation of laboratory investigations in patients with multiple sclerosis. J Chronic Diseases 39:767-774
5. Müller WHA, Fröscher W (1989) Neurologische und psychische Störungen bei Folsäuremangel. Fortschr Neurol Psychiat 57:395-402
6. Nehmiz E, Kießling WR, Raudies G (1990) Ernährungsgewohnheiten bei Multipler Sklerose. Verhandlungen der Deutschen Gesellschaft für Neurologie 6 (im Druck)
7. Poser S (1986) Multiple Sklerose. Wissenschaftliche Buchgesellschaft, Darmstadt:141
8. Schimrigk K, Schmitt D (1988) Multiple Sklerose. Konventionelle Therapie und Außenseitermethoden. VCH Verlagsgesellschaft, Weinheim
9. Simpson AS, Newell DJ, Miller H (1967) The treatment of multiple sclerosis with massive doses of hydroxycobalamin. Neurology 15:599-603
10. Ransohoff RM, Jacobsen DW, Green R (1990) Vitamin B12 deficiency and multiple sclerosis. Lancet 335:1285
11. Reynolds EH, Linnell E (1987) Vitamin B12 deficiency, demyelination and multiple sclerosis. Lancet II:920
12. Weiss A, Kießling WR (1990) Multiple Sklerose: Aktuelle Ergebnisse zur ambulanten medizinischen Betreuung bei 847 Patienten. Unveröffentlichtes Manuskript

Ernährungsgewohnheiten bei multipler Sklerose: Ergebnisse einer Umfrage bei 450 Patientinnen und Patienten

E. Nehmiz, W.R. Kießling und G. Raudies

Fragen der Diätetik bei MS-Kranken werden immer wieder diskutiert. Besonders die Betroffenen selber treten mit der Frage nach MS-spezifischen Ernährungsrichtlinien immer wieder an uns heran. Da es eine MS-Diät nicht gibt (4), dieser Bereich aber regelmäßig problematisiert wird, erfolgte nun an einem größeren Patientenkollektiv eine Untersuchung im Hinblick auf derzeitige und eventuell früher praktizierte Ernährungsformen. Befragt wurden in einem Zeitraum von 6 Monaten 450 Patienten (324 Frauen und 126 Männer im Alter zwischen 18 und 80 Jahren) mit gesicherter MS. Mit Hilfe eines Dokumentenbogens wurden folgende Variablen erfaßt und statistisch ausgewertet: 1. Alter und Geschlecht, Erkrankungsdauer und Behinderungsgrad. 2. Jetzige Kostform: a) sogenannte Vollkost (Normalkost), b) fleischlose Kost, c) Reduktionskost, d) vegetarische Kost, e) Rohkost, f) Evers-Diät, g) andere Diät. 3. Einnahme von a) Vitamin B-Präparaten, b) essentiellen Fettsäuren. 4. Früher erprobte Diät. Wenn ja, welche?

Die wesentlichen Ergebnisse der Studie sind in Tab. 1 zusammengefaßt. Obwohl häufig die sogenannte gesunde Ernährung betont wurde, zeigte sich, daß strikte Diätvorschriften nur von sehr wenigen Patienten tatsächlich eingehalten werden. Die meisten Patienten bevorzugen eine Mischkost ohne wesentliche Einschränkung. Darüberhinaus nehmen sehr viele Patienten (63,3 %) B-Vitamine und immerhin 19,1 % essentielle Fettsäuren ein. Die gleichzeitige Einnahme von B-Vitaminen und ungesättigten Fettsäuren wurde bei 14,7 % der Befragten angetroffen. Mit der Zunahme von Alter und Erkrankungsdauer wurden tendentiell weniger Kostexperimente durchgeführt, aber auch weniger Zusätze (Vitamine und Fettsäuren) eingenommen. Schließlich ließen sich insgesamt 90 Patienten (20 %) erfassen, die bereits früher eine andere Diät erprobt haben. Im Falle von 53 Patienten war dies die Evers-Diät, die aktuell aber nur noch von 6 Patienten praktiziert wurde.

Tabelle 1. Ernährungsformen bei einer Stichprobe von 450 Patienten mit MS unter zusätzlicher Berücksichtigung der Einnahme von B-Vitamin- und Fettsäurepräparaten

Kostform	Patienten	B-Vitamine	Fettsäuren	B-Vitamine und Fettsäuren
Normalkost	401 (88,1%)	259	69	53
fleischlos	28 (6,2 %)	15	11	8
Reduktionskost	3 (0,7 %)	1	-	-
vegetarisch	3 (0,7 %)	3	2	2
Rohkost	1 (0,2 %)	1	-	-
Evers-Diät	6 (1,3 %)	2	2	3
andere Diäten*	8 (1,8 %)	4	2	1
Gesamtzahl	450	285 (63,3%)	86 (19,1%)	66 (14,7 %)

*Diabetes (2), Magenschonkost (1), Muslim (1), ohne Gewürze (1), keine Angabe (2)

248

Die Ergebnisse lassen erkennen, daß überhaupt wenig MS-Betroffene irgendeine Diätform praktizieren. Die am meisten beachtete Diät ist die strukturell einfachste, nämlich die fleischlose. Die am häufigsten durchgeführte und wieder verlassene Diät ist die Evers-Diät. Ernährungsformen wie die Diät nach Dr. Nieper (keine Milch und Eiweißprodukte) oder die Vollwertkost wurden in keinem Fall erwähnt. Bei der Vollwertkost ist zu berücksichtigen, daß es sich hierbei nicht um eine Diät handelt, sondern um eine Ernährungsweise, die qualitative Aspekte der Ernährung in den Vordergrund stellt und nicht selten mit einer speziellen Lebenshaltung verbunden ist. Unabhängig von den vorliegenden Ergebnissen läßt sich zusammenfassend sagen, daß die Diskussion von Ernährungsrichtlinien bei MS aktuell bleiben wird, solange spezielle Ernährungsformen wie z. B. Makrobiotik (3), Ernährung nach Dr. Kousmine (2) und Dr. Evers (1) enorme Erfolge bis hin zur Heilung der MS versprechen. Abschließend sei auf eine aktuelle amerikanische Studie hingewiesen, die über den günstigen Effekt einer fettarmen Ernährung bei MS berichtet (5). Ob dies ein Schritt auf dem Weg zu einer ernstzunehmenden MS-Diät ist, wird sich allerdings erst herausstellen müssen.

Literatur

1. Evers J (1969) Die diätetische Therapie der multiplen Sklerose. Med Welt 2:1700-1707
2. Kousmine C (1984) La sclérose en plaques est guérissable. Delachaux, Nestlé, Perret Y et D Editeurs, Neuchâtel
3. Kushi M (1987) Das Buch der Makrobiotik. Der universale Weg zur Gesundheit, Glück und Frieden. Verlag B Marin, Südergellersen
4. Schimrigk K, Schmitt D (1988) Multiple Sklerose. Konventionelle Therapie und Außenseitermethoden. VHC Verlagsgesellschaft, Weinheim
5. Swank RL, Dugan BB (1990) Effect of low saturated fat diet in early and late cases of multiple sclerosis. Lancet 336:37-39

Die Ultraschalltherapie der multiplen Sklerose nach Dr. Selzer: Ein historischer Rückblick

W.R. Kießling

Zu den traditionellen Außenseitermethoden der MS gehört seit etwa 40 Jahren die Ultraschalltherapie nach Dr. Selzer. Obwohl diese Methode nach dem heutigen Wissensstand keinen Anspruch als kausalbegründete oder gar spezifische Behandlungsmaßnahme geltend macht, wird sie nach wie vor in der Literatur erwähnt (6) und von vielen Patienten geschätzt. Bei aller Kritik, die diese Behandlungsmethode entfacht hat, erscheint heute, fünf Jahre nach dem Tode Dr. Selzers, ein kritischer historischer Rückblick angezeigt. Zugleich verbindet sich damit die Frage, wie mit einer Therapie, die im Erleben vieler Patienten zweifellos eine wichtige Rolle spielt, umzugehen ist.
Selzer war kein Neurologe, sondern ein praktischer Arzt. Allein schon dieser Umstand machte ihn speziell unter den Neurologen, mit denen er sich zeitlebens leidenschaftlich auseinandersetzte, zum Außenseiter. Medizin hatte Selzer in Würzburg studiert, wo er 1942 bei Schaltenbrand mit der Arbeit "Einfluß von Lebensalter und Jahreszeit auf die Zellzahl im Liquor Multiple-Sklerose-Kranker und die Abhängigkeit der Erkrankung vom Wetter und Jahreszeit" promovierte. Nach dem zweiten Weltkrieg leitete er im Saarland ein Sanatorium, wo er überwiegend Patienten mit Migräne, vegetativer Dystonie, Rheuma und gelegentlich auch MS-Kranke mit Ultraschall behandelte. Seine günstigen Behandlungsergebnisse veranlaßten ihn dazu, sich intensiv mit dem damaligen Wissen über Immunologie, insbesondere Aufbau und Funktion des Lymphsystems und der Allergie zu beschäftigen (2). Dies führte letztlich zu der Formulierung einer eigenen MS-Theorie, die zum Teil auf Empirie, zum Teil auf Intuition beruht. Nach Selzer ist die multiple Sklerose eine lymphogene Enzephalomyelopathie. Die wesentlichen Punkte dieser Arbeitshypothese lauten: 1. Pathologische Veränderungen im Zentralnervensystem und in den peripheren Nerven kommen nicht auf hämatogenem, sondern auf lymphogenem Weg zustande. 2. Allergische Prozesse bei der Autoimmunisation spielen sich zunächst nur in der Lymphe ab. 3. Nicht exogene Toxine, sondern endogene Allergene führen zur Autoimmunisation bzw. zu autoimmunen Reaktionen. Diese Aussagen wurden mit der Vorstellung verknüpft, daß allergische oder autoallergische Prozesse sich retrograd über das Lymphsystem bis in das Zentralnervensystem ausbreiten. Da letzteres nicht über eigene Lymphgefäße verfügt, folgerte Selzer, werde das ZNS erst sehr spät befallen, und zwar nachdem es zu einem Zusammenbruch der Lymph-Liquor-Schranke gekommen sei. Was nun den Ultraschall betrifft, so postulierte er, bewirke dieser einerseits eine Desensibilisierung sogenannter "immunologisch-toxischer Lymphe", andererseits führe er zu einem beschleunigten Lymphabfluß von der Dura mater zu den zervikalen Lymphknoten, indem ein entzündungsbedingter Lympangiospasmus aufgehoben werde (3). Es sei darauf hingewiesen, daß diese von Selzer formulierte Theorie einzig und allein auf der Kenntnis bis dato bekannter anatomischer und tierexperimenteller Befunde sowie seinen eigenen klinischen Erfahrungen mit Ultraschall basierte. Erst danach versuchte er, seine Theorie durch eigene tierexperimentelle Untersuchungen zu belegen. Dabei gelang ihm insbesondere der Nachweis einer verstärkten lymphatischen zerebro-zervikalen Drai-

nage bei intensiver Beschallung (5). Eine Reihe weiterer Experimente sollte schließlich prüfen, bei welchen anderen Erkrankungen (z. B. Herzinfarkt, Traumen, Tumoren und Blutungen) die Ultraschalltherapie zur Anwendung kommen könnte. Selzer hat hierzu eine umfangreiche Monographie veröffentlicht (5). Aufgrund seiner experimentellen Arbeit sah er den Beweis für die Gültigkeit seiner Theorie erbracht. Eine weitere Bestätigung sah er in zum Teil spektakulären Behandlungserfolgen seiner Patienten. Detaillierte Kasuistiken berichten darüber in seinen beiden MS-Monographien (3, 5). Selzer war überzeugt, mit dem Instrument Ultraschall die MS heilen zu können. Kritik und Zweifel der Fachwelt blieben jedoch nicht aus. Der Haupteinwand gegen die Ultraschalltherapie beruht insbesondere auf der Tatsache, daß er nie Ergebnisse kontrollierter Studien vorgelegt hat. Ferner wird der mutmaßliche Erfolg der Ultraschalltherapie in zahlreichen Fällen durch den zusätzlichen Einsatz von Kortison relativiert. Dennoch ist es so, daß Selzer mit seiner Ultraschalltherapie zu einem wichtigen Hoffnungsträger geworden ist, der bis heute von zahlreichen Patienten verehrt wird. Wenn in der Neurologischen Klinik Selzer noch immer Ultraschall eingesetzt wird, so geschieht dies nicht mit dem Anspruch, die MS heilen zu können. Die Patienten sind darüber informiert, welche theoretischen Überlegungen dieser bislang klinisch nicht etablierten Therapieform zugrunde liegen. Daneben ist zu berücksichten, daß dem Ultraschall nachweislich eine thermische und mechanische Wirkung zuzuordnen ist, wobei insbesondere bei MS-Kranken analgesierende und muskelrelaxierende Effekte zu erreichen sind (1). Diese Erfahrungen, die im Erleben der Patienten eine enorme Rolle spielen, sollten aus therapeutischem Hochmut nicht abgelehnt, sondern ernst genommen werden. Im Hinblick auf den heutigen Wissensstand der Neuroimmunologie läßt sich zusammenfassend feststellen, daß Selzer mit dem Postulat der lymphogenen Entstehung der MS eine durchaus faszinierende Theorie formuliert hat. Ein Stillstand oder eine Heilung der MS wird jedoch mit der von ihm inaugurierten Ultraschalltherapie nicht erzielt. Allenfalls können einzelne MS-bedingte Symptome gelindert werden. Wenn die "Selzer-Klinik" bei einem Teil der Neurologen noch immer auf Mißtrauen stößt, so hat dies mehrere Gründe. Zum einen beruht dies auf den genannten kritischen Einwänden, zum anderen auf mangelnder Information. Es sei daher darauf hingewiesen, daß das Konzept der MS-Klinik in Schönmünzach sich heute an den Prinzipien der modernen MS-Nachsorge orientiert und dabei schwerpunktmäßig einen neurologisch-psychosomatischen Ansatz verfolgt.

Literatur

1. Kießling WR (1989) Ultraschallbehandlung bei Multipler Sklerose. Z Allgemeinmed 65:8-9
2. Selzer H (1956) Allergie, Lymphe, Rheumatismus. Erfahrungsheilkunde 5:1-9
3. Selzer H (1970) Die Multiple Sklerose: Ihre lymphogene Entstehung und ihre polyvalente Behandlung. H Schwab-Verlag, Schopfheim
4. Selzer H, Grüninger H, Harrer G et al (1975) Tierexperimentelle Untersuchungen zur Beeinflussung der lymphatischen cerebro-cervicalen Drainagebahn durch Ultraschall. Acta Neuropathol (Berl) 33:201-206
5. Selzer H (1977) Die lymphogene Erkrankung innerer Organe und des Zentralnervensystems. Verlag Laub, Elztal
6. Sibley WA (1988) Therapeutic claims in multiple sclerosis. Demos, New York

Einfluß von hydrolytischen Enzymen auf den Verlauf der Encephalomyelitis disseminata: Korrelation zwischen Therapie, Krankheitsverlauf und zirkulierenden Immunkomplexen im Blut

Ch. Neuhofer, W. van Schaik und G. Stauder

Problemstellung

Für die Encephalomyelitis disseminata (ED) ist noch immer keine befriedigende Therapie (3) verfügbar. Die Ursache der ED ist noch nicht geklärt. Immer mehr wird die Beteiligung von Autoimmunprozessen diskutiert (3, 12). Schon früh wurde über erhöhte Serumtiter an zirkulierenden Immunkomplexen (ZIK) bei ED-Patienten berichtet (1, 7). Möglicherweise sind diese ZIK nach Bindung an Gewebsstrukturen und Aktivierung des Komplementsystems kausal an der Pathogenese beteiligt. Therapeutische Versuche, diese ZIK mechanisch (Plasmapherese) zu eliminieren (11) oder deren Neubildung durch zytostatische Medikamente zu unterbinden (6, 8), zeigten zwar klinische Effekte, sind aber mit erheblichen Nebenwirkungen behaftet. Steffen zeigte, daß hydrolytische Enzyme in der Lage sind, ZIK abzubauen und gewebegebundene IK zu mobilisieren (9, 10). Diese Präparate haben sich bei anderen Autoimmunerkrankungen mit erhöhten ZIK-Spiegeln als wirksam erwiesen und sind auch bei Langzeitanwendung sehr gut verträglich (5). Deshalb wurde deren therapeutischer Einsatz bei ED-Patienten versucht.

Patienten und Methodik

Retrospektiv wurden 70 zufällig ausgewählte Patienten (20 m, 50 w) im Alter von durchschnittlich 38,9 Jahren mit einer Behandlungsdauer von im Mittel 56,6 Wochen ausgewertet. Alle erhielten täglich 15 Enzymdragées (Wobenzym^R) im Intervall, im Schub täglich 30 Enzymdragées und zusätzlich 2 Enzymampullen (Wobe-Mugos^R). Bei schweren Schüben wurde bei Bedarf kurzfristig ein Kortikoid (Prednisolon) verabreicht. Immunsuppressiva (z.B. Azathioprin) kamen nicht zum Einsatz. Bei allen Patienten wurden die Blutspiegel der zirkulierenden Immunkomplexe bestimmt. Der klinische Status wurde anhand der Skala nach Kurtzke beurteilt und in fünf Bereiche (1 = *sehr guter Zustand* bis 5 = *akuter Schub*) eingeteilt.

Ergebnisse

Werden die Serumspiegel der zirkulierenden Immunkomplexe (ZIK) mit dem Status der Erkrankung verglichen, zeigt sich eine deutliche Korrelation: mit zunehmender Schwere steigen die Spiegel an. Der Anstieg ist besonders ausgeprägt bei Patienten im akuten Schub. Beim relativ gesunden Patienten werden nahezu Normalwerte erreicht.

Die Auswertung der Mittelwerte zeigt unter Enzymtherapie eine Besserung des Status, während die ZIK weiterhin die typischen Schwankungen aufweisen. Kam es unter Enzymtherapie zu einem stärkeren Schub, so wurde zusätzlich kurzfristig Prednisolon verabreicht. Meist reichten jedoch eine einmalige Gabe von 1000·mg und zwei weitere Gaben von je 250 mg. Die Enzymtherapie war sehr gut verträglich und wurde von den Patienten gut angenommen. Nur in Einzelfällen kam es zu Magen-/Darmbeschwerden, die nach vorübergehender Dosisreduktion abklangen. Nach der i.m.-Injektion traten Müdigkeit und lokale Schmerzen auf.

Ein in der Literatur berichteter Fall einer anaphylaktischen Reaktion auf Wobe-Mugos[R] (4) ist wahrscheinlich auf das im Lösungsmittel enthaltene Lidocain zurückzuführen. Dieselbe Patientin vertrug nach Austausch des Lokalanästhetikums weitere Injektionen ohne Probleme.

Diskussion

Die in der Literatur beschriebene Korrelation zwischen zirkulierenden Immunkomplexen (ZIK) im Serum und dem Krankheitsverlauf (2) konnte auch hier gefunden werden. Es fällt auf, daß unter Therapie mit hydrolytischen Enzymen der durchschnittliche Status der Erkrankung reduziert wird. Daß aber die ZIK weiterhin Schwankungen aufweisen, ist dadurch erklärbar, daß durch die Aktivierung des Immunsystems durch die Enzyme mehr Antigen-Antikörper-(Immun)komplexe gebildet werden. Diese IK werden aber durch die hydrolytische Wirkung wieder gespalten und eliminiert, bevor sie sich an Gewebe binden und durch Komplementaktivierung pathogene Prozesse induzieren könnten. Die Aktivierung von Makrophagen durch die Enzyme ist für die beschleunigte ZIK-Clearance von Bedeutung.

Klinisch ist eine Reduzierung der Schwere und der Häufigkeit von Schüben zu beobachten sowie eine Verlangsamung der Progredienz. Bei schweren Schüben werden zwar weiterhin Kortikoide benötigt, die erforderliche Menge ist aber deutlich geringer. Dies führt zu einer nur geringen Belastung der Patienten ohne großes Nebenwirkungsrisiko.

Der Zustand der Patienten bessert sich während der Enzymtherapie allgemein, die Patienten selbst fühlen sich "gut behandelt"; dies drückt sich auch in der erstaunlich guten Compliance aus.

Bei aller Kritik an einer retrospektiven Auswertung in einer Allgemeinpraxis zeigen sich doch deutliche Tendenzen, die zugunsten einer Enzymtherapie sprechen. Es ist nun Aufgabe von klinischen kontrollierten Studien, diese Erfahrungen zu objektivieren.

Das Literaturverzeichnis ist bei den Verfassern erhältlich.

ESEMS - Europäische Studie zur Enzymtherapie bei multipler Sklerose

G. Stauder und W. van Schaik

1. Problemstellung

Die Therapie der Multiplen Sklerose (MS) stellt nach wie vor ein Problem dar. Dies ist nicht zuletzt auf die ungeklärte Ätiologie zurückzuführen. Gesichert ist jedoch die Dysregulation des Immunsystems, wobei Immunkomplexe eine entscheidende Rolle spielen (2). Hydrolytische Enzyme sind in der Lage, Immunkomplexe zu mobilisieren, diese abzubauen und der Elimination durch Aktivierung des makrophagozytären Systems zuzuführen (5, 6). Erfahrungen mit hydrolytischen Enzymen bei Autoimmunerkrankungen und speziell auch bei multipler Sklerose liegen vor. Erste klinische Studien (Pilotphasen) zeigen eine Wirksamkeit: Reduzierung der Schubschwere und -häufigkeit, Verlängerung symptomfreier Intervalle (3). Dies soll nunmehr in einer großangelegten kontrollierten multizentrischen europaischen Studie überprüft werden.

2. Pilotstudien mit Enzymtherapie

In 5 Kliniken laufen Pilotstudien. Es sind z.Zt. 121 Fälle in Behandlung. Außerdem liegen Erfahrungsberichte vor (3). Diese zeigen eine erstaunlich gute Compliance und eine gute Verträglichkeit der oralen Formen.

3. Studiendesign ESEMS

ESEMS - diese Studie soll als randomisierte, doppelblind angelegte Parallelgruppenstudie mit Wobenzym^R vs. Plazebo durchgeführt werden. Im akuten Schub ist bei Bedarf die kurzfristige Gabe von hochdosiertem Prednisolon oder eine ACTH-Therapie möglich. Die Menge notwendigen Prednisolons bzw. ACTH dient dabei gleichzeitig als Zielkriterium.

Ein Verzicht auf andere immunsuppressive Therapien (z.B. Azathioprin, Cyclophosphamid) erscheint vertretbar, da eine Wirksamkeit dieser Substanzen - gerade bei Langzeittherapie - umstritten ist bzw. sogar in klinischen Studien z.T. kein Unterschied gegenüber Plazebo belegt werden konnte (1, 4).

Geplant ist, 220 Patienten mit definitiver MS in 11 Zentren einzubeziehen.

Als Zielkriterium dient die Verlangsamung der Progredienz. Sie wird ausgedrückt durch: längere schubfreie Intervalle, geringeren Schweregrad (nach Kurtzke) bei Therapieende, weniger Kortikoid- oder ACTH-Verbrauch pro Schub, jeweils in der Verumgruppe gegenüber der Plazebogruppe.

Die Patienten erhalten je nach randomisierter Zuteilung entweder ein Enzympräparat (Wobenzym^R) oder Plazebo über einen Zeitraum von 2 Jahren. Begleitend erlaubt sind physikalische Therapie, Baclofen bei Spastizität, Carbamazepin bei paroxysmalen Phänomenen, tonischen Anfällen oder Schmerzattacken, Propranolol bei Tremor, Parasympathikomimetika bei Blasen-/Darmatonie und Antibiotika bei Infektionen.

4. Verlaufskontrollen

Verlaufskontrollen sind vor Therapiebeginn und danach alle 3 Monate erforderlich. Kommt es zu einem akuten Schub, ist eine zusätzliche Dokumentation notwendig. Die Bewertungen erfolgen dabei stets durch denselben Arzt.

Laboruntersuchungen des Blutes (BSG, Leukozyten, Erythrozyten, Thrombozyten, T4-, T8-Lymphozyten, Gesamteiweiß, Albumin, Immunglobuline G, A, M und E, SGOT, SGPT, Gamma-GT, alkalische Phosphatase) erfolgen alle 6 Monate sowie im akuten Schub.

Liquoruntersuchungen (Gesamteiweiß, Albumin, Immunglobuline G, A, M und E, oligoklonale IgG-Banden, Zellzahl, CIC) werden nur soweit medizinisch vertretbar durchgeführt.

Zur Statusbestimmung wird einmal der Schweregrad nach Kurtzke ermittelt, zudem werden die einzelnen Befunde nach Bauer und nach Pedersen erfaßt.

5. Aufruf

Kliniken, die sich an dieser Studie beteiligen möchten, werden gebeten, sich an die Autoren zu wenden.

Voraussetzungen sind die Aufnahme von wenigstens 20 Patienten bis spätestens Ende 1991, die technischen Möglichkeiten für die apparativen Kontrollen (im eigenen Haus oder in einer nahegelegenen Klinik), die Benennung eines Studienarztes, der die Studie bis Ende 1993 betreuen kann, und das Einverständnis mit dem vorliegenden Studienprotokoll.

6. Literatur

1. Cosi V et al (1988) Int Mult Scler Conf, Rome, Sept 14-17
2. Hohlfeld R (1990) Münch Med Wschr 132:14
3. Neuhofer C, van Schaik W, Stauder G, Pollinger W (1989) Int Mult Scler Conf, Rome, Sept 14-17, 1988, Monduzzi Editore, Bologna
4. Patzold U, Pocklington P (1980) J Neurol 223:97
5. Steffen C, Menzel J (1983) Z Rheumatol 42:249
6. Steffen C, Menzel J (1987) Wiener Kl Wschr 99:525

Die Problematik der Kausalität aus rechtlicher Sicht bei der Erstellung von Gutachten auf dem Gebiet der sozialen Entschädigung

H. Müller

Das Recht der sozialen Entschädigung gibt jeder Person, die einen gesundheitlichen Schaden erleidet, für deren Folgen die staatliche Gemeinschaft einzustehen hat, einen Anspruch u. a. auf die notwendigen Maßnahmen zur Erhaltung, zur Besserung und zur Wiederherstellung der Gesundheit und Leistungsfähigkeit sowie zur angemessenen wirtschaftlichen Versorgung; so festgehalten in § 5 Sozialgesetzbuch I. Dabei legen die einschlägigen Entschädigungsgesetze im einzelnen fest, welche tatsächlichen Gegebenheiten erfüllt sein müssen, um die Entschädigungspflicht der Gemeinschaft auszulösen. Übereinstimmend gehen diese Vorschriften davon aus, daß der Anspruchsberechtigte im Zusammenhang mit konkret normierten Tätigkeiten von einem schädigenden Ereignis betroffen worden ist. Diese sog. haftungsbegründende Kausalität, also das Beruhen einer Tätigkeit auf einem versicherungsrechtlich geschützten Handeln, interessiert vorliegend bei der Beurteilung des Zusammenhangs dieser Tätigkeit mit seinen Folgen in keiner Weise. Insoweit ist es Aufgabe der Verwaltung oder der Rechtsprechung zu klären, ob ein Verhalten, eine Tätigkeit oder selbst ein Unterlassen einen gesetzlich geschützten Schädigungsvorgang darstellt.

Für das Einstehen der Gemeinschaft ist vielmehr zusätzlich - was Thema meiner Ausführungen im Hinblick auf die ärztliche Gutachtenserstellung sein soll - von ausschlaggebender Bedeutung, ob geltend gemachte, tatsächlich bestehende oder als Schädigungsfolge behauptete Gesundheitsstörungen auf die gesetzlich geschützte Tätigkeit zurückgehen. In diesem Bereich der sog. haftungsausfüllenden Kausalität ist der ärztliche Gutachter gefragt, ist er ein unentbehrlicher Helfer für Verwaltung und Rechtsprechung. Hier ist es die Aufgabe des ärztlichen Sachverständigen, aufgrund seiner medizinischen Sachkunde zum einen zur Klärung des Sachverhalts beizutragen und zum anderen zudem zur Frage kausaler Beziehungen Stellung zu nehmen.

Die Entschädigung durch die Gemeinschaft bedingt den Zusammenhang einer Gesundheitsstörung mit einer versicherten Tätigkeit und fordert sonach eine ursächliche Verknüpfung von Gesundheitsschäden und deren vorübergehenden oder bleibenden Folgen mit einer rechtlich abgesicherten Tätigkeit.

Die einschlägigen gesetzlichen Bestimmungen definieren nach keiner Richtung hin den unterschiedlich ausdeutbaren Ursachenbegriff. Das soziale Entschädigungsrecht verhält sich hier entsprechend anderen Rechtsgebieten, in denen es der Gesetzgeber ebenfalls der Praxis, insbesondere der Rechtsprechung überlassen hat, einen für den jeweiligen Rechtsbereich brauchbaren Kausalitätsbegriff herauszuarbeiten. Es braucht deshalb nicht zu wundern, wenn die Kausalitätsnorm je nach unterschiedlicher rechtspolitischer Zielsetzung und besonderer Eigenart der einzelnen Rechtsgebiete eine verschiedenartige Ausprägung erfahren hat.

Im Bereich der sozialen Entschädigung hat sich dabei im Gefolge der Rechtsanwendung zur Verwirklichung der materiellen Gerechtigkeit auf diesem Gebiet - wie im Straf- und

Zivilrecht für die dortigen Erfordernisse - ebenfalls eine eigenständige Kausalitätsnorm herausgebildet. Das Recht der sozialen Entschädigung geht weder von der das Strafrecht beherrschenden Bedingungs- bzw. Äquivalenztheorie aus, wonach Ursache jede Bedingung ist, die nicht hinweggedacht werden kann, ohne daß damit gleichzeitig auch der konkrete Erfolg entfiele (conditio sine qua non), noch bedient sie sich der im Zivilrecht geltenden Adäquanztheorie, wonach Ursache im Rechtssinn nur die Bedingung ist, die allgemein oder erfahrungsgemäß unter Berücksichtigung der gegenwärtigen und zukünftigen Umstände aus der Sicht eines objektiven Beurteilers geeignet ist, den konkreten Erfolg herbeizuführen.

Im Recht der sozialen Entschädigung wird vielmehr in ständiger vom Schrifttum nahezu einhellig gebilligter Rechtsprechung die Kausalitätslehre von der *wesentlichen Bedingung* vertreten, die immer häufiger als Theorie der *wesentlich mitwirkenden Ursache* bezeichnet wird.

Danach ist Ursache nicht jede Bedingung, die nicht hinweggedacht werden kann, ohne daß der Erfolg entfiele oder objektiv betrachtet allgemein-erfahrungsgemäß geeignet erscheint für den Erfolg. Ausschließlich nur diejenige Bedingung gilt als Ursache, die im Verhältnis zu anderen, einzelnen Bedingungen nach der Auffassung des praktischen Lebens, d. h., bei lebensnaher Betrachtung, wegen ihrer besonderen Beziehung zum Erfolg zu dessen Eintritt *wesentlich mitgewirkt* hat. Haben mehrere Bedingungen zum Erfolg beigetragen, ist jede von ihnen Ursache im Rechtssinn - genannt *Mitursache* -, wenn sie in ihrer Bedeutung für die aufgetretene Folge gleichwertig oder annähernd gleichwertig gewesen sind. Kommt dagegen einem der Umstände gegenüber den anderen eine überragende Bedeutung und Tragweite zu, so ist dieser Umstand allein wesentliche Ursache im Rechtssinn, während die anderen Umstände nur als *unwesentliche Bedingungen*, nicht aber als *Ursache* angesehen werden. Bei der Frage, welche Umstände als wesentlich für den Erfolg, also für eingetretene Folgen, anzusehen und deshalb rechtlich als *Ursache* oder *Mitursache* einzustufen sind, handelt es sich um eine Wertentscheidung. Diese Entscheidung orientiert sich daran, welchen Wert, welche Qualität und Gewichtigkeit die Auffassung des täglichen, des praktischen Lebens - im Rahmen med. Begutachtung, welche Wertigkeit die med. Wissenschaft - dem einen oder dem anderen Umstand unter Berücksichtigung der besonderen Umstände des Einzelfalles für das Eintreten des Erfolgs bzw. der Folgen zumißt.

Nach diesen Vorbemerkungen lassen Sie mich nunmehr auf einige Probleme bei der Beurteilung haftungsausfüllender Kausalität näher eingehen; also auf Probleme im Rahmen der Prüfung, ob und inwieweit ein wesentlicher ursächlicher Zusammenhang zwischen einem schädigenden Ereignis und der als Folge in Betracht kommenden Körperschädigung gegeben ist. Die Fülle dieser Probleme, die in diesem Rahmen auftauchen, ist derart vielfältig und verästelt, daß sie in Kürze auch nicht annähernd umfassend angesprochen, geschweige denn ausgelotet werden kann.

Vorweg sei festgehalten, daß es - von einigen wenigen Ausnahmen abgesehen - nicht Aufgabe medizinischer Erörterungen bei der gutachtlichen Äußerung über die Kausalitätskette zwischen schädigender Einwirkung und seinen Folgen sein kann, ob überhaupt ein Schädigungstatbestand vorgelegen hat. Diese Vorfrage muß im Zeitpunkt der medizinischen Abwägungen zur haftungsausfüllenden Kausalität verwaltungsmäßig oder gerichtlich bereits positiv abgeklärt und darf nicht mehr umstritten sein; denn die Prüfung haftungsausfüllender Kausalität kann logischerweise erst dann einsetzen, wenn feststeht, daß ein Schädigungstatbestand vorgelegen hat. Sollten beim ärztlichen Gutachter insoweit Zweifel bestehen, müßte er in klarer Trennung des medizinischen vom rechtlichen Bereich eine eindeutige Vorabklärung herbeiführen.

Wie dargelegt, ist nach der den Rechtsbereich der sozialen Entschädigungsleistungen beherrschenden Kausallehre der ursächliche Zusammenhang zwischen schädigendem Ereignis und körperlicher Schädigung dann gegeben, wenn dieses Ereignis für die Schädigung und ihre gesundheitlichen Folgen eine *wesentliche* Bedingung darstellt.

Keine Schwierigkeiten bereiten dabei die Fälle, in denen das schädigende Ereignis unbestritten als einzige Bedingung für die körperliche Beeinträchtigung anzusehen ist.

Hat dagegen das Ereignis in kausaler Konkurrenz, demnach im Zusammenwirken mit einer bereits vorhandenen Krankheitsanlage den Körperschaden herbeigeführt, muß gutachterlich im einzelnen begründet werden, ob und gegebenenfalls aus welchen Gründen das schädigende Ereignis die wesentliche Bedingung für das Entstehen des Körperschadens gewesen ist oder ob die Krankheitsanlage von überragender Bedeutung und damit die alleinige Ursache ist. Angesprochen sind hier die Fälle, in denen eine Krankheitsanlage zwar noch zu keinen krankhaften Veränderungen geführt hatte, für ihre Auslösung aber äußere Einwirkungen hinzutreten mußten und die Schädigung diese Einwirkung gebildet hat. Kriterium für die kausale Bedeutung einer äußeren Einwirkung im Vergleich mit der einer bereits vorhandenen krankhaften Anlage bildet die Abwägung, ob die Krankheitsanlage so schwer ansprechbar war, daß für ihre Auslösung besondere, in ihrer Art unersetzliche äußere Einwirkungen hinzutreten mußten, oder ob die Krankheitsanlage so leicht ansprechbar war, daß jedes andere alltäglich vorkommende ähnlich gelagerte Ereignis annähernd zu derselben Zeit die Erscheinungen hätte auslösen können.

Nur kurz streifen möchte ich in Verbindung mit der Erörterung der Problematik des Auflebens, der Auslösung einer krankhaften Veranlagung durch eine schädigende Einwirkung noch eine der schwierigsten Fragen ärztlicher Begutachtung, nämlich die Beurteilung psychogener Reaktonen bzw. von Neurosen. Die Kausalitätslehre im Recht der sozialen Entschädigung beinhaltet für die haftungsbegründende Kausalität keineswegs die Einschränkung, daß zu den Bedingungen nur der Geschehensablauf als wesentliche Bedingung gezählt werden kann, der sich im Körperlich-Organischen abspielt. Auch Vorgänge im Bereich des Psychischen und Geistigen können rechtlich durch einen schädigenden Vorfall verursacht sein. Es darf nämlich nicht außer acht bleiben, daß eine scharfe Trennung zwischen Vorgängen, die nur im organischen Bereich ablaufen und solchen, die sich im Psychischen abspielen, nicht berechtigt und vielfach praktisch nicht einmal möglich ist. Für die Kausalität wesentlich mitwirkender Ursachen bleibt ohne Bedeutung, wenn das schädigende Ereignis das Auftreten der Gesundheitsstörung nicht unmittelbar durch im Körperlichen verlaufende Vorgänge herbeigeführt, sondern psychische Reaktionen und deren Auswirkungen sozusagen als Zwischenglieder eingeschaltet hat. Bei psychischen Reaktionen ist folglich ebenfalls zu prüfen, ob der schädigende Vorgang seiner Eigenart und Schwere nach ursächlich, d. h., nicht mit anderen alltäglich vorkommenden banalen Ereignissen austauschbar ist, oder ob die Anlage derart leicht ansprechbar war, daß sie gegenüber den psychischen Auswirkungen der körperlichen Schädigung als rechtlich allein wesentliche Ursache anzusehen ist. Nach einhelliger Rechtsprechung ist deshalb ein wesentlicher innerer ursächlicher Zusammenhang im allgemeinen abzulehnen, wenn psychische Reaktionen vornehmlich auf wunschbedingten Vorstellungen, z. B. auf Rentenbegehren oder dem Wunsch des Versichertseins beruhen.

Von der Problemstellung, ob und unter welchen Voraussetzungen eine Krankheitsanlage wesentlich bedingt durch eine Schädigung aus der Latenz gehoben wurde, unterscheidet sich die Sachlage, daß der schädigende Vorgang auf einen schon bestehenden Krankheitszustand - bezeichnet als sog. Vorschaden - einwirkt. Diese Gesundheitsstörung kann logischerweise schädigungsbedingt weder entstanden, noch ausgelöst worden sein; der schädigungsbedingte Körperschaden kann deshalb nur in einer Verschlimmerung des bereits zum Zeitpunkt der Schädigung vorhandenen Grundleidens bestehen. Entsprechend der Kausallehre von der wesentlichen Bedingung ist die Schädigung auch hier ausschließlich dann Ursache für die Verschlimmerung eines körperlichen Schadens, wenn ihr nach Art und Gewichtigkeit im Vergleich zur eigengesetzlichen Verschlimmerungsneigung des Grundleidens für das Fortschreiten der Erkrankung eine überragende Bedeutung zukommt. Dabei zeigen sich - wird die Schädigung als *wesentliche Ursache* beurteilt - drei Formen von Verschlimmerungen: Einmal die zeitlich begrenzte, *vorübergehende* Verschlimmerung, die nach einer gewissen Zeit wieder abklingt, so daß der Zustand wieder hergestellt ist, der auch ohne die schädigende Einwirkung bestanden hätte; zum anderen die *dauernde* Verschlimmerung, wenn die schädigungsbedingte Verschlimmerung bestehen bleibt, also eine Besserung nicht mehr erwartet werden kann; schließlich die *richtunggebende* Verschlimmerung, die dann anzunehmen ist, wenn der zum Zeitpunkt der Schädigung bestandene krankhafte Körperzustand nicht nur vorübergehend oder einmalig-dauernd verschlimmert, sondern die Entwicklung der Grunderkrankung nachhaltig ungünstig beeinflußt wird.

Nur zur Abrundung sei darauf eingegangen, daß Gesundheitsstörungen, die aus einer bestehenden schädigungsbedingten Erkrankung heraus - sei es nach kürzerer oder längerer Zeit - zur Entwicklung gelangen, nach der Kausalitätslehre im Recht der sozialen Entschädigung selbstverständlich ebenfalls nur dann als entschädigungsrelevante, sog. Folgeschäden qualifiziert werden können, wenn der schädigende Vorgang und seine primären Folgen bei der Entstehung dieser neuen Gesundheitsstörung in rechtlich erheblicher Weise mitgewirkt haben (z. B. das Auftreten eines hirnorganischen Anfallsleidens oder Hirnabszesses nach einer Hirnverletzung).

Die gleichen Kausalitätsvoraussetzungen sind zu fordern für mittelbare Schädigungsfolgen. Es handelt sich dabei um Erkrankungen, die durch ein neues äußeres Ereignis herbeigeführt worden sind, dessen Ursache in einem schädigungsabhängigen Leiden liegt (z. B. ein schädigungsbedingtes Anfallsleiden führt bei einem Sturz zu einem Beinbruch, der eine Gehbehinderung hinterläßt).

Zum Abschluß meiner Ausführungen sei noch kurz darauf eingegangen, unter welchen Voraussetzungen der Ursachenzusammenhang zwischen Schädigung und gesundheitlichen Folgen als erwiesen angesehen werden kann; denn die Feststellung dieses Zusammenhangs wird im Regelfall nicht mit einer jeden Zweifel ausschließenden Sicherheit möglich sein. Nach der Rechtsprechung genügt für die Annahme dieses Zusammenhangs eine *hinreichende Wahrscheinlichkeit*; die bloße Möglichkeit des Kausalzusammenhangs reicht dagegen nicht aus. Für den Nachweis der kausalen Verknüpfung zwischen Schädigung und gesundheitlichem Schaden wird sonach weder eine überwiegende, noch eine an Sicherheit grenzende Wahrscheinlichkeit gefordert.

Mit allem Nachdruck bedarf es aber des Hinweises, daß sich diese geringere Beweisqualität in der Gestalt der *hinreichenden* Wahrscheinlichkeit ausschließlich auf die Beurteilung des Zusammenhangs zwischen Schädigung und dadurch verursachter Gesundheitsstörung erstreckt.

Sind dagegen Befunde nicht sicher erwiesen oder Diagnosen zweifelhaft, bleibt für die Prüfung der Kausalkette von Schädigung und deren Folgen - weil die Prüfungsgrundlagen nicht nachgewiesen - ebensowenig Raum wie im allgemeinen dann, wenn über die Ursache einer bestehenden Erkrankung in der medizinischen Wissenschaft Ungewißheit besteht.

Literatur

1. Bley (1988) Sozialrecht, 6 Aufl
2. Brackmann, Handbuch der Sozialversicherung, Bd I und II
3. Gitter (1986) Sozialrecht, 2 Aufl
4. Lauterbach, Unfallversicherung Bd I
5. Watermann (1968) Die Ordnungsfunktionen von Kausalität und Finalität im Recht

Die neurologische Begutachtung MS-Kranker im Sozialversichungsrecht

G. Ritter und S. Poser

Ein Schwerpunkt der MS-Begutachtung liegt bei Zusammenhangsfragen, die das BVG betreffen. Es dominierten früher die Fragen nach Kriegsfolgen als Auslöser oder Verschlimmerungsfaktor, heute sind überwiegend Wehr- und Zivildienstfaktoren zu beurteilen. Die ehemals spektakulären Impfschadensprozesse gibt es nicht mehr. Die Wehr- und Zivildienstgeschädigten sind neben wenigen Unfallopfern zum Schwerpunkt der MS-Begutachtung geworden.

Nach dem BVG besteht die Möglichkeit der Kannversorgung im Wege des Härteausgleiches, wenn die MS wahrscheinlich durch Wehr- oder Zivildienst verursacht bzw. richtunggebend verschlimmert wurde. Die Anerkennung ist auf diesem Wege möglich, weil über die Ursache der MS in der medizinischen Wissenschaft nach der Definition des Gesetzgebers Ungewißheit besteht (§ 1, Abs. III BVG) - ungeachtet bisheriger medizinischer Fortschritte (4, 5).

Als exogene Faktoren mit Schädigungscharakter werden anerkannt: Körperliche und seelische Belastungen mit Resistenzminderung und negative Beeinflussung des Immunsystems sowie die Folgen von Intoxikationen und längerfristigen extremen Lebensumständen. Die Kannversorgung ist aber nur möglich, wenn die ersten MS-Symptome binnen 8 Monaten bis maximal 2 Jahren - mit beweisbaren Brückensymptomen - belegt sind. Die Kannversorgung gilt für Deutsche und ihnen vom Gesetzgeber gleichgestellte Personen. Im Ausland gibt es z.T. sehr davon abweichende Richtlinien (1).

Im Unfallversicherungsrecht gelten die entsprechenden Versicherungsbedingungen und deren Auslegung im Zivilprozeß. Auch Arzthaftungsfragen werden vorrangig nach dem BGB erledigt, z.B. nach Heilmethoden außerhalb der Schulmedizin, nach einem Kunstfehler oder unterlassener Risikoaufklärung. Die Streitpunkte in der MS-Begutachtung ergeben sich aus folgenden Umständen:

1. Es gibt keine einheitliche Rechtsprechung, jeder Krankheitsfall wird individuell abgeurteilt, jedes Gericht nimmt seine eigene Urteilsbildung vor, ohne Vergleichsmöglichkeiten mit analogen Fällen. Daraus entsteht ein für betroffene schwer verstehbarer Urteils-Wirrwar mit diskordanten Urteilen von Gericht zu Gericht, von Instanz zu Instanz und auch länderweise deutlich divergierender Anerkennungspraxis, d.h. was in Nordrhein-Westfalen abgelehnt wird, kann in Baden-Württemberg oder Bayern anerkannt werden etc..

2. Die Rechtsprechung zur MS-Frage hat sich überwiegend in der Nachkriegszeit bis Anfang der 60er Jahre herausgebildet. Sie läßt deshalb den medizinischen Fortschritt der letzten Jahrzehnte unbeachtet. Vor allem die Befunde bildgebender Verfahren - speziell der Kernspintomographie -, die moderne Liquordiagnostik und die Neurophysiologiebefunde fanden bis jetzt keinen Eingang in die Urteilsbildung und die Richtlinien des Bundesarbeitsministeriums.

3. Würden die aktuellen wissenschaftlichen Ergebnisse juristisch beachtet, dann ergäbe sich als Faktum, daß die MS niemals kausal auf eine kurzfristige exogene Belastung

zurückgeht. Die klinisch stummen Entmarkungsherde im Kernspintomogramm, heute oft ein Zufallsbefund, belegen nämlich, daß die MS-Begutachtung nur im Sinne der Verschlimmerung bzw. Manifestation einer bis dahin ruhenden Anlage vorgenommen werden kann.

4. Akzeptierte die laufende Rechtsprechung das Verschlimmerungsprinzip, dann wünschte man sich für den Gutachter vom Juristen klare Richtlinien auf dem Boden einheitlicher Rechtsprechung dazu, was der bis heute ganz verschwommene Begriff der adäquaten Schwere beinhalten soll. Hierzu hat jeder Richter bis jetzt seine eigene Meinung, was zu bizarren Urteilsfindungen geführt hat. Sie reichen von der Ablehnung durchaus schwerer Strapazen beim Wehrdienst bis hin zur Anerkennung von psychischem Streß durch die Konfrontation mit geistig und körperlich Behinderten im Rahmen des Zivildienstes (Urteile mit Fundstelle auf Anfrage bei den Autoren). Gegenwärtig ist die einzige juristische Hilfe für den Gutachter die Vorgabe, daß eine adäquate Schädigung ein Ereignis sein muß, das aus der Kausalkette nicht hinweggedacht werden kann, ohne daß der Erfolg entfiele, d.h. es soll sich um schädliche Vorgänge handeln, die über das allgemeine und individuelle Lebensrisiko hinausgehen. Daß bei dieser Rechtslage Hypothesen, Mutmaßungen und Spekulationen Tür und Tor offensteht, leuchtet ein - steht ein durchsetzungsfähiger und belesener Jurist dahinter, läßt sich "in dubio pro aegroto" viel erreichen. Andererseits sieht man auf der Kehrseite auch viele Ablehnungen berechtigter Ansprüche mangels Sach- und Rechtskenntnis der Betroffenen und ihrer Anwälte.

5. Rechtsstreitigkeiten ließen sich vermeiden, wenn frühzeitig eine medizinische Schadensermittlung stattfände. Gegenwärtig soll der Gutachter oft Jahre nach einer mutmaßlichen Schädigung aus lückenhaften Akten juristisch überzeugende Schlüsse ziehen und Diagnosen stellen. Aus oberflächlichen Musterungs- und Tauglichkeitsuntersuchungen bzw. lückenhaften Anamnesen werden dann nachträglich feststehende Tatsachen, wo eine Rückfrage bei Krankenkassen oder Berufsgenossenschaften und Rentenversicherungsträgern rasche Klarheit gebracht hätte.

6. Der Gesetzgeber und die laufende Rechtsprechung verschließen sich bis jetzt dem medizinischen Erkenntnisfortschritt, nach dem auch ein scheinbar Gesunder nach Abklingen eines Krankheitsschubes die MS in Form klinisch stummer Herde weiter in sich birgt, bis zum nächsten Rezidiv oder der chronischen Progredienz. Hier ignoriert man, daß, wer die Anerkennung bejaht hat, auch die Beschädigung durch die MS als Krankheitseinheit akzeptieren muß. Statt dessen versucht man, mittels aufwendiger Gutachten und kostspieliger Prozesse die Krankheit zu sektorisieren, argumentiert mit einmalig richtunggebend im ursächlichen oder verschlimmernden Sinne, zerlegt die Krankheit in Zeitabschnitte, die entschädigungspflichtig sind und solche, die aus innerer Ursache entschädigungsfrei bleiben sollen. Der Betroffene vermag zu Recht dieser Begriffsakrobatik nichts abzugewinnen und fühlt sich übervorteilt, juristisch im Stich gelassen.

7. Unfallversicherer streiten oft jahrelang um nicht bewiesene Umstände. Sie wären gut beraten, wenn sie das gesundheitliche Vorleben des Anspruchstellers vor Eintritt in den Haftungsprozeß durch Information klärten, über Auskünfte, die bei Krankenkassen und Rentenversicherern etc. vorliegen. Dazu ist natürlich mehr Einsatz erforderlich als der obligate Vordruck oder das hausärztliche Attest. Erfahrungsgemäß wird dann im Zuge des Rechtsstreites je nach Lage der Dinge von dieser oder jener Seite weitere Information nachgeschoben; Vorgutachter werden disqualifiziert, nachdem man ihnen die Fakten bis dahin vorenthielt. Aus dem Wirrwar der Stellungnahmen soll dann der Richter ein Urteil bilden, ohne sich auf vergleichbare Entscheidungen berufen zu können, weil eine Vereinheitlichung der Rechtsprechung noch aussteht und Informationsaustausch nicht üblich ist.

8. Die MS-Begutachtung tendiert bis heute vorschnell zur Berentung, abweichend von dem Grundsatz "Rehabilitation vor Rente". Für jüngere Betroffene können Umschulungsmaßnahmen oder bei älteren eine innerbetriebliche Umsetzung hilfreich sein. Die pauschale Disqualifizierung ist abzulehnen und auch nicht im Sinne der Rechtsprechung, die durchaus einer differenzierten Begutachtungspraxis offen ist, wenn die erforderliche Sachkunde dazu besteht. Auch im Falle von längerdauernder Arbeitsunfähigkeit sollte von der Möglichkeit eines finanziellen Ausgleichs durch Zahlung von Übergangsgeld Gebrauch gemacht werden; notfalls kann eine Berentung auf Zeit erfolgen. Damit können heikle Zusammenhangsfragen in der Begutachtungspraxis entschärft werden, weil der Betroffene sieht, daß man sein Anliegen ernst nimmt, auch wenn man vielleicht zunächst nur partiell entschädigt.

Beim gegenwärtigen Sachstand ergibt sich folgendes Resümee: Die MS-Begutachtung braucht Richtlinien vom Juristen zur Kausalitätsnorm und zum Verschlimmerungsbegriff unter Beachtung des derzeitigen medizinischen Wissensstandes. Dabei soll der Ermessensspielraum des Gutachters durchaus begrenzt werden, zur Vermeidung ausufernder Spekulationen, wie sie z.Zt. noch üblich sind.

Die MS-Begutachtung bedarf nach wie vor einer Beurteilung "in dubio pro aegroto" - zur Vermeidung von Härtefällen infolge medizinischer Ungewißheit zur Kausalität, die sich zwangsläufig in einem Justizirrtum perpetuierte.

Die MS-Begutachtung und Rechtsprechung muß akzeptieren, daß die MS auch im juristitischen Sinne bis heute unheilbar ist, klinisch stumm fortbesteht, eine zeitliche Zerlegung von Ansprüchen medizinisch unhaltbar ist, was nicht ausschließt, daß Veränderungen im Krankheitsverlauf auch ihren juristischen Ausdruck finden, indem man die MdE nach erfolgter Anerkennung den aktuellen Funktionsstörungen anpaßt - was auch beinhalten kann, daß der Betroffene für Zeiten der Symptomfreiheit oder nur geringfügiger Beeinträchtigung keine finanzielle Entschädigung bekommt, die Rente ruht und erst wieder bei etwaiger Verschlimmerung reaktiviert wird. Vorstellbar wäre auch - allerdings nur mit Zustimmung des Betroffenen nach eingehender medizinischer und juristischer Aufklärung - eine einmalige Abfindung oder die Kapitalisierung einer Rente, als Soforthilfe im Krankheitsfalle.

Die MS-Begutachtung sollte wegen der schwierigen Diagnostik und Rechtslage in der Hand von Experten bleiben. Nur so können peinliche Gelehrtenstreite "in foro" vermieden werden, die der Urteilsfindung abträglich sind.

Die MS-Begutachtung bedarf einer einheitlichen Beurteilung und Anpassung der Rechtsprechung an die herrschende medizinische Lehrmeinung, weg vom Verharren an veralteten Vorstellungen zur Pathogenese. Der Jurist braucht überzeugende Gutachten und eine einheitliche Rechtsprechung statt der bisherigen Urteilsvielfalt und diskordanter Stellungnahmen.

Vor 1985 war das Interesse am Thema MS und Führerschein gering. In der Literatur gab es nur zwei Arbeiten, die empirische Daten hierzu erhoben hatten. Beim Vergleich von 35 MS-Kranken mit einer Kontrollgruppe fand man häufiger Unfälle und Übertretungen bei den Patienten. Allerdings war eine Vorselektion erfolgt insofern, als nur Patienten erfaßt wurden, die wegen einer MS amtsärztlich untersucht werden mußten (2). Wir selbst erfragten die Verkehrsauffälligkeit von 294 Kranken aus unserem epidemiologischen Areal beim Kraftfahrtbundesamt in Flensburg. Dabei ergab sich keine Häufung von Eintragungen (3).

1985 wurde ein MS-Patient vom Amtsgericht München wegen fahrlässiger Gefährdung des Straßenverkehrs zu einer Freiheitsstrafe von 6 Monaten auf Bewährung verurteilt. Er hatte einen Unfall verschuldet, bei dem 3 Menschen ums Leben kamen und 3 zum Teil schwer verletzt wurden. Ihm wurde vorgeworfen, daß er seine Fahruntauglichkeit vor Antritt der Fahrt hätte erkennen müssen.

Seit diesem Urteil ist das Interesse an der Fahrtaugleichkeit von MS-Patienten und der Öffentlichkeit gestiegen. Verschiedene Gremien u.a. auch der Ärztliche Beirat der MS-Gesellschaft haben sich in mehreren Sitzungen damit beschäftigt. Jochheim, der sich im Rahmen der Rehabilitationsmedizin besonders intensiv mit Körperbehinderungen verschiedener Art beschäftigt hat, faßte die Diskussion wie folgt zusammen: "Bei MS-Kranken ist der neurologische Befund von entscheidener Bedeutung, ob der Fahreignung ohne besondere Auflagen oder mit einer speziellen Fahrzeugausstattung (z.B. Handbedienung für Gas und Bremse) zugestimmt werden kann. In einigen Fällen sind Geschwindigkeitsbegrenzungen, nur Fahrten am Tage oder auch nur von kurzen Strecken (räumliche Begrenzung) abzusprechen. Hierüber sind schriftliche Aufzeichnungen vom Arzt abzufassen. Ausgeprägtere Gleichgewichtsstörungen (zerebelläre Ataxie) und Beeinträchtigungen des Sehvermögens führen zumeist zur Ablehnung der Kraftfahreignung. Neben der ärztlichen Untersuchung kann in Grenzfällen eine praktische Fahrprobe zur Klärung beitragen. Ein noch schwierigeres Problem liegt dann vor, wenn der MS-Kranke wesensgeändert ist und vor allem nicht über das Einsichtsvermögen verfügt, daß er nicht mehr in der Lage ist, ein Auto verkehrssicher zu beherrschen. In diesen Fällen muß zumindest ein psychologisches Zusatzgutachten eingeholt werden, oder überhaupt die Begutachtung durch ein medizinisch-psychologisches Institut beim Technischen Überwachungsverein erfolgen."

Auch im o.g. Urteil war die psychomentale Störung ein wichtiger Gesichtspunkt. Die Strafzumessung fiel u.a. wegen Anwendung des 21 StGB (erheblich verminderte Schuldfähigkeit) mäßig aus. So gesehen ist das Thema MS und Führerschein falsch formuliert, es müßte eher Führerschein bei körperlicher bzw. psychomentaler Behinderung heißen.

Literatur

1. Firnhaber W (1984) Multiple Sklerose. In: Rauschelbach HH und A Jochheim (Hrsg) Das neurologische Gutachten. Thieme, Stuttgart New York:278-284
2. Knecht J (1977) Der Multiple-Sklerose-Kranke als Motorfahrzeuglenker. Schweiz Med Wschr 107:373-378
3. Poser S, Ritter G (1976) Das Verkehrsverhalten von Multiple-Sklerose-Kranken. Nervenarzt 47:669-672
4. Poser S (1987) Multiple Sklerose. In: Suchenwirth RMA, Wolf G (Hrsg) Neurologische Begutachtung, 2. Auflage. Fischer, Stuttgart New York:155-178
5. Rauschelbach HH (1984) Ursächlicher Zusammenhang. In: Rauschelbach HH, Jochheim A (Hrsg) Das neurologische Gutachten. Thieme, Stuttgart New York:10-32

Multiple Sklerose als Traumafolge

R.M.A. Suchenwirth

Die Bedeutung von Traumen als auslösende (präzipitierende) Faktoren bei der Entstehung (oder im Verlauf) der multiplen Sklerose wurde seit vielen Jahrzehnten in der Literatur diskutiert. Es gibt absolut ablehnende, zustimmende und vorsichtig abwägende Stellungnahmen.

Da die Ätiologie der multiplen Sklerose aber immer noch sehr viele Probleme aufwirft und auch Schwankungen in neuroimmunologischen Prozessen durch exogene Faktoren denkbar sind, lohnt es sich, noch einmal die Argumente zu überdenken - auch wenn die wissenschaftliche Literatur der letzten Jahrzehnte hier kaum Neues erbracht hat.

Anlaß zu derartigen Erwägungen war der Antrag einer 40jährigen Frau, einen Sturz auf dem Weg zur Arbeit (beim Aussteigen aus der U-Bahn) mit der sich daraus ergebenden Patellarquerfraktur sowie eine kurz danach durchgeführte Epiduralanästhesie als Ursache einer 14 Monate später voll in Erscheinung tretenden multiplen Sklerose anzuerkennen. Der postoperative Verlauf war komplikationslos. Das genaue Studium der Unfallakten ergab keinen Hinweis dafür, daß das Trauma Gehirn oder Rückenmark in Mitleidenschaft gezogen hatte, sei es in Form einer Commotio cerebri (spinalis), sei es gar in Form einer Contusio cerebri (spinalis). Wie häufig lagen allerdings keine neurologischen Befunde vor, die den Status um den Zeitpunkt des Unfallereignisses herum voll beurteilen ließen. Dagegen tauchten Hinweise auf, daß bei der Erkrankten im Alter von 16 Jahren eine Kinderlähmung bestanden haben soll, über die jedoch Einzelheiten nicht zu erfahren waren.

Zur Debatte stand also, ob das Unfallereignis mit den Sekundärfolgen (Epiduralanästhesie) geeignet war, eine später in Erscheinung tretende multiple Sklerose im Sinne einer Entstehung, oder, falls die Erkrankung mit 16 Jahren bereits ein erster Schub einer MS war, im Sinne einer richtungsgebenden Verschlimmerung eines bis dahin weitgehend latenten Leidens wesentlich zu beeinflussen.

In den deutschen Lehrbüchern wird ein solcher Zusammenhang nicht erwähnt oder (wie auch von Wild 1958 und Müller 1982) kategorisch abgelehnt. Stern (1933) äußert sich vorsichtiger: "Wir haben noch nicht die Berechtigung, den Unfall in jedem Fall als Kausalfaktor abzulehnen" und schlägt vor, "vorläufig" nur Fälle anzuerkennen, in denen zwischen Trauma und Erkrankung ein "Abstand von höchstens einigen Wochen" besteht. Curtius (1939), dem es eigentlich insgesamt besonders um die endogenen Faktoren der Ätiologie der MS ging, stellt aus der Literatur zusammen, daß bei 378 Fällen von MS in 74 Fällen aus der Vorgeschichte Traumen zu erfahren waren, die allerdings nicht näher spezifiziert werden. Miller (1964) beobachtete bei 7 Kranken neurologische Symptome einer MS teilweise schon Stunden nach einem schmerzhaften Trauma. De Portugal-Alvarez und Fereres (1965) sowie Namerow (1967) berichten Einzelfälle.

Prineas (1970) widmete der Frage ein kleines Kapitel: McAlpine und Compston (1952) haben danach bei 250 MS-Kranken in 14 % der Fälle innerhalb von 3 Monaten vor Ausbruch der Erkrankung Hinweise für ein Trauma erfahren. Bei 22 der 36 Fälle entsprach die Seite der Verletzung der der ersten Symptomatik. Eine Vergleichsgruppe anderer Kranker hatte nur in 5,2 % der Fälle ein Trauma in der Vorgeschichte. Auch Alter (1968) habe bei seinen Kranken mit MS deutlich häufiger Traumen in der Vorgeschichte gefunden als bei anderen Probanden (23 % bzw. 14 %).

Dennoch bleibt auch nach Prineas eine erhebliche Skepsis angezeigt! Mehrere Autoren fanden bei gezielter Befragung keine Traumen von Gewicht in der Vorgeschichte, andere keine Verschlechterung nach Traumatisierung durch chirurgische Eingriffe. In vielen Fällen wurden aus dem Kausalitätsbedürfnis von MS-Kranken heraus Traumen erwähnt, die bei vielen Menschen ohne diese gewichtige Diagnose längst vergessen waren. Alle älteren Arbeiten lassen im übrigen die Kriterien vermissen, die wir heute zumeist zur Annahme einer Diagnose und Beurteilung einer MS erwarten würden. Wir können derzeit also allenfalls davon sprechen, daß es gewisse Hinweise auf Zusammenhänge im Einzelfall gibt; Beweise liegen nicht vor.

Bedenkt man allerdings, daß nicht wenige Fälle von MS offenbar lange Zeit hindurch klinisch stumm sind, sogar diese Diagnose erst bei der Autopsie gestellt wird, bleibt eine gewisse Vorsicht bei der Beurteilung der Zusammehänge angezeigt.

Bei den vielen grundsätzlich noch unklaren Zusammenhängen hinsichtlich der Ätiologie der multiplen Sklerose und überhaupt der Neuromodulation immunologischer Prozesse kann man Traumen des Zentralnervensystems als auslösende, vielleicht sogar gelegentlich einmal als richtungsgebende Faktoren nicht ganz ausschließen. Unbedingte Voraussetzungen sind, teilweise auch nach Poser (1987) a) enge zeitliche Zusammenhänge (Wochen bis allenfalls 3 Monate), b) daß es sich um eindeutige Traumen seitens des Zentralnervensystems gehandelt hat und c) möglichst der Schwerpunkt der neurologischen Symptome in topischer Beziehung zur Lokalisation der Schädigung stand.

Im erwähnten Fall war mit großer Wahrscheinlichkeit ein Zusammenhang zwischen Trauma und multipler Sklerose abzulehnen: Weder die zeitlichen Abläufe noch die Art des Traumas noch die örtlichen Gegebenheiten (wie auch die ganze Dynamik des MS-Prozesses) konnten die Annahme eines Zusammenhanges stützen.

Dies galt besonders bei den Kriterien, die seitens der Berufsgenossenschaften gelten. Es hätten aber auch größte Zweifel bestanden etwa, wie im Versorgungsrecht denkbar, die Möglichkeit der Kannversorgung (s. a. Firnhaber 1984) in Anspruch zu nehmen.

Es wäre wünschenswert, der Frage besonderer Einzelfälle von MS nach schweren Traumen unter den heute üblichen Kriterien der Diagnostik dieser Erkrankung Aufmerksamkeit zu schenken. Ganz ausdiskutiert erscheint das Thema auch nach Durchsicht von Lehrbüchern in verschiedenen Sprachen (so Merritt 1984, Adams und Victor 1977 Bannister 1986 u. a.) noch nicht.

Das Literaturverzeichnis ist beim Verfasser erhältlich.

Testpsychologische Begutachtung MS-Kranker

R.M.A. Suchenwirth

Vorbemerkungen

Psychische Veränderungen bei multipler Sklerose - im Prinzip von jeher bekannt - gewinnen in letzter Zeit wieder vermehrt an Interesse. Dabei hat auch die Zahl der Arbeiten zugenommen, die sich bei der Auseinandersetzung mit der Psychopathologie dieser Erkrankung testpsychologischer Methoden bedienten. Eine Durchsicht der Referateblätter zeigt dies deutlich:

	1960-1970	1970-1980	1980-1990
Stichwort "multiple Sklerose"	973	1219	1320
dabei Stichwort "Psychische Veränderungen"	12	10	52
dabei Anwendung von testpsychologischen Untersuchungen bei MS	3	3	17

Bedenkt man aber, daß bei 5 - 75 % aller MS-Kranker psychische Symptome bestehen, diese in Einzelfällen dominieren, in anderen das Frühstadium der Erkrankung zumindest prägen, erscheint die Feststellung von Peyser und Becker (1982) nicht unberechtigt, daß die Psychopathologie der MS immer noch weit unterschätzt, wenn nicht vernachlässigt wird.

An neueren Studien hierzu seien die Arbeiten von Felgenhauer (1990), Gottwald (1990), Grant (1986), Klosterkötter (1986), Oberhoff-Looden (1978), Payk (1973), Peyser und Becker (1984) sowie Steller und Beck (1987) erwähnt, die den Zugang zur Literatur erschließen.

Testpsychologische Untersuchungen wurden immer wieder durchgeführt, wobei im Vergleich mit anderen Hirnkranken und auch Gesunden zahlreiche Besonderheiten - wenn auch nicht immer signifikant - erarbeitet werden konnten.

An angewandten und denkbaren Verfahren seien in Anlehnung an Frank (1982), Groffmann und Michel (1983), Lehrl, Kinzel, Fischer und Weidenhammer (1986), L.R. Schmidt (1987) u. a. erwähnt:

Aachener Aphasie-Test;
Benton-Test;
d 2-Test (nach Brickenkamp) und ähnliche Verfahren;
Diagnostikum für Zerebralschädigung (DCS-Weidlich und Lamberti);
Halstead-Reitan Neuropsychological Battery;
HAWIE (Neuauflage in Vorbereitung);
Matricen-Test (nach Raven);
MWT (mit Varianten);
Token-Test;
TÜLUC (Hamster und Mitarbeiter);
Wabentest nach Rupp (zur Zeit nicht verfügbar);
Zahlen-Verbindungs-Test (Oswald und Roth) u. a.

Gutachterliche Fragestellungen

Der Gutachter hat beim Vorliegen einer multiplen Sklerose verschiedene Fragen zu beantworten, bei denen häufig psychische Störungen von großer Bedeutung sind.

Es interessieren der
- in Prozent anzugebende Grad der Behinderung (Schwerbeschädigung?);
- die hinsichtlich vieler Kriterien genau zu definierende Einschränkung der Berufs- und Erwerbsfähigkeit, wobei die Besonderheiten der modernen Arbeitswelt zu bedenken und zu berücksichtigen sind;
- die Einschränkung in der Erfüllung von Beamtenpflichten und bei hochqualifizierten Tätigkeiten (Pilot, Richter, Arzt, Lehrer, Polizeibeamter, Berufskraftfahrer, Apotheker und andere)
- das Ausmaß einer vorhandenen Einsicht bei strafbaren Handlungen u. a.

Praktisch keine Rolle spielen die Festlegung der Minderung der Erwerbsfähigkeit in Prozenten (für Berufsgenossenschaften) oder die Minderung der Leistungsfähigkeit in Prozenten (für Privatversicherungen). Bei den genannten gutachterlichen Fragestellungen ist zwar in vielen Fällen eine Beurteilung aufgrund körperlicher Befunde möglich. Oft genug ist man aber gezwungen, psychische Leistungsstörungen und etwa eine somatisch bedingte Wesensänderung zu registrieren, spezifizieren und im Ausmaß zu beurteilen. Vergleiche zum Leistungsvermögen Gleichaltriger mit ähnlichem Bildungsweg sind anzustellen. Testpsychologische Untersuchungsergebnisse vermögen dabei wertvolle zusätzliche oder doch ergänzende Informationen zu geben.

Kritische Einwände

Viele Grenzen der testpsychologischen Untersuchung sind allerdings unübersehbar:

Sensomotorische und optische Behinderungen schließen die Anwendung vieler Testverfahren weitgehend aus (manchmal kann man allerdings durch Verfahrensvarianten auch hier noch Aussagen verwertbarer Art erhalten).

MS-Kranke können durch die Vielzahl der notwendigen Untersuchungen stark ermüden oder eine besondere Fluktuation in den Leistungen zeigen. Die Testsituation entspricht oft genug nicht der Situation am realen (oder denkbaren) Arbeitsplatz.

Eine unflexible Anlehnung an starre Normgrenzen ist bei der Beurteilung der Untersuchungsergebnisse oft nicht angezeigt. Deshalb setzt auch die Zusammenarbeit mit dem klinischen Psychologen unabdingbar voraus, daß dieser mit dem Wesen der Krankheit, den Grenzen der Quantifizierbarkeit in der Medizin und den Besonderheiten der gutachterlichen Fragestellung wirklich vertraut ist.

Wie bei allen Testuntersuchungen spielt eine erhebliche Rolle, inwieweit der Untersuchte zur Mitarbeit motiviert ist: Da sich aus dem Gesamtergebnis der Begutachtung oft wesentliche praktische Konsequenzen vor- oder nachteilhafter Art für den Untersuchten ergeben können, prägt dies stark die Untersuchungssituation. Sehr schlechte (geringfügige) Testergebnisse können irrelevant werden, wenn der Untersuchte durch die eine oder andere Äußerung oder Handlung schlaglichtartig erkennen läßt, daß er zu echter Mitarbeit nicht bereit war.

Schlechte Leistungen oder überhaupt die Aufforderung zu Aufgaben, wie sie bei testpsychologischen Untersuchungen üblich sind, können zu depressiven Reaktionen führen.

Bei manchen an sich hervorragenden Verfahren ist der zeitliche Aufwand, besonders in der Untersuchungssituation bei Ambulanten, viel zu hoch, zumal Anamnese und Fremdanamnese immer noch im Mittelpunkt der Untersuchung stehen müssen.

Nicht ganz selten erschwert die Kombination körperlicher, psychopathologischer, psychisch-reaktiver und psychosozialer Befunde die Auswertbarkeit von psychologischen Testergebnissen.

Schlußfolgerungen

Die Anwendung psychologischer Testverfahren bei der Untersuchung und Begutachtung von MS-Kranken kann unser Verständnis für Funktionsstörungen vertiefen und vielseitiger werden lassen und Quantifizierung ermöglichen.

Voraussetzung ist ein besonders gutes Vertrautsein mit den Verfahren vor allem im Hinblick auf die Anwendung bei Hirnkranken, die Fähigkeit, bei der Bewertung der Ergebnisse die Prioritäten richtig zu setzen und das Verhalten in der Testsituation mit dem im Alltagsleben zu vergleichen.

Als Neurologe sollte man sich viele Jahre hindurch mit den Verfahren beschäftigt haben, bevor man tragfähige gutachterliche Rückschlüsse zieht. Der mit uns zusammen arbeitende klinische Psychologe sollte seinerseits eine sehr große diesbezügliche Erfahrung haben und die Besonderheiten des Krankheitsbildes und der Fragestellung an den Gutachter kennen, bevor man seine Untersuchungsergebnisse ernst nimmt.

Unter diesen Voraussetzungen wäre es zu begrüßen, wenn mehr als bisher bei der multiplen Sklerose testpsychologische Befunde erhoben und gutachterlich berücksichtigt würden.

Literatur

1. Benton AL (1961/2) Der Benton-Test. Hans Huber, Bern
2. Felgenhauer K (1990) Psychiatric disorder in the encephalitic form of multiple sclerosis J Neurol 237:11-18
3. Frank Chr (1982) Verfahren zur Leistungsdiagnostik im klinisch-neurologischen Bereich. In: Quandt K und Sommer H (Hrsg) Neurologie - Grundlagen und Klinik. Fischer, Suttgart
4. Gottwald W (1990) Körperlich begründbare Psychosen im Initialstadium von Multipler Sklerose und Autoimmunkrankheiten. Vless, Ebersberg
5. Grant I (1986) Neuropsychological and psychiatric disturbances in multiple sclerosis. In: McDonald WI, Silberberg DH (Hrsg) Multiple sclerosis. Butterworths, London
6. Grant I, McDonald WI, Trimble MR, Smith E, Reed R (1984) Deficient learning and memory in early and middle phases of multiple sclerosis. J Neurol Neurosurg Psychiatr 47:250-255
7. Groffmann KJ, Michel L (1983) Intelligenz- und Leistungsdiagnostik. In: Enzykl der Psychologie, Hogrefe, Göttingen
8. Lehrl S, Kinzel W, Fischer B, Weidenhammer W (1986) Psychiatrische und medizinpsychologische Meßverfahren des deutschsprachigen Raumes. Vless, Ebersberg
9. Klosterkötter J (1986) Psychopathologie der multiplen Sklerose. In: Freedman AM, Kaplan HI, Sadock BJ, Peters UH. (Hrsg) Biologische und organische Psychiatrie, Bd 2. Thieme, Stuttgart
10. Payk ThR (1973) Psychopathologische Besonderheiten bei Kranken mit Encephalomyelitis disseminata ("Multiple Sklerose"). Nervenarzt 44:378-380
11. Oberhoff-Looden I (1978) Psychopathologie der multiplen Sklerose. Müller, Salzburg
12. Peyser JM, Becker B (1984) In: Poser CM, Paty DW, Scheinberg L (Hrsg) The diagnosis of multiple sclerosis. Thieme, Stuttgart
13. Schmidt LR (1987) Befunderhebung mit psychologischen Tests zur Funktionsdiagnostik. In: Suchenwirth RMA, Wolf G (Hrsg) Neurologische Begutachtung, 2. Auflage. Fischer, Stuttgart/2
14. Steller U, Beck U (1987) Durchgangssyndrom als Frühsymptom einer Multiplen Sklerose. Nervenarzt 58:256-260

Neurochirurgische Gesichtspunkte bei der radiologischen Diagnostik von Tumoren des ZNS

W.I. Steudel

Die Einführung der bildgebenden Verfahren hat die Diagnostik von Tumoren des ZNS erheblich verändert. Die Bedeutung dieser Methoden wird durch die rasche Einführung von vielen Geräten weltweit unterstrichen. Aus der präoperativen Diagnostik sind die bildgebenden Verfahren nicht mehr wegzudenken. Dabei läßt sich nicht nur die Geschwulst erkennen, exakt lokalisieren und häufig auch artdiagnostisch einordnen, es kann auch die Frage nach der Operabilität des Tumors beantwortet werden. Unnötige und riskante Eingriffe werden vermieden, wenn es sich zeigt, daß die Geschwulst größer als vermutet ist, bereits lebenswichtige Zentren ergriffen sind und diese damit als inoperabel angesehen werden muß (3).

Viele internationale Tagungen und Kongresse haben sich mit dieser Fragestellung beschäftigt. Das erste Treffen betreffend die Computer-Tomographie (CT) fand 1975 in Hamilton statt. Die Deutsche Gesellschaft für Neurochirurgie hat auf drei Jahrestagungen die bildgebenden Verfahren unter besonderer Berücksichtigung der raumfordernden Prozesse als Hauptthema gewählt: Die CT 1978 und 1981 auf der 29. und 32. Jahrestagung und die Kernspintomographie (MR) 1987 auf der 38. Jahrestagung (1, 8, 9).

Das präoperative Management bei Tumoren des ZNS schließt die klinische und neurologische Untersuchung, die Erhebung von neuropsychologischen, elektrophysiologischen Befunden, von Labordaten und die radiologische Diagnostik ein. Diese Befunde sind Grundlage für differentialdiagnostische Überlegungen und Entscheidungen hinsichtlich der Dringlichkeit des operativen Vorgehens. Besondere Aufmerksamkeit ist auch im Zeitalter der bildgebenden Verfahren auf die Dauer und Art der Symptome zu richten. Neurochirurgische Gesichtspunkte hinsichtlich der radiologischen Diagnostik betreffen:

1. Häufigkeit von Hirntumoren nach Einführung von CT und MR
2. Screening
3. Standardisierung der Untersuchung
4. Artdiagnose, biologisches Verhalten des Tumors
5. Differentialdiagnose
6. Zusatzuntersuchungen
7. Tumorlokalisation und -abgrenzung
   Nachbarschaftsbeziehungen (Dura, Arachnoidea, Zisternen, Hirnsubstanz, Ventrikelsystem, Gefäße, Hirnnerven, knöcherne Strukturen der Kalotte, der Schädelbasis, Foraminae), Tumorgröße, -volumen, Konfiguration
8. Perifokale Veränderungen
9. Folgen der Raumforderung
   Kompression, Verlagerung, Herniationen des Gehirns, Liquorzirkulationsstörungen
10. Multiple Prozesse
    Verschiedene Tumoren: Intrakraniell, extrakraniell oder spinal; Gefäßprozesse, degenerative Veränderungen, Hydrozephalus

11. Kontrolluntersuchungen: Zeitpunkt der Untersuchung?
    Frühe Veränderungen
    Bluthirnschrankenstörung, Blutbeimischungen im Operationsbereich, Lufteinschlüsse,
    Sekretstau in der Tumorhöhle, Komplikationen wie Hämatome, hämorrhagische Infark-
    te, Hygrome, Liquorfistel, Artefakte durch Implantate, Drainagen, Abrieb, Einbringen
    von resorbierbaren Materialien
    Spätveränderungen
    tumorbedingte Defekte (intrazerebral, Pseudozysten, Ventrikelerweiterungen, Hirnfurchen-
    erweiterungen)
    operativer Defekt
    Hydrozephalus malresorptivus
Neurochirurgische Fragen umfassen
  1. Übereinstimmung von klinisch-neurologischen mit den radiologischen Befunden
  2. Abschätzung des Operationsrisikos, der Operabilität des Tumors und der Gefährdung
     des Patienten
  3. Dringlichkeit des Eingriffes
  4. Reihenfolge operativer Maßnahmen
  5. Wahl des operativen Zuganges
  6. Wahl des Operationsverfahrens
  7. Ausdehnung des operativen Eingriffes
  8. Abgrenzung Tumor-Ödem-Hirnsubstanz

Häufigkeit von Tumoren des ZNS

Welche Änderungen der Häufigkeit des Auftretens von Tumoren des ZNS sind seit Einführung der bildgebenden Verfahren eingetreten? In Deutschland liegen nur wenige Daten
vor, die eine Analyse zulassen. Seit 1969 führt das Statistische Bundesamt in Wiesbaden eine
Todesursachenstatistik. Hierbei fällt auf, daß die Zahl der Sterbefälle an Hirntumoren von
1978 bis 1980 um 30 Prozent zugenommen hat. Von 1980 bis 1987 ist eine leicht ansteigende
Tendenz zu beobachten. Die Zahlen lassen die Aussage zu, daß die Diagnose Hirntumor
häufiger gestellt wird (Tab. 1) (7).
Eine andere Frage betrifft den Zeitpunkt der Diagnosestellung und die Frage, ob man
davon ausgehen kann, daß die bildgebenden Verfahren zu einer schnelleren Diagnosestellung führen. Hierzu liegen retrospektive Untersuchungen vor. Diese zeigen, daß bei den
Glioblastomen mit einer im Vordergrund stehenden Hirndrucksymptomatik und den Astrozytomen mit einer Anfallssymptomatik die Diagnosestellung nach Einführung der CT
schneller erfolgt. Bei langsam wachsenden Tumoren wie Oligodendrogliomen und Meningeomen ist keine schnellere Diagnosestellung nachweisbar (4). Ein anderer Aspekt betrifft
die Größe der Hirntumoren. Die Frage ist, ob in den letzten Jahren die zur Operation
gelangten Prozesse kleiner werden. Dies trifft unserer Erfahrung nach für die Akustikusneurinome und für einen Teil der niedergradigen Gliome zu.

Tabelle 1. Sterbefälle an Hirntumoren in der Bundesrepublik Deutschland (Statistisches Bundesamt in Wiesbaden: 191 bösarige Neubildungen des Gehirns; 225 gutartige Neubildungen des Gehirns 253 Krankenheiten der Hypophyse; 198,3 sekundäre Neubildungen des Gehirns und Rückenmarks; 239,6 Neubildungen des Gehirns

Jahr	n	ICD-9	191	225	253	198,3	239,6
1969	2949		935	216	38	153	1607
1974	2900		710	147	36	191	1816
1975	3016		654	173	38	201	1950
1976	2972		707	171	34	227	1933
1977	2933		640	172	24	224	1973
1978	3188		695	189	17	304	1983
1979	3558		1529	144	19		1866
1980	3864		1789	126	14		1935
1981	3891		2008	141	15		1727
1982	3942		2137	130	12		1663
1983	4113		2226	149	13		1725
1984	4115		2251	183	18		1663
1985	4161		2379	168	10		1604
1986	4031		2533	157	9		1331
1987	4199		2778	166	15		1240

Standardisierung

Da die bildgebenden Verfahren als Vorlage für den operativen Eingriff dienen, erleichtert eine Standardisierung der Untersuchung das operative Vorgehen, vermeidet Fehlbeurteilungen und schafft die Voraussetzungen für Verlaufsuntersuchungen. Aus neurochirurgischer Sicht sind folgende Punkte hervorzuheben: Die eindeutige Identifikation des Untersuchten, der Nachweis der anatomischen Schnittführung anhand eines Topogrammes und die Wahl bestimmter Schichtebenen und Schichtdicken in Abhängigkeit von der Lokalisation des Prozesses und die Durchführung der Untersuchung mit und ohne Kontrastmittel. Dies alles wird besonders bedeutsam für Kontrolluntersuchungen nach eingeleiteter Therapie.

Bei der Untersuchung können drei Abschnitte unterschieden werden: Die anatomische Orientierung, die Screening-Phase und die Differenzierungsphase (2).

Artdiagnose und biologisches Verhalten

Die Möglichkeiten einer Artdiagnose mittels bildgebender Diagnostik wird unter Berücksichtigung der verschiedenen Verfahren sehr unterschiedlich beurteilt. Tatsächlich können selbst bei häufigen, meist ein charakteristisches Bild aufweisenden Tumorarten wie Meningeomen, Gliomen, Abszessen und Hypophysenadenomen im Einzelfall erhebliche differentialdiagnostische Schwierigkeiten auftreten. Zu erwähnen sind auch besonders Orbitaprozesse. Unter Berücksichtigung der Vorgeschichte und der klinischen Angaben kann nach Kazner (1988) in über 80 % der Fälle die richtige Artdiagnose gestellt werden (3).

Tumorlokalisation

Operativ ist die Beziehung des Tumors zu benachbarten Strukturen von besonderer Bedeutung. Die Analyse der Nachbarschaftsbeziehungen bestimmt das operative Vorgehen und den operativen Zugang. Die Tumorart bestimmt dessen Beziehungen zu den Hirnhäuten, der Hirnsubstanz, dem Ventrikelsystem, den Gefäßen, Hirnnerven und knöchernen Strukturen der Kalotte und der Schädelbasis.

Da die Angiographie wichtige Hinweise auf die Natur des Tumors gibt, eine pathologische Vaskularisierung nachweist, die Gefäßversorgung des Tumors mit dem venösen Abfluß darstellt und die Raumforderung durch Verlagerung von Arterien und Venen aufweist, bleibt die Angiographie unentbehrlich für die Operationsplanung. Das trifft auch für den stereotaktischen Eingriff zu (6).

Die Beteiligung und Ausdehnung des Tumors im Bereich der weichen Häute und der Dura kann bei Meningeomen, aber auch bei Metastasen und Glioblastomen angetroffen werden. Die CT ist eine ausgezeichnete Methode zur Untersuchung der Schädelbasis. Sie gestattet die gleichzeitige Darstellung von Knochen, Hirnparenchym und Weichteilen. In der hochauflösenden CT mit dünnen Schichtdicken sind die knöchernen Strukturen der Basis und ihrer Foraminae hervorragend zu erkennen, wobei Koronarschichten zusätzliche Informationen liefern können. In der MR kann der Tumorweichteilanteil mit seinem extra- und intrakraniellen Wachstum auch aufgrund seines Signalverhaltens besser als in der CT erkennbar und abgrenzbar sein (3).

Die Beziehung des Tumors zur Hirnsubstanz und Ventrikelwand und dessen Abgrenzung gelingt mittels bildgebender Verfahren besser. Allerdings ist der Einbruch des Tumors bei den Meningeomen durch die Arachnoidea in die Hirnsubstanz nur selten nachweisbar. Bei großen Tumoren gelingt die genaue Lokalisation des Tumors hinsichtlich der Zentralregion nicht. Hier müssen andere Verfahren eingesetzt werden.

Die Hirnnerven sind bei verschiedenen Tumoren der Schädelbasis nur in besonderen Fällen zu erkennen. Nachweisbar ist das Chiasma bei suprasellären Tumoren, die noch nicht den dritten Ventrikel erreichen. Je größer der Tumor, desto schlechter gelingt die Abgrenzung dieser Strukturen von Hirngewebe. Das trifft vor allem auch für die Prozesse im Kleinhirnbrückenwinkelbereich zu. Auch die Darstellung des Hypophysenstieles gelingt nur bei kleinen Hypophysenadenomen ohne wesentliche supraselläre Ausdehnung.

Perifokale Veränderungen

Im MR gelingt in vielen Fällen die Differenzierung zwischen unterschiedlichen pathologischen Geweben wie vitaler Tumor, Tumornekrosen, zentrale Nekrose, perifokales Ödem und liquorhaltige Strukturen. Eine Abgrenzung kann verstärkt werden durch die Gabe von Kontrastmitteln. Eine Abgrenzung von Tumorgewebe und Ödem ist bei den invasiv wachsenden malignen Gliomen und bei den niedergradigen Gliomen schwierig.

Folgen der Raumforderung

Ein Tumor des ZNS tritt pathophysiologisch durch drei Faktoren, die sich gegenseitig beeinflussen können, in Erscheinung: Die fokale Wirkung des Tumors auf das ZNS in Abhängigkeit von dessen Lokalisation, die perifokalen und weitergeleiteten Effekte mit Verlagerungen und Herniationen und die Folgen der intrakraniellen Drucksteigerung (5). Die Folgen der Raumforderung lassen sich mittels bildgebender Verfahren nachweisen. Das trifft besonders für die klinisch den Verlauf bestimmende mesenzephale und bulbäre Herniation zu. Aufgrund der klinischen Symptomatik läßt sich eine Rangfolge von Maßnahmen und deren Dringlichkeit ableiten wie Zystenpunktion als Erstmaßnahme, gefolgt von der direkten Tumorexstirpation.

Multiple Prozesse

Es können gleichzeitig verschiedene Prozesse vorliegen: Histologisch und lokalisatorisch unterschiedliche Tumoren extrakraniell, intrakraniell, spinal und Kombinationen mit Gefäßerkrankungen, degenerativen Erkrankungen und einem Hydrozhephalus. Die zunehmende Zahl von Operationen älterer Patienten läßt eine häufige Kombination mit gefäßbedingten Läsionen, die gut im MR-Bild erkannt werden können, erwarten.

Postoperative Untersuchungen

Die Beurteilung postoperativer Befunde bleibt eine ständige Kontroverse zwischen Neurochirurgen und Radiologen. Es ist zu unterscheiden zwischen operativ bedingten Veränderungen und den Folgen der durch die Raumforderung aufgetretenen Veränderungen. Grundlage für die Analyse postoperativer Bilder ist die Kenntnis über das operative Vorgehen und die präoperativen Befunde. Von besonderer Bedeutung ist die Frage, wann die erste Untersuchung sinnvoll ist. Untersuchungen haben gezeigt, daß die Abgrenzung des Tumorrestes von sekundären Veränderungen im Operationsgebiet am ehesten in den ersten drei Tagen nach dem Eingriff gelingt. Weitere systematische Untersuchungen sind hierzu notwendig. Bei den postoperativen Kontrollen kann eine vorübergehende, etwa 6 Wochen dauernde Störung der Bluthirnschranke und eine langfristige Bildung von Granulationsgewebe im Randgebiet der Operationshöhle zu einer ringförmigen Kontrastmittelaufnahme führen. Das Bild der Ringstruktur ähnelt sowohl im Computer-Tomogramm als auch im Kernspintomogramm einem Hirnabszeß, einem Tumorrest oder einem Rezidivwachstum. Meßtechnische Unterscheidungskriterien bestehen nicht (3). Darüber hinaus sind als frühe postoperative Veränderungen Lufteinschlüsse, Sekretstau in der Tumorhöhle, Blutbeimischungen und Hygrome zu werten. Operative Komplikationen umfassen Hämatome und hämorrhagische Infarkte.

Wichtig ist weiterhin, welche Spätfolgen operationsbedingt und welche durch Entfernung der Raumforderung eingetreten sind. Allgemein ist davon auszugehen, daß das Ausmaß des Substanzdefektes von der Lokalisation und der Größe des Tumors abhängt. Je größer der Tumor, desto größer der Defekt. Der Defekt kann sich als intrazerebraler Substanzdefekt, als Pseudozyste, als eine Erweiterung benachbarter Ventrikelabschnitte und kortikaler Sulci ausbilden. Bei sehr großen Tumoren kann es zur Bildung von Hygromen kommen.

Zusammenfassung

Nach den Fortschritten im Bereich der Neuroanatomie und der mikrochirurgischen Anatomie steht mit den bildgebenden Verfahren eine Methodik zur Verfügung, die es erlaubt, viele pathologische Veränderungen und Normvarianten präoperativ zu erkennen. Damit bilden die bildgebenden Verfahren eine wesentliche Grundlage für die Indikationsstellung zur Operation, für die Operationsplanung, die Wahl des operativen Zuganges und für die Abklärung und die Abschätzung des Risikos für den Patienten. Diese Befunde bilden damit einen wichtigen Bestandteil für das Aufklärungsgespräch. Die bildgebenden Verfahren können viele Antworten geben hinsichtlich der Lokalisation, der Ausdehnung, der Nachbarschaftsbeziehungen des Tumors und des individuellen Operationssitus. Fragen nach der Abgrenzung Tumorrest, Tumorrandgebiet, Tumorrezidiv und normales Hirngewebe bedürfen noch weiterer Untersuchungen und stellen die Grenzen der Methoden dar.

Literatur

1. Driesen W, Brock M, Klinger M (1982) Computerized tomography, brain metabolism, spinal injuries. Springer, Berlin Heidelberg New York
2. Huk WJ, Gademann G, Friedmann G (1990) MRI of central nervous system diseases. Springer, Berlin Heidelberg
3. Kazner E, Wende S, Grumme Th, Stochdorph O, Felix R, Claussen C (1988) Computer- und Kernspintomographie intrakranieller Tumoren, 2 Aufl, Springer, Berlin Heidelberg
4. Kluge W, Sprung C (1982) Has computed tomography led to earlier diagnosis of brain tumors? Advances in Neurosurgery 10:3-6
5. Miller JD (1987) Northfield's Surgery of the central nervous system. 2nd ed Blackwell Scientific Publications 7-57
6. Ostertag CB (1989) Persönliche Mitteilung
7. Statistisches Bundesamt in Wiesbaden (1989) Persönliche Mitteilung
8. Walter W, Brandt M, Brock M, Klinger M (1988) Modern methods in neurosurgery. Springer, Berlin Heidelberg
9. Wüllenweber R, Wenker H, Brock M, Klinger M (1978) Treatment of hydrocephalus, computertomographie, Springer, Berlin Heidelberg

PET und Tumortherapie

K. Herholz, J. Jeske, J. Rudolf und W.-D. Heiss

Einleitung

Die Positronen-Emissions-Tomographie (PET) ist ein nuklearmedizinisches Verfahren zur Messung und tomographischen Darstellung von physiologischen und pathophysiologischen Vorgängen. Mit Hilfe kurzlebiger Positronen-emittierender Radionuklide (z. B. C-11, N-13, O-15 und F-18) werden Tracer zur Darstellung der regionalen Durchblutung, des regionalen Energiestoffwechsels, der regionalen Aminosäureaufnahme und Proteinsynthese und der regionalen Nukleosidaufnahme markiert. Außerdem ist die Messung der Permeabilität der Bluthirnschranke und die Markierung von Chemotherapeutika möglich. Es steht somit ein breites Spektrum von Meßverfahren zur Verfügung, die es ermöglichen, in vivo nicht invasiv Details der Tumorbiologie darzustellen, was sowohl unter diagnostischen, insbesondere aber auch unter therapeutischen Gesichtspunkten neue Perspektiven eröffnet. Aufgrund des hohen Aufwandes bei der Herstellung der Radioisotope und der Durchführung der PET-Untersuchung ist das Verfahren bisher nur sehr begrenzt verfügbar. Zudem treten bei Stoffwechselmessungen in pathologischem Gewebe einige methodische Probleme auf, die noch nicht für alle Tracer im Detail gelöst sind. In der folgenden Übersicht soll zum einen ein Überblick über die klinischen Anwendungen gegeben werden und zum anderen auf die noch offenen Fragen hingewiesen werden.

Permeabilität der Bluthirnschranke

Die Bluthirnschranke des normalen Gehirns ist nahezu undurchlässig für die meisten polaren Substanzen mit Ausnahme von sehr kleinen Molekülen wie Wasser. Der Transport biologisch aktiver Substanzen wie Glukose und Aminosäuren wird durch Carrier-Enzyme vermittelt. Vaskuläre Veränderungen in Hirntumoren führen häufig zu einer pathologischen Durchlässigkeit der Bluthirnschranke, und bei Metastasen und Meningeomen fehlt eine Bluthirnschranke ganz. PET ermöglicht es, diese Veränderungen für eine Reihe von Substanzen verschiedener Molekülgröße und Polarität zu quantifizieren. Dabei kann sowohl das Permeabilitäts-Oberflächenprodukt (PS-Produkt) für den Übertritt vom Plasma ins Gewebe als auch das Verteilungsvolumen der betreffenden Substanz im Gewebe berechnet werden.

Ein häufig eingesetzter Tracer ist Gallium-68-EDTA. Das PS-Produkt für diese Substanz liegt im normalen Gehirn unterhalb von 4×10^{-4} ml/g/min (26, 48). Aufgrund der chemischen Eigenschaften von EDTA wird angenommen, daß der Tracer nicht verstoffwechselt wird und sein Verteilungsvolumen im Gewebe weitgehend dem Extrazellulärraum entspricht. Eine vermehrte Anreicherung von Gallium-68-EDTA wird vor allem in malignen Gliomen, Meningeomen und Hirnmetastasen gefunden (17, 27, 40, 56). Dies entspricht im wesentlichen dem Verhalten von Gadolinium-DTPA, das in der Kernspintomographie eingesetzt wird, und jodierten Röntgenkontrastmitteln. Die Permeabilitätswerte in Tumoren streuen über einen weiten Bereich, typisch sind Werte zwischen 0,001 und 0,01 ml/g/min (20, 26).

Typische Verteilungsvolumina im Tumorgewebe liegen im Bereich zwischen 0,05 und 0,3 ml/g. Der Extrazellulärraum erscheint somit in Hirntumoren häufig größer als in normalem Hirngewebe.

Methodische Probleme ergeben sich vor allem aus der hochgradigen Inhomogenität von Hirntumoren, die sich auch in dem sehr variablen Ausmaß der Schrankenstörung innerhalb ein und desselben Tumors äußert. Methodische Analysen zeigen, daß die meisten Verfahren dazu tendieren, die mittlere Permeabilität der Bluthirnschranke in dieser Situation etwas zu unterschätzen (23).

Ein weiterer Tracer, der die intakte Bluthirnschranke kaum passiert (PS-Produkt 0,006 ml/g/min, 7) ist das extrem kurzlebige Rubidium-82, das aus einem Strontium-Generator produziert werden kann. Die Permeabilität in malignen Hirntumoren ist typischerweise etwa 10fach höher als in normalem Hirngewebe (7, 29). Sowohl im normalen Gehirn als in pathologischem Gewebe ist die Permeabilität deutlich höher als für Gallium-68-EDTA. Die Gewebeaufnahme in Hirntumoren kann deshalb auch bereits durch die Durchblutung mitbeeinflußt werden, so daß zusätzliche Durchblutungsmessungen bei Anwendung dieses Tracers wünschenswert sind (13). Mit Rubidium-82 wurde nachgewiesen, daß Dexamethason die Permeabilität der Gefäße im Tumor signifikant reduziert, jedoch nicht in normalem Hirngewebe (29, 30).

Besonders relevant im Hinblick auf die Chemotherapie von Hirntumoren sind Messungen der Gewebeaufnahme von markierten Chemotherapeutika. Klinische Anwendungen fanden hierbei bisher mit N-13-Cisplatin und C-11-BCNU, wobei eine höhere Tumorkonzentration nach intra-arterieller im Vergleich zur intravenösen Injektion nachgewiesen wurde (18, 52). In einem Vergleich von C-11-markiertem gegenüber N-13-markiertem BCNU wurde außerdem gezeigt, daß diese Substanz in Tumoren länger verweilt als in normalem Hirngewebe, offenbar aufgrund spezieller Stoffwechselwege (15).

Durchblutung und Sauerstoffverbrauch

Die Durchblutung von Hirntumoren ist sehr variabel, mit einer Tendenz zu im Durchschnitt etwas niedrigeren Werten als in normalem Hirngewebe (35, 42, 53). Auch bei verminderter Durchblutung ist die Sauerstoffextraktion in der Regel ebenfalls vermindert (32, 35), was darauf hinweist, daß in erster Linie eine Störung des oxidativen Metabolismus vorliegt, während eine mangelhafte Sauerstoffversorgung des Tumorgewebes mit PET nicht nachzuweisen ist. Insofern erscheint es nicht überraschend, daß klinische Studien mit Substanzen wie Misonidazol, die die Strahlenempfindlichkeit von hypoxischen Zellen erhöhen sollen, ohne eindeutige Erfolge blieben.

Glukosestoffwechsel

Der am häufigsten verwandte Tracer ist F-18-2-Deoxy-2-Fluoro-D-Glukose (FDG), der alternativ auch mit C-11 markiert werden kann (45, 46). Das Verfahren beruht auf einem speziellen biochemischen Verhalten der Deoxyglukose, die wie Glukose mittels eines Carriers über die Bluthirnschranke transportiert wird, durch die Hexokinase phosphoryliert wird, dann jedoch im Gewebe akkumuliert. Neben der Glykolyse ist in Hirntumoren stärker als in normalem Hirngewebe auch der Beitrag des Pentose-Monophosphat-Shunts zum Glukoseverbrauch zu berücksichtigen. In malignen Gliomen wurden in vitro biochemische

Veränderungen der Hexokinase nachgewiesen: zum einen findet sich in malignen Gliomen vermehrt das Hexokinase-Isoenzym II, das im normalen reifen Gehirn nicht exprimiert wird, zum anderen ist die Hexokinase vermehrt an Mitochondrien gebunden und der normale zytoplasmatische Anteil vermindert (16, 19). Beide Veränderungen können zu einer vermehrten Affinität der Hexokinase für FDG und somit zu vermehrter FDG-Akkumulation führen (34). Die Umrechnung in Glukose-Stoffwechselraten ist aufgrund dieser Phänomene in Tumoren mit gewissen Unsicherheiten behaftet. Während die FDG-Phosphorylierung als entscheidender unidirektionaler Schritt am Beginn der Glykolyse in Gliomen deutlich verändert ist, weist nach unseren Untersuchungen der Transport von Glukose und FDG an der Bluthirnschranke in Tumoren kaum Veränderungen auf (21, 24). In der Arbeitsgruppe von Di Chiro und Mitarbeitern wurde eine Beziehung zwischen dem Glukoseumsatz und dem histologischen Malignitätsgrad von Gliomen an einer großen Serie von Patienten belegt (14). Darüberhinaus erwies sich ein hoher Glukoseumsatz in malignen Gliomen als zusätzlich prognostisch ungünstiges Zeichen (43). Diese Beziehungen sind vor allem dann deutlich, wenn man den Tumorstoffwechsel in Relation zum kontralateralen Hirngewebe setzt, da dessen Stoffwechsel bei malignen Tumoren erheblich reduziert ist (10). Die Relation zwischen Glukoseverbrauch und biologischer Malignität wurde von Alavi und Mitarbeitern bestätigt (2, 3), während Tyler und Mitarbeiter (53) ihn in einer kleineren Untersuchungsreihe nicht nachvollziehen konnten. Nach unseren Erfahrungen handelt es sich um eine relativ lose Korrelation, wobei auch Unterschiede zwischen den einzelnen histologischen Typen niedriggradiger Gliome zu existieren scheinen und zahlreiche Glioblastome nicht durch eindeutig erhöhten Glukosestoffwechsel gekennzeichnet sind. Insbesondere fanden wir in Verlaufsuntersuchungen unter Radio- und Chemotherapie progrediente Glioblastome mit niedrigen Stoffwechselraten im Bereich von 15 - 25 µmol/100 g/min. In erster Linie dürfte dies auf die Entstehung mikroskopischer und makroskopischer Nekrosen in diesen inhomogenen Tumoren zurückzuführen sein. Eine klinische Tumorprogression war jedoch regelmäßig von einem Absinken des Glukosestoffwechsels im übrigen Gehirn begleitet.

Die Veränderungen des Glukosestoffwechsels gehen mit einem vermehrten Anteil von anaerober Glykolyse und Laktatbildung einher, wie sie mittels Protonen-Kernspin-Spektroskopie in vivo nachzuweisen ist (38). Hingegen findet sich keine Korrelation zum Gewebe-pH. Vielmehr erscheinen die meisten Tumoren unabhängig vom Glukosestoffwechsel eher alkalotisch (22, 53). Die Veränderungen des Glukosestoffwechsels in Hirntumoren korrelieren im allgemeinen nicht mit Störungen der Bluthirnschranke (25).

Die Veränderungen des Glukosestoffwechsels, die durch Strahlen- oder Chemotherapie bewirkt werden können, sind meist relativ gering und uneinheitlich. Langen et al. (36) fanden uncharakteristische metabolische Veränderungen ein bis sieben Tage nach intra-arterieller ACNU-Gabe. Auch in unserer eigenen Erfahrung mit Verlaufskontrollen über mehrere Monate unter bzw. nach kombinierter Radio- und Chemotherapie mit ACNU zeigten sich keine einheitlichen Effekte. Rozental et al. (47) beschrieben nach einem massiven chemotherapeutischen Eingriff ("eight drugs in one day") ein kurzfristiges Ansteigen des Glukoseumsatzes in Gliomen innerhalb von ein bis drei Tagen mit einem allmählichen Rückgang ungefähr auf die Ausgangswerte innerhalb einiger Wochen. Eine Beziehung zwischen dem klinischen Erfolg von interstitieller Bestrahlung und den darunter beobachteten Veränderungen des Glukosestoffwechsels wurde bei malignen Hirntumoren von Valk et al. (54) beschrieben. Insgesamt scheinen die in der Regel geringen Stoffwechselveränderungen mit den letztlich unbefriedigenden Ergebnissen der Therapie der malignen Gliome zu korrespondieren.

Aminosäuren

Aminosäuren werden im Gehirn mittels verschiedener Carrier-Systeme aufgenommen. Insgesamt sind die Transportraten niedriger als für Glukose, wobei essentielle Aminosäuren bevorzugt transportiert werden. Eine Vielzahl von Aminosäuren wurde mit C-11 markiert, insbesondere Methionin und seine Methyl- und Adenosyl-Derivate, über dessen Anwendung bereits einige klinische Untersuchungen vorliegen. Aminosäuren weisen generell einen besseren Kontrast zwischen Tumor und normalem Hirngewebe auf als FDG. Typisch sind Tumor-zu-Hirn-Verhältnisse von 2:1 bis 5:1 in malignen Tumoren (37). Dabei fällt auf, daß dieser Kontrast sich auch bei Aminosäuren darstellt, die nicht in Proteine inkorporiert werden, wie D-Methionin (49) oder Cycloleucin (12). Andererseits ist die Aufnahme von D-Methionin sowohl im normalen Hirn als auch im Tumor etwa um das 2 1/2fache niedriger als die von L-Methionin (4), und die Aufnahme von L-Methionin kann im Tumor durch Gabe größerer Mengen unmarkierter Aminosäuren kompetitiv gehemmt werden (5). Diese Befunde weisen darauf hin, daß es sich bei der Aminosäureaufnahme vorwiegend um eine Veränderung an der Bluthirnschranke handelt, daß jedoch die Stereospezifität und Hemmbarkeit, die für einen Carrier-vermittelten Transport typisch ist, weitgehend erhalten bleibt. Bei einem Vergleich von Gallium-68-EDTA, FDG und F-18-2-Fluoro-Tyrosin, das auch in Proteine inkorporiert wird (9), fanden wir, daß die Aufnahme des Aminosäuretracers in erster Linie vom Transport über die Bluthirnschranke, weniger von seinem Einbau in die Proteine abhängt, in den meisten Gliomen gegenüber normalem Hirngewebe deutlich erhöht ist, nicht mit dem Glukosestoffwechsel und auch nicht mit der Bluthirnschrankenstörung, so wie sie sich mit Gallium-68-EDTA darstellt, korreliert (55). Insbesondere war eine deutliche Kontrastierung gegenüber normalem Hirngewebe auch bei einigen niedriggradigen Gliomen erzielbar, bei denen mit Gallium-68-EDTA noch keine Schrankenstörung nachweisbar war und die einen niedrigen Glukoseverbrauch aufwiesen.

Wie bei FDG scheint auch für die Aminosäureaufnahme eine gewisse Korrelation mit dem histologischen Tumorgrad zu bestehen (8, 41). Eine Reduktion der Aufnahme wurde unter Strahlentherapie bei Gliomen gesehen (11), ohne daß allerdings eine Korrelation mit der Prognose unter Chemotherapie nachweisbar war. Bei Prolaktinomen konnten Bergström et al. (6) frühzeitig ein therapeutisches Ansprechen auf Bromocriptin durch eine verminderte Aminosäureaufnahme nachweisen.

Nukleoside und andere Tracer

Markierte Nukleoside, ihre Vorläufer und chemischen Derivate, wie z. B. Bromodeoxyuridin, haben sich in experimentellen und ex-vivo Studien als aussagekräftig erwiesen, um den Anteil proliferierender Zellen zu bestimmen. Es sind deshalb auch Versuche unternommen worden, derartige Positronen-markierte Verbindungen wie F-18-Fluorodeoxyuridin (1, 28) und C-11-Thymidin (39, 44, 50) in PET-Studien einzusetzen, was zu ersten ermutigenden klinischen Ergebnissen führte (33). Es hat sich jedoch bisher als schwierig erwiesen, auf diesem Wege in vivo die Proliferationsrate zu messen. Die Gründe liegen in der insgesamt geringen Gewebeaufnahme dieser Tracer sowie in den störenden Einflüssen der Bluthirnschranke. Zudem kommen Quantifizierungsprobleme aufgrund von Metaboliten hinzu.

Gliome weisen vermehrt Rezeptoren für periphere Benzodiazepin-Liganden wie PK-11195 auf, was bereits in C-11 markierter Form in klinischen Studien eingesetzt wurde (31,

51). Es scheint damit eine gute Kontrastierung maligner Gliomzellen möglich zu sein. Eine breitere klinische Anwendung steht jedoch noch aus.

Zusammenfassung

PET-Messungen ermöglichen die Erfassung einer Vielzahl pathobiochemischer Prozesse, die für die Tumortherapie relevant sind. Die Permeabilität der Bluthirnschranke, die für die Penetration zahlreicher Chemotherapeutika in Hirntumoren eine entscheidende Rolle spielt, kann mit Substanzen verschiedener Molekülgröße wie Rubidium-82 und Gallium-68-EDTA sowie mit markierten Chemotherapeutika gemessen werden. Auch die Tumordurchblutung, die eine enorme Variabilität aufweist, ist quantitativ erfaßbar. Relativ breite Anwendung hat F-18-2-Fluor-2-Deoxy-D-Glukose (FDG) gefunden, da die meisten malignen Tumoren eine gesteigerte Glykolyse und somit eine gesteigerte FDG-Aufnahme aufweisen, die z. T. auch mit der Prognose korreliert. Die gesteigerte FDG-Aufnahme scheint in erster Linie durch Veränderungen des glykolytischen Enzyms Hexokinase bedingt zu sein. Veränderungen des Glukosestoffwechsels unter Radio- und Chemotherapie bei Gliomen stellen sich bisher uneinheitlich und überwiegend nicht sehr ausgeprägt dar, was im wesentlichen auch der klinischen Situation entspricht. Eine gute Kontrastierung zwischen den meisten Gliomen, auch von niedrigem Malignitätsgrad, und normalem Hirngewebe kann durch markierte Aminosäuren erzielt werden, wobei offenbar Veränderungen an der Bluthirnschranke ausschlaggebend sind, die mit den üblichen Kontrastmitteln der Kernspintomographie und Computertomographie noch nicht nachgewiesen werden können. Zukunftsperspektiven ergeben sich für die Anwendung von markierten Nukleosiden zur Darstellung der Proliferationsrate, was allerdings noch weitere methodische Entwicklung erfordert.

Das Literaturverzeichnis ist bei den Verfassern erhältlich.

Signalverhalten primärer Hirntumoren und Meningeome im Magnetresonanztomogramm nach Kontrastmittelgabe

S. Herrmann, C. Hornig und A.L. Agnoli

Es wurden die kernspintomographischen Aufnahmen von 255 Patienten mit primären Hirntumoren und Meningeomen restrospektiv ausgewertet. Von sämtlichen Fällen lag eine gesicherte Histologie vor. Die Auswertung der kontrastmittelunterstützten T1-gewichteten Bilder erfolgte im Vergleich mit den in T1- und den in T2-Wichtung erstellten Nativaufnahmen. Folgende Fragen wurden besonders berücksichtigt:
1. Ergeben sich Rückschlüsse auf die Malignität?
2. Wird die Tumor-Ödem-Abgrenzung verbessert?
Die 164 hirneigenen Tumoren kamen aufgrund ihres hohen Wasseranteils in den T1-Nativsequenzen hypointens und in den T2-gewichteten Aufnahmen hyperintens zur Abbildung. Nach Gabe des paramagnetischen Kontrastmittels Gadolonium (Gd)-DTPA zeigten die niedergradigen Gliome (Astrozytome und Oligodendrogliome Grad I und II) überwiegend kein Enhancement (50,9 %). Kam es doch zu einer Kontrastmittelanreicherung, so war diese meist nur gering ausgeprägt und schlierenförmig. Ausnahmen von dieser Regel bildeten die pilozytischen Astrozytome (Grad I) und die pleomorphen Xanthoastrozytome (Grad II), welche nach Kontrastmittelapplikation eine deutliche Signalintensitätssteigerung aufwiesen. Bei beiden, sich glatt begrenzt darstellenden Tumorarten konnten nach Gd-Gabe die vorhandenen zystischen Komponenten deutlich besser als in den Nativaufnahmen vom vitalen Tumorgewebe differenziert werden.

Die anaplastischen Gliome (Astrozytome und Oligodendrogliome III) zeigten nach Kontrastmittelgabe ein ausgeprägtes (78,8 %), großfleckiges, zumeist unscharf begrenztes Enhancement, wodurch das infiltrative Wachstum des Tumors besser als in den Nativsequenzen zu dokumentieren war. Die Tumor-Ödem-Abgrenzung, die auch mit dem jedoch recht zeitaufwendigen Multi-Echo-Verfahren in den T2-Sequenzen erreicht werden kann, wurde nach Gd-Gabe ebenso einfach wie sicher ermöglicht. Dies galt auch für die öfters auftretenden Nekrosezonen.

Die in unserer Untersuchung erfaßten 49 Glioblastome traten schon in den Nativsequenzen mit einem inhomogenen Bild in Erscheinung. Nach Kontrastmittelapplikation kamen sie mit einem durch Aussparungen (40,9 %) gekennzeichneten oder girlandenförmigen (28,5 %) Muster zur Darstellung. Eine sichere Möglichkeit der Differenzierung zwischen den Grad III Gliomen und den Glioblastomen gibt es aufgrund unserer Erfahrungen auch nach Gd-Gabe nicht. Bei den acht untersuchten Ependymomen (4 Grad II, 4 Grad III) konnten im Gegensatz zu den Gliomen keine Hinweise auf die Malignität gefunden werden. Sieben der acht Tumoren zeigten ein Enhancement, wobei weder nach dem Anreicherungsmuster noch nach der äußeren Begrenzung einheitliche Tendenzen zu erkennen waren. Eine differentialdiagnostische Abgrenzung zu den anaplastischen Gliomen beziehungsweise zu den Glioblastomen war nicht möglich. Das in neurochirurgischen und neuropathologischen Berichten gelegentlich erwähnte "blumenkohl-artige" Aussehen der Tumoren konnte in unserer Untersuchung nur in einem Fall dokumentiert werden.

Im Gegensatz zu den hirneigenen Tumoren kamen die untersuchten 91 Meningeome in der T1-Nativwichtung überwiegend isointens und in der T2-Wichtung erheblich schwächer hyperintens zur Darstellung. Nach Gabe des paramagnetischen Kontrastmittels Gd-DTPA zeigten sie eine deutliche Signalintensitätssteigerung. Die Abgrenzung zum umgebenden Hirngewebe wurde somit erheblich verbessert. Neben 85 Meningeomen Grad I befanden sich in unserem Kollektiv noch sechs Meningeome höherer Malignität. Diese zeigten, sofern die geringe Fallzahl eine Aussage zuläßt, die Tendenz zu inhomogenen Anreicherungsmustern (83,3 %) und kamen oft mit Gefäßkonturen zur Darstellung.

Zusammenfassend läßt sich sagen, daß die kontrastmittelunterstützte Kernspintomographie zu einer deutlichen Verbesserung der Tumor-Hirngewebe-Abgrenzung, insbesondere bei den Meningeomen, führt. Darüber hinaus sind Informationen zur Tumor-Ödem-Abgrenzung besonders bei den anaplastischen Gliomen zu erwarten. Eine histologisch exakte Zuordnung der Tumoren im Hinblick auf die Malignität war mit den Indizien, die das Anreicherungsmuster liefert, zumeist nicht möglich. Diese Aussage gilt insbesondere für die Differenzierung zwischen anaplastischen Gliomen und Glioblastomen.

Rezidivdiagnostik von Hirntumoren: Vergleich nativer und Kontrastmittel-unterstützter Magnet-Resonanz-Tomographie (MRT)

W. Schörner, H. Henkes, T. Mitrovics, R. Bittner, Th. Heim und N. Heye

Die MRT etablierte sich als äußerst empfindliche bildgebende Methode für den Nachweis intrakranieller Tumoren. In der Diagnostik von Patienten nach operativer Entfernung eines Hirntumors erwies sich jedoch die Beurteilung der nativen MRT-Aufnahmen als schwierig, da häufig nicht zwischen postoperativen Veränderungen und Rezidivtumoren unterschieden werden konnte. Gadolinium (Gd)-DTPA als neues MRT-Kontrastmittel ist analog den Kontrastmitteln in der CT geeignet, die Funktion der Bluthirnschranke sichtbar zu machen. Die vorliegende Studie vergleicht den Stellenwert nativer und KM-unterstützter Aufnahmen in der postoperativen Diagnose von Patienten mit Zustand nach operativer Entfernung eines intrakraniellen Tumors. Während es Mitteilungen zur nativen MRT-Diagnostik von Rezidiven gibt (2, 3), liegt dergleichen in der KM-unterstützten MRT nur für die postoperative Beurteilung kindlicher Hirntumoren vor (1, 4).

Die Studie umfaßte 21 Patienten (Alter: 13 - 67 J.) nach vorausgegangener Resektion eines Hirntumors. Alle Patienten hatten einen histologisch (11/21) oder durch CT-Verlaufskontrolle (10/21) gesicherten Rezidivtumor (11 extraaxiale Tumoren, darunter 6 Meningeome, sowie 10 intraaxiale Tumoren: Gliome unterschiedlichen Malignitätsgrades). Die MR-Untersuchungen (0.5 T Magnetom^R Siemens) schlossen native T2-betonte (SE 1600/ 70) sowie T1-betonte (SE 400/30 bzw. GE 315/14 alpha = 90°) Aufnahmen vor und nach i.v.-Applikation von 0,1 mmol Gd-DTPA/kg Körpergewicht ein. Auswertungskriterien: Nachweis einer signaldifferenten Läsion (a) oder von indirekten Tumorhinweisen wie Raumforderung oder Ödem (b) in der Nativ-Untersuchung sowie einer KM-Anreicherung (c) in der Gd-DTPA-unterstützten Untersuchung. Native und KM-unterstützte Untersuchungen wurden gesondert im Hinblick auf die Diagnose Rezidivtumor beurteilt (Wertungen: Nachweis -, Verdacht auf - oder: kein Hinweis auf Rezidivtumor).

Eine Signalintensitätsdifferenz war in allen Nativuntersuchungen erkennbar (a), Raumforderungszeichen unterschiedlichen Ausprägungsgrades waren in 16/21 Untersuchungen, Hinweise auf ein perifokales Ödem in 9/21 Fällen nachweisbar (b). In den nativen Untersuchungen gelang der Nachweis des Rezidivtumors in 7 Fällen, in 8 Fällen ergab sich der Verdacht auf ein Rezidiv und in 6 Fällen waren die Befunde bezüglich des Tumorverdachts nicht schlüssig. Eine KM-Anreicherung (c) war in allen KM-unterstützten Untersuchungen darstellbar (Abb. 1). In den 7 Fällen, in denen bereits die nativen Aufnahmen den Rezidivnachweis erbrachten, ergab die KM-Anwendung keine Befunderweiterung. In den 8 Fällen mit Verdacht auf Rezidiv in den nativen Aufnahmen ergab die KM-Anwendung die Sicherung der Diagnose. In den restlichen 6 Fällen gelang der Rezidivnachweis ausschließlich mit Hilfe der Gd-DTPA-unterstützten Aufnahmen.

Die in der vorliegenden Studie zusammengestellten Ergebnisse zeigen, daß die Anwendung von Kontrastmittel in der MRT zu einer deutlichen Verbesserung der diagnostischen Sicherheit führt: zwar zeigte sich in allen Fällen in den nativen Aufnahmen eine Signalintensitätsdifferenz, aber in nur 7/21 Fällen konnte bereits anhand der nativen Aufnahmen der Rezidivnachweis geführt werden. Soweit nicht eindeutige Zeichen der Raumforderung in der nativen MRT hinzutreten, ist die Bewertung einer signaldifferenten Läsion problematisch, so daß oft nicht zwischen tumorösen und postoperativen Veränderungen differenziert werden kann. In den restlichen 14/21 Fällen, in denen die native MRT keinen Hinweis oder nur den Verdacht auf ein Rezidiv ergab, führte eine umschriebene KM-Anreicherung in der GD-DTPA-Untersuchung zum Rezidivnachweis.

Abb. 1. Verbesserter Nachweis eines Tumorrezidivs durch die Kontrastmitteldarstellung in der MRT (13jährige Patientin mit Zustand nach Resektion eines Optikusglioms links):

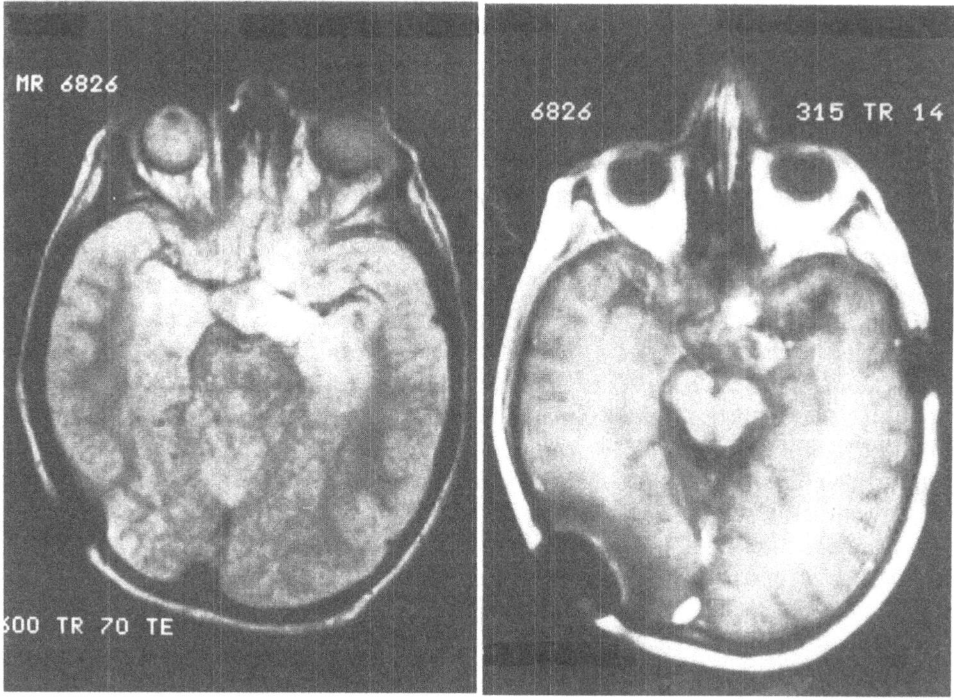

a) T2-gewichtete Aufnahme (SE 1600/70): pathologische Signalintensitätsdifferenz im alten Tumorbett. Eine sichere Unterscheidung zwischen Tumor und posttherapeutischen Veränderungen ist nicht eindeutig möglich.

b) T1-gewichtete Aufnahme (GE 315/14): nach KM-Applikation kommt es zu einer intensiven KM-Anreicherung im Bereich des Chiasma opticum links, die dem Rezidivtumor entspricht (Pfeile).

Literatur

1. Bird CR, Drayer BP, Medina M, Rekate HL, Flom RA, Hodak JA (1988) Gd-DTPA-enhanced MR-imaging in pediatric patients after brain tumor resection. Radiology 169:123-126
2. Carsin M, Rolland Y, Gandon Y, Gagey N, Brassier G, Simon J (1990) Apport de l'IRM dans le diagnostic et la surveillance post-therapeutique des tumeurs du tronc cerebrale. J Neuroradiol 17:50-59
3. Higer HP, Just M, Voth D, Gutjahr P, Dittrich M, Pfannenstiel P (1988) Diagnostik zerebraler Tumorrezidive mit MRT. Tumor Diagnostik & Therapie 9:62-67
4. Rollins N, Mendelsohn D, Mulne A, Barton R, Diehl J, Reyes N, Sklar F (1990) Recurrent medulloblastoma: frequency of tumor-enhancement on Gd-DTPA MR imaging. AJNR: 11, May/June: 583-587

Frühes postoperatives CT und MR (-/+KM) nach Exstirpation von High grade-Gliomen. - Erste Ergebnisse einer prospektiven Studie.

F.K. Albert, M. Forsting, K. Sartor und St. Kunze

Problemstellung

Nach Exstirpation eines Glioms setzen im Randbereich der Resektionshöhle *reparative* Vorgänge ein, mit Neovaskularisation und Entwicklung einer gliös-mesenchymalen Narbe, welche im postoperativen CT bei KM-Gabe ein Enhancement hervorrufen und die Aussage über den verbliebenen Resttumor (resp. "Rezidiv") über längere Zeit erschweren bzw. unmöglich machen. Jeffries u. Mitarb. (2) konnten *experimentell* nachweisen, daß dieser reparative Prozeß frühestens am *4.* postoperativen Tag im KM-CT sichtbar wird. Von Cairncross et al. (1) wurde in einer klinischen Studie gezeigt, daß auch beim Menschen nach Hirntumoroperation innerhalb der ersten 3 - 4 Tage ein Kontrast-Enhancement *nur den Tumorrest* darstellt und die typische postoperative "Anfärbung" erst danach auftritt. Für das MR sind bisher keine entsprechenden Untersuchungen publiziert. In einer *prospektiven klinischen Studie* prüften wir die Reproduzierbarkeit der Ergebnisse der o.g. Autoren, insbesondere auch mit Blick auf das MR. Es wurde untersucht, ob dieses *"offene diagnostische Fenster"* innerhalb der ersten postoperativen Tage tatsächlich genutzt werden kann für einen Nachweis des zurückgebliebenen Tumorrests, welcher beim malignen Gliom die Prognose signifikant beeinflußt (3).

Hierzu wurden bei bislang *40 Patienten* mit Gliomen *III°* (n=2) & IV° (n=38) postoperativ sowohl MR als auch CT* (bd. jew. *ohne/mit KM*) durchgeführt, und zwar: am *1.-6. Tag* p.op., am *Ende der 2. postop. Wo.*, in der *4.-6.Woche* u. im *4.-6. Monat* p.op. und dann in *3- bis 4-monatigen Intervallen* (bisher. Studienzeitraum: 3/'89 bis 9/'90).

- CT: Picker 12oo SX (100ml nicht-ion.KM)
- MR: Picker VISTA, 1,0 Tesla (0,1 od. 0,2 mmol/kg KG Gd-DTPA)

*) Aus organisatorischen Gründen oder wegen vorbestehender KM-Unverträglichkeit konnte das CT_{KM} nur in 35 Fällen erfolgen.

Ergebnisse

Tabelle 1 zeigt das *Enhancement*-Verhalten für MR_{Gd} und CT_{KM} in der frühen postoperativen Phase. Hierbei ist deutlich die Überlegenheit des MR hinsichtlich Nachweisgenauigkeit und Signifikanz erkennbar.

Tabelle 1. Enhancement im frühen postoperativen MR_{Gd} und CT_{KM}

im MR_{Gd}		*im CT_{KM}*	
deutl.Enh. ...68% //		deutl.Enh. ...37%	
kein Enh. ...17% //		kein Enh. ...28%	
unsicher ...15% //		unsicher ...35%	

In den Fällen mit eindeutigem Enhancement war die Signalanhebung durch Gd-DTPA "flächig" entwickelt und damit als solider Tumorrest zu erkennen. Letzterer konnte nicht selten zusätzlich durch den Vergleich mit dem präoperativen MR_{Gd}-Scan unmittelbar identifiziert werden. Die Kontrastanhebung im CT_{KM} war dagegen wesentlich unschärfer begrenzt, von diffus-"parenchymatösem" Charakter mit Akzentuierung am Resektionsrand, und ließ die Erkennung von möglicherweise vorliegendem Resttumor weit weniger definitiv zu. Hinzu kamen *Störartefakte* durch Ansammlung von Blut oder Luft in der Resektionshöhle, welche ein eventuelles KM-Enh. im CT vollständig maskieren konnten. Das frühe postop. MR_{Gd} war hierdurch kaum beeinträchtigt. Im weiteren zeitlichen Verlauf, etwa beginnend mit dem 4.-6. postop.Tag, waren dann jedoch auch im MR teilweise erhebliche Störartefakte durch signalintensives *Methämoglobin* oder durch Enhancement von *Ischämiezonen* im Randbereich der Exstirpation zu beobachten.

Reparatives Enhancement: Dieses Phänomen war im MR_{Gd} nahezu ausnahmslos zu beobachten. Weniger häufig war es im CT_{KM} anzutreffen (ca. 70 %). Dieses typischerweise "lineare", den Resektionsrand nachzeichnende Enhancement trat frühestens am *4.* postoperativen Tag auf, erreichte in der 2./3. Wo. volle Intensität und konnte für ca. 2 bis 3 Monate die Beurteilung hinsichtlich Resttumor bzw. Rezidiv erschweren. Allerdings war im MR_{Gd} die Differenzierung zwischen reparativem Enhancement und Tumoranfärbung dennoch oft möglich.

Signifikanz des frühen postoperativen Enhancement (= Resttumor?)

Bei 27 Patienten (67,5 %) fand sich im frühen postop. MR_{Gd} ein *deutliches Enhancement.* - 15 Patienten dieser Gruppe (55 %) verstarben innerhalb der ersten 12 Monate p.op. an einem "Rezidiv" *(mittl.Überlebenszeit: 6,3 Mon.)*. Die übrigen 12 Patienten leben derzeit noch, entwickelten aber *alle* nach längstens 11 Mon. ein *klinisches Rezidiv* (mittl. Beob.-zeit: 8,5 Mon.). 6 Patienten *(15 %)* zeigten primär nur ein *diskretes* (teilweise fragliches) Enhancement. - 1 Patient verstarb nach nur 4,5 Mon. durch foudroyante Tumorprogredienz, die anderen fünf entwickelten alle zwischenzeitlich ein *radiologisches Rezidiv. Kein Enhancement* im frühen MR_{Gd} fand sich nur bei 7 Patienten (17,5 %). - Von diesen sind derzeit noch 6 Pat. klinisch und radiologisch *rezidivfrei* (Beob.-zeit: 6 - 12 Mon.; median: 8,8 Mon.). 1 Patient verstarb (ohne klin. Rez.) nach 9 Mon. an einer Pneumonie.

Hieraus war der Schluß zu ziehen, daß ein signifikantes Enhancement im frühen postop. MR_{Gd} zur Interpretation als *primärer, in situ verbliebener solider Resttumor* berechtigte. In beinahe der Hälfte der Fälle (18 Pat.) war der Operateur (lt. OP-Bericht) von einer "vollständigen Entfernung" des makroskopisch erkennbaren Tumors ausgegangen, während das MR_{Gd} noch ein signifikantes Enhancement zeigte.

Conclusio

Das innerhalb der ersten *3 Tage* nach Exstirpation eines malignen Glioms angefertigte MR *(nativ & Gd-DTPA)* kann zuverlässig auch kleine, *solide Tumorreste* darstellen. Es ist dem CT hierbei deutlich überlegen. Danach führen *reparative* Vorgänge zu einem unspezifischen Enhancement, welches für etliche Wochen die Persistenz von Resttumor bzw. seine Weiterentwicklung zum Rezidiv maskieren kann.

Das primäre Resttumor-Enhancement stellt einen *signifikanten prognostischen Faktor* für den weiteren Krankheitsverlauf dar.

Das Literaturverzeichnis ist bei den Verfassern erhältlich.

4-Tesla 1H-Spektroskopie bei Hirntumoren: zusätzliche artdiagnostische Hinweise

P. Schüler, G. Schuierer, H. Stefan, D. Hentschel, R. Ladebeck und W. Huk

Bei der nichtinvasiven Abklärung der Ätiologie von Hirntumoren wurden in den vergangenen Jahren entscheidende Fortschritte durch die verbesserte Bildgebung mittels Magnetresonanz-Tomographie (MRT) erzielt (7). In Ergänzung zu dieser nur die Struktur erfassenden Methode kann die Magnetresonanzspektroskopie (MRS) nichtinvasiv verschiedenste Metabolite in ausgewählten Volumen erfassen, d. h. der Funktionszustand von Gewebe wird beurteilbar.

Da das für die Spektroskopie zur Verfügung stehende Signal etwa um den Faktor 1000 kleiner ist als bei der Protonen-Bildgebung (5), muß in relativ großen Volumina (Voxel) von mehreren cm^3 Rauminhalt gemessen werden, d. h., das Auflösungsvermögen dieser Untersuchung ist entsprechend schlechter. Um diesen Nachteil wenigstens zum Teil auszugleichen, werden für MRS-Messungen möglichst hohe Magnetfeldstärken angestrebt (3).

Aufgrund erster Berichte über eine zusätzliche Charakterisierung von Tumorgewebe mittels MRS (2, 6, 8, 9) haben wir bei einer Magnetfeldstärke von 4 Tesla (T) untersucht, ob mittels semiquantitativer 1H-Spektren-Analyse typische Veränderungen bei verschiedenen Tumorformen zu erfassen sind. Die Untersuchungen wurden an einem Hochfeld-Ganzkörpermagneten der Firma Siemens durchgeführt (1). Protonen (¹H)-Spektren wurden in mehreren 1 x 1 x 1 cm bis 2 x 2 x 2 cm großen Volumen (Voxel) gemessen. Mit Hilfe zuvor durchgeführter Bildgebung wurde dieses in den interessierenden Arealen (Tumorbereich und kontralateral im Gesunden) plaziert. Die Spektren wurden mit einer Doppel-Spin-Echo Sequenz (TE = 135/270 ms, TR = 2000 ms) gemessen. Zunächst wurden 33 gesunde Probanden beiderlei Geschlechts untersucht. Mit den so gewonnenen Normwerten wurden die Messungen von 7 Patienten mit histologisch gesichertem Hirntumor verglichen.

Folgende Stoffwechselprodukte waren differenzierbar und wurden mit Hilfe rechnerisch ermittelter "best-fit" Kurven (5) genauer quantifiziert: N-Acetyl-Aspartat (NAA, 2.01 ppm), Kreatin und Phosphokreatin (3.03 ppm), Phosphorylcholin und Glycerophosphorylcholin (3.22 ppm) sowie Lactat (1.32 ppm) und Lipide (1.3 ppm).
Die Normalwerte zeigten eine mittlere interindividuelle Standardabweichung von 30 %.
Die Spektren der Tumoren zeigten deutliche Abweichungen von der Norm (s. Abb. 1). Es ist ersichtlich, daß eine eindeutige ätiologische Zuordnung eines Tumors aufgrund seines spektralen Musters nicht zu treffen ist. Eine Aussage über den Malignitätsgrad scheint jedoch möglich: Oligondendrogliom ohne Lactat- oder Lipid-Erhöhung, Astrozytom III mit Lactaterhöhung bei anaerobem Stoffwechsel, Metastasen mit Lipiderhöhung bei Zelldestruktion. Bei zwei Astrozytomen, welche präoperativ als Grad I-II eingestuft worden waren, fielen in der MRS hohe Lactatwerte auf. Histologisch waren diese dann auch als Grad III beurteilt worden.

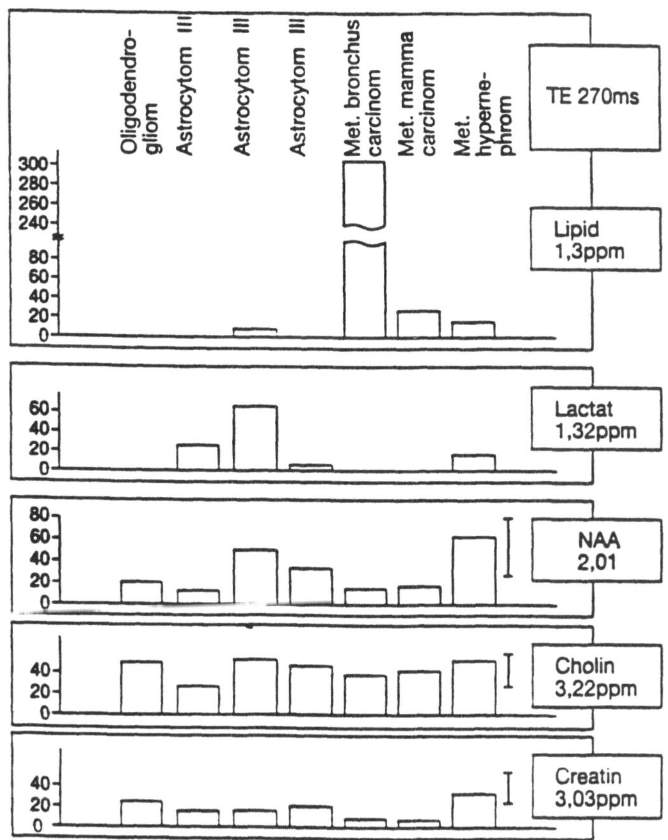

Abb 1. Quantitative Veränderungen der Spektren von Tumorgewebe im Vergleich zur Norm (als senkrechter Balken rechts)

Literatur

1. Barfuss H, Fischer H, Hentschel D, Ladebeck R, Vetter J (1988) Whole body MR imaging and spectroscopy with a 4 Tesla system. Radiologiy 169:811-816
2. Bruhn H, Frahm J, Gyngell ML, Merboldt KD, Hänicke W, Sauter R, Hamburger C (1990) Noninvasive differentiation of tumors with use of localized H-1 spectroscopy in vivo: initial experience in patients with cerebral tumors. Radioloigy 172:541-548
3. Chen CN, Sank VJ, Hoult DI (1986) The field dependence of NMR imaging. I Laboratory assessment of signal-to-noise ratio and power deposition. J Magn Res Med 3:722-729
4. Fukushima E, Roeder SBW (1981) Experimental pulse NMR. A nuts and bolts approach. Addidon-Wesley Publishing Company:138
5. Knüttel B (1986) MR-Tomographie und in vivo Spektroskopie. Medizintechnik 106:148-152
6. Langkowski JH, Wieland J, Bomsdorf H, Leibfritz D, Westphal M, Offermann W, Maas R (1989) Preoperative localized in vivo proton spectroscopy in cerebral tumors at 4.0 Tesla - first results. Magn Res Imaging 7:547-555
7. Li DB, Robertson WD, Fache JS, Mayo J, Graeb D, Nugent RA, LaPointe J, Thompson G, Durity F (1984) MR imaging in CNS tumors. Radiology 153:85
8. Remy C, von Kienlin M, Lotito S, Francois A, Benabid AL, Decorps M (1989) In vivo 1H NMR spectroscopy of an intracerebral glimoa in the rat. Magn Res Med 9:395-401
9. Smith IC, Prince EJ, Saunders JK (1990) Magnetic resonance spectroscopy in cancei iesearch. Can Assoc Radiol J 41:32 38

Bedeutung der zerebralen Kernspintomographie bei Neurofibromatose Typ I

V.F. Mautner und E. Schneider

Mit der Durchführung der zerebralen Kernspintomographie bei Neurofibromatose verband sich nicht nur die Erwartung verbesserter Darstellung neoplastischer und dysplastischer Läsionen, die mit der Erkrankung assoziiert sind, sondern ebenso die Hoffnung, morphologische Korrelate für das gehäufte Auftreten von Epilepsie, Minderbegabung, motorischen Defiziten sowie Lernbehinderung zu finden.

Wir überprüften diese Erwartungen bei 80 Patienten im Alter von 2 - 61 Jahren (38 w., 42 m.) mit der Durchführung einer kraniellen Kernspintomographie. Bei 71 Probanden wurde eine Neurofibromatose Typ 1, bei 8 Probanden eine Neurofibromatose Typ 2 diagnostiziert. Eine Patientin war keiner der beiden Verlaufsformen zuzuordnen. Patienten mit signalintensen Zonen im Bereich der Sehbahn wurden aus der Untersuchung ausgeschlossen. Zusätzlich wurden bei 37 dieser Patienten im Alter von 6 - 57 Jahren, und zwar 15 Kindern und 22 Erwachsenen, klinische, neuroradiologische (MRT, CCT), neurophysiologische (EEG, AEP) und neuropsychologische Untersuchungen durchgeführt. Die Kernspintomographie-Aufnahmen wurden mit einem 1,5 Tesla Siemens Gerät durchgeführt; es wurde eine Kopfspule verwandt.

Bei den 80 Patienten fanden sich signalintense Zonen am häufigsten im Globus pallidus, in den Großhirnhemisphären, im Kleinhirn sowie im Thalamus. Außerdem fanden sich solche Läsionen gehäuft periventrikulär, im Hippokampus, im Hirnstamm sowie im Balken. Auch im Nucleus caudatus, im Putamen sowie in der Capsula interna fanden sich auffällige Signalformationen. 50 % der Probanden wiesen signalintense Zonen in den T2-gewichteten Bildern auf. Am häufigsten traten diese Signalintensitäten bei Probanden unter 25 Jahren auf. Sie waren bei 72 % der unter 25jährigen Probanden in den T2-gewichteten Bildern nachweisbar. In 23 Fällen kam es zur beidseitigen Affektion betroffener Hirnabschnitte. Bei Betroffenen, die jünger als 25 Jahre alt waren, schwankte die Anzahl der Signalauffälligkeiten zwischen 1 und 7 pro Patient. Sie lag durchschnittlich bei 3 pro Patient.

Bei den 40 Patienten mit signalintensen Zonen wurden bei 10 Patienten zusätzlich Hirntumore und bei 13 Patienten dysplastische bzw. dysraphische Läsionen festgestellt. Außerdem wurde eine vaskuläre Fehlbildung sowie verdachtsweise eine erhöhte Eisenablagerung in den Stammganglien diagnostiziert. Patienten mit signalintensen Zonen wiesen unabhängig von ihrem Alter in 25 % tumuröse Läsionen und in 33 % dysplastische Veränderungen auf. Dagegen traten bei Patienten ohne signalintense Zonen in dieser Stichprobe keine sicheren Neoplasien auf. Dysplastische Veränderungen zeigten sich in dieser Gruppe wesentlich seltener. Bei 8 NF 2 Patienten fanden sich zwei signalintense Zonen.

Trotz Lokalisation der Signalintensitäten in verschiedensten Hirnabschnitten war es nicht möglich, diese eindeutig neurologischen Störungen zuzuordnen. Das gehäufte Auftreten dieser Veränderungen in den Basalganglien verursachte keine extrapyramidalen Symptome, auch wenn die Läsionen hier am ausgeprägtesten zur Darstellung kamen.

Die Ergebnisse der neurophysiologischen und neuropsychologischen Untersuchungen ergaben keinen Zusammenhang mit den Signalauffälligkeiten im MRT (1). Aufgrund der Häufigkeitsverteilung der Herde kommen diesen bei NF 1 Betroffenen bis zum 30. Lebensjahr ein hoher diagnostischer Stellenwert zu, insbesondere wenn es sich um schwächer ausgeprägte, abortive Verlaufsformen von Neurofibromatose handelt. Die Tatsache, daß sich diese Zonen mit zunehmendem Alter der Betroffenen kaum mehr darstellen ließen, dürfte Rückschlüsse auf deren Zuordnung erlauben. Es handelt sich weder um umschriebene vaskuläre, entzündliche noch um traumatische Glianarben. Vielmehr sind anormale intra- oder extrazelluläre Veränderungen des Hydratationszustandes dieser Gewebe anzunehmen, die sich möglicherweise mit zunehmendem Alter wieder zurückbilden und dann dem Nachweis im MRT entgehen, wie dieses bei einer Patientin im Rahmen der Verlaufskontrolle beobachtet wurde (2). Eine Rolle könnten auch pathologische Myelinisierungsprozesse spielen. Andererseits sind gegenwärtig die Beobachtungszeiträume zu kurz - bei einigen Patienten bis zu 3 Jahren -, um die Entwicklung von neoplastischen Läsionen, nämlich niedriggradigen Astrozytomen, sicher auszuschließen. Bei einem 2jährigen Kind kam es im CT Scan zu Kontrastmittelanreicherung im Bereich der Hyperintensität. Somit bleibt unklar, ob diese Läsionen nicht potentiell malignen Charakter haben könnten.

Eine Vielzahl offener Fragen für die Entstehungsweise typischer Symptome der Neurofibromatose bleibt demnach auch nach Darstellung dieser Veränderungen, die sich im CCT kaum zeigen ließen, ungeklärt. Die Studie zeigt, daß das Auftreten signalintenser Herde mit Tumoren und dysrhaphischen Läsionen assoziiert ist, so daß bei diesen Patienten eine engmaschige Verlaufskontrolle erforderlich scheint.

Auch wenn Analogieschlüsse zwischen Tuberöser Sklerose und Neurofibromatose nur bedingt zugelassen werden können, so sind gleiche Signalformationen im MRT bei Tuberöse-Sklerose-Erkrankten aufgetreten. Die Biopsie, die McMurdo an einem solchen parenchymatösen Herd vornahm, ergab hamartöse Veränderungen (3). Neuropathologische Untersuchungen dieser Läsionen bei Patienten mit Neurofibromatose Typ 1 müssen bestätigen, ob es sich hier, wie vermutet, ebenfalls um dysplastische Entwicklungsanomalien handelt.

Literatur

1. Duffner PK, Cohen ME, Seidel FG, Shucard DW (1989) The significance of MRI abnormalities in children with neurofibromatosis. Neurology 39:373-378
2. Aoki S, Barkovich AJ, Nishimura K, Kjos BO, Machida T, Cogen P, Edwards M, Norman D (1989) Neurofibromatosis types 1 and 2: cranial MR findings. Neuroradiol. 172:527-534
3. McMurdo SK, Moore SG, Brandzawadzki (1987) MR imaging of intracranial tuberous sclerosis. Amer J Neuroradiol 8:77-82

⁹⁹ᵐTc-HMPAO SPECT und CT in der Diagnostik von Hirntumoren

D. Dressler, H. Ische, M. Feldmann, P.M. Brenner und E. Voth

Die Diagnostik von Hirntumoren mit bildgebenden Verfahren allein kann oft recht schwierig sein. Ziel der vorliegenden Untersuchung ist die Prüfung, welchen Beitrag der Einsatz der Single Photon Emission Computed Tomography (SPECT) mit ⁹⁹ᵐTc markiertem Hexamethylpropyleneamine Oxime (⁹⁹ᵐTc-HMPAO) zur Diagnostik von Hirntumoren leisten kann. Zu diesem Zweck wurden insgesamt 36 Patienten mit computertomographisch nachweisbaren Hirntumoren untersucht. Bei 17 Patienten lag ein Gliom vor, bei 11 Patienten fand sich eine Metastase und 8 Patienten litten an einem Meningeom. Bei den Patienten mit Metastasen fanden sich als Primärtumore 6 Bronchialkarzinome, 2 Mammakarzinome, 1 Prostatakarzinom, 1 Kolonkarzinom und 1 Nasennebenhöhlenkarzinom. Die Diagnosesicherung erfolgte durch eine histologische Aufarbeitung oder durch die Identifikation des Primärtumors. Die SPECT Untersuchung wurde mit einer rotierenden Gammakamera (Picker Digital Dyna Camera) durchgeführt. Bei der 360° Rotation der Kamera, die innert 35 min vollendet wurde, wurden insgesamt 64 Projektionen mit jeweils 64 x 64 Pixel akquiriert. Unter Verwendung eines iterativen Algorithmus wurde eine dreidimensionale Abbildung der HMPAO-Verteilung im Hirnparenchym rekonstruiert (Picker PCS 512). Die räumliche Auflösung betrug dabei etwa 15 mm. Als Radiotracer diente ⁹⁹ᵐTc-HMPAO, das 10 Min. nach Rekonstitution in einer Menge von 370 MBq intravenös injiziert wurde. In einem ersten Auswertungsschritt wurde die Sensitivität des SPECT im Vergleich zum CT untersucht. Dabei zeigte sich, daß 83 % der computertomographisch nachweisbaren Tumorläsionen auch im SPECT nachweisbar waren. Bei Gliomen war die Sensitivität mit 94 % am höchsten, bei Meningeomen und Metastasen lag sie mit 75 % und 73 % etwas niedriger. In einem zweiten Auswertungsschritt erfolgte ein Vergleich zwischen der Größe der Tumorläsion im SPECT und im CT. Während 60 % der Tumorläsionen in beiden Verfahren gleich groß zur Darstellung kamen, wiesen 23 % der Tumorläsionen im SPECT eine größere Ausdehnung auf als im CT. Bei 17 % der Tumorläsionen war die CT-Ausdehnung größer als die SPECT-Ausdehnung. In einem letzten Auswertungsschritt wurde die Darstellung der Tumormorphologie im SPECT und im CT miteinander verglichen. Im CT kamen 83 % der Gliome als Hyperdensität mit umgebender Hypodensität zur Darstellung. In 65 % der Fälle zeigte sich in der Hyperdensität zusätzlich eine typische zentrale Hypodensität. 80 % der Meningeome manifestierten sich als Hyperdensität, die in 50 % der Fälle von einer Hypodensität umgeben war. 54 % der Metastasen kamen als Hypodensität zur Darstellung, in der in 36 % der Fälle eine zentrale Hyperdensität eingeschlossen war. Im SPECT kamen 67 % aller Tumorläsionen als homogene HMPAO-Mindereinlagerung zur Darstellung. In 20 % der Fälle fand sich zusätzlich eine zentrale HMPAO-Mehreinlagerung. Komplexere morphologische Strukturen fanden sich im SPECT nicht. Signifikante Unterschiede in der HMPAO-Aufnahme zwischen den einzelnen Tumortypen konnten nicht nachgewiesen werden.

Im CT kommen die verschiedenen Hirntumortypen in unterschiedlicher, relativ charakteristischer Weise zur Darstellung. Daraus ergeben sich differentialdiagnostische Wegweisungen, die allerdings im Einzelfall für eine sichere differentialdiagnostische Einordnung wenig ergiebig sind. Im SPECT finden sich für die verschiedenen Hirntumortypen keine spezifischen, differentialdiagnostisch verwertbaren Muster der HMPAO-Aufnahme. Dieses Ergebnis deckt sich mit den Befunden anderer Arbeitsgruppen (1, 2, 3). Darüber hinaus kommt im SPECT die Tumormorphologie - wahrscheinlich aufgrund des geringeren räumlichen Auflösungsvermögens - weniger differenziert zur Darstellung als im CT. Bei 23 % aller Tumorläsionen zeigt das SPECT eine größere Ausdehnung als das CT. Diese Information könnte für die Planung neurochirurgischer Interventionen von Bedeutung sein. Ob SPECT zur Therapiekontrolle bei Hirntumoren oder zur Darstellung von Hirntumoren, die sich anderen bildgebenden Verfahren entziehen, mit Erfolg eingesetzt werden kann, muß zukünftigen Studien überlassen bleiben.

Literatur

1. Babich JW, Keeling F, Flower MA, Repetto L, Whitton A, Fielding S, Fullbrook A, Ott RJ, VR McCready (1988) Initial experience with Tc-99m-HM-PAO in the study of brain tumors. Eur J Nucl Med 14:39-44
2. Langen KJ, Roosen N, Herzog H, Kuwert T, Kiwit JCW, Bock WJ, Feinendegen LE (1989) Investigations of brain tumours with ^{99}Tc^m-HMPAO SPECT. Nucl Med Commun 10:325-334
3. Lindegaard MW, Skretting A, Hager B, Watne K, Lindegaard KF (1986) Cerebral and cerebellar uptake of 99mTc-(d,1)-hexamethyl-propyleneamine oxime (HM-PAO) in patients with brain tumor studied by single photon emission computerized tomography. Eur J Nucl Med 12:417-420

Zur Spontanprognose zerebraler Tumoren

P. Berlit

Aussagen zur Spontanprognose zerebraler Tumoren zu machen ist schwierig, weil auch bei inkurablen Malignomen stets zumindest ein Therapieversuch gemacht wird. Andererseits ist die Kenntnis des Spontanverlaufes wichtig, um Vergleichsdaten zur Beurteilung therapeutischer Strategien zu haben. Während für einige Tumoren (insbesondere das maligne Gliom) prospektive kontrollierte Therapiestudien vorliegen, handelt es sich bei den Mitteilungen zu der Mehrzahl zerebraler Tumoren in der Regel um größere retrospektive Kollektive.

Wenn davon ausgegangen wird, daß stereotaktische Eingriffe zur Diagnosesicherung keinen therapeutischen Effekt haben, können Patienten, die nach einer Stereotaxie keine gezielte Therapie erhalten haben, zur Beurteilung der Spontanprognose herangezogen werden. Im eigenen Krankengut untersuchten wir die Spontanprognose anhand von Patienten, bei denen aufgrund des Lebensalters, des Allgemeinzustandes, der Operabilität des Tumors oder der Nichteinwilligung durch den Kranken eine gezielte Therapie nicht erfolgt war.

Prognostisch relevante Faktoren beim malignen Gliom sind in erster Linie das Lebensalter (die Prognose ist nach dem 40. Lebensjahr deutlich schlechter) und die Unterscheidung in Glioblastoma multiforme und anaplastisches Astrozytom (das anaplastische Astrozytom hat die deutlich günstigere Prognose) (3, 6, 8, 10). Daneben sind die Lokalisation (lobär - nicht lobär) und das Vorhandensein von zystischen Anteilen von prognostischer Relevanz. Als nichtinvasive Untersuchungsmethode ermöglicht die Positronenemissionstomographie eine prognostische Aussage (1). Die Überlebenszeit des malignen Glioms unter palliativer Therapie beträgt im Median 11 Wochen (4), sie läßt sich auch unter Ausschöpfung aller therapeutischen Möglichkeiten im Median nur auf maximal 47 Wochen (4, 13) verlängern, so daß sich seit den Beobachtungen von Zülch (15) in den letzten 40 Jahren nur wenig geändert hat.

Beim Astrozytom niedrigeren Malignitätsgrades sind neben dem Lebensalter auch der klinische Befund bei Diagnosestellung und die Histologie von prognostischer Relevanz. Eine grobe Zweiteilung in gutartig und bösartig ist in der prognostischen Aussage hilfreicher als das Kernohan-Grading (5, 7, 12). In Abhängigkeit von den Variablen Alter und klinischer Befund errechnet sich die Überlebenszeit im Median variabel mit 9 bis 112 Monaten (5). Wir sahen in unserem Krankengut bei 8 Patienten, bei denen weder eine Resektion noch eine Strahlentherapie erfolgte, bislang bei einer Beobachtungszeit von im Median 49 Monaten nach Diagnosestellung keine Todesfälle. Stets muß allerdings beim Astrozytom die Möglichkeit der Malignisierung im Langzeitverlauf im Auge behalten werden, welche in bis zu 70 % vorkommen soll (7). Weder beim Astrozytom niedrigen Malignitätsgrades noch beim Oligodendrogliom ist der Effekt einer frühzeitigen Resektion und Strahlentherapie erwiesen.

Beim Oligodendrogliom spielen klinischer Befund bei Diagnosestellung (eine Demenz ist ein ungünstiges, epileptische Anfälle sind ein günstiges Symptom) und röntgenologisch nachweisbare Verkalkungen für die Prognose die wichtigste Rolle (9, 14). In der Diskussion befindet sich die prognostische Relevanz der Blutgruppe des Patienten. Von 39 eigenen Patienten mit einem Oligodendrogliom waren zum Zeitpunkt der Nachuntersuchung 14 (36 %)

verstorben. In 10 Fällen war keine Therapie erfolgt und in dieser Gruppe lebten nach durchschnittlich 68 Monaten noch 7 Kranke. Die Fünfjahresüberlebensrate nach einer Biopsie ohne Bestrahlung wird mit 26 % (im Vergleich zu 48 % nach OP und Bestrahlung) angegeben (14).

In unserem Krankengut wurden unter 215 Meningeomen 46 nicht operiert. 26 dieser Kranken verstarben im Median nach zwei Jahren, wobei allerdings in drei Fällen der Tumor per se ad exitum führte. Häufig waren in dieser Gruppe zerebro- und kardiovaskuläre Grunderkrankungen oder mit dem Meningeom assoziierte Malignome Todesursache. Die Mehrzahl dieser Kranken (44 %) verstarb innerhalb des ersten Jahres nach der Diagnosestellung. Andererseits beobachten wir auch Patienten, bei denen das Meningeom als Zufallsbefund gefunden wurde, über einen Zeitraum von mehr als 10 Jahren ohne jede Tumorprogredienz. Dies gilt insbesondere für verkalkte Meningeome.

Hirnmetastasen haben insbesondere dann, wenn sie multipel auftreten, eine ungünstige Prognose. Wir fanden Überlebenszeiten (Median) ohne Therapie (n = 134) von 1,5 Monaten im Vergleich zu 4,5 Monaten bei Ausschöpfung aller therapeutischen Möglichkeiten (n = 128) in einem unselektionierten Krankengut (2). In einer jüngeren Arbeit, in der ausschließlich multiple Hirnmetastasen solider Primärtumoren berücksichtigt wurden, zeigten die Überlebenszeiten im Median (ohne Therapie 7 Wochen, mit Therapie 15 Wochen) praktisch identische Werte (11).

Literatur

1. Alavi JB, Alavi A, Chawluk J, Kushner M, Powe J, Hickey W, Reivich M (1988) Positron emission tomography in patients with glioma. A predictor of prognosis. Cancer 62:1074-1078
2. Berlit P, Gänshirt H (1985) Metastasen des Nervensystems. Nervenarzt 56:410-416
3. Burger PC, Vogel FS, Green SB, Strike TA (1985) Glioblastoma multiforme and anaplastic astrocytoma: Pathologic criteria and prognostic implications. Cancer 56:1106-1111
4. Coffey RJ, Lunsford LD, Taylor FH (1988) Survival after stereotactic biopsy of malignant gliomas. Neurosurgery 3:465-472
5. Cohadon F, Aouad N, Rougier A, Vital C, Rivel J, Dartigues JF (1985) Histologic and nonhistologic factors correlated with survival time in supratentorial astrocytic tumors. J Neuro-Oncology 3:105-111
6. Kelly KA, Kirkwood JM, Kapp DS (1984) Glioblastoma multiforme: pathology, natural history and treatment. Cancer Treat Rev 11:1-26
7. Laws ER (1989) The conservative management of primary gliomas of the brain. Clinical Neurosurgery Vol 35:367-373
8. Loftus CM, Copeland BR, Carmel PW (1985) Cystic supratentorial gliomas: natural history and evaluation of modes of surgical therapy. Neurosurgery 17:19-24
9. Mork SJ, Lindegaard KF, Halvorsen TB, Lehmann EH, Solgaard T, Hatlevoll R, Harbel S, Ganz J (1985) Oligodendroglioma: incidence and biological behavior in a defined population. J Neurosurg 63:881-889
10. Pladdet I, Boven E, Nauta J, Pinedo HM (1989) Palliative care for brain metastases of solid tumour types. Neth J Med 34:10-21
11. Qing-cheng X, Pei-yu P, Yu-shan Y, Chang-hong S (1990) A survey of 790 cases of astrocytoma. Clin Neurol Neurosurg Vol 92:27-33
12. Salcman M, Kaplan RS (1980) Survival in glioblastoma: historical perspective. Neurosurgery 7:435-439
13. Sun ZM, Genka S, Shitara N, Akanuma A, Takakura K (1988) Factors possibly influencing the prognosis of oligodendroglioma. Neurosurgery 22:886-891
14. Zülch KJ (1951) Die Hirngeschwülste. Johann Ambrosius Barth Verlag Leipzig

Spontanverlauf nicht-operierter Meningeome

M. Schabet, J.H. Faiss, E. Gut und J. Dichgans

Kenntnisse über den Spontanverlauf von Meningiomen sind klinisch relevant, weil in der CT- und MR-Ära insbesondere bei älteren Menschen häufig auch asymptomatische Meningeome entdeckt werden (3, 4) und bei älteren Patienten die operationsbedingte Mortalität und Morbidität nicht unerheblich sind (1, 2, 5).

In unserer Klinik wurden von 1980 - 89 bei 20 Patienten computertomographisch diagnostizierte und zum Teil angiographisch gesicherte Meningeome nicht operiert. Gründe gegen die Operation waren fehlende, geringe oder stationäre neurologische Symptomatik, inoperable Lokalisation, erhöhtes OP-Risiko oder Nicht-Einwilligung des Patienten.

Die ursprünglichen Patientencharakteristika und der Verlauf bis August 1990 sind in Tab. 1 zusammengefaßt. Das mittlere Alter der Patienten (15 Frauen, 5 Männer) betrug zum Zeitpunkt der Diagnosestellung 64,5 (39 - 77) Jahre. 8 Patienten hatten tumorbedingte Symptome, bei den übrigen wurde das Meningeom zufällig entdeckt. 7 Meningeome wuchsen an der Schädelbasis, 9 über der Konvexität und 4 an der Falx. Die Meningeome an der Schädelbasis waren nur gering verkalkt und nahmen in der Regel intensiv Kontrastmittel auf. Die Tumoren über der Konvexität und an der Falx waren größer und überwiegend verkalkt. Von den 7 Meningeomen an der Schädelbasis waren 4 symptomatisch, 3 mit Hirnnervenausfällen, 1 mit Anfällen. 4 von 5 über einen medianen Zeitraum von 4,5 Jahren computertomographisch kontrollierten Tumoren zeigten eine Größenzunahme. Allerdings hatte nur 1 der 7 über einen medianen Zeitraum von 5,1 Jahre beobachteten Patienten eine Progredienz der klinischen Symptomatik. Von den 9 Meningeomen im Bereich der Konvexität waren 3 mit Anfällen symptomatisch. Ein Patient hatte zusätzlich Kopfschmerzen. Bei einer medianen computertomographischen Beobachtungszeit von 2,4 Jahren war keiner der Tumoren progredient. Auch die klinische Symptomatik war während der medianen Beobachtungszeit von 4,3 Jahren nicht progredient. Zwei Patienten starben 10 bzw. 3 Jahre nach Diagnosestellung an nicht-tumorbedingten Erkrankungen. Von den 4 Meningeomen an der Falx war nur eines mit Kopfschmerzen symptomatisch. Diese Patientin entwickelte 4 Jahre nach Diagnosestellung ein leichtes, im weiteren Verlauf stationäres hirnorganisches Psychosyndrom, das auf den Tumor zurückgeführt wurde. Bei den übrigen Patienten traten im Beobachtungszeitraum keine tumorbedingten Symptome auf. Keines der über 4,8 bis 10,5 Jahre computertomographisch kontrollierten Meningeome wurde größer.

Detaillierte Berichte über den Spontanverlauf nicht-operierter Meningeome gibt es in der Literatur nicht. In großen chirurgischen Patientenserien werden gelegentlich beiläufige Angaben über nicht-operierte Patienten gemacht. Pertuiset und Mitarb. skizzierten 15 Fälle, in denen sie wegen schwieriger Lokalisation oder großer Tumorausdehnung nicht operierten, ohne den weiteren Verlauf zu präzisieren (6). Papo und Mitarb. behandelten 31 Patienten konservativ wegen schlechtem Allgemeinzustand, hohem Alter, geringer neurologischer Symptomatik oder Nichteinwilligung des Patienten. 10 dieser Patienten blieben über 8 Monate bis zu 4 Jahren in Kontakt mit der Klinik. Ein Patient starb 1 Jahr nach Diagnosestellung bei der doch noch durchgeführten Operation, ein weiterer nach 2 Jahren am Tumor (5). In einer Fallserie von Jan und Mitarb. wurden 28 Patienten wegen schlechtem Allgemeinzustand oder schwieriger Tumorlokalisation nicht operiert. 7 Patienten starben innerhalb von 3 Monaten nach Diagnosestellung, 14 Patienten "mußten in Heimen untergebracht werden", für die übrigen Patienten wurden keine Angaben gemacht (3). Eine verallgemeinernde Schlußfolgerung über den Spontanverlauf nicht-operierter Meningeome kann wegen der Ungenauigkeit der Angaben und der sicher sehr heterogenen Patientenzusammensetzung aus diesen Berichten nicht gezogen werden.

Unsere Nachuntersuchung von 20 Patienten bestätigt die Eingangshypothese, daß röntgenologisch verkalkte avitale Meningeome bei asymptomatischen Patienten einen günstigen Spontanverlauf haben, so daß insbesondere bei erhöhtem Risiko die Operation aufgeschoben und der weitere Verlauf abgewartet werden kann. Basale Meningeome scheinen rascher zu wachsen.

Tabelle 1. Spontanverlauf nicht-operierter Meningeome

Patient (Alter)	Lokalisation	(Größe1 (cm)	Symptomatik	CT-Verl. (Jahre)	Klin. Verl. (Jahre)
Schädelbasis:					
1 (71)	Keilbein	4	Anfälle	7.8 / -	10 / -
2 (64)	parasellär	1.5	VI, Ptose	7 / +	11 / +
3 (54)	parasellär	2	-	4.5 /+	6 / -
4 (60)	parasellär	1	III, VI	3 / +	4.2/ -
5 (71)	Tentorium	2	V-Neuralgie	1.5/ +	1.5/ -
6 (64)	Clinoid	1.5	-	-	10.5/ -
7 (62)	Tentorium	1	-	-	.6/ -
Konvexität:					
1 (74)	frontal	5	Anfälle	11.5/ -	11.5/ -
2 (39)	parietal	1	Anfälle	10.5/ -	11 / -
3 (71)	temporal	2.5	Anfälle, KS	10 / -	10.2/²
4 (76)	temp./occ.	5	-	3 / -	3 / -
5 (72)	frontal	2.5	-	1.7/ -	1.7/ -
6 (65)	parietal	3	-	1.5/ -	6.5/ -
7 (54)	frontal	1	-	1 / -	2.2 -
8 (64)	parietal	1	-	0.5/ -	4 / -
9 (77)	parietal	2.5	-	-	3 / ²
Falx:					
1 (64)	frontal	3	KS	9 / -	10.5/ -
2 (42)	bifrontal	6	-	6.5/ -	6.5/ -
3 (75)	frontal	1.5	-	3 / -	4.8/ -
4 (71)	parietal	2.5	-	-	10.5/ -

Symptomatik: III, VI = Okulomotorius- bzw. Abduzensparese, KS = Kopfschmerzen, - = keine tumorbedingten Symptome;
CT/klin. Verlauf: + = Größenzunahme/Progredienz der klinischen Symptomatik, - = keine Progredienz;
¹medianer größter Durchmesser,
²gestorben an nicht-tumorbedingter Ursache

Das Literaturverzeichnis ist bei den Verfassern erhältlich.

Längerüberlebende mit malignen Gliomen: Prognoseindikatoren und Verlauf

B. Müller, H.-A. Müller, J. Müller, W. Dittmann und P. Krauseneck

Mit differenzierten, multimodalen Behandlungsansätzen ließ sich die Prognose bei malignen Gliomen begrenzt verbessern. Überlebten vor Einführung von Radio- und Chemotherapie Patienten nur in seltenen Ausnahmen mehr als 18 Monate, so liegt der Anteil dieser sogenannten Längerüberlebenden (LüL) heute in kontrollierten Studien bei 20 - 30 %.

Fragestellungen

Im Hinblick auf:
1. mögliche spezielle Prognoseindikatoren,
2. die Bedeutung der Therapie,
3. klinischen Verlauf, insb. Allgemeinzustand und Spätkomplikationen
untersuchten wir alle 71 LüL mit histologisch gesicherter Diagnose eines malignen Glioms unserer Klinik seit 1983. 39 von ihnen wurden im Rahmen der Deutsch-Österreichischen-Gliomstudie (DÖG) behandelt und dokumentiert. Die mediane LZ betrug 38 Monate (18 Monate bis 10 Jahre).

Initiale Charakteristika

Wie zu erwarten, zeigten die Lül im Durchschnitt zum Zeitpunkt der histologischen Sicherung des malignen Glioms eher günstige prognostische Merkmale. Dennoch sind auch ältere Patienten mit Glioblastomen und initial reduziertem Karnofsky darunter. Auffällig häufig (30 %) weist die Histologie auf oligodendrogliale Komponenten hin. Auch hatte sich das maligne Gliom nicht selten aus einem zunächst niedriggradigen Tumor entwickelt (14mal histologisch gesichert).

Therapie

53 der 71 Patienten erhielten primär bereits eine multimodale Therapie mit Operation, Radiatio und Chemotherapie. Bei 46 von ihnen war dadurch bereits eine lange Remission zu erzielen. 7 Patienten mit zunächst rascher Progression unter der multimodalen Therapie sprachen dann auf eine sekundäre Chemotherapie an. Bei 14 Patienten setzte die Chemotherapie (i. a. bei einem Rezidiv) erst ein, nachdem schon früher eine Bestrahlung erforderlich war. Insgesamt haben also 21 Patienten eindeutig auf die Chemotherapie angesprochen, bei 46 kann die primär lange Remission nicht einer Therapieform zugeordnet werden. 4 Patienten wurden nur operiert und bestrahlt, erhielten wegen gravierender Zweiterkrankungen oder reduziertem AZ keine Chemotherapie und stabilisierten sich dann in diesem Zustand. Eine bedeutende Rolle spielt auch die aktive Therapie bei Rezidiven: 21mal Reoperation, 31mal erneute Chemotherapie, davon 12mal beides.

Tabelle 1. Merkmale der Längerüberlebenden, vgl. mit DÖG

| Merkmal | Längerüberlebende | | | | | DÖG-WÜ | |
	nicht DÖG		DÖG			gesamt	
Anzahl	32	100 %	39	100 %		147	100 %
Geschlecht: männlich	20	63 %	24	62 %		86	59 %
weiblich	12	37 %	15	38 %		61	41 %
mittleres Alter	46 J.		45 J.			53 J.	
Histol. Grad 3	15	47 %	13	33 %		31	21 %
3 - 4	3	9 %	7	18 %		18	12 %
4	10	31 %	17	44 %		93	63 %
maligne, keine Grad.	4	13 %	2	5 %		5	3 %
init. Karnofsky > 70	17	53 %	26	66 %		80	54 %
= 70	10	31 %	8	21 %		30	20 %
< 70	5	16 %	5	13 %		37	25 %
Operation: Biopsie	3	9 %	5	13 %		31	21 %
Resektion, nicht total	13	41 %	21	54 %		73	50 %
Resektion, makr. total	10	31 %	13	33 %		43	29 %
Resektion, n. näher bez.	6	19 %					

Allgemeinzustand

Die Gesamtüberlebenszeit wurde unterteilt in Zeiten, mit Karnofski $\geq$ 70, 50 - 60, < 50. Zum Vergleich berechneten wir dies auch für alle Patienten der DÖG, die binnen 6 Monaten verstorben waren. Dabei zeigte sich, daß die längeren Überlebenszeiten überwiegend in befriedigendem Allgemeinzustand verbracht werden.

Tabelle 2. Kumulierte Karnofskyzeit bei längerer und kürzerer Überlebenszeit (ULZ)

| Patientengruppe | n | mittl.ULZ | mittl Karnofskyzeit | | | |
		Tage	$\geq$ 70	50-60	< 50	?
DÖG, ULZ < 6 Monate verst.	32	114	28 %	30 %	42 %	
DÖG, ULZ > 18 Monate "	25	850	55 %	23 %	22 %	
LÜL, ULZ > 28 Monate "	44	1065	66 %	19 %	14 %	1 %
LÜL, davon 27 noch lebend	71	1156	73 %	15 %	10 %	2 %

Die ungewöhnlich langen Verläufe brachten auch bisher seltene Spätkomplikationen mit sich:

9mal BCNU-induzierte Lungenfibrose   7mal relevante Marklagerschädigungen
6mal Meningeosis neoplastika   5mal sek. Knochendeckelnekrosen
4mal (hypothal.-) Hypophyseninsuffizienz   2mal Hydrozephalus (shuntbedürftig)
1mal osteoplastische Knochenmetastasen   1mal Wachstum durch die Kalotte

Bei den 44 verstorbenen Patienten war nur 30mal der solide Rezidivtumor Todesursache, 8 Patienten (davon 5 wegen Lungenfibrose) verstarben ohne nachweisbares Rezidiv. Von den noch lebenden 27 Patienten, die wir im Mittel etwa vier Jahre nachbeobachten, leiden 5 derzeit an einem progredienten Rezidiv, 6 sind bei Rest-/Rezidivtumor dennoch klinisch stabil, bei 16 ist kein Tumor nachweisbar. Immerhin 8 sind arbeitsfähig.

Zusammenfassend

zeigt die Analyse der 71 Patienten, daß
1. im Schnitt günstigere prognostische Merkmale vorliegen, für den Einzelfall der Therapieerfolg aber nicht vorhersagbar ist,
2. Voraussetzung für diese günstigen Verläufe ein aktives, multimodales Therapiekonzept ist, das auch die Möglichkeiten der Rezidivtherapie ausschöpft (überraschende und anhaltende Erfolge durch sekundäre Chemotherapie oder Nachoperation!),
3. die Zeit überwiegend in gutem Allgemeinzustand verbracht wird, aber mit ungewöhnlichen Spätkomplikationen zu rechnen ist.

Morphologische Grundlagen der Klinik der Hirntumoren

H.D. Mennel

Diagnostik und Therapie der intrakraniellen Raumforderungen haben sich in den letzten Jahren verändert.

Die bildgebenden Verfahren machen eine sehr viel genauere Bestimmung der Art und Umgebungsbedingungen einer intrakraniellen Geschwulst möglich; die deskriptive Neuroonkologie stellt die Daten zur Verfügung, die eine sinnvolle Interpretation der Bilder erlaubt.

Die Therapie der intrakraniellen Tumoren hat in den letzten beiden Jahrzehnten eine Differenzierung erfahren. Die operative Therapie ist durch die Mikrochirurgie leistungsfähiger geworden; offen inoperable Tumoren lassen sich durch stereotaktischen Zugang artdiagnostisch sichern und interstitiell bestrahlen. Für den Neuropathologen bringt dieser stereotaktische Zugang das Problem der kleinen Proben mit sich, dem er im allgemeinen eher ausweicht. Hier kann eine zytologische Betrachtungsweise, dann allerdings mit geringerer Treffsicherheit, hilfreich sein (6).

Ein neues Arbeitsgebiet in den letzten 25 Jahren bildet die Chemotherapie, die in der Regel als adjuvante Chemotherapie nach Operation und Bestrahlung durchgeführt wird. Die deutsch-österreichische Gliomstudie hat eine Fülle neuer Erkenntnisse gebracht (3). Unabdingbare Voraussetzung für die sichere Beurteilung der Wirksamkeit solcher Therapieansätze ist eine Klassifikation und eine Prognoseeinschätzung, die allgemein akzeptiert ist. Es soll hier dargestellt werden, ob und wie die Neuropathologie diesen Anforderungen der Klinik entsprechen kann.

Seit dem Beginn der deskriptiven Neuroonkologie bemühten sich die Neuropathologen um fundierte und praktikable Grundsätze einer Klassifikation. Es bot sich einerseits ein zytogenetisches Konzept an - mit der Zusatzannahme, daß die Prognose der Tumoren von der Differenzierungsstufe abhängt. Auf diesem Konzept bauten auch Harvey Cushing und Percival Bailey auf, als sie die Grundlagen der Klassifikation der Hirntumoren schufen (1). Das zweite Konzept war wesentlich pragmatischer. Die gewebliche Heterogenität der Tumoren des intrakraniellen Raumes erschwert eine sinnvolle Ordnung: es sind Geschwülste ganz verschiedener zytogenetischer Ableitung (Abb. 1) alle erfordern im Prinzip dasselbe Vorgehen, eine Intervention. Diese Intervention am zentralen Nervensystem ist aber immer noch risikoreich. Die Therapie steht also vor einer schwierigen Güterabwägung, bei der die Überlegungen zum Verlauf eine wichtige Rolle spielen. Daten zur Prognose sind aber in der empirischen Medizin bekannt, zumindest für die relativ häufig vorkommenden Tumoren.

Abb. 1. Vereinfachte Malignitätsskala menschlicher Hirntumoren mit der Nomenklatur der WHO und dem dort vertretenen Grading

Tumor	Grad I benigne	Grad II	Grad III	Grad IV maligne
Angioblastome	++			
Kraniopharyngeome	++	+		
Hypophysenadenome	++		+	
Meningeome	++		+	
Neurinome	++		+	
Plexuspapillome	++		+	
Gangliozytome	++	+		
Pineozytome	++	+		
Ependymome	+	+	+	
pilozyt. Astrozytome	++		+	
Astrozytome		++	+	
Oligodendrogliome		++	+	
Glioblastome				++
Medulloblastome				++
Germinome				++
Sarkome				++

Bemerkungen: ++ Regelfall, + kommt gelegentlich vor

Das erste Konzept führte zu einem "Periodensystem" der Hirntumoren, in dem die häufigen mit den seltensten gleichwertig vorhanden waren; das zweite Konzept führte auf einen Weg, der schon durch die Arbeiten von Bailey und Cushing beschritten worden war: auf die schrittweise Reduktion der wichtigen Hirntumorarten zu klinisch relevanten "entities", die dann auch statistisch auswertbar sind. Als Paradigmafall für beide Konzepte erwies sich das Spongioblastom. Nach dem zytogenetischen Konzept sollte dies ein Tumor sein, der aus Spongioblasten besteht, das heißt, bipolaren Gliavorläuferzellen in der Migrationsphase, also ein maligner Tumor. Tatsächlich ist der Tumor mit der geforderten Zytologie, nämlich das polare Spongioblastom oder Bailey's Spongioblastom oder Zülch's Spongioblastom (11), ein gutartiges Gliom der Mittellinie, das bei Jugendlichen vorkommt, Rosenthal'sche Fasern bildet, etwa 7 % aller intrakraniellen Tumoren ausmacht und heute pilozytisches Astrozytom heißt (12). Andererseits wurde ein Tumor beschrieben, der bis heute in etwa fünfzehn Exemplaren vorkommt, mit charakteristischer Morphologie, der tatsächlich maligne sein soll: das "true or primitive spongioblastoma" Cairns-Russel-Rubinstein (8). Man sieht, zu welchen Verzerrungen das rigoros angewandte zytogenetische Prinzip führt.

Es kann kaum zweifelhaft sein, daß die Vertreter eines zytogenetischen Konzeptes angesichts der Bedürfnisse der Klinik in der Folgezeit an Boden verloren haben. Die pragmatische Betrachtungsweise stand vor allem da im Vordergrund, wo durch sogenannte Graduierungsschemata eine größtmögliche Vereinfachung versucht wurde. Es ist sicher kein Zufall, daß solche Graduierungssysteme in den Jahren 1950 - 1965 dort aufgestellt wurden, wo sich Zentren der Neurochirurgie entwickelten: An der Mayo-clinic (2), in Schweden (7), in Köln (14). Die Gradeinteilungen waren in der Folgezeit allerdings stark umstritten (10); am erfolgreichsten war das Kölner Konzept von K.J. Zülch, das in einfacher Weise vier Grade vorsieht, die durch mittlere Überlebenszeiten definiert werden; diese Gradeinteilung wurde in die WHO-Klassifikation aufgenommen (13). Sie bildet die prognostische Grundlage für die deutsch-österreichische Gliomstudie und hat sich bewährt (Abb. 2).

Abb. 2. Gradeinteilung und Prognose nach Zülch

Malignitäts-stufe	Prognose	Tumoren extrazerebral	intrazerebral
Grad I benigne	Heilung oder Überlebenszeit von 5 und mehr Jahren	Meningeome Neurinome Hypophysenadenome Kraniopharyngeome	Spongioblastome Ventrikelependymome Plexuspapillome temporobasale Gangliozytome Angioblastome
Grad II semibenigne	Überlebenszeit: 3 - 5 Jahre		isomorphe Astrozytome isomorphe Oligodendrogliome Großhirnependymome übrige Gangliozytome
Grad III semimaligne	Überlebenszeit: 1 - 3 Jahre	Entartete Meningeome Entartete Neurinome	polymorphe Astrozytome Oligodendrogliome Ependymome Plexuspapillome Gangliozytome
Grad IV maligne	Überlebenszeit: 6 - 12 Monate	Epidurale Retikulum-zellsarkome Fibrosarkome der Dura Arachnoidalsarkome des Kleinhirns	Medulloblastome (Retinoblastome) Glioblastome primäre Hirnsarkome

Diesem Grading-System liegt die Überlegung zugrunde, daß die im intrakraniellen Raum wachsenden Tumoren zwar eine heterogene Gruppe darstellen, daß aber ihr Wachstum gerade wegen der Eigenheit der Hirndruckentwicklung nur eine nicht allzu große Variabilität von Verläufen zuläßt. Für die Kerngruppe supratentorieller Gliome können diese Verläufe - sofern man diese Tumoren, was sicher eine berechtigte Betrachtungsweise darstellt, als gleitendes Spektrum ansehen will - auch durch ein gleitendes Spektrum von Gewebsbildern dargestellt werden: Rasche Verläufe mit schneller "Infiltration" und Ödembildung, langsame Verläufe mit allmählicher Durchsetzung des Parenchyms und eine Intermediärgruppe. Danach kommt man zu der isomorphen Gruppe der Gliome mit etwa 3 - 5 Jahren, zur Gruppe der überwiegend zellulär polymorphen Gliome mit 1 - 2 Jahren und malignen, geweblich polymorphen Gliomen mit raschem postoperativem Verlauf bis zu einem Jahr.

So entsteht eine drei-Grad-Skala, zu der man nur eine Rubrik hinzufügen muß für Tumoren, die nach Entfernung nicht rezidivieren. Für die Gliome wäre das das schon erwähnte pilozytische Astrozytom. Alle anderen intrakraniellen Geschwülste werden dann, soweit aufgrund statistischer Daten möglich, bezüglich ihrer mittleren postoperativen Überlebenszeiten mit den genannten Rubriken verglichen (4).

Die morphologischen Methoden, die auch die Grundlage für die Einordnung in Grade bilden, haben sich in den letzten Jahrzehnten deutlich erweitert (5). Seit den Tagen der klassischen deutschen Neuropathologie sind auch sogenannte neurohistologische Spezial-färbungen in der Tumordiagnostik üblich. Sie werden erst heute mehr und mehr durch immunhistochemische Methoden ersetzt (9). Die Immunhistochemie ist eine Methode, die in den letzten Jahren in der gesamten Tumorpathologie sehr großen Einfluß auf die Diagnostik gewonnen hat. Ihre Stärke beruht darin, daß sie Differenzierungsprodukte - und damit im

Prinzip auch Entdifferenzierungsprodukte - also im wesentlichen Proteine, sicher nachzuweisen vermag (Abb. 3).

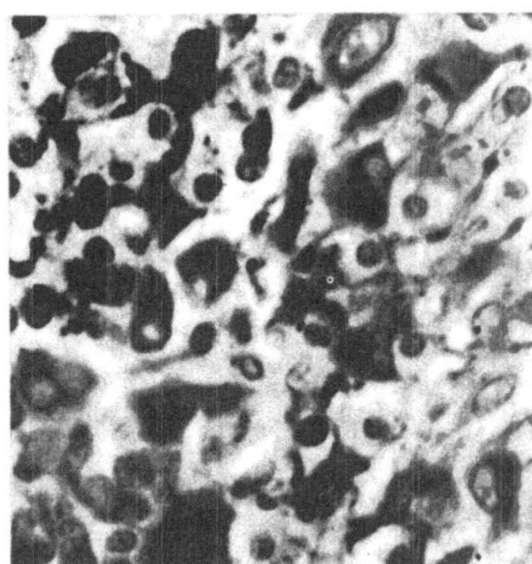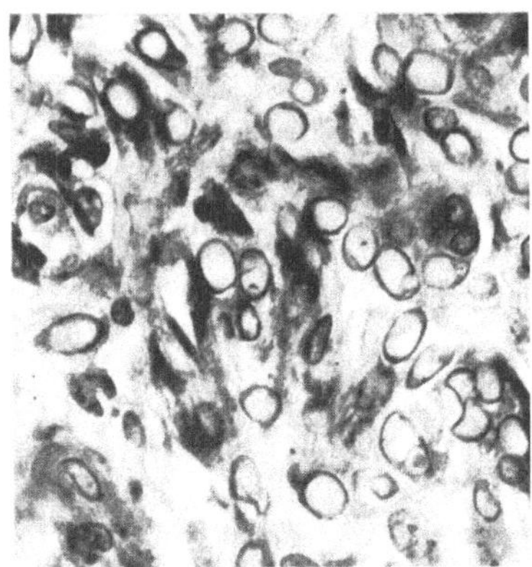

Abb. 3. Darstellung von GFAP im Glioblastom (links) und Vimentin im Meningeom (rechts)

Die immunhistochemische Methode hat also einen großen praktischen Stellenwert, sie hat aber auf der anderen Seite verständlicherweise die alte Antinomie zwischen Zytogenetikern und Pragmatikern neu aufleben lassen. Beispielhaft ist hier die Kontroverse um PNET - primitiver neuroepithelialer Tumor - und Medulloblastom. Es gibt gute Gründe, das Medulloblastom des Kleinhirns in eine Gruppe wenig differenzierter maligner kindlicher Geschwülste mit einzubeziehen. Wie andere Geschwülste dieser Gruppe weisen sie fehlende oder partielle Differenzierung Richtung auf. Und: Ein Konzept Medulloblastom ist zytogenetisch nicht haltbar, es fehlt der "normale" Medulloblast. Andererseits ist die Tumorentität Medulloblastom mit Altersgipfel, Lokalisation, Metastasierungsform und Geschlechtsprädilektion so gut definiert, daß es kaum jemand verstünde, wenn dieser Benennung durch die eines "PNETs" ersetzt würde.

Immerhin, die Vertreter beider Lager konnten sich auf der kürzlich abgehaltenen Nachfolgekonferenz des WHO-Klassifikationstreffens in Zürich artikulieren und durchsetzen. Das bedeutet, daß seltene und seltenste Tumoreinheiten in die Klassifikation aufgenommen wurden. Wir werden das kaum je diagnostizierte primitive polare Spongioblastom weiter in der Klassifikation haben; wir werden PNET in der WHO-Klassifikation vorfinden, aber auch das Medulloblastom und andere neue Entitäten.

Andererseits bleibt die Graduierung mit ihrer Zentralgruppe, den Gliomen, so erhalten; damit auch die klinische Relevanz, die Bedeutung für die Therapiestudien, die einfachere Verständigung zwischen Neuropathologen und Klinikern. Es bleibt aber dabei auch eine gemeinsame Verpflichtung, diese von uns angenommenen prognostischen Werte weiter zu validieren, vor allem durch Datensammlungen aus Therapiestudien und Katamnesen.

Literatur

1. Bailey P, Cushing H (1926) A classification of the tumors of the glioma group on a histogenetic basis with a correlation study of prognosis. Lippincott, Philadelphia
2. Kernohan JW, Mabon RF, Svien HJ, Adson AW (1949) A simplified classification of the gliomas. Symposium on a new simplified concept of gliomas. Proc Staff Meet Mayo Clin 24:71-75

3. Krauseneck P, Mertens HP (1985) Chemotherapie maligner Hirntumoren. Münch Med Wschr 127:1066-1070
4. Mennel HD (1985) Classification of supratentorial glioms. In: Voth D, Krauseneck P (Hrsg) Chemotherapy of glioms. De Gruyter, Berlin New York
5. Mennel HD (1988) Geschwülste des zentralen und peripheren Nervensystems. In: Doerr W, Seifert G (Hrsg) Spezielle pathologische Anatomie. Band 13/III. Pathologie des Nervensystems III. Springer, Berlin Heidelberg New York London Paris Tokyo
6. Mennel HD, Rossberg C, Lorenz H, Schneider H, Hellwig D (1989) Reliability of simple dytological methods in brain tumor biopsy diagnosis. Neurochirurgia 32:129-134
7. Ringertz N (1950) Grading of gliomas. Acta Pathol Microbiol Scand 27:51-64
8. Rubinstein LJ (1972) Tumors of the central nervous system. Armed Forces Institute of Pathology, Washington (Atlas of tumor pathology, second series, fasc 6)
9. Schwechheimer K (1990) Spezielle Immunmorphologie neurogener Geschwülste. In: Doerr W, Seifert G (Hrsg) Spezielle pathologische Anatomie. Band 13/IV. Pathologie des Nervensystems IV. Springer, Berlin Heidelberg New York Paris Tokyo Hong Kong
10. Stochdorph O (1982) Classification of intracranial tumors. In: Kazner E, Wende S, Grumme TH, Lanksch W, Stochdorph O (Hrsg) Computed tomography in intracranial tumors. Springer, Berlin Heidelberg New York
11. Zülch KJ (1968) Soll man den Begriff des (unipolaren) Spongioblastoms beibehalten? Beitr Neurochir 15:373-382
12. Zülch KJ (1979) Histological typing of tumors of the central nervous system. WHO, Geneva (International histological classification of tumours, no. 21)
13. Zülch KJ (1986) Brain tumors. Their biology and pathology. Springer, Berlin Heidelberg New York Tokyo
14. Zülch KJ, Wechsler W (1968) Pathology and classification of gliomas. Prog Neurol Surg 2:1-84

Differenzierung zentralnervöser Tumoren: Diagnosen und Fehldiagnosen

J.M. Schröder

Diskrepanzen zwischen klinischen und histopathologischen Diagnosen bei zentralnervösen (intrakraniellen und intraspinalen) Tumoren sind auch im Zeitalter der Computer- und NMR-Tomographie keineswegs selten (Schröder 1988). Die bekannte Schwierigkeit der Abgrenzung von Tumoren mit zentralen Nekrosen (Metastasen, Glioblastoma multiforme) von Abszessen ist durch die neuen bildgebenden Verfahren nicht beseitigt worden. Die Unterscheidung einer chronischen lymphozytären Enzephalitis von einem zentralen Lymphom (vgl. Jellinger 1987) ist noch schwieriger, sogar histopathologisch kann es dabei Abgrenzungsprobleme geben, wenn, von den lymphozytären Infiltraten abgesehen, weitere Entzündungsparameter fehlen. Demgegenüber ist die Abgrenzung von Neoplasmen und Kavernomen (Gefäßfehlbildungen), die radiologisch lt. persönlicher Mitteilung von A.K. Thron besondere Schwierigkeiten bereiten (vgl. Thron 1988), am histologischen Präparat unproblematisch, sofern genügend Gewebe verfügbar ist. Im übrigen sind durch die Einführung immunhistochemischer Methoden in jüngster Zeit beträchtliche Fortschritte bei der Differenzierung gliöser, neuronaler, mesodermaler, lymphatischer und metastatischer Tumoren erzielt worden, welche die diagnostische Treffsicherheit erheblich erweitern und die Zahl fehldiagnostizierter oder unklassifizierter Tumoren weiter reduzieren (Lit. s. Schröder 1991; Russel u. Rubinstein 1989; Schwechheimer 1990).

Literatur

1. Jellinger K (Hrsg) (1987) Therapy of malignant brain tumors. 503 p Springer, Wien New York
2. Kleihues P, Kiessling M, Janzer RC (1987) Morphological markers in neuro-oncology. In: Seifert G (Hrsg) Morphological tumor markers. General aspects and diagnostic relevance. Springer, Berlin Heidelberg New York:307-338. Aus der Reihe: Berry CL, Grundmann E (Hrsg) Current topics in pathology
3. Russel DS, Rubinstein LJ (1989) Pathology of tumors of the nervous system. 1012 p fifth edition. Arnold: London
4. Schröder JM (1988) Hirnbiopsie obsolet? Akt Neurol 15:65-67
5. Schröder JM (1991) Zerebrale raumfordernde Prozesse. Allgemeine Pathologie, Klassifikation und biologische Wertigkeit der intrakraniellen raumfordernden Prozesse. In: Hopf HC, Poeck K, Schliack H (Hrsg) Neurologie in Praxis und Klinik. 2 Aufl, Band III, Thieme, Stuttgart New York
6. Schwechheimer K (1990) 305 p. Spezielle Immunmorphologie neurogener Geschwülste. In: Doerr W, Seifert G (Hrsg) Pathologie des Nervensystems. Band 13/IV. Springer, Berlin Heidelberg New York. Aus der Reihe: Doerr W, Uehlinger E (Hrsg) Spezielle pathologische Anatomie
7. Thron AK (1988) Vascular anatomy of the spinal cord. 114 p, Springer, Wien New York

Das maligne Meningeom Charakteristika einer seltenen Untergruppe

J. Rakicky, T. Wagels und P. Berlit

Der Anteil der Meningeome an allen primären Hirntumoren (HT) wird zwischen 15 % (8) und 35 % (7) angegeben, wobei die Häufigkeit der malignen Formen von 1,2 % (6) bis 7 % (9) geschätzt wird. Als Hauptmerkmale eines malignen Prozesses gelten vor allem Anaplasien, zahlreiche und atypische Mitosen, nekrotische Gewebsveränderungen und ein schnelles bzw. infiltratives Wachstum (4, 1).

Unter 169 histologisch gesicherten Meningeomen, die am Klinikum Mannheim im Verlauf von 10 Jahren diagnostiziert wurden, fanden sich 15 Fälle mit Malignitätskriterien in der Histologie. Hierbei handelte es sich um 7 Frauen und 8 Männer mit einem durchschnittlichen Alter von 61,2 bzw. 46,7 Jahren, bei einem Geschlechtsverhältnis Frauen : Männer von 2:1 in der Gesamtgruppe. Als verantwortlich für das Überwiegen des weiblichen Geschlechtes bei Meningeomen werden hormonelle Einflüsse bei Rezeptoren für Östrogene und Progesteron im meningealen Gewebe diskutiert (3, 5). In der Gruppe der malignen Meningeome fällt eine deutliche Überrepräsentation des männlichen Geschlechtes auf, was auch von anderen Autoren beobachtet wurde (4). Über hormonelle Rezeptoren bei malignen Meningeomen liegen bislang keine Berichte vor.

Die Symptomatik der malignen Meningeome war von der Gesamtgruppe nicht unterschieden. 4 Patienten kamen mit Kopfschmerzen zur Aufnahme (Stauungspapille N = 2), in 5 Fällen lagen zerebrale Herdzeichen vor, 6 Patienten wiesen symptomatische epileptische Anfälle auf. Bei primär hyperdenser Raumforderung in der Computertomographie in 12 Fällen zeigten alle malignen Meningeome eine typische homogene scharf begrenzte KM-Anreicherung, was im Gesamtkollektiv nur in 80 % der Fall war. Bei der Dg-stellung war das maligne Meningeom im Median 6,5 cm groß (Gesamtkollektiv 5,8 cm) und in der Regel lag ein perifokales Ödem Grad 2 vor (Gesamtkollektiv 39 %). Eine Angiographie erfolgte bei 11 Patienten wobei sich nur sieben mal eine pathologische Vaskularisation fand. In 3 Fällen war der Prozess avaskulär. Die Angiographie ermöglicht keine zuverlässige Differenzierung eines malignen Wachstums. Supratentoriell waren 13 Tumore, infratentoriell 2 lokalisiert. Häufig waren Konvexitäts- (26,7 %, n = 4) und Falxmeningeome (33,3 %, n = 5). Histologisch wurden endotheliomatöse (n = 6), hämangioperizytische (n = 2) und sarkomatöse Formen (n = 7) diagnostiziert. Eine papilläre Struktur, die als Prädisposition für Malignität gilt (4, 1), fand sich in 4 Fällen.

Die Rezidivrate lag bei 20 % (n = 3) im ersten Jahr (0 % im Gesamtkollektiv) und bei 30 % (n = 5) innerhalb von 5 Jahren nach der Operation-damit niedriger als bei anderen Autoren (4, 9). Von den 15 Patienten wurde 8 postoperativ bestrahlt und 3 davon sind gestorben. Von den 15 Patienten verstarben 6, davon 1 postoperativ an einer Komplikation und 3 innerhalb von 5 Jahren an einem Rezidiv mit zunehmender Entdifferenzierung des Meningeoms. Ein Patient verstarb infolge eines Hirninfarktes und in einem Fall konnte die Todesursache nicht ermittelt werden. Insgesamt liegt die Sterberate mit 40 % etwas unter publizierten Angaben (4, 2). Intrakranielle Metastasen wurden bei einem Patienten (hämangioperizytische Form), systemische Metastasen in keinem Fall festgestellt.

Literatur

1. Brignolio F, Favero M (1984) Consideration on the malignancy of papillary meningioma. Clinico-pathological study of eight cases. Zbl Neurochirurg 45:79-84
2. Chan RC, Thompson GB (1984) Morbidity, mortality and quality of life following surgery for intracranial meningiomas. A retrospective study in 257 cases. J Neurosurg 60:52-60
3. Grunberg SM, Daniels AM, Muensch H, Daniels JR, Bernstein L Kortes, Weiss MH (1987) Correlation of meningioma hormone receptor status with hormone sensitivity in a tumor stem-cell assay. J Neurosurg 66:405-408
4. Thomas GH, Dolman CL, Berry K (1981) Malignant meningeioma: clinical and pathological features. J Neurosurg 55:929-934
5. Helseth A, Mork SJ, Glattre E (1989) Neoplasms of the central nervous system in Norway. V. Meningioma and cancer of other sites. An analysis of multiple primary neoplasms in meningioma patients in Norwey from 1955 through 1986 APMIS 97:738-744
6. Jellinger K, Slowik F(1975) Histological subtypes and prognostic problems in meningiomas. J Neurol 208:279-298
7. Percy AK, Elveback LR, Okazaki H, Kurland LT (1972) Neoplasms of the central nervous system. Neurology 22:40-48
8. Petty AM, Kun LE, Meyer GA (1985) Radiation therapy for incompletely resected meningiomas. J Neurosurg 62:502-507
9. Rohringer M, Sutherland GR, Louw DF, Sima AA (1989) Incidence and clinico-pathological features of meningioma. J Neurosurg 71 (5Pt 1):665-672

Das Ästhesioneuroblastom: Eine Analyse von 235 Fällen aus der Literatur und 5 eigene Fälle

H. Pape, R. Wurm, Th. Schnabel und G. Schmitt

Das Ästhesioneuroblastom ist ein seltener Tumor des Riechepithels. Seine Inzidenz beträgt 1 - 5 % aller malignen Nasentumoren.

Histogenetisch ist das Ästhesioneuroblastom den Tumoren des APUD Zellsystems (Amine Precursor Uptake Decarboxylating) zuzuordnen. Seit der Erstbeschreibung durch Berger 1924 (1) sind Rosettenformationen wie Homer-Wright oder Flexner Rosetten zusammen mit Neurofibrillen die Stütze der lichtmikroskopischen Diagnose. Homer-Wright Rosetten bestehen aus primitiven Neuroblasten, Flexner Rosetten aus reifen Zellen, die in ihren Zellfortsätzen neurosekretorische Granula und Mikrotubuli aufweisen (4). Die helle Basalzelle als Vorläuferzelle des Riechepithels scheint die Stammzelle des Tumors zu sein (4).

Die Altersverteilung zeigt einen doppelgipfligen Verlauf mit einem ersten Peak zwischen 11 und 20 Jahren und einem zweiten zwischen 51 und 60 Jahren (2). Frühsymptome wie behinderte Nasenatmung, Epistaxis und Hyposmie werden leicht übersehen. Alarmierende Spätsymptome treten erst bei Einbruch in die orbita oder Schädelbasis auf. Visuseinschränkungen, Exophthalmus, Stauungspapillen und Augenmuskelparesen finden sich neben zentralnervösen Symptomen wie Müdigkeit, Übelkeit, Erbrechen, sensitive Mißempfindungen und Zeichen fokaler Hirnleistungsstörungen.

Diagnostisch stehen heute Computer- und Kernspintomographie im Vordergrund. Zum Ausschluß von Fernmetastasen sind Röntgenaufnahmen des Thorax, Ultraschalluntersuchung des Abdomens, Skelettszintigramm und eine sorgfältige Palpation der zervikalen Lymphknoten obligat. Laborchemisch wäre ein Nachweis von neuronenspezifischer Enolase, Dopamin, Betahydroxylase sowie Catecholamine nebst ihren Metaboliten denkbar. Ihr diagnostischer Stellenwert ist bis heute noch nicht klar.

Die Basis der lokalen Tumordokumentation bildet die Stadieneinteilung von Kadish (3). 235/267 Fälle aus der Literatur waren auswertbar. Zusammen mit 5 eigenen Beobachtungen konnten insgesamt 240 Patienten analysiert werden. 21 % von ihnen waren im Stadium A, 37 % im Stadium B und 42 % im Stadium C. Langzeitbeobachtungen von mehr als 20 Jahren werden beschrieben, sie sind jenseits von 15 Jahren aber eher selten. Die Nachbeobachtungen enden oft nach 4 Jahren (bei 83/240 Patienten). Bis zu diesem Zeitpunkt sind 28 % verstorben, 39 % leben und von den übrigen 33 % fehlen weitere Angaben. Lokalrezidive wurden bei 43/240 Patienten (18 %) beschrieben, 42 % von ihnen traten innerhalb des ersten Jahres auf. 33/240 Patienten (11 %) entwickelten Metastasen in zervikale Lymphknoten, 10/33 manifestierten sich innerhalb der ersten 2 Jahre. 26/240 Patienten (11 %) hatten Fernmetastasen, von ihnen traten 54 % innerhalb der ersten 2 Jahre auf. Knochen und Lunge waren die häufigsten Zielorgane, gefolgt von Leber, ZNS und abdominellen Lymphknoten.

Retrospektive Analysen von Einzelveröffentlichungen in der Literatur sind in ihrer Aussagekraft eingeschränkt. Aus diesem Grund halten wir eine zentrale Datenerfassung für seltene Tumorentitäten für unabdingbar notwendig. Wir haben deswegen jetzt eine Datei für Ästhesioneuroblastome eröffnet, in der Anamnese, Histologie, biochemische Parameter, primäre Tumorstadien, Therapiestrategien und Verlaufskontrollen dokumentiert werden sollen. Wir möchten diese Datei für eine zentrale Datenerfassung zur Verfügung stellen.

Literatur

1. Berger L, Luc R (1924) L'esthesioneuroepitheliome olfactif.: Bull Assoc Franc Etude Cancer 13:410-421
2. Elkon D, Hightower SI, Lim ML, Cantrell RW, Constable WC (1979) Esthesioneuroblastoma. Cancer 44:1087-1094
3. Kadish S, Goodman M, Wang CC (1976) Olfactory neuroblastoma. Cancer 37:1571-1576
4. Vollrath M, Altmannsberger M (1989) Ästhesioneuroblastom: Histogenese und Diagnose. Strahlenther Onkol 165:461-467

Ist das pleomorphe Xanthoastrozytom ein Gliom?

A. Engelhardt, C. Brigel, G. Röckelein und B. Neundörfer

Bei den pleomorphen Xanthoastrozytomen (PXA) handelt es sich um seltene, bei Jugendlichen auftretende Tumoren, bei welchen das auffallend polymorphe histologische Bild mit einer allgemein günstigen Prognose kontrastiert. Sie liegen zumeist temporal oder parietal und breiten sich sowohl in den Meningen als auch oberflächlich kortikal aus. Diese Eigenschaft als Grenzgänger zwischen mesenchymalem und neuroektodermalem Gewebe, die ein entsprechendes Korrelat im histologischen Bild findet, hat seit der Erstbeschreibung als nosologisch Entität durch Kepes et al. 1979 (3) zu Kontroversen in der Frage der Zuordnung geführt, welche bis heute noch nicht entschieden sind.

Bei einer 19jährigen Patientin traten drei generalisierte Krampfanfälle auf. Neurologisch und psychopathologisch war die Patientin unauffällig. Das Computertomogramm des Gehirns zeigte eine rechts frontobasal gelegene, teilweise verkalkte mandarinengroße Raumforderung. In der Kernspintomographie erwies sich der Tumor als inhomogen mit zentralem Signalverlust. Angiographisch waren keine pathologischen Gefäße nachweisbar.

Operativ zeigte sich ein derber, grau-brauner Tumor, welcher überwiegend im Marklager gelegen war, jedoch auch Verbindungen zu den Hirnhäuten aufwies. Histologisch bestand das Geschwulstgewebe teils aus spindeligen, in Zügen angeordneten, teils aus protoplasmareichen, häufig schaumigen Zellen sowie zahlreichen mehrkernigen Riesenzellen. Mehrfach fanden sich perivaskulär akzentuierte Lymphozyteninfiltrate. Mitosen waren nur selten nachweisbar, ebenso Nekrosen. Retikulinfasern zeigten eine deutliche Vermehrung im Bereich der Gefäßadventitia.

Die Alcianblaufärbung war im Bereich des Tumorparenchyms negativ. Mit Immunperoxidase waren GFAP positive Fasern in allen Tumorbereichen nachweisbar, häufig umranmdeten diese Fasern größere Tumorzellen. Die Tumorzellen waren S-100 und Vimentin poitiv, mit Desmin-Antikörpern jedoch negativ. Alpha-1-Antichymotrypsin war deutlich, Alpha-1-Antitrypsin nur schwach nachweisbar.

Lektinhistochemisch zeigte sich das Tumorparenchym mit CON A, UEA I, DBA, GS I und SBA negativ. Lediglich mit PNA und WGA war stellenweise eine sehr diskrete Reaktion auszumachen.

Zu Vergleichszwecken wurden die beschriebenen Reaktionen an neun Gliomen verschiedener Grade und Typen durchgeführt. Sie erwiesen sich insbesondere in ihrer deutlichen Alcianpositivität und der starken Reaktion mit WGA und PNA, diskreter auch mit CON A als deutlich andersartig als das PXA reagierend.

Als Kepes 1973 erstmals drei Fälle eines PXA beschrieb (2), hielt er sie für mesenchymale Tumoren und bezeichnete sie als "fibröse Xanthome". Da die Tumoren sich jedoch zumeist als GFAP positiv erwiesen, wurde diese Einteilung später revidiert. Paulus und Peiffer (4) wiesen in letzter Zeit mit Recht darauf hin, daß zahlreiche nichtgliöse Tumorzellen ebenfalls GFAP positiv sind und andererseits große, insbesondere leptomeningeale Areale sich als negativ erweisen.

In früheren Untersuchungen wurde bereits die Alcianpositivität der Gliome als Charakteristikum beschrieben (1). Ein ähnliches Verhalten findet sich auch bezüglich der Lektine WGA und PNA. Die völlig anderen Eigenschaften des Pleomorphen Xanthoastrozytoms bezüglich der genannten Reaktionen lassen erneut Zweifel zumindest an der überwiegend gliösen Natur dieses seltenen und proteushaften Tumors aufkommen.

Literatur

1. Engelhardt A (1980) Detection of acid mucopolysaccharides in human brain tumors by histochemical methods. Acta neuropathol (Berl) 49:199-203
2. Kepes JJ, Kepes M, Slowik F (1973) Fibrous xanthomas and xanthosarcomas of the meninges and the brain. Acta neuropathol (Berl) 23:187-199
3. Kepes JJ, Rubinstein LJ, Eng LF (1979) Pleomorphic xanthoastrocytoma: a distinctive menigocerebral glioma of young subjects with relatively favorable prognosis. Cancer 44:1839-1852
4. Paulus W, Peiffer J (1988) Does the pleomorphic xanthoastrocytoma exist? Acta neuropathol (Berl) 76:245-252

Zerebrale Mikrohamartome und Neurofibromatose

M. Bergmann, F. Gullotta und K. Maslowski

Die Neurofibromatose (NF) gehört zur Gruppe der Phakomatosen und ist gekennzeichnet durch Dysgenesien, Hyperplasien und Neoplasien nicht nur der Neuralleistenderivate. Sie wird in zwei genetisch differente Formen unterteilt. Bei der NF-1 finden sich meist die typischen Café-au-lait-Flecken, periphere Neurofibrome, Irishamartome und ossäre Dysplasien. Die NF-2 ist charakterisiert durch bilaterale Akustikusneurinome und häufig multiple ZNS-Tumoren (3). Für beide Formen typische ZNS-Hamartome werden im folgenden anhand einiger Beispiele dargestellt.

Kasuistiken zur Neurofibromatose 1

Bei einer 67jährigen Patientin (SN 42/90) fand sich links periaquäduktal ein linsengroßer Herd, der histologisch vornehmlich aus nestförmig gelagerten Astrozyten aufgebaut war und somit einem Subependymom entsprach. Ähnliche, nur mikroskopisch erkennbare Herde fanden sich in Brücke und Medulla oblongata. Der rechte Hippokampus wies ein kleines Gangliogliom auf. Neben einigen menigealen Gliaheterotopien fanden sich im Bereich der Stammganglien mehrere glomurulusartige Kapillarproliferationen sowie an intrazerebralen und meningealen Arterien deutliche, exzentrische Intimaproliferationen. Neben gleichartigen vaskulären Veränderungen waren am Gehirn einer 19jährigen Patientin (SN 127/90) eine leichte, diffuse Gliaproliferation im Hirnstamm sowie mehrere subependymale Gliaknötchen in allen Anteilen des Ventrikelsystems auffällig. Eine perivaskuläre Schwannose und ein intramedulläres Neurinom fanden wir in einem weiteren Fall (SN 265/88; 63jähriger Patient).

Kasuistik zur Neurofibromatose 2

Bei einer 15jährigen Patientin (NP 238/88 MÜ) erfolgte die Entfernung eines intraspinalen Neurinoms thorakolumbal. In der Folgezeit entwickelte sie eine beidseitige Schwerhörigkeit, und es wurden im Alter von 18 Jahren bilaterale Akustikusneurinome diagnostiziert. Nach Exstirpation des linksseitigen Tumors verstarb die Patientin an einem Hirnstamminfarkt.

Bei der Obduktion fanden sich multiple viszerale und spinale Neurinome, ein rechtsseitiges Akustikusneurinom, multiple Meningeome und ein Astrozytom der rechten Kleinhirnhemisphäre. Die Großhirnrinde zeigte multiple Mikrodysplasien ohne Mitosen, die aus polymorphen, teils mehrkernigen Zellen bestanden. Dem immunhistochemischen Befund zufolge handelte es sich um dysplastische Astrozyten. Die kortikale Architektur war nur in diesen Arealen leicht gestört.

Entsprechende morphologische Befunde zeigte ein weiterer Fall (SN 55/90).

Die demonstrierten Gewebsveränderungen sind nicht spezifisch für die NF, werden dort jedoch gehäuft beschrieben. Obwohl meist klinisch stumm, werden sie mit einigen Komplikationen bei NF-1 in Zusammenhang gebracht. Die Aquäduktstenose bei NF-1 wird nur selten durch Tumoren verursacht, häufiger liegen ihr eine periaquäduktale Gliose oder die gezeigten subependymalen Gliaknötchen zugrunde. Etwa 30 derartige Fälle sind in der Literatur beschrieben worden (7, 8). Subependymome sind meist asymptomatische Tumoren des vierten Ventrikels, die wegen ihres langsamen Wachstums und der Kombination mit anderen Fehlbildungen auch zu den Anlagestörungen gerechnet werden. Die drei in der Literatur beschriebenen periaquäduktalen Subependymome verursachten stets einen Hydrozephalus internus (1). Auch Gangliogliome und intrazerebrale Neurinome haben Beziehungen zu Fehlbildungen bzw. sind von diesen nur schwer abzugrenzen (6). Die gezeigten vaskulären Veränderungen betreffen besonders die Nierenarterien, sind jedoch auch an zerebralen Gefäßen nachweisbar. Obwohl die pathogenetische Verknüpfung mit der NF-1 keineswegs eindeutig ist, werden sie für die beschriebenen juvenilen Hirninfarkte und Hirnblutungen verantwortlich gemacht (5, 9).

Nester atypischer Gliazellen wurden zwar auch bei NF-1 beschrieben (6), finden sich jedoch überwiegend bei NF-2 (11). Sie sind daher wahrscheinlich nicht das morphologische Substrat der bei NF-1 auftretenden mentalen Retardierung, wie Rosman und Pearce vermuteten (4).

Ähnliche Gliadysplasien wurden auch im Zusammenhang mit epileptischen Anfallsleiden nachgewiesen (10).

Dysplasien und Hamartome der demonstrierten Art könnten die Grundlage der bei NF-1 im NMR nachgewiesenen Herde sein. Diese stellen sowohl bei T1- als auch bei T2-Gewichtung scharf begrenzte, nicht progrediente, signalintense Zonen in Stammganglien, Kleinhirn und Hirnstamm dar (2).

Korrelationen zwischen morphologischem und radiologischem Befund, wie sie bei der tuberösen Sklerose schon gezeigt wurden, sind noch nicht möglich. Bei postmortalen NMR-Untersuchungen waren die beschriebenen Signalauffälligkeiten in unseren Fällen nicht nachweisbar.

Literatur

1. Ho K-L (1982) Tumor of the cerebral aqueduct. Cancer 49:154-162
2. Mirowitz SA, Sartor K, Gado M (1989) High-intensity basal ganglial lesions on T1-weighted MR images in neurofibromatosis. AJNR 10:1159-1163
3. National Institutes of Health Consensus Development Conference (1988) Neurofibromatosis conference statement. Arch Neurol 45:575-578
4. Rosman NP, Pearce J (1967) The brain in multiple neurofibromatosis (v Recklinghausen's disease): a suggested neuropathological basis for the associated mental defect. Brain 90:829-837
5. Rubinstein LJ (1986) The malformative central nervous system lesions in the central and peripheral forms of neurofibromatosis. A neuropathological study of 22 cases. Ann NY Acad Sci 486:14-29
6. Russell DS, Rubinstein LJ (1989) Pathology of tumours of the nervous system. 5th Ed Edward Arnold, London, S 781
7. Schreiber D, Quade B (1990) ZNS-Beteiligung bei Neurofibromatose - eine Untersuchung am Obduktionsgut. Zbl allg Pathol 136:67-76
8. Senveli E, Altinörs N, Kars Z et al (1989) Association of v Recklinghausen's neurofibromatosis and aqueduct stenosis. Neurosurgery 24:99-110
9. Sobata E, Ohkuma H, Shigeharu S (1988) Cerebrovascular disorders associated with v Recklinghausen's neurofibromatosis. A case report. Neurosurgery 22:544-549
10. Taylor DC, Falconer MA (1971) Focal dysplasia of the cerebral cortex in epilepsy. J Neurol Neurosurg Psychiatr 34:369-387
11. Wiestler OD, v Sienbenthal K, Schmidt HP, Feiden W, Kleihues P (1989) Distribution and immunoreactivity of cerebral microhamartomas in bilateral acoustic neurofibromatosis (NF-2). Acta neuropathol 79:137-143

Primäre maligne Fibrohistiozytome des ZNS mit der Symptomatik von Neurinomen und deren möglicher Zusammenhang mit exogenen Reizen

N. Heye, C. Zimmer, H. Henkes und W.R. Lanksch

Die malignen Fibrohistiozytome (MFH) sind Weichteiltumoren, die sich in der Regel im Retroperitonelraum entwickeln (6). Nur wenige Fälle von primär intrazerebralen MFH sind bisher bekannt; diese sind meistens aufgrund der relativen Maße der supratentoriellen Meningen im Bereich des Großhirns lokalisiert. Wir berichten über zwei Fälle von primär intrakraniellen MFH, die klinisch zunächst als Neurinome manifest wurden. Nach erfolgten therapeutischen Eingriffen ergab sich dann klinisch und pathologisch eine maligne transformierte Biologie der Tumoren.

Eine 60jährige Patientin wurde wegen einer progredienten Paraparese aufgenommen. Anamnestisch war bekannt, daß die rechte Mamma 15 Jahre zuvor entfernt worden war. Nach einer Radiatio der axillären Lymphknoten bestand eine Parese des rechten Armes. Im Myelogramm wurde eine Raumforderung in Höhe HWK 6/7 gesichert und ein gut abgrenzbarer Tumor wurde vollständig entfernt. Histologisch handelte es sich um ein Neurofibrom mit einem relativ zellarmen Gewebebild und länglichen, fusiformen, zu Zügen angeordneten Zellen. Innerhalb des Tumors waren noch Reste von Myelin nachweisbar. Im Verlauf kam es zunächst zu einer Besserung, dann stellten sich eine Tetraparese und passagere Hirnnervenstörungen ein. Zweieinhalb Monate nach Erstoperation fanden sich radiologisch zwei walnußgroße Tumoren im linken Kleinhirnbrückenwinkel. Diese Tumoren wurden subtotal entfernt und entsprachen histologisch einem Fibrohistiozytom. Die Tumorzellen waren jetzt wesentlich dichter in breiten Spindeln und Zügen, angedeutet auch in Palisaden nebeneinander gelagert. Die zunächst wache Patientin trübte ein und verstarb viereinhalb Monate nach Krankheitsbeginn im Mittelhirnsyndrom. Bei der Sektion des Gehirns fanden sich in der hinteren Schädelgrube zahlreiche Tumorknoten; das Rückenmark war diffus von dem Tumor ummauert und durchsetzt. Der Tumor zeigte ein storiformes Wachstum, und Areale dichter Gefäßproliferate gingen in großflächige Nekrosen über. Zytologisch war eine ausgeprägte Zell- und Kernpolymorphie erkennbar. Immunologisch reagierte der Tumor lediglich mit Makrophagenmarkern und alpha-1-Anti-Trypsin. Zusammengefaßt handelt es sich um einen Tumor, der von einem operativ entfernten gutartigen zervikalen Tumor, welcher in einem Bestrahlungsfeld gelegen war, ausgegangen und nach der Operation nach intrazerebral metastasiert und entdifferenziert war.

Bei dem zweiten Patienten handelt es sich un einen 74jährigen Mann, der wegen einer vestibulären Symptomatik in die Klinik kam. In einem MR zeigte sich ein raumfordernder Prozess des rechten Kleinhirnbrückenwinkels. Die Histologie ergab ein Neurinom vom Typ Antoni B mit locker gelagerten, fettig degenerierten Zellen. In einem Kontroll-CT stellte sich 10 Monate später ein Rezidiv dar, das vollständig entfernt werden konnte. Histologisch bot der Tumor bei insgesamt gleichem histologischen Bild Zeichen der malignen Entartung, wobei am auffälligsten Nekrosen und zahlreiche Riesenzellen vom Tutontyp waren. Es erfolgte eine intensive Reaktion des Tumors mit Makrophagenmarkern und mit alpha-1-

Anti-Trypsin. Die Diagnose eines Neurinoms Antoni B der ersten Biopsie mußte revidiert werden. Es handelte sich um ein fibröses Histiozytom mit maligner Transformierung.

Die morphologischen Charakteristika der MFH überschneiden sich auf licht- und elektronenmikroskopischer Ebene sowie immunologisch und in der Gewebekultur mit denen von chronisch entzündlichen Veränderungen und Granulationsgewebe, wie z.B. nach Bestrahlung oder mechanischer Irritaion (1, 4). Es besteht deshalb die Hypothese, daß es sich bei den MFH um primär benignes, nach einer Irritation maligne transformiertes, mesenchymales Gewebe handelt (4). In drei der bisher 18 beschriebenen Fälle von primär intracerebralen MFH war in der Vorgeschichte eine mechanische oder Strahlenirritation des Gewebes erfolgt; ein Tumor wurde nach Operation (5), einer nach Radiatio (2) und ein weiterer bei einem Kind mit einer dysraphischen Störung beobachtet (3). Die Autoren waren der Meinung, die Ätiologie der Tumorentstehung in o.g. Sinne geklärt zu haben. Auch in den hier geschilderten Fällen kann eine Verbindung von therapeutischen und diagnostischen Eingriffen und Tumorentstehung sowie Tumormalignisierung postuliert werden.

Literatur

1. Fletcher CDM (1987) Commentary: Malignant fibrous histiocytoma? Histopathology 11:433-437
2. Gonzalez-Vitale JC, Slavin RE, McQuenn JD (1976) Radiation induced intracranial malignant fibrous histiocytoma. Cancer 37:2960-2963
3. Helle TL, Hanbery JW, Becker DH (1983) Meningeal malignant histiocytoma arising from a thoracolumlar myelomenigocele. Case report. J Neurosurg 58:593-597
4. Imai Y, Yamakawa M, Sato T, Suda A (1989) Malignant fibrous histiocytoma: similarities to the "fibrohistiocytoid cells" in chronic inflammation. Virchows Archiv A Pathol Anat 414:285-298
5. Paulus W, Peiffer J, Grote E (1988) Intracerebral malignant fibrous histiocytoma at site of a previously excised low grade glioma. Acta Neurochir 99:161-165
6. Weiss SW, Enzinger FM (1978) Malignant fibrous histiocytoma. An analysis of 200 cases. Cancer 41:2250-2266

Primäre Lymphome des Zentralnervensystems

G. Hamann, G. Stein, K. Schnabel und K. Schimrigk

Die primären Lymphome des Zentralnervensystems sind seltene Tumoren, der Anteil liegt unter 1 % aller Hirntumoren (4, 10), während der sekundäre Befall des ZNS bei systemischen Lymphomen häufiger ist (7, 9). Auf die Erstbeschreibung als "peritheliales Sarkom" 1929 (2) folgte eine Phase mit vielfältigen nomenklatorischen und pathologischen Einteilungsversuchen (7), seit Einführung der Kieler Klassifikation 1974 wird die Bezeichnung des "primär zerebralen Lymphoms" benutzt (4). Wie bei anderen Lymphomerkrankungen haben Transplantatträger sowie Patienten mit erworbener oder angeborener Immunschwäche eine deutlich erhöhte Erkrankungswahrscheinlichkeit (bis 350fach) gegenüber der Normalpopulation (3, 7).

Im Verlauf von 7 Jahren wurden 18 Patienten mit primär zerebralen Lymphomen beobachtet. Histologische Proben wurden von 16 Patienten stereotaktisch bioptisch sowie von 2 Patienten offen operativ gewonnen. In 17 Fällen konnte die Diagnose histologisch gesichert werden, in einem Fall wurde die Diagnose bei fragwürdiger Histologie nach Remission des Tumors unter Kortisontherapie gestellt.

Das mittlere Alter des Patientenkollektivs (11 Frauen, 7 Männer) lag bei 53,1 +/- 13,4 Jahren. Die Anamnesedauer (Zeit vom Auftreten der ersten Symptome bis zur Diagnosestellung) lag zwischen einer Woche und 15 Monaten. Klinisch traten sowohl fokal-neurologische Ausfallserscheinungen (83 %), hirnorganische Wesensänderung (77 %), Zeichen gesteigerten Hirndrucks (38 %) sowie zerebrale Krampfanfälle (in 10 %) auf. Mittels Röntgenthorax, Oberbauchsonographie, Skelettszintigraphie, Knochenmarkspunktion konnte eine extrazerebrale Manifestation weitgehend ausgeschlossen werden. EEG, Liquor sowie sonstige Laborparameter waren nicht richtungsweisend. Die histologische Klassifikation ergab in 4 Fällen niedrig maligne, in 5 Fällen hoch maligne Non-Hodgkin-Lymphome, bei 8 weiteren Gewebeproben konnte die Diagnose nur ohne weitere Subklassifikation gestellt werden. Supratentoriell waren 16, infratentoriell 2 Tumoren lokalisiert, 7 supratentorielle Tumoren waren multipel. Die Computertomogramme ergaben wechselnd hypo-, hyper- oder isodense Raumforderungen mit zumeist ausgeprägtem perifokalem Ödem, in 2 Fällen zeigte sich die typisch schmetterlingsförmige Struktur um die Seitenventrikel (7). In 4 Fällen fand sich ein KM-Enhancement. Insgesamt 15 Patienten wurden bestrahlt. 3 erhielten eine Gesamtreferenzdosis von 51 Gy, appliziert in 34 Fraktionen über einen Zeitraum von 7 Wochen. Bis zu einer Dosis von 37,5 Gy wurde mit ultraharten Photonen eine Ganzhirnbestrahlung durchgeführt über seitliche irreguläre Gegenfelder, gefolgt von einer Konzentration der Bestrahlung auf den engeren Tumorbereich (Boost), wobei hier unterschiedliche Strahlenarten, -energien und Bestrahlungstechniken zur Anwendung kamen. Die restlichen 12 Patienten wurden mit Gesamtreferenzdosen von 37,5 bis 40,5 Gy bestrahlt bei einer Einzeldosis von 1,5 Gy und 5 Bestrahlungen wöchentlich. Hier kam nur die Ganzhirnbestrahlung in oben beschriebener Weise zum Einsatz. Alle Patienten erhielten eine Kortisontherapie, 3 als alleinige Behandlung. Zusätzlich zur Radiatio erhielt ein Patient eine Chemotherapie, 2 Patienten wurden noch offen operiert. Bei 12 von 15 Patienten mit Radiatio

316

konnte eine CT-Remission erzielt werden (80 %), klinisch war eine Remission nach Bestrahlung bei 7 Patienten (47 %) zu erreichen. Unter alleiniger Kortisontherapie hatten 2 Patienten (66 %) eine klinisch und CT-mäßig deutliche Remission. Operative bzw. chemotherapeutische Intervention erbrachte keine wesentliche Änderung des Zustandsbildes.

Trotz der erreichten Remissionsrate, vor allem unter Radiatio, ist die Prognose als ungünstig anzusehen, die mediane Überlebenszeit beträgt 8 Monate, die mittlere Überlebenszeit 12,9 +/- 11,5 Monate bei einer Einjahresüberlebensrate von 55,8 % und einer Dreijahresüberlebensrate von 38,2 %. Unter den 5 Langzeitüberlebenden (länger als 20 Monate nach Diagnosestellung) sind auffälligerweise 4 Patienten, die bestrahlt wurden.

Spezifische klinische Leitbilder der primären zerebralen Lymphome fehlen, in unserem Untersuchungskollektiv scheinen hirnorganische Wesensänderungen häufiger als beschrieben aufzutreten (1, 4, 9, 10, 12). Die CT-Befunde waren richtungsweisend, jedoch fanden sich sowohl iso-, hypo- als auch hyperdense Strukturen mit nur inkonstanter Kontrastmittelanreicherung. Die in der Literatur beschriebenen typischen CT-Kriterien (3, 5, 6, 8, 11) konnten nur in einigen unserer Fälle gefunden werden. Die Kernspintomographie bestätigte die CT-Befunde. Das schnelle Ansprechen auf Strahlentherapie und Steroidgabe (4, 5, 11) kann bestätigt werden, die Prognose bleibt, wie in anderen Arbeiten berichtet, ungünstig (4, 7, 12), wobei eine kleinere Gruppe von langzeitüberlebenden Patienten eine Sonderstellung einnimmt (1). Bei klinischem Verdacht auf ein primär zerebrales Lymphom sollte eine stereotaktische Probeentnahme zur Diagnosesicherung erfolgen (7, 11), weitere chirurgische Maßnahmen, wie Resektionen, sind nicht erfolgversprechend. Die hohe Strahlenempfindlichkeit stellt die Radiatio kombiniert mit Kortikoiden an erste therapeutische Stelle (6, 7, 11).

Literatur

1. Ashby MA, Bowen D, Bleehen NM, Barber PC, Freer CEL (1988) Primary lymphoma of the central nervous system: Experience at Addenbrooke's Hospital, Cambridge. Clinical Radiology 39:173-181
2. Bailey P (1929) Intracranial sarcomatous tumors of leptomeningeal origin. Arch Surg 18:1359-1402
3. Böhm P, Meusers P, Lehmann HJ, Brittinger G, Bamberg M (1984) Zur Diagnostik primärer Non-Hodgkin-Lymphome des Zentralnervensystems. Forschr Neurol Psychiat 52:284-291
4. Bogdahn U, Bogdahn S, Mertens HG et al (1986) Primary Non-Hodgkins lymphomas of the CNS. Acta Neurol Scand 73:602-614
5. Chayasirisobhon S, Kumar V, Ali I, Stiepel C (1987) Primary lymphoma of the central nervous system: a diagnostic problem. Journal of the National Medical Association 79:198-200
6. Dewes W, Boldt I. Leipner N, Krahe T, von Itter C (1987) Computertomographie und MR-Tomographie vor und nach Strahlentherapie primärer und sekundärer Lymphome des CNS. Strahlentherapie und Onkologie 163:613-620
7. Hochberg FH, Miller DC (1988) Primary central nervous system lymphoma. J Neurosurg 68:835-853
8. Hörmann M, Ebner F, Steiner H, Kullnig P, Hackl A (1987) Zerebrale Manifestation der Non-Hodgkin-Lymphome und der Lymphogranulomatose im CT. Strahlentherapie und Onkologie 163:364-369
9. Kotasek D, Albertyn LE, Sage RE (1986) A five year experience with central nervous system lymphoma. Med J Australian 144:299-303
10. Murray K, Kun L, Cox J (1986) Primary malignant lymphoma of the central nervous system. J Neurosurg 65:600-607
11. Neuwelt EA, Frenkel EP, Gumerlock MK et al (1986) Developments in the diagnosis and treatment of primary CNS Lymphoma. Cancer 58:1609-1620
12. Vakili ST, Muller J et al (1986) Primary lymphoma of the central nervous system: A clinicpathologic analysis of 26 cases. J of Surgical Oncology 33:95-102

ZNS-Lymphome bei AIDS

J. Madlener, W. Enzensberger, U. Woelki, E.B. Helm und P.-A. Fischer

ZNS-Lymphome machten vor Ausbreitung der HIV-Pandemie etwa 1 % aller Hirntumoren aus. Bei immunsupprimierten Patienten liegt die Wahrscheinlichkeit, an einem solchen Tumor zu erkranken, um ein Vielfaches höher als in der Normalpopulation, weswegen synchron mit der Zunahme der AIDS-Erkrankungen auch die Häufigkeit der ZNS-Lymphome rasch steigt. Seit 1986 sind in den USA die durch AIDS verursachten ZNS-Lymphome häufiger als die von AIDS unabhängig auftretenden. Ihre absolute Zahl liegt derzeit in den USA etwa in der Größenordnung von Astrozytomen (5).

Während für die beiden häufigsten Neuromanifestationen bei AIDS, die AIDS Enzephalopathie und die Toxoplasmose-Enzephalitis, inzwischen umfangreiche klinische und zusatztechnische Erfahrungen vorliegen, gilt dies für die ZNS-Lymphome bisher nicht in diesem Maße.

Wir haben die Verläufe von 15 AIDS-Patienten mit ZNS-Lymphom, von denen 13 autoptisch gesichert waren, retrospektiv bezüglich initialer klinischer Symptomatik, Befunde der Zusatzdiagnostik und Überlebenszeit ausgewertet. Patienten, bei denen bei der Obduktion überraschend ein ZNS-Lymphom gefunden wurde, welches zu Lebzeiten klinisch nicht symptomatisch war, wurden nicht in die Studie aufgenommen (3 Fälle).

Bei den 15 Lymphom-Patienten zeigten sich folgende Initialsymptome: 7x ein hirnorganisches Psychosyndrom, 7x ein hemiparetisches Syndrom, 3x Hirnnervenausfälle, 2x ein Parkinson-Syndrom, 2x ein spinales Querschnittssyndrom (jeweils epidurale Metastasen von systemischem Lymphom), 2x epileptische Anfälle und 1x Schreibkrämpfe (Liste enthält Mehrfachnennungen).

5 von 13 Patienten hatten im ersten Elektroenzephalogramm Herdbefunde, der Grundrhythmus lag im Mittel bei 8,7 Hz. In der kranialen Computer- bzw. Kernspintomographie stellten sich die Lymphome in der Regel als ringförmig Kontrastmittel aufnehmende Raumforderungen mit Begleitödem dar. Nur bei einem Patienten war die Kontrastmittelaufnahme homogen. 5 der 10 primären und eines der 5 sekundären Lymphome traten multifokal auf. In den 7 untersuchten Liquores gelang uns der Nachweis von Lymphomzellen nicht. Der Immundefekt unserer Patienten war mit einer mittleren absoluten T-Helfer-Zellzahl von 38 (1 - 120)/µl regelmäßig weit fortgeschritten.

Die durchschnittlicher Überlebenszeit der Patienten betrug unter Kortikosteroidbehandlung 65 (33 - 120) Tage, wobei die Prognose in mehreren Fällen nicht allein durch das ZNS-Lymphom, sondern auch durch die progrediente AIDS-Erkrankung mit schweren opportunistischen Infektionen bestimmt wurde. Patienten mit primärem ZNS-Lymphom lebten im Gegensatz zu denen mit sekundärem ZNS-Lymphom im Mittel etwas länger (70 versus 47 Tage). Ein Patient wurde zusätzlich bestrahlt. Obwohl sich weder klinisch noch computertomographisch eine sichere Besserung zeigte, war er dennoch der Patient mit der längsten Überlebenszeit (350 Tage).

Die Prognose von AIDS-Patienten mit ZNS-Lymphom ist unter alleiniger Kortikosteroidtherapie schlecht. Neuere amerikanische Publikationen zeigen, daß die Radiatio eine gewisse Lebensverlängerung bewirken kann (Tabelle). Am günstigsten scheinen die Patienten zu reagieren, die nicht gleichzeitig an opportunistischen Infektionen erkrankt sind.

Autor	Zahl der Patienten	mittl. Überlebenszeit
So et al. (1988)	7	> 3 Monate
Formenti et al. (1989)	10	> 6,1 Monate
Loureiro et al. (1988)	5	3,8 Monate
Namiki et al. (1988)	8	> 3,4 Monate
Rosenblum et al. (1988)	7	> 3,1 Monate
Baumgartner et al. (1990)	29	4,5 Monate
Summe	66	4,2 Monate

Zusammenfassend plädieren wir für folgendes Procedere:

1. Aufgrund der weder klinisch noch zusatztechnisch entscheidbaren Differentialdiagnose sollte zunächst für 2 Wochen eine probatorische suffiziente Toxoplasmose-Behandlung mit täglich 2- bis 4x 25 mg Pyrimethamin, 15 mg Folinsäure und 2x 500 mg Sulfadiazin durchgeführt werden.
2. Parallel zur Toxoplasmose-Therapie breit angelegte Erregersuche (serologisch und kulturell) und, bei entsprechenden Befunden, ebenfalls probatorische Behandlung (z. B. Tuberkulostase).

Bei Nicht-Ansprechen dieser Pharmakotherapie liegt bei AIDS-Patienten mit hoher Wahrscheinlichkeit ein ZNS-Lymphom vor. Ist der Allgemeinzustand noch relativ gut und fehlen Hinweise auf gleichzeitige opportunistische Infektionen, sollte der zytologische oder histologische Lymphomnachweis angestrebt werden:

3. Versuch des Lymphomzellen-Nachweises im Liquor.
4. Hirnbiopsie (vor allem, wenn rechtshirnig, frontal oder spinal gelegen).
5. Bei Lymphomnachweis kombinierte Therapie mit Kortikosteroiden und Radiatio, wobei die angestrebte Ganzschädeldosis bei ca. 4000 cGy liegen sollte (eventuell zusätzliche Booster-Bestrahlung von solitären Herden).

Literatur

1. Baumgartner JE et al (1990) Primary central nervous system lymphomas: natural history and response to radiation therapy in 55 patients with acquired immunodeficiency syndrome. J Neurosurg 73:206-211
2. Formenti SC et al (1989) Primary central nervous system lymphomas in AIDS. Cancer 63 (6):1101-1107
3. Loureiro C et al (1988) Autopsy findings in AIDS-related lymphoma. Cancer 62 (4):735-739
4. Namiki TS et al (1988) Stereotaxic biopsy diagnosis of central nervous system lymphoma. Am J Clin Pathol 90 (1):40-45
5. Rosenblum ML et al (1988) Primary central nervous system lymphomas in patients with AIDS. Ann Neurol, 23 Suppl: S 13-6
6. So YT et al (1988) Neoplasms of the central nervous system in acquired immunodeficiency syndrome. In: Rosenblum ML et al (Hrsg): AIDS and the nervous system, Raven Press, New York:285-300

Neurologische Erkrankung als Erstmanifestation maligner Lymphome

M. Nichtweiß, W. Steudel, S. Weidauer und W. Schlote

Um darzustellen, unter welchen klinischen Leitsymptomen und neuroradiologischen Befundkonstellationen Non-Hodgkin-Lymphome (NHL) erwartet werden können, wurden alle Patienten der Neurochirurgischen Univ.-Klinik Ffm. und der Neurologischen Klinik Darmstadt seit 1980 erfaßt, bei den erst nach Krankheitserscheinungen neurologischer Art ein malignes NHL histologisch diagnostiziert wurde (keine Plasmozytome).

Die insgesamt 28 Patienten wurden nach Lokalisation gruppiert: A: spinal extradural mit Querschnittsyndromen, radikulären Defiziten und regionalem Schmerz (6 Pat.) B: spinal intradural mit Querschnittsyndrom, radikulären Defiziten und meningealen Zeichen (2 Pat.), C: kranial ossär mit Schmerzen, regionaler Schwellung, Hirnnervenstörung und zentraler Parese (infolge Verlegung des sin. sag. sup.) (3 Pat.), schließlich D: zerebral mit jeweils: fokalen Störungen (6), Kopfschmerz (4), Psychosyndrom (4), Anfällen (3), als erstem prominentem Symptom (insgesamt 17 Pat.), 5mal mit längeren Anamnesen von 4 - 9 Monaten Dauer. Eine Pat. der Gruppe D war 3 Monate vor Diagnose des zerebralen NHL monoculär erblindet, ein weiterer Kranker war vor der neurologischen Erkrankung an einem Tumor von Oberkiefer und Keilbeinhöhle operiert und bestrahlt worden, der sich nach weiterer Aufarbeitung der Präparate und Sektion ebenfalls als NHL erwies. Eine Pat. der Gruppe B schließlich wurde unmittelbar nach Auftreten erster medullärer Symptome an einer Mastoiditis operiert, die sich mit peripherer Facialisschwäche und Hypakusus angekündigt hatte, zunächst auch histologisch als eitrig imponierte, aber nach späteren Untersuchungen wie eine folgende Parotisschwellung einem Lymphombefall entsprach. In 2 Fällen der Gruppe D waren Staginginformationen unvollständig.

Die neuroradiologischen Untersuchungen wiesen in A knöcherne Destruktion von 1 - 3 Wirbelkörpern der BWS und HWS und/oder Weichteilmassen nach. Im einzigen myelographierten (und operierten) Pat. der Gruppe B wurde die auch intramedulläre Lage der Absiedlungen bestätigt (BSG normal, 26/3 Zellen im Liquor).

Abbildende Verfahren (4mal MR) wiesen in 16 von 17 Fällen der Gruppe D Läsionen (solitär: 10, multipel: 3, Marklager/Balken: 2, periventrikulär: 1) nach. Einmal allerdings wurden CT- und MR-Befunde (jeweils ohne und mit KM) 4 Monate nach Beginn der Symptome von verschiedenen Untersuchern als Infarkt fehlgedeutet (Liquor 47/3 bei Kontrolle 2/3 Z. oligokon. IgG negativ, weitere 4 Monate später multiple Herde, histologisch lymphozytoplasmoides NHL). Ein diffuses zentrozytisches NHL des Kleinhirn schließlich entging zahlreichen CT- wie einer MR-Untersuchung (5 T Magnet, T2-gewichtete Sequenzen, Liquor einschließlich oligoklon. IgG o. B.) und begründete die Fehleinschätzung als Aquäduktstenose.

Spinal extradurale und kranial ossäre Manifestationen von NHL mögen der Häufigkeit nach überraschen, sind aber pathologisch-anatomisch wie radiologisch beschrieben und pflegen solitär ebenso wie als Folge von Dissemination aufzutreten (7, 11). Die Erklärung für eine gelegentliche meningeomähnliche Gefäßversorgung (8) und Wachstum innerhalb und

320

unmittelbar jenseits der Dura (2 Pat. der Gruppe B, je 1 Pat. in C und D mit klinisch und selbst histologisch(!) verkennbaren Befunden) ergibt sich aus dem Vermögen dieser Geschwülste zur Durainfiltration (7). Diese Beobachtung muß für Staginguntersuchungen ebenso von Interesse sein wie die Feststellung anderer, daß sich occulte Ursachen für zerebrale (nicht meningeale!) NHL (außerhalb des Kopfes) regelhaft nicht finden lassen (3, 5). Bei routinemäßigem röntgenologischem Nachweis von Läsionen in Gruppe A und C ist der liquorzytologische Nachweis der meningealen Ausbreitung weniger einfach (5, 12). Ironischerweise bleiben gerade in den klinisch und neuroradiologisch schwierigen Fällen die Liquoruntersuchungen hinter den Erwartungen (1, 3) zurück (4). Als solche müssen die 5 bis - wohl ausnahmsweise - 20 % der Erkrankungen betrachtet werden, die zunächst ohne klar lokalisierenden CT-Befund verlaufen (5, 6, 9, 10). Kritische Differentialdiagnosen (1, 2, 6, 9) sind (weil sie bioptische Klärung verhindern können) Metastasen, Meningoenzephalitis, disseminierte Enzephalomyelitis, aber auch (s. oben) Infarkt und liquorzirkulatorische Störung.

Literatur

1. Bogdahn U, Bogdahn S, Mertens HG, Dommasch D, Wodarz R, Wünsch PH, Kühl P, Richter E (1986) Primary non Hodgkin's lymphomas of the CNS. Acta Neurol Scand 73:602-614
2. Cellerier P, Chiras J, Gray F, Metzger J, Bories J (1984) Computed tomography in primary lymphoma of the brain, Neuroradiology 26:485-492
3. De Angelis LM, Yahalom J, Heinemann MH, Cirrincione C, Thaler HT, Krol G (1990) Primary CNS lymphoma: Combined treatment with chemotherapy and radiotherapy. Neurology 40:80-86
4. Heye N, Henkes H, Iglesias J (1990) Diffuses primäres Non-Hodgkin-Lymphom des Zentralnervensystems. Nervenarzt 61:116-119
5. Hochberg FH, Miller DC (1988) Primary central nervous system lymphoma. J Neurosurg 68:835-853
6. Jack CR, Reese DF, Scheithauer BW (1985) Radiographic findings in 32 cases of primary CNS lymphoma. AJNR 6:899-904
7. Jellinger K (1982) Primäre und sekundäre Lymphome des Zentralnervensystems in Verhandlungen DGN Bd 2 Hämoblastosen, zentrale Motorik, iatrogene Schäden, Myositiden. Springer, Berlin 14-48
8. Kishikawa T, Numaguchi Y, Fukui M, Komaki S, Ikeda J, Kitamura K, Matsuura K (1981) Primary intracranial sarcomas: Radiological diagnosis with emphasis on arteriography. Neuroradiology 21:25-31
9. Letendre L, Banks PM, Reese DF, Miller RH, Scanlon PW, Kiely JM (1982) Primary lymphoma of the central nervous system. Cancer 49:939-943
10. Morgello S, Petito CK, Mouradian JA (1990) Central nervous system lymphoma in the acquired immunodeficiency syndrome. Clinical Neuropathology 9/4:205-215
11. Palacios E, Gorelick PB, Gonzalez CF, Fine M (1982) Malignant lymphoma of the nervous system. J Comput Assist Tomogr 6/4:689-701
12. Wilder-Smith E, Roelcke U (1989) Meningopolyradiculitis (Bannwarth syndrome) as primary manifestation of a centrocytic-centroblastic lymphoma. J Neurol 236:168-169

Technik und Indikation stereotaktischer Hirnbiopsien: Erfahrung an 374 diagnostischen Eingriffen

K. Bise, U. Steude, H. Fritsch und W. Feiden

Stereotaktische Biopsien werden schwerpunktmäßig zur Tumordiagnostik bei tumorverdächtigen CT-Befunden durchgeführt. In unserem Untersuchungsmaterial von mittlerweile 374 Patienten dominieren daher die Tumoren in 294 Fällen.

Ausgangspunkt für die Planung der stereotaktischen Biopsie ist der CT-Befund. Die bildgebenden Verfahren haben einen wesentlichen Fortschritt in der diagnostischen Abklärung intrakranieller Tumoren und zerebraler Erkrankungen gebracht. In einem größeren Umfang ist es möglich, aus typischen CT-Befunden zusammen mit den klinischen Daten eine schlüssige Diagnose zu stellen. Es bleiben jedoch noch genügend Fälle mit uncharakteristischen Abbildungen in CT und divergierenden Befunden im MR, bei denen ohne sichere Diagnose die Indikation einer operativen Behandlung oder einer Strahlentherapie nur unsicher zu stellen ist. In diesen Fällen kann die stereotaktische Biopsie zur Diagnosenstellung beitragen. Nach der Erfahrung in der stereotaktischen Biopsie von umschriebenen "mass lesions" ist selbst in Arealen mit weitgehend homogener signaldichter Abbildung in CT und MR im histologischen Befund nicht mit einem homogen zusammengesetzten Tumorgewebe im Sinne eines "isomorphen" Gliom zu rechnen. Statt dessen finden wir häufiger als histologisches Korrelat bei Gliomen und Metastasen auf mikroskopisch engem Raum eine ungleichmäßige Zelldichte und ein unregelmäßig ausgebildetes Gefäßnetz. Es ist nicht statthaft, die Abbildungsqualitäten im CT und MR direkt mit histologischen Befunden gleichzusetzen (3). Auch die Kontrastmittelaufnahme im CT mit der Ausbildung einer Ringstruktur ist nicht ausschließlich auf das bei Glioblastomen und Abszessen gemeinsame histologische Element der Gefäßgirlanden zu beziehen, wenngleich in vielen Fällen eine Entsprechung vorzuliegen scheint. Vielmehr ist nach unserer Erfahrung damit zu rechnen, daß neben dem für die Diagnose notwendigen Befund auch nicht diagnosenspezifische histologische Elemente hinter der CT-Abbildung verborgen sind. In geringerer Zahl erwiesen sich auch im CT eindeutig als Zysten abgebildete Läsionen als nekrotisch durchsetzte Tumoren. Um in der stereotaktischen Biopsie unter diesen Voraussetzungen ein für die Diagnosenstellung repräsentatives Material zu erhalten, ist es unserer Erfahrung nach notwendig, nicht fokussiert auf die CT-Abbildung das vermeintliche Zentrum eines Tumors aufzusuchen, sondern auch die Umgebung des CT-Befundes mit in die Untersuchung einzubeziehen. Daher entnehmen wir entlang eines Trajektes angefangen von der Konvexität, beginnend im subkortikalen Mark, durch das Areal mit der pathologischen CT-Abbildung hindurch, bis hin zum Ventrikel oder zu den Stammganglien in unmittelbarer Folge Biopsiezylinder. Damit versuchen wir ein histologisches Profil zu erstellen. Nach Erprobung der verschiedenen Instrumente zur Probenentnahme erwies sich eine mittlerweile modifizierte, ursprünglich von Backlund entworfene Spirale als geeignet. Damit ist es möglich, Gewebsproben von etwa 10 mm Länge und bis 2 mm Dicke aus dem Gehirn und aus kohärentem Tumorgewebe zu erhalten. Außerdem ist es möglich, selbst aus zerfallendem Gewebe mit hochgradigem Ödem oder auch Nekrosenbildung Material zur histologischen

322

Untersuchung zu erhalten. Damit ist es möglich, in einem histologischen Paraffinschnitt, anders als im Quetschpräparat, über das Proliferations- und Infiltrationsverhalten von Gliomen oder Metastasen wesentliche differentialdiagnostische Merkmale zu erfassen und auch die Nekrosenbildung als ein sehr wesentliches Malignitätskriterium zur Graduierung der Gliome heranzuziehen (1). Insbesondere kann das Proliferationsverhalten von primären ZNS-Lymphomen erfaßt und in der Differentialdiagnose gegenüber entzündlichen Erkrankungen gewertet werden. Da in unserem Untersuchungsgut auch in größerer Zahl nicht primär tumorverdächtige, uncharakteristische CT-Befunde Anlaß zur Biopsie waren, ist in der Diagnosenstatistik der Anteil der primären ZNS-Lymphome relativ hoch (Feiden). Über das histologische Profil und den histologischen Befund sind also in der Gruppe der intrakraniellen Tumoren für den Neurochirurgen und Strahlentherapeuten zur Therapieplanung klare Aussagen möglich. Mit unserer Entnahmestrategie und Entnahmetechnik können auch andere ZNS-Erkrankungen nachgewiesen werden. In das Untersuchungstrajekt werden unspezifische und nur flüchtig vorhandene pathologische Abbildungen des CT-Befundes mit einbezogen. Daher ist es möglich, auch in der Gruppe mit wenig signaldichter, uncharakteristischer, hypodenser CT-Abbildung wiederum Lymphome, dazu vor allem auch zerebrale Toxoplasmosen und Mykosen, zu erfassen. Gerade in der Gruppe der HIV+ und den AIDS-Patienten gibt es CT-Befunde, bei denen nicht über einen lokalisierbaren Zielpunkt, sondern nur über ein Entnahmetraject durch eine Hirnregion mit Einbeziehung der Ventrikelwand eine Diagnosenstellung möglich ist. Dabei war der sichere histologische Nachweis einer AIDS-spezifischen Leukenzephalopathie wie auch einer PML möglich. Die Zuverlässigkeit dieser stereotaktischen Biopsiemethode konnte an insgesamt mehr als 50 Fällen von neurochirurgischen Resektaten und an Autopsiefällen überprüft werden (2), wobei sich unter Gliomen in Zusammenhang mit präoperativer Tumormarkierung in 4 Fällen keine Übereinstimmung ergab, ansonsten aber die Diagnosen von Gliomen, Lymphomen, Metastasen, Toxoplasmosen und einer Aspergillose ihre Bestätigung fanden.

Literatur

1. Feiden W, Bise K, Gündisch O, Steude U (1991) Histologische Befunde an stereotaktischen Hirnbiopsien. Verh Dtsch Ges Neurol Vortrag
2. Feiden W, Bise K, Steude U (1990) Diagnosis of primary cerebral lymphoma with particular reference to CT-guided stereotactic biopsy. Virchows Archiv A (Pathol Anat) 417:21-28
3. Feiden W, Steude U, Bise K, Gündisch O (1991) Accuracy of stereotactic brain tumor biopsy: Comparison of the histologic findings in biopsy cylinders and resected tumor tissue. Neurosurg Rev (in Press)
4. Kazner et al (eds) Computertomographie intrakranieller Tumoren aus klinischer Sicht. Springer, Berlin, S 36-37, 64-67

Histologische Befunde an stereotaktischen Hirnbiopsien

W. Feiden, K. Bise, O. Gündisch und U. Steude

Stereotaktische Hirnbiopsien ermöglichen eine morphologische Abklärung herdförmiger intrazerebraler Läsionen (5). Allerdings sind die Partikelgrößen und Entnahmestrategien sowie die morphologischen Untersuchungsmethoden der verschiedenen stereotaktischen Arbeitsgruppen unterschiedlich (3). Unser stereotaktisches Verfahren zeichnet sich aus: 1. durch eine möglichst ausgiebige, repräsentative Gewebsentnahme (s. auch 1); 2. durch eine am Paraffinschnitt, also am Gewebsverband orientierte histologische Diagnostik (4, 6). Quetschpräparate dienen lediglich zur intraoperativen Kontrolle, ob mit dem Zieltrajekt neoplastisches bzw. pathologisch verändertes Gewebe erfaßt ist.

Die histologischen Untersuchungsergebnisse, die an 374 Patienten im Zeitraum von Januar 1984 bis August 1990 erhoben wurden, sind in Tab. 1 und 2 zusammengefaßt.

Tabelle 1. Histologische Diagnosen an stereotaktischen Hirnbiopsien von 374 Patienten

Neoplasien	78	%
Herdförmige entzündliche Läsionen	5,5	%
Ohne Tumornachweis (reaktive Veränderungen)	15,5	%
Ohne histopathologischen Befund	1	%
Doppel-Mehrfachbiopsien	4	%

Tabelle 2. Histologische Tumordiagnosen an stereotaktischen Hirnbiopsien von 294 Patienten

Gliome	67 %
- hohe Malignität	35 %
- niedrige Malignität	25 %
- Grad II bis III	7 %
Tumornekrosen	3 %
Besondere	5 %
Primäre zerebrale *Lymphome*	15 %
Metastasen	10 %

In etwa 85 % konnte eine spezifische, histologisch begründete Diagnose gestellt werden, darunter in 5,5 % entzündliche Prozesse wie Toxoplasmose, progressive multifokale Leukenzephalopathie sowie einzelne Fälle von Herpes simplex-Virus-Enzephalitis, Tuberkulose, Aspergillose und Parasitose. Die Gruppe "Besondere" Tumoren schließt u. a. Germinome, Teratome, angiomatöse Läsionen und Meningeome ein. Mit 43 Patienten (15 %) bilden die primären zerebralen Lymphome eine vergleichsweise große Gruppe (2). Bei dieser Geschwulstart können zumal an stereotaktischen Proben allerdings morphologische Abgrenzungsschwierigkeiten gegenüber einer enzephalitischen Gewebsläsion (z. B. MS) oder Astrozytomen auftreten, und zwar dann, wenn das Gewebsbild von unspezifischen reaktiven und regressiven Veränderungen beherrscht wird. Diese bestehen aus teils lockeren, teils perivasalen Infiltraten reaktiver T-Lymphozyten und Makrophagen in einem spongiös aufgelockerten Gewebsgrund mit Reizformen der Astroglia. Dieser, etwa in einem Drittel erhobene histologische Befund wurde vornehmlich dann beobachtet, wenn unter Dexamethason-Medikation die Herdabbildung im CT zum Zeitpunkt der stereotaktischen Biopsie rückläufig war (2). Derartige Veränderungen sind nach unserer Erfahrung nur am Gewebsschnitt, also bei erhaltenem Gewebsverband diagnostisch zuzuordnen.

Die stereotaktische Diagnostik zerebraler Lymphommanifestationen und deren Abgrenzung gegenüber der ZNS-Toxoplasmose ist in jüngster Zeit ein zunehmend aufgetretenes Problem bei Patienten aus der HIV-Risikogruppe mit einem Herdbefund. Unsere Erfahrungen mit stereotaktischen Biopsien bei 14 HIV-Positiven sind in Tab. 3 zusammengefaßt. Dabei erwies sich die Entnahme großer Gewebszylinder wiederum als diagnostisch entscheidend insofern, als bei der bekannten Nekrosetendenz HIV-assoziierter Lymphome sowie der häufigen Ausbildung von Koagulationsnekrosen bei der ZNS-Toxoplasmose eine sichere differentialdiagnostische Abgrenzung ohne in den großen Biopsiezylindern miterfaßtes erhaltenes Gewebe nicht möglich ist.

Tabelle 3. Stereotaktische Himbiopsien bei AIDS

Toxoplasmose	5
Primäre zerebrale Lymphome	6
Progr. multifokale Leukenzephalopathie	1
HIV-Enzephalopathie	1
diffuse Markschädigung	1
n =	14

Tabelle 4. Zuverlässigkeit der stereotaktischen Hirntumordiagnostik

Tumorresektion nach Biopsie	39
Autopsie	11
Übereinstimmung Biopsie/Resektat-Autopsie	45 (90 %)
Keine Übereinstimmung	5 (10 %)

Die Zuverlässigkeit unserer stereotaktischen Biopsiemethode (3) einschließlich der histologischen Diagnostik konnte an 50 Fällen mit nachfolgender Tumorresektion bzw. Autopsie bestimmt werden. Die Todesursachen bei den 11 Verstorbenen ergaben sich jeweils aus der Grunderkrankung (z. B. 5 AIDS-Patienten) oder aus kardiopulmonalen Komplikationen. Hervorzuheben ist vor allem eine hohe Zuverlässigkeit der stereotaktischen Diagnostik zerebraler Lymphome und entzündlicher Herdläsionen. Bei den 5 Fällen ohne Übereinstimmung handelte es sich zweimal um einen Entnahmefehler. In 3 Fällen (6 %) hatte das CT-orientierte Zieltrajekt zwar die Läsion erfaßt, histologisch fanden sich jedoch lediglich die oben erwähnten reaktiven Gewebsveränderungen; am Resektat handelte es sich um ein Lymphom sowie 2 kleine Astrozytome. Diese Fehlerquote muß auch bei adäquater Entnahme aufgrund der Beobachtung, daß reaktive und regressive Gewebsveränderungen in der CT-Abbildung liegen, in Kauf genommen werden. Je nach klinischer Konstellation sind dann eine erneute Biopsie oder eine offene Operation angezeigt.

Literatur

1. Bise K, Steude U, Fritsch H, Feiden W (1991) Technik und Indikation stereotaktischer Himbiopsien: Erfahrung an 360 diagnostischen Eingriffen. Verh Dtsch Ges Neurol
2. Feiden W, Bise K, Steude U (1990) Diagnosis of primary cerebral lymphoma with particular reference to CT-guided stereotactic biopsy. Virchows Archiv A (Pathol Anat) 417:21-28
3. Feiden W, Steude U, Bise K, Gündisch O (1991) Accuracy of stereotactic brain tumour biopsy: comparison of the histologic findings in biopsy cylinders and resected tumour tissue. Neurosurg Rev (im Druck)
4. Gullotta F (1981) Morphological and biological basis for the classification of brain tumors. In: Krayenbühl H (Hrsg) Advances and technical standards in neurosurgery. Springer, Wien, Vol 8:123-163
5. Lunsford LD (ed) (1988) Modem stereotactic neurosurgery. Nijhoff, Boston
6. Stochdorph O (1988) Klassifikation der Himgeschwülste. In: Kazner et al (Hrsg) Computer- und Kernspin-Tomographie intrakranieller Tumoren aus klinischer Sicht. Springer, Berlin, S 2-16

Zur Wertigkeit stereotaktischer Hirntumorbiopsien

A. Krone, R. Meyermann, W. Roggendorf, B. Müller, J. Krauss, E. Hofmann und
G. Mrass

Stereotaktische Biopsien sind als Methode der Wahl zur histologischen Abklärung intrakranieller Läsionen in kritischen Regionen heute etabliert und im Rahmen einer differenzierten neuroonkologischen Therapie unverzichtbar. Dank der gut dokumentierten Ergebnisse spezialisierter Zentren (1, 8, 9, 10) hat die CT-assistierte Stereotaxie mittlerweile breite Anwendung gefunden, ohne daß die organisatorischen Voraussetzungen für verwertbare Ergebnisse auch außerhalb solcher Zentren bereits ausreichend standardisiert sind. Nur spärliche Daten liegen über die Prüfung der Verläßlichkeit der Befunde durch Verlaufsuntersuchungen und Vergleich mit späteren Resektionsergebnissen vor (2, 3).

Im folgenden werden die Ergebnisse einer Arbeitsgruppe vorgestellt, die in enger Zusammenarbeit mit Neuroradiologen, Neuroonkologen und Neuropathologen ca. 35 stereotaktische Operationen pro Jahr durchführt. Ausgewertet wurden unter 100 stereotaktischen Eingriffen insgesamt 92 aufeinander folgende Biopsien aus dem Zeitraum August 1987 bis Juli 1990. Die Lokalisation der Läsionen umfaßte sämtliche Strukturen der Mittellinie (31mal Stammganglien, 9mal Balken, 5mal Ventrikel, 6mal Hirnstamm) sowie Marklagerprozesse periventrikulär und in der Zentralregion (41mal). Verwendet wurde ein Computertomographie-assistiertes Brown-Roberts-Wells-(BRW-)Stereotaxiesystem. Das technische Vorgehen entsprach den von Apuzzo et al. (1) angegebenen Prinzipien, wobei als Modifikation neben einer üblichen Biopsiezange in den meisten Fällen eine seitschneidende Biopsiekanüle nach Nashold, mit der sich knapp 1 cm lange Gewebezylinder gewinnen lassen, zur Anwendung kam. Serienbiopsien quer durch die gesamte Läsion nach gesicherten Kriterien (4, 6) und eine neuropathologische Schnelldiagnostik bestehend aus Quetsch- und Gefrierschnittpräparat erfolgten routinemäßig. Durchschnittlich wurden 7 - 8 Proben pro Patient entnommen. In aller Regel ermöglichte die gewonnene Materialmenge je nach Notwendigkeit die Anwendung sämtlicher wesentlicher neurobiologischer Untersuchungstechniken einschließlich Immunzytochemie, Elektronenmikroskopie und Zellkultivierung (5, 7). Für die Verlaufsuntersuchungen wurden neben verfügbaren Aktendaten Fragebogen an die Hausärzte und telefonische Nachfragen ausgewertet.

In 87 von 92 Fällen (95 %) gelang eine eindeutige histologische Klassifikation, wobei neuroepitheliale Tumoren zahlenmäßig dominierten. Gliose (3mal) und Nekrose (2mal) lauteten die restlichen Befunde und ließen somit keine sichere Zuordnung zu. Bei 2 dieser Patienten konnte im weiteren Verlauf ein Tumor nachgewiesen werden, im dritten Fall legte der klinische Verlauf einen solchen nahe. Unspezifische Befunde dürfen daher nicht als Tumorausschluß gewertet werden. Mangelhafte radiologische Abgrenzbarkeit von Tumor und Umgebungsreaktion, ausgedehnte Tumornekrosen und Vorbehandlung (Strahlennekrose) bildeten die Ursachen für unklare histologische Ergebnisse.

Die hohe Verläßlichkeit positiver Biopsiebefunde konnte im Vergleich mit den Ergebnissen offener Nachoperationen sowie den radiologischen Daten und klinischen Verläufen bestätigt werden. Bei allen 14 nachoperierten Patienten fand sich artdiagnostische Übereinstimmung mit dem Biopsiebefund. Lediglich in einem Fall mußte die Graduierung von II°

nach III° (WHO) korrigiert werden. In den übrigen 13 Fällen entsprachen sich die Klassifikationen von stereotaktischer und offener Biopsie.

Die klinischen Verläufe bestätigten mit wenigen Ausnahmen das Biopsieergebnis. Maligne Befunde wiesen ohne Ausnahme rasche Verläufe auf. 2 Patienten mit anaplastischen Astrozytomen leben nach Therapie länger als 18 Monate bei radiologisch progredientem Befund. Die Patienten mit Enzephalomalazie und Enzephalitis erholten sich ohne spezifische Therapie. Lediglich in 3 von 38 Fällen mit der Diagnose eines ausdifferenzierten Astrozytoms ließ der rasche klinische Verlauf mit Überlebenszeiten unter 18 Monaten eine zu niedrige histologische Klassifikation infolge nicht repräsentativer Probenentnahme bei inhomogenem Tumor annehmen.

Bereits die Schnellschnittbefunde erwiesen sich als aussagekräftig. Die Artdiagnose korrelierte mit dem Paraffinschnittergebnis in 90 von 92 Fällen. Lediglich dreimal mußte eine klinisch relevante Korrektur der Graduierung (von II° nach III° WHO) vorgenommen werden.

Zu Komplikationen kam es selten. Eine Wundheilungsstörung, eine asymptomatische Marklagerblutung, 2 intraoperative fokale Anfälle und 2 passagere neurologische Verschlechterungen blieben ohne Folgen. Die Häufigkeit bleibender neurologischer Defizite lag bei 2 %, die operationsbezogene Letalität bei 0 %.

Die vorgestellten Verlaufsuntersuchungen bestätigen, daß unter Beachtung der eingangs dargestellten organisatorischen und technischen Voraussetzungen durch stereotaktische Biopsien mit hoher klinischer Sicherheit und geringer Belastung für den Patienten valide und umfassende neurobiologische Informationen, vergleichbar mit den Ergebnissen spezialisierter Zentren (1, 8, 9), in über 90 % der Fälle gewonnen werden können.

Literatur

1. Apuzzuo MLJ, Chandrasoma PT, Cohen D, Zee CS, Zelman V (1987) Computed imaging stereotaxy: Experience and perspective related to 500 procedures applied to braun masses. Neurosurgery 20:930-937
2. Chandrasoma PT, Smith MM, Apuzzo MLJ (1989) Stereotactic biopsy in the diagnosis of brain masses: Comparison of results of biopsy and resected surgical specimen. Neurosurgery 24:160-165
3. Coffey RJ, Lunsford LD, Taylor FH (1988) Survival after stereotactic biopsy of malignant gliomas. Neurosurgery 22:465-473
4. Greene GM, Hitchon PW, Schelper RL, Yuh W, Dyste GN (1989) Diagnostic yield in CT-guided stereotactic biopsy of gliomas. J Neurosurg 71:494-497
5. Hitchcock E, Morris CS (1989) Immunocytochemical techniques in stereotactic biopsy. Stereotact Funct Neurosurg 53:21-28
6. Kelly PJ, Daumas-Duport C, Kispert DB, Kall BA, Scheithauer BW, Illig JJ (1987) Imaging-based stereotaxic serial biopsies in untreated intracranial glial neoplasms. J Neurosurg 66:865-874
7. Kiessling M, Ostertag CB, Volk B (1988) Stereotaktische Hirntumorbiopsie. Akt Neurol 15:68-74
8. Lunsford LD, Martinez AJ (1984) Stereotactic exploration of the brain in the era of computed tomography. Surg Neurol 22:222-230
9. Ostertag CB (1988) Reliability of stereotactic brain tumour biopsy. In: Lunsford LD (Hrsg) Modern stereotactic surgery. M Nijhoff, Boston, 129-135
10. Ostertag CB, Mennel HD, Kiessling M (1980) Stereotactic biopsy of brain tumours. Surg Neurol 14:275-283

Primäres intrazerebrales IgA-Lymphom - diagnostische Sicherung ohne Hirnbiopsie

D. Burkhardt, H.I. Schipper, U. Kaboth und K. Felgenhauer

Solitäre intrakranielle Non-Hodgkin-Lymphome und Plasmozytome sind selten. Primäre intrazerebrale IgA-produzierende Lymphome wurden bisher noch nicht beschrieben. Wir berichten über den nach unserer Kenntnis ersten Fall eines primären IgA-Lymphoms, bei dem aufgrund des Nachweises einer lokalen Synthese von monoklonalem IgA im Liquor die Diagnose intra vitam ohne Hirnbiopsie gestellt werden konnte. Die Frühdiagnose eines intrazerebralen Lymphoms ist schwierig, aber sehr wichtig, da die Prognose bei rechtzeitiger Behandlung günstig ist.

Falldarstellung

30jhrg. Patientin mit innerhalb weniger Tage rasch progredienter beinbetonter sensomotorischer Hemisymptomatik, zusätzlich Entwicklung einer Hemiataxie li. CT ohne KM: Kleine Hypodensität am hinteren Teil der Capsula interna re. NMR (T2-gewichtet ohne KM): Ca. 4 cm große Hyperintensität in diesem Gebiet, zusätzlich mehrere hyperintense Strukturen in der li. Hemisphäre; geringe inhomogene KM-Anreicherung der größten Tumormanifestation re. Liquor: Normale Zellzahl, Zytologie, Gesamtprotein, IgG- und IgM-Werte. Absoluter IgA-Wert im Liquor bei Aufnahme 16,2 mg/l, entsprechend einem Liquor/Serum-Quotienten von 9.5 bei normaler Schrankendurchlässigkeit. (Dies beweist eine massive isolierte lokale IgA-Synthese (7).) Immunfixation (5) des 100fach eingeengten Liquors: Monoklonales IgA vom Leichtkettentyp Lambda, zusätzlich freie Lambda-Leichtketten (Bence Jones Protein). Extrazerebrale Tumormanifestationen oder Paraproteinproduktion fanden sich trotz umfangreicher Labordiagnostik, einschließlich Serum- und Urin-Immunelektrophorese und Serumimmunfixation nicht, ebensowenig wie in der eingehenden apparativen Diagnostik. Ein Immundefekt lag nicht vor, die Hirnbiopsie wurde abgelehnt. Unter probatorischer Kortisonbehandlung besserte sich die Symptomatik. Nach der daraufhin eingeleiteten Radiotherapie (50 gy) bestand nur noch eine minimale Hemiataxie li., im NMR hatte sich der größte Herd auf ein Drittel verkleinert. Der vor der Radiotherapie noch auf einen Wert von 19 angestiegene IgA-Liquor/Serum-Quotient sank nach einem halben Jahr auf 3.9, stieg allerdings ein Jahr nach Therapie wieder auf 6.8 an (Abb.) bei unverändertem klinischem und radiologischem Befund.

Die klinische Symptomatik der Non-Hodgkin-Lymphome ist abhängig von Lage und Größe der ZNS-Manifestation. Die Diagnose erscheint vergleichsweise leicht, wenn das ZNS bei systemischem NHL oder Plasmocytom beteiligt ist (1, 9). Jedoch in Fällen primärer und solitärer ZNS-Manifestation ist die Diagnosesicherung ohne Hirnbiopsie schwierig. Auch die bildgebenden Verfahren lösen dieses Problem nicht. Besonders im CT ist die Darstellung der ZNS-Lymphome nicht einheitlich oder gar spezifisch. Am häufigsten erscheinen sie als isodense oder gering hyperdense Läsionen mit homogener oder nodulärer KM-Anreicherung (3).

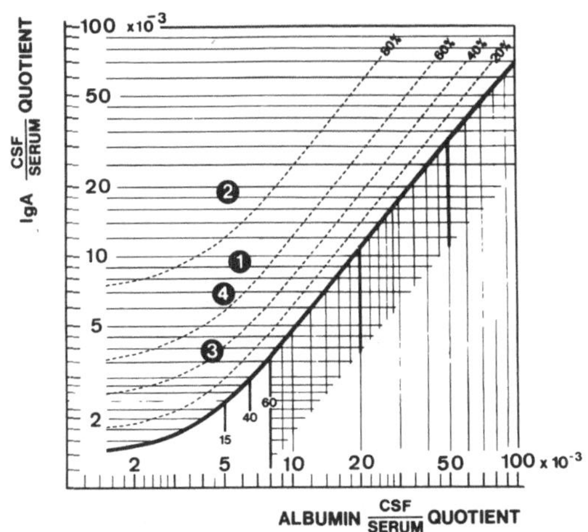

Hypodense Strukturen sind weniger häufig (4), Läsionen ohne KM-Anreicherung eher selten (2, 10). Wie in unserem Fall gezeigt, ist das NMR beim Non-Hodgkin-Lymphom wegen seiner im Vergleich zum CT höheren Sensitivität das bildgebende Verfahren der Wahl. Jedoch fehlt auch dem NMR wie dem CT die Spezifität (3, 4, 10). Deshalb kann bei solitären intrakraniellen B-Zell-Tumoren der diagnostische Beweis am besten durch den Nachweis der lokalen ZNS-Paraproteinproduktion geführt werden. Wenn hinreichend sensitive Techniken angewendet werden, findet sich eine monoklonale B-Zell-Proliferation und sogar Gammopathie in einem hohen Prozentsatz (81 %) der NHL (5).

Es sollte jedoch betont werden, daß die reine Anwesenheit eines Paraproteins im Liquor nicht als Beweis für eine lokale Synthese im ZNS gewertet werden kann, da alle Serumimmunglobuline einschließlich der Paraproteine in den Liquorraum eintreten - wenn auch jedes in unterschiedlicher Menge, abhängig von seinem hydrodynamischen Radius und der Permeabilität der Blut/Liquor-Schranke. Die lokale Synthese kann nur durch quantitative Methoden nachgewiesen werden (8), am elegantesten durch graphische Auswertung der jeweiligen Liquor/Serum-Quotienten des zu untersuchenden Immunglobulins und des Albumins (7). Diese Technik erlaubt darüber hinaus, wie in unserem Fall gezeigt, eine Überwachung des Therapieeffektes.

Das Literaturverzeichnis ist bei den Verfassern erhältlich.

Autochthone IgG-Bildung bei Meningiosis neoplastica

M. Schabet, A. Melms, M. Weller und H. Wiethölter

Eine autochthone IgG-Produktion bei Meningiosis neoplastica ist entweder Ausdruck einer intrathekalen B-Zellreaktion gegen Tumorzellantigene oder im Falle einer lymphoproliferativen Erkrankung auch durch eine IgG-Bildung der Tumorzellen zu erklären. Ihre Häufigkeit wurde bisher wenig untersucht (6, 7).

Von 1980 bis 1988 wurde in unserer Klinik bei 64 Patienten mit Nachweis maligner Zellen im Liquor eine Meningiosis neoplastica diagnostiziert. 49 Patienten hatten systemische Grunderkrankungen (18 Mammakarzinome, 8 Melanome, 6 Bronchialkarzinome, 5 Karzinome verschiedener und 5 Karzinome unbekannter Herkunft wowie 1 Hodgkin-Lymphom, 5 Non-Hodgkin-Lymphome und 1 Plasmozytom). 15 Patienten hatten primär intrazerebrale Tumoren (3 primitive neuroektodermale Tumoren, 2 Glioblastome, 1 Oligodendrogliom, 1 Germinom, 1 Ependymom, 1 Histiozytom, 6 Non-Hodgkin-Lymphome). Bei der Erstuntersuchung des Liquors wurden in allen Fällen die Zellen gezählt und eine zytologische Untersuchung durchgeführt. Bei 60 Patienten wurden Albumin und IgG bestimmt und der IgG-Index berechnet (1). Eine Schrankenstörung wurde angenommen bei einem Liquor/Serum-Quotienten für Albumin >0,0074 oder einer Liquor-Albuminkonzentration >330 mg/l. Ein IgG-Index >0,7 wurde als erhöht angesehen. In 46 Fällen wurde eine isoelektrische Fokussierung durchgeführt. Der Nachweis von 2 oder mehr oligoklonalen Banden im alkalischen Bereich im Liquor zusätzlich zu den im Serum vorhandenen wurde als positiver Befund bewertet.

Die Befunde bei der Erstuntersuchung des Liquors sind in Tab. 1 aufgeführt. Von 14 Patienten mit Karzinomen oder Melanomen und einem Patienten mit Ependymom konnte der Liquor über einen Zeitraum von einem bis zu 39 Monaten wiederholt im Verlauf untersucht werden. In dieser Untergruppe von Patienten hatten 7 bei der Erstuntersuchung einen IgG-Index >0,7, ohne daß sich dieser Anteil im weiteren Verlauf erhöhte. 6 Patienten hatten einen positiven Befund in der isoelektrischen Fokussierung. Dieser Anteil erhöhte sich im weiteren Verlauf auf 8.

Nach Ausschluß der Non-Hodgkin-Lymphome und eines Plasmozytoms fanden wir bei der Erstuntersuchung des Liquors in 38 % der untersuchten Fälle einen erhöhten IgG-Index und in 26 % der Fälle oligoklonale Banden. Da in 80 % der Fälle eine Schrankenstörung vorlag, bei der ein erhöhter IgG-Index als unsicheres Zeichen einer autochthonen IgG-Bildung gilt (3), kann nur der Nachweis oligoklonaler Banden als valider Parameter einer intrathekalen Immunaktivierung angesehen werden. Zum Zeitpunkt der Erstuntersuchung des Liquors war demnach mindestens in 26 % dieser Fälle eine intrathekale IgG-Bildung anzunehmen. Bei den Karzinomen und Melanomen war der Anteil positiver Befunde größer als bei den primär zerebralen Tumoren. Bei Verlaufsuntersuchungen erhöhte sich der Anteil der Patienten mit positivem Befund in der isoelektrischen Fokussierung auf 57 %. Ähnliche Häufigkeiten wurden bisher nur von Schipper und Mitarb. (7) berichtet, die bei 8 von 22 Patienten mit Meningiosis karzinomatosa oligoklonale Banden und/oder einen erhöhten IgG-Index fanden und in 3 dieser Fälle autoptisch Plasmazellinfiltrate in den Meningen als IgG-Quelle nachweisen konnten. Die übrigen Angaben in der Literatur zur intrathekalen IgG-

Bildung bei Meningiosis neoplastica bei Karzinomen, Melanomen oder Hirntumoren umfassen nur wenige Fälle (6) oder differenzieren nicht zwischen Meningiosis und intrazerebralem Tumorwachstum (4, 5).

Bei 11 Non-Hodgkin-Lymphomen waren bei der Erstuntersuchung des Liquors in 3 von 7 untersuchten Fällen der IgG-Index erhöht und in 2 von 7 Fällen oligoklonale Banden im Liquor nachweisbar. Eine intrathekale IgG-Bildung war somit in diesen Fällen nicht häufiger als bei den übrigen Tumoren. Ernerudh und Mitarb. fanden bei 8 von 14 Patienten mit Non-Hodgkin-Lymphomen und nicht näher spezifizierter ZNS-Beteiligung oligoklonale Banden im Liquor (2), Wiehler und Poburski bei 5 von 12 Patienten mit "lymphoproliferativen Erkrankungen" (8).

Tabelle 1. Liqurobefunde bei Meningiosis neoplastica

Tumor	n	ZZ >5/3	SD[1]	IgG-Index >0,7	IEF+[2]
system. Grunderkrankung:					
Summe	49	40	34	20/47	9/36
Karzinome, Melanome, HL[3]	43	35	31	18/41	9/30
Non-Hodgkin-Lymphome	5	4	3	2/5	0/5
Plasmozytom	1	1	1	0/1	0/1
primär zerebr. Tumoren:					
Summe	15	8	13	11/14	1/10
Varia (s. Text)	9	3	8	1/9	0/5
Non-Hodgkin-Lymphome	6	5	5	2/5	1/5

[1]Schrankendefekt (s. Text)
[2]positiver Befund in der isoelektrischen Fokussierung
[3]Hodgkin-Lymphom

Literatur

1. Delpech B, Lichtblau E (1972) Étude quantitative des immunoglobulines G et de l'albumine du liquide cephalo-rachiedien. Clin Chim Acta 37:15-23
2. Ernerudh J, Olsson T, Berlin G, Schenck H (1987) Cerebrospinal fluid immunoglobulins and beta2-microglobulin in lymphoproliferative and other neoplastic diseases of the central nervous system. Arch Neurol 44:915-920
3. Lefvert AK, Link H (1985) IgG production within the central nervous system: a critical review of proposed formulae. Ann Neurol 17:13-20
4. Leppert D, Frei K, Gallo P, Yasargil MG, Hess K, Baumgartner G, Fontana A (1989) Brain tumors: detection of B-cell stimulatory factor-2/interleukin-6 in the absence of oligoclonal bands of immunoglobulins. J Neuroimmunol 24:259-264
5. Rao ML, Böker D-K (1987) Cerebrospinal fluid and serum levels of albumin, IgG, IgA, and IgM in patients with intracranial tumors and lumbar disc herniation. Eur Neurol 26:241-245
6. Schabet M, Klöter I, Adam T, Heidemann E, Wiethölter H (1986) Diagnosis and treatment of meningeal carcinomatosis in ten patients with breast cancer. Eur Neurol 25:403-411
7. Schipper HI, Bardosi A, Jacobi C, Felgenhauer K (1988) Meningeal carcinomatosis: origin of local IgG production in the CSF. Neurology 38:413-416
8. Wiehler St, Poburski R (1988) Meningiosis neoplastica-Klinik und Therapie. Erfahrungen an 78 Fällen. Nervenarzt 59:260-266

Zur Wertigkeit neuerer Tumormarker in Serum und Liquor bei Hirnmetastasen und Meningeosis carcinomatosa

U. Liebetrau, J. Rings, B. Kozak, J.-N. Petrovici und J.-P. Hedde

In der Onkologie werden viele Substanzen als Tumormarker verwendet. Ihr Nachweis vornehmlich in der Therapiekontrolle onkologischer Patienten ist ein etabliertes Verfahren. Untersuchungen in der Neuroonkologie bezogen sich vornehmlich auf das karzinoembryonale Antigen (CEA) sowie auf die neuronenspezifische Enolase (NSE) (1). Wir untersuchten diese Substanzen sowie die Marker TPA, CA 19/9 und CA 15/3 auf ihre Wertigkeit bei der Diagnose von Hirnmetastasen und Meningiosis carcinomatosa.

Patienten und Methoden

Es wurden 165 Serum- und Liquorproben von 146 Patienten untersucht. 49 der Proben stammten von Patienten mit primär extrazerebralen Malignomen. Hiervon entfielen 36 auf solche mit ZNS-Befall und 116 Proben stammen von Patienten der Kontrollgruppe, die sich differenzierte in solche mit primären Raumforderungen des ZNS, akuten und chronisch-entzündlichen neurologischen Erkrankungen, neurovaskulären Erkrankungen sowie Patienten ohne neurologische Erkrankungen. Der Nachweis der Marker erfolgte radioimmunologisch.

Ergebnisse

Es ergab sich eine homogene Verteilung bezüglich der Spiegelhöhe für alle Tumormarker in den verschiedenen Untergruppen der Kontrollgruppe, außer für NSE, das bei neurovaskulären Erkrankungen erhöht war. Für die untersuchten Tumormarker können folgende Grenzwerte angegeben werden (Tabelle 1).

Tabelle 1. Grenzwerte der Tumormarker im Liquor, Kontrollgruppe

Tumormarker	Anzahl Proben	Grenzwert
CEA	96	13 ng/ml
TPA	47	70 U/l
CA 19-9	82	65 U/ml
CA 15-3	49	1,5 U/ml
NSE	28	53 mg/l

Die aus der Literatur bekannten Grenzwerte für die Serumspiegel der Tumormarker konnten durch unsere Untersuchungen bestätigt werden. Eine autochthone Tumormarkerproduktion im Liquor, gemessen am Liquor/Serum-Quotienten der Tumormarker im Vergleich zum Albuminquotienten konnten wir für keinen der untersuchten Marker feststellen. Grenzwertüberschreitende Liquorwerte fanden sich für CEA, TPA, CA 19-9 und CA 15-3 in der Malignomgruppe mit ZNS-Befall deutlich häufiger als in der Kontrollgruppe und in der Gruppe mit ausschließlich extrazerebralen Malignomen (Tabelle 2). Für die neuronenspezifische Enolase konnte dieser Zusammenhang nicht nachgewiesen werden.

Tabelle 2. Verteilung grenzwertüberschreitender Liquorwerte

	Anzahl Proben	Malignome mit ZNS-Befall	Malignome ohne
CEA	9	6	1
TPA	9	7	2
CA 19-9	3	2	1
CA 15-3	7	7	0

Zusammenfassung und Schlußfolgerungen

Anhand einer Kontrollgruppe ohne maligne Systemerkrankung wurden obere Grenzwerte für Tumormarker im Liquor ermittelt. Bei Patienten mit Hirnmetastasen oder Meningeosis carcinomatosa waren im Liquor tendentiell höhere Werte als bei Patienten mit maligner Systemerkrankung ohne ZNS-Befall nachzuweisen. Inwieweit sich hieraus wichtige differentialdiagnostische Überlegungen ergeben, muß der weiteren Überprüfung an einer größeren Untersuchungsgruppe vorbehalten bleiben.

Literatur

1. Jacobi C (1988) Tumormarker im Liquor. In: Holzgraefe M, Reiber H, Felgenhauer K (Hrsg) Labordiagnostik von Erkrankungen des Nervensystems. Perimed, Erlangen

Intrathekale Synthese von Autoantikörpern bei paraneoplastischen Syndromen des Nervensystems

E. Stark, U. Wurster und E. Sindern

Als paraneoplastische Syndrome bezeichnet man Erkrankungen, die durch die Anwesenheit eines Tumors im Körper entstehen, aber nicht durch direkte Tumorinvasion entstehen. Einige dieser insgesamt relativ seltenen Syndrome betreffen das zentrale Nervensystem. In den letzten zehn Jahren wurden wichtige Erkenntnisse zur Pathogenese dieser Erkrankungen erzielt. Man nimmt an, daß es sich bei diesen Erkrankungen um Immunreaktionen gegen Antigene in Tumorgewebe und Nervenzellen handelt. Die wichtigsten dieser Syndrome sind die subakute Kleinhirndegeneration und die Erkrankungen der Enzephalomyelitisgruppe. Letztere können sich als limbische und bulbäre Enzephalitiden, als Opsoklonus-Myoklonussyndrom sowie als sensorische Ganglionitis manifestieren (1). Man nimmt an, daß die Tumorzellen Antigene produzieren, die auch auf Nervenzellen vorhanden sind. Durch eine Immunreaktion gegen dieses onkoneurale Antigen wird nicht nur der Tumor geschädigt, sondern auch Nervenzellen geschädigt. Über weitere Faktoren, die zur Entstehung dieser Krankheiten notwendig sind, ist bislang wenig bekannt.

Wir hatten in den letzten Jahren Gelegenheit, vier Fälle solcher Syndrome zu beobachten.

Beim ersten Patienten lag eine progrediente Hirnstammsymptomatik vor. Obwohl hier ein Tumor nicht nachgewiesen werden konnte, mußte aufgrund der Klinik und dem nachgewiesenen Autoantikörper ein Tumor vermutet werden.

Bei der zweiten Patientin stand zunächst eine sensible Polyneuropathie im Vordergrund, später überwogen Symptome einer limbischen Enzephalitis. Bei ihr war Jahre zuvor eine Brustkrebsoperation durchgeführt worden, anderthalb Jahre nach Beginn der neurologischen Symptomatik wurde ausgedehnte Metastasierung festgestellt.

Bei der dritten Patientin bestand ausschließlich eine subakute sensorische Polyneuropathie ohne ZNS-Beteiligung. Bei dieser Krankheit liegt eine Ganglionitis der Spinalganglienzellen vor. Da die Spinalganglien innerhalb des Liquorraumes liegen, wird diese Erkrankung hier zusammen mit den ZNS-Syndromen betrachtet. Auch hier war Jahre vorher eine Ablatio mammae wegen eines Karzinoms festgestellt worden.

Bei der letzten Patientin lag das typische Bild der subakuten Kleinhirndegeneration vor. Nur bei dieser Patientin gelang es, durch eine massive Immunsuppression eine Besserung zu erzielen.

Bei allen vier Patienten wurden Serum und Liquor auf das Vorhandensein von onkoneuralen Antikörpern untersucht. Dazu wurden Gefrierschnitte von humanen Kleinhirn und Striatum mit dem verdünnten Patientenserum inkubiert. Positive Reaktionen wurden durch einen Enzymantikörperkomplex über Protein A Bindung sichtbar gemacht. Um die Antikörpertiter möglichst genau zu vergleichen, wurden halbschrittige zweierlogarithmische Verdünnungsreihen von Serum und Liquor angefertigt und im gleichen Ansatz verarbeitet. Zum Vergleich der Anfärbung diente die autochtone Anfärbung der Meningen.

Mit den Seren der drei ersten Patienten kam es zur Anfärbung aller Nervenzellkerne, beim Serum der letzten Patientin färbten sich in typisch grobgranulärer Weise alle Purkinjezellen an.

Tabelle 1. Ergebnisse der Titerbestimmung des onkoneuralen Antikörpers

	Serumtiter	Titerquotient Serum/Liquor ×1000	IgG-Quotient Serum/Liquor ×1000	oligokl. Banden	Synthese-quotient
Fall 1: Hirn-stammenzephalitis	1600	23.5	5.4	+	4,3
Fall 2: Limbische Enzephalitis	3860	16.8	10.2	+	1.7
Fall 3: Senso-rische Neuronop.	1600	22. 6	4.9	+	4.6
Fall 4: Subakute KH-Degeneration	5440	58.8	13.1	+	4.5

Bei allen Patienten waren entzündliche Veränderungen in Form einer leichten lymphozytären Pleozytose mit B-Zellvermehrung und oligoklonaler IgG-Synthese nachzuweisen. Vergleicht man die Serum-Liquor-Relation von Gesamt-IgG und spezifischen antineuralem Antikörper, so lag der Autoantikörpertiter um 1.7 bis 4.6 mal höher als aufgrund des Gesamt-IgG-Verhältnisses zu erwarten.

Aus diesen Daten ist zu schließen, daß der Autoantikörper nicht nur durch Diffusion ins Gehirn eindringt, sondern zum größeren Teil intrazerebral synthetisiert wird. Diese intrathekale Synthese hat wesentliche Bedeutung für das Verständnis paraneoplastischer ZNS-Syndrome. Dies heißt beispielsweise, daß oligoklonale Banden nicht gegen, sondern für ein paraneoplastisches Syndrom sprechen. Weiterhin muß dies bei der Therapieplanung berücksichtigt werden. Im Licht dieser Kenntnis ist es nicht erstaunlich, daß die Plasmapheresetherapie bei diesen Erkrankungen keinen Effekt zeigt. Die Tatsache, daß eine intrazerebrale Synthese für das Entstehen der Krankheit nötig ist, kann zumindest teilweise erklären, warum diese Syndrome weitaus seltener auftreten als die entsprechenden Tumoren. Faßt man alle in den letzten Jahren publizierten Daten zusammen, so ergibt sich folgendes hypothetische Modell zur Entstehung der paraneoplastischen Syndrome. Zunächst ist es notwendig, daß das onkoneurale Antigen von den Tumorzellen produziert wird. Dies geschieht wahrscheinlich nur bei einem kleinen Teil aller histologisch gleichartigen Tumoren (3). Danach ist es notwendig, daß eine Immunantwort dagegen induziert wird, beispielsweise durch Präsentation des Antigens in Assoziation mit HLA-Antigenen (2). Der entscheidende Schritt danach ist nun, daß die gegen das onkoneurale Antigen gerichteten Zellen des Immunsystems ins ZNS eindringen. Hier könnten Faktoren, die die zelluläre Bluthirnschranke alterieren, begünstigend wirken. Wir fassen zusammen: Den paraneoplastischen Syndromen des Nervenssystems liegt ein tumorinduzierter Autoimmunprozeß zugrunde. Dieser immunologische Prozeß findet nicht nur extrazerebral statt, sondern dringt regelmäßig ins ZNS ein.

Literatur

1. Antel JP, Moumdjiian R (1989) Paraneoplastic syndromes: a role for the immune system. J Neurol 236:1-3
2. Brashear HR, Greenlee JE, Jaeckle KA, Rose JW (1989) Anticerebellar antibodies in neurologically normal patients with ovarian neoplasms. Neurology 29:1605-1609
3. Furneaux H, Rosenblum MK, Dalmau J, Wong E, Woodruff P, Graus F, Posner JB (1990) Selective expression of purkinje-cell antigens in tumor tissue from patients with paraneoplastic cerebellar degeneration. N Engl J Med 322:1844-1850

Welchen Vorteil bringt die Immunzytochemie beim Nachweis meningealer Neoplasien?

E. Stark

Mit der Einführung der Immunzytochemie wurde es möglich, bei der Untersuchung von Zellen über die Morphologie hinausgehende Informationen zu erhalten. Tumorzellen exprimieren oft Antigene, die auf normalen Zellen fehlen. Dadurch können maligne Zellen weitaus besser als durch rein morphologische Untersuchungen erkannt werden. In der Histopathologie wird der Wert dieser neueren Untersuchungsmethoden allgemein akzeptiert. In der Liquordiagnostik ist die Ausgangssituation grundsätzlich anders, hier ist ja die typische Fragestellung nicht, welcher Tumor vorliegt, sondern ob eine meningeale Aussaat eines bekannten Tumors vorliegt. Hier kann durch geringere Zelldichte auf mehr Präparaten der diagnostische Vorteil immunologischer Zellmarkierungen durchaus zunichte gemacht werden.

Um den Zugewinn an diagnostischer Information zu überprüfen, wurden 21 Liquorproben von Karzinompatienten, 72 von Patienten mit Leukämien und 69 Proben von Lymphompatienten immunzytochemisch untersucht und die Ergebnisse mit den Befunden der Standardzytologie verglichen. Bei den Karzinomfällen wurde eine Panzytokeratinfärbung durchgeführt, bei den Leukämien und Lymphomen wurde so zielgerichtet wie möglich untersucht. Das heißt, daß bei bekanntem immunologischem Phänotyp der primären Neoplasie malignomtypische Marker verwendet wurden. Ansonsten kamen jene Antikörper zum Einsatz, die auf Grund des histologischen Typs des Tumors wahrscheinlich positiv sein würden. Im Falle akuter lymphatischer Leukämien kam vorzugsweise eine TdT und eine CALLA-Färbung, im Falle höher differenzierter Lymphome wurde eine B-Zellfärbung, wenn möglich auch eine Leichtkettendifferenzierung durchgeführt. Die immunologische Färbung erfolgte durch ein immunoenzymatisches Verfahren, was gleichzeitig auch eine morphologische Beurteilung der Zellen ermöglicht.

Bei Karzinomen war erwartungsgemäß in der Mehrzahl der Fälle morphologisch die Diagnose einer Karzinose zu stellen, bei immerhin 4 der 21 Proben fanden sich Tumorzellen jedoch nur in der immunologischen Markierung. Bei diesen Fällen lag eine erhebliche monozytäre Reizpleozytose vor. Die zum Teil recht polymorphen Monozyten und Makrophagen maskierten die wenigen Tumorzellen. In keinem Fall waren im normalen zytologischen Präparat Tumorzellen aufgefallen, die in der Immunzytochemie nicht nachzuweisen waren. In normalen Liquorproben waren in keinem Fall zytokeratinhaltige Zellen nachzuweisen. Insgesamt ist die immunzytochemische Zusatzuntersuchung bei Karzinomen in rund 20 % der Fälle hilfreich. Falsch positive Befunde kommen nicht vor. Werden relativ viele Tumormarker gleichzeitig untersucht, tritt durch Verringerung der Zelldichte auf den vielen Präparaten häufiger das Problem falsch negativer immunzytochemischer Befunde auf (1). Dies ist bei der alleinigen Verwendung einer Zytokeratinfärbung nicht gegeben (3).

Komplizierter ist die Situation bei Leukämien und Lymphomen. Während hochmaligne, wenig differenzierte Formen meist gut zu erkennen sind, sind besonders hochdifferenzierte Neoplasien lymphatischen Ursprungs nicht von normalen Lymphozyten zu unterscheiden. Nur beim Vorliegen eines ausgeprägten meningealen Befalls ist es hier möglich, eine morphologische Diagnose zu stellen. Leider ist auch bei der Immunzytochemie die Situation nicht so einfach wie bei den Karzinomen. Ein den Zytokeratinen vergleichbarer, universeller Tumormarker existiert nicht, bei den myeloischen Leukämien ist sogar überhaupt kein spezifischer Tumormarker bekannt. Am einfachsten war die Situation, wenn der immunologische Phänotyp des Tumors bekannt war. Insgesamt war bei 69 Liquorproben bei Leukämien und Lymphomen bei der zytologischen Untersuchung der Verdacht auf eine meningeale Aussaat entstanden. Dieser Verdacht konnte durch die Immunzytochemie in 10 Fällen widerlegt werden, in 38 Fällen konnte die morphologische Diagnose bestätigt werden. Bei 70 Proben solcher Patienten, die in der Standardzytologie normal waren, fand sich in drei Fällen eine eindeutige, in vier Fällen eine fragliche Meningeosis. In 24 Fällen konnte die morphologische Diagnose erhärtet werden. Bei den insgesamt 139 Proben bei hämatologischen Neoplasien ist in knapp der Hälfte der Fälle keine Aussage zur Frage einer meningealen Beteiligung möglich. Die Tatsache, daß in fast 50 % der Fälle die Phänotypisierung keine zusätzlichen Informationen erbrachte, hat verschiedene Gründe. Zunächst lag in rund einem Viertel der Fälle eine myeloische Leukämie vor, beim Fehlen geeigneter Marker war hier ohnehin keine Aussage zu erwarten.

Ansonsten war nur bei relativ wenigen Fällen der Primärtumor immunologisch klassifiziert, so daß in der Mehrzahl der Fälle ungezielt untersucht werden mußte. Welch hohe Sensitivität prinzipiell auch hier möglich ist, zeigt am extremsten der Fall einer CALLA-positiven Leukämie, wo bei einer Zellzahl von weniger als 1/µl ein Leukämiezellanteil von 0,5 % nachgewiesen werden konnte. Eine ähnlich hohe Sensitivität beim Nachweis lymphoblastischer Zellen besteht bei der Tdt-Markierung (2), in unserer Serie kam dieser Marker erst neuerdings zum Einsatz, da gute monoklonale Antikörper gegen TdT erst kurze Zeit verfügbar sind. Bei den Non-Hodgkin-Lymphomen kann eine B-Zellfärbung die wesentlichsten Informationen über das Vorhandensein einer Meningeosis liefern. Zerebrale und menigeale Beteiligung tritt vor allem bei Lymphomen der B-Zellreihe auf. Bei niedriger Zellzahl ist ein B-Zellanteil von mehr als 10 % nahezu beweisend für eine Meningeosis lymphomatosa, wenn eine chronisch bakterielle Meningitis, insbesondere dabei eine Borrelienerkrankung ausgeschlossen werden kann. Eine B-Zellvermehrung als wesentlichstes Zeichen einer meningealen Lymphombeteiligung konnte auch von anderen Untersuchern festgestellt werden. Gelegentlich ist zusätzlich eine Leichtkettenfärbung zum Nachweis der Monoklonalität notwendig.

Von besonderem Nutzen ist die immunzytochemische Untersuchung, wenn ein Tumor sich primär meningeal manifestiert. Hier konnten wir bisher durch immunzytochemische Diagnostik ein malignes Melanom sowie zwei anaplastische T-Zellymphome diagnostizieren. In einem weiteren Fall gelang es, eine liquornahe intrazerebrale Raumforderung als B-Zellymphom zu identifizieren.

Literatur

1. Boogerd W, Vroom ThM, Van Heerde P, Brutel de la Riviere G, Peterse JL, Van der Sande JJ (1988) CSF cytology versus immunocytochemistry in meningeal carcinomatosis. J Neurol Neurosurg Psychiatr 51:142-145
2. Emerudh J, Olsson T, Berlin G, Gustafsson B, Karlsson H (1986) Cell surface markers for diagnosis of central nervous system involvement in lymphoproliferative diseases. Ann Neurol 20:610-615
3. Pfadenhauer K, Schlimok G (1990) Leptomeningealkarzinose - neue diagnostische Möglichkeiten durch Tumorzellmarkierung mit monoklonalen Antikörpern. Nervenarzt 61:228-230
4. Van Wering ER, Veerman AJP, van der Linden-Schrever BEM (1988) Diagnosis of meningeal involvement in childhood acute lymphoblastic leukaemia: cytomorphology and TdT. Eur J Haematol 40:250-255

Nachweis von Cysteinyl-Leukotrienen aus menschlichem Hirntumorgewebe im Urin

M. Winking, G. Lausberg und Th. Simmet

Cysteinyl-Leukotriene (Cys-LT) sind biologisch hochaktive Substanzen, die als Oxidationsprodukte der Arachidonsäure aus Membranphospholipiden in Ca^{++}-abhängigen enzymatischen Reaktionen gebildet werden. Das instabile Zwischenprodukt Leukotrien A_4 (LTA_4) kann zu LTB_4 hydrolysiert werden oder durch eine Glutathion-S-Transferase mit Glutathion zu LTC_4 gekoppelt werden. Durch die enzymatische Entfernung von Glutaminsäure und Glycin aus der Peptid-Seitenkette vom LTC_4 entsteht LTD_4 und schließlich LTE_4.

Cys-LT können als potente Mediatoren Kontraktionen der glatten Muskulatur einschließlich der Gefäßmuskulatur sowie Ödembildung auslösen.

Bereits in früheren Untersuchungen wurde gezeigt, daß auch das Hirngewebe die Fähigkeit zur Synthese von Cys-LT besitzt (2, 3, 5). Kürzlich wurde von uns über die Synthese der Cys-LT in menschlichen Hirntumoren berichtet. Nach Stimulation von Tumorresektaten mit Ionophore A23187 wurde eine Zunahme der Cys-LT-Ausschüttung in Abhängigkeit vom Malignitätsgrad der Tumoren beobachtet. So konnte bei Astrozytomen IV (AS IV) eine signifikant höhere Ausschüttung der Cys-LT gegenüber den Astrozytomen I und II beobachtet werden (6, 7).

In der gegenwärtigen Studie wurde die LTE_4-Ausscheidung bei Patienten mit malignen hirneigenen Tumoren im Urin untersucht und eine Beziehung zwischen der Höhe der LTE_4-Ausscheidung und der Tumormalignität aufgezeigt.
Während der Jahre 1989-90 wurde von Patienten mit einem höhergradig malignen hirneigenen Tumor im Sinne eines AS III oder AS IV präoperativ sowie nach 7 und 14 Tagen im postoperativen Verlauf Urin gesammelt.

Etwa 10 % der Cys-LT werden über die Niere, 90 % biliär ausgeschieden (4, 7). Der Hauptmetabolit der Cys-LT ist das LTE_4. Unter Einsatz Hochdruckflüssigkeitschromatographie und einem spezifischen Radioimmunoassay haben wir die LTE_4-Urinkonzentration bei Patienten mit höhergradig malignen hirneigenen Tumoren gemessen. Der Vergleich der LTE_4-Urinausscheidung bei Patienten mit AS III und AS IV ergab für das Kollektiv mit AS IV deutlich höhere Ausscheidungsraten. Mittels statistischer Analyse (Wilcoxon-Rangsummentest) der LTE_4-Urinausscheidungsraten, unter Berücksichtigung des jeweiligen Tumorvolumens, ließen sich signifikant höhere Werte bei Patienten mit AS IV erfassen ($P < 0{,}05$).

Im postoperativen Verlauf wurde 7 Tage nach Tumorresektion eine durchschnittliche Minderung der LTE_4-Urinausscheidung von ca. 87 % erkennbar. Nach 14 Tagen konnte eine Reduktion um weitere 5 % nachgewiesen werden. Ausnahme bildeten 2 Patienten, die bereits während ihrer 2. postoperativen Kontrolle im Computertomogramm ein Rezidiv aufwiesen. Bei ihnen wurde wiederum eine stark erhöhte LTE_4-Urinausscheidung ermittelt.

Ein möglicher Effekt der Cys-LT auf das Hirngewebe könnte ihre Beteiligung am perifokalen Ödem sein (1, 7). Um die Beeinflussung der im Tumor produzierten Leukotriene auf das umgebende Gewebe erfassen zu können, wurde das Volumen des Perifokalödems mit Hilfe planimetrischer Meßverfahren im kraniellen Computertomogramm (CCT) ermittelt.

Die Beurteilung der im präoperativen CCT gemessenen Volumina perifokaler Ödeme und die auf die Tumoroberfläche bezogenen LTE_4-Urinausscheidungen ergaben eine signifikante Korrelation bei AS III ($P < 0{,}05$). Bei AS IV konnte eine Korrelation nicht nachgewiesen werden. Als Erklärungsansatz könnte dienen, daß alle AS III bis auf eines eine solide Tumorstruktur besaßen, während bei den AS IV gänzlich zystische Formationen beobachtet wurden. Zusätzlich fand sich im Angiogramm bei den AS III im Gegensatz zu den AS IV nur in einem Fall ein Tumorblush.

Literatur

1. Black KL, Hoff JT, McGillincuddy JE, Gebarski SS (1986) Increased leukotriene C4 and vasogenic edema surrounding brain tumors in humans. Ann Neurol 19:592-595
2. Dembinska-Kiec A, Simmet Th, Peskar BA (1984) Formation of leukotriene C_4-like material by rat brain tissue. Eur J Pharmacol 99:57-62
3. Lindgren JA, Hökfelt T, Dahlen SE, Patrono C, Samuelson B (1984) Leukotrienes in the rat central nervous system. Proc Natl Acad Sci USA 81:6212-6216
4. Öming L, Kaijser L, Hammarström S (1985) In vivo metabolism of leukotriene C_4 in man. Biochem Biophys Res Commun 130:214-220
5. Simmet Th, Luck W, Delank WK, Peskar BA (1988) Formation of cysteinyl-leukotrienes by human brain tissue. Brain Res 456:344-349
6. Simmet Th, Luck W, Winking M, Delank WK, Peskar BA (1989) Formation of cysteiny-leukotrienes by human intracranial tumors. New Trends Lipid Mediators Res 3:166-170
7. Simmet Th, Luck W, Winking M, Delank, WK, Peskar BA (1990) Identifikation and characterization of cysteinyl-leukotriene formation in tissue slices from human intracranial tumors: Evidence for their biosynthesis under in vivo conditions. J Neurochem 54:2091-2099

Immunzytochemischer Nachweis eines primären Melanoms der Meningen

E. Stark und F. Manz

Einleitung

Maligne Melanome entstehen vor allem im Bereich der äußeren Haut, sie metastasieren meist sehr rasch in verschiedene Organe. Sehr häufig tritt dabei auch Metastasierung ins ZNS auf, sei es in Form solider Hirnmetastasen, sei es in Form einer Meningeosis. Melanome können jedoch nicht nur im Bereich der Haut entstehen, sie treten primär auch überall dort auf, wo normalerweise Melanozyten vorhanden sind. Bei einer primären Meningeosis kann die Diagnose meist erst post mortem gestellt werden.

Fallbericht

D.L., ein damals 54jähriger Mann, erkrankte im November 87 mit Übelkeit, Erbrechen und Kopfschmerzen. Die Kopfschmerzen waren lageabhängig, sie traten beim Hinlegen auf und klangen beim Aufstehen rasch ab. In den folgenden Monaten traten Sehstörungen, Inappetenz und allgemeines Krankheitsgefühl dazu. Juni 88 wurden Stauungspapillen festgestellt. Ein zunächst kraniales Computertomogramm zeigte nur eine mäßiggradige Aufweitung der inneren Liquorräume. Nachdem sich der Verdacht auf eine Meningeosis karzinomatosa ergeben hatte, erfolgte eine umfangreiche Suche nach dem Primärtumor (Thoraxröntgen, Thorax-CT, Abdomen-CT, i.v. Pyelogramm, MDP, obere und untere Intestinoskopie, Bronchoskopie, Skelettszintigraphie, Prostatabiopsie, Biopsien aus pigmentierten Hautbezirken). Alle diese Untersuchungen erbrachten keinen Tumornachweis. Tumormarker im Serum waren negativ. Auch im Nasenrachenraum und im Bereich der Aderhaut des Auges konnten Primärtumoren nicht gefunden werden. Nachdem immunzytochemisch die Diagnose einer Meningeosis melanomatosa gestellt war, wurde eine intrathekale Methotrexattherapie durchgeführt. Klinik und Liquorbefunde besserten sich darunter geringfügig. Zwei Monate nach Abschluß dieser Therapie trat wieder häufiges Erbrechen auf. Zu diesem Zeitpunkt bestand bereits eine ausgeprägte Caudasymptomatik. Computertomographisch wurde jetzt eine Signalanhebung unter Kontrastmittel im Bereich von Meningen und Ependym festgestellt, eine Anfang November kurz vor dem Tode durchgeführte Kernspintomographie zeigte mehrere größere Tumoren im Interhemisphärenspalt und in der rechten Inselzisterne. Eine Obduktion wurde von den Angehörigen verweigert.

Liquorbefunde

29.6.88: Zellzahl 9/µl, 1,42 g Eiweiß/l, keine intrathekale IgG-Synthese. Bakterien oder Pilze nicht nachweisbar. Zytologisch im formalinfixierten Liquor keine eindeutigen Tumorzellen. Bei späteren Punktionen Tumorzellen, die morphologisch nicht eindeutig klassifizierbar

340

waren! Immunzytochemisch waren die Tumorzellen mit einem melanomspezifischen Antikörper eindeutig positiv (s. Abb).

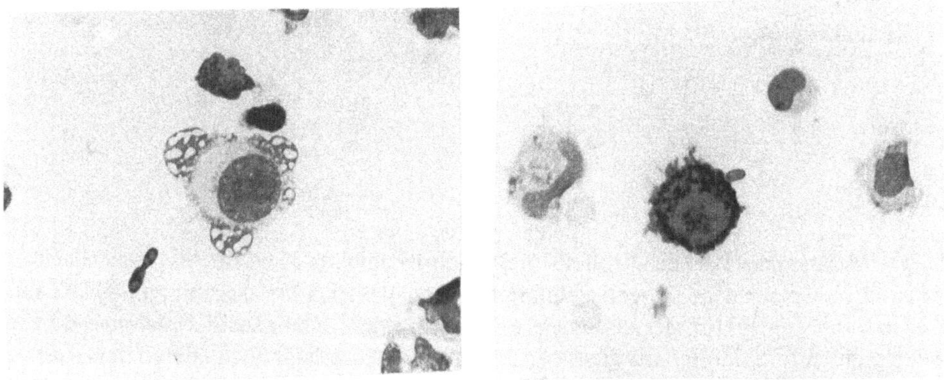

Abb.1 und 2. Tumorzelle, links Pappenheimfärbung, rechts Färbung mit melanomspezifischen Antikörper

Diskussion

Meningeosis blastomatosa kann sehr selten als Erstmanifestation eines Tumorleidens auftreten. Primär im Bereich der Meningen entstehende Tumoren sind eine Rarität, hier sind vor allem Lymphome, seltener Sarkome und Melanome zu erwarten. Die Diagnose eines primären Melanoms der Meningen ist schwierig zu stellen. Werden im Liquor bei Patienten ohne bekanntes Tumorleiden maligne Zellen gefunden, ist es morphologisch meist nicht möglich, diese einem bestimmten Primärtumor zuzuordnen. Im vorliegenden Fall dachte man zunächst an ein Adenokarzinom, in einem weiteren, kürzlich veröffentlichten Fall eines primären Melanoms der Meningen vermutete man wegen mehrkerniger Zellen einen Morbus Hodgkin (2). Hier wurde die richtige Diagnose erst post mortem gestellt. Die Anwendung immunzytochemischer Verfahren kann die diagnostische Unsicherheit um ein Vielfaches reduzieren. Im vorliegenden Fall konnte durch die Markierung mit dem melanomspezifischen Antikörper ein Melanom diagnostiziert werden. Auch bei drei kürzlich publizierten Fällen primärer Melanome der Meningen konnte nur durch immunzytochemische Untersuchung der Liquorzellen die Diagnose gestellt werden (1). Ob eine primäre oder sekundäre Erkrankung der Meningen vorliegt, ist meist schwer zu entscheiden. Im vorliegenden Fall ist ein primär meningealer Tumor sehr wahrscheinlich. Eine ausgiebige Tumorsuche konnte weitere Metastasen nicht aufdecken, bis zum Tod ergaben sich keine Hinweise für eine extrazerebrale Metastasierung.

Literatur

1. Mosleley RP, Davies AG, Bourne SP, Popham C, Carrel S, Monro P, Coakham HB (1989) Neoplastic meningitis in malignant melanoma: diagnosis with monoclonal antibodies. J Neurol Neurosurg Psychiatr 52:881-886
2. Thornton C, Brennan F, Hawkins SA, Allen IV (1988) Primary malignant melanoma of the meninges. Clin Neuropathol 7:244-248

Onkogene und neuroepitheliale Tumoren

U. Diedrich

Einleitung

Onkogene sind für die Krebsentstehung wichtige Gene - abartige Varianten normalerweise
harmloser Gene, die als Protoonkogene in jeder Körperzelle vorkommen. Von Onkogenen
codierte Proteine arbeiten regelwidrig und erreichen dabei die Umwandlung einer normalen
Zelle in eine Krebszelle. Onkogene werden aus Protoonkogenen durch Mutationen aktiviert
(43). Mittlerweile sind ca. 30 Onkogene beim Menschen bekannt. Erst die Einführung
moderner gentechnischer Methoden ermöglichte die Fortschritte auf diesem Gebiet. Den
Protoonkogenen wird eine Schlüsselrolle bei der Differenzierung, Proliferation und Reifung
von Geweben zugeschrieben.

Einteilung und Funktion der Onkogene

Die zellulären Onkogene lassen sich sowohl funktionell als auch nach ihrer Lokalisation an
der Zelloberfläche in Zytoplasma oder Zellkern unterteilen. Grundsätzlich interferieren die
meisten Onkogene mit der Signalübertragung in der Zelle (65). Im weiteren sind nur die
Onkogene berücksichtigt, für die ein Einfluß in neuroepithelialen Tumoren nachgewiesen
werden konnte.

Die von den myc-Onkogenen codierten Proteine sind im Zellkern lokalisiert und haben
die Fähigkeit, DNA zu binden; möglicherweise regulieren sie darüber die Expression anderer
Gene. Eine größere Gruppe von Onkogenen zeigt eine Tyrosinkinaseaktivität; sie sind in der
Lage, auf die Aminosäure Tyrosin Phosphatreste zu übertragen. Es wird angenommen, daß
so die Signalübertragung in einer Zelle modifiziert wird. Weiterhin sind die zahlreichen
Überschneidungen zwischen den Gruppen der Onkogene und der Wachstumsfaktoren
hervorzuheben.

Protoonkogene werden durch Mutationen, z. B. spontan entstehend oder durch Karzi-
nogene induziert, zu Onkogenen aktiviert (43). So sind in der Gruppe der ras-Onkogene
häufig einzelne Punktmutationen beschrieben, die zum Einbau einer anderen Aminosäure
und so zu einem Onkoprotein führen. Vervielfachungen (Amplifikationen) von Protonko-
genen, verbunden mit einer erhöhten Expression, sind als Aktivierungsmechanismen für die
Onkogene c-erbB und N-myc beschrieben (38, 56). Auch können sich Protoonkogene in ihrer
Funktion zu Onkogenen wandeln, wenn sie unter den Einfluß anderer Regulatoren, etwa
durch eine Chromosomentranslokation, gelangen, wie dies sehr ausführlich für das Onkogen
c-myc in Lymphomen beschrieben wurde (43). Strukturelle Umbauten innerhalb eines
Protoonkogenes können zur Expression von Onkoproteinen führen.

Hervorgehoben werden muß, daß die Entstehung von Krebs ein multifaktorieller und
mehrstufiger Prozeß ist (34). So wird für viele Tumoren die Aktivierung von mindestens zwei
Onkogenen angenommen.

Der Einfluß einzelner Onkogene in neuroepithelialen Tumoren

Zusammengefaßt finden sich in knapp 20 % der neuroepithelialen Tumoren Veränderungen auf DNA- und in 60 % auf RNA-Ebene. Die einzelnen Onkogenloci sind allerdings in unterschiedlicher Häufigkeit untersucht worden. Die Ergebnisse sind im einzelnen in der Tabelle aufgeführt. Bei den meisten Onkogenen zeigt sich eine Tendenz zu vermehrten Veränderungen in maligneren neuroepithelialen Tumoren, wobei die Zahl der analysierten gutartigeren Tumoren allerdings gering ist. Im folgenden werden die wichtigsten Ergebnisse ausführlicher dargestellt.

N-myc

In der Entwicklung des Embryos wurde eine erhöhte N-myc-Expression in unreifen neuralen Zellen nachgewiesen; die Expression sinkt mit zunehmender Differenzierung der Zellen und wird abgelöst von einer erhöhten Expression des Onkogens c-src (26). Somit können den beiden entsprechenden Protoonkogenen physiologische Funktionen in der neuronalen Differenzierung zugeschrieben werden.

Erstmals wurde N-myc als häufig amplifiziertes und verstärkt exprimiertes Onkogen in Neuroblastomen beschrieben (35, 56). Systematische Analysen zeigten, daß es in 39 % der Neuroblastome amplifiziert ist (10, 30, 57). Dabei ist die N-myc-Amplifikation in Neuroblastomen mit einer schlechteren Prognose assoziiert. Diese Befunde erlauben somit unter den Neuroblastomen differenziertere Aussagen über die Prognose und die Therapie. Als zytogenetisches Korrelat der N-myc-Amplifikation konnten u. a. die sogenannten double minutes identifiziert werden (1). Eine erhöhte N-myc-Expression fand sich tendenziell auch in maligneren Medulloblastomen (27). Unter 20 analysierten primitiven neuroektodermalen Tumoren zeigten nur diejenigen zwei, die den Neuroblastomen histologisch am meisten ähnelten, eine N-myc-Amplifikation (49). Weiterhin wurde eine erhöhte N-myc-Expression, z. T. auch DNA-Amplifikation, in Retinoblastomen beschrieben (37, 50, 59).

C-erbB

Das Onkogen c-erbB konnte auf dem kurzen Arm des Chromsom 7 lokalisiert werden (13). Weiterhin ist dieses Onkogen homolog zu Teilen des Gens, das für den epidermal growth factor (EGF)-Rezeptor codiert (20, 67). Die maligne Transformation neuroepithelialer Tumoren ist oft von einer erhöhten Expression des EGF-Rezeptors begleitet (39). Mutationen, die zu einer verstärkten Expression von c-erbB führen, sind neben der Polysomie 7 (31) Amplifikationen und Rearrangements (strukturelle Umbauten) am Locus (Ort) dieses Onkogens.

Faßt man die Daten aus der Literatur zusammen, so zeigt sich, daß eine erhöhte Expression in 57 % der untersuchten Grad III/IV (Malignitätsgrad nach Einteilung der WHO (69)) Tumoren, in Glioblastomen sogar bis 100 %, beobachtet wurde (44). In nativem Tumorgewebe und Glioblastomzellinien wird eine c-erbB-Amplifikation/Rearrangement in 31 % der Fälle beobachtet (5, 17, 21, 38, 40, 66). Dieser Prozentsatz steigt auf 45 %, wenn man nur die nativen Tumoren berücksichtigt. Die Untersuchungen an Zellinien sind zumindestens in diesem Falle für die Gliome nicht repräsentativ. Permanente Zellinien lassen sich ohnehin nur aus jedem fünften Glioblastom züchten (44). Entweder haben die Zellen mit einer c-erbB-Amplifikation unter Kulturbedingungen einen Erhaltungsnachteil, oder sie verlieren in vitro diese Eigenschaft.

An histologischen Schnitten konnte durch in situ-Hybridisierungstechniken nachgewiesen werden, daß die c-erbB-Amplifikation weder auf bestimmte Zellpopulationen beschränkt noch aus histologischen Charakteristika vorhersagbar ist (5). Wir selbst fanden eine c-erbB-Amilifikation/Rearrangement außer in Glioblastomen auch in Astrozytomen, Oligodendrogliomen, Ependymomen und primitiven neuroektodermalen Tumoren (15, 17, 18). Die c-erbB-Amplifikationen/Rearrangement ist praktisch auf maligne neuroepitheliale Tumoren beschränkt. Die Unterschiede zwischen den Gruppen der Grad I/II- und Grad III/IV-Tumoren waren hoch signifikant. Der Nachweis einer c-erbB-Amplifikation/Rearrangement stellt somit einen eindeutigen Malignitätsparameter dar. In den von uns analysierten Fällen war die c-erbB-Amplifikation immer auch von einer erhöhten Expression dieses Gens begleitet (17).

Neben dem EGF ist der transforming growth factor alpha (TGFa) der zweite Ligand für den EGF-Rezeptor. Als Ursache für seine verstärkte Expression konnte auch eine Amplifikation des entsprechenden Gens in malignen Astrozytomen nachgewiesen werden (68). Die TGFa-Expression wurde in malignen neuroepithelialen Tumoren signifikant häufiger als in gutartigen gefunden (51).

C-sis

Das Simian Sarcoma Virus, das das virale Onkogen v-sis trägt, kann in Krallenaffen Gliome induzieren (14). Auch im menschlichen Genom wurde ein dem v-sis entsprechendes Gen, c-sis, gefunden. Vergleiche zu anderen, schon bekannten Wachstumsfaktoren deckten Ähnlichkeiten zum platelet-derived growth factor (PDGF) auf (19, 63), einem ursprünglich aus Thrombozyten isolierten Wachstumsfaktor. Lokalisiert wurde c-sis im menschlichen Genom auf dem Chromsom 22 (12, 60), das neben dem Chromosom 7 in dieser Art von Tumoren mit am häufigsten verändert ist (6, 7, 33). PDGF wird in malignen neuroepithelialen Tumoren in 83 % der Fälle exprimiert (9, 24, 25, 28, 32, 44 - 46, 48).

Amplifikationen und Rearrangements am c-sis-Locus konnten bislang nicht gefunden werden (44, 48). Systematische Untersuchungen bezüglich Allelverlusten an Chromsom 22-Loci, wie sie wahrscheinlich für die Meningeome von Bedeutung sind (42), fehlen allerdings zur Zeit noch. Eingebunden scheint die c-sis-Expression in ein autokrines Regulationssystem, das gleichzeitig neben dem des Onkogens c-erbB bestehen kann (44).

Autokrine Regulation: Mögliche Einflüsse von c-sis und c-erbB

Systematische Untersuchungen von Glioblastomzellinien unterstützen die Annahme zweier autokriner Regulationssysteme in Glioblastomen. So findet sich eine erhöhe Expression des EGF-Rezeptors und eines seiner beiden bekannten Liganden, des TGFa, in der weit überwiegenden Zahl der Glioblastome. Das Gleiche gilt für PDGF (A und B) und dem PDGF-Rezeptor (44). Die Coexpression von Wachstumsfaktoren und deren Rezeptoren spricht für ein autokrines Regulationssystem. Der Tumor stimuliert sein Wachstum gewissermaßen selbst. Zudem stellt PDGF einen potenten angiogenetischen Faktor (32) dar, was auch die starke Vaskularisation der Glioblastome mitbedingt. Eine Stimulierung des EGF-Rezeptor-Systems befähigt die Tumorzellen zu einer größeren Mobilität (64), was für die Ausdehnung des Tumors von Bedeutung ist.

Möglicherweise spielt das Chromosom 7 eine zentrale Rolle. Neben dem EGF-Rezeptor-Gen ist hier auch das Gen für den neben dem PDGF 'B/c-sis zweiten Liganden des PDGF-Rezeptors PDGF A lokalisiert worden (4). So könnte eine Polysomie 7 eine Imbalance in der Regulation zwischen den erwähnten Wachstumsfaktoren und ihren Rezeptoren in Gang setzen.

Andere Onkogene (s. Tabelle)

In der Embryogenese wird c-src besonders in sich nicht mehr teilenden neuroepithelialen Zellen exprimiert (29), was einen Einfluß auf die Zell- und Membrandifferenzierung nahelegt. In Hirntumoren fand sich eine Expression nur in Astrozytomen, nicht aber in Oligodendrogliomen, Medulloblastomen, Ependymomen, Menigeomen oder Hämangioblastomen (61). Dabei wird c-src eher in gutartigeren als in maligneren Astrozytomen exprimiert. Wenn auch eine Tendenz zur häufigeren Expression in gemistozytischen Astrozytomen beschrieben ist, konnte eine eindeutige Korrelation zu bestimmten histopathologischen Merkmalen bislang nicht festgemacht werden.

Ähnlich wurde c-ets nur in Astrozytomen exprimiert gefunden, wobei auch dieses Onkogen physiologischerweise eher in gering proliferierenden Geweben aktiviert ist (2). Möglicherweise eignet sich der Nachweis der Expression dieses Onkogens als histologischer Marker für Astrozytome.

Tabelle. Veränderungen an Onkogenloci und erhöhte Expression von Onkogenen in neuroepithelialen Tumoren.

Onkogen	DNA Veränderungen an Onkogen-Loci		RNA erhöhte Expression	
	+	-	+	-
N-myc	76	262	22	21
c-erbB	61	151	57	45
c-sis	1	51	39	8
c-myc	9	89	15	3
c-src[a]	1	-	27	22
c-neu	-	65	-	5
c-fos	-	14	11	3
Ha-ras	3	7	1	6
N-ras	-	6	5	1
Ki-ras	-	1	-	5
c-ets	-	-	3	-
c-raf	-	2	2	-
c-ros[b]	1	4	10	3

Für folgende Onkogene wurden keine Veränderungen auf DNA- oder RNA-Ebene beschrieben: c-abl, c-erbA, c-fms, c-met, c-mos, c-myb, c-rel, c-yes), wobei jeweils weniger als 12 Tumoren untersucht wurden.
a: nur in Astrozytomen verändert, in Grad I/II-Astrozytomen RNA-Expression häufiger als in Grad III/IV-Tumoren
b: überwiegend in Grad III/IV-Tumoren erhöhte Expression
+: vorhanden; -: nicht vorhanden
Zitate: 2, 5, 8 - 10, 15 - 18, 21, 22, 24 - 28, 30 - 32, 36, 38, 40, 41, 44 - 46, 48 - 50, 52, 55, 57, 59, 61, 66, 68).

Bezüglich der Veränderungen an den Loci für c-myc, der ras-Onkogene und c-fos gibt es in der Literatur nur eher widersprüchliche Ergebnisse. N-myc, c-myc und c-fos scheinen sich in ihrer Expression gegenseitig negativ zu beeinflussen (24). In einigen Tumoren wurde auch eine erhöhte ras-Expression beschrieben. Interessant ist in diesem Zusammenhang, daß die ras-Proteine auch das EGF-Rezeptor-System beeinflussen können (29). So kann in vitro eine erhöhte N-ras-Expression die Wirkung des EGF verstärken. In ras-transformierten Zellen wird TGFa vermehrt sezerniert.

Für die Gruppe von Onkogenen, für die bislang kein Einfluß in neuroepithelialen Tumoren nachgewiesen wurde (s. Tab.) soll das Onkogen c-neu besonders hervorgehoben werden. Es wurde aus Neuroglioblastomen von Ratten, die mit Karzinogenen behandelt worden waren, isoliert (54). Zudem zeigt c-neu Homologien zum EGF-Rezeptor (3, 53). Ein Einfluß von c-neu in neuroepithelialen Tumoren des Menschen konnte aber bislang nicht beobachtet werden (55). Dagegen hat sich aber der Nachweis einer c-neu-Amplifikation in humanen Mammakarzinomen als der bislang verläßlichste prognostische Parameter erwiesen (58).

Abschließend sei noch auf die Existenz von Genen hingewiesen, bei deren Verlust eine Tumorentwicklung begünstigt wird; sie werden auch als Anti-Onkogene oder Tumorsuppressorgene bezeichnet (47). Ein solches Gen konnte z. B. mittlerweile aus Retinoblastomen isoliert werden (23).

Das Literaturverzeichnis ist beim Verfasser erhältlich.

Molekulare und funktionelle Untersuchung von Tumor-Suppressorgenen

R. Schäfer

Tumor-Suppressorgene (Anti-Onkogene) spielen eine wichtige Rolle in der Wachstumskontrolle, indem sie die Zell-Proliferation beschränken. Verlust, Mutation oder Inaktivierung von Tumor- Suppressorgenen tragen entscheidend zur Umwandlung einer normalen Zelle in den malignen Zustand bei (zur Übersicht siehe Weinberg [1989], Geiser and Stanbridge [1989]). Einer der wichtigsten Hinweise für die Existenz von Tumor-Suppressorgenen waren die regelmäßigen Deletionen genomischer DNS in einer Vielzahl erblicher und sporadischer menschlicher Tumoren. Zur molekularen Charakterisierung dieser Gene waren die Methoden der reversen Genetik unerläßlich. So wurden z. B. das Retinoblastom-Gen (RB, zur Übersicht siehe Weinberg [1990]), das vermutliche Wilms-Tumorgen (WT, zur Übersicht siehe Francke [1990]) und ein in Kolontumoren häufig deletiertes Gen (DCC, Fearon et al., [1990]) durch "Chromosome Walking" molekular kloniert. Chromosomenspezifische DNS-Fragmente, die sehr nahe bei der deletierten DNS-Region liegen und regelmäßig in Tumoren verloren gehen, wurden als Ausgangsmaterial für die Klonierung benutzt. Lange, überlappende DNS-Segmente, welche die Region des vermuteten Gens überspannten, wurden dann aus der spezifischen Chromosomenregion isoliert. Anschließend wurden diese DNS-Fragmente nach kodierenden Sequenzen abgesucht und als Sonden zum Nachweis spezifischer RNS-Transkripte in normalen Zellen und Tumoren benutzt. Um die Funktion als Tumor-Suppressor endgültig zu bestätigen, muß das vermutete Gen in eine entsprechende tumorigene Zellinie übertragen werden. Der Ersatz des defekten Gens durch das Wild-Typ-Allel sollte dann den malignen Phänotyp der Zielzelle rückgängig machen. Tatsächlich konnte die Suppression der Tumorigenität und transformierter Phänotypen *in vitro* durch Überexpression des normalen RB-Gens in RB-defizienten Retinoblastom-, Osteosarkom- und Prostatakarzinom-Zellinien erreicht werden (Bookstein et al. [1990], Huang et al. [1990]).

Starke Hinweise für die Existenz tumorhemmender Gene gehen auch auf das Phänomen der Tumorsuppression in somatischen Zellhybriden aus Tumor- und Normalzellen zurück. Tumor x Normalzellhybride exprimieren regelmäßig den normalen Phänotyp. Man nimmt an, daß der genetische Defekt oder mehrere Defekte der Tumorzellen durch die Expression eines oder mehrerer Gene der Normalzelle komplementiert werden. Kürzlich wurde gezeigt, daß die Übertragung normaler Chromosomen in verschiedene tumorigene Zellinien ausreicht, um den malignen Phänotyp zu unterdrücken (zur Übersicht siehe Geiser and Stanbridge [1989]). Auf der Grundlage der Erkenntnisse an Zellhybriden haben wir ein funktionelles Testsystem zur molekularen Identifizierung möglicher Tumor-Suppressorgene aufgebaut. Dabei gingen wir von der Arbeitshypothese aus, daß funktionelle Suppressorgene mittels genomischer DNA normaler Zellen intakt in tumorigene Zellen übertragen werden können. Wir vermuteten, daß ihre Integration und stabile Expression im Genom der tumorigenen Empfängerzellen zur phänotypischen Reversion führen sollte. Wir haben hochmolekulare DNS aus normalen menschlichen Zellen isoliert und in tumorigene Ratten- und Hamster-Zellinien übertragen. Das vollständige menschliche Genom wurde in 6.000 bis 10.000 unabhängige Gentransfer-Klone durch Kalziumphosphat-vermittelte Transfektion verteilt.

Die Mehrzahl der transfizierten Zellen, die weiterhin den neoplastischen Phänotyp exprimierten, wurden mit Hilfe spezifischer Selektionsverfahren aus den Populationen der Gentransfer-Klone entfernt. Phänotypische Revertanten, welche weitgehend normale Eigenschaften zeigten, wurden als seltene Zellklone isoliert und weiter analysiert. Diese Zellen benötigten hohe Serumkonzentrationen zum Wachstum, sie waren verankerungsabhängig und zeigten eine verringerte Tumorigenität nach Injektion in nackte Mäuse. Der Einbau menschlicher DNS in das Genom der Revertanten wurde durch Southern Blot-Hybridisierung mit einer menschlichen repetitiven DNS-Sonde nachgewiesen. Menschliche repetitive DNS, die regelmäßig zusammen mit kodierenden DNS-Sequenzen übertragen wird, diente als Markierung, um die vermuteten übertragenen Suppressorgene molekular zu klonieren. Auf diese Weise haben wir das Tumor-Suppressorgen NTS-1 identifiziert. Dieses Gen supprimiert den malignen Phänotyp in Rattenzellen in Gegenwart einer erhöhten Expression des H-ras Onkogens (Schäfer et al. [1988]). Ein zweites, nicht verwandtes Tumor-Suppressorgen, NTS-2, wurde durch Transfektion menschlicher DNS in revertierte Hamsterzellen übertragen und teilweise kloniert (Schäfer et al. [1990]).

Wir werden nun molekulare Sonden benutzen, um menschliche Tumoren nach Veränderungen in der Struktur und Expression der NTS-1 und NTS-2 Gene abzusuchen. Unser gegenwärtiger Ansatz zur Entdeckung tumorspezifischer genetischer Veränderungen beruht auf der kürzlich bestimmten chromosomalen Lokalisation der beiden Gene sowie ihrem Expressionsmuster in normalen Zellen. Wir vermuten, daß solche Tumorzellen, in denen häufig aktivierte ras-Gene vorkommen, auch Defekte in der NTS-1 Suppressorgen-Funktion aufweisen. Mit Hilfe eines ähnlichen funktionellen Testsystems wurde kürzlich das Krev1 Gen identifiziert (Kitayama et al. [1989]). Dieses Gen besitzt eine hohe Homologie zum K-ras Onkogen. Sein Genprodukt steht mit dem gleichen Effektor wie dem des ras Proteins in Wechselwirkung (Frech et al. [1990]). Gene, welche die Onkogen-induzierte neoplastische Transformation hemmen, dürften deshalb nicht nur wichtige Marker zur Untersuchung tumorspezifischer Veränderungen in neoplastischen Zellen sein, sondern sie stellen auch hilfreiche Werkzeuge dar, um die Signalübertragungswege der Onkoproteine aufzuklären.

Literatur

1. Bookstein R, Shew J-Y, Chen P-L, Scully P, Lee W-H (1990) Suppression of tumorigenicity of human prostate carcinoma cells by replacing a mutated RB gene. Science 247:712-715
2. Fearon ER, Cho KR, Nigro JM, Kern SE, Simons JW, Ruppert JM, Hamilton SR, Preisinger AC, Thomas G, Kinzler KW, Vogelstein B (1990) Identification of a chromosome 18q gene that is altered in colorectal cancers. Science 247:49-56
3. Franke U (1990) A gene for Wilms tumour? Nature 343:692-694
4. Frech M, John J, Pizon V, Chardin P, Tavitian A, Clark R, McCormick F, Wittinghofer A (1990) Inhibition of GTPase activating protein stimulation of Ras-p21 GTPase by the Krev-1 gene product. Science 249:169-171
5. Geiser AG, Stanbridge EJ (1989) A review of the evidence for tumor suppressor genes. Critical Reviews in Oncogenesis 1:261-276
6. Huang H-JS, Yee J-K, Shew J-Y, Chen P-L, Bookstein R, Riedmann T, Lee EY-HP, Lee W-H (1988) Suppression of the neoplastic phenotype by replacement of the RB gene in human cancer cells. Science 242:1563-1566
7. Kitayama H, Sugimoto Y, Matsuzaki T, Ikawa Y, Noda M (1989) A ras-related gene with ransformation suppressor activity. Cell 56:77-84
8. Schäfer R, Iyer J, Iten E, Nirkko AC (1988) Partial reversion of the transformed phenotype in HRAS-transfected tumorigenic cells by transfer of a human gene. Proc Natl Acad Sci USA 85:1590-1594
9. Schäfer R, Nirkko AC, Ambühl PM, Grzeschik K-H, Klemenz R (1990) Suppression of the neoplastic phenotype in malignant hamster cells by transfer of a DNA segment on human chromosome 8. (submitted)
10. Weinberg RA (1989) Oncogenes, antioncogenes, and the molecular bases of multistep carcinogenesis. Canc Res 49:3713-3721
11. Weinberg RA (1990) The retinoblastoma gene and cell growth control. Trends in Biochemical Sciences 15:199-202

Das invasive Verhalten von Glioblastom-Zellen im ZNS: die Rolle von Proteasen

P.A. Paganetti, V. Amberger und M.E. Schwab

Typisch für hoch maligne Glioblastome des Zentralen Nervensystems (ZNS) ist ihre sehr aggressive Infiltration der grauen und weißen Substanz (1,5). Dieses pathologische Phänomen steht in Gegensatz zur bekannten Tatsache, daß im normalen ZNS die Zellmobilität stark unterdrückt ist; Nervenfaserwachstum und Regeneration zum Beispiel sind begrenzt auf eine Distanz von maximal 1 mm.

Verschiedene Faktoren könnten für diese Tatsache eine wichtige Rolle spielen. In unserem Labor wurden zwei spezifische Eiweiße, die Nervenfaserwachstums-Inhibitoren NI 35 und NI 250, beschrieben, die eine sehr starke hemmende Wirkung auf Neuritenwachstum und Zellmobilität haben, und im adulten ZNS vorkommen (4). Diese Inhibitoren sind spezifische Membranproteine, die in Oligodendrozyten und im Myelin vorkommen. Kürzlich konnten wir zeigen, daß nach deren Neutralisation durch monoklonale Antikörper (9) oder durch Elimination der Oligodendrozyten durch Bestrahlung (7), Regeneration von lädierten Nervenfasern auch im ZNS möglich ist.

Die Wachstums-Inhibitoren NI 35/250 wirken als inhibitorisches Substrat nicht nur auf das Nervenfasernwachstum, sondern auch auf Astrozyten- und Fibroblasten-Ausbreitung und -Mobilität (4, 6). Dementsprechend war es von besonderer Bedeutung, die Wechselwirkung von Glioblastom-Zellen mit den myelin-assoziierten Inhibitoren NI 35/250 zu untersuchen. Da detaillierte zellbiologische Untersuchungen in vivo auf Grund der Heterogenität der Tumoren und der Komplexität des umgebenden Gewebes sehr schwierig sind (5), haben wir eine Reihe von in vitro Modellen entwickelt, mit denen sowohl die hemmende Wirkung der weißen Substanz des ZNS als auch das invasive Verhalten von Glioblastom-Zellen erfolgreich studiert werden kann (6, 8, 10).

Unsere Resultate weisen darauf hin, daß eine Metalloprotease auf der Zellmembran von aggressiven Glioblastom-Zellen eine Schlüsselrolle bei deren Zell-Mobilität und -Invasivität in die weiße Substanz des ZNS spielt (2).

In unseren Experimenten haben wir die Rattenglioblastomlinie C6 (3) als Modell verwendet, weil diese Zellen bekannt dafür sind, daß sie sehr rasch die weiße Substanz adulter Rattengehirne infiltrieren (2, 11). Explantate des Nervus Opticus, Gehirn Gefrierschnitte, kultivierte Oligodendrozyten und isoliertes ZNS-Myelin wurden als Kultur-Substrat für die C6-Zellen verwendet. Es zeigte sich, daß die Ausbreitung von C6-Zellen, im Gegensatz zu der von Nervenzellen und Fibroblasten, nicht durch die myelin-assoziierten Inhibitoren NI 35/250 gehemmt wird (2).

Dieser Mangel an Hemmung ist auf eine proteolytische Aktivität zurückzuführen, die die Inhibitoren NI 35/250 modifiziert und inaktiviert. Der Chelator 1,10-Phenanthrolin und verschiedene synthetische Peptide, welche Metalloprotease-blockierende Sequenzen (Gly-Phe und Tyr-Tyr) enthalten, beeinträchtigen spezifisch die C6-Zellausbreitung auf ZNS-Myelin (2).

Aus den Ergebnissen mit verschiedenen Metalloprotease-Blockern wurde geschlossen, daß die metalloproteolytische Aktivität, die an C6-Zellen assoziiert ist, durch ein bisher unbekanntes Enzym hervorgerufen wird. Spezifische Blocker der Serin-, Cystein- und Aspartyl-Proteaseklassen zeigten keine Wirkung (2). Die C6-Zellausbreitung auf NI 35/250-freien Substraten, wie z.B. graue Substanz des ZNS, Myelin des peripheren Nervensystems, Glas oder Poly-D-Lysin, kann nicht mit 1,10-Phenanthrolin gehemmt werden.

Die hemmende Substratwirkung des ZNS-Myelins auf 3T3 Fibroblasten wird stark vermindert durch eine Behandlung mit Proteasen, die eine breite Spezifität aufweisen wie z.B. Trypsin. Gleiche Wirkung wird mit einer aus C6-Zellen bereiteten Plasmamembran-Fraktion erzielt. Die Inaktivierung dieser Inhibitoren spricht auf die gleichen Metalloprotease-Blocker an, welche die C6-Zellausbreitung auf Myelin des ZNS beeinträchtigen. Erste Resultate weisen darauf hin, daß in der Tat, wie eine Analyse von gereinigten hemmenden Myelinproteinen zeigt, eine metalloproteolytische Degradation von NI 35/250 eine Rolle spielt.

Explantate optischer Nerven aus adulten Ratten wurden als in vitro Modell für Invasivität in die weiße Substanz des ZNS verwendet. C6-Zellen, nicht aber 3T3-Fibroblasten oder B16-Melanomzellen, infiltrieren diese Explantate über 7-14 Tagen in Kultur (2). Interessanterweise ist die C6-Zellinvasivität durch die Anwesenheit von Metalloprotease-Blockern bedeutend reduziert (2). Dies weist auf die wichtige Rolle hin, die dieser Mechanismus für die in vitro und möglicherweise in vivo Zellinvasivität von ZNS Gewebe spielt.

Ferner wurde untersucht, ob der Mechanismus, der diese hohe Invasivität von C6-Zellen ermöglicht, auch in anderen Systemen verbreitet ist. Wir stellten fest, daß sich auch menschliche Glioblastomlinien ähnlich wie C6-Zellen verhalten, und daß dieses Verhalten (fehlende Inhibition durch Myelin) durch die gleichen Metalloprotease-Blocker abgeschwächt wird. Erste Resultate zeigen eine gute positive Korrelation zwischen in vivo- und in vitro-Verhalten der verschiedenen Zellinien.

Auch Peritoneal- und Hirn-Makrophagen können durch eine metalloproteolytische Aktivität die hemmenden Eigenschaften des ZNS-Myelins überwinden.

Alle diese Resultate zeigen, daß die in vitro Infiltration in die weiße Substanz des ZNS durch Glioblastomzellen oder Makrophagen mittels einer neuen, zell-assoziierten metalloproteolytischen Aktivität zustande kommt, welche wahrscheinlich direkt auf die myelin-assoziierten Hemmstoffe wirkt und diese inaktiviert. Wir vermuten, dass diese Metalloprotease auch eine sehr wichtige Rolle für die in vivo-Zellinvasivität von aggressiven Glioblastomen im ZNS spielt.

Das Literaturverzeichnis ist bei den Verfassern erhältlich.

Biologische Charakterisierung eines neuroektodermalen Tumorwachstumsinhibitors (MIA: Melanoma-inhibiting Activity)

U. Bogdahn, R. Apfel, C. Behl, S. Weilbach, J. Wilhelm, G. Dürr und D. Drenkard

Einführung

Seit der Beschreibung des Epidermal Growth Factor (EGF, Reference 1) und der Beschreibung von Transforming Growth Factor alpha (Reference 2) als durch Transformation mit Kirsten sarcoma virous induziertem Tumorwachstumsfaktor sind eine Reihe das Zellwachstum transformierter und normaler Zellen TGF beta, IGF, SGF, PDGF etc.) charakterisiert worden. Maligne Gliome und maligne Melanome gehören zu den klassischen neuroektodermalen Tumoren, für die bisher kein einheitlicher, das Zellwachstum regulierender Peptid-Faktor anerkannt ist. Nach klinischen Überlegungen, wonach selten einzelne Melanompatienten entgegen ihrer klinischen Prognose immer wieder langanhaltende Remissionen zeigen, konnten wir aus Überständen einer Melanomzellinie (HTZ 19/DM, etabliert aus einer ZNS-Metastase eines malignen Melanoms, ein tumorwachstuminhibierendes Peptid, MIA, Melanoma-inhibiting Activity, mit einem Molekulargewicht von ca. 8 kDa erstmals beschreiben (3). Die biologische Aktivität dieses Peptides soll an dieser Stelle dargestellt werden.

Material und Methoden

Zellen: permanente Zellinie, HTZ 19-DM wurde aus einer ZNS-Metastase eines malignen Melanoms etabliert und in serumfreiem Medium (Dulbecco-MEM/F 12, 10 µg/ml Transferin, 30 µ Natrium Selenid) expandiert. Die Zellen wachsen unter Monolayer-Bedingungen, sie konnten mittels Zytochemie, Immunzytochemie, Zytogenetik i. S. eines relativ gut differenzierten, melaninproduzierenden Tumors charakterisiert werden. Die weiteren Zellinien werden hier nicht im Detail beschrieben.

Präparation von MIA: Die Einzelheiten sind der Originalliteratur zu entnehmen (3). In Kürze: MIA wurde aus Zellkulturüberständen über eine Membranfiltration, Dialyse, Lyophylisierung, Säulenchromatographie (Biogel P10 Säule) reversed Phase-Hochdruckflüssigkeitschromato (C18 Säule) gereinigt. Aktivitätstest: Die biologische Aktivität von MIA wurde an verschiedenen Testsystemen beurteilt, insbesondere über die klassische Methode der DNA-Synthesemessung ($_3$H Thymidineinbau), Proteinsynthese ($_3$H Leuzineinbau) und RNA-Synthese ($_3$H Uridineinbau); weiterhin wurde die Tumorstammzellproliferationsrate bestimmt (3).

Reinheit und Stabilität: Die physikalischen bzw. physikalisch biochemischen Eigenschaften von MIA wurden mittels klassischer Methoden beschrieben, die Reinheit mittels SDS-Polyacrylamid-Gel-Elektrophorese dargestellt.

Fluoreszenzmarkierung: Zur Untersuchung des Einflusses von MIA auf den Zellzyklus wurde eine BRDU/Hoechst-Doppelmarkierung (Einzelheiten siehe 4) bestimmt.

Proliferation peripherer Blutlymphozyten: Die Proliferation peripherer Blutlymphozyten wurde mittels bekannter Methodik der Phythämagglutenin induzierten Mitogenreaktion ermittelt.

Ergebnisse

Aus der Aufreinigung der Kulturüberstände konnte eine hochreine, aktive Fraktion (MIA) bei einem Molekulargewicht von ca. 8 kDa aufgereinigt werden. MIA ist bei 56° C für 2 Stunden und bei 100° C für 3 Min. stabil. Trypsin inaktiviert die Aktivität nach 30 Minuten Inkubationszeit. Der isoelektrische Punkt liegt bei pH 6. Aus den Überständen erfolgt eine Aufreinigung um den Faktor 100.

MIA hemmt bei einer ND 50 von ca. 70 n/ml DNA-, RNA- und Proteinsynthese der produzierenden Zellinie HTZ 19 DM sowie die Tumorstammzellproliferation derselben Zellen. Weiterhin konnten wir zeigen, daß MIA verschiedene neuroektodermale Tumorzellinien, insbesondere Glioblastoma multiforme (N = 4) Neuroblastom (N = 2), malignes Melanom (N = 4) mit zum Teil unterschiedlicher inhibitorischer Aktivität in ihrer Proliferation hemmt. Normale Fibroblasten wurden entweder nicht gehemmt oder leicht in ihrer Wachstumsrate gefördert.

In der weiteren biologischen Charakterisierung ließ sich zeigen, daß MIA die Zielzellen über eine vermehrte Arretierung in der G^2-Zyklusphase und Verlängerung der S-Phase hemmt; die empfindlichste Phase des Zellzyklus ist der Übergang von der G 0/G 1 zur S-Phase. Die Wachstumsinhibition durch MIA ist dichteabhängig und kann durch Serumkomponenten gehemmt werden.

Die mitogen induzierte Lymphozytenproliferation konnte bei Dosen von 3 µg PHA/ml unter dem Einfluß von 100 n/ml MIA (vorgereinigte Präparationen) um über 50 % gehemmt werden.

Diskussion

MIA kann die S-Phase in autologen proliferierenden Tumorzellen verlängern und scheint zu einem Tumorzellarrest in der G 2 Zell-Zyklusphase zu führen; dies sind bisher nicht beschriebene Aktivitäten eines wachstumsregulierenden Peptids im Zellzyklus. Auch andere Daten (hier nicht aufgeführt) von MIA deuten auf eine eigenständige Identität hin. Soweit bisher erkennbar, scheint MIA einen tumorselektiven Effekt auf die Proliferation neuroektodermaler Tumorzellen aufzuweisen. Nicht transformierte Zellen werden nicht gehemmt. Der molekulare Mechanismus ist bisher ebenso wie dei Aminosäuresequenz unklar. Die biochemisch physikalischen Eigenschaften sowie die bisher nur in Ansätzen charakterisierte immunmodulatorische Eigenschaft von MIA weist die Substanz als eine eigenständige neue Peptidaktivität aus, deren weitere Charakterisierung in Kürze erfolgt.

Vorläufige Expressionsstudien (Northern Blot/Western Blot) an den MIA produzierenden Zellen hinsichtlich verschiedener wachstumsregulierender Peptide zeigt, daß MIA möglicherweise Teil eines komplizierten, wachstumsregulierenden Peptidnetzwerkes neuroektodermaler Zellen zu sein scheint, in dem wir proliferantinsfördernde und -hemmende Aktivitata finden.

Das Literaturverzeichnis ist bei den Verfassern erhältlich.

Plasma-Retinoide bei Hirntumoren

M.E.Westarp und H.H. Kornhuber

Marginaler Vitamin-A-Mangel kann zu Schäden am respiratorischen Epithel [9] oder den T-Helferzellen führen [3]. Vitamin-A wird an das $_{alpha2}$-Globulin Retinolbindendes Protein gebunden, das hepatisch synthetisiert und renal abgebaut wird. Erniedrigte Spiegel finden sich bei Leber-, erhöhte bei chronischer Niereninsuffizienz [17, 18], diverse Entzündungen erniedrigen RBP nicht [8]. Beta-Carotin wird extrazellulär zu Vitamin-A und Vitamin A intrazellulär durch Alkoholdehydrogenase irreversibel zu Retinsäure umgewandelt [7]. Nukleäre Rezeptoren für Retinsäure sind mehrere kloniert worden [10, 14], Beta-Retinoic-Acid Rezeptoren (RAR$_\beta$) finden sich vor allem im Rückenmark, Kortex, in Gliazellen und Interzellulärspalten. Retinsäure kann neuronale Differenzierung auslösen [1], was Ca^{++}-abhängige Vorgänge beinhaltet [4] und von einer nachlassenden Protoonkogen-Expression begleitet wird [12]. Wir haben bei 85 neurologischen Patienten einschließlich 28 primärer ZNS-Tumore sowohl extrazelluläres Retinol als auch sein spezifisches Transporteiweiß bestimmt. Beide stehen physiologischerweise in einem molaren Verhältnis von 1 : 1.

Methodik

Gesamtretinol und Gesamt-RBP wurden mit HPLC nach Hexan-Extraktion bzw. Radioimmuno-Assay gemessen (mod.n.[13, 15]). Nüchternsera waren lichtgeschützt innerhalb der ½ Stabilitätsgrenze [11] separiert worden. Den äquimolaren Quotienten aus RBP und Retinol nennen wir EQ. Patienten mit Eisen-, Tetrazyklin-, Colestyramin-, Vitamin-A-Medikation, Malabsorption, akuten Hauteffloreszenzen, intensiver UV-Exposition waren ausgeschlossen.

Ergebnisse

Bei 8 weiblichen und 6 männlichen Kontrollpatienten ohne Tumor, Blutung, Infarkt, Leber-/Niereninsuffizienz, Immunsuppressivagabe lagen (+ 1 SD) Vitamin-A zwischen 552 - 988 µg/dl (f) und 566 - 908 µg/dl (m), RBP zwischen 31 - 66 µg/ml (f) und 38 - 57 µg/ml (m), der Retinoidquotient EQ zwischen 1.00 - 1.18 (f) und 0.90 - 1.09 (m). Cyclophosphamid, i.v.-Prednisolon, hochdosierte Neuroleptika oder jodhaltige Kontrastmittel erhöhten den Quotienten nicht über 1.19; bei einem 57j. Patienten stieg nach extensiver Kraniotomie, wobei sich eine Gefäßmalformation fand, EQ von 1.01 auf 1.04. Glioblastom-Patienten hatten präoperativ EQs von 0.66 bis 1.36. Post-OP stieg der Retinoidquotient bei 8 WHO-Grad-IV Hirntumorpatienten auf über 1.21, während bei 20 nicht-Grad-(III-)-IV Patienten der mittlere EQ prä- und postoperativ unter 1.01 lag. Einer dieser 20 Pat. entwickelte ein subdurales Hämatom, wobei EQ vorübergehend auf 1.39 anstieg, eine zweite Patientin reagierte nach 14 Gy Radiatio mit einem Anstieg auf EQ = 1.41; diese Astrozytom-II-III-Patientin zeigt nach Radiotherapie kontralateral ein anaplastisches Astrozytom III-IV. Zehn von zehn hochmalignen Hirntumoren hatten > 2 Wochen post-operativ EQs > 1.25, mit tendenziell höherem Vitamin-A. Keiner der erhöhten Retinoidquotienten bei SAH/SDH (n= 6) ging mit Vitamin-A > 900 µg/dl einher. Die niedrigsten äquimolaren Quotienten wurden nach 1-2 Bestrahlungswochen gesehen Medikation, Kreatinin, Harnstoff, Harnsäure, Leber- und Entzündungsparameter waren unverändert. Wir sahen extreme RBP- und hohe Vitamin-A-Spiegel bei zwei Dialysepatienten, einer Patientin mit persistierender Non-A-Non-B Hepatitis und einer parainfektiösen atypischen Varizella-Enzephalitis mit Hauteffloreszenzen. Bei manchen Hirninfarkten war ebenfalls ein Anstieg zu beobachten, der sich jedoch auf die ersten 72 Stunden beschränkte und ohne daß Retinol > 870 µg/dl anstieg. Der nach SAB/SDH zu beobachtende EQ-Anstieg ging in keinem Fall mit Retinol > 760 µg/dl einher.

Diskussion

In acht von acht Patienten mit malignem Hirntumor nahm das Verhältnis von extrazellulärem Retinoid-Bindungsprotein und Retinol nach Operation und bei klinischer Tumorprogression zu, wenn wir die Zeit der Radiotherapie ausklammern. Neun Wochen postoperativ waren Retinol und RBP weiter angestiegen, während sich der auf Werte um 1,3 erhöhte extrazelluläre Retinoidquotient wieder in Richtung 1,0 bewegte. Vielleicht versucht der Organismus analog zum Transferrin, via RBP mehr Retinol-Aufnahmekapazität zur Verfügung zu stellen in Beantwortung intrazellulärer Retinoid-Defizite. Tatsächlich gibt es Hinweise, daß Stellatozyten der Leber auf Vitamin-A-Bedarf mit RBP-Synthese reagieren [19]. Es fällt auf, daß ein bis zwei Wochen nach Bestrahlungsbeginn der Retinoidquotient auf fast ein Drittel des Äquimolaren abfällt. Da gleichzeitig auch der Serum-Gesamtretinolspiegel leicht steigt, sind diese Befunde vereinbar mit einem erniedrigten Bedarf an Retinol bei einsetzender Radiozytostase. Nach Körperbestrahlung spielt Vitamin-A eine Rolle in der Radikalregulation [16]. Ein bestrahlungsinduzierter Verbrauch sollte darum in erhöhten, nicht in erniedrigten EQ-Werten wiederzufinden sein. Daß der bestrahlte Tumor selbst Retinoide verbraucht hat und als Konsument nun entfällt, würde den ohne Intervention nach Resektion gesehenen EQ-Anstieg nicht erklären. Glukokortikoide stören die Bildung von Retinol und Retinsäure [6]. In Übereinstimmung mit einer bedarfsgesteuerten Carriersynthese steigern Glukokortikoide die RBP-Produktion [2]. Glukokortikoide scheinen das Glioblastom-Wachstum als solches eher zu fördern [12, 13]. Wenn ein erhöhter extrazellulärer Quotient für intrazellulären Retinoidbedarf steht, sind diese vorläufigen Ergebnisse vereinbar mit einer Rolle von Vitamin-A-Derivaten in der Tumorabwehr.

Dank: Herrn OA Dr.Kunz, Ulm und Herrn Priv.Doz.Dr.Knöringer, Günzburg.

Das Literaturverzeichnis ist bei den Verfassern erhältlich.

Zum Zusammenhang von Trauma und Gliom

D.-K. Böker

Die Vorstellung von der Möglichkeit der Auslösung einer intrakraniellen Geschwulstbildung durch ein den Schädel treffendes Trauma nimmt in der Literatur bis zum Zweiten Weltkrieg eine relativ bedeutende Stellung ein. Mit der Entwicklung neuer Vorstellungen von der Entstehung der Hirntumoren hat sich die Einstellung geändert. Publikationen betreffen nur noch Einzelfälle. Ich habe in einer ausführlichen Literaturrecherche in den letzten 7 Jahren lediglich 4 das Thema treffende Publikationen finden können, in denen 5 Fälle dargestellt werden.

Zum Zwecke der Begutachtung - d. h., der Frage der Anerkennung einer exogenen Belastungssituation als wesentliche Teilursache einer letztlich ätiologisch noch immer unaufgeklärten Erkrankung - sind für die Beziehung Trauma und Hirntumor folgende Leitsätze aufgestellt worden, die Zülch formuliert hat:

1. Der Patient muß vor dem Trauma gesund, d. h., ohne Tumorzeichen gewesen sein.
2. Das Trauma muß zu einer Gewebszerstörung mit nachfolgenden chronischen reaktiven und reparatorischen Gewebsproliferationen geführt haben.
3. Der Tumor muß histologisch gesichert sein.
4. Der Zeitabstand zwischen Trauma und Auftreten der Geschwulsterkrankung darf nicht zu kurz sein. Eine obere Grenze ist hierbei nicht gegeben.
5. Traumatische Gewebsläsion und Geschwulst müssen in ihrer Lokalisation genau übereinstimmen.

Sind alle diese Bedingungen gleichzeitig voll erfüllt, wird ein ursächlicher Zusammenhang für "im versorgungs- und versicherungsrechtlichen Sinne wahrscheinlich" gehalten. Die Konditionen sind außerordentlich hoch. Weil sie so hoch sind, ist "Trauma und Hirntumor" kein Problem von quantitativer Bedeutung mehr.

Es werden zwei Fälle von insgesamt vieren vorgestellt, bei denen wir - nach zahlreichen Ablehnungen eines Zusammenhangs in anderen Fällen - einen ursächlichen Zusammenhang anerkannt haben.

I.

Ein bei seinem Tode 46jähriger Mann erlitt im Alter von 28 Jahren durch Motorradunfall eine ausgedehnte links frontale offene Hirnverletzung, die operativ versorgt wird. 18 Jahre später kam es zu zunehmender Bewußtseinstrübung und Entwicklung einer Hemiparese rechts. Radiologisch Nachweis einer Raumforderung links frontal, also im Bereich der alten Hirnverletzung. Blutversorgung des Tumors über eine Meningealarterie von der harten Hirnhaut her. Der Tumor wurde durch die alte Knochenlücke entfernt. Postoperativ kam es zu einer eitrigen Meningitis und Exitus nach 10 Tagen. Pathol.-anatomisch fand sich ein Zustand nach alter offener Hirnverletzung links frontal und viel später nachfolgender subtotaler Entfernung eines links frontalen Glioblastoms mit erheblicher mesenchymaler Komponente, wobei Tumoranteile mit narbig veränderten weichen und harten Hirnhäuten verbacken waren.

II.

Ein damals 21jähriger Mann erlitt bei einem Motorradunfall ein Schädel-Hirn-Trauma mit Bewußtlosigkeit von nicht näher bekannter Dauer. Nach zunächst unauffälligem posttraumatischem Verlauf kam es ca. 5 Jahre nach dem Trauma zum Auftreten fokaler Krampfanfälle. Computertomographisch fand sich 1982, 3 Jahre nach dem Trauma, eine nicht raumfordernde Läsion links hoch frontal, die in unveränderter Ausprägung auch 1986 nachweisbar war und sehr wohl einer Kontusion entsprechen kann. 1989 führte eine Zunahme der Anfallsfrequenz zu weiterer Diagnostik mit zunächst computertomographischem Nachweis der Größenzunahme der bekannten Läsion, die jetzt auch raumfordernden Charakter aufwies. In der Kernspintomographie wurde der Tumorcharakter der Läsion besonders deutlich. Neurologische Ausfälle bestanden nicht. Der Tumor wurde makroskopisch vollständig entfernt. Die histologische Untersuchung des Operationspräparats zeigte eindeutig alte, also nicht mit der Operation in Zusammenhang zu bringende traumatische Veränderungen.

Beide Fälle erfüllen die von Zülch formulierten Kriterien der Anerkennung eines Tumors als "traumabedingt" voll, wobei eine Anerkennung noch zu Lebzeiten des Patienten besondere Probleme aufwirft. Bei dem zu erwartenden Verlauf einer Gliomerkrankung würde es sich dann ja um einen Unfall mit (mittelbarer) Todesfolge handeln.

Es entsteht gelegentlich in der Literatur der Eindruck, als ob bei der Erfüllung aller oben genannter Konditionen der als "wahrscheinlich" deklarierte ursächliche Zusammenhang verständlich, einsehbar geworden wäre. Das ist nicht der Fall. Wir erkennen den Zusammenhang an, nicht weil wir ihn uns jetzt erklären können, sondern nur, weil wir uns jetzt nicht mehr trauen, ihn abzulehnen. Der Evidenzcharakter, die Augenscheinlichkeit eines derartigen Ereigniszusammentreffens hebt sozusagen für den Einzelfall das Gewicht der Massenstatistik auf.

Durch epidemiologische Untersuchungen kann die Annahme eines kausalen Zusammenhangs nicht gestützt werden. Im Gefolge der beiden Weltkriege mit ihren zahlreichen Kopfverletzungen hat die Inzidenz intrakranieller Tumoren nicht zugenommen. Auch experimentell ließ sich kein überzeugender Nachweis einer traumatisch geförderten Tumorentstehung führen. Die modernen molekularbiologischen Hypothesen zur Tumorgenese eröffnen einen neuen Zugang zu diesem Problem. Durch sie könnte die Tumorentwicklung nach einem Trauma als "Fehlregenerat" im Sinne von Bauer erklärt werden, wobei der chronische Regenerationsreiz durch die Traumafolgen die Voraussetzungen zu einer Tumoranlage darstellt. Wieso aber ein Trauma auf molekularer Ebene kanzerogen wirksam sein soll, bleibt auch damit weiter unklar, wenn man nicht einfach annehmen will, daß dem Trauma die Rolle eines Kokarzinogens zufällt, das auf eine bereits vorher initiierte Zellpopulation einwirkt. Im Rahmen der Reparationsvorgänge vermehrt ablaufende Mitosen bedingen die erhöhte Wahrscheinlichkeit des Eintretens eines Mutationsschrittes, der zur Anschaltung eines Onkogens führt. Das ist jedoch rein spekulativ.

Bei der Beurteilung des "ursächlichen" Zusammenhangs zwischen Trauma und Tumor werden wir uns auch weiterhin an den streng auszulegenden oben genannten Kriterien und an der "Evidenz" des Zusammenhangs orientieren müssen.

Literatur

1. Zülch KJ (1956) Unfall und Hirngeschwulst. In: Olivecrona H und W Tönnis (Hrsg) Handbuch der Neurochirurgie, Bd 3. Springer, Berlin Göttingen Heidelberg:37-43

Energiemetabolismus in malignen Astrozytomen

H. Reichmann, B. Herting und J. Meixensberger

Astrozytome gehören abhängig von ihrem WHO-Grad zu den gefährlichsten Tumoren des Menschen. Überraschend wenig Arbeiten beschäftigten sich bisher mit dem Energiestoffwechsel dieser z. T. rasch wachsenden Tumoren. Normales Hirngewebe hat im Gegensatz zum Muskel oder zur Leber keine Energieträger gespeichert, so daß es gänzlich von im Blut angebotener Glukose abhängig ist. Für kurze Zeit können im Hungerzustand auch Ketonkörper zur Energiegewinnung herangezogen werden. Ziel des Energiestoffwechsels ist die Bereitstellung energiereicher Träger wie z. B. Adenosintriphosphat, wodurch erst Funktion und Struktur der Zelle aufrechterhalten werden können.

Nachdem sich Hirntumoren wie Astrozytome z. T. sehr rasch vergrößern, ist anzunehmen, daß einige signifikante Veränderungen des Energiestoffwechsels zu erwarten sind. Um eine möglichst breite Information über den Energiestoffwechsel zu erhalten, untersuchten wir Markerenzyme verschiedener Stoffwechselwege. Marker- oder Schlüsselenzyme sind Proteine, die die geschwindigkeitsbestimmenden Reaktionen eines Stoffwechselweges katalysieren. Wir untersuchten u. a. die komplette Atmungskette, die Zitrat-Synthetase als Repräsentant des Zitratzyklus, die Ketoazid-CoA Transferase aus dem Ketonkörperstoffwechsel sowie die Octanoyl-CoA-Dehydrogenase als Repräsentant der beta-Oxidation von Fettsäuren. Sämtliche bisher genannten Enzyme gehören dem sog. aeroben Energiestoffwechsel an, da sie intramitochondrial gelegen sind. Zum zweiten untersuchten wir stellvertretend für die anaerobe zytoplasmatische Glykolyse die Phosphofruktokinase, Enolase und Laktatdehydrogenase.

Wir stellen hier die Ergebnisse von insgesamt 21 astrozytären Tumorgewebsproben vor. Sämtliche Tumoren wurden von nicht chemo- oder strahlentherapeutisch behandelten Patienten anläßlich einer Craniotomie gewonnen. Wir untersuchten 5 Astrozytome WHO Grad II, 2 Astrozytome WHO Grad III, 10 Glioblastome multiforme und 4 Oligodendrogliome. Dazu kam ein Astrozytom Grad II eines Kindes. Zum Vergleich benutzten wir 9 Kortexproben von gesundem Hirngewebe.

Die von uns gewonnenen Ergebnisse lassen sich vereinfacht wie folgt zusammenfassen: Der anaerobe Stoffwechsel wird deutlich gegenüber dem aeroben mitochondrialen Stoffwechsel bevorzugt. Dies wird in den Abbildungen 1 - 3 demonstriert. Die Schlüsselenzyme der Glykolyse Phosphofruktinase und Laktatdehydrogenase (Abb. 1) sind in den niedriggradigen Astrozytomen im Vergleich zum gesunden Kortex nicht verändert. Glioblastome und Oligodendrogliome zeigten sogar eine leichtgradige Aktivitätszunahme. Dagegen sind die Aktivitäten der Zitrat-Synthetase (Abb. 2) und Zytochrom c Oxidase (Abb. 3) in den Astrozytomen, Glioblastomen und Oligodendrogliomen erniedrigt. Somit ist der Energiestoffwechsel des Neoplasmas von der Glykolyse abhängig, was für den Tumor den Vorteil bietet, daß er von der Sauerstoffversorgung des Gewebes ziemlich unabhängig ist, wohl aber eine gute Glukoseversorgung benötigt. Diese biochemische Deutung unterstützt die Beobachtung, daß die zerebrale Glukoseaufnahme und deren Verbrauch bis zu 3fach höher ist als im normalen Hirngewebe. Es ist nicht bekannt, warum die Hirntumoren hauptsächlich glykolytisch verstoffwechseln. In diesem Zusammenhang ist es aber von Interesse, daß sie weniger Mitochondrien enthalten, was ggf. an einer Minderversorgung mit Sauerstoff liegt. Letztendlich ist erwähnenswert, daß das Markerenzym des Pentosephosphatzyklus, Glukose-6-Phosphat Dehydrogenase, im Glioblastom signifikant erhöht war, was wohl Ausdruck der Bereitstellung von Nukleotiden (Ribose-5-Phosphat) für das schnelle Gliosewachstum ist (Abb. 4).

Danksagung

Die Autoren danken Frau S. Seufert für technische Unterstützung und Frau B. Goebel für die Fertigstellung des Manuskriptes. Diese Arbeit entstand durch Unterstützung der Deutschen Forschungsgemeinschaft (Re 265/5-3).

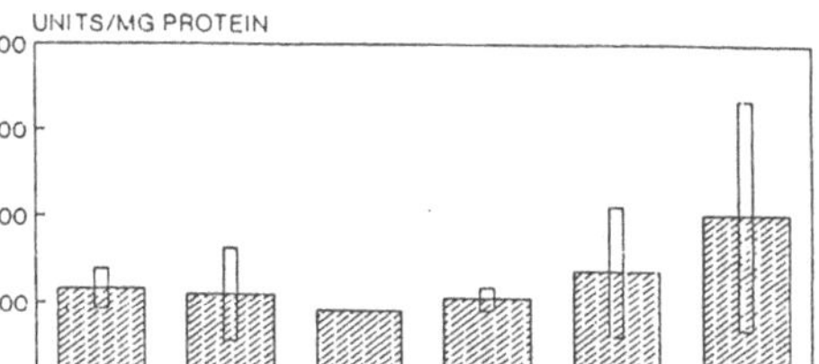

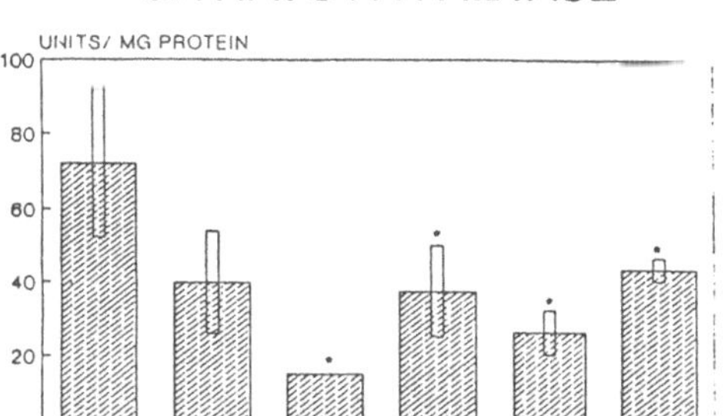

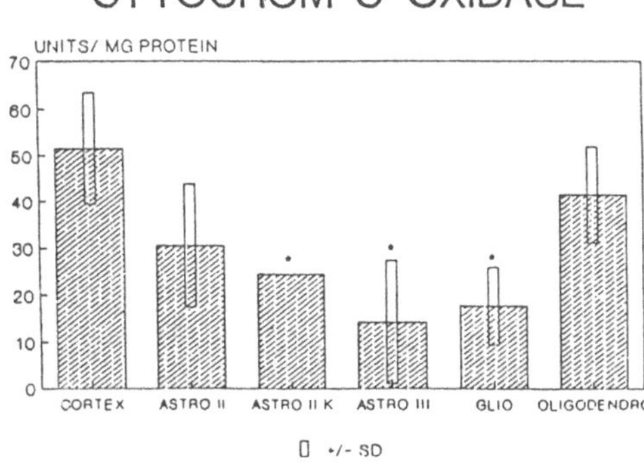

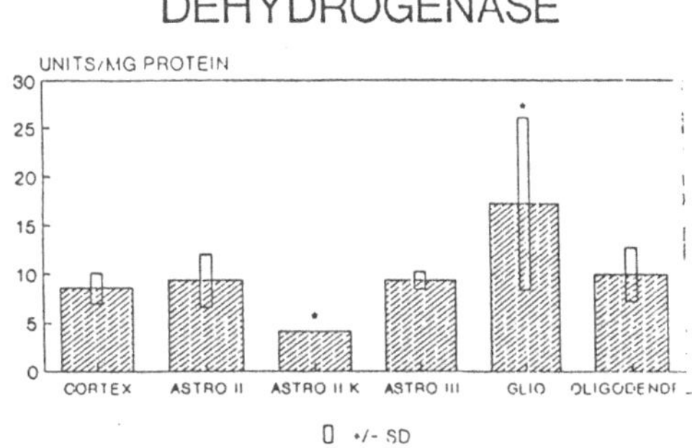

Abb. 1. - 4.

Molekulare Pathologie des Neuroblastoms

M. Schwab

Amplifikationen zellulärer Onkogene sind eine der häufigsten genetischen Veränderungen in Krebszellen. Während die normale Zelle in ihrem Genom eine Einzelkopie des Onkogen besitzt, kommt es im Genom der Krebszelle häufig zur selektiven Genvermehrung, als deren Resultat die Zelle mehrere hundert Genkopien besitzen kann. Vor allem durch Chromosomenuntersuchungen wurde die Aufmerksamkeit auf Amplifikationen als genetische Veränderung in Krebszellen gelenkt. Bereits im Jahre 1965 wurden erstmals Chromosomenanomalien, die heute als "double minutes" (DMs) bezeichnet werden, in Neuroblastomen entdeckt und 1976 gelang die Identifizierung einer "homogeneously staining region" (HSR) in einem Markerchromosom (15). Im Jahre 1983 gelang erstmals der Nachweis, daß sowohl DMs als auch HSRs in Krebszellen Orte vervielfältigter zellulärer Onkogene sind (12). Es zeichnet sich heute ab, daß zumindest in der Überzahl der Fälle die Chromosomenanomalien DMs und HSRs in Krebszellen amplifizierte zelluläre Onkogene anzeigen (für eine Übersicht 15, 17).

Die Anwesenheit amplifizierter DNA in Neuroblastomzellen war auf der Basis von Chromosomenuntersuchungen seit langem bekannt. Aber erst 1983 konnte gezeigt werden, daß ein spezifisches Gen, MYCN in Neuroblastomen zwischen 10- und über 100fach amplifiziert ist (13). Dabei wurde das amplifizierte MYCN Gen ausschließlich in solchen Tumoren gefunden, die aus Zellen mit neuralen Eigenschaften entstehen. MYCN Amplifikation tritt am häufigsten in Neuroblastomen und in geringer Häufigkeit in Retinoblastomen, Astrozytomen, Glioblastomen und kleinzelligen Lungenkarzinomen auf (16). Neuroblastome zeigten bisher ausschließlich MYCN Amplifikation, nicht aber Amplifikation eines anderen zellulären Onkogens. Diese Spezifität deutet auf eine besondere Funktion des MYCN Gens bei der Neuroblastombildung hin. Das MYCN-Gen kodiert für ein Phosphoprotein, das im Zellkern lokalisert ist. Als Resultat der Amplifikation kommt es zur erhöhten Expression sowohl auf der Ebene der RNA als auch des Proteins.

Bei der Einschätzung des Stellenwertes von Amplifikation bei der Tumorgenese muß berücksichtigt werden, daß Krebszellen häufig weitere genetische Veränderungen besitzen. Beim Neuroblastom dürfte hierbei die Deletion von genetischem Material aus dem kurzen Arm des Chromosom 1 besonders bedeutsam sein. Die 1p Deletion wurde ursprünglich durch Chromosomenanalysen nachgewiesen (6) und in neuerer Zeit auf die Banden 1p36.1-2 eingeengt (8, 9). Durch den Einsatz polymorpher molekularer Proben gelang der Nachweis der 1p Deletion in nahezu allen bisher geprüften Neuroblastomen, auch in Fällen, in denen die Chromosomenanalyse die Deletion wegen ihrer geringen Größe nicht erkennen ließ (Abb. 1; 9). Eine direkte Beziehung zwischen 1p Deletion und MYCN Amplifikation scheint aber nicht zu bestehen: Lediglich zwei von zehn Fällen mit Deletion besaßen auch Amplifikation. Darüber hinaus ist MYCN auf einem anderen Chromosom lokalisiert (2p23 - 24; 14). Die Bedeutung der 1p Deletion ist bisher ungeklärt. Es wird zu prüfen sein, ob innerhalb der für molekulargenetische Analysen noch recht großen Region ein bestimmtes Gen durch die Deletion verlorengeht. Erst dann ist eine Aussage darüber möglich, ob es sich bei diesem Gen um ein "Tumor-Suppressorgen" handelt.

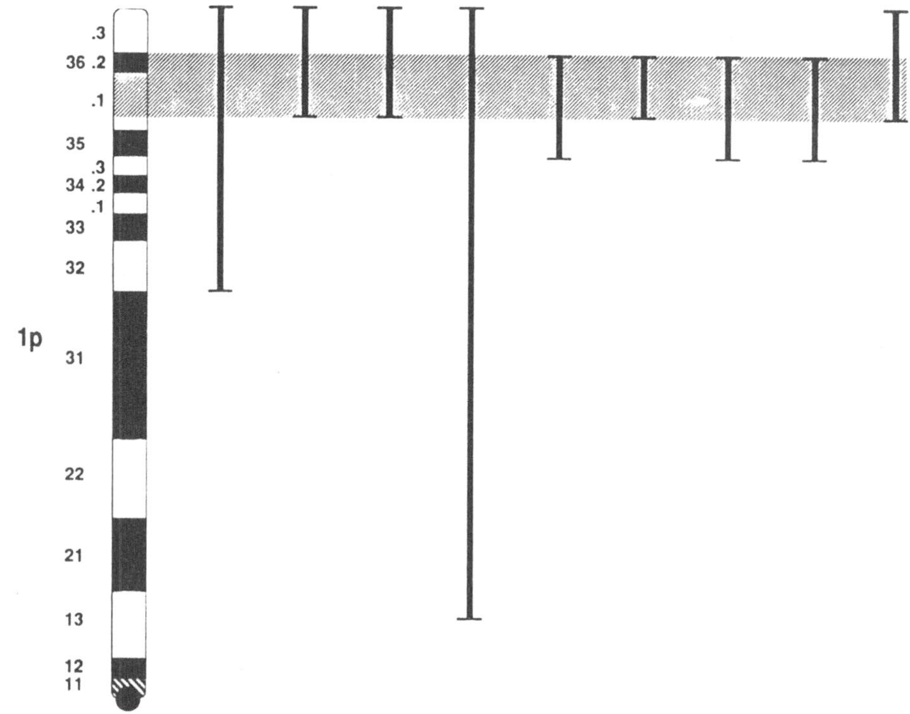

Abb. 1. Deletion genetischer Information aus dem kurzen Arm des Chromosom 1 in Neuroblastomen. Die Darstellung illustriert schematisch den kurzen Arm des Chromosom 1. Durch polymorphe DNA-Proben wurde gezeigt, daß die deletierte Region in unterschiedlichen Tumoren variiert (dargestellt durch senkrechte Linien). Allen Tumoren gemeinsam ist eine Konsensus-Deletion (schraffiert).

Wesentliche prognostische Parameter für das Neuroblastom sind das klinische Stadium und das Alter des Patienten bei der Diagnose. Patienten mit Stadium 1 und 2 Neuroblastomen haben zumeist gute Prognosen mit 75 - 90 % 2jahresüberlebenszeit, bei Patienten mit Stadium 3 und 4 Tumoren ist die Prognose ungünstiger. Dabei wurden für das Stadium 3 erhebliche Unterschiede der Prognose von der US und der Deutsche Neuroblastomstudiengruppe festgestellt. Während in den USA die Prognose für Stadium 3 Tumoren ähnlich derjenigen von Stadium 4 liegt (10 - 30 %); 7), wurde in der Bundesrepublik ein wesentlich günstigerer Wert beobachtet (um 60 %; 3, 4). Der Grund für diesen Unterschied ist unklar. Untersuchungen mehrerer Arbeitsgruppen haben unabhängig voneinander eine signifikante Korrelation zwischen der Amplifikation von MYCN und den Stadien 3 und 4 ergeben. Diese Beziehung wurde erstmals im Rahmen einer Studie an 63 Neuroblastomen erkannt: Amplifikation wurde in keinem von 15 Stadium 1 und 2 Tumoren, aber in 24 von 48 (50 %) Stadium 3 und 4 Tumoren beobachtet (7). Darauf folgende Untersuchungen anderer Autoren haben diese Korrelation bestätigt, kamen aber zu geringerer prozentualer Häufigkeit der Amplifikation (zwischen 20 und 30 %; 2, 10, 11).

Eine signifikante Korrelation zwischen schlechter Prognose und MCN Amplifikation ergab sich auch bei einem Vergleich von Patienten älter und jünger als 1 Jahr. Die Prognose von Patienten über 1 Jahr, insbesondere mit Stadium 3 und 4 Tumoren, ist besonders ungünstig. In einer Studie zeigten mehr als 50 % der Patienten, die älter als 1 Jahr waren, MYCN-Amplifikation, während Amplifikation bei jüngeren Patienten seltener auftrat (3,

10). Insgesamt ist Amplifikation offensichtlich mit aggressiv wachsenden Neuroblastomen assoziiert.

Gegenwärtige Therapieschemata für das Neuroblastom werden in Abhängigkeit von der Überlebensprognose durchgeführt, die auf der Basis von Tumorstadium, dem Grad der operativen Resektabilität sowie nach Analyse genetischer Veränderungen abgeschätzt wird. Die Pilotstudie der Deutschen Neuroblastomstudiengruppe empfiehlt die Therapie entsprechend Schemata, die spezifisch für jeweils eine von vier Risikogruppen sind (Tabelle 1). Risikogruppe A schließt Patienten mit einem lokalisierten Tumor ein, der zumindest zu 90 % reseziert werden kann (Prognose 90 - 100 %). Zur Risikogruppe B zählen Patienten mit einem Tumor, der über das Ursprungsorgan hinausgeht und gewöhnlich nicht vollständig beseitigt werden kann (Prognose 65 - 80 %). Risikogruppe C schließt Patienten mit einem metastasierenden Tumor ein oder einem lokalisierten Tumor, der auch durch 4 Zyklen von Chemotherapie nicht in Regression übergeht (Prognose 20 - 30 %). Zur Risikogruppe D zählen ausschließlich Patienten mit Stadium IVs Tumoren, die häufig spontane Regression zeigen (Prognose 75 - 80 %).

Tabelle 1. Risikogruppen beim Neuroblastom*

Risikogruppe (% Überleben)	Tumor
A (90 - 100 %)	Tumor lokalisiert (fast) komplett resezierbar Stadium I; mikroskopischer Resttumor möglich
	Stadium 2 A; minimaler makroskopischer Resttumor möglich; < 10 %
	Ausschlußkriterien: Amplifikation und/oder 1p Deletion
B (65 - 80 %)	Tumor lokalisiert, meist nur inkomplett resezierbar
	Stadium 2 A; makroskopische Resttumor; < 10 %
	Stadium 2 B; ipsilateraler Lymphknotenbefall
	Stadium 3; Infiltration über die Mittellinie
	Ausschlußkriterien: Amplifikation und/oder 1p Deletion
C (20 - 30 %)	Tumor metastasiert
	Risikogruppen A und B bei Nachweis von MYCN-Amplifikation und/oder 1p Deletion
D (75 - 80 %)	Stadium 4s

*Kriterien entsprechend dem Pilotprotokoll der Neuroblastomstudiengruppe NB 90 P vom 1.8.1989 (Studienleitung F. Berthold, Köln). Die Einordnung erfolgt bei Vorliegen von MYCN Amplifikation oder 1p Deletion unabhängig von anderen Parametern immer in Risikogruppe C.

Patienten der Risikogruppe C werden entsprechend dem intensivsten Therapieschema behandelt. Sowohl Amplifikation von MYCN als auch 1p-Deletion sind Ausschlußkriterien für eine Aufnahme in Risikogruppen mit günstiger Prognose, auch wenn der Tumor lokalisiert ist. Alle Patienten mit Amplifikation werden der Risikogruppe C zugeordnet und entsprechend intensiv therapiert. Dies gilt allerdings nur für Tumoren der Stadien I - III, für das Stadium IV wurde ein Unterschied in der Prognose von Patienten positiv oder negativ für Amplifikation nicht beobachtet (für detaillierte Ausführungen siehe 4, 5).

Der molekulargenetisch orientierten Krebsforschung stellen sich zum gegenwärtigen Zeitpunkt vor allem drei Aufgaben. Erstens erscheint es wichtig, das Spektrum genetischer Veränderungen in den unterschiedlichen Tumoren zu identifizieren und zu prüfen, ob nicht-zufällige Veränderungen auftreten. Zweitens ist ein wesentlicher Punkt, zu untersuchen, ob bestimmte nicht zufällige genetische Veränderungen als Parameter bei der Diagnose von Krebserkrankungen einsetzbar sind und Entscheidungshilfen für den Einsatz bestimmter, bereits erprobter therapeutischer Maßnahmen geben können. Und drittens erscheint es wesentlich, Kenntnisse über die biologische Funktion von genetischen Veränderungen in der Krebszelle zu erhalten, um Ansatzpunkte für eine Kausaltherapie zu gewinnen.

Im Rahmen dieser Zielsetzung kommt der Analyse der Rolle von Veränderungen zellulärer Onkogene und Tumor-Suppressorgene eine besondere Rolle zu. Spezifische strukturelle Anomalien bei der Gengruppen treten häufig in bestimmten Krebserkrankungen auf. Diese therapeutischen Veränderungen haben damit zum einen ein diagnostisches Potential. Zum anderen könnten Kenntnisse über die Funktion dieser genetischen Veränderungen in der Zelle die Grundlage für Ansätze zur Kausaltherapie von Krebserkrankungen legen, da sowohl zelluläre Onkogene als auch Tumor-Suppressorgene bei der Metamorphose der Zelle vom normalen zum malignen Status offensichtlich eine zentrale Rolle spielen.

Literatur

1. Amler LC, Schwab M (1989) Amplified N-myc in human neuroblastoma cells is often arranged as clustered tandem repeats of differently recombined DNA. Molec Cell Biol 9;4903-4913
2. Bartram CR, Bertholf F (1987) Amplification and expression of the N-myc gene in neuroblastoma. Eur J Pediatr 146:162-165
3. Berthold F, Brandeis WE, Lampert F (1986) Neuroblastoma: Diagnostic advances and therapeutic results in 370 patients. In: Falkner, Kretchmer, Rossi (Hrsg) Monographs in paediatrics, Karger, Vol 18, Basel:206-223
4. Berthold F (1990) Overview biology of neuroblastoma. In: Pochadly, Tebbi (Hrsg) Critical reviews in oncogenesis, CRC Press, Inc, Boca Raton
5. Berthold F, Hunneman DH, Bartram K et al (1990) Neuroblastoma screening: pro's and con's from the German trials NB79, NB82, NB85. Am J Pediatric Hematol Oncol (submitted)
6. Brodeur GM, Green AA, Hayes FA et al (1981) Cytogenetic features of human neuroblastomas and cell lines. Cancer Res 41:4678-4686
7. Brodeur G, Seeger RC, Schwab M et al (1984) Amplification of N-myc in untreated human neuroblastomas correlates with advanced disease stage. Science 224:1121-1124
8. Christiansen H, Lampert F (1988) Tumour karyotype discriminates between good and bad prognostic outcome in neuroblastoma. British J Cancer 57:121-126
9. Martinsson T, Weith A, Cziepluch C et al (1989) Chromosome 1 deletions in human neuroblastomas: Generation and fine mapping of microclones from the distal 1p region. Genes, Chromosomes and Cancer 1:67-78
10. Nakagawara A, Ikeda K, Tsuda T et al (1988) Biological characteristics of NMYC amplified neuroblastomas in patients over one year of age. In: Evans, D'Angio, Seeger (Hrsg) (1988) Advances in neuroblastoma research, Alan R Liss, Inc, Vol 2, New York:31-39
11. Sansone R, di Martino D, Cornaglia-Ferraris P et al (1989) N-MYC amplification and its correlation with prognosis and with other bio-clinical markers in neuroblastoma fresh tumors. Clin Chem Enzym Comm 2 (im Druck)
12. Schwab M, Alitalo K, Varmus KH et al (1983) A cellular oncogene (c-Ki-ras) is amplified, overexpressed, and located within karyotypic abnormalities in mouse adrenocortical tumor cells. Nature 303:497-501
13. Schwab M, Alitalo K, Klempnauer KH et al (1983) Amplified DNA with limited homology to myc cellular oncogene is shared by human neuroblastoma cell lines and a neuroblastoma tumor. Nature 305:245-248
14. Schwab M, Varmus HE, Bishop JM et al (1984) Chromosome localization in normal human cells and neuroblastomas of a gene related to c-myc. Nature 308:288-291
15. Schwab M (1985) Amplification of N-myc in human neuroblastomas. Trends Genet 1:271-275
16. Schwab M (1988) The MYC-box oncogenes. In: Reddy, Skalka, Curran (Hrsg) The oncogene handbook, (Elsevier Science Publishers BV):381-391
17. Schwab M, Amler L (1990) Amplification of cellular oncogenes: A predictor of clinical outcome in human cancer. Genes, Chromosomes and Cancer 1:180:193
18. Seeger RC, Brodeur GM, Sather H et al (1985) In: KY Wong, D Hammond (Hrsg) Associtaion of multiple copies of the N-myc oncogene with rapid progression of neuroblastomas. N Engl J Med 313:1111-1116
19. Weith A, Martinsson T, Cziepluch C et al (1989) Neuroblastoma consensus deletion maps to chromosome 1p36.1-2. Genes, Chromosomes and Cancer 1:159-166

Elektrophysiologische Verlaufsuntersuchung bei experimentell erzeugten Hirntumoren der Ratte*

Ch. Roßberg, H. Hielscher, G. Wagener und H.D. Mennel

Experimentell erzeugte Hirntumoren der Ratte sind ein bewährtes Modell für die Untersuchung von Tumorwachstum und therapeutischer Wachstumsbeeinflussung, dessen Brauchbarkeit auf die Ähnlichkeit der mit alkylierenden Harnstoffderivaten erzeugten G-XIII Tumoren der Ratte mit den menschlichen Gliomen zurückzuführen ist. Bislang wurde die Wirksamkeit von Zytostatika an der mittleren Überlebenszeit beurteilt (4). Es ist jedoch notwendig, genauere Informationen über das Wachstumsverhalten zu gewinnen (5). In diesem Zusammenhang entstand die Frage, ob Verlaufsuntersuchungen somatosensibel evozierter Potentiale (SEP) der tumortragenden Ratte dazu geeignet sind, auf die Tumorproliferation rückschließen zu können.

Es wurden 10 männliche, 250 - 350 g schwere Ratten des Stammes BD-IX benutzt. Über dem frontalen, parietalen und temporalen Kortex (6) wurden V2A-Elektroden in die Schädelkalotte implantiert. Als Referenz-Elektroden dienten am Ohr befestigte Klipp-Elektroden. Die elektrische Stimulation der peripheren Nerven erfolgte mittels Nadel-Elektroden (Rechteckimpulse: 16 mA, 0,05 ms, 3 Hz). Vor der intrazerebralen Verimpfung des Transplantationstumors G-XIII, mehrfach im Verlaufe des Tumorwachstums und präfinal wurden simultan 4- bis 6kanälig SEPs abgeleitet. 200 Reizantworten wurden aufsummiert (Filterbandbreite 16 bis 5000 Hz). Die chirurgischen Eingriffe und die elektrophysiologischen Untersuchungen wurden in einer Halothan-Stickoxydul-Narkose (1 %, 70 %) durchgeführt. Die Beurteilung der Morphologie der Tumoren erfolgte topographisch und quantitativ an histologischen Schnittserien.

Im Verlaufe des Tumorwachstums nahmen die absoluten Latenzen der über dem sensomotorischen Kortex registrierten Reizantworten nach peripherer kontralateraler Reizapplikation eindeutig zu. In Übereinstimmung mit den Angaben in der Literatur (1) konnte ein negativer Peak N2 mit einer präoperativen Mittelwert-Latenz x = 13,10 ms (s = 0,65) registriert werden, der über einer zur Tumorlokalisation homolateralen Elektrode (F2, Abb. 2) am leichtesten zu identifizieren und im zeitlichen Verlauf nahezu konstant zu verfolgen war. Im Verlaufe der Beobachtungszeit ergab sich, unabhängig von der Lokalisation und Größe der Tumoren am Versuchsende, ein positiv korrelierter Anstieg der Latenzen, gemessen in % der Überlebenszeit der Tiere (Regressionsgerade y = 0,1 x + 11,6; r = 0,58) (Abb. 1).

Latenzverzögerungen bei zunehmendem Tumorwachstum sind aufgrund des Tumors selbst und verschiedener mit dem Tumor zusammenhängender Veränderungen zu erwarten (2, 3); zu den letzteren sind Ödem, Massenverlagerung und reaktive Gliose zu rechnen. Trotzdem ist die Methode geeignet, statistisch eine Auskunft über die klinische Progredienz des Geschwulstwachstums zu geben. Nach 75 % der Untersuchungszeit waren die absoluten Latenzzeiten der Reizantwort N2 gegenüber dem Versuchsbeginn signifikant erhöht (t-Test p = 0,009.

Zusammenfassend kann festgestellt werden, daß Verlaufsuntersuchungen der Ratte mit mehrfachen SEP-Ableitungen dazu dienen können, die Progredienz eines intrazerebral implantierten Tumors zu dokumentieren. Möglicherweise kann nach 50 - 75 % der Beobachtungszeit die Überlebenszeit der Tiere vorausgesagt werden. Die gewonnenen Erfahrungen könnten in Therapiestudien berücksichtigt werden.

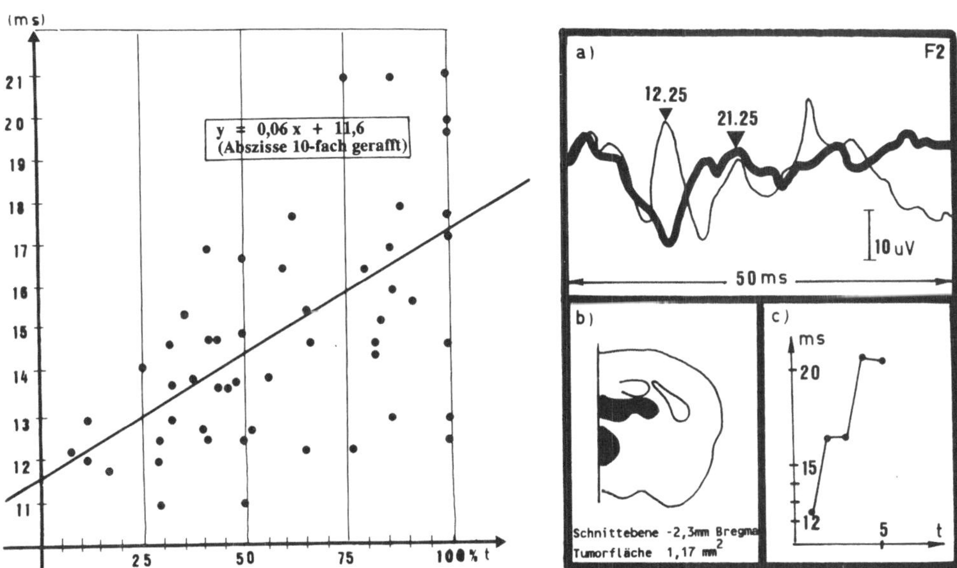

Abb. 1. Regressionsgrade: Absolute Latenzen der Reizantwort N2 über dem zur Tumorlokalisation homolateralen sensomotorischen Kortex (Elektrode F2) in Abhängigkeit vom Beobachtungszeitraum (Prozent der Überlebenszeit); r = 0,58

Abb. 2. Beispiel (T070590) für kortikale Reizantwort (a), Lokalisation und Größe des Tumors (b) und Latenzverzögerung während der Beobachtungszeit

Literatur

1. Allison T, Hume AL (1981) A comparative analysis of short-latency somatosensory evoced potentials in man, monkey, cat and rat. Exp Neurol 72:592-611
2. Hielscher H, Bielenberg GW (1989) SEP-Mapping bei Mediainfarkten der Ratte. EEG EMG 20:217
3. Jörg J, Hielscher H (1984) Evozierte Potentiale (VEP, SEP, AEP) in Klinik und Praxis. Springer, Berlin Heidelberg New York Tokyo
4. Mennel HD (1988) Establishment and characterization of an intracerebrally transplanted tumor line, induced experimentally in the spinal cord. Exp Pathol 33:165-172
5. Mennel HD (1989) Das Glioblastom: Morphologische Beiträge zur Definition eines Problemtumors. Nervenheilkunde 8:152-160
6. Zilles K (1985) The Cortex of the Rat. A Stereotaxic Atlas. Springer, Berlin Heidelberg New York Tokyo

*Mit Unterstützung der Stiftung P. E. Kempkes

Intrakranielle Neoplasien - Problemfälle der klinischen und computertomographischen Diagnostik

M. Nichtweiß

Für die ganz überwiegende Zahl der Neubildungen gilt, daß sich dank der breiten Verfügbarkeit der Computertomographie definitive Diagnosen ohne wesentlichen Verzug schon dann stellen lassen, wenn eine Raumforderung als Ursache der Erscheinungen überhaupt erwogen wird. Entsprechend selten ist es geworden, daß Tumoren erst mit dem Erreichen des vollständigen klinischen Bildes erkannt werden. Katamnesen von Kranken mit langsam wachsenden Geschwülsten zeigen aber, daß sich auch heute - gelegentlich beträchtliche - Verzögerungen der Diagnose ergeben. Dafür finden sich u. a. folgende Gründe:

a. Die Symptomentwicklung widerspricht der Erwartung einer sukzessiven Verschlechterung (vor allem mit sehr langsamem Verlauf).
b. Die Spezifität isoliert bleibender Erstsymptome ist mangelhaft.
c. Die Erscheinungen sind ungewöhnlich, topisch und artdiagnostisch irreführend.
d. Es liegen Umstände vor, die eine falsche, aber zunächst befriedigende Deutung des Symptoms erlauben, ohne neuroradiologischer Objektivierung zu bedürfen.
e. Die Sensitivität bestimmter diagnostischer Verfahren wird überschätzt.

Einige klinische Aspekte lassen sich an den sehr variabel lokalisierten Meningeomen erläutern (s. Tabelle).

Erstsymptome und Lokalisation (100 Patienten mit Meningeomen)

Anfall	28	(2)	Konvexität	41	(4)
Kopfschmerz	24	(5)	intraventrikulär		(1)
Psychosyndrom	8	(3)	Falx	15	(1)
hirnlokale Defizite	12	(0)	Frontobasis	7	(4)
Hirnnervenstörungen	18	(9)	med. Keilbeinflügel	13	(2)
Weichteilschwellungen	5	(0)	Optikus	2	(1)
extrakranieller Schmerz	3	(3)	Tuberkulum sellae	4	
Zufallsbeobachtungen	2		Sinus cavernosus	2	
			Klivus, Pyramidenspitze	9	(6)
			Kraniozervikaler Übergang	3	(3)
			Kleinh.konvexität, -zelt	3	(1)
	100	(22)		100	(22)

Jeweils in Klammern Fehldeutungen, die zu Verzögerungen führten

---

Die uncharakteristischen Frühsymptome Kopfschmerz (etwa 30 %, 21) und Psychosyndrom (über 8 %, 21) verlieren bei sehr *chronischer Entwicklung* ihren alarmierenden Charakter und können banalen anderen Gegebenheiten zugeschrieben werden, wenn die übliche EEG-Ableitung unauffällig bleibt. Schon vor der CT-Ära entgingen solchem Screening 15 - 20 % der Fälle (21). Unter den eigenen (supratentoriellen) Meningeomen und in einer neueren Studie (22) fehlten EEG-Hinweise in fast einem Drittel. Bekannt insensitiv ist das EEG für Raumforderungen der hinteren Schädelgrube (17). Macht sich die Erkrankung hingegen mit *apoplektiform* einsetzenden Erstsymptomen oder *transienten Erscheinungen* (10, 39, vier der eigenen Pat.) bemerkbar, wird dies regelhaft Anlaß zu computertomographischer (und erst nachrangig dopplersonographischer!) Diagnostik sein. Ebenso, wenn das Erstsymptom wie in etwa 30 % (21) einem Anfall entspricht. Wäre man geneigt, aus Gründen eines Abusus von bildgebender Diagnostik abzusehen, hat man zu gewärtigen, daß selbst bei klar definierten Entzugskrämpfen etwa 6 % klinisch relevante CT-Befunde erhoben werden (11). Nicht häufiger werden Tumoren, wenn ein erster Anfall Anlaß zum CT ist, gefunden (nach Ausschluß abususassoziierter Krämpfe) (38).

Die *isolierte Hirnnervenstörung* als erster und - womöglich für lange - einziger Hinweis ist von langsam wachsenden Geschwülsten mit Beziehungen zur Schädelbasis, aber auch von Malignomen des Gesichtsschädels zu erwarten (40). Retrobulbärneuritis, Trigeminusneuralgie, Schielen (14), Tinnitus (18), Hörsturz waren hier typische Fehldeutungen. Auf Seiten des Patienten stehen der Realisation dabei u. a. schleichender Beginn und Schmerzlosigkeit im Wege. So bemerkten 2 Pat. eine grobe monokuläre Visusstörung gar nicht selbst, sie wurden bei Untersuchungen aus ganz anderem Anlaß zufällig erkannt. Auf Seiten des Neurologen gilt es, neben den naheliegenden und alltäglichen Erklärungen (derer man ohne Verlaufsbeobachtung nur nach vollständiger auch neuroradiologischer Diagnostik sicher sein kann!) den Sensus für solche entlegenen Ursachen nicht zu verlieren: so sollten bei langsamem Progress monokulär auftretender Visusminderung eines jüngeren Erwachsenen und ausbleibender Erholung ("chronische Retrobulbärneuritis") genügend Zweifel wach werden, um neben den entzündlichen auch neoplastische Ursachen in die Überlegung einzubeziehen, auch dann, wenn sich mit Kortison Besserungen erzielen lassen (23). Ähnlich verhält es sich mit dem Tic douloureux respektive atypischen Gesichtsneuralgien: bei gutem Ansprechen medikamentöser Therapie werden diese Zustände kaum weiterer systematischer Diagnostik zugeführt, obwohl in etwa 5 % Neoplasien mit Beziehung zur Trigeminuswurzel (9, 40, 37) zu erwarten sind. Im Falle des häufigeren Acusticusneurinom mit in der Regel otologischen Erstsymptomen 19, 36) muß der Neurologe wissen, daß der Tumorausschluß - etwa bei auffälligen akustisch evozierten Potentialen - mit CT nur unter Anwendung intrathekaler Kontrastgabe, nicht invasiv nur mit dem Kernspintomogramm sicher gelingt (12, 33). Zu den speziellen Problemen der Sellaregion: (13), zu weiteren Hirnnervenfunktionsstörungen: (40).

Beinahe unvermeidliche Verzögerungen der korrekten Diagnose entstehen, wenn *artdiagnostisch irreführende Erscheinungen*, etwa in der Form rezidivierender Meningitiden, entstehen. Solche febrilen Zustände beobachteten wir (mit promptem Sistieren nach Operation) bei einem Kraniopharyngeom. Bekannt ist dies Verhalten u. a. auch von Epidermoiden, Dermoiden und Kolloidzysten des 3. Ventrikel (4, 16, 20). Zu endokrinologischen Symptomen: (13). Aus *topisch diagnostischen Gründen* wird das Erkennen der Lage bei Neubildung im kraniozervikalen Übergang oder in der hinteren Schädelgrube erschwert werden können: Schmerzen (Nacken, Bein, Arm), Hyposensibilitäten, Dysästhesien und Schwäche weisen scheinbar in andere Abschnitte des Spinalkanal respektive des Rückenmark (32). Wenn Atrophien in der Muskulatur der oberen Extremität entstehen (infolge der Läsion von Motoneuronen, die mehrere Segmente unterhalb der Neubildung liegen können!), ist dies mit einer Behinderung des venösen Abflusses deutbar, der kranialwärts gerichtet ist (8). Allein die besondere (nicht selbstverständliche) Berücksichtigung des kraniozervikalen Übergangs während der weiteren Abklärung schützt vor Fehldeutungen.

Geradezu plaubsible Irrtümer, die erst ein unerbittlicher Verlauf korrigiert, entstehen, wenn die ersten tumorbedingten Erscheinungen aus anderen Gegebenheiten, *Begleit- oder*

Vorerkrankungen, z. B. Schwangerschaft, Anfallskrankheit (24), multiple Sklerose, HNO- und ophthalmologische Leiden deutbar sind. So verdeckte etwa der Riechverlust bei lange bestehender chronischer Pansinusitis die Folgen eines Olfaktoriusmenigeom.

In welchen Situationen bestehen nun die Probleme des Klinikers nach computertomographischer Untersuchung fort?

Schon bald nach Einführung dieses Verfahrens erschienen kasuistische Mitteilungen (41) und systematische Untersuchungen (26), die darauf hinwiesen, daß die Frühdiagnose eines Neoplasma gelegentlich verfehlt wird. Eine Studie auf der Basis von 3750 Pat. kam später zu dem Ergebnis, daß Tumoren in nicht mehr als 1,3 % (25) der computertomographischen Untersuchung entgehen. Ganz überwiegend waren dies kleine schädelbasisnahe Neubildungen (Meningeome und Neurinome), deren Entdeckung bekanntlich durch Knochenaufhärtungsartefakte erschwert sein kann (s. auch 9, 14, 18). Mit Einführung der Kernspintomographie wurde nun klar (12), daß langsam wachsende (Grad II) Astrozytome dem CT trotz Gabe von Kontrastmittel nicht ganz selten, in 12 %, verborgen bleiben. Die so günstige Sensitivität oben zitierter Untersuchung ergibt sich denn auch unter Ausschluß von 112 Pat. (entsprechend 3 %), deren Diagnose erst nach wiederholten Untersuchungen zu stellen war (25). In solchen Fällen werden zum Zeitpunkt der ersten Untersuchung allein geringe oder fragliche Volumenvermehrungen nachgewiesen, die keine genügende Beweiskraft besitzen. Erstaunlicherweise entgehen selbst Glioblastome der ersten Untersuchung, offenbar vorzugsweise dann, wenn der Kranke früh, etwa mit einem Krampfanfall, symptomatisch wird. Unter den eigenen Beobachtungen sahen wir dies Verhalten beim Glioblastom, aber auch bei einem Grad III-Ependymom. Hier sind es neben fokalem Anfallsbeginn oder neurologischen Herdzeichen EEG-Befunde, die auf die Erfordernis der kernspintomographischen Untersuchung hinweisen können (2, 5, 30, 44, 45), aber nicht müssen (41, 42, 44). Abweichend vom Typischen sind bei primär zerebralen malignen Lymphomen das CT (und MR, 34, eigener Beitrag in diesem Band) nicht immer imstande, einen fokalen Hinweis zu geben. Schwierigkeiten bestehen für die bildgebenden Verfahren schließlich in der Erkennung von Meningealkarzinomatosen (1, 28). Ein echtes diagnostisches Problem des Klinikers stellen diese Krankheitsbilder natürlich nur dann dar, wenn die neurologische Symptomatik der Erstmanifestation des Malignoms entspricht, was (abhängig von Zuweisungsgewohnheiten) für 5 - 48 % (31, 43) (bei Hirnmetastasen ca. 10 %, 3) angenommen werden kann. Grenzflächennahe Kontrastmittelenhancements können hinweisend sein, noch der konstanteste Befund aber (in etwa einem Drittel der Fälle) sind Hirnkammerweiterungen, die als Ausdruck einer gestörten Liquordynamik bei diesen Erkrankungen (1, 28, 31) verstanden werden können. Dem entsprechen Besserungen durch Lumbalpunktion oder Shunt (31, 35). Für die erste Liquorprobe wurden bis 45 %, bei wiederholten Punktionen bis zu 9 % zytologisch negative Ergebnisse mitgeteilt (43). Der Hinweischarakter von Hirnkammererweiterungen muß aber nicht nur Untersuchungen des Liquor selbst zur Folge haben, sondern auch eine gezielte neuroradiologische Suche nach allfälligen Blockaden des Liquorflusses. Im Falle der Kolloidzysten des 3. Ventrikel etwa ist der charakteristische positionsabhängige Kopfschmerz (4) nur eines von vielen möglichen Symptomen (6). Einer routinemäßigen Schnittführung ohne Kontrastmittelgabe bleibt deren Ursache womöglich verborgen. Die Erweiterung der Seitenkammern indessen fehlt nur ausnahmsweise (4).

Mit Nichterkennung oder Verkennung von hirneigenen Geschwülsten, etwa als Entzündung, Infarkt, Blutung (25), Arachnoidalzyste (15, 27) werden zwar Chancen der Behandlung vertan, diese dürfte aber nur in einer Minderzahl zu Heilung führen. Sind es doch überwiegend höhergradige Gliome, die nicht neoplastische Pathologie imitieren (26). Ist hingegen mit der Fehldeutung einer erkennbaren morphologischen Veränderung als Malignom der Verzicht auf bioptische Klärung verbunden, ergeben sich für den Kranken schwerwiegende Nachteile, wenn aktive grundsätzlich kurable Erkrankungen verkannt werden (7, 26, Blutungen: 29). Besonders sinnfällig ist dies für Abszesse, hier klärt das Angiogramm nur in einem Teil der Fälle die Differentialdiagnose malignes Gliom zuverlässig. Dies erzwingt auch bei konservativer Haltung histologische Untersuchung immer dann, wenn die neuroradiologisch erhobenen Befunde eine Deutung als kurable Läsion zulassen und eine definitive Klärung nicht anders gelingt.

Literatur

1. Ascherl GF, Hilal SK, Brisman R (1981) Computed tomography of disseminated meningeal and ependymal malignant neoplasms. Neurology 31:567-574
2. Becker H, Vogelsang H, Schwarzrock R (1985) Vergleichende MR- und CT-Untersuchungen bei ausgewählten neuroradiologischen Fragestellungen. Fortschr Röntgenstr 142,1:23-30
3. Bentson JR, Steckel RJ, Kagan AR (1988) Diagnostic imaging clinical cancer management: brain metastases. Invest Radiol 23:335-341
4. Bischoff C, Forster J, Holdorff B (1988) Kolloidzysten des 3. Ventrikels: Probleme der frühzeitigen intravitalen Diagnose. Fortschr Neurol Psychiat 56:22-31
5. Bouchez B, Assaker R, Hautefcuille P et al (1986) False positiv-false negative CT scan in late epileptic seizure: a meningioma-glioblastoma association. J Neurol 233:218-220
6. Bradshaw JR, Thomson JLG, Campbell MJ (1983) Computed tomography in the investigation of dementia. Br Med J 286:277-280
7. Choksey MS, Valentine A, Shawdon H et al (1989) Computed tomography in the diagnosis of malignant brain tumors: do all patients require biopsy? J Neurology Neurosurg and Psych 52:821-825
8. Cohen L (1974) Tumors in the tegion of the foramen magnum. In: Handbook of clinical neurology, Vinken PJ, Bruyn GW (Hrsg), Vol 17:719-730
9. Cusick JF (1981) Atypical trigeminal neuralgia, JAMA 245:2328-2329
10. Davidovitch S, Gadoth N (1988) Neurological deficit-simulating transient ischemic attacks due to intracranial meningioma. Eur Neurol 28:24-26
11. Earnest MP, Feldman H, Marx JA et al (1988) Intracranial lesions shown by CT scans in 259 cases of first alcohol-related seizures. Neurology 38:1561-1565
12. Einsiedel H Gräfin von (1986) Magnetische Resonanz bei zerebralen und spinalen raumfordernden Prozessen in Bd III Neurologie Hopf H Ch, Poeck K, Schliack H
13. Fahlbusch R, Honegger J, Buchfelder M et al (1989) Seltene intrasselläre und supraselläre Prozesse. Teil 1: Tumoren. Nervenarzt 60:670-678
14. Galetta SL, Smith JL (1989) Chronic isolated sixth nerve palsies. Arch Neurol 46:79-82
15. Gandy SE, Heier LA (1987) Clinical and magnetic resonance features of primary intracranial arachnoid cysts. Ann Neurol 21:342-348
16. Götze P, Kühne D (1975) Hypophysenabszeß mit rezidivierender Meningitis als Leitsymptom (präoperative Diagnose). Nervenarzt 46:208-211
17. Goldensohn ES (1984) In: Klinische Elektroenzephalographie, Klass DW, Daly DD, Fischer, Stuttgart
18. Graham MD, Sataloff RT (1984) Acoustic tumors in the young adult. Arch Otolaryngol 10:405-407
19. Harner SG, Laws ER (1983) Clinical findings in patients with acoustic neurinoma. Mayo Clin Proc 58:721-728
20. Hermans PE, Goldstein NP, Wellman WE (1972) Mollaret's meningitis and differential diagnosis of recurrent meningitis. Am J Med 52:128-140
21. Herrschaft H (1977) Zur Früherkennung der Gehirntumoren. Fortschr Neurol Psychiat 45:383-404
22. Hillemacher A (1982) Der Wert anamnestischer und klinischer Daten sowie apparativer Untersuchungsbefunde bei der Diagnose von Hirntumoren. Fortschr Neurol Psychiat 50:93-112
23. Huber A (1986) in Bd III/2 Neuroophthalmologie, Augenheilkunde in Klinik und Praxis Francois Hollwich, Georg Thieme, Stuttgart
24. Hughes JR, SM Zak (1987) EEG and clinical changes in patients with chronic seizures associated with slowly growing brain tumors. Arch Neurol 44:540-543
25. Kazner E, Wende S, Grumme Th, Lanksch W, Stockdorph O (1981) Computertomographie intrakranieller Tumoren aus klinischer Sicht. Springer, Berlin

26. Kendall BE, Jakubowski J, Pullicino P, Symon L (1979) Difficulties in diagnosis of supratentorial gliomas by CATscan. J Neurol Neurosurg Psych 42:485-492
27. Kjos BO, Brant-Zawadzki M, Kucharczyk W et al (1985) Cystic intracranial lesions: magnetic resonance imaging. Radiology 155:363-369
28. Krol G, Sze G, Malkin M et al (1988) MR of cranial and spinal meningeal carcinomatosis: comparsion with CT and mylography. A J NR 9:709-714
29. Kühner A, Scheidet D (1988) Pseudotumoröse Formen spontaner intrazerebraler Hämatome. Neurochirurgia 31:118-122
30. Lesoin F, Destee A, Salomez JL et al (1983) Gliomes d'evolution aigue et scanner négativ. Neurochirurgie 29:395-399
31. Little JR, Dale AJD, Okazaki H (1974) Meningeal carcinomatosis. Arch Neurol 30:138-143
32. Meyer FB, Ebersold MJ, Reese DF (1984) Benign tumors of the foramen magnum. J Neurosurg 61:136-142
33. Mikhael MA, Ciric IS, Wolff AP (1987) MR Diagnosis of acoustic neuromas. J Comp Ass Tom 11/2:232-235
34. Morgello S, Petito CK, Mouradian JA (1990) Central nervous system lymphoma in the acquired immunodeficiency syndrome. Clinical Neuropathology 9/4:205-215
35. Nichtweiß M, Heetderks G, Rosenthal D (1988) Zur Diagnose des idiopathischen Normaldruckhydrozephalus.
36. Ojemann RG, Montgomery WW, Weiss AD (1972) Evaluation and surgical treatment of acoustic neuroma. New Engl J Med 287:895-899
37. Penzholz H (1983) Die operative Behandlung der Trigeminusneuralgie. Akt Neurol 10:29-34
38. Ramirez-Lassepas M, Cipolle RJ, Morillo LR, Gumnit RJ (1984) Value of computed tomographic scan in the evaluation of adult patients after their first seizure. Ann Neurol 15:536-543
39. Ross RT (1983) Transient tumor attacks. Arch Neurol 40:633-636
40. Schmidt D, Malin JP (1986) Erkrankungen der Hirnnerven. Thieme, Stuttgart
41. Tentler RL, Palacios E (1977) False-negative computerized tomography in brain tumor. JAMA 238:339-340
42. Walker R, Liebermann AN, Pinto R et al (1983) Transient neurologic disturbances, brain tumors, and normal computed tomography scans. Cancer 52:1502-1506
43. Wasserstrom WR, Glass JP, Posner JB (1982) Diagnosis and treatment of leptomeningeal metastases from solid tumors: experience with 90 patients. Cancer 49:759-772
44. Wulff JD, Proffitt PQ, Panszi JG et al (1982) False-negative CTs in astrocytomas: the value of repeat scanning. Neurology 32:766-769
45. Yanaka K, Yoshii Y, Nose T, Maki Y (1989) Case report: a small temporal lobe glioma detected only by magnetic resonance imaging. Clin Radiology 40:528-529

Isolierte zerebrale Histiozytosis X des Hypothalamus

H.J. Möbius, W. Schlote, H. Hacker und P.-A. Fischer

Die basalen Mittellinienstrukuturen des Gehirns sind bevorzugter Sitz einer Reihe höchst unterschiedlicher Tumoren, die jedoch klinisch häufig mit einer charakteristischen Symptomatik einhergehen. Neben Affektionen der Sehbahn sind insbesondere Störungen des Hypophysen-Hypothalamus-Systems zu nennen, die schwere vegetative und endokrine Ausfälle zur Folge haben können. Das klinische und morphologische Bild sowie die nosologische Zuordnung des tumorförmigem Granuloms des Hypothalamus Typ Gagel werden anhand einer eigenen Kasuistik untersucht.

Eine 50jährige Patientin klagte über langsam zunehmende Kopfschmerzen, Übelkeit sowie ständigen Harndrang und entwickelte anhaltende Temperaturen um 38° C unklarer Genese. Zustand nach Strumektomie ein Jahr zuvor, Menopause; weitere Vorgeschichte leer. Neurologischer Befund zunächst unauffällig. Im weiteren Verlauf fiel die Pat. durch Wesensänderung, später zunehmende Verwirrtheit auf. Es entwickelte sich ein Diabetes insipidus; endokrinologisch ferner Hyperprolactinämie; erniedrigte, starre TSH- und LH-Serumkonzentration; uptake-Blockade der Schilddrüse; normale, jedoch nicht stimulierbare FSH-Konzentration; erniedrigte Oestradiol-Konzentration. Keine weiteren richtungweisenden internistischen Befunde. Die kraniale CT zeigte einen infiltrierenden Prozeß im Bereich der Cisterna opto-chiasmatica, des Septum pellucidum und der medialen Ventrikelwand des rechten Vorderhorns. Die stereotaktische Biopsie erlaubte keine zweifelsfreie Diagnose. Klinische Besserung nach symptomatischer endokrinologischer Behandlung. CCT-Verlaufskontrollen zeigten eine subtotale Rückbildung des Prozesses. Nach sechsjährigem Intervall wurde die Patientin mit Hirndruckzeichen, aphasischen Störungen und einer rechtsseitigen Hemiparese erneut vorgestellt. Sowohl CCT als auch MRT zeigten nun einen scharf begrenzten Tumor zwischen Mesencephalon und Thalamus links mit Raumforderungszeichen. Angiographisch mäßig gefäßreicher Prozeß ohne Malignitätshinweise. Die Pat. verstarb bei zunehmendem intrakraniellem Druck. Obduktion ohne richtungweisenden Befund, insbesondere kein Anhalt für ein malignes Lymphom.

Neuropathologisch waren tumorartige Gewebsmassen innerhalb der linksseitigen Stammganglien unter Einschluß des Hypothalamus und oberen Mesencephalon mit mehrzeitigen Masseneinblutungen nachweisbar. Histologisch zeigte sich ein granulomatöses Gewebe, aufgebaut aus großen rundkernigen Histiozyten, Lymphozyten, Makrophagen und Siderophagen sowie Fibroblasten und durchsetzt von kollagenen und Retikulin-Fasern. Keine Schaumzellbildung, keine eosinophilen Granulozyten. Massive perivaskuläre mononukleäre entzündliche Reaktion in der Umgebung. Kein Tumorgewebe, keinerlei Erregernachweis. Immunhistochemisch konnte eine selektive S100-Reaktivität der Histiozyten bewiesen werden. Somit spricht der Befund für eine tumorförmige Histiozytosis X des Diencephalon.

Seit den ersten Darstellungen von Ayala (1) und Gagel (4) sowie Wilke (7) wurden wiederholt Fälle solitärer granulomartiger Hypothalamusprozesse beschrieben, klinisch typischerweise initial mit einem Diabetes insipidus einhergehend. Dieses Hypothalamusgranulom Typ Gagel wurde als isolierte zerebrale entzündliche Retikulose unbekannter Ätiologie abgegrenzt von spezifisch-entzündlichen Granulomen (Tbc, Lues, Mykosen etc.), Boeck'scher Sarkoidose und Lipoidgranulomatose (M. Hand-Schüller-Christian). Klinisch können sich bei fehlender weiterer Organbeteiligung und unspezifischen Liquorbefunden erhebliche differentialdiagnostische Schwierigkeiten ergeben. Häufig sind Störungen des Endocriniums durch Affektion der hypothalamischen vegetativen und Sexualzentren bzw. ihrer Verbindungen zur Adenohypophyse.

Das in seiner zellulären Gewichtung oft uneinheitliche feingewebliche Bild hat zur Entstehung verschiedener ätiologischer Vorstellungen beigetragen. Cervos-Navarro et al. (3) postulierten eine "retikulo-histiocytäre granulomatöse Encephalitis" als nosologische Einheit. Eine möglicherweise virale Genese wurde diskutiert, ein Erregernachweis gelang jedoch nicht. Demgegenüber nahmen Kepes u. Kepes (6) sowie Jellinger et al. (5) eine nosologische Zugehörigkeit des Hypothalamusgranuloms Typ Gagel zur Histiozytosis X an; die isolierte, oft selektiv den Hypothalamus betreffende Histiozytosis X wäre danach als primär proliferativer Prozeß, nicht als "Entzündung", aufzufassen. Der spezifischen Angio-architektonik dieser Region kommt nach Wilke dabei besondere Bedeutung zu. Die von anderen Autoren propagierte obligate Gleichsetzung des Hypothalamusgranuloms Typ Gagel bzw. der "retikulo-histiozytären granulomatösen Encephalitis" mit einem primären malignen ZNS-Lymphom erscheint nicht gerechtfertigt, jedoch ist ein malignes Lymphom in jedem Falle mit in Betracht zu ziehen. Bei dem hier vorgestellten Fall waren das außerordentlich pleomorphe Zellbild und die S 100-positiven Histiozyten inmitten der Infiltrate mit einem malignen Lymphom nicht vereinbar. Eine Besonderheit bildet im vorliegenden Fall die Blutungsneigung, die zuletzt mit einer ausgedehnten Tumorblutung zum Tode geführt hat.

Kontrollierte Therapiestudien liegen nicht vor. Die Tumorresektion ist in der Regel nicht indiziert und beeinflußt weder Rezidivfreiheit noch Überlebenszeit. Kann die Diagnose klinisch gestellt und bioptisch gesichert werden, stellt die Ganzhirnbestrahlung mit lokaler Aufsättigung die favorisierte Basistherapie neben der Kortikoidbehandlung dar (2). Die Erkrankung unserer im 56. Lebensjahr verstorbenen Patientin fügt sich klinisch wie neuro-pathologisch in das Bild der bisher beschriebenen Hypothalamusgranulome Typ Gagel ein; deren genauere diagnostische Zuordnung ist daher, wie unsere Darstellung zeigt, nur immunhistochemisch möglich.

Literatur

1. Ayala G (1934) Syndrome vegetatif: meningo-encephalite hypothalamique strictement limitee. Rev neurol 61:975-977
2. Berry MP, Simpson WJ (1981) Radiation therapy in the management of primary malignant lymphomas of the brain. Int J Radiat Oncol Biol Phys 7:55-59
3. Cervos-Navarro J, Hübner G, Puchstein G, Stammler A (1960) Die Pathomorphologie der retikulo-histiozytären granulomatösen Encephalitis. Frankfurt Z Path 70:458-477
4. Gagel O (1941) Eine Granulationsgeschwulst im Gebiete des Hypothalamus. Z ges Neurol Psychiat 172:710-722
5. Jellinger K, Kepes JJ, Seitelberger F (1971) Sexualstörungen bei vorwiegend zerebraler Histiocytosis X. J Neuro-Visc Relat Suppl X:684-704
6. Kepes JJ, Kepes M (1969) Predominantly cerebral forms of histiocytosis X. Acta neuropath (Berl) 14:77-98
7. Wilke G (1956) Die granulomatöse Encephalitis mit Bezug auf bekannte und unbekannte Ätiologie. Nervenarzt 27:244-251

Zur Klinik der Kolloidzysten

K. Kuchelmeister und F. Gullotta

Kolloidzysten des dritten Ventrikels machen weniger als 1 % aller intrakraniellen Tumoren aus (1, 6, 7). Sie entwickeln sich in der Tela choroidea im vorderen Teil des 3. Ventrikels nahe den Foramina Monroi. Kolloidzysten sind gutartige, kongenitale "Tumoren" und bestehen aus einer kollagenen, mit z. T. sekretorischem Epithel ausgekleideten Kapsel, die mit amorphem Material unterschiedlich zäher Konsistenz gefüllt ist (9). Ihre Herkunft ist umstritten; so wird ein neuroepithelialer Ursprung (z. B. aus Ependym, Plexusepithel oder der Paraphyse) oder auch eine Abstammung von ektopischem Epithel des oberen Respirationstraktes angenommen (9, 11).

Wir beobachteten drei plötzliche Todesfälle aufgrund von Kolloidzysten:

1) *23jähriger Mann* (S 177/74: 5 Jahre rez. Kopfschmerzen und "Nervosität": 1 Tag vor Exitus heftigste Kopfschmerzen und Übelkeit; nachts offenbar mehrfach Krampfanfälle; morgens tot im Bett aufgefunden.

2) *34jährige Frau* (SN 135/85): Einige Tage Nacken-Hinterkopfschmerzen und Übelkeit/Erbrechen. Neurol. U.: schmerzhafte HWS-Beweglichkeit, parazervikaler Druckschmerz, sonst o. B. Plötzlicher Tod.

3) *32jährige Frau* (SN 169/87): 9 Jahre rez. diffuse Kopfschmerzen bei Streß, gelegentlich Übelkeit/Erbrechen und "Erschöpfungszustände". 3 Tage vor Exitus zunehmende Kopfschmerzen, Übelkeit/Erbrechen und Eintrübung. Plötzlich Kammerflimmern, Reanimation. Persistierendes Koma: Hirntod.

Obduktionsbefund in allen drei Fällen: Kolloidzyste des 3. Ventrikels, Hydrozephalus occlusus, Zeichen der Einklemmung.

Aus einer Literaturzusammenstellung (Lit. Berichte bei 12, eigene Fälle bei 1, 3, 4, 5, 6, 8) ergab sich für die Kolloidzysten ein Geschlechterverhältnis von 172 F : 236 M = 1 : 1,4.

Nach einer älteren Übersichtsarbeit (12) manifestierte sich klinisch die Kolloidzyste bei 77 % der Pat. erstmals im Alter zwischen 21 und 50 Jahren. Nach neueren Op-Statistiken (3, 5) wurden 57 % der Pat. im Alter zwischen 20 und 49 Jahren operiert. Dabei betrug die durchschnittliche Dauer von klinischer Erstmanifestation bis Diagnosestellung 29 Monate (3).

Die klinischen Symptome bei Kolloidzysten sind unspezifisch.

Eine Zusammenstellung aus 7 Statistiken (1, 3, 4, 5, 6, 8, 12) ergab eine prozentuale Häufigkeit folgender Symptome (in Klammern jeweils der höchste und niedrigste %-Wert bei den Einzelstatistiken): Kopfschmerzen 80 % (67 - 100 %), davon in 11 % (4 - 27 %) lageabhängig; Übelkeit/Erbrechen 36 % (18 - 57 %); org. Psychosyndrom 30 % (21 - 39 %); Sehstörungen 29 % (14 - 47 %); Gangstörungen 22 % (7 - 47 %); plötzliche transitorische Bewußtlosigkeit 8 % (0 - 26 %); Krampfanfälle 8 % (0 - 26 %); "drop attacks" 1 % (0 - 6 %).

Die Zusammenstellung präoperativer neurologischer Untersuchungsbefunde aus 5 Statistiken (1, 4, 5, 6, 8) lieferte folgende Ergebnisse: Stauungspapillen 52 % (32 - 64 %); positives Babinski-Phänomen 14 % (0 - 21 %); Koordinationsstörungen 13 % (5 - 24 %); Hirnnervenausfälle (N. III, VI, VII) 12 % (5 - 19 %); Nystagmus 6 % (0 - 13 %); keine neurologischen Auffälligkeiten 21 % (3 - 42 %). - Pathognomonische Befunde fehlen, jedoch ist ein intermittierendes, z. T. attackenartiges Auftreten einzelner Symptome charakteristisch und wird in ca. 75 % der Fälle beobachtet (12). Ursache hierfür sind plötzliche Hirndrucksteigerungen, für die eine kugelventilartige Blockade der Foramina Monroi (9), ein akuter Verschluß zwischen Zyste und seitlicher Wand des dritten Ventrikels (12) und vasomotorisch bedingte, plötzliche Hirndrucksteigerungen bei konstant erhöhtem Mitteldruck (2) als Ursache diskutiert werden. Klinisch schwierig einzuordnen sind Verläufe, bei denen sich - manchmal sogar ohne Hydrozephalus - nur neuropsychologische Störungen zeigen (7). Ursache hierfür ist wohl die Beeinträchtigung benachbarter dienzephaler Strukturen des limbischen Systems 7).

Plötzliche Todesfälle treten bei Patienten mit Kolloidzysten nicht ganz selten auf. Es finden sich (Vor-CT-Ära) Häufigkeitsangaben von 11 - 18 % der Fälle (6, 12). Falluntersuchungen (10) zeigten, daß die Dauer der klinischen Symptome und die Größe der Kolloidzyste keine verläßlichen prognostischen Faktoren für einen plötzlichen letalen Verlauf darstellen. Auch fand sich postmortal jeweils ein sehr variables Ausmaß der Ventrikeldilatation und der Herniation, so daß vielleicht eine reflektorische Irritation kardiovaskulärer Zentren nahe des 3. Ventrikels bei diesen Fällen pathogenetisch eine Rolle spielen könnte (10).

Mit Hilfe von CCT und MRI ist heute die Diagnose einer Kolloidzyste meist leicht zu stellen (5).

Therapie nach Wahl ist die neurochirurgische Entfernung der Zyste, wofür mehrere Operationsmethoden zur Verfügung stehen, wie die mikrochirurgische Exstirpation über einen transkortikal-transventrikulären oder einen transcallosalen Zugang, die stereotaktische Aspiration der Zyste, oder die kombiniert stereotaktisch/mikrochirurgische transkortikal-transventrikuläre Exstirpation (1, 3, 4).

Literatur

1. Antunes JL, Louis KM, Ganti SR (1980) Colloid cysts of the third ventricle. Neurosurgery 7:450-455
2. Brun A, Egund N (1973) The pathogenesis of cerebral symptoms in colloid cysts of the third ventricle: A clinical and pathoanatomical study. Acta Neruol Scand 49:525-535
3. Camacho A, Abernathy CD, Kelly PJ, Laws ER jr (1989) Colloid cysts: Experience with the management of 84 cases since the introduction of computed tomography. Neurosurgery 24:693-700
4. Fritsch H (1988) Colloid cysts - a review including 19 own cases. Neurosurg Rev 11:159-166
5. Hall WA, Lunsford LD (1987) Changing concepts in the treatment of colloid cysts. An 11-year experience in the CT era. J Neurosurg 66:186-191
6. Little JR, MacCarty CS (1974) Colloid cysts of the third ventricle. J Neurosurg 39:230-235
7. Lobosky JM, Vangilder JC, Damasio AR (1984) Behavioural manifestations of third ventricular colloid cysts. J Neurol Neurosurg Psychiatry 47:1075-1080
8. Nitta M, Symon L (1985) Colloid cysts of the third ventricle. A review of 36 cases. Acta Neurochir 76:99-104
9. Russell DS, Rubinstein LJ (1989) Pathology of tumours of the nervous system. 5th Ed. Edward Arnold, London
10. Ryder JW, Kleinschmidt-De Masters BK, Keller TS (1986) Sudden deterioration and death in patients with benign tumors of the third ventricle area. J Neurosurg 64:216-223
11. Stochdorph O (1963) Zur Abkunft der Foramen-Monroi-Cysten. Nervenarzt 34:226-229
12. Yenermen MH, Bowerman CI, Haymaker W (1958) Colloid cyst of the third ventricle. A clinical study of 54 cases in the light of previous publications. Acta Neuroveg (Wien) 17:211-277

Meningeale Erkrankungen - Vergleich von nativen und kontrastmittelunterstützten CT- und MR-Untersuchungen

W. Schörner, H. Henkes, B. Sander und R. Felix

Der Wert der Magnetischen Resonanztomographie (MR) in der Diagnostik meningealer Erkrankungen ist bisher überwiegend kasuistisch behandelt worden (1 - 3). Prinzipiell können in der MR, bei der nicht wie in der Computertomographie (CT) Knochenaufhärtungsartefakte in Kalotten- bzw. Schädelbasisnähe die Bildqualität reduzieren, gute Abbildungsbedingungen für meningeale Veränderungen erwartet werden. Die vorliegende Arbeit stellt unsere Erfahrungen zusammen, die wir in der nativen und kontrastmittelunterstützten CT und MR meningealer Erkrankungen gewonnen haben.

Es wurden ein Normalkollektiv (12 Patienten ohne Hinweis für meningeale Erkrankungen) und ein Patientenkollektiv (20 Patienten mit entzündlichen (n = 9), tumorösen (n = 4) sowie postoperativen bzw. posttraumatischen meningealen Veränderungen (n = 7) mittels CT und MR untersucht. Für die MR-Untersuchungen wurden T2-betonte Bilder (SE 1600/70) sowie T1-betonte Aufnahmen (SE 400/30 bzw. FLASH 315/14, 90° Anregungswinkel) durchgeführt. Nach Kontrastmittelapplikation (Magnevist, Schering) wurden nochmals T1-betonte Aufnahmen (SE 400/30 bzw. FLASH 315/14) erstellt. Die Auswertung der CT- und MR-Tomogramme beschränkte sich auf die Bewertung des epikortikalen Raumes, d. h., des Raumes zwischen Hirnoberfläche und Schädelkalotte bzw. Schädelbasis. Es wurde untersucht, ob ein pathologischer epikortikaler Befund (pathologische Verdickung, pathologische Dichte- bzw. Signalintensitätswerte der Meningen) erfaßbar war und ob nach Kontrastmittelapplikation eine pathologische Anreicherung epikortikaler Strukturen nachweisbar war.

Im Normalkollektiv kam der epikortikale Raum in T2-betonten Aufnahmen mit der gleichen Signalintensität wie das Hirngewebe zur Abbildung. In T1-betonten Aufnahmen waren in der Mehrzahl der Fälle bereits nativ meningeale Strukturen abgrenzbar, die nach Kontrastmittelapplikation eine geringe Anreicherung zeigten. Auf der Basis dieser Befunde im Normalkollektiv wurden MR-Untersuchungen als pathologisch eingestuft, wenn in T2-Aufnahmen die Signalintensität des epikortikalen Raumes höher lag als die des Gehirns (a) oder wenn auf Kontrastmittel-Aufnahmen die anreichernden Meningen eine höhere Signalintensität als die des Gehirns aufwiesen (b). In unserem Patientenkollektiv wurde ein pathologischer CT-Befund hinsichtlich meningealer Veränderungen bei 6 Patienten gefunden. Bei 13 von 17 Patienten, bei denen eine native T2-betonte MR-Aufnahme erstellt wurde, wies der epikortikale Raum in T2-betonten Aufnahmen in einzelnen Abschnitten eine pathologisch erhöhte Signalintensität auf (Abb. 1). Bei 4 Patienten ergaben sich Normalbefunde. Bei 16 der 20 Patienten erfolgte eine Gd-DTPA-Applikation. In allen 16 Fällen wurde eine pathologisch verstärkte Anreicherung meningealer Strukturen beobachtet (Abb. 1).

Abb. 1. MR-Befunde bei Meningitis: In der T2-betonten und in der Gadolinium-DTPA-unterstützten MR Nachweis eines pathologischen meningealen Befundes. Das CT (nicht abgebildet) war unauffällig.

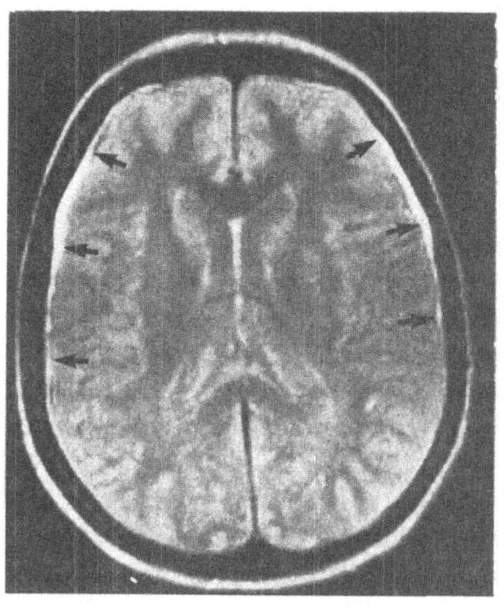 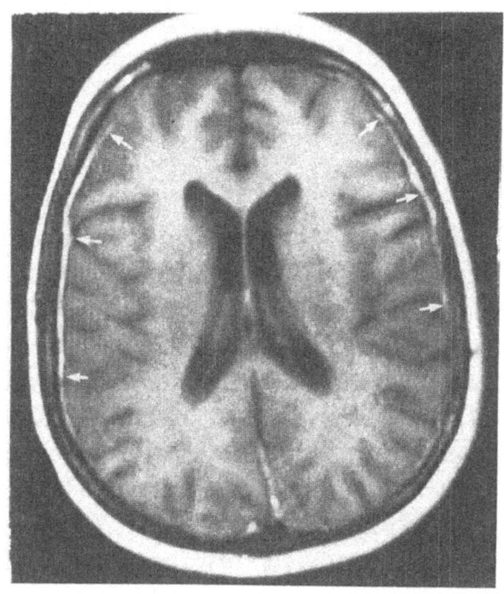

a) SE 1600/70, nativ: Nachweis eines breiten, stark hyperintensen Saumes, biparietal, die Hirnoberfläche umfassend (Pfeile).

b) FLASH 315/14 nach Gadolinium-DTPA: nach Gadolinium-DTPA pathologisch verstärkte Kontrastmittelaufnahme in den frontoparietalen meningealen Strukturen beidseits (Pfeile).

Zusammenfassend kann festgestellt werden, daß die bereits beim Gesunden erkennbar detailliertere MR-Darstellung des epikortikalen Raumes mit direkter Abbildung meningealer Strukturen dafür spricht, daß auch in der MR-Diagnostik pathologisch veränderter Meningen eine gegenüber der CT verbesserte Diagnostik möglich ist. In diese Richtung weisen die vorliegenden Befunde an Patienten mit tumorös, entzündlich oder posttraumatisch veränderten Meningen. Aufgrund der methodisch bedingten besseren Abbildungsqualität erlaubte die native und insbesondere die Gadolinium-DTPA-unterstützte MR-Untersuchung eine überlegene Darstellung pathologischer meningealer Veränderungen.

Literatur

1. Becker RD, Zimmermann RD, Sze G, Haimes AB, Deck MDF (1987) MR of subdural empyema and other extraaxial inflammatory lesions. American Society of Neuroradiology, 25th Annual Meeting, New York, 10.-15.5 (book of abstracts, S 92)
2. Davis PC, Friedman NC, Fry SM, Malko JA, Hoffmann JC, Braun IF (1987) Leptomeningeal metastasis: MR imaging. Radiology 163:449-454
3. Schörner W, Henkes H, Sander B, Felix R (1988) MR-Darstellung der Meningen: Normale und pathologische Befunde. Fortschr Röntgenstr 149:361-368

Diagnostische und therapeutische Aspekte der meningealen Karzinose

M. Kaps, P. Oschmann und M. Altmannsberger

Das klinische Bild der meningealen Karzinose (M.K.) ist geprägt durch polyradikuläre und meningitische Verlaufsformen mit Hirnnervenausfällen. Daneben können initial aber auch psychoorganische Symptome und epileptiscl ; Anfälle in den Vordergrund treten. Weitere aktuelle diagnostische Aspekte der M.K. so en anhand exemplarischer Fälle des eigenen Krankengutes dargestellt werden.

Liquorzytologische Untersuchungen

Für die Diagnose der M.K. ist der Nachweis von Tumorzellen im Liquor grundlegend. Zellpräparate, die im Sedimentierkammerverfahren hergestellt und routinemäßig nach May-Grünwald-Giemsa gefärbt wurden, bestätigten in sechs von acht Fällen zweifelsfrei den klinischen Verdacht. Bei drei Patienten wurden darüber hinaus immunzytologische Verfahren eingesetzt, um liquorfremde Zellelemente exakter abzugrenzen. Die Markierung intrazytoplasmatischer Antigene (Vimentin, Keratin, Desmin) erfolgte mit monoclonalen Antikörpern nach dem Alkalische-Phosphatase-Anti-Peroxidase (APAAP) Verfahren (2). Bei einem 5jährigen Kind erwies sich der Desminnachweis in neoplastischen Liquorzellen für die Diagnose des Primärtumors (Rhabdomyosarkom) als hilfreich (Abb.1: links). Zytokeratine, die molekulare Marker der Epithelien sind, wurden bei einer Patientin mit Mammakarzinom (Abb.1: rechts) nachgewiesen. Bei zellarmen Liquores und entzündlichen Begleitreaktionen konnten mittels mesenchymaler Marker (Vimentin) aktivierte Monozyten, die mit Tumorzellen zu verwechseln sind, eindeutig identifiziert werden.

Liquorchemische Untersuchungen

Laktat und Eiweißwerte
Auffällig waren bei allen Patienten erhöhte Liquoreiweißwerte in Folge einer Blut-Liquor-Schrankenstörung. Gemessen an relativ niedrigen Zellzahlen ($20{-}160/\text{mm}^3$) lagen die Laktatwerte im Liquor deutlich oberhalb des Normbereichs (alle >3 mmol/l).
Tumormarker wurden bei einer Patientin mit Mammakarzinom bestimmt und im weiteren Verlauf unter Therapie kontrolliert. CA 15-3 fiel sowohl im Blut als auch im Liquor positiv aus, CEA war nicht erhöht. Unter Berücksichtigung der Schrankenpermeabiltät sprachen die initial gemessenen CA 15-3 Werte für eine lokale intrathekale Produktion der Tumormarkers. Nach Therapie mit Methotrexat (4X12,5 mg über ein Ommayareservoir) normalisierte sich die Zellzahl im Liquor (wobei weiter im Sediment vereinzelt neoplastische Zellen nachweisbar blieben) und die Schrankenstörung. Die lokale Ca 15-3 Produktion war unter Berücksichtigung der Serum/Liquor Schrankenstörung zunächst rückläufig.

Prognose

Für die Beurteilung der Prognose war primär die Frage weiterer Metastasen und die Art des Primärtumors ausschlaggebend. Unter intrathekaler Zytostase wurden bei unseren Patienten Überlebenszeiten bis max. 12 Monate gesehen.

Diskussion und Zusammenfassung

In Anbetracht eingreifender therapeutischer Konsequenzen stellt die Diagnose der meningealen Karzinose eine besondere Problematik dar. Das Spektrum der diagnostischen Möglichkeiten wurde in der letzten Zeit durch immunzytochemische Verfahren erweitert (1) (3). Diese Verfahren tragen aufgrund ihrer Sensitivität in ausgewählten Fällen dazu bei, die diagnostische Sicherheit noch weiter zu erhöhen; auch Rückschlüsse auf die Art des Primärtumors sind möglich. Unter Berücksichtigung der obligaten Schrankenstörung kann die CA 15-3 Konzentration im Liquor zur Therapiekontrolle besonders bei Mammakarzinomen herangezogen werden. Eine abschließende Wertung der diagnostischen Bedeutung dieses monoklonalen Tumormarkersystems ist zur Zeit aber noch nicht möglich.

Abb.1. Immunzytologische Befunde bei menigealer Sarkomatose und Karzinose.
links: Desminnachweis (X 320) bei Rhabomyosarkom
rechts: Keratinexprimierende Tumorzelle bei Mammakarzinom (X 250).

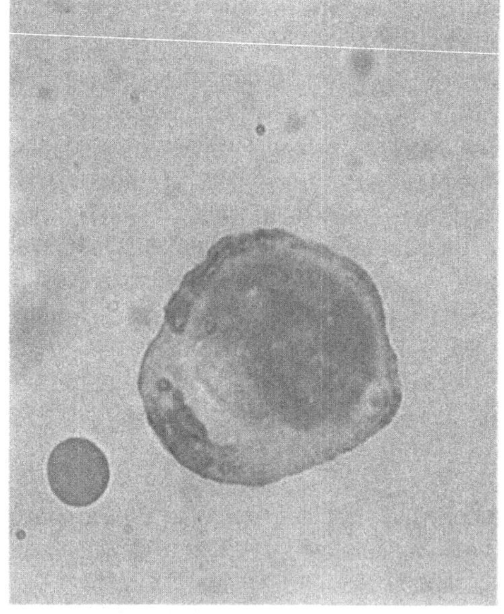 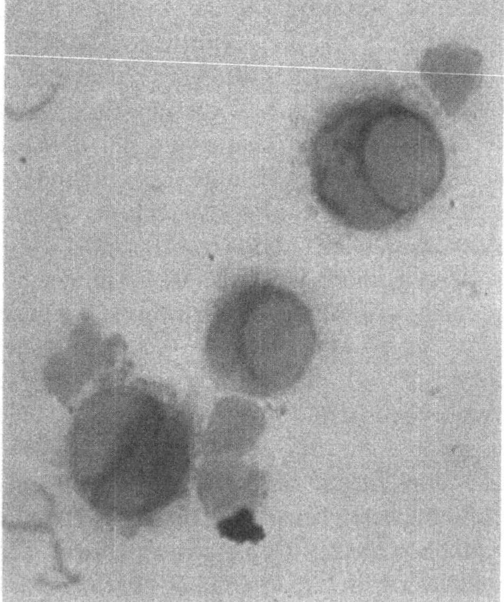

Literatur

1. Coakham HB, Brownell B, Harper EI, Garson JA, Allan PM, Lane EB Kemshead JT (1984) Use of monoclonal antibody panel to identify malignant cells in cerebrospinal fluid. Lancet I:1095-1097
2. Cordell JL, Falini B, Erber WN, Ghosh AK, Abdulaziz Z (1984) Immunoenzymatic labeling of monoclonal antibodies using immune complexes of alkaline phosphatase and monoclonal anti-alkaline phosphatase (APAAP complexes). J Histochem Cytochem 32:219-229
3. Pfadenhauer K, Schlimok G (1990) Leptomeningealcarcinose - neue diagnostische Möglichkeiten durch Tumorzellmarkierung mit monoklonalen Antikörpern. Nervenarzt 61:228-230

Leukämien und maligne Lymphome im Liquorzellbild.
Diagnostik mit immunzytochemischen Methoden

S. Bamborschke

Bei Leukämien und malignen Lymphomen im Erwachsenenalter muß in ca. 10 - 30 % mit einem sekundären Befall der Leptomeningen gerechnet werden (5). Auch die relativ seltenen, durch AIDS aber in letzter Zeit häufiger auftretenden primären ZNS-Lymphome, die früher 1 - 2 % aller Hirntumore ausmachten (4), neigen zur meningealen Aussaat und lassen sich dann durch eine liquorzytologische Untersuchung nachweisen. Die Trefferquote der Liquorzytologie liegt in Studien, bei denen Autopsiebefunde zum Vergleich herangezogen wurden, im Mittel bei 62 % - 70 % für die sekundäre Beteiligung und bei 45 % für die primären malignen Lymphome des ZNS (2, 3, 5). Bei wiederholten Liquorpunktionen und optimaler Technik läßt sich bei der sekundären Meningeosis eine maximale Trefferquote von 70 - 100 % erzielen.

Bei ausreichend großer Pleozytose und Tumorzellmenge im Liquor und vorbekanntem Primärtumor bereitet die Diagnose mittels der normalen Pappenheimfärbung im Liquorzellbild meist wenig Schwierigkeiten. Bei weniger großer Zellzahl und einer recht häufig zu findenen meningealen Begleitentzündung sowie bei primären ZNS-Lymphomen, bei denen das Liquorpräparat häufig die einzige Möglichkeit der Diagnosesicherung darstellt, muß die Diagnose oft zweifelhaft bleiben. Hier bietet die immunzytochemische Differenzierung der Liquorzellen mit Zelloberflächenmarkern gute Möglichkeiten, maligne lymphozytäre Elemente von reaktiv entzündlichen abzugrenzen (1).

In unserem liquorzytologischen Eingangsmaterial fanden sich unter 1268 Patienten 64 (5,0 %) mit klinisch geäußertem Verdacht auf meningeale Aussaat eines malignen Lymphoms oder einer Leukämie. Bei 56 dieser Fälle wurde dies im Liquorzellbild bestätigt. Dazu gehörten 15 Fälle mit ALL, 8 mit AML, 2 Fälle mit CML, 1 Fall mit CLL, 3 Fälle mit Burkitt-Lymphom, 1 M. Waldenström sowie 23 andere Non-Hodgkin-Lymphome, 2 Fälle mit primärem ZNS-Lymphom und 1 mit M. Hodgkin. In der Mehrzahl der Fälle (ca. 90 %) genügte die normale Pappenheimfärbung der Liquorzellen zur Sicherung der Diagnose. Die zusätzliche immunzytochemische Zelltypisierung mit den Zelloberflächenmarkern OKT3, OKT4, OKT8, OKT10, Leu12, und anti-CALLA sowie die Bestimmung von zellulärem IgG, IgM und Kappa- bzw. Lambda-Leichtketten und der Marker S100, CEA und EMA war nur bei 8 Zweifelsfällen erforderlich, dort aber ausschlaggebend für die diagnostische Entscheidung. So gelang es bei 3 Fällen mit Verdacht auf primäres ZNS-Lymphom, 2 B-Zellimmunoblastome und ein entzündliches Syndrom zu identifizieren, ein vermeintliches undifferenziertes Karzinom als Non-Hodgkin-Lymphom der B-Zellreihe mit intrazellulärem IgM zu "entlarven" sowie bei einem atypischen Fall von M. Bannwarth und einem Fall von M. Boeck mit zerebraler Beteiligung ein typisch entzündliches Zelltypenspektrum zu demonstrieren.

Zusammenfassend läßt sich feststellen, daß die immunzytochemische Zelldifferenzierung mit monoklonalen Antikörpern auch in der Liquorzytologie eine wertvolle Zusatzmethode darstellt, die besonders gewinnbringend bei der häufig schwierigen Unterscheidung von malignen lymphozytären Zellen und Entzündungszellen eingesetzt werden kann.

Literatur

1. Efremidis AP, Sabato U, Taff I, et al (1986) Diagnosis of CNS lymphoma using immunofluorescent phenotyping of CSF mononuclear cells. Clin Neurol Neurosurg 88:101-107
2. Glass JP, Melamed M, Chernik NL, et al (1979) Malignant cells in cerebrospinal fluid (CSF): The meaning of a positive CSF cytology. Neurology 29:1369-1375
3. Helle TL, Britt RH, Colby TU (1984) Primary lymphoma of the central nervous system. J Neurosurg 60:94-103
4. Jellinger K, Grisold W, Weiss R (1986) Zytologische Differenzierung von Malignomzellen des Liquor cerebrospinalis. In: Kölmel HW (Hrsg) Zytologie des Liquor cerebrospinalis. Edition Medizin VCH, Weinheim
5. Mackintosh FR, Colby TV, Podolsky WJ et al (1982) Central nervous system involvement in non-Hodgkin's lymphomas: An analysis of 105 cases. Cancer 49:586-595

Zerebrale Metastasen bei unbekanntem Primärtumor

G. Hamann, T. Meier und K. Schimrigk

Bei ca. 1/3 aller Patienten mit symptomatischen Hirnmetastasen ist bei Diagnosestellung der Primärtumor unbekannt (5, 7). Bisherige Arbeiten beziehen sich vor allem auf die Bronchialkarzinome in dieser Gruppe (4). Ziel einer retrospektiven Untersuchung mit 243 Patienten mit Hirnmetastasen (in den Jahren zwischen 1975 und 1989) sollte die Differenzierung zwischen Patienten, die die Hirnmetastase bei schon vorher bekanntem Tumorleiden entwickeln (Patienten aus Gruppe 1, insgesamt 121 Patienten) zu Patienten, bei denen die Hirnmetastase die klinische Erstmanifestation eines Tumorleidens darstellt (Gruppe 2, insgesamt 122 Patienten), sein. Daten zur Überlebenszeit, in geringem Maße zur Überlebensqualität und Todesursache konnten durch Hausarzt- und Angehörigenbefragung gewonnen werden (Rücklaufquote 96 %).

Bezüglich der Alters- und Geschlechtsstruktur fanden sich in beiden Gruppen keine statistisch signifikanten Unterschiede, der Altersgipfel lag zwischen dem 50. und 70. Lebensjahr, Frauen und Männer waren gleich verteilt. Auch bezüglich der Symptomatik, den klinischen Ausfällen, Lokalisation und Zahl der Metastasen bestand zwischen beiden Gruppen kein signifikanter Unterschied.

Erste Anzeichen der Hirnmetastasen waren überwiegend Hirndruckzeichen (Kopfschmerzen, Erbrechen etc.) sowie fokal-neurologische Ausfälle, 1/3 der Patienten hatte eine Wesensänderung, 1/6 zerebrale Ausfälle. Bei der Erstuntersuchung überwogen fokal-neurologische Ausfälle (Hemiparese bei 63 % der Patienten), ein hirnorganisches Psychosyndrom fand sich in 35 %. In Gruppe 1 fanden sich 36,4 % multiple Metastasen, während in Gruppe 2 48,4 % der Patienten multiple Metastasen hatten (Differenz nicht statistisch signifikant). Lokalisatorisch überwog mit fast 40 % der Parietallappen, dies deckt sich auch mit vorbeschriebenen Beobachtungen (5, 7).

Deutliche Unterschiede fanden sich in der Primärtumorverteilung in beiden Gruppen: Mammakarzinome, Melanome und Kolonkarzinome metastasieren erst, wenn der Primärtumor schon vorbekannt ist (Mammakarzinome mit 19 % in Gruppe 1 vertreten, kein Mammakarzinom in Gruppe 2 / Melanome mit 12,4 % in Gruppe 1, 0,8 % in Gruppe 2 / Kolonkarzinome mit 8,3 % in Gruppe 1, mit 1,6 % in Gruppe 2). Die Lungenkarzinome überwiegen mit einem Anteil von 47,5 % in Gruppe 2 (39,7 % in Gruppe 1). Der Anteil der auch nach intensiver Tumorsuche letztendlich nicht zu ermittelnden Primärtumore in Gruppe 2 bleibt hoch (41,8 %), wobei bei diesen Patienten in 39 % eine histologische Diagnose aus der Metastase und in immerhin 37 % eine klinische Tumorverdachtsdiagnose gestellt werden konnte.

Die Überlebenszeiten sind in beiden Gruppen mit einer mittleren Überlebenszeit von 4,6 Monaten gleich, d. h., gleich ob die Hirnmetastase früh oder spät im Laufe des Tumorleidens auftritt, bedeutet sie den Endpunkt der Erkrankung. Wie schon in anderen Veröffentlichungen (2, 5) gibt es eine kleine Gruppe von langzeitüberlebenden Patienten, bei uns 4 Patienten mit nicht kleinzelligem Bronchialkarzinom und eine Patientin mit Mammakarzinom. Die Todesursache war in den wenigen Fällen, in denen hierzu Informationen zu erhalten waren, zwischen zentralen Verschlechterungen und der allgemeinen Progression des Tumorleidens in etwa gleich verteilt. Die verschiedenen Histologien der Lungenkarzinome wirkten sich in beiden Gruppen nicht signifikant aus.

Bei der Betrachtung der einzelnen Therapieformen findet sich eine signifikante Lebensverlängerung der Therapie Kortison plus Bestrahlung (5,1 Monate) gegen Kortison alleine (3, 7 Monate) (Signifikanzniveau p < 0,001), unbehandelte Patienten (n = 24) überlebten nur zwei Monate die Diagnosestellung der Hirnmetastase.

Bezüglich der Symptomatik, den klinischen Störungen, der Lokalisation und Zahl der Metastasen finden sich bei Patienten mit bisher unbekanntem Primärtumor bei Hirnmetastasen keine wesentlichen Auffälligkeiten (5, 7).Entscheidend ist die verschiedene Metastasierungsherkunft in beiden Gruppen. Bekannt ist das Überwiegen der Lungenkarzinome in der Gruppe mit bisher unbekanntem Primärtumor (1, 2, 4, 5, 6, 7, 9). Mammakarzinome, Melanome und Kolonkarzinome metastasieren, wie auch eine andere Arbeit zeigen konnte (8), überwiegend erst bei meist schon lange vorbekanntem Primärtumor. Daß auch eine intensive Primärtumorsuche in der Gruppe der Patienten mit bisher unbekanntem Primärtumor in einem hohen Prozentsatz erfolglos bleibt, führt vielfach zu der Vorgehensempfehlung, die Primärtumorsuche auf Röntgenthorax und Thorax-CT zu beschränken (1, 5, 7), falls nicht durch klinische Untersuchung oder Routinelabordiagnostik andere differentialdiagnostische Hinweise gewonnen werden konnten. Die Prognose ist ungünstig, die mittlere Überlebenszeit liegt zwischen 3 und 6 Monaten (2, 3, 4, 5, 7). Die oft signifikante Lebensverlängerung unter Bestrahlung (2) sollte im Lichte der vorliegenden Ergebnisse sehr kritisch betrachtet werden. Durch die meist zwei- bis dreiwöchige Bestrahlung konnte in unserem Kollektiv eine zwar signifikante Lebensverlängerung erzielt werden, diese beläuft sich jedoch nur auf rund 6 Wochen im Mittel.

Literatur

1. Dhopesh VP, Yagnik PM (1985) Brain metastasis: analysis of patients without known cancer. South Med J 78:171-172
2. Eapen L, Vachet M, Catton G, Danjoux C, McDermont R, Nair B, Girard A, Genest P, Stewart D, Gerig L (1988) Brain metastases with an unknown primary: a clinical perspective. J Neurooncol 6:31-35
3. Ernstoff M, Cadman E (1982) Treatment of cerebral metastases. Connecticut Medicine 46:310-312
4. Ludwig R, Ludwig CU, Obrecht JPP (1984) Brain metastases as primary manifestation of nn-small cell bronchogenic carcinomas. Schweiz Med Wochenschr 114:1878-1883
5. Merchut MP (1989) Brain metastases from undiagnosed systemic neoplasms. Arch Intern Med 149:1076-1080
6. Mintz BJ, Rruhrim S, Alexander S, Yang WC, Shanzer S (1984) Intracranial metastases in the initial staging of bronchogenic carcinoma. Chest 86:850-853
7. Patchell RA, Posner JB (1985) Neurologic complications of systemic cancer. Neurologic Clinics 3:729-750
8. Schnaberth G, Brunner G (1982) Zerebrale Metastasen als klinische Erstmanifestation eines Karzinoms. Wiener klin Wochenschrift 94:83-86
9. Weiss D, Sajor E (1982) Evaluation of patients with brain metastasis of unknown primary origin. Ann Neurol 12:99-100

Perkutane Strahlenchirurgie

V. Sturm, W. Schlegel, O. Pastyr, G. Hartmann, H. Treuer, S. Schabbert und W.J. Lorenz

Einleitung

Der Begriff "Strahlenchirurgie" wurde 1951 von Leksell, Stockholm (1), geprägt. Er steht für stereotaktisch gesteuerte perkutane Einzeldosis-Bestrahlungen. Sie sind wesentlich effektiver als numerisch identische fraktionierte Dosen, aber wegen des höheren Nekroserisikos risikoreicher.

Zur "strahlenchirurgischen" Tumorbehandlung werden Dosen eingestrahlt, die den Tumor nekrotisieren, aber das angrenzende Hirngewebe nur minimal belasten. Um dieses Ziel zu erreichen, sind folgende Voraussetzungen nötig:
1. Extreme Fokussierung der Strahlen im Zielvolumen.
2. Steiler Dosisabfall.
3. Hochpräzises Lokalisations- und Bestrahlungsverfahren.

Diese Forderungen können nur durch Kombination des Prinzips der Konvergenzbestrahlung mit stereotaktischen Lokalisations- und Bestrahlungsmethoden erfüllt werden.

Das von unserer Arbeitsgruppe entwickelte Verfahren zur Verwendung von Linearbeschleunigern (2) wird z. Zt. in der Bundesrepublik Deutschland am Deutschen Krebsforschungszentrum Heidelberg und der Univ. Köln eingesetzt. Es ermöglicht die fokussierte Einzeldosisbestrahlung von kugelförmigen oder ovalen Zielvolumina mit Durchmessern von 6 bis 54 mm. Die Genauigkeit beträgt +/- 0,6 mm. Die Dosis wird abhängig von Histologie und Volumen des Tumors gewählt (10 bis 40 Gy). Der Dosisabfall beträgt 15 bis 20 %/mm.

Indikationen

Leksell wendete die "perkutane Strahlenchirurgie" bei kleinen inoperablen arteriovenösen Malformationen und benignen Tumoren (Akustikusneurinome, basale Meningiome, Hypophysenadenome, Kraniopharyngiome) an. Wir behandelten erstmalig außer den genannten Läsionen solitäre Hirnmetastasen mit niedriger Strahlensensibilität.

Ergebnisse

Weltweit wurden bisher mehrere tausend Patienten behandelt. Die Ergebnisse, die weitgehend mit unseren Erfahrungen übereinstimmen, werden im folgenden zusammengefaßt:

Arterio-venöse Malformationen
Voraussetzung für eine erfolgreiche strahlenchirurgische Behandlung ist die Abgrenzbarkeit des Nidus, d. h. der pathologischen Kapillaren. Die Einzeldosisbestrahlung (15 - 30 Gy) lädiert das Endothel, führt zur Verdickung der Gefäßwand und Thrombosierung des Angioms. Hierfür sind 12 - 24 Monate erforderlich. Erst nach Obliteration besteht Blutungsschutz. Bei

AV-Malformationen mit einem Durchmesser des Nidus < 2,5 cm wird in 80 % der Fälle eine vollständige Obliteration erzielt (3). Bei größeren Angiomen muß zur Vermeidung von Nekrosen niedriger dosiert werden. Die Wahrscheinlichkeit eines Therapieerfolges sinkt mit zunehmender Größe auf 20 - 30 %. Nebenwirkungen (Strahlennekrosen, Ödeme) sind bei kleinen Angiomen selten (unter 5 %), bei größeren häufiger (bis 20 %).

Benigne Tumoren

Bis zu 20jährige Katamnesen der Stockholmer Patienten mit Akustikusneurinomen ergaben bei kleinen Tumoren (Durchmesser < 2 cm) in mehr als 80 % der Fälle dauerhaften Wachstumsstillstand oder Tumorverkleinerung. Bleibende Facialisparesen wurden nicht beobachtet. Das Hörvermögen wurde bei ca. 15 % der Patienten erhalten. An Nebenwirkungen traten bei 15 % der Patienten meist reversible Sensibilitätsstörungen im Trigeminusbereich auf (4).

Die Erfahrungen bei Meningeomen, Kraniopharyngiomen und Hypophysenadenomen sind für eine valide Beurteilung zu gering.

Hirnmetastasen

Solitäre Metastasen wenig strahlenempfindlicher Tumoren (Hypernephrome, Adenokarzinome, Melanome, Sarkome) sprechen gut auf stereotaktische Einzeldosisbestrahlungen an. In unserer Serie konnten bei 90 % der Patienten Wachstumsstillstand oder Tumorrückbildung erzielt werden (5).

Diskussion

Die Methode der "Strahlenchirurgie" zeichnet sich durch hohe Effektivität und gute Toleranz aus. Die besten Ergebnisse werden bei kleinen, gut abgrenzbaren AV-Malformationen, benignen Tumoren und wenig strahlenempfindlichen Solitärmetastasen erzielt. Vorteilhaft ist die geringe Hospitalisationszeit (2 - 3 Tage).

Literatur

1. Leksell L (1951) The stereotactic method and radiosurgery of the brain. Acta Chir Scand 102:316-319
2. Hartmann GH, Schlegel W, Sturm V, Kober B, Pastyr O, Lorenz WJ (1985) Cerebral radiation surgery using moving field irradiation at a linear accelerator facility. Int J Radiat Oncol Biol Phys 11:1185-1192
3. Steiner L, Leksell L, Forster DM, Greitz T, Backlund O (1974) Stereotactic radiosurgery in intracranial arteriovenous malformations. Acta Neurochir (Suppl) 21:195-209
4. Noren L (1989) Pers Mitteilung
5. Sturm V, Kober B, Höver K-H, Schlegel W, Boesecke R, Pastyr O, Hartmann GH, Schabbert S, zum Winkel K, Kunze St, Lorenz WJ (1987) Stereotactic percutaneous single dose irradiation of brain metastases with a linear accelerator. Int J Radiat Oncol Biol Phys 13:279-282

Interstitielle Brachytherapie von Gliomen mit stereotaktisch implantierten Jod-125 Seeds

V. Sturm, J. Voges, W. Schlegel, O. Pastyr, H. Treuer, S. Schabbert und W.J. Lorenz

Einleitung

Da sich die Strahlensensibilität von Gliomen nur unwesentlich von der Strahlenempfindlichkeit des gesunden Hirngewebes unterscheidet, sind der konventionellen Strahlentherapie Grenzen gesetzt. Die Toleranz des gesunden Gewebes, das in mehr oder weniger großem Ausmaß mitbestrahlt wird, limitiert die applizierbare Dosis.

Bei der interstitiellen Brachytherapie werden radioaktive Strahlen - in der Regel Jod-125-Seeds - stereotaktisch in das Tumorgewebe implantiert. Die Strahlendosis fällt im Quadrat der Entfernung von der Strahlenquelle ab. Dies bewirkt einen extrem steilen Dosisabfall. So können bei optimaler Schonung des gesunden Gewebes nekrotisierende Dosen im Tumor appliziert werden. Die lange Halbwertszeit der Isotope (bei Jod-125 60 Tage) bewirkt eine strahlenbiologisch günstige über Wochen bis Monate protrahierte kontinuierliche Tumorbestrahlung. Die Methode der interstitiellen Tumorbestrahlung wurde von Riechert und Mundinger, Freiburg (6) sowie Talairach und Szikla, Paris (11), eingeführt und von unserer Arbeitsgruppe weiterentwickelt.

Methodik

Nach Durchführung einer CT-Untersuchung mit fixiertem Stereotaxiesystem (10) wird mit Hilfe spezieller Operations- und Bestrahlungsprogramme, die von unserer Arbeitsgruppe entwickelt wurden (1), eine 3dimensionale interstitielle Bestrahlungsplanung durchgeführt. Nach Abgrenzung des Tumors auf transversalen CT-Schichten und Angabe der gewünschten Dosis am Tumorrand errechnet der Computer automatisch Zielpunkte und Aktivität der Strahlen, die dann mit Hilfe des von uns modifizierten Stereotaxiesystems nach Riechert und Mundinger (10) in Kathetern implantiert werden. Die Planung wird am Computer-Bildschirm 2- und 3dimensional kontrolliert. Die Katheter werden im Bohrloch fixiert, die Haut darüber geschlossen. Die Implantationszeit beträgt 3 oder 9 Monate, die Dosisleistung 2,5 - 4 cGy/h.

Bei niedergradigen Gliomen (Kernohan Grad I und II) wird nach morphologischer Abgrenzung des Tumors durch stereotaktische Serienbiopsie als einzige Maßnahme die interstitielle Bestrahlung durchgeführt. In 9 Monaten werden 80 Gy an der Tumoroberfläche appliziert, im Tumor ist die Dosis wesentlich höher. Der Dosisabfall beträgt 15 - 20 %/mm. Bei malignen Gliomen wird an der Tumoroberfläche in 3 Monaten eine akkumulierte Dosis von 60 Gy gegeben. Zur lokalen Aufsättigung wird nach der Seed-Implantation mit 20 - 25 Gy fraktioniert extern bestrahlt.

384

Indikationen

Inoberable oder teilresezierte Gliome Grad I - III, selten Grad IV. Voraussetzungen sind Abgrenzbarkeit in Computer- und Kernspintomogrammen und ein Durchmesser von < 5 cm.

Ergebnisse

Zur Verlaufskontrolle führten wir 3, 6 und 9 Monate nach der Implantation, später in jährlichen Intervallen, regelmäßig CT-Kontrollen und neurologische Untersuchungen durch. 3 Monate postoperativ konnte bei sämtlichen Patienten mit einem pilozytischen Astrozytom eine Reduktion des Tumorvolumens nachgewiesen werden. Bei Grad II-Gliomen betrug die Ansprechquote 82 %, bei Gliomen Grad III 79 % und bei Gliomen Grad IV 25 %. Für Patienten mit einem pilozytischen Astrozytom errechnet sich eine geschätzte 5Jahresüberlebenswahrscheinlichkeit (Kaplan-Meier) von 89 %, bei Vorliegen eines Grad II-Tumors eine 4Jahresüberlebenswahrscheinlichkeit von 82 %. Die mittlere geschätzte Überlebenswahrscheinlichkeit beträgt für Patienten mit einem Gliom Grad III 62 Monate, für Patienten mit einem Astrozytom Grad IV bzw. Glioblastom 8 Monate.

Zum Zeitpunkt der Implantation wiesen sämtliche Patienten einen Karnofsky-Index zwischen 70 % und 100 % auf. Nach Ansprechen auf die Therapie verbesserte sich der klinische Zustand bei 80 % der Patienten mit Gliomen Grad I, II und III. Bei fehlender perioperativer Morbidität und Mortalität traten 9 - 18 Monate nach der Implantation bei 10 von 36 Patienten mit einem niedergradigen Gliom und bei 1 von 19 Patienten mit einem Astrozytom Grad III meist temporäre strahleninduzierte Veränderungen auf. Raumforderndes Ödem und Strahlennekrose führten bei 4 von insgesamt 55 Patienten zu einer bleibenden Verschlechterung des neurologischen Befundes.

Diskussion

Unsere bei niedergradigen Gliomen erzielten Behandlungserfolge sind mit den Ergebnissen von Ostertag (7) vergleichbar. Bei der Interpretation dieser, verglichen mit konventionellen Behandlungsmethoden, guten Ergebnisse und noch mehr der bei Gliomen Grad III erzielten Resultate muß bedacht werden, daß Karnofsky-Index und Tumorgröße unserer Patienten einen günstigen Selektionsfaktor darstellen. Andererseits ist die Lokalisation der Tumoren in tiefen funktionell wichtigen Hirnarealen ein prognostisch negativer Faktor. Die Methode zeichnet sich durch sehr geringes operatives Risiko, minimale Traumatisierung und eine geringe Nebenwirkungsrate aus.

Eine wesentliche Voraussetzung zur Erzielung guter Behandlungsergebnisse sind präzise 3dimensionale Lokalisations- und Bestrahlungsplanungsverfahren (10, 1). Die Frage nach optimaler Dosierung, Dosisleistung und Bestrahlungsdauer ist noch offen.

Die Methode ist bei diffus wachsenden, nicht abgrenzbaren Tumoren sowie bei intrapontiner und intramedullärer Lokalisation nicht anwendbar.

Das Literaturverzeichnis ist bei den Verfassern erhältlich.

Interstitielle Lasertherapie bei Hirntumoren

F. Ulrich, M. Bettag und W.J. Bock

Bei der interstitiellen Lasertherapie (ITT) wird mit dem Nd:YAG-Laser eine lokoregionale Temperaturerhöhung im Tumorgewebe vorgenommen, um eine irreversible Koagulation des Tumors unter weitgehender Schonung des angrenzenden gesunden Gewebes hervorzurufen. Ein wesentliches Element des lasertherapeutischen Konzepts ist die Verknüpfung moderner bildgebender Verfahren mit der stereotaktisch durchgeführten Laserapplikation (1 - 4). Im Vordergrund steht dabei die direkte Prozeßkontrolle im Kernspintomographen. Die bisher als unbefriedigend geltende Therapie kleiner, tief unter der Hirnoberfläche gelegener niedergradiger Hirngliome soll mit der interstitiellen Lasersterotaxie verbessert bzw. überhaupt möglich gemacht werden.

Für die technische Realisierung der interstitiellen Lasertherapie nimmt das Faserübertragungssystem* eine Schlüsselstellung ein. Es wurden ITT-Lichtleiter mit einer gerichteten zirkumferenziellen Abstrahlcharakteristik entwickelt. Die Spitze des ITT-Lichtleiters besteht aus einer flexiblen, biokompatiblen Kappe mit einem Durchmesser von 1 mm. Die metallfreie Ausführung der Faserspitze benötigt keine Kühlung und überträgt eine für Koagulationszwecke ausreichende Laserleistung von 3 - 10 Watt. Über eine Verlängerungslichtleiter kann eine interstitielle Tumorkoagulation störungsfrei im Kernspintomographen selbst durchgeführt werden.

Um bei größeren Tumoren das Nekrosevolumen zu vergrößern oder um verschieden lokaliserte Tumoren zu erreichen, können mehrere Lichtleiter gleichzeitig eingesetzt werden (ITT-Multifasersystem).

Charakteristische MRI-Signalveränderungen von Hirngliomen nach Laserapplikation erlauben eine zeitliche und räumliche Differenzierung von irreversibel veränderter zentraler Koagulation und reversibel verändertem, relativ schmalem Ödemsaum. MRI-FLASH Scans fungieren bei der stereotaktisch durchgeführten Laseroperation als sogenanntes computergestütztes Mikroskop (Magnetic Eye).

Postoperativ durchgeführte PET-Scan Untersuchungen nach laserinduzierter Thermotherapie zeigen scharf begrenzte Aktivitätsdefekte. Die PET-Scan Aufnahmen belegen die interessante Möglichkeit, PET-Scan Untersuchungen nicht nur, wie heute schon üblich, zur präoperativen Tumoridentifikation von Dignität und Ausdehnung des Tumors heranzuziehen, sondern sie im Rahmen von laserinduzierten interstitiellen Lasersterotaxien als crosscheck Methode für die Interpretation der MRI-Information heranzuziehen.

Der Vorteil der lokoregionalen interstitiellen Lasertherapie gegenüber der interstitiellen Radiotherapie ist darin zu sehen, daß der lasertherapeutische Effekt simultan, sozusagen unter Sicht des Kernspintomographen, sichtbar gemacht und direkt der Tumorkonfiguration angepaßt werden kann. Bei malignen Hirntumoren kann die lokoregionale interstitielle Lasertherapie additiv mit fotodynamischer und/oder Chemo- und/oder Radio-Therapie kombiniert werden.

Literatur

1. Ascher PW (1990) Interstitial thermotherapy of brain tumors with Nd:YAG laser under real time MRI control. SPIE Vol 1200, Lasersurgery, Advanced characterisation therapeutics and system II:242-245
2. Bettag M, Ulrich Fürst G, Langen KJ, Roosen N, Kiwit JCW, Mödder U, Bock WJ (1990) Gd-DTPA enhanced MR imaging and positron emission tomography of stereotactic interstitial laser thermal therapy in cerebral gliomas. XIV Symposium Neuroradiologicum, London, June 1990
3. Jako GJ, Jolez FA (1986) The control of Nd:YAG laser fiber optics hyperthermia with magnetic-resonance imaging. SPIE Vol 712, Lasers in Medicine:72-77
4. Ulrich F, Bettag M (1989) Computerassistierte Laserstereotaxie. Neuro Tech 89, Berlin, 10 November 1989

*MBB-Medizintechnik GmbH, München

Neurochirurgische Gesichtspunkte zur Therapie von Tumoren des ZNS: Gliome und Metastasen

W.I. Steudel

Der Behandlungsplan bei den *Gliomen* schließt neben der operativen Therapie die Radiotherapie und Chemotherapie ein. Operative Maßnahmen umfassen neben der offenen Operation stereotaktische Verfahren.

Die Diagnostik und Behandlung dieser Tumoren bilden einen festen Bestandteil neurochirurgischer Praxis. Mittlerweile ist es über 100 Jahre her, als Benett in London als erster 1884 ein Gliom diagnostizierte, das von Godlee operiert wurde. Seither haben Neurochirurgen verschiedenste Standpunkte eingenommen: von der radikalen Entfernung des Tumors einschließlich einer ganzen Hemisphäre bis hin zur fast konservativen Haltung mit Entnahme lediglich einer Biopsie (23).

Die letzten 20 Jahre haben nicht nur einen großen Fortschritt in der Diagnostik gebracht, sondern es bestand auch eine große Aktivität in Form von Chemotherapiestudien. Allerdings hat sich dadurch die Prognose nicht wesentlich gebessert. Jedoch haben die kritische Analyse der pathologischen Klassifikation des Tumorgewebes und die Auswertung von diesen Studien zu einer sichereren Basis für das therapeutische Vorgehen geführt. Gegenwärtig sind wir Augenzeuge einer hochentwickelten Technik wie intraoperative Computertomographie (19), der mikrostereotaktischen Technik mittels Endoskopie (19) und der operativen Entfernung von tief gelegenen Gliomen mittels stereotaktischem Zugang und Lasertechnik (9). Dadurch sind die Entscheidungen im Einzelfall über den Behandlungsplan nicht einfacher geworden. Vergebliche Behandlungsversuche können manchmal das Leiden lediglich verlängern. Diese alltägliche Problematik sollte aus operativer Sicht nicht übergangen werden. Die technischen Anforderungen an den Chirurgen sind bei diesen Läsionen gewöhnlich nicht besonders groß. Es ist wesentlich schwieriger zu entscheiden, welches der Platz der Chirurgie ist, wie weit der Eingriff ausgedehnt werden soll und welche ethische Rechtfertigung für das operative Vorgehen besteht. Diese Problematik ist im Zusammenhang mit der gegenwärtigen Wirksamkeit der Chemotherapie und Radiotherapie bei diesen Tumoren, die nicht operativ allein zu behandeln sind, zu sehen.

Die Ziele einer Operation bei Gliomen sind allgemein: die Diagnosesicherung, die Reduzierung der Tumormasse mit Verbesserung neurologischer Funktionsstörungen und die Beseitigung der intrakraniellen Drucksteigerung.

Die Diagnosesicherung mittels Computertomographie und Kernspintomographie und Angiographie ist unerläßlich für die Behandlungswahl. Auf die differentialdiagnostischen Schwierigkeiten wurde mehrfach hingewiesen. Die Reduzierung der Tumormasse ist der häufigste Aspekt. Im allgemeinen birgt die Entfernung des Tumorgewebes kein Risiko. Allerdings sollten das benachbarte Gewebe und die arterielle und venöse Versorgung nicht geschädigt werden, um eine Funktionsverschlechterung zu vermeiden. Eine weitergehende Resektion bei invasivem Wachstum im Bereich von Arterien wie der Sylviischen Gefäßgruppe und von Venen ist damit ausgeschlossen. Darüber hinaus ist die Verkleinerung der Tumormasse die Grundlage für eine bessere Wirksamkeit von Radiotherapie und Chemotherapie. Durch die Reduzierung der Tumormasse können neurologische Funktionsstörungen aufgehalten, beseitigt oder gelindert und damit die Lebensqualität verbessert werden.

Bei dem größten Teil der Patienten ist es nicht schwierig, die intrakranielle Drucksteigerung zu beseitigen. Schwierigkeiten bereiten Einklemmungssyndrome. Es ist problematisch, aus der Literatur genau abzuschätzen, wieweit die Operation die Überlebenszeit verlängert, wenn man die Beseitigung der Hirndrucksteigerung außer acht läßt, die innerhalb von Tagen oder Wochen zum Tode führt.

Grundlage für das operative Vorgehen sind eine Reihe von prognostisch wichtigen Faktoren, die durch verschiedene Studien gut belegt sind. Günstige Faktoren sind ein Lebensalter unter 50 Jahren, eine subtotale oder totale Tumorresektion, ein guter klinisch-neurologischer Zustand, eine lange Dauer der Symptome vor der Operation und ein kleiner Tumor unter 5 cm im Durchmesser (4, 5, 7, 9, 10, 12, 20, 23, 24, 25).

Differential-Indikationen bevorzugter neurochirurgischer Verfahren bei Gliomen sind:

Offene Operation

Grad I - IV

- lobäre Lokalisation, auch temporomedial, frontodorsal, intraventrikulär
- kleine, mittelgroße, große Tumoren, wenn umschrieben
- bei Tumorhernien
- bei Tumorblutungen

Stereotaktische Verfahren

Grad I und II

- Mittellinienprozesse, Stammganglien, Thalamus, Wand des III. Ventrikels, Hypothalamus, Hirnstamm, Chiasmagliome
- Hemisphären: Inselgliome
- Resttumor nach partieller Resektion niedergradiger Gliome
- Rezidive höhergradiger Tumoren nach offener Operation und Bestrahlung
(6, 7, 12, 13, 14, 26).

Kontraindikationen für eine offene Operation sind ein schlechter Allgemeinzustand, ein schweres neurologisches Bild, beidseitige Prozesse ohne Besserung auf Dexamethason, ein invasives Wachstum und eine manifeste Einklemmung oder wesentliche Begleiterkrankungen wie multifokaler schwerer zerebraler Gefäßprozeß oder fortgeschrittene internistische Begleiterkrankungen an Herz, Lunge oder Leber.

Operative Techniken umfassen das mikrochirurgische Vorgehen, die Ultraschallzertrümmerung und die Lasertechnik. Hilfreich bei der Tumorverkleinerung ist der Ultraschallaspirator, mit dem das Gewebe gleichzeitig zertrümmert und abgesaugt werden kann. Es ist dabei zu berücksichtigen, daß das mit dieser Technik gewonnene Gewebe irreführend sein kann. Bei 22 Fällen fanden wir, daß eine korrekte histologische Diagnose mit Grading nur bei der Hälfte möglich war. Deshalb die Forderung, zunächst durch Biopsien die Diagnosestellung zu ermöglichen und dann den Ultraschallaspirator anzuwenden.

Hinsichtlich des Ausmaßes der Tumorresektion gab es bisher keine einheitliche Definitionen. Die Arbeitsgruppe Neuroonkologie der Deutschen Gesellschaft für Neurochirurgie hat 1989 einheitliche Kriterien geschaffen, die als Ausgangspunkt für künftige Studien anzusehen sind. Operativ ist zu unterscheiden zwischen:

1. Partialresektion   A   unter 50 %

                                   B   50 bis 90 %

2. Subtotalresektion   90 bis 99 %

| 3. Totalresektion | mit intraoperativ anwendbaren Methoden ist Tumorgewebe nicht mehr erkennbar |
| 4. Radikalresektion | Tumor wird mit einer Sicherheitszone im Randgebiet (1 cm) abgesetzt. |

Weiterhin wird die Tumorkonsistenz, die Tumorabgrenzung und die Vaskularisierung definiert.

Bei der offenen Operation von Gliomen unterscheidet man weiterhin in Lobektomie und partielle Lobektomie. Der Operationsablauf richtet sich nach der Lokalisation und der Größe des Tumors. Die Kraniotomie sollte möglichst klein sein. Das trifft auch für die Duraeröffnung zu, bis sichergestellt ist, daß der Hirndruck durch Punktion einer Zyste verringert werden kann. Die kortikale Inzision kann unter mikrochirurgischen Bedingungen klein sein und doch einen ausreichenden Zugang zum Tumor gewähren. Ziel dieser Techniken ist es, die Tumormasse entscheidend und schonend zu verkleinern.

Die Frage des Rezidiveingriffes ist offen. Rezidiveingriffe bei malignen Gliomen werden von vielen Neurochirurgen durchgeführt. Ein Rezidiveingriff ist beim malignen Gliom in Erwägung zu ziehen, wenn es sich um eine zystische Raumforderung oder um ein ortsständiges Nachwachsen des Tumors handelt. Hinsichtlich der Rezidivoperation gibt es keine kontrollierte Studie, so daß es keine festen Richtlinien gibt (25). Wir neigen zu einer Zweitoperation, wenn der Abstand zum ersten Eingriff mehr als ein Jahr beträgt.

Die Behandlung von *Hirnmetastasen* ist fast immer palliativ. Da die Ergebnisse der Therapie begrenzt sind, gibt es eine erheblich kontroverse Einstellung hinsichtlich der adäquaten Therapie und ob eine Therapie überhaupt erfolgen soll. Die operative Wertigkeit verschiedener therapeutischer Konzepte ist aufgrund des Mangels an kontrollierten und randomisierten Studien schwierig zu beurteilen.

Fast alle der publizierten Studien sind in ihrer Aussage durch den Mangel an einer Standardisierung und Überprüfung wichtiger Variablen wie das Stadium des Primärprozesses, das Ausmaß des neurologischen Defizites, die Anzahl und die Lokalisation der intra- und extrakraniellen Metastasen oder des histologischen Zelltypes und der Radiosensibilität der Primärläsion begrenzt.

Trotz dieser Einschränkungen kann davon ausgegangen werden, daß in den letzten 20 Jahren ein Fortschritt erzielt wurde durch die Identifikation jener Patienten, die von einer Operation profitieren. Der Erfolg der Therapie ist zu messen an der Remission von Symptomen und der Dauer des Überlebens. Der Nutzen der verschiedenen Therapieformen läßt sich durch verschiedene Untersuchungen belegen (2, 3, 15 - 16). Die Behandlung mit Steroiden allein führt in zwei Drittel zu einer Verbesserung der neurologischen Symptomatik. Hinsichtlich des Überlebens ist eine Verlängerung im Mittel um einen Monat zu erwarten. Die postoperative Bestrahlung führt zu einer Verbesserung der Resultate bei den radiosensitiven Tumoren. Nicht kleinzellige Lungenkarzinome, Hypernephrome und maligne Melanome zeigen keine oder nur eine geringe Radiosensitivität. Der Nutzen der Operation zusammen mit der Radiotherapie ist gut etabliert (3, 11, 21).

Über die folgenden operativen Gesichtspunkte besteht ein breiter Konsens: Operiert werden solitäre Metastasen, die operativ zugänglich sind. Die meisten Metastasen entwickeln sich hämodynamisch bedingt im Mediastromgebiet und können mit mikrochirurgischer Technik schonend entfernt werden. Auch besondere Lokalisationen wie im Bereich der Schädelbasis, der eloquenten Regionen und des Hirnstammes können angegangen werden. Die Operation von mehreren Metastasen kann gerechtfertigt sein: zur Diagnosesicherung bei einem unbekannten Primärtumor, wenn diese benachbart liegen und ohne wesentliche zusätzliche Ausfälle entfernbar sind. Dabei besteht immer der Zweifel, ob nicht weitere sich "noch" dem Nachweis entziehen.

Von besonderer Bedeutung ist die Frage, wie weit der Primärtumor behandelt werden kann oder behandelt wurde oder ob dieser eine ausreichend lange Überlebenszeit erwarten läßt. In vielen Fällen ist der Primärtumor symptomatisch ruhig und die unmittelbare Lebensbedrohung geht von der Hirnmetastase aus. Unter diesem Gesichtspunkt muß der Hirntumor zuerst behandelt werden. Prognostisch günstig ist eine Latenz zwischen der Diagnose des Primärtumors und dem Auftreten des Hirntumors von über einem Jahr. Zweifellos ist die Prognose besser, wenn keine weiteren Metastasen mehr nachzuweisen sind. Wenn der zerebrale Prozeß eine vitale Bedrohung darstellt, ist die Behandlung dieses Herdes als erste Maßnahme notwendig. Konkurrierende Situationen sind Lungenmetastasen und Hirnmetastasen. Hinsichtlich des operativen Vorgehens sind Metastasen in der Regel umschriebene Prozesse, die sich operativ gut vom Hirngewebe abgrenzen lassen. Die Vollständigkeit der Tumorentfernung läßt sich gut erreichen; die gelegentlich zu beobachtende Infiltration der Arachnoidea schränkt das Ziel der vollständigen Exstirpation ein. Allerdings haben pathologische Studien darauf hingewiesen, daß die operative Vollständigkeit nur in 55 oder 75 % mit dem Sektionsbefund übereinstimmt. Diese Untersuchungen erfolgten ohne Radiotherapie (11, 21). Die Letalität innerhalb von 30 Tagen nach der Operation besserte sich von 25 auf 10 Prozent (8, 11, 17), in ausgewählten Gruppen auf 3 Prozent (22).

Die Frage des Rezidiveingriffes ist offen. Wir sehen eine Indikation bei lokalen Rezidiven bei Patienten, die eine Radiotherapie erhielten und Prozessen, die nicht strahlensensibel sind.

Literatur

1. Arbeitsgruppe Neuroonkologie der Deutschen Gesellschaft für Neurochirurgie, Frankfurt am Main 1989, persönliche Mitteilung
2. Black P (1979) Brain Metastasis: current status and recommended guidelines for management. Neurosurgery 5:617-635
3. Black P (1988) Surgical management of intracranial metastasis. In: Schmidek HH, Sweet WH (Hrsg) Operative neurosurgical techniques. Grune & Stratton, New York, 1988:451-462
4. EORTC (1981) Evaluation of CCNU, VM-26 plus CCNU, and procarbazine in supratentorial brain gliomas. J Neurosurg 55:27-31
5. Green SB, Byar DP, Walker MD et al (1983) Comparisons of carmustine, procarbazeine, and high-dose methylprednisolone as addition to surgery and radiotherapy for the treatment of malignant glioma. Cancer Treat Rep 67:121-132
6. Grote W, Bettag W (1984) Supratentorielle Tumoren. In: Dietz H, Umbach W, Wüllenweber R (Hrsg) Klinische Neurochirurgie, Vol II, Thieme, Stuttgart:107-129
7. Guérin J, Maire JPh, Celerier D et al (1981) Les facteurs de reponse aux traitements des gliomes malins de l'adulte. Neurochirurgie 27:305-314
8. Haar F, Patterson RH (1972) Surgery for metastatic intracranial neoplasm. Cancer 30:1241-1245
9. Kelly PJ (1981) A Stereotactic approach to deep-seated central nervous system neoplasms using the carbon dioxide laser. Surg Neurol 15:331-334
10. Krauseneck P (1990) Gliom-Studie, Endauswertung. Persönl. Mitteilung
11. Lang EF, Slater J (1964) Metastatic brain tumors: results of surgical and nonsurgical treatment. Surg Clin North Am 44:865-872
12. Laws ER, Taylor WF, Clifton MB et al (1984) Neurosurgical management of low-grade astrocytome of the cerebral hemispheres. J Neurosurg 61:665-673
13. Mundinger F (1988) Stereotactic biopsy and implantation of radionuclides guided by computed tomography or magnetic resonance imaging for therapy of brain tumors. In: Schmidek HH, Sweet WH (Hrsg) Operative neurosurgical techniques. Grune & Stratton, New York 1988:491-514
14. Ostertag CB (1989) Persönliche Mitteilung

15. Posner JB (1977) Management of central nervous system metastases. Semin Oncol 4:81-91
16. Ransohoff J (1975) Surgical management of metastatic tumors. Semin Oncol 2:21-28
17. Raskind R, Weiss SR, Manning JJ et al (1971) Survival after surgical excision of single metastatic brain tumors. AJR 111:323-328
18. Shalit MN (1979) Intraoperative computerized axial tomography. Surg Neurol 11:383-384
19. Shelden CH (1980) Development of a computerized microstereostatic method for localization and removal of minute CNS lesions under direct 3-D-vision. J Neurosurg 52:21-27
20. Shingai J, Kanno M (1988) Clinical analysis of glioma: anaplastic astrocytoma and glioblastoma. In: Suzuki J (Hrsg) Treatment of glioma. Springer, Tokyo:153-171
21. Störtebecker TP (1954) Metastatic tumors of the brain from a neurosurgical point of view: a follow-up study of 158 cases. J Neurosurg 11:84-111
22. Sundaresan N, Galicich JH, Beattie EJ (1983) Surgical treatment of brain metastases from lung cancer. J Neurosurg 58:666-671
23. Suzuki J (1988) Treatment of glioma. Springer, Tokyo, preface
24. Walker MD, Alexander E, Hunt WE et al (1978) Evaluation of BCNU and/or radiotherapy in the treatment of anaplastic gliomas. A cooperative clinical trial. J Neurosurg 49:333-343
25. Walter MD, Green SB, Byar DP et al (1980) Randomized comparisons of radiotherapy and nitrosoureas for the treatment of malignant glioma after surgery. N Engl J Med 303:1323-1329
26. Walters CL, Schmidek HH (1988) Surgical management of intracranial gliomas. In: Schmidek HH, Sweet WH (Hrsg) Operative neurosurgical techniques. Grune Stratton, New York:431-450

Hyperfraktionierte Strahlenbehandlung von Astrozytomen Grad III und IV. Ergebnisse einer Phase II-Studie

K. Schnabel, W. Berberich, M. Niewald, H.J. Tkocz, B. Ostertag und K. Schimrigk

Unter Hyperfraktionierung versteht man eine häufigere, d. h. mehrmals tägliche Bestrahlung bei reduzierter Einzeldosis (< 2 Gy), wobei der Gesamtbehandlungszeitraum etwa dem konventionellen entsprechen sollte. Neuere Ergebnisse der strahlenbiologischen Grundlagenforschung sprechen dafür, daß mittels der hyperfraktionierten Strahlenbehandlung zum einen durch Phänomene wie Redistribution, Rezyklisierung und Reoxygenierung eventuell eine Sensibilisierung des Tumors erreicht werden kann, zum anderen eine Reduktion von Strahlenspätfolgen in gesunden Geweben mit niedrigem Zellumsatz wie z. B. dem Gehirn möglich ist (7). In die Studie eingegangen sind insgesamt 94 Patienten, die im Verlaufe von etwa 5 Jahren behandelt wurden. 38 wurden auf konventionelle Art bestrahlt mit 60 Gy, verabfolgt in 30 Fraktionen über einen Zeitraum von 6 Wochen (Gruppe I). 29 Patienten wurden hyperfraktioniert bestrahlt mit einer Gesamtdosis von 70 Gy, verabreicht in 70 Fraktionen über einen Zeitraum von 7 Wochen bei 2 Bestrahlungen täglich (Gruppe II). Weitere 27 Patienten wurden ebenfalls hyperfraktioniert bestrahlt mit einer Gesamtreferenzdosis von 78 Gy, appliziert in 60 Fraktionen über einen Zeitraum von 6 Wochen (Gruppe III). Der zeitliche Mindestabstand der Bestrahlungen betrug 6 Stunden. In allen Fällen wurde zunächst eine Ganzhirnbestrahlung durchgeführt, gefolgt von einer Konzentration der Strahlenbehandlung auf den engeren Tumorbereich (Boost). Die Boostdosis betrug in Gruppe I 20 Gy, in Gruppe II 30 Gy und in Gruppe III 31,2 Gy. Bezüglich der Altersverteilung, des Geschlechtes, des allgemeinen Leistungszustandes nach Karnofsky und der Tumorlokalisation konnten keine signifikanten Unterschiede zwischen den Kollektiven festgestellt werden. Das mittlere Alter lag in der Größenordnung von 50 Jahren und der allgemeine Leistungszustand nach Karnofsky bei 70 % (Therapiebeginn). Auch hinsichtlich des histopathologischen Gradings (WHO) ergaben sich keine Unterschiede zwischen den Behandlungsgruppen, d.h., es überwogen die Glioblastome (Gruppe I 22/38, Gruppe II 15/29, Gruppe III 15/27). Auch bezüglich der Vorbehandlung waren keine signifikanten Unterschiede zwischen den verschiedenen Kollektiven feststellbar. Die meisten Patienten aller Gruppen waren ohne Vorbehandlung (Gruppe I 26/38, Gruppe II 22/29, Gruppe III 20/27). Die mittlere Nachbeobachtungszeit schwankte zwischen 113 und 409 Tagen (Gruppe I 257 Tage, Gruppe II 409 Tage, Gruppe III 113 Tage). Hier unterschieden sich die 3 Gruppen signifikant. Signifikante Unterschiede hinsichtlich des Überlebens der Behandlungsgruppen konnten nicht festgestellt werden (mittlere Überlebenszeit Gruppe I 334 Tage, Gruppe II 299 Tage, Gruppe III 382 Tage; Einjahresüberlebensrate Gruppe I 29,9 %, Gruppe II 37,9 %, Gruppe III 52,4 %). Auch das lokale Tumorverhalten nach Strahlenbehandlung war in den verschiedenen Gruppen nicht signifikant unterschiedlich. In keinem einzigen Falle konnte eine komplette Remission diagnostiziert werden. Eine partielle Tumorrückbildung zeigte sich in Gruppe I in 13 %, in Gruppe II in 32 % und in Gruppe III in 37 %. Das progressionsfreie Intervall war ebenfalls nicht signifikant unterschiedlich. Des weiteren zeigte der Verlauf des gemittelten Karnofsky-Indexes, daß der allgemeine Leistungszustand der Kollektive nicht signifikant divergierte. Prognoseparameter des Gesamtkollektivs (94 Patienten) waren Karnofsky-Index (p = 0,007) und Alter (p = 0,01).

Vergleicht man die eigenen Ergebnisse mit der Weltliteratur (1, 2, 3, 4, 5, 6), so ist Zurückhaltung geboten, weil sich das Design aller Studien in wesentlichen Parametern unterschied.

Von den 5 prospektiven randomisierten Studien (2, 3, 4, 5, 6) zeigte nur eine (2) eine signifikante Verlängerung des Überlebens nach hyperfraktionierter Bestrahlung.

Schlußfolgerung

Gegenwärtig ist eine Überlegenheit der hyperfraktionierten Bestrahlung maligner Gliome nicht zweifelsfrei belegt.

Literatur

1. Douglas BG, Worth AJ (1982) Superfractionation in glioblastoma multiforme - results of a phase II study. Int I Radiat Oncol Biol Phys 8:1787-1794
2. Fulton DS, Urtasun RC, Shin KH, Geggie PHS, Thomas H, Muller PJ, Moody J, Tanasichuk H, Mielke B, Johnson E, Curry B (1984) Misonidazole combined with hyperfractionation in the management of malignant glioma. Int J Radiat Oncol Biol Phys 10:1709-1712
3. Ludgate CM, Douglas BG, Dixon PF, Steinbok P, Jackson SM, Goodman GB (1988) Superfractionated radiotherapy in grade III,IV intracranial gliomas. Int J Radiat Oncol Biol Phys 15:1091-1095
4. Payne DG, Simpson WJ, Keen C, Platts ME (1982) Malignantastrocytoma. Hyperfractionated and standard radiotherapy with chemotherapy in a randomized prospective clinical trial. Cancer 50:2301-2306
5. Shin KH, Muller PJ, Geggie PHS (1983) Superfractionation radiation therapy in the treatment of malignant Astrozytoma. Cancer 52:2040-2043
6. Simpson WJ, Platts ME (1976) Fractionation study in the treatment of glioblastoma multiforme. Int J Radiat Oncol Biol Phys 1:639-644
7. Withers HR, Horiot JC (1988) Hyperfractionation. In: WithersHR, Peters LJ (Hrsg) Innovations in radiation oncology. Springer, Berlin Heidelberg New York London Paris Tokyo

Interstitielle Curietherapie bei Patienten mit niedriggradigen Hirnstamm-Astrozytomen - Langzeitergebnisse

D.F. Braus, K. Schwechheimer, B. Volk und F. Mundinger

Das therapeutische Vorgehen bei Hirnstamm-Astrozytomen von niedrigem Malignitätsgrad wird kontrovers diskutiert (2, 3). Für zerviko-medullär gelegene und für exophytisch wachsende Gliome empfehlen einige Autoren eine operative Intervention (1, 2). Für nicht resezierbare Hirnstamm-Astrozytome stehen therapeutisch externe Radiatio, eventuell in Kombination mit Chemotherapie, hyperfraktionierte Bestrahlung oder interstitielle Curie-therapie zur Verfügung. Die interstitielle Curietherapie erfolgt in der Regel mit den Radionukliden Iridium (^{192}Ir) und - seit 1979 mit Jod (^{125}I) (4).

Die vorliegende retrospektive Studie stellt an histologisch gesicherten Hirnstamm-Astrozytomen den Langzeitverlauf nach CT-stereotaktischer interstitieller Curietherapie mit ^{192}Ir und ^{125}I dar. Es wurden 55 Patienten mit niedriggradigen Hirnstamm-Astrozytomen, die zwischen 1974 und 1986 behandelt wurden, bis zum 31.12.1988 nachuntersucht. 26 Patienten wurden mit ^{192}Ir (Gruppe A) und 29 Patienten mit ^{125}I (Gruppe B) behandelt.

Altersverteilung und durchschnittlicher präoperativer Karnofsky-Index (67 %) waren in beiden Gruppen gleich. Computertomographisch waren 19 von 26 (73 %) Astrozytome der Gruppe A und 24 von 29 (83 %) der Gruppe B überwiegend mesencephal lokalisiert. 20 von 26 (77 %) Tumoren der Gruppe A und 23 von 29 (79 %) der Gruppe B stellten sich im CT hyperdens nach Kontrastmittelgabe dar. Die histomorphologische Klassifikation erfolgte entsprechend den Empfehlungen der WHO (6). In 17 (65 %) Fällen der Gruppe A und in 19 (66 %) der Gruppe B lag ein pilozytisches Astrozytom (WHO Grad I) vor, bei den übrigen 19 Patienten ein Hirnstamm-Astrozytom WHO Grad II. Wesentliche Unterschiede bezüglich der wichtigsten prognostischen Parameter (1, 2), nämlich Altersverteilung, präoperativer Karnofsky-Status, Tumorlokalisation und WHO-Grading bestanden damit zwischen den beiden Patientengruppen nicht.

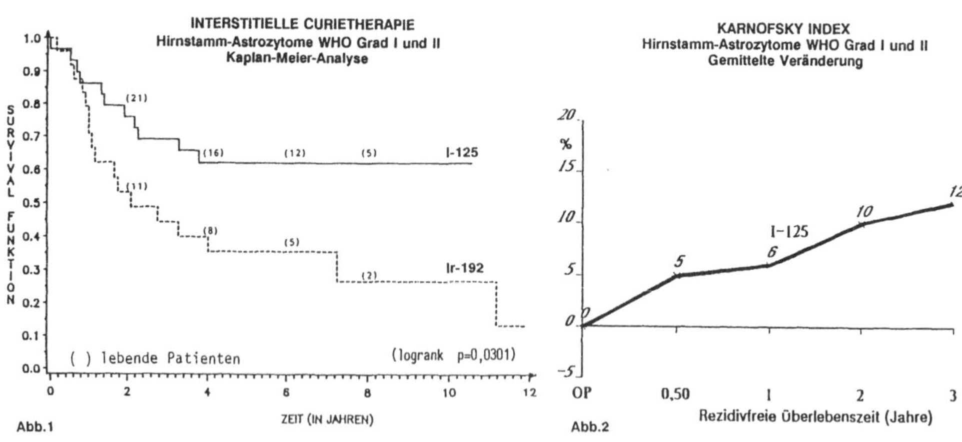

Die 5Jahres-Überlebensrate lag in Gruppe A bei 19 % und in Gruppe B bei 55 %. Die Überlebenswahrscheinlichkeit (Kaplan-Meier-Analyse) (Abb.1) der mit ^{125}I behandelten Patienten ist signifikant (logrank p = O,O3) günstiger im Vergleich zu den mit ^{192}Ir bestrahlten Patienten. Die Analyse des Verlaufs der gemittelten Veränderung des Karnofsky-Index zeigt, daß das computertomographisch nachweisbare lokale Ansprechen der Tumoren auf ^{125}I nicht mit einer Einbuße an Lebensqualität während der rezidivfreien Überlebenszeit verbunden war (Abb. 2).

Die interstitielle Curietherapie von Hirntumoren basiert auf dem Prinzip der selektiven Tumorbestrahlung unter möglichst weitgehendem Schutz des umgebenden normalen Hirngewebes. Die Dosis wird kontinuierlich bei geringer Dosisrate (bis ca. 10 cGy/h) direkt in den Tumor appliziert. Lokale Nebenwirkungen, besonders ein lange anhaltendes vasogenes Ödem (5), lassen sich durch sorgfältige, CT-kontrollierte Dosimetrie vermindern (4). In tierexperimentellen Untersuchungen konnte gezeigt werden, daß das Radionuklid ^{125}I im Gegensatz zu ^{192}Ir in gesunden Hundegehirnen zu einer scharf begrenzten Nekrose führt, die nur von einem schmalen Saum aus vasogenem Ödem, Gliose und perifokaler Demyelinisierung begleitet ist (5).

Aus den vorliegenden klinischen Langzeitergebnissen zur Überlebenswahrscheinlichkeit und Überlebensqualität bei Patienten mit nicht resezierbaren, in der Mehrzahl der Fälle mesencephal gelegenen, niedriggradigen Astrozytomen kann die Schlußfolgerung gezogen werden, daß im Falle einer CT-stereotaktischen interstitiellen Curietherapie das Radionuklid ^{125}I dem ^{192}Ir vorzuziehen ist. Gründe für das günstigere Abschneiden von [125]I dürften einerseits darin liegen, daß der energieärmere (0.027-0.035 MeV) Photonenstrahler ^{125}I mit steilem Dosisabfall im menschlichen Hirnstamm zu geringeren lokalen Nebenwirkungen führt als das energiereichere (0.3 - 0.61 MeV) [192]Ir mit flacherem Dosisabfall. Außerdem konnte in den letzten Jahren die Dosimetrie wegen des besseren Auflösungsvermögens der modernen Computertomographen optimiert werden (5).

Die Bedeutung der interstitiellen Curietherapie mit ^{125}I bei niedriggradigen Hirnstamm-Astrozytomen im Vergleich zu anderen Therapieformen sollte durch eine prospektive randomisierte multizentrische Langzeit-Therapiestudie geklärt werden.

Literatur

1. Albright AL, Guthkelch AN, Packer RJ et al (1986) Prognostic factors in pediatric brain-stem gliomas. J Neurosurg 65:751-755
2. Epstein F, McCleary EL (1986) Intrinsic brain-stem tumors of childhood: surgical indications. N Neurosurg 64:11-15
3. Freeman CR, Krischer J, Sanford RA et al (1988) Hyperfractionated radiotherapy in brain stem tumors: results of a pediatric oncology group study. Int J Radiat Oncol Biol Phys 15:311-318
4. Mundinger F (1989) Dosimetry in imaging-stereotactic interstitial curietherapy (brachycurietherapy) with iridium-192 and iodine-125. Application in nonresectable brain tumors and recurrences. In: Dyck P, Bouzaglu A (Hrsg) Neurosurgery: State of the art reviews. Hanley & Belfus, Philadelphia
5. Ostertag CB, Groothuis D, Kleihues P (1984) Experimental data on early and late morphologic effects of permanetly implanted gamma and beta sources (iridium-192, iodine-125 and yttrium-90) in the brain. Acta Neurochir suppl 33:271-280
6. Russell DS, Rubinstein LJ (1989) Pathology of tumours of the nervous system. Fifth edn. Arnold, London

Behandlungsstrategie bei Metastasen in der hinteren Schädelgrube

M. Conzen, H. Ebel, J. Hoff und F. Oppel

Die klinische Symptomatik, die durch Metastasen im Bereich der hinteren Schädelgrube ausgelöst wird, führt häufig erstmals zur Diagnose einer Neoplasie. Durch ihre raumfordernde Wirkung zusammen mit dem begleitenden Ödem oder auch durch spontane Einblutungen kommt es zur Verdrängung oder Verlegung des vierten Ventrikels mit konsekutivem Verschlußhydrozephalus. Es resultiert häufig ein dramatischer Verlauf, der zum sofortigen Handeln zwingt. Anhand von 25 Fällen der letzten beiden Jahre mit infratentoriellen Metastasen werden die Behandlungsstrategie und unsere Ergebnisse diskutiert.

13 Männer und 12 Frauen wurden in unserer Klinik von 1988 bis Anfang 1990 an einer Metastase im Bereich der hinteren Schädelgrube operiert. Die Altersgruppe von 50 - 70 Jahren war dabei am häufigsten vertreten. Ataxie (16 Pat.), Kopfschmerzen (13 Pat.), Schwindel (11 Pat.) und Übelkeit (11 Pat.) waren bei Aufnahme die führenden Symptome. Wir haben versucht, die Symptome getrennt nach Patienten mit oder ohne begleitenden Hydrozephalus aufzulisten. Ein dabei erwarteter Unterschied hat sich aber nicht bestätigt.

Die Primärtumor-Anamnese ist bei Patienten mit Metastase in der hinteren Schädelgrube weit gestreut, im Mittel beträgt sie 2,8 Jahre. Zum Zeitpunkt der Krankenhausaufnahme waren bekannt: 5 Mamma-Ca, 5 Bronchial-Ca, 2 Melanome, 1 Ovarial-Ca, 1 Lungen-Ca, 1 Hypernephrom, 1 Nasopharynx-Ca, 1 Sigma-Ca, 1 Prostata-Ca und 7 unbekannte Primärtumoren. Die aktuelle Anamnese ist bei Patienten mit einer Raumforderung in der hinteren Schädelgrube in der Regel sehr kurz. 7 Patienten hatten eine Akutanamnese von 1 - 8 Tagen, 10 Patienten zwischen 1 - 3 Wochen, 6 zwischen 3 - 12 Wochen und lediglich 2 mehr als 12 Wochen. Metastatische Tumoren in der hinteren Schädelgrube sind bei Beginn der diagnostischen Abklärung in den meisten Fällen unseres Krankengutes in 75 % größer als 2 x 2 cm. Trotz der engen anatomischen Verhältnisse und des in der Regel schnellen Wachstums der Geschwülste bleiben diese Raumforderungen lange symptomlos. Bei Tumoren im Bereich der hinteren Schädelgrube beobachten wir zwei verschiedene Verlaufsformen:

1. Den langsam progredienten Verlauf mit akuter sekundärer Exazerbation, sogenannter biphasischer Verlauf und 2. die fudroiante Verlaufsform mit perakutem Einsetzen von Alarmsymptomen, eventuell sogar ohne jegliche Frühsymptome, hauptsächlich bei Einblutungen in einen bestehenden Tumor.

Die Behandlungsstrategie nach erfolgter diagnostischer Abklärung mit einem Schädel-Computertomogramm oder Schädel-MR muß zunächst die Dringlichkeit der operativen Maßnahmen anhand der klinischen Symptome des Patienten festlegen. Ein bestehender Hydrozephalus internus aufgrund einer Verlegung des 4. Ventrikels bedarf bei akutem Hirndruck einer sofortigen Liquordrainage. Falls eine Metastase schon diagnostisch im Bereich der hinteren Schädelgrube zu erwarten ist, legen wir als erste operative Maßnahme einen ventrikulo-peritonealen Shunt, in den übrigen Fällen eine externe Ventrikeldrainage. Aufgrund der hohen Rezidivierungsrate zerebellärer Metastasen haben sich primäre intracorporale Liquorableitungen nach unseren Erfahrungen bewährt. Beruht der kritische Zustand des Patienten auch auf der lokalen Druckwirkung der Metastase auf den Hirnstamm oder droht nach Entlastung des supratentoriellen Hydrozephalus eine transtentorielle Herniation, entfernen wir akut die Raumforderung in der hinteren Schädelgrube. In unserem untersuchten Patientengut sind von 25 Patienten mit einer Metastase im Bereich der hinteren Schädelgrube 12 akut innerhalb von 12 Stunden nach stationärer Aufnahme operiert worden. Dabei wurden 7 akute ventrikuloperitoneale Shunts und 2 akute externe Ventrikeldrainagen gelegt. Bei 4 Patienten wurde primär die infratentorielle Raumforderung entfernt (Tab. 1). Alle anderen Patienten wurden mit aufgeschobener Dringlichkeit operiert. Dabei erfolgte in 6 weiteren Fällen eine intracorporale Shuntableitung, bei 2 eine passagere externe Liquorableitung. In allen Fällen wurde die Metastase entfernt.

Tabelle 1. Operationen

Shunt	akut	7	nicht akut	6
Drainage	akut	2	nicht akut	2
Metastase	akut	4	nicht akut	21

Die Ergebnisse bei Entlassung beziehungsweise bei Verlegung aus der neurochirurgischen Behandlung wurden anhand der Glasgow Outcome Score nach Jennett und Bond 1975 ermittelt. Zwei Patienten verstarben in der postoperativen Phase, ein Patient wurde in vegetativer Bewußtseinslage verlegt, drei schwer behindert. 19 Patienten (= 76 %) konnten leicht behindert oder gut entlassen werden zur weiteren Therapie. Wenn man die Patienten nach primär mit oder ohne begleitenden Hydrozephalus unterteilt, zeigen Patienten mit primärem Hydrozephalus in der Tendenz schlechtere Ergebnisse als Patienten ohne begleitende Liquorabflußstörung (Tab. 2). Wie erwartet, haben Patienten mit großen metastatischen Raumforderungen einen schlechteren Outcome als Patienten mit kleinen Tumoren (Tab. 3). Kleine Metastasen können dank mikrochirurgischer Technik gut entfernt werden und bringen nach relativ kurzem Krankenhausaufenthalt eine deutliche Verbesserung der Lebensqualität.

Tabelle 2. Tumorgröße und Outcome (Glasgow Outcome Scale)

	verst.	veg.	schw.beh.	leichtbeh.	gut
< 2 x 2 cm				1	3
2 x 4 cm	2	1	2	5	8
> 4 x 4 cm			1	1	1

Tabelle 3. Outcome (nach GOS) mit und ohne primären Hydrozephalus

	verst.	veg.	schw.beh.	leichtbeh.	gut
Hydro	1	1	3	4	7
non Hydro	1	0	0	3	5

Das Literaturverzeichnis ist bei den Verfassern erhältlich.

Reoperation bei Rezidiven maligner Gliome

C. Ksinsik, B. Müller, W. Dittmann, H.-A. Müller und P. Krauseneck

Methodik und Patientengut

Von 1983 - 1988 wurden in der Kopfklinik in Würzburg 147 Pat. im Rahmen der Deutsch-Österreichischen Studie behandelt. Bei 27 dieser 147 Pat. wurde eine Reoperation bei Tumorrezidiv durchgeführt. Exakte Angaben über Selektion und Verlauf dieser Pat. sind möglich, da eine regelmäßige Dokumentation bis zum Tode erfolgte.

Die Indikation zur Reoperation war an folgende Voraussetzungen gebunden:
1. Gesichertes Tumorrezidiv 2. Karnofsky-Index $\geq$ 40% 3. Günstige supratentorielle Tumorlokalisation 4. Zu erwartender Rückgang neurologischer Ausfälle bzw. der akuten Hirndrucksymptomatik.

Ergebnisse

Die reoperierten Pat. unterscheiden sich nicht hinsichtlich Alter, Geschlecht, Tumorlokalisation und Karnofsky-Index nach der Erstoperation vom Gesamtkollektiv. Lediglich die mediane Zeit bis zum Rezidiv war mit 40 Wo. i. Vgl. zu 26 Wo. länger, und der mediane Karnofsky-Index bei Rezidiv war bei der reoperierten Gruppe 10 % höher (70 % zu 60 %).

Wir fanden, daß die unmittelbare *perioperative Morbidität* bei der zweiten Operation nicht höher war, nur eine Pat. mit schon zuvor kaum beherrschbarem Hirndruck verstarb vier Tage postoperativ aufgrund des progredienten Hirndrucks.

Der Karnofsky-Index der Pat. wurde unmittelbar präoperativ und 1 Woche postoperativ verglichen:

Bei 21 Pat. war der Karnofsky-Index 1 Woche nach der 1. Op. gleich oder besser, während er bei 6 Pat. schlechter wurde. Die zweite Operation zeigte ähnliches: 19 Pat. gleich oder besser, 8 schlechterer Karnofsky.

Der Karnofsky-Index blieb also in ca. 2/3 der Fälle stabil oder besserte sich. Er betrug im Median vor der 1. Op. 80 %, vor der 2. Op. 70 % und nach der 2. Op. 60 %.

Prognostische Faktoren

Die mediane *Überlebenszeit* (mÜLZ) nach der 2. Op. betrug 6 Monate, 20 % überlebten 1 Jahr. Die Gesamtüberlebenszeit liegt mit median 21 Mon. im Vgl. zu 12 Mon. ebenso deutlich über der Gesamtgruppe wie der Anteil der nach 2 Jahren noch lebenden Patienten mit 25 % zu 12 %.

Karnofsky-Index und *Alter* erlauben eine gewisse Einschätzung der Gesamtprognose. Bei einem Karnofsky vor der 2. Op. von $\geq$ 70 %, war die mÜLZ 36 Wo., bei < 70 % war sie nur halb so lang. Pat. > 50 J. lebten im Median 22 Wo., Pat. < 50 J. hingegen 46 Wo.

Eine deutliche Korrelation fand sich auch zwischen interoperativem Zeitintervall und der ÜLZ nach der Reoperation, so daß sich hier ein zusätzliches, wichtiges, prognostisches Kriterium ergibt:

Zeit zwischen 1. und 2. OP	< 1/2 Jahr	1/2 - 1 Jahr	> 1 Jahr
mittlere Überlebenszeit ab 2. OP	11 Wo.	34 Wo.	53 Wo.

Der *Malignitätsgrad* (WHO) des Glioms bei der 1. Op. ist auch für die Prognose nach der 2. Op. bedeutsam: Grad IV 22 Wo., Grad III 48 Wo., obwohl 3 der 7 Grad III Tumoren sich zum Grad IV entwickelt hatten.

Das Ausmaß der *Tumorresektion* spielte statistisch für die ÜLZ nach der Erstoperation keine Rolle, was sich durch die intensive Nachbehandlung mit Bestrahlung und Chemotherapie erklärt. Nach der 2. Op. leben makroskopisch total operierte Pat. deutlich länger als partiell/subtotal resezierte (mÜLZ 36 Wo.: 22Wo.).

Zusammenfassung

Literaturserien zur Reoperation maligner Gliome stellen eine mehr oder minder starke positive Selektion aus dem Gesamtpatientengut mit malignen Gliomen dar. Auch in der eigenen Patientengruppe gibt es trotz gleicher Eingangsmerkmale wie in der Gesamtstudienpopulation mit längerem "freiem Intervall" und etwas höherem Karnofsky-Index zum Rezidivzeitpunkt positive Selektionsmerkmale.

Für unsere reoperierte Patientengruppe mit malignem supratentoriellem Gliom gilt in Übereinstimmung mit der Literatur (1-5):

Das Gesamtrisiko der Reoperation entspricht dem der Erstoperation. Nach der Zweitoperation liegt die mediane Überlebenszeit bei $\geq$ 1/2 Jahr ; 20 % unserer Patienten lebten länger als 1 Jahr. Die Reoperation verlängert nicht nur die ÜLZ, sondern in der Mehrzahl der Fälle wird eine stabile, bzw. bessere Lebensqualität erreicht.

Die Prognose nach Zweitoperation eines malignen Glioms ist günstiger bei: jüngeren Patienten, höherem Karnofsky Index, WHO Grad III Tumoren, bei möglicher makroskopischer Totalresektion des Tumors und bei längerem interoperativen Intervall, d. h. der Zeit zwischen 1. Op. und 2. Op.

Die obengenannten, statistisch identifizierbaren Faktoren sind eine wichtige Entscheidungshilfe, erlauben aber eine zuverlässige Prognoseabschätzung im Einzelfall nicht immer.

Die Ergebnisse ermutigen zu einer erweiterten Indikationsstellung zur Reoperation unter Berücksichtigung der genannten Kriterien.

Literatur

1. Ammirati M, Galicich J (1987) Reoperation in the treatment of recurrent intracranial malignant gliomas neurosurgery 21:607-614
2. Harsh GR IV (1987) Reoperation for recurrent glioblastoma and anaplastic astrocytoma neurosurgery 21:615-621
3. Salcman (1982) Effect of age and reoperation on survival in the combined modality treatment of malignant astrocytoma neurosurgery 10:451-463
4. Vick NA (1989) Reoperation for malignant astrocytoma Neurology 39:430-432
5. Young B (1981) Reoperation for glioblastoma Neurosurg 55:917-921

Reoperationsstudie von Patienten mit malignen Gliomen unter der "Multimodalen Therapie"

H.W. Pannek, F. Oppel und R. Schnabel

Die Prognose der Patienten mit sog. malignen Gliomen (Astrozytom III und IV WHO sowie Gliosarkomen) ist nach wie vor ungünstig.

Auch die Anwendung modernster Op.-Techniken wie Mikrochirurgie, CUSA und Laser haben nicht zu längeren Überlebenszeiten geführt. Diese wenig ermutigende Perspektive spiegeln auch die Gliomstudien der letzten Jahre wieder (4, 5, 7).

Da eine kurative Behandlung dieser Tumoren nicht zu erreichen ist, wird nach Therapiemöglichkeiten gesucht, um das Wieder- bzw. Weiterwachstum zu verlangsamen oder zu verhindern (2, 6). Diese Suche hat bei uns zur Entwicklung eines neuen Behandlungskonzeptes geführt - der sog. "multimodalen Therapie". Dieses Behandlungskonzept basiert auf der gezielten Anwendung von Maßnahmen, die zum jeweiligen Zeitpunkt für den jeweiligen Tumor ein optimales Ergebnis versprechen. Dieses "flexible" und "unorthodoxe" Vorgehen erweitert die "klassische" Therapie der Hirntumoren, die sich an größere Statistiken anlehnt, durch die ergänzende Einbeziehung von Behandlungsmethoden aus Nachbargebieten.

Anhand einer Verlaufsuntersuchung (1984 - 1990) von 12 Pat. mit Astrozytomen III und IV WHO sowie einem Gliosarkom wird dieses Behandlungskonzept vorgestellt und mit anderen Reoperationsstudien verglichen.

Methodik

Das maximale Patientenalter wurde auf 65 Jahre (bei guter physischer Kondition ohne Begleiterkrankungen) festgesetzt. Zudem sollten folgende Forderungen erfüllt sein: Ein Karnofsky-Index von 90 %, Selbsteinschätzungsindex zwischen gut und sehr gut, Gliomlokalisation supratentoriell mit Malignitätsgrad von mindestens Astrozytom III (mit Nekrosenachweis) bzw. Astrozytom IV WHO oder Gliosarkom mit zystischer Komponente.

Die Behandlung wurde in drei Phasen unterteilt:

1.: Operation mit max. Resektion, bei primär zystischem Gliom Implantation eines Ommaya-Reservoirs in die Resektions- bzw. Zystenhöhle. Post op. Radiatio und (falls vom Pat. nicht abgelehnt) systemische Chemotherapie (nach den Richtlinien der BTSG bzw. Deutsch-Österreichischen Gliomstudie).

2.: Bei Tu.-Progressionsnachweis in der bildgebenden Diagnostik und einem Karnofsky-Index > 70 % erfolgte zu der systemischen Chemotherapie die intratumorale/intrazystikale Applikation von BCNU, Methotrexat oder Alexan im Zyklus von 3 Wochen an 3 aufeinanderfolgenden Tagen. Bei Nichtansprechen der o. a. Zytostatika oder Hypersekretion im Zystenanteil (> 20 ml/die) wurde ein flüssiges Nuclid 32 P-Kolloidgel (beta-Strahler) instilliert. Vor jeder Applikation wurde die Tumor- bzw. Zystenflüssigkeit aspiriert und zytologisch untersucht. Wurden nach dem 2. Applikationszyklus keine regressiven Tumorzelländerungen (in vivo Progressionsbeobachtung) nachgewiesen, erfolgte Wechsel des Chemotherapeutikums.

3.: Bei klinisch manifestem Progressionsnachweis und einem Karnofsky-Index > 70 % wurde dann als ultima ratio eine nochmalige operative Intervention durchgeführt und die o. a. Kombinationstherapien fortgesetzt, wobei in den Phasen 2 und 3 eine flexible Anwendung der Behandlungsformen und Reoperationen erfolgten, welche nur vom individuellen Krankheitsverlauf des Patienten bestimmt war.

Ergebnisse

Bei den hier untersuchten Patienten, die im Zeitraum von 1984 bis 1990 in unserer Klinik operiert und behandelt wurden, entsprach das Verhältnis weiblich zu männlich 1 : 5. Das Alter der Pat. lag zwischen 24 und 62 Jahren, im Mittel 45 Jahre. Bei den ersten Op. wurden als histologische Befunde bei 5 Pat. ein Astrozytom III WHO, bei 6 Pat. ein Glioblastom und in einem Fall ein Gliosarkom festgestellt. In jeweils 6 Fällen war die Lokalisation rechts bzw. links, wobei der Lobus frontalis, parietalis und temporalis betroffen waren. Der exstirpierte Tu.-Durchmesser bei der ersten Op. betrug im Mittel 3,5 cm (min. 2 cm, max. 5 cm). Der Zeitraum zwischen der 1. Op. und der Re.-Op. betrug im Mittel 10 Monate; bei der Reoperation zeigte sich bei einem Pat. eine Transformation eines Astro. III zu einem Glioblastom. In einem Vergleich der Karnofsky-Indizies nach der 1. Op. und Re.-Op. trat im Mittel nach der Re.-Op. ein Abfall von 20 % auf. Zwei Pat. erhielten keine Re.-Op., wobei ein Pat. vor der Re.-Op. aufgrund einer fulminanten Pneumonie bei Knochenmarksdepression unter der systemischen BCNU-Therapie verstarb, bei dem 2. Pat. war bis zur Abfassung des Manuskriptes noch keine Progression nachweisbar. 8 Pat. erhielten eine systemische BCNU-Therapie, davon in 4 Fällen eine Kombination mit VM-26. Via Ommaya-Reservoir wurden bei allen Pat. Alexan, in 2 Fällen 32 P-Kolloidgel (aufgrund starker Sekretion) - und BCNU- sowie in einem Fall Methotrexat-Kombinationen instilliert. Unter den Alexan-Applikationen war in 6 Fällen jede Aspirationsprobe positiv (zytologischer Nachweis von regressiv veränderten Tumorzellen), bei 2 Pat. war der Nachweis überwiegend positiv, in 4 Fällen gelegentlich positiv. Bei 2 Pat. erfolgte eine BCNU-Applikation, wobei in beiden Fällen der Nachweis nur gelegentlich positiv war, es wurde auf Alexan gewechselt. Zwei Pat. erhielten 32 P-Kolloidgel, welches bei jeder Aspirationsprobe einen positiven Nachweis ermöglichte. Die Überlebenszeit betrug im Mittel 77 Wochen. Das Verhältnis von Gesamt-hospitalisierungszeit (auch Ambulanzzeiten) und Überlebenszeit betrug i. M. 18 %.

Diskussion

Die vorliegende Arbeit mit nur 12 Pat. und der angeführten Kombinationsbehandlung ist nur bedingt mit detaillierten Ergebnissen großer Reoperationsstudien von Harsh et al (3) und Ammirati et al (1) vergleichbar. Es zeigten sich jedoch Übereinstimmungen im Zeitraum zwischen 1. Op. und Re.-Op., Überlebenszeit sowie der signifikanten längeren Überlebenszeiten bei jüngeren Pat. Ziel dieser Präsentation sollte die Diskussion des innovativen Aspektes dieses Therapiekonzeptes sein.

Das Literaturverzeichnis ist bei den Verfassern erhältlich.

Therapie, Prognose und Spätkomplikationen bei 74 Kindern mit Medulloblastomen aus einer einzelnen Institution

P. Gutjahr, T. Hoppen, D. Voth, M. Dittrich, J. Kutzner und M. Schwarz

Zwei Drittel der primären Hirntumoren im Kindesalter sind infratentoriell gelegen; die hochmalignen Medulloblastome - überwiegend des Kleinhirnwurms - sind die häufigsten primären Tumoren des Zentralnervensystems in dieser Altersgruppe. In der Behandlung fanden nach den ersten Operationen in den zwanziger Jahren lokale Radiotherapie, kraniospinale Bestrahlung und schließlich die zytostatische Behandlung Eingang in die Therapie dieser Grad-IV-Tumoren. Umfassende Studien berichten über 50 - 55 % 3Jahres-Heilungen nach Operation, kraniospinaler Radiotherapie und Chemotherapie.

Es wird hier über die Behandlungsergebnisse bei einem unausgewählten Patientenkollektiv von 74 Kindern berichtet, die zwischen 1954 und 1990 wegen Medulloblastomen behandelt wurden, und zwar in einer einzelnen Institution.

Es handelt sich um 46 Knaben und 28 Mädchen; 29 Kinder waren 0 - 4, 23 5 - 8 und 22 9 - 17 Jahre alt. Zwei Kinder wurden nicht behandelt: ein männlicher Säugling mit zusätzlichen multiplen Fehlbildungen des ZNS, ferner ein Kind, das im fortgeschrittenen Stadium einer Kardiomyopathie ein Medulloblastom entwickelt hatte und aus kardiologischer Sicht behandlungsunfähig war.

Kinder, die zwischen 1954 und 1979 erkrankt waren, wurden postoperativ kraniospinal bestrahlt (40 Gy ZNS, zusätzlich 20 Gy hintere Schädelgrube), erhielten in der Regel eine zytostatische Behandlung mit Vincristin, Zyklophosphamid und intrathekal Methotrexat und seit 1974 zusätzlich das Nitrosoharnstoffderivat CCNU. Seit 1980 wurde vor die Radiotherapie eine meist achtwöchige Kombinationschemotherapie mit Procarbazin, hochdosiertem Methotrexat mit Citrovorum-Faktor-Rescue und Vincristin (1980 - 84) bzw. Procarbazin, hochdosiertem Methotrexat/Citrovorum-Faktor, Ifosfamid, VP-16, Cis-Platin und Zytosin-Arabinosid (1985 - 90) geschaltet, die kraniospinale Radiotherapie (35 Gy ZNS, zusätzliche 20 Gy hintere Schädelgrube) angeschlossen, bei jüngeren Kindern die Dosis reduziert (25 - 30/40 - 45 Gy).

Von den zwischen 1954 - 79 erkrankten 39 Kindern wurden 13 Kinder makroskopisch total operiert, von den zwischen 1980 - 90 Erkrankten waren es 16 von 33. Zwei blieben unbehandelt: wegen Kardiomyopathie das eine, wegen multipler Fehlbildungen das andere. Eine Radiotherapie erhielten 1954 - 79 25/39 Kinder und 1980 - 90 32/33 Kinder. 26/39 Kinder wurden zytostatisch behandelt (1954 - 79), 1980 - 90 waren es 32/33.

Bei den zwischen 1954 - 79 erkrankten Kindern war die 5Jahres-Überlebensrate 21 %, bei den zwischen 1980 - 90 erkrankten waren es 74 %.

Bei Behandlungsbeginn 9 - 17 Jahre alte Kinder hatten eine bessere Prognose als die 5- bis 8jährigen; die 0- bis 4jährigen Kinder nahmen eine intermediäre Position ein. Die Prognose war besser für Mädchen als für Knaben. Die Analyse erfolgte mittels Life-Table-Analysen und bezog sich hinsichtlich Alter und Geschlecht auf den gesamten Beobachtungszeitraum.

Zu den im Vergleich zum internationalen Schrifttum sehr guten Ergebnissen haben zweifellos operative und radiotherapeutische Fortschritte wesentlich beigetragen, ferner die Verbesserungen im Bereich der perioperativen pädiatrischen Intensivmedizin. Die postoperative präradiotherapeutische Kombinationschemotherapie der letzten zehn Jahre kann - mit aggressiver zytostatischer Behandlung - als hocheffektiv bezeichnet werden. Schließlich dürfte die optimale Therapieabstimmung unter den Mitgliedern eines langjährig eng kooperierenden interdisziplinären Behandlungsteams von erheblicher prognostischer Bedeutung sein.

Gegenwärtig rechtfertigen die Behandlungsergebnisse (74 % 5Jahres-Heilungen) einen therapeutischen Optimismus, wenn auch die Nachfolgeprobleme (motorische, neurologische, endokrinologische Störungen, Wachstumsdefizit der Wirbelsäule, intellektuelle Beeinträchtigung vor allem in leistungsbezogenen Testverfahren (Arbeit pro Zeit), ferner das Problem der Sekundärmalignome) nicht unterschätzt werden dürfen, in mehr als 50 % der Fälle zu einer partiellen Defektheilung führen und einer intensiven Rehabilitation (Krankengymnastik, schulische Betreuung etc.) zuzuführen sind.

Da zunehmend Kinder mit früherer Medulloblastom-Erkrankung das Erwachsenenalter erreichen und damit Neurologen mit dieser Thematik konfrontiert werden können, erscheint die Präsentation dieses Beitrages mit pädiatrisch-neuroonkologischer Thematik auf dem Neurologenkongreß sinnvoll und wichtig. Darüber hinaus soll zu einer Multicenter-Studie angeregt werden, welche die (seltene) Medulloblastom-Problematik im Erwachsenenalter thematisiert. Vergleiche mit Behandlungsergebnissen im Kindesalter könnten hier weitergehende Aufschlüsse über die Biologie dieser Tumoren liefern und zu einem Therapiekonzept überregionaler Art für die embryonalen Medulloblastome adulten Types führen.

Behandlungsstrategien bei kindlichen Hirntumoren aus neurochirurgischer Sicht

J. Pospiech, R. Kalff und W. Grote

Bekanntlich zeigen kindliche Hirntumoren einige Besonderheiten gegenüber denen des Erwachsenen. So sind z. B. die Beschwerdesymptomatik und der neurologische Untersuchungsbefund, bedingt durch die Plastizität des kindlichen Schädels sowie die große funktionelle Kompensationsfähigkeit des unausgereiften Gehirnes, häufig uncharakteristisch. Fokale Ausfälle fehlen zumeist. Hirndrucksymptome im Rahmen eines Verschluß-hydrozephalus stehen infolge enger topographischer Beziehungen der Tumoren zum Ventrikelsystem im Vordergrund. Auf der anderen Seite bedeutet die Unreife des Gehirnes aber auch eine erhöhte Vulnerabilität gegenüber verschiedensten Einflüssen. So sind Minderungen der intellektuellen Fähigkeiten sowie Veränderungen der Persönlichkeit nach einer postoperativen Strahlentherapie beschrieben (2, 4).

Für den Neurochirurgen sind daher zwei Aspekte von Interesse. 1. Wie und wann ist ein begleitender Verschlußhydrozephalus zu behandeln? 2. Wie radikal kann und soll der Tumor selbst operiert werden? Bedeutet zudem eine erhöhte Radikalität auch eine bessere Gesamtprognose?

In unserem eigenem Krankengut von 83 Kindern - 75 % infra-, 25 % supratentorielle neuroepitheliale Tumoren - war bei 42 % (n = 35) eine liquorableitende Operation vor der eigentlichen Geschwulstentfernung erforderlich gewesen. Ursache war in allen Fällen ein dekompensierender Verschlußhydrozephalus. In 91 % handelte es sich um Kinder mit infratentoriellen Tumoren.

Darüber hinaus waren die Patienten mit supratentoriellen Tumoren in erster Linie psychisch auffällig geworden. Bei 15 von 21 Kindern konnten keine oder nur diskrete neurologische Defizite nachgewiesen werden. Demgegenüber ließen sich bei den meisten Patienten mit infratentoriellen Tumoren neurologische Herdzeichen von seiten des Kleinhirnes oder des Hirnstammes feststellen. Nur 12 von 62 Kindern waren relativ unbeeinträchtigt.

Histologisch überwogen im Bereiche der Großhirnhemisphären niedriggradige Gliome; allerdings fanden sich in 8 Fällen auch hochmaligne Tumoren. Diese waren in der Regel schlechter von der Umgebung abgrenzbar. Bei 17 Kindern konnte der Tumor subtotal bis total exstirpiert werden, ohne daß in einem einzigen Fall eine neurologische Verschlechterung durch die Operation aufgetreten ist. So waren z. B. während einer mittleren Nachbeobachtungszeit von 107 Monaten alle Patienten nach Totalexstirpation rezidivfrei und neurologisch unauffällig. Nach ausschließlicher Probebiopsie lag die mittlere Überlebenszeit nur bei 7 1/2 Monaten. Eine postoperative Strahlentherapie führte zu keiner Verbesserung der Gesamtprognose.

Medulloblastome und Kleinhirnastrozytome waren mit 24 bzw. 17 Fällen die häufigsten histologischen Diagnosen in der hinteren Schädelgrube. Nur bei 6 Kindern mit einem Medulloblastom war eine komplette Tumorentfernung möglich, in 5 Fällen mit tumoröser Infiltration der Hirnschenkel bzw. der Rautengrube wurde lediglich eine Probebiopsie durchgeführt. Eine größere Operationsradikalität führte insgesamt nur zu einer gering erhöhten 5J.-Überlebensrate - 40 % nach Probebiopsie, 48 % nach subtotaler und totaler Tumorexstirpation. Auf der anderen Seite konnten über 50 % der Kleinhirnastrozytome komplett, die restlichen aber zumindest subtotal reseziert werden. Ohne eine weitere Nachbehandlung betrug die 5J.-Überlebensrate 82 %. Im Gegensatz zu den Patienten mit supratentoriellen Tumoren zeigten über die Hälfte der Kinder nach Eingriffen in der hinteren Schädelgrube deutlich beeinträchtigende neurologische Ausfälle.

Bedingt durch die oft engen topographischen Beziehungen kindlicher Hirntumoren zum Ventrikelsystem kann sich, insbesondere bei Tumoren der hinteren Schädelgrube, ein Verschlußhydrozephalus entwickeln (5). Im Falle einer akuten Dekompensation wird das klinische Bild dann von den Symptomen eines erhöhten intrakraniellen Druckes bestimmt. Man wird in dieser Situation in der Regel nicht direkt den Tumor chirurgisch angehen, sondern vielmehr im Rahmen einer liquorableitenden Operation den intrakraniellen Druck rasch senken. Heute ziehen wir die ventrikuloperitoneale der ventrikulokardialen Ableitung eindeutig vor. Das Risiko, durch den Shunt evtl. maligne Tumorzellen über den Gesamtorganismus zu verbreiten, schätzen wir in Übereinstimmung mit der Literatur gering ein (5). Erfordert die klinische Situation kein notfallmäßiges Handeln, sollte die Entscheidung für oder wider ein zusätzliches Shuntsystem erst während der eigentlichen Tumoroperation gefällt werden. Besonders bei supratentoriellen Geschwülsten sowie gut abgegrenzten Tumoren der hinteren Schädelgrube, wie den Kleinhirnastrozytomen, wird es nämlich sehr oft möglich sein, durch die Tumorentfernung eine freie Liquorpassage wiederherzustellen. Man erspart dem Kind so unter Umständen mögliche Komplikationen von seiten des Shuntsystems.

In jedem Falle streben wir eine radikale Tumorexstirpation an. Bei supratentoriellen Geschwülsten erreicht man so eine deutlich bessere Gesamtprognose (1, 3), ohne gleichzeitig eine erhöhte postoperative Morbidität in Kauf nehmen zu müssen. Bei Tumoren der hinteren Schädelgrube ist auf der anderen Seite jedoch zu beachten, daß das Risiko einer Zunahme neurologischer Ausfälle postoperativ unter Umständen größer ist, will man in jedem Falle eine komplette Tumorexstirpation erreichen. Hier spielt die Histologie eine zusätzliche entscheidende Rolle. Gerade bei den Medulloblastomen finden sich nämlich keine signifikanten Unterschiede hinsichtlich der Überlebensrate bzw. der rezidivfreien Zeit, betrachtet man die Gruppen nach subtotaler und totaler Tumorexstirpation. Kinder mit Kleinhirnastrozytomen können auf der anderen Seite aber als geheilt angesehen werden, wenn es gelingt, die Geschwulst radikal zu entfernen. Dies trifft insbesondere für die ausschließlich in den Hemisphären lokalisierten Tumoren zu (6).

Literatur

1. Hirsch EJF, Sainte Rose C, Pierre-Kahn A, Pfister A, Hoppe Hirsch E (1989) Benign astrocytic and oligodendrocytic tumors of the cerebral hemispheres in children. J Neurosurg 70:568-572
2. Kun LE, Mulhern RK, Crisco JJ (1983) Quality of life in children treated for brain tumors. J Neurosurg 58:1-6
3. Mercuri S, Russo A, Palma L (1981) Hemispheric supratentorial astrocytomas in children. J Neurosurg 55:170-173
4. Packer RJ, Sutton LN, Atkins TE, Radcliffe J, Bunin GR, Dangio G, Siegel KR, Schut L (1989) A prospective study of cognitive function in children receiving whole brain radiation and chemotherapy. J Neurosurg 70:707-713
5. Raimondi AJ, Tomita T (1981) Hydrocephalus and infratentorial tumors. J Neurosurg 55:174-182
6. Wallner KE, Gonzales MF, Edwards MSB, Wara WM, Sheline GE (1988) Treatment results of juvenile pilocytic astrocytoma. J Neurosurg 69:171-176

Präoperative Embolisierung von Meningeomen

R. von Kummer, M. Forsting, R. Wirtz, P. Haag und K. Sartor

Nur wenige Jahre nach Einführung der Angiographie durch Moniz unternahm Brooks (1) den ersten interventionell neuroradiologischen Eingriff, indem er über die A. carotis eine traumatische Sinus-cavernosus-Fistel mit Muskelstücken embolisierte. Zunehmende Erfahrung mit verschiedenem Embolisationsmaterial und die Entwicklung einer superselektiver Kathetertechnik hat inzwischen die Indikation zur therapeutischen Embolisation deutlich erweitert. Neben den Gefäßmißbildungen einschließlich den Aneurysmen werden heute vor allem gefäßreiche Tumoren embolisiert. Die Meningeome bieten sich hier wegen ihrer Vaskularisation, ihrer Größe bei Diagnosestellung, ihrer nicht selten für eine operative Entfernung ungünstigen Lokalisation und Neigung zur Knocheninfiltration als besonders geeignet an.

Seit einem Jahr haben wir bei allen Meningeompatienten, die der Neurochirurgischen Universitätsklinik Heidelberg zugewiesen wurden, die Möglichkeit zur präoperativen Embolisation mit Hilfe der Angiographie überprüft. Von 36 Patienten (22 f, 14 m) im Alter zwischen 24 und 77 Jahren hatten 15 eine arterielle Versorgung des Tumors überwiegend über Äste der A. carotis interna, so daß von vornherein auf eine selektive Sondierung und Embolisation verzichtet wurde. Bei 5 Patienten scheiterte die Embolisation an den Gefäßverhältnissen, bzw. an dem Auftreten von Spasmen im Externakreislauf. Die Meningeome von 16 Patienten wurden nach einer Prämedikation mit 40 mg Dexamethason erfolgreich embolisiert. Hierfür wurde über eine Einführungsschleuse in der A. femoralis zunächst eine diagnostische Angiographie vorgenommen. Anschließend wurde koaxial durch den in der A. carotis externa, A. occipitalis externa oder A. vertebralis plazierten Führungskatheter (Universal, 5,5 F) ein drahtgesteuerter Tracker-18-Katheter in die tumorversorgenden Arterien vorgeschoben. 12mal wurde die A. meningea media jeweils distal des Foramen spinosums, 3mal die A. temporalis superficialis, 2mal der meningeale Ast der A. occipitalis externa und je einmal der Endabschnitt der A. maxillaris und ein meningealer Ast der A. vertebralis sondiert, um von hier aus 150 - 300 µ große Polyvinylalkohol (PVA)-Partikel in die Tumorgefäße einzuschwemmen. Bei 5 Patienten waren 2 Sitzungen erforderlich, um den gewünschten Effekt zu erreichen. Nach jeder Injektion von PVA erfolgte eine angiographische Kontrolle, um das Ausmaß der Gefäßverschlüsse und die Möglichkeit eines Refluxes der Partikel zu beurteilen. Der Erfolg der Embolisation wurde außerdem mit Hilfe eines Magnetresonanztomogramms (MRT) vor und nach Gabe von Gadolinium-DPTA eingeschätzt. Die Operation des Meningeoms wurde innerhalb von 7 Tagen nach der Embolisation durchgeführt. Jeder Tumor wurde histologisch untersucht.

Bei keinem der 36 Patienten kam es zu bleibenden Nebenwirkungen infolge der Angiographie. Von den 16 embolisierten Patienten gaben die meisten während der Prozedur und in den 24 Stunden danach Kopfschmerzen an, die sich mit üblichen Analgetika ohne weiteres beherrschen ließen. Hirnnervenausfälle, zentrale Lähmungen, intrakranielle Blutungen oder Wundheilungsstörungen nach der Operation des Meningeoms wurden nicht beobachtet.

Nach angiographischen Kriterien wurden bei 13 Patienten über 80 % der tumorversorgenden Arterien embolisch verschlossen. Bei 3 Patienten lag der Anteil embolisierter Tumorgefäße unter 60 %. Die Kontrastaufnahme der Meningeome im MRT war nicht in jedem Einzelfall mit dem angiographischen Bild kongruent. So konnten angiographisch "vollständig" embolisierte Meningeome durchaus noch kräftig Kontrastmittel aufnehmen und nur umschriebene Nekrosezonen aufweisen. Eine wesentliche Schwellung oder Blutung der Tumoren ließ sich nicht beobachten. Ein Patient mit einem nach extrakraniell wachsenden Keilbeinmeningeom registrierte eine Verminderung der Tumorgröße. Bei allen 13 Patienten mit fast kompletter Tumordevaskularisation waren die Operateure mit dem Effekt zufrieden. Die Tumoren erschienen bluttrocken und ließen sich in relativ kurzer Operationszeit komplikationslos entfernen. Dies galt auch für einen Patienten, dessen Meningeom wegen seiner intra- und extrakraniellen Ausdehnung zunächst für inoperabel angesehen wurde.

Über die präoperative Embolisierung von Meningeomen wird seit 1973 immer wieder berichtet (3, 4, 5 - 11,). Überwiegend wurden bisher Erfahrungen mit der Embolisation größerer (0,5-1 mm³) Gelatine- oder Durastücke nach subselektiver Sondierung der distalen A. carotis externa gemacht (9 - 11).

Die hier (9, 10) und in Einzelfalldarstellungen (2) berichteten Begleiterscheinungen in Form von Skalpnekrosen oder Refluxembolien in die A. carotis interna können nach unserer Erfahrung mit der superselektiven Kathetertechnik vermieden werden. Ebenso wie bei Nadjmi (8), der die gleiche Technik wie wir verwendete, traten keine ernsten Nebenwirkungen auf. Übereinstimmend mit anderen Autoren (9) fanden wir, daß die angiographisch vollständige Embolisierung nicht bedeuten muß, daß der Tumor avaskulär geworden ist. Offensichtlich entzieht sich ein Teil der Tumorgefäße dem angiographischen Nachweis. Entscheidend für den Nutzen der preoperativen Embolisation ist letztlich das Urteil des Chirurgen. Dieses ließ sich bisher in keiner Arbeit mit objektiven Daten untermauern. Wir werden unsere prospektive Studie fortsetzen, um die Wirkung der Embolisation auf den intraoperativen Blutverlust und die Operationszeit festzustellen.

Literatur

1. Brooks B (1930) The treatment of traumatic arteriovenous fistula. South Med J 23:100-106
2. Chan RC, Thompson GB (1984) Ischemic necrosis of the scalp after preoperative embolization of meningeal tumors. Neurosurgery 15:76-81
3. Djindjian R, Cophignon J, Rey A, Theron J, Merland JJ, Houdart R (1973) Superselective arteriographic embolization by the femoral route in neuroradiology: study of 50 cases. III: Embolization in craniocerebral pathology. Neuroradiology 6:143-152
4. Fagiola L, Mavilla L, Nuzzo G, Calbucci F, Trevisan C (1981) Preoperative embolization of brain meningeomas. Acta Neurochir (Wien) 57:307
5. Hieshima EB, Everhart FR, Mehringer CM, Tsai F, Hasso AH, Grinnell VS, Probram HF, Mok M (1980) Preoperative embolization of meningeomas. Surg Neurol 14:119-127
6. Manelfe C, Guiraud D, David J, Eymeri JC, Tremontes M, Espagno J, Rascol A, Geraud J (1973) Embolisation par cathétérisme des méningeomes intracraniens. Rev Neurol 128:339-351
7. Manelfe C, Lasjaunias P, Ruscalleda J (1986) Preoperative embolization of intracranial meningeomas. AJNR 7:963-972
8. Nadjmi M (1990) Preoperative embolization of meningeomas. A prospective study. Neuroradiology (im Druck)
9. Richter HP, Schachenmayr W (1983) Preoperative embolization of intracranial meningeomas. Neurosurgery 13:261-268
10. Schumacher M, Gilsbach J, Seeger W, Mennel HD, Voigt K (1979) Techniken und Ergebnisse bei Meningeom-Embolisationen. Arch Psychiatr Nervenkr 227:241-260
11. Teasdale E, Patterson J, McLellan D, Macpherson P (1984) Subselective preoperative embolization of meningeomas. A radiological and pathological assessment. J Neurosurg 60:506-511

Die Bedeutung der Radiotherapie für die Behandlung von Thymomen

R. Wurm, H. Pape, K. Gieseler, C. Kölzer und G. Schmitt

Thymome sind mit etwa 20 % die häufigsten Mediastinaltumoren. Mit einer Inzidenz von 0,2 - 1,5 % aller malignen Erkrankungen gehören sie aber zu den seltenen Tumoren. In 98 % finden sie sich im vorderen oder oberen Mediastinum. Das durchschnittliche Erkrankungsalter liegt zwischen dem 40. und 60. Lebensjahr. Beide Geschlechter sind gleich häufig betroffen. Eine Besonderheit der Thymome ist die gehäufte Assoziation mit Autoimmunerkrankungen. Etwa 30 % der Patienten weisen Symptome einer Myasthenia gravis auf. Die meisten Thymome (65 %) sind von einer intakten, gut abgrenzbaren Kapsel umgeben. Ihre Rezidivrate wird nach vollständiger Resektion mit 2 % angegeben. In 35 % handelt es sich um Tumoren mit kapselüberschreitendem Wachstum und Infiltration in das umgebende Gewebe. Sie rezidivieren auch nach Radikaloperation in 20 %. Eine einheitliche Klassifikation der Thymome ist nicht bekannt. Allgemein akzeptiert wird die auf dem kapselinvasiven und -überschreitenden Wachstum beruhende Einteilung (3, 8): Stadium I: intakte Tumorkapsel mit oder ohne kapselinvasives Wachstum; Stadium II: perikapsuläre Infiltration in umliegendes Fettgewebe oder mediastinale Pleura; Stadium III: Infiltration in Nachbarstrukturen wie Pleura, Perikard, große Gefäße und Lunge; Stadium IV: pleurale oder perikardiale Dissemination bzw. Fernmetastasen. Histologisch ist das Vorkommen rundovaler, spindeliger oder auch sehr polymorpher Zellen charakteristisch, die manchmal noch zu typischen Hassallschen Körperchen angeordnet sein können. In Abhängigkeit von der dominanten Zellkomponente werden unterschieden (9): lymphozytäre, epitheliale, lymphoepitheliale und spindelzellige Thymome.

Als Behandlungsalternativen kommen in Frage: Operation, Strahlen- und Chemotherapie. An erster Stelle steht die radikale operative Entfernung sowohl primär als auch im Rezidivfall. Die Radiotherapie wird vornehmlich erst im Rezidiv- und Palliativfall nach wiederholter Resektion in Erwägung gezogen. Die in Einzelfällen oder kleineren Gruppen mit Kombinationen von Cisplatin, Adriamycin und Prednison erzielten, meist partiellen Remissionen lassen bisher noch keine eindeutige Beurteilung der Wirksamkeit einer Chemotherapie zu (5). Da wegen der Seltenheit der Thymome Studien zur Beurteilung einer postoperativen Radiotherapie nicht vorliegen, ist man auf retrospektive Analysen angewiesen.

Die zwischen 1960 und 1989 in unserer Klinik postoperativ bestrahlten 30 Patienten mit Thymomen wurden retrospektiv ausgewertet. Es handelt sich um 13 Frauen und 17 Männer im Alter zwischen 15 und 68 Jahren (Median: 45 Jahre). An Begleiterkrankungen fand sich fünfmal eine Myasthenie, eine Anämie und eine rheumatoide Arthritis. Bei 6 Patienten wurde das Thymom als Zufallsbefund diagnostiziert. Bei 12 Patienten führten Husten, Heiserkeit, Luftnot, kardiale Beschwerden oder retrosternale Schmerzen und bei 5 Patienten erst Zeichen einer beginnenden oberen Einflußstauung zur Diagnose.

Die chirurgische Vorbehandlung bestand bei 10 Patienten aus einer radikalen Thymektomie. Bei 17 war nur eine Teilresektion und bei 3 Patienten lediglich eine Biopsie zur

Sicherung der Histologie möglich. Histologisch wurden 16 als lymphozytäre, 7 als epitheliale, 5 als mischzellige und 2 als spindelzellige Thymome klassifiziert. Im Stadium I befanden sich 2 Patienten, im Stadium II 3 Patienten und im Stadium III 25 Patienten.

18 Patienten wurden primär und 12 nach Diagnosestellung des Rezidivs bestrahlt. Die Radiotherapie erfolgte bis 1985 mit ^{60}Co-gamma-Strahlen und seither mit Photonen an einem Linearbeschleuniger mit Dosen zwischen 30 und 60 Gy (Median: 45 Gy) bei einer Fraktionierung von 5mal 1,8 bzw. 2 Gy pro Woche. An Nebenwirkungen wurden mit Ausnahme einer leichten Pneumonitis in 3 Fällen in der Zeit vor 1985 keine ernsthaften Früh- oder Spätkomplikationen beobachtet.

Es wurden korrigierte Gesamt- und rezidiffreie Überlebenswahrscheinlichkeiten berechnet (6). Jedes Rezidiv sowie jede Resttumorvergrößerung und eindeutige Verschlechterung des klinischen Bildes wurde als Progression gewertet.

Die Gesamtüberlebensraten für alle Patienten waren nach 5, 10 und 20 Jahren 71 %, 33 % und 33 % und die rezidivfreien Überlebensraten 17 %, 8,5 % und 8,5 %. Vergleicht man das Ergebnis mit dem der im Rezidiv und der primär nachbestrahlten Patienten, findet sich zwischen beiden Gruppen ein deutlicher Unterschied nach einer Nachbeobachtungszeit von mehr als fünf Jahren. Bei den im Rezidiv bestrahlten Patienten lagen die 5- und 10Jahres-Überlebensraten bei 75 % und 0 % bei einer progressionsfreien Überlebensrate von 0 %, während bei primärer Nachbestrahlung 5-, 10- und 20Jahres-Uberlebensraten von 69 %, 46 % und 46 % sowie eine rezidivfreie Überlebensrate von 27 % nach 20 Jahren erreicht wurden.

Die Ergebnisse belegen die Annahme der Effektivität der postoperativen Radiotherapie bei Patienten mit Thymomen (1, 2, 4, 7). Zusätzlich sprechen sie für eine Verbesserung der Prognose durch eine primäre Nachbestrahlung und die Notwendigkeit einer Nachbeobachtung von mehr als fünf Jahren. Die Auffassung, erst das Rezidiv abzuwarten, erneut zu operieren und anschließend zu bestrahlen, um den Patienten eine "unnötige Strahlenbelastung" zu ersparen, erscheint uns deshalb bedenklich.

Literatur

1. Appelqvist P, Kostiainen S, Fransilla K, Mattila S, Gröhn P (1982) Treatment and prognosis of thymomoa: A review of 25 cases. J Surg Oncol 20:265-268
2. Ariaratnam LS, Kalnicki S, Mincer F, Botstein C (1979) The management of malignant thymoma with radiation therapy. Int J Radia Oncol Biol Phys 5:77-80
3. Bergh NP, Gatzinsky P, Larsson S, Lundin P, Ridell B (1978) Tumors of the thymus and thymic region. I. Clinopathological studies on thymomas. Ann Thorac Surg 25:91-98
4. Curran Jr WJ, Kornstein MJ, Brooks JJ, Turisi III AT (1988) Invasive thymoma: the role of mediastinal irradiation following complete or incomplete surgical resection. J Clinical Oncology, Vol 6, 11:17221727
5. Fornasiero A, Daniele O, Ghiotto C, Sartori F, Rea F, Piazza M, Fiore-Donati L, Morandi P, Aversa SML, Paccagnella A, Pappagallo GL, Fiorentino M (1990) Chemotherapy of invasive thymoma. J Clinical Oncology, Vol 8, 8:1419-1423
6. Kaplan E, Meier P (1958) Nonparametric estimation from incomplete observations. J Am Stat Assoc 53:457-481
7. Kersh C, Eisert D, Hazara T (1985) Malignant thymoma: role of radiation therapy in management. Radiology 156:207-209
8. Masaoka A, Monden Y, Nakahara K, Tanikoa T (1981) Follow-up study of thymomas with special reference to their clinical stages. Cancer 48:2485-2492
9. Rosai J, Levine JD (1976) Tumours of the thymus. In: Atlas of tumour pathology, second series, Fascile 13. Washington, DC: Armed Forces Institute of Pathology

Immunbiologie und Immuntherapie der Gliome

E. van Meir und N. de Tribolet

A. Antigeneigenschaften der Tumorzelle

In der Vergangenheit wurden umfangreiche Versuche unternommen, spezifische Antigene auf der Oberfläche von Gliomzellen zu identifizieren, die sich nicht auf anderen Körperzellen finden. Zwei bedeutende Klassen von Antigenen wurden auf Gliomzellen mit Hilfe monoklonaler Antikörper (MAb) gefunden: 1. tumorassoziierte Antigene einschließlich neuroektodermaler Antigene und Gliaantigene, und 2. lymphozelluläre Differenzierungsantigene.

1. Tumorassoziierte Antigene

Neuroektodermale Antigene stellen eine Hauptkomponente der Oberflächenantigene auf Gliomzellen dar. Sie finden sich auch in den anderen Geweben, die vom Neurektoderm abstammen, und auf daraus entstehenden Tumoren. In vivo wurden diese Antigene auf Melanom-, Neuroblastom-, Gliom- und fetalen Hirnzellen sowie auf Endothelzellen innerhalb von Gliomen nachgewiesen (Übersicht bei 23). Leider gibt es kein einzelnes Neurektodermales Antigen, das sich auf allen Tumoren neurektodermaler Herkunft finden würde. Die Expression von Melanomantigenen auf Tumorendothelzellen mit Hilfe radioaktiv markierter MAb (2, 27) wurde als eine Methode zur Lokalisation abnormer Gefäßstrukturen und somit von Tumorgewebe in vivo verwandt.

Inzwischen wurden monoklonale Antikörper generiert, die *Gliaantigene* erkennen, welche vorwiegend auf Gliomen exprimiert sind und die eine geringe zusätzliche Spezifität für andere, nicht neurektodermale Gewebe und für reaktive Astrozyten (8) zeigen. Während sich tumorassoziierte Antigene auf Gliomen von zahlreichen verschiedenen Patienten finden, sind diese Antigene nicht auf allen Zellen eines definierten Tumors exprimiert. Hierdurch wurde deutlich, daß ein Gliom nicht eine homogene Ansammlung von Zellen ist, die allesamt ähnliche Antigendeterminanten tragen. Zellen eines malignen Glioms haben sich stetig wandelnde Antigeneigenschaften. Viele zellspezifische und äußere Faktoren (Zellalter, -zyklus, klonaler Ursprung, humorale und zelluläre immunologische Interaktionen etc.) können zu Veränderungen der zellulären Antigenexpression führen. Diese machen es wenig wahrscheinlich, daß eine Therapie mit Hilfe eines einzelnen spezifischen Antikörpers erfolgreich ist. Kürzlich wurde gezeigt, daß der Rezeptor für den epidermalen Wachstumsfaktor, welcher bei einem hohen Anteil der malignen Gliome übermäßig stark exprimiert ist, Kohlehydratdeterminanten enthält, die durch MAb gegen tumorassoziierte Antigene erkannt werden (1).

2. Lymphozytäre Differenzierungsantigene

Die lymphozytären Differenzierungsantigene umfassen eine große Gruppe von Antigenen, die durch systemisch zirkulierende Lymphozyten exprimiert werden. Zu dieser Gruppe gehören lymphozytäre Antigene, die normalerweise auf funktionsfähigen Lymphozyten vorhanden sind (Pan-T, Thy 1), Antigene, die durch Lymphozyten nach maligner Transformation exprimiert werden (CALLA) und Histokompatibilitätsantigene (MHC-Produkte) (3). Die Expression von Klasse-2-HLA-DR-Antigenen auf aktivierten Astrozyten, malignen Gliomzellen und Endothelzellen innerhalb des ZNS zeigt, daß sie wahrscheinlich in der Lage sind, Antigene den Lymphozyten zu präsentieren. Dies legt den Schluß nahe, daß das ZNS kein immunologisch privilegiertes Organ ist, sondern als ein spezialisierter Teil des Immunsystems aufzufassen ist.

3. Immunologische Diagnose und Immuntherapie mit Tumorzellantigenen

Als Ergänzung normaler histologischer Techniken hat die Gewebsuntersuchung mit Hilfe dieser monoklonalen Antikörper die Möglichkeiten einer immunologischen Diagnose vieler ZNS-Tumoren erweitert, deren Einordnung früher fraglich oder sogar unmöglich gewesen wäre (5). Der nächste Schritt in der immunologischen Diagnose ist der In-vivo-Nachweis eines malignen Glioms mit Hilfe radioaktiv markierter MAb. In klinischer Hinsicht würde diese Technik die präzise Lokalisation des ursprünglichen Tumors, den evtl. Nachweis von Tumorrestgewebe nach Operation und den frühen Nachweis von Rezidiven (2) erlauben.

Geeignete monoklonale Antikörper könnten auch für eine zielgerichtete Immuntherapie nützlich sein, wenn sie an toxische Verbindungen oder Radionuklide gekoppelt werden. Während dieses Konzept seit vielen Jahren erwogen wurde, scheiterte seine Realisierung bislang an zahlreichen Hindernissen. Damit eine MAb-vermittelte Therapie überhaupt verträglich ist, müssen die Antigene vollständig, wie oben diskutiert, charakterisiert sein, und ihre Expression auf Normalzellen muß minimal sein. Selbst wenn dies erreicht wird, ist dennoch die Möglichkeit einer anaphylaktischen Reaktion niemals ausgeschlossen; dies gilt insbesondere, wenn MAb wiederholt angewandt werden. Innerhalb der zentralen Anteile von Gliomen hätten die MAb freien Zugang zu den Zielantigenen, während der Zugang in den aktiv wachsenden peripheren Partien dieser Tumoren durch das Fehlen von frühen Gefäßveränderungen behindert wird. Neuerdings wird versucht, den Zugang der Antikörper durch künstliche Veränderung der Gefäßpermeabilität in diesen Arealen zu steigern (21). Ein weiteres Problem muß jedoch bei der Auswertung einer MAb-vermittelten Behandlung bedacht werden, nämlich die antigenetische Variabilität der Gliomzellen. Infolge dieser Heterogenität kann ein einzelner MAb nicht alle Gliomzellen eines bestimmten Tumors entdecken. Selbst wenn ein MAb, gekoppelt an ein zytotoxisches Agens, 100 % der Zellen töten würde, an die er sich bindet, würde nur ein Teil der Tumorzellen zerstört werden. Die Verwendung einer Gruppe von monoklonalen Antikörpern in Form eines "polymonoklonalen" Antikörpers dürfte eine größere Chance bieten, eine kritische Anzahl von Tumorzellen zu zerstören.

Ein weiterer attraktiver Verwendungszweck für MAb ist die antikörpergelenkte Bestrahlung einer Meningeosis neoplastica auf dem intrathekalen Wege (6).

Ein Beispiel für eine interessante Zielstruktur eines MAb könnte der Rezeptor für den epidermalen Wachstumsfaktor (EGFR) sein. Der EGFR war bei etwa 50 % der malignen Gliome übermäßig exprimiert, und das EGFR-Gen war in diesen Tumoren verstärkt (17). Monoklonale Antikörper, die für eine Therapie in Frage kämen, wurden beschrieben (1, 24). Kürzlich wurde ein spezifischer MAb generiert, der nur eine einzige Mutante des EGFR auf Gliomzellen erkennt (13).

B. Funktion des Immunsystems bei Patienten mit Hirntumoren

Die Immunantwortmechanismen des Wirtes sind nicht in der Lage, Hirntumoren zu zerstören und könnten bei Patienten mit Hirntumoren, z. B. Gliomen, modifiziert werden. Auf eine in Gang befindliche *humorale Immunantwort* im ZNS läßt die Anwesenheit von B-Lymphozyten in Gliomen schließen. Ihre Fähigkeit, Antigliomantikörper zu bilden, welche eine komplementabhängige oder antikörperabhängige zellvermittelte zytotoxische Immunantwort bewerkstelligen, ist umstritten (18). Eine begrenzte Antigliomaktivität wurde bei Patienten mit ZNS-Gliomen nachgewiesen, jedoch erstreckte sich diese auch auf andere neurektodermale Tumoren und auf Bindegewebsstrukturen (Übersicht bei 4). Diese Aktivität kann leicht durch Zellen anderer Tumoren und durch Thrombozyten aus dem Serum dieser Patienten absorbiert werden (19). Dies zeigt, daß die autologe Antwort durch das humorale Immunsystem bei Patienten mit ZNS-Gliomen nicht spezifisch ist.

Die Stimulation der humoralen Antitumorimmunantwort ist eine enorme Herausforderung für die Zukunft; sie setzt jedoch ein besseres Verständnis der Interaktion zwischen B-Zellen und Tumor voraus. Interessanterweise konnte kürzlich gezeigt werden, daß Gliomzellen IL-6 exprimieren, ein Zytokin, welches bei der B-Zellreifung in antikörperproduzierende Zellen eine Rolle spielt. Es bleibt unklar, ob diese Sekretion die humorale Immunantwort gegen Tumorzellen steigert (30). Dennoch bleibt die humorale Antwort begrenzt, da sie von der Anwesenheit tumormembranassoziierter oder sezernierter Antigene auf der Zelloberfläche abhängt (s. oben).

Die *zelluläre Immunantwort* bei Patienten mit ZNS-Gliomen ist signifikant vermindert (29). Die Blut-T-Lymphozyten tragen eine verminderte Zahl von Lectinrezeptoren und haben eine herabgesetzte Mitogenaktivität (25). Bei bestimmten Gruppen von Patienten mit Gliomen wurde ein Ungleichgewicht zwischen den T-Zell-Subpopulationen vermutet mit der Folge einer gestörten Funktion des T-Zellsystems.

In zahlreichen immunologischen Studien wurden lokal tumorinfiltrierende Lymphozyten (TIL) nachgewiesen (19). Dennoch ist das Immunsystem nicht in der Lage, die Tumoren zu eliminieren. Eine normale T-Zellantwort geht mit zahlreichen zellulären Interaktionen einher (z. B. der Antigenpräsentation in Verbindung mit MHC-Klasse-2-Antigenen, welche eine zelluläre Kommunikation mittels Zytokinen voraussetzt, Expression von Adhäsionsmolekülen etc.) bis zur letztendlichen Zerstörung der Zielzelle. Ausfälle oder Imbalancen auf einer dieser Stufen führen zu einer inadäquaten Immunantwort. Zusätzlich dürften *inhibitorische Faktoren* zu diesem Phänomen beitragen. Kürzlich wurde ein aus in Kultur gehaltenen Gliomzellen isolierter Faktor (TGFB 2) gefunden, der die Effekte von Interleukin 1 und 2 antagonisiert (7, 12). Weiterhin sezernieren die Gliomzellen Mukopolysacchararide, die die Zellwand bedecken und somit die direkte Interaktion zwischen Gliomzellen und anderen Zelltypen behindern (9).

Die Manipulation der zellvermittelten Immunreaktion ist ein weiterer potentieller Weg für eine *Immuntherapie*. Therapien, die auf B-Zellantworten in vivo oder auf der Produktion heterologer Antitumorzellantikörper basieren, sind in ihrer Wirkung von vorne herein begrenzt durch die Zweifel an der Existenz einer tumorspezifischen Oberflächenmembran oder von löslichem Antigen. Neuere Arbeiten über die Natur der Antigenerkennung durch zytotoxische T-Zellen (CTL's) zeigen, daß dies nicht für die zelluläre Antitumorantwort gilt. Es wurde klar herausgestellt, daß CTL Peptide erkennen, die von endogen synthetisierten und auf der Zelloberfläche durch MHC-Klasse-1-Moleküle präsentierten Proteinen abstammen. Dies erweitert die tumorspezifische Erkennung jeglicher tumorzellspezifischer Peptide, welche entweder von membrangebundenen oder intrazellulären Proteinen abstammen. Viele genetische Veränderungen in Gliomen könnten zur Bildung tumorspezifischer intrazellulärer Proteine führen. Tumorinfiltrierende Lymphozyten (TIL) können aus malignen Gliomen isoliert werden und sind in der Lage, allogene und autogene Tumorzellen in vitro abzutöten (19). Die zytotoxische Aktivität der TIL war signifikant höher als jene der peripheren Blutlymphozyten desselben Patienten. Dies läßt vermuten, daß spezifische zytotoxische Lymphozyten im Tumor akkumuliert waren.

Die lokale *Anwendung von spezifisch aktivierten autologen Lymphozyten* ist eine weitere Form der Immuntherapie. TIL's wurden aus menschlichen Gliomen isoliert und versuchsweise in vitro expandiert, um eine ausreichende Zahl zur Reinjektion in das Tumorbett zu erhalten (19). Autologe IL-2 aktivierte Killerzellen (sog. LAK-Zellen) wurden ebenfalls auf ihre Verwendbarkeit in der Gliombehandlung untersucht (14). Ihr lytisches Potential ist jedoch in vivo begrenzt, und die Injektion von rIL-2 könnte ein "Vascular-leak-Syndrom" (Blutdruckabfall, interstitielles Lungenödem) herbeiführen. Nach einer kürzlichen Mitteilung konnten diese Probleme durch Verwendung von LAK-Zellen überwunden werden, die an einen bispezifischen monoklonalen Antikörper gekoppelt waren; dieser bestand aus Anti-CD-3-MAb, der chemisch an Antigliom-MAb konjugiert war. Dies steigert die zytotoxische Aktivität der LAK-Zellen und stattet sie mit einer hohen Spezifität für die Zielzellen aus, wie sie sonst CTL aufweisen. Vorläufige Ergebnisse zeigten eine verlängerte Überlebenszeit in einer Gruppe von 10 Patienten (22).

Eine weitere Form der Immuntherapie ist die *systemische Anwendung von Zytokinen*, um spezifisch verminderte Immunfunktionen zu stimulieren. Die Anwendung von Interferon-gamma in das Tumorgewebe konnte die Expression von HLA-DR auf Gliomzellen stimulieren (23). Es ist bekannt, daß Astrozyten in vitro Antigene gegenüber T-Zellen zu präsentieren vermögen; diese Zellen könnten dann auch in vivo Fremdantigene gegenüber infiltrierenden T-Lymphozyten präsentieren (11).

Diese Interaktion könnte weiter verstärkt werden durch die gleichzeitige Anwendung von IL-2. IL-2 würde die Proliferation von CTL stimulieren, ohne daß Helfer-T-Zellen erforderlich wären. Es würde auch die Expression des IL-2-Rezeptors auf T-Helferzellen gestatten und Lymphozytenpopulationen in der Nachbarschaft des Tumors expandieren. Probleme ergeben sich aber aus der Notwendigkeit, einen konstanten Zytokinspiegel in vivo aufrecht zu erhalten. Zytokine haben sehr kurze Halbwertzeiten, so daß regelmäßige Injektionen notwendig sind. Darüber hinaus sind die erforderlichen Zytokinspiegel oftmals toxisch, wie bereits für IL-2 ausgeführt wurde.

Ein neuerer Ansatz ist die *Zytokin-Gentherapie*. Geeignete Zytokingene werden in vitro in TIL eingebracht; dies führt zu einer gesteigerten Immunantwort oder sogar zur direkten Abtötung der Tumorzellen in situ bereits bei niedriger Konzentration. Drei neuere Studien zeigten ermutigende Ergebnisse bei Mäusen, denen autologe IL 2-, IL 4- oder IF-gamma-exprimierende Tumorzellen injiziert worden waren (10, 28, 31). Der nächste Schritt wird das *"gene targeting" in vivo* mit Hilfe rekombinanter Gentransfervektoren (26) sein.

In jedem Fall sind weitere Grundlagenstudien erforderlich, um die Interaktion zwischen Tumorzellen und immunkompetenten Zellen besser verstehen zu lernen. In manchen Fällen stimulierten Zytokine die Proliferation von Tumorzellen über einen autokrinen Mechanismus (15, 20). Wir wissen auch, daß Gliomzellen Faktoren wie TGFß-2 und PGE-2 bilden, die die Interaktion von IL-1 und IL-2 mit der T-Zelle blockieren (7, 12, 16). Darüber hinaus begrenzt der erwähnte Mukopolysaccharidmantel der Gliomzellen die Erkennung und Präsentierung von Gliomantigenen unabhängig von der Expression von HLA-DR auf diesen Zellen (9).

414

Zusammenfassend waren und bleiben Hirntumoren und ihre Interaktionen mit Zellen des ZNS und des Immunsystems eine große Herausforderung. Trotz zahlreicher wichtiger Erkenntnisse, die zum Verständnis der Biologie der Hirntumoren beitragen, war der Entwicklung nutzbarer Therapieverfahren bislang nur geringer Erfolg beschieden.

Literatur

1. Basu A, Murthy U, Rodeck U et al (1987) Presence of tumor-associated antigens in EGF receptors from different human carcinomas. Cancer Res 47:2531-2536
2. Behnke J, Mach JP, Buchegger F et al (1988) In vivo localisation of radiolabelled monoclonal antibody in human gliomas. Br J Neurosurg 2:193-197
3. Carrel S, de Tribolet N, Gross N (1982) Expression of HLA-DR and common acute lymphoblastic leukemia antigens on glioma cells. Eur J Immunol 12:354-357
4. Coakham HB (1984) Immunology of human brain tumors. Eur J Cancer Clin Oncol 20:145-149
5. Coakham HB, Garson JA, Allan PA et al (1985) Immunohistological diagnosis of central nervous system tumors using a MAb panel. J Clin Pathol 38:165-173
6. Coakham HB, Richardson RB, Davies AG et al (1988) Neoplastic meningitis from a pineal tumour treated by antibody-guided irradiation via the intrathecal route. Br J Neurosurg 2:199-209
7. de Martin R, Haendler B, Hofer-Warbinek R et al (1987) cDNA for human glioblastoma-derived T cell suppressor factor, a novel member of the TGF-B gene family. EMBO J 6:3673-3677
8. de Tribolet N, Carrel S, Mach JP (1984) Brain Tumor Associated Antigens. Prog Exp Tumor Res 27:118-131
9. Dick S, Macchi B, Papazoglou S et al (1983) Lymphoid cell-glioma interaction enhances cell coat production by human gliomas: novel suppressor mechanism. Science 220:739-741
10. Fearon ER, Pardoll DM, Itaya T et al (1990) IL-2 production by tumor cells bypasses T helper function in the generation of an antitumor response. Cell 60:397-403
11. Fontana A, Fierz W, Wekerle H (1984) Astrocytes present myelin basic protein to encephalitogenic T cell lines. Nature 307:273-276
12. Fontana A, Hengartner H, de Tribolet N et al (1984) Glioblastoma cells release both IL-1 and factors inhibiting IL-2 mediated effects. J Immunol 132:1837-1844
13. Humphrey PA, Wong AJ, Vogelstein B et al (1990) Anti-synthetic peptide antibody reacting at the fusion junction of deletion-mutant EGF receptors in human glioblastoma. Proc Natl Acad Sc 87:8602-8606
14. Jacobs SK, Wilson DJ, Kornblith PL et al (1986) IL-2 or autologous LAK cell treatment of malignant glioma: Phase 1 trial. Cancer Res 46:2101-2104
15. Kawano M, Hirano T, Matsuda T et al (1988) Autocrine generation and requirement of BSF-2/ IL-6 for human multiple myelomas. Nature 332:83-85
16. Kuppner MC, Hamou MF, Bodmer S et al (1988) The glioblastoma derived T cell suppressor factor/TGFB2 inhibits the generation of LAK cells. Int J Cancer 42:562-567
17. Libermann TA, Nussbaum HR, Razon N (1985) Amplification, enhanced expression and possible rearrangement of EGFR gene in human brain tumors. Nature 313:144-146
18. Martin-Achard A, Diserens A, de Tribolet N et al (1980) Evaluation of the humoral response of glioma patients to a possible common tumor-associated antigen. Int J Cancer 25:219-224
19. Miescher S, Whiteside TL, de Tribolet N et al (1988) In situ characterization, clonogenic potential and anti-tumor cytolytic activity of T lymphocytes infiltrating human brain cancers. J Neurosurg 68:438-448
20. Miki S, Iwano M, Miki Y et al (1989) Interleukin-6 (IL-6) functions as an in vitro autocrine growth factor in renal cell carcinomas. FEBS Letters 250:607-610
21. Neuwelt EA (1984) Therapeutic potential for blood brain barrier modification in malignant brain tumors. Progr Exp Tumor Res 28:51-66
22. Nitta T, Sato K, Yagita H et al (1990) Preliminary trial of specific targeting therapy against malignant glioma. Lancet 335:368-371
23. Piguet V, Diserens AC, Carrel S et al (1985) The immunology of human gliomas. Springer Semin Immunopathol 8:111-127
24. Rodeck U, Herlyn M, Koprowski H (1987) Interaction between growth factor receptors and corresponding monoclonal antibodies in human tumors. J Cell Biochem 35:315-320
25. Roszman TL, Brooks WM, Elliott LH (1982) Immunology of primary intracranial tumors. VI: Suppressor cell functional lectin binding lymphocyte subpopulations in patients with cerebral tumors. Cancer 50:1273-1279
26. Russel SJ (1990) Lymphokine gene therapy for cancer. Immunology Today 11:196-200

27. Schreyer M, Hamou MF, Carrel S et al (1986) Immunohistological localization of glioma and melanoma associated antigens with MAb. Markers of human neuroectodermal tumors. In: Stoal GEJ, van Veelen CWM (Hrsg) CRC Press, Boca Raton FL (USA):53-62
28. Tepper RI, Pattengale PK, Leder P (1989) Murine IL-4 displays potent anti-tumor activity in vivo. Cell 57:503-512
29. Thomas DGT, Lannigan CB, Behman PO (1975) Impaired cell mediated immunity in human brain tumors. Lancet I:1389-1392
30. Van Meir E, Sawamura Y, Diserens AC et al (1990) Human glioblastoma cells release Interleukin-6 in vivo and in vitro. Cancer Res 50:6683-6688
31. Watanabe Y, Kuribayashi K, Miyatake S et al (1989) Exogenous expression of mouse IFNg cDNA in mouse neuroblastoma C1300 cells results in reduced tumorigenicity by augmented anti-tumor immunity. Proc Natl Acad Sci 86:9456-9460

Natürliches Interferon-beta (nIFN-beta) und rekombinantes Interferon-gamma (rIFN-gamma) adjuvant zur postoperativen Strahlentherapie maligner supratentorieller Hirngliome

K. von Wild, W. Winkelmüller und F. Gullotta

Die vorliegenden Ergebnisse der Deutsch-Österreichischen Gliomstudie bestätigen die Beobachtungen, wonach durch ein multimodales Behandlungsregime die beobachtete mediane Überlebenszeit von 14 Monaten nicht wesentlich verlängert, jedoch mit 25 % der Anteil der Patienten mit einer Überlebenszeit von mehr als 2 Jahren signifikant angehoben werden konnte (1). Prognostisch relevant erwiesen sich erneut Tumormalignitätsgrade, Alter und Karnofsky-Index der Patienten sowie das Ausmaß der Tumorresektion. Die vielversprechenden Behandlungsergebnisse japanischer Arbeitsgruppen mit Remissionsraten von 43 % durch adjuvante IFN-ß-Therapie zur kombinierten postoperativen Radio- und ACNU-Behandlung gegenüber nur 20 % bei adjuvanter IFN-Gabe zur Radiotherapie (2, 3) blieben jedoch bisher in Europa und in den USA unbestätigt. Eine kritische Überprüfung im Hinblick auf ein verlängertes qualitätvolles Überleben durch adjuvante IFN-Gabe in einer Phase III-Studie war daher angezeigt, aufbauend auf den eigenen Erfahrungen einer hochdosierten nIFN-ß-Therapie maligner Gliome während einer Phase II-Studie (4).

Studiendesign: Prospektiv randomisierte Studie der Phase III bizentrisch konzipiert (Münster(Osnabrück). Nach mikrochirurgischer Tumorresektion durch die leitenden Neurochirurgen zwei Therapiearme: A) Radiotherapie plus kombinierte nIFN-ß (Fiblaferon) und rIFN-gamma-Therapie versus. B) Radiotherapie. Aufnahmebedingung: Klassifizierung des Großhirnhemisphärentumors als anaplastisches (malignes) Astrozytom (WHO Grad III und IV) und Glioblastoma multiforme (WHO Grad IV) als Primärtumor oder Tumorrezidiv, Karnofsky-Index von mindestens 50, erwartete Überlebenszeit mehr als 3 Monate. Ausschlußkriterien: Primäre Hirnstamm-, Thalamus- und Balkengliome, vorherige Strahlen- und/oder Chemotherapie. Je 10 Patienten pro Therapiearm. Therapieschema: A) 1. - 3. Wo. postoperativ Mo. bis Fr. je 2 x 10^6 I. E. nIFN-ß als i. v. Kurzinfusion über 60 Minuten und 25 µg rIFN-gamma s. c.; ab der 4. Wo. Mo. und Do. gleiche Medikation in gleicher Dosierung mindestens 6 Monate bzw. bis zur Diagnose eines Tumorrezidivs, einer Unverträglichkeitsreaktion oder Absetzen auf Wunsch des Patienten. A/B) Radiotherapie: 3. - 9. Wo. postoperativ: Zielvolumen 60 Gy GHD (40 Gy Ganzschädel plus 20 Gy lokaler "boost"), Mo. bis Fr. 5mal je 2 Gy/Woche fortlaufend, wenn nicht Begleitreaktionen, der Wunsch des Patienten oder technische Gründe eine Modifikation erforderlich machen.

Dokumentation durch detaillierten Operationsbericht, Eingangsuntersuchung, neuropathologische Referenzbegutachtung durch den 3. Autor, Strahlentherapieprotokoll sowie stationäre und ambulante Verlaufsuntersuchungen und kraniales Computertomogramm bzw. Magnetresonanztomogramm.

Studienziel: Vermeidung von Tumorrezidiven, Verbesserung des Karnofsky-Index und Verlängerung der postoperativen Überlebenszeit.

Erste Zwischenergebnisse (Studie geschlossen Mai 1990 - Stand 9/90): Aufgenommene 20 Patienten je Therapiearm, Evaluierbar A) 18, B) 19 Patienten. Patientencharakteristika: Alter (median) A: 56 (31 bis 72), B: 60 (31 bis 74) Jahre; m/w A) 10 : 8, B) 14 : 5; Histologie: Astrozytom III: 13, IV: 16, Glioblastom 8; Karnofsky (median) vor/nach Operation A) 80 : 80 (50 bis 100), B) 70 : 60 (50 bis 80): Strahlentherapie GHD 54 bis 60 Gy. Überlebenszeit (median): A) WHO III/12, IV/10 Monate, B) III/11, IV/11 Monate. Hierbei überlebten in der Gruppe WHO III A) 25 %, B) kein Patient, in der Gruppe WHO IV A) 12,5 %, B) 10 % der Patienten länger als 18 Monate. Die längsten Überlebenszeiten zeigten Patienten jünger 40 Jahre in dem Therapiearm A (2 Patienten WHO III durchschnittlich 29,2 Monate und ein Patient WHO IV bisher 20 Monate). Maligne supratentorielle Gliome zeigen bei Patienten jünger 40 Jahre ein anderes biologisches Verhalten als bei älteren Patienten, worauf hier besonders hinzuweisen ist. Daher sind auch unsere vorläufigen Beobachtungen nur entsprechend differenziert und im Vergleich mit einer genügend großen Patientenzahl - Gliomstudie von Krauseneck - auch später zu interpretieren. Nebenwirkungen durch IFN haben wir regelhaft grippeartig beobachtet, bei 3 der 17 Patienten passager in Form polyneuropathischer Störungen, die nach Aussetzen von IFN kurzfristig rückbildungsfähig waren. Bei einem Patienten A) erfolgte ein Abbruch der Therapie bei GHD 30 Gy wegen Frührezidiv. Todesfälle ohne Rezidivnachweis A) bis 2 Monate Herzinfarkt (75 J.), Suizid (56 J.), B) 10 Tage (72 J.) 3 Monate (60 J.) wegen Lungenembolie.

Den Herren Professoren Drs. H.P. Hobik, H.R. Niedorf, Ch. Witting, Institut für Pathologie am Clemenshospital Münster, danken wir für die histologischen Befunde und ihre Unterstützung bei Erstellung der Daten.

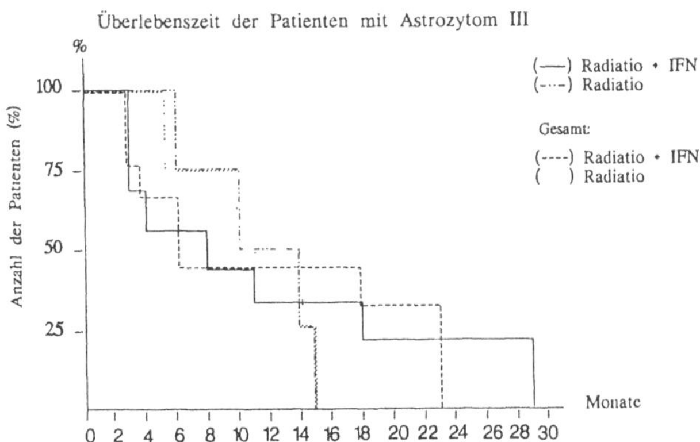

Abb. 1. Postoperative Überlebenszeit der Patienten mit Astrozytom WHO III je Therapiearm (A) Radiatio und IFN, B) Radiatio

Literatur

1. Krauseneck P (1990) Protokoll des abschließenden Studientreffens der Deutsch-Österreichischen Gliomstudie am 22. Juni 1990 in Würzburg
2. Nagai M, Arai T (1989) Progress in interferon therapy for malignant gliomas. 9th Int Congress of Neurolog Surgery, Oct 8 - 13, 1989, New Delhi, ISBN 81-85 304-05-X, p 24
3. Wild K von, Vilcek J, Takakura K (1987) Internationale Erfahrungen mit natürlichem ß-Interferon (Beta-Interferon) Zuckschwerdt, München Bern Wien San Francisco
4. Wild K von, Knocke TH (1990) The effects of local and systemic interferon beta (Fiblaferon) on supratentorial malignant cerebral glioma - A phase II study. Neurosurgical Review (im Druck)

MTT-Test als "Onkobiogramm" für den Einsatz an Kurzzeit-Zellinien von menschlichen Tumoren des Zentralnervensystems*

G. Nikkhah, J.C. Tonn, R. Schönmayr und W. Schachenmayr

Tumoren des Zentralnervensystems und hier insbesondere die am häufigsten vertretenen Gliome bedeuten für viele Patienten nach der Diagnosestellung eine infauste Prognose. Nachdem weder stereotaktische oder radikalchirurgische Eingriffe noch die postoperative Bestrahlung an dieser Tatsache bislang wesentliches ändern konnten (4), hatte die seit Anfang der 60er Jahre neu hinzugekommene Chemotherapie zunächst Anlaß zu großen Hoffnungen gegeben (3, 9, 10). Die Ergebnisse großer randomisierter Studien haben bisher aber keinen deutlichen Vorteil der adjuvanten Chemotherapie auf die langfristige Remission von Tumoren des Zentralnervensystems zeigen können (7, 8). Warum diese Bilanz so ernüchternd ausfällt, führt Kornblith (2) auf zwei Gründe zurück: 1) Es fehlt an geeigneten Zytostatika, die durch einen therapeutisch wirksamen und spezifischen Einfluß auf die malignen Gliome effektiv die Lebensqualität und die Überlebenszeit der Patienten verbessern könnten. 2) Es fehlt an objektiven Kriterien, um individuell bei jedem Patienten das Verhältnis von Wirsamkeit und Risiko einer Chemotherapie beurteilen zu können.

In dieser Situation kann aber die prätherapeutische Wirksamkeitsbestimmung sowohl der zur Applikation vorgesehenen Zytostatika als auch neuer, noch in der Testphase befindlicher Substanzen eine große Hilfe sein für die individuelle Therapieplanung. Die prätherapeutischen Sensitivitätsbestimmungen zielen hin auf eine Individualisierung der zytostatischen Therapie in der Absicht, die für den jeweiligen Tumor wirksamen Substanzen aufzufinden und im Fall einer in vitro nachgewiesenen Resistenz dem Patienten die toxischen Nebenwirkungen einer erfolglosen Chemotherapie zu ersparen. Als "Onkobiogramm" für den Einsatz bei Tumoren des menschlichen Zentralnervensystems (ZNS) wurde der MTT-Test adaptiert und optimiert (5,6). Mit ihm wird der antimetabolische und - bei entsprechender Nachinkubation - auch der antiproliferative Effekt zytotoxischer Substanzen gemessen. Der MTT-Test basiert auf der mitochondrialen Reduktion des Methyl-Thiazoyl-Tetrazolium (MTT)-Salzes zu Formazan, welches spektrophotometrisch quantifiziert werden kann(1).

Die Untersuchungen zur Methodik des MTT-Tests für die prätherapeutische Testung an Tumoren des menschlichen ZNS haben folgende Optimierungsvorschläge ergeben:

* 1h-Zytostatika-Inkubation der Tumorzellen
* 7d-Nachinkubation der Tumorzellen ohne Zytostatikum
* 4h-Inkubation der Tumorzellen mit 1 mg/ml MTT-Salz
* spektrophotometrische Messung der Extinktion bei 550 nm
  (Testwellenlänge) und 630 nm (Referenzwellenlänge)

Es wurden vergleichende Untersuchungen des MTT-Tests mit dem Colony-Forming-Assay (CFA) an primären Zellkulturen von malignen intrakraniellen Tumoren durchgeführt (n = 45). Von diesem unterscheidet er sich durch die Möglichkeit der halbautomatischen

Auswertung und eine wesentlich geringere erforderliche Zellzahl pro Testansatz. Der MTT-Test konnte in über 95 %, der CFA in ca. 25 % der zur Untersuchung kommenden Tumorproben durchgeführt werden. Dabei zeigte sich, daß der Anteil resistenter Tumoren im MTT-Test um 10 - 20 % höher lag als im CFA. Übereinstimmend demonstrierten beide Tests eine zunehmende Zytostatika-Sensitivität der Gliome mit höherem Malignitätsgrad und eine stärkere Wirkung der Zytostatika Mitoxantron, Diac Dag und Mitomycin C gegenüber den bisher klinisch häufig applizierten Nitrosoharnstoffen ACNU und BCNU.

Mit dem MTT-Test wurden 150 primäre Zellkulturen unterschiedlicher Tumoren des ZNS auf ihre Chemosensitivität gegenüber ACNU, BCFNU, Diac Dag, Mitomycin C und Mitoxantron untersucht. Dabei erwies sich der MTT-Test als einfache, schnelle und zuverlässige Methode. Die Prädiktivität der Testergebnisse muß aber in weiteren klinischen Studien untersucht werden. Aus den bisherigen Ergebnissen geht hervor, daß die in-vitro-Chemosensitivität im Einzelfall weder ausschließlich vom histopathologischen Tumortyp noch von seinem Malignitätsgrad bestimmt wird, sondern im Gegenteil jeden einzelnen Tumor als ein Individuum mit dem ihm eigenen Zytostatika-Sensitivitäts-Profil erkennen läßt.

Diese der klinischen Erfahrung entsprechende Beobachtung unterstreicht die Notwendigkeit einer prätherapeutischen Suche nach individuell wirksamen Chemotherapeutika, für die der MTT-Test in der nun vorliegenden Form eingesetzt werden kann.

Literatur

1. Altman FP (1976) Tetrazolium salts and formazans. Prog Histochem Cytochem 9:1-56
2. Kornblith PL & Walker M (1988) Chemotherapy for malignant gliomas. J Neurosurg 68:1-17
3. Krauseneck P (1988) Der Stellenwert der Chemotherapie in der Behandlung maligner Gliome des Erwachsenenalters, 83-91. Therapie primärer Hirntumoren, Bamberg M, Sack H (Hrsg), Zuckschwerdt Verlag, München
4. Neuwelt EA, Nazzaro JM & Gumerlock MK (1990) Is there a role for biopsy in the treatment of supratentorial high-grade glioma? Clin Neurosurg 36:384-407
5. Nikkhah G, Kraemer HP, Tonn JC, Schönmayr R & Schachenmayr W (1988) Vergleich zwischen einem antimetabolischen (MTT) und einem Koloniebildungstest zur Bestimmung der in vitro-Sensitivität primärer Zellkulturen humaner maligner intrakranieller Tumoren. 3 Tagung der Arbeitsgemeinschaft Neuroonkologie der Deutschen Gesellschaft für Neurochirurgie, Weilburg, Abstracts
6. Nikkhah G, Darling JL & Thomas DGT (1989) The application of the MTT chemosensitivity assay to short - term cell lines derived from gliomas: characterization and comparison with a 35 S-methionine uptake assay. Reg Cancer Treat 2:112-118
7. Paoletti P, Butti G, Knerich R, Gaetani P & Assietti R (1990) Chemotherapy for malignant gliomas of the brain: a review of ten-years experience. Acta Neurochir 103:35-46
8. Pia HW (1985) Tumoren des Zentralnervensystems. Klinische Onkologie, Hrgs.: Gross R & Schmidt CG, Georg Thieme Verlag, Stuttgart - New York
9. Weisenthal LM (1981) In-vitro assays in preclinical antineoplastic drug screening. Semin Oncol 8:362-376
10. Weisenthal LM & Lippmann ME (1985) Clonogenic and nonclonogenic in-vitro chemosensitivity assays. Cancer Treat Rep 69:615-632

*Diese Arbeit ist Teil der Dissertation von G. Nikkhah

420

Individualisierte Kombinationschemotherapie maligner Gliome

U. Bogdahn, D. Drenkard, M. Lutz, R. Apfel, C. Behl und H.G. Neumann

Einleitung

Das von Nowell (1) eingeführte Tumorstammzellmodell und der von Hamburger und Salmon (2) entwickelte Tumorstammzellassay führten zu einer Vielzahl prätherapeutischer in vitro-Ansätze, die das klinische Ansprechen von Tumoren auf die Chemotherapie abschätzen wollten. Für maligne Gliome existieren eine Reihe von Verfahren (u. a. R/3.), die eine sehr gute Korrelation der prädiktiven Testergebnisse mit den tatsächlichen klinischen Verläufen chemotherapierter Tumorpatienten erlauben. In der klinischen Neuroonkologie wird derzeit wie in der übrigen Onkologie eine kombinierte Chemotherapie angestrebt, sodaß wir uns darum bemühten, ein in vitro-Modell zur Vorhersage der Substanzinteraktion einer kombinierten Chemotherapie zu entwickeln. Es galt hierbei das von Loewe und Muischnik (4) entwickelte Modell der Kombinationsisobolen auf die in vitro- Chemotherapie anzuwenden und gleichzeitig die in vivo und in vitro pharmakokinetischen Daten der verwandten Substanzen einzusetzen.

Methodik

Zellkulturen maligner Gliome und sekundärer ZNS-Neoplasien wurden aus Biopsiematerial etabliert (5). Ein standardisierter Langzeit(6,/3/-/3H-)-Thymidin-Einbau-Assay diente als Endpunkt der Tumorzellproliferation (5). Die in-vitro-Expositionsdosen der verwandten Chemotherapeutika (jeweils in Sequenz: 2 Stunden Behandlung, dazwischen ein einstündiges substanzfreies Intervall, nach der Kombinationsbehandlung ein ca. 5 - 7 Tage langes therapiefreies Intervall) wurden aus der Korrelation von in vivo und in vitro pharmakokinetischen Daten ermittelt: für die hier dargestellten Ergebnisse wurde der Effekt von Ifosfamid (4-Hydroxy-Peroxy-Ifosfamid) und ACNU (3-(4 Amino-2 Methyl-5 Pyrimidinyl)-Methyl)-1- (2-Chlorethyl)-1 Nitrosoharnstoff untersucht. Als in vitro Expositionsdosen wurden nach Korrelation der in vivo - und in vitro pharmakokinetischen Daten für Ifosfamid 0,58 µM (1,74 µM für ZNS-Metastasen) und für ACNU 1,33 µM (5,4 µM für ZNS-Metastasen) eingesetzt (Methodik der Korrelation siehe 5). In den eigentlichen Kombinationsexperimenten wurden die Tumorzellen sequentiell mit den beiden Substanzen behandelt, die absoluten Substanzdosen wurden in Bruchteilen der individuellen cut off-Konzentration (relative Dosis) angegeben. Der Thymidineinbau erbrachte Dosiswirkungsbeziehungen, die nach Übertragung in äquieffektive Dosen zur Konstruktion von Kombinationsisobolen führten. Aus den Kombinationsisobolen konnte schließlich ein Dosisfaktor errechnet werden (DF = 1 additiv, DF > 1 subadditiv, DF < 1 supraadditiv). Zur ausführlichen Methodik siehe 6.

Ergebnisse

Die Ergebnisse der Kombinationstherapie für die Kombination Ifosfosfamid/ACNU bzw. ACNV oder Ifosfamid bei primären und sekundären Neoplasien des Zentralnervensystems stellen sich wie folgt dar. Für die drei untersuchten Glioblastome finden sich bei den verwandten Expositionsdosen in zwei Fällen in beiden Therapiesequenzen supraaddivitve Effekte, für ein drittes Glioblastom sind die Ergebnisse biphasisch, d. h. in verschiedenen Dosisbereichen der Kombination gibt es einmal supraadditive und einmal subadditive Interaktion. Die drei untersuchten Metastasen eines Bronchialkarzinoms zeigen ein sehr unterschiedliches Muster, wobei für beide Sequenzen jeweils antagonistische und supraadditive Effekte beobachtet werden konnten. Die Therapieeffekte bei einer malignen Melanommetastase des Zentralnervensystems waren für alle drei untersuchten Metastasen negativ. Es wurden nur antagonistische Interaktionen beobachtet. Zwei Metastasen maligner Hypernephrome erbrachten für beide Therapiesequenzen jeweils eine supraadditive und eine antagonistische Substanzinteraktion. Als Nebenbefund der hier durchgeführten Experimente konnte gezeigt werden, daß Ifosfamid bei den eingesetzten, extrem niedrigen, auf seine schlechte ZNS-Pharmakokinetik abgestellten Dosen eine erstaunlich gute Wirksamkeit bei malignen Gliomen aufweist.

Schlußfolgerungen und Diskussionsbemerkung

Aus den hier nur in aller Kürze wiedergegebenen Experimenten lassen sich folgende Schlußfolgerungen ziehen:

1. Das Ansprechen primärer und sekundärer ZNS-Neoplasien auf eine Kombinationstherapie aus Ifosfamid und ACNU ist auf dem zellulären Niveau außerordentlich heterogen; es gibt wahrscheinlich tumorhistologiespezifische, substanzspezifische und individuelle tumorspezifische Substanzinteraktionen, die einen Einfluß auf das Ansprechen der Tumoren auf die gewählte Chemotherapie haben dürften.

2. Für eine Reihe von Tumoren findet sich zusätzlich eine individuelle sequenzspezifische Interaktion, die die beliebige Sequenzierung von Kombinationschemotherapie fragwürdig erscheinen läßt.

3. Die Methode kann bisher unbekannte Kombinationen für eine bestimmte Chemotherapieindikation evaluieren, insbesondere unter dem Gesichtspunkt, daß in der Kombinationschemotherapie bei vorliegender Überaddidivität deutlich geringere Substanzkonzentrationen für einen Therapieeffekt ausreichen können.

Literatur

1. Nowell PC (1976) The clonal evolution of tumour cell populations. Science 194:23-28
2. Hamburger AW, Salmon SE (1977) Primary bioassay of human tumour stem cells. Science 197:461-463
3. Bogdahn U, Zapf J, Weber H et al (1987) An in vitro comparative study of BCNU, VM 26, 5-FU and ARA-A5P in treatment of primary and secondary CNS-neoplasms; potential clinical relevance and clinical correlations. In: Chatel et al (Hrsg) Brain Oncology. Martinus Nijhoff publishers 1987:355-361
4. Loewe S, Muischnek H (1926) Über Kombinationswirkungen. 1. Mitteilung: Hilfsmittel der Fragestellung. Naunyn-Schmiedebergs Arch Exp Pathol Pharmakol 114:313-326
5. Bogdahn U, Zapf J, Weber H et al (1987) Vidarabinmonophosphatc, BCNU, VM 26 - an in vitro comparative study of active agents in the treatment of malignant human brain tumors. Br J Cancer 55:153-158

422

Ergebnisse der Kombinationsbehandlung maligner Gliome - Rostocker Studie

B. Bauer

Die aktuellen Behandlungsstrategien maligner Gliome umfassen multimodale Verfahren mit Tumorresektion, Strahlen- und Chemotherapie, da der ungünstige Verlauf anaplastischer Gliome nach den Erkenntnissen der experimentellen Neuroonkologie durch operative Maßnahmen allein nicht entscheidend beeinflußt werden kann (2).
Die mediane Überlebenszeit nach operativer Therapie beträgt etwa 6 Monate. Eine gut abgestimmte interdisziplinäre Multimodalitätsbehandlung ermöglicht eine Verlängerung derselben auf 14 - 20 Monate, die im Regelfall auch mit einer guten Lebensqualität verbunden ist (1, 5, 9).
Im Zeitraum von 10 Jahren behandelten wir 84 Patienten (47 Frauen, 37 Männer) mit anaplastischen Hirntumoren postoperativ strahlen-/chemotherapeutisch. Das Durchschnittsalter beträgt 42,1 Jahre (17 - 66 Jahre). Alle Patienten der Studie erfüllten folgende Voraussetzungen: Sie überlebten postoperativ mindestens 4 Wochen, ihr Karnofskywert (7) lag nicht unter 50, es lagen keine sonstigen schweren Allgemeinerkrankungen vor. Alle Gruppen, die in dieser Studie miteinander verglichen werden, wurden nach diesen Kriterien zusammengestellt. Darüber hinaus konnte anhand eines die 10 wichtigsten prognostischen Faktoren einschließenden Prognoseindexes die Strukturgleichheit in allen Gruppen gesichert werden (1). Die Berechnung der Überlebenskurven erfolgte nach der von Kaplan und Meier angegebenen Methode (6). In 36 % der kombiniert behandelten Kollektive lagen Tumoren 3. Grades vor. Gliome 4. Grades machten 64 % aus, wobei der Hauptanteil auf die Glioblastome entfällt.
Die Kombinationsbehandlung wurde 5,8 +/- 2,8 Wochen postoperativ begonnen. Die Bestrahlung erfolgte unter Telekobaltbedingungen (EHD: 1,5 Gy, 5mal/Woche, GHD: 54 - 60 Gy), die antineoplastische Chemotherapie in einer Gruppe nach dem modifizierten Israel-Schema (4), in der anderen nach dem COMP-Protokoll (5). Die Chemotherapiezyklen wurden aufgrund des Wachstumsverhaltens maligner Gliome (10) für eine Mindesdauer von 2 Jahren alle 6 - 8 Wochen wiederholt.
In Abb. 1 sind die prozentualen Überlebensanteile von Patienten mit anaplastischen Hirntumoren 3. und 4. Grades in Abhängigkeit von der Therapie dargestellt.
Die zugehörigen medianen Überlebenszeiten betragen für alleinige operative Therapie (n = 59) 4,8 (3,9 - 5,1) Monate, für Operation und Bestrahlung (n = 23) 15,6 (12,3 - 18,6) Monate, für Operation, Bestrahlung und Polychemotherapie (Israel n = 35) 24,0 (21,3 - 30,0) Monate bzw. (COMP n = 49) 21,3 (18,0 - 28,2) Monate. Signifikante Unterschiede zwischen den einzelnen Überlebenskurven sind Abb. 1 zu entnehmen.
Bei Vergleich beider Zytostatikaprotokolle ist in den ersten 3 Jahren kein signifikanter Unterschied zu eruieren. Ab 48 Monate postoperativ erweist sich jedoch die Überlegenheit des COMP-Schemas. Die Anzahl der Langzeitüberlebenden steigt in dieser Gruppe deutlich an, was seinen Niederschlag in der Plateaubildung der Überlebenskurve findet (3). Dieser auf die hohe Lipidlöslichkeit und den partiell zellzyklusunabhängigen Wirkmechanismus des

CCNU (8) zu beziehende Effekt bedingt aber auch die wesentlich höhere Nebenwirkungs-quote des COMP-Schemas, die gelegentlich zu einem therapielimitierenden Faktor werden kann.

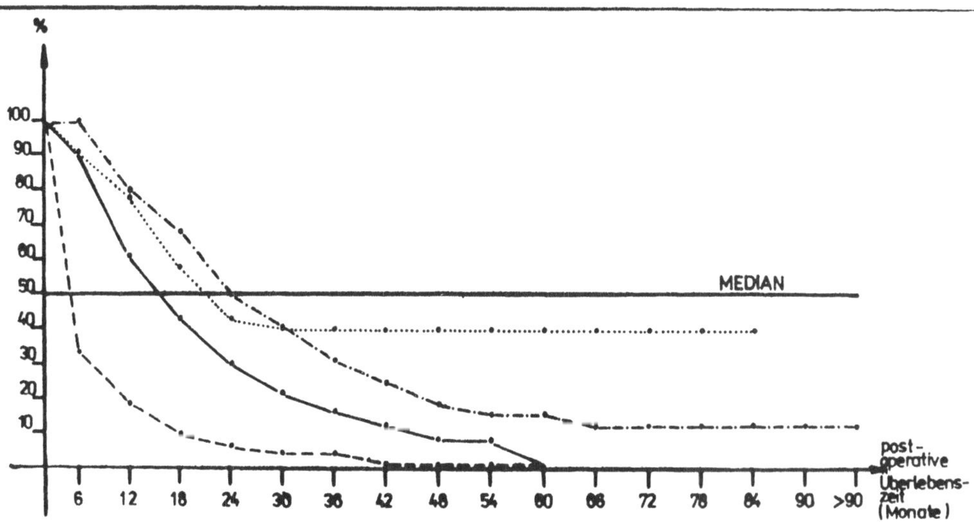

Abb. 1. Postoperative Überlebensanteile von Patienten mit Gliomen 3. und 4. Grades in Abhängigkeit von der Therapie. (1 - - - - Operation, 2 ——— Operation und Bestrahlung, 3 -.-.- Operation, Bestrahlung und Israel, 4 ... Operation, Bestrahlung und COMP).
Signifikante Unterschiede: Alpha 5 %, o Alpha 1 %.
1 versus 2 ; 1 versus 3 o; 1 versus 4 o; 2 versus 4

Literatur

1. Bauer B (1988) Wertung klinischer Verlaufsanalysen bei malignen Hirntumoren des Erwachsenenalters. Diss B Rostock
2. Bushe KH (1982) Operative Therapie. In: Krauseneck P, Mertens HG (Hrsg) Therapie maligner Neoplasien des Gehirns. Perimed, Erlangen
3. Calogaro J, Crafts DC, Wilson CB (1975) Long-term survival of patients treated with BCNU for brain tumors. J Neurosurg 43:191-196
4. Heiss WD (1978) Chemotherapy of malignant gliomas: Comparison of the effect of polychemo- and CCNU-therapy. Acta Neurochir (Wien) 42:109-115
5. Jellinger K, Volc, Grisold W (1983) Kombinationsbehandlung maligner Gliome. Wien, Klin Wochenschr 95:407-416
6. Kaplan EL, Meier P (1958) Nonparametric estimation from incomplete observations. J Amer Statist Ass 53:457-481
7. Karnofsky DA, Abelman WH, Craver LF (1948) The use of nitrogen mustards in the palliative treatment of carcinoma. Cancer 1:634-656
8. Koza I (1986) In: Tanneberger St (Hrsg) Allgemeine Tumorchemotherapie. Akademie, Berlin
9. Krauseneck P (1985) Chemotherapie maligner Hirntumoren. Münch med Wschr 127:1066-1070
10. Wilson CB, Levin VA, Sheline GE (1982) Other tumors. Management of CNS tumors in the adult patient. In: Carter StK, Glatstein E, Livingston RB (Hrsg) Principles of cancer treatment. McGraw-Hill, New York

Chemotherapie von Hirnmetastasen bei Bronchialkarzinomen

F.E. Seier, K. Demuth, B. Müller und P. Krauseneck

Bronchialkarzinome sind die häufigste Ursache von Hirnmetastasen, mit denen die Erkrankung meist in ihre Endphase eintritt. Ohne spezifische Therapie überleben diese Patienten nur 2 bis 3 Monate (1).

Die klassische Behandlung beschränkt sich auf Operation und Bestrahlung.

Bei beiden ist trotz befriedigender Response mit lokalen Rezidiven zu rechnen (beim kleinzelligen Ca 80 - 100 % (3)), die ebenso unbeeinflußt bleiben wie systemische Progressionen. So wird eine gute Palliation, aber nur eine geringe Verlängerung der Überlebenszeit (ÜLZ) erreicht: 4 - 5 Monate in wenig selektionierten Serien (2, 5). Auch die frühere Chemotherapie mit liquorgängigen, nicht primärtumor-adaptierten Wirkstoffen hat enttäuscht. Indessen konnten mit Primärtumor-adaptierter Polychemotherapie bessere Ergebnisse erzielt werden (mediane ÜLZ 6 - 7 Monate (4, 6 - 8)).

1974 - 84 behandelten wir 31 Patienten (A), 22 davon chemotherapeutisch mit alkylantienhaltigen Schemata. Seit 1985 wandten wir bei 42 Patienten ein risikoadaptiertes multimodales Konzept an, das soweit möglich Operation (15x), Radiatio (33x) und Chemotherapie (27x) mit Cisplatin + VP 16 einschloß. 12 Patienten wurden trimodal behandelt, 10 bestrahlt und chemotherapiert und 10 nur bestrahlt; 1 operiert und bestrahlt. 5 Patienten mit chemosensiblen Tumoren wurden nur chemotherapiert (3x) oder zusätzlich operiert (2x), die Bestrahlung wurde aufgespart. 4 Patienten blieben unbehandelt.

Gegenüber internistischen und pathologischen Serien ist der Anteil an initialem ZNS-Befall (57 %), auf das ZNS beschränkter Metastasierung (52 %) und solitären Hirnfiliae (45 %) in unserem Kollektiv überrepräsentiert, ebenso der von Adeno- (36 %) und kleinzelligen Karzinomen (31 %). Diese Selektion günstiger Prognosekriterien ist aber eher geringer als in der vor 1985 behandelten Gruppe.

Die mediane ÜLZ betrug insgesamt 169 d (A: ca. 100 d), 12 Patienten lebten länger als 1 Jahr (A: 0!), derzeit leben noch 3 (1834, 436 und 353 d). 9x, ausschließlich nach Chemotherapie, ließen sich komplette Remissionen (CR) mit 389 d medianer ÜLZ und 274 d Response-Dauer (RD) erzielen; 13x partielle Remissionen (PR) mit 229 d ÜLZ und 151 d RD; 9x ein Erkrankungsstillstand (SD) mit 131 d ÜLZ und 92 d RD; 11x war die Progression therapieresistent mit 50 d ÜLZ. Bei 31 Therapie-Respondern traten in 20 Fällen ZNS-, 19mal extrakranielle Rezidive auf. 36 Patienten starben am Tumor, davon 19 an ZNS-Metastasen, 2 tumorunabhängig.

Die trimodal behandelte Gruppe schnitt, bei vorherrschend günstigen Prognosekriterien, am besten ab (med. ÜLZ 370 d, 3 LZÜ, 4 CR, 4 PR, 1 SD, RD 274 d, 2 leb. Pat.). Die Ergebnisse der Radio-Chemotherapie-Gruppe mit höherem Anteil an sekundärem ZNS-Befall und extensive stage disease sind schlechter (ÜLZ 179 d, 1 LZÜ, 2 CR, 5 PR, 2 SD, RD 151 d, 1 leb. Pat.); am schlechtesten die der ausschließlich bestrahlten Gruppe mit den ungünstigsten Prognosekriterien (ÜLZ 77 d, 3 PR, 4 SD, RD 64 d).

Adenokarzinome profitierten deutlicher als die übrigen Histologien (ÜLZ 205 d, 3 LZÜ, 3 CR, 5 PR, 4 SD); dies korreliert mit einem höheren Anteil an initialem ZNS-Befall und auf das ZNS beschränkter Metastasierung sowie trimodaler Therapie (41 %). Bei kleinzelligem

Ca (mit mehr sekundärem ZNS-Befall und extensive stage disease) war eine hohe Response erreichbar, die aber nur kurz anhielt (ÜLZ 144 d, 2 LZÜ, 5 CR, 2 PR, 3 SD, RD 139 d). Plattenepithel-Karzinome schnitten mit Abstand am schlechtesten ab (ÜLZ 69 d, 4 PR, 1 SD).

Wie die Überlebenskurven zeigen, korrelieren mit der Prognose besonders das Krankheitsstadium, der Zeitpunkt des ZNS-Befalls und der initiale Karnofsky-Index. Dabei sind diese Merkmale stark interkorreliert. Keine prognostische Bedeutung hat demgegenüber das Ausmaß des ZNS-Befalls.

Die Lebensqualität unter der Therapie erscheint befriedigend. So verbrachte die Gesamtheit der Patienten 58 % ihrer ÜLZ in gutem (Karnofsky $\geq$70), 24 % in partiell hilfsbedürftigem (K 50 - 60), 18 % in pflegebedürftigem Zustand (K < 50). Dabei korreliert die Lebensqualität zusätzlich eng mit der ÜLZ.

Zusammenfassend

In unserem Krankengut bronchogener Hirnmetastasen haben sich die Therapieergebnisse seit 1985 durch die höhere Effizienz der neuen Chemotherapie und eine konsequentere multimodale Behandlungsstrategie verbessern lassen. Die mediane ÜLZ konnte von 3-4 Monaten auf circa 6 verlängert werden. Verläufe > 1 Jahr sind realistisch, auf mehrjähriges Überleben und Heilung ist in Einzelfällen zu hoffen. Dabei haben sich eine auf das ZNS beschränkte Metastasierung, initialer ZNS-Befall und ein Karnofsky $\geq$70 vor Therapie als prognostisch günstig erwiesen. Diesbezüglich weniger bedeutend ist das Ausmaß der ZNS-Metastasen. So sollten multiple Filiae bei sonst günstigen Kriterien nicht von einer aktiven Therapie abhalten. Die Nebenwirkungen halten sich dabei in Grenzen. Therapie-assoziierte Todesfälle traten in unserem Kollektiv nicht auf. Die Lebensqualität war befriedigend, am besten bei langer ÜLZ.

Literatur

1. Borgelt B, Gelber R, Kramer S et al (1980) The palliation of brain metastases. Int J Rad Oncol Biol Phys 6:1-9
2. Carmichael J, Crane JM, Bunn PA, Glatstein E, Ihde DC (1988) Results of therapeutic cranial irradiation in SCLC. Int Rad Oncol Biol Phys 14:455-459
3. Crane J, Lichter A, Ihde D et al (1983) Therapeutic cranial radiotherapy for brain metastases in SCLC. AACR Abstracts, 574
4. Lee JS, Murphy WK, Glisson BS, Dhingra HM, Holoye PY, Hong WK (1989) Primary chemotherapy of brain metastases in SCLC. J Clin Oncol 7:916-922
5. Mandell L, Hilaris B, Sullivan M et al (1986) The treatment of single brain metastasis from non-oat cell lung carcinoma. Cancer 58:641-649
6. Postmus PE, Haaxma-Reiche H, Sleijfer DT et al (1989) High dose etoposide for brain metastases of SCLC. Br J Cancer 59:254-256
7. Tummarello D, Porfiri E et al (1985) NSCLC. Neuroresection of the solitary intracranial metastasis followed by radiochemotherapy. Cancer 56:2569-2572
8. Twelves CJ, Souhami RL, Harper PG et al (1990) The response of cerebral metastases in SCLC to systemic chemotherapy. Br J Cancer 61:147-150

Adjuvante medikamentöse Therapiemöglichkeiten zerebraler Meningiome

U.M.H. Schrell und R. Fahlbusch

Meningiome sind in der Regel gutartige Hirntumoren (WHO I), die von den Deckzellen der Arachnoidea ausgehen. Metastasen außerhalb des Neurokraniums sind eine Rarität. Das Meningiom gilt in der Regel als ein über Jahre hinweg langsam proliferierender Tumor, der in Richtung auf das Hirn verdrängend wächst, aber in Richtung auf die Dura und den sich daran anschließenden knöchernen Schädel invadierendes Proliferationsverhalten aufweist. Erstreckt sich das invadierende Wachstum in Richtung auf die Schädelbasis und durchsetzt diese mit ihren angrenzenden Strukturen (wie z.B. den Sinus cavernosus), so ist unschwer einzusehen, daß der Tumor hier nur unzureichend operativ entfernt werden kann. Im Falle radikaler Exstirpationsversuche müßten persistierende Hirnnervenschäden in jedem Fall eingeplant werden. Daher ist es verständlich, daß eine additive medikamentöse Therapie für den Patienten von hohem Nutzen sein könnte.

Aufgrund des Geschlechtsverhältnisses Frauen zu Männer wie 2 : 1 und klinischer Beobachtung postulierte man einen Zusammenhang zwischen der Progredienz des Meningiomwachstums und den weiblichen Sexualhormonen. Dieses Konzept des Steroidhormoninduzierten Wachstums zerebraler Meningiome wurde forciert aufgegriffen, nachdem 1979 Donnell et al. Östreogenrezeptorprotein in der 4s- und 8s Fraktion einer Dichtegradientenzentrifugation in 4 von 6 Menigiomen beschrieben (2). In kurzer zeitlicher Folge wurden in Ergänzung zum postulierten Östrogenrezeptor weitere Stereoidrezeptoren, im einzelnen Progesteron-, Androgen- und Glukokortikoid-Rezeptoren in der zytosolischen Fraktion zerebraler Meningiome beschrieben.

Unter Anwendung verschiedener biochemischer Methoden hat sich der Rezeptorligandenassay in Kombination mit der Scatchard Analyse als relevante Auswertform bewährt. Trotz vieler widersprüchlicher Wertungen im Hinblick auf die verschiedenen im Meningiomgewebe beschriebenen Steroidrezeptoren wurde lediglich dem Progesteronrezeptor und eingeschränkt auch dem Östrogenrezeptor eine Beteiligung am Proliferationsverhalten der zerebralen Meningiome zugesprochen. Die wenigen in der Literatur beschriebenen Ergebnisse mit Zellkulturen von Meningiomen sind inhomogen und widersprüchlich (3). Auch erste Studien an Patienten mit Tamoxifen oder Progesteron bzw. Progesteronantagonisten zeigten keinen Erfolg.

Aufgrund eigener Forschungsergebnisse aus den letzten Jahren stellten wir die Existenz des Östrogenrezeptors in zerebralen Meningiomen prinzipiell in Frage und verneinten die Beteiligung des Progesteronrezeptors am Proliferationsverhalten zerebraler Meningiome (4).

So haben wir an 50 von 50 zerebralen Meningiomen in der zytosolischen Fraktion des Gewebes einen positiven Progesteronrezeptorstatus nachgewiesen.

Auffällig ist, daß auf den histologischen Gewebsschnitten immunhistochemisch nur in 2 von 50 Meningiomen eine stark positive Reaktion in den Kernen des Gewebeschnittes und in 3 von 50 Meningiomen nur eine fokale Reaktion als Nachweis für das Progesteron-Rezeptorprotein im Nucleus geführt werden konnte.

Der Östrogenrezeptor hingegen konnte weder mittels des Liganden Assays noch mittels des monoklonalen Antikörpers nachgewiesen werden.

Ebenso fanden sich auf den histologischen Gewebsschnitten keine Hinweise für eine positive Rezeptorproteinfärbung. In Übereinstimmung mit den oben beschriebenen Befunden war auch der negative Befund mittels der in situ-Hybridisierung.

Im Gegensatz dazu konnten wir in einer Serie von 20 zerebralen Meningiomen hochaffine Dopamin-D1 Rezeptoren nachweisen (5).

Diese Ergebnisse wurden gestützt durch unsere Studien in Zellkultur, in der wir keinerlei Proliferationsänderung mit steroidalen Agonisten bzw. Antagonisten fanden (1).

Auf der Suche nach Substanzen, die das Proliferationsverhalten von zerebralen Meningiomen hemmen oder auch nur aufhalten könnten, fanden wir überzeugende Befunde durch Bromocryptin in der Zellkultur.

Unter Bromocryptin (n = 40), einem hochpotenten Dopaminagonisten, unter Dopamin, Apomorphine und SKF-38393, ein selektiver Dopamin D1-Agonist, konnte das Wachstum der Meningiomzellen hochsignifikant (p = 0,001) und unter Vorliegen einer Dosiswirkungsbeziehung gesenkt werden (5). Die eingesetzten Konzentrationen von 10-6 bis 10-5 M zeigen einen hochsignifikanten (p = 0,01 bis 0,001) proliferationshemmenden Effekt von bis zu 50 %. Kontrollversuche mittels tritiertem Thymidin (Thymidin-uptake) zeigten einen signifikant geringeren Einbau von 3H-Thymidin und belegen damit die beschriebenen Ergebnisse.

Die von uns durchgeführten Studien belegen, daß 1. der Östrogenrezeptor in zerebralen Meningiomen nicht vorkommt, daß 2. der Progesteronrezeptor eine inaktive Form darstellen könnte und unseren Ergebnissen nach nicht an der Proliferation von Meningiomen beteiligt ist, daß 3. zerebrale Meningiome den Dopamin-D1 Rezeptor exprimieren und daß 4. Dopaminagonisten das Wachstum in der Zellkultur hemmen im Sinne einer dopaminergen Proliferationskontrolle. Dieses Konzept könnte Relevanz für die medikamentöse Therapie von Problempatienten mit zerebralen Meningiomen haben.

Literatur

1. Adams EF, Schrell UMH, Fahlbusch R et al (1990) Hormonal manipulation of cerebral meningiomas. Part 2. J Neurosurg (im Druck)
2. Donnell MS, Meyer GA, Donegan WL (1979) Estrogen-receptor protein in intracranial meningiomas. J Neurosurg 50:499-502
3. Olson JJ, Beck DW, Schlechte J et al (1986) Hormonal manipulation of meningiomas in vitro. J Neurosurg 65:99-107
4. Schrell UMH, Adams EF, Fahlbusch R et al (1990) Hormonal manipulation of cerebral meningiomas. Part 1. J Neurosurg (im Druck)
5. Schrell UMH, Fahlbusch R, Adams EF et al (1990) Growth of cultured human cerebral meningiomas is inhibited by dopaminergic agents. Presence of high affinity dopamine-D1 receptors. J Clin Endocrinol Metab (im Druck)

Sandwich-Therapie maligner Hirntumoren des Kindes- und Jugendalters: Protokoll der Frankfurter Arbeitsgruppe

G. Jacobi, D. Schwabe, B. Kornhuber und R. Lorenz

Einführung

Die konventionelle Behandlung maligner kindlicher Hirntumoren besteht aus Operation und Radiotherapie (RT). Schon bald (3) erkannte man den Zusammenhang zwischen einer hohen Inzidenz toxischer Nebenwirkungen auf das ZNS, wenn eine Chemotherapie (CHT) der RT folgte. Als Hauptgrund hierfür wird die Disruption der Bluthirnschranke durch eine hochdosierte Strahlendosis vor Anwendung der CHT angesehen, wobei vor allem die Methotrexat-Spät-Enzephalopathie zu fürchten ist. Auch blieb nicht verborgen, daß die mentalen Funktionen eines Kindes nach einer solchen kombinierten Therapie sich noch bis zu 4 Jahren nach Therapieende verschlechtern können (4). Aus diesen Überlegungen heraus führen wir und andere (1, 7, 11) seit 1985 eine sogenannte Sandwich-Therapie bei Hirntumoren des Kindesalters durch, wobei Sandwich bedeutet, daß die CHT zwischen Operation und RT zwischengeschaltet wird. Erstmals an pontinen Gliomen wurde die Wirksamkeit hochdosierten Methotrexats mit Leukovorin Rescue beobachtet, das analog dem Osteosarkom-Therapieschema appliziert wurde (8). Dieses Behandlungsprinzip wurde auch auf andere maligne Hirntumoren ausgedehnt (1, 7, 9). Bei der HD-MTX-Therapie werden 12 g/m^2 Körperoberfläche infundiert und ein Leukovorin Rescue gegeben, dessen Dauer sich nach der Höhe des MTX-Spiegels im Plasma und Liquor richtet. Außerdem muß der Patient überwässert und der Urin alkalisiert werden. Der 2. Bestandteil unserer CHT ist der von Bleyer und Mitarbeitern 1983 (2, 5) eingeführte Block: "8 drugs in 1 day", wobei versucht wird, durch eine Synchronisation verschiedene Medikamente der Tumorzelle in verschiedenen Phasen ihres Zellzyklus zu beeinflussen. Der Vincristinanteil dieser Therapie kann zur peripheren sensori-motorischen Neuropathie einschließlich der Hirnnerven führen, der Cisplatinanteil kann ototoxisch wirken (10, 11), so daß eine Überwachung der Hörfunktion unter der Therapie geboten ist.

Unser Vorgehen

16 Kinder und Jugendliche mit Grad-III/IV-Hirntumoren wurden mit je 6 Zyklen HD-MTX und 6 Zyklen "8 in 1" behandelt. Die Behandlung wurde postoperativ sobald als möglich begonnen, in der Regel nach 10 - 14 Tagen. 12 g MTX/m^2 werden in 4 Stunden infundiert und nach 24 Stunden wird Citrovorumfaktor gegeben. Patient wird in der Regel zwischen den einzelnen Therapieblöcken entlassen. Beim "8 in 1" werden 300 mg/m^2 Methylprednison i.v. gegeben, dazu 1,5 mg/m^2 Vincristin i.v. und 75 mg/m^2 Lomustin (CCNU) p.o. Es folgen 75 mg/m^2 Procarbazin p.o., sowie 1500 mg/m^2 Hydroxy-Urea (Regime A) oder 3000 mg/m^2 (Regime B) p.o.). Es wird über 6 Stunden 60 mg/m^2 (A) oder 90 mg/m^2 (B) Cisplatin infundiert, gefolgt von einer einstündigen Infusion von 300 mg/m^2 Cyt-Arabin und nach

weiteren 3 Stunden 300 mg/m² Cyclophosphamid (A) oder 150 mg/² Imidazol-Carboxymid (DTIC) (B) als 1/2stündige Infusion. Bei Patienten mit primitiven neuroektodermalen Tumoren einschließlich des Medulloblastoms und Ependymoms verwendeten wir das Regime A, bei Gliomen und Sarkomen das Regime B.

Verträglichkeit

Vor allem die Myelotoxizität, die nach "8 in 1" ausgeprägter war und länger anhielt als in HD-MTX, bestimmte die Zeitintervalle der einzelnen Blöcke: 18,5 (+/- 6,1 Tage) für "8 in 1" und 10,0 (+/- 3,7 Tage) für HD-MTX. Fast alle Kinder bekamen im Laufe der einzelnen Blöcke Erbrechen und Übelkeit erheblichen Grades sowie Schleimhautprobleme in Form einer Mukositis. Bei erwiesener peripherer Neuropathie (regelmäßige Kontrollen der sensorischen und motorischen NLG!) wurde das Vincristin aus dem "8 in 1" Schema weggelassen, bei renaler oder Ototoxizität das Cisplatin.

Ergebnisse

Es wurden 16 Patienten mit malignen Hirntumoren nach diesem Schema behandelt, 8 mit Medulloblastom, 6 mit Astrozytomen Grad-III/IV sowie je eine Patientin mit supratentoriellem Arachnoidalsarkom und Mesenchymom Grad-III/IV. Eine schlechte Prognose haben immer noch Kinder unter 3 Jahren mit Medulloblastom und Kinder mit einem Gliom des kaudalen Hirnstamms, das häufig sich nach initialer histologischer Gradierung Grad II dann im weiteren Verlauf als III oder IV erweist.

Zusammenfassung

Trotz der Toxizität und der subjektiv erheblichen Nebenwirkungen der CHT erscheint der gesamte Einsatz einer kombinierten Therapie im Sandwich-Verfahren beim Kind mit malignem Hirntumor lohnenswert, da auf der anderen Seite allein durch eine operative Behandlung in der Regel keine Überlebenschance auf Dauer besteht. Der von uns gegangene Weg, der vor 1985 eine andere Form der CTH beinhaltete, brachte für die ersten Patienten, die ab 1977 in einem Sandwich-Verfahren behandelt wurden, Überlebenszeiten von bis zu über 10 Jahren auch für Kinder mit Medulloblastom oder Glioblastoma multiforme. Die früher gefürchteten Spät-Enzephalopathien nach antineoplastischer Vorausbehandlung haben wir seitdem nicht mehr gesehen. Uns scheint daher in dem Sandwich-Prinzip einer kombinierten Therapie ein großer Vorteil zu liegen.

Das Literaturverzeichnis ist bei den Verfassern erhältlich.

Carrier-vermittelte Chemotherapie (CMC). Ein neues Konzept für eine adjuvante Chemotherapie von malignen Gliomen

B. Wowra und W.J. Zeller

Grundlagen

Die Prognose maligner Gliome (Grad 3 & 4 nach WHO) ist sehr ungünstig. Durch die bioptisch radikale Operation wird eine mediane Überlebenszeit (ÜLZ) von 5 Monaten erzielt, die postoperative Strahlentherapie verlängert diese ÜLZ um 6,4 Monate, und die Chemotherapie bewirkt einen weiteren Gewinn an ÜLZ von 2 bis 3 Monaten (9, 12). Allgemein kann gezeigt werden, daß Therapieformen mit lokalem Ansatz bei malignen Gliomen die wirksamsten sind. Exemplarisch gilt dies für die Strahlentherapie, wo sich die lokale Nachbestrahlung der Tumorregion als gleichwertig zur Bestrahlung des gesamten Gehirns erwiesen hat (5, 11). Dazu konnten wir, zusammen mit der Strahlenklinik Heidelberg, in einer Pilotstudie an 17 Patienten mit malignen Gliomen (14 Glioblastome) die postoperativ mit 2 X 30 Gy im Tumorareal stereotaktisch bestrahlt wurden, eine mediane ÜLZ von 11,5 Monaten erzielen, die vergleichbar war mit der des Heidelberger Gesamtkollektivs (12,1 Monate) (5) und Angaben der Literatur (9, 11, 12). Die guten Ergebnisse der Brachytherapie von Rezidivglioblastomen (6) unterstreichen die Werte lokal-akzentuierter Therapieformen ebenso wie die Verlängerung der ÜLZ nach Rezidivoperation (10). Demgegenüber ist die Chemotherapie ohne regionalen Schwerpunkt. Lokale und lokoregionale Formen der Chemotherapie zeigen bisher keine Verbesserung der therapeutischen Breite (1, 2). In einer Studie, in der hohe, toxische Dosen von BCNU mit Knochenmark Rescue-Technik kombiniert wurden, wird dagegen eine signifikante Verlängerung der ÜLZ um 5,2 Monate verzeichnet (13).

Damit können eine *lokale Applikationsform* und eine *Erhöhung der Wirkstoffkonzentration* im Tumorgewebe als adäquate Zielparameter neuer adjuvanter Therapieformen für maligne Gliome angesprochen werden.

Untersuchungen, die digitale Bildinformation aus CT und MRT mit stereotaktischen Biopsien (4, 8) oder postmortalen Gewebsuntersuchungen korreliert haben, belegen, daß das Tumorareal sich in CT und MRT nicht auf den Kontrastmittel-anreichernden soliden Tumor beschränkt, sondern mindestens auch die sog. Ödem-Zone, im MRT die Zone erhöhter T2-Signalintensität (3, 7), umfaßt. Der solide Tumoranteil ist die Zielstruktur der mikrochirurgischen Tumoroperation. Der postoperativ zurückbleibende Tumoranteil im Ödemareal ist Entstehungsort fataler Rezidivtumoren.

Dieses Gebiet kann damit als anatomisches Zielkompartment für adjuvante Therapieformen definiert werden.

Konzept der CMC mit Liposomen

Liposomen, multilamellare Vesikel mit einer Membran aus verschiedenen Lipiden (z. B. Cholesterol und Phosphatidylcholin), eigenen sich als Träger für Chemotherapeutika.

Intratumoral appliziert stellen sie eine biokompatible Depotformulierung dar, aus der kontinuierlich Chemotherapeutika abgegeben werden. Bei Einhaltung bestimmter pharmakologischer Parameter werden im Tumorgewebe nach einmaliger Applikation über mehrere Wochen zytostatisch wirksame Gewebespiegel aufrecht erhalten. Die Mischung verschiedenartiger Liposomen-Chemotherapeutika Formulierungen zu Liposomencocktails ermöglicht eine individualisierte Therapie. Durch die lokale Applikation wird die Gesamtdosis und damit auch das Risiko der Systemtoxizität reduziert. Die topographische Applikation der Liposomen-Pharmaka kann auf der Grundlage digitaler Bildinformation nach der dreidimensionalen Konfiguration des Areals der erhöhten T2-Signalintensität erfolgen. Für die Applikation eignen sich sowohl mikrochirurgische wie stereotaktische Eingriffe.

Experimentelle Methodik

Präklinische Untersuchungen erfolgen an Nitroso-Harnstoff-induzierten Gliomen der BD IX Ratte sowie an xenotransplantierten Glioblastomen auf immun-inkompetenten Balb C Mäusen. Freigabestudien erfolgen mit Liposomenpräparationen unterschiedlicher Größe und Membrankomposition in vitro und in vivo mit CT- bzw. MRT, wobei die Liposomen mit Kontrastmittel beladen sind. Klinisch-neuroradiologische Untersuchungen dienen zur Quantifizierung der Gewebekompartimente (solider Tumor, Ödem-Infiltrationszone, absolutes und relatives Gesamtläsionsvolumen).

Ergebnisse

1) Liposomen müssen eine bestimmte Membrankomposition und Größe aufweisen, um einen Depoteffekt zu erzielen. MLV-Liposomen mit einer medianen Teilchengröße von 400 - 800 nm und einer Membran aus je 50 % Cholesterol und Phosphatidylcholin ermöglichen in vivo eine lineare Wirkstoff-Freisetzung über 4 Wochen. 2) Grundsätzlich kann mit der Liposomen-vermittelten Chemotherapie eine zytostatische Wirkung erzielt werden, die mit der Verweildauer der Liposomendepots korreliert. 3) Die Tumorart beeinflußt die relative Wirksamkeit oder Unwirksamkeit der Therapie: eine individuelle Abstimmung der CMC auf den jeweiligen Zieltumor ist notwendig. 4) Die Wirkstoffretardierung kann auch nachteilig wirken: eine Abstimmung der Komposition der Liposomenmembran auf das Chemotherapeutikum ist erforderlich. 5) Der solide Tumoranteil wird durch eine Operation zu etwa 95 % entfernt. Die Ödemzone bleibt nach der OP konstant (49 +/- 34 cm³ post-op. gegenüber 43 +/- 37 cm³ prä-op.). Das gesamte Tumorareal nimmt durch die OP von präoperativ 103 +/- 49 cm³ auf postoperativ 77 +/- 35 cm³ ab. Postoperativ umfaßt das Zielkompartment für die CMC 8 +/- 3 % des Volumens des supratentoriellen Gehirns.

Schlußfolgerung

Die bisherigen Erfahrungen sprechen für eine Weiterentwicklung der Methode zur klinischen Einsatzreife.

Das Literaturverzeichnis ist bei den Verfassern erhältlich.

Entwicklung der Vielfach-Resistenz (Multidrug-Resistance) in neuroglialen Tumoren: Diagnose durch immunhistologische Verfahren und Polymerase-Kettenreaktion

H.J. Schluesener, C. Köppel, A. Krone und R. Meyermann

Das weitverbreitete Auftreten der Vielfach-Resistenz, d.h., der Resistenz gegen zahlreiche strukturell und funktionell nicht verwandte zytostatische Substanzen, stellt eines der Hauptprobleme bei der Behandlung neoplastischer Erkrankungen dar (1). Die Vielfach-Resistenz wird durch die Expression von P-Glykoprotein, einem membranständigen Transportprotein hervorgerufen, das die intrazelluläre Akkumulation häufig eingesetzter antineoplastischer Pharmaka (Vinka-Alkaloide, Epipodophyllotoxine, Anthrazykline etc.) verhindert.

P-Glykoprotein besteht aus einer Polypeptidkette mit 12 hydrophoben Transmembranbereichen und zwei konservierten hydrophilen zytoplasmatischen Domänen mit ATP-Bindestellen, die ATPase-Funktion haben. Die pleiotrope Transportfunktion des P-Glykoproteins zeigt sich besonders daran, daß nicht nur viele Chemotherapeutika, sondern auch Chemosensibilisatoren wie Verapamil, Trifluoperazin, Quinidin etc. und verschiedene Farbstoffe, wie z.B. Rhodamin 123 und Rhodamin 6G vom P-Glyoprotein transportiert werden.

Chemosensibilisatoren binden an P-Glykoprotein und hemmen kompetitiv den Transport, was zu relativ erniedrigtem Export und somit erhöhter zytoplasmatischer Chemotherapeutika-Konzentration führt. Es wird deshalb angenommen, daß Chemosensibilisatoren therapeutisch eingesetzt werden könnten, um die Effizienz von Chemotherapeutika zu erhöhen.

Wir untersuchten die Vielfach-Resistenz bei neuroglialen Tumoren durch Zytofluorometrie sowie durch molekularbiologische und immunzytochemische Verfahren. In einer Glioblastom-Zellinie, Pat-1, beobachteten wir, daß die Zellen spontan, d.h. ohne vorherige Chemotherapie P-Glykoprotein synthetisieren können. Selektion der Zellen mit Vinka-Alkaloiden führte zur Überexpression von P-Glykoprotein in der Zellinie Pat-1.mdr. Der Nachweis der P-Glykoprotein-Expression erfolgte durch Immunozytochemie mit dem monoklonalen Antikörper JSB-1. Immunzytochemie ermöglicht zwar den Nachweis des P-Glykoproteins, eine Unterscheidung der verschiedenen, durch das mdr1- oder mdr3- Gen kodierten P-Glykoproteine ist aber nicht möglich.

Mittels diagnostischer Polymerase-Kettenreaktion (PCR) mit Amplimeren, die einer konservierten Region beider humaner mdr-Gene entsprechen, konnten mdr-Gen-Transkripte mit kleinen RNA-Mengen nachgewiesen werden.

Anhand von Northern Blots war es möglich, diese mdr-Gen-Transkripte näher zu charakterisieren. In beiden Zellinien (Pat-1 und Pat-1.mdr) konnten Transkripte sowohl des mdr1- als auch des mdr3-Gens nachgewiesen werden. In der selektionierten Zellinie Pat-1.mdr tritt eine Überexpression des mdr1- und des mdr-3-Gens ein, ohne daß eine Amplifikation der mdr-Gene beobachtet werden konnte.

Chemotherapeutika können also aus spontan vielfach-resistenten Tumorzellen Subpopulationen mit gesteigerter P-Glykoprotein- Expression selektionieren. Die Transportfunktion des P-Glykoproteins kann durch Zytofluorometrie direkt gemessen werden. Die Überexpression der mdr-Gene in der ZelliniePat-1.mdr führt zu einer derart gesteigerten Transportkapazität, daß selbst durch Chemosensibilisatoren keine ausreichende Hemmung des P-Glykoproteins erreicht werden kann.

Zusammenfassend läßt sich sagen, daß durch die von uns vorgestellten Verfahren die Vielfach-Resistenz an Biopsiematerial und an Zellkulturen nachweisbar ist und sich somit die Vielfach-Resistenz neuroglialer Tumore vorhersagen ließe. Weiterhin konnten wir zeigen, daß Glioblastomzellen sowohl das mdr1- als auch das mdr3-Gen spontan, d.h. ohne vorangegangene Chemotherapeutika-Exposition exprimieren können. Eine Überexpression der mdr-Gene kann eine erhebliche Steigerung der Transportkapazität von Glioblastomzellen bewirken, die nicht mehr durch Chemosensibilisatoren gehemmt werden kann.

Literatur

1. Schluesener HJ, Meyermann R (1990) Spontaneous expression of multidrug transporter P-glycoprotein in human glial tumor cells associated with sensitivity to morphogenetic effects of TGF-ß1, ß2, ß3. Zur Publikation eingereicht
2. Gottesman MM, Pastan I (1988) Resistence to multiple chemotherapeutic agents in human cancer cells. TIPS 9:54-58

Wertung der Lebensqualität bei Hirntumorpatienten mit der "Flic - Scale"

F. Weber, J. Menzel, W. Köning, J. Naumann und F.-T. Zimmermann

Anhand der Daten von 87 Hirntumorpatienten, die prospektiv erfaßt wurden, sowie 157 Patienten, die retrospektiv erfaßt wurden, soll die Möglichkeit einer Lebensqualitätsbeschreibung dargestellt werden.

In der Onkologie gelten bisher als Kriterien zur Beurteilung eines therapeutischen Verlaufes, Erfolges oder Mißerfolges das Ansprechverhalten des Tumors, das krankheitsfreie Intervall oder die absolute Überlebensrate. Unserer Ansicht nach muß bei allen Erkrankungen, die nicht kurativ therapiert werden können, die Lebensqualität mit als Kriterium einbezogen werden, um den Wert einer Therapie für den Patienten feststellen zu können. Für den palliativ behandelten Patienten stellt die Lebensqualität ein kontinuierliches Maß dar, in welcher Art und Weise er sich aktuell mit seiner Umwelt auseinandersetzt bzw. die Umwelt sich mit dem Patienten auseinandersetzt. Zur Beschreibung der Lebensqualität gibt es eine Reihe von Möglichkeiten, die bekannteste Skala ist die Karnowski-Skala (1), die bereits Ende der 40er Jahre aufgestellt wurde. Die moderne Ära der Lebensqualitätsuntersuchung begann mit dem von Priestman und Baum 1976 vorgestellten Fragebogen, der aus 10 Fragen bestand. Die weitere Entwicklung kam mit Spitzer, der einen aus 5 Fragen bestehenden Bogen vorstellte. Alle diese Bögen jedoch sind Fremdbeurteilungen, insofern, als der Therapeut oder eine dritte Person den Zustand des Patienten beurteilt. Der sogenannte "Functional Living Index for Cancer" wurde in dem Manitoba Cancer Treatment and Research Foundation Anfang der 80er entwickelt. Hierbei beantwortet der Patient 22 Fragen wiederholt.

Die Anforderungen an solch einen Fragebogen müssen folgende sein: Er muß zum einen krebsspezifisch, funktionell, vom Patienten durchführbar, allgemein anwendbar, wiederholbar und sensitiv für die jeweilige Fragestellung sein. Er muß über die entsprechende "face validity" verfügen. Es muß die entsprechende "concurrent validity" vorhanden sein. Eine "construct validity" sowie die entsprechende Reliabilität sind unabdingbar.

Inhaltlich besteht er aus 4 zentralen Komponenten. Zum einen sollen die physischen Funktionen, zum anderen die psychologische Verfassung, das soziale Verhalten als auch die körperliche Verfassung beurteilt werden. In unserer Studie wurden anhand 158 retrospektiv ausgewerteten Patienten die Patienten angeschrieben und gebeten, anhand des Fragebogens ihre Lebensqualität darzustellen. In dem prospektiven Teil wurden die Fragebögen vom Patienten präoperativ beantwortet. Ein zweiter Fragebogen wurde unmittelbar postoperativ vor der Entlassung aus dem stationären Aufenthalt von den Patienten erneut ausgefüllt.

Nach 3 Monaten wurden die Patienten gebeten, einen dritten Bogen zu beantworten. Hierbei handelt es sich um prospektiv erfaßte Patienten. Wir haben sie in 5 Gruppen eingeteilt: Angiome, Meningiome, Metastasen, Glioblastome und niedermaligne Gliome. Hinsichtlich den präoperativ als auch postoperativ angegebenen Lebensqualitäten zeigen sich keine signifikanten Unterschiede, Tendenzen aber lassen sich bei den Mittelwerten schon sehen, so daß sich bei den Angiomen doch eine Tendenz zur Besserung, zumindest spät postoperativ (nach 3 Monaten) zeigte. Bei den Meningeomen ist diese Tendenz ähnlich ausgeprägt, unmittelbar postoperativ wird zwar durchschnittlich eine schlechtere Lebensqualität angegeben, was sich mit dem Wert von 101 zeigt, dann aber gefolgt von einem Ansteigen nach 3 Monaten auf nahezu 120 Punktwerte. Bei den Metastasen ist überraschend, daß hier bereits präoperativ eine relativ hohe Lebensqualität angegeben wird mit einem Mittelwert von 123, der früh postoperative mit 110. Bei den Glioblastomen läßt sich ein ähnlicher Verlauf darstellen. Als Ausnahme bei den Gliomen wird die Lebensqualität nach 3 Monaten schlechter als unmittelbar postoperativ angegeben.

Bei der Auswertung mit dem Wilcoxon Test zeigten sich keine signifikanten Unterschiede. Beim Vergleich der präoperativen Angaben zwischen den einzelnen histologischen Gruppen zeigte sich mit Ausnahme zwischen Metastasen und Angiomen (p = 0,045), Metastasen und Gliomen (p = 0,032) kein signifikanter Unterschied.

Bei der analogen Auswertung der frühen postoperativen Lebensqualität hinsichtlich der verschiedenen Tumorarten zeigte sich ein signifikanter Unterschied zwischen Meningeom- und Metastasenpatienten (0,008) sowie zwischen Angiom- und Metastasenpatienten (p = 0,045), wohingegen Unterschiede zwischen Meningeom und Glioblastom nicht signifikant waren. Betrachtet man die späten postoperativen Ergebnisse, so lassen sich hier keine signifikanten Unterschiede, allenfalls Tendenzen ablesen, die jedoch schon vorher deutlicher zu Tage kamen.

Beim Vergleich der Lebensqualität der einzelnen histologischen Gruppen stellt man fest, daß bei den Angiom- und bei den Meningeompatienten durchweg 3 Monate postoperativ eine bessere Lebensqualität angegeben wird als bei maligneren Tumoren, wie Metastasen, Glioblastomen und Gliomen, wo präoperativ eine bessere Lebensqualität angegeben wird als postoperativ.

Zusammenfassend zeigt sich, daß die Lebensqualität präoperativ relativ hoch ist und bei allen Tumoren frühpostoperativ etwas schlechter angegeben wird, aber dann in der Regel wieder ansteigt. Abschließend läßt sich feststellen:

1. Die Lebensqualitätsbeurteilungen sollten in Zukunft mit eine entscheidende Rolle bei der Therapieplanung spielen. 2. Die "FLIC"-Scale ist zur Beurteilung von Hirntumorpatienten geeignet. 3. Ein objektiver standardisierter Score sollte zusätzlich angewendet werden.

Literatur

1. Karnofsky DA, Burchenal JH (1949) The clinical evaluatuion of chemotherapeutic agents in cancer. In: Evaluation of Chemotherapeutic Agents, New York, Columbia University Press
2. Priestman TJ and Baum M (1976) Evaluation of quality of life in patients receiving treatment for advanced breast cancer. Lancet 1:899-900
3. Schipper H, Clinch J, MCMurray A and Levitt M (1984) Measuring the quality of life of cancer patients: the functional living index-cancer: development and validation. J Clin Oncol 2:472-483
4. Spitzer WO, Dobson AJ, Hall J (1981) Measuring the quality of life of cander patients. A concise QL-index for use by physicians. J Chronic Dis 34:585-598

Postoperative Überlebenszeit und Überlebensqualität bei Patienten mit Gliomen der Grade III und IV nach WHO

B. Knoke, U. Kehler und H. Arnold

Die Prognose von Patienten mit malignen Gliomen ist trotz vieler therapeutischer Bemühungen noch immer unbefriedigend. Nach Einführung der Bestrahlungstherapie und inzwischen auch der Chemotherapie (1, 4) liegen die Überlebenszeiten der Patienten von der Diagnosestellung bis zum Tode zwischen 40 und 60 Wochen (5). Der Erfolg der Therapie wird überwiegend an der Überlebenszeit gemessen, seltener wird auch die Lebensqualität eingehend berücksichtigt (2).

Bei den 61 Patienten, die von April 1986 bis Ende 1988 in der Klinik für Neurochirurgie der Medizinischen Universität zu Lübeck an Glioblastomen (n = 46), Astrocytomen Grad III (n = 10), Oligodendrogliomen Grad III (n = 2) und anderen malignen Gliomen (n = 3), z. B. Gliosarkomen, operiert wurden, haben wir retrospektiv die Krankengeschichten auch mit Hilfe der angeschlossenen Poliklinik und der weiterbetreuenden Ärzte nachvollzogen.

Besondere Berücksichtigung fanden 14 Patienten, bei denen eine makroskopisch "radikale" Tumorresektion gelang (3). Hier sollte geklärt werden, ob eine "radikale" Tumorentfernung mit einer längeren Überlebenszeit einhergeht, und ob ein Einfluß auf den neurologischen Status oder die postoperative Lebensqualität besteht. Die Lebensqualität wurde anhand des Karnofsky-Index ermittelt und durch weitere Informationen, wie z. B. die Selbstständigkeit und die soziale Reintegration der Patienten ergänzt.

Von den insgesamt 61 Patienten waren 26 (42,6 %) Frauen und 35 (57,4 %) Männer. Alle Patienten wurden operiert, wobei bei 14 Patienten eine makroskopisch radikale Tumorentfernung durchgeführt werden konnte. Bei 3 dieser 14 Patienten konnte die Radikalität des Eingriffs durch Biopsien aus den Rändern der Resektionshöhle bestätigt werden. Bei den verbleibenden 47 Patienten konnte aufgrund der Tumorlokalisation nur eine teilweise Resektion vorgenommen werden: 11 (23,4 %) Patienten wurden einer Probeentnahme, einer erweiterten Probeentnahme oder einer Zystenentleerung unterzogen, bei 28 (59,6 %) Patienten wurde der Tumor subtotal entfernt und 7 Patienten wurden einer großen Lappenresektion unterzogen, ohne daß der Tumor dabei makroskopisch ganz entfernt werden konnte. Das Durchschnittsalter zum Zeitpunkt der Operation betrug bei den 14 "radikal" operierten Patienten 58,4 (+/- 12,9) Jahre und bei den anderen 47 Patienten 54,6 (+/- 14,0) Jahre.

Eine Radiatio von 60 Gray wurde angestrebt, jedoch nur bei 25 (41,0 %) Patienten erreicht. 23 (37,7 %) Patienten erhielten keine Radiatio und bei den verbleibenden 13 (21,3 %) Patienten wurde die Bestrahlung abgebrochen, meist wegen einer Verschlechterung des Allgemeinzustandes der Patienten. Eine adjuvante Chemotherapie wurde bei 9 (14,8 %) Patienten angeschlossen.

In der Anamnese fiel auf, daß nur einer (7,1 %) der "radikal" operierten Patienten Paresen hatte (Hirnnervenausfälle ausgenommen), im Gegensatz zu 22 (46,8 %) Patienten mit Teilresektionen. 4 (6,6 %) Patienten waren bei Krankenhausaufnahme sonmnolent, alle anderen waren bewußtseinsklar. Die Anamnesedauer betrug bei den "radikal" operierten

Patienten 8,3 (+/- 8,9) Wochen, wohingegen sie bei den nicht "radikal" operierten Patienten mit 33,25 (+/- 82,47) Wochen rechnerisch signifikant länger (p < 0,05) war. Auch die Klinikaufenthaltsdauer war bei den "radikal" Operierten mit 4,6 (+/- 1,4) Wochen rechnerisch signifikant kürzer als bei den nicht "radikal" Operierten mit 5,8 (+/- 2,7) Wochen. Die "radikal" operierten Patienten überlebten die Operation mit 45,5 (+/- 30,0) Wochen deutlich länger als die 47 nicht "radikal" Operierten mit 26,46 (+/- 29,6) Wochen.

Der präoperative Karnofsky-Index lag bei den "radikal" operierten Patienten bei durchschnittlich 87,1 %. Die Patienten mit Tumorteilresektionen litten unter mehr Krankheitssymptomen, hier ergab sich ein mittlerer Karnofsky-Index von 74,9 %.

Der postoperative neurologische Status war bei keinem der "radikal" operierten Patienten schlechter als der präoperative, bei 11 (78,6 %) Patienten identisch mit dem präoperativen Status und in 3 (21,4 %) Fällen besser als vorher. In der Gruppe der nicht "radikal" Operierten war bei 8 (17,9 %) Patienten der neurologische Untersuchungsbefund postoperativ schlechter, in 28 (59,6 %) Fällen gleich und in 11 (23,4 %) Fällen sogar besser als präoperativ.

In der Poliklinik zeigten die Patienten einen durchschnittlichen Karnofsky-Index von 68,6 % bei den "radikal" Operierten und von 44,5 % bei den Patienten mit Tumorteilresektionen. 6 der "radikal" Operierten waren nach dem Krankenhausaufenthalt zu Hause, 5 von ihnen brauchten Hilfe für die täglichen Verrichtungen, ein Patient war gar nicht auf fremde Hilfe angewiesen. Von den verbleibenden 8 Patienten fehlen uns leider Informationen zur Selbstständigkeit. Fast die Hälfte der Patienten mit Teilresektionen (21 von 47) war zu Hause, davon 4 unabhängig. Weitere 13 (27,7 %) Patienten wurden in Kliniken oder Pflegeheimen betreut. Jeweils 2 Patienten aus den Gruppen waren nach der Operation wieder berufstätig (2 von 14 bzw. 2 von 47).

Insgesamt ergaben sich bei unseren Patienten keine Nachteile durch eine makroskopisch radikale Operation. Bezüglich der Überlebenszeit zeichnet sich bei den "radikal" operierten Patienten eher eine günstigere Prognose ab. Was die Lebensqualität betrifft, so fanden sich keine rechnerisch signifikanten Unterschiede im Gruppenvergleich. Bei einer günstigen Lokalisation des Tumors sollte eine möglichst "radikale" Entfernung des Tumors angestrebt werden, in wichtigen Regionen kann dies jedoch nicht empfohlen werden. Weiterhin bleibt die Prognose bei malignen Gliomen trotz ausgefeilter OP-Techniken, adjuvanter Strahlen- und Chemotherapie leider unbefriedigend.

Literatur

1. Afra D, Kocsis B, Dobay J, Eckhard S (1983) Combined radiotherapy and chemotherapy with dibromodulcitol and CCNU in the postoperative treatment of malignant gliomas. J Neurosurg 52:106-110
2. Hochberg FH, Linggood R, Wolfson L et al (1979) Quality and duration of survival in glioblastoma multiforme. J Am Med Assoc 241:1016-1018
3. Ransohoff J, Kelly P, Laws E (1986) The role of intracranial surgery for the treatment of malignant gliomas. Seminars in Oncology 13:27-37
4. Trojanowski T, Peszynski J, Turowski K (1989) Quality of survival of patients with brain gliomas treated with postoperative CCNU and radiation therapy. J Neurosurg 70:18-23
5. Winger MJ, Macdonald DR, Cairncross JG (1989) Supratentorial anaplastic gliomas in adults. J Neurosurg 71:487-493

Behinderungsprofil und Rehabilitationschancen bei neuro-onkologischen Patienten

W. Schupp

Entsprechend der medizinischen Tradition wird in Therapiestudien bei malignen Tumoren des ZNS vor allem auf Überlebensrate und Überlebenszeit abgehoben. Sehr viel weniger ist bekannt, mit welchen Behinderungen und Beeinträchtigungen in Alltag, Beruf und Gesellschaft diese Patienten zu kämpfen haben. Mit unserer Studie wollen wir einige Daten zu dieser Problematik vorstellen und aufzeigen, welche Funktionen durch gezielte medizinische Rehabilitationsmaßnahmen zu bessern sind.

In unserer neurologischen Rehabilitationseinrichtung wurden 1989 37 Patienten mit malignen Tumoren im Bereich des ZNS behandelt. Die meisten (84 %) kamen im Anschluß an die Akutbehandlung; bei den anderen waren es Wiederholungsmaßnahmen. Aus diesem Grund differiert auch die seit Diagnosestellung verstrichene Zeit von 3 Wochen bis zu 25 Jahren (Median 35 Wochen). Die Behandlungsdauer betrug 9 bis 76 Tage, 8 % mußten wegen akuter Verschlechterung des Zustandes wieder in Akutkrankenhäuser rückverlegt werden. Die Patienten waren zwischen 22 und 66 Jahre alt (Median 43 J.), 57 % Männer und 43 % Frauen.

Der funktionelle Zustand der Patienten wurde bei Aufnahme und Entlassung standardisiert mit folgenden Instrumenten erfaßt:

1. Mit dem Barthel-Index (BI) (3) bewerteten wir Selbständigkeit bei alltäglichen Verrichtungen (ADL-Leistungen).

2. Auf mehrstufigen Skalen wurden Handfunktionen und für jede Extremität getrennt Sensibilität, Muskeltonus, Schmerz und Trophik eingeschätzt.

3. Bei Patienten mit Halbseitensyndrom setzten wir eine modifizierte Rivermead Stroke Assessment Skala (RSA) ein, auf der die drei Bereiche Grobmotorik, Bein-/Rumpffunktion und Armfunktion anhand der Durchführbarkeit vorgegebener alltäglicher Bewegungsabläufe bewertet werden (2).

Zudem wurde klinisch beurteilt, ob eine umschriebene neuropsychologische Funktionsstörung vorlag, die weitere spezifische Diagnostik und /oder Therapie erforderlich machte.

Zur Erfassung von Aspekten des subjektiven Erlebens erhielten die Patienten den Münchener Persönlichkeitstest (5), der Veränderungen in der Persönlichkeit abbildet, und Fragebogen zu Bewältigungsstrategien (4) und zur Lebenszufriedenheit (1). Die Rücklaufquote war mit 73 % sehr gut.

Bei Aufnahme waren 68 % der Patienten im Alltag vollkommen selbständig (BI = 100), 11 % benötigten kleine Hilfen (B > = 80) und 21 % Pflege in größerem Umfang (BI < 80). 62 % der Patienten hatten eine Hemiparese, die Handfunktion war bei 65 % gestört, bei ebenso vielen ergaben sich Abnormitäten im Muskeltonus, bei 70 % Sensibilitätsstörungen, Schmerzsyndrome fanden sich bei 60 % und trophische Störungen bei 40 %.

Symptomatische Anfälle hatten 35 % der Patienten.

Bei den neuropsychologischen Funktionsstörungen dominierten Aufmerksamkeitsstörungen mit 51 %, Lern- und Gedächtnisstörungen und Störungen des Planens und Problemlösens mit je 24 %, zentrale Sehstörungen und Aphasie-Syndrome mit je 19 %.

Störungen der räumlich-visuellen Wahrnehmung und/oder räumlich-konstruktiver Funktionen fanden sich bei 16 %, Orientierungsstörungen bei 11 %; selten waren Neglect-Syndrome mit 5 % und Apraxien und Dysarthrophonien mit je 3 %.

Zur Besserung der sensomotorischen Funktionen und der ADL-Leistungen erhielten die Patienten intensive krankengymnastische und ergotherapeutische Behandlung auf neurophysiologischer Grundlage. Additiv wurden Massagetechniken, vor allem manuelle Lymphdrainage, eingesetzt, um Schmerzen zu lindern oder trophische Störungen zu bessern. Im BI verbesserten sich 67 % der anfangs nicht vollkommen selbständigen Patienten, nur 8 % verschlechterten sich, 25 % blieben gleich. Diese Veränderungen sind im Wilcoxon Vorzeichen-Rang-Test signifikant (p = .0244). Hochsignifikante Veränderungen lassen sich auch in den RSA-Unterskalen Grobmotorik (p = .0022), Bein-/Rumpffunktion (p = .0051) und Armfunktion (p = 0.0022) nachweisen. Auch auf den Einschätzskalen für Handfunktion (p = .0431), Muskeltonus (p = .0180), Sensibilität (p = .0277), Schmerzsyndrome (p = .0087) und Trophik (p = .0180) bilden sich Funktionsverbesserungen ab.

Die Behandlung der neuropsychologischen Funktionsstörungen erforderte unterschiedliche Strategien. Neben standardisierten störungsspezifischen Therapieverfahren, wie z. B. in der Sprachtherapie, kann bei anderen Störungsbildern nur die Kompensation geschult werden, wie z. B. bei Gesichtsfelddefekten, oder der Patient muß angehalten werden, im Alltag auf sein Handicap Rücksicht zu nehmen. Häufiger fehlt auch den Patienten ein Bewußtsein für die Störung oder die Konsequenzen für Alltag und Beruf werden unterschätzt. Daher ist es sehr viel schwieriger, Behandlungseffekte mit einfachen Instrumenten quantifizierbar darzustellen. Aus Selbsteinschätzung und Verhaltensbeobachtung, aber auch mittels standardisierter Tests für spezifische Problembereiche können gute Funktionsverbesserungen bei Aufmerksamkeitsstörungen, bei Lern- und Gedächtnisstörungen und bei der Kompensation zentraler Sehstörungen belegt werden.

Bei allen Patienten, die die Rehabilitationsmaßnahme normal abschließen konnten und die noch in einem Arbeits- oder Ausbildungsverhältnis standen (54 %), wurden zur beruflichen Wiedereingliederung folgende Empfehlungen abgegeben: Berufliche Wiedereingliederung möglich bei 60 %, davon bei 35 % über den Zwischenschritt einer beruflichen Rehabilitationsmaßnahme. Eine Berentung wurde in 5 % empfohlen; bei den anderen Patienten war der weitere Krankheitsverlauf abzuwarten.

Im subjektiven Erleben empfinden die Hirntumor-Patienten wie andere Hirngeschädigte eine Veränderung ihrer Persönlichkeit hin zu mehr Introversion, zu geringerer Frustrationstoleranz und zu vermehrter Normenorientiertheit. Bei den Strategien zur Krankheitsbewältigung fällt auf, daß depressive Reaktionen oder Bagatellisierungstendenzen deutlich weniger als bei anderen Hirngeschädigten angegeben werden. Ihre Lebensqualität finden die Hirntumor-Patienten vor allem in den Bereichen Gesundheit und körperliche Leistungsfähigkeit beeinträchtigt bei Tendenzen zur Unabhängigkeit.

Literatur

1. Henrich G, Herschbach P, Huber D (1988) Fragebogen zur Lebenszufriedenheit
2. Lincoln N, Leadbitter D (1979) Assissment of motor function in stroke patients. Physiotherapy 65:48-51
3. Mahoney FI, Barthel DW (1965) Functional evaluation: The Barthel-Index. Maryland State Med J 14:61-65
4. Muthny FA (1989) Freiburger Fragebogen zur Krankheitsverarbeitung. Beltz, Weinheim
5. Zerssen D v, Pfister H, Koeller DM (1988) The Munich Personality Test (MPT). Eur Arch Psychiatr Neurol Sci 238:73-93

Zur sozialen Situation hirntumoroperierter Patienten im Bezirk Magdeburg

U. Friedel, I. Gellerich und B. Bauer

Durch die längere Lebenserwartung onkologischer Patienten stellen soziale und arbeitsmäßige Rehabilitation zur Verbesserung der Lebensqualität den Arzt vor neue Aufgaben (1, 2, 4, 5, 6).

Etwa 400 hirntumoroperierte Patienten werden in der Nervenklinik der Medizinischen Akademie Magdeburg postoperativ betreut. Kranke zwischen dem 25. und 55. Lebensjahr wurden mit Hilfe eines Interviewfragebogens untersucht, der folgende Themenkomplexe beinhaltet:
- persönliche Entwicklung vor der Erkrankung
- körperliche und seelische Befindlichkeit nach der Operation
- Probleme im Zusammenhang mit der Familie und Freunden
- Fragen zur beruflichen Rehabilitation (3)

Das Anliegen ist die Darstellung der beruflichen und familiären Situation dieser Patientengruppe unter den besonderen Bedingungen der sozialen und medizinischen Betreuungssituation in der DDR.

Insgesamt wurden 197 Fragebögen verschickt, davon erhielten wir172 auswertbare Fragebögen zurück.

Mehr als Dreiviertel der Kranken fühlen sich seit der Operation in ihrer körperlichen und etwa die Hälfte in ihrer geistigen Leistungsfähigkeit beeinträchtigt. Ein Drittel der Patienten gibt an, auf fremde Hilfe angewiesen zu sein, was die Hälfte dieser Gruppe als belastend empfindet.

25 % geben im Laufe des Tumorleidens familiäre Probleme an, wobei die Ursachen dafür vielschichtig sind und teilweise von der familiären Situation vor der Erkrankung abhängen (8).

Die Sorge um ihr gesundheitliches und soziales Wohlbefinden durch das Gesundheitswesen der DDR schätzen etwa 85 % der Befragten als gut bis ausreichend ein, wobei die Patienten ein gutes Arzt-Patienten-Verhältnis betonen.

Bei 87 von 172 Patienten ließ sich eine Invalidisierung auf Grund der Schwere des Krankheitsbildes nicht umgehen.

57 der invalidisierten Patienten bemühten sich um eine Teilzeitbeschäftigung, zwei Drittel davon erfolgreich. Trotz qualifikationsgerechtem Einsatz und Wertschätzung am Arbeitsplatz befürchten zwei Drittel dieser Gruppe zu Recht den Verlust desselben auf Grund der gegenwärtigen Situation. 69 der Befragten konnten trotz des Tumorleidens arbeitsmäßig wieder integriert werden, wobei die Eingliederung über Schonarbeit als sehr hilfreich empfunden wurde (1)

80 % der Nichtinvalidisierten kehrten an ihren alten Arbeitsplatz zurück, die anderen mußten einen Arbeitsplatzwechsel aus gesundheitlichen Gründen akzeptieren. Der neue Arbeitsplatz wurde als "körperlich leichter" beschrieben, war aber häufig mit finanziellen Einbußen verbunden.

Unterschiede in der arbeitsmäßigen Reintegration ergaben sich in Abhängigkeit vom Qualifikationsgrad (7). Bei Hoch- und Fachschulabsolventen gelang die berufliche Rehabilitation in 62, 2 %, bei Facharbeitern in 38,5 %, bei Ungelernten in 23 ,8 %. Der signifikante Unterschied zwischen Hoch- und Fachschulabsolventen und der beiden niedriger qualifizierten Gruppen ergibt sich aus der stärkeren Dekompensationsgefährdung der Letzteren infolge des geringeren Fundus an Wissen, das zur Problembewältigung eingesetzt werden kann und durch das geringere Trainingsniveau der geistigen Fähigkeiten (7). Hoch- und Fachschulabsolventen sind zudem beruflich meist höher motiviert und engagiert. Aus der vorgestellten Bestandsaufnahme zur sozialen und arbeitsmäßigen Situation hirntumoroperierter Patienten werden Schlußfolgerungen und Zielstellungen für die Zukunft abgeleitet.

Literatur

1. Delbrück H, Lokossou R (1990) Berufliche Rehabilitation von Krebspatienten. Münch med Wschr 132, 8:93-96
2. Fobair PA, Mackworth N, Prados M, Varghese A (1990) Quality of life issues among brain tumor patients treated at the university of California in San Francisco, 15th UICC Congress Hamburg, August 16-22
3. Friedel U, Schmidt B, Bauer B (1990) Interviewfragebogen zur sozialen und beruflichen Situation hirntumoroperierter Patienten, unveröffentlicht
4. Hulleb AI (1990) Employment and insurance the problems of the cancer patient. 15th UICC-Congress Hamburg, August 16-22
5. Michler H (1969) Berufliche Wiedereingliederung nach Hirntumoroperationen, Inaugural-Disseration, Frankfurt/Main
6. Ravon RW (1990) Rehabilitation oncology - an overview, 15th UICC Congress Hamburg, August 16-22
7. Rübler D (1982) Lernspsychologische Untersuchungen zur klinischen Entwicklungspsychologie des Erwachsenenalters, Prom B Rostock
8. Schmidt B, Bauer B (1990) Aspekte der psychosozialen Betreuung kombiniert behandelter Gliompatienten. Psychiat Neurol med Psychol 42:436-439

Über 22 Hirntumoren als Sekundärneoplasie nach bösartigen Erkrankungen im Kindesalter

P. Gutjahr

Kinder, die an bösartigen Neubildungen erkranken, haben heute größere Chancen als je zuvor, dauerhaft geheilt zu werden. Noch Mitte der 60er Jahre starb jedes Kind, das an einer akuten lymphoblastischen Leukämie (ALL) erkrankte, welches die häufigste maligne Neoplasie diesseits des 16. Lebensjahres ist. Für andere häufige Erkrankungen wie Wilmstumoren, Ewing- und Osteosarkome, Neuroblastome, maligne Non-Hodgkin-Lymphome, Rhabdomyosarkome und Medulloblastome lagen die rezidivfreien 5Jahres-Überlebensraten nur wenig höher (30 % respektive 15 %, 17 %, 20 %, 5 %, 25 %, 20 %).

Die systematische Entwicklung von Therapiekonzepten, insbesondere seit Einführung aggressiver zytostatischer Behandlung, hat dieses Bild dramatisch verändert: 70 % der Kinder mit ALL werden heute dauerhaft geheilt, bei den übrigen o. g. Tumoren sind es 85 %, 65 %, 65 %, 50 %, 70 %, 65 %, 74 %. Bei soliden Tumoren werden in der Regel Operation, Radio- und Chemotherapie kombiniert, bei akuten Leukämien führt die Chemotherapie zum Erfolg, unterstützt durch eine Hirnschädelbestrahlung mit 18 - 24 Gy zur Prophylaxe einer klinisch manifesten Meningiosis leukaemica.

Es wundert angesichts der zum Erfolg notwendigen Aggressivität der Behandlung nicht, daß Spätfolgen auftreten können. Unter ihnen haben die Sekundärmalignome die größte Bedeutung, seien sie therapiebezogen oder nicht.

Seit 1980 führt der Autor im deutschsprachigen Raum eine Studie über das Vorkommen von Sekundärmalignomen (SMN) bei früheren pädiatrisch-onkologischen Patienten durch, in Kooperation mit bisher 46 Kliniken (3 aus der Schweiz, je 2 aus Österreich und der DDR, 39 aus der Bundesrepublik).

141 Beobachtungen wurden mitgeteilt. Dabei handelt es sich um folgende Ersterkrankungen: ALL: 40; M. Hodgkin: 16; Retinoblastome: 13; primäre ZNS-Tumoren: 11; je 9 Rhabdomyosarkome, Wilmstumoren und Non-Hodgkin-Lymphome sowie 34 andere.

Unter den 141 SMN dominierten Osteosarkome (25), ZNS-Tumoren (22), akute myeloische Leukämie (19) und Schilddrüsenkarzinome (13); ferner kamen weitere SMN vor.

Hier soll auf die 22 ZNS-Tumoren eingegangen werden, die als SMN nach verschiedenen Erstmalignomen im Kindesalter auftraten (1980 - 1990).

In 13 Fällen folgte ein ZNS-Tumor einer ALL. Die Zytostatikatherapie derselben war gemäß vier verschiedenen, einander ähnlichen hierzulande gültigen Behandlungsvorschriften mit Antimetaboliten, Alkylantien, Anthrazyklinen und Alkaloiden erfolgt. Die 13 SMN verteilen sich auf diese Therapieprotokolle gleichmäßig. Alle Patienten (ALL-Erkrankung zwischen Juni 1970 und Oktober 1987; 8 Mädchen und 5 Knaben; Altersmedian bei ALL Erkrankung 4 1/2 Jahre) erhielten eine Schädelbestrahlung mit 18 - 24 Gy. Alle Patienten waren zum Zeitpunkt der ZNS-Tumor-Diagnose in hämatologischer Vollremission.

Die als SMN aufgetretenen ZNS-Tumoren waren in 10 Fällen supra- und dreimal infratentoriell gelegen. Histologisch handelte es sich bei 6 Patienten um ein Glioblastom bzw. ein anaplastisches Gliom, dreimal um Meningeome, viermal um andere histologische Typen.

Das Zeitintervall zwischen ALL-Therapie und Manifestation der ZNS-Tumoren als SMN betrug im Mittel 8 9/12 Jahre (3 10/12 - 19 Jahre). Ein ZNS-Tumor nach ALL, die ohne Schädelbestrahlung behandelt worden war, kam bislang nicht vor. Allerdings dürfte die Zahl dieser Kinder mit einer Nachbeobachtungszeit von 5 oder mehr Jahren derzeit noch unter 200 liegen.

Weitere 5 Kinder (2 Non-Hodgkin-Lymphome, 2 Retinoblastome, 1 Medulloblastom) hatten ebenfalls eine Radiotherapie am Hirnschädel (24 - 60 Gy) erhalten, und zwar zusätzlich zu Zytostatika und nach Operation. 2 Meningeome, 2 Astrozytome III, 1 Glioblastom manifestierten sich 6 - 18 Jahre später. Bei den übrigen 4 Kindern war keine Radiotherapie zur Behandlung der Ersterkrankung erfolgt: in 2 Fällen (Akustikusneurinom nach Operation eines Plexuspapilloms und Astrozytom nach Operation eines abdominalen Neuroblastoms) lag eine Neurofibromatose vor. Auch in einem dritten Fall ist ein genetischer Zusammenhang in der SMN-Genese zu diskutieren (Medulloblastom nach Operation eines adrenokortikalen Karzinoms). Bei dem vierten Kinde dieser Gruppe folgte ein pontines Gliom einem Wilmstumor, der operativ und zytostatisch (mit Vincristin und Actinomycin D) behandelt worden war.

Auf der Suche nach Faktoren, welche die SMN-Entstehung bewirken oder begünstigen könnten, sind wir immer wieder, auch in anderen Untergruppen der beobachteten SMN, auf die Beziehung zwischen SMN und Strahlenfeld zur Behandlung der Erstneoplasie gestoßen. Die Radiotherapie ist meines Erachtens als wichtigster Faktor in der SMN-Entstehung nach ALL zu diskutieren. Inwieweit die Chemotherapie hier eine Rolle spielt, bleibt Untersuchungen vorbehalten, die sich mit einem größeren Kollektiv nichtbestrahlter ALL-Patienten befassen, was derzeit aber noch nicht möglich ist.

Aufgrund populationsbezogener Untersuchungen können wir das derzeitige Risiko angeben, nach ALL im Kindesalter eine SMN zu entwickeln: es beträgt insgesamt 2 % nach 10 - 20 Jahren und für ZNS-Tumoren 0,5 - 1,0 %, wenn eine Schädelbestrahlung im Rahmen der ALL-Behandlung erfolgte.

Von den SMN insgesamt dürften 75 % Radiotherapie-bezogen sein, 20 % aufgrund einer genetischen Disposition zu Malignomen entstehen (z. B. bei Neurofibromatose), und bei 5 % scheint die Ursache noch unklar; hier sind neben zufallsbedingten Ereignissen auch Einflüsse der früheren Chemotherapie zu diskutieren.

Zur Assoziation von Meningeom und Malignom

J. Rakicky, T. Wagels und P. Berlit

Über eine möglicherweise nicht zufällige Koinzidenz von Meningeomen und Mamma-Ca berichteten 1975 erstmals Schönberg und Mitarbeiter (11) anhand von 8 Fällen. In den folgenden Jahren wurden ähnliche Ergebnisse auch von anderen Autoren mitgeteilt (1, 6, 10). In der norwegischen Studie von Helseth und Mitarb. wurde auch eine höhere Rate von Hypernephromen in Koinzidenz mit einem Meningeom gefunden (4).

Bei 230 Patienten mit Meningeom, die 1978 - 1988 im Klinikum Mannheim diagnostiziert wurden, lag in 26 Fällen (11,3 %) ein Malignom vor. Die Geschlechtsverteilung (17 Frauen und 9 Männer) entsprach mit einem Verhältnis von 2:1 der Gesamtgruppe und dem Schrifttum (7). Die Lokalisation der Meningeome, das jeweilige Malignom mit Angaben zum primär festgestellten Tumor zeigt Tab. 1:

NPL	n	Prim. Mening.	Prim. Npl		n	Gesamtkoll %	%
Mamma	7	3	4	Konvexität	8	30,8	36
Urogenital	6	2	4	Falx/parasag.	7	26,8	20
Magen/Darm	6	2	4	Olfakt.Rinne	3	11,6	7,5
Basaliom	2	1	1	Sella turcica	1	3,8	
Lunge	2		2	Keilbein	3	11,6	17
Schilddrüse	1		1	Kleinhirnbr.			
Fibrosarkom	1		1	Winkel	3	11,6	7
Leukose	1	1		Tentorium	1	3,8	4,5
Gesamt	26	9	17		26		

Fast ein Drittel (26,9 %, n = 7) der Malignome stellten die Mamma-Ca dar, gefolgt von den Ca des Urogentialtraktes (23 %, n = 6), wie bei anderen Autoren (4, 12). Bei den Neoplasien des Gastrointestinaltraktes wurden 2mal Leber-Metastasen bei unbekanntem Primärtumor eingerechnet. Zweimal wurde ein zweites Malignom im Abstand von 3 bzw. 7 Jahren nach dem ersten festgestellt; es handelte sich um die Kombination Sigma-Ca und Ovarial-Ca (3 J.) und Mamma-Ca und Bronchial-Ca (7 J.). Auch Jacobs und Mitarb. (5) fanden bei 19 % ihrer Patienten ein zweites Malignom. Die auffällig hohe Rate von Keilbeinmeningeomen dieser Autoren können wir mit 11,6 % (n = 3) nicht bestätigen. Die Lokalisation und ihre Verteilung stimmt mit dem Gesamtkollektiv überein. Mit einem Malignom assoziierte Meningeome waren eher etwas größer als im Gesamtkollektiv; ein ausgeprägtes Begleitödem kam jedoch seltener vor (Durchmesser im Median 4,5 cm; über 5 cm: 38 %; Gesamtgruppe 24 %). Die durchschnittliche Zeitspanne zwischen primärem Malignom und sekundär festgestelltem Meningeom betrug 59 Monate (n = 15), bei 9 Patienten mit sekundär diagnostiziertem Malignom 46,6 Monate. Die entsprechenden Zahlen bei Helseth und Mitarb. (4) betragen 86,5 bzw. 67,7 Monate; allerdings waren in dieser Studie 35 % der Meningeome Zufallsbefund bei der Autopsie. Histologisch fand sich bei den 16 operierten Patienten wie in der Gesamtgruppe am häufigsten die endotheliomatöse Form, der Anteil war mit 68,8 % jedoch auffallend hoch (Rohringer: 7 - 38 %).

Ätiologisch werden bei der Entstehung von Meningeomen in Assoziation mit Malignomen Chromosomenanomalien (2), exogene Faktoren (Strahlen, Trauma und Nitrosaminen) und hormonelle Einflüsse diskutiert (3, 4, 5). Die Wachstumsbeschleunigung von Meningeomen in der Gravidität ist bekannt (13). Wegen der signifikanten Koinzidenz zwischen Meningeom und Mamma-Ca besonders bei Frauen jenseits des 50. Lebensjahres und der möglichen Koinzidenz mit Malignomen des weiblichen Genitaltraktes wird empfohlen, einerseits Frauen mit gynäkologischen Tumoren unter dem Aspekt eines möglichen Meningeoms zu untersuchen und andererseits Frauen mit einem Meningeom jenseits des 50. Lebensjahres einem Tumor-screening zu unterziehen.

Literatur

1. Burns PE, Jha N, Bain GO (1986) Association of breast cancer with meningioma. Cancer 58:1537-1539
2. Casartelli C, Rogatto SR, Barbieri-Neto J (1989) Karyotypic evolution of human meningioma. Progression through malignancy. Cancer Genet Cytogenet 40 (1):33-45
3. Grunberg SM, Daniels AM, Muensch H, Daniels JR, Bernstein L, Kortes V, Weiss MH (1987) Correlation of meningioma hormone receptor status with hormone sensitivity in a tumor stem-cell assay. J Neurol 66:405-408
4. Helseth A, Mork SJ, Glattre E (1989) Neoplasms of the nervous system in Norway. V Meningioma ans cancer other sites. An analysis of the occurence of multiple primary neoplasms in meningioma patients in Norway from 1955 through 1986. APMIS 97:738-744
5. Jacobs DH, McFarlane MJ, Holmes FF (1987) Female patients with meningioma of the sphenoidal ridge and additional primary neoplasms of the breast and genital tract. Cancer 60:3080-3082
6. Metha D, Khatib R, Patel S (1983) Carcinoma of the breast and meningioma. Cancer 51:1937-1940
7. Rohringer M, Sutherland GR, Louw DF, Sima AA (1989) Incidence and clinicopathological features of meningioma. J Neurosurg 71 (5 P+1):665-672
8. Rubinstein AR, Schein M, Reichenthal E (1989) The association of carcinoma of the breast with meningioma. Surg Gynecol & Obstet 169:334-336
9. Saitoh Y, Oku Y, Izumoto S, Go J (1989) Rapid growth of a meningioma during pregnancy: relationship with estrogen and progesteron receptors-case report. Neurol Med Chir (Tokyo) 29 (5):440-443
10. Smith FP, Slavik M, MacDonald JS (1978) Association of breast cancer with menigioma. Cancer 42:1992-1994
11. Schoenberg BS, Christine BW, Whisnant JP (1975) Nervous system neoplasms and primary malignancies of other sites. Neurology 25:705-712
12. Zon LI, Johns WD, Stomper PC, Kaplan WD, Connolly JL, Morris JH, Harris JR, Henderson C, Skarin AT (1989) Breast carcinoma metastatic to a meningeoma. Arch Intern Med 149:959-962

Verzögerter postoperativer Hörverlust nach Entfernung großer Akustikusneurinome. Wertigkeit evozierter Potentiale

C. Strauss, R. Fahlbusch und J. Romstöck

Selbst bei der Operation großer Akustikusneurinome kann die primäre Erhaltung des Hörvermögens in bis zu 30 % gelingen (3). Dieses Ergebnis wird beeinträchtigt durch solche Fälle, bei denen während der mikrochirurgischen Präparation die anatomische Kontinuität des N. acusticus sicher erhalten werden konnte, postoperativ zunächst das Hörvermögen nachweisbar ist und im weiteren Verlauf eine Ertaubung eintritt. Dieses Phänomen einer verzögert auftretenden postoperativen Ertaubung nach Entfernung von Akustikusneurinomen sowie die damit korrelierenden elektrophysiologischen Befunde sind in der Literatur weitgehend unbekannt (2, 5).

Material und Methoden

Zwischen 1983 und 1990 sind in der Neurochirurgischen Universitätsklinik Erlangen 83 Patienten an großen Akustikusneurinomen operiert worden. Eine vollständige, im Dünnschicht-CT nachgewiesene Totalentfernung ließ sich bei 67 Patienten erreichen.

Von diesen 67 Patienten hörten 56 vor dem Eingriff, zum Teil allerdings nur in Form von Hörresten. Nach der Operation hörten noch 18 (30 %) Patienten. Im weiteren Verlauf ertaubten jedoch 7 Patienten. Alle Patienten wurden perioperativ mit akustisch evozierten Hirnstammpotentialen überwacht (4).

Ergebnisse

Bei den 7 Patienten mit sekundärem Hörverlust trat, von einer Ausnahme abgesehen, stets eine graduelle Potentialverschlechterung ein. Diese Verschlechterung setzte nach Einsetzen des Kleinhirnretractors mit Beginn der Tumorpräparation ein und führte zum Teil erst nach mehreren Stunden zum Verlust der Potentiale, kam es am Ende des Eingriffes zu Erholungen der Potentiale. Die Welle V war postoperativ zu keinem Zeitpunkt nachweisbar.

Offensichtlich kam es bei diesen Patienten zu einer graduellen Schädigung des Hörnerven, die während der Operation einsetzte, sich nach dem Eingriff fortsetzte und letzlich zur irreversiblen Ertaubung führte.

Da es sich um einen graduellen Potentialverlust handelte, war die Hörverschlechterung unseres Erachtens nicht auf eine zusätzliche direkte Irritation des vorgeschädigten Nerven im Rahmen der mikrochirurgischen Präparation zurückzuführen, wie beispielsweise die Dissektion des Nerven oder die bipolare Koagulation mit Verschluß der Arteria auditiva interna. Solche Manipulationen führen zu einem eher abrupten Verlust der Potentiale. Wir führten diese Potentialveränderungen auf eine gestörte Mikrozirkulation, beispielsweise sekundär als Folge eines Ödems zurück. Aus diesem Grunde haben wir bei 4 weiteren Patienten nach dem Eingriff eine 12tägige Therapie mit 2 x 500ml Dextran 40/die durchgeführt. Dieses Schema lehnt sich an die Therapiepläne des idiopathischen Hörsturzes und des Morbus Meniére an. Bei allen 4 kam es intraoperativ zu allmählichen reversiblen und irreversiblen Potentialverschlechterungen. In 3 der 4 Fälle konnte die postoperative Hörverschlechterung - in einem Fall sogar die Ertaubung - vor Beginn der Therapie mittels Tonaudiogramm dokumentiert werden. Bei allen 4 Patienten kam es zu einer deutlichen sowohl ton- als auch sprachaudiologischen Erholung. Die präoperativen Ausgangsbefunde wurden jedoch nicht erreicht.

Ob dieser Erfolg auf den Einsatz der Medikamente zurückzuführen ist oder ob es sich um eine spontane Erholung unter der Therapie handelt, läßt sich zur Zeit noch nicht sagen. Auch der zugrundeliegende pathophysiologische Mechanismus bleibt zum jetztigen Zeitpunkt unklar (2).

Zusammenfassung

Bei der Entfernung von Akustikusneurinomen kann es trotz erhaltener anatomischer Kontinuität des Nervus acusticus und initial erhaltenen postoperativem Hörvermögen zu einer verzögerten postoperativen Ertaubung kommen. In 6 von 7 Fällen mit verzögerter postoperativer Ertaubung kam es während der Tumorentfernung zu einem allmählichen Verlust der akustisch evozierten Potentiale. In weiteren 4 Fällen mit ebenfalls allmählichem Potentialverlust und postoperativer Hörverschlechterung konnte unter einer Therapie mit Dextran 40 das Hörvermögen erhalten werden.

Literatur

1. Nadol JB, Jr, Levine R, Ojemann RG, Martuza RL, Montgomery WW, Klevens de Sandoval P (1987) Preservation of hearing in surgical removal of acoustic neuromas of the internal auditory canal and cerebellar pontine angle. Laryngoscope 97:1287-1294
2. Palva T, Troupp H, Jauhiainen T (1985) Hearing preservation in acoustic neurinoma surgery. Acta Otolaryngol (Stockh) 99:1-7
3. Strauss, Fahlbusch R, Berg M, Haid T (1989) Suboccipital removal of large acoustic neurinomas, preservation of facial and cochlear nerve function. HNO 37:281-286
4. Watanabe E, Schramm J, Strauss C, Fahlbusch R (1989) Neurophysiologic monitoring in posterior fossa surgery II. BAEP-waves I and V and preservation of hearing. Acta Neurochir 98:118-128
5. Yasargil MG, Smith RD, Gasser JC (1977) Microsurgical approach to acoustic neurinomas. In: Krayenbühl H (Hrsg) Advances and technical standards in Neurosurgery. Springer, Wien New York:93-129

Wernicke-Enzephalopathie als tödliche Komplikation bei akuter lymphatischer Leukämie

H.-J. Christen, W. Brück, M. Lakomek und F. Hanefeld

Die Wernicke-Enzephalopathie infolge eines Vitamin B1-Mangels ist als typische Komplikation bei chronischem Alkoholismus bekannt. Bei Kindern wurde sie bislang selten beschrieben. Die folgende Kasuistik soll verdeutlichen, daß dieses Krankheitsbild bei längerdauernder Fehlernährung ganz unterschiedlicher Ursache auftreten kann.

Kasuistik

Es handelte sich um ein dreijähriges Mädchen, das seit acht Wochen an rezidivierenden Infekten und gastrointestinalen Beschwerden litt. Bei stationärer Aufnahme befand sie sich in deutlich reduziertem Allgemeinzustand und wog nur noch 12,5 kg. Auffällige klinische Befunde waren Zeichen der oberen Einflußstauung, multiple Lymphome und eine Hepatosplenomegalie. Laborchemisch fiel neben einer Anämie und Thrombozytopenie eine ausgeprägte Leukozytose mit hohem Lymphoblastenanteil auf. Im Knochenmark war eine homogene, PAS-positive Lymphoblastenpopulation nachweisbar, die phänotypisch einer frühen T-ALL entsprach. Der Liquorbefund war unauffällig. Die obere Einflußstauung war radiologisch durch eine Thymusvergrößerung sowie durch Pleura- und Perikardergüsse zu erklären. Somit wurde die Diagnose einer akuten lymphatischen Leukämie mit primärem Thymusbefall und hohem Risiko gestellt.

Noch am Aufnahmetag erfolgte eine operative Drainage der Pleura- und Perikardergüsse in Vollnarkose. Aus ungeklärter Ursache blieb das Mädchen nach der Operation für eine Woche komatös. Die Computertomographie des Gehirns zeigte eine Erweiterung der internen und externen Liquorräume, im EEG bestand eine schwere Allgemeinveränderung. Das Mädchen wurde nach dem Therapieprotokoll der ALL/NHL-BFM-Studie 86 behandelt. Neben der parenteralen Gabe von Prednison und Zytostatika wurde Methotrexat intrathekal appliziert. Am 40. Behandlungstag bestand im Knochenmark Vollremission. Drei Wochen nach stationärer Aufnahme konnte das Mädchen erstmals nach Hause entlassen werden. Die weitere Chemotherapie einschließlich wiederholter intrathekaler Methotrexatgaben verlief zunächst zeit- und dosisgerecht.

Drei Wochen nach Beginn der Reinduktionstherapie entwickelte das Kind gastrointestinale Beschwerden sowie eine anhaltende Dysphorie, so daß die Chemotherapie unterbrochen werden mußte. Wegen unzureichender Nahrungs- und Flüssigkeitszufuhr wurden zunächst eine zusätzliche parenterale Flüssigkeitszufuhr und schließlich eine parenterale Ernährung erforderlich. Vier Wochen nach Beginn der gastrointestinalen Symptomatik traten akut neurologische Symptome in Form einer beidseitigen Ptosis, einer bilateralen Abduzensparese sowie einer Dysarthrie auf. Das Kind war weiterhin dysphorisch, aber nicht bewußtseinsgetrübt. Der computertomographische Befund des Gehirns war gegenüber der Voruntersuchung unverändert. Eine Meningeosis leucämica konnte anhand eines unauffälligen Liquorbefundes ausgeschlossen werden. Drei Tage später erlitt das Kind - im Bett sitzend -

perakut einen Atem- und Herz-Kreislauf-Stillstand und verstarb trotz sofortiger Reanimationsmaßnahmen.

Autoptisch fielen makroskopisch Hämorrhagien im Bereich der Corpora mamillaria auf. Histologisch ergab sich der charakteristische Befund einer Wernicke-Enzephalopathie mit Nachweis von perivaskulären Hämorrhagien, Gefäßproliferationen und einer Proliferation der Astroglia in den Corpora mamillaria, im dorsomedialen Hypthalamus, in den unteren Vierhügeln und am Boden des 4. Ventrikels.

Diskussion

Die Wernicke-Enzephalopathie wird durch einen Vitamin B1 (Thiamin)-Mangel verursacht. Thiamin hat eine zentrale Bedeutung als Coenzym im Kohlenhydratstoffwechsel. Im ZNS ist Thiamin an der Synthese von Azetylcholin beteiligt. Außerdem wird es für die zelluläre Serotoninaufnahme benötigt. Dies erklärt möglicherweise das eigentümliche Verteilungsmuster der Veränderungen bei der Wernicke-Enzephalopathie mit Prädilektion der periaquäduktalen grauen Substanz entlang des 3. und 4. Ventrikels, die besonders viele serotoninerge Zellen enthält. Ursachen eines Vitamin B1-Mangels sind unzureichende Substitution, z. B. bei parenteraler Ernährung, enterales Malabsorptionssyndrom oder auch ein erhöhter Vitamin B1-Bedarf in katabolen Stoffwechselsituationen wie Fieber, Streß oder längeres Fasten (4). Eine hochdosierte Glukosezufuhr bildet einen Realisationsfaktor für die Wernicke-Enzephalopathie (1).

Aus der Literatur lassen sich 15 Erkrankungsfälle im Kindesalter zusammenstellen (3). Alle Kinder litten an Erkrankungen, die aus ganz verschiedener Ursache mit einer Fehlernährung und unzureichender Vitaminzufuhr oder -aufnahme einhergingen. Am häufigsten handelte es sich um maligne Erkrankungen des hämatopoetischen Systems oder Zustände einer Mangelernährung mit rezidivierendem Erbrechen und begleitender Diarrhoe. Bei einigen Kindern betrug die Dauer der Fehlernährung weniger als einen Monat. Thiamin wird im Organismus nur in sehr begrenztem Umfang gespeichert, so daß sich ein Thiaminmangel insbesondere in Streßsituationen verschiedenster Art rasch ausbilden kann. Die klinische Symptomatik der Wernicke-Enzephalopathie wird mit der klassischen Trias aus psychopathologischen Veränderungen, Ophthalmoplegie und Ataxie beschrieben, ist jedoch selten voll ausgeprägt (2). Bei Kindern manifestierte sich das Krankheitsbild in der Regel monosymptomatisch, am häufigsten mit psychopathologischen Auffälligkeiten. Die frühzeitige Vitaminsubstitution führt zu einer raschen Rückbildung der Bewußtseinsstörung (5). Die okulomotorischen Symptome und die Ataxie zeigen demgegenüber eine protrahierte und nicht immer vollständige Remission. Der Grundbedarf an Vitamin B1 beträgt unter Normalbedingungen 0,3 - 0,5 mg/1000 Kcal/Tag. Bei schweren Erkrankungen mit kataboler Stoffwechselsituation ist mit einem täglichen Thiaminbedarf von 10 mg und mehr zu rechnen.

Das Literaturverzeichnis ist bei den Verfassern erhältlich.

Kortisontherapie bei zerebraler Strahlenspätschädigung

W. Greulich, A. Sackmann und W. Gehlen

Einleitung

Zu den möglichen Folgen einer zerebralen Strahlentherapie gehören neben dem akuten Strahlensyndrom, einer klinischen Frühreaktion auf die Behandlung mit ionisierenden Strahlen, vor allem die Strahlenspätschäden mit früher und später Manifestation (1). Bei diesen handelt es sich um Enzephalopathien, die in der Regel nach einem freien Intervall einen chronisch-progredienten, nicht selten aber einen schubförmigen Verlauf nehmen (4). Das freie Intervall beträgt bei der Form mit früher Manifestation weniger als 2 Jahre und bei der mit später Manifestation zwischen 2 und mehr als 8 Jahre (1). Nach Holdorff (3) liegt die Inzidenz zerebraler Strahlenspätschäden bei einer Strahlendosis von 50 Gy bei 4 % und erhöht sich auf 14,3 % bei einer Dosis von 60 Gy. Als maximale Dosis, die bei definierter Fraktionierung, Feldgröße und Strahlenart noch appliziert werden darf, ohne daß es zu dauerhaften zerebralen Strahlenfolgen kommt, werden nach Zeman und Shidnia (6) 60 Gy, mit 30 Einzelfraktionen innerhalb von 6 Wochen, angesehen. Da unter dieser Dosis jedoch mittelliniennahe Gehirnstrukturen bereits Nekrosen aufweisen können, nennen andere Autoren als Strahlentoleranzdosis 50 Gy (5). Im folgenden soll der Fall eines 41jährigen Patienten vorgestellt werden, bei dem nach postoperativer Strahlen- und Chemotherapie, mit einer Latenz von über 9 Jahren, eine zerebrale Strahlenspätschädigung auftrat, die erfolgreich mit Glukokortikoiden behandelt werden konnte.

Kasuistik

Bei dem Patienten wurde im November 1978 ein Kleinhirnarachnoidalsarkom operativ entfernt. Postoperativ erfolgte eine Ganzhirnbestrahlung mit 40 Gy und eine lokale Aufsättigung der Tumorregion mit 20 Gy. Die täglichen Einzeldosen betrugen jeweils 2 Gy. Neun Monate später fand sich eine lumbale Metastase, weshalb man eine weitere Bestrahlung des Ganzhirns mit 10 Gy und eine zusätzliche des gesamten Spinalkanals mit 30 Gy durchführte. Anschließend wurde der Patient bis Februar 1980 chemotherapeutisch mit CCNU behandelt. Im Januar 1988 kam es dann erstmals zu einer linksseitigen Armparese, die sich unter Kortison innerhalb von 4 - 5 Tagen wieder zurückbildete. Im April 1989 trat für die Dauer von 30 Minuten eine globale Aphasie und im Juli des gleichen Jahres eine Hemiparese links mit Paralyse des linken Armes auf. Eine rheologische Therapie blieb ohne Erfolg. Die im darauffolgenden August angewandte hochdosierte Kortisontherapie (in den ersten 5 Tagen intravenöse "Pulstherapie" mit täglich 1000 mg Prednisolon und in den darauffolgenden 15 Tagen absteigende Kortisondosen, mit 100 mg beginnend) zeigte dagegen eine rasche Rückbildung der linksseitigen Hemisymptomatik. Im November 1989 kam ein Hirnstammsyndrom mit Hypakusis, Gaumensegel- und Hypoglossusparese, jeweils rechts, sowie schwerer Dysarthrie akut hinzu. Auch in diesem Falle war mittels obengenanntem Kortisonschema nach kurzer Zeit eine deutliche Besserung des Zustandsbildes zu beobachten. Die aus differentialdiagnostischen Gründen zahlreich durchgeführten Untersuchungen waren weitgehend unauffällig. Insbesondere fanden sich keine Hinweise für eine Immunvaskulitis oder für Stenosen hirnzuführender Gefäße. Ebenfalls nicht vorhanden waren Gefäßrisikofaktoren wie z. B. Hypertonie. Von den neurophysiologischen Untersuchungen war allein das EEG mit einem links parietalen Herd pathologisch. Die kranielle Computertomographie zeigte im August 1989 den Zustand nach Kraniotomie okzipito-basal mit Teilatrophie der Kleinhirnregion und Ausweitung des 4. Ventrikels sowie eine Hypodensität im Versorgungsgebiet der Arteria cerebri media rechts. Im Dezember 1989 konnte ohne entsprechende klinische Symptomatik ein neu aufgetretener lakunärer Defekt links periventrikulär in Höhe des Vorderhorns nachgewiesen werden. Die am 30.11.1989 auswärtig durchgeführte Kernspintomographie des Gehirns ergab multiple Signalanreicherungen im Bereich der parietalen Marklager und der Stammganglien.

Diskussion

Die Pathogenese zerebraler Strahlenspätschäden wird kontrovers diskutiert. Vier Hypothesen stehen sich gegenüber (2). Die Gefäßhypothese mit primärer Schädigung der Blutgefäße, die Parenchymhypothese mit Schädigung der Neurone und der Gliazellen, die Kombination beider Hypothesen sowie die Autoimmunhypothese. Bei dieser steht nach Zülch (7) die Markscheidenschädigung im Mittelpunkt des pathogenetischen Geschehens. Sie kann entweder direkte Strahlungsfolge sein oder über eine Permeabilitätsstörung entstehen. Entscheidend ist, daß das Myelin oder seine Abbauprodukte Antigencharakter erhalten und eine Autoimmunreaktion in Gang kommt, die zu paramyloiden Niederschlägen führt. Unter Berücksichtigung dieser Hypothese und der Annahme, daß infolge der kombinierten Strahlen- und Chemotherapie ein zerebraler Strahlenspätschaden eingetreten war, gaben wir unserem 41jährigen Patienten wiederholt hochdosiert Glukokortikoide. Dabei zeigte sich jeweils ein relativ rascher Wirkungseintritt, jedoch keine nennenswerte Langzeitwirkung. Es ist daher zu vermuten, daß die Glukokortikoide wohl nicht so sehr immunsuppressiv, sondern eher intrazellulär antiphlogistisch mit Aufhebung des entzündungsbedingten Leitungsblockes wirkten.

Literatur

1. Berlet H, Noetzel H, Quadbeck G, Schlote W, Schmitt H, Ule G. (1983) Pathologie des Nervensystems II
2. Fröscher W (1976) Die Strahlenschädigung des Rückenmarks. Fortschr Neurol Psychiatr 44:94-135
3. Holdorff B (1983) Strahlenschäden des Gehirns und Rückenmarks. In: Seitz D (Hrsg) Hämoblastosen, zentrale Motorik, iatrogene Schäden, Myositiden. Springer Berlin Heidelberg New York Tokyo
4. Schiffter R, Holdorff B, Schiffter-Retzlaw I, Friedrich D (1971) Über die chronisch-progrediente Strahlenenzephalopathie nach Bestrahlung des "retro-orbitalen Raumes". 39:377-398
5. Sheline G, Wara W, Smith V (1980) Therapeutic irradiation and brain injury. Int J Radiat Oncol Biol Phys 6:1215-1228
6. Zeman W, Shidnia H (1976) Post-therapeutic radiation injuries of the nervous system. Reflections on their prevention. J Neurol 212:107-115
7. Zülch K (1960) Über die Strahlensensibilität der Hirngeschwülste und die sogenannte Strahlen-Spätnekrose des Hirns. DMW 85:293-298

Meningiosis blastomatosa als letale Komplikation des Ästhesioneuroblastoms

P.M. Faustmann, H. Gerhard, K. Donhuijsen und G. Schwendemann

Das Ästhesioneuroblastom ist ein seltener Tumor mit bimodalem Altersgipfel in der 2. und 5. Dekade (3, 12). Seit der Erstbeschreibung durch Berger und Mitarbeiter 1924 (1) wurden über 200 Fälle dokumentiert (3, 6, 7, 10, 11, 12, 13). Die klinische Symptomatik umfaßt eine einseitige Nasengangsobstruktion (63 %), eine einseitige Epistaxis (57 %), orbitale Symptome (53 %), lokale Kopfschmerzen (27 %), eine einseitige Anosmie (13 %) sowie selten Halslymphknotenmetastasen (12). Der Tumor infiltriert bevorzugt vorgegebene Hohlräume wie Nasennebenhöhlen, Orbita und kraniale Kavität (6). Selten findet sich eine intrazerebrale Infiltration (8). Nur ausnahmsweise treten Skelett- oder Lungenmetastasen auf (12). Prognostische Aussagen orientieren sich vor allem an der lokalen Ausbreitung des Tumors, für die Kadish und Mitarbeiter (1976) folgende Einteilung vorschlugen: Stadium A: Tumor begrenzt auf die Nasenhaupthöhle, Stadium B: Tumorausbreitung auf die Nasennebenhöhlen, Stadium C: Ausgeprägt lokal infiltrierendes bzw. metastasierendes Tumorwachstum (7). Eine histologische Graduierung soll zusätzliche prognostische Anhaltspunkte liefern können (6). Bei der Diagnostik zur Tumorausdehnung kommt der Kernspintomographie insofern ein besonderer Stellenwert zu, als hierdurch eine Abgrenzung des Tumorgewebes von sekundär reaktiven Prozessen, z. B. einer chronischen Entzündung oder einem Sekretstau möglich ist (5). Therapie der Wahl ist derzeit die Tumorresektion kombiniert mit einer Radiotherapie (4, 12). Differenzierte Konzepte einer systemischen Chemotherapie liegen nicht zuletzt aufgrund des seltenen Vorkommens bisher nicht vor (9, 14, 15). Die krankheitsspezifische Überlebenszeit beträgt für 80 % der Patienten > 2 Jahre, für 61 % > 5 Jahre (12). Systematische Liquoruntersuchungen zur Ausbreitungsdiagnostik wurden trotz der ZNS-nahen Tumorlokalisation bisher nicht durchgeführt. Wir berichten über eine Patientin mit einem Ästhesioneuroblastom, bei der das Tumorrezidiv anhand der Liquorzytologie diagnostiziert wurde und die schließlich an einer ungewöhnlich ausgeprägten Meningiosis blastomatosa verstarb.

Die 51jährige Patientin bemerkte seit Februar 1988 eine Behinderung der Nasenatmung rechts sowie ein Druckgefühl unter dem rechten Auge. Eine Nasenwandbiopsie ergab die histologische Diagnose eines Ästhesioneuroblastoms (Abb. 1 a). Im August 1988 erfolgte eine ausgedehnte Tumorresektion. Das Ästhesioneuroblastom hatte bereits die rechte Kieferhöhle sowie Siebbeinregion und Keilbeinhöhle infiltriert (Stadium B). Eine Liquorfistel bestand nicht. Postoperativ erfolgte eine lokale Bestrahlung mit 60 Gy unter Einbeziehung der Schädelbasis. Im Januar 1989 entwickelte sich ein Meningismus mit Abducens- und peripherer Facialisparese rechts, Dysarthrie sowie zunehmender Somnolenz mit passageren deliranten Verwirrtheitsphasen. Zunächst wurde unter dem Verdacht auf eine bakterielle Meningitis nach Liquorentnahme mit Nachweis von 3000/3 Zellen eine antibiotische Therapie eingeleitet. Bei Aufnahme in unsere Klinik im März 1989 zeigte die Liquordiagnostik nun eine deutliche Schrankenstörung (Gesamteiweiß 1800 mg/l), eine lymphozytäre Pleozytose von 350/3 Zellen und zahlreiche Tumorzellgruppen, so daß eine Meningiosis blastomatosa diagnostiziert wurde (Abb. 1 b). Ein Erregernachweis im Liquor gelang nicht. Unter einer Kortikoidtherapie kam es zu einer deutlichen Besserung der klinischen Symptomatik. Noch bevor eine intrathekale Chemotherapie eingeleitet werden konnte, verstarb die Patientin unter den Zeichen einer akuten zentral-nervösen Dysregulation. Bei der Obduktion fand sich ein Lokalrezidiv des Ästhesioneuroblastoms rechts nasal, maxillar und ethmoidal. Ferner bestand eine ausgedehnte Meningiosis blastomatosa, insbesondere basaler Regionen von Kleinhirn, Stammhirn und Parietallappen. Stellenweise war eine Tumorinfiltration von Klein- und Großhirn nachweisbar (Abbildung 1 c).

Die Initialsymptome des Ästhesioneuroblastoms sind uncharakteristisch, so daß bei Diagnosestellung der Tumor nicht selten bereits ausgedehnt infiltrierend wächst. Die neurologische Differentialdiagnose sollte nicht nur bei einseitiger Anosmie, sondern auch bei lokalisierten Kopfschmerzen, insbesondere bei Kombination mit Anosmie und orbitalen Symptomen die seltene Möglichkeit eines Ästhesioneuroblastoms berücksichtigen. Zudem kann sich selten einmal ein Ästhesioneuroblastom primär unter dem Bild einer eitrigen Meningitis manifestieren (2). Nach unserer Beobachtung scheint es sinnvoll zu sein, liquorzytologische Untersuchungen in das Spektrum der Primär- und Rezidivtumordiagnostik einzubeziehen, um so die Möglichkeit einer intrathekalen zytostatischen Chemotherapie nutzen zu können.

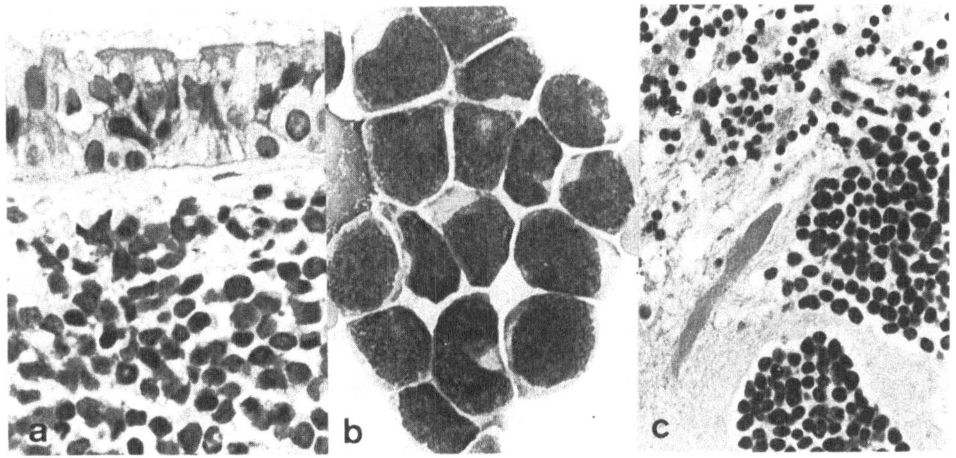

Abb. 1. Ästhesioneuroblastom bei einer 51jährigen Frau
a) Nasenwandbiopsie (x 360, HE)
b) Liquorbefund (x 880, Pappenheim)
c) Zerebelläre Infiltrate (Obduktion x 150, HE)

Das Literaturverzeichnis ist bei den Verfassern erhältlich.

Zur Differentialdiagnose der spinalen Raumforderung

P. Berlit, A. Burgi und K. Tornow

In fünf Jahren wurden 111 Patienten wegen des Verdachtes auf eine spinale Raumforderung computertomographisch untersucht. Für die Kranken wurden Initialsymptome, Anamnesedauer, klinischer Befund bei Stellung der Verdachtsdiagnose, computertomographischer Befund und Verlauf beurteilt.

In einem Drittel der Fälle handelte es sich um spinale Metastasen (n = 38), wobei die wichtigsten Primärtumoren das maligne Lymphom (n = 9), das Mamma-Karzinom (n = 6), das Prostata-Karzinom (n = 3) und das maligne Melanom (n = 3) waren. Weitere Primärtumoren fanden sich im Bereich von Lunge, Nieren, Blase, Schilddrüse und Magen-Darm-Trakt - in 6 Fällen blieb der Primärtumor unklar. In der Regel saß die Raumforderung extradural; meist ging sie von Wirbelkörpermetastasen aus.

Unter den primären spinalen Tumoren (n = 27; 24 %) waren das Neurinom (n = 6) und das Meningeom (n = 5) bei deutlicher Bevorzugung des weiblichen Geschlechtes am häufigsten. Daneben fanden sich Lipome (n = 3), Ependymome (n = 2), (Epi-)Dermoide (n = 2) und Angiome (n = 2). Während sich die metastatischen Tumoren ganz bevorzugt im Bereich der Brustwirbelsäule (n = 20) und Lendenwirbelsäule (n = 12) fanden, betrafen die primären Spinaltumoren aller Rückenmarksabschnitte gleichmäßig. Das Zeitintervall zwischen Erstsymptom und Diagnose war in dieser Gruppe mit einem Medianwert von 195 Tagen deutlich länger als bei den Metastasen (30 Tage). Besonders lang war die Latenz bis zur Diagnose bei intramedullärem Tumorsitz (Median 770 Tage) und bei sakraler Tumorlokalisation (499 Tage).

Entzündliche Raumforderungen sahen wir in 8 Fällen (7). Hierbei handelte es sich fünfmal um eine Raumforderung, die vom Knochen ausging (Spondylitis und Spondylodiscitis). Ein epiduraler Abszeß lag zweimal vor, einmal handelte es sich um Echinokokkuszysten.

Sonstige spinale Raumforderungen (n = 13; 12 %) waren degenerative oder traumatische Wirbelsäulenveränderungen (n = 6) und Bandscheibenvorfälle (n = 4).

In 25 Fällen lag eine spinale Raumforderung nicht vor, so daß sich der zunächst geäußerte klinische Verdacht nicht bestätigte. Am häufigsten wurden entzündliche Arachnopathien, spinale Ischämien und Polyradikulitiden mit Blasenstörung (Elsberg-Syndrom) als spinale Raumforderung fehlgedeutet. Klinischer Befund und CT-Lokalisation variierten in unserem Kollektiv um bis zu 3 Segmenten. Ein Myelo-CT nach Myelographie war bei jedem zweiten Patienten erforderlich, bei 12 Kranken erfolgte ergänzend eine magnetresonanztomographische Untersuchung.

Während bei neoplastischen Raumforderungen Schmerzen das wichtigste Initialsymptom (Metastasen 81 %, primäre Spinaltumoren 63 %) waren, zeigte lediglich ein Viertel der Kranken mit entzündlichen Prozessen eine Schmerzsymptomatik. Blasenstörungen lagen zum Zeitpunkt der Diagnosestellung bei jedem zweiten Tumorpatienten vor, hingegen nur in 6 Fällen mit nichtneoplastischer Raumforderung. Während bei Metastasen meist eine rasch auftretende zentrale Paraparese der Beine Leitsymptom war, führte bei primären Spinaltumoren oft erst die Blasenstörung zur richtigen Diagnose. Dies traf insbesondere für das spinale Meningeom, Ependymom und Epidermoid zu.

Bei Auftreten von spastischen Paresen mit Blasen-Mastdarm-Funktionsstörung und querschnittsförmiger Sensibilitätsstörung ist die Wahrscheinlichkeit eines spinalen Tumors wesentlich größer als die einer anderen Ursache. Die Computertomographie erlaubt eine zuverlässige Diagnose, sofern berücksichtigt wird, daß die klinische Höhenlokalisation nur bei radikulären Ausfällen in Läsionshöhe zuverlässig ist. Für die Differentialdiagnose der spinalen Raumforderung sind Liquoranalytik und neurophysiologische Diagnostik unerläß-lich. MRT und Myelo-CT können die Nativdiagnostik sinnvoll ergänzen und sollten gezielt eingesetzt werden.

Akute Aphasien, Diagnostik und klinischer Verlauf

R. Biniek, W. Huber, K. Willmes und R. Glindemann

Während es für Aphasien im chronischen Stadium eine Reihe von standardisierten Testverfahren gibt, sind die ersten 6 Wochen nach dem Schlaganfall bisher auch im internationalen Schrifttum kaum untersucht worden. Die Gründe dafür liegen zum einen in der geringen Belastbarkeit der Patienten, zum anderen daran, daß es bisher im deutschsprachigen Raum kein standardisiertes Testsystem gibt, das auf die Situation innerhalb der ersten Wochen nach einem Schlaganfall zugeschnitten ist.

Seit ca. 2 Jahren versuchen wir in einer multizentrischen Studie einen entsprechenden Test für Akutpatienten zu entwickeln, Daten über den Akutverlauf zu sammeln und diese mit den Daten von Patienten in der chronischen Situation zu vergleichen. Weiterhin wollen wir untersuchen, ob und in welchem Umfang prognostische Aussagen bereits in einem solchen frühen Stadium möglich sind und welchen Einfluß Begleitsymptome wie Antriebsstörungen, Apraxie und Dysarthrie haben.

Im Gegensatz zu Testsystemen im chronischen Zustand muß ein Akuttest kurz und wenig belastend für die Patienten sein. Er sollte auf jeden Fall die Spontansprache mitberücksichtigen und die Stimulierbarkeit der Patienten muß mitüberprüft werden. Gleichzeitig sollten die testpsychologischen Gütekriterien erfüllt sein.

Im internationalen Schrifttum gibt es derzeit nur 2 Testsysteme, die für die Akutphase zugeschnitten sind, einmal den Frenchy Aphasia Screening Test (1) mit 4 Aufgabengruppen: Sprachverständnisprüfungen, expressive Sprache, Lese-Sinnverständnis und Anfertigung einer schriftlichen Bildbeschreibung sowie das Akute Aphasia-Screening-Protokoll von Crary 1989 (2), der die Spontansprache wenigstens ansatzweise mit berücksichtigt. Bei diesen vorgeschlagenen Tests handelt es sich jedoch stets um Items aus Testbatterien, die im chronischen Stadium eingesetzt werden und die Besonderheiten in der Akutsituation nicht genügend berücksichtigen. Insbesondere wird die Spontansprache gar nicht oder nicht ausreichend berücksichtigt und die Stimulierbarkeit der Patienten wird nicht überprüft.

Wir haben daher im Aachener Klinikum einen Test für die Akutphase entwickelt, der einmal die Spontansprache und dann in insgesamt 3 Untertests das Sprachverstehen und die Bewegungsplanung überprüft und mit weiteren 3 Untertests die expressiven Fähigkeiten des Patienten untersucht.

Für die Bewertung der Spontansprache erschienen uns Einschätzskalen, wie sie im Aachener Aphasie Test (3) üblich sind, zu ungenau. Deshalb haben wir eine computerunterstützte Bewertung der Spontansprache entwickelt, wobei die Transkripte unmittelbar am Computer oder über ein Textverarbeitungssystem erstellt werden können und jedes Wort des Patienten in die Kategorien "Inhaltswort", "Funktionswort", "Interjektion" und "dysarthrisch nicht verstehbar" oder "neologistisch" eingestuft wird. Gleichzeitig wird auch eine Bewertung nach Phrasen vorgenommen. Aus diesen Grunddaten ist es dann möglich, eine Reihe von Quotienten zu ermitteln, die die Entwicklung der Spontansprache gut abbilden.

Nach der Spontansprache-Bewertung besteht der Test aus den Untertests "Aufforderung zu Blick- und Kopfbewegungen", "Aufforderung zu Mundmotorik", "Singen, Reihen- und

Floskelnsprechen", "Identifizieren von Objekten" und "Benennen". Einheitlich werden im gesamten Test jeweils 4 Stimulationsstufen eingesetzt. Pro Untertest können maximal 50 Punkte erreicht werden.

Wir haben bisher mit diesem Testverfahren in Aachen, der Uniklinik Heidelberg und in Bonner Krankenhäusern 69 linkshirnig und 10 rechtshirnig geschädigte Patienten am Tag 2, 4, 6, 8, 11, 15 und 22 untersucht. Die ersten Zwischenergebnisse zeigen klare Differenzen zwischen den rechts- und linkshirnigen Patienten, wobei die rechtshirnigen Patienten initial auch noch leichte Störungen aufweisen können, die durch Begleitsymptome wie Antriebsstörungen und Dysarthrie erklärt werden können.

Der Versuch einer Cluster-Analyse der Heidelberger Patienten zeigte, daß zwar bereits am Tag 4 eine Gruppierung nach Schweregrad der aphasischen Störung möglich war, diese Gruppierung jedoch nicht mit den Standardsyndromen übereinstimmt.

Zusammenfassend können wir jetzt bereits schon sagen, daß sich der vorgestellte Test in der Akutphase bewährt hat und daß er in der Lage ist, die sprachlichen Fähigkeiten der Patienten abzubilden. Wir hoffen, in Kürze die testpsychologischen Gütekriterien dieses Tests berechnen zu können und ebenso die Frage klären zu können, ob schon so frühzeitig prognostische Aussagen möglich sind.

Literatur

1. Enderby PM, Wood VA, Wade OT, Langton Hewer R (1987) The Frenchay Aphasia Screening Test: a short, simple test for a aphasia appropriate for non-specialists. Int J Rehabil Res 8:166-170
2. Crary MA, Haak NJ, Malinsky AE (1989) Preliminary psychometric evaluation of an acute aphasia screening protocol. Aphasiology 3:611-618
3. Huber W, Poeck K, Weniger D, Willmes K (1983) Aachener Aphasie Test (AAT) Hogrefe, Göttingen

Aphasietestergebnisse korrelieren mit Veränderungen des regionalen zerebralen Glukosestoffwechsels bei Infarkten im linken Mediastromgebiet

H. Karbe, B. Szelies, K. Herholz und W.-D. Heiss

Seit der Entdeckung der funktionellen Unterschiede der Großhirnhemisphären haben Neurologen und Neuropathologen versucht, einzelne Hirnleistungen, insbesondere die Fähigkeit des Menschen zu sprechen, bestimmten Hirnregionen zuzuordnen. Auf der Grundlage von Sektionsbefunden beschrieben Broca und Wernicke bereits im vorigen Jahrhundert die nach ihnen benannten Kortexregionen und ordneten diesen bestimmte Sprachleistungen zu. Durch die Einführung der bildgebenden Diagnostik in die Neurologie wurden schließlich auch in vivo Studien möglich, um die Auswirkungen umschriebener Hirnläsionen auf die Sprachfähigkeit des Menschen zu untersuchen. Bereits CT-Studien zeigten, daß auch auf subkortikale Strukturen begrenzte Läsionen von einer Aphasie begleitet sein können (1). Es blieb dabei eine offene Frage, ob diese sogenannten subkortikalen Aphasien unmittelbar durch die Hirnsubstanzschädigung zum Beispiel im Stammganglienbereich verursacht wurden oder durch eine indirekte Beeinflussung morphologisch nicht geschädigter kortikaler Areale. Mit Hilfe der Fluordeoxyglukose (FDG) Positronenemissionstomographie (PET) wurde eine Möglichkeit geschaffen, den Funktionszustand verschiedener Hirnregionen, gemessen an ihrem Glukosestoffwechsel, zu untersuchen, und zwar sowohl in morphologisch geschädigtem Hirngewebe als auch in nur funktionell inaktivierten Arealen. Bei Untersuchungen von Aphasien bei ischämischen Hirninfarkten fand sich dabei allgemein eine über die im CT darstellbare Läsion hinausgehende, ausgedehnte Stoffwechselminderung im Bereich des ipsilateralen Kortex und der Stammganglien sowie des kontralateralen Kleinhirns (4).

In der hier vorgestellten Arbeit wurden 26 Patienten (12 Männer und 14 Frauen), alle Rechtshänder, die an einem einzelnen Infarkt im linken Mediastromgebiet litten, untersucht. Der Infarktbereich wurde in allen Fällen mit einem CT dargestellt. Dabei zeigten sich auf den Kortex beschränkte Infarkte in 12 Fällen, auf subkortikale Strukturen beschränkte Infarkte in 7 Fällen und ausgedehnte kortikale und subkortikale Bereiche umfassende Infarkte in weiteren 7 Fällen. Bei allen Patienten wurde der zerebrale Glukosestoffwechsel mit der FDG-PET im Ruhezustand untersucht (2). Dabei stellte sich in allen Fällen ein Hypometabolismus jenseits der im CT darstellbaren Infarktzone dar. Auf der Suche nach einem bestimmten, für Aphasien typischen Muster der metabolischen Störung wurden die regionalen Stoffwechselraten gesondert für die linken Stammganglien sowie den linken frontalen, parietalen und temporalen Kortex berechnet und miteinander korreliert. Es fiel ein enger Zusammenhang zwischen den temporalen und parietalen Stoffwechselraten (r = 0,91) auf sowie zwischen den Stoffwechselraten der Basalganglien und des frontalen Kortex (r = 0,86), ein deutlich geringerer Zusammenhang hingegen zwischen dem parietotemporalen Kortex und den Stammganglien (r = 0,57, bzw. 0,69) oder dem frontalen Kortex (r = 0,46, bzw 0,60). Grad und Typ der Aphasie wurde bei allen Patienten mit dem Aachener Aphasie Test untersucht. 5 Patienten litten an einer Wernicke Aphasie, 2 an einer Broca Aphasie, 4 zeigten minimale

Sprachstörungen beziehungsweise eine sogenannte Restaphasie, 5 Patienten eine amnestische Aphasie und 10 Patienten eine globale Aphasie. Um mögliche Zusammenhänge zwischen den eben dargestellten Stoffwechselveränderungen und den unterschiedlichen im Test gefundenen Aphasieprofilen zu untersuchen, verglichen wir die Ergebnisse der einzelnen Untertests des Aachener Aphasie Tests mit den regionalen Stoffwechselraten. Es stellte sich jedoch zunächst eine enge Korrelation zwischen den einzelnen Aphasieuntertests (Token Test, Nachsprechen, Schriftsprache, Benennen, Sprachverständnis) heraus. Die Korrelationskoeffizienten lagen zwischen 0,94 für Token Test und Benennen und 0,75 für Nachsprechen und Sprachverständnis. Es konnte daher nicht erstaunen, daß alle 5 Untertests einen ähnlichen Zusammenhang mit dem Muster der regionalen linkshemisphärischen Stoffwechselminderung zeigten. Es fand sich nämlich eine signifikante Korrelation zwischen den regionalen Stoffwechselraten des temporoparietalen Kortex und allen 5 AAT Untertests (Pearson Korrelationskoeffizienten zwischen 0,83 für den Untertest "Benennen" und den parietalen Stoffwechsel und 0,67 für den Untertest "Sprachverständnis" und den temporalen Stoffwechsel, p = 0,002, bzw. 0,004). Für die Stoffwechselraten des linken frontalen Kortex und der linken Stammganglien ließ sich dagegen kein signifikanter Zusammenhang mit den Testergebnissen herstellen.

Auch in der hier untersuchten Gruppe bestätigen sich frühere Beobachtungen, daß Infarkte unterschiedlicher kortikaler wie auch subkortikaler Lokalisation Aphasien verursachen können (1). Für Art und Ausmaß der Aphasie scheint vor allem die durch den Infarkt verursachte funktionelle Inaktivierung von morphologisch intakten Hirnregionen bedeutend zu sein (5). Ein enger Zusammenhang zwischen Token Test-Ergebnissen und dem temporoparietalen Stoffwechsel wurde bereits früher nachgewiesen (3). Die hier dargestellten Ergebnisse legen den Schluß nahe, daß die mit dem AAT gemessenen Sprachstörungen vor allem von der Funktionsfähigkeit des linken temporoparietalen Kortex abhängen.

Literatur

1. Alexander MP, Naeser MA, Polumbo CL (1987) Correlations of subcortical CT lesion sites and aphasia profiles. Brain 110:991-991
2. Heiss WD, Pawlik G, Herholz K, Wagner R, Göldner H, Wienhard K (1983) Regional kinetic constants and CMRglu in normal volunteers determined by dynamic positron emission tomography of (18F)-2-fluoro-2-deoxy-D-glucose. J Cereb Blood Flow Metabol 4:212-223
3. Karbe H, Herholz K, Szelies B, Pawlik G, Wienhard K, Heiss WD (1989) Regional metabolic correlates of Token Test results in cortical and subcortical left hemispheric infarction. Neurology 39:1083-1088
4. Mazziotta JC, Metter EJ (1988) Brain cerebral metabolic mapping of normal and abnormal language and its requisition during development. In: Plum F (Hrsg) Language communication and the brain. Raven press, New York:245-266
5. Metter EJ (1987) Review: neuroanatomy and physiology of aphasia: evidence from positron emission tomography. Aphasiology 1:3-33

Aphasie bei subkortikalen Läsionen. Der vaskuläre Faktor

C. Weiller, E.B. Ringelstein, W. Reiche und U. Büll

Für Aphasien bei subkortikalen Läsionen der dominanten Hemisphäre gibt es folgende Erklärungsmodelle: 1) Die Stammganglien oder der Thalamus sind direkt am Sprachprozeß beteiligt (3, 4, 6, 9). 2) Die Läsion unterbricht thalamokortikale- oder Assoziationsfasern, die für die Sprache unerläßlich sind (Literatur b. 3). 3) Die subkortikale Läsion führt zu einer rein funktionellen Deaktivierung des morphologisch intakten Kortex (1, 7). 4) Durch das initiale Ereignis wird die subkortikale Region, die durch mangelnde Kollateralisierung gegenüber Ischämie erhöht vulnerabel ist, komplett infarziert. In der durch leptomeningeale Kollateralen leidlich versorgten Rinde kommt es hingegen zur elektiven Parenchymnekrose, so daß die Rinde im CT makroskopisch intakt erscheint (5, 10). Als subkortikale Läsion haben wir den ausgedehnten Linsenkerninfarkt oder striatokapsulären Infarkt gewählt, der eine pathogenetisch definierte Entität darstellt und mit oder ohne Aphasie vorkommt. Er ist typischerweise durch einen cardial embolisch bedingten, vorübergehenden Verschluß der A. cerebri media mit mehr oder weniger gut ausgeprägten kortikalen Kollateralen verursacht (2, 8, 10).

Aus einer Serie von 53 Patienten mit akutem striatokapsulärem Infarkt haben wir 24 Rechtshänder mit linksseitigen Läsionen und eine Linkshänderin mit Aphasie bei rechtsseitigem Infarkt ausgewählt. Von allen Patienten lagen CT, MR, kompletter Status der extra- und intrakraniellen Arterien und der regionale zerebrale Blutfluß (rCBF) vor. Bei 8 Patienten wurde die Dauer eines Verschlusses der A. cerebri media durch engmaschige repetitive Transkranielle Doppleruntersuchungen oder Kontrollangiographien verfolgt.

12 Patienten hatten keine Aphasie und 13 Patienten hatten eine Aphasie. Es kamen alle Aphasietypen ohne ersichtliche Ordnung vor. Kein Aphasietyp ließ sich einem bestimmten Läsionsmuster zuordnen. Insbesondere gab es Patienten mit Broca und amnestischer Aphasie ohne Beteiligung des Kaudatuskopfes. Um zu prüfen, ob es eine selektive Beteiligung einer bestimmten Hirnstruktur nur bei den Patienten mit Aphasie gibt, haben wir die Infarktbildpunkte der Patienten ohne Aphasie von denen mit Aphasie subtrahiert. Es fand sich keine spezifische Läsionsstelle im Vergleich zu den Patienten ohne Aphasie. Eine funktionelle Beteiligung der morphologisch intakten Hirnrinde wurde mit der single photon emission computed tomography (SPECT) untersucht. Bei allen Patienten, mit oder ohne Aphasie, war der Blutfluß in dem Areal gemindert, das der Infarktzone im MR oder CT entsprach. Hingegen war der rCBF in der über dem Infarkt liegenden Hirnrinde bei den Aphasiepatienten erniedrigt. Auch die Untersuchungen der Dauer des embolischen Verschlusses der A. cerebri media zeigten 2 Muster. Patienten mit nur kurzdauerndem Mediaverschluß, kompletter Rekanalisierung und guten Kollateralen hatten keine Aphasie. Aber alle Patienten mit inkompletter, später oder ohne Rekanalisierung hatten eine Aphasie.

Die Aphasie beim striatokapsulären Infarkt zeigt weder klinisch noch lokalisatorisch ein charakteristisches Muster. U. E. gibt es keine Veranlassung für die Annahme einer speziellen Stammganglienaphasie. Die Aphasie beim striato-kapsulären Infarkt spiegelt eine kortikale Minderperfusion mit Schädigung der kortikalen Neurone wider, bedingt durch eine persistierende, okkludierende Läsion der A. cerebri media (5, 10). Das Konzept der Diaschisis ist hier überflüssig.

Literatur

1. Baron JC, D'Antona R, Pantano P, Serdaru M, Samson Y, Bousser MG (1986) Effects of thalamic stroke on energy metabolism of the cerebral cortex. Brain 109:1243-1259
2. Bladin PF, Berkovic SF (1984) Striatocapsular infarction. Large infarcts in the lenticulostriate arterial territory. Neurology 34:1423-1430
3. Crosson B, Novack TA, Trenerry MR (1988) Subcortical language mechanisms: Window on a new frontier. In: HA Whitaker (Hrsg) Phonological processes and brain mechanisms. Springer
4. Damasio AR, Damasio H, Rizzo M, Varney N, Gersh F (1982) Ahasia with nonhemorrhagic lesions in the basal ganglia and internal capsule. Arch Neurol 39:15-20
5. Lassen NA, Skyhoj Olsen T, Hoigaard K, Skriver E (1983): Incomplete infarction: a CT-negative irreversible ischemic brain lesion. J cerebral blood flow and metabolism 3 (Suppl 1):602-603
6. Naeser M, Alexander MP, Helm-Estabrooks N, Levine H, Laughlin SA, Geschwind N (1982) Aphasia with predominantly subcortical lesion sites. Arch Neurol 39:2-14
7. Perani D, Vallar G, Cappa S, Messa C, Fazio F (1987) Aphasia and Neglect after subcortical stroke. Brain 110:1211-1229
8. Ringelstein EB, Zeumer H, Schneider R (1985) Der Beitrag der zerebralen Computertomographie zur Differentialtypologie und Differentialtherapie des ischämischen Großhirninfarktes. Fort Neurol Psych 53:315-354
9. Wallesch CW, Kornhuber HH, Brunner RJ, Kunz T, Hollerbach N, Suger G (1983) Lesions of the basal ganglia, thalamus and deep white matter: Differential effects on language functions. Brain and Language 20:286-304
10. Weiller C, Ringelstein EB, Reiche W, Buell U, Thron A (1990) The large striatocapsular infarction. A clinical and pathophysiological entity. Arch Neurol (im Druck)

Gekreuzte Aphasie bei ischämischem Hirninfarkt im Media-Stromgebiet rechts

H. Menger, I. Schneider und H. Ringendahl

Der Begriff der gekreuzten Aphasie wurde erstmals von Bramwell 1899 benutzt. Ursprünglich für linkshirnig geschädigte aphasische Linkshänder gebraucht, wurde später diese Bezeichnung für aphasische Rechtshänder mit rechtshirniger Läsion verwandt. Diese in der Literatur überwiegend mit der Annahme eines rechtshirnigen Sprachzentrums verbundene seltene Aphasieform und die Beobachtung einer eigenen Patientin veranlaßten uns zu dieser Arbeit.

Die 80jährige, rüstige Patientin habe nach Angaben ihres Sohnes plötzlich die linke Körperseite nicht mehr bewegen und nicht mehr sprechen können. Wesentliche Vorerkrankungen seien nicht bekannt, speziell seien Geburt und frühkindliche Entwicklung der Rechtshänderin komplikationslos verlaufen. Lesen, Schreiben und Rechnen habe sie in der Volksschule gelernt, keine Fremdsprache. Die Eltern seien Rechtshänder gewesen, keine Geschwister. Der neurologische Aufnahmebefund zeigte bei bis auf eine arrhythmische Herztätigkeit unauffälligem internem Befund eine leichte Facialis-Mundastschwäche links, Absinktendenz des linken Armes und linken Beines bei den Vorhalteversuchen sowie eine linksseitige Bradydiadochokinese. Neuropsychologisch mittelgradige gemischt transkortikale Aphasie im AAT. Im EEG unregelmäßiger Alpha-Rhythmus mit diskontinuierlichem Herdbefund rechts zentro-temporo-parietal. Das CCT zeigte einen frischen Infarkt rechts temporo-parietal, während im MRT ein frisches hämorrhagisches Infarktareal rechts temporo-parietal auffiel, in der SPECT Perfusionsstörung im Versorgungsgebiet der Arteria cerebri media rechts. Nach 2 Wochen rheologischer und logopädischer Therapie leichte motorische Aphasie. Nach einem halben Jahr im AAT amnestische Aphasie. Im Vergleich zum Erstbefund ergeben sich hochsignifikante Veränderungen in Profilhöhe und -gestalt. Im "Benennen", im "Token-Test", in der "Schriftsprache" und im "Sprachverständnis" sind signifikante Verbesserungen nachweisbar. Im "Nachsprechen" keine signifikanten Veränderungen.

Befunde von Split-brain- und hemisphärektomierten Patienten sowie im Rahmen des Na-Amytal-Testes haben Erkenntnisse über die Lateralisierung und Lokalisierung von Sprachfunktionen geliefert. Die gekreuzte Aphasie spricht für die Mitbeteiligung der rechten Hemisphäre an der Sprachbildung und läßt trotz ihrer Seltenheit erhoffen, etwaige Besonderheiten der Sprachleistungen der "unterwertigen" Hemisphäre feststellen zu können. Die Diagnose einer gekreuzten Aphasie ist nach Habib et al. (1983) zu stellen, wenn kein Zweifel bezüglich Rechtshändigkeit des Patienten, seiner Geschwister und Eltern besteht, die Läsion ausschließlich die rechte Hemisphäre betrifft, die aphasische Semiologie ausreichend dokumentiert ist und keiner der Umweltfaktoren vorliegt, der möglicherweise mit einer abweichenden Organisation der Sprachfunktionen verbunden ist (z. B. Zweisprachigkeit, Analphabetentum). Allerdings konnte bei Polyglotten das gehäufte Auftreten einer gekreuzten Aphasie nicht belegt werden (1), während bei Analphabeten, welche zur Ausübung ihres Berufes beide Arme und Beine gleichmäßig benutzen, die Sprachzentren auch im fortgeschrittenen Alter bilateral erhalten bleiben sollen (22). Weiter ist erforderlich, daß in der Kindheit keine Hirnläsion erlitten wurde, die die Umkehrung der zerebralen Dominanz erklärt (17). Bryden et al. (1983) beschrieben Aphasien bei 60 Rechtshändern mit rechtshemisphäralen Läsionen in 8,3 %. Ludwig (1938) fand bei Untersuchung von 880 rechtshirnig verletzten Rechtshändern 3,5 % mit über 3 Monate anhaltender Sprachstörung. Demgegenüber werden bei Hammond und Kaplan (1982) lediglich 0,3 % Aphasien bei rechtshirnig geschädigten Rechtshändern beschrieben, bei Roberts (1951) 2 Aphasien nach Operationen im Bereich der rechten Hemisphäre von 258 rechtshändigen Anfallspatienten. Diese Diskrepanz erklärt sich nach Boller (1973) aus der unterschiedlichen Ätiologie der rechtshirnigen Läsionen. Von seinen 69, nach Sapir (1986) einwandfrei zuzuordnenden Fällen waren 56,5 % posttraumatischer, 19,5 % neoplastischer, 9,5 % postoperativer und 23 % vaskulärer Genese. Nach seiner Meinung sind nur die vaskulär bedingten als Ursache einer streng einseitigen Hirnläsion anzuerkennen, während Schädel-Hirn-Traumata und intrakranielle Tumoren häufig beide Hemisphären schädigen. Bis 1983 waren lediglich 10 die genannten Kritereien erfüllenden gekreuzte Aphasien computertomographisch und/oder neuropathologisch untersucht worden. Diese Untersuchungen zeigen, daß die Sprachfunktionen der rechten Hemisphäre bei den meisten gekreuzten Aphasikern ebenso wie die der linken Hemisphäre des normalen rechtshändigen Erwachsenen organisiert und lokalisiert sind (12). Von Henderson et al. (1984) wurden keine CT-Kriterien einer Hemisphärenasymmetrie gefunden, die die Seite der Sprachdominanz vorhersehen lassen. Die wenigen neuropathologischen Untersuchungen ließen keine wesentlichen Zusatzinformationen gewinnen (15). Klinisch ist vorwiegend die motorische Komponente betroffen, sensorische Aphasien sind viel seltener beobachtet worden, amnestische Aphasien sind zahlenmäßig dazwischen angesiedelt. Ein Teil der motorisch - aphasischen zeigte eine Schreibstörung, während Lesestörungen etwas häufiger mit Sprachverständnisstörungen verbunden sind (16). Das räumliche Sehen kann intakt oder gestört sein, eine Apraxie ist ungewöhnlich (5). Die gekreuzten Aphasien scheinen sich klinisch von den anderen Aphasien allenfalls durch ihren mehr oder weniger transitorischen Verlauf, d. h. eine gute Prognose, zu unterscheiden (8; 21). Offensichtlich beinhaltet diese seltene Aphasieform jedoch noch nicht vollständig geklärte Besonderheiten speziell in der Organisation der Sprachfunktionen, die abschließend nur angedeutet werden können. Bancaud et al. beschrieben 1989 2 rechtshändige 20jährige und 17jährige Patientinnen mit ausgedehnten rechtsseitigen perinatalen Hirnschädigungen, die dennoch eine rechtshirnige Sprachdominanz aufwiesen, was einmal durch eine Aphasie nach rechtshirnigem operativem Eingriff und im anderen Fall durch den Na-Amytal-Test belegt wurde. 1990 berichteten Sass et al. über 32 Epilepsie-Patienten mit partieller oder totaler Callosotomie, von denen postoperativ nur Patienten (3) mit präoperativ nachgewiesener rechtshemisphäraler Sprachdominanz schwere Sprachstörungen erlitten. Da jedoch nicht alle rechts-sprachdominanten Patienten (10) postoperative Sprachstörungen zeigten, nahmen die Autoren verschiedene Varianten einer rechtshemisphärischen Sprachdominanz an. Diese exakter darzustellen, stellt eine Aufgabe für die Zukunft dar.

Das Literaturverzeichnis ist bei den Verfassern erhältlich.

Akustische Analyse der zerebellären Dysarthrie

H. Ackermann und W. Ziegler

Sollen die spezifisch zerebellären sprechmotorischen Defizite herausgearbeitet werden, dann muß, so weit als möglich, gewährleistet sein, daß bei den untersuchten Patienten eine auf das Kleinhirn beschränkte Läsion bzw. Erkrankung vorliegt. Diesen Anforderungen genügen die wenigen bislang veröffentlichten Studien zur Symptomatologie und Pathophysiologie der zerebellären Dysarthrie nicht (3, 5, 7 - 9). Als eine "Modellerkrankung""zur Untersuchung zerebellärer Sprech- und Stimmstörungen kann die rein zerebelläre Atrophie gelten. Im Rahmen der vorliegenden Studie erfolgte bei acht Patienten mit dieser Erkrankung eine akustische Analyse sprachlicher Äußerungen. Die Diagnose einer rein zerebellären Atrophie stützte sich auf jeweils mehrjährige klinische Verlaufsbeobachtungen, auf umfassende elektrophysiologische Untersuchungen zum Ausschluß klinisch latenter Läsionen extrazerebellärer Strukturen und auf den kernspintomographischen Befund einer isolierten Atrophie des Zerebellums. Das Testmaterial umfaßte u.a. die Produktion angehaltener Vokale (/u/, /i/, /a/, /y/) und das Nachsprechen von Testsätzen (/Ich habe geCVCe gehört/: C = /p/, /t/, /k/; V = /u/, /i/, /a/, /y/. Beispiel: Ich habe getite gehört. Zur Methodik vgl. 1, 6, 11). Dieser Test erfaßt u.a. die Stabilität der Stimmlippenspannung während angehaltener Phonation. Bei den nachgesprochenen Sätzen wurde u. a. die zeitliche Koordination sukzessiver artikulatorischer Gesten untersucht. Als Parameter diente die "voice-onset-time" (VOT) der betonten Silbe (-CV-) des Zielwortes, d.h., das Intervall zwischen der Verschlußlösung des realisierten Konsonanten (C) und dem Beginn des nachfolgenden Vokals (V). Die VOT gibt somit Aufschluß über die zeitliche Koordination einer orofacialen und der nachfolgenden laryngealen artikulatorischen Geste. Als Vergleichsgruppe dienten 24 Normalsprecher.

Für die angehaltenen Vokale wurden die Grundfrequenz- und Schallintensitätskontur errechnet. Die Grundfrequenz stellt das akustische Korrelat der Tonhöhe, die Schallintensität das der Lautstärke dar. Drei pathologische Phänomene konnten beobachtet werden: bei zwei Patienten traten abrupte Schwankungen der Tonhöhe ("pitch break") auf, ein Patient zeigte intermittierende Stimmrauhigkeit und zwei Patienten hatten einen Stimmtremor. In der Literatur finden sich zwar Hinweise auf das Vorkommen eines Stimmtremors bei zerebellären Erkrankungen (2, 4), bislang liegen aber noch keine quantitativen Analysen vor. Der Stimmtremor bei unseren Patienten war gekennzeichnet durch eine rhythmische Modulation von Grundfrequenz und Schallintensität. Die Fourier-Analyse deckte eine dominante Tremorfrequenz von 2.8 bzw. 3.6 Hz. auf. Grundsätzlich sind zwei zugrundeliegende Mechanismen eines derartigen Stimmtremors denkbar: Modulation des subglottalen Drucks infolge eines Tremors der Respirationsmuskulatur (vgl. 10) oder Modulation der Stimmlippenspannung infolge eines Tremors der intrinsischen laryngealen Muskulatur. Zur Differenzierung zwischen diesen beiden Mechanismen wurde zusätzlich die Schallintensitätskontur angehaltener stimmloser Frikative (/f/, /sch/, /s/) aufgezeichnet. Im Falle rhythmischer Schwankungen des subglottalen Drucks wäre ein Tremor auch bei der Realisierung von Frikativen zu erwarten. Da die Schallintensitätskontur der Frikative keine entsprechende Modulation zeigte, kann auf einen laryngealen Tremormechanismus geschlossen werden.

Die mittlere individuelle VOT, berücksichtigt wurden jeweils insgesamt 24 Satzäußerungen, lag bei sechs der acht Patienten im Normbereich. Demgegenüber war eine signifikante Zunahme der Variabilität der VOT in der Gruppe der Patienten zu beobachten, d. h., sie realisierten teilweise eine zu kurze und teilweise eine zu lange VOT. Diese erhöhte Variabilität der zeitlichen Abstimmung sprechmotorischer Leistungen dürfte mit verantwortlich sein für den fluktuierenden Charakter der artikulatorischen Defizite ("irregular articulatory breakdown") bei zerebellären Dysarthrien (vgl. 8).

Zusammenfassung

Bei Patienten mit rein zerebellärer Atrophie konnten zwei sprechmotorische Defizite nachgewiesen werden: eine erhöhte Instabilität der Stimmlippenspannung und eine erhöhte Variabilität der zeitlichen Koordination sukzessiver artikulatorischer Gesten.

Literatur

1. Ackermann H, Ziegler W, Oertel WH (1989) Akustische Analyse der Artikulationsstörungen beim Parkinson-Syndrom. In: Fischer PA, Baas H, Enzensberger W (Hrsg) Verhandlungen der Deutschen Gesellschaft für Neurologie. Band 5. Springer, Berlin:167-169
2. Brown JR, Simonson J (1963) Organic voice tremor: A tremor of phonation. Neurology 13:520-525
3. Darley FL, Aronson AE, Brown JR (1975) Motor speech disorders. Saunders, Philadelphia
4. Hiller F (1929) A study of speech disorders in Friedreich's ataxia. Arch Neurol Psychiat 22:75-90
5. Hirose H, Kiritani S, Sawashima M (1982) Velocity of articulatory movements in normal and dysarthric subjects. Folia phoniat 34:210-215
6. Hoole P, Ziegler W, Hartmann E, Hardcastle WJ (1989) Parallel electropalatographic and acoustic measures of fricatives. Clin Linguist Phonet 3:59-69
7. Kent RD, Netsell R, Abbs JH (1979) Acoustic characteristics of dysarthria associated with cerebellar disease. J Speech Hear Res 22:627-648
8. Kluin KJ, Gilman S, Markel DS, Koeppe RA, Rosenthal G, Junck L (1988) Speech disorders in olivopontocerebellar atrophy correlate with positron emission tomography findings. Ann Neurol 23:547-554
9. Schönle PW (1988) Elektromagnetische Artikulographie. Springer, Berlin
10. Tomoda H, Shibasaki H, Kuroda Y, Shin T (1987) Voice tremor: Dysregulation of voluntary expiratory muscles. Neurology 37:117-122
11. Ziegler W, von Cramon D (1986) Spastic dysarthria after acquired brain injury: An acoustic study. Br J Disord Comm 21:173-187

Die Frühentwicklung des Zentralnervensystems und mögliche Ursachen für die Hemisphärenasymmetrie

P.G. Layer

Überblick

Um die Störungen hinsichtlich der Zytoarchitektur und der Lateralasymmetrie im Planum temporale der Großhirnrinde (8, 9, 11/I - III) sowie in der Netzhaut (34) bei Dyslektikern besser einordnen zu können, soll hier über drei Aspekte der neuronalen Frühentwicklung berichtet werden: 1. Differentielle Entwicklung der verschiedenen Gehirnbereiche nach Neurulation und Bläschenbildung. Im Rhomb- und im Dienzephalon entstehen etwa gleichzeitig die ersten postmitotischen Zellgruppen und die ersten Fasertrakte. Das Telenzephalon, und damit das Großhirn, entwickelt sich spät. 2. Die Entwicklung von geschichteten Netzwerken wird am Beispiel der Retina erläutert. Die durch Zellproliferation gebildeten Zellen werden räumlich stets geordnet gehalten. Neue Schichten bilden sich durch passive Zellverschiebung und aktive Zellwanderung. Die Radialglia könnte bei der Anordnung von Zellkolumnen und bei der Segregation von Zellschichten eine wichtige Rolle spielen. 3. Es wird postuliert, daß die embryonale Seitenlage des Kopfes ein frühes Anzeichen der weiteren einseitigen Gehirnentwicklung darstellen dürfte. Das weitere Studium der frühen Gehirnentwicklung kann somit auch zum Verständnis der Dyslexie beitragen.

1. Von der Induktion des Neuralrohrs bis zur Grundgestaltung des Gehirns

Die Anfänge des menschlichen Gehirns lassen sich ontogenetisch wie auch phylogenetisch bis zum Neuralrohr zurückverfolgen. Demzufolge sind die Frühprozesse der Gehirnentwicklung bei verschiedenen Vertebraten weitgehend vergleichbar. Durch Wechselwirkung zwischen der mesenchymalen Chorda und dem darüberliegenden Ektoderm wird die Neuralplatte induziert. Die Zellen der Neuralplatte senken sich entlang der Mittelachse ein, bilden eine Rinne, deren Ränder sich hochwölben und zuerst etwas nach außen stülpen. Entgegen früher geltender Meinung spielen bei der Neurulation neben Neuralrohr-internen Faktoren auch Kräfte der darunterliegenden mesenchymalen Matrix mit (33). Bei den meisten Vertebraten, mit Ausnahme einiger Nagetiere, schließt sich das Rohr von *einem* Punkt aus (14). Der Neuroporus schließt sich beim Menschen vorne etwa am 24., hinten etwa am 26. Tag (27). Schon vorher wandern Zellen der Neuralleiste vom dorsalen Rand aus und erreichen auf definierten Wegen periphere Zielgebiete. Neuralleistenzellen bilden beträchtliche Anteile des peripheren Nervensystems, der Kopfmuskulatur und des Schädels; ferner stellen sie fast alle pigmentierten Zellen des Körpers bereit (10, 22).

Mit dem Beginn des Neuralrohrschlusses wird auch nach vorne schon das Prosenzephalon abgeschnürt. In kurzer Folge werden die Bläschen des Mesenzephalons und vier sogenannte Rhombomeren des Hinterhirns angelegt. Glykoproteine aus der Extrazellulärmatrix könnten dabei eine Rolle spielen (17). Die vorübergehende Unterteilung des Hinterhirns der Vögel in

7 - 8 Rhombomeren sowie die Koinzidenz der Exprimierung von Homeobox-Genen mit deren Grenzen deuten auf eine metamere Gliederung des Vertebratenkopfes hin (23, 38).

Die hohen Zellvermehrungsraten im einschichtigen Neuroepithel sind lokal verschieden. Teilungsfähige Zellen bewegen sich Zellzyklus-abhängig vom Ventrikel weg - bzw. wieder zu ihm hin (32). Sobald die Zellen postmitotisch werden, bleiben sie in der Mantelzone liegen. Man kann sie histochemisch an der Produktion des Enzyms Acetylcholinesterase (AChE) erkennen (16, 20). Die Absonderung der Zellen der Mantelzone kennzeichnet in allen Teilen des Gehirns den Beginn der Gewebsschichtung. Es ist dabei keine echte Zellwanderung beteiligt, denn die Zellen werden durch nachfolgende Zellen aus der Ventrikularschicht nach außen verdrängt (passive Zellwanderung). Die Bildung der Mantelzone beginnt etwa gleichzeitig im Rhombenzephalon und an der Grenze von Di- und Mesenzephalon und breitet sich dann polyzentrisch aus. Damit wird der anfängliche rostro-kaudale Differenzierungsgradient im Embryo (19) bei der Gehirnentwicklung durchbrochen. Von den AChE-produzierenden Zellen der Mantelzone gehen bald die ersten Hauptfasertrakte des Gehirns aus, wie die mediolongitudinalen und die retikulären Trakte. Schnell folgen weitere Bahnen, die alle Bereiche des späteren Stammhirns in vielfältiger Weise untereinander verbinden. Auch die Kranialnerven werden zu dieser Zeit angelegt (37, 39). Im Telenzephalon hingegen - und damit im Ursprung des Großhirns - werden postmitotische Zellen mit ihren Fasersystemen erst spät hervorgebracht. Beim Menschen setzt die Entwicklung des Großhirns nach etwa 5 - 6 Schwangerschaftwochen ein (d. h. früh in der 1. pränatalen Phase, wobei die drei Phasen jeweils die Zeiten bis zur 12., bis zur 28. und bis zur 40. SW umfassen) (24, 36). Sie dauert bis weit ins postnatale Alter hinein an. So gibt es in der Subventrikularschicht Zellen, die im adulten Stadium noch proliferieren können (1, 25, 31).

2. Histogenese von geschichteten neuronalen Netzwerken

Die weitere radiale Spezifizierung verläuft in den einzelnen Gehirnbereichen sehr verschieden. Der Schichtenaufbau in der Großhirnrinde erfolgt nach einem inside-out Gradienten, d. h. neue Zellen müssen durch die intermediäre Schicht hindurch und an schon vorhandenen Zellschichten der kortikalen Platte vorbeiwandern, um an ihren Platz jeweils in der äußersten Schicht zu gelangen (3, 15), wobei sie die Radialglia als Leitgerüst benützen (31). Einmal außen angelangt, können solche Zellen, z. B. die der externen Körnerschicht des Zerebellums, in eine sekundäre Zellvermehrungsphase eintreten (15). Obwohl Zelltypen und das Schichtenmuster in den verschiedenen Gehirnbereichen variieren, sind doch in jeder Zellschicht nur eine begrenzte Anzahl von Zelltypen zu finden. Sie werden aus Vorläuferzellen entsprechend einem bestimmten Stammbaum gebildet und sodann am korrekten Platz eingeordnet. Erst danach können geordnete Schaltkreise verknüpft werden.

Die Retina ist ein besonders einfaches Modell für geschichtete Netzwerke, weil sie leicht zugänglich und nur aus drei Zellschichten aufgebaut ist: Die Photorezeptoren sitzen in der äußeren nukleären Schicht (ONL), Horizontal-, Bipolar-, Amakrinzellen sowie die Müller Stützzellen befinden sich in der inneren nukleären Schicht (INL), und die Ganglienzellen machen den Hauptanteil in der Ganglienzellschicht (GCL) aus. Getrennt werden die drei Zellkörperschichten durch zwei faserreiche, sog. plexiforme Schichten. Hier finden sich Synapsen, die die verschiedenen Zelltypen untereinander verschalten.

Als erstes scheiden die großen Ganglienzellen aus dem Zellzyklus aus und setzen sich räumlich von den anderen Zellen ab. Wie in vielen anderen Bereichen des Gehirns auch werden bis zu fünfmal mehr Ganglienzellen in der Frühentwicklung bereitgestellt, als später überleben werden. Dem Zelltod verfallen diejenigen Zellen, deren Axonen es nicht gelingt, im Zielgebiet Synapsen zu bilden (6). Sie können sich dann offenbar nicht mit den lebensnotwendigen Wachstumsfaktoren versorgen (7).

In der Retina spielt die aktive Zellwanderung eine geringere Rolle. Trotzdem wird schon sehr früh ein Grüst aus radialer, sog. Müller-Glia aufgebaut, das wir besonders gut in vitro verfolgen können. Einzelzellen der embryonalen Retina, die in einer Kulturschale geschüttelt werden, aggregieren und bilden etwa 0,5 mm große Zellkugeln aus. Diese Zellkugeln weisen eine Zellschichtung auf, die der normalen in situ-Retina sehr ähnlich ist (Vitroretinae; 21). Durch Zellvermehrung und -spezifizierung werden genügend Zellen bereitgestellt, die anfangen, sich geordnet untereinander zu verschalten. Alle gewebespezifischen Informationen sind gegeben, um eine Retina und nicht etwa ein Zerebellum zu formen. Demzufolge sind keine Einflüsse aus der Umgebung der Retina notwendig, um das geschichtete Netzwerk aufzubauen. Die Zellen sind in radialen Zellkolumnen angeordnet, die durch das Glia-Gerüst voneinander getrennt sind. Man kann zeigen, daß Zellen von benachbarten Kolumnen sich nicht vermischen; dies heißt, daß Mutter- und ihre Tochterzellen in derselben Kolumne verbleiben (19). Daß die Müller-Glia zusammen mit neuronalen Zelltypen auf eine Vorläuferzelle zurückgehen, wurde mit einer neuen Gentransfer-Technik gezeigt (30). Die anfangs noch einfache Morphologie der Radialglia wird schnell filigraner. Transversale Fortsätze werden genau dort ausgestülpt, wo später die beiden plexiformen Schichten verlaufen. Dies alles geschieht, bevor Neuriten in diese Bereiche einwachsen, d. h., die radiale Glia baut ein komplexes Gerüst auf, das die gesamte räumliche Struktur der späteren Retina vorgibt. Wenn die Radialglia diese Ordnung aktiv und auch in anderen Gehirnbereichen bewirken sollte, käme ihr eine zentrale Rolle in der Bildung des Gehirns zu.

3. Mögliche Ursachen von Gehirnasymmetrien

Lateralasymmetrien sind schon vor der Entwicklung der Großhirnrinde anzutreffen; ein bekanntes Beispiel ist der ungleiche linke und rechte Habenula-Kern im vorderen Dienzephalon bei Amphibien (4). Tatsächlich kann man Lateralasymmetrien bis zum Ei und auch bis zu den Einzellern zurückverfolgen (26). Morgan hat postuliert, daß die Festlegung der späteren Lateralasymmetrien durch maternale Komponenten schon im unbefruchteten Ei erfolgt (5, 11/III). Im Drosophila-Embryo sind maternale Komponenten asymmetrisch in der Zygote verteilt, die die Gestaltung des Embryos in seiner Längsrichtung bestimmen (29). Es ist jedoch bemerkenswert, daß keines der seither bekannt gewordenen Maternalgene die Links-Rechts-Organisation des Embryos betrifft.

Über die Entwicklung von Asymmetrien im frühen Gehirn ist wenig bekannt. Nach Markierung einer Blastulazelle im 2-Zell-Stadium von Xenopus ist der injizierte Marker in einem späteren Stadium fast ausschließlich in Zellen der *einen* Gehirnhälfte nachzuweisen (13). Die Stammbäume der beiden Gehirnhälften verlaufen also schon sehr früh getrennt, was die unterschiedliche Ausprägung der beiden Gehirnseiten begründen könnte. Ich möchte in diesem Zusammenhang auf die Halsdrehung aufmerksam machen, die Ausdruck einer frühen Lateralisierung sein dürfte. Nachdem sich der Keim vorne etwas erhoben hat, dreht sich der Hals zuerst nach links, um dann eine starke Gegenwendung durchzuführen (12). Daraufhin legt sich der Kopf auf seine linke Seite (etwa 2 Tage Bebrütung beim Huhn). Die Lage der beiden Gehirnhälften ist nun in Relation zum Embryo und zum Ei eindeutig voneinander unterschieden. Die Zervikalflexur deutet auf ein asymmetrisches Wachstum hin: Einem Wachstumsschub auf der rechten Seite scheint ein noch stärkerer auf der linken Seite entgegenzuwirken. Ist es nicht verblüffend, daß bei Rechtshändern die rechte Großhirnhälfte sich um eine Woche früher als die linke entwickelt? Die linke Hälfte wird jedoch größer und übernimmt die Dominanz (35).

Von entwicklungsbiologischer Sicht aus wundert man sich nicht darüber, daß die beiden Gehirnhälften asymmetrisch sind, denn der Embryo und auch der fertige Organismus sind ganzheitlich nie seitensymmetrisch. Es ist jedoch erstaunlich, wie wenig die Frühentwicklung im Hinblick auf die Gehirnasymmetrie untersucht worden ist. Spontan drängen sich eine Reihe von Fragen auf: Gibt es eine Korrelation zwischen Kopflage bei Vögeln und der Seite, in der die Gesangszentren lokalisiert sind (28). Phylogenetische Vergleiche der Gehirnasymmetrien in den Vertebratenklassen könnten aufschlußreich sein, denn die Halsdrehung ist bei Vögeln, bei Reptilien und bei Mammaliern stark ausgeprägt, weniger jedoch bei Amphibien und Fischen. Sind die Fischgehirne weniger asymmetrisch? Um zum Menschen zu kommen: Korreliert die Lage des frühen Embryonalkopfes mit der späteren Händigkeit? Wird die Geburtslage durch die jeweilige Halsdrehung beeinflußt? Linkshändigkeit ist wohl keine Folge eines Geburtstraumas (2), sondern im Gegenteil: Eine komplizierte Geburtslage, die zum Trauma führt, könnte, wie die Linkshändigkeit selbst, eine späte Folge einer sehr viel früher angelegten Kopfasymmetrie sein. Auch wenn die bei der Dyslexie gestörten Strukturen erst spät reifen mögen, macht es wohl Sinn, daß wir uns mit ganz früher Entwicklung beschäftigen.

Literatur

1. Angevine JB, Sidman RL (1961) Autoradiographic study of cell migration during histogenesis of cerebral cortex in the mouse. Nature 192:766-768
2. Bakan P (1977) Left-handedness and birth order revisited. Neuropsychologia 15:837-839
3. Berry M, Rogers AW (1965) The migration of neuroblasts in the developing cerebral cortex. J Anat 99:691-709
4. Braitenberg V, Kemali M (1970) Exceptions to bilateral symmetry in the epithalamus of lower vertebrates. J Comp Neurol 138:137-146
5. Corballis MC, Morgan MJ (1978) On the biological basis of human laterality. Behav Brain Sci 2:261-336
6. Cowan WM, Fawcett JW, O'Leary DDM, Stanfield BB (1984) Regressive events in neurogenesis. Science 225:1258-1265
7. Davies AM (1987) Molecular and cellular aspects of patterning sensory neurone connections in the vertebrate nervous system. Development 101:185-208
8. Galaburda AM, Kemper TL (1979) Cytoarchitectonic abnormalities in developmental dyslexia: A case study. Ann Neuro 16:94-100
9. Galaburda AM, Sherman GF, Rosen GD, Aboitiz F, Geschwind N (1985) Developmental dyslexia: four consecutive patients with cortical anomalies. Ann Neuro 118:222-233
10. Gans C, Northcutt RG (1983) Neural crest and the origin of vertebrates: a new head. Science 220:268-274
11. Geschwind N, Galaburda AM (1985) Cerebral lateralization. Biological mechanism, associations, and pathology: I. A hypothesis and a program for research. Arch Neurol 42:428-459 II. dto pp 521-552 III. dto pp 634-654
12. Hamburger V, Hamilton HL (1951) A series of normal stages in the development of the chick embryo. J Morphol 188:49-92
13. Hirose G, Jacobson M (1979) Clonal organization of the central nervous system of the frog. I. Clones stemming from individual blastomeres of the 16-cell and earlier stages. Devl Biol 71:191-202
14. Jacobson AG, Tam PPL (1982) Cephalic neurulation in the mouse embryo analyzed by SEM and morphometry. Anat Rec 203:375-396
15. Jacobson M (1978) In: Developmental Neurobiology, 2nd edition. Plenum Press, N.Y.
16. Layer PG (1990) Cholinesterases preceding major tracts in vertebrate neurogenesis. Bioessays 22 (9). September issue
17. Layer PG, Alber R (1990) Patterning of early chick brain vesicles as revealed by peanut agglutinin and cholinesterases. Development 109:613-624

18. Layer PG, Alber R, Mansky P, Vollmer G, Willbold E (1990) Regeneration of a chimeric retina from single cells in vitro: cell-lineage-dependent formation of radial cell columns by segregated chick and quail cells. Cell Tissue Res 259:187-198

19. Layer PG, Alber R, Rathjen FG (1988) Sequential activation of butyrylcholinesterase in rostral half somites and acetylcholinesterase in motoneurones and myotomes preceding growth of motor axons. Development 102:387-396

20. Layer PG, Sporns O (1987) Spatiotemporal relationship of embryonic cholinesterases with cell proliferation in chicken brain and eye. Proc Natl Acad Sci (USA) 84:284-288

21. Layer PG, Willbold E (1989) Embryonic chicken retinal cells can regenerate all cell layers in vitro, but ciliary pigmented cells induce their correct polarity. Cell Tissue Res 258:233-242

22. Le Douarin NM (1986) Cell line segregation during peripheral nervous system ontogeny. Science 231:1515-1522

23. Lumsden A (1990) The cellular basis of segmentation in the developing hindbrain. Trends Neurosci 13:329-335

24. Michaelis R (1988) Prä- und perinatale Einflüsse auf das ZNS. In: Remschmidt H, Schmidt MH (Hrsg) Kinder- und Jugendpsychiatrie in Klinik und Praxis. Grundprobleme, Pathogenese, Diagnostik, Therapie, Band I. Thieme, Stuttgart:157-168

25. Marin-Padilla M (1970) Prenatal and early postnatal ontogenesis of the human motor cortex: A Golgi study. I. The sequential development of the cortical layers. Brain Res 23:167-183

26. Morgan M (1977) Embryology and inheritance of asymmetry. In: Harnad S, Doty RW, Goldstein L, Jaynes J, Krauthammer G. (Hrsg) Lateralization in the nervous system. Academic Press, New York, Chapt 11:173-194

27. Müller F, O'Rahilly R (1987) The development of the human brain, the closure of the caudal neuropore and the beginning of secondary neurulation at stage 12*. Anat Embryol 176:413-430

28. Nottebohm F (1970) Ontogeny of bird song. Science 167:950-956

29. Nüsslein-Volhard C, Frohnhöfer HG, Lehmann R (1987) Determination of anteroposterior polarity in Drosophila. Science 238:1675-1681

30. Price J, Turner D, Cepko C (1987) Lineage analysis in the vertebrate nervous system by retrovirus-mediated gene transfer. Proc Natl Acad Sci (USA) 84:156-160

31. Rakic P (1972) Mode of cell migration to the superficial layers of fetal monkey neocortex. J Comp Neurol 145:61-84

32. Sauer FC (1935) Mitosis in the neural tube. J Comp Neurol 62:377-406

33. Schoenwolf GC, Smith JL (1990) Mechanisms of neurulation: traditional viewpoint and recent advances. Development 109:243-270

34. Shaywitz BA, Waxman SG (19j87) Dyslexia. N Engl J Med 316:1268-1270

35. Taylor DC (1969) Differential rates of cerebral maturation between sexes and between hemispheres. Lancet 2:140-142

36. Volpe JJ (1981) Neurology of the newborn. Saunders, Philadelphia

37. Weikert T, Rathjen FG, Layer PG (1990) Developmental maps of acetylcholinesterase and G4-antigen of the early chicken brain: Long distance tracts originate from AChE-producing cell bodies: J Neurobiol 21:482-498

38. Wilkinson DG, Krumlauf R (1990) Molecular approaches to the segmentation of the hindbrain. Trends Neurosci 13:335-339

39. Windle WF, Austin MF (1936) Neurofibrillar development in the central nervous system of chick embryos up to 5 days incubation. J Comp Neurol 63:431-463

Funktionelle kortikale Organisation kognitiver Aktivität des Menschen

H.L. Lagrèze, A. Hartmann, A. Schaub und A. Deister

Die funktionelle Organisation höherer kortikaler Leistungen des Menschen wurde bisher analysiert durch Läsionsstudien, elektrische Stimulationsexperimente sowie durch Messungen der regionalen Gehirndurchblutung (rCBF) oder des Metabolismus. Dabei wird die funktionelle Verbindung (8) zwischen neuronaler Funktion und Durchblutung ausgenutzt, um rCBF-Anstiege unter funktioneller Stimulation als Ausdruck neuronaler Aktivität zu messen. Läsionsstudien identifizieren die beteiligten Hirnregionen nur ungenau, konventionelle rCBF-Studien lokalisieren Funktion in Areale eines maximalen Anstiegs (6). Diese Verfahren berücksichtigen die funktionelle Assoziation von Hirnarealen in neuronalen Netzwerken unzureichend. Um der multidimensionalen Organisation des aktiven Kortex besser gerecht zu werden, beschreiben wir hier ein multivariates Analyseverfahren kognitionsbedingter rCBF-Anstiege.

rCBF wurde gemessen mittels der intravenösen Xenon-133 Clearance-Methode und berechnet als initial slope index (1/sec), der in normalem Gewebe überwiegend die Perfusion der grauen Substanz darstellt (7). In einem Helm wurden 32 Detektoren über homologen Kortexarealen beider Hemisphären plaziert, wobei knöcherne anatomische Orientierungspunkte eine grobe Zuordnung von regions-of-interest (ROI) zu Kortexarealen erlauben. Untersucht wurden 39 Normalpersonen (Alter 18 - 84 Jahre, 38 Rechtshänder, 22 Männer) im Ruhe-Wach-Zustand mit geschlossenen Augen und unter kognitiver Stimulation durch einen visuell präsentierten, nonverbalen Problemlösungstest (Raven Progressive Matrices) (5). Aufgabe war, logische Verknüpfungen zwischen abstrakten Figuren zu erkennen und weitere gemäß dem jeweiligen logischen Zusammenhang zu ergänzen. Der Schweregrad wurde der individuellen Testleistung angepaßt. rCBF-Unterschiede zwischen beiden Funktionszuständen wurden mittels t-Test nach Bonferroni-Adaptation (p < 0,0016) auf Signifikanz überprüft.

Wir untersuchten die Korrelationsstruktur der 32 durch Kognition hervorgerufenen rCBF-Anstiege mit explorativer Faktorenanalyse. Die Grundannahme ist, daß ROIs, die hoch auf einen gemeinsamen Faktor laden, funktionell assoziiert sind (1). Die Faktorenanzahl wurde nach Kaiser-Gutman und Scree-Test bestimmt, das Ergebnis mit Varimax rotiert (1). Das mathematische Ergebnis wurde dann auf seinen physiologischen Sinn durch Vergleich mit den bisherigen anatomischen und neurophysiologischen Erkenntnissen überprüft.

Die kognitive Aktivierung steigerte rCBF global um 8,1 +/- 4,2 % (p < 0,0000) und ebenfalls hoch-signifikant in jeder ROI. Beidseits traten höhere Anstiege in posterior-temporalen, parietalen und okzipitalen ROIs als in den anderen Hirnregionen auf; dieses Muster bestätigt frühere Studien (6). Die Faktorenanalyse indentifizierte 3 Faktoren, die unter Berücksichtigung hoher Faktorenladungen Gruppen von ROIs klar trennten (s. Abb.).

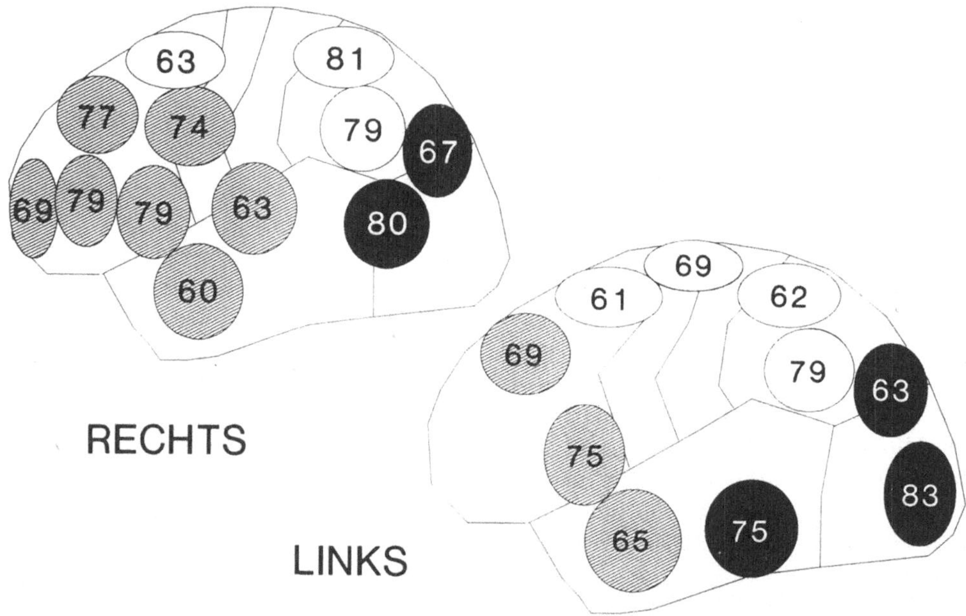

Abb. Regionale Verteilung der Faktoren A (schwarz), B (weiß) und C (grau). Zahlen: Faktorenladung x 100

ROIs, die ein Faktor verbindet, sind durch enge Faserverbindungen ausgezeichnet (2). Auf der Grundlage derzeitiger neurophysiologischer Erkenntnisse interpretieren wir Faktor A als Abbild der Aktivierung des visuellen Systems auf Wahrnehmungsebene (9), Faktor B als Ausdruck der auf visuell-figurale Diskrimination gerichteten Aufmerksamkeit (fronto-parietale Interaktion) (4) und Faktor C als Ergebnis der praefrontotemporalen Interaktion für komplexe Hirnleistungen, wie hier Problemlösungsverhalten (3). Da die Faktorenanalyse regionaler rCBF-Anstiege die funktionelle Aktivierung kortikaler neuronaler Netzwerke anzeigt, stellt sie eine bedeutsame Erweiterung der neurophysiologischen Untersuchungs-methoden höherer Hirnleistungen dar.

Literatur

1. Cattell RB (1978) The scientific use of factor analysis. Plenum Press, New York
2. Creutzfeld OD (1983) Cortex cerebri, Springer, Berlin
3. Fuster M (1989) The prefrontal cortex, anatomy, physiology and neuropsychology of the frontal lobe. Raven Press, New York
4. Mesulam MM (1981) A cortical network for directed attention and unilateral neglect. Ann Neurol 10:309-325
5. Raven JC, Court JH, Raven J (1979) Manual for Raven's progressive matrices and vocabulary scales. London, HK Lewis
6. Risberg J, Maximilian AV, Prohovnik I (1977) Changes of cortical activity pattern during habituation to a reasoning test. Neuropsychologia 15:793-798
7. Risberg J, Ali Z, Wilson EM et al (1975) Regional cerebral blood flow by Xenon-133 inhalation. Stroke 6:124-128
8. Roland P, Eriksson L, Stone-Elander S, Widen L (1987) Does mental activity change the oxidative metabolism of the brain? J Neurosci 7:2378-2389
9. Van Essen DC (1985) Functional organisation of primate visual cortex, in: Peters A, Jones G (eds): Cerebral cortex, Vol 3, Plenum Press, New York

Neurobiologische und neuropathologische Korrelate von Sprachentwicklungsstörungen mit Berücksichtigung der Legasthenie

W. Schlote und H. Gräfin Vitzthum

Asymmetrische, seitendifferente Ausbildung des Planum temporale bei 77 % der von Geschwind und Levitzky (8) untersuchten normalen meschlichen Gehirne ist ein Maß für die asymmetrische Ausdehnung der Sprachregion im oberen Schläfen- und unteren Scheitellappen beiderseits der Fissura lateralis Sylvii. Untersuchungen zur feineren neuronalen Organisation im Bereich des Planum temporale durch Seldon (12) haben ergeben, daß die Nervenzellen in der Area 42 des Planum temporale auf der voluminöseren Seite größere Abstände voneinander haben, daß zwischen ihnen also mehr Platz für Zellfortsätze, für das sog. Neuropil ist, und damit vermutlich auch mehr Synapsen pro Zellkörper zur Verfügung stehen. Der Autor hat außerdem auf der voluminöseren Seite eine geringere Überlappung der Dendritenbäume der Nervenzellen gefunden. Damit sind afferente Fasern, die Informationen in diesen Bereich hineintragen, mit relativ weniger postsynaptischen Neuronen verschaltet, während auf der Gegenseite die afferenten Fasern mit relativ mehr Neuronen in Verbindung stehen. Mit anderen Worten, auf der voluminöseren Seite ist die Chance einer selektiven Verarbeitung linguistischer Information größer als rechts. Asymmetrie der Sprachregion würde danach also eine höhere funktionelle Spezialisierung auf der voluminöseren Seite bedeuten.

Aus den Untersuchungen an Feten von Chi und Mitarbeitern (1) wissen wir, daß diese Asymmetrie bereits intrauterin entsteht. Die Autoren fanden, daß sich die rechte Großhirnhemisphäre beim Menschen früher und rascher entwickelt als die linke. Vor allem die Windungen im Bereich der Fissura Sylvii sind rechts meist bereits 2 Wochen früher als links entstanden. Die linke Hemisphäre entwickelt sich in diesem Bereich langsamer, ihre Reifung ist später beendet. Dies bedeutet einerseits, daß hier mehr Zeit zur Entwicklung von Zellfortsätzen und Synapsen zur Verfügung steht. Andererseits ist aber auch der Zeitraum, in dem die Entwicklung gestört und fehlgeleitet werden kann, länger. Galaburda und Mitarbeiter (3) führen linksseitig betonte Mikrofehlbildungen des Gehirns bei Dyslexie auf diesen physiologischen Reifungsverzug zurück. Drake (2) beobachtete ebenfalls Mikrofehlbildungen und abnorme Windungsbildung bei einem Kind mit angeborener Leselernstörung.

In vier Fällen von kongenitaler Legasthenie, in denen das Gehirn zwischen dem 14 und 32 Lebensjahr untersucht werden konnte, fanden Galaburda und Mitarbeiter (6) zwei Typen von Mikrofehlbildungen in der Großhirnrinde: Schichtenverwerfungen und Heterotopien, also Nervenzellansammlungen am falschen Platz. Außerdem lag in einem Fall eine bilaterale Störung der Zellanordnung im Thalamus (im sog. Pulvinar-lateralis-posterior-Komplex) und im Corpus geniculatum mediale, möglicherweise als Folge der Dysplasie in der Großhirnrinde (4). Bei allen vier Patienten fehlte außerdem die physiologische Asymmetrie des Planum temporale, die Region war symmetrisch ausgebildet. Im gleichen Jahr publizierten Galaburda und Mitarbeiter (5) in fünf Fällen kongenitaler Legasthenie Gefäßfehlbildungen im Bereich des linken Schläfen- und Scheitellappens in fünf Fällen. Die Autoren sind der

Ansicht, daß die beschriebenen neuronalen oder angiomatösen Mikrofehlbildungen allein nicht zur Legasthenie führen müssen, denn beide Läsionstypen sind als Nebenbefund nicht selten bei Hirnuntersuchungen festzustellen. Es ist jedoch denkbar, daß bei einer Häufung der Veränderungen in bestimmten Bereichen wie z.B. in der Sprachregion eine Schwelle überschritten wird, jenseits deren sie dann pathoplastisch wirken (7). Möglicherweise erhöht eine fehlende Asymmetrie der Sprachregion, die ebenfalls als Entwicklungsstörung aufzufassen ist, die Prädisposition für eine legasthenische Störung. Galaburda und Mitarbeiter vermuten, daß es auch eine Interdependenz zwischen beiden Vorgängen gibt, denn die zeitlich verzögerte Entwicklung der linken Hemisphäre könnte zu kompensatorischer vermehrter Bildung von Zellfortsätzen und Synapsen auf der Gegenseite und damit zur symmetrischen Ausbildung des Planum temporale führen.

Neuroradiologisch ließen sich Veränderungen, die den von von Galaburda und Mitarbeitern beschriebenen Fehlbildungen entsprechen könnten, bisher nicht erkennen, wie Rumsey et al. (11) mitteilen. In neun der von diesen Autoren untersuchten Fälle war jedoch wiederum eine fehlende Asymmetrie des Schläfenlappens und damit einer der prädisponierenden Faktoren nachweisbar. Die Mikrodsyplasien liegen möglicherweise unter der Nachweisgrenze der Computer- und Magnetresonanz-Tomographie. Es ist auch durchaus denkbar, daß in einzelnen Fällen neben den histologisch nachweisbaren Mikrofehlbildungen feinere Vernetzungsstörungen in einzelnen Fällen als morphologisches Korrelat der Legasthenie vorliegen könnten, die nicht einmal histologisch mit den heutigen Methoden zu erfassen sind. Die Tatsache, daß bei Frühgeborenen Legasthenie statistisch häufiger auftritt und daß Linkshänder mehr als Rechtshänder zur Legasthenie neigen, sind weitere Hinweise für eine Rolle somatischer Faktoren bei der Entstehung dieser Teilleistungsschwäche (9). Die Tatsache, daß die bisher gefundenen Mikrodysplasien umschriebene, lokale Läsionen sind, erklärt die Diskrepanz zwischen dieser Funktionsstörung und dem bei den betroffenen Kindern meist durchschnittlichen oder überdurchschnittlichen Intelligenzquotienten.

Zusammenfassend lassen sich nach den vorgenannten Beobachtungen folgende Argumente für biologische Faktoren bei Legasthenie anführen:

1. Fehlende Asymmetrie der Sprachregion;
2. Mikrodysgenesien und andere Fehlbildungen der Rinde, vorwiegend links, disponierend;
3. feinere Vernetzungsstörungen (Fehlverdrahtungen) ohne histologische Veränderungen;
4. bei Frühgeburten häufiger;
5. bei Linkshändern häufiger.

Damit ist jedoch keinewegs die Vorstellung verbunden, daß in jedem Fall biologische Abweichungen vorliegen. Denn einmal sind solche Abweichungen sehr wahrscheinlich nur prädisponierend wirksam; erst im Zusammenwirken mit Umweltfaktoren tritt die Funktionsstörung auf. Zum anderen ist davon auszugehen, daß auch ohne jede biologische Abweichung eine Lernstörung vom Typ der Legasthenie als vorübergehende Teilleistungsschwäche auftreten kann.

Das Literaturverzeichnis ist bei den Verfassern erhältlich.

Sprechen, Lesen und Schreiben als Beispiele sensomotorischer Hirnleistungen

H.-J. Freund

Physiologische Aspekte sprachassoziierter Motorik

Während Sprechen und Schreiben rein sprachmotorische Leistungen darstellen, ist das Lesen sowohl eine sprachrezeptive Tätigkeit als auch eine komplexe okulomotorische Leistung. Alle drei sprachmotorischen Tätigkeiten werden durch recht unterschiedliche Anteile des motorischen Systems ausgeführt. Trotzdem ist ihnen gemeinsam, daß sie durch regelmäßige, serielle Bewegungsfolgen charakterisiert sind. Beim Sprechen und Schreiben handelt es sich um näherungsweise sinusoidale Bewegungen, während Lesebewegungen Folgen rascher Sakkaden darstellen. Die Regularität der jeweiligen Bewegungsfolgen läßt sich quantitativ am besten durch die Spektralanalyse erfassen. Die Power-Spektren dieser Bewegungsfolgen zeigen klar erkennbare Gipfel, deren Verhältnis zu den übrigen Spektralanteilen ein Maß der Regularität ist. Der Gipfelwert weist die Vorzugsfrequenzen dieser motorischen Abläufe aus. Vergleicht man die Vorzugsfrequenzen für Sprech-, Schreib- und Lesebewegungen, so liegen diese beim Lesen und Sprechen zwischen 2 - 3 Hz und beim Schreiben um 5 Hz. Die Bewegungsgeschwindigkeiten liegen somit im "ballistischen Bereich", wobei beim Schreiben pro Auf- oder Abstrich 100 msec, beim Sprechen 200 msec zur Verfügung stehen.

Somit stellen diese sprachassoziierten motorischen Abläufe als typische kortikalisierte motorische Funktionen recht regelmäßige Bewegungsfolgen dar. Insofern gleichen sie grundsätzlich phylogenetisch alten, weitgehend subkortikal organisierten Bewegungen, wie etwa dem Laufen, Hüpfen oder Kauen. Für diese Bewegungsformen sind in oder um den Hirnstamm zentrale Rhythmengeneratoren identifiziert worden, deren rhythmische, oszillierende Neuronenaktivität diesen Bewegungen zugrunde liegt (Literaturübersicht bei Cohen et al. [2]). Wie Melvill-Jones [4] gezeigt hat, spiegeln die Vorzugsfrequenzen solcher rhythmischer Bewegungen nicht nur die intrinsischen Oszillationseigenschaften der Rhythmengeneratoren wider, sondern auch die Laufzeit von Long-Loop-Reflexen. Es erscheint somit möglich, da auch die kortikalisierten sprachmotorischen Leistungen die Rhythmengeneratoren im Hirnstamm in ihre Funktionskreise einbezogen haben. Die ikonische und symbolische Information von Sprache wird offensichtlich durch geringe Abweichung von diesen rhythmischen Trägerfrequenzen kodiert. Terzuolo [5] hat für das Schreibmaschinenschreiben, das ebenso rhythmisch organisiert ist wie die Handschrift, sehr elegant nachweisen können, daß der zeichenbezogene Code durch eine proportionale zeitliche Intervallmodulation übertragen wird, die, unabhängig vom Schreibtempo, Zeichen- und Kontext-spezifische Invarianzen aufweist.

Funktionelle Anatomie der Sprachmotorik

Die Sprachmotorik ist Anteil eines Funktionssystems, das die motorische, prämotorische und Broca-Region als kortikale sowie Kleinhirn und Basalganglien als subkortikale Funktionsglieder umfaßt. Mit Ausnahme der motorischen Aphasie und der entsprechenden motorischen Dysgraphie findet sich aber eine Vielzahl lese-, sprach- und schreibmotorischer Störungen bei Schädigungen sensorischer Rindenareale. Bekannte Beispiele sind die Dyslexie und Dysgraphie bei Schädigung des Gyrus angularis. Ähnlich den apraktischen Störungen bei posterioren Läsionen resultieren schwerwiegende sprachmotorische Dysfunktionen somit eindeutig aus Hirnläsionen sensorischer Rindenareale.

Genauere Untersuchungen belegen, daß für diese motorischen Störungen ganz spezifische Zuordnungen zu sensorischen Rindenfeldern erkennbar sind. Die eine Kategorie stellen sprachmotorische Defizite nach Schädigung unimodaler Projektions- und Assoziationsareale dar. Typische Beispiele sind die Störung der Sprachmotorik bei der Wernicke-Aphasie durch Schädigung auditorischer Assoziationsareale, die Agraphie und Alexie nach Okzipitallappenschädigung und Gyrus-angularis-Läsionen. Diese Störungen betreffen zunächst oft nur die visuellen oder auditorischen Aspekte von Sprache. Dies ist durch Untersuchungen zur dissoziierten Kana- und Kanji-Aphasie der Japaner belegt, wobei z. B. die vorwiegend phonematische Kana-Sprache und -Schrift nicht gestört zu sein braucht, sondern nur die visuell fundierte Kanji-Sprache. Entsprechend treten Störungen des Braille-Lesens bei Blinden nach Schädigung somatosensorischer Assoziationsareale auf. Ähnlich wie bei den Apraxien [3] kann man somit feststellen, daß jeweils diejenige motorische Leistung entscheidend gestört ist, die weitgehend auf einer bestimmten Wahrnehmungsmodalität beruht: Sprechen - Hören; Lesen - Sehen; Braille-Tasten.

Die Schädigung polymodaler sensorischer Integrationsareale (Gyrus marginalis und angularis) ruft entsprechend polymodale sprachmotorische Störungen hervor (Dyslexie, Dysgraphie, Sprachapraxie). Aus diesen Befunden kann man folgern, daß die uni- und polymodalen sensorischen Assoziationsareale nicht nur Weiterverarbeitung sensorischer Wahrnehmungen i. S. deren komplexer perzeptiver und kognitiver Merkmalsextraktion darstellen, sondern daß in diesen Arealen gleichzeitig motorische Programme erstellt werden. Ein wesentlicher Aspekt solcher sensomotorischer Integration ist demnach die Synthese modalitätsspezifischer Bewegungsprogramme.

Die außerordentliche Plastizität solcher sensomotorischer Prozesse wird durch die faszinierenden Arbeiten von Bellugi et al. [1] belegt, der an Taubstummen Untersuchungen zur amerikanischen Zeichensprache (ASL) durchgeführt hat. Diese Arbeiten zeigen, daß unsere Kompetenz zur Sprachkommunikation nicht auf einem fixierten Programm beruht, das auf eine bestimmte auditorisch-vokale Ausführung festgelegt ist. Vielmehr unterliegt unserer menschlichen Kompetenz für Sprache ein viel allgemeiner angelegtes Kommunikationsprinzip. Die Qualität und die Leichtigkeit, mit der ASL gelernt wird, erweist sich als nicht nachrangig gegenüber der gesprochenen Sprache. Die Tatsache, daß ein visuell-gestisches Kommunikationssystem das auditorisch-vokale ersetzen kann, zeigt die Kapazität des menschlichen Nervensystems, mit symbolischer und ikonischer Information in einer kontextspezifischen Art umzugehen, gleichgültig, welche sensorische Modalität oder welches motorische Subsystem involviert ist. Sprache kann auf der perzeptiven Seite durch visuelle, auditorische oder somatosensorische Modalitäten vermittelt werden. Entsprechend kann auf der motorischen Seite das Vokalsystem, die Hände oder der ganze Körper entsprechende Sprachinformation übermitteln. Die Tatsache, daß Hirninfarkte, welche die perisylvische Region der linken Hemisphäre schädigen, zu Zeichensprachen-Aphasien führen, hat auch die Dominanz der linken Hemisphäre für die Zeichensprachkompetenz analog der Vokalsprache nachgewiesen.

Literatur

1. Bellugi U, Poizner H, Klima ES (1989) Language, modality, and the brain. TINS 12:380-388
2. Cohen AH, Rossignol S, Grillner S (Hrsg) (1988) Neural control of rhythmic movements in vertebrates. Wiley, New York
3. Freund H-J (1991) The apraxias. In: Asbury AK, McKhann GM, McDonald WI (Hrsg) Diseases of the nervous system. Clinical Neurobiology, Vol II. Saunders Comp, Philadelphia
4. Melvill Jones G, Watt DGD (1971) Observations on the control of stepping and hopping movements in man. J Physiol 219:709-727
5. Terzuolo CA, Viviani P (1980) Determinants and characteristics of motor patterns used for typing. Neurosci 5:1085-1103

Paradigmen der kindlichen Entwicklung

R. Michaelis

Entwicklungsprozesse bei Kindern lassen sich auf vielfältige Weise deuten und verstehen. Nicht immer wird dabei den biologisch vorgegebenen Bedingungen Rechnung getragen. Die Formulierung von Entwicklungstheorien ist der Zeit verpflichtet, in der sie vorgestellt und vertreten werden, und deren wissenschaftlichem, sozialem und kulturellem Paradigma (10). Nicht zu übersehen ist aber auch, daß Entwicklungstheorien, die zu klinischen, praktischen und wirtschaftlichen Konsequenzen Anlaß gegeben haben, ein hohes Beharrungsvermögen besitzen, obwohl neue wissenschaftliche Ergebnisse eine Änderung des Paradigmas notwendig machen würden.

Lineare, deterministische Entwicklungsmodelle (Paradigma I)

Die heutigen nicht nur in der Pädiatrie schulmäßig vertretenen Hypothesen zur Entwicklung des Kindes gehen davon aus, daß Entwicklungsprozesse linear und in hierarchisch strenger Ordnung verlaufen, damit also auch vorausagbar und zu testen sind. Die Entwicklung hin zum freien Gehen wird z. B. unter der Prämisse eines linearen Verlaufes folgende Schritte zeigen: Bauch-/Rückenlage - Seitrollen - Sitzen - Vier-Füßlerstand, Krabbeln, Hochziehen zum Stehen, Stehen mit Festhalten - Gehen mit Festhalten - Freies Gehen. In ähnlicher Weise wird heute auch die Sprachentwicklung linear dargestellt. Jeder Entwicklungsschritt erfolgt präzise innerhalb eines engen zeitlichen Altersabschnittes. Die hierarchisch geordnete Strukturierung setzt voraus, daß kein Entwicklungsschritt ohne Absolvierung des vorangehenden erfolgen kann. Für eine solche Hypothese sind jedoch essentiell: Um den hierarchischen, zahnradähnlichen Entwicklungsverlauf zu garantieren, muß dieser nahezu ausschließlich einer genetisch determinierten Kontrolle unterliegen, ebenso wie die zeitliche, morphologische und funktionelle Entstehung und Ordnung der dem Entwicklungsprozeß zugrundeliegenden neuralen Strukturen. Die Entwicklung durchläuft primitive Vorstufen bis hin zum endgültigen, reifen, hochkomplizierten System. Epigenetische Faktoren und Lernen nehmen dabei kaum Einfluß auf den Ablauf der Entwicklung. Weitere Konsequenzen dieser Hypothese sind: alle Kinder dieser Welt entwickeln sich zeitlich, funktionell und qualitativ gleich. Entwicklungstests müssen für alle Kinder Gültigkeit besitzen, kulturspezifische Unterschiede existieren nicht. Eine weitere, praktisch außerordentlich bedeutsame Konsequenz ergibt sich aus der Aussage, daß das strenge Einhalten der hierarchischen und zeitlichen Ordnung eine normale Entwicklung signalisiert, Variabilität in der Entwicklung jedoch als Pathologie bewertet werden muß (5, 15, 23).

Durch die hierarchische Struktur ist ein solches System notwendigerweise leicht störbar, da mit jedem Ausfall eines Entwicklungsschrittes der Aufbau des gesamten Systemes gefährdet wird.

Eine weitere Konsequenz ist das sehr häufige Verwechseln von Reifungs- und Entwicklungsprozessen. Reifungsprozesse optimieren ein definiertes Funktionssystem, das sich von unreifen Vorstufen zu einem voll funktionsfähigen, optimal arbeitenden reifen System entwickelt, was innerhalb einer zeitlich limitierten Phase der Entwicklung geschieht. Entwicklung bedeutet demgegenüber die Entstehung qualitativ neuer und anderer Strukturen der morphologischen und funktionellen Organisation und des Verhaltens. Entwicklungsprozesse verlaufen lebenslang (14, 17, 18).

Daß ein deterministisches, weitgehend genetisch kontrolliertes Entwicklungsprogramm in der Pflanzen- und Tierwelt zugrunde liegt, ist unbestritten. Ebenso unbestritten ist, daß die Basisstrukturen und die Basisfunktionen der menschlichen Motorik, der Kognition, der Sprache und des Verhaltens sich ebenfalls nach einem solchen Prinzip entwickeln. Mit einem deterministisch-hierarchisch gesteuerten Paradigma der menschlichen Entwicklung lassen sich jedoch eine zunehmende Zahl von Entwicklungsphänomenen nicht mehr erklären. Etwa 10 - 15 % aller deutschen Kinder durchlaufen das Stadium des Krabbelns während ihrer motorischen Entwicklung nicht (11). Viele Kinder zeigen erhebliche Abweichungen von dem linearen Entwicklungsmodell in ihren Entwicklungsverläufen. Säuglinge, die vorwiegend auf dem Rücken liegen, demonstrieren andere Entwicklungsverläufe als Bauchlieger (11). Schon einmal gezeigte Entwicklungsstufen verschwinden wieder für einige Zeit, um sich erst dann stabil zu etablieren (21). Die Kinder dieser Welt entwickeln sich nicht nach den Vorgaben des Paradigma I. Transkulturell bestehen sogar erhebliche Unterschiede (12, 22). In bestimmten Populationen (Japan, indianische Stämme) wird durch Wickeltechniken und durch gezielte Strategien in der Erziehung hemmend auf bestimmte Entwicklungsprozesse Einfluß genommen. Andere (afrikanische) Völker versuchen mit ihrer Erziehung Entwicklungsprozesse zu beschleunigen (11). Touwen (21) hat gezeigt, daß bei der Entwicklung des willkürlichen Greifens praktisch jedes Kind einen eigenen, individuellen Entwicklungsverlauf besitzt. Die kumulative Entwicklung englischer, holländischer und deutscher Kinder für bestimmte Entwicklungsverläufe (freies Sitzen, freies Gehen) zeigen erhebliche zeitliche Unterschiede, wobei für das freie Gehen bei den holländischen Kindern (22) dazuhin noch eine zeitliche Differenz zwischen Jungen und Mädchen nachweisbar war (11, 13). Durch die Fixierung auf das Paradigma I, das Variabilität in der Entwicklung als Pathologie bewertet, werden in der Bundesrepublik durch die Vorsorgeuntersuchung sehr viel mehr Kinder in ihrer Entwicklung als pathologisch beurteilt als in anderen vergleichbaren europäischen Ländern (12).

Holistisch, adaptives Entwicklungsmodell (Paradigma II)

Die nicht mit dem bisherigen Paradigma der Entwicklung zu deutenden Entwicklungsphänomene zwingen zu einer Änderung der theoretischen Vorstellungen, wie die menschliche Entwicklung verläuft. Ein solches Entwicklungsmodell könnte adaptiv-ontogenetisch (14) oder auch adaptiv-epigenetisch-holistisch (11) genannt werden. Mit dem Paradigma II läßt sich Entwicklung besser verstehen (14, 17, 18, 20, 21):

1. Zu den außerordentlichen Besonderheiten im Evolutionsprozeß des Menschen gehört die Loslösung der Entwicklungsprozesse von der strikten genetischen Steuerung des Entwicklungsverlaufes.

2. Dadurch gewinnen Umweltfaktoren Einfluß auf die Entwicklung mit dem Ziel und der Möglichkeit einer Adaptation an vorgegebene Umweltbedingungen (Selektionsvorteil).

3. Jedes Entwicklungsstadium bietet für jedes Alter optimale Strukturen und Funktionen (Neugeborenes, Kleinkind, Erwachsene). In jedem Alter verfügt der Mensch über alle für seine Bedürfnisse angemessenen Funktionen (holistisches Prinzip der Entwicklung).

480

4. Keine hierarchische Determinierung der Entwicklungsschritte nach einem Zahnrad/ Uhrwerkprinzip, sondern weitgehend voneinander unabhängige Entwicklungsschienen, die viel weniger störbar sind, falls das eine oder andere Element eines Entwicklungsprozesses ausfällt.

5. Entwicklungsprozesse sind adaptive, plastische, sich in hohem Maße selbstorganisierende, lernfähige Systeme.

6. Lebenslange Adaptation von Entwicklungsprozessen an vorgegebene Umweltbedingungen.

7. Variabilität in der Entwicklung ist als normal, Invariabilität als pathologisch zu bewerten.

In diesem Zusammenhang ist interessant, daß bereits Harrison 1904 (7) Entwicklungsvorstellungen entwickelt hat, die dem Paradigma II entsprechen. Diese Schiene einer Entwicklungstheorie scheint jedoch nicht weiter beachtet oder verlorengegangen zu sein auf Kosten des bis heute ausschließlich favorisierten Paradigmamodelles I, das erst seit einigen Jahren wegen seiner Mängel in Frage gestellt wird.

Die menschliche Entwicklung läßt sich heute mit den Paradigmen I und II wie folgt definieren: Genetisch-determiniert sind die Basisstrukturen und die Basisfunktionen sowie das Entwicklungsziel (z. B. der Erwerb des freien Gehens oder der Spracherwerb). Der Entwicklungsverlauf zu diesem Ziel ist dagegen offen für eine ontogenetische und epigenetische Adaptation mit hoher interindividueller und intraindividueller Variabilität.

Mit Hilfe des Entwicklungsparadigmas II können individuell "vernetzte" Verläufe der motorischen Entwicklung verstanden und erklärt werden ebenso wie die vielfältigen individuellen Verläufe der Sprachentwicklung, die den gleichen Prinzipien folgt (11). Solche "vernetzten" Entwicklungsverläufe kommen der Realität von Entwicklungsverläufen sehr viel näher. Allerdings bietet die Methodik der Beurteilung derart individueller Entwicklungsverläufe besondere Schwierigkeiten, deren Lösung eine eminente Herausforderung in der nahen Zukunft bedeutet.

Entwicklungstheorien und Dyslexie

Die konstitutionelle Dyslexie kann ebenfalls als ein Entwicklungsprozeß verstanden werden, auf den die Entwicklungsparadigmen I und II anwendbar sind. Basisstrukturen für die neuralen Systeme und Funktionen, die überhaupt erst Lesen und Rechtschreiben ermöglichen, entstehen auf der Basis genetisch determinierter Programmabläufe. Auch das Ziel der Entwicklung, nämlich "Kulturtechniken" erwerben zu können, ist vorgegeben. Da sehr stark abstrahierende kognitive Fähigkeiten für das Leben in den westlichen Zivilisationen notwendig sind, kann eigentlich nicht verwundern, daß der adaptive Lernprozeß dorthin leicht gestört werden kann und die ontogenetische und epigenetische Adaptation an die Grenze ihrer Adaptationsleistungen gerät. Bevorzugt sind jedoch Kinder, die aufgrund ihrer Begabungsstruktur besonders zu kognitiven Abstraktionsleistungen befähigt sind.

Die Ätiologie der Dyslexie zeigt eine Vielzahl von möglichen pathologischen Faktoren, die schon in der genetischen Steuerung oder in den Basisstrukturen selbst wirksam werden. So ist die familiäre Häufigkeit der Dyslexie bekannt (1, 2, 3, 4, 9, 19). Eine autosomal-dominante Vererbung ist beschrieben worden (4) sowie das gehäufte Vorkommen bei X-chromosomalen Aberrationen. Auch die Begabungsstruktur muß in starker Abhängigkeit von der genetischen Ausstattung des betroffenen Kindes gesehen werden. Teils genetische, teils bisher nur wenig verstandene epigenetische schädigende Determinanten scheinen die neuralen Basisstrukturen schädigen zu können. Dazu gehören Migrationsstörungen (8), der Einfluß des Testosterons auf die normale und abnormale Ausbildung der zentralen Strukturen (Geschwind-Galaburda-Hypothese) (9) sowie eine Schwäche der informationsverarbeitenden zentralen Strukturen (Gedächtnis, Lauterkennung und Lautzuordnung) (2, 9). Weiterhin wird auch heute noch als Ursache der Dyslexie eine leichte bis subtile Hirnschädigung diskutiert (1, 3). Daß jedoch auch epigenetische Faktoren eine bedeutsame Rolle spielen müssen, zeigen transkulturelle Unterschiede in der Prävalenz der Dyslexie, die in Japan und China geringer ist (3, 9). Die Fähigkeit, Symbole und Zeichen verstehen zu können, muß erlernt werden, sie ist nicht angeboren. Weiterhin existieren gut dokumentierte Beobachtungen über den Einfluß von Nahrungsmittelzusätzen auf das Symptomenbild einer Lernstörung/Dyslexie (9). Die Haare von Kindern mit Lernstörungen/Dyslexie enthalten offenbar auch andere Kompositionen von Elementen und Spurenelementen im Vergleich zu unauffälligen Kindern (16). Die außerordentlich breite und individuelle Ausprägung des Symptomenkomplexes sowie die Möglichkeit einer Behandlung sprechen ebenfalls für epigenetische Faktoren, die auf die Ausprägung der Dyslexie Einfluß nehmen (9, 19, 24). Eigene Untersuchungen an Kindern mit angeborenen spastischen Hemiparesen, bedingt durch pränatale und natale Gefäßverschlüsse, haben außerdem gezeigt, daß eine hohe Kompensationsfähigkeit des Gehirnes im Hinblick auf die zu erwartenden Ausfälle bei diesen Kindern besteht (6). Offenbar besitzen beide Hemisphären die prinzipielle Potenz, Lesen lernen zu ermöglichen (9).

In dem hier vorgegebenen Zusammenhang kann nicht weiter auf die Bedeutung der ätiologischen Faktoren bei der Dyslexie sowie ihre Abhängigkeit von genetischen und/oder epigenetischen Einflüssen eingegangen werden. Auf eine bisher nur wenig beachtete Komponente ist jedoch hinzuweisen: Auf die Rolle der Begabungsstruktur. Die konstitutionelle Dyslexie kann sehr wohl auch als Zivilisationseffekt angesehen werden. Die Begabungsstrukturen von Kindern sind nicht derartig "normal" verteilt, wie dies Entwicklungstests nahelegen.

Bestimmte Begabungsstrukturen der Kinder der westlichen Zivilisationen sind für ein erfolgreiches Absolvieren des vorgegebenen Lehrplanes günstiger als andere. Künstlerische Kreativität und Fähigkeiten, praktische und soziale Begabung bei Kindern werden nur dann hoch bewertet, wenn sie Spitzenleistungen zu bringen versprechen. Ohne solche Aussichten tun sich Kinder ohne gute abstraktionsfähige Intelligenz schwerer. Nicht umsonst wurden früher in der Schule die sogenannten "Kulturtechniken" geübt, was vor allem den potentiell dyslektischen Kindern zugute kam. Dyslexie also als Ergebnis besonderer Zivilisationsanforderungen? In einem der führenden englischsprachigen Lehrbücher der Neuropsychologie (9) ist zu diesem Aspekt der Dyslexie zu lesen (S. 780): "Würde z. B. das Fach Kunst und nicht Lesen lernen das erklärte Bildungsziel der ersten Schuljahre sein, ist anzunehmen, daß der gültige Symptomenkatalog einer Lernstörung ganz anders aussehen würde." Dieser Kommentar ist keineswegs nur ironisch gemeint, denn wenn es der Zweck neuropsychologischer Untersuchungen ist, kognitive Funktionen zu bewerten, wird eine eingeengte Auswahl solcher Funktionen unweigerlich auch zu einer beschränkten Meinung darüber führen, was unter kognitiven Funktionen zu verstehen ist. Die konstitutionelle Dyslexie läßt sich unter solchen Voraussetzungen als das Ergebnis eines nicht optimal verlaufenden Adaptionsprozesses verstehen. Die Konditionen der vorgegebenen Umweltbedingungen sowie die Begabungsstruktur des einzelnen Kindes bestimmen dann, ob dieser Prozeß optimiert werden kann, ob Kompensationsmöglichkeiten bestehen oder ob eine Schwäche bestehen bleibt, mit der die Betroffenen leben können oder ob sie wesentliche Einschränkungen ihrer sozialen Integration und in ihrer Lebensführung hinnehmen müssen.

Literatur

1. Delray-Ritzen P (1987) Natural history of dyslexia in children. Child Health Dev 5:22-29
2. Dyslexia. Lancett 1989 Vol 2:719-720
3. Echenne B, Cheminal R (1987) The physiopathological bases of dyslexia. Child Health Dev 5:40-47
4. Elbert CJ, Seale TW (1988) Compexity of the cognitive phenotype of an inherited form of learning disability. Develop Med Child Neurol 30:181-189
5. Gesell A (1945) The fetal infant in embryoology of behavior. Harper, New York
6. Gramich B (1988) Neuropsychologische Untersuchungen an Kindern mit kongenitaler spastischer Hemiparese ohne zerebrales Anfallsleiden. Inauguraldiss Med Fak der Univ Tübingen
7. Harrison (1904) Zit nach Oppenheim (13)
8. Kemper TL (1984) Asymmetrical lesions in dyslexia. In: Cerebral dominance the biological foundations. Ed Geschwind N, Galaburda AM, Harvard Press, Cambridge Mass
9. Kolb B, Wishaw IQ (1990) Fundamentals of human neuropsychology 3. Ed Freeman, New York
10. Kuhn TS (1976) Die Struktur wissenschaftlicher Revolutionen. Suhrkamp Taschenbuchwissenschaft, Frankfurt
11. Michaelis R, Krägeloh-Mann I, Haas G (1989) Beurteilung der motorischen Entwicklung im frühen Kindesalter. In: Karch D, Michaelis R, Rennen-Allhoff B, Schlack HG (Hrsg) Normale und gestörte Entwicklung. Springer, Heidelberg
12. Michaelis R, Krägeloh-Mann I (1988) Früherkennung neurologischer Ausfälle und psychomotorischer Retardierungen bei Kindern. In: Spranger J (Hrsg) Früherkennung und Verhütungen von Behinderungen im Kindesalter. Umwelt und Medizin, Verlagsges Frankfurt/M
13. Michaelis R (1985) Überlegungen zur motorischen und neurologischen Entwicklung des Kindes. Monatsschr Kinderheilk 133:417-421
14. Oppenheim RW (1981) Ontogenetic adaptations and retrogressive processes in the development of the nervous system and behavoiur. A neuroembryological perspective In: Maturation and Development Ed Conolly KJ, Prechtl HFR Clinics in Developm Medicine No 77/78, Heinemann, London Lippincott Philadelphia
15. Piaget (1976) Zit nach Oppenheim (13)
16. Pihl RO Parkes M (1977) Hair element content in learning disabled children Science 198:204-206
17. Prechtl HFR (1988) Grundlagen der Entwicklungsneurologie. In: Schmidt MH, Remschmidt H (Hrsg) Kinder- und Jugendpsychiatrie in Klinik und Praxis, Bd I. Thieme, Stuttgart
18. Prechtl HFR, Connolly KJ (1981) Maturation and development. In: Maturation and Development Ed Connolly KJ, Prechtl HRF Clinics in Developm Medicine No 77/78, Heinemann, London Lippincott Philadelphia
19. Shaywitz BA, Shaywitz SE (1989) Learning disability and attention disorders. In: Swaiman KF (Hrsg) Pediatric Neurology, Vol II. Mosby St. Louis
20. Singer W (1986) The brain as a self-organizing system. Eur Arch Psychiatr Neurol Sci 236:4-9
21. Touwen BCL (1984) Normale neurologische Entwicklung. Die nichtbestehenden Inter- und Intra-Item Beziehungen. In: Michaelis R u Mitarb (Hrsg) Entwicklungsneurologie. Kohlhammer
22. Touwen BCL (1976) Neurological development in infancy. Clin in Dev Med Vol 58, Heinemann, London
23. Wyke B (1975) The neurological basis of movement. In: Holt KS (Hrsg) Movement and Child Development. Clin in Dev Med No 55, Heinemann, London
24. Yates A (1983) Hemispheric specialisation. In: Developmental - Bahavioral Pediatrics Ed Levine MD, Carey WB, Crocker AC, Gross RT, Saunders, Philadelphia

Dyslexie und ihre Beziehung zur Sensomotorik

R. Gabriel und I. Flehmig

Eine gute Integration der basalen sensomotorischen Systeme -insbesondere der sensorischen Zuflüsse aus dem Haut-, Bewegungs-und Gleichgewichtssystem - ist Grundvoraussetzung zum harmonischen und reibungslosen Funktionieren höherer komplexer Leistungen wie z.B. zum Erlernen von Kulturtechniken bei Lesen, Schreiben, Rechnen und gezielter Aufmerksamkeit.

Zum *Normalitätsbegriff und wissenschaftlichen Denkansatz* sei aus Sicht eines therapeutisch ausgerichteten Sozialpädiatrischen Zentrums vorangestellt, daß die normale Entwicklung und mehrfach vernetzte Funktionsweise des Nervensystems (und damit auch ihrer Störungen) oft mit linear analytischen Ansätzen allein nicht gut genug erfaßt werden kann. Zusätzlich zu den exakten Detailinformationen des klassischen analytischen naturwissenschaftlichen Ansatzes ist daher die Kombination dieses Vorgehens mit systemisch-holistischen Denkweisen notwendig. Hierdurch werden komplexe Zusammenhänge oft zutreffender erfaßt, was zu einer von den Zielen oft klarer bestimmten und interdisziplinären Handlungsweise führt (17). Wenngleich unser pragmatischer und manchmal intuitiver Handlungsalltag sicher eine starke Tendenz zum zweiten (ganzheitlichen) Vorgehen hat, sollte man keine der beiden Herangehensweisen zur einzig richtigen erheben. Ähnlich wie bei der Funktionsweise unserer beiden Hemisphären ergibt wahrscheinlich die gleichzeitig ablaufende Synthese beider Erkenntnisstrategien neue Dimensionen der Diagnostik und Therapie. Vielleicht wird dies mittelfristig auch helfen, Antworten auf die weiterhin sehr heftig und kontrovers geführte Diskussion um die Effizienz und Bewertbarkeit heutiger therapeutischer Maßnahmen zu finden.

Statt des Begriffes der Legasthenie sei in diesem Referat der umfassendere und nicht so stark ausgrenzende angelsächsische Terminus *"Dyslexie"* im weitesten Sinne benutzt für im Lebens-und Schulalltag des Kindes eindeutig relevante und dysfunktionale Lernstörungen im Prozeß des Lesens, Schreibens und der damit verbundenen komplexen sensomotorischen Fähigkeiten. Dies umschließt auch die Bereiche der Entwicklungsdyspraxie und der Aufmerksamkeitsstörungen mit entsprechenden Teilleistungsstörungen beim Lesen und Rechtschreiben, z.B. auch die Dysgraphie und die Dysorthographie. Auf die verschiedenen neuropathologischen Veröffentlichungen, insbesondere von Galaburda und Kemper (9, 10) wird nur kurz verwiesen. Vor einer Eingrenzung des Dyslexiebegriffes auf zu spezielle Dyslexieformen und vor einer Überbewertung dieser auf nur sehr wenigen Fällen beruhenden Untersuchungen wird gewarnt. Ebenso erscheint die Ausgrenzung von Kindern mit leicht unterdurchschnittlichem Intelligenzniveau bedenklich, zumal ihren Problemen ganz ähnliche Basismechanismen zugrundeliegen wie den anderen Dyslexieformen. Njiokiktjein (14) schlägt u.a. eine Klassifikation nach fünf Kriterien vor. Zahlreiche Autoren geben andere Unterteilungen an, die sehr übersichtlich zusammengestellt sind bei Gaddes (7, 8). Auch findet sich dort eine umfassende Synopsis der neuroanatomischen und neurophysiologischen Forschungsdaten, des aktuellen Standes der Neuropsychologie, der Lernstörungen und ihres Bezuges zum heilpädagogisch-therapeutischen und schulischen

484

Alltag. Durch die meisten Klassifikationen zieht sich eine Polarisation und Zweiteilung zwischen auditiven Problemen - insbesondere im auditiven Ultrakurzzeitspeicher - und der Seriation einerseits sowie der visuellen Wahrnehmungsverarbeitung andererseits, was früher auch als dyseidetische Form der Legasthenie bezeichnet wurde. Zahlreiche Hinweise deuten auch auf eine entscheidende Rolle der Lateralisation und der Lateralisationsentwicklung am Entstehen von Lese-Rechtschreibstörungen hin, was insbesondere Bakker (3) betont hat. Die Bedeutung der Körpernahsinne für Dyslexie und Lernstörungen wird in den wenigsten Publikationen erwähnt. Auch exogene Faktoren wie Umfeld und pädagogisch-schulische Situationen werden zu wenig in die Interpretation einbezogen.

Wir fassen das Nervensystem im erweiterten biokybernetischen Sinne als ein offenes und im Fließgleichgewicht befindliches Regelkreissystem auf, wobei das Objekt, in diesem Falle der Mensch, in permanenter Interaktion mit der Umwelt steht im Sinne des Gestaltkreises nach von Weizsäcker (19). Die Bedeutung der basalen Körpersinne - der Hautwahrnehmung, der Propriozeption/Kinästhesie und des Gleichgewichtssinnes - für das Funktionieren komplexerer Endprodukte wie Konzentration, Feinmotorik, Kulturtechniken wie Lesen und Schreiben, aber auch bestimmte Störungen von Lernprozessen wurde insbesondere von Jean Ayres (1, 2) hervorgehoben und auch die sogenannte sensorische Integrationstherapie begründet. Obwohl nach den heutigen Erkenntnissen nicht alle ihrer neurophysiologischen Erklärungen im Detail in der ursprünglichen Form zu akzeptieren sind, stimmen wir dem grundsätzlichen Schwerpunkt dieser Denkweise zu und haben ihn in verschiedenen Bereichen in unserem Institut weiterentwickelt und mit anderen, z.T. komplementären entwicklungsorientierten, diagnostischen und therapeutischen Ansätzen ergänzt (4, 5, 6).

Schon Maria Montessori (13) hat 1912 festgestellt: "Bewegung ist in der Tat die Grundlage für die Entwicklung der Persönlichkeit. Ein Kind, das sich entfalten will, muß ständig in Bewegung sein. Nicht nur bei großen Bewegungen, die ein nach außen gerichtetes Ziel haben, wie das Fegen eines Zimmers ..., sondern auch, wenn das Kind nur blickt oder nachdenkt oder sich etwas überlegt oder wenn es im Zusammenhang mit diesem Gedanken oder dieser Empfindung etwas versteht - immer muß es dabei in Bewegung sein..; diese Vorstellung wird Ihnen das Geheimnis der kindlichen Entwicklung entschlüsseln."

Die *aufmerksamkeitssteuernde* Funktion des *Aktivierenden Retikulären Aufsteigenden Systems (ARAS)* ist m. E. in der Diskussion über Lernstörungen sowie die Dyslexie nicht ausreichend gewürdigt worden. Da es sich um polysensorische Konvergenzen aus allen Sinnessystemen, insbesondere dem Haut-, Bewegungs- und Gleichgewichtssinn, handelt, die dann divergierend in alle anderen Bereiche des Nervensystems weitergeleitet werden können, ist der Weg einzelner Reize mit analytischen Methoden nur sehr schwer verfolgbar. Andererseits wissen wir aus der Empirie ganz eindeutig, daß Anfassen und Berühren einen Weckreiz darstellt. Diese "arousal-Reaktion" hilft, daß aufmerksamkeits- und lerngestörte Kinder plötzlich zuhören, auch wenn sie - wie so häufig - massive Schwächen in der auditiven Ultrakkurzzeitspeicherung und im Echogedächtnis haben. Bei unserem Klientel an dyslektischen Kindern ist der Anteil an auditiven Ultrakurzzeitspeicherschwächen auffallend hoch. Dies wird auch in der Literatur immer wieder bei bestimmten Dyslexieformen beschrieben. Typische Testprofile im Psycholinguistischen Entwicklungstest (PET) sind isolierte Teilausfälle im Zahlenfolgegedächtnis (ZFG) oder breitere Schwächen in mehreren auditiven Untertests, was an Testbeispielen demonstriert wird. Milner (12) hat diese Pfortenfunktion und reizordnende Vorsortierung im retikulären System des Stammhirns auch als "gating" bezeichnet.

Die *Haut* ist embryologisch mit dem zentralen Nervensystem aufs Engste verbunden, da sich das Nervensystem selbst aus dem Ektoderm entwickelt. Bereits um die 7. Schwangerschaftswoche herum beginnen sich in der Haut die ersten nachweisbaren Rezeptoren des menschlichen Körpers in der Perioralregion zu bilden und dann im weiteren Verlauf der Entwicklung über den Körper auszubreiten. Bereits in utero sind damit Empfangsorgane zur Verarbeitung von Tastempfindungen sehr früh bereitgestellt. Über die Bedeutung dieses Systems und seine funktionelle subjektive Empfindung beim Embryo und Feten können wir heute nur spekulieren. Die therapeutischen Erfahrungen zeigen uns aber, daß es sich um ein ganz essentielles Basissystem handelt, mit dem insbesondere die Aufmerksamkeitsregulation sehr effektiv beeinflußt werden kann. Die Taktilität stellt neurophysiologisch und von den Rezeptoren her gesehen keinen homogenen Sinn dar. Zahlreiche Beispiele aus der Sprache drücken die enge Beziehung zwischen Haut und der eigenen Befindlichkeit aus: "Aus der Haut fahren"; "dünnhäutig sein"; "rück' mir nicht so sehr auf die Pelle!"; "ein dickfelliger Mensch"; "eine Gänsehaut bekommen"; "Sich fühlen" ist eines der Grundziele unserer Therapie und stellt die Voraussetzung dar, z. B. höhere Endprodukte wie das Halten eines Stiftes und die feine taktile ʼAnpassung beim Schreiben, beim Linieneinhalten, zu ermöglichen. Auf die Inhomogenität des Hautsinnes kann ich hier nur kurz hinweisen: Auch innerhalb der Haut existieren stammesgeschichlich junge und sehr intensiv kortikal repräsentierte, hochauflösende und bewußte Anteile, die wir als *epikritisches System* bezeichnen. Störungsbilder werden bei Jean Ayres in Form der "taktilen Abwehr" beschrieben, auch dieses Problem kann ich hier nur kurz anstoßen: Es handelt sich um extrem berührungsabwehrige Kinder, die z. B. große Angst haben, sich einzuschmieren, sich anfassen zu lassen, deren Zugang zur eigenen Körperoberfläche und Körperwahrnehmung dadurch erheblich gestört ist. Dies kann schwerwiegende Auswirkungen auf den Lese-Rechtschreibvorgang haben, sowohl für die Feinmotorik und ihre Taktilität, als auch für das Begreifen von Raumlagezuordnungen über die eigene Körperlichkeit.

Dieser häufigen Überempfindlichkeit in hochspezifischen und über die Hinterstränge geleiteten epikritischen Hautwahrnehmungssysteme steht das mehr *unspezifische*, sogenannte *protopathische* System gegenüber, welches über die Vorderseitenstränge weitergeleitet wird und sehr enge Beziehungen zum aktivierenden retikulären aufsteigenden System und damit zur Aufmerksamkeitsregulation hat. Interessanterweise sind Kinder mit Dyslexie sehr häufig in diesem System (wie auch viele andere wahrnehmungsgestörte Kinder) unterinformiert und lieben starke Reize. Es handelt sich dabei um Wahrnehmungsqualitäten des Vorderseitenstrangsystems: Druck, Temperatur, Schmerz sowie Vibration. Dies sind auch Reize (bis auf den Schmerz natürlich!), die wir sehr intensiv in der sensomotorischen Wahrnehmungstherapie anwenden. Viele Kinder sind protopathisch und auch kinästhetisch (d. h. in den Muskeln, Sehnen und Gelenken) erheblich unterinformiert und können nicht genug von dieser Stimulation bekommen. Es ist oft verblüffend, die Effekte auf Vigilanz, Aufmerksamkeit, Konzentration, Reizselektion, allgemeine Motivation, aber auch Sprache und Koordination zu beobachten. Einige Beispiele hierfür werden im Video gezeigt. Besonders eindrucksvoll sind Erfahrungsberichte von Lehrern über positive Auswirkungen der Therapie auf das Lernverhalten in den anschließenden Schulstunden.

Auch das *vestibulo-zerebelläre System*, der *Gleichgewichtssinn*, kann im weiteren Sinne zur Propriozeption gerechnet werden und zählt damit zusammen mit dem Haut- und Kraftsinn zu den Basissystemen. Hierfür werden ebenfalls intrauterin sehr früh differenzierte Rezeptorsysteme bereitgestellt.

486

Drei Hauptaufgaben des Gleichgewichtssinnes sind:

1. die für alle Lernprozesse als Grundvoraussetzung unabdingbare *Tonusregulation* und Tonusanpassung gegen die Schwerkraft über sogenannte statische und statokinetische Reflexe oder besser Reaktionen.

2. *Aufmerksamkeitsregulation* - ähnlich wie bei Propriozeption und beim Hautsinn - durch Kopplung der vestibulären Information mit dem aufmerksamkeitsregulierenden, aufsteigenden retikulären System des Stammhirns ARAS.

3. Sicherung eines anatomischen Fixpunktes für ungestörtes *Sehen bei Bewegung*: es handelt sich gewissermaßen um eine Servolenkung, die sicherstellt, daß die Augen auch bei Bewegungen im Raum gut ökonomisch mitwandern. Da die Augenbewegungen mit den feinsten motorischen Einheiten des Körpers durchgeführt werden, müßte ihre Funktion neben den eigentlich veralteten Begriffen Grob- und Feinmotorik als *"Augenfeinstmotorik"* eingestuft werden. Die Bedeutung dieser Tonusregulation der Okulomotorik für den Prozeß des Lesenlernens und des Schrift-Spracherwerbs ist offensichtlich. Sehr häufig gibt es in der Anamnese von Kindern mit Leseschwierigkeiten Berichte über Schielen. Auch in der klinisch-motoskopischen Untersuchung finden sich neben modalen Störungen sehr häufig diskrete vestibuläre Störungen der Okulomotorik mit kleinen ruckartigen Einstellbewegungen, Saccaden, Abweichungen der Sehachse vom Parallelstand bei extremen Blickanforderungen, die sich mit den üblichen ophthalmologischen Untersuchungen nicht immer aufdecken lassen. Zu fordern wäre hier eine weitere Forschung und eine "Augenmuskelmotoskopie", die genauer standardisiert und beschreibbar ist. Hauptbahn und neurophysiologisches Substrat der vestibulären Verschaltung mit den okulomotorischen Hirnnervenkernen ist der Fasciculus longitudinalis medialis (MLF). Vestibulär sehr überempfindlichen Menschen, insbesondere auch Kindern mit vestibulärer Wahrnehmungsstörung und Dyslexie, gelingt häufig die vestibuläre Kompensation der Augenbewegungen nicht oder wesentlich ruckartiger in der Tonusanpassung der Augenmuskeln. Hierdurch sieht man bereits bei kleinen Säuglingen und Kleinkindern mit vestibulärer Überempfindlichkeit, daß sie entweder still liegen, sitzen, stehen und Dinge relativ starr anblicken oder sich bewegen. Beim Laufen selbst haben sie kein scharfes visuelles Umweltbild, so daß sie häufig stolpern und fallen. Auch die sprunghaften Augenbewegungen und Saccaden bei visuell bedingten Formen der Lese-Rechtschreibstörung und Legasthenie haben hierin ihre Teilursachen, ebenso Abschreibfehler bei Kopfbewegungen, wenn Kinder von der Tafel ins Heft blicken und zurück. Der Zusammenhang zwischen positiven Auswirkungen der Therapie durch vestibuläre Angebote und damit auch Besserung der vestibulookulären Integration wird vor diesem Hintergrund einleuchtend.

Letzlich stellen alle diese Probleme willkürlich herausgegriffene kleine Teilaspekte des zentralen Problems Tonusregulation dar. Alle Äußerungen des Menschen (wie Sitzen, Gehen, Laufen, Sprechen, Aufnahme von Sozialkontakt, Interaktion, künstlerische Tätigkeit, Lesen und Schreiben) müssen durch Motorik und damit Tonusregulation ausgedrückt werden. Hieran sind, und dies soll Hauptaussage des Referates sein, nicht nur hohe kortikale Prozesse und die Fernsinne Hören und Sehen beteiligt; vielmehr sind komplexe Kopplungen mit den darunterliegenden, z. T. stammesgeschichtlich alten sensomotorischen Systemen notwendig, den Basissinnen der Haut, der Muskeln, Sehnen und Gelenke sowie des Gleichgewichtssystems.

Sensomotorische Wahrnehmungstherapie bei lerngestörten Kindern:
Anhand von Videos und Falldarstellungen wird an Beispielen veranschaulicht, wie Sensomotorik in Diagnostik und Therapie eingesetzt wird als Basis für hohe Endprodukte

wie Konzentration, Zuhören, differenzierte Tonusregulation und Okulomotorik. Näheres
hierzu siehe auch bei Klein (11).

Zusammenfassung

Nach theoretischen Erläuterungen und neurophysiologischen Überlegungen sowie durch
Videodemonstration und Beispiele wurde versucht, den Grundansatz der sensomotorischen
Wahrnehmungstherapie und dessen Beziehung zur Dyslexie zu vermitteln. Dem liegt die
Hypothese zugrunde, daß Sprache, Lesen und Schreiben bzw. Schriftspracherwerb Endprodukte einer langen Kette von Entwicklungsprozessen sind, die auf untrennbare Weise
und sehr komplex miteinander vernetzt sind. Die basalen Köpersinne (Haut-, Kraft-,
Gleichgewichtssinn) stellen nach unserer Auffassung einen günstigen therapeutischen Zugang dar, um Vigilanz, Aufmerksamkeit, möglicherweise auch Seriation und Sequenzbil-
dung, sicher aber Visuomotorik und Tonusregulation zu verbessern.
Damit sind günstigere Ausgangsbedingungen gegeben, um mit Eleganz und Ökonomie
hohe kortikale Lernanforderungen zu bewältigen. Anstelle linearnormativer Kategorisierung
erscheint ein entwicklungsorientiertes Denken wichtig und ein Abholen des Kindes auf
seiner jeweiligen Entwicklungsstufe. Negativdefinitionen und unnötige Pathologisierung
sollten vermieden werden. Schulische und pädagogische sowie familiäre emotionale
Situationen sind in Anamnese, Diagnose und Konzept einzubeziehen. Alle Therapieansätze
sollten am Kind und seinen Bedürfnissen orientiert und hochgradig kindzentriert sein. An
die Schule richtet sich die Forderung, daß nicht das Kind sich der Schule, sondern die Schule
sich dem Kind anpassen sollte. Aus Sicht des stark sensomotorisch und therapieorientierten
Sozialpädiaters sind individuellere Didaktik, variablere Unterrichtseinheiten und Anpassung der Lernpläne an neuere Erkenntnisse der Neurophysiologie notwendig. U. a. sollten
die basalen Körpersinne bei der Förderung von lerngestörten, insbesondere dyslektischen
Kindern einbezogen werden (z.B. Anfassen, Unterricht auf dem Fußboden, im Liegen, je
nach Bedürfnissen des Kindes). Sensomotorische Angebote im Sport, die sich mehr an
psychomotorischen Gesichtspunkten und den selbstvermittelten Stimulationen des Kindes
orientieren, wären ebenfalls zu fordern. Multimodale Unterrichtskonzepte, die nicht nur die
Fernsinne, sondern auch die Körpernahsinne einbeziehen, fehlen noch weitgehend.
Viele wichtige Aspekte des Lernens, insbesondere der Interaktion und des Dialogs
(Papousek, 15) konnten hier ebensowenig vertieft werden wie die entscheidende Bedeutung
psychosozialer und sozioökonomischer Bedingungen (Werner, 20) und die Aspekte von
Psyche, Emotion und Motivation. Auch die hochinteressanten Probleme der Lateralisation
und der Seitigkeitsreifung sowie der Entwicklung und Reifung allgemein wurden kaum
erörtert.
Aufgrund eines (z. B. dyslektischen) Einzelmerkmals sollte ein Kind nicht abgestempelt
werden, nur weil es in bestimmten Bereichen nicht funktioniert. Zuhören auf die Fragen
des Kindes, entscheidende Wertigkeit des subjektiven Leidensdrucks und der Dysfunktio-
nalität bei der Entscheidung für oder gegen therapeutische Maßnahmen sind wichtige
Kriterien, wobei andererseits auch vor therapeutischem Nihilismus gewarnt werden sollte.
In einer Welt, in der Kindheit und Familie, auch durch den Einfluß von Medien und völlig
verändertem psychosozialem Umfeld, eine ganz andere Definition erfahren, sollte vermehrt
auch aus neurophysiologischer Sicht auf die Bedingungen geschaut werden, unter denen
Kinder heute aufwachsen (Postman, 16). Aus Sicht des Sinnesphysiologen kann man ihm

in vielen Bereichen nur zustimmen, da die Fernsinne vor allem durch Bombardement mit überschwelligen visuellen Reizen heute überbewertet werden. Zuhören, Lauschen (18) bzw. das differenzierte Benutzen von Sprache und Schriftsprache treten immer mehr in den Hintergrund.

Literatur

1. Ayres AJ (1979) Lernstörungen. Springer, Berlin
2. Ayres AJ (1984) Bausteine der kindlichen Entwicklung. Springer, Berlin
3. Bakker DJ (1986) Scholastic effects of hemisphere-specific stimulation in subtyped dyslexics. In: Flehmig I, Stern L (Hrsg) Kindesentwicklung und Lernverhalten. Berichtband 2. Europ Symposium über Entwicklungsneurologie, Hamburg:355-359
4. Flehmig I (1983) Normale Entwicklung des Säuglings und ihre Abweichungen, 2.Aufl. Thieme, Stuttgart
5. Flehmig I, Stern L (Hrsg) (1986) Kindesentwicklung und Lernverhalten, Berichtband 2. Europ Symposium über Entwicklungsneurologie, Hamburg
6. Flehmig I (1989) Biologische Aspekte frühkindlicher Entwicklung. In: Klein J, Küchler W (Hrsg) Lesen und Schreiben im Entwicklungszusammenhang, Lesen und Schreiben eV, Hamburg
7. Gaddes WH (1985) Learning disabilities and brain function, 2.Aufl, Springer, New York
8. Gaddes WH (1990) Lernstörungen und Hirnfunktion, deutsche Übersetzung: Flehmig, I und RW. Springer, Berlin Heidelberg New York (im Druck)
9. Galaburda AM, Kemper TL (1979) Cytoarchitectonic abnormalities in developmental dyslexia: a case study. Ann Neurol 6:94-100
10. Kemper TL (1984) Asymmetrical lesions in dyslexia. In: Geschwind H, Galaburda AM (Hrsg) Cerebral Dominance: The Biological Foundations. Harvard Univ Press, Cambridge
11. Klein J (1989) Schriftspracherwerb im sensomotorischen und sprachlichen Entwicklungszusammenhang. In: Klein J, Küchler W (Hrsg) Lesen und Schreiben im Entwicklungszusammenhang, Lesen und Schreiben eV, Hamburg
12. Milner PM (1970) Physiological Psychology, New York: Holt, Rinchart and Winston
13. Montessori M (1912) aus (7) Gaddes (1985):178
14. Njiokiktjien C (1988) Pediatric behavioural neurology, Vol I: Clinical principles, Suyi Publicatis, Amsterdam
15. Papousek M, Papousek H (1990) Intuitive elterliche Früherziehung in der vorsprachlichen Kommunikation, Soz Päd 7:521-527 und 8:579-583
16. Postman N (1987) Das Verschwinden der Kindheit. Fischer, Frankfurt/M
17. Rosnay J de (1977) Das Makroskop. DVA, Stuttgart
18. Tomatis AA (1987) Der Klang des Lebens. Rowohlt, Reinbek/Hamburg
19. Weizsäcker V v (1973) Der Gestaltkreis. Suhrkamp, Frankfurt/M
20. Werner EE (1986): Eine Längsschnittstudie von Kindern mit Hirnfunktionsstörungen und Lernproblemen, In: Flehmig I, Stern L (Hrsg) Kindesentwicklung und Lernverhalten, Berichtband 2. Europ Symposium über Entwicklungsneurologie. Hamburg:390-396

Gibt es entwicklungsabhängige Änderungen der Sprachdominanz im Schulalter? Ergebnisse einer DC-Potentialstudie an 6- bis 12jährigen Schülern*

E. Altenmüller und W. Kriechbaum

Die neuronale Aktivierung umschriebener Hirnrindenareale bei kognitiven Leistungen geht mit einer lokalen Zunahme der kortikalen Oberflächennegativität einher. In Untersuchungen an erwachsenen Rechts- und Linkshändern konnten wir zeigen, daß derartige kortikale Gleichspannungsveränderungen bei Sprachleistungen zur Bestimmung der Sprachdominanz herangezogen werden können (1). Dabei kam es bei 91 % der Rechtshänder und 78 % der Linkshänder zu linkshemisphärischer oder bilateraler Aktivierung und nur 9 % der Rechtshänder und 22 % der Linkshänder zeigten maximale Aktivierung über der rechten Frontalregion (2). Umstritten ist, in welchem Alter sich die linkshemisphärische Sprachdominanz etabliert. Nach Lenneberg (3) ist die Sprachdominanz erst in der Pubertät linkshemisphärisch fixiert. Hecaen (4) fand demgegenüber bereits bei 80 % der Kinder unter 5 Jahren persistierende aphasische Symptome nach linkshemisphärischen Läsionen, was für eine frühere Fixierung der linksseitigen Dominanz spricht. Da einige Autoren als Ursache der konstitutionellen Dyslexie eine zu gering ausgeprägte oder fehlende Linksdominanz für Sprache vermuten (6, Übersicht in 5) schien es uns insbesondere im Hinblick auf die widersprüchlichen Befunde Lennebergs, Hecaens und anderer (Übersicht bei 7) interessant, die Sprachdominanz gesunder Kinder mit einer validen, nicht invasiven Methode zu bestimmen.

Die kortikalen DC-Potentialschwankungen wurden bei 30 rechtshändigen Schülern im Alter zwischen 6 und 12 Jahren während Sprachaufgaben über frontalen (F_3, F_4,) zentralen (C_3, C_4) und parieto-temporalen (PT_3, PT_4) Hirnregionen abgeleitet. Kontrollgruppe waren 30 erwachsene Rechtshänder, bei denen aus methodischen Gründen anstatt der parietotemporalen Ableitung parietale (P_3, P_4) und temporale (T_3, T_4) Hirnregionen jeweils getrennt erfasst wurden. Die Aufgaben bestanden darin, zu gesprochenen Wörtern (z. B. "Haus") jeweils während einer 6 Sekunden dauernden Meßperiode möglichst viele Synonyme (z. B. "Gebäude, Bauwerk, Hütte") zu suchen. Das während dieser Suche im lexikalischen Langzeitspeicher entstehende kortikale DC-Potential wurde mit dem Potential 3 Sekunden vor der Aufgabenstellung verglichen. Die Aufgaben verursachten bei 82 % der Erwachsenen eine maximale Aktivierung über der linken Frontozentralregion. Bei den Schülern dagegen entstand in der Altersgruppe der 6- bis 9jährigen bei 53 % und in der Altersgruppe der 10- bis 12jährigen bei 58 % frontale Linkslateralisation, bei 47 % bzw. 42 % war rechtshemisphärische Dominanz nachweisbar. Während nach unseren Befunden die Kinder zwischen 6 und 12 Jahren hinsichtlich der Hemisphärenlateralisation eine homogene Gruppe bilden, ergab die Berechnung der Interelektrodenkorrelation eine stärkere Korrelation in der Altersgruppe der 10- bis 12jährigen und der Erwachsenen verglichen mit den 6- bis 9jährigen (s. Abb.).

Die Ergebnisse der Studie sprechen für eine Fixierung der links-hemisphärischen Sprachdominanz erst zwischen dem Alter von 12 und 18 Jahren. Im frühen Schulalter sind Rechts- und Linksdominanz bei dem untersuchten Aufgabentyp etwa gleich häufig, wobei möglicherweise individuell unterschiedliche Lösungsstrategien die jeweilige funktionelle

490

Dominanz bedingen. Die häufige Rechtsdominanz für Sprachleistungen bei gesunden - nicht dyslektischen - Kindern spricht gegen Modelle, die als Ursache der konstitutionellen Dyslexie "abnorm" lokalisierte Rechtsdominanz von Sprachleistungen annehmen. Die altersabhängige Zunahme der Interelektrodenkorrelation kann als elektrophysiologisches Korrelat einer während der intellektuellen Entwicklung entstehenden stärkeren kortikalen Vernetzung interpretiert werden.

Synonyme

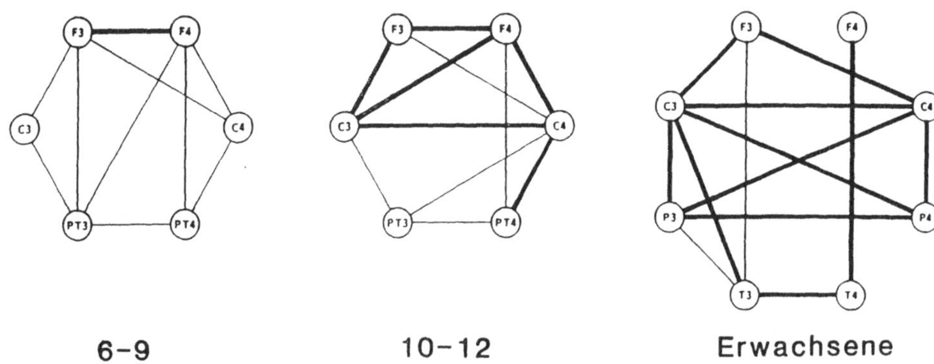

Abb. Diagramm der Interelektrodenkorrelation, Elektrodenpositionen nach dem 10/20 System. Altersgruppe 6 - 9, 10 - 12 und Erwachsene. Dicke Balken zeigen signifikante Korrelation auf 1 %-Niveau, dünne Balken zeigen signifikante Korrelation auf 5 %-Niveau.

Literatur

1. Altenmüller E (1989) Cortical DC-potentials as electrophysiological correlates of hemispheric dominance of higher cognitive functions. Intern J Neurosci 47:1-14
2. Altenmüller E, Jung R, Winker T, Landwehrmeyer B. (1989) Premotor programming and cortical processing in the cerebral cortex. Brain Behav Evol 33:141-146
3. Lenneberg, E. (1967) Biological foundations of language. Wiley, New York
4. Hecaen H (1983) Aquired aphasia in children: revisited. Neuropsychologia 21:581-587
5. Gaddes WH (1985) Learning disabilities and brain-functions. Springer New York
6. Orton ST (1937) Reading, writing ansd speech-problems in children. WW Norton, New York
7. Rothenberger, A. (1986) Aphasie bei Kindern. Fortschr Neurol Psychiat 54:92-98

* Mit Unterstützung der DFG, SFB 307, Teilprojekt B8

Legasthenie und emotionale Entwicklung

F. Specht

In den zivilisierten Ländern gilt die Aneignung der Schriftsprache als eine wesentliche Voraussetzung für die Teilhabe an ihrer Kultur. Viele Menschen betrachten die korrekte Anwendung der Schriftsprache geradezu als Maßstab der Befähigung zu einer solchen Teilhabe.

Innerhalb des Bildungssystems haben deswegen die Vermittlung der Schriftsprache, die Bewertung ihrer korrekten Anwendung und deren Bedeutung als Selektionskriterium einen besonders hohen Rang. Dabei wird erwartet, daß alle Schüler gleichen Alters sich innerhalb der gleichen Zeit eine korrekte Schriftsprache aneignen. Daß diese Erwartung nicht der Wirklichkeit entspricht, daß Kinder vielmehr ihre Schullaufbahn mit ganz unterschiedlichen Voraussetzungen für den Erwerb der Schriftsprache antreten, ist eine Erkenntnis, die über ein Jahrhundert alt ist (Berkhan 1885). Sie hat sich in den letzten fünf Jahrzehnten mehr und mehr verbreitet. Ihre Akzeptanz ist dahinter deutlich zurückgeblieben.

Der Sachverhalt, den der Begriff Legasthenie kennzeichnet, ergibt sich aus dem Mißverhältnis zwischen deutlich aus der mittleren Verteilungsbreite herausfallenden Wahrnehmungs- und Einprägungsvoraussetzungen und der Erwartung, alle Kinder sollten sich Lesen und Rechtschreibung auf den gleichen Wegen und innerhalb der gleichen Zeit aneignen.

Ein Versagen gegenüber dieser Erwartung erhält seine Bedeutung durch die hohe Bewertung und die Zuschreibungen, die mit der Aneignung der Schriftsprache verbunden werden. Dies erklärt die Besonderheit und die nachhaltigen Auswirkungen der Mißerfolgserlebnisse von Kinder mit umschriebenen Lese-Rechtschreibschwächen. Es macht außerdem verständlich, welchen Umfang die wissenschaftlichen Bemühungen um Aufklärung der Entstehungs- und Verfestigungszusammenhänge angenommen haben, mit welcher Vielfalt von Ansätzen Behandlung versucht wird und wie heftig oft unterschiedliche Überzeugungen vertreten werden.

Das folgende Diagramm (Sprecht 1982) zeigt in der obersten Reihe Bedingungen, die auf Seiten des Kindes sowie auf Seiten der Schule und der Familie beteiligt sind, wenn der Lernerfolg beim Lesen und bei der Rechtschreibung deutlich von den Erwartungen abweicht. Die Verbindungslinien weisen darauf hin, daß die konstellierenden Bedingungen nicht nur den Mißerfolg, sondern auch Art und Ausmaß der Frustation beeinflussen.

Bei Erhebungen an Jugendlichen mit dissozialen Verhaltensweisen wurde ein Anteil an legasthenen Störungen gefunden, der erheblich über deren Häufigkeit innerhalb der Gesamtheit von Schülern lag. So stellte Weinschenk (1965) bei jungen Menschen, die zu einer Jugendstrafe verurteilt worden waren, zu einem Drittel eine Legasthenie fest. Dies ist zum Teil so mißverstanden worden, daß Schülern mit legasthenen Störungen allgemein eine kriminelle Karriere prophezeit wurde. - Bei einer eigenen Untersuchung (Goydke und Specht 1976) zur Intelligenzstruktur von 160 Jugendlichen aus der Fürsorgeerziehung wiesen die Ergebnisse bei 21,9 % darauf hin, daß an ihren schulischen Mißerfolgen eine Legasthenie wesentlich beteiligt war. Der Anteil von Jugendlichen, die - trotz durchschnittlicher allgemeiner Leistungsmöglichkeiten - außerdem bei Rechentests versagten, lag aber noch höher. Es zeigte sich, daß die legasthenen Störungen Teil eines komplexen Gefüges von Wechselwirkungen waren, in denen sich vor allem nachteilige sozioökonomische und soziokulturelle

Entwicklungsbedingungen ausdrückten. - Lineare Zusammenhänge zwischen umschriebenen Lese-Rechtschreibschwächen und bestimmten Formen auffälligen Verhaltens ließen sich nicht finden.

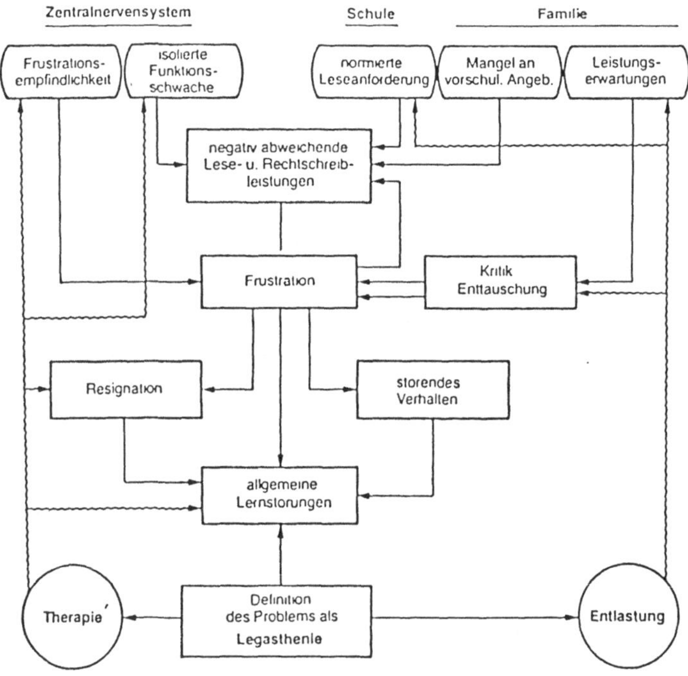

In unserer eigenen Poliklinik treffen wir bei Kindern mit legasthenen Störungen auf unterschiedliche psychische Beeinträchtigungen. Die folgende Übersicht zeigt für die Neuzugänge aus 2 Jahren: Bei mehr als einem Viertel der Kinder mit der Diagnose Umschriebene Lese-Rechtschreibschwäche auf Achse 2 des Multiaxialen Klassifikationsschemas waren keine anderweitigen, auf Achse 1 klassifizierbaren psychischen Störungen festzustellen. Sie waren ausschließlich wegen eines Legasthenie-Verdachtes oder zur Einleitung einer Behandlung zu uns gekommen. Vor zwei Jahrzehnten noch fand Wigger (1968) in unserer Poliklinik, daß der Weg zur Diagnose einer Legasthenie überwiegend über die sekundären psychischen Störungen führte.

Diagnosen auf Achse 1* bei Legasthenie (ICD 315.0) - Mehrfachklassifikationen möglich

Keine	28,5 %
Ängstlich-gehemmte Syndrome	52,8 %
Agressive-ausagierende Syndrome	15,0 %
Hyperkinetisches Syndrom	7,5 %
Spezielle Syndrome	5,0 %

*) Zusammenfassung von Diagnosen des multiaxialen Klassifikationsschemas für psychiatrische Erkrankungen im Kindes- und Jugendalter

Die Störungen lassen sich bei mehr als der Hälfte der betroffenen Kinder den ängstlich-gehemmten Syndromen (neurotische, spezifische emotionale Störungen, depressive Zustände usw.) zuordnen. - Aggressiv-ausagierende Syndrome sind wesentlich seltener. - Legasthene Störungen und Hyperkinetisches Syndrom treffen deutlich häufiger zusammen, als nach dessen Vorkommen innerhalb der Gesamtklientel zu erwarten wäre. Dies Zusammentreffen zeigt, daß psychische Störungen bei Kindern mit umschriebenen Lese-Rechtschreibschwächen sich nicht durchweg als Folgen ihrer Frustrationen erklären lassen. Sie können auch gemeinsam mit den Teilleistungsschwächen, die der Legasthenie zugrundeliegen, unmittelbar auf Schwächen zentralnervöser Funktionen beruhen.

Wir wurden einst von einem bekannten Legasthenie-Forscher heftig kritisiert: Wir hätten bei einem Jungen mit äußerst ungesteuertem Verhalten dessen Legasthenie als die eigentliche Ursache seiner Verhaltensauffälligkeiten übersehen und diese stattdessen fälschlicherweise als Auswirkung hirnorganischer Funktionsschwächen erklärt. Was der Kritiker dabei übersehen hatte: Wir hatten den Jungen untersucht, ehe er irgendeinen schulischen Mißerfolg erlebt haben konnte, noch vor seiner Einschulung. Neben anderen Symptomen hatten wir allerdings schon damals bei ihm Wahrnehmungs- und Koordinationsschwächen gefunden, die spätere Lernstörungen befürchten ließen.

Bei Vorgängen, die sich an die Erfahrungen eines Kindes mit seiner legasthenen Störung anschließen, geht es einmal um (1) seine Versuche, unmittelbar mit der umschriebenen, ihm unverständlichen Lernschwäche umzugehen, zum anderen um (2) die unterschiedlichen Belastungen, die sich aus den Mißerfolgen ergeben, um (3) die Auswirkungen solcher Belastungen auf die seelische und soziale Entwicklung sowie um (4) ungünstige und (5) günstige Einflüsse auf diese Vorgänge.

Aktuelle Bewältigung der umschriebenen Lernschwäche
    Vermeiden der Irritierung
    Vermeiden der vergeblichen Anstrengung
    Bewältigungsversuch durch erhöhtes Bearbeitungstempo
    Bewältigungsversuch durch erhöhte (vergebliche) Sorgfalt
    Bewältigung durch eigenwillige Schriftsprache

Die aktuellen Bewältigungsversuche sehen zum Teil nicht anders aus als bei anderen Versagenserlebnissen. Sie führen aber zu anderen Beurteilungen. Einem Kind, das wegen seiner Ungeschicklichkeit sportliche Betätigungen meidet, wird dies meistens zugebilligt. Einem Kind, das sich der Irritierung durch das unerklärliche Versagen beim Lesen und bei der Rechtschreibung zu entziehen sucht, wird Faulheit zugeschrieben. Bewältigungsversuche durch erhöhte Sorgfalt, durch Bemühungen, die Schriftsprache auf eigenen Wegen zu enträtseln, erzeugen oft neue Fehlerqualitäten. Kinder, die eine eigenwillige Schriftsprache entwickeln, zeigen damit, daß sie nicht länger undurchschaubaren Regeln unterworfen sein wollen. Sie vergewissern sich auf solche Weise ihrer selbst, ihrer Autonomie - eine Bewältigungsform, die zwar nicht für die Rechtschreibung, wohl aber für die weitere Persönlichkeitsentwicklung positive Seiten hat.

Belastungen bei umschriebenen Lernmißerfolgen
    Betonung der Bedeutung korrekter Schriftsprache
    Anhaltende Forderung nach (vergeblichen) Anstrengungen
    Anhaltende Fremdkritik
    Anhaltende Selbstzweifel
    Fremdzuschreibung von "Dummheit"/"Faulheit"
    Selbstzuschreibung von "Dummheit"/"Faulheit"

Besorgnis um Anerkennung/Zuwendung bedeutsamer Personen
Verlust von Anerkennung/Zuwendung bedeutsamer Personen
Besorgnis um Ansehen unter Gleichaltrigen
Verlust von Ansehen unter Gleichaltrigen
Zeitliche Inanspruchnahme durch Förderung/Behandlung
Veränderung der Stellung in der Lerngemeinschaft durch Etikettierung oder Sonder-
maßnahmen

Unter den Belastungen durch die umschriebenen Lernmißerfolge haben Selbstzweifel eine herausragende Bedeutung. Etwas nicht zu begreifen, was andere, denen man sich ebenbürtig glaubte, mit Leichtigkeit zu begreifen scheinen, hat erhebliche Verunsicherung des Selbstvertrauens zur Folge. Sie greift umso tiefer, je mehr die Bedeutung der korrekten Schriftsprache durch Kritik wie durch Üben betont wird.

Nachteilige Auswirkungen auf die seelische/soziale Entwicklung
Veränderung des Selbstbildes und des Selbstbewußtseins
Beeinträchtigung des Selbstvertrauens
Resignation
Psychosomatische Reaktionen
Depressive Verstimmungen/Depressive Zustände
Umschriebener/allgemeiner Verlust an Lernmotivation
Auffälliges Sozialverhalten/dissoziales Verhalten als Bemühung um Wiedererlangung
*von Ansehen unter Gleichaltrigen
*von Selbstgewißheit
*von Zufriedenheit

Anhaltende Veränderungen des Selbstbildes und des Selbstvertrauens stehen im Mittelpunkt nachteiliger Auswirkungen solcher Belastungen auf die emotionale Entwicklung. In Erscheinung treten sie als Resignation, Verzweiflungszustände und -taten, längerdauernde depressive Zustände (nicht selten mit schulphobischem Verhalten), Verlust an Lernmotivation und Ausbreitung der Mißerfolgserwartungen auf andere Lernbereiche.

Auffälliges Sozialverhalten kommt - wie die Übersicht über unser Klientel zeigt (s. o.). - nur bei einer kleineren Gruppe vor. Es geht dabei häufig um Versuche, das Ansehen unter den Gleichaltrigen zu erhalten oder wiederzuerlangen, aber auch darum, sich seiner selber durch besondere Taten zu vergewissern. Eine Verfestigung dissozialen Verhaltens ist dabei erst dann zu befürchten, wenn die Gründe des Verhaltens nicht geklärt werden oder wenn weitere nachteilige Einflüsse (z. B. Anerkennung durch delinquent handelnde Gruppen) hinzukommen.

Wenn in Verbindung mit einer Legasthenie ganz unterschiedliche Syndrome angetroffen werden und wenn mehr als ein Viertel der Kinder, die wir wegen einer Legasthenie untersucht haben, nicht mit derartigen Störungen reagiert hat, stellt sich die Frage nach den Bedingungen solch unterschiedlicher Verläufe.

Bedingungen, die Belastungen vermehren, finden sich ebenso wie Bedingungen, durch die eine Bewältigung erleichtert wird, bei den Voraussetzungen des Kindes selber, bei seinen bisherigen Erfahrungen, bei seinen Bezugspersonen und innerhalb der Schule.

Bedingungen, die Belastung/nachteilige Auswirkungen vermehren
Lern-, Verhaltens- und Befindensvoraussetzungen:
Aufmerksamkeitsschwäche und Impulsivität

Labiler Ausgleich von Änderungen der Grundstimmung
Weitere Teilleistungsschwächen (z. B. bei Wahrnehmung sozialer Zusammenhänge)
Geringe Möglichkeiten für anderweitige Erfolge/Anerkennung
Erfahrungen:
Selbstbewußtsein/Selbstvertrauen besonders abhängig von Anerkennung für Leistungen
Zuwendung bedeutsamer Personen (vermeintlich) abhängig von Erfüllung bestimmter Leistungserwartungen
Bezugspersonen:
Geringe Toleranz für Besonderheiten
Projektion eigener Erfolgswünsche
Lerngemeinschaft:
Mangelnde Kenntnis oder Vorurteile hinsichtlich des Sachverhaltes Legasthenie
Geringe Toleranz für Besonderheiten
Ausgeprägter Konkurrenzdruck

Bedingungen, die Bewältigung der Belastungen begünstigen
Lern-, Verhaltens- und Befindensvoraussetzungen:
Ausreichende Möglichkeiten für anderweitige Erfolge/Anerkennung
Erfahrungen:
Selbstvertrauen nicht nur von Anerkennung für Leistungen abhängig
Gelungene Einflußnahme auf die eigene Lage/gelungene Überwindung von Hindernissen
Verständnis des Sachverhaltes Legasthenie
Bezugspersonen/Lerngemeinschaft:
Akzeptanz des Sachverhaltes Legasthenie
Erklärung des Sachverhaltes Legasthenie
Weite Toleranz für Besonderheit
Achtung der Person unabhängig von Leistungen

Was lassen sich für Schlußfolgerungen ziehen? Soweit es darum geht, anhaltenden Auswirkungen auf die emotionale Entwicklung vorzubeugen, lassen sich aus den Übersichten Einflußmöglichkeiten ableiten (Berücksichtigung im Umgang mit betroffenen Kindern, Eltern- und Schulberatung). - Schlußfolgerungen ergeben sich aber auch für die Behandlung und Förderung von Kindern mit umschriebenen Lese-Rechtschreibschwächen und für die "Verwaltung des Problems".

Es muß fortlaufend geprüft werden, ob das Vorgehen und die damit verbundenen Begriffe nicht Elemente enthalten, die belastende Legasthenie-Erfahrungen vermehren. Das ist z. B. der Fall, wenn schulinterne Entlastungs- und Fördermaßnahmen so gehandhabt werden, daß sie betont aussondern oder das Ansehen des Schülers herabsetzen. Die Etikettierung eines Kindes mit dem Kürzel "Legastheniker" - als sei dies ein besonderer Menschenschlag oder als gehe es um eine lebenslängliche Wesenseigentümlichkeit - trägt dazu bei, sein Selbst- und Fremdbild zu verzerren. - Aber auch bei der Gestaltung jedes Behandlungsvorgehens muß daran gedacht werden, daß es die Bedeutung korrekter Schriftsprache in den Vorstellungen des Kindes nur noch mehr betont und festigt. Es ist notwendig, alles, was wir an Hilfen anbieten, auch unter solchen Gesichtspunkten zu sehen, zu prüfen und zu modifizieren.

Das Literaturverzeichnis ist beim Verfasser erhältlich.

Visuelle Informationsverarbeitung bei legasthenen Kindern

H. Remschmidt und A. Warnke

Einleitung

Die hier vorgestellte Studie befaßt sich mit der Ätiologie der Legasthenie (Lese-Rechtschreibschwäche). Ihr Schwerpunkt liegt dabei auf der visuellen Informationsverarbeitung, die in den letzten Jahren wieder stärker in den Blickpunkt der Diskussion getreten ist.

Die zum Teil recht widersprüchlichen Ergebnisse in der Literatur im Hinblick auf die visuelle Informationsverarbeitung, aber auch andere Aspekte der Lese-Rechtschreibschwäche liegen darin begründet, daß nicht von klaren Definitionen ausgegangen wurde. Um diesem Aspekt Rechnung zu tragen, wurde in unserer Studie von einer einheitlichen Definition ausgegangen, die durch zusätzliche Kriterien operationalisiert wurde.

Ausgangspunkt war dabei die Definition der umschriebenen Lese-Rechtschreibschwäche nach dem Multiaxialen Klassifikationsschema (MAS) (deutsche Version, Remschmidt und Schmidt 1986). Die Lese-Rechtschreibschwäche wird dort zu den umschriebenen Entwicklungsrückständen gerechnet und definiert als eine Störung, "deren Hauptmerkmal eine ausgeprägte Beeinträchtigung der Lese- und Rechtschreibfähigkeit ist, die nicht durch eine allgemeine intellektuelle Behinderung oder inadäquate schulische Betreuung erklärt werden kann".

Ausgehend von dieser allgemeinen Beschreibung wurde eine Operationalisierung der Definition unter Berücksichtigung eines definierten Prozentranges in einem Rechtschreibtest und der Intelligenz herbeigeführt.

Die hier beschriebene Studie ist einzuordnen in ein umfassenderes Legasthenieprojekt unserer Klinik, das von epidemiologischen Erhebungen ausgeht, sich mit psychopathologischen Aspekten der Legasthenie und sekundären Folgen befaßt und nunmehr an umschriebenen und wohl definierten Gruppen legasthener Kinder mit Hilfe eines neuropsychologischen und neurophysiologischen Untersuchungsansatzes ätiologisch wichtige Aspekte aufzudecken versucht.

Zunächst konnten wir in einer epidemiologischen Untersuchung im Rahmen des Modellprogramms Psychiatrie der Bundesregierung die Häufigkeit der Lese-Rechtschreibschwäche in einer vollständigen kinder- und jugendpsychiatrischen Inanspruchnahmepopulation untersuchen (Remschmidt 1987). Dabei belief sich die Rate von Kindern mit einer Lese-Rechtschreibschwäche in der Gesamtstichprobe (6- bis 18jährige Kinder und Jugendliche = 2.386) auf 8,2 %. Am häufigsten war sie in den Altersstufen der 6- bis 9jährigen (19,9 %), der 9- bis 12jährigen (36,8 %) und der 12- bis 15jährigen (29,9 %). Diese hohe Rate erklärt sich aus der Tatsache, daß hier eine Inanspruchnahmepopulation untersucht wurde. In einer unausgelesenen Stichprobe von Kindern in der 3. Grundschulklasse beträgt die Häufigkeit aber ebenfalls 6 bis 7 %. In unserer epidemiologischen Studie konnte zudem gezeigt werden, daß ein Zusammenhang zwischen Lese-Rechtschreibschwäche und sozialer Schichtzugehörigkeit in einer Inanspruchnahmepopulation nicht signifikant erscheint, wohl aber wurde ein derartiger Zusammenhang für den Rückstand der Sprachentwicklung und der motorischen Entwicklung nachgewiesen, in beiden Fällen dahingehend, daß die genannten Störungen in unteren sozialen Schichten häufiger vorkamen.

Diese Ergebnisse zeigen, daß die für die Legasthenie verantwortlichen Ausfälle sehr wahrscheinlich nicht durch Umweltereignisse (z. B. mangelnde Förderung in ungünstigem sozialem Milieu) verantwortlich sind. Hingegen erscheint ein genetischer Einfluß auf die Manifestation der Lese-Rechtschreibschwäche gesichert. Die bislang vorliegenden Zwillingsstudien haben eine Konkordanzrate von bis zu 90 % für eineiige Zwillinge und bis zu 31% für zweieiige Zwillinge ergeben (Niebergall 1987).

Jenseits der Anlage-Umwelt-Diskussion zur Lese-Rechtschreibschwäche wurden in den letzten Jahren die in Tabelle 1 angeführten Hypothesen zur Ätiologie der Legasthenie immer wieder diskutiert und zum Teil auch untersucht.

Tabelle 1. Einige Hypothesen zur Ätiologie der Legasthenie

1. Anatomische Anomalien (z. B. Ektopien, Anomalien der Gefäßversorgung)
2. Störungen der funktionellen Hemisphärenasymmetrie
   a) Störungen der Entwicklung der funktionellen Hemisphärenasymmetrie
   b) Störungen der intra- und interhemisphärischen Informationsverarbeitung
3. Störungen des optischen Apparates (Visusstörungen, Refraktionsanomalien, Störungen der Binokularität und der Trennschärfe)
4. Störung der Aufmerksamkeit (selektive Aufmerksamkeit, Daueraufmerksamkeit)
5. Störung der Gedächtnisleistungen
6. Störung der sequentiellen Reizverarbeitung
7. Störung der visuellen Informationsverarbeitung
8. Störung der sprachlichen Informationsverarbeitung

Unsere experimentelle Studie zur Ätiologie der Legasthenie hat sich im wesentlichen auf drei in Tabelle 1 enthaltene Hypothesen konzentriert: auf Störungen der Aufmerksamkeit, Störungen der visuellen Informationsverarbeitung und Störungen der sprachlichen Informationsverarbeitung.

Dieser Beitrag geht auf mögliche Störungen der visuellen Informationsverarbeitung ein, während der folgende Beitrag (Warnke und Remschmidt) der Störung der sprachlichen Informationsverarbeitung gewidmet ist.

Methodik

Die aus einer Vorstudie abgeleiteten Fragestellungen konzentrieren sich auf eine allgemeine Hypothese und eine Reihe von speziellen Hypothesen.

1. Die *allgemeine Hypothese* lautet: Kinder mit einer Lese-Rechtschreibschwäche haben ein Defizit in der Verarbeitung visuell vorgegebener Informationen, die sich in unterschiedlicher Weise zeigen kann:
   a) in einer Tempoverlangsamung bei der Verarbeitung,
   b) in einer erhöhten Fehlerrate,
   c) in unterschiedlichen Lösungsstrategien.

2. Die *speziellen Hypothesen* befassen sich mit Details, die folgende Gesichtspunkte berücksichtigten:
   a) Das Defizit der Kinder ist möglicherweise abhängig von der *Reizqualität*, d. h., Buchstaben, nicht-sprachliche Zeichen, Sprachnähe oder Sprachferne der visuell dargebotenen Informationen haben eine unterschiedliche Bedeutung für das Defizit.

b) Das Defizit ist abhängig vom *Schwierigkeitsgrad* der Aufgabe, d. h., der Komplexitäts- und Schwierigkeitsgrad der Aufgabe hat einen Einfluß auf die Kapazität der Informationsverarbeitung.

c) Das erwartete Defizit trifft nicht in gleichem Maße auf alle legasthenen Kinder zu, sondern auf eine Subgruppe. Denkbare Subgruppen sind:
- Kinder mit einer hohen Diskrepanz zwischen verbalem IQ und Handlungs-IQ (gemessen mit dem HAWIK-R) oder
- Kinder mit einer ausgeprägten Diskrepanz zwischen Intelligenz und Lese- bzw. Rechtschreibleistung.

3. *Hirnphysiologische Korrelate*

Über die allgemeine und die speziellen Hypothesen hinaus interessierte uns, welche Veränderungen während des Lösens der verschiedenen Aufgaben bei den Kindern beobachtet werden können. Zu diesem Zweck wurde simultan während verschiedener Aufgaben (z. B. während des Vergleichens von Buchstaben) das EEG abgeleitet. Ferner wurden auch die visuell evozierten Potentiale mit Hilfe einer nicht-sprachlichen Anordnung abgeleitet.

Stichprobe: Die Stichprobe bestand aus 30 Jungen mit einer Lese-Rechtschreibschwäche im Alter von 9 bis 12 Jahren, die die 3. bis 6. Klasse einer Grund- bzw. Hauptschule besuchten. Eingeschlossen wurden nur jene Kinder, die in einem altersentsprechenden Rechtschreibtest (DRT 3, WRT 4/5 und 6+) einen Prozentrang von unter 15 hatten und deren Intelligenztestwert im HAWIK-R (Gesamt-IQ) über 85 betrug, deren Handlungs-IQ im gleichen Test über 80 lag und die klinisch-neurologisch unauffällig waren.

Kontrollgruppe: In die Kontrollgruppe (n = 28) wurden nur Jungen aufgenommen, die nach Alter, sozialer Schicht und Intelligenz mit den Jungen der Experimentalgruppe gematcht und die ebenfalls klinisch-neurologisch unauffällig waren. Die Zusammenstellung der Experimental- und Kontrollgruppe war außerordentlich aufwendig. Um ein Kind zu finden, das den erwähnten Kriterien entsprach, mußten im Durchschnitt 20 rechtschreibschwache Kinder untersucht werden.

Versuchsanordnung: Die Versuchsanordnung umfaßte eine Reihe von Aufgaben, die alle in verschiedener Weise die Fähigkeit zur visuellen Informationsverarbeitung prüften. Die wichtigsten Untersuchungen waren folgende:

1. Messung der einfachen Reaktionszeit auf einen visuellen Reiz

2. Wort- und Zeichenvergleichstests

Bei diesen Experimenten hatten die Kinder zwei Zeichenreihen zu vergleichen, die auf dem Bildschirm erschienen. Es handelte sich dabei um Buchstabenketten unterschiedlichen Komplexitätsgrades und um Zeichenketten, die für diesen Vergleich verwendet wurden.

3. Wortvergleichstest in dynamischer Anordnung

Hierbei hatten die Kinder ebenfalls Zeichenketten zu vergleichen, wobei die "dynamische Anordnung" darin bestand, daß bei einer richtigen Lösung der Aufgabe die Zeit um 10 % verkürzt, bei einem Fehler die Zeit um 10 % verlängert wurde. Auf diese Weise kamen sowohl die Kinder der Experimental- als auch die Kinder der Kontrollgruppe an ihre individuelle Höchstleistungsgrenze. Genau an diesem Punkt sind auch Veränderungen sichtbar, die man bei den herkömmlichen statischen Tests nicht entdecken kann.

Zwischen den einzelnen Experimenten wurden Ruhepausen eingelegt. Während des ganzen Vorgangs wurde das EEG abgeleitet und anschließend frequenzanalytisch ausgewertet. Der Testablauf im dynamischen Block ist in Tabelle 2 wiedergegeben:

Tabelle 2. Zeitlicher Testablauf im dynamischen Block

1. 2 Min. Ruhepause mit geschlossenen Augen (2 Min.)
2. 2 Min. Ruhepause mit offenen Augen (2 Min.)
3. erste einfache visuelle Reaktionszeitmessung (2 Min.)
4. erster dynamischer Randomisierte-Zeichenketten-Vergleichstest-Buchstaben (RZV-B): 3-Buchstaben-Ketten-Vergleich (20 Min.)
5. Erzeugung von visuell-evozierten Potentialen durch Musterinvertierung (8 Min.)
6. zweiter dynamischer Randomisierte-Zeichenketten-Vergleichstest-Buchstaben (RZB-B): 5-Buchstaben-Ketten-Vergleich (20 Min.)
7. zweite einfache visuelle Reaktionszeitmessung (2 Min.)
8. 2 Min. Ruhepause mit geschlossenen Augen (2 Min.)
9. 2 Min. Ruhepause mit offenen Augen (2 Min.)

4. Visuell evozierte Potentiale

Zur Gewinnung evozierter Potentiale diente als Signal ein konzentrisches Muster mit einem Kreuz als Fixationspunkt in der Mitte. Das Muster wurde unter Ableitebedingungen der Ruhe und bei offenen Augen des Kindes 80mal invertiert und reinvertiert. Die Ableitung erfolgte okzipital, zentral und frontal jeweils mit dem Ohr als Referenzelektrode.

Neben diesen experimentellen Anordnungen wurden eine Reihe von psychologischen Tests durchgeführt, auf die hier nicht näher eingegangen wird (weiterführend Warnke 1990).

Ergebnisse

1. Einfache Reaktionszeitmessung

Bereits in der einfachen Reaktionszeitmessung auf ein visuelles Signal unterschied sich die Gruppe der legasthenen Kinder deutlich von den Kindern der Kontrollgruppe. Die mittlere Reaktionszeit auf einen einfachen visuellen Reiz war in der Experimentalgruppe signifikant höher als in der Kontrollgruppe. Die Differenz betrug im Mittel 28 ms. ($p < 0,01$). Sowohl in der Vorstudie als auch in der Hauptstudie wurde dieses Ergebnis in gleicher Weise gefunden. Dies bedeutet, daß die legasthenen Kinder in visuellen, nicht-sprachlichen Aufgaben ein Leistungsdefizit aufweisen.

2. Diskriminationsleistungen für Buchstaben und Zeichen in Abhängigkeit vom Schwierigkeitsgrad

Auch bezüglich der Diskrimination von Buchstaben zeigte sich, daß die legasthenen Kinder mehr Schwierigkeiten hatten als die Kinder der Kontrollgruppe. Die Auffälligkeiten der legasthenen Kinder nahm mit dem Schwierigkeitsgrad der Aufgabe zu. Damit bestätigte sich ebenfalls ein Ergebnis der Vorstudie, wonach die relative Minderleistung der legasthenen Kinder zunimmt, wenn die Anzahl der innerhalb von sechs Sekunden zu diskriminierenden Buchstaben zunimmt. Ferner war festzustellen, daß dieser Schwierigkeitseffekt nur beim Buchstabenkettenvergleich und nicht beim Kettenvergleichstest mit Zahlen bzw. abstrakten Zeichen signifikant ist. Führt man eine dynamische Testung durch, deren Effekt darin besteht, daß die Fehlerrate für jedes Kind normiert wird, so ergibt sich zwischen der Gruppe der Legastheniker und der Kontrollgruppe kein signifikanter Unterschied mehr. D. h., bei einer individuellen Normierung der Fehlerquote für jedes Kind wird der Kapazitätseffekt, der bei statischer Aufgabenstellung festgestellt werden kann, nicht mehr deutlich.

3. Ergebnisse zum Aufmerksamkeitsverhalten

Der dynamische Testblock, der über 20 Minuten durchgeführt wurde, sollte u. a. auch darüber
Auskunft geben, ob sich die legasthenen Kinder hinsichtlich der Daueraufmerksamkeit von
den Kindern der Kontrollgruppe unterschieden. Hierbei sollten die Kinder Buchstabenketten
verschiedener Länge über 20 Minuten vergleichen. Dabei zeigte sich zwar ein signifikant
niedrigeres Leistungsniveau für die legasthenen Kinder, jedoch kein Absinken des Lei-
stungsniveaus mit zunehmender Versuchsdauer. Die Leistungen beider Gruppen bleiben
vielmehr über die Versuchsdauer von 20 Minuten konstant.

4. Visuell evozierte Potentiale

Mit Hilfe des konzentrischen Musters, das achtzigmal invertiert bzw. reinvertiert wurde,
wurden visuell evozierte Potentiale ausgelöst, die jeweils frontal, zentral und okzipital
abgeleitet wurden. Unsere Hypothese war dabei, daß rechtschreibschwache Kinder quantitative oder qualitative Unterschiede bei den musterevozierten visuellen Potentialen gegenüber der Vergleichsgruppe aufweisen würden.

In der Vorstudie an sechs Kindern mit umschriebener Lese-Rechtschreibschwäche und
sechs Kontrollkindern ergab sich für die Kontrollgruppe ein Doppelgipfel der ersten
negativen Komponente (N1a, N1b), die in der Gruppe rechtschreibschwacher Kinder als
eingipfelig imponierte.

In der Hauptuntersuchung an 30 legasthenen Kindern ließ sich dieses Ergebnis nicht in
gleicher Weise reproduzieren. Es zeigte sich zwar erneut die Doppelgipfeligkeit der negativen Komponente bei der Kontrollgruppe, bei der Gruppe der Legastheniker war sie jedoch
geringer ausgeprägt.

Es erhob sich nun die Frage, ob die in der Vorstudie festgestellte unterschiedliche
Amplitudenform und die dort gefundene Latenzverzögerung zwischen 110 und 250 ms für
eine Subgruppe der legasthenen Kinder gilt. In der Tat zeigte sich, daß der Befund
annäherungsweise für eine Subgruppe intelligenzdiskrepanter legasthener Kinder nachgewiesen werden konnte. Es handelte sich um jene Kinder, bei denen die T-Wert-Differenz
zwischen IQ und Rechtschreibtest über 15 Punkte betrug. Im Zeitfenster von 110 bis 215 ms
konnte in dieser intelligenzdiskrepanten Subgruppe signifikant seltener als in der Kontrollgruppe ($p < 0{,}02$) und als in der nicht-intelligenzdiskrepanten Subgruppe ($p < 0{,}002$) ein N1a-
Gipfel identifiziert werden.

Dieses Ergebnis war nur über C3-A1 feststellbar, nicht über den anderen Ableitepunkten.

Schlußfolgerungen

Die hier in kurzer Form dargestellten Ergebnisse legen folgende Interpretationen nahe: In der
sorgfältig ausgewählten und klar definierten Gruppe von legasthenen Kindern liegt ein
Defizit der visuellen Informationsverarbeitung vor. Dieses erstreckt sich auf zwei Komponenten: nicht-sprachliche und sprachliche. Im nicht-sprachlichen Bereich zeigt sich eine
Verlangsamung der visuellen Informationsverarbeitung bereits in der einfachen Reaktionszeit, die bei den legasthenen Kindern signifikant länger ist. Deutlicher wird dieses Infor-
mationsverarbeitsdefizit bei sprachlichen Aufgaben und zwar umso ausgeprägter, je sprachnäher
die Aufgaben sind (s. Beitrag Warnke und Remschmidt i. d. Bd.). Das Defizit der legasthenen
Kinder in der visuellen Informationsverarbeitung hängt aber nicht mit einer Störung der
Daueraufmerksamkeitsprozesse zusammen. Denn diesbezüglich zeigen sie über eine Ver-

suchsdauer von 20 Minuten eine konstante Leistung, wenn diese auch geringer ist als diejenige der Kontrollgruppe. Unter topographischem Gesichtspunkt verweisen die Ergebnisse auf die zentrale Region der linken Hemisphäre. Zusammenfassend scheint das Defizit der legasthenen Kinder im Bereich jener Funktionen zu liegen, die eine Zusammenführung visuellen und sprachlichen Materials bewerkstelligen. Die linke Zentralregion scheint dabei in besonderer Weise involviert zu sein. Unsere weiteren Untersuchungen werden zeigen, ob dieses Ergebnis repliziert werden kann.

Literatur

1. Niebergall G (1987) Diagnostische Aspekte der Legasthenie. Monatsschrift für Kinderheilkunde 135:297-301
2. Remschmidt H (1987) Was sind Teilleistungsschwächen? Monatsschrift für Kinderheilkunde 135:290-296
3. Remschmidt H, Schmidt M (Hrsg) (1986) Multiaxiales Klassifikatiosschema für psychiatrische Erkrankungen im Kindes- und Jugendalter nach Rutter, Shaffer und Sturge. Huber, Bern Stuttgart Toronto
4. Warnke A)1990) Legasthenie und Hirnfunktion. Huber, Bern Stuttgart Toronto

Die Verarbeitung sprachlicher Informationen bei Legasthenie

A. Warnke und H. Remschmidt

1. Einleitung und Fragestellung

Die wissenschaftliche Diskussion zur Ätiologie der Legasthenie pendelt zwischen den Hypothesen, daß Legasthenie primär mit einer Sprachentwicklungsstörung oder aber primär mit einer Störung der visuellen Informationsverarbeitung erklärt sei. Subgruppenbildungen sind gegenwärtig der Versuch, einen Ausweg aus der Kontroverse zu finden. Am häufigsten werden primär auditiv-sprachliche, visuell-räumliche und intermodale visuell-sprachliche Subgruppen unterschieden (Klicpera 1985). Nach Mattis (1978) ist bei 63 % der legasthenen Kinder mit Sprachentwicklungsstörungen, bei 10 % mit Artikulationsstörungen in Verbindung mit grob- und feinmotorischen Koordinationsschwächen und schließlich bei 5 % der Legasthenikergruppe mit visuell-räumlichen Wahrnehmungsschwierigkeiten zu rechnen.

Für die primär sprachgebundene Störung der Informationsverarbeitung als ätiologische Determinante der Legasthenie sprechen zusammenfassend folgende Befunde:

(1) Die Häufung von Sprachentwicklungsverzögerungen und Sprachentwicklungsstörungen bei Legasthenikern (Linder 1951, Angermeier 1974);

(2) der Nachweis, daß die Diskriminationsleistung von Legasthenikern umso geringer ist, je mehr die visuell vorgegebene Aufgabe alphabetische Wortähnlichkeit hat (Gupta et al. 1978); Malmquist 1958).

(3) Bei tachistoskopisch dargebotenen Buchstabenelementen waren Legastheniker im Vergleich zu Kontrollgruppen (a) fehlerhafter in Erkennung und Unterscheidung von Buchstabenelementen sowie (b) langsamer, und zwar zwischen 10 bis 107 msec im Zeitraum bis zu 2000 msec nach Reizvorgabe. Diese Befunde waren allerdings nicht für Buchstabenreize spezifisch, sondern fanden sich auch bei abstrakten Symbolreizen (weiterführend Warnke 1990).

(4) Die Reproduktionsleistung ist bei Legasthenikern spezifisch bei *visuell-verbalen* Aufgabenstellungen beeinträchtigt, so etwa bei der *Benennung* von visuell vorgegebenen Worten, Buchstabenfolgen oder Figuren. Bei "visuell-nichtverbalen" Reproduktionsaufgaben wie etwa beim Zeichnen von Buchstabenfolgen und geometrischen Figuren waren Legastheniker den schriftsprachlich normal Entwickelten nicht unterlegen (Vellutino 1980). Die Befunde stützen die Hypothese, daß Legastheniker Schwierigkeiten haben, visuelle Informationen in verbale Codes zu transformieren. Die eigene empirische Untersuchung setzt an dieser ätiologischen Annahme an.

2. Fragestellung der eigenen Untersuchung

Die eigene Untersuchung prüfte:

(1) den Zusammenhang zwischen Wortähnlichkeit der visuell vorgegebenen Diskriminationsaufgabe mit der Diskriminationsleistung bei Legasthenikern im Vergleich zu Nicht-Legasthenikern;

(2) den Einfluß der Dauer der visuell vorgegebenen Buchstabeninformation auf die Diskriminationsleistung;

(3) die Frage nach dem Zusammenhang von hirnelektrischen Parametern des Elektroenzephalogramms und der Diskriminationsleistung von Buchstabenketten.

3. Empirische Untersuchung

Die Stichprobe der Gruppe legasthener Kinder und schriftsprachlich normal entwickelter Kontrollgruppe entspricht der von Remschmidt und Warnke im selben Band referierten Studie zur visuellen Informationsverarbeitung. Auswahlverfahren der Stichprobe und Stichprobenkriterien sind diesem Beitrag zu entnehmen.

3.1 Die Bedeutung der Wortähnlichkeit für die Diskriminationsleistung von Legasthenikern

Die Sprachähnlichkeit der visuell vorgegebenen Aufgabe wurde experimentell systematisch variiert (Darstellung des experimentellen Vorgehens in Warnke 1990).

Im Ergebnis war die Diskriminationsleistung der Legasthenikergruppe umso defizienter, je mehr die visuell vorgegebene Information Sprachähnlichkeit hatte. Und umgekehrt: Je mehr die Aufgaben ausschließlich durch visuelle Beachtung graphischer Merkmale lösbar waren, umso geringer erschien der Leistungsunterschied zwischen Legasthenikergruppe und schriftsprachlich normal entwickelten Kindern. Das Ergebnis stützt die Annahme, *daß legasthene Kinder bei Vorgabe visueller Aufgaben verbale Strategien relativ unzureichend zu nutzen wissen.*

3.2 Die Bedeutung der Daueraufmerksamkeit bei der Diskrimination von Buchstabenketten bei Legasthenikern und Nichtlegasthenikern

Methodisch wurde den Kindern über 20 Minuten Paarungen von Buchstabenketten einer Länge von je drei Buchstaben auf dem Computerterminal rechnergesteuert vorgegeben. Die Kinder hatten anzugeben, welcher Buchstabe in der links vorgegebenen Kette in der parallelisierten Kette rechts nicht vorkam. Die Antwortzeit wurde rechnergesteuert nach einer Fehlreaktion des Kindes um 10 % verlängert (damit die Aufgabe erleichtert), nach richtiger Antwort um 10 % verkürzt (damit die Aufgabe erschwert). Somit wurde bei jedem Kind das Verhältnis von richtiger zu fehlerhafter Antwort gleich 1 gehalten und der individuelle Schwierigkeitsgrad normiert (vgl. Warnke 1990).

Im Ergebnis war die Legasthenikergruppe unabhängig von der Dauer der Testung konstant signifikant leistungsschwächer als die Kontrollgruppe. Ein signifikanter *Effekt der Daueraufmerksamkeit war nicht nachweisbar.*

3.3 Hirnelektrische Aktivierung während der Diskrimination visuell vorgegebener Paare von Buchstabenketten bei Legasthenikern und Nichtlegasthenikern

Methodisch wurde während der 20minütigen, in Abschnitt 3.2 beschriebenen Testung bei allen Kindern ein EEG abgeleitet. Die Ableitung erfolgte nach dem 10-20-Schema: Frontal über F1 und F2, zentral über C3 und C4 sowie okzipital über O1 und O2 mit den Ohren als Referenzelektrode.

In beiden Vergleichsgruppen kam es im Ergebnis bei erhöhter Diskriminationsleistung zu signifikanter relativer Alphareduktion. Die Alphareduktion konnte damit als Maß für einen Anstieg hirnelektrischer Aktivierung genutzt werden. Die Hirnaktivierung in Legastheniker- und Kontrollgruppe nahm mit dem Grad der Verhaltensaktivierung und mit dem Niveau der Leseleistung zu. Die Gruppen unterschieden sich allerdings in der Beschleunigung der hirnelektrischen Aktivierung im Zusammenhang mit ansteigendem Niveau der Verhaltens- aktivierung bzw. Leseleistung. Mit ansteigender Verhaltensaktivierung beobachteten wir in der Legasthenikergruppe eine signifikant raschere Alphareduktion, d. h. eine raschere hirnelektrische Aktivierung als bei der Kontrollgruppe. Wir sehen Befunde bestätigt (Martinius 1976), die *bei Legasthenikern eine zentral-nervöse Hyperaktivierung bei nur mäßiger Bewältigung visuell vorgegebener Aufgaben fanden.*

4. Interpretation

Die Untersuchungen zur sprachlichen Informationsverarbeitung stützen die Annahme, daß zumindest eine Gruppe der Kinder mit Legasthenie Schwierigkeiten hat, bei visuell vorge- gebenen alphabetischen Aufgabenstellungen sprachliches Wissen zur Aufgabenlösung adä- quat zu nutzen. In Verbindung mit unseren Untersuchungen zur visuellen Informationsver- arbeitung (vgl. Beitrag von Remschmidt, Warnke in diesem Band) wird durch die Studie der *Erklärungsansatz gestützt, daß Legasthenie auf einer mangelhaften Integration visuell vorgegebener Informationen mit sprachlich Codiertem beruht (Lesen) wie auch umgekehrt auf einer Dysfunktion in der Transformation sprachlichen Wissens in visuell kontrollierte Schriftsprache (Rechtschreibung).* Auf hirnelektrischer Ebene gibt es deutliche Hinweise für eine *zentral-nervöse Hyperaktivierung während des Lesens* bei Legasthenikern. Diese zentral-nervöse Hyperaktivierung könnte der relativ erhöhten, kompensatorischen Anstren- gung der Legastheniker bei Leseaufgaben entsprechen und ist daher wahrscheinlich ein Sekundäreffekt.

Literatur

1. Angermaier M (1974) Sprache und Konzentration bei Legasthenie. Hogrefe, Göttingen
2. Gupta R, Ceci SJ, Slater AM (1978) Visual discrimination in good and poor readers. J Spezial Education 12:(4) 409-416
3. Linder M (1951) Über Legasthenie. Zeitschrift für Kinderpsychiatrie 18:97-143
4. Malmquist E (1958) Factors related to reading disabilities in the first grade of the elementary school. Dissertation Uppsala, Almquist & Wiksells
5. Mattis S (1978) Dyslexia syndromes: a working hypothesis that works. In: Benton AL, Pearl D (Hrsg) Dyslexia: an appraisal of current knowledge. Oxford University Press, New York
6. Vellutino FR (1980) Dyslexia: Theory and Research. The MIT Press Cambridge
7. Warnke A (1990) Legasthenie und Hirnfunktion. Neuropsychologische Befunde zur visuellen Informationsver- arbeitung. Huber, Bern

Instrumente der Legasthenie-Diagnose bei Jugendlichen und Erwachsenen

L. Dummer-Smoch

Die Frage nach den Instrumenten der Legasthenie-Diagnose bei Jugendlichen und Erwachsenen stellt sich aus zwei Gründen: Erstens zeigt der zu untersuchende Personenkreis aufgrund seines Alters bereits sekundärsymptomatische Überlagerungen im Erscheinungsbild, so daß die Anzeichen für eine Legasthenie leicht übersehen werden können. Zweitens gibt es nur wenige Testverfahren, die für Jugendliche und Erwachsene zur Verfügung stehen und die zugleich geeignet erscheinen, eine Legasthenie erkennen zu lassen. Ich möchte an dieser Stelle anmerken, daß ich die Termini konstitutionelle Dyslexie und Legasthenie synonym gebrauche. Der Ausdruck Lese-Rechtschreibschwächen bezeichnet in dieser Terminologie alle anderen Schwierigkeiten im Schriftspracherwerb, die z. B. soziokulturell, durch Schulversäumnisse, Unterrichtsmängel oder andere Übungsdefizite entstanden sind.

Als Voraussetzungen für eine günstige Prognose bei konstitutioneller Dyslexie nennt Critchley, einer der bedeutendsten Experten auf diesem Gebiet:

1. den Intelligenzgrad,
2. eine frühe Diagnose,
3. verständnisvolle Haltungen der Eltern und Lehrer,
4. eine spezielle Förderung,
5. den Grad der Ich-Stärke des Kindes.

Wenn jugendliche oder erwachsene Legastheniker in die Praxis eines Neurologen kommen, waren bei ihnen die Bedingungen für eine günstige Prognose in der Regel nicht gegeben. Ihre speziellen und umschriebenen Lernschwächen wurden in der Schule weder früh noch später erkannt, weder erfuhren sie Verständnis, noch erhielten sie eine spezielle Förderung. Höhere Grade der Ich-Stärke haben ihnen allenfalls zur außerschulischen Selbstbehauptung verholfen, im positiven Fall auf sportlichem Gebiet, im negativen Fall durch Bagatell-Kriminalität. Über derart negative Karrieren kann man bei Weinschenk (1965) nachlesen. Eine schwache Ausprägung der Ich-Stärke hat zu eher depressiv-resignativen Verhaltensauffälligkeiten geführt.

Erfahrungsgemäß gibt es ein Geflecht von ursächlichen Bedingungen für ein so schweres und anhaltendes Scheitern:

- einen Intelligenzgrad im unteren Durchschnittsbereich (IQ zwischen 90 und 100), in selteneren Fällen darüber;
- einen familiären Hintergrund mit niedrigem Sozialstatus, nicht selten bedingt durch eine ebenso schwere Legasthenie eines der Eltern, so daß Abneigung bestand, sich mit der Schule oder Sozialbehörden auseinanderzusetzen, und wenig Zuversicht, außerhalb der Schule Hilfe zu finden;
- uniformierte, hilflose Lehrer.

Auf diese Weise blieb die Legasthenie unerkannt, unbehandelt und psychisch unbewältigt.

Die Untersuchung in der Praxis eines Neurologen stellt eine sehr späte Station auf dem Leidensweg dieser Menschen dar. Im Vordergrund des Erscheinungsbildes steht dann nicht mehr die Legasthenie, sondern psychosomatische oder psychoneurotische Symptome. Zudem werden solche Jugendlichen und Erwachsenen versuchen, ihr eigentliches Problem vor dem Arzt zu verbergen. Den Verdacht auf eine Legasthenie legen vor allem die folgenden Hinweise nahe: Therapieresistenz bei psychosomatischen Erscheinungen, Delinquenz oder eine gescheiterte berufliche Eingliederung.

Testinstrumente, die für das Jugend- und Erwachsenenalter zur Verfügung stehen, sind neben einem Rechtschreibtest für Erwachsene, dem RT von Jäger (1974), nur Intelligenztests. Entwicklungstests (z. B. der Frostig-Test, die Differenzierungsprobe von Breuer und Weuffen), die in Ergänzung zu Intelligenztests bei Kindern zu einem differenzierten Bild der mit der Legasthenie verbundenen Wahrnehmungs- und Koordinationsstörungen führen können, haben keine Normen, die über das Grundschulalter hinausgehen. Außerdem verwischen sich die früher in solchen Tests erkennbaren Schwächen nach der Pubertät zum Teil. Umso notwendiger erscheint es, die zur Verfügung stehenden Intelligenztests optimal und kritisch zu nutzen.

Als Kriterien der späten Diagnose, auf die in biographischen Unterlagen wie in Intelligenztestergebnissen das Augenmerk zu richten ist, sind vor allem Diskrepanzen zwischen schwächeren verbalen und besseren nichtverbalen Leistungen zu nennen, und zwar
- in anamnestischen Hinweisen
- in Schulnoten
- zwischen Rechtschreibleistung und Intelligenztests
- zwischen Untertests in Intelligenztests.
Zu den Quellen relativ objektiver Informationen zählen wir aber
- Notentafeln und Zeugnisbemerkungen
- das Prüfsystem für Schul- und Bildungsberatung
- den HAWIE
- den IST-70.
Notentafeln geben unerwartet objektive anamnestische Hinweise auf eine unerkannt gebliebene Legasthenie. Wir stellen die Noten aus den Zeugnissen der verschiedenen Schuljahre in einer Tabelle zusammen und ergänzen sie durch die Zeugnisbemerkungen. Es überrascht, welche Diskrepanzen in der Leistungsfähigkeit der Schüler hier aufscheinen, jedoch von der Schule fehlinterpretiert werden.

Tabelle 1. Notentafel aus den Grundschulzeugnissen von Sö.

Klasse:	2_I	2_{II}	3_I	3_{II}	3_I	3_{II}	4_I	4_I
Deutsch	-	-	5	5	4	4	4	3
Lesen	4	5	5	-	-	-	-	-
mündl.	4	3	5	5	5	5	6	6
Heimatk.	-	-	4	5	2	3	2	3
Mathem.	4	4	5	4	4	3	3	4
Musik	3	3	3	3	3	3	3	3
Zeichnen	2	2	2	2	1	1	1	1
Sport	2	2	2	2	3	2	2	1

In der Leistungsentwicklung zeichnen sich eindeutig Schwächen im Fach Deutsch, vor allem im Lesen und Rechtschreiben ab. Im Fach Mathematik verbessern sich die Leistungen erst in dem Schuljahr, in dem Sö. die dritte Klasse wiederholt. Dabei ist zu berücksichtigen, daß

Legastheniker in Klassenarbeiten mit den Textaufgaben Schwierigkeiten haben sowie beim Kopfrechnen und anfänglich mit dem Kleinen Einmaleins. In der Notentafel sind anfangs nur die Zensuren der musischen Fächer besser. Während des Wiederholungsjahrs steigern sich auch die Sachkundeleistungen, und es ergibt sich eine sehr bedeutsame Diskrepanz zwischen der Rechtschreibnote und der Note für mündliche Leistungen im Fach Deutsch.

Zur weiteren Entwicklung des Jungen ist zu berichten, daß er auch die 5. Hauptschulklasse wiederholen und nach der siebenten ohne Abschluß die Hauptschule verlassen sollte. Die Legasthenie wurde diagnostiziert, als Sö. 14 Jahre alt war. Dank der streitbaren Mutter und eines einsichtigen Kultusministers durfte er die Hauptschule abschließen. Nach einer Feinmechanikerlehre holte er den Realschulablschluß nach, absolvierte das Fachgymnasium mit Erfolg und studierte nach dem Abitur Maschinenbau. Dieses Studium schloß er mit Auszeichnung ab.

Neben Notentafeln geben auch Zeugnisbemerkungen Aufschluß über eine Legasthenie. Beispielsweise heißt es in einem Zeugnis zur Leseleistung: "Bekannte Texte liest er sicher. Beim Lautieren muß er sich noch Mühe geben" oder "... ist in der Lage, die meisten Schlüsselwörter zu benennen" oder "... kann gut geübte Texte lesen". Solche Bemerkungen weisen eindeutig darauf hin, daß die Schüler ihre Lesetexte auswendig gelernt haben, aber nicht lesen können.

Bemerkungen zur Arbeitshaltung tragen stets ermahnenden Charakter: "... konnte ohne großen Einsatz in seinen Interessenfächern gute Leistungen erzielen. Leider ist es ihm in den sprachlichen Fächern nicht gegeben, mit dem gleichen geringen Aufwand zu angemessenen Leistungsergebnissen zu gelangen" oder "Th.s Arbeitshaltung und Eifer müssen sich weiterhin bessern, damit er nicht trotz Leistungsfähigkeit den Anschluß verliert" oder "Bei ihn interessierenden Unterrichtsstoffen ist er zur aktiven Mitarbeit bereit. Er muß sich bemühen, seine Leistungen im Lesen und Rechtschreiben zu steigern." Auch in diesen Bemerkungen erkennt man Diskrepanzen zwischen der wahrgenommenen Leistungsfähigkeit der Kinder und dem Versagen in den schriftsprachlichen Anforderungen.

Diskrepanzen, die sich in Notentafeln und Zeugnisbemerkungen spiegeln, finden sich in Intelligenztests wieder. Für Jugendliche bis zum 20. Lebensjahr ist das Prüfsystem für Schul- und Bildungsberatung einsetzbar. Dieser Test ist ein Papier- und Bleistift-Verfahren mit neun Untertests. Es werden so unterschiedliche Bereiche wie verbales Verständnis, Denkvermögen, räumliches Vorstellen und Kopfrechnen geprüft. Wir haben bei ausgeprägter Legasthenie charakteristische Profile erhalten, und zwar sowohl bei 9- bis 11jährigen Schülern als auch bei 18- bis 20jährigen Jugendlichen. Die Leistungen in den Untertests 1/2 und 6 sind deutlich herabgesetzt. Sie erreichen vergleichsweise das Niveau von Sonderschülern, d. h. IQ-Werte zwischen 70 und 85. Die Untertestleistungen für Denkaufgaben mit figuralem Material (Untertest 3) und für räumliches Vorstellungsvermögen (Untertest 7) liegen auf gut durchschnittlichem bis überdurchschnittlichem Niveau, vergleichbar Intelligenzquotienten zwischen 112 und 120 bzw. 130. Die Diskrepanzen betragen in der Regel mehr als zwei Standard-Abweichungen. In den übrigen Untertests zeichnen sich individuelle Stärken und Schwächen ab.

508

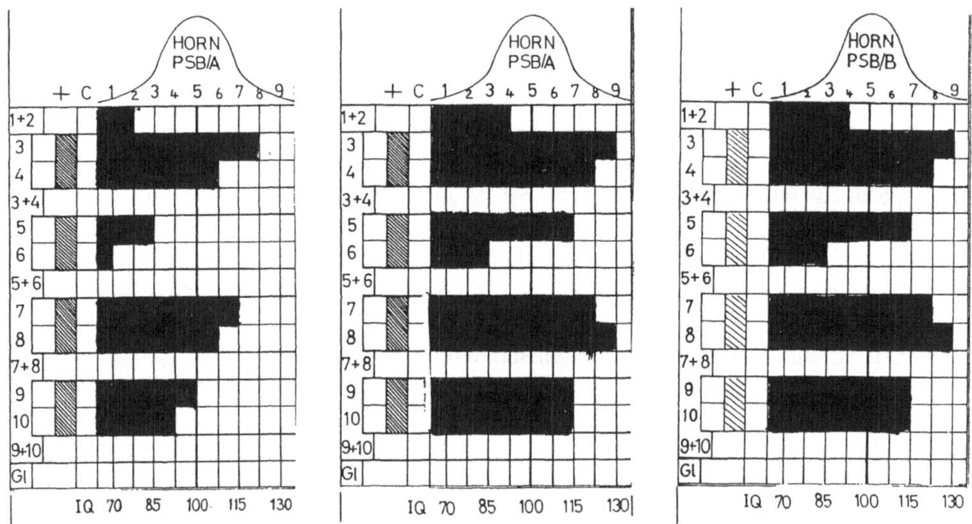

C., 21 Jahre
HAWIK (12 Jahre):
V-IQ 104
H-IQ 125

M., 12 Jahre

Be., 11 Jahre

Bei derart zerrissenen Profilen sollte man Gesamt-IQs nicht errechnen. Der Schätzwert für das Intelligenzpotential ergibt sich jeweils aus dem Durchschnitt der drei oder vier besten Untertestleistungen. Für alle Papier- und Bleistift-Verfahren gilt darüber hinaus, daß sie für Legastheniker schwerer zu bewältigen sind als eine Testsituation, in der mündlich Aufgaben gestellt werden. Das hängt zum einen mit der Anforderung an das Lesen zusammen, die mit Papier- und Bleistift-Verfahren in unterschiedlichem Ausmaß verbunden ist. Zum anderen werden Hemmungen durch Prüfungsängstlichkeit eher vermieden, wenn der Tester die Aufgaben mündlich stellt und die Kinder nachfragen können.

Auch der HAWIE läßt Stärken und Schwächen erkennen. Allerdings stellt sich das vor Augen liegende Profil im Auswertungsbogen verzerrt dar, weil der Mittelwert und je eine Standard-Abweichung oberhalb und unterhalb des Mittelwerts für jede Altersgruppe gesondert einzutragen sind.

Trotz aller individueller Unterschiede zeichnen sich beim Vergleich einer Reihe von Profilen mit höherem Handlungs-IQ wenigstens zwei Übereinstimmungen ab: Relativ niedrige Leistungen bei ZN und RD, häufig auch in BE, relativ hohe Leistungen in AV, BO und MT. Bei günstigem familiärem Bildungshintergrund fallen auch die Leistungen im Untertest AW gut aus. Die Diskrepanzen zwischen Untertestleistungen betragen in der Regel mehr als 1 1/2 Standard-Abweichungen.

Zur besseren Vergleichbarkeit von drei HAWIE-Profilen habe ich die Testwerte in den Rahmen der Standard-Abweichungen vom Mittelwert eingezeichnet. Es handelt sich um Jugendliche unterschiedlichen Alters mit höherem Handlungs-IQ. In dieser Darstellung werden die Höhe- und Tiefpunkte der individuellen Profile deutlicher sichtbar.

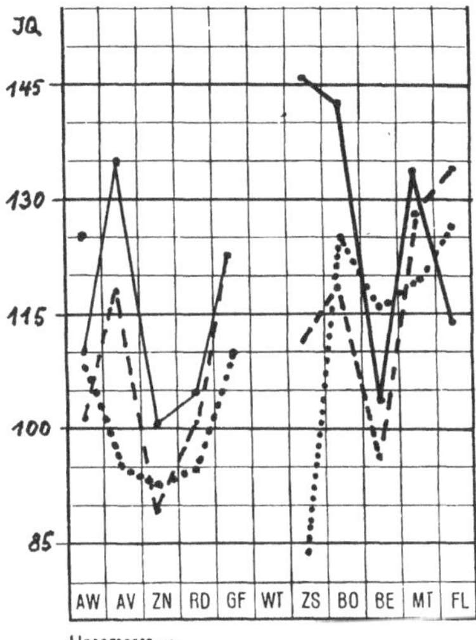

Udo, Gymn., Abitur
Sö., Hauptschule, Lehre, Fachgymn., Abitur - - - -
Th., Hauptschule, Sonderschule ....

Die individuell schwächsten Leistungen liegen übereinstimmend in den Untertests RD und ZN, was als Schwäche der Informationsverarbeitung bei verbaler Aufgabenstellung interpretiert wird. In allen drei Profilen fällt auch die Leistung im Untertest BE als individuell schwach heraus. Die individuell besten Werte finden sich übereinstimmend in den Untertests AV, GF, BO und MT.

Der dritte Intelligenztest, den man zur Abklärung des Legasthenie-Verdachts bei Jugendlichen und Erwachsenen anwenden kann, ist der Intelligenz-Struktur-Test (I-S-T 70) von Amthauer. Der I-S-T ist wie das PSB ein Papier- und Bleistift-Test, in dem Legastheniker insgesamt schwächer abschneiden als im HAWIE. Im Vergleich zum PSB nimmt dieser Test in größerem Ausmaß Leseleistungen in Anspruch, und zwar in allen verbalen Untertests (SE, WA, AN, GE), aber auch bei den Rechenaufgaben (RA). Personen mit stark verlangsamter und unsicherer Leseleistung werden in allen diesen Tests schon wegen des Zeitaufwands für die Leseleistung niedrigere Leistungen erreichen als ihrer intellektuellen Leistungsfähigkeit entspricht (vgl. Abb. 1).

Dennoch zeigen Legastheniker in den Tests, die bei verbaler Aufgabenstellung Analogiedenken und begriffliches Denken erfordern, relativ bessere Leistungen als in den übrigen verbalen Tests. Als charakteristisch fallen aber auch hier höhere Werte in den nichtverbalen bzw. mathematischen Aufgaben gegenüber verbalen Untertests auf. Es gibt über diese allgemeine Feststellung hinaus sehr individuelle Profile, die auch durch die Schullaufbahn geprägt sein können.

Die Gegenüberstellung der Profile von zwei gleichaltrigen Jugendlichen mit unterschiedlichen Schulabschlüssen (C. Hauptschulablschluß, U. Abitur) und unterschiedlich schwerer Legasthenie können dies erläutern:

Abb. 3. Zwei I-S-T-Profile

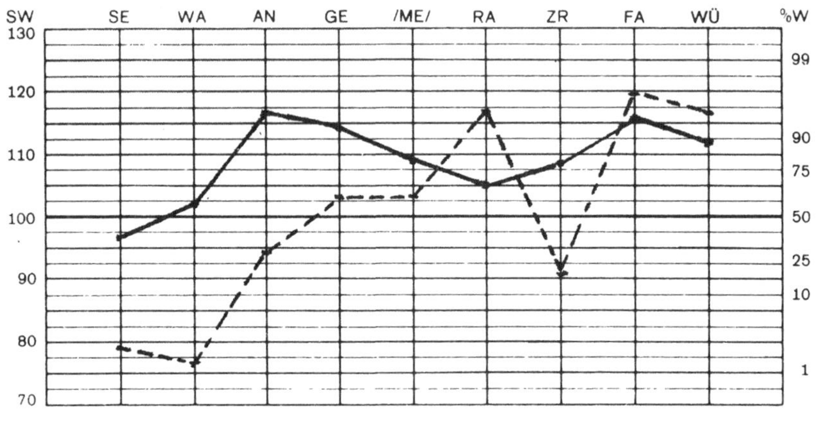

U., Abitur, 22 Jahre ——————
C., Lehrling, 21 Jahre - - - - - - - -

Für die Profile in allen drei Intelligenztests gilt, daß ein Wert für die Gesamt-Intelligenz vernünftigerweise nicht erhoben werden sollte. Sinnvoll dagegen erscheint die Errechnung von Durchschnittswerten für verbale und für nicht-verbale Untertests. Darüber hinaus sind individuelle Diskrepanzen zwischen besseren und schwächeren Untertestleistungen herauszustellen. In der Kombination mit entsprechenden anamnestischen Daten, insbesondere mit den Hinweisen, die Notentafeln und Zeugnisbemerkungen enthalten, läßt sich die Diagnose erhärten. Die befreiende Aussage "Ihre Schulschwierigkeiten wurden durch eine Legasthenie verursacht. Sie haben nichts mit schwacher Begabung zu tun" kann schon allein therapeutische Wirkung haben. Wie weit noch spezielle Fördermaßnahmen notwendig sind, ergibt sich aus dem Grad der Leseschwäche und beruflichen Notwendigkeiten.

Literatur

1. Amthauer R (1977) Intelligenz-Struktur-Test. I-S-T 70. Hogrefe, Göttingen
2. Critchley M (1973) The Dyslexic Child. London
3. Dummer L (1987) Schullaufbahnen von Legasthenikern. In: L Dummer: Legasthenie. Bericht über den Fachkongreß 1986. Bundesverband Legasthenie, Hannover
4. Horn W Prüfsystem für Schul- und Bildungsberatung. PSB. Hogrefe, Göttingen
5. Jäger AO Rechtschreibungstest RT, Hogrefe, Göttingen, 1968, 1974
6. Weinschenk C (1965) Die erbliche Lese-Rechtschreibschwäche und ihre sozial-psychiatrischen Auswirkungen. Huber, Bern und Stuttgart

Behandlung von Kindern, Jugendlichen und Erwachsenen mit schwerer Legasthenie in einer Nervenarztpraxis

W. Winkelmann und U. Winkelmann

60 Kinder und Jugendliche mit schwerer Legasthenie wurden eingehend neurologisch, psychiatrisch, familienanamnestisch und testpsychologisch untersucht. 30 wiesen eine familiäre Komponente auf. Die Jungen waren mit 48 gegenüber 12 Mädchen überrepräsentiert. Linkshändigkeit bestand bei 9 Probanden, bei mehreren war die Seitigkeit noch unsicher. 15 hatten eine nachgewiesene Hirnschädigung, bei etlichen bestand der ernsthafte Verdacht auf eine organische Hirnschädigung. Beide Gruppen zusammen kamen auf 38 von 60. Anamnestisch gab es vereinzelt jahrelang unentdeckte Paukenhöhlenergüsse. Die Sprachentwicklung war bei 28, die motorische Entwicklung bei 12 verzögert. Fehlsichtigkeit und Schielen auch geringen Grades sollten bei Legasthenikern voll auskorrigiert werden. Auf psychischem Gebiet bestand bei über der Hälfte der Fälle eine sekundäre Neurotisierung durch ständige Mißerfolgserlebnisse, sehr häufig mit psychovegetativen Fehlregulationen, Angstzuständen und einer Selbstwertproblematik. Zusätzlich lagen oft starke psychosoziale Außenbelastungen vor, nicht ganz selten chaotische Familienverhältnisse. Andererseits gab es zahlreiche Legastheniker in einem liebevollen und reifen Familienklima. Die Legasthenie war fast immer mehrfach determiniert in einer hochindividuellen Weise.

Die grobe Diskrepanz zwischen der Gesamtintelligenz und der Lese/Rechtschreibleistung wurde graphisch individuell aufgelistet. Eine ganze Reihe Betroffener gehörte intelligenzmäßig den obersten 20 % der Altersgruppe an. Dennoch schaffen durch fehlende gezielte Förderung und durch behördliche Blockierungen nur wenige das deutsche Abitur. Daß die schwere Legasthenie nicht etwa von selbst verschwindet, zeigten die Untersuchungsergebnisse von 15 Erwachsenen, von denen viele weiterhin desolate Defizite aufwiesen. Sie kamen meist in Krisensituationen im Rahmen einer notwendig gewordenen beruflichen Umorientierung oder Umschulung, wobei die alten spezifischen Lernprobleme wieder aufbrachen.

Bei den Kindern und Jugendlichen erfolgte nach eingehender Aufklärung der Eltern und Einwilligung eine Information der Schule über Art und Schwere der vorliegenden Störung. In einem Grundtraining auf der Vorstufe des Lesenlernens wurde in einer wöchentlich stattfindenden 3/4stündigen Einzeltherapiesitzung intensive Laut-, Klang-, Silben- und Wortanalyse und -synthese betrieben mit auditiver und sprechmotorischer Differenzierung. Übungen für die Augenbeweglichkeit, die visuelle Diskrimination, Gedächtnis und Konzentration kamen hinzu, ergänzt durch ein tägliches häusliches Training von 15 Minuten mit Hilfe eines spezifisch ausgewählten Arbeitsmaterials (u. a. v. Marianne Frostig, Fackelmann und Beyer). Nach Aufbesserung der Grundfunktionen mit Erreichen der Lesereife erfolgte das eigentliche Lesetraining, zuletzt das Rechtschreibtraining. Dabei wurde zu Hause weiter täglich gearbeitet, nun erst mit Inhalten aus dem lese- und schreibmotorischen Bereich. Bei einer Reihe von Legasthenikern waren Klassen- und Schulwechsel erforderlich. Bei 23 Legasthenikern unter 18 Jahren ohne Abbruch und mit vollständigen Testergebnissen vor und nach Therapie war die durchschnittliche Steigerung der Lesefähigkeit so stark wie

512

die der Rechtschreibfähigkeit, von Prozentrang 6 - 7 auf 42. Bei Einzelbetrachtung erreichten viele eine durchschnittliche Lese- und Rechtschreibleistung. Bei den besonders Erfolgreichen gab es mehrere, bei denen Rechtschreib- und Leseleistungen nach der Therapie gleich oder gar höher waren als dem IQ entsprechend. 4 stuften wir als 'poor responder' ein. Sie kamen im gleichen Alter, wiesen eine gleich häufige erbliche Belastung auf und hatten eine gleich schwere Legasthenie. In beiden Gruppen bestand etwa bei der Hälfte der ernsthafte Verdacht auf eine organische Hirnschädigung. Die 'poor responders' waren aber im Durchschnitt weniger intelligent. Sie wuchsen häufiger in einer chaotischen Umgebung auf. Sie waren alle sekundär neurotisiert, die besonders Erfolgreichen deutlich seltener. In den Tests waren bei den 'poor responders' alle 3 Bereiche der visuell, auditiv und mnestisch vermittelten zerebralen Sprachverarbeitung betroffen.

Die Hälfte unserer Legastheniker war in der Schule nicht rechtzeitig entdeckt und nicht gefördert worden. Der Erfolg der vorangegangenen schulischen Förderung (fast nur in Gruppenarbeit) war meist sehr gering. Mancher Förderunterricht bestand lediglich im Lesen von Kinderbüchern mit großer Schrift. Trotz schulischer Testungen wurden schwere Legasthenien nicht erkannt, häufig als reine Verhaltensstörung, Minderbegabung oder Trägheit angesehen. Von den 15 Erwachsenen waren 5 in die Sonderschule geraten, z. T. sogar ohne Sonderschulabschluß entlassen, was ihren beruflichen Werdegang schwer beeinträchtigte.

Legasthenie ließ sich auch bei Erwachsenen wirksam behandeln. Eine Therapie war von ihnen aber nur schwer über einen genügend langen Zeitraum durchzuhalten angesichts ihrer familiären und beruflichen Alltagsbelastungen. Die Erwachsenen, die durchhielten, erreichten nahezu ähnliche Ergebnisse wie im Kindes- und Jugendalter, erstaunlicherweise nach etwa der gleichen Anzahl von durchschnittlich 50 - 60 Einzelsitzungen.

Das ausgereifte gut begabte Kind lernt wahrscheinlich mit jeder Methode und bei jedem Lehrer Lesen und Schreiben aufgrund eines vermutlich genetisch vorgegebenen Codes. Bei Legasthenie ist keine Einzelmethode, insbesondere keine puristisch betriebene, weder ganzheitliche, noch buchstabenbezogene noch - neuerdings - spielerisch probierende in der Lage, diese hochkomplizierte Kulturtechnik zu vermitteln. Die Schule allein ist bei schwerer Legasthenie überfordert. Auch geht es bei der Legasthenie um viel mehr als um ein nur schulisches Problem. Es geht um Reifung und Kommunikation. Mit der Legasthenietherapie verschwand oder besserte sich eine Vielzahl von psychosomatischen, neurotischen und Verhaltensstörungen.

Literatur

1. Beyer, G (1987)7 Gedächtnis-Training. Humboldt, München
2. Deegener, G (1978) Neuropsychologie und Hemisphärendominanz. Enke, Stuttgart
3. Dummer-Smoch, L (1989) Legasthenie-Bericht über den Fachkongress 1988, Bundesverband Legasthenie eV, Hannover
4. Fackelmann, J (1976)2 Hören und Üben 1 u. 2. Oldenbourg, München
5. Geisselhart, RR (1988) So merke ich mir Namen und Gesichter. Delphin, München
6. Klampfl-Lehmann, I (1986) Der Schlüssel zum besseren Gedächtnis. Delphin, München
7. Lockowandt, O (1974) Frostigs Entwicklungstest der visuellen Wahrnehmung. Beltz, Weinheim
8. Rahmann H, Rahmann M (1988) Das Gedächtnis - Neurobiologische Grundlagen. Bergmann, München
9. Weinschenk, C (1988) Über den Unterschied der Schreibstörungen bei primärer Agraphie und kongenitaler Legasthenie und dessen klinische Relevanz. Fortsch Neurol Psychiat, 56:259-264

Fokale Epilepsien: SPECT-Untersuchungen mit 123-Jod Iomazenil und ^{99m}Tc-HM-PAO

M. Cordes, F. Ferstl, H. Henkes, B. Schmitz, U. Keske, R. Langer, D. Schmidt und R. Felix

Der GABA-Benzodiazepin-Rezeptorkomplex zählt bei der Regulation zerebraler Funktionen zu den wichtigsten Inhibitoren.

PET-Untersuchungen mit dem Benzodiazepin-Rezeptorantagonisten Flumazenil an Patienten mit fokalen Epilepsien haben ergeben, daß dieser Rezeptorkomplex im epileptogenen Fokus signifikant reduziert ist.

Der in dieser Studie verwendete Ligand Iomazenil, ein Derivat des Flumazenil, besitzt keine intrinsische Aktivität und zeichnet sich durch eine hohe spezifische Bindung an Benzodiazepin-Rezeptoren aus.

Untersucht wurden 10 Patienten, 6 Frauen und 4 Männer, im Alter zwischen 18 - 47 Jahren, im Median 32 Jahre mit einer aktiven fokalen Epilepsie. Die antikonvulsive Medikation bestand bei jeweils 50 % der Patienten aus einer Monotherapie bzw. einer Kombinationstherapie von mindestens 2 Antiepileptika der ersten Wahl.

An Voruntersuchungen lagen bei allen Patienten mehrere EEG-Ableitungen sowie mindestens eine zerebrale Computertomographie vor. Bei allen Patienten war darüber hinaus eine Kernspintomographie durchgeführt worden.

In unsere Untersuchungen wurden nur solche Patienten aufgenommen, die eine pathologische HMPAO-SPECT-Untersuchung aufwiesen. Ausgeschlossen wurden Patienten, bei denen eine Medikation mit Benzodiazepin während 14 Tage vor der Untersuchung erfolgte.

Die SPECT-Untersuchungen erfolgten interiktal nach intravenöser Applikation von 300 MBq 123-Jod-Iomazenil, entsprechend einer applizierten Menge von etwa 1 µg des Liganden. Die Aufnahmen erfolgten an der rotierenden Gamma-Kamera mit einem hochauflösenden Kollimator 30 min p. i. (Initialphase) und 90 min p. i. (Spätphase).

Nach visueller Einschätzung fanden sich mittels Iomazenil-SPECT in der Initialphase bei 7 von 10 Patienten jeweils eine Region mit verminderter Nuklidanreicherung.

In der Spätphase wurden bei 2 Patienten jeweils eine Region mit verminderter Nuklidanreicherung identifiziert.

Die quantitative Auswertung durch Bestimmung der Impulsraten innerhalb einer pathologischen Region, bezogen auf die kontralaterale Seite, ergab für Iomazenil-SPECT 30 min p. i. im Mittel einen Wert von 0,92 mit einer Spannbreite von 0,87 bis 0,99, für Iomazenil-SPECT 90 min p. i. einen Wert im Mittel von 0,89 mit einer Spannbreite 0,78 bis 0,97.

Demgegenüber ergab sich für HMPAO-SPECT ein Wert von im Mittel von 0,94 mit einer Spannbreite von 0,88 bis 0,95.

Schlußfolgerungen

1. Iomazenil-SPECT scheint ein geeignetes Verfahren zur Beurteilung der zerebralen Benzodiazepin-Rezeptorverteilung zu sein und läßt bei Patienten mit fokalen Epilepsien Regionen mit herabgesetzter Rezeptordichte identifizieren.

2. Die Benzodiazepin-Rezeptorverteilung ist am besten darstellbar auf Spätaufnahmen, d.h. 90 min p. i., da in der Initialphase die Verteilung des Liganden weitgehend vom regionalen zerebralen Blutfluß bestimmt wird.

3. Iomazenil-SPECT und HMPAO-SPECT sind bezüglich der Detailauflösung und Abbildungsqualität als gleichwertig zu beurteilen, die Systemauflösung liegt für beide Verfahren in einem Bereich von 12 mm.

4. Der Vorteil von Iomazenil-SPECT gegenüber HMPAO-SPECT ist einerseits in der Kenntnis der intrazerebralen Bindungsstellen von Iomazenil zu sehen, wohingegen die Biochemie von HMPAO weitgehend ungeklärt ist. Ferner könnte zukünftig mit der Entwicklung schnellerer SPECT-Aufnahmesysteme die Möglichkeit, dynamische Aufnahmeserien mit Rezeptorverdrängungsuntersuchungen anzufertigen, von Vorteil sein.

SPECT-Untersuchungen mit ^{99m}Tc-HM-PAO bei fokalen Epilepsien

M. Cordes, H. Henkes, W. Christe, K. Rosenkranz, U. Delavier, H. Eichstädt, D. Schmidt und R. Felix

Mit der vorliegenden Untersuchung sollte die Frage geklärt werden, inwieweit mittels SPECT bei Patienten mit fokaler Epilepsie eine regional verminderte Anreicherung von HMPAO nachweisbar ist und ob die so identifizierten Regionen einem epileptogenen Fokus entsprechen könnten. Die Ergebnisse wurden mit CT und MRT verglichen.

Untersucht wurden innerhalb von 12 Monaten 52 Patienten, 24 Frauen und 28 Männer im Alter zwischen 17 und 71 Jahren, im Median 36 Jahre, mit der Diagnose einer aktiven fokalen Epilepsie. Alle Patienten erhielten eine antiepileptische Medikation.

Appliziert wurden 555 MBq ^{99m}Tc-HMPAO i. v. interiktal. Mit der SPECT-Untersuchung wurde 10 min p. i. begonnen, die Gesamtuntersuchungszeit betrug 20 min.

Die CT-Untersuchungen erfolgten bei 40 Patienten nativ und kontrastmittelverstärkt.

Die MRT-Untersuchungen erfolgten bei 27 Patienten als Präkontrastuntersuchung.

Die interiktalen Oberflächen-EEG-Ableitungen erfolgten bei 52 Patienten mit einem 21-Kanal-Gerät, die Positionierung der Elektroden gemäß dem 10-20-System.

Ergebnisse SPECT

Bei den insgesamt 52 Patienten fanden sich bei 51 Patienten pathologische SPECT-Untersuchungen.

Bei einem Patienten lag ein Normalbefund vor.

Durch die quantifizierte Auswertung konnten 87 pathologische Lokalisationen (gleich 100 %) identifiziert werden. Aufgeschlüsselt nach Regionen fanden sich Perfusionsstörungen am häufigsten temporal (n = 42; gleich 48 %), am seltensten frontal (n = 6; gleich 7 %).

Dazwischen lagen zerebelläre (n = 15; gleich 17 %), okzipitale (n = 13; gleich 15 %) und parietale (n = 11; gleich 13 %) Perfusionsstörungen.

Mittels CT fand sich bei 12 Patienten (30 %) eine regionale kortikale Atrophie. Eine fokale Läsion war bei 3 Patienten nachweisbar (8 %), hierbei handelte es sich in allen Fällen um ein Hamartom.

Bei 25 Patienten (63 %) war die Computertomographie unauffällig.

Mit der MRT konnte eine regionale Atrophie bei 6 Patienten (22 %) gesichert werden. Bei einem Patienten fand sich eine Balkenhypoplasie. Fokale Läsionen waren bei 7 Patienten (96%) darstellbar.

Ein unauffälliger MRT-Befund fand sich bei 13 Patienten (48 %).

Mittels Oberflächen-EEG konnte ein unifokaler Herdbefund bei 37 Patienten (71 %) nachgewiesen werden.

Bilaterale oder multifokale Herdbefunde fanden sich bei 8 Patienten (15 %). Ein unauffälliges EEG ergab sich bei 7 Patienten (13 %).

Aus den bisher vorliegenden Ergebnissen läßt sich schlußfolgern, daß der Nachweis und die topographische Zuordnung von Funktionsstörungen bei den meisten Patienten mit aktiver fokaler Epilepsie durch SPECT möglich ist. Eine Übereinstimmung zwischen EEG und SPECT bezüglich der Lokalisation und der Lateralisation gelingt bei der überwiegenden Zahl der Patienten.

Fortbestehende Beeinträchtigungen hippokampaler Strukturen nach Normalisierung des globalen Glukosestoffwechsels bei Patienten mit postanoxischem Syndrom

J. Kessler, C. Beil, M. Grond, U. Pietrzyk, T. Wullen und W.-D. Heiss

Extrazerebral bedingte hypoxische Hirnschäden können nachhaltig die Fähigkeit der Informationsaufnahme, -speicherung und der Informationswiedergabe beeinflussen (2, 7). Diese kognitiv-mnestischen Störungen gehen initial mit einer erheblichen Reduktion des kortikalen und subkortikalen Glukosestoffwechsels einher, der sich im Zuge allgemeiner Genesung jedoch wieder normalisiert (6). Trotz dieser Erhöhung des globalen Glukosestoffwechsels, einer Verbesserung des Konzentrationsvermögens, der Vigilanz und der Wachheit besteht bei solchen Patienten häufig eine andauernde, anterograde Amnesie, d. h. Verlust, neue Information zu erwerben.

Neuropathologische Untersuchungen zeigen, daß vor allem Gewebszerstörungen der medialen Temporallappen mit hippocampaler Formation, der dienzephalen Strukturen und hier insbesondere des mediodorsale Nukleus des Thalamus und der Mamillarkörper und des basalen Vorderhirns mit amnestischen Symptomen korrespondieren (4).

Der Zweck der vorliegenden Studie war die Identifizierung von Hirnstrukturen und von metabolischen Korrelaten, die bei 2 Patienten (22 J, 28 J, m) mit hypoxischem Hirnschaden nach Herzstillstand zu einem amnestischen Syndrom führten. Hierzu wurde eine Kernspintomographie (Magnetom, Siemens; T1 gewichtet, TR = 0,04 sec, TE = 15 ms), eine Positronen-Emissions-Tomographie mit 18Fluordesoxyglukose (3) und eine elaborierte neuropsychologische Testung verwendet. Bei der neuropsychologischen Untersuchung kamen neben einer kognitiven Basisuntersuchung Gedächtnistests mit unterschiedlichem Abfragemodus (freies Reproduzieren vs. Wiedererkennen), mit verschiedenen Abfragezeitpunkten (unmittelbar/verzögert) und mit verschiedenem Stimulusmaterial (Gesichter, Wörter, geometrische und fragmentierte Objekte) zur Anwendung.

Die PET-Untersuchung und die neuropsychologischen Tests wurden zeitgleich einen Monat nach Diagnosestellung und erneut nach 4 resp. 6 Monaten durchgeführt. Um funktionelle Parameter in morphologischen Strukturen bestimmen zu können, wurden qua interaktiver, visueller Kontrolle digitalisierte PET- und MR-Bilder unter Zuhilfenahme charakteristischer Strukturen und deren Konturen angeglichen (5).

Bei beiden Patienten wurde der Hippokampus volumetrisch senkrecht zu seiner Längsachse mit 1 mm Schichtdicke auf der Basis von MR-Daten quantifiziert.

Ergebnisse

Neuropsychologie:
Bei der Erstuntersuchung blieben die basalen Intelligenzfunktionen bei beiden Patienten bewahrt; beide Patienten waren zeitlich desorientiert, hatten Vigilanzstörungen und zeigten Störungen der Konzentration und Aufmerksamkeit.

Das Gedächtnis war in allen Stimulusmodalitäten und zu jeder Zeit des Abrufes massiv gestört. Bei der Zweituntersuchung nach 6 Monaten (Patient 1) und nach 4 Monaten (Patient 2) bestanden fast ausschließlich mnestische Störungen. Es zeigte sich jedoch eine ungefähr 20 %ige Reduktion der Fehlerrate bei den Wiedererkennungstests und eine ähnliche Verbesserung bei der Kurzzeitkomponente des Buschke-Tests.

Der dauerhafte Erwerb von verbalen Informationen war bei beiden Patienten nicht möglich.

PET: Der Globalstoffwechsel erhöhte sich zwischen der Erst und Zweituntersuchung von 27,9 µmol/100g/min auf 32,5 µmol/100g/min (Pat. 1) resp. 23,8 µmol/100g/min auf 28,1 µmol/100g/min. (Pat. 2) Die Steigerung des Globalstoffwechsels betrug 16,5 % resp. 18 %. Anfänglich war der Globalstoffwechsel von einem altersparallellisierten Normkollektiv signifikant verschieden. Bei der Zweituntersuchung war nur noch Patient 2 signifikant in seinem Globalstoffwechsel reduziert. Bei beiden Patienten war im Vergleich zum Normkollektiv ein signifikant geminderter Stoffwechsel im Thalamus, in der hippokampalen Formation und im Striatum belegbar. Messungen des Hippokampus auf der Grundlage von MR-Daten ergaben bei beiden Patienten fast um die Hälfte reduzierte Volumina (s. auch 1).

Thalamische Strukturen und die Basalganglien zeigten im MR keine pathologischen Änderungen.

Es ist zu vermuten, daß die Amnesieausprägung durch irreversible Gewebsschädigung im Hippokampus und in den umgebenden Strukturen verursacht wird, und daß das Potential der Funktionserholung durch die Reversibilität von hypometabolen, dienzephalen und kortikalen Gehirnarealen bestimmt wird.

Literatur

1. Amaral DG, Squire LR (1989) Hippocampal abnormalities in amnesic patients revealed by high-resolution magnetic resonance imaging. Nature 341:54-57
2. Cummings JL, Tomiyasu U, Read ST, Benson DF (1984) Amnesia with hippocampal lesions after cardiopulmonary arrest. Neurology 34:679-681
3. Herholz K, Pawlik G, Wienhard K, Heiss W.-D. (1985) Computer assisted mapping in quantitative analysis of cerebral positron emission tomograms. J Comput Assist Tomogr 9(1):154-161
4. Markowitsch HJ, Pritzel M (1985) The neuropathology of amnesia. Progress in Neurobiology 25:189-287
5. Pietrzyk U, Herholz K, Heiss W-D (1990) Three-dimensional alignment of functional and morphological tomograms. J Comput Assist Tomogr 14(1):51-59
6. de Volder AG, Goffinet AM, Bol A, Michel C, de Barsy T, Laterre C (1990) Brain glucose meatbolism in postanoxic syndrome. Arch Neurol 47:197204
7. Volpe BT, Hirst W (1983) The characterization of an amnesic syndrome following hypoxic ischemic injury. Arch Neurol 40:436-440

Altersabhängigkeit des zerebralen Glukosestoffwechselprofils bei Patienten mit Alzheimer-Demenz*

R. Mielke, M. Grond, R. Adams, K. Herholz, J. Kessler und W.-D. Heiss

Seit Einführung des Begriffs "Alzheimer'sche Krankheit" durch Kraepelin (6) wird eine kontroverse Diskussion geführt, ob es sich um ein einheitliches Krankheitsbild handelt (unitaristisches Konzept) oder ob unter anderem zwischen einer präsenilen und einer senilen Form unterschieden werden kann. So wich auch Alzheimer selbst von seinem ursprünglichen Konzept einer präsenilen Erkrankung ab und verwendete den Begriff für alle senilen und präsenilen Krankheitsformen mit typischen makroskopischen und mikroskopischen Veränderungen (1). Verschiedenste Parameter wurden hinsichtlich ihrer Altersabhängigkeit bei der Alzheimer'schen Erkrankung untersucht. Neben psychopathometrischen und anderen klinischen Untersuchungen wurden auch epidemiologische, neuropathologische und biochemische sowie genetische Parameter untersucht. Im folgenden soll die Abhängigkeit des regionalen zerebralen Glukosestoffwechsels vom Alter der Alzheimer-Patienten untersucht werden. Die Bestimmung des regionalen zerebralen Glukosestoffwechsels mittels Positronen-Emissions-Tomographie stellt das heute aussagekräftigste Untersuchungsinstrument zur Diagnose degenerativer Demenzen dar und ermöglicht Einblicke in pathologische Stoffwechselveränderungen bei Patienten mit Alzheimer-Demenz.

In unserer Studie wurden insgesamt 38 Patienten mittels F18-Fluordeoxyglukose Positronen-Emissions-Tomographie untersucht (Methodik siehe 3, 10), bei denen die Diagnose einer "wahrscheinlichen Alzheimer Demenz" gemäß NINCDS-ADRDA Kriterien (8) gestellt worden war und die Krankheitsdauer mindestens 6 Monate betrug. Neben umfangreichen Laboruntersuchungen wurde bei allen Patienten entweder ein Kernspintomogramm oder Computertomogramm zum Ausschluß einer sekundären Demenz bzw. von ischämischen Insulten angefertigt. Der modifizierte Haschinsky-Score nach Rosen (9) lag unter 4. Im einzelnen handelte es sich um 13 Männer und 25 Frauen mit einem Durchschnittsalter von 66,5 +/- 7,6 Jahre (Spannweite 52 - 81 Jahre). Die durchschnittliche Krankheitsdauer betrug 2,5 +/- 1,3 Jahre (0,5 - 6 Jahre). Als Maß für die Schwere des dementiellen Abbaus verwendeten wir den Mini-Mental-Status Test (MMST) nach Folstein et al. (2) in der deutschsprachigen Version nach Kessler et al. (5). Die durchschnittlich erreichte Punktzahl betrug 16,2 +/- 6,0 (3 - 27 Punkte). Um die Altersabhängigkeit der typischen Stoffwechselveränderungen der Alzheimer'schen Demenz zu erfassen, bildeten wir einen Quotienten der regionalen zerebralen metabolischen Raten in Regionen, die bei präseniler Demenz typischerweise betroffen sind (temporo-parietaler und frontaler Assoziationskortex) geteilt durch den Stoffwechsel typischerweise nicht betroffener Regionen (Zerebellum, Hirnstamm, Nucleus lentiformis, visueller und primärer sensomotorischer Kortex). Die diagnostische Aussagekraft dieses Quotienten wurde bereits in einer anderen Studie bestätigt (4).

Es ergab sich ein signifikanter Zusammenhang zwischen diesem Stoffwechselquotienten und dem Alter der Patienten mit Alzheimer'scher Demenz (r = 0,48, p = 0,002) sowie zwischen dem Stoffwechselquotienten und dem Punktwert des MMST (r = 0,52, p = 0,001), d.h. dem Schweregrad der Demenz. Es bestand jedoch kein Zusammenhang zwischen Alter und Schweregrad der Demenz. Korrespondierend fand sich in der visuellen Bildauswertung bei Patienten mit seniler Demenz häufig eine mehr global ausgeprägte Stoffwechselminderung mit geringerem Kontrast zwischen den Assoziationsfeldern und den bei präseniler Demenz typischerweise nicht betroffenen Arealen.

Die Ergebnisse der vorliegenden Studie zeigen, daß das pathologische Stoffwechselverteilungsmuster mit zunehmendem Alter weniger typisch ausgeprägt ist. Da andere Studien (7) zeigten, daß Patienten mit Alzheimer'scher Demenz im gleichen Ausmaß wie ältere Normalpersonen vaskuläre Veränderungen der weißen Substanz im Sinne einer Leukoaraiosis aufwiesen, könnte dies darauf hindeuten, daß im höheren Lebensalter zusätzliche, unspezifische Faktoren die Ausprägung einer Demenz beeinflussen.

Literatur

1. Alzheimer A (1911) Über eigenartige Krankheitsfälle des späteren Alters. Z Ges Neurol Psychiat 4:356-360
2. Folstein MF, Folstein SE, McHugh PR (1975) Mini-mental state. J psychiat Res 12:189-198.
3. Heiss WD, Pawlik G, Herholz K, Wagner R, Göldner H, Wienhard K (1984) Regional kinetic constants and cerebral metabolic rate for glucose in normal human volunteers determined by dynamic positron emission tomography of (18F)-2-fluoro-2-deoxy-D-glucose. J Cereb Blood Flow Metabol 4:212-223.
4. Herholz K, Adams R, Kessler J, Szelies B, Grond M, Heiss, WD (1990) Accuracy of diagnosis of Alzheimer's disease with positron emission tomography. Dementia im Druck.
5. Kessler J, Markowitsch HJ, Denzler P (1990) Der Mini-Mental-Status Test, Beltz-Verlag, Weinheim
6. Kraepelin E (1910) Psychiatrie, ein Lehrbuch für Studierende und Ärzte, 8. Auflage, Vol II/1. Barth, Leipzig
7. Leys D, Soetart G, Petit H, Fauquette A, Pruvo JP, Steinling M (1990) Periventricular and white matter magnetic resonance imaging hyperintensities do not differ between Alzheimer's disease and normal aging. Arch Neurol 47:524-527.
8. McKhann G, Drachman D, Folstein M, Katzman R, Price D, Stadlan EM (1984) Clinical diagnosis of Alzheimer's disease: Report of the NINCDS-ADRDA work group under the auspices of Department of Health and Human Services Task Force on Alzheimer's disease. Neurology 19:939-944.
9. Rosen WG, Terry RD, Fuld PA, Katzman R, Peck A (1980) Pathological verification of ischemia score in differentiation of dementias. Ann Neurol 7:486-488.
10. Wienhard K, Pawlik G, Herholz K, Wagner R, Heiss WD (1985) Estimation of local cerebral glucose utilization by positron emission tomography of (18F)-2-fluoro-2-deoxy-D-glucose: A critical appraisal of optimization procedures. J Cereb Blood Flow Metabol 5:115-125.

*Mit Unterstützung des BMFT, Nr. 070 1763 A/8

Hemichorea - Nachweis erhöhter Glukoseutilisation im kontralateralen Striatum mittels PET

A. Weindl, T. Kuwert, B. Conrad, H. Gräfin von Einsiedel, D. Scholz, H. Herzog und L.E. Feinendegen

Computertomographie (CT) und Positronenemmissionstomographie (PET) haben im Striatum Atrophie bzw. erniedrigte regionale zerebrale Metabolismusraten (rCMRGlc) bei Chorea Huntington gezeigt (1, 3).

Wir berichten über eine Patientin mit symptomatischer Hemichorea, deren Striatum im CT unauffällig war, die im PET jedoch erhöhte striatale rCMRGlc kontralateral zeigte.

Die 74jährige Patientin war im Alter von 18 Jahren an Rheumatismus erkrankt und hatte vorübergehend choreatische Hyperkinesen entwickelt. Mit 66 Jahren trat eine langsam progrediente Hemichorea rechts auf. Basalganglien und Thalamus wurden im 2mm Schichten im CT (Somatom-DRH) untersucht. rCMRGlc wurde im PET (PC-4096) mit der 18F-Fluordeoxyglucose-Methode gemessen und mit Normalwerten von 13 gesunden Kontrollpersonen verglichen.

Das CT war unauffällig bis auf eine kleine hypodense Läsion im ventralen anterioren Thalamus rechts.

Im Nucleus lentiformis links war rCMRGlc erhöht (69,52 µmol100g/min im Vergleich zu 53,1 + 6,2 bei Kontrollen), während rCMRGlc-Werte in Nucleus lentiformis rechts, Kortex, Thalamus und Kleinhirn im Normbereich waren (Tab. 1). Links/Rechts Quotienten von rCMRGlc in Nucleus lentiformis und Nucleus kaudatus waren deutlich höher als bei Kontrollen (1,66 bzw. 1,38 im Vergleich zu 1,07 + 1 bzw. 1,05 + 0,06), während die übrigen Regionen symmetrische rCMRGlc-Werte zeigten.

Die Thalamusläsion rechts könnte dazu beitragen, daß sich Hyperkinesen links nicht manifestieren durch Interferenz mit kortiko-striato-thalamo-kortikalen Schaltkreisen.

Im Gegensatz zu Chorea degenerativer Genese, z. B. bei M. Huntington, die mit ausgeprägter Kaudatumatrophie und erniedrigter striataler rCMRGlc einhergeht, ist bei Chorea nicht primär degenerativer Genese rCMRGlc nicht erniedrigt, sondern normal, z. B. bei Chorea infolge von systemischem Lupus erythematodes (2) oder erhöht wie im Falle unserer Patientin mit Hemichorea (Chorea minor Sydenham).

Literatur

1. Garnett ES, Firnau G, Nahmias C, Carbotte R, Bartolucci G (1984) Reduced striatal glucose consumption and prolonged reaction time are early features in Huntingtons's disease. J Neurol Sci 65:231-237
2. Guttman M, Lang AE, Garnett ES, Nahmias C, Firnau G, Tyndel FJ, Gordon AS (1987) Regional cerebral glucose metabolism in SLE chorea: further evidence that striatal hypermetabolism is not a correlate of chorea. Mov Disord 2:201-210
3. Kuwert T, Lange HWS, Langen K-J, Herzog H, Aulich A, Feinendegen LE (1990) Cortical and subcortical glucose consumption measured by PEDT in patients with Huntingtons's disease. Brain 113 (im Druck)

Tabelle 1. rCMRGlc and left-to-right ratios of rCMRGlc in the hemichoreatic patient compared to control

	patient	controls	

1. Absolute Values of rCMRGlc (µmol/100 g/min)

	Patient	Controls (n = 13)	
		x	sd
Left Cortex	27,10	36,32	4,65
Right Cortex	26,70	35,94	4,71
Cortex	26,90	36,13	4,65
Left Thalamus	33,20	37,81	5,43
Right Thalamus	31,20	38,24	5,47
Thalamus	32,20	38,02	5,40
Left Cerebellum	26,90	29,69	3,92
Right Cerebellum	27,20	29,68	3,90
Cerebellum	27,05	29,69	3,85
Left Nc. Caudatus	39,24	43,17	6,87
Right Nc. Caudatus	**28,43***	41,16	6,29
Nc. Caudatus	33,84	42,16	6,46
Left Nc. Lentiformis	**69,52[1)]**	53,09	6,22
Right Nc. Lentiformis	41,80	49,96	7,04
Nc. Lentiformis	55,66	51,52	6,31

2. Left-to-right ratios of rCMRGlc

Cortex	1,01	1,01	0,02
Thalamus	1,06	0,99	0,04
Cerebellum	0,99	1,00	0,05
Nc. Caudatus	1,38	1,05	0,06
Nc. Lentiformis	**1,66[1)]**	1,07	0,09

x - average value sd - standard deviation * below x - 2 sd of control group [1)] above x + 2 sd of control group

Nutzung der zerebralen Perfusionsreserve durch Kognition bei normalem Altern und zerebrovaskulärer Erkrankung

H.L. Lagrèze, A. Hartmann, A. Schaub, J. Boethling und U. Wirsing

Im Alter und bei zerebrovaskulären Erkrankungen nehmen regionale Gehirndurchblutung (rCBF) und Vasomotorenreserve (VMR) ab (3, 6). Da eine Steigerung der neuronalen Aktivität einen angemessenen Anstieg von rCBF benötigt (2), wird kognitive Leistungsminderung bei diesen Patienten leicht auf die Reduktion von rCBF oder VMR zurückgeführt. Gelegentlich wird daher vorgeschlagen, rheologisch oder vasomotorisch aktive Substanzen zur Verbesserung der zerebralen Leistungsfähigkeit einzusetzen. Wir untersuchten, ob tatsächlich bei älteren Normalpersonen und Hirninfarktpatienten die Anpassungsfähigkeit von rCBF an durch Kognition gesteigerte neuronale Aktivität gestört ist.

Methodik und Versuchspersonen

rCBF wurde gemessen mittels der intravenösen Xenon-133 Clearance-Methode und berechnet als initial slope index (1/sec), der in normalem Gewebe überwiegend die Perfusion der grauen Substanz darstellt (5). In einem Helm wurden 32 Detektoren über homologen Kortexarealen beider Hemisphären plaziert, wobei knöcherne anatomische Orientierungspunkte eine grobe Zuordnung von regions-of-interest (ROI) zu Kortexarealen erlauben. Untersucht wurden 39 Normalpersonen (Alter 18 - 84 Jahre) und 28 Patienten mit unilateralen Hirninfarkten (3 Wochen bis 6 Monate nach Infarktbeginn), die als Gruppe eine kognitive Leistungsminderung in dem unten beschriebenen Test zeigten. Bei allen Personen wurde rCBF in 3 Funktionszuständen in einer Sitzung gemessen: Ruhe-Wach-Zustand mit geschlossenen Augen, kognitive Stimulation durch einen visuell präsentierten, nonverbalen Problemlösungstest (Raven Progressive Matrices) (4) und Stimulation der rCBF durch 5 %-Kohlendioxid-Inhalation zur Untersuchung der VMR. VMR wurde berechnet als die rCBF-Differenz zwischen Ruhe und Kohlendioxidinhalation geteilt durch den Kohlendioxidanstieg. Während der kognitiven Stimulation bestand die Aufgabe darin, logische Verknüpfungen zwischen abstrakten Figuren zu erkennen und weitere gemäß dem jeweiligen logischen Zusammenhang zu ergänzen. Der Schweregrad wurde der individuellen Testleistung angepaßt. Die Testleistung wurde bestimmt durch einen Leistungsindex, der ein Produkt aus dem prozentualen Anteil der richtigen Antworten und der Teststufe darstellte. Nach Prüfung auf Normalverteilung wurden rCBF-Unterschiede zwischen den Funktionszuständen mittels t-Test nach Bonferroni-Adaptation für multiple Vergleiche auf Signifikanz überprüft. Der Vergleich zwischen Patienten (Alter 55,2 +/- 11,3 Jahre) und Normalpersonen erfolgte an einer altersgleichen Untergruppe (n = 28, Alter 54,3 +/- 17,0 Jahre) des Normalkollektivs.

524

Ergebnisse

Der Leistungsindex betrug 142,5 +/- 49,4 bei Patienten und 218,5 +/- 114,1 bei altersgleichen
Normalpersonen (p < 0,002). Er nahm im Gesamtkollektiv der Normalpersonen mit zunehmendem Alter ab (r = - 0,5, p = 0,0007), ebenso verhielten sich Ruhedurchblutung (r = - 0,57,
p = 0,0005) und VMR (r = - 0,41, p = 0,01). Bei Normalpersonen nahm die durch Kognition
hervorgerufene absolute Durchblutungszunahme mit dem Alter zu, jedoch nicht signifikant.
Patienten hatten in allen Funktionszuständen eine geringere Gesamtdurchblutung als altersgleiche
Normalpersonen: in Ruhe 43,5 +/- 9,1 und 51,5 +/- 8,2 1/sec (p = 0,002), unter Kognition 51,2
+/- 10,1 und 59,5 +/- 8,2 1/sec (p = 0,0005) sowie unter Kohlendioxidinhalation 55,8 +/- 12,5
und 67,1 +/- 11,3 1/sec (p = 0,00006). VMR war ebenfalls bei Hirninfarktpatienten im
Vergleich zu altersgleichen Normalpersonen vermindert 1,3 +/- 0,8 und 1,7 +/- 0,7 mmHg/
sec (p = 0,016). Im Gegensatz dazu hatten jedoch beide Gruppen eine identische Zunahme
der Globaldurchblutung unter Kognition: 8,1 +/- 7,8 und 8,1 +/- 4,1 1/sec. Ebenso ergab die
Analyse der durch Kognition hervorgerufenen regionalen rCBF-Anstiege keine Unterschiede zwischen Patienten und Kontrollkollektiv.

Diskussion

Zwar nehmen im Alter und bei zerebrovaskulärer Erkrankung die Gesamtdurchblutung und
die Vasomotorenreserve ab, doch bleibt die Anpassungsfähigkeit der rCBF an die durch
Kognition gesteigerte neuronale Aktivität unverändert. Diese Ergebnisse stehen in Übereinstimmung mit anderen Studien der VMR (6) und der kognitiven Stimulation von rCBF (1).
Somit kann die kognitive Leistungsminderung bei diesen Patienten nicht durch eine Beeinträchtigung der hämodynamischen Regulationsfähigkeit erklärt werden. Daraus ist zu
schließen, daß zwar vielleicht ein prophylaktischer, jedoch kein therapeutischer Effekt von
durchblutungsfördernden Substanzen auf die kognitive Leistung zu erwarten ist.

Literatur

1. Ewing JR, Brown GC, Gdowski JW et al (1989) Stroke risk and age do not predict behavioral activation of brain blood flow. Ann Neurol 25:571-576
2. Lou HC, Edvinsson L, MacKenzie ET (1987) The concept of coupling blood flow to brain funtion: revision required? Ann Neurol 22:289-297
3. Melamed E, Lavy S, Bentin S et al (1980) Reduction in cerebral blood flow during normal aging in man. Stroke 11:31-34
4. Raven JC, Court JH, Raven J (1979) Manual for Raven's progressive matrices and vocabulary scales. London, HK Lewis
5. Risberg J, Ali Z, Wilson EM et al (1975) Regional cerebral blood flow by Xenon-133 inhalation. Stroke 6:142-128
6. Yamamoto M, Meyer JS, Sakai F, Yamaguchi F (1980) Aging and cerebral vasodilator responses to hypercarbia. Arch Neurol 37:489-496

Positronen-Emissions-Tomographische Untersuchungen sequentieller und explorativer Fingerbewegungen*

R.J. Seitz

Die Fingerfeinmotorik der menschlichen Hand umfaßt das synergistische Präzisionsgreifen und dynamische Fingereinzelbewegungen. Die Fingereinzelbewegungen sind die Grundlage der in der frühen Kindheit erworbenen Explorationsbewegungen und erlernter Fingerbewegungssequenzen wie des Schreibmaschinenschreibens und Klavierspielens. Die Explorationsbewegungen und Bewegungssequenzen sind spezialisierte Fingerfertigkeiten, die nach ihrer Initiierung automatisch ablaufen. Sie unterscheiden sich durch die bewußte Wahrnehmung somatosensorischer Information bei der Exploration. Es kann daher postuliert werden, daß bei der manuellen Exploration andere zerebrale Strukturen als bei Fingerbewegungssequenzen aktiviert werden.

Die Positronen-Emissions-Tomographie (PET) ermöglicht, durch Messungen des regionalen zerebralen Blutflusses (rCBF) arbeitende Nervenzellpopulationen im menschlichen Gehirn zu lokalisieren und das Ausmaß ihrer Aktivierung quantitativ zu erfassen. Ziel der rCBF-Messungen dieser PET-Studie an 15 männlichen gesunden Probanden (Durchschnittsalter 28 +/- 3 (SD) Jahre) war es, die Unterschiede der zerebralen Aktivierungsmuster bei sequentiellen und explorativen Fingerbewegungen zu beschreiben.

Der rCBF wurde nach Bolusinhalation von (11 C)-Fluormethan mit der SCANDITRONIX PC384-7B PET-Kamera während des Ausführens der Fingerbewegungen und in Ruhe gemessen (2). Die sequentiellen Fingerbewegungen waren Opponationsbewegungen von Daumen und zweitem bis viertem Finger der rechten Hand in einer erlernten Reihenfolge (3). Die taktile Exploration erfolgte mit der rechten Hand während eines somatosensorischen Diskriminationstests von rechteckigen Kuben (4). Die parametrischen PET-Bilder wurden nach individuellen Parametern räumlich standardisiert (5). Dadurch war es möglich, die mittleren rCBF-Veränderungen in jeder Untersuchungsgruppe, die mittleren rCBF-Unterschiede zwischen den Untersuchungsgruppen und zugehörige Signifikanzbilder zu berechnen. Die anatomische Lokalisation erfolgte mit dem computerisierten Hirnatlas (1).

Die sequentiellen und die explorativen Fingerbewegungen riefen signifikante rCBF-Erhöhungen links im sensomotorischen Handareal, im prämotorischen Kortex, der supplementär motorischen Area, der supplementär sensorischen Area und rechts im intermediären Teil des Kleinhirnvorderlappens hervor. Das Zusammenspiel dieser Aktivierungsareale dient der Kontrolle der Fingereinzelbewegungen.

Zusätzlich wurde bei dem somatosensorischen Diskriminationstest ein signifikant höherer rCBF als bei den sequentiellen Fingerbewegungen beiderseits im unteren Anteil der Area 6 des prämotorischen Kortex, links im mittleren Anteil des Putamens, links im ventro-lateralen Thalamus, bilateral im Kleinhirnhinterlappen und rechts im Bereich des Nucleus dentatus beobachtet. Außerdem war der rCBF im Lobulus parietalis superior links und in der supplementär sensorischen Area links signifikant höher. Während die spezifische Aktivierung der motorischen Strukturen die komplexe Informationsverarbeitung während des Ausführens und der Kontrolle der synergistischen Explorationsbewegungen widerspiegelt, sind die Aktivierungen im parietalen Assoziationskortex Ausdruck der somato-sensorischen Informationsverarbeitung während der taktilen Exploration. Weitere signifikant höhere rCBF-Werte beiderseits im motorischen und sensorischen Sprachzentrum, im präfrontalen Kortex, dem inferioren Parietalkortex und parablimbischen Kortexarealen stehen vermutlich mit der gezielten Ausrichtung der Aufmerksamkeit der Probanden und dem Entscheidungsprozeß bei diesem Diskriminationstest in Beziehung.

Die klinische Neurologie zeigt, welche Hirnläsionen zu welchen Funktionseinbußen führen. PET offenbart demgegenüber, welche Hirnareale bei dem Hervorbringen einer Funktion beteiligt sind. Dabei gibt PET Aufschluß über die Lateralisation der beteiligten Systeme. Nach unseren Ergebnissen dürften umschriebene Hirnläsionen dann besonders schwere Difizite hervorrufen, wenn sie Hirnregionen mit unilateraler Funktionsrepräsentation betreffen.

Literatur

1. Greitz T, Bohm C, Holte S, Eriksson L (1990) A computerized brain atlas: construction, anatomical content, and some applications. J Comp Ass Tomogr 14 (im Druck)
2. Roland PE, Eriksson L, Stone-Elander S, Widén L (1987) Does mental activity change the oxidative metabolism in the brain? J Neurosci 7:2373-2383
3. Seitz RJ, Roland PE, Bohm C, Greitz T, Stone-Elander S (1990) Motor learning in man: a positron emission tomographic study. Neuroreport 1 (Sampler):17-20
4. Seitz RJ, Roland PE, Bohm C, Greitz T, Stone-Elander S (1989) Mapping of somato-sensory discrimination in man. J Cereb Blood Flow Metab 9 (Suppl 1):341
5. Seitz RJ, Bohm, Greitz T, Roland PE, Eriksson L, Blomqvist G, Rosenkvist G, Nordell B (1990) Accuracy and precision of the computerized brain atlas programme for localization and quantification in positron emission tomography. J Cereb Blood Flow Metab 10:443-457

*Mit Unterstützung des DFG-Forschungsstipendiums Sc-494

Schwer erkennbare chronische paranasale Sinusitiden als häufige Ursache von Kopfschmerzen

K. Rüb, H. Krapf, A. Kornhuber, H.H. Kornhuber und D. Nagel

Einleitung

Chronischen Kopfschmerzen liegt in der Mehrheit aller Fälle ein multifaktorielles Bedingungsgefüge zugrunde, nur in ca. 10 % ist das Leiden monokausal bedingt. Im CT kann sowohl das Endokranium als auch der Gesichtsschädel mit den paranasalen Sinus überlagerungsfrei dargestellt werden. Dies ist von Bedeutung, da Erkrankungen im HNO-Bereich eine Hauptursache für symptomatische Kopfschmerzen sind.

Material und Methodik

Ausgewertet wurden Schädel-CT-Befunde von 6720 Patienten, bei denen aus verschiedenen Gründen ein Schädel-CT einschließlich Darstellung der NNH durchgeführt wurde (Somatom 2, Matrix 256 x 256). 750 der 6720 Patienten wurden wegen Kopfschmerzen zum CT überwiesen. Die NNH-Befunde dieser 750 Patienten wurden verglichen mit denen der übrigen 5970 Patienten, die wegen anderer Indikationen im CT untersucht wurden. Die NNH-Befunde im CT wurden mit den vorhandenen nativradiologischen Befunden sowie den Ergebnissen der HNO-Untersuchung verglichen. Die Auswirkung einer gezielten Therapie der NNH-Erkrankung auf die Rückbildung der Kopfschmerzen wurde eruiert.

Ergebnisse

Von den 750 wegen Kopfschmerzen überwiesenen Patienten waren 57 % weiblich und 43 % männlich, das Durchschnittsalter betrug 40 Jahre.
66 % der Patienten hatten chronische, 34 % akute Cephalgien. Bei 118 der 750 Patienten lag ein pathologischer NNH-Befund (15,8 %) vor, signifikant seltener waren NNH-Befunde bei den übrigen 5970 Patienten mit 5,4 % (p < 0.001). In 63 % handelte es sich dabei nach CT-Kriterien (8) bzw. klinischen Kriterien um eine chronische Sinusitis oder deren akuter Exazerbation, in 10,7 % um eine akute Sinusitis. In den durchgeführten NNH-Standardaufnahmen waren nur 46 % der computertomographischen Befunde nachweisbar (Sensitivität für Kieferhöhle 75 %, Stirnhöhle 36 %, Ethmoidalzellen 10 %). Keilbeinhöhlenerkrankungen wurden nativradiologisch in keinem Fall entdeckt. Bei chronischen Sinusitiden mit im CT unregelmäßigen marginalen Verschattungen bei ausgeprägter Schleimhautschwellung (7) wurde in 25 % der Spiegelbefund als unauffällig beurteilt. Bei 74 Kopfschmerzpatienten wurde die NNH-Erkrankung gezielt behandelt, bei 104 entsprechenden Patienten erfolgte keine Therapie. Nach 10 Tagen waren 89 % der ersten Gruppe beschwerdefrei, während 75 % der nicht behandelten Patienten über unveränderte Kopfschmerzen klagten (p < 0.001).

528

Diskussion

Bei chronischen Sinusitiden, an der in Mitteleuropa mindestens 5 % der Bevölkerung leidet, sind die Kopfschmerzen oft uncharakteristisch, bei fehlender Sekretion und unauffälligen Ostien entgehen sie nicht selten der HNO-ärztlichen Untersuchung (4). In den konventionellen Röntgenaufnahmen können meist nur Kiefer- und Stirnhöhle ausreichend sicher beurteilt werden. Nach Einführung der weniger strahlenbelastenden Computertomographie werden jedoch gerade Keilbeinhöhlen- und Ethmoidalzellenentzündungen (3,6) immer häufiger diagnostiziert, die beide eine wesentlich höhere Komplikationsrate und Letalität aufweisen als die der übrigen NNH (2,5). Sicherlich ist davor zu warnen, allein aus der Feststellung einer radiologischen Verschattung eine kausale Beziehung zu den bestehenden Schmerzen herzustellen. Für einen eindeutigen Zusammenhang bei unseren Patienten spricht der ausgeprägte Rückgang der Kopfschmerzen nach gezielter Therapie der Nebenhöhlenerkrankung.

Zusammenfassend

ist daher bei Patienten mit unklaren chronischen Kopfschmerzen der Einsatz der kranialen Computertomographie in der Basisdiagnostik zu fordern (1), um neben intrakraniellen Ursachen auch unerkannte Nebenhöhlenerkrankungen umfassender und frühzeitiger zu erkennen und damit die Patienten gezielt und erfolgreich behandeln zu können.

Literatur

1. Andrew WK, Swart JG (1987) Fallibility of sinus radiographs in demonstrating ethmoid sinusitis. S Afr Med J 72:158
2. Baldwin RL, Bragg L (1988) Sphenoid sinusitis: The importance of CT scanning. Ala Med 57:35-39
3. Castellanos J, Axelrod D (1989) Flexible fiberoptic rhinoscopy in the diagnosis of sinusitis. J Allergy Cli Immunol 83:91-94
4. Kennedy DW, Loury MC (1988) Nasal and sinus pain: Current diagnosis and treatment. Semin Neurol 8:303-314
5. Lew D, Southwick FS, Montgomery WW, Weber AL, Baker AS (1983) Sphenoid sinusitis: A review of 30 cases. N Engl J Med 309:1149-1154
6. Mahamalat MO, Schmitt WGH, Beyer KH (1986) Chronische Sinusitis ethmoidalis und sphenoidalis als Zufallsbefund bei der Computertomographie des Schädels. Röntgenblätter 39:297-300
7. Silver AJ, Baredes S, Bello JA, Blitzer A, Hilal SK (1987) The opacified maxillary sinus: CT findings in chronic sinusitis and malignant tumors. Radiology 163:205-210
8. Som PM (1985) CT of the paranasal sinuses. Neuroradiology 27:189-201

Entzündliche Prozesse der (juxta)sellären Region

G. Hildebrandt und A. L. Agnoli

Aufgrund der engen anatomischen Beziehung zwischen knöchernen, vaskulären, meningealen und neuroendokrin aktiven Strukturen, den komplexen Verhältnissen während der Entwicklungsgeschichte und den Wechselwirkungen mit den endokrinen Zielorganen ist die Anzahl potentieller pathologischer Veränderungen in der hypothalamo-hypophysären Region besonders groß (1). Dazu gehören auch entzündliche Prozesse, die jedoch nach klinischer Erfahrung selten auftreten und wahrscheinlich noch seltener diagnostiziert werden. Um die diagnostischen Möglichkeiten und die therapeutischen Entscheidungen aus neurochirurgischer Sicht zu verbessern, wurden die Befunde und Verläufe bei 6 Patienten mit entzündlichen Prozessen der (juxta)sellären Region analysiert.

Zwischen dem 1.1.1982 und dem 31.7.1990 wurden 406 Patienten mit hypothalamo hypophysären Läsionen in der Neurochirurgischen Klinik der JLU Gießen betreut. Zur Untersuchung gehörten die Erhebung des neurologischen und ophthalmologischen Befundes, die Liquor- und Röntgendiagnostik (Nativaufnahmen, Kontrastmittel(KM)-unterstütztes CT/T1-gewichtetes MRT, Angiographie), die Messung von Routinelaborparametern, wie der Blutsenkungsgeschwindigkeit (BSG), ein kombinierter Hypophysenvorderlappen (HVL)-Stimulationstest, die Bestimmung des antidiuretischen Hormons (ADH) im Plasma, der Serum-/Urin-Osmolalität und der Diurese, um die Störungen des antidiuretischen Systems zu charakterisieren.

Bei 6 von 406 Patienten (=1,5%) konnte eine entzündliche Genese nachgewiesen werden. Es handelte sich ausschließlich um Frauen. Bei 3 Patientinnen führte ein manifester Diabetes insipidus (DI), einmal ein Amenorrhoe/Galaktorrhoe-Syndrom (AGS) und einmal retroorbitale Kopfschmerzen, verbunden mit Doppelbildern, zur ärztlichen Untersuchung. In 5 von 6 Fällen war die BSG erhöht. Der HVL-Test erbrachte signifikante Einschränkungen nur der somatotropen Achse. Folgende Diagnosen wurden gestellt: Fall 1 - Neurosarkoidose (62 Jahre, DI, Opticusneuritis, BSG 90/151, Anergie, Umfang des Hypophysenstiels im CT/MRT vergrößert - auch gegenüber der A. basilaris, Abfall der BSG, Dosisreduktion des synthetischen ADH und Visusbesserung unter 40 mg Prednisolon, keine periphere Manifestation, normale Spiegel des angiotensin-converting enzyme (ACE) im Liquor und Blut); Fall 2 - Histiozytosis X (16 Jahre, DI, rezidivierendes Fieber, BSG 21/50, Umfang des Hypophysenstiels im CT/MRT vergrößert); Fall 3 - Abszeß in einer Rathke'schen Zyste (56 Jahre, DI, bitemporale Hemianopsie, BSG 23/50, im CT KM-anreichernde intra-/supraselläre Ringstruktur mit hypodensem Inhalt, im MRT ohne KM nahezu homogen hyperintense Struktur, intraoperativ und histologisch Sicherung der Diagnose mit Nachweis von Staph. aureus); Fall 4 - hypophysärer Abszeß (42 Jahre, AGS, BSG 32/56, KM-anreichernde Ringstruktur im CT, homogen hyperintense Struktur im MRT, intraoperativ und histologisch Abszeß durch Eubacterium lentum); Fall 5 - Tolosa-Hunt-Syndrom (26 Jahre, retroorbitale Schmerzen, Parese der Nn. III, IV, VI, BSG 118/125, KM-anreichernde Raumforderung im rechten Sinus cavernosus und in der Orbitaspitze, Vergrößerung der Hypophyse, angiographisch Einengung der A. carotis im Siphonabschnitt, histologisch lymphozytäre Entzündung, Rückbildung der Hirnnervenausfälle und des angiographischen Befundes unter Prednisolon-Therapie); Fall 6 - riesenzellhaltiges Granulom unbekannter Genese (67 Jahre,Visusstörungen).

Der Anteil entzündlicher Prozesse an den hypothalamo-hypophysären Erkrankungen beträgt nach unseren Beobachtungen 1,5 %. Das weibliche Geschlecht ist häufiger betroffen, die BSG nicht selten erhöht. Trotz der Seltenheit des Krankheitsbildes ergeben sich charakteristische Befunde, die für die Diagnose wegweisend sein können. Entzündliche Prozesse der sellären Region haben offensichtlich eine deutlich größere Affinität zum antidiuretischen System als zum HVL. Der Grund besteht aus der Tatsache, daß der HVL über das venöse Portalsystem, der Hypophysenhinterlappen und -stiel jedoch durch die Aa. hypophysialis superior und inferior versorgt werden, sodaß sich systemische Grunderkrankungen, sofern sie die selläre Region mit einbeziehen, über das arterielle Gefäßbett eher durch einen DI als durch eine Einschränkung des HVL manifestierten (2). Ähnliches gilt auch für die Genese sellärer Abszesse, die sich nicht selten in präexistenten Tumoren bilden (7), die zuvor Anschluß an das arterielle Versorgungssystem gefunden haben. Hinzutreten können auch entwicklungsgeschichtliche Besonderheiten, wie etwa die enge Beziehung einer Rathke'schen Zyste zur Pars intermedia und damit zur Neurohypophyse. Wegen dieser Charakteristika kommt neben der Hormondiagnostik dem KM-unterstützten CT eine besondere Bedeutung zu, weil es typischerweise die Vergrößerung des Hypophysenstiels, insbesondere gegenüber dem Umfang der A. basilaris nachweist. Aufgrund des uncharakteristischen Signalverhaltens trägt das MRT trotz des guten Auflösungsvermögens wenig zur Differentialdiagnose bei. Therapeutische Maßnahmen können sich, sofern es sich nicht um einen Abszeß handelt oder ein bedrohlicher pseudotumoröser Verlauf vorliegt, bei begründetem Verdacht einer rein hypophysär-hypothalamische Manifestation einer unspezifischen granulomatösen Entzündung, auf die Gabe von Kortikoiden beschränken, auch wenn keine Liquorveränderungen oder normale ACE-Spiegel im Blut und Liquor zu finden sind (4, 6). In einigen Fällen wird jedoch nur die Biopsie die oft sehr unterschiedliche Genese (riesenzellhaltiger) Granulome, der schmerzhaften Ophthalmoplegie bzw. die Differentialdiagnose gegenüber einem ektopischen Adenom des Hypophysenstiels klären (3,5).

Literatur

1. Asa, SL, Kovacs K (1983) Histological classification of pituitary disease. J Clin Endocrinol Metab 12:567-596
2. Chiang MF, Brock M, Patt S (1990) Pituitary metastases. Neurochirurgia 33:127-131
3. Hori A(1985) Suprasellar peri-infundibular ectopic adenohypophysis in fetal and adult brains. J Neurosurg 63: 113-115
4. Kepes JK, Kepes M (1969) Predominantly cerebral forms of histiocytosis-X. Acta neuropath 14:77-98
5. Lapresle J, Desi M (1977) Les ophthalmoplégies douloureuses. Acta neurol belg 77:331-350
6. Reed LD, Abbas S, Markivce CR, Fleetcher JW (1986) Neurosarcoidosis responding to steroids. AJR 146:819-821
7. Schmutzhard E, Willeit J, Langmayr J, Rumpl E, Prugger M, Gerstenbrand F (1988) Hypophysenabszeß und zerebrale Arteriitis bei tödlich verlaufender Pneumokokkenmeningitis. Nervenarzt 59:176-179

Zur Differentialdiagnose der "basalen Meningitis"

H.-G. Bredow, V. Hartmann, S. Lotz und A. Müller-Jensen

Einleitung

Bei Fehlen klassischer basaler Hirnnervensymptome wie Oculomotorius- und Abducensparese ist die Diagnose der tuberkulösen Meningitis stets schwierig. Sie ergibt sich dann aus der typischen Liquorkonstellation (hohes Liquorgesamteiweiß bei lymphozytärer Pleozytose) sowie der vielfach zunächst nicht verläßlichen bakteriologischen Diagnostik. Neuerdings kann darüber hinaus auch die Kernspintomographie einen Beitrag leisten mit dem Nachweis von signalintensen Zonen im Bereich der basalen Meningen.

Unter einem differentialdiagnostischen Aspekt werden 2 Fälle vorgestellt, die nach den Kriterien Befunde zeigten, die den dringenden Verdacht auf eine tuberkulöse Meningitis nahelegten. Bei beiden Patienten ergab jedoch erst die Sektion die richtige Diagnose.

Kasuistik

Pat. I. K., geb. 1918: klagte seit wenigen Wochen vor Aufnahme über Stirnkopfschmerz und Übelkeit. Zusätzlich war eine Antriebsminderung und Gangunsicherheit aufgefallen. Bei Aufnahme war die Pat. psychomotorisch verlangsamt und desorientiert, außerdem fand sich eine deutliche Gangataxie.

Sowohl in der kraniellen Computertomographie nativ und mit KM als auch der Kernspintomographie Erweiterung des 1., 2. und 3. Ventrikels ohne eindeutigen Nachweis einer Liquorabflußbehinderung im Sinne eines kommunizierenden Hydrozephalus. Aufgrund der Klinik und der neuroradiologischen Befunde erfolgte die Anlage eines ventrikulo-peritonealen Shunts. Nach kurzzeitiger Besserung kam es zu einer progredienten Verschlechterung. Wenige Tage nach dem Eingriff verstarb die Pat. unter den Zeichen des zentralen Herz-Kreislaufversagens. Bei der Liquordiagnostik waren keine Zellen nachgewiesen worden, es fand sich aber ein deutliches, auf 25.000 mg/l erhöhtes Liquorgesamteiweiß. Da die Ausbildung eines Hydrozephalus malresorptivus in bis zu 80 % bei einer tuberkulösen Meningitis auftritt, wurde bei der Liquorkonstellation differentialdiagnostisch an die Möglichkeit der tuberkulösen Genese gedacht (1).

Pat. A. Z. geb. 1942: Seit einigen Monaten vorzeitige Ermüdbarkeit sowie bewegungsabhängig ungerichteter Schwindel. In den letzten Wochen vor Aufnahme zusätzlich Tinnitus auf bd. Ohren ohne Hörminderung. In den letzten Tagen Doppelbilder bei Blick nach rechts. Bei der Aufnahmeuntersuchung Abducensparese rechts, bewegungsabhängig provozierbarer, ungerichteter Schwindel sowie disseminierte Sensibilitätsstörung.

Unauffällige kranielle Computertomographie nativ und mit KM. In der Kernspintomographie mit Gadolinium Hinweis für granulomatös entzündliche Veränderungen im Bereich der intrakanalikulären Nervenabschnitte im Bereich der Schädelbasis. Bei der Liquordiagnostik lymphozytäre Pleozytose mit 120/µl rundkernigen Zellen. Liquorgesamteiweiß-Erhöhung auf 9.000 mg/l, deutliche Liquorzucker Ernicdrigung und Laktat-Erhöhung (5 mmol/l). Kein Nachweis von Tumorzellen.

Ausgedehnte bakteriologische und serologische Diagnostik negativ. Rö-Thorax unauffällig. Tuberkulin-Test positiv. Aufgrund der Befunde tuberkulostatische Therapie in 4er-Kombination bei noch ausstehender Tb-Kultur und Tierversuchen. Trotz leichter Besserung der Liquorkontrolle progrediente Verschlechterung des klinischen Zustandes. Kurze Zeit darauf verstarb der Pat. mit den Zeichen des zentralen Herz-Kreislaufversagens.

Sektionsbefund

Im ersten Fall makroskopisch diffuse Trübung und Verdickung der basalen Meningen. Bei der weiteren Aufarbeitung bds. vom Septum pellucidum wachsender Tumor mit Vorwölbung in die Ventrikel sowie zapfenförmiger Infiltration hin zum 3. Ventrikel. Histologisch: Glioblastom (WHO Grad IV). Im zweiten Fall makroskopisch ebenfalls fibröse Verklebungen und Verwachsungen der basalen Meningen. Histologisch konnten in den Meningen Siegelringzellen nachgewiesen werden. Der Primärtumor fand sich in einem kleinen Ulcus des Magens. Diagnose: Siegelringzellkarzinom des Magens.

Diskussion

Die beiden Kasuistiken wurden vorgestellt, um erneut darauf hinzuweisen, daß in der Differentialdiagnostik basaler entzündlicher Prozesse, vor allem der tuberkulösen Meningitis, die seltene isolierte Leptomeningealkarzinose stets berücksichtigt werden muß. Die Fälle zeigen, daß die Diagnose insbesondere dann erschwert und Fehlbeurteilungen vorkommen, wenn die klassische Liquorkonstellation (lymphozytäre Pleozytose, erhöhtes Liquorgesamteiweiß und Lactat, erniedrigter Liquorzucker) bei fehlendem zytologischem Nachweis maligner Zellen eine Unterscheidung zur tuberkulösen Meningitis nicht zuläßt. Bei den bildgebenden Verfahren hat die Gadolinium-Kernspintomographie den Nachweis basaler meningealer Prozesse erheblich verbessert. Grundsätzlich ist der Befund einer Signalintensitätssteigerung jedoch unspezifisch. Es kann nicht zwischen granulomatösen Erkrankungen, einer bakteriellen Infektion und einer Leptomeningealkarzinose differenziert werden (2). Bei bestehender diagnostischer Unsicherheit kann zukünftig wahrscheinlich auch bei fehlendem zytologischem Nachweis von Tumorzellen im Liquor durch immunzytochemische Markierung mit monoklonalen Antikörpern von neoplastischen Zellen die Sicherheit der Liquoruntersuchung verbessert werden. Es ist zu hoffen, daß dadurch die Diagnose rechtzeitiger gestellt und ggf. eine noch mögliche Therapie gezielt begonnen werden kann (3).

Literatur

1. Weiss W, Flippin HF (1965) The changing incidence and prognosis of Tuberculosis meningitis. Am J med Sci 250:46-60
2. Joseph A, Frank, Mary Girton, Andrew J, Dwyer (1988) Meningeal carcinomatosis in the VX2 rabbit tumor model: Detection with Gd-DTPA-enhanced MR imaging. Radiology 167:825-829
3. Coakham HB, Brownell B, Harper EI, Harper JA, Allen PM, Lane FB, Kemshead JT (1984) Use of monoclonal antibody panel to identify malignant cells in cerebrospinal fluid. Lancet 1:1095-1098

Deutsche Schlaganfall-Datenbank: Konzept, Parameterspektrum, Datenbanksystem

K. Spitzer für die Arbeitsgemeinschaft Deutsche Schlaganfall-Datenbank

Seit 1971 leisten Schlaganfall-Datenbanken wie die Framingham-Datenbank (8, 9), das Harvard Stroke Registgry (5), das Michael Reese Stroke Registry (1), die Community Hospital-based Stroke Programs (10) und die Stroke Data Bank (2, 3) wesentliche Beiträge zur Erforschung von Ätiologie, Risikofaktoren und Prognose des Schlaganfalls. Schlaganfall-Register erlauben die systematische Erfassung und Analyse großer Informationsmengen von Schlaganfallpatienten und unterstützen die Durchführung multizentrischer Studien.

In Deutschland gibt es bisher nur lokale Schlaganfall-Register. Eine einheitliche und standardisierte Datenerhebung findet nicht statt. Zur Unterstützung des Datenaustausches zwischen den Kliniken, zur Durchführung von Schlaganfall-Therapiestudien, zur besseren Informationsverfügbarkeit behandelter Fälle, zur Durchsetzung einheitlicher Parameter der Therapiekontrolle und Validisierung von Diagnostik- und Therapiestrategien bei zerebrovaskulären Erkrankungen ergibt sich die Notwendigkeit einer Deutschen Schlaganfall-Datenbank.

Basierend auf den Vorarbeiten der Hamburger Schlaganfall-Datenbank (7) stellen wir das Konzept einer Deutschen Schlaganfall-Datenbank vor.

Die Datenerhebung erfolgt im Baukastenprinzip über Erfassungsmasken. Für anamnestische Daten, neurologische und apparative Befunde gibt es jeweils mehrere Masken. Durch den modularen Aufbau können die Erfassungsmasken außer für die Schlaganfall-Datenbank auch zu beliebigen anderen Registern zusammengestellt werden, so daß die erhobenen Befunde für verschiedene Analysen (z. B. Therapiestudien) verwendet werden können. Bei der Erfassung jedes Parameters erfolgt zur Unterstützung der späteren Auswertung eine Plausibilitätskontrolle, so daß nur bestimmte, standardisierte Werte eingegeben werden können. Zur Eingabe zugelassener Werte bietet das Programm umfangreiche Hilfsfunktionen an. Die Parameter können zeitabhängig erfaßt und gespeichert werden.

Nach kritischer Analyse der zur Beurteilung der neurologischen Ausfälle und der funktionalen Überlebensqualität eingesetzten Scores im Hinblick auf ihre Verwendbarkeit bei Schlaganfällen erscheint keiner der publizierten Scores für alle Arten zerebrovaskulärer Erkrankungen geeignet und gleichzeitig in der Literatur ausreichende Vergleichmöglichkeiten zu bieten. Es ist daher ein neuer Score für die Datenbank zu entwickeln. Als Ausgangspunkt wurden der N-Score nach Orgogozo (6) und der Barthel-Score (4) gewählt.

Die Datenbank wurde in PROGRESS (Data Language CorporationC) programmiert, ein Datenbanksystem mit großer Benutzerfreundlichkeit, hoher Datensicherheit, Netzwerkfähigkeit sowie mit einfachen Datenexportmöglichkeiten.

Die Daten werden lokal erhoben und können einerseits durch übliche Statistikprogramme lokal ausgewertet, andererseits zentral in Hamburg für alle Zentren statistisch analysiert werden. Die Daten werden lokal kodiert, so daß ausschließlich nicht-personenbezogene Informationen gespeichert und transferiert werden. Darüber hinaus bietet das Datenbanksystem eine wirkungsvolle Zugangskontrolle für autorisierte Benutzer.

Zum Betrieb der Schlaganfall-Datenbank ist lediglich ein IBM-kompatibler Computer mit einer Festplatte erforderlich. Computerkenntnisse sind nicht erforderlich. Das Programm ist auch auf Netzwerken sowie auf UNIX-Rechnern lauffähig.

Die geplante Deutsche Schlaganfall-Datenbank soll eine einheitliche Befunderhebung unter besonderer Berücksichtigung von multizentrischen Therapiestudien ermöglichen. Sie soll einerseits den Datenzugriff auf behandelte Patienten an der jeweiligen Klinik vereinfachen und erleichtern und andererseits nationale Befundvergleiche von Patienten mit Schlaganfall unterstützen.

Von der Arbeitsgruppe Deutsche Schlaganfall-Datenbank soll zunächst ein standardisiertes Erfassungsspektrum klinischer und apparativer Befunde erarbeitet werden, um die Grundlage für eine alle Einzelinteressen berücksichtigende Datenerfassung und -auswertung zu schaffen.

Literatur

1. Caplan LR, Hier DB, D'Cruz I (1983) Cerebral embolism in the Michael Reese Stroke Registry. Stroke 14:530-536
2. Foulkes MA, Wolf PA, Price TR, Mohr JP, Hier DB (1988) The Stroke Data Bank: design, methods, and baseline characteristics. Stroke 19:547-554
3. Kunitz SC, Gross CR, Heyman A, Kase CS, Mohr JP, Price TR, Wolf PA (1984) The pilot Stroke Data Bank: definition, design, and data. Stroke 15:740-746
4. Mahoney FI, Barthel DW (1965) Functional evaluation: The Barthel Index. Maryland State Med J 14:61-65
5. Mohr JP, Caplan LR, Melski JW, Goldstein RJ, Duncan GW, Kistler JP, Pessin MS, Bleich HL (1978) The Harvard Cooperative Stroke Registry: a prospective registry. Neurology 28:754-762
6. Orgogozo JM, Capildeo R, Anagnostou CN, Juge O, Pere JJ, Dartigues JF, Steiner TJ, Yotis A, Rose FC (1983) Mise au point d'un score neurologique pour l'evaluation clinique des infarctus sylviens. Presse Med 12:3039-3044
7. Spitzer K, Becker V, Thie A, Kunze K (1989) The Hamburg Stroke Data Bank: goals, design and preliminary results. J Neurology 236:139-144
8. Wolf PA, Dawber TR, Thomas HE, Kannel WB (1978) Epidemiologic assessment of chronic atrial fibrillation and risk of stroke: the Framingham Study. Neurology 28:973-977
9. Wolf PA, Kannel WB, Dawber TR (1978) Prospective investigations: The Framingham study and the epidemiology of stroke. Adv Neurol 19:107-120
10. Yatsu FM, Becker C, McLeroy KR, Coull B, Feibel J, Howard G, Toole JF, Walker MD (1986) Community hospital-based stroke programs: North Carolina, Oregon, and New York. I. Goals, objectives, and data collection procedures. Stroke 17:276-284

Zerebrale Autoregulation und Muster ischämischer Hirninfarkte

C. Weiller, E.B. Ringelstein, W. Reiche und U. Büll

Der thrombotische oder embolische Verschluß von Ästen der basalen Hirnarterien führt zum Infarkt des von diesem Gefäß versorgten Gebietes. Diese Infarkte werden Territorialinfarkte genannt (6, 7, 9). Endstrominfarkte im subkortikalen Marklager, im Endversorgungsgebiet der langen perforierenden Markarterien werden hingegen als hämodynamische Fernwirkung extrakranieller hochgradiger Stenosen oder Verschlüsse angesehen. Die das eigentliche Territorium versorgende intrakranielle Arterie bleibt typischerweise frei (1, 6, 10). Beide Infarkttypen kommen bei hochgradigen, extrakraniellen Karotisstenosen vor. Für die unterschiedliche Pathogenese muß daher ein weiterer, hämodynamischer Faktor angenommen werden. In der vorliegenden Studie wurden die morphologischen Muster beider Infarkttypen mit der Hämodynamik der betroffenen Hemisphäre verglichen.

20 Patienten mit dem Bild eines Endstrominfarktes im tiefen Marklager wurden mit 20 Patienten mit typischem Territorialinfarkt im Versorgungsgebiet der A. cerebri media verglichen. Alle Patienten mit Endstrominfarkt und 12 der 20 Patienten mit Territorialinfarkt hatten einen Verschluß der ipsilateralen, extrakraniellen A. carotis interna. 8 Patienten mit Territorialinfarkt hatten einen kardial embolischen Infarkt und normale Karotiden.

Die CO_2-abhängige Vasomotoren-Reaktivität wurde aus den Veränderungen der Flußgeschwindigkeit in der A. cerebri media, gemessen mit der transkraniellen Doppler-Sonographie, während Hyper- und Hypokapnie bestimmt (vergleiche 8). Regionaler zerebraler Blutfluß (rCBF) und regionales zerebrales Blutvolumen (rCBV) wurden mit der single photon emission computed tomography (SPECT) bestimmt. Für rCBF wurden HMPAO als Tracer und für rCBV mit Technetium markierte Erythrozyten verwendet. Die Pixel durch Pixel Division von rCBF durch rCBV ergab die sogenannte regionale zerebrale Perfusion Reserve (vergleiche 2). Vasomotorenreaktivität und Perfusionsreserve gelten als zuverlässige Indikatoren der hämodynamischen Reserve (2, 3, 5, 6). Die Gruppen wurden mit dem Kruskall-Wallis-Test und nachfolgendem Paarvergleich bzw. mit dem Fisher's Exact-Test gemäß der sequentiellen multiplen Rejectionsmethode nach Holm verglichen (4).

Perfusionenreserve und Vasomotorenreaktivität waren normal bei den Kontrollen und den kardial embolischen Territorialinfarkten ohne Karotisstenose, jedoch signifikant erniedrigt bei Endstrom- und Territorialinfarkten mit Karotisstenose. Die Perfusionsreserve war noch weiter signifikant erniedrigt bei den Endstrominfarkten im Vergleich zu den Territorialinfarkten. Bei einer schrittweisen linearen Diskriminanzanalyse zwischen Endstrom- und Territorialinfarkten trennte die Perfusionsreserve am besten, gefolgt von der Vasomotorenreaktivität. Bei 17 der 20 Territorialinfarkte beschränkten sich die SPECT-Veränderungen auf das Infarktgebiet selbst. Hingegen übertraf das Gebiet mit erschöpfter Perfusionreserve bei allen Endstrominfarkten das infarzierte Gebiet selbst bei weitem.

Endstrominfarkte stellen die Spitze des Eisbergs einer über weite Teile in ihrer hämodynamischen Reserve eingeschränkten Hemisphäre dar (10). Damit ist das hämodynamische Erscheinungsbild der morphologisch definierten Endstrominfarkte klar verschieden von dem der Territorialinfarkte, bei denen sich keine wesentliche Einschränkung der hämodynamischen Reserve zeigt, entsprechend der postulierten embolischen Genese dieses Infarkttyps (7, 9, 10). Zusätzlich zum Abfall des Perfusionsdruckes durch die Karotisstenose muß ein weiterer Faktor wirksam sein, um die schwere Störung der Hämodynamik bei Endstrominfarkten zu erklären. Dieser kann u. E. nur in der Pathologie des Circulus Willisi begründet liegen, der durch angeborene Anomalien oder erworbene Stenosierungen eine ausreichende Kollateralisierung nicht gewährleisten kann (10, 11).

Literatur

1. Bogousslavsky J, Regli F (1986) Unilateral watershed infarcts. Neurology 36:373-377
2. Buell U, Braun H, Ferbert A, Stirner H, Weiller C, Ringelstein EB (1988) Combined SPECT imaging of regional cerebral blood flow and blood volume to assess regional cerebral perfusion reserve in patients with cerebrovascular disease. Nucl Med 27:51-56
3. Gibbs JM, Wise RSJ, Leender KL, Jones T (1984) Evaluation of cerebral perfusion reserve in patients with carotid artery occlusion. Lancet I:310-314
4. Holm S (1979) A simple sequentially rejective multiple test procedure. Scand J Stat 6:65-70
5. Norrving B, Nilsson B, Risberg J (1982) rCBF in patients with carotid occlusion. Resting and hypercapnic flow related to collateral patterns. Stroke 13:155-162
6. Ringelstein EB, Zeumer H, Angelou D (1983) The pathogenesis of strokes from intranle carotid artery occlusion. Diagnostic and therapeutical implications. Stroke 14:867-875
7. Ringelstein EB, Koschorke S, Holling A, Thron A, Lamberth H, Minale C (1989) Computed tomographic patterns of proven embolic brain infarctions. Ann Neurol 26:759-765
8. Ringelstein EB, Sievers C, Ecker S, Schneider PA, Otis SM (1988) Non-invasive assessment of CO_2-induced cerebral vasomotor reactivity in normals and patients with internal carotid artery occlusions. Stroke 19:963-969
9. Weiller C, Ringelstein EB, Reiche W, Buell U, Thron A. The large striatocapsular infarction: a clinical and pathophysiological entity. Arch Neurol (im Druck)
10. Weiller C, Ringelstein EB, Reiche W, Buell U. Clinical and hemodynamic aspects of low flow infarctions. Stroke (im Druck)
11. Weiller C, Müllges W, Ringelstein EB, Buell U, Biniek R, Reiche W. Patterns of ischemic brain infarctions in internal carotid artery dissections. Neurosurg Rev (im Druck)

Autoregulation der A. basilaris bei vertebrobasilären Durchblutungsstörungen

M. v. Maravic, Ch. Kessler, M. Albrecht, P. Schmidt und D. Kömpf

Die Pathogenese der vertebrobasilären Insuffizienz (VBI) ist bislang weitgehend ungeklärt. Neben arterio-arteriellen und kardialen Embolien werden hämodynamische Ursachen (2, 3) ebenso wie eine Mikroangiopathie mit bevorzugter Lokalisation lakunärer Defekte (3) im Bereich von Brücke und Medulla diskutiert. Die Bedeutung der zerebralen Autoregulation für die Pathogenese und Prognose ischämischer Insulte der Karotisstrombahn sowie der diagnostische Stellenwert der Bestimmung der CO_2-Reaktivität im Mediastromgebiet mittels der transkraniellen Dopplersonographie (TCD) ist ausführlich publiziert worden (1, 5). Mit der Frage, inwieweit die Messung der Vasomotorenreaktivität der A. basilaris unter CO_2-Inhalation hilfreich ist, Patienten mit hämodynamisch bedingten Ischämien im vertebrobasilären Stromgebiet klarer zu identifizieren, führten wir eine prospektive TCD-Untersuchung an VBI-Patienten durch und verglichen die Befunde mit den an Normalpersonen gewonnenen Daten.

Methoden

Die A. basilaris wurde bei 50 VBI-Patienten mittels der transkraniellen Dopplersonographie beschallt und der Basilarisfluß in Ruhe und unter CO_2-Inhalation bis zu einem endexspiratorischen CO_2 von 8,5 Vol% gemessen. Das Durchschnittsalter der Patienten betrug 58 Jahre (19 Frauen und 31 Männer). Die Diagnose VBI wurde gestellt, wenn mindestens zwei der folgenden Symptome des vertebrobasilären Kreislaufes vorlagen: Parese, Sensibilitätsstörung (dissoziiert), Sehstörungen (Hemianopsie oder kortikale Blindheit), Doppelbilder, Dysarthrie, Dysphagie, Ataxie, Schwindel. Entsprechend dieser Definition hatten 12 Patienten Hirnstamm-TIA's, 28 Patienten komplette Hirnstamm-Infarkte, 4 Patienten Kleinhirn-Infarkte und 6 Patienten Posterior-Insulte erlitten. Bei 10 Patienten mit Hirnstamm-Infarkten zeigte das Computertomogramm lakunäre Defekte im Bereich der Brücke.

Die Untersuchung erfolgte mit dem Gerät TC-264 EME mit einer 2 MHz-Sonde. Über eine Atemmaske wurde ein Gemisch aus normaler Raumluft und O_2 geatmet, dem langsam CO_2 zugemischt wurde bis zu einem endexspiratorischen CO_2 von 8,5 Vol%. Der endexspiratorische CO_2 wurde kontinuierlich mit einem CO_2-Monitor (Fa. Dräger, Lübeck) registriert. Die Differenz zwischen der basalen Flußgeschwindigkeit und der bei Hyperkapnie wurde als relative Dilatationsreserve bezeichnet. Dem Patientenkollektiv wurde ein altersgematchtes Normalkollektiv (n = 115 für den Ruhefluß und n = 49 für die Dilatationsreserve) gegenübergestellt, bei dem keine Hinweise auf Durchblutungsstörungen des hinteren Kreislaufes bestanden.

538

Ergebnisse

Die Untersuchung des Normalkollektives zeigte eine altersgebundene Abnahme des Ruheflusses in der A. basilaris, während die CO_2-Dilatationsreserve (DR) altersunabhängig war (Tabelle 1).

Tabelle 2 zeigt die Ergebnisse bei den VBI-Patienten. Der Ruhefluß in der A. basilaris unterschied sich hier nicht wesentlich vom Ruhefluß des Normalkollektivs. Dagegen fand sich eine signifikante Reduktion der relativen Dilatationsreserve bei Patienten mit Hirnstamm- und Kleinhirninfarkten im Vergleich sowohl zum Normalkollektiv als auch zu den Patienten mit Hirnstamm-TIA's und Posteriorinsulten. Zur deutlichsten Einschränkung der CO_2-Reaktivität kam es bei den Patienten, deren CCT lakunäre Hirnstammdefekte zeigte (DR = 28,3 % +/- 8).

Tabelle 1. TCD der A. basilaris: Normalkollektiv

Altersgruppe	Ruhefluß (cm/sec)		Dilatationsreserve (%)	
Alle	36 +/- 12	(n= 115)	59,2 +/- 15	(n = 49)
< 40	45 +/- 16*	(n = 14)	63,5 +/- 21	(n = 11)
40 - 60	37 +/- 13*	(n = 48)	54,2 +/- 15	(n = 18)
> 60	31 +/- 10*	(n = 53)	61,4 +/- 16	(n = 20)

$*p \ll 0,05$ n. s.

Tabelle 2. TCD der A. basilaris bei VBI

Diagnose	Ruhefluß (cm/sec)	Dilatationsreserve (%)	
Hirnstamm TIA	32 +/- 13	50,5 +/- 15	(n = 12)
Hirnstamm Infarkte	34 +/- 10	34,6 +/- 10	(n = 28)*
- mit Pons Lakunen	26 +/- 8	28,3 +/- 8	(n = 10)*
Kleinhirn Infarkte	36 +/- 13	31,5 +/- 11	(n = 4)*
Posterior Infarkte	37 +/- 10	42.0 +/- 14	(n = 6)

$*p \ll 0,05$

Schlußfolgerung

Unsere Ergebnisse zeigen, daß die CO_2-Dilatationsreserve bei manifesten Hirnstamm- und Kleinhirninfarkten, insbesondere wenn lakunäre Defekte vorliegen, hochgradig eingeschränkt ist. Die Annahme einer vorwiegend hämodynamischen Pathogenese dieser Durchblutungsstörungen des hinteren Kreislaufes wird durch den Nachweis der gestörten zerebralen Autoregulation mittels des pathologischen TCD-CO_2-Testes der A. basilaris unterstützt. Der Nachweis einer normalen Dilatationsreserve dagegen bei flüchtigen Hirnstammischämien weist auf einen guten Kollateralkreislauf hin; bei Posteriorinsulten auf deren zumeist embolische Pathogenese.

Langzeituntersuchungen werden zeigen, ob der Basilaris-CO_2-Test auch prognostische Aussagen über den Verlauf der vertebrobasilären Insuffizienz erlaubt.

Das Literaturverzeichnis ist bei den Verfassern erhältlich.

Vom "normalen" täglichen Alkohol zum Schlaganfall: Insulinresistenz, Hyperinsulinämie-Adipositas, Diabetes, Hypertonie, Hyperlipidämie

H.H. Kornhuber, A. Kornhuber, J. Kornhuber und B. Backhaus

Anerkannt ist, daß Schlaganfälle großenteils Folge von Kreislaufrisikofaktoren sind: Hypertonie, Rauchen, Diabetes, Adipositas, Hyperlipidämie (3). Abgesehen vom Zigarettenrauchen hängen sie zusammen mit Adipositas.

Mit Ausnahme von einigen genetisch seit Jugend adipösen sind die meisten Männer schlank und entwickeln erst allmählich vom 20. zum 50. Jahr abdominale Adipositas, von der irrig angenommen wird, sie sei kalorisch bedingt. Tatsächlich nehmen die adipösen Männer weniger Kalorien auf als die schlanken (als Reaktion auf gute Futterverwertung) und sie bewegen sich auch nicht weniger, aber sie trinken mehr Alkohol (5). Der Effekt wird dadurch partiell maskiert, daß Rauchen, das mit Alkoholkonsum korreliert, schlank macht. Bei Frauen führt klimakterischer Östrogenmangel zu Adipositas. Alkohol-Fettleber (mit Insulinrezeptor-Schädigung und Hypertriglzyeridämie) macht Hyperinsuliniämie; Insulin steigert Natriumrückresorption und Katecholaminfreisetzung (Hochdruckursachen) und blockiert die Lipolyse (Folge: Adipositas). Der "normale" tägliche Alkohol ist so die Hauptursache der Kreislaufrisikofaktoren, wenigstens bei den Männern.

Dies wurde übersehen, weil: 1. Dogma war, Adipositas sei kalorisch bedingt. 2. Man interessierte sich nur für Hochdosis-Alkoholismus und hielt den "normalen" Alkohol irrig für einen Gefäßschutzfaktor. 3. Man verzichtete auf objektive Daten, obgleich klar ist, daß die subjektiven Angaben gerade bei hohem Alkoholkonsum oft besonders niedrig sind. 4. Man dachte nicht daran, daß Hochdruck, Diabetes, Hyperlipidämie Alkoholfolgen sein könnten; ohne Prüfung behauptete man, sie seien unabhängig. 5. Man berücksichtigte nur den im Alter angegebenen Konsum und vergaß, daß die Stoffwechselstörungen, die zur Atherosklerose geführt hatten, über Jahrzehnte zuvor abgelaufen waren. 6. Man verschleierte den Zusammenhang durch falsche Definition der Normgrenzen der "Leberenzyme".

Nach Untersuchungen an 1379 Patienten mit neurologischen Krankheiten (Ischias usw.) ohne bekannten Zusammenhang mit Blutdruckerhöhung, Adipositas oder Veränderungen der "Leberenzyme" korrelieren die Erhöhungen von Blutdruck und relativem Körpergewicht mit der Gamma-GT sowie mit der Summe von GGT, GPT und GOT gerade in jenem für normal gehaltenen Bereich (GGT bis 28, Summe GPT + GOT + GGT bis 67 U/l bei 25° C). Man hatte die Normwerte irrig aus ihrem Vorkommen in der Bevölkerung definiert, obgleich diese großenteils täglich Alkohol genießt. Die externe Validierung mit Hilfe von Blutdruck, Übergewicht, Blutlipiden und Plasma-Insulin zeigt, daß die normale GGT im Mittel nur bis 10 U/l (2), einschließlich der Meßfehler bei Einzelmessungen bis 12 oder 13 geht. Die normale Summe von GGT + GPT + GOT geht nicht bis 67, sondern bis 30, einschließlich der Meßfehler bis 36. Die Sonographie zeigt die leichte Fettleber nicht.

Bei 798 Erwachsenen wurden orale Glucosetoleranz-Tests mit Insulinmessung durchgeführt. Es fand sich für die Transferasen GGT, GPT und GOT, die ihrerseits signifikant mit dem angegebenen Alkoholkonsum stiegen, eine hohe Korrelation mit dem Plasma-Insulin. Wieder lag der Anstieg in jenem Bereich der drei Transferasen, der bisher irrig als der normale galt (4).

Wie das Insulin verhielt sich auch das C-Peptid. Das Insulin stieg zwar auch mit dem Übergewicht, aber nur bei Personen mit Transferasen-Summe über 30 U/l, nicht bei Personen, die keinen Alkohol trinken und GGT + GPT + GOT unter 30 haben. Die signifikante Korrelation der GGT (und der Transferasensumme) mit dem Plasma-Insulin ist unabhängig vom relativen Körpergewicht. Regelmäßige "normale" Alkoholkonsumenten, die rauchen, sind schlank und haben doch infolge ihrer Fettleber (mit nach falscher Lehrbuchmeinung "normalen Leberwerten") Insulinresistenz. Diese ist der Anfang des Weges zum Typ II Diabetes (4). Schon der Prädiabetes, die Hyperinsulinämie jedoch ist ein Kreislaufrisikofaktor, denn das erhöhte Insulin führt zum Bluthochdruck und via Intimazellwucherung der Arterien zur Atherosklerose.

Alkohol-Fettleber mit GGT-Erhöhung in dem bisher irrig für normal gehaltenen Bereich führt auch zu Steigerung der Triglyzeride, Verschlechterung des LDL/HDL-Cholesterin-verhältnisses (3) und erhöhtem Gesamtcholesterin. Nur starker Alkoholkonsum steigert das HDL bei den Männern (dies ist aber nicht kardioprotektiv), der "normale" tägliche Alkohol mit mittlerer GGT- Erhöhung (13 - 25 U/l) senkt das HDL. Bei Frauen sinkt das HDL mit steigender GGT bis zu hohen GGT-Werten über 25 U/l. Alkohol ist die Hauptursache für ungünstige Blutlipide, wichtiger als Erbanlagen und die übrige Ernährung. Umgekehrt führt Alkoholentwöhnung und die dadurch mögliche Reduktion des Übergewichts zu Blut-drucknormalisierung, Heilung von Typ II Diabetes und Senkung des Serum-Cholesterins in einem sogar durch cholesterinfreie Diät nicht möglichen Maß (1).

Literatur

1. Altmann J, Kornhuber AW, Kornhuber HH: Stroke (1987) Cardiovascular risk factors and the quantitative effects of dietary treatment on them. Eur Neurol 26:90-99
2. Kornhuber J, Kornhuber HH, Backhaus B, Kornhuber A, Kaiserauer Ch, Wanner W (1989) GGT-Normbereich bisher falsch definiert: Zur Diagnostik von Bluthochdruck, Adipositas und Diabetes infolge "normalen" Alkoholkonsums. Versich Med 41:78-81
3. Kornhuber HH, Backhaus B, Kornhuber AW, Kornhuber J (1989) Risk factors and the prevention of stroke. In: Amery WK et al: Clinical trial methodology in stroke, Ballière Tindall, London
4. Kornhuber HH, Backhaus B, Kornhuber A, Kornhuber J (1990) Die Hauptursache von Diabetes (Typ II): der "normale" Alkoholkonsum. Vers Med 42
5. Kornhuber HH, Kornhuber J, Wanner W, Kornhuber A, Kaiserauer CH (1989) Alcohol, smoking and body build: Obesity as a result of the toxic effect of "social" alcohol consumption. Clin Physiol Biochem 7:203-216

Homocystinurie als Ursache jugendlicher Hirninfarkte

Th. Henze, B. Kitze und U. Gallenkamp

Vor allem bei jüngeren Hirninfarkt-Patienten, also solchen diesseits des 50. oder 55. Lebensjahres, ist die Suche nach zugrundeliegenden Ursachen von großer Bedeutung. Unabhängig von den bekannten Risikofaktoren lassen sich gerade in dieser Altersgruppe oftmals andere Erkrankungen finden, die einer speziellen Therapie bedürfen, z.B. kardiogene Ursachen und Vaskulitiden, Blutgerinnungs- oder Stoffwechselstörungen. Zu letzterer Gruppe gehört auch die Homocystinurie, eine erst seit 1962 bekannte seltene hereditäre Störung des Stoffwechsel der schwefelhaltigen Aminosäuren (4). Diese Erkrankung ist nicht nur deshalb interessant, weil ihren vaskulären Komplikationen medikamentös vorgebeugt werden kann und muß, sondern auch, weil sie möglicherweise bei der Entstehung von arteriellen Thrombosen eine größere Rolle spielt als bisher angenommen, auch bei nicht manifest an Homocystinurie Erkrankten.

Hierzu folgender Fallbericht: Eine jetzt 24jährige Patientin wurde im vergangenen Jahr in unserer Neuroimmunologischen Ambulanz zur Abklärung der Verdachtsdiagnose einer zerebralen Vaskulitis vorgestellt. 1986 hatte die junge Frau einen linkshirnigen Infarkt erlitten, der sie funktionell nur wenig behinderte und der auf die Einnahme von Kontrazeptiva sowie einen Hypertonus zurückgeführt wurde. Bei der angiographischen Diagnostik wurden ein Verschluß der A.carotis interna rechts sowie eine subtotale Stenose der A. carotis interna links gefunden. 1989 trat dann eine Amaurosis fugax auf, die zu weiterer Diagnostik Anlaß gab. Hierbei fielen lediglich erniedrigte Werte der Komplementfaktoren C3 und C4 sowie eine leicht erhöhte BKS (20/30) und erhöhte Gamma-Globuline auf. Dopplersonographisch bestand jetzt ein Verschluß auch der linksseitigen A. carotis interna. Bei der Anamnese-Erhebung in unserer Klinik berichtete die Patientin über Linsensubluxationen beider Augen. Außerdem bestanden eine Spondylose und Deformierungen aller Wirbelkörper sowie ein Hohlfuß. Aufgrund dieser Befundkonstellation lag die Verdachtsdiagnose Homocystinurie nahe, die wir dann durch erhöhte Werte von Methionin und Homocystein im Plasma und Urin bestätigten.

Die klassische Homozystinurie ist eine autosomal-rezessive Erkrankung, die auf einem Mangel der Cystathionin-ß-Synthase (CS) beruht, die Homocystein zu Cystein und später Sulfat abbaut und an das Vorhandensein von Pyridoxin als Coenzym gebunden ist. Es werden 2 Formen unterschieden: eine, bei der die CS noch eine Restaktivität hat, und eine, bei der dieses Enzym vollständig fehlt (4). Die Verdachtsdiagnose ergibt sich aus dem gemeinsamen Auftreten von arteriellen Thrombosen mit Linsenluxationen, Skelettveränderungen und Intelligenzdefiziten (4). Sie muß durch den Nachweis erhöhter Werte für Methionin und Homocystein erhärtet werden. Außerdem kann mit Hilfe von Hepatozyten- oder Fibroblasten-Kulturen zwischen Restaktivität und Fehlen der CS differenziert werden. Bei unserer Patientin wurde in Fibroblasten-Kulturen noch eine 1 %ige Aktivität des Enzyms gefunden, wobei diese Aktivität nach in vitro Zugabe von Pyridoxin nicht wesentlich anstieg (0,12 0,133 nmol/h/mg).

Die Therapie besteht zunächst in methioninarmer Diät, die jedoch meist nicht ausreicht. Bei Restaktivität der CS genügt häufig die hochdosierte Gabe von Vitamin B6. Beim

542

vollständigen Fehlen des Enzyms muß versucht werden, durch Gabe von Folsäure, vor allem aber Betain, das akkumulierende Homocystein in Methionin zurückzuführen (5). Bei unserer Patientin war eine Pyridoxin-Gabe von 1200 mg pro Tag ohne Auswirkung auf den Homocystein-Spiegel. Unter Therapie mit Betain und Folsäure jedoch ist es in der Zwischenzeit zu einem deutlichen Abfall der Homocystein- und Methionin-Werte gekommen. So fiel Homocystein im Urin von 804 mMol/Mol Kreatinin vor und während alleiniger Vitamin B6-Therapie auf 97 mMol/Mol Kreatinin nach Zugabe von Betain. Zur Prophylaxe weiterer zerebraler Infarkte oder transitorisch-ischämischer Attacken wurde zusätzlich eine Marcumar-Behandlung begonnen.

Vor allem die thromboembolischen Komplikationen bestimmen die Prognose der Erkrankten. Über die pathophysiologischen Vorgänge, über die die Homocystinurie zu Thrombosen führt, ist bisher jedoch wenig bekannt. Sicher ist, daß Homocystein schon in niedrigen Konzentrationen zu einer Endothelschädigung führt, die im Tierexperiment und in vitro nachgewiesen werden kann. Möglicherweise ist die Endothelveränderung direkte Folge der Einwirkung von Wasserstoff-Peroxiden, die bei der Oxydation des Homocystein zu Homocystin entstehen (6). Thromboembolien spielen nicht nur bei manifest an Homocystinurie eine Rolle. Mehrere Arbeitsgruppen fanden inzwischen, daß Patienten unterhalb von ca. 55 Jahren mit peripheren arteriellen Verschlüssen bzw. Myokard- oder Hirninfarkten in bis zu 30 % der Fälle, erhöhte Homocystein-Werte aufweisen (1, 2, 3). Auch sieht man bei Patienten mit vaskulären Läsionen nach einer standartisierten Methionin-Belastung häufiger erhöhte Homocystein-Werte und/oder einen Cystathionin-ß-Synthase-Mangel in Fibroblastenkulturen als bei Kontrollpatienten. Bei diesen handelt es sich offenbar um Heterozygote für einen Cystathionin-ß-Synthase-Mangel, die in einer Häufigkeit von 1:200 bis sogar 1 : 70 in der Bevölkerung zu finden sind. Auch in diesen Fällen kann eine Therapie mit Pyridoxin oder Betain zu einer Normalisierung der Homocystein-Werte im Plasma führen. Inwieweit damit auch weiteren Myokard-, Hirn- und peripheren Ischämien vorgebeugt werden kann, ist bisher unbekannt.

Literatur

1. Boers GHJ, Smals AGH, Trijbels FJM, Fowler B (1985) Heterozygosity for homocystinuria in premature peripheral and cerebral occlusive arterial disease. New Engl J Med 313:709-715
2. Brattström L, Israelsson B, Norrving B, Bergqvist D, Thöme J, Hultberg B, Hamfelt A (1990) Impaired homocysteine metabolism in early-onset cerebral and peripheral occlusive arterial disease. Effects of pyridoxine and folic acid treatment. Atherosclerosis 81:51-60
3. Israelsson B, Brattström LE, Hultberg BL (1988) Homocysteine and myocardial infarction. Atherosclerosis 71:227-233
4. Mudd SH, Levy HL (1983) Disorders of transsulfuration. In: Stanbury JB, Wyngarden JB, Fredrickson DS, Goldstin JL, Brown MS (Hrsg) The Metabolic basis of inherited disease. McGraw-Hill, New York
5. Wilcken DEL, Wilcken B, Dudman NPB, Tyrell PA (1983) Homocystinuria - the effects of betaine in the treatment of patients not responsive to pyridoxine. N Engl J Med 309:448-453
6. Wilcken DEL, Dudman NPB (1989) Mechanisms of thrombogenesis and accelerated atherogenesis in homocysteinaemia. Haemostasis 19(Suppl):14-23

Über die Bedeutung des Circulus arteriosus Willisii für die zerebrale Perfusionsreserve und die Pathogenese der Hirninfarkte bei Karotisverschluß

E.B. Ringelstein, M. Weckesser, S. Weckesser und C. Weiller

In früheren Arbeiten haben wir eine *Einteilung* der im Computertomogramm (CT) sichtbaren *Hirninfarkte* nach pathophysiologischen Gesichtspunkten in (1) Läsionen durch zerebrale Mikroangiopathie (lakunäre Infarkte und subkortikale arteriosklerotische Enzephalopathie), (2) hämodynamisch verursachte Infarkte (Grenzzonen- und Endstrominfarkte (6) im Versorgungsgebiet der langen penetrierenden Markarterien und der Wasserscheiden des Kortex und (3) Territorialinfarkte durch thromboembolische Verschlüsse größerer und kleinerer Piaarterien vorgeschlagen (2, 4). Mittels CO2-Stimulationstechnik haben wir die *Vasomotorenreserve* (VMR) einzelner großer Hirnarterien (z. B. der A. cerebri media = ACM) bestimmt (Normbereich 86 +/- 16 %) (3). In einer dritten Studie haben wir zeigen können, daß mit Hilfe der transkraniellen Dopplersonographie und mittels Kompressionstests an den hirnversorgenden Halsarterien die *Konfiguration des Circulus arteriousus Willisi* im angiographischen Vergleich mit hoher Treffsicherheit bestimmt werden kann. Das gilt gleichermaßen für aktuell benutzte Kollateralwege wie auch für potentiell rekrutierbare (A. Holling und E.B. Ringelstein, unveröffentl. Ergebnisse). Dabei wurden 4 Typen des Circulus arteriosus Willisi (CAW) unterschieden. Typ A: Suffiziente Aa. communicantes anterior und posterior. Typ B: Lediglich A. communicans anterior vorhanden, A. communicans posterior fehlend. Typ C: Lediglich A. communicans posterior vorhanden. Typ D: Versorgung des Mediaterritoriums ausschließlich über die A. ophthalmica. *64 Patienten mit Verschluß der A. carotis interna wurden untersucht,* um den Zusammenhang von Art des CAW, VMR und Infarkttyp zu klären. Insbesondere interessierte uns, unter welchen Bedingungen hämodynamisch verursachte Hirninfarkte entstehen. Gruppe 1 (N = 20) hatte keine Infarkte im CT, Gruppe 2 (N = 28) Territorialinfarkte und Gruppe 3 (N = 16) hämodynamisch verursachte Infarkte. Um den Einfluß des Schweregrades der extrakraniellen Verschlußkrankheit konstant und damit kontrollierbar zu halten, wurden nur Patienten mit Verschluß der A. carotis interna (ACI) berücksichtigt.

Bedingt durch den Karotisverschluß war die VMR in den Gruppen 1 und 2 gegenüber dem Normbereich (86 +/- 16 %) signifikant erniedrigt (p < 0,0001), untereinander aber nahezu identisch (Gruppe I: 48,3 +/- 14 %; Gruppe II: 49,5 +/- 20 %). Nach früheren Erfahrungen (3) ist ein erhöhtes Risiko ischämisch verursachter Läsionen erst unterhalb eines VMR-Wertes von 39 % gegeben. In Gruppe III war die VMR exzessiv reduziert (27,6 +/- 22 %) und damit gegenüber den Gruppen I und II hochsignifikant vermindert (p = 0,006 und 0,003).

Es ergab sich ein klarer Zusammenhang zwischen der Konfiguration des CAW und dem Hirninfarkttyp. Nur 3 von 28 Patienten (11 %) mit guter Kollateralisationskapazität (Typen A und B), aber bereits 5 von 18 Patienten (28 %) mit ausschließlicher A. communicans posterior (Typ C) und immerhin 4 von 9 Patienten (44 %) mit dem Konfigurationstyp D (Ophthalmika-abhängig) hatten hämodynamische Infarkte im CT. Der Unterschied (Typ A + B gegenüber Typ C + D) war signifikant (p = 0,0431). Mit abnehmender Kollateralisa-

544

tionsleistung des CAW reduzierte sich auf der Verschlußseite auch die Vasomotorenreserve.
Typ A + Typ B: VMR = 51,5 +/- 16 %; Typ C VMR = 45 +/- 18 %; Typ D: VMR = 26,7
+/- 21 % (Typ A gegen D: p = 0,0035; Typ B gegen D: p = 0,004; Typ C gegen D: p = 0,0137).

Es fanden sich keine Unterschiede zwischen den einzelnen Patientengruppen I, II und III
bezüglich der Häufigkeit kardialer oder vasovagaler Synkopen in der Vorgeschichte und
schwerwiegender Rhythmusstörungen oder Überleitungsstörungen im EKG.

Schlußfolgerungen

Infarkte entstehen nur, wenn die zugrundeliegende extrakranielle Verschlußkrankheit hochgradig
ist. Die hämodynamische Auswirkung hochgradiger extrakranieller Verschlußprozesse der
A. carotis interna wird aber nahezu ausschließlich von der Konfiguration des Circulus
arteriosus Willisii bestimmt. Ein regelrecht konfigurierter CAW schließt selbst bei bilate-
ralem Karotisverschluß eine kritische intrakranielle Minderung des Perfusionsdruckes aus,
während eine mit hoher Flußgeschwindigkeit retrograd durchströmte A. ophthalmica sehr
verdächtig ist auf eine fehlende intrakranielle Kollateralisierung über die Aa. communicantes. Solche Patienten haben ein hohes Risiko, an einer ischämischen Ophthalmopathie (1)
oder hämodynamisch induzierten flüchtigen oder bleibenden Insulten zu erkranken (2). Das
Risiko eines Patienten, eine hämodynamisch verursachte Hirnschädigung zu erleiden, kann
durch die Messung der CO2-induzierten Vasomotorenreaktivität vorausgesagt werden. Bei
Patienten mit thromboembolisch verursachten Territorialinfarkten ist die Vasomotorenreaktivität gegenüber einer geeigneten Vergleichspopulation mit normalem CT nicht vermindert. Gegenüber Gefäßgesunden ist sie zwar reduziert, jedoch in unbedenklichem
Ausmaß. Unsere mit unabhängigen Meßmethoden erarbeiteten Befunde belegen somit auch
die Richtigkeit unseres Konzeptes zur Klassifizierung der Hirninfarkte im CT.

Literatur

1. Copetto JR, Wand M, Baer L, Skiarra R (1985) Neovascular glaucoma and carotid artery obstructive disease. Am J Ophthalmol 99:567-570
2. Ringelstein EB, Zeumer H, Angelou D (1983) The pathogenesis of strokes from internal carotid artery occlusion. Diagnostic and therapeutic implications. Stroke 14:867-875
3. Ringelstein EB, Sievers C, Ecker S, Schneider PA, Otis SM (1988) Non-invasive assessment of CO2-induced cerebral vasomotor response in normal individuals and patients with internal carotid artery occlusions. Stroke 19:963-969
4. Ringelstein EB, Koschorke S, Holling A, Thron A, Lambertz H, Minale C (1989) Computerized tomography patterns of proven embolic brain infarctions. Ann Neurol 26:759-765
5. Weiller C, Ringelstein EB, Reiche W, Büll U (1990) Clinics and hemodynamics of low-flow infarctions. Stroke (im Druck)
6. Zülch KJ (1961) Die Pathogenese von Massenblutungen und Erweicherungen unter besonderer Berücksichti-gung klinischer Gesichtspunkte. Acta Neurochir (Suppl) 7:51-117

Über die Pathogenese der Schlaganfälle bei Karotisdissekaten: Mögliche therapeutische Konsequenzen

W. Müllges, C. Weiller und E.B. Ringelstein

Karotisdissekate sind eine wichtige Ursache von Schlaganfällen im jüngeren Erwachsenenalter (3). Sie werden zunehmend häufig erkannt, da sie heute dopplersonographisch als hochsitzende Stenosen und Verschlüsse und mittels MRI anhand des Arterienwandhämatoms nichtinvasiv zuverlässig identifizierbar sind (4). Bei Arteriendissekaten dringt Blut in die Lamina media ein, die abgehobene Intima verlegt rasch das Lumen. Bei zusätzlichem distalem Intimariß entstehen stenotische Kanäle, von denen thrombotisches Material abgeschwemmt werden kann. Daher ist eine hämodynamische und auch thrombembolische Insultgenese möglich. Die Pathogenese wurde bisher noch nicht systematisch untersucht. Die meisten Autoren gehen von embolischen Hirninfarkten aus, wie es zum einen durch die typischen arteriographischen Befunde bei Karotisdissekaten (2) z. T. nahegelegt wird. Zum anderen wurde die Ablösung von Embolie während der Angiographie beobachtet (5). Zur Klärung der Pathogenese untersuchten wir 15 Patienten mit einseitigem Karotisdissekat. Die Dissektionen wurden in 12 Fällen angiographisch und sechsmal kernspintomographisch gesichert. Kontrolluntersuchungen mittels Dopplersonographie in 13 Fällen, Angiographie in vier Fällen und MRI in drei Fällen zeigten eine Rückbildung der Gefäßläsionen, was die Diagnose bestätigt.

Die im CT sichtbaren Infarkte wurden nach den von Ringelstein publizierten Kriterien (6) typisiert. Als thrombembolisch bedingt werden kortikale Territorialinfarkte (TI) und ausgedehnte Linsenkerninfarkte angesehen. Demgegenüber sind subkortikale Endstrominfarkte (EI) im terminalen Versorgungsgebiet der langen perforierenden Marklagerarterien oder Grenzzoneninfarkte hämodynamisch verursacht. Voraussetzung für EI sind eine vorgeschaltete hochgradige Karotisläsion und mangelhafte intrakranielle Kollateralisierung. 4 der 15 CT waren normal, sechsmal ließen sich TI, fünfmal EI nachweisen. Dies Verhältnis ist bemerkenswert, da das Verhältnis TI zu EI im allgemeinen etwa 30 zu 1 beträgt. Erwartungsgemäß korrelierte das Infarktmuster im CT nicht damit, ob eine hoch-gradige Stenose oder ein Verschluß der A.carotis interna vorlag.

Die intrakranielle Hämodynamik wurde bei allen Patienten mit EI und vier Patienten mit TI untersucht. Eine schwere Störung wurde bei den EI erwartet im Gegensatz zu den TI. Mittels transkranieller Dopplersonographie kann während Hypo-, Normo- und Hyperkapnie die CO_2-induzierte Vasomotorenreserve VMR bestimmt werden durch Berechnung der veränderten Flußgeschwindigkeiten in der A. cerebri media. Normal ist eine VMR von 86 +/- 16 %. Bei einer Erniedrigung auf < 38 % ist die Reserve stark eingeschränkt und statistisch mit einer hohen Inzidenz hämodynamischer Infarktauslösung verknüpft (7). Als zweite Methode wurde das HMPAO- und ^{99m}Tc-RBC-SPECT eingesetzt (1). Die regionale cerebrale Perfusionsreserve rCPR wird als Quotient von regionalem Blutfluß und -volumen seitengetrennt berechnet und verglichen.

Bei allen Patienten mit EI waren sowohl VMR als auch rCPR stark erniedrigt, bei den Patienten mit TI dagegen normal. Diese Ergebnisse untermauern die Richtigkeit der

546

vorgestellten Infarkttypologie als hämodynamisch und thrombembolisch verursacht. EI gehen mit schweren hämodynamischen Störungen einher, TI nicht. Indirekt stützen die Befunde auch die These, daß TI thrombembolisch verursacht sind. Vor allem aber zeigen die Ergebnisse, daß Karotisdissekate etwa gleich häufig zu embolischen wie zu hämodynamisch ausgelösten Hirninfarkten führen.

Daraus leiten sich therapeutisch Konsequenzen ab. Wir haben die Patienten vier Wochen vollheparinisiert. Nur in einem Fall kam es zu einer angiologischen Verschlechterung. Die übrigen Karotiden besserten bzw. normalisierten sich. Jeweils ein Drittel der Patienten behielt keine, leichte oder doch behindernde Restsymptome zurück. Aus pathogenetischer Sicht muß bei thrombembolischen Infarkten antikoaguliert werden, zunächst mit therapeutischer Heparinisierung und dann in Abhängigkeit vom angiologischen Befund mit Markumar. Bei hämodynamischen Infarkten mit schwer eingeschränkter VMR und rCPR ist zu diskutieren, ob iso- oder hypervolämische Hämodilution oder gar kontrollierte Hypertonieinduktion mit Dopamin eine Infarktausbreitung verhindern. Ein EC-IC-Bypass kann nur sinnvoll sein, um bei erheblich eingeschränkter Perfusionsreserve die Zeit bis zur Wiedereröffnung der Karotis zu überbrücken, oder im seltenen chronischen Fall eines endgültigen Karotisverschlusses mit ungenügender intrakranieller Kollateralversorgung.

Literatur

1. Büll U, Braun H, Ferbert A, Stirner H, Weiller C, Ringelstein EB (1988) Combined SPECT imaging of regional cerebral blood flow and blood volume to assess regional cerebral perfusion reserve in patients with cerebrovascular disease. Nuklearmedizin 1-56
2. Fisher CM,Ojemann RG (1978) Spontaneous dissection of cervico.cerebral arteries. Can Neurol Sci 5:9-19
3. Hart RG,Easton JD (1983) Dissections of cervical and cerebral arteries. In: Neurologic clinics, vol 1:155-183
4. Müllges W, Ringelstein EB, Weiller C, Leibold M, Brückmann H (1990) Dissektionen der A. carotis interna: Neue diagnostische und pathogenetische Aspekte. Fortschr Neurol Psychiatr (im Druck)
5. O'Dwyer JA, Moscow N, Trevor R, Ehrenfeld WK, Newton TH (1980) Spontaneous dissection of the carotid artery. Radiology 137:379-385
6. Ringelstein EB, Zeumer H, Schneider R (1985) Der Beitrag der zerebralen Computertomographie zur Differentialtypologie und Differentialtherapie des ischämischen Großhirninfarktes. Fortschr Neurol Psychiatr 53:315-336
7. Ringelstein EB, Weckesser M, Weckesser S, Weiller C, Ley-Pozzo J (1990) CO2-induced cerebral vasomotor response in ICA-lesions: Effects of carotid endarterectomy and long-term evaluation in chronic ICA lesions. Neurology (im Druck)

Dynamik zerebraler Perfusionsänderungen im Schlaf

J. Klingelhöfer, G. Hajak, M. Schulz-Varszegi, G. Matzander, E. Rüther und B. Conrad

Der Wechsel zwischen Schlaf und Wachsein repräsentiert innerhalb der zirkadianen Rhythmik die auffälligste Änderung des zerebralen Funktionszustandes. Dieser ändert sich aber auch während des Schlafes in Abhängigkeit vom jeweiligen Schlafstadium. Untersuchungen zur Hirndurchblutung und zum Hirnmetabolismus im Schlaf zeigten eine Kopplung von Hirnstromaktivität, Hirndurchblutung und Hirnstoffwechsel auf (3, 5). Die zur Messung der Hirndurchblutung verwendeten Isotopen-Techniken beschränkten sich allerdings auf die Aufzeichnung weniger Meßzeitpunkte pro Schlafperiode. Sie erfaßten den Schlaf nicht als einen Prozeß sich dynamisch verändernder zerebraler Funktionszustände, wie es polysomnographisch angezeigt wird. Methoden, welche im Rahmen einer Langzeitableitung die Dynamik schneller Anpassungsprozesse der Hirnperfusion während des polygraphisch erfaßten Schlafes aufzeigen, kommen von daher eine besondere Bedeutung zu.

Mit einem computergestützten gepulsten Dopplersystem (2 MHz) (1) wurden die intrakraniellen Strömungsmuster der rechten A. cerebri media bei 12 gesunden männlichen Probanden (Alter 25 bis 34 Jahre, Mittelwert 28,2 Jahre) kontinuierlich über die Nacht aufgezeichnet. Nach Auffinden und manueller Optimierung des Dopplersignals wurde die Sonde mit Hilfe einer selbstentwickelten, speziellen Sondenhalterung so mechanisch fixiert, daß die zusätzliche Anbringung polysomnographischer Aufnahmesensoren (EEG, EOG, EMG, Atemflow-Thermistor, Kapnometer, Oxymeter) möglich war. Die AD-konvertierte Hüllkurve des Media-Dopplerfrequenzspektrums wurde on line auf die Festplatte eines Personalcomputers gespeichert. Die mittlere Strömungsgeschwindigkeit (MFV) wurde aus der Originalableitung von Herzzyklus zu Herzzyklus mit Hilfe eines computergestützten Integrationsverfahrens berechnet. Die Bestimmung der Schlafstadien und der Schlafparameter erfolgte manuell aus den Aufzeichnungen einer 10-Kanal-Polygraphie nach den Kriterien von Rechtschaffen und Kales (6). Zur zeitgleichen Berechnung von Schlaf- und Strömungsparametern wurden 30s-Intervalle der MFV bestimmt und entsprechenden 30s-Epochen des Schlafprofils zugeordnet. Auf Schlafstadien bezogene MFV-Werte beruhen auf dem Durchschnitt (Mittelwert +/- Standardabweichung) der zugrundeliegenden 30s-Werte.

Die MFV nahm nach Schlafbeginn bei allen Probanden mit zunehmender Schlaftiefe kontinuierlich ab und lag im Schlafstadium IV des ersten Schlafzyklus um -13,66 % +/- 3,8 % (p≤0,001) unterhalb der MFV des Wachzustandes. Bei einem Schlafstadienwechsel vom Stadium IV nach Stadium II stieg die MFV nur geringfügig an (+ 3,61 % +/- 0,86 %, n. s., Vergleich von Stadium IV und II). Selbst bei einem Wechsel vom Tiefschlafstadium in das Stadium Wach innerhalb der nächtlichen Schlafperiode kam es zu keinem signifikanten Geschwindigkeitsanstieg. Nach dem Aufwachen am Morgen dauerte das Erreichen von MFV-Werten, die dem vorausgegangenen abendlichen Wachzustand entsprachen, beim wachliegenden Patienten oftmals mehr als eine halbe Stunde, obwohl das Hirnstrombild ein kontinuierliches Alpha-EEG aufwies. Bei einem Wechsel vom Schlafstadium IV in den REM-Schlaf fand sich immer ein plötzlicher Anstieg der MFV (z. B. zweiter Schlafzyklus +12,59 % +/- 5,33 %, p < 0,01, Vergleich von Schlafstadium IV und REM). Im Verlauf der Nacht nahm das durchschnittliche Niveau der MFV ohne erkennbare Beziehung zu den jeweiligen Schlafstadien weiter ab. Bei Schlafereignissen wie EEG-Arousals, Movement-Arousals und K-Komplexen fanden sich schnelle MFV-Änderungen, wobei die MFV innerhalb von Sekunden bis zu 25 % unterhalb des vorausgegangenen MFV-Niveaus abfiel.

Die stetige Abnahme der MFV mit zunehmender Schlaftiefe während des ersten Schlafzyklus und der rasche Anstieg der MFV im REM-Schlaf stimmen mit Befunden bisher eingesetzter Meßverfahren überein (3, 5). Diese Befunde weisen auf eine enge Kopplung von hirnelektrischer Aktivität und zerebraler Perfusion im Schlaf hin. Es ist anzunehmen, daß die erniedrigten MFV-Werte im Non-REM-Schlaf eine reduzierte neuronale Aktivität widerspiegeln, während der Anstieg der MFV im REM-Schlaf einer erhöhten neuronalen Aktivität in der Traumphase zuzuordnen ist; eine reaktive Zunahme der MFV läßt sich auch im Wachzustand bei kortikaler Aktivierung durch verschiedene Stimuli nachweisen (2). Beim Vergleich der MFV-Werte verschiedener Schlafzyklen findet sich allerdings, daß die MFV-Änderungen, die während des ersten Schlafzyklus von den jeweiligen Schlafstadien des Non-REM-Schlafes abhängig waren, in den späteren Schlafzyklen abnehmen oder sogar ganz verschwinden können. Die daraus folgende Hypothese einer Entkopplung von hirnelektrischer Aktivität und zerebraler Perfusion wird sowohl von den nur mäßigen MFV-Anstiegen während eines nächtlichen Erwachens als auch dem von Schlafstadien unabhängigen Absinken des durchschnittlichen MFV-Niveaus im Laufe der Nacht gestützt. Offensichtlich sind im Schlaf nicht immer Hirnperfusion und Hirnfunktion miteinander gekoppelt (4, 5, 7). Die physiologischen Grundlagen einer Entkopplung von neuronaler Aktivität und zerebraler Perfusion sind bisher nicht ausreichend bekannt; ebenfalls ist nicht ausreichend geklärt, ob periphere Kreislaufparameter die zerebrale Perfusion im Schlaf wesentlich mitbestimmen. Im Meßbereich von Sekunden fanden sich vor allem in den Schlafstadien II und REM charakteristische Schwankungen der MFV, wobei maximale Fluktuationen im REM-Schlaf auftraten und eine Instabilität dieser Schlafphase erkennen lassen. Mit zunehmender Schlaftiefe ist bei abnehmenden MFV-Schwankungen eine wachsende Stabilität funktioneller Regulationen im Non-REM-Schlaf zu vermuten. Die Langzeit- und on line-Aufzeichnung intrakranieller Strömungsmuster in Kombination mit der Schlafpolygraphie stellt eine neue Methodik dar, um dynamische Aspekte von Hirnfunktion und Hirnperfusion im Schlaf zu beliebigen Meßzeiten zu erfassen.

Literatur

1. Aaslid R, Markwalder TM, Nornes H (1982) Noninvasive transcranial doppler ultrasound recording of flow velocity in basal cerebral arteries. J Neurosurg 57:769-774
2. Conrad B, Klingelhöfer J (1989) Dynamics of regional cerebral blood flow for various visua stimuli. Exp Brain Res 77:437-441
3. Heiss WD, Pawlik G, Herholz K, Wagner R, Wienhard K (1985) Regional cerebral glucose metabolism in man during wakefulness, sleep, and dreaming. Brain Res 327:362-366
4. Lou HC, Edvinsson L, MacKenzie ET (1987) The concept of coupling blood flow to brain function: Revision required? Ann Neurol 22:289-297
5. Meyer JS, Ishikawa Y, Hata T, Karacan I (1987) Cerebral blood flow in normal and abnormal sleep and dreaming. Brain and Cognition 6:266-294
6. Rechtschaffen A, Kales A (1968) A manual for standardized terminology, technics and scoring system for sleep stages of human subjects. Public Health Service, US Government, Printing Office, Washington D.C.
7. Sakai F, Meyer JS, Karacan I, Derman S, Yamamoto M (1980) Normal human sleep: Regional cerebral hemodynamics. Ann Neurol 7:471-478

Zur Klinik und Diagnostik zerebraler Giant-Aneurysmen - ein Vergleich zwischen CT, MRT und Angiographie

K. Maier-Hauff, K. Hansen und W. Schörner

Giant-Aneurysmen (GA) sind zerebrale Aneurysmen mit einem Durchmesser von mindestens 2,5 cm, die in 5 % aller nachgewiesenen Aneurysmen auftreten (6). Entgegen früherer Annahmen können sie an Größe zunehmen und in etwa 40 % der Fälle rupturieren, obwohl wandständige Thrombosen des Aneurysmasackes derartige periphere Blutungen verhindern sollen. Klinisch bieten sie ein vielfältiges Bild. Neben Subarachnoidal- und intrazerebralen Blutungen können Lokalsymptome infolge der Raumforderung oder zerebrale Insulte auftreten, die zu differentialdiagnostischen Fehlbeurteilungen führen.

In den letzten Jahren wurden neun Patienten mit zerebralen GA im Alter von 27 bis 67 Jahren im Universiätsklinikum Rudolf Virchow behandelt. In einer Studie sollte die klinische Symptomatik der Patienten analysiert und die Aussagefähigkeit der Kernspintomographie gegenüber Computertomographie und Angiographie untersucht werden. Alle Patienten wurden panangiographiert, die Computertomographie wurde mit und ohne Kontrastmittel und das Kernspintomogramm in den Sequenzen T1 (SE 400/22), T2 (SE 1.600/70) sowie mit Protonendichte (SE 1.600/35) durchgeführt. Die klinische Analyse der Vorgeschichte weist auf, daß 5 Patienten durch eine langjährige Kopfschmerzanamnese auffällig waren, 3 Patienten zeigten eine Hemiparese, 6 wiesen Lokalsymptome auf und nur 2 Patienten hatten eine SAB. Die Lokalisation der Aneurysmen gibt Tab. 1 wieder.

Fallbericht

Das CT eines 67jährigen Patienten war - er hatte nur rezidivierende Kopfschmerzen - unauffällig. Ein pathologisches EEG führte zu weiterer Diagnostik. Das CT stellt einen primär hyperdensen, runden Prozeß rechts temporal dar, der deutlich Kontrastmittel in seinen vorderen Anteilen aufnimmt. Das axiale MRT in T1-Wichtung zeigt ebenfalls zwei Aneurysma-Anteile, im Zentrum den perfundierten hypointensen Anteil und in der Peripherie den signalintensiveren thrombosierten Aneurysma-Bezirk. In koronarer Schnittführung können sogar drei verschiedene Areale unterschieden werden. Die im oberen Bildrand zu erkennende stark hyperintense Region wurde als frische Thrombose des Aneurysma-Sackes angesehen. Die ergänzende Angiographie bestätigte das Vorliegen eines Giant-Aneurysma der Arteria cerebri media, das erheblich größer ist, als sein angiographischer Befund erwarten läßt.

Ergebnisse

Die Analyse der klinischen Befunde ergab vielfältige Symptome. Dieses entspricht den Hinweisen anderer Autoren (1, 3), die darauf hinweisen, daß Giant-Aneurysmen weitaus häufiger durch die lokale Raumforderung symptomatisch werden als durch eine Subarachnoidalblutung. In allen Fällen konnte mit CT und MRT der pathologische Prozeß als eine intrazerebrale Raumforderung nachgewiesen werden. Die Nähe der Läsionen zum Circulus arteriosus cerebri ließ bereits vor der angiographischen Abklärung an ein Giant-Aneurysma denken. Der Nachweis der Läsionen gelang mit CT und MRT in allen Fällen. Die Diagnose konnte mit Hilfe des MRT bei allen Patienten gestellt werden, während im CT in zwei Fällen ein Tumor diagnostiziert wurde. Angiographisch stellten sich 8/9 GA dar, lediglich bei Patient-Nr. 9 war die Gefäßmißbildung wegen eines Vertebralisverschlusses nicht nachweisbar. Das MRT zeigte in Übereinstimmung mit dem angiographischen Befund in 8 Fällen das durchströmte Lumen als hypointenses Gebiet. Dies entspricht der vielfach beschriebenen Signalauslöschung durch schnell fließendes Blut. Im Aneurysma-Sack befindliches Thrombusmaterial war entweder hypo- oder hyperintens. Dieses Signalverhalten entspricht thrombosiertem Blut in verschiedenen Abbaustufen. Frischeres Thrombusmaterial mit überwiegendem Methhämoglobin-Anteil kommt hauptsächlich hyperintens zur Darstellung, dagegen ist älteres Thrombusmaterial mit Hämosiderin hypointens (2, 4, 5, 7). In 7 Fällen zeigte sich die äußere Begrenzung des Aneurysmas als deutlich hypointenser Randsaum. Dies entspricht entweder Verkalkungen oder älteren hämosiderinhaltigen Blutabbauprodukten (Tabelle 2).

Schlußfolgerungen

Giant-Aneurysmen treten in den meisten Fällen nicht mit den Symptomen einer SAB, sondern häufiger als raumfordernde Prozesse mit Lokalsymptomen auf. Eine scharf begrenzte Läsion in unmittelbarer Nähe des Circulosus arteriosus, die im CT primär hyperdens ist und im MRT gemischte Intensität zeigt, sollte stets an ein Giant-Aneurysma denken lassen.

Tabelle 1. Lokalisation und Größe der Giant-Aneurysmen

Pat. Nr.	Lokalisation	Größe
1	A. carotis interna	3/4 cm
2	A. carotis interna	4/4 cm
3	A. carotis interna	3/3 cm
4	A. cerebri media	3/4 cm
5	A. cerebri media	3/3 cm
6	A. cerebri media	4/3,5 cm
7	A. basilaris	4/2,5 cm
8	A. cerebri posterior	3/3 cm
9	A. vertebralis	4/3 cm

Tabelle 2. MRT-Charakteristik bei Giant-Aneurysmen (N = 9)

Signalintensität	hypointens	1
	hypo/hyperintens	8
Gewebesdifferenzierung	thrombosiert/ perfundiert	8
Form der Läsion	scharf begrenzt	9
KM-Verhalten (3/8)	Aufnahme	3

Das Literaturverzeichnis ist bei den Verfassern erhältlich.

Das Augenbewegungsverhalten von Patienten mit zerebraler Mikro- und Makroangiopathie in einfachen visuellen Erkennungsaufgaben

M. Hund und W. Huber

In einer Blickbewegungsstudie wurden 17 Patienten mit zerebraler Mikroangiopathie, 18 Patienten mit akutem Infarkt im Versorgungsgebiet der linken A. cerebri media, weitere 21 Patienten im chronischen Stadium des Linkshirninfarktes sowie 41 Kontrollpersonen untersucht. In den beiden Erkennungsaufgaben galt es, Leuchtpunkte aufzusuchen und zu fixieren, die in der ersten Aufgabe prädiktiv, in der zweiten Aufgabe randomisiert angeboten wurden. Während der Untersuchung wurden die Blickbewegungen und Blickorte der Versuchspersonen mit der Infrarotlicht-Technik über ein Mikroprozessor-System (DEBIC 84) registriert (Abb. 1).

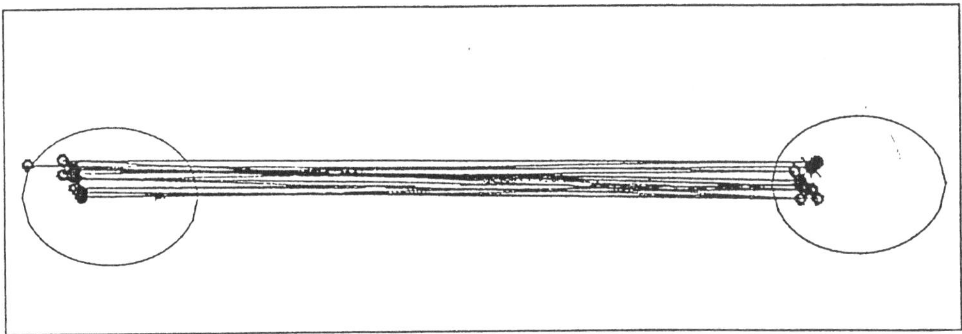

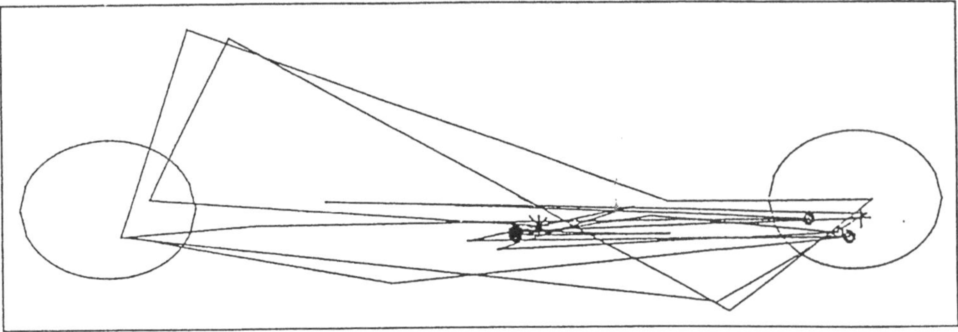

Abb. 1. Blickpfadregistrierung mit der Infrarotlicht-Technik. Oben: Die Untersuchung einer Kontrollperson in der prädiktiven Erkennungsaufgabe: Zwei Leuchtpunkte sollen abwechselnd fixiert werden. Unten: Blickpfade einer Patientin mit zerebraler Mikroangiopathie in der gleichen Aufgabe

Durch das nicht parametrische Diskriminanzanalyse-Verfahren ALLOC 80 gelang es, 90 % der Mikroangiopathie- und über 70 % der akuten Linkshirninfarktpatienten von der Kontrollgruppe zu unterscheiden. Allerdings waren nur noch 50 % der chronischen Infarktpatienten - verglichen mit der Kontrollgruppe - in ihrem Blickverhalten auffällig. Ein Vergleich der Patientengruppen miteinander sollte charakteristische Störungsmuster der einzelnen Krankheitsbilder aufzeigen. Es wurden daher nur solche Patienten für die weitere Auswertung berücksichtigt, die in ihrem Blickverhalten von den Kontrollpersonen abzugrenzen waren. Die Unterschiede innerhalb der drei Patientengruppen kristallisierten sich in der einfachen Erkennungsaufgabe mit prädiktiven Leuchtpunkten klarer heraus als in der Untersuchung mit randomisierten Leuchtpunkten. Bei der Diskriminanzanalyse konnten 96% der Patienten allein aufgrund ihrer Blickauffälligkeiten richtig ihrer klinischen Diagnose 'zerebrale Mikroangiopathie' oder 'akuter Linkshirninfarkt' zugeordnet werden.

Die Mikroangiopathie-Patienten zeigten als wichtigste Charakteristika überdurchschnittlich viele Gesamtfixationen, ein stark ausgeprägtes Antizipationsverhalten und sehr kurze Verweilzeiten auf den Leuchtpunkten. Es fanden sich hingegen normale mittlere Latenzzeiten, was eine intakte Planung von Sakkaden anzeigt. Die Auffälligkeiten betreffen die postsakkadische Blickphase. Sie deuten auf eine Fixationsinstabilität oder Fixationsunruhe hin. Nach dem Aufmerksamkeitsmodell von Posner und Rafal (3) läßt sich das Blickverhalten bei zerebraler Mikroangiopathie interpretieren als Störung, visuelle Aufmerksamkeit aufrecht zu erhalten (holding attention). Unsere Befunde stimmen mit Blickauffälligkeiten überein, die Fletcher und Sharpe (1) für Alzheimer Patienten beschrieben. Fixationsunruhe scheint ein gemeinsames Kennzeichen für degenerative Patienten mit akutem linkshirnigem Mediainfarkt fielen durch lange Latenz- und Suchzeiten mit vielen Suchfixationen auf. Die präsakkadische Planungsphase ist hier gestört. Nach dem Modell von Posner und Rafal (3) würde man von einer Störung der Ausrichtung von visueller Aufmerksamkeit auf ein neues Ziel hin sprechen (shifting attention). Mesulam (2) forderte, daß die Ausrichtung von Aufmerksamkeit über ein neuronales Netzwerk gesteuert wird. Areale des posterioren Parietallappens, das frontale Augenfeld und limbische Strukturen beider Hemisphären sollen hieran beteiligt sein. Beim akuten linksseitigen Mediainfarkt sind Störungen in diesem neuronalen Netzwerk anzunehmen.

Bei den Infarktpatienten im chronischen Stadium sind keine charakteristischen Auffälligkeiten mehr zu beobachten. Ihr Blickverhalten ist nur noch unscharf von dem der Kontrollpersonen abzugrenzen.

Literatur

1. Fletcher WA, Sharpe JA (1986) Saccadic eye movement, dysfunction in Alzheimer's disease. Annals of Neurology 20:464-471
2. Mesulam MM (1981) A cortical network for directed attention and unilateral neglect. Annals of Neurology 10: 309-325
3. Posner R, Rafal RD (1987) Cognitive theories of attention and the rehabilitation of attentional deficits. In: Meier MJ, Benton AL, Diller L (Hrsg) Neuropsychological Rehabilitation. Edingburgh, Churchill Livingsstone

Hat sich die Prognose der spontanen Subarachnoidalblutung in den letzten Jahren verbessert?

H. Schütz, P. Krack, B. Buchinger, R.-H. Bödeker und A. Laun

Die Prognose der aneurysmatischen Subarachnoidalblutung wird immer noch als ernst angesehen. Eine unbekannte Anzahl von Patienten stirbt, ohne jemals eine Neurologisch/ Neurochirurgische Klinik oder ein pathologisches bzw. forensisches Institut zu erreichen. Von den übrigen sterben laut Literatur 45 - 65 % innerhalb der ersten drei Monate, während über die Hälfte der Überlebenden schwere Behinderungen behält (1, 3). Allerdings mehren sich Mitteilungen, daß sich die Prognose dieser Krankheit in den letzten Jahren möglicherweise aufgrund neuerer Behandlungsstrategien doch allmählich bessert (2,4).

Unsere Studie umfaßt 100 konsekutive Fälle zwischen 1983 und Ende 1988. 10 Fälle konnten wegen ihres schlechten Zustandes nicht arteriographiert werden. 22mal war das Arteriogramm negativ. In 68 Fällen gelang ein Aneurysmanachweis (A. com. A. 29, A. C. M. 22, multiple 7, vertebrobas. 6, A. C. I. 3, A. C. A. 1). Ausschlaggebend für die Studie waren neben der typischen Vorgeschichte das charakteristische CT, das innerhalb von 72 Stunden abgeleitet sein mußte. In einigen Fällen wurde bei normalem CT eine Xantokromie des zerebrospinalen Liquors als Kriterium der vorangegangenen SAB akzeptiert.

Die prognostischen Daten waren günstig: Die 30-Tage-Letalität lag bei 23 % (postoperative Letalität 4 Fälle); schwerstbehindert, entsprechend Glasgow-outcome-scale Grad 2 (GOS 2), blieben 4 %; schwerbehindert (GOS 3) 13 %; leicht behindert (GOS 4) 17 %, ohne Behinderung (GOS 5) verließen 43 % die Klinik. Statistisch bestand eine enge Beziehung zwischen dem Aufnahmebefund (Hunt-Hess-Grading) und dem Entlassungsbefund (GOS). Patienten mit ungünstigerem Aufnahmebefund starben öfter bzw. blieben öfter schwerbehindert (p < 0,001). Die prozentuale Verteilung der Hunt-Hess-Grade entspricht der Verteilung der Hunt-Hess-Grade in anderen Studien (1), wobei dort jedoch die Prognose wesentlich ungünstiger war als bei unseren Patienten.

Unsere Studie bestätigte, daß Patienten mit massiver Subarachnoidalblutung (p < 0,001), mit massiver Ventrikelblutung (p < 0,001) und intrazerebralen Hämatomen > 20 ml (p < 0,001) öfters starben, wobei die Kombination von zwei oder drei dieser letalen Faktoren besonders ungünstig war. Weiterhin waren Patienten mit massiver Subarachnoidalblutung (p < 0,001), massiver Ventrikelblutung (p < 0,01), akutem Hydrozephalus (p < 0,001), Delayed zerebral ischemia (DCI) (p < 0,001), chronischem Hydrozephalus (p < 0,001) und Rezidivblutungen (p < 0,01) öfters schwer behindert.

Ein Vergleich der Komplikationen mit dem initialen CT-Befund zeigt folgendes: Patienten mit massiver Ventrikelblutung entwickelten später häufiger einen akuten und einen chronischen Hydrozephalus. Kranke mit massiver Subarachnoidalblutung bekamen danach häufiger DCI sowie einen akuten und einen chronischen Hydrozephalus. Es bestand auch ein Zusammenhang zwischen Hydrozephalus und DCI, wobei besonders die Patienten, die einen behandlungsbedürftigen akuten oder chronischen Hydrozephalus hatten, häufiger ein DCI bekamen. Nachblutungen traten auch häufiger bei Patienten mit schwereren Initialsymptomen auf.

Von den Komplikationen der spontanen Subarachnoidalblutung war nur der akute und chronische Hydrozephalus mit 20 % bzw. 11 % so häufig wie in anderen Studien. Die Anzahl der Patienten mit ischämischen Infarkten (DCI) lag mit 18 % deutlich niedriger als in früheren Studien (27 % - 75 %), möglicherweise dadurch, daß unsere Patienten im Gegensatz zu früheren Studien alle mit Kalziumantagonisten behandelt wurden. Auch die Anzahl der Rezidivblutungen lag mit 12 % niedriger als in früheren Untersuchungsreihen (19 - 30 %), wobei auch hier wahrscheinlich die seit 1985 bei uns praktizierte frühe Aneurysmaoperation viele Rezidivblutungen verhindert hat. Bemerkenswerterweise traten DCI, akuter und/oder chronischer Hydrozephalus und Rezidivblutungen häufiger bei Patienten mit schwerer Initialsymptomatik (Hunt-Hess-Grad 3 - 5) auf (p < 0,001).

Insgesamt führen wir die günstigere Prognose der SAB auf verbesserte Behandlungsstrategien (Kalziumantagonisten, hypervolaemische Haemodilution, kontrollierte Hypertension, Frühoperation), auf die bessere Überwachung durch CT und transkranielle Dopplersonographie sowie auf die niedrige postoperative Letalität (8 %) zurück. Hinzu kommt, daß wir im Gegensatz zu anderen Studien (1) sowohl nachgewiesene als auch aufgrund von CT und Anamnese wahrscheinliche Aneurysmablutungen (2,3) in die Studie aufgenommen haben. Insbesondere erscheint es uns nicht gerechtfertigt, die sog. benignen perimesenzephalen Subarachnoidalblutungen mit negativem Arteriogramm (5) nicht in die Gesamtbeurteilung der Prognose der spontanen Subarachnoidalblutung einzubeziehen.

Literatur

1. Hijdra A, Braakman R, van Gijn J, Vermeulen M, van Crevel H (1987) Aneurysmal subarachnoid hemorrhage. Complications and outcome in a hospital population. Stroke 18:1061-1067
2. Ingall TJ, Whisnant JP, Wiebers DO, O'Fallon WM (1989) Has there been a decline in subarachnoid hemorrhage mortality? Stroke 20:718-724
3. Mohr JP, Kase CS (1983) Cerebral vasopasms. Rev Neurol (Paris) 139:99-113
4. Säveland H, Sonesson B, Ljunggren B, Brandt L, Uski T, Zygmunt S, Hindfelt B (1986) Outcome evaluation following subarachnoid hemorrhage. J Neurosurgery 64:191-196
5. Vermeulen M, van Gijn J (1990) The diagnosis of subarachnoid hemorrhage. J Neurol Neurosurg Psychiatr 53:365-372

Subarachnoidalblutung ohne Aneurysmanachweis - Häufigkeit, Verlauf und Prognose

U. Feldheim, B. Sauer, J. Marquardt und U. Fuhrmeister

Die häufigsten Ursachen für eine SAB sind intrakranielle Aneurysmen sowie andere Gefäßmalformationen, jedoch läßt sich in einem Prozentsatz zwischen 5 % und 30 % (3, 4, 5, 7, 8, 9, 10) trotz angiographischer Diagnostik keine Blutungsursache nachweisen.

In unserem Patientengut sind wir der Frage nachgegangen, in welcher Häufigkeit sich kein Aneurysma nachweisen ließ und wie die Prognose und die Komplikationsrate dieser Patienten ist.

Krankengut und Methode

Zwischen 1984 und 1990 wurden 153 Patienten mit einer (durch Computertomographie und/ oder Lumbalpunktion) gesicherten SAB auf unserer Neurologischen Intensivstation aufgenommen. Die Pat. erhielten eine parenterale Therapie mit Nimotop und tägliche transkranielle dopplersonographische Kontrollen sowie eine allgemeine neurologische Intensivtherapie, falls nötig einschließlich Beatmung und externer Ventrikeldrainage. In den Hunt-Hess-Stadien I - III (in Einzelfällen auch IV) wurde bei den Patienten in den ersten 24 Stunden eine selektive 4-Gefäß-Angiographie mit gedrehten Serien durchgeführt.

Ergebnisse und Diskussion

Bei 122 Pat. konnte eine angiographische Diagnostik durchgeführt werden, hiervon wiesen 77 (63 %) ein zerebrales Aneurysma auf. 21 dieser Pat. wurden frühoperiert, 29 konservativ behandelt und einer Spätoperation zugeführt. Weitere 21 verstarben unter der konservativen Therapie und 6 Pat. wurden trotz nachgewiesenem Aneurysma ohne Operation entlassen (Op. wurde abgelehnt, Grunderkrankung metastasierendes Karzinom etc.).

Bei den übrigen 45 Patienten (37 %) fanden wir trotz korrekt durchgeführter Erstangiographie kein zerebrales Aneurysma, hiervon verstarben durch vasospasmusbedingte Insulte 2 unter der konservativen Therapie und 43 konnten entlassen werden. Alle Patienten wurden nachangiographiert. 31 weitere Patienten (überwiegend Hunt-Hess-Stadien IV und V) konnten keiner angiographischen Diagnostik zugeführt werden, von diesen verstarben 20 in unserer Klinik.

Aneurysma-Patienten und Patienten ohne Hinweis für die Blutungsquelle unterscheiden sich kaum in ihrem mittleren Alter (49,3 zu 52,2 Jahren), jedoch in der Geschlechterverteilung. So fanden sich bei den Aneurysma-Patienten Männer in 43 % (3, 9), in der Vergleichsgruppe jedoch in 62 %, eine Geschlechtsverteilung, die auch schon andere Autoren (2, 3, 4, 10) fanden. Die Patienten mit späterem Aneurysmaausschluß waren bei Klinikaufnahme in einem besseren Zustand (siehe auch 1, 3), 78 % waren im Hunt-Hess-Stadium I und II, keiner im Stadium IV und V. Die Aneurysma-Patienten waren nur zu 39 % in den Hunt-Hess-Stadien I und II, 30 % im Stadium IV und V.

Beide Gruppen hatten im annähernd gleichen Prozentsatz Vorerkrankungen wie: Hypertonus 35 zu 39 % bzw. allgemeine Gefäßrisikofaktoren 53 zu 58 %. Jedoch litt jeder 5. Aneurysma-Patient in der Vorgeschichte an Migräne, in der Vergleichsgruppe nur 2 %.

Patienten mit SAB und angiographischem Aneurysmaausschluß hatten einen deutlich besseren Verlauf, so konnten 78 % ohne neurologische Ausfälle entlassen werden, zu ähnlichen Ergebnissen kamen auch 2, 3, 4, 12. Aneurysma-Patienten konnten nur zu 35 % ohne neurologische Ausfälle verlegt bzw. entlassen werden.

Eine Nachblutung trat unter konservativer Therapie bei Aneurysma-Patienten in 18 % auf, bei fehlendem Aneurysma bei keinem Patienten. Auf diese deutlich niedrigere Komplikationsrate weisen auch andere Autoren (1, 2, 3, 8, 11) hin. 28 unserer Aneurysma-Patienten verstarben, im Vergleichskollektiv nur 5 %, andere Untersucher fanden ebenfalls 2 bis 5 % (3, 4, 7, 10, 12). Die Komplikation eines ableitungsbedürftigen Hydrozephalus trat in beiden Gruppen mit 11 zu 9 % in etwa gleicher Häufigkeit auf.

Bei technisch korrekt durchgeführter Erstangiographie einschließlich gedrehter Serien und fehlendem Vasospasmus (45 Patienten) fanden wir bei der Nachangiographie nach im mittel 6 Wochen bei keinem Patienten ein Aneurysma. Andere Untersucher kamen zu gleichen Ergebnissen (7, 8, 12), weitere fanden in 1,8 % bis 7 % ein Aneurysma bei der Kontrollangiographie (5, 10, 12).

Die 45 angiographierten Patienten ohne Hinweis für die zerebrale Blutungsquelle stellen 29,4 % unseres Gesamt-SAB-Krankengutes dar, Gomez 1989 (7) kam mit 30 % zu identischen Ergebnissen. Die unterschiedlichen anamnestischen Angaben sowie die deutlich niedrigere Komplikationsrate geben Hinweise, daß es sich bei diesen Patienten um eine nicht aneurysmabedingte Blutungsursache handelt. In Anbetracht der guten Prognose ist bei korrekt durchgeführter Erstangiographie, fehlendem Vasospasmus während des konservativen Therapieverlaufes und auch fehlender Migränevorgeschichte eine Kontroll-Angiographie unserer Ansicht nach nicht zwingend erforderlich und sollte nur bei ausgewählten Patienten durchgeführt werden.

Das Literaturverzeichnis ist bei den Verfassern erhältlich.

Inwieweit haben sich das klinische Erscheinungsbild, die Risikofaktoren und die Sterblichkeit der spontanen intrazerebralen Hämatome in den letzten Jahren verändert

H. Schütz, Th. Dommer, I. Singer und R.-H. Bödeker

Kürzliche Studien haben gezeigt, daß die Mortalität der spontanen intrazerebralen Hämatome (SICH) spätestens seit 1979 sinkt (3,4). Außerdem soll die Hypertonie als Risikofaktor seltener werden (2). Als Ursache werden diskutiert: verbesserte Behandlungs- und Überwachungsmethoden, Erfolg der antihypertensiven Behandlung bei Risikopersonen und dadurch möglicherweise auch ein Rückgang der schweren, letalen Hirnblutungen bei extrem hohen Blutdruckwerten und eine genauere Diagnostik durch die Bildgebenden Verfahren.

In dieser Studie haben wir die Letalität, den Anteil der Hypertoniker und retrospektiv den Grad der Behinderung bei Entlassung (ADL) aller Patienten mit SICH des Großhirns bestimmt, die zwischen 1978 und 1989 in unserer Klinik stationär behandelt wurden. Für die Patienten der Jahre 1978/79, 1982/83 und 1988/89 wurde ebenfalls retrospektiv der Aufnahmebefund anhand des Mathew-scores evaluiert.

Die Sterblichkeit sank von 1978 bis 1989 von ca. 64 % auf ca. 30 % (p = 0,015). Die Sterberate innerhalb der ersten vier Tage nach Krankheitsbeginn sank noch drastischer von 39 % im Jahre 1978 auf 10,3 % im Jahre 1989 (p = 0,012). Wird die Sterberate innerhalb der ersten vier Tage nach Krankheitsbeginn mit der Gesamtletalität verglichen, so zeigt sich, daß auch hier ein kontinuierlicher Rückgang besteht. Während sich 1978 und 1979 noch 60 % bzw. 46 % aller Todesfälle innerhalb der ersten vier Tage ereigneten, waren dies 1988 nur noch 38 % und 1989 nur noch 30 %. Statistisch gesehen ließ sich hier zwar ein deutlicher Trend nachweisen. Die Irrtumswahrscheinlichkeit lag jedoch bei 5,9 % (p = 0,0598). Der Anteil der Hypertoniekranken am gesamten Krankengut sank von 1978/79 von 80 % bzw. 71 % auf 55 % bzw. 65 % in den Jahren 1988/89. Hier war statistisch gesehen ebenfalls lediglich ein Trend nachweisbar (p = 0,060).

Die Schwere der initialen neurologischen Ausfälle, bestimmt nach dem Mathew-score, ergab in allen drei Untersuchsperioden eine nahezu identische Bandbreite. Die tiefsten Werte lagen um 7 Punkte, die höchsten Werte bei über 90 Punkten. Die Häufigkeitsverteilung zeigte jedoch deutliche Unterschiede zwischen den drei Untersuchungszeiträumen (p = 0,038). Der Median der Punktewerte stieg von ca. 32 Punkten im Jahre 1978/79 und ca. 41 Punkten in den Jahren 1982/83 auf ca. 53 Punkte in den Jahren 1988/89. Genau der gleiche Anstieg besteht, wenn man die 50 % Interquartilbereiche (1.-3. Quartil) über die Jahre vergleicht. Insgesamt steigt auch der Bereich, in dem der Mathew-score für 50 % der Patienten liegt, über die Jahre an (H-Test von Kruskall-Wallis). Selbst wenn der Mathew-score um die jeweilige Punktezahl, mit der die Bewußtseinslage kodiert wurde, vermindert wird, so ergibt dieser Wert (Differenz zwischen Mathew-score und Bewußtsseins-score) immer noch einen deutlichen Anstieg innerhalb der Untersuchungszeit (p = 0,042). 1978/79 lag der Median dieses Punktwertes bei ca. 27 Punkten, 1982/83 bei ca. 37 Punkten und in den Jahren 1988/89 bei 49 Punkten. Wenn nur die Punktewerte für die Bewußtseinslage verglichen werden, ergibt sich wiederum eine starke Veränderung innerhalb der drei Untersuchungszeiträume (p < 0,001). 1978/79 waren soporöse Patienten relativ am häufigsten. 1982/83 waren die wachen Patienten am häufigsten, gefolgt von einer etwas niedrigeren Anzahl von Patienten in somnolentem Zustand. Von allen Jahrgängen waren jedoch 1982/83 die Anzahl der komatösen Patienten am größten. 1988/89 wurden nur noch wenige Patienten in komatösem und soporösem Zustand aufgenommen, die meisten waren somnolent oder wach.

Der Vergleich des Behinderungsgrades (ADL) und der Letalität in den drei Untersuchungszeiträumen zeigte statistisch ebenfalls lediglich einen Trend zum Unterschied (p = 0,093). Während die Todesfälle 1978/79 bis 1988/89 stetig abnahmen, stieg der Anteil der ständig bettlägrigen und der schwerbehinderten Kranken kontinuierlich an.

Die Untersuchung zeigt somit, daß parallel zur sinkenden Letalitätsrate auch die Todesfälle innerhalb der ersten vier Tage drastisch zurückgegangen sind. Dieser Rückgang der Todesfälle innerhalb der ersten Tage ist ab 1986 etwas stärker, als dies aufgrund des Rückgangs der Gesamtsterblichkeit zu erwarten gewesen wäre. Statistisch gesehen läßt sich hier jedoch nur ein Trend aufzeigen. In unserem Krankengut bestand ebenfalls nur ein Trend zum Rückgang der Hypertonie als Risikofaktor für SICH. Sehr deutlich ist jedoch der Rückgang der Anzahl der Patienten mit schwerer Bewußtseinsstörung. Auch die Anzahl der Patienten mit schweren neurologischen Ausfällen hat seit 1978/79 deutlich abgenommen, selbst wenn die Schwere der Bewußtseinsstörung unberücksichtigt bleibt(1). Dagegen läßt sich eine Verbesserung der Prognose insgesamt (Sterberate und ADL) statistisch ebenfalls nur als Trend nachweisen. Die sinkende Sterblichkeit wird mit einem höheren Anteil an schwerst- und schwerbehinderten Kranken erkauft.

Literatur

1. Ahmed OJ, Orchard TJ, Sharma R, Mitchell H, Talbot E (1988) Declining mortality from stroke in Allegheny Country, Pennsylvania. Trends in case fatality and severity of disease, 1971 1980, Stroke 19:181-184
2. Calendri L, Arnal C, Fernandez Ortega J, Bermejo F, Felgeroso B, Del Ser T, Vallejo A (1986) Riskfactors for spontaneous cerebral hematomas. Case-control study. Stroke 17:1126-28
3. Fieschi C, Carolei A, fiorelle M, Argentino C, Bozzao L, Fazio C, Salvetti M, Bastianell S (1988) Changing prognosis of primary intracerebral hemorrhage: Results of a clinical and computed tomographic follow up study of 104 patients. Stroke 19:192-195
4. Furlan AJ, Whisnant JP, Elveback LR (1979) The decreasing incidence of primary intracerebral hemorrhage: A population study. Ann Neurol 5:367-373

Erste Erfahrungen mit der transdiscalen Sonographie des zervikothorakalen Rückenmarkabschnitts

J. Igloffstein und B. Schneider

Im Ösophagus ermöglicht es die Nähe zur unteren Hals- und oberen Brustwirbelsäule, transdiscal den Spinalkanal im B-Bild darzustellen. Benutzt wurde ein für die transösophageale Echokardiographie verwandter phased array-Schallkopf aus 64 Kristallen mit einer Sendefrequenz von 5 MHz und einer Eindringtiefe von 8 - 10 cm, der auf die Spitze eines Gastroskopes montiert war. Die Untersuchung erfolgte nach Rachenanästhesie am wachen, sedierten Patienten in schräger Seitenlage mit leicht angehobenem Oberkörper. Über Positionen der Sondenspitze 8 - 40 cm ab Zahnreihe, am besten zwischen 10 und 20 cm, war eine Abbildung möglich. In einer konsekutiven Serie konnten bei 44 von 50 Patienten im Mittel 5 Segmente dargestellt werden. Bei Eindringtiefen über 25 cm bewirkten Herzpulsationen Drehungen des B-Bildes um die Sektorspitze. Nebenwirkungen wurden bei der Untersuchung nicht beobachtet. Sie dauerte max. 10 Minuten. In Abhängigkeit von der erreichten Parallelität des Schallstrahls zur Bandscheibenebene, der Dicke des Intervertebralraums, dem Vorhandensein von Spondylophyten und degenerativen Veränderungen der Bandscheibe schwankte die Bildqualität. Mit der genannten Technik konnten die Befunde intraoperativer Sonographien am freigelegten Durasack (6) bestätigt werden: das Rückenmark ist im Innern gleichmäßig relativ echoarm, seine Oberfläche erzeugt ein echoreiches Band. Ein zentraler Echokomplex, der an der Grenzfläche von commissura ventralis alba und fissura mediana anterior entsteht (7), ist deutlich erkennbar. Nach lateral ziehen beidseits die echoreichen ligg. denticulata, davor und dahinter stellen sich inkonstant Vorder- und Hinterwurzeln im echofreien Liquor dar. Dura und Arachnoidea bilden ein einheitliches echoreiches Band, das nach außen in das ebenfalls echoreiche epidurale Fettgewebe übergeht; die intakte Bandscheibe ist homogen echoarm. Eine Abbildung der pulsierenden vorderen Spinalarterie, wie in intraoperativen Sonographien mit 7,5 bis 10 MHz-Schallköpfen beschrieben (2, 6), gelang uns nicht.

Ein hervorstechender Befund sind streng im Herzrhythmus ablaufende kurze, meist nach dorsal gerichtete Auslenkungen des Rückenmarks aus seiner Ruhelage, die durch sein Ausgespanntsein zwischen den frontal verlaufenden Zahnbändern definiert erscheint. Bei einer Beschallung unterhalb einer traumatischen Spinalkanalverlegung konnten wir nur minimale Schwingungen feststellen. Bei zwei Patienten mit Aortenklappeninsuffizienz waren die Schwingungen so ausgeprägt, daß Auswertungen im M-Mode möglich wurden: die Dorsalauslenkung aus der Ruhelage begann ca. 90 ms nach R-Zackengipfel, die dorsalste Position wurde ca. 280 ms danach erreicht. Ein Anstieg des Liquordrucks im Seitenventrikel und des thalamischen Gewebsabdrucks wurde beim Menschen ca. 90 ms nach R-Zackengipfel beschrieben 3); eine eigene transkranielle dopplersonographische Messung in der proximalen A. cerebri media ergab, daß das Ende der spätdiastolischen Strömungsentschleunigung ebenfalls nach 90 ms, die schnellste systolische Strömungsgeschwindigkeit nach 270 ms erreicht werden. Wir deuten die Befunde so, daß zwar das während der Systole intrakraniell einfließende Blut am Ende der Diastole venös wieder abgeführt ist, daß aber auf dem Höhepunkt der Systole ein kurzes Ungleichgewicht zwischen Ein- und Ausstrom entsteht, das nach der Monro-Kellie-Doktrin zu einer Kaudalbewegung des intraventrikulären Liquors und besonders des zisternalen Liquors in den zervikalen Spinalkanal führt. Solche Liquorbewegungen wurden kernspintomographisch beobachtet (1, 4, 9) und werden von uns als Ursache der beobachteten Rückenmarksschwingung angesehen.

Mit Eintritt des intrakraniellen Kreislaufstillstandes beim Hirntod müßte diese Schwingung sistieren. Dies konnten wir bei allen vier Patienten bestätigen, die wir nach klinischer Feststellung des Hirntodes untersuchten: wir beschallten während einer kurzen Unterbrechung der Beatmung das Halsmark; es wies keine Oszillationen auf, besonders gut erkennbar an den in der Frontalebene stillstehenden ligg. denticulata. Diese Beobachtung spricht gegen die Vermutung (2, 6), daß die puslierenden Spinalarterien die Rückenmarksschwingungen verursachen. Weitere Überprüfungen müssen zeigen, ob nach Ausschluß einer Verlegung der Liquorwege in der hinteren Schädelgrube und im obersten Zervikalkanal dieser Befund adjuvant in der Hirntodbestimmung eingesetzt werden kann.

Als wertvolle Ergänzung und als diagnostische Alternative bei Kontraindikationen zur MR und als geeignet für Verlaufsuntersuchungen erscheint die Sonographie bei intramedullären Hohlraumbildungen: bei einer zystischen Myelopathie oberhalb eines 18 Jahre zuvor entfernten intramedullären Astrozytoms war die klinisch zu vermutende Hohlraumbildung bei Skoliose kernspintomographisch nur unsicher auszumachen, sonographisch hingegen eindeutig. In einem Fall von Myelomalazie mit Ausgang in eine zystische Nekrose des unteren Halsmarkes sahen wir im Akutstadium einen stärkeren Echoreichtum des geschwollenen Marks und ein Fehlen des zentralen Echokomplexes, wie es bei Ödem in intraoperativen Sonographien beschrieben wurde (5). Bei allen 6 untersuchten, kernspintomographisch gesicherten Syringomyelien gelang es, die Syrinx darzustellen, wobei aus klinischem oder kernspintomographischem Befund abzuleitende Asymmetrien ihrer Ausdehnung immer auch sonographisch nachweisbar waren, ebenso kernspintomographisch nachgewiesene Markatrophien. Eine echoreiche Begrenzung der Syrinxwand haben wir nur bei 2 Patienten mit vorangehender Symptomprogredienz gesehen. Von 4 Patienten mit einer Arnold-Chiary-Mißbildung I wiesen 2 septierte Syringen ohne Pulsationen auf, 2 Syringen waren unseptiert und zeigten Pulsationen mit systolischen Aufweitungen. Weitere Studien müssen klären, ob Nachweis und Fehlen von Syrinxpulsationen eine Einteilung in kommunizierende und nicht kommunizierende Syringomyelien (8) erlauben und ob dieses Merkmal, der Nachweis von Septen und die Echobeschaffenheit der Syrinxwand mit dem klinischen Verlauf korrelieren und bei differentialtherapeutischen Entscheidungen helfen.

Das Literaturverzeichnis ist bei den Verfassern erhältlich.

Die transkranielle farbkodierte real-time Sonographie des Erwachsenen: Eine neue diagnostische Methode

G. Becker, J. Winkler und U. Bogdahn

Die transkranielle farbkodierte real-time Sonographie (TCCS) ist eine neue mobil einsetzbare diagnostische Methode, die die zweidimensionale sonographische Abbildung zerebraler parenchymatöser und vaskulärer Strukturen erlaubt (1, 2, 3, 5). Als nicht-invasive Methode gestattet sie erstmals die Darstellung des Hirnparenchyms in Echtzeit.

Wir verwendeten ein phased-array Ultraschallsystem (Sonoline CF, Siemens), das mit einer 2,25 MHz Sektorsonde ausgestattet war. Intravasale Blutflußphänomene wurden innerhalb des gewohnten B-Bilds farbcodiert wiedergegeben. Blutfluß auf die Sonde zu wurde rot kodiert, Strömung von ihr weg blau abgebildet. Die Flußgeschwindigkeit wird über den Sättigungsgrad der Farbe dargestellt.

Die für die TCCS geeigneten Knochenfenster finden sich in einem Areal, das von der linea temporalis inferior und dem processus zygomaticus begrenzt wird, die prae-, retro- und supraauriculäre Beschallung ist besonders hervorzuheben, da hier der Schädelknochen dünn und glatt ist und eine gute akustische Ankopplung gewährt. Die Darstellung aller Gehirnareale aus einer auriculären Sondenposition erfordert das Kippen des Transducers. Hieraus resultieren schräge Schnittebenen und eine asymmetrische Abbildung der Hirnhemisphären. Wir untersuchten 217 Probanden über 18 Jahre durch die intakte Schädelkalotte (53 Gesunde, 164 zerebral Erkrankte; Durchschnittsalter 49,7 Jahre); bei 19 (9 %) Probanden war eine Beschallung nicht möglich.

Die Ultraschallanatomie des Erwachsenen entspricht weitgehend der des Säuglings (4). In axialer Schnittführung stellt sich der mesenzephale Hirnstamm als schmetterlingsförmige Orientierungsstruktur mittlerer Echogenität dar, die von den echoreichen basalen Zisternen umgeben wird. Kippt man die Sonde nach kranial, können dienzephale Hirnstrukturen wie Thalamus, Hypothalamus und Basalganglien abgebildet werden. Thalamus und Putamen/ Pallidum werden durch die echoreiche capsula interna getrennt. Das Ventrikelsystem zeichnet sich echoarm ab und wird vom echoreichen Ependym begrenzt. Die knöchernen Strukturen der Schädelbasis, Falx cerebri und Tentorium cerebelli weisen wie der Plexus choreoideus eine hohe Echogenität auf.

Flußphänomene des basalen Gefäßkranzes werden mittels TCCS zweidimensional farbkodiert wiedergegeben. A. cerebri media (M1, M2), präpontines Segment der A. cerebri posterior und die A. carotis interna werden rot kodiert, da ihr Blutfluß zur Sonde gerichtet ist. Die Blaukodierung der A. cerebri anterior (A1, A2) und des postpontinen Segments der A. cerebri posterior signalisiert einen von der Sonde weg gerichteten Blutfluß. Bei gleichem Beschallungswinkel werden die kontralateralen Gefäße gegensinnig kodiert. Nach Wechsel in den Doppler-mode kann selektiv unter Sicht das Dopplerfrequenzspektrum einzelner Gefäßareale abgeleitet werden. Ferner ermöglicht die TCCS eine genaue Beschreibung des Beschallungswinkels und somit die Abschätzung der effektiven intravasalen Flußgeschwindigkeit.

Die Abbildung des venösen Systems gelingt beim Gesunden mit der zur Verfügung stehenden software nicht, da die intravenöse Blutflußgeschwindigkeit unter der Nachweisgrenze von 30 cm/sec liegt.

Der Nachweis zerebraler Gefäßstenosen gelingt mittels TCCS durch Analyse des farbkodierten B-Bildes und des Dopplerfrequenzspektrums. Gefäßstenosen führen zu einer lokalen Anhebung der Strömungsgeschwindigkeit, die durch Überschreiten der Nyquistgrenze zu einem Farbumschlag (Aliasing-Effekt) führt. So können schon im farbkodierten Übersichtsbild Gefäßareale mit hoher Flußgeschwindigkeit identifiziert werden. Anschließend können stenosetypische Veränderungen des Dopplerfrequenzspektrums im identifizierten Gefäßareal dargestellt werden. Ferner ermöglicht die TCCS die Darstellung von Echogenitätserhöhung der Gefäßwandungen, was, je nach Verteilung, mit einer umschriebenen oder generalisierten arteriosklerotischen Gefäßveränderung korreliert werden kann.

Die TCCS bietet sich besonders zur Frühdiagnostik zerebraler Insulte an, da sie die farbkodierte Darstellung der Gefäße im umgebenden Hirnparenchym ermöglicht. Die mit der TCCS gestellte Diagnose eines frischen zerebralen Territorialinsultes beruht auf dem Nachweis eines Blutflußabbruchphänomens in der versorgenden Arterie. Hierbei gelingt die farbkodierte Darstellung des proximalen Gefäßabschnittes, distal des Verschlusses läßt sich jedoch kein intravasaler Fluß nachweisen. Bei einigen Patienten konnten im Bereich des Gefäßverschlusses intravasale echoreiche Bezirke sichtbar gemacht werden, die Verkalkungen in arterisklerotisch veränderten Gefäßbezirken entsprechen könnten. Im akuten Stadium des zerebralen Insultes sind keine parenchymatösen Veränderungen mittels TCCS dedektierbar. Erst im Verlauf von 2 - 3 Monaten kann bei einigen Patienten ein echoreiches Areal abgegrenzt werden, das dem im CCT sichtbaren Insultareal entspricht.

Ausmaß und Lokalisation intrazerebraler Blutungen lassen sich mittels der TCCS sicher festlegen. Sie heben sich vom umgebenden Hirnparenchym als echoreiche, meist scharf begrenzte Zonen ab. Komplikationen nach zerebraler Blutung, wie Raumforderung mit Verdrängung umliegender Strukturen, Kompression des Ventrikelsystems, Mittellinienverlagerung und Liquorzirkulationsstörungen sind ebenfalls mit der TCCS nachweisbar. Ferner kann die TCCS auch einen Beitrag zur Identifizierung der Blutungsquelle leisten. Zerebrale Aneurysmen (1), A V-Angiome (2) und Hirntumoren/Metastasen sind ebenso wie Veränderungen bei arteriosklerotischen Gefäßerkrankungen (5) zu erkennen.

Zusammenfassend stellen wir fest, daß die TCCS eine geeignete Screeningmethode bei Verdacht auf und zur Verlaufsbeobachtung von neurologischen Erkrankungen werden könnte. Trotz ihrer im Vergleich zu konventionellen neuroradiologischen Verfahren (CCT, MRI, Angiographie) geringeren Feinauflösung bietet sie als Echtzeitverfahren Einblick in funktionelle Aspekte und die dynamische Entwicklung von Krankheitsprozessen.

Literatur

1. Becker G, Winkler J, Hassel W, Hoffmann E, Bogdahn U (1990) Nonivasive diagnosis and monitoring of subarachnoid hemorrhage by transcranial colour-coded real-time sonography. J Neurology Suppl 1:77
2. Becker G, Winkler J, Hoffmann E, Bogdahn U (1990) Imaging of cerebral arterio-venous malformation by transcranial coulor-coded real-time sonographie. Neuroradiology 32:280-288
3. Bogdahn U, Becker G, Winkler J, Greiner K, Perez J, Meurers B (1990) Transcranial color-coded real-time sonography in adults. Stroke (im Druck)
4. Pasto ME, Kurtz AB (1986) Ultrasonography of the normal fatal brain. Neuroradiologie 28:380-385
5. Winkler J, Becker G, Bogdahn U (1990) Arteriosclerotic cerebrovascular disease identified by transcranial colour-coded real-time sonography. J Neurology Suppl 1:57

Zerebrale Vasoreaktivität: Entwicklung einer multimodalen Testbatterie

A. Thie, M. Carvajal-Lizano, U. Schlichting, K. Spitzer und K. Kunze

Der Zusammenhang zwischen Aktivierung des Gehirns bei geistigen Tätigkeiten und Zunahme der Hirndurchblutung ist in den letzten zwei Jahrzehnten mit den verschiedenen Xenon-Methoden, dem SPECT und PET untersucht worden. Auch mit der transkraniellen Doppler-Sonographie (TCD) sind derartige Fragen zu verfolgen. Dabei wird davon ausgegangen, daß bei Zunahme des zerebralen Metabolismus aufgrund der arteriolären Vasodilatation eine Zunahme der Flußgeschwindigkeiten (FG) in den beschallbaren Hirnbasisarterien zustande kommt, ohne daß diese großen Gefäße ihr Kaliber ändern. Somit sollte diese Zunahme der FG bei Hirnaktivierung die Mehrdurchblutung in der Peripherie reflektieren. Mittlerweile liegen eine Reihe von Studien über Veränderungen der FG auf verschiedenartige Stimuli bei normalen Probanden vor. Bei Migräne wird seit den Tagen der Pulsamplitudenmessungen eine Störung der zerebralen Gefäßregulation vermutet. Diese Frage ist bislang nur sporadisch mittels TCD untersucht worden.

Im folgenden möchten wir über den derzeitigen Stand unserer Versuche berichten, eine Testbatterie zur zerebralen Vasoreaktivitätsprüfung mit dem TCD aufzubauen. Hierbei sollen verschiedene Stimulationsarten hinsichtlich ihrer Fähigkeit, zukünftig Migränepatienten von Kontrollpersonen und Patienten mit anderen definierten Kopfschmerzformen klinisch relevant zu diskriminieren, untersucht werden.

Vorgestellt werden die Ergebnisse verschiedener Tests bei 12 Kontrollpersonen passender Altersverteilung (Mittel: 26,8 Jahre) im Vergleich zu 11 Migränepatienten (27,7 Jahre). Folgende Stimulationsarten wurden untersucht: mit Beschallung der A. cerebri media (MCA) - (1) Abschreiben eines als Dia projizierten literarischen Textes; (2) Fingerübung, bei der jeder Finger konsekutiv zum Daumen geführt werden mußte; (3) Intermittierender Faustschluß. Die Frequenz beider Übungen wurde den Probanden per Metronom vorgegeben. (4) Hypokapnie; (5) Hyperkapnie. Bei der CO_2-Reaktivitätsprüfung wurde über eine Maske der endexpiratorische pCO_2 nach dem Prinzip der Infrarotabsorption mit dem Capnomonitor der Fa. Hellige gemessen. Hypokapnie wurde durch Hyperventilation, Hyperkapnie durch Rückatmung der Expirationsluft erzeugt. Mit Beschallung der A. cerebri posterior (PCA) - (6) Flickerlicht in einer Frequenz von 30 Hz; (7) Freies Betrachten komplexer Bilder, die in Form von Dias alle 4 sec projiziert wurden.

Die Probanden saßen entspannt an einem Tisch in einem von Tageslicht erhellten Raum. Als Meßinstrument diente der TCD der Fa. EME, Modell TC 2-64 B, wobei die Schallsonde mittels eines Stirnbandes zur kontinuierlichen Messung fixiert wurde. Alle Probanden waren Rechtshänder, so daß stets die linksseitigen Gefäße beschallt wurden. Der Versuchsablauf wurde den Probanden ausführlich vor Beginn der Tests erklärt, so daß während der Messungen keine weiteren Anweisungen nötig waren. Die Testphasen dauerten jeweils eine Minute, unterbrochen von einer jeweils einminütigen Pause, wobei jede Stimulation zweimal hintereinander durchgeführt wurde. Vor Beginn und nach Ende der Versuche wurden ebenfalls Pausen eingeschaltet, wobei die Probanden in allen Ruhephasen die Augen

564

geschlossen hielten. Registiert wurde per Hand die mittlere Flußgeschwindigkeit (MFG), das Zeitmittel der äußeren Hüllkurve des Spektrums der Dopplerfrequenzen, welche vom Gerät ca. alle 4 sec automatisch in cm/sec errechnet wird. Zur Berechnung der Vasoreaktivität wurden für die kognitiven, motorischen und visuellen Aufgaben die gemittelten MFG der jeweils letzten 40 sec der einzelnen Test- und Ruhephasen zugrunde gelegt, da sich nach den ersten 20 sec meist eine hinreichende Stabilisierung der FG ergab. Bei fehlendem Hinweis auf eine Habituation der Vasoreaktivität in den jeweils 2. Testdurchläufen wurden die Veränderungen der FG in beiden Testdurchgängen gemittelt und mit den gemittelten FG in den beiden ersten Ruhephasen verglichen. Die auf diese Weise bestimmte prozentuale Zunahme der FG wird im folgenden als Vasoreaktivität bezeichnet. Bei der CO_2-Reaktivitätsprüfung wurde jeweils für die Hypo- bzw. Hyperkapniephase allein als auch für beide Abschnitte zusammen die prozentuale Veränderung der MFG pro mmHg CO_2 berechnet.

Für beide motorische Aufgaben lag die Vasoreaktivität bei Migränikern und Kontrollen in gleicher Größenordnung (5 - 6 % Flußzunahme bei der Fingerübung und 11 - 12 % bei Faustschluß). Ein wesentlicher Unterschied ergab sich nur bei der Schreibaufgabe (9,07 % Flußzunahme bei Migränikern; 4,96 % bei den Kontrollen), ohne daß statistische Signifikanz erreicht wurde (p = 0,0648 im T-Test). Hinsichtlich der Vasoreaktivität in der PCA fand sich für das Flickerlicht eine Zunahme der FG von 17,44 % bei Migräne gegenüber 9,94 % bei den Kontrollen (p 0,05). Entsprechendes gilt für die Bildbetrachtungen mit 20,31 % bei Migräne vs. 10,18 % in der Kontrollgruppe (p < 0,05). Auch hier kam es zu einer erheblichen Streuung der Einzelwerte, so daß ein klinisch nutzbarer diskrimatorischer Wert nicht erkennbar ist. Die CO_2-Reaktivität war in beiden Gruppen weder für die Hypo- noch für die Hyperkapnie signifikant unterschiedlich. Auch hier zeigte sich eine so große individuelle Streuung, daß selbst bei Vergrößerung der Gruppengrößen keine diskriminatorische Relevanz zu erwarten ist.

Ergänzend sei erwähnt, daß eine z. T. erhebliche Variabilität der FG bei Migräne auffiel. Bei Betrachtung der Standardabweichungen (SD) der gemittelten MFG im Migränekollektiv - als ein potentielles Maß für derartige Schwankungen - ergaben sich sowohl für die Ruhe- als auch für die Testphasen bei Prüfung der PCA-Vasoreaktivität stets höhere SD als bei den Kontrollen. So ist z. B. die SD der MFG bei der freien Bildbetrachtung bei den Migränikern signifikant höher als bei den Kontrollen (2,65 vs 1,42 cm/sec; p = 0,001). Wählt man einen Wert von > 2,0 cm/sec als diagnostisch für Migräne, ergibt sich eine Sensitivität von 75 % und Spezifität von 90 %.

Zusammengefaßt konnten wir mit den bisherigen Versuchsanordnungen zwar beim Vergleich von Migränikern und gesunden Probanden z. T. statistisch signifikante Unterschiede mit den Vasoreaktivitätsprüfungen feststellen, die Entwicklung diagnostisch nutzbarer Tests steht aber noch aus.

Stellenwert nichtinvasiver Untersuchungsverfahren in der Diagnostik von Karotisdissekaten

W. Müllges, E.B. Ringelstein, M. Leibold und C. Weiller

Mindestens 1 % aller Großhirninfarkte werden durch spontane Dissektionen der A.carotis interna (ACI) verursacht, bei jüngeren Patienten sollen sie sogar für 5 % der Insulte verantwortlich sein (3). Die Beurteilung, ob ein Bagatelltrauma der Halsweichteile vorausging, ist oft unmöglich. Die Symptomatik ist gekennzeichnet von der Kombination aus ischämischem Insult jeglicher Form und Ausprägung mit lokal bedingten, sogenannten akzessorischen Symptomen wie Horner-Syndrom, pulsatiler Tinnitus, Carotidynie, Schläfenkopfschmerz und auch kaudalen Hirnnervenläsionen. Allgemein wird zur Diagnose einer Dissektion eine Arteriographie gefordert (1). Typische Befunde bei Karotisdissekat sind eine lange filiforme Stenose, eine umschriebene Stenose unter der Schädelbasis, ein Pseudoaneurysma, ein doppeltes Lumen und im Falle eines Verschlusses dessen spitzzipflige Konfiguration (2). Da über nichtinvasive Diagnostik bisher nur kasuistisch berichtet wurde, haben wir in den letzten drei Jahren bei 15 Patienten mit Karotisdissekaten Dopplersonographie, Duplex-Scan, Kontrastmittel-angehobenes CT (KM-CT) und Kernspintomographie (MRI) systematisch eingesetzt.

10 der 15 Patienten hatten spontane Dissekate, drei hatten ein schweres HWS-Schleudertrauma erlitten, bei zwei Patienten war ein Bagatelltrauna fraglich. Nur ein Drittel der Patienten wies die klassische Kombination von Insult und akzessorischen Symptomen auf. Neun hatten einen Insult ohne verdächtige Begleitsymptomatik, eine Patientin nur Carotidynie, Schläfenkopfschmerz und pulsatilen Tinnitus. Dreizehn Patienten wurden initial angiographiert, wobei sich fünf Verschlüsse und acht Stenosen zeigten. Vier Verschlüsse, aber nur die Hälfte der Stenosen wurden als dissekattypisch konfiguriert befundet. Initial wurden extra- (ECD) und transkranielle (TCD) Dopplersonographie bei 13 bzw.12 Patienten durchgeführt. Diese erwiesen sich als elegante diagnostische Methode. Extrakraniell typisch für ein Dissekat sind zwei bis drei cm oberhalb der Karotisbifurkation sitzende retromandibuläre Stenosesignale oder eine proximale Blindstumpfbildung. Sehr ergiebig ist die submandibuläre Beschallung der ACI mittels TCD. Damit konnten in allen Fällen dissekatbedingte Stenosen identifiziert und nach distal weiterverfolgt werden. Bisweilen hört man einen systolischen Ventilmechanismus mit diastolischem Verschluß. Bei Verschlüssen ist ein langer Blindstumpf mit pendelnder Blutsäule charakteristisch. Bei sechs untersuchten Patienten zeigte die Überprüfung der intrakraniellen Kollateralisierungsverhältnisse eine z. T. gravierende Flußverlangsamung in der A. cerebri media. Alle Dopplerbefunde stimmten mit den Angiographien überein. Das nichtinvasive Verfahren erlaubt häufige Befundkontrollen. Dabei zeigten sich z. T. von Tag zu Tag wechselnde hämodynamische Verhältnisse. Duplexsonographie mit einem Linearscanner erscheint wenig erfolgversprechend wegen der distalen Lage der Stenosen. Nur in einem von sechs untersuchten Fällen konnte eine flottierende Dissekatmembran nachgewiesen werden. Zweimal gelang die Dissekatdarstellung mittels KM-CT. Die Aussagekraft dieser Methode ist durch Artefakte begrenzt, und im Falle eines Verschlusses ist der Befund unspezifisch. Sechsmal versuchten wir die bildliche

Dissekatdarstellung mittels MRI. Das gelang immer. Beweisend ist ein hyperintenses Arterienwandsignal in T1- oder protonen- als auch in T2-gewichteten Bildern. Auch hier wurden die erhobenen Befunde angiographisch bestätigt.

Alle Patienten wurden therapeutisch heparinisiert. Jeweils ein Drittel behielt keine, minimale oder doch beeinträchtigende Symptome zurück. ECD- und TCD-Kontrolluntersuchungen zeigten jeweils siebenmal eine erhebliche Befundbesserung bzw. -normalisierung der Flußverhältnisse, unabhängig davon, ob initial Stenosen vorgelegen hatten. Nur bei einer Patientin verschloß sich eine initial 80 %ige Stenose am sechsten Tag endgültig. In drei mittels MRI nachuntersuchten Fällen wurde die angiologische Besserung auch nachgewiesen und zudem arteriographisch bestätigt.

Unsere Ergebnisse zeigen erstens, daß die oft spärliche klinische Symptomatik von Karotisdissekaten weitere Gefäßdiagnostik zur Diagnosestellung erforderlich macht. Zweitens ist die Diagnose mittels ECD, TCD und auch MRI heute nichtinvasiv zu stellen. Drittens liefert im Akutstadium eine Arteriographie keine klinisch relevanten Zusatzinformationen. Die invasive Untersuchung ist nach unserer Erfahrung erst im Folgestadium nach Wochen indiziert mit der Frage, ob sich ein resektionsbedürftiges Aneursyma spurium entwickelt hat.

Literatur

1. Bogousslavsky J, Despland PA, Regli F (1987) Spontaneous carotid dissection with acute stroke. Arch Neurol 44:137-140
2. Fisher CM, Ojemann RG, Robertson GH (1978) Spontaneous dissectioal arteries. Can Neurol Sci 5:9-19
3. Hart RG, Easton JD (1983) Dissections of cervical and cerebral arteries. In: Neurologic clinics, vol 1:155-183

Gefäßverschluß der A. carotis: Ätiologische Differenz mittels Duplex-Sonographie

C. Arning

Ein Verschluß der A. carotis communis oder interna kann bereits mittels konventioneller cw-Dopplersonographie mit hoher Treffsicherheit nachgewiesen werden. Zur Klärung der Ursache des Gefäßverschlusses ist aber der Einsatz bildgebender Verfahren erforderlich. Angiographisch wird eine Differenzierung versucht nach der Form des proximalen Stumpfes: ein zuverlässiger Schluß auf die Ursache der Obliteration ist hieraus aber nicht möglich (2). Die bildgebende Sonographie ermöglicht jedoch eine direkte Darstellung der Obliteration und erlaubt zusätzliche Aussagen über deren Art und Ursache.

Wir haben im Zeitraum von Juli 1987 bis Juni 1990 122 Karotisverschlüsse mit Duplex-Scan untersucht (12 Verschlüsse der A. carotis communis und interna, 105 Verschlüsse der A. carotis interna sowie 5 Verschlüsse der A. carotis externa). Die Diagnosestellung erfolgte nach dem Duplex-Befund, wobei nur sonographisch eindeutige Fälle berücksichtigt wurden. Angiographiert wurde nur ein Teil der Patienten. Neben zahlreichen Fällen mit bekannter Arteriosklerose und Fällen mit nachgewiesener kardialer Embolie wurden auch Karotisverschlüsse mit gesicherter spontaner oder traumatischer Dissektion (n = 3), Takayasu-Arteriitis (n = 2) und Riesenzellarteriitis Horton (n = 2) untersucht. Eine sichere retrograde Thrombose konnte bei 2 Fällen mit intrakraniellem A. carotis interna-Verschluß durch Ballonokklusion untersucht werden.

Je nach Ätiologie des Gefäßverschlusses fanden wir unterschiedliche, z. T. sehr charakteristische Ultraschall-Befunde. Dabei wurden nicht nur Veränderungen im verschlossenen, sondern auch im vorgeschalteten Gefäßabschnitt und im kontralateralen Gefäß berücksichtigt.

Bei arteriosklerotischen Verschlußprozessen sehen wir sehr selten eine Obliteration allein durch die stenosierende arteriosklerotische Plaque. Viel häufiger finden wir Befunde vor, die als lokale Thrombose auf dem Boden arteriosklerotischer Gefäßwandveränderungen aufzufassen sind: entweder große, unregelmäßig begrenzte (ulzerierte) Plaques und Ausfüllung des restlichen Lumens durch einen echoarmen Thrombus oder eine Obliteration mit einem sehr inhomogenen Echomuster, Plaqueteile und Thrombus vermischt - einen Befund, der wahrscheinlich einer lokalen Thrombose auf dem Boden einer aufgebrochenen Plaque entspricht.

Eine kardiale Embolie ist wahrscheinlich zu machen, wenn die Obliteration sich im Ultraschallbild vollständig echoarm darstellt und arteriosklerotische oder entzündliche Gefäßwandveränderungen - auch kontralateral - nicht nachweisbar sind. Eine Okklusion durch Thrombus vor stenosierenden Plaques kann durch Embolie verursacht sein; es kann sich aber auch um eine retrograde Thrombose handeln. Eine Unterscheidung ist u. U. möglich nach Lokalisation und Ausdehnung des Thrombus.

Bei einer Karotisdissektion sind in einem Teil der Fälle Intimaruptur und doppeltes Lumen bzw. Gefäßwandeinblutung direkt sonographisch darstellbar (1). Im frühzeitigen Nachweis einer Karotisdissektion ergeben sich dann Vorteile gegenüber der Angiographie, die zwar im allgemeinen bei Stenosen, nicht aber bei Gefäßverschlüssen für eine Dissektion charakteristische Befunde liefert.

Ein Karotisverschluß bei Riesenzellarteriitis Horton stellt sich als echoarme Obliteration dar; hier finden sich schon im vorgeschalteten Gefäßabschnitt und kontralateral echoarme Plaques. U. U. ist die Obliteration - bei bevorzugter Lokalisation im distalen extrakraniellen Abschnitt der A. carotis interna (3) - nicht direkt darstellbar; es finden sich dann entsprechende indirekte Zeichen bei der Dopplersonographie.

Auch bei der Takayasu Arteriitis ist die Diagnose aus dem nicht verschlossenen Gefäß-abschnitt zu stellen: hier findet sich, meist an der A. carotis communis, eine langstreckige echoarme, oft konzentrische Intimaverdickung (4). Werden bei Patienten mit Riesenzell-arteriitis (Horton oder Takayasu) auch echoreiche Plaques nachgewiesen, ist die Möglichkeit einer gleichzeitig bestehenden Arteriosklerose zu bedenken; es kann sich hier aber auch um ältere vaskulitische Gefäßwandveränderungen handeln.

Die sonographischen Kriterien für eine ätiologische Differenzierung von Karotisver-schlüssen sind in einer Tabelle zusammengefaßt. In etwa 20 % der Fälle ist eine weitgehend sichere ätiologische Zuordnung nicht möglich, insbesondere bei Verschluß durch Thrombus und gleichzeitigem Nachweis kleinerer Plaques: hier kommen mehrere Ursachen für den Gefäßverschluß in Betracht.

Sicherlich ist die Arteriosklerose die häufigste Ursache des Karotisverschlusses. Die Duplex-Sonographie kann aber dazu beitragen, andere, seltenere Ursachen frühzeitig zu erkennen.

Tabelle. Ultraschallbilder verschiedenartiger Karotisverschlüsse

Songraphie-Befund in der Obliteration	Sonographie-Befund vor der Obliteration	wahrscheinliche Ätiologie	mögliche Ätiologie
große, sehr unregelmäßig begrenzte oder aufge-brochene Plaques und Thrombus	Plaques	lokale Thrombose bei Arterioklerose	
kleinere Plaques und Thrombus	Plaques		lokale Thrombose Embolie retrograde Thrombose Vaskulitis
Thrombus, distal große Plaques		Embolie retrograde Thrombose	
echoarm	keine Plaques	Embolie	retrograde Thrombose
echoarm	echoarme Plaques, langstreckige echo-arme Intimaver-dickung	Vaskulitis	Thrombose bei Arteriosklerose
Intimaruptur		Dissektion	

Das Literaturverzeichnis ist beim Verfasser erhältlich.

Transkranielle Dopplersonographie der A. basilaris bei VBI-Patienten während extremer Kopfrotation

M. v. Maravic, Ch. Kessler, B. Petersen und D. Kömpf

Positionsabhängiger Schwindel wird häufig auf eine Kompression der Aa. vertebrales (AV) im Bereich der Halswirbelsäule zurückgeführt. Schon früh durchgeführte Untersuchungen an Halswirbelsäulen von Leichen scheinen diesen möglichen Entstehungsmechanismus von vertebrobasilären Ischämien (VBI) zu stützten (3). Dabei zeigte sich, daß eine Hyperextension und Rotation der HWS zu einer Kompression der kontrallateralen A. vertebralis in Höhe des Atlas-Axis-Gelenkes führte. Tatsächlich konnten auch angiographische Untersuchungen eine Kompression der Vertebralarterien bei HWS-Extension und HWS-Rotation dokumentieren unter der Voraussetzung gleichzeitiger hochgradig degenerativer HWS-Veränderungen (2, 5). In einer Untersuchung der extrakraniellen Aa. vertebrales mittels der cw-Dopplersonographie konnte jedoch von Ringelstein et al. (1987) beim Sistieren des Blutflusses bei extremer Kopfrotation keine neurologische Herdsymptomatik nachgewiesen werden. Nach Einführung des gepulsten Dopplerverfahrens mit der 2 MHz-Sonde (1) ist es möglich, die Flußgeschwindigkeiten in der A. basilaris direkt zu messen. Wir haben in einer vorläufigen Untersuchung die Flußgeschwindigkeiten der A. basilaris bei 47 VBI Patienten in Ruheposition sowie in extremer Rechts- und Linksdrehung gemessen.

Patienten und Methode

Es wurden 47 Patienten mit VBI untersucht. Das Durchschnittsalter betrug 60 Jahre. Eine VBI wurde entsprechend der Empfehlung der study group on TIA criteria and detection nur in solchen Fällen diagnostiziert, in denen eine Kombination von mindestens 2 Symptomen seitens des vertebrobasilären Stromgebietes vorlag: Parese, dissoziierte Sensibilitätsstörung, Hemianopsie, Ataxie, Doppelbilder, Dysphagie, Dysarthrie, Schwindel. Unspezifische Symptome wie z. B. Benommenheitsgefühl, Verwirrtheit oder Amnesie wurden nicht berücksichtigt. 23 Patienten hatten eine flüchtige VBI, 24 bleibende Insulte. Bei 20 Patienten wurde das vertebrobasiläre Stromsystem mittels arterieller DSA dargestellt. Die TCD-Untersuchung der A. basilaris erfolgte transnuchal in einer Tiefe von 9 - 10 cm. Unter kontinuierlicher Flußregistrierung wurde zunächst der Ausgangsfluß der A. basilaris bei leichter Anteflexion des Kopfes in Null-Grad Position beschallt, bis ein kontinuierlich reproduzierbares Flußsignal aufgezeichnet werden konnte. Nachfolgend wurde der Kopf von einer Hilfsperson langsam nach rechts gedreht bis zu einem Winkel von 45°. In dieser Position wurde unter fortlaufender Flußregistrierung für 1 Minute verharrt, um dann den Kopf bis zur vom Patienten gerade noch tolerablen Extremposition weiter zu rotieren. In der Extremstellung wurde der Kopf weiterhin festgehalten und der Basilarisfluß 30 s registriert. Der Untersuchungsgang wurde bei subjektiven Beschwerden der Patienten abgekürzt. In gleicher Weise wurde die A. basilaris bei Kopfrotation nach links untersucht. Während der gesamten Untersuchung wurde auf das Auftreten neurologischer Symptome geachtet. Alle Patienten mit einer signifikanten Basilarisflußreduktion wurden zusätzlich mittels der Elektronystagmographie (ENG) zur Frage eines Zervikal-Nystagmus bei extremer Kopfrotation untersucht.

Ergebnisse

Von 20 Angiographien zeigte nur eine einen Normalbefund der Aa. vertebrales. 5mal fanden sich einseitige Veränderungen und 14mal wurde beidseits eine Stenose oder Verschluß einer AV diagnostiziert. Die cw-Dopplerbefunde stimmten mit allen angiographisch erhobenen Befunden überein. Weiterhin wurden fünf einseitige AV-Veränderungen sowie 22 Normalbefunde der Vertebralarterien mittels der cw-Dopplersonographie diagnostiziert.

Bei Patienten mit Normalbefunden der A. vertebralis betrug der durchschnittliche TCD-Basilarisfluß 34 +/- 11 cm/s. Er änderte sich in keinem Fall signifikant während des Rotationsmanövers. Ebensowenig traten in dieser Gruppe neurologische Symptome während der Kopfdrehung auf. In der Gruppe mit einseitigen AV-Veränderungen (n = 10) betrug der durchschnittliche Basilarisfluß 31 +/- 9 cm/s. Es kam lediglich in zwei Fällen zu einer signifikanten Reduktion des Basilarisflusses von 40 cm/s auf 24 cm/s (40 %) und von 26 auf 16 cm/s (38 %), allerdings jeweils ohne neurologische Symptomatik. In der Gruppe mit doppelseitigen Vertebralisveränderungen war dagegen bei 7 Patienten eine Reduktion des Basilarisflusses bei extremer Kopfrotation von durchschnittlich 45 +/- 11 cm/s auf 33 cm/s zu verzeichnen, entsprechend einer Flußreduktion zwischen 30 % und 44 %. Fünf dieser Patienten gaben während des Rotationsmanövers eine Schwindelsymptomatik bzw. Doppelbilder an. In keinem Fall konnte in der Elektronystagmographie während des Drehmanövers und bei Beibehalten der Extremposition über 30 s ein Zervikal-Nystagmus nachgewiesen werden.

Schlußfolgerungen

Bei der Klärung der Frage, ob es eine positionsabhängige VBI gibt, konnten wir mit Hilfe des TCD feststellen, daß es zumeist bei Patienten mit doppelseitigen Vertebralisveränderungen zu einer signifikanten Reduktion des Basilarisflusses bei extremer Kopfrotation gekommen ist. Bei einem Großteil dieser Patienten ereigneten sich im Rahmen des Rotationsmanövers vertebrobasiläre Symptome als Hinweis dafür, daß die Durchblutung des Hirnstammes eine kritische Größe erreicht hat.

Die Annahme, daß die neurologischen Symptome unter maximaler Kopfrotation Folge einer reduzierten Hirnstammdurchblutung sind und nicht Ausdruck eines vertebragenen Schwindels bei Stimulation der Gelenkrezeptoren der HWS, wird durch die Beobachtung belegt, daß VBI-Patienten ohne Basilarisreduktion keine neurologische Symptomatik entwickelten.

Das Literaturverzeichnis ist bei den Verfassern erhältlich.

Darstellung einer morphometrischen Methode zur quantitativen Analyse von Plaques der Karotis-bifurkation im B-Bild und ihre Reproduzierbarkeit

C. v. Maravic, Ch. Kessler, M. v. Maravic, D. Kömpf

Durch ihre Nichtinvasivität ist die Ultraschalldiagnostik eine ideale Methode für Verlaufs-untersuchungen von arteriosklerotischen Veränderungen an der A. carotis.

Nicht nur manifeste Stenosen, sondern auch niedergradige Plaques sind von Interesse, da auch sie, in Abhängigkeit von ihrer Oberflächen- und Binnenstruktur, mit einer neurologi-schen Symptomatik einhergehen können (1, 5). Nur prospektive Untersuchungen solcher Läsionen erlauben Aussagen über ihren Spontanverlauf sowie die Wirkung pharmako-therapeutischer Maßnahmen.

Während bei mittel- bis hochgradigen Stenosen der Einengungsgrad anhand doppler-sonografischer Kriterien bestimmt werden kann, muß bei niedergradigen Plaques wegen fehlender Strömungsbeeinträchtigung die Einschätzung am B-Bild erfolgen.

Der Nachweis von Progression und Regression arteriosklerotischer Plaques durch wie-derholte B-Bilduntersuchungen ist verschiedentlich beschrieben worden (2, 3). Die quanti-tative Beurteilung bleibt jedoch schwierig. Grund dafür sind folgende methodische Ein-schränkungen: Eine im Vergleich zur Voruntersuchung veränderte Sondenposition erzeugt eine andere Schnittebene; durch die Grauwerteinstellung am Gerät kann die Abgrenzung des zu untersuchenden Objektes erschwert sein und durch Darstellung des Gefäßes in Systole oder Diastole kann die Plaque im Verhältnis mehr oder weniger lumeneinengend wirken.

Die üblichen Ultraschallgeräte verfügen meist über ein planimetrisches System zur quantitativen Bestimmung von Flächeninhalten, das jedoch nur eine Aussage zur momentan gemessenen Struktur erlaubt; Vergleiche mit Voruntersuchungen sind nur grob möglich, da bei der Wiederholung die Beurteilung der gleichen Ebene nicht sichergestellt ist.

Methode

Wir gebrauchen für die Plaqueflächenbestimmung ein planimetrisches System (PPU, picture processing unit, Tectrans Herdecke). Im PPU-System wird ein rechnergesteuertes Meßmenü in das Videosignal des Ultraschallgerätes eingekoppelt. Eine Schnittstelle ermöglicht die Direktübernahme von Koordinatenpunkten an einen Rechner.

Die Plaquefläche wird mit Hilfe eines Lichtpunktes umfahren und in Quadratpixeln (qp) angegeben. Zum Auffinden der gleichen Ebene werden zusätzlich Konturen von außerhalb der Plaque liegender Strukturen (z. B. Gefäßwände) eingezeichnet und zusammen mit dem Flächeninhalt der Plaque gespeichert. Bei Wiederholungsuntersuchungen wird zunächst die abgespeicherte Kontur in Form einer Maske auf dem Bildschirm des Ultraschallgerätes eingeblendet, die korrespondierende Stelle am aktuellen Ultraschallbild aufgesucht, mit der Maske zur Deckung gebracht und die Plaquefläche erneut vermessen. Neuer und alter Meßwert werden verglichen.

Mit einem B-Bildgerät (Diasonics D 400, Sontron) wurden Karotisbifurkationen, die arteriosklerotische Plaques aufwiesen, untersucht und auf Videofilm dokumentiert.

Vier verschiedene Untersucher führten an zehn verschiedenen Plaques zehn Messungen aus. Dazu wurde das Videobild zu jeder Messung neu mit den abgespeicherten Konturlinien zur Deckung gebracht.

Als Korrelat für die Reproduzierbarkeit wurde der Variationskoeffizient VK % bestimmt.

Ergebnisse

Der prozentuale Variationskoeffizient lag zwischen 2,1 % und 14,9 %. Bei der Einteilung nach Untersuchern lag VK % für Untersucher C mit 6,0 - 14,9 % deutlich höher als für Untersucher A mit 2,1 - 6,5 %. Untersucher D und B lagen mit 2,1 - 7,1 % und 4,1 - 8,3 % dazwischen, wobei A der geübteste und C der ungeübteste Untersucher war. Bei Einteilung der Plaques nach ihrer Größe in drei Gruppen (< 600 qp, 600 - 1200 qp, > 1200 qp) zeigte sich, daß VK % sich bei allen vier Untersuchern umgekehrt proportional zur Plaquegröße verhielt, d. h., mit abnehmender Plaquegröße nahm VK % zu.

Diskussion

Eine Streuung der gemessenen Werte um 2,1 - 14,9 % stimmt gut mit den Ergebnissen von Weigelt et al. (4) überein, die bei Untersuchung der A. carotis communis von Probanden mit der gleichen Methode eine Variabilität von durchschnittlich 7 % fanden. Bei erfahrenem Untersucher läßt sich sogar eine Reduktion des Variationkoeffizienten auf 2,1 - 6,5 % erreichen. Diese geringen Abweichungen lassen sich dadurch erklären, daß durch Mitabspeichern einer Maske das Auffinden der gleichen Schnittebene bei Wiederholungen wesentlich erleichtert wird und damit der aus unterschiedlichen Einstrahlpositionen des Schallkopfes resultierende Fehler entfällt.

Schlußfolgerung

Das vorgestellte planimetrische System erlaubt eine gut reproduzierbare Größenbestimmung von arteriosklerotischen Plaques im Ultraschallbild. Die Meßgenauigkeit ist bei ungeübten Untersuchern geringer und nimmt bei kleinen Plaques ebenfalls ab. Die vorgestellte Methode eröffnet die Möglichkeit, niedergradige arteriosklerotische Plaques im Ultraschall prospektiv zu untersuchen und quantitative Veränderungen mit ausreichender Reproduzierbarkeit zu erfassen.

Das Literaturverzeichnis ist bei den Verfassern erhältlich.

Die Bedeutung arteriosklerotischer Veränderungen der extrakraniellen A. carotis für okuläre Durchblutungsstörungen

M. Müller, K. Wessel, Ch. Kessler, C. v. Maravic, E. Mehdorn und D. Kömpf

Okuläre Durchblutungsstörungen (ODS) lassen sich klinisch einteilen in: a) die arteriell-makroangiopathische Form (Retinale ischämische Syndrome (RIS) = Amaurosis fugax, Zentralarterien/Arterienastverschluß), b) die arteriell-mikroangiopathische Form (anteriore (AION) bzw. posteriore ischämische Optikusneuropathie), c) venöse Durchblutungsstörungen (Zentralvenen-/Venenastverschluß) und d) die ischämische Ophthalmopathie (2, 4). Wir haben unter der Frage der Bedeutung arteriosklerotischer Veränderungen an der extrakraniellen A. carotis 70 Patienten mit ODS (73 sympt. Augen) klinisch, dopplersonographisch und mittels Duplex-scan untersucht, außerdem wurden die VEP abgeleitet. Das Durchschnittsalter betrug 68 +/- 11 Jahre, Frauen und Männer waren in unserem Kollektiv gleich häufig. Bei 37 sympt. Augen lag ein RIS (20 Arterienverschlüsse, 17 Amauroxis fugax), bei 12 eine AION, bei 24 ein Venenverschluß vor. Amaurosis fugax war einmal, AION zweimal bilateral. Auf eine zerebrale Ischämie hinweisende klinisch neurologische Defizite waren selten, diesbezüglich lagen keine Gruppenunterschiede vor. Bezüglich der Risikofaktoren arterielle Hypertonie, Diabetes mellitus, Nikotinabusus, Fettstoffwechselstörung und Herzerkrankungen (KHK, Herzrhythmusstörungen) ergaben sich keine signifikanten Differenzen zwischen den Gruppen; die arterielle Hypertonie war der häufigste Risikofaktor. Nach dem CW-Doppler-Befund wurden ACI-Stenosen als leicht- (50 - 60 %), mittel- (60 - 90 %) und hochgradig (>90 %) eingeteilt. Plaquebedingte Lumeneinengungen von weniger als 50 % wurden mit dem Duplex-scan erfaßt. Unser wichtigstes Ergebnis ist, daß arteriosklerotische Gefäßveränderungen an der zum symptomatischen Auge ipsilateralen ACI am häufigsten bei RIS (82 %) vorkamen und bei Venenverschlüssen (55 %) und bei AION (34 %) deutlich seltener waren. ACI-Stenosen >50 % kamen fast ausschließlich bei RIS (31 %; p<0,05), nicht bei AION vor. Die ipsilateral zum symptomatischen Auge gelegenen Plaques wiesen bei Amaurosis fugax häufiger eine unregelmäßige Oberfläche (53 %) und eine inhomogene Binnenstruktur (62 %) auf (Tab. 1). Die VEP waren bei RIS in nur 14 % der untersuchten Fälle, bei AION jedoch in 33 % der Fälle pathologisch latenzverzögert.

Unsere Ergebnisse bei RIS stimmen mit angiographischen und Duplex-scan-Serien überein, wonach bei RIS in 60 - 80 % eine Arteriosklerose der A. carotis zu finden ist (1, 3). Die in der Literatur für RIS angegebene Häufigkeit von mehr als 60 %igen ACI-Stenosen und ACI-Verschlüssen zwischen 15 und 50 % entspricht unserem Kollektiv (1, 3, 4). Im Gegensatz zu RIS finden sich ACI-Stenosen >50 % und ACI-Verschlüsse bei AION und bei Venenverschlüssen mit dem Duplexe-scan erfaßbaren geringeren Veränderungen können Ausdruck einer altersentsprechenden Arteriosklerose mit einem nur fraglichen Zusammenhang mit der ODS sein. Okkludierende ACI-Prozesse sind somit als Emboliequellen für RIS von erheblicher Bedeutung; unsere Plaquebefunde bei Amaurosis fugax sprechen dafür, daß hier wahrscheinlich auch geringer stenosierende Plaques als Emboliequelle wirken können. Die hohe Anzahl normaler VEP deutet an, daß bei RIS in der Regel keine chronisch-ischä-

Tabelle 1. ACI-Befunde ipsilateral zum symptomatischen Auge

ACI-Befund (cW-Doppler, B-Bild)	Diagnosegruppe RIS (n = 37) (A. fugax, Art.-verschluß)		AION (n = 12)	Venenverschluß (n = 24)
Normalbefund	18 %		66 %	45 %
Stenosen				
<50 % (B-Bild)	48 %		34 %	50 %
50 - 90 %	21 %			5 %
>90 %	2 %	— 31 %	-	-
Verschluß	8 %		-	-
Plaque-morphologie	A. fugax (n = 13)	Art.-verschluß (n = 14)	(n = 4)	(n = 13)
glatt	47 %	85 %	3 (75 %)	83 %
unregelmäßig	53 %	15 %	1 (25 %)	17 %
homogen	38 %	78 %	4/100 %)	83 %
inhomogen	62 %	22 %	- -	17 %

mische oder mikroinfarktbedingte demyelinisierende Schädigung des N. optikus vorliegt, was mit dem Emboliekonzept der RIS in Einklang steht. Bei AION waren in einem Drittel der Fälle die VEP verzögert. Die Optikusläsion bei AION scheint passend hierzu demyelinisierenden Mikroinfarzierungen im N. opticus zu entsprechen (8). Die VEP-Befunde stützen somit die Annahme, daß der AION eine Optikusmikroangiopathie zugrundeliegt.

Literatur

1. Adams PH, Putmann SF, Corbett, JJ, Sires BP, Thompson HS (1983) Amaurosis fugax: the results of arteriography in 59 patients. Stroke 17:742
2. Bernstein EF (Hrsg) (1988) Amaurosis fugax. Springer, New York
3. Gaul JJ, Stephen JM, Weinberger J (1986) Visual disturbance and carotid artery disease: 500 symptomatic patients studied by non-invasive carotid artery testing including B-mode ultrasonography. Stroke 17:393
4. Gmeiner, H-J, Kömpf D, Ruprecht KW (1989) Ischämisch bedingte Augenerkrankungen und extrakranielle Carotisstenosen/-verschlüsse. In: Fischer PA, Baas H, Enzensberger W (Hrsg) Verhandlungen der Deutschen Gesellschaft für Neurologie, Bd 5. Springer, Berlin Heidelberg New York:1044
5. Thompson PD, Mastaglia FL, Carrol WM (1986) Anterior ischaemic optic neuropathy. A correlative clinical and visual evoked potential study of 18 patients. J Neurol Neurosurg Psychiatry 49:128

Schwere reversible Enzephalopathie bei postpartaler Eklampsie: Diagnostischer Stellenwert der transkraniellen Dopplersonographie (TCD)

H. Hahm und A. Müller-Jensen

Eine Präeklampsie mit Ödemen, arteriellem Hypertonus und Proteinurie entwickeln 5 - 10 % aller Schwangeren (5). Trotz sorgfältiger medizinischer Betreuung läßt sich der prä-, seltener auch postpartale Übergang in das Stadium der Eklampsie mit zusätzlichen zerebralen Krampfanfällen nicht immer verhindern. Auf 1000 Entbindungen kommen auch heute noch 1 - 2 Eklampsiefälle, wovon mehr als 10 % tödlich verlaufen (5). Hirnschwellung und Hirnblutungen spielen hier eine entscheidende Rolle (1).

Die Pathogenese der eklamptischen Enzephalopathie ist nicht geklärt. Es werden diskutiert Spasmen der Hirnarterien, ausgelöst durch renale oder plazentäre Einflüsse, hypertone Blutdruckwerte, diffuse intravasale Gerinnung, direkte toxische Hirnparenchymschäden und eine Kombinationswirkung obiger Faktoren (2, 10).

Über die computer- (CCT) und kernspintomographisch (NMR) (3, 4, 6) sowie angiographisch (2, 5, 10) erfaßbaren zerebralen Veränderungen wurde in der Literatur mehrfach berichtet. Transkranielle dopplersonographische Befunde bei Eklampsie wurden bislang jedoch nur einmalig publiziert (2).

Kasuistik

Es handelt sich um eine 26jährige 4. gravida und 2. para. In der Vorgeschichte entzündliche Nierenerkrankungen, kompensierte Niereninsuffizienz. Gegen Ende der Schwangerschaft Entwicklung einer drohenden Eklampsie, so daß in der 36. Schwangerschaftswoche die Entbindung durch Sectio caesarea durchgeführt wurde. Postpartal weitere Verschlechterung mit Oligurie und schließlich Anurie. Am 4. postpartalen Tag mehrfache zerebrale Krampfanfälle, Eintrübung zum Koma. Die computertomographische Untersuchung am 4. und 5. postpartalen Tag zeigte ein diffuses Hirnödem und ischämische Herde links frontoparietal und rechts parietookzipital. Das kraniale Kernspintomogramm vom 6. postpartalen Tag ergab zusätzlich eine kleine frische zerebelläre Blutung rechts. Keine Hinweise auf eine Hirnvenenthrombose oder Subarachnoidalblutung. Unter der intensivmedizinischen Therapie kam es nach wenigen Tagen zu Besserung der Bewußtseinslage. Innerhalb von 2 Wochen klang ein hirnorganisches Psychosyndrom ab.

Die Befunde stimmen mit den Angaben in der Literatur überein. Auch wurden reversible postpartale Enzephalopathien beschrieben (7).

Die transkranielle Dopplersonografie ergab am 4. postpartalen Tag maximale mittlere Strömungsgeschwindigkeiten (Mean) bis 100 cm/s. In den folgenden beiden Tagen weiteres deutliches Ansteigen der Werte auf maximal 164 cm/s unmittelbar vor der 1. Hämodialyse (HD) am 6. postpartalen Tag, die täglich durchgeführt wurde. Unter der Annahme zunehmender Gefäßspasmen erhielt die Patientin - analog zum Vorgehen bei Subarachnoidalblutungen - den Kalziumantagonisten Nimodipine. Zu diesem Zeitpunkt an der Art. carotis communis (ACC) relativ niedrige Mean-Werte um 10 cm/s. Unmittelbar nach der 1. Hämodialyse bereits deutlicher Abfall des intrakraniellen Mean auf maximal 138 cm/s., bis zum 10 postpartalen Tag auf fast normale Werte von max. 92 cm/s. Nach der 3. HD leichter Anstieg des Mean in der ACC auf 14 cm/s. Während der Intensivtherapie wurden leicht erhöhte art. RR-Werte um 150/90 mmHg nicht überschritten.

Bei der Kontrolluntersuchung 5 Monate später wurden unauffällige NMR- und EEG-Befunde erhoben. Überraschenderweise waren die Strömungsgeschwindigkeiten an den Hirngefäßen jedoch wieder leicht angestiegen auf einen maximalen Mean von 114 cm/s. Die Patientin war weiterhin hämodialysepflichtig (3 wöchentl. Sitzungen). Um den Einfluß der HD auf die zerebrale Durchblutung besser abschätzen zu können, erfolgten weitere TCD-Untersuchungen 10 Monate nach der Entbindung: Unmittelbar vor der HD (55 Std. nach der letzten Sitzung) wurde ein maximaler intrakranieller Mean von 118 cm/s, ein Pulsatilitäts-index (PI) von 0,5-0,7 gemessen; an der ACC lagen die Mean-Werte bei 20-26 cm/s, der PI bei 0,8-1,19. Unmittelbar nach der HD fiel der intrakranielle Mean auf maximal 82 cm/s, stieg der PI auf bis 0,76 an. Gleichsinnige Veränderungen an der ACC mit einem maximalen Mean von 14-18 cm/s und einem PI von 1,46-1,78. Vor und nach der HD lagen die arteriellen Blutdrucke bei 140/90 mmHg.

Schlußfolgerungen

Die TCD-Befunde im vorliegenden Fall unterstützen die Auffassung, daß Vasospasmen im Sinne einer reversiblen Angiopathie in der Pathogenese der postpartalen Eklampsie eine wesentliche Rolle spielen. Spasmusbedingt kommt es zu einer Strömungsbeschleunigung in intrakraniellen Arterien mit Absinken des Mean in den extrakraniellen hirnversorgenden Gefäßen, was für eine global verminderte Hirnperfusion spricht.

Die TCD empfiehlt sich als nichtinvasive Untersuchungsmethode schon bei drohender Eklampsie und zur Verlaufskontrolle. Auf die unter Umständen risikoreiche zerebrale Angiographie kann verzichtet werden, da die Gefahr einer Verstärkung von Gefäßspasmen und einer weiteren renalen Schädigung durch die Kontrastmittel besteht. Aus diesem Grund verzichteten wir auch auf ein Kontrast-CCT.

Die Verabreichung von Kalzium-Antagonisten und der Einsatz der Hämodialyse sollten frühzeitig erwogen werden.

Zur richtigen Einordnung erhöhter intrakranieller Strömungsgeschwindigkeiten trägt die zusätzliche Untersuchung extrakranieller hirnversorgender Gefäße bei. Nur so kann vermieden werden, daß beispielsweise die vor einer HD leicht erhöhten intrakraniellen Strömungsgeschwindigkeiten fälschlicherweise als Ausdruck erneuter Gefäßspasmen gedeutet werden, während sogar eher eine leichte zerebrale Hyperperfusion vorliegt.

Das Literaturverzeichnis ist bei den Verfassern erhältlich.

Veränderungen atherosklerotischer Plaques der Karotis-arterien und ihre klinische Relevanz: Eine 2jährige B-Bild-sonographische Prospektivstudie

T. Meier, C. Weiller und E. B. Ringelstein

Einleitung und Methodik

Um die klinische Dignität und Prognose arteriosklerotischer Plaques der Karotisarterien besser abschätzen zu können, haben wir über einen Zeitraum von zwei Jahren mittels hochauflösender B-Bild Sonographie prospektiv die Veränderungen der Morphologie solcher Gefäßläsionen untersucht und zu klinischen Befunden in Beziehung gesetzt. Instabilität oder Konstanz von Karotisplaques sollten mit Risikofaktoren und dem Auftreten von Symptomen korreliert werden. Insgesamt wurden 1987 108 Patienten mit im Duplex Scan gut dokumentierbaren Läsionen in die Studie aufgenommen und über 2 Jahre prospektiv verfolgt. 15 Patienten konnten nicht über die gesamte Zeit nachuntersucht werden (11 starben, 1 OP, 3 non compliant). Es verblieben 186 Karotisarterien von 61 Männern und 32 Frauen (Durchschnittsalter: 63 Jahre). 17 Karotisarterien waren bereits vor Beginn der Verlaufsstudie symptomatisch gewesen. Die Gefäßläsionen wurden mit einem hochauflösenden Duplex Scan (Biosound 2000 SA, 7,5 MHz) von zwei Untersuchern unabhängig voneinander untersucht und auf Videoband dokumentiert. Im Falle diskrepanter Beurteilungen oder Änderungen der Plaquemorphologie wurden die Videobänder revidiert und ein Expertenkonsens herbeigeführt. Nur Läsionen mit mehr als 1 mm Dicke wurden bewertet und Plaques von diffusen Läsionen abgegrenzt. Hardplaques hatten einen Schallschatten, Sofplaques nicht. "Kalzifizierte Softplaques" besaßen einen schattenwerfenden Anteil. Softplaques (SP) wurden zusätzlich anhand ihrer Echodichte und Oberflächenstruktur in 5 Subtypen eingeteilt: SP I ist homogen echodicht, SP II ist weniger echodicht und porös, SP III erscheint schollig inhomogen mit echodichten Anteilen, SP IV ist echoluzent und fein strukturiert, SP V hat eine echofreie innere Struktur und eine ausgeprägte Oberflächenlinie (Abb. 1).

Ergebnisse

Bei der Ausgangsuntersuchung 1987 (n = 238) waren diffuse Läsionen am häufigsten (n = 106). Softplaques (n 87) kamen 3mal häufiger vor als Hardplaques (n = 24). Bei den Softplaques überwogen die echodichteren Typen (SP II, n = 47). Der echoluzente SP V war selten (n = 5). In den meisten Fällen lag der Stenosegrad der Arterien unter 50 %. Bei den Nachuntersuchungen nach 1 und 2 Jahren wurden insgesamt 14mal Veränderungen bei 11 Patienten gefunden. In 7 Arterien von 5 Patienten haben sich aus unauffälligen Befunden oder diffusen Läsionen (Intimaverdickungen) neue umschriebene Softplaques der Typen II, III und IV entwickelt. 3 Arterien wurden symptomatisch. Bei 6 Patienten (6 Arterien) veränderten sich bereits vorbestehende Plaques. 4mal wurden Plaques echoluzenter und porös. Dies wurde als Progression gewertet. Kein Hardplaque hat sich verändert, keine eindeutige

Regression konnte gefunden werden. 4 der 93 Patienten wurden im Untersuchungszeitraum durch ihre Karotisläsion symptomatisch. 3 dieser 4 Patienten kamen aus der Gruppe mit progredienter Plaquemorphologie (Tabelle 1). Veränderungen der Plaquemorphologie korrelierten signifikant mit dem männlichen Geschlecht (P-Wert = 0,02), dem Auftreten klinischer Symptome (P-Wert = 0,002) und Nikotinabusus (p = 0,06). Keine signifikanten Korrelationen gab es mit Hypertension, Hyperlipidämie, Diabetes mellitus, Alter der Patienten, Stenosegrad der Arterien und damit, ob die Patienten bei Studienbeginn symptomatisch waren oder nicht.

Schlußfolgerungen

1. Die meisten Plaques in den Karotisarterien verändern sich nicht. 2. Plaques werden i. d. R. echoluzenter und die Oberflächenlinie weist Unterbrechungen auf. 3. Regressionen von Plaques wurden nicht beobachtet. 4. Die Veränderungsrate der Plaquemorphologie ist bei niederen Stenosegraden vom Stenosegrad der Arterien unabhängig. 5. Männliches Geschlecht und Rauchen korrelieren mit dem Auftreten einer Plaqueprogression. 6. Patienten mit sich verändernden Plaques werden bevorzugt symptomatisch. 7. Wegen der geringen Zahl der symptomatisch gewordenen Patienten konnte bisher nicht festgestellt werden, welcher Plaquetyp mit einem besonders hohen Insultrisiko einhergeht. Diese wichtige Frage kann nur langfristig prospektiv geklärt werden. 8. Bei niedergradigen Stenosen ist das Gesamtrisiko für den Patienten so gering, daß i. d. R. keine invasive Therapie indiziert ist.

Tabelle 1. Veränderungen arteriosklerotischer Karotisplaques im Verlauf von 2 Jahren (SP = soft plaque; * = Patient wurde durch TIA/Insult symptomatisch)

1987		1988		1989
SP IV*	—>	Verschl.		Verschl.
SP II	—>	SP IV		SP IV
Int. verd.*	—>	SP II		SP II
o. B.	—>	SP II		SP II
o. B.*	—>	calc. SP	—>	SP IV
o. B.		o. B.	—>	SP II
SP IV		SP IV	—>	SP II
SP I		SP I	—>	SP II
SP V		SP V	—>	SP IV

Abb. 1. Schematische Darstellung der verschiedenen Softplaques (s. Text)

SOFTPLAQUE-TYPEN I-V

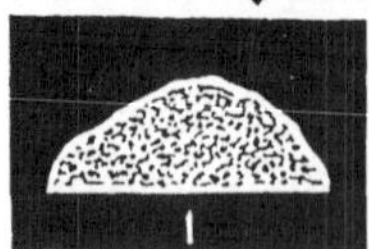

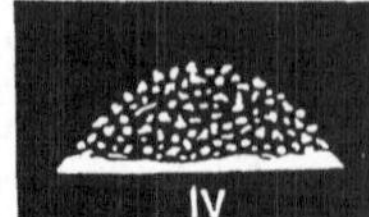

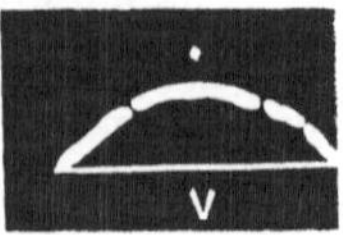

Zum prognostischen Wert zerebraler Strömungsparameter bei der Subarachnoidalblutung

J. Klingelhöfer, D. Sander, C. Bischoff und B. Conrad

Entwicklung und Ausmaß später ischämischer Funktionsstörungen ("delayed ischaemic deficits", DID) nach einer Subarachnoidalblutung (SAB) werden wesentlich durch das Auftreten eines Vasospasmus (8), eines erhöhten Hirndrucks (ICP) (5) sowie durch Störungen der Autoregulation (3) bestimmt. Ziel der vorliegenden Studie war es, die Beziehung zwischen dopplersonographisch erfaßten Strömungsparametern (mittlere Strömungsgeschwindigkeit MFV, zerebrovaskulärer Widerstandsindex R), dem ICP und dem Auftreten von DID aufzuzeigen, sowie den prognostischen Wert der Strömungsparameter im Hinblick auf die Entwicklung neurologischer Defizite zu untersuchen.

Die Strömungsparameter der A. cerebri media wurden bei 44 Patienten mit spontaner SAB mit dem jeweiligen klinischen Befund korreliert. Die Patienten wurden in vier Gruppen eingeteilt (Gruppe A: keine DID, keine Infarktzeichen im CCT; Gruppe B: reversible DID, keine Infarktzeichen im CCT; Gruppe C: irreversible DID, Infarktzeichen im CCT; Gruppe D: dissoziierter Hirntod aufgrund eines ausgedehnten Hirninfarktes).

Die intrakraniellen Strömungsmuster wurden mit Hilfe eines gepulsten Dopplersystems (2 MHz, EME TC 2-64 B) erfaßt (1). Die Ableitungen wurden mindestens einmal pro Tag, bei klinischer Verschlechterung des Patienten auch kontinuierlich durchgeführt. Bei 28 Patienten wurde der ICP mit Hilfe eines epiduralen Druckaufnehmers (Gaeltec LTD., Dunvegan, 2) aufgezeichnet. Nach Pourcelot (6) wurde der zerebrovaskuläre Widerstandsindex (R) mit R = (max. syst. Strömungsgeschwindigkeit - enddiast. Strömungsgeschwindigkeit) / max. syst. Strömungsgeschwindigkeit errechnet. Die im Vergleich zu den Anfangswerten prozentualen Änderungen der MFV im klinischen Verlauf wurden als rC_{MFV} = (aktuelle MFV / MFV bei SAB-Beginn - 1) x 100 bestimmt. Das gleiche Rechenverfahren wurde auch bei der Bestimmung der prozentualen Änderung des zerebrovaskulären Widerstandsindex (rC_R) angewandt. Der pCO_2 wurde simultan durch arterielle Blutgasanalysen bestimmt.

Die Auswertung der Daten erbrachte für das Gesamtkollektiv keine signifikante Beziehung zwischen MFV und dem Auftreten sowie dem Ausmaß von DID. Hingegen ließ sich für den zerebrovaskulären Widerstandsindex eine Korrelation nachweisen. Es fand sich ein signifikanter Unterschied zwischen den einzelnen Patientengruppen (Gruppe A vs. B, C vs. D: $p < 0,05$; Gruppe B vs. C: $p < 0,005$; Student's t-Test).

Der Vergleich zwischen rC_{MFV}, rC_R, ICP und Entwicklung von DID bei den 28 Patienten mit ICP-Messung zeigte eine rC_{MFV}, die in allen vier Gruppen über dem Ausgangswert lag. Aber auch hier bestand keine signifikante Korrelation zwischen dem maximalen MFV-Anstieg und dem Auftreten sowie dem Ausmaß von DID. Im Gegensatz dazu konnte eine signifikante Beziehung zwischen rC_R und dem Auftreten sowie dem Ausmaß von DID festgestellt werden. Bei Gruppe A lag rC_R mit -17 % +/- 15 % deutlich und bei Gruppe B mit - 3 % +/- 14 % gering unter dem Ausgangswert (Gruppe A vs. B: $p < 0,01$; Student's t-Test). Bei Gruppe C fand sich ein rC_R mit 14 % +/- 9 % und bei Gruppe D mit 26 % +/- 7 % deutlich über dem Ausgangswert (Gruppe B vs. C, Gruppe C vs. D: $p < 0,01$; Student's t-Test). Der durchschnittliche ICP zeigte einen stetigen Anstieg von Gruppe A bis D. Während der ICP bei Gruppe A und B im Normbereich lag, wiesen die Patienten der Gruppe C und D deutlich erhöhte Hirndruckwerte auf.

Bei der SAB stellen DID im Hinblick auf die langfristige Prognose die wesentliche Komplikation dar. Die deutliche prozentuale Abnahme des Widerstandsindex bei den Patienten ohne DID spricht für eine erhaltene dilatatorische Reservekapazität, so daß offensichtlich die hämodynamischen Effekte eines Vasospasmus noch voll kompensiert werden können. Im Gegensatz dazu weist die nur geringe prozentuale Abnahme des Widerstandsindex bei den Patienten mit reversiblem DID auf eine eingeschränkte Reserve-kapazität hin. Bei den Patienten mit irreversiblen DID fand sich ein deutlicher Anstieg des Widerstandsindex, der sich vor allem auf die pathologische ICP-Entwicklung zurückführen ließ (4). Die Entwicklung irreversibler DID ist vorrangig Folge einer Kombination von Vasospasmus und erhöhtem ICP, die synergistisch zu einer nicht mehr kompensierbaren Verschlechterung der zerebralen Hämodynamik führt (7).

Aus den Ergebnissen der vorliegenden Studie ergeben sich folgende Konsequenzen: Bei Zunahme der mittleren Strömungsgeschwindigkeit und Abnahme des Widerstandsindex unter 0,5 besteht selbst bei deutlich erhöhter Strömungsgeschwindigkeit nur ein geringes Risiko der Entwicklung von DID. Ein Anstieg des Widerstandsindex über 0,6 spricht unter Berücksichtigung des aktuellen pCO_2 primär für einen deutlich erhöhten ICP; selbst bei nur geringer Zunahme des Vasospasmus besteht eine starke Infarktgefährdung.

Die Ergebnisse belegen, daß der Beurteilung der mittleren Strömungsgeschwindigkeit als alleinigem Parameter keine prognostische Bedeutung zukommt, hingegen die zusätzliche Analyse des Strömungswiderstandsindex eine genauere prognostische Beurteilung ermög-licht und so das therapeutische Vorgehen maßgeblich beeinflussen kann.

Literatur

1. Aaslid R, Markwalder TM, Nornes H (1982) Noninvasive transcranial doppler ultrasound recording of flow velocity in basal cerebral arteries. J Neurosurg 57:769-774
2. Dietrich K, Gaab M, Knoblich OF, Schupp J, Ott B (1977) A new miniaturized system for monitoring the intracranial pressure in children and adults. Neuropädiatrie 8:21-28
3. Ishii R (1979) Regional cerebral blood flow in patients with ruptured intracranial aneurysm. J Neurosurg 50:587-594
4. Klingelhöfer J, Conrad B, Benecke R, Sander D, Markakis E (1988) Evaluation of intracranial pressure from transcranial doppler studies in cerebral disease. J Neurol 235:159-162
5. Kosteljanetz M (1984) CSF dynamics in patients with subarachnoid and/or intraventricular hemorrhage. J Neurosurg 60:940-946
6. Pourcelot C (1976) Diagnostic ultrasound for cerebrovascular diseases. In: Donald J, Levi S (Hrsg) Present and future of diagnostic ultrasound. Kooyker, Rotterdam, pp 141-147
7. Powers WJ, Grulb RL, Baker RP, Mintum MA, Raichle ME (1985) Regional cerebral blood flow and metabolism in reversible ischemia due to vasospasm. Determination by positron emission tomography. J Neurosurg 62:539-546
8. Voldby B (1988) Pathophysiology of subarachnoid hemorrhage. Experimental and clinical data. Acta Neurochir (Suppl 45:1-6

Texturanalyse von arteriosklerotischen Plaques der A. carotis interna

G. Rothacher, H. Bressmer, C. Sievers, B. Nafe und G. Krämer

Ob Veränderungen in der Plaquezusammensetzung bei dem Ereignis oder Mechanismus, der eine asymptomatische Karotisplaque in eine symptomatische umwandelt, bedeutsam sind, ist unklar. Die Verwendung hochauflösender Ultraschallgeräte ermöglicht eine zunehmend bessere Darstellung arteriosklerotischer Karotisplaques. Ziel unserer Untersuchung war die Frage, ob sich mittels einer computerisierten Texturanalyse Kenngrößen von asymptomatischen und symptomatischen Karotisplaques errechnen lassen.

Die Karotisbifurkationen von 40 asymptomatischen Patienten und von 23 Patienten mit einer kurz vorangegangenen ipsilateralen zerebralen Ischämie (= symptomatische Plaques; Untersuchung innerhalb von 48 Stunden nach der zerebralen Ischämie) wurden mit einem 7,5 MHz B-Bild dargestellt. Die Geräteparameter waren bei jeder Untersuchung identisch. Alle Bilder wurden mit einer 8 bit Analog/Digital-Wandlerkarte (Auflösung von 256 Graustufen) digitalisiert und in einer Matrix von 640 x 480 Pixel in einem Personal Computer gespeichert. Aus einem frei wählbaren Bildausschnitt (320 x 200 Pixel) wurde durch Umfahren der äußeren Plaquekonturen mit der Maus eine entsprechende 'region of interest' definiert. Der restliche Bildschirm wurde gelöscht. Für jede so isolierte Plaque wurde die Anzahl der verschiedenen Grauwertübergänge mittels einer sog. Co-Occurrence Matrix (zweidimensionales Histogramm der Grauwertübergänge) errechnet.

Aus den Co-Occurrence Matrizen wurden für jeden Plaque 20 statistische Kenngrößen nach Haralik 1973 und 1979, Conners 1984 und Zucker 1980 berechnet, um Aussagen über die Verteilung der Grauwerte, das Kontrastverhalten der Bilder und das Vorhandensein von definierten Strukturen zu ermöglichen.

Die Signifikanzberechnungen auf Unterschiede in der Texturanalyse symptomatischer und asymptomatischer Plaques erfolgten mit dem Wilcoxon-Test.

Tabelle 1 (linke und mittlere Spalte) faßt die untersuchten Texturanalyse-Parameter und ihr jeweiliges Korrelat im B-Bild zusammen; die Ergebnisse der statistischen Prüfung (Signifikanzniveau 5 %) sind in der rechten Spalte wiedergegeben.

Die vergleichende Texturanalyse symptomatischer und asymptomatischer Plaques ergab für die weit überwiegende Mehrzahl der von uns untersuchten Parameter keine signifikanten Unterschiede. Die vergleichbare Homogenität der Bilder von symptomatischen und asymptomatischen Plaques läßt den Rückschluß zu, daß in beiden Gruppen alle von uns erfaßten Grauwertübergänge gleich häufig auftraten und von Geräteparametern in gleicher Weise beeinflußt wurden.

Bilder von symptomatischen Plaques unterschieden sich jedoch in ihrem Kontrastverhalten von asymptomatischen. Diese Unterschiede betrafen kleine Änderungen der Grauwerte, die sich kaum von ihrer Umgebung abhoben. Auch im Hinblick auf das Vorhandensein einer Struktur (feste Beziehung mehrerer Grauwerte zueinander) und das Verteilungsmuster eventuell vorhandener Strukturen unterschieden sich symptomatische und asymptomatische Plaques: Strukturen waren in asymptomatischen Plaques deutlicher zu erkennen als in symptomatischen. Asymtomatische Plaques wiesen dagegen sonographisch einen geordneteren Aufbau auf als symptomatische. Die statistische Trennschärfe bei der Bewertung der Texturparameter war insgesamt gering.

Tabelle 1.

	PARAMETER	B-BILD-KORRELAT	SIGNIFIKANZ	
1.	Histogramm-Mittelwert	Bildgrauwert	n.s.	
2.	Histogramm-Standardabw.	Bildkontrastschwankungen	n.s.	(p = 0.061)
3.	Angular second moment	Homogenität des Bildes	n.s.	
4.	Contrast	Kontrastverhalten	n.s.	
5.	Correlation	Kontrastverhalten	n.s.	
6.	Sum of squares	Bildgrauwert	n.s.	(p=0,053)
7.	Inverse difference moment	Kontrastschwankungen	n.s.	
8.	Sum average	Homogenität	n.s.	
9.	Sum entropy	Homogenität	n.s.	
10.	Sum variance	Kontrast	n.s.	
11.	Entropy	Homogenität	n.s.	
12.	Difference entropy	Homogenität	n.s.	
13.	Difference variance	Kontrastverhalten	n.s.	
14.	Information measures F 12	Strukturerkennung	p = 0.049	
15.	Inf. meas. of correlation F 13	Strukturerkennung	n.s.	(p = 0.055)
16.	Max. correlation coefficient	Strukturerkennung	n.s.	
17.	Chi-Quadrat	Optimierungsparameter	n.s.	
18.	Cluster shade	Strukturverteilung	p = 0.046	
19.	Cluster Prominence	Strukturverteilung	n.s.	(p = 0.051)
20.	Kontingenz Koeffizient	Strukturerkennung	n.s.	(p = 0.052)

Literatur

1. Conners RW, Trivedi MM, Harlow C (1984) Segmentation of a high-resolution urban scene using texture operations. Computer Vision, Graphics ans Image Processing 25:273-310
2. Haralick RM, Shanmugan K, Dinstein I (1973) Textural feature for image classification. IEEE Trans. System, Man and Cybernetics, SMC 3:610-621
3. Haralick RM (1979) Statistical and structural approaches to texture. Proceedings of the IEEE 5:786-804
4. Zucker SW, Terezopoulos D (1980) Finding structure in co-occurence matrices for texture analysis. Computer Graphics and Image Processing 12:286-308

Diagnostische und therapeutische Strategien in der Schlaganfallbehandlung

K. Spitzer, A. Thie und K. Kunze

Bisher liegen wenige durch adäquate Studien gesicherte Konzepte zum diagnostischen und therapeutischen Procedere beim Schlaganfall vor. Bei den intrazerebralen Blutungen (ICH) werden die Indikationen für neurochirurgische Interventionen kontrovers diskutiert, wobei das Spektrum von der Exstirpation aller raumfordernder Hämatome bis zur grundsätzlich konservativen Behandlung der Hirnblutungen reicht (3, 5). Noch uneinheitlicher erscheint das Management des akuten Hirninfarktes (1, 2, 4, 6, 8). Allseits laufen Studien zur Prüfung von Kalzium-Antagonisten, Hämodilution sowie mehrerer potentiell antiischämisch oder 'zerebral protektiv' wirkender Substanzen.

Da zur Zeit die Ergebnisse großer Therapiestudien noch nicht vorliegen und damit ein validisiertes Schlaganfall-Management nicht zur Verfügung steht, kommen bei der heutigen Behandlung meist individuell-empirische oder induktive Überlegungen zur Anwendung. Um dem Kliniker eine Unterstützung zur Durchführung eines einheitlichen und reproduzierbaren Konzeptes anzubieten, haben wir diagnostische und therapeutische Operationalisierungsschemata entwickelt.

Die Operationalisierungsschemata bestehen aus 35 Flußdiagrammen, die in Abhängigkeit der aktuellen klinischen und apparativen Befunde eines Patienten durchlaufen werden. Als Beispiel zeigt das umseitig abgebildete Diagramm das von jedem Patienten durchlaufene Eingangsmanagement. Die Ein- und Ausschlußkriterien mehrerer multizentrischer Schlaganfall-Therapiestudien sind integriert, so daß die für die einzelnen Studien in Frage kommenden Patienten selektiert werden.

Die Operationalisierungsschemata sind in einem Expertensystem realisiert. Das Computerprogramm erfragt interaktiv klinische und apparative Befunde und präsentiert entsprechend der zugrundeliegenden Flußdiagramme Therapieempfehlungen sowie Literaturhinweise (7). Das Expertensystem fordert den Arzt zur Eingabe der erhobenen klinischen und apparativen Befunde in eine Schlaganfall-Datenbank auf. Dies erfolgt vor und nach der Therapie. Da zusätzlich die durchschrittenen Pfade in den Flußdiagrammen gespeichert werden, wird eine Qualitätskontrolle der einzelnen Therapieverfahren unterstützt.

Es ist selbstverständlich, daß die vorgestellten Flußdiagramme lediglich Vorschläge repräsentieren und den eigenverantwortlichen Kliniker in der Therapieentscheidung lediglich unterstützen sollen. Letztlich werden die Ergebnisse kontrollierter, randomisierter und doppelblind durchgeführter Studien die einzig rationale Basis für eine standardisierte Schlaganfallbehandlung liefern.

Literatur

1. Antiplatelet trialists' collaboration (1988) Secondary prevention of vascular disease by prolonged antiplatelet treatment. Brit Med J 296:320-331
2. Gelmers HJ, Gorter K, de Weeerdt CJ, Wiezer HJ (1988) A controlled trial of nimodipine in acute ischemic stroke. N Engl J Med 318:203-207

3. Godersky JC, Biller J (1987) Diagnosis and treatment of spontaneous intracerebral hemorrhage. Compr Ther 13:22-30
4. Grotta JC (1987) Current medical and surgical therapy for cerebrovascular disease. N Engl J Med 317:1505-1516
5. Juvela S, Heiskanen O, Poranen A, Valtonen S, Kuurne T, Kaste M, Troupp H (1989) The treatment of spontaneous intracerebral hemorrhage. A prospective randomized trial of surgical and conservative treatment. J Neurosurg 70:755-758
6. Sloan MA (1987) Thrombolysis and stroke. Past and future. Arch Neurol 44:748-768
7. Spitzer K, Christante L, Thie A, Kunze K (1990) ICH-PERT: a micorcomputer-based expert system for decision support in spontaneous intracerebral hemorrhage. 115th Annual Meeting of the American Neurological Association, Atlanta, 15.-17.10.1990
8. Warlow C (1984) Carotid endarterectomy: does it work? Stroke 15:1068-1074

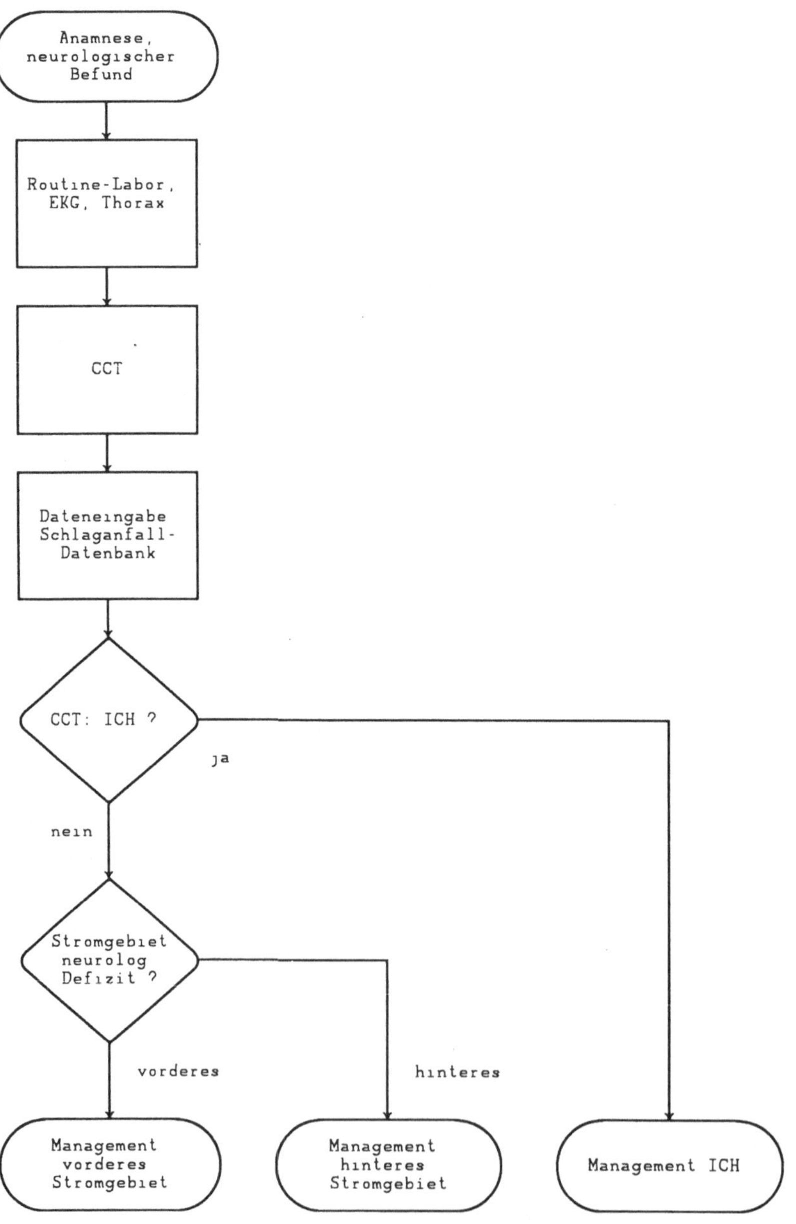

Die Anwendung von Antikoagulantien bei Patienten mit Dissektion zervikaler, hirnversorgender Arterien

P. Hinse, A. Thie, M. Müller-Jensen und L. Lachenmayer

Die Dissektion der zervikalen Arteria carotis interna (ACI) oder Arteria Vertebralis (AV) findet in den letzten Jahren zunehmende Beachtung als potentielle Ursache einer zerebralen Ischämie bei jüngeren Erwachsenen.

Bislang ungeklärt bleibt die Frage nach Bedeutung und Nutzen einer medikamentösen, gerinnungshemmenden Therapie. Es gibt aus diesem Grunde kein einheitliches therapeutisches Regime bei Patienten mit Gefäßdissektionen, d. h. es werden sowohl Antikoagulantien wie Thrombozytenaggregationshemmer eingesetzt, ohne daß ausreichend geklärt ist, welches Vorgehen bei welcher Läsion und über welchem Zeitraum zu bevorzugen ist. Wir werteten retrospektiv die Krankheitsverläufe von 18 Patienten mit Dissektion der zervikalen ACI oder AV unter dem spezifischen Gesichtspunkt der unterschiedlichen gerinnungshemmenden Therapieverfahren aus.

Patienten und Methodik

Die Patienten wurden in der Zeit von Februar '89 bis September '90 in unserer Klinik behandelt. Das durchschnittliche Alter der 10 männlichen und 8 weiblichen Patienten lag bei 42,5 Jahren (17 - 56 J.). Bei allen Patienten wurde die Diagnose initial angiographisch gesichert. Eine Kontrollangiographie wurde in 6 Fällen nach durchschnittlich 4,3 Monaten (1,5 - 7 Mon.) veranlaßt. Dopplersonographische Verlaufsuntersuchungen wurden in unterschiedlichen Zeitintervallen während des stationären Aufenthaltes und anschließend ambulant vorgenommen. Bei 3 Patienten konnten nach der Entlassung keine weiteren Verlaufskontrollen erfolgen.

Von 18 Patienten wiesen 12 eine Dissektion der ACI und 6 der AV auf. Bei 2 Patienten mit ACI-Dissektion war ein ursächlich stumpfes Halstrauma vorangegangen, bei 10 Patienten war die Dissektion spontan entstanden.

Von 6 AV-Dissektionen waren 4 traumatisch und 2 spontan. Die angiographischen Aspekte einer Fibromuskulären Dysplasie (FMD) fanden sich bei 2 Patienten mit spontaner ACI-Dissektion; weitere potentiell prädisponierende Faktoren wurden in 8 Fällen gefunden (Hypertonus 3; Migräne 3; Antikonzeptiva 2).

Klinische und apparative Initialbefunde

8 Patienten mit ACI-Dissektion erlitten fokale zerebrale Durchblutungsstörungen im Mediastromgebiet mit transitorischen oder persistierenden neurologischen Ausfällen. 2 Patienten zeigten ein unilaterales, kaudales Hirnnervensyndrom als Folge einer mechanischen Kompression durch das dilatierte Gefäß. Alle Patienten mit AV-Dissektion erlitten

Perfusionsstörungen im vertebrobasilären Versorgungsgebiet, in 4 Fällen in Form eines dorsolateralen Medulla-Infarktes mit der klinischen Manifestation eines Wallenbergsyndroms.

Von 12 Patienten mit ACI-Dissektion wiesen 11 einseitige Gefäßläsionen auf, bei einem Patienten mit FMD fanden sich bilaterale Stenosierungen der Karotiden.

Von 6 Patienten mit AV-Dissektion wiesen 2 bilaterale Läsionen nach vorangegangenen Traumata auf, bei 4 Patienten fand sich ein einseitiger AV-Verschluß.

Bei 7 von 11 Patienten mit zerebralen Perfusionsstörungen mußte eine thromboembolische Genese und bei 4 eine hämodynamische Verursachung der Ischämie postuliert werden. In einem Fall konnte eine embolisch verschlossene Media mittels lokaler Lyse rekanalisiert werden.

Therapie

Die Therapieentscheidung in Bezug auf den Modus der gerinnungshemmenden Therapie wurde im Einzelfall vom jeweilig Behandelnden entsprechend dessen Erfahrung und Einschätzung des Rezidiv-Risikos getroffen.

Es gab keine festen Kriterien, wonach die Patienten selektioniert und einer bestimmten Therapie zugeführt wurden.

In 17 von 18 Fällen wurde sofort nach Sicherung der Diagnose eine Antikoagulation mit Heparin begonnen. In einem Fall war 2 Wochen vor Klinikaufnahme ambulant eine Behandlung mit einem Thrombozytenaggregationshemmer angefangen worden, die von uns fortgeführt wurde. Bei 9 Patienten wurde die Antikoagulation mit Marcumar fortgesetzt, 9 Patienten erhielten nach initialer Heparinbehandlung einen Thrombozytenaggregationshemmer.

Die mittlere Dauer der initialen Heparinisierung umfaßte 15,3 Tage (4 - 35) bzw. 18 Tage (4 - 40) in beiden Patientengruppen.

Ergebnisse und Diskussion

In bezug auf den klinischen Verlauf zeigten sich in beiden Gruppen keine nennenswerten Unterschiede: 8 der 9 marcumarisierten Patienten und 7 der 9 mit ASS behandelten Patienten zeigten im Verlauf ein günstiges klinisches Outcome. Lediglich bei einer Patientin kam es auch unter der Behandlung mit ASS zu rezidivierenden Perfusionsstörungen im rechten Mediastromgebiet: diese Patientin wies bds. Karotisdissekate auf dem Boden einer FMD auf: bei ihr wurde im Rahmen einer neuroradiologischen Intervention erfolgreich eine einseitige Katheter-Dilatation durchgeführt.

In der Gruppe der marcumarisierten Pat. waren in einem Beobachtungszeitraum zwischen 15 Tagen und 5 Monaten von 10 initial hochgradig stenosierten oder okkludierten Gefäßen 15 partiell oder vollständig rekanalisiert. Bei 3 Gefäßen zeigte sich ein unveränderter Befund. Bei den Pat., die mit ASS behandelt wurden, zeigte sich in den Verlaufsuntersuchungen bei 3 eine Rekanalisation und bei 4 ein unveränderter Gefäßbefund, darunter 2 Pat. mit einer FMD.

Zusammenfassend sahen wir in der Gruppe der mit Marcumar behandelten Patienten eine geringfügig höhere Rekanalisationsrate als in der Gruppe der mit ASS behandelten Patienten; das klinische Outcome war in beiden Gruppen gleichermaßen günstig.

Die Zahl der Patienten war zu gering, als daß sich aus diesen Beobachtungen praktische Konsequenzen in Hinblick auf das medikamentöse Management ziehen ließen.

Bei dem jetzigen Kennnisstand bevorzugen wir eine prolongierte Antikoagulation über mehrere Monate. Die Begründung für dieses praktische Vorgehen beruht ausschließlich auf dem theoretischen Konzept eines möglichst maximalen Schutzes vor thrombembolischen Komplikationen.

Die Entscheidung über die Beendigung der Antikoagulation wird im Einzelfall vom dopplersonographischen bzw. angiographischen Verlaufsbefund abhängig gemacht. Auch diese Entscheidung stützt sich letztlich auf die Einschätzung des jeweiligen Untersuchers über die Emboliegefahr, die von einer persistierenden Gefäßläsion ausgeht. Bei unseren marcumarisierten Patienten wurde in 7 Fällen die Antikoagulation in einem Zeitraum von 2,5 bis 4,5 Monaten nach Beginn beendet und nur bei 2 Pat. über diesen Zeitraum hinaus prolongiert.

Die Entscheidung zu einer zeitlich begrenzten Antikoagulation wird grundsätzlich durch die Tatsache begünstigt, daß es bei den überwiegend jüngeren, sonst gefäßgesunden Pat. extrem selten zu Blutungskomplikationen kommt.

Es fehlen bislang ausreichende Daten über den spontanen Langzeitverlauf einer größeren Patientengruppe mit persistierenden, angiographisch gut dokumentierten Gefäßläsionen.

Der objektive Beweis, daß die letztlich risikoreichere Anwendung von Antikoagulantien aber tatsächlich zu günstigeren Ergebnissen führt als die risikoarme Behandlung mit Thrombozytenaggregationshemme, ist nur durch eine systematische, prospektiv angelegte Studie zu erbringen.

Frühe Antikoagulation beim akuten Schlaganfall

G. Leonhardt, C. Weiller, F. Guse und E.B. Ringelstein

Die Reinsultrate ist in der Frühphase nach einem ischämischen Hirninfarkt am höchsten und beträgt z. B. für den kardiogen-embolischen Infarkt ca. 1 % pro Tag während der ersten zwei Wochen (2, 3).

Die Antikoagulation mit Heparin, deren Anwendung wegen möglicher Komplikationen und bislang nur in einzelnen Studien nachgewiesener Wirksamkeit umstritten ist (2, 4, 5), soll in dieser Phase embolische Reinsulte verhindern.

Wir untersuchten zwei Kollektive von Insultpatienten, die in der Frühphase eines Schlaganfalls antikoaguliert worden waren.

In Gruppe A wurden 127 Patienten mit Territorialinfarkten prospektiv untersucht. CT-Kontrollen erfolgten regelmäßig nach einem festen Protokoll, pTT-Kontrollen wurden täglich durchgeführt. In Gruppe B wurden 530 Patienten mit akutem Schlaganfall retrospektiv untersucht. CT-Kontrollen erfolgten hier seltener, pTT-Kontrollen wurden dreimal pro Woche durchgeführt. Die Heparinisierung wurde in beiden Gruppen durch eine Bolusgabe von 5000 IE Heparin i. v. eingeleitet und entsprechend der pTT-Werte durch Infusion mit 24000 - 38000 IE/die fortgesetzt. Alle Reinsultpatienten wurden auch dopplersonographisch an den extra- und den intrakraniellen Hirngefäßen und echokardiographisch am Herzen untersucht.

Anhand der CT wurde beurteilt, ob sich Reinfarkte, hämorrhagische Imbibierung oder Massenblutungen ereignet hatten.

In Gruppe A fanden sich 22 % hämorrhagische Imbibierungen, in Gruppe B waren es 11%, wobei diese Zahl hier methodisch bedingt zu niedrig sein dürfte. Eine klinische Verschlechterung wurde bei keinem Patienten beobachtet.

In Gruppe A kam es bei drei Patienten zu letal verlaufenden Massenblutungen. Bei diesen Patienten war das Infarktareal größer als 5 cm gewesen, hatte die Heparinisierung innerhalb von 12 Stunden eingesetzt, und es kam zu kaum beherrschbaren Blutdruckspitzen bei zwei Patienten. Der dritte Patient hatte zusätzlich Zeichen einer zerebralen Mikroangiopathie.

Reinsulte fanden sich bei 1,6 % der Patienten von Gruppe A und bei 1,9 % der Patienten von Gruppe B. Aufgrund multipler Infarkte betrug die Reinfarktrate 2,4 % bzw. 2,3 %. Die Reinfarkte ereigneten sich zwischen dem 1. und 10. Tag nach Therapiebeginn. Folgende Besonderheiten fielen bei den Reinsultpatienten auf. Bei 6 Patienten hatte sich der erste Infarkt im CT noch nicht demarkiert, bei 2 Patienten war der Reinsult ein nicht embolischer Endstrominfarkt, bei 3 Patienten weitete sich ein striatokapsulärer Infarkt zu einem kortikalen Territorialinfarkt aus und bei 2 Patienten kam ipsilateral ein weiteres Mediaversorgungsgebiet dazu. An den ipsilateralen Hirngefäßen fanden sich bei 5 Patienten ein Verschluß der A. carotis interna, bei 2 Pat. eine hochgradige Stenose dieses Gefäßes, 2 Pat. hatten einen flottierenden Thrombus, der bei einem Pat. nach dem Reinfarkt nicht mehr nachweisbar war. 1 Pat. hatte ein Dissekat der A. carotis interna, 1 Pat. eine hochgradige Stenose der A. cerebri media, und 1 Patient erlitt einen Verschluß der A. carotis interna unter der Heparinisierung.

Je einer der 2 Patienten mit absoluter Arrhythmie hatte ein linksventrikuläres Aneurysma bzw. einen linksventrikulären Thrombus.

Bei 6 Patienten war die pTT trotz hoher Heparindosen im Normbereich gewesen. Bei einem Patienten waren die Thrombozyten am Tag des Reinfarktes auf die Hälfte abgefallen, so daß eine heparininduzierte Thrombozytopenie mit paradoxer Embolisierung vermutet wurde.

Günstige Ergebnisse einer Antikoagulation mit Heparin fanden auch andere Arbeitsgruppen, die prospektiv (2, 6) oder retrospektiv (4) Nutzen und Risiken einer solchen Therapie im Frühstadium eines embolischen Infarktes untersuchten.

Die Suche nach Fehlerquellen bei der Durchführung und die Berücksichtigung der Grenzen dieser Methode können die Effektivität steigern und die Komplikationsrate senken: die Hälfte der Reinsultpatienten waren nicht ausreichend antikoaguliert; die Heparinisierung konnte das Abreißen embolisierenden Materials von Thromben nicht verhindern; nichtembolisch bedingte Endstrominfarkte und eine akute Endokarditis sind nach heutigem Kenntnisstand keine Indikation für eine Antikoagulation. Niedermolekulare Heparinfraktionen können zukünftig heparininduzierte Gerinnungsstörungen verhindern (1). Frühe Antikoagulation großer Infarkte begünstigt anscheinend das Risiko einer Blutung.

Wird eine therapeutische Heparinisierung erwogen, so sollten folgende Voraussetzungen erfüllt sein: CT vor Therapiebeginn zum Ausschluß einer Blutung; Nachweis einer Emboliequelle kardial oder an den Hirngefäßen; tägliche pTT-Kontrollen; Abbruch der Heparinisierung bei nicht beherrschbaren Blutdruckspitzen und zurückhaltende Indikationsstellung bei Hypertonie und zerebraler Mikroangiopathie.

Literatur

1. Atkinson JLD, Sundt TM, Kazmier FJ, Bowie EJW, Whisnant JP (1988) Heparin-induced thrombocytopenia and thrombosis in ischemic stroke. Mayo Clin Proc 63:353-61
2. Cerebral Embolism Study Group (1983) Immediate anticoagulation of embolic stroke: a randomized trial. Stroke 14:668-73
3. Cerebral Embolism Task Force (1989) Cardiogenic brain embolism. The second report of the Cerebral Embolism Task Force. Arch Neur 46:727
4. Haley EC, Kassell NF, Torner JC (1987) Failure of heparin to prevent progression in progressing ischemic infarction. Stroke 14:10-14
5. Jonas S (1988) Antikoagulant therapie in cerebrovascular disease: review and meta-analysis. Stroke 19:1043-48
6. Korbmacher G and Ringelstein EB (1987) Risk and benefit of anticoagulation in patients with hemispheric infarctions. In: Poeck K, Ringelstein EB, Hacke W (Hrsg) New trends in diagnosis and management of stroke. Springer, Berlin Heidelberg New York:102-113

Flunarizin beim Schlaganfall, Ergebnisse einer prospektiven randomisierten Plazebo-kontrollierten Doppeltblindstudie

Deutsche Schlaganfallforschungsgruppe: P.-J. Hülser, H. Bernhart, B. Birkner, A. Buske, B. Elpelt, K. Felgenhauer, M. Fischler, J. Hartung, J.D. Herrlinger, G. Hertel, H.-J. Huss, W. Köhler, M. Köhne, H. Krapf, C. Marbach-Kirchner, Th. Peters, A. Plenio, H. Prange, E. Schneider, D. Scholl, B. Schwenk, K.-U. Seiler, J. Wissel, Leitung: H.H. Kornhuber

Fünf Zentren haben von 433 primär erfaßten Patienten 422 (Alter 50 - 85) mit akutem supratentoriellen ischämischen Erstinsult und Therapiebeginn innerhalb 36 Stunden neben einer Standardtherapie (Hämodilution mit Hydroxyäthylstärke, Acetylsalicylsäure, Heparin zur Thromboseprophylaxe) doppeltblind mit Flunarizin (212 Patienten) oder Plazebo (210 Patienten) behandelt. 4 drop outs unter Plazebo wegen HAES-Unverträglichkeit, je 1 wegen Einsatz eines weiteren Kalziumantagonisten bzw. früherem Insult, in der Plazebo-Gruppe 2mal, in der Verum-Gruppe 3mal Widerruf der Behandlungseinwilligung. Flunarizin wurde 2 x 25 mg täglich intravenös in der ersten, in den folgenden drei Wochen 10-0-20 mg oral gegeben. Der neurologische Befund wurde vor Therapiebeginn nach 1, 4, 7, 14, 21 und 28 Tagen standardisiert (modif. Mathew score) erfaßt. Aus den Punktwerten im Gesamtscore sowie in den Subscores (mentale Funktionen, Sensomotorik und Fähigkeiten im täglichen Leben) wurde ein Verbesserungs-/Verschlechterungs-Index (VVI, Änderung im Vergleich zum Ausgangswert bezogen auf die maximal mögliche Änderung) berechnet. Als Maß für den gesamten klinischen Verlauf eines Patienten während der vierwöchigen Studiendauer wurde die Fläche unter der Kurve durch die Werte des VVI an den festgelegten Untersuchungstagen herangezogen. Es bestanden keine signifikanten Unterschiede zwischen Verum- und Plazebo-Gruppe hinsichtlich Alter und Geschlechtsverteilung oder im Computertomogramm bestimmten Infarkttyp. Auch die Risikofaktoren waren gleichmäßig verteilt. Eine lokale Thrombophlebitis an der Infusionsstelle trat unter Flunarizin häufiger auf, war durch täglichen Wechsel der Vene zu vermeiden. Extrapyramidalmotorische Symptome wurden selten, insgesamt aber häufiger unter Flunarizin gefunden (18 gegen 6), andauernde Beschwerden wurden nicht gesehen. Bei Depressionen, Blutdruck- oder Pulsveränderungen bestanden keine Unterschiede zwischen beiden Gruppen. Die bereits in der Pilot-Studie (1) festgestellte gute Verträglichkeit der hochdosierten intravenösen Flunarizingabe, deren Hauptnebenwirkung im akuten Vorversuch an Gesunden Müdigkeit war (2), bestätigte sich. Zahl der Todesfälle unter Flunarizin 25, Plazebo 22 (n. s.).

Die Vergleichbarkeit der Zentren wurde an den Plazebogruppen untersucht. Die Homogenität der Plazebo-Gruppen für die Sensomotorik war im Zentrum 2 im Vergleich zu den anderen Zentren nicht erfüllt, die Plazebogruppe hatte im Zentrum 2 einen signifikant günstigeren Verlauf als in den anderen. Unter den Flunaringruppen bestanden keine signifikanten Inhomogenitäten. Bei der weiteren Analyse wurden daher die Kliniken, die hinsichtlich ihrer Plazebogruppe vergleichbar waren, gesondert analysiert. Für die Sensomotorik, die im Gegensatz zu den bilateralen Funktionen (Bewußtsein und Verhalten) am meisten abhängt von der Größe der Läsion, zeigte sich in den homogenen Zentren (die 77 % der Patienten behandelten) ein signifikant besseres Behandlungsergebnis unter Flunarizin (p 4,7 %) bei gegenteiligem Verhältnis in Zentrum 2 (p 1,33 %). Besonders eindrucksvoll ist, daß es unter Plazebo während der ersten 4 Tage zu einer weiteren Verschlechterung kommt, im Mittel erst nach zwei Wochen der Ausgangszustand übertroffen wird, während unter Flunarizin von Anfang an eine Verbesserung der Motorik zu beobachten ist. Der komplette Mathew score, die Subscores für den mentalen Status und die Fähigkeiten im täglichen Leben, die mehr bilaterale Funktionen reflektieren, zeigen zwischen den beiden Behandlungsgruppen keine signifikanten Unterschiede. Die Analyse der Insulttypen zeigt in den homogenen Zentren für den motorischen Score bei den Mikroangiopathien (lakunäre Insulte) einen Mittelwert der VVI-Summe von 0,83 unter Plazebo, 1,54 unter Flunarizin (p 3,52 %); bei den Territorialinfarkten ist dieser Besserungs-Mittelwert unter Plazebo 0,30, unter Verum 0,76. Faßt man alle Patienten der homogenen Zentren mit computertomographisch eindeutig frischen Läsionen zusammen, d. h. Territorialinfarkte, hämodynamische Infarkte, Mikroangiopathien oder eine Kombination daraus (114 mit Plazebo, 111 mit Verum), dann ist in der Motorik die Verbesserungsindexsumme unter der Flunarizinbehandlung doppelt so hoch wie unter Plazebo (VVI-Mittelwert 0,58 gegen 1,17; p 1,07 %), für alle Zentren einschließlich des Zentrum 2 VVI-Mittelwert 0,72 gegen 1,02; p 9,97 %. Bei Patienten mit positivem CT-Befund i. S. von frischem Insult ohne TIA als Vorerkrankung ergibt sich mehr Besserung der Motorik in allen 5 Zentren (p 2,65 %) unter Flunarizin. Diese Untergruppenanalyse war bei der Konzeption der Studie nicht eingeplant, so daß aus diesen Ergebnissen noch keine Allgemeingültigkeit abgeleitet werden kann. Sie machen jedoch wie die Tierversuche die Wirksamkeit von Flunarizin wahrscheinlich, die bei Patienten mit klaren Insulten und vor allem mit lakunären Läsionen besonders ausgeprägt ist, was pathophysiologisch plausibel ist. Als wahrscheinliche Ursache der auffallenden Inhomogenität der Plazebo-Gruppe der Zentren kommen Unterschiede in der fraglos wirksamen krankengymnastischen Behandlung sowie der Alterszusammensetzung in Frage, durch die sich Zentrum 2 von den anderen unterscheidet. Während eine medikamentöse Zerebroprotektion bedrohtes Gewebe vor dem Absterben bewahrt, können durch Übungsbehandlung im Gehirn alternative Strategien bei partiellen Schäden gefunden werden. Das beste Ergebnis ist von einem Zusammenwirken dieser Therapien zu erwarten. Unter Berücksichtigung tierexperimenteller Ergebnisse (3), die eine Wirksamkeit auch bei hämorrhagischen Insulten zeigen, kann Flunarizin zu einem Medikament werden, das bereits vor der computertomographischen Differenzierung zwischen Ischämie und Blutung und damit gleich vom erstbehandelnden Hausarzt gegeben werden kann, zumal es im Gegensatz zu Kanalblockern (z. B. Nimodipin) nicht das Risiko von Blutdrucksenkung hat.

Literatur

1. Hülser P-J, Bernhart H, Marbach C, Kornhuber HH (1988) Eur Arch Psychiatr Neurol Sci 237:253-257
2. Hülser P-J, Kornhuber AW, Kornhuber HH (1990) Eur Neurol 30 Suppl 2:35-38
3. Kleiser B, Van Reempts J, Van Deuren B, Haseldonckx M, Borgers M, Horn E, Esseling K, Widder B, Kornhuber HH (1989) Neurosci Lett 103:225-228

Ist der extra-intrakranielle Bypass doch sinnvoll ?

B. Kleiser und B. Widder

Die Behandlung bei Karotisverschlüssen ist umstritten. Eine Verbesserung der Prognose durch die Anlage eines extra-intrakraniellen Bypass (EIAB) ist nicht gesichert. In einer randomisierten, prospektiven Studie der EC/IC Bypass Study Group schnitten die operierten Patienten sogar schlechter ab als die Vergleichsgruppe (3). Dabei wurde jedoch die zerebrale Hämodynamik nicht berücksichtigt. Aufgrund pathophysiologischer Überlegungen ist aber anzunehmen, daß nur in den seltenen Fällen mit unzureichender intrakranieller Kollateralisation eine erhöhte Gefahr für das Auftreten hämodynamischer Insulte zu erwarten ist. Diese Patienten könnten von operativen Maßnahmen profitieren. Die Funktionsfähigkeit der Kollateralversorgung kann mit dem transkraniellen Doppler-CO_2-Test beurteilt werden (4). Die klinische Wertigkeit dieser Methode wurde retrospektiv anhand des Vergleichs mit der klinischen Symptomatik und den Infarktmustern im CCT sowie in einer prospektiven Verlaufsstudie überprüft.

Seit 1985 wurde bei 293 Patienten mit Karotisverschlüssen ein Doppler-CO_2-Test nach der von unserer Arbeitsgruppe beschriebenen Methode durchgeführt (5), die Einteilung der CO_2-Reaktivität erfolgte in 3 Gruppen (6). 57 % der Fälle mit erschöpfter CO_2-Reaktivität hatten in den letzten 3 Monaten ein ipsilaterales ischämisches Ereignis erlitten, während dies in der Gruppe mit ausreichender CO_2-Reaktivität nur in 24 % der Fall war (p<0,0001) (Abb. 1). Bei 75 Patienten stand ein CCT zur Verfügung. Die Infarktmuster wurden ohne Kenntnis des Doppler-CO_2-Tests in hämodynamische, thrombembolische und lakunäre Läsionen eingeteilt. Der Vergleich mit der gemessenen Reservekapazität zeigte in 43 % der Fälle mit hämodynamisch bedingten Insulten eine erschöpfte CO_2-Reaktivität, während dies bei embolisch und lakunär verursachten Infarkten in weniger als 5 % zutraf (p <0,01) (Abb. 2).

103 Patienten wurden in eine prospektive Untersuchung einbezogen, die mittlere Beobachtungsdauer betrug 27 Monate. In der Gruppe mit erschöpfter CO_2-Reaktivität kam es in 36 % der Fälle zu ipsilateralen neurologischen Ausfällen, in der Gruppe mit ausreichender CO_2-Reaktivität jedoch nur bei 5 % (p < 0,01) (Abb. 3). Die Patientengruppe mit extra-intrakraniellem Bypass (n = 19) zeigte im postoperativen Verlauf ein ähnliches Insultrisiko wie die Gruppe mit ausreichender Reservekapazität, das perioperative Risiko wurde dabei nicht erfaßt.

Eine vergleichbare prospektive Studie wurde nach unserem Wissen bisher nur von Powers et al. (1) publiziert. Die Arbeit konnte bei 30 Karotisverschlüssen jedoch keinen Zusammenhang zwischen der zerebrovaskuläre Reservekapazität und dem Auftreten von Insulten erkennen. Die Studie enthielt allerdings nur 5 Patienten mit aufgehobener CO_2-Reaktivität, der Beobachtungszeitraum betrug lediglich 12 Monate.

Zusammenfassend unterstützen unsere Ergebnisse die Annahme, daß der Doppler-CO_2-Test eine geeignete Methode zur Beurteilung der Kollateralversorgung bei Karotisverschlüssen ist. Zumindest läßt sich eine Gruppe mit ausreichender Kollateralisation identifizieren, bei denen nicht mit dem Auftreten von hämodynamisch bedingten Infarkten zu rechnen ist. Im Gegensatz dazu zeigen Patienten mit verminderter oder sogar erschöpfter CO_2-Reaktivität ein höheres Insultrisiko. Ob sie von einer extra-intrakraniellen Bypassoperation profitieren, ist noch zu prüfen. Eine Studie zum Langzeitverlauf insuffizient kollateralisierter Karotisverschlüsse mit und ohne extra-intrakraniellem Bypass ist derzeit in Vorbereitung (2).

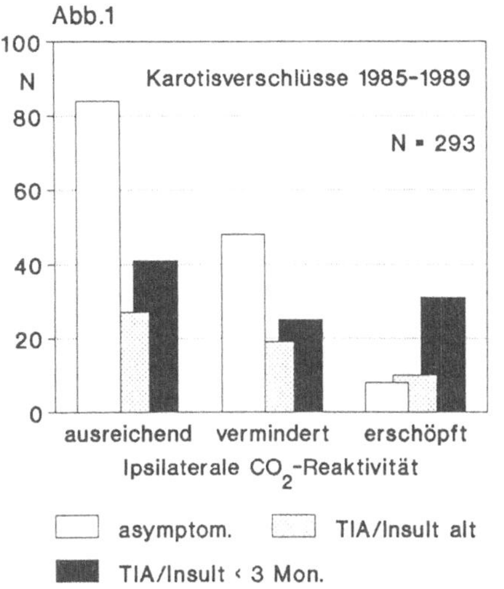

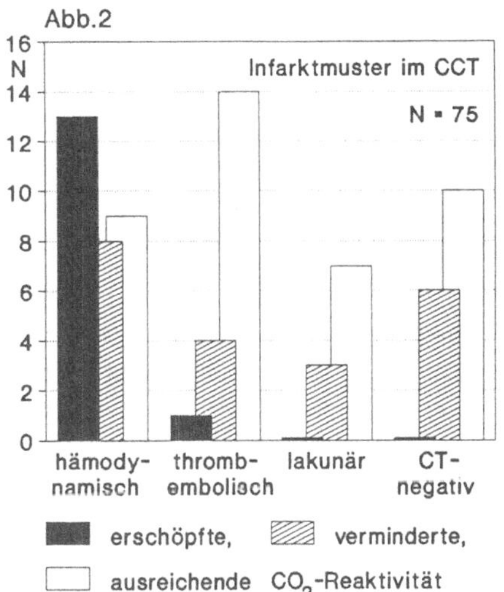

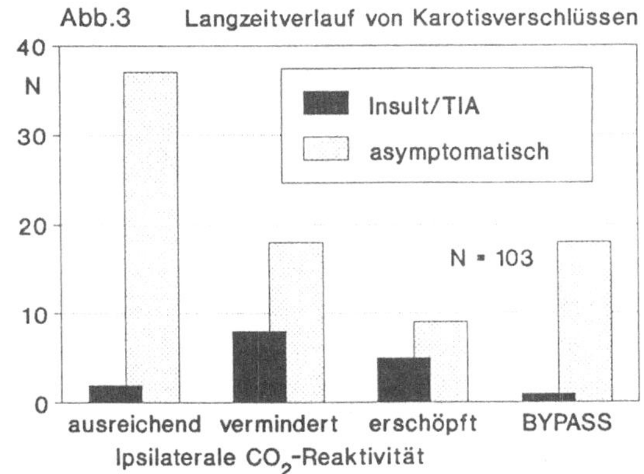

Literatur

1. Powers WJ, Tempel LW, Grubb RL (1989) Influence of cerebral hemodynamics on stroke risk: One-year follow-up of 30 medically treated patients. Ann Neurol 25:325-330
2. Schmiedek P (1990) Zerebrale Ischämie: Neuansatz für die mikrochirurgische Behandlung. Dtsch Ärztebl 87: 1518-1523
3. The EC/IC Bypass Study Group (1985) Failure of extracranial-intracranial arterial bypass to reduce the risk of ischemic stroke. N Engl J Med 313:1191-1200
4. Widder B (1985) Der CO2-Test zur Erkennung hämodynamisch kritischer Carotisstenosen mit der transkraniellen Doppler-Sonographie. Dtsch Med Wschr 110:1553
5. Widder B, Paulat K, Hackspacher J, Mayr E (1986) Transcranial Doppler CO2 test for the detection of hemodynamically critical carotid artery stenoses and occlusions. Eur Arch Psychiatr Neurol Sci 236:162-168
6. Widder B (1989) Doppler und Duplex-Sonographie der hirnversorgenden Arterien. 2. erweiterte und überarbeitete Auflage. Springer, Heidelberg

Die stereotaktische Bestrahlung zerebraler Angiome. Methodik, Indikation und erste klinische Erfahrungen an einem Kollektiv von 107 Patienten

B. Wowra, B. Kimmig, R. Engenhart, M. Wannenmacher und St. Kunze

Methodik

Neben dem Gamma Knife (10, 12) und den Teilchenbeschleunigern (3, 6, 8) bietet auch ein Linearbeschleuniger (1, 2) die Möglichkeit, das Prinzip der Radiochirurgie zu realisieren (7). Solche Systeme wurden in Buenos Aires (1), Vicenza (2) und Heidelberg entwickelt (5). Hier wurde ein Linearbeschleuniger in Bezug auf Präzision der Strahlgeometrie und mechanische Abweichungstoleranz optimiert und mit einem stereotaktischen System kombiniert. Die stereotaktische Bestrahlung von Angiomen erfolgt als Einzeitbestrahlung auf der Grundlage stereotaktischer Angiogramme. Sie wird als isozentrische Bewegungs-Pendelbestrahlung ausgeführt. Dies ermöglicht die Applikation hoher Bestrahlungsdosen in sphärischen Zielvolumina mit einem steilen Dosisabfall (ca. 15 %/mm) am Rand des Bestrahlungsfeldes. Sie ist in dieser Hinsicht vergleichbar mit den anderen radiochirurgischen Methoden. Im Gesamtsystem wird eine Genauigkeit von 0,5 mm eingehalten. Zielstruktur bei arteriovenösen Angiomen (AVM) ist der Nidus. Diese Form der Strahlentherapie führt nach einer unterschiedlichen Latenzzeit über eine Intimaschädigung zu einer Verlegung des Kapillarlumens im Nidus und damit zu einer Obliteration des AVM. Die Behandlung erfolgt in Kooperation zwischen Neuroradiologen, Physikern, Strahlentherapeuten und Neurochirurgen.

Indikation

Die klassische Indikation zur stereotaktischen Bestrahlung ist bei kleinen inoperablen AVM aufgrund des jährlichen Blutungsrisikos von ca. 2 - 3 % gegeben (4). Dem Bedarf an zugewiesenen Patienten entsprechend haben wir die Indikation vorsichtig auch auf größere AVM erweitert. Ungeklärt ist die Indikation bei venösen Angiomen; abgelehnt wird sie bei Kavernomen (13).

Patientenkollektiv

Insgesamt wurden seit 10/1984 bis 9/1990 107 Patienten mit Angiomen stereotaktisch behandelt. Darunter waren 96 AVM, 6 venöse Angiome, 4 occulte Angiome und 1 Lindau-Angiomatose. Die folgenden Daten beziehen sich ausschließlich auf 96 Patienten mit AVM: 44 (46 %) weiblich, Altersmedian 30 Jahre (7 - 62 Jahre), Kopfschmerz, Schwindel oder leichte Fokaldefizite als Initialsymptome 21 (22 %) Patienten, mittelgradige bis schwere Ausfälle zum Zeitpunkt der Therapie 38 (40 %); Anfälle 14 (15 %); Blutungsanamnese bei 49 (51 %) gegeben. 11 Patienten (12 %) waren teiloperiert worden, 8 (8 %) teilembolisiert.

Stadieneinteilung (S) der AVM nach Spetzler & Martin (11): S I 2 (2 %), S II 7 (7 %), S II 22 (23 %), S IV 19 (20 %), S V 13 (14 %), inoperabel 33 (34 %).

Therapieparameter

Bei 71 (74 %) Patienten konnte das Angiom mit einem Strahlenfeld abgedeckt werden, bei 21 (22 %) waren zwei Felder notwendig und bei vier Patienten (4 %) mußten drei Felder bestrahlt werden, da das AVM eine irreguläre oder längliche Konfiguration aufwies. Die Einzelfelder hatten einen Durchmesser zwischen 10 mm und 54 mm (Median für Einzelfelder 26 mm). Die Bestrahlungen wurden in einer Fraktion bei Dosen zwischen 8 Gy und 28 Gy (Median 20 Gy) durchgeführt; im Überschneidungsareal von zwei Feldern betrugen die Dosisspitzen bis zu 48 Gy.

Toleranz und Wirksamkeit der Therapie

Unter prophylaktischer Dexamethasonabschirmung (2x 20 mg i. m.) wurden nur selten radiogene Frühreaktionen (Kopfschmerz, Übelkeit) beobachtet. Hauptproblem der Latenzphase bis zum Wirkungseintritt ist das Blutungsrisiko. Acht Patienten erlitten Blutungen in der Latenzphase, zwei waren letal. Ein weiteres Problem der stereotaktischen Therapie sind radiogene Spätreaktionen, die aufgrund der schmalen therapeutischen Breite der Methode auftreten. Ein Ödem mit vorübergehendem neurologischem Defizit trat bei 11 Patienten auf; bei drei Patienten blieb ein permanentes Defizit bestehen. Bei je einem Patienten mit AVM bzw. venösem Angiom wurde histologisch eine Strahlennekrose gesichert; bei zwei weiteren Patienten wurde eine solche aufgrund der MRT/CT-Befunde vermutet. Zu den Faktoren, die eine Radionekrose begünstigen, gehören die Dosis, die Größe des Strahlenfeldes, die Lokalisation des AVM und - wahrscheinlich - die Dichte der Angiomstrukturen im Bestrahlungsvolumen. Die Erfolgschancen der Therapie steigen mit zunehmender Beobachtungszeit: bisher wurde nach 7 Monaten die früheste Verkleinerung eines AVM nachgewiesen. Die häufigsten positiven Wirkungen werden nach etwa 18 - 24 Monaten gesehen; in diesem Zeitraum werden auch die meisten Kontrollangiographien durchgeführt. Bis dato (10.9.90) wurde im Kollektiv bei 8 Patienten eine teilweise, bei 15 Patienten eine vollständige Obliteration des AVM nachgewiesen. Es lassen sich aus den vorliegenden Daten nur vorläufige Ansprechraten ermitteln: für eine Nachbeobachtungszeit über 18 Monate liegt diese bei 46 %; wird eine Schwellendosis von 18 Gy eingehalten, steigt die Erfolgsrate auf 64 %. Wird die Ansprechrate nur auf angiographisch nachuntersuchte Patienten bezogen, beträgt sie 72 %. Diese Erfahrungen liegen in der Streubreite der Literaturangaben (vgl. Übersicht von C. S. Ogilvy (9).

Methodische Weiterentwicklung

Sie wird aktuell geprägt durch die Integration der MR-Angiographie, mit dem Ziel, ein auf nichtinvasiven Methoden gestütztes Planungs- und Therapiekonzept zu entwickeln. Damit wird auch eine bessere Therapieverlaufskontrolle möglich.

Das Literaturverzeichnis ist bei den Verfassern erhältlich.

Transkranielle Ultraschalluntersuchung bei akuten Media-insulten, Verlauf unter tPA und Heparin

R. Biniek, E.B.Ringelstein, H. Brückmann, G. Leonhardt, B. Ammeling und P. Nolte

Bisher ist unklar, in welchem Umfang es bei akut verschlossenen intrazerebralen Gefäßen zu Wiedereröffnungen innerhalb der ersten 3 Wochen kommen kann und welche Auswirkungen eine solche Rekanalisation auf die Größe der Läsionen im CT und den klinischen Befund der Patienten hat.

Um diese Frage untersuchen zu können, haben wir zwischen Juni 1988 und Februar 1990 44 Patienten mit der klinischen Symptomatik eines akuten Mediainsultes untersucht, wobei nur Patienten, bei denen innerhalb von 24 Stunden nach dem Ereignis eine transkranielle Dopplersonographie (TCD) durchgeführt werden konnte, in die Studie aufgenommen wurden. Alle Patienten wurden mit dem TCD zu genau definierten Zeiten sechsmal innerhalb der ersten 24 Stunden nach dem Schlaganfall, dann am Tag 2, 13 und 17, untersucht. Zusätzlich wurde jedes Mal eine neurologische Untersuchung durchgeführt. Da ein Teil dieser Patienten zur Lyse anstanden, wurde bei 24 Patienten innerhalb der ersten zwei Stunden nach Aufnahme in die Klinik eine Angiographie durchgeführt. Das Durchschnittsalter der 24 Männer lag bei 59 Jahren und der 20 Frauen bei 55 Jahren. Fünfzehn von diesen Patienten wurden mit rtPA behandelt, die übrigen 29 wurden, falls keine Kontraindikationen vorlagen, vollheparinisiert. Da aufgrund der Ein- und Ausschlußkriterien der rtPA-Lysestudie leicht und schwerst erkrankte Patienten ausgeschlossen wurden, ergab sich, daß die heparinbehandelten Patienten schwere neurologische Ausfälle hatten. Auf einen Vergleich zwischen diesen beiden Gruppen wurde daher verzichtet.

Eine Rekanalisation konnte bei 36 der 44 Patienten innerhalb von 245 Stunden festgestellt werden, wobei die meisten, d. h. 32 Wiedereröffnungen innerhalb von 72 Stunden stattfanden. Dabei bestand eine Beziehung zwischen einer frühen Rekanalisationszeit und kleineren Läsionen im CT. Bei der niedrigen Fallzahl und der großen Streuung ist ein Zusammenhang jedoch statistisch nicht zu beweisen.

Schloß man die Patienten mit Rekanalisationszeiten über 150 Stunden und die Patienten ohne Rekanalisation aus, so zeigte sich bei den rein striatokapsulären Infarkten eine rekanalisierte A. cerebri media nach durchschnittlich 6,35 Stunden, gegenüber 21,67 Stunden bei allen anderen Infarktmustern ($p < 0.05$). Es kann daher geschlußfolgert werden, daß reine striatokapsuläre Infarkte häufig mit schneller Rekanalisation einer verschlossenen A. cerebri media einhergehen.

Um den Effekt der leptomengialen Anastomosen zu überprüfen, haben wir bei den 24 angiographierten Patienten den Grad der leptomeningealen Anastomosierung von einem unabhängigen Untersucher, Herrn Prof. Thron, in Unkenntnis des klinischen Verlaufes an Hand der Angiographien einschätzen lassen. Wir haben dann bei diesen Patienten zwei Gruppen gebildet, die einmal die Patienten mit guten bis mittelmäßigen leptomengialen Anastomosen und einer Rekanalisation innerhalb von 8 Stunden und zum anderen die Patienten mit schlechten Anastomosen und/oder einer Rekanalisationszeit über 8 Stunden umfaßten. Vergleicht man nun diese beiden Gruppen, so zeigen sich deutliche Unterschiede in der Größe der CT-Läsionen und in den Ergebnissen der neurologischen Untersuchung nach 17 Tagen mit signifikant besseren Befunden in der Gruppe mit schneller Rekanalisation und mindestens mittelmäßigen Anastomosen.

Faßt man unsere Ergebnisse zusammen, so kann geschlußfolgert werden, daß durch wiederholte transkranielle Dopplersonographie der Zeitpunkt der Rekanalisation der A. cerebri media feststellbar ist. Solche Untersuchungen können sogar auf einer doch unruhigen Intensivstation durchgeführt werden und während einer Lyse im Angiographieraum. Mit solchen raschen Wiederholungsuntersuchungen sind wir in der Lage, die Zeit der Rekanalisation festzustellen, eine Information, die uns bisher nicht zur Verfügung stand. Eine Rekanalisation trat bei den meisten unserer 44 Patienten auf, wobei 93 % aller rtPA behandelten und 76 % aller mit Heparin behandelten Patienten eine Rekanalisation zeigten. Als besonders wichtiges Ergebnis unserer Studie erscheint uns, daß das Ausmaß der neurologischen Ausfälle sowohl von einer frühen Rekanalisation als auch von der Qualität der leptmeningealen Anastomosen abhängt.

Literatur

1. Bozzao L, Fantozzi LM, Bastionello S, Bozzao A, Fieschi C (1989) Early collateral blood supply and late parenchymal brain damage in patients with MCA occlusions. Stroke 20:735-740
2. Kaps M, Damian MS, Teschendorf U, Dorndorf W (1990) Transcranial doppler ultrasound findings in MCA occlusion. Stroke 21:532-537

Neuropsychologische Verlaufsuntersuchung bei viraler Enzephalitis und Meningitis

H.J. Gmeiner, C. Lang und H. Stefan

Während eine Reihe von Untersuchungen zur Frage der Akutsymptomatik und Prognose quoad vitam von Virusenzephalitiden und -meningitiden existiert, so sind Daten über bleibende Beeinträchtigungen insbesondere im kognitiven Bereich eher spärlich zu finden (1, 2). Im Rahmen einer früheren, umfangreichen Katamnese (4) hatten wir 46 Patienten nach viraler Enzephalitis und 27 Patienten nach viraler Meningitis untersucht nach einem zeitlichen Intervall zur Akutphase von durchschnittlich 3 Jahren. Um kognitive Leistungseinbußen zu erfassen, wurde zusätzlich zur Erhebung der subjektiven Beschwerden und des Neurostatus ein neuropsychologisches Defizit-Screening nach Reischies (3) durchgeführt, das Merkfähigkeit, Orientierung, Zeichnen, Zahlenverbinden, Zahlenspanne, Worteinfall, nonverbale Intelligenz (progressive Matrizen nach Raven) und Kopfrechnen prüft. Der Vergleich der Ergebnisse der Enzephalitis- und Meningitispatienten zum Zeitpunkt der Nachuntersuchung erbrachte für alle Untertests keinen signifikanten Unterschied für beide Gruppen sowie gegenüber einem gesunden Kontrollkollektiv (Test nach Kruskal-Wallis). Einzig eine kleine Zahl von 4 Patienten nach Herpes simplex-Enzephalitis zeigte tendenziell schlechtere Ergebnisse bezüglich Merkfähigkeit, Zahlenspanne und Kopfrechnen.

Angesichts dieser Ergebnisse führten wir eine prospektive Untersuchung durch bei Patienten, die während eines Jahres mit akuter viraler Enzephalitis (n = 10) und Meningitis (n = 16) in stationärer Behandlung sich befanden. Die Untersuchung bestand in der Dokumentation des klinisch-neurologischen Befundes, apparativer Zusatzdiagnostik in Form von EEG, Liquordiagnostik incl. Erregersuche, kraniales CT, MRT und zum Teil 99mTC-HMPAO-SPECT sowie dem neuropsychologischen Defizit-Screening (3).

Beide Patientengruppen unterschieden nicht bezüglich Alters- und Geschlechtsverteilung und Schulbildung. Die mittlere Aufenthaltsdauer betrug für die Enzephalitispatienten 47 Tage gegenüber 14 Tagen für die Meningitispatienten. Bei den Zusatzuntersuchungen fanden sich in der Enzephalitisgruppe deutlich pathologische EEG-Befunde (Allgemeinveränderung und/oder Herdbefund) in 9 Fällen (90 %), in den bildgebenden Verfahren (CT, MRT, SPECT) in allen Fällen zumindest in einem dieser Untersuchungen ein pathologischer Befund, der als Folge der akuten Erkrankung gewertet werden konnte, während die Meningitispatienten keine sicher pathologischen Befunde im EEG und bildgebenden Verfahren boten. Die Erregersuche erwies sich als frustrierend, virologisch gesichert werden konnten im Liquor 2 Fälle von Herpes simplex-Enzephalitis und 1 Fall von Varizella-Zoster-Enzephalitis. In der neuropsychologischen Testung während der Akutphase ergaben sich deutliche Unterschiede in den Mittelwerten aller Untertests mit schlechteren Ergebnissen der Enzephalitis- gegenüber der Meningitispatienten, statistisch signifikant für die Subtests Orientierung, Zahlenverbinden, Zahlenspanne, Wortproduktion, Zeichnen, progressive Matrizen nach Raven und Kopfrechnen (Wilcoxon-Test, p < 0,001 bis p < 0,04). Nach einem Intervall von im Mittel 18 Monaten konnten insgesamt 9 Enzephalitispatienten und 14 Meningitispatienten ambulant nachuntersucht werden, kein weiterer Patient war akut oder zwischenzeitlich verstorben. 4 der Enzephalitispatienten berichteten noch über bestehende subjektive Beschwerden nach der Erkrankung vor allem in Form leichterer Störungen der Merk- und Konzentrationsfähigkeit, 7 von 14 Meningitispatienten äußerten überwiegend noch phasenweise auftretende Kopfschmerzen, weniger kognitive Einbußen. Die übrigen Patienten konnten über keinerlei Restsymptome berichten. Auch hatten alle Patienten zwischenzeitlich wieder den gleichen oder vergleichbaren sozialen und beruflichen Status wiedererlangt. Nur 1 Patient der Enzephalitisgruppe wies noch ein neurologisches Defizit in Form einer leichten armbetonten Hemiparese auf.

Bei der nochmaligen neuropsychologischen Testung (3) lagen im Gruppenvergleich zum Zeitpunkt der Nachuntersuchung die Ergebnisse der jeweiligen Untertests im Mittelwert für die Meningitispatienten noch leicht oberhalb den Ergebnissen der Enzephalitispatienten, statistisch signifikant unterschied sich jedoch nur der Untertest Wortproduktion (Wilcoxon-Test $p < 0,05$). Im Vergleich mit einem gesunden altersentsprechenden Kontrollkollektiv waren die neuropsychologischen Leistungen für beide Patientengruppen jedoch nicht signifikant verschieden.

Die Untersuchung zeigt, daß Patienten, die eine Virusenzephalitis überleben, neuropsychologisch genau so gut remittieren können wie Meningitispatienten und unterstreicht gleichzeitig den Wert einer entsprechenden Testung.

Literatur

1. Büttner T, Dorndorf W (1988) Virale Enzepalitiden. Erfahrungen mit 53 Patienten aus Mittelhessen. Fortschr Neurol Psychiat 56:315-325
2. Gordon B, Selnes O, Hart J, Hanley D, Whitley R (1990) Long-term cognitive sequelae of acyclovir-treated herpes simplex encephalitis. Arch Neurol 47:646-647
3. Reischies FN (1987) Neuropsychologisches Defizit-Screening. Nervenarzt 58:219-226
4. Stefan H, Gmeiner HJ, Lang C, Leipold B, Huk W, Feistel H, Schüler P, Druschky-KF, Neundörfer B (1989) Verlaufsuntersuchungen bei Enzephalitis. In: Fischer PA, Baas H, Enzensberger W (Hrsg) Verhandlungen der Deutschen Gesellschaft für Neurologie 5. Springer, Berlin:710-711

Zur Wertigkeit der Kernspintomographie bei nicht-herpetischen viralen Enzephalitiden Erwachsener: fünf Fälle ohne nachweisbare Veränderungen im kraniellen Kernspintomogramm

R. Harvarik und A. Müller-Jensen

Die Kernspintomographie ist bei Herpes-simplex-Enzephalitiden als diagnostisches bildgebendes Verfahren der ersten Wahl anerkannt.

Es ist bezüglich der Früherkennung der Computertomographie überlegen (6 - 9, 11, 12).

Kernspintomographische Befunde bei nicht herpetischen viralen Enzephalitiden Erwachsener sind bislang nur vereinzelt veröffentlicht worden (4, 10, 3). Auch bei Kindern gibt es nur einzelne Mitteilungen (1, 14).

Kasuistiken

Fünf Fallbeispiele mit der klinischen Diagnose virale Enzephalitis im Alter von 23 - 51 Jahren werden dargestellt.

Drei Fälle hatten einen günstigen Spontanverlauf. Zwei Patienten verstarben.

Der Liquor war bei allen Patienten lymphozytär-entzündlich verändert, die zwei verstorbenen Patienten zeigten eine autochthone IgG-Produktion. Bei keinem der Patienten wurde eine HIV- oder Herpes-simplex-Infektion nachgewiesen, bei keinem eine Infektion mit Bakterien, Protozoen oder Pilzen, bei keinem eine Autoimmunerkrankung.

Klinisch bestanden bei allen Patienten zerebrale Lokal- und Allgemeinsymptome.

Im Elektroenzephalogramm waren bei allen Patienten Herdbefunde und/oder eine Allgemeinveränderung nachweisbar.

Das kranielle Computertomogramm nativ und mit Kontrastmittelgabe war bei den untersuchten Patienten ohne pathologischen Befund.

Die kraniellen Kernspintomogramme, die bei den Patienten mit komplizierten Verläufen mehrfach, und auch mit Gadolinium, durchgeführt wurden, zeigten in T1-, T2- und Protonengewichtung keinen pathologischen Befund.

Histopathologisch sah man bei den Fällen mit tödlichem Ausgang einmal eine spongioforme Enzephalopathie, das andere Mal bei lyssa-artigem Verlauf nur minimale entzündliche Veränderungen.

Schlußfolgerungen

Trotz entzündlicher Liquorsyndrome und zum Teil schwersten EEG-Veränderungen können bei allgemeinen und lokalen Hirnsymptomen kernspintomographisch Hirnparenchymläsionen nicht in jedem Fall nachgewiesen werden.

Auch die Gabe von Gadolinium bringt keine zusätzliche Information.

Entzündlich bedingte Hirnfunktionsstörungen gehen somit bei viral-bedingten nicht-herpetischen Enzephalitiden nicht regelhaft mit nachweisbaren Verschiebungen der Protonendichte im Hirngewebe einher.

Hierfür könnten die unterschiedlichen Pathomechanismen auf zellulärer Ebene verantwortlich sein.

Wie unsere Fälle zeigen, darf der Kliniker bei hirnlokalen Zeichen nicht in jedem Fall ein Korrelat im Kernspintomogramm erwarten. Auch kann er vom negativen Befund keine Rückschlüsse auf die Prognose ziehen.

Die Pfeiler der Diagnose Enzephalitis bleiben klinischer Befund, Liquor und Elektroenzephalogramm.

Der Wert der Kernspintomographie hingegen liegt in der Abgrenzung ähnlicher Krankheitsbilder, wie nekrotisierenden Enzephalitiden vom Herpes-simplex-Typ, Hirnvenen- bzw. Sinusthrombosen, fulminant verlaufender disseminierten Enzephalitiden, Hirnabszessen u. a. (13, 4). Die Kernspintomographie ist hierin der Computertomographie überlegen (13, 14).

Literatur

1. Bitzan M (1987) Rubella myelitis and encephalitis in childhood (Two cases with MRI). Neuropediatrics 18:84-87
2. Davidson HD et al (1985) MRI in Infections of the CNS. AJNR 6:499-504
3. Furman JM et al (1985) Atypical brainstem encephalitis: Magnetic resonance imaging and oculogyric features. Neurology 35:438-440
4. Gordon Sze et al (1988) The magnetic resonance imaging of infections and inflammatory diseases. In: Radiologic Clinics of North America 26, 4:839-859
5. Hosoda H et al (1987) Magnetic resonance images of brain-stem enzephalitis. J Neurosurg 66:283-285
6. Kowal-Fern A et al (1988) Magnetic resonance imaging in an unusual presentation of herpes encephalitis. Neuropediatrics 19:49-51
7. Lester JW (1988) Herpes encephalitis: MR monitoring of response to Acyclovir therapy. J Comp Assist Tomogr 6:941-943
8. Marti-Fabregas J et al (1988) Encefalitis herpética: estudio con tomografia computorizada resonancia magnetica. Med Clin (Barc) 90:623-26
9. Neils EW (1987) Magnetic resonance imaging and computerized tomography scanning of herpex simplex encephalitis. J Neurosurg 76:592-94
10. Rodiek SO (1987) Magnetische Resonanztomographie (MR) nicht tumoröser Ponsläsionen. Fortschr Röntgenstr 147, 4:125-126
11. Rumbach L et al (1988) Imagerie par résonance magnétique et éncephalite hérpetique. Rev Neurol (Paris) 1144, 2:125-126
12. Schroth G et al (1987) Early diagnosis of herpes simplex encephalitis by MRI. Neurology 37:179-83
13. Schroth G et al (1987) Advantage of magnetic resonance imaging in the diagnosis of cerebral infections. Neuroradiology 29:120-126
14. Tarr RW et al (1987) MRI of mumps encephalitis: comparison with CT evaluation. Pediatric Radiology 17:59-62

Spontanverläufe monophasischer Guillain-Barré-Polyneuritiden

U. Giebisch, E. Gibbels und W.F. Haupt

Seit der Einführung moderner Therapiekonzepte in der Behandlung der Polyneuritis vom Typ Guillain-Barré werden Spontanverläufe - also lediglich durch symptomatische Maßnahmen beeinflußte Erkrankungen - zunehmend selten gesehen. Dies gilt vor allem für schwere Krankheitsbilder. Daher bot es sich an, eine retrospektive Analyse von Krankenblattunterlagen der Kölner Universitäts-Nervenklinik aus drei Jahrzehnten mit einheitlicher Befunderhebung, klinischer Beurteilung und Dokumentation vorzunehmen. Insgesamt konnten die Unterlagen von 266 Patienten aus der Zeit von 1950 bis 1983 ausgewertet werden.

Als diagnostische Kriterien wurden die von Asbury und Cornblath (1990) zusammengefaßten Richtlinien und ein rein monophasischer Verlauf zugrundegelegt. Bei Fällen ohne heute übliche Elektrodiagnostik mußten das typische klinische Bild und der klassische Verlauf genügen; alle zweifelhaften Fälle wurden ausgeschlossen.

Bei 232 Kranken (87 %) handelte es sich um akut bis subakut einsetzende monophasische Verläufe, bei 34 Patienten (13 %) um chronisch-monophasische Formen, worunter hier solche Krankheitsverläufe zu verstehen sind, bei denen das Maximalstadium erst jenseits der vierten Krankheitswoche erreicht wird. Es wurde in dieser Analyse versucht, weitere Unterschiede in den Verläufen zu ermitteln, die es erlauben, in den chronischen Formen eine eigenständige Variante entzündlich demyelinisierender Neuropathien zu sehen, wie es etwa auch HLA-Typisierungen vermuten lassen.

Akute Formen erreichten ihr Maximum am häufigsten um den 12. Tag, die chronischen um den 35. Tag. Dennoch war eine bimodale Verteilung nicht eindeutig erkennbar. Es ergaben sich aber signifikante Unterschiede in der Schwere der Krankheitsbilder. Tetraparalysen, Atemmuskelparesen, beatmungspflichtige respiratorische Insuffizienz wie auch der Befall kaudaler Hirnnerven kamen bei chronischen Formen signifikant seltener vor. Ein umgekehrtes Verhalten zeigten sensible Ausfälle. Der insgesamt mildere Krankheitsverlauf der chronisch-monophasischen Poyneuritiden spiegelte sich in der geringeren Letalität von 2,9 % gegenüber 20,1 % bei den akuten Formen wider.

Die Gesamtletalität für dieses in einem langen Zeitraum beobachteten Kollektivs betrug 17,7 %, wobei eine intensivmedizinische Betreuung nur in den letzten 15 Jahren des 33jährigen Zeitraumes möglich war.

Die postinfektiösen Erkrankungen (43 % der Fälle) boten im Vergleich zu den idiopathischen Formen einen schwereren Verlauf. In der postinfektiösen Gruppe betrug der Median zwischen Erstsymptom und Maximalstadium 10,1 Tage, bei den idiopathischen Formen 13,5 Tage. Signifikant häufiger traten Paresen der Rumpfmuskulatur und eine beatmungspflichtige respiratorische Insuffizienz auf. Der Median der Beatmungsdauer betrug fast das Doppelte des Wertes für idiopathische Formen. Unterschiede in der Letalität ergaben sich jedoch nicht. Rein motorische Krankheitsbilder - insgesamt 13 % unseres Kollektivs - waren in der postinfektiösen Gruppe häufiger.

Fälle mit proximalem Paresenbeginn erwiesen sich als prognostisch ungünstiger als solche mit initial distalen Paresen. Die Beobachtung von Haymaker und Kernohan (1949) zielt in die gleiche Richtung. Der Vergleich von 79 Patienten mit proximalem Beginn der Paresen und 87 Kranken mit distal beginnenden motorischen Ausfällen ergab zwar gleiche Ausmaße der Paresen im Maximalstadium, jedoch stellte sich bei proximalem Paresenbeginn signifikant häufiger eine respiratorische Insuffizienz ein, die auch zu einer signifikant längeren Beatmungsdauer von 25,3 Tagen gegenüber 17,3 Tagen führte. Tödlich verlaufende Lungenembolien traten in der Gruppe mit proximalem Paresenbeginn signifikant häufiger auf.

Weitere bemerkenswerte Einzelbefunde fanden sich unter anderem im Hinblick auf die Erstsymptome: Bei immerhin 20 % der Kranken leiteten Hypästhesien die Erkrankung ein. Gehörten Paresen zu den Erstsymptomen - 35 % der Fälle - betrafen sie bei 63 % der Fälle zunächst ausschließlich die unteren Extremitäten, bei 10 % nur die oberen Extremitäten. Das Konzept der "aufsteigenden Polyneuritis" traf nur auf die sensiblen Ausfälle zu. Bei der Hälfte der Fälle kam es zu einer Beteiligung der Rumpfmuskeln, bei einem Fünftel zu einer beatmungspflichtigen respiratorischen Insuffizienz.

Insgesamt erwiesen sich die akuten und subakuten Krankheitsverläufe im Hinblick auf die Schwere im Maximalstadium sowie auf die Prognose quoad vitam als ungünstiger im Vergleich zu den chronischen Formen. Als prognostisch ungünstig waren ferner der Befall kaudaler Hirnnerven, Atemmuskellähmungen und überraschenderweise auch initial proximale Extremitätenparesen anzusehen.

Literatur

1. Asbury AK, Cornblath DR (1990) Assessment of current diagnostic criteria for Guillain-Barré syndrome. Ann Neurol 27 (Suppl):21-24
2. Haymaker W, Kernohan JW (1949) The Landry-Guillain-Barré syndrome. Medicine (Baltimore) 28:59-141

Diagnose einer CMV-Enzephalitis bei einem immundefekten Patienten mittels stereotaktischer Hirnbiopsie und Anwendung der Polymerase chain reaction (PCR)

A. Rolfs, M. Preuß, K. Weigel und H.C. Schumacher

Die Cytomegalievirus (CMV)-Infektion gehört bei immundefekten HIV-1-positiven Patienten zu den wichtigen Differentialdiagnosen entzündlicher Herde im Zentralnervensystem (ZNS). Bei einer Inzidenz der CMV-Enzephalitis von ca. 30 % bei immunsupprimierten Patienten [3] lassen sich Nukleinsäuren und CMV-Proteine in fast 70 % aller Gehirne HIV-1-Positiver nachweisen [4]. Ob CMV im Rahmen der HIV-1-Infektion im Sinne einer prognostischen Verschlechterung eine besondere Schrittmacherrolle zukommt, wird diskutiert [6]. In den letzten Jahren stehen vermehrt virostatische Medikamente [2] zur Verfügung. Daher ist es notwendig, daß bei Patienten mit entzündlichen Herden im ZNS eine rasche und zuverlässige ätiologische Diagnostik durchgeführt werden kann und die Diagnostik nicht der Entwicklung neuer Virostatika hinterherhinkt. Derzeit liefern CMV-Anzüchtungsversuche meist erst nach Wochen verwertbare Ergebnisse, und der Antikörpernachweis ist infolge der Immunsuppression bei HIV-1-Infizierten nicht verwertbar. Der parallele Einsatz zweier "Mikromethoden", der stereotaktischen Hirnbiopsie - in der Hand des erfahrenen Neurochirurgen mit einer Komplikationsrate von 0,5 % belastet - und die Anwendung der Polymerase chain reaction (PCR) als gezielte Amplifikationsmethode erlauben binnen eines Tages den Nachweis von CMV-DNA und RNA in zerebralen Raumforderungen. Wir berichten den Fall eines HIV-1-positiven Patienten, bei dem diese beiden Methoden die Diagnose einer CMV-Infektion des CNS bei gleichzeitigem Vorliegen eines B-Zell-Lymphomes sichern konnten.

Patient und Methodik

Bei einem 38jährigen HIV-1-positiven Patienten ergab die zerebrale Computertomographie (CCT) und Kernspintomographie (MRI) initial einen singulären Herd medial des Kammerdreieckes links. Unter einer probatorischen Toxoplasmose-Therapie kam es zu einer Progression der neurologischen Störungen mit Dysphasie und leichter Hemiparese rechts. Im CCT stellte sich 14 Tage später eine zweite Raumforderung im vorderen Anteil des Balkens dar. Zur ätiologischen Klärung der Raumforderung erfolgte eine stereotaktische, CCT-gesteuerte komplikationslose Hirnbiopsie beider Herde. Die bakteriologische, mikrobiologische und allgemeinvirologische Diagnostik -inklusive CMV-Anzüchtung- ergab keine weiterführenden Resultate. Histologisch konnte die Diagnose eines Non-Hodgkin-Lymphoms der B-Zell-Reihe gestellt werden. Auf Grund dieses Befundes erfolgte eine perkutane Tele-Kobalt-Bestrahlung mit einem Zielvolumen von 40 Gray. Trotzdem kam es zu einer Progression der Symptomatik und der Patient verstarb 10 Tage nach Beendigung der Radiatio. Eine Behandlung mit Ganciclovir wurde einerseits wegen vorliegender Knochenmarksdepression, andererseits infolge der neuropathologischen Diagnose eines Lymphoms nicht vorgenommen. Eine Autopsie wurde von den Angehörigen abgelehnt. Während der Hirnbiopsie wurden 4 ml Liquor cerebrospinalis (CSF) sowie jeweils 1 mm³ große Biopsate aus dem frontalen und temporalen Herd und 10 ml Blut entnommen. Daraus wurden DNA und RNA isoliert sowie cDNA nach Standardprotokoll hergestellt [1]. Die PCR Reaktion wurde nach dem Protokoll von Saiki und Mitarbeitern [5] durchgeführt. Untersucht wurden die Proben auf die Anwesenheit von CMV-, HIV-I-DNA/RNA und Herpes simplex virus I-DNA (HSV). Für jeden PCR-Ansatz wurde die gleiche Aliquotmenge an DNA bzw. cDNA eingesetzt. Die Amplifikate wurden durch Einbau von ^{32}P-dCTP radioaktiv markiert, im Polyacrylamid-Gel getrennt und ihre Spezifität durch eine Restriktions-Schnittstelle getestet. Eine Semiquantifizierung der Amplifikate erfolgte durch Messung der inkorporierten Radioaktivität in den aus den Polyacrylamid-Gelen ausgeschnittenen spezifischen Amplifikaten.

Ergebnisse und Diskussion

Die Durchführung der PCR erbrachte in allen Proben den Nachweis von HIV-I-DNA und RNA. HSV-I DNA ließ sich in keiner Probe detektieren. Der Nachweis von CMV-DNA gelang in vergleichbarer Menge in Liquor-, Blut- und den Biopsatzellen. Der RNA-Nachweis ergab hingegen 30- bis 40fach stärkere Signale im CSF und den Biopsaten. Die Ergebnisse sprechen für eine aktive Transkription des CMV-Virus im zerebralen Gewebe im Sinne eines lokalisierten entzündlichen Prozesses und gegen einen latenten, nicht aktiven CMV-Träger-status. Inwieweit in unserem Fall der intrazerebrale CMV-Nachweis für das gleichzeitig B-Zell-Lymphom im Sinne einer Onkogenese oder einer nur zufälligen Parallelität Bedeutung hat, muß offen bleiben. Die PCR aus einer Hirnbiopsie, wie sie hier methodisch vorgestellt wurde, erfordert ca. 14 Stunden Arbeitsaufwand. In Kombination mit einer stereotaktischen Hirnbiopsie gelingt es somit binnen eines Tages, die Diagnose einer CMV-Infektion zu stellen. Die PCR aus zerebralen Biopsaten erfüllt damit die Anforderungen der schnellen Diagnostik und das Auskommen mit geringen Gewebsmengen. Aufgrund unserer Ergebnisse sollte die Kombination der stereotaktischen Hirnbiopsie mit der Methodik der PCR in allen Fällen von unklaren und möglichen infektiösen CNS-Raumforderungen angewandt werden.

Literatur

1. Maniatis T, Fritsch EF, Sambrook J. (1982) Cold Spring Harbor Laboratory, New York
2. Masdeu JC, Small CB, Weiss L et al (1988) Ann Neurol 23:97-99
3. Morgello S, Cho ES, Nielsen S et al (1987) Hum Pathol 18:289-297
4. Neslon JA, Reynolds-Kohler C, Oldstone MBA et al (1988) Virology 165:286-290
5. Saiki RK, Gelfand DH, Stoffel S et al (1988) Science 239:487-491
6. Webster A, Lee CA, Cook DG et al. (1989) Lancet ii: 63-66

Liquor- und Serumfibronektin bei entzündlichen und neoplastischen Erkrankungen des Zentralnervensystems

M. Weller, N. Sommer, A. Stevens, H. Wiethölter und J. Dichgans

Fibronektine wurden 1978 erstmals im Liquor nachgewiesen (3) und 1989 als prognostischer Parameter im Liquor bei der akuten lymphatischen Leukämie eingeführt (6). Die Bedeutung des physiologischen Liquorfibronektins ist unbekannt. Fibronektine sind ubiquitäre Glykoproteine (Molekulargewicht 440 kDA; Plasmaspiegel 200 - 400 mg/l) (1), die u. a. wesentlich an Prozessen der Wundheilung (2, 5) und Immunabwehr (4) beteiligt sind. Auf der zellulären Ebene wirken Fibronektine durch die Vermittlung von Zellmigration, Zelladhäsion und Zellproliferation sowie durch Stimulation der Phagozytoseaktivität des retikuloendothelialen Systems (4). Angesichts des hohen Molekulargewichts und der Adhäsionsneigung des Fibronektins an biologische Oberflächen ist eine quantitativ wesentliche Filtration des Moleküls durch die intakte Bluthirnschranke unwahrscheinlich (7). Wir untersuchten den Fibronektinspiegel in Liquor und Serum bei 100 Patienten mit verschiedenen neurologischen Erkrankungen. Als Meßmethode diente ein nicht kompetitives Elisa-Verfahren mit einer Sensitivität von 1 µg/l (8). Aus den Quotienten von Fibronektin und Albumin in Liquor und Serum wurde in Analogie zum IgG-Index als Maß der intrathekalen IgG-Synthese ein Fibronektin-Index gebildet. Zusätzlich zu der Fibronektinbestimmung wurden Albumin und IgG in Liquor und Serum sowie Zellzahl und Laktat im Liquor gemessen. Bei der statistischen Auswertung der Daten wurden ANOVA, der t-Test für unpaare Beobachtungen sowie eine multiple lineare Regressionsanalyse eingesetzt.

Bezüglich der Serumspiegel des Fibronektins ergaben sich keine Unterschiede zwischen Kontrollpersonen und den verschiedenen Patientengruppen, obwohl bei schweren internistischen Krankheitsbildern wie etwa einer Sepsis oder auch in der frühen postoperativen Phase ein Abfall des Serumfibronektinspiegels beobachtet wurde (4).

Bei Enzephalomyelitis disseminata (3,9 +/- 0,4 mg/l; n = 15), Guillain-Barré-Syndrom (3,8 +/- 0,7 mg/l; n = 5) und HIV-Infektion (4,3 +/- 0,5 mg/l; n = 6) war der Fibronektionspiegel im Liquor gegenüber Kontrollen (3,3 +/- 0,3 mg/l; n = 28) nicht signifikant erhöht. Ein hoch signifikanter Anstieg fand sich hingegen bei Patienten mit Frühsommer-Meningoenzephalitis (FSME) (26,7 +/- 4,4 mg/l; n = 6), mit bakterieller Meningitis (64,0 +/- 6,3 mg/l; n = 46) und mit Meningeosis carcinomatosa (58,4 +/- 16,0 mg/l; n = 11), die sich untereinander jedoch nicht signifikant unterschieden. Wenn jedoch der oben definierte Fibronektin-Index zugrunde gelegt wird, läßt sich die bakterielle Meningitis (11,7 +/- 1,1) als Erkrankung mit der höchsten relativen intrathekalen Fibronektinsynthese nicht nur von den Kontrollpersonen (2,3 +/- 0,2), sondern auch von der FSME (6,1 +/- 1,0) und den Meningeosen (6,0 +/- 0,9) abgrenzen.

Zur Klärung der Herkunft des intrathekal nachgewiesenen Fibronektins wurden Liquorfibronektin und Fibronektin-Index mit den übrigen Liquorparametern korreliert. Eine positive Korrelation zwischen Fibronektin und Albumin im Liquor sowohl bei Erkrankungen mit Schrankenstörung ohne Pleozytose - Bandscheibenleiden und Guillain-Barré-Syndrom - als auch mit ausgeprägter Schrankenstörung und hoher Zellzahl - FSME, bakterielle Meningitis,

Meningeosen - weist darauf hin, daß erhöhte Fibronektinspiegel zumindest mit Funktionsstörungen der Bluthirnschranke assoziiert sind. Anhand des Fibronektin-Index, der bei FSME, bakterieller Meningitis und den Patienten mit Meningeosis carcinomatosa deutlich gegenüber Kontrollen erhöht war und als Maß der intrathekalen Fibronektinsynthese gelten kann, läßt sich zeigen, daß der überwiegende Anteil des Liquorfibronektins zumindest bei den drei genannten Krankheitsbildern mit den höchsten Fibronektinspiegeln nicht aus dem Plasma stammt. Da der Liquorfibronektinspiegel nicht positiv mit der Zellzahl im Liquor korreliert war, können die in den Subarachnoidalraum eingewanderten Entzündungszellen ebenfalls nicht als wichtigste Quelle des Fibronektins angesehen werden. Eine Fibronektinsynthese ist bei vielen verschiedenen Zelltypen wie Fibroblasten, Monozyten, Makrophagen, Lymphozyten und Gliazellen nachgewiesen worden (1, 2, 8). Bei fehlender Korrelation mit der Zellzahl im Liquor und hochsignifikantem Anstieg des Fibronektin-Index bei Erkrankungen mit schwerer Schrankenstörung muß eine Fibronektinsynthese der gereizten Gewebe selbst, z. B. der Meningen angenommen werden. Ein Sonderfall liegt bei der Meningeosis carcinomatosa vor, da Tumorzellen Fibronektin bilden können (1), im Liquor trotz meningealer Infiltration nur niedrige Zellzahlen vorliegen können und die Zytologie keinen pathologischen Befund ergibt. In solchen speziellen Fällen könnte sich Fibronektin als wertvoller diagnostischer Parameter im Liquor erweisen.

Literatur

1. Akiyama SK, Yamada KM (1987) Fibronectin. Adv Enzymol 59:1-57
2. Grinnell F (1984) Fibronectin and wound healing. J Cell Biochem 26:107-116
3. Kuusela P, Vaheri A, Palo J, Ruoslahti E (1987) Demonstration of fibronectin in human cerebrospinal fluid. J Lab Clin Med 92:595-601
4. Marino JA, Spagnuolo PJ (1988) Fibronectin and phagocytic clearance mechanisms. Editorial. J Lab Clin Med 111:493-494
5. Martin DE, Reece MC, Maher JE, Reese AC (1988) Tissue debris at the injury site is coated by plasma fibronectin and subsequently removed by tissue macrophages. Arch Dermatol 124:226-229
6. Rautonen J, Koskiniemi M, Siimes MA, Salonen EM, Vaheri A (1989) Elevated cerebrospinal fluid fibronectin concentration at diagnosis indicates poor prognosis in children with acute lymphoblastic leukemia. Int J Cancer 43:32-35
7. Reiber H, Felgenhauer K (1987) Protein transfer at the blood cerebrospinal fluid barrier and the quantitation of the humoral immune response within the central nervous system. Clin Chim Acta 163:319-328
8. Weller M, Wiedemann P, Heimann K, Zilles K (1988) The significance of fibronectin in vitreoretinal pathology: a critical evaluation. Graefe's Arch Clin Exp Ophthalmol 226:294-298

Neurosarkoidose: Neuere diagnostische Möglichkeiten und Falldarstellung

N. Sommer, M. Weller, D. Petersen, H. Wiethölter und J. Dichgans

Neurologische Komplikationen treten bei 5 % der Patienten mit Sarkoidose auf. In etwa 50% dieser Betroffenen stellen die neurologischen Ausfälle die Erstsymptome der Erkrankung dar. Die Diagnose einer primären ZNS-Sarkoidose ist schwierig und soll anhand eines ungewöhnlichen Falles erläutert werden.

Eine 42jährige massiv übergewichtige Patientin wurde zugewiesen mit einer seit 1 Jahr progredienten Gangstörung und groben Merkfähigkeitsstörungen. Gleichzeitig bestanden eine Polydipsie, Polyurie, Polyphagie und eine sekundäre Amenorrhoe. Neurologisch fand sich eine spastische Tetraparese mit gesteigerten Eigenreflexen und Pyramidenbahnzeichen.

Das Serumprolaktin war erhöht (3,3 µg/ml, Norm bis 2,5 µg/ml); die übrigen Blutparameter waren normal. Liquoruntersuchungen bei Aufnahme und 1, 6 und 11 Monate danach ergaben eine lymphozytäre Pleozytose (bis 27/3 Zellen) mit Erhöhung von IgG (max. 456 mg/l) und IgG-Index (max. 1,36). Oligoklonale Banden waren immer negativ. Lysozym war erhöht in Liquor (4 - 11 mg/l; Norm bis 3 mg/l) und Serum (9 - 14 mg/l, Norm bis 9 mg/l). Angiotensin converting enzyme (ACE) war in Liquor und Serum im Normbereich.

Kernspintomographisch zeigten die T1-gewichteten Aufnahmen multiple kontrastaufnehmende, oberflächlich liegende Knötchen entlang der basalen Liquorräume im Bereich des Hirnstamms und des oberen Zervikalmarks. Parenchymläsionen waren dienzephal und hemisphärisch zu sehen. Ödem oder Liquorzirkulationsstörungen fanden sich nicht.

Die Diagnose einer Neurosarkoidose wurde gestellt und eine Prednisolonbehandlung (bis 60 mg) begonnen, die zu einer Besserung der klinischen und MR-Befunde führte. Der Diabetes insipidus wurde mit Minirin[R] kontrolliert. Zusatzuntersuchungen (Ganzkörper-CT, Bronchoskopie, Duodenoskopie, Hautbiopsie) ergaben keine Hinweise für eine systemische Manifestation einer Sarkoidose.

Zur Diagnose einer primär zerebralen Sarkoidose gehören a) das Vorliegen einer kompatiblen klinischen Symptomatik b) typische Liquorbefunde (c) der Nachweis eines granulomatösen Prozesses durch die Kernspintomographie und d) der Ausschluß anderer entzündlicher oder tumoröser Erkrankungen.

In unserem Fall war das klinische Bild mit Diabetes insipidus, Hyperprolaktinämie, pyramidalen Symptomen und psycho-organischen Veränderungen verdächtig auf eine Neurosarkoidose (8, 14). Andere entzündliche, degenerative oder demyelinisierende Erkrankungen erschienen weniger wahrscheinlich.

Obwohl es keinen spezifischen Liquorbefund für die Neurosarkoidose gibt, sind typische Konstellationen beschrieben (1). Wie in unserem Fall besteht meist eine leichte lymphozytäre Pleozytose. Eine intrathekale IgG-Produktion ist beschrieben worden (1), andere Untersuchungen sind uneinheitlich. Typisch ist das Fehlen von oligoklonalen Banden und die wenigen diesbezüglichen Daten (1, 4, 6, 11, 13) zeigen, daß Banden auch bei erhöhtem Liquor-IgG in der Regel nicht nachzuweisen sind.

Kürzlich ist das Liquor-Lysozym als diagnostischer Parameter bei der Neurosarkoidose beschrieben worden (10). Es war in 75 % der Patienten mit Neurosarkoidose erhöht, hingegen nur in 25 % bei extraneuraler Sarkoidose. Es war auch erhöht bei Lues und bakterieller Meningitis. ACE und ß2-Mikroglobulin (letzteres von uns nicht bestimmt) sind ebenfalls hilfreich bei der Neurosarkoidose (9, 10), haben jedoch geringere Sensitivität und Spezifität als Lysozym.

Die Kernspintomographie ist die bildgebende Methode der Wahl bei der Neurosarkoidose (2, 3, 5, 12) und T1-gewichtete Aufnahmen nach Gabe von Gadolinium-haltigem Kontrastmittel zeigten in unserem Fall leptomenigeale Granulome, die eine Sarkoidose hochgradig wahrscheinlich erscheinen ließen (7). Für eine leptomeningeale Tumoraussaat, Pilzmeningitis oder andere entzündlich-granulomatöse Prozesse ergaben sich in Liquorzytologie, kulturellen und serologischen Untersuchungen keine Hinweise. Ein infektiöser Prozeß wäre sicherlich im Verlauf der erfolgten Langzeit-Steroidtherapie exazerbiert; statt dessen kam es zu einer klinischen und kernspintomographischen Befundbesserung.

Wir folgern, daß in unserem Fall aufgrund der typischen Befunde in Liquor und Kernspintomographie die Diagnose einer Neurosarkoidose gestellt werden konnte, auch ohne daß eine systemische Manifestation und ein histologischer Nachweis vorlag.

Literatur

1. Borucki SJ, Nguyen BV, Ladoulis CT et al (1989) Cerebrospinal fluid immunoglobulin abnormalities in neuro-sarcoidosis. Arch Neurol 46:270-273
2. Cooper SD, Brady MB, Williams JP et al (1988) Neurosarcoidosis: evaluation using computed tomography and magnetic resonance imaging. J Comput Tomogr 12:96-99
3. Hayes WS, Sherman JL, Stern BJ et al (1987) MR and CT evaluation of intracranial sarcoidosis. Am J Roentgenol 149:1043-1049
4. Kinnman J, Link H)1984) Intrathecal production of oligoclonal IgM and IgG in CNS sarcoidosis. Acta Neurol Scand 69:97-106
5. Miller DH, Kendall BE, Barter S et al (1988) Magnetic resonance imaging in central nervous system sarcoidosis. Neurology 38:378-383
6. Mitchell JD, Yap PL, Milne LA et al (1985) Immunological studies on the cerebrospinal fluid in neurological sarcoidosis. J Neuroimmunol 7:249-253
7. Nesbit GM, Miller GM, Baker HL et al (1989) Spinal cord sarcoidosis: a new finding at MR imaging with Gd-DTPA enhancement. Radiology 173:839-843
8. Oksanen V (1986) Neurosarcoidosis: clinical presentations and course in 50 patients. Acta Neurol Scand 73:283-290
9. Oksanen V, Fyhrquist F, Somer H et al (1985) Angiotensin converting enzyme in cerebrospinal fluid: a new assay. Neurology 35:1220-1223
10. Oksanen V, Grönhagen-Riska C, Tikanoja S et al (1986) Cerebrospinal fluid lysozyme and ß2-microglobulin in neurosarcoidosis. J Neurol Sci 73:79-87
11. Scott TF, Seay AR, Goust JM (1989) Pattern and concentration of IgG in cerebrospinal fluid in neurosarcoidosis. Neurology 39:1637-1639
12. Smith AS, Meisler DM, Weinstein MA et al (1989) High-signal periventricular lesions in patients with sarcoidosis: neuro-sarcoidosis or multiple sclerosis. Am J Roentgenol 153:147-152
13. Stern BJ, Griffin DE, Luke RA (1987) Neurosarcoidosis: cerebrospinal fluid lymphocyte subpopulations. Neurology 37:878-881
14. Stern BJ, Krumholz A, Johns C et al (1985) Sarcoidosis and its neurological manifestation. Arch Neurol 42:909-917

Sarkoidose-Myositis: Zwei ungewöhnliche Fälle

C. Lefèbre, K. Wessel, E. Reusche, P. Vieregge und D. Kömpf

Als systemische Granulomatose unklarer Ätiologie kann die Sarkoidose alle Organsysteme häufig asymptomatisch befallen (1, 6). In über 95 % der Fälle ist die Lunge zumindest mitbetroffen. Tabelle 1 zeigt die Häufigkeit des Befalls der einzelnen Organsysteme nach (5). Das Serumkalzium ist bei 10 - 20 % der Pat., das ACE in 24 - 80 % erhöht, während das Parathormon reaktiv absinkt. Die Diagnose einer Sarkoidose wird durch den Nachweis von epitheloidzelligen Granulomen ohne zentrale Verkäsung in wenigstens zwei Organsystemen belegt, was meist nur durch Organbiopsien gelingt. Dabei sind epitheloidzellige Gewebsreaktionen mit Riesenzellen ohne zentrale Verkäsung, aber auch bei tumorösen und paraneoplastischen Prozessen und als Fremdkörperreaktion in der Muskulatur möglich und letztlich unspezifisch (2, 4). Die Diagnose kann aber auch dann als gesichert gelten, wenn bei Lungenbeteiligung blutchemische und sonstige Befunde einen Multiorganbefall nahelegen. Die Bestätigung der Verdachtsdiagnose "Sarkoidose" bei radiologisch nicht nachgewiesener Lungenbeteiligung erscheint somit differentialdiagnostisch schwer.

Tabelle 1. Organsystem-Beteiligung bei Sarkoidose (5)

Lunge	95 %	Skelettmuskulatur	25 %
Leber	25 - 70 %	Augen	10 - 25 %
Milz	25 - 70 %	ZNS	9 %
paraskalenische Lymphknoten	60 - 70 %	Myokard	6 %
Haut	10 - 60 %	Knochen	6 %
Eryth. nod.	30 %	Tränen- bzw. Speicheldrüse	4 %
periphere Lymphknoten	30 %		

Es werden hier nun zwei Pat. mit Sarkoidose-Myositis, aber ohne Lungenbeteiligung vorgestellt:

Pat. 1: 74jähriger Mann mit seit acht Jahren zunehmender Muskelschwäche und einem Hyperkalzämie-Syndrom mit dekompensierter Niereninsuffizienz bei Nephrokalzinose. Ebenso lange sind pathologische Werte für die Lebertransaminasen bekannt. Aus der *Anamnese* ist eine Lungentuberkulose von 1917 - 1937 erwähnenswert, die 1933 mit einer Thorakoplastik therapiert worden war und seitdem rezidivfrei radiologisch engmaschig überwacht wird. Eine Nieren- oder Leberbiopsie hatte der Patient immer abgelehnt. Ursachen für die Labor-Pathologika konnten nicht gefunden werden. *Bei der Untersuchung* des in mäßigem AZ und EZ befindlichen, wachen und voll orientierten, situationsadäquat reagierenden Patienten fand sich internistischerseits außer dem bekannten Z. n. Thorakoplastik im Bereich der rechten Lunge kein wesentlicher pathologischer Befund. *Neurologisch* fielen im wesentlichen eine proximal betonte, atrophische, symmetrische Tetraparese vom Kraftgrad 4/5 bei mittellebhaften Muskeleigenreflexen an Armen und Beinen mit beidseits abgeschwächten ASR auf. Außer eine Pallhypästhesie von 4/8 an beiden Malleoli keine Sensibilitätsstörungen. Im Blut Kalzium auf 3,5 mmol/l, Kreatinin auf 350 µmol/l, Harnsäure auf

18 mmol/l, gamma-GT auf 100 U/l, MCV auf 102 fl, BSG auf 30/60 mm n. W., gamma-Globulin-Fraktion in der Immunelektrophorese auf 24 %, ACE i. S. auf 84 U/l pathologisch erhöht. Parathormon mit 4,2 ng/l erniedrigt. Im Liquor Zellzahl, Zytologie und Delpech-Lichtblau-Quotient normal. Gesamteiweiß auf 69,5 mg/dl erhöht mit pos. oligoklonalen Banden nur im Liquor. In Blut, Liquor, Sputum, Magensaft, Urin sowie Stuhl auch im Tierversuch kein Nachweis säurefester Stäbchen. *Neurophysiologisch* pathol. Latenzen in AEHP, VEP und SEP, im EMG Zeichen der myogenen Schädigung mit verkürzten und in den Amplituden erniedrigten polyphasischen MAP's in allen proximalen untersuchten Muskeln. Keine pathologische Spontanaktivität. Neurographisch diskrete, distale motorische und sensible NLG-Verzögerungen an den Beinen. Radiologisch auch mittels *Thorax-CT* kein Hinweis auf Sarkoidose, im MRT (T_2) Granulom im Marklager rechts okzipital. *Muskelbioptisch* ausgeprägte chronisch epitheloidzellig-granulomatöse Myositis im rechten Oberschenkel bei zusätzlicher leichter neurogener Schädigung. In der *Lungenfunktionsprüfung* restriktive Ventilationsstörung mit auf 41 rel% erniedrigter Diffusionskapazität für CO_2. *Tumorsuche* ohne spez. Befund.

Pat. 2: 68jährige Patientin mit seit 20 Jahren oral eingestelltem Diabetes mell. und Fettstoffwechselstörung Typ II a mit bekannter diab. Polyneuropathie und den entsprechenden distal betonten Sensibilitätsstörungen mit Pallhypästhesie von 2 - 4/8. Leichte Parese des re. M. iliopsoas, Plegie der Fuß- und Zehenhebung. Laborchemisch außer erhöhten BZ- und Cholesterin-Werten im Blut o. B. Im *Liquor* Ges.-Eiweiß auf 146 mg/dl erhöht mit Schrankenstörung bei erhaltener Filterfunktion, oligoklonale Banden neg. *Nervmuskelbioptisch* neuropathische Veränderungen sowie interstitielle, epitheloidzellig-granulomatöse Entzündung ohne zentrale Verkäsung mit Langerhansschen Riesenzellen. *Radiologisch* kein Hinweis auf Lungenbeteiligung bei V. a. Sarkoidose. *Tumorsuche* ohne pathol. Befund.

Diagnostisch ist in der Zusammenschau bei dem Pat. 1 die Multiorganerkrankung (Nieren, Leber, ZNS, Muskulatur) auch bei nicht bewiesenem Lungen- oder Hiluslymphknotenbefall durch eine Sarkoidose erklärbar, während bei Pat. 2 Multiorgan-Symptome einer Sarkoidose insbesondere auch einer Lungenbeteiligung fehlen und bisher lediglich eine distalbetonte Beinparese rechts muskelbioptisch als Ausdruck einer epitheloidzellig-granulomatösen Entzündung mit Langerhansschen Riesenzellen nachgewiesen wurde.

Therapeutisch bestand bei Pat. 1 wegen der Hyperkalzämie, die ebenso wie das erhöhte ACE Ausdruck der Epitheloidzell-Aktivität ist, bei dekompensierter Niereninsuffizienz nach Ausschluß anderer Ursachen sowie einer Tbc eine Glucokortikoid-Behandlungsindikation, die zu einer Besserung der Kraft und zur Normalisierung des Serum-Kalziums und der ACE-Werte führte.

Zusammenfassend ist das besondere an unseren beiden Fällen eine granulomatöse Myositis als Organmanifestation einer in einem Fall kortikoidpflichtigen Sarkoidose bei fehlender Lungen- oder Hiluslymphknotenbeteiligung. Das erhöhte Serum-Kalzium bei syndromal unklaren Multiorganerkrankungen kann somit auch bei radiolog. unauff. Lungenbefund auf die Differentialdiagnose "Sarkoidose" weisen.

Das Literaturverzeichnis ist bei den Verfassern erhältlich.

Rezidivierende Herpes-simplex-Virus-Enzephalitis

H.T. Eder, E. Mühler und T. Scherb

Der 48jährige Patient erkrankte im November 1989 nach einwöchigen, unspezifischen Prodromi mit Fieber, Bewußtseinstrübung und epileptischen Anfällen. Im entzündlich veränderten Liquor fanden sich 238/3 Zellen und ein Gesamteiweiß von 182 mg%, im CCT eine Hypodensität rechts temporal, im EEG ein Rechtsseitenherd bei mäßiger Allgemeinveränderung. Eine Aciclovir-Behandlung wurde unmittelbar in empfohlener Höchstdosis (10 mg/kg KG/8 Std.) begonnen und über 21 Tage kontinuierlich fortgeführt. Blutzucker-Entgleisungen (bis zu komatösen Zuständen) bei dem pankreatektomierten Patienten komplizierten den Krankheitsverlauf, so daß es zunächst zu einer klinischen Verschlechterung kam. Erst ab dem 18. Krankenhaustag besserten sich - dann kontinuierlich - die klinischen, liquordiagnostischen (30/3 Zellen und 134 mg% Gesamteiweiß am 54. Krankenhaustag), elektroenzephalographischen und neuroradiologischen (Rückbildung und Demarkierung des rechtstemporalen Herdes) Befunde, so daß am 79. Krankenhaustag eine Verlegung zu einer Anschlußheilbehandlung erfolgte, wobei der Patient als depressvi-asthenisch, wach, klar, orientiert, mit hirnorganischen Veränderungen und einer minimalen Linksseitensymptomatik beschrieben wurde. Die Virusserologie erbrachte in Liquor und Serum Antikörper gegen Herpes-simplex-Virus (HSV) der Klasse IgG, zu keinem Zeitpunkt allerdings IgM. Eine intrathekale IgG-Synthese und oligoklonale Banden waren erst am 16. Krankenhaustag nachweisbar.

Am 80. Krankenhaustag entwickelte der Patient erstmals eine exogene, paranoidhalluzinatorische Psychose, die nur auf Höchstdosen antipsychotischer Medikation ansprach. Das EEG zeigte angedeutet periodische Komplexe, im CCT kam eine deutliche Größenausdehnung des zuvor markierten rechts-temporalen Herdes zur Darstellung, im Liquor fanden sich 166/3 Zellen und 117 mg% Gesamteiweiß, am 94. Krankenhaustag nur noch in Spuren, die im Serum gar nicht mehr nachweisbar waren. Bis dahin fielen die Zellzahl auf 32/3 und das Gesamteiweiß auf 96 mg% ab. Der spezifische Antikörper-Index gegen HSV im Liquor war 71,3. Die Aciclovir-Therapie wurde bei auch in dieser Phase protrahiert verlaufender Symptomatik über 19 Tage fortgeführt, bis ein Kreatinin-Anstieg zum Abbruch der Behandlung zwang. Der Patient konnte am 165. Krankenhaustag mit einer neurologischen Spurensymptomatik und noch deutlichen kognitiven Defiziten nach Hause entlassen werden. Zu diesem Zeitpunkt war der EEG-Befund normal, in CCT und NMR waren große postenzephalitische Defektzustände rechts fronto-tempoto-parietal zu erkennen.

In der ersten Phase stützt sich die Diagnostik einer HSV-Enzephalitis (HSE) auf die klassische Befundkonstellation in EEG, CCT und Liquor bei typisch klinischem Verlauf. Die zweite Phase wird durch die erneute Verschlechterung der neuroradiologischen Befunde und das Auftreten einer neuen Symptomatik markiert. Der Beweis der HSV-Ätiologie gelang liquordiagnostisch, insbesondere durch den Nachweis spezifischen IgA's und den Virus-spezifischen Antikörper-Index mit 71,3.

Ein eindeutig rezidivierender Verlauf einer HSE bei einem immunkompetenten Erwachsenen (Lymphozyten-Status und Mérieux-Test unauffällig) und ausreichender antiviraler Therapie ist bisher in der Literatur nicht beschrieben. Bei zwei Fällen eines "HSE-

Rezidivs" (1, 3) war die klinische Latenz zwischen Absetzen einer 10- bzw. 8tägigen Aciclovir-Therapie und dem Wiederauftreten klinischer Symptome 4 bzw. 13 Tage, so daß hier am ehesten ein biphasischer Verlauf bei nicht ausreichender antiviraler Therapie angenommen werden muß.

Das Auftreten der viralen Enzephalitis im Gewand paranoid-halluzinatorischer Psychosen ist hinlänglich bekannt. Vor Ausbruch von diesem akut psychotischen Stadium ließen sich in unserem Fall Phasen depressiv-asthenischer Färbung abgrenzen, die auch schon in anderen Mitteilungen (2) als mögliche Prodromi dieser Gehirnaffektion beobachtet wurden. Bisher nicht beschrieben wurde der völlige Wechsel der klinischen Symptomatik im Rezidiv einer Enzephalitis.

Literatur

1. Knezevic W, Carrol WM (1983) Relapse of herpes simplex encephalitis after aciclovir therapy. Aust NZ J Med 13:625-626
2. Ullmann H, Kühn J (1988) Varizellen-Zoster-Virus-Infektion des ZNS mit herzphobischer und schizophren wirkender Symptomatik. Nervenarzt 59:113-117
3. Van Landingham KE, Marsteller HB, Ross GW, Hayden FG (1988) Relapse of herpes simplex encephalitis after conventional aciclovir therapy. JAMA 259:1051-1053

Subakutes organisches Psychosyndrom als klinische Manifestation einer Borrelieninfektion im Stadium II ohne weitere neurologische Störungen

J. Reeß, E. Mauch und H.H. Kornhuber

Die Lyme-Borreliose kann zu vielfältigen klinischen Bildern führen. Im Stadium I zeigt sich häufig das Erythema migrans. Die häufigste klinische Manifestation des Stadium 2 ist die lymphozytäre Meningoradikulitis Bannwarth, bei der als Leitsymptome u.a. radikulär ausstrahlende Schmerzen, Hirnnervenparesen, eine asymmetrische Polyneuropathie und Zeichen einer Meningitis auftreten können. Zum Stadium 3 gehören die Lyme-Arthritis, die progressive Borrelienenzephalomyelitis und die Acrodermatitis atrophicans Herxheimer. In der Literatur wird immer wieder über Sonderfälle von Borrelieninfektionen bzw. deren klinische Symptome berichtet (2, 3).

In unserem Fall handelt es sich um eine rein enzephalitische Erscheinungsform einer Borreliose ohne jede meningitische oder radikuläre Symptomatik, analog zur luischen Enzephalitis (Progressive Paralyse), die ebenfalls durch eine Spirochäte bedingt ist. Ein 60jähriger Patient entwickelte über vier Wochen ein subakutes organisches Psychosyndrom. Nach einem Prodromalstadium mit Kopfschmerzen und Schwindel kam es zu Störungen des Kurzzeitgedächtnisses und zunehmender Verwirrtheit. Der neurologische Untersuchungsbefund war bis auf eine diskrete zerebelläre Ataxie unauffällig, die auf eine vermutlich vorbestehende Oberwurmatrophie zurückzuführen war (im CT nachweisbar). Kein Meningismus. Eine Raumforderung, eine Liquorzirkulationsstörung oder eine vaskuläre Ursache konnte mit dem kraniellen CT und der Dopplersonographie der hirnzuführenden Gefäße ausgeschlossen werden. Fieber, Veränderungen des Differentialblutbildes oder eine BSG-Beschleunigung waren ebenfalls nicht nachweisbar.

Obwohl in der Anamnese kein Zeckenbiß erinnerlich war, wurde anhand des Liquorbefundes die Diagnose einer Neuroborreliose gestellt. Sie wurde gesichert durch den typischen Liquorbefund mit 1696/3 Zellen (davon 1641 Lymphozyten), einer massiven Liquorschrankenstörung und insbesondere einer autochthonen intrathekalen Synthese von Antikörpern gegen Borrelia burgdorferi (Antikörperindex 10, 3). Der erhöhte Serumtiter allein ist kein Beweis für eine Neuroborreliose (4). Ein Liquor/Serum-Index, berechnet nach der Formel:

2Borr.-Antikörpertiter(Liquor) x Gesamt-IgG(Serum)1

2Gesamt-IgG(Liquor) x Borr.-Antikörpertiter(Serum)1

der größer 4 ist, wird als Beweis einer spezifischen intrathekalen Antikörperproduktion angesehen (5). Differentialdiagnostisch ausgeschlossen wurden eine Lues cerebrospinalis, eine Listeriose, HIV, eine Infektion mit den wichtigsten neurotropen Viren, eine Tbc und ein Vitamin-B-Mangel. Durch eine 21tägige Antibiotikagabe mit Cefotaxim (3x 2 g) und Gentamycin (3x 80 mg) bildete sich das exogene Psychosyndrom wieder vollständig zurück. Obwohl eine enzephalitische Mitbeteiligung im Stadium II von Borrelieninfektionen bekannt ist, sind rein encephalitische Krankheitsbilder ohne meningitische oder radikuläre Symptomatik äußerst selten. In der uns vorliegenden Literatur wird nur ein einziger ähnlicher

Fall vorgestellt, bei dem eine entsprechende Symptomatik zur Diagnose eine Borrelieninfektion geführt hat (1). Diese Fälle zeigen, daß man bei einem subakuten exogenen Psychosyndrom an eine Borreliose denken muß, zumal eine wirksame kausale Therapie zur Verfügung steht.

Literatur

1. Carlsson M, Malmvall B (1987) Borrelia infection as a cause of presenile dementia. Lancet 10:798
2. Kohler J, Kasper J, Kern U, Thoden U (1986) Borrelia encephalomyelitis. Lancet 7:35
3. Leßmann JJ, Liedtke U, Nord L, Ackermann R (1989) Lebensbedrohliche Encephalomyelitis im zweiten Stadium einer Borrelia-Burgdorferi-Infektion. Nervenarzt 60:706-709
4. Mauch E, Vogel P, Kornhuber HH, Hähnel A (1990) Klinische Wertigkeit von Antikörpertitern gegen Borrelia-burgdorferi und Titerverläufe bei neurologischen Krankheitsbildern. Nervenarzt 61:98-104
5. Wilske B, Preac-Mursic V, Schierz G (1988) Lyme-Borreliose. Die gelben Hefte 28:146-159

Prognostische Parameter bei nicht-bakteriellen Meningoenzephalitiden und Indikation zur Interferon-Therapie

A. Arlt, C. Hansen, K. Kunze und H. Goossens-Merkt

Von 1984 bis 1989 wurden in der Neurologischen Universitätsklinik Hamburg-Eppendorf von insgesamt 63 Patienten mit nicht-bakteriellen Meningoenzephalitiden 3 mit beta-Interferon behandelt. Eine besondere Schwierigkeit liegt in der Indikation zu dieser eingreifenden Therapie in der Frühphase der Erkrankung, da die Prognose zu diesem Zeitpunkt häufig unsicher ist und die Artdiagnose des Erregers und damit die Erfassung potentiell gefährlicher Erreger (wie z. B. Herpes) insgesamt nur selten und in der Frühphase in der Regel nicht gelingt (2). Andererseits sollte eine Interferon-Therapie aus theoretischen Gründen möglichst früh einsetzen (1). Es wurde deshalb die prognostische Validität diagnostischer Parameter der Initialphase untersucht.

Patienten

60 stationäre Patienten der Neurologischen Universitätsklinik Hamburg-Eppendorf (28 männlich, 32 weiblich, mittleres Erkrankungsalter 34 Jahre) mit nicht-bakterieller Meningoenzephalitis (ohne Interferon-Therapie) der Jahre 1984 bis 1989 wurden in die Untersuchung mit einbezogen. Ausschlußkriterien waren Hinweise auf bakterielle Meningitis oder Meningoenzephalitis, toxische oder metabolische Enzephalopathie, HIV-Infektion, auf eine vaskuläre, traumatische oder tumoröse Genese sowie auf eine Anamnesedauer von mehr als 3 Wochen. Es wurden diejenigen Parameter erfaßt, die im allgemeinen in der Initialphase (bei Krankenhausaufnahme) zur Verfügung stehen (Eigen- und Fremdanamnese, anamnestische Erst- oder Frühsymptome; Fieber; Meningismus; Psychosyndrom oder Bewußtseinsstörung; Liquor-, CCT- und EEG-Befund). Der klinische Schweregrad der Behinderung zum Zeitpunkt der Demission aus der akuten stationären Versorgung wurde nach einem angepaßten Karnofsky-Index (3) bewertet und retrospektiv in 3 Gruppen eingeteilt (Gruppen 1 bis 3, siehe Tabelle), Signifikanzprüfungen durch t-Test und Chi-Quadrat-Test:

Gruppe 1 (G1):	Nahezu beschwerdefrei, Entlassung in gewohnte Umgebung
(N = 24 = 100 %)	(Karnofsky-Index > = 90 %)
Gruppe 2 (G2):	Verlegung in eine Rehabilitationseinrichtung mit Aussicht auf weitere Besserung
(N = 18 = 100 %)	(Karnofsky-Index = 70 % und 80 %)
Gruppe 3 (G3):	Schwere Behinderung bis hin zu letalem Ausgang
(N = 18 = 100 %)	(Karnofsky-Index < = 60 %)

Weitere 3 Patienten mit nicht-bakterieller Meningoenzephalitis wurden im gleichen Zeitraum mit beta-Interferon behandelt (27 J., männl., kein Erregernachweis; 31 J., männl.,

Herpes-Enzephalitis; 59 J., männl., Herpes-Enzephalitis; jeweils 500.000 IU/kg täglich beta-Interferon intravenös über 5 Tage). Der Verlauf dieser Patienten wurde gesondert untersucht. Komplikationen, die zum Abbruch der Therapie gezwungen hätten, traten nicht auf.

Ergebnisse

Von den 60 Patienten erreichten 24 (= 40 %) einen Entlassungsstatus der Gruppe 1 und jeweils 18 (= 30 %) einen der Gruppen 2 und 3. Die mittlere Dauer zwischen dem anamnestisch erfaßbaren Erstsymptom und dem Zeitpunkt der Hospitalisation betrug 7 Tage und zeigte keine signifikante Differenz zwischen den 3 Gruppen (G1: 6,1 Tage, s = 6,4; G2: 5,6 Tage, s = 5,3; G3: 8,7 Tage, s = 14,0). Mit einer ungünstigen Prognose korrelierten die Frühsymptome Epileptischer Anfall (4 % in G1, 17 % in G2, 39 % in G3) und hirnorganisches Psychosyndrom (4 % in G1, 28 % in G2, 44 % in G3), die Aufnahmesymptome Somnolenz oder Koma (0 % in G1, 6 % in G2, 22 % in G3), klinisch-neurologischer Herdbefund (8 % in G1, 28 % in G2, 33 % in G3) sowie mit einem - innerhalb 24 Stunden nach Aufnahme erhobenem - pathologischem CCT-Befund (4 % in G1, 33 % in G2, 78 % in G3) oder EEG-Befund (16 % in G1, 87 % in G2, 100 % in G3). Mit einer günstigen Prognose korrelierten die Frühsymptome intestinale oder respiratorische Infektionssymptome (46 % in G1, 39 % in G2, 28 % in G3) und Kopfschmerzen (71 % in G1, 50 % in G2, 33 % in G3) sowie das Aufnahmesymptom Fieber > 38° rekt. (25 % in G1, 22 % in G2, 11 % in G3). Ohne prognostische Bedeutung waren die Aufnahmesymptome "Meningismus", "hirnorganisches Psychosyndrom" und "Höhe der Liquorpleozytose".

Nach diesen prognostischen Kriterien hatten die drei mit Interferon behandelten Patienten eine ungünstige Prognose (kein Anhalt für gastro-intestinalen oder respiratiorischen Infekt in der Frühphase; hirnorganisches Psychosyndrom und epileptische Anfälle in der Frühphase; Bewußtseinsstörung und neurologischer Herdbefund, pathologisches CCT und EEG sowie kein Fieber bei Aufnahme). Zwei der Patienten zeigten jedoch einen unerwartet günstigen Verlauf (31 J. und 59 J., beide Herpes-Enzephalitis) mit einem Ausgangsstatus in der Gruppe 1. Der dritte Patient (27 J.) zeigte ein erhebliches Residualsyndrom (Karnofsky-Index 50 % Gruppe 3). Die Ergebnisse bezüglich dieser drei Patienten sind nicht statistisch verwertbar, unterstützen jedoch die Forderung nach einer kontrollierten prospektiven Therapie-Studie von Interferon bei dieser Indikation (4).

Literatur

1. Baron S, Dianzani F, Stanton GJ (1981) General considerations of the interferon system. Texas Rep Biol Med 41:1
2. Davis LA (1987) Acute viral meningitis and encephalitis. In: PGE Kennedy, RT Johnson (Hrsg) Infections of the nervous system. Butterworths, London Boston:156-176
3. Karnofsky H (1948) Cancer 1:634-656
4. Prange HW, Weber T (1986) Zur Behandlung der schweren Virusenzephalitis mit Interferon und Virstatika. Medizinische Klinik 21:657

Systemischer Lupus erythematodes: Vergleich neuropsychiatrischer Befunde mit zerebralen MRT-Befunden

K. Baum, C. Nehrig, U. Hopf und W. Schörner

Bis zu 70 % aller Patienten mit systemischem Lupus erythematodes (SLE) entwickeln im Längsschnitt psychopathologische Auffälligkeiten und/oder neurologische Symptome bzw. Ausfallserscheinungen (überwiegend im Bereich des zentralen Nervensystems). Pathologische Autopsiebefunde ließen sich nur unzureichend mit klinischen Befunden in Verbindung bringen (1). Ziel der Studie ist die Erfassung symptomatischer und asymptomatischer Hirnläsionen mit Hilfe der zerebralen MRT.

21 SLE-Patienten der immunologischen Sprechstunde unserer Medizinischen Poliklinik unterzogen sich einer standardisierten neuropsychiatrischen Untersuchung und einer zerebralen MRT. Für die Selektion der Patienten spielte eine mögliche zerebrale Mitbeteiligung (aus klinischer Sicht) keine Rolle. Alle Patienten (19 Frauen + 2 Männer, mittleres Lebensalter: 41,1 Jahre, mittlere Erkrankungsdauer: 9,2 Jahre) erfüllten mindestens 4 diagnostische ARA-Kriterien (2). Die spezifische Anamnese ergab Rückschlüsse auf eine zerebrale Mitbeteiligung bei 11 der 21 Patienten. Der aktuelle neuropsychiatrische Befund wies bei 9 Patienten auf eine zerebrale Schädigung hin; im Vergleich zu weiteren Organmanifestationen stand diese klinisch bei 5 Patienten im Vordergrund. Im einzelnen: Bei 7 Patienten deckte der neurologische Status fokale Hirnläsionen auf. 5 Patienten litten unter zerebralen Krampfanfällen. 9 Patienten zeigten Zeichen einer non-fokalen Hirnschädigung oder berichteten von passageren fokalen Hirnläsionen, die sich durch den neurologischen Status nicht mehr verifizieren ließen. Lediglich 2 Patienten wiesen Dekompensationen anderer Organsysteme auf mit einer möglicherweise daraus resultierenden, indirekten Alteration des Hirnparenchyms. Unabhängig von der klinischen Befunderhebung erfolgte die Auswertung des zerebralen MRT (0,5 T Magnetom, axiale Spinecho-Sequenzen: SE 1600/35 + 70 ms, Auswertungskriterien: Läsionsnachweis ab einem Mindestdurchmesser von 3 mm bei umschriebenen Läsionen und ab einem Querdurchmesser von 5 mm bei dem periventrikulären Befall im Bereich der Vorder- und Hinterhörner der Seitenventrikel).

16 der 21 SLE-Patienten (76,2 %) wiesen pathologische MRT-Befunde auf. Umschriebene Läsionen der weißen oder grauen Substanz ließen sich bei 12 Patienten (57,1 %) überwiegend im frontalen Marklager nachweisen; 2 dieser Patienten zeigten Signalmuster eines größeren, abgelaufenen Insultes. 10 Patienten (47,6 %) wiesen vor allem im Bereich der Vorderhörner und der Partes centrales der Seitenventikel periventrikuläre Läsionen im Anschluß an das Ventrikelsystem auf. Bei 11 Patienten (52,4 %) fand sich eine Hirnatrophie. MRT-Verlaufskontrollen zeigten bei 2 Patienten keine Zeichen einer Remission, jedoch jeweils eine Progredienz; beide Patienten hatten im Zusammenhang mit einer floriden SLE-Aktivität im MRT-Intervall neurologisch relevante Ereignisse (Krampfanfälle, fokale Hirnläsionen, non-fokale Hirnalterationen). Bei lediglich 9 der 16 Patienten (56,3 %) mit pathologischen MRT-Befunden hatte die klinische Befunderhebung Hinweise auf eine zerebrale Mitbeteiligung ergeben. Die Wahrscheinlichkeit eines pathologischen MRT-Befundes war am höchsten bei klinischem Nachweis fokaler Hirnläsionen. Im Vergleich zu

dem Nachweis hyperintenser Läsionen fand sich eine zerebrale Atrophie weniger häufiger bei Patienten mit klinisch fokalen Hirnläsionen und bei Patienten, bei denen klinisch eine eher diffuse Hirnschädigung angenommen werden mußte oder bei denen der neurologische Status anamnestische Hinweise für fokale Hirnläsionen nicht verifizieren konnte.

Die Prävalenz pathologischer MRT-Befunde des nicht unter neuropsychiatrischen Gesichtspunkten selektierten SLE-Patientengutes unserer Studie ist im Vergleich zur Literatur, insbesondere der ausschließlich neuropsychiatrische SLE-Patienten umfassenden Studie von McCune et al. (3) höher. Dies dürfte auf Unterschiede der technischen Standardisierung und der Auswertungskriterien (in unserem Falle insbesondere die zusätzliche, gesonderte Bewertung des periventrikulären Befalls) zurückzuführen sein. Das MRT-Befallmuster ist im Einzelfall nicht sicher von MRT-Befunden demyelinisierender Erkrankungen zu differenzieren (4), weicht jedoch summarisch in der Befallslokalisation von solchen Erkrankungen ab. Auffällig war in unserer Studie vor allem der fehlende Nachweis von Läsionen im Bereich der Capsulae internae und des Hirnstammes. Die hohe Rate pathologischer MRT-Befunde bei SLE-Patienten ohne klinische Hinweise für eine zerebrale Mitbeteiligung (70 %) dürfte unter Berücksichtigung des Lebensalters und vaskulärer Risikofaktoren (5) überwiegend auf eine Lupus-induzierte, direkte Hirnschädigung zurückzuführen sein, wahrscheinlich im Sinne von Mikroinfarkten.

Unter Berücksichtigung der relativen Non-Spezifität von Läsionen im MRT erwies sich das zerebrale MRT als Methode der Wahl für den nicht-klinischen Nachweis einer zerebralen Mitbeteiligung beim SLE. Bis zu einem gewissen Grad kann der Nachweis asymptomatischer Hirnläsionen, insbesondere bei jüngeren SLE-Patienten, die Diagnose eines SLE (2) stützen, zumal dann, wenn nur relativ wenige ARA-Kriterien erfüllt sind.

Zusammenfassend betrug die Prävalenz pathologischer, zerebraler MRT-Befunde bei 21 SLE-Patienten einer immunologischen Sondersprechstunde 76,2 %. In der SLE-Diagnostik kann das MRT gerade für den Nachweis einer subklinischen zerebralen Mitbeteiligung im Einzelfall wertvolle Hinweise ergeben.

Literatur

1. Ellis SF, Verity MA (1979) Central nervous system involvement in systemic lupus erythematosus: a review of neuropsychiatric findings in 57 cases 1955-1977. Semin Arthritis Rheuma 8:212-221
2. Tan EM, Cohen AS, Fries JF et al (1982) The 1982 revised criteria for the classification of systemic lupus erythematosus. Arthritis Rheum 25:1271-1277
3. McCune WJ, MacGuire A, Aisen A, Gebarski S (1988) Identification of brain lesions in neuropsychiatric systemic lupus erythematosus by magnetic resonance scanning. Arthritis Rheum 31:159-166
4. Baum K, Girke W, Bräu H et al (1986) Erstmanifestation der Encephalomyelitis disseminata: MRT-Vergleichsstudie gegenüber gesicherter Encephalomyelitis disseminata. Nervenarzt 57:455-460
5. Awad IA, Spetzler RF, Hodak JA et al (1986) Incidental subcortical lesions identified on magnetic resonance imaging in the elderly. I. correlation with age and cerebrovascular risk factors. Stroke 17:1084-1089

Liquorpherese - ein neuer Ansatz in der Therapie des Guillain-Barré-Syndroms

P.-J. Hülser, K.H. Wollinsky, M. Weindler, H.-H. Mehrkens und H.H. Kornhuber

Trotz Kortikosteroiden bei chronischen und Plasmapherese bei akuten und chronischen Polyradikulitiden ist in schweren Fällen die Behandlung langwierig, komplikationsreich und nicht immer wirksam. Eine in Analogie zur Plasmapherese Liquorpherese genannte Filtration des Liquor cerebrospinalis soll die zumindest zu Beginn an den Nervenwurzeln ablaufende Entzündung abschwächen oder stoppen. Nach Lumbalpunktion wird die Kanüle oder ein intraspinaler Katheter mit einem zuvor mit physiologischer Kochsalzlösung gefüllten geschlossenen System verbunden, es wird Liquor zunächst entnommen, dann nach Passage eines Spezialfilters (0,2 µ; Pall) rücktransfundiert (2). Die einzelne Portion schwankt zwischen etwa 20 und 50 ml, begrenzt von der Angabe eines beginnenden Kopfschmerzes durch den Patienten, die Gesamtmenge pro Tag liegt bei 120 - 300 ml Liquor. Die Liquorpherese wurde an bis zu 5 Tagen nacheinander durchgeführt, mit Unterbrechungen bis zu 12mal pro Patient.

Erstmals wurde die Liquorpherese bei einer 73jährigen Patientin eingesetzt, die bei rasch aufsteigenden Paresen trotz viermaliger Plasmapherese und einmal Plasmaimmunadsorption innerhalb von 8 Tagen beatmungspflichtig wurde. 14 Tage nach der Intubation und bei gleichbleibend schweren Ausfällen wurden in 7 Tagen 5 Liquorpheresen durchgeführt, nach der vierten konnte die Patientin im Rahmen zunehmender Kraft wieder spontan atmen, bei kontinuierlicher Besserung konnten 6 Wochen später keine neurologischen Ausfälle mehr nachgewiesen werden. Inzwischen haben wir die Liquorpherese bei weiteren acht Patienten mit akutem und drei mit chronischem Guillain-Barré-Syndrom und jeweils primär schwerem Krankheitsverlauf durchgeführt. Neben einer genauen Beobachtung der individuellen klinischen neurologischen Befunde, unterstützt durch eine Videodokumentation, wurde die krankheitsbedingte Einschränkung der Selbständigkeit nach einer vorgegebenen Skala (1) regelmäßig eingeschätzt. In den meisten Fällen war eine Vorbehandlung, etwa mit Kortikosteroiden, Plasmapherese oder ß-Interferon, ohne ausreichende Wirkung gewesen. Unter den an einer akuten Polyradikulitis Erkrankten konnte bei sieben bereits innerhalb eines Tages eine Besserung des neurologischen Befundes registriert werden, einmal nach einer Woche, als Grunderkrankung lag hier ein Neoplasma vor, bei einem weiteren Patienten nach 13 Tagen. Bei diesem 75 Jahre alten Mann war die Polyradikulitis unter einer durch rezidivierende Pneumonien komplizierten massiven Immunsuppression wegen einer Arteriitis cranialis aufgetreten. Dieser Patient verstarb trotz der beschriebenen Besserung etwa fünf Wochen nach der letzten Liquorpherese infolge weiter rezidivierender Pneumonien, die infolge der Entwicklung multipler Resistenzen zuletzt antibiotisch nicht mehr beherrscht werden konnten. Bei vier der Patienten mit akutem Guillain-Barré-Syndrom war die primär nach Liquorpherese aufgetretene Besserung nicht stabil. Eine anhaltende Rückbildung der neurologischen Ausfälle setzte jeweils nach einer zweiten Liquorphereseserie ein. Bei den chronischen Verlaufsformen sahen wir eine vergleichsweise langsamere Besserung zweimal etwa eine Woche nach der Behandlung. Davon verstarb eine Patientin etwa ein halbes Jahr später an den zerebralen Metastasen ihres Mamma-Karzinoms, das auch die Polyradikulitis im Sinne eines paraneoplatischen Geschehens verursacht hatte. Bei einem 34jährigen Patienten mit einer Krankheitsdauer von bereits 250 Tagen kam es nach insgesamt 12 Liquorpheresen verteilt über einen Zeitraum von drei Monaten erstmals zu einer Besserung, die seitdem langsam fortschritt. Neben diesen eher globalen, mit einer an der Selbständigkeit orientierten Skalierung erfaßbaren Verbesserungen des neurologischen Befundes konnten bei den Patienten mit akuter Polyradikulitis häufig kurzfristige Veränderungen beobachtet werden. Im Zeitraum von etwa einer Stunde nach Beendigung einer Liquorpherese wurden zum Beispiel bei einem Patienten eine Zunahme der Kraft der Fußheber, bei einem anderen ein zuvor nicht mehr möglicher Faustschluß registriert. In einigen Fällen konnten diese Phänomene mittels Videoaufnahmen dokumentiert werden. Diese kurzfristige, meist auf einzelne Funktionen beschränkte Steigerung der Kraft bestand oft nur für wenige Stunden, war in anderen Fällen Vorbote einer allgemeinen Befundbesserung.

Die Liquorpherese wurde in allen Fällen komplikationslos durchgeführt, insbesondere traten keine Infektionen des Subarachnoidalraumes auf. Von einigen Patienten wurden milde postpunktionelle Beschwerden geäußert, sonst wurde das Verfahren als wenig belastend empfunden. Kontrollen der Liquorparameter vor und nach der Filtration zeigten eine Reduktion der allerdings primär schon allenfalls gering erhöhten Zellzahlen; das Eiweiß wurde im Durchschnitt auf etwa die Hälfte des Ausgangswertes reduziert, während die Glukose fast unverändert blieb. Das Liquoreiweiß stieg nach der Punktion wieder an, auch wenn die Ausfälle rückläufig waren.

Die nach der Liquorpherese auftretenden kurzfristigen Veränderungen des neurologischen Befundes machen eine Wirkung dieses Verfahrens auf die der Polyradikulitis zugrunde liegenden Prozesse sehr wahrscheinlich. Als Mechanismus kommt die Elimination humoraler oder zellvermittelter Faktoren in Frage, die die Entzündung induzieren oder aufrechterhalten. Ein reiner Verdünnungseffekt durch die physiologische Kochsalzlösung ist unwahrscheinlich, da der Glukosegehalt nicht wesentlich verändert wird, eine erneute Liquoreiweißzunahme nach der Filtration nicht von einer Verschlechterung des klinischen Zustandes begleitet wird. Aus unseren bisherigen Verlaufsbeobachtungen leiten wir die Hypothese ab, daß die Liquorpherese die dauerhafte Rückbildung der neurologischen Ausfälle beschleunigt, dadurch die Häufigkeit von Komplikationen und bleibender Ausfälle reduziert. Die schnellsten und ausgiebigsten Besserungen wurden bei akuter Polyradikulitis ohne paraneoplastische Ursache oder komplizierende schwere Infektionen gesehen. Die Wirksamkeit der Liquorpherese soll in einer kontrollierten Studie überprüft werden.

Literatur

1. Besser R, Pfeifer B, Weilemann LS, Hopf HC (1986) Plasmapherese beim Guillain-Barré-Syndrom. Med Klin 12:409-413
2. Wollinsky KH, Mehrkens H-H, Hülser P-J, Weindler M, Geiger P, Matzek N, Kornhuber HH (1989) Liquorpherese, Liquorfiltration als neues Therapieverfahren bei der Behandlung eines schweren Guillain-Barré-Syndroms. Anästhesist 38 (Suppl) 1:630

Erfolgreiche Behandlung eines chronisch-rezidivierenden Guillain-Barré-Syndroms mit Hochdosis-Immunglobulin und Ciclosporin A

W. Müllges, E.B. Ringelstein, C. Sommer und W.M. Glöckner

Die Polyneuroradikulitis Guillain-Barré wird aufgrund tierexperimenteller Ergebnisse als Autoimmunkrankheit aufgefaßt. Akutes (GBS) und chronisches GBS (CIDP) sind wahrscheinlich immunpathogenetisch unterschiedliche Erkrankungen (4). Während bei der akuten Form zirkulierende aktivierte T-Lymphozyten und Antikörper gegen neutrale Glykolipide häufig gefunden werden, gelingt bei der chronischen Form viel häufiger der immunhistochemische Nachweis von Klasse-II-Antigen an Gefäßendothel und perineural als Hinweis darauf, daß bei der CIDP humorale Immunmechanismen im Vordergrund stehen. Daher läßt sich auch verstehen, daß im Gegensatz zum GBS Plasmapherese bestenfalls in 30 % Erfolg verspricht (2). Besser, aber auch unbefriedigend, hilft Kortison (C) mit oder ohne Azathioprin (AT) (1). Neuerdings wird erfolgversprechend hochdosiertes 7S-Immunglobulin (IG) eingesetzt (5). Fazit der vorgestellten Publikationen ist eine auffällig rasche Wirksamkeit innerhalb weniger Tage, aber auch eine hohe Rezidivquote. Dabei konnten die Rückfälle jeweils wieder erfolgreich mit IG behandelt werden. Analog der pathogenetischen Unsicherheiten ist das Wirkprinzip nicht ganz klar. Sicher ist, daß IG-Gabe zur Suppression der Plasmazell-Antikörperproduktion führt. Das erklärt bei abklingender Wirkung auch die Rezidive. Anhand einer eigenen Patientin mit CIDP, die wir seit drei Jahren betreuen, wird ein modifizierter Therapieansatz diskutiert, der bisher zur Rezidivfreiheit führte.

Die Erkrankung der 76jährigen Patientin begann im Mai 1987. Eine stationäre Abklärung wurde wegen Progredienz vorgenommen. Dabei zeigten sich distale Tetraparese mit Areflexie, elektrophysiologisch und bioptisch demyelinisierende Polyneuropathie und Liquoreiweißerhöhung auf 0,54 g/l, später bis 0,96 g/l. Eine ausgedehnte Ursachenabklärung erbrachte als einzigen pathologischen Befund eine benigne monoklonale IgG-kappa-Gammopathie. Deren pathogenetische Rolle ließ sich nicht belegen. Im Muskel-Nerv-Präparat zeigten sich nur unspezifische Ablagerungen von IgG, kappa- und auch lambda-Ketten. Im Serum ließ sich keine Antikörperaktivität gegen peripheres Myelin nachweisen. Ob Patienten mit solchen Gammopathien eine Untergruppe der CIDP-Fälle darstellen, bleibt dahingestellt (3).

Die eingeleitete Behandlung mit C und AT führte langsam progredient zur Restitution der Kraft, woraufhin im März 1988 C abgesetzt wurde. Im Mai trat ein neuer Schub auf, der mit C wieder aufgefangen wurde. Unter Fortführung der AT-Gabe wurde C erneut langsam abgesetzt. Im Februar 1989 stellte sich ein dritter Schub ein, der sie rasch intensivbehandlungspflichtig machte. Diesmal blieb hochdosiertes C wirkungslos, und wir entschlossen uns zur Hochdosis-7S-Immunglobulingabe (je 0,4 g/kg/d über fünf Tage). Innerhalb weniger Tage kam es zur zunächst dramatischen, dann progredienten Besserung. Nach zwei Monaten bestanden nur noch minimale Ausfälle. Im Mai und September 1989 traten zwei gleichförmige Rezidive mit rascher und schwerer Landry-Paralyse auf. Wieder führte die IG-Therapie jeweils zu prompter und dramatischer Besserung. Ab Oktober 1989 gaben wir Ciclosporin A (CYA). Seit Dezember hat sich der neurologische Befund normalisiert, seit Mai 1990 sind die Nervenleitgeschwindigkeiten normal.

Dieser Krankheitsverlauf belegt die dramatische Wirksamkeit von Hochdosis-7S-Immunglobulin-Therapie, zeigt aber auch das fast regelhafte rasche Auftreten von Rezidiven. Während andere Autoren mit wiederholten, z. T. monatlichen prophylaktischen IG-Infusionen behandeln, gaben wir CYA. Dies erwies sich bisher als dauerhafte Rezidivprophylaxe. CYA hemmt die T-Zell-abhängige Immunantwort und insbesondere die Lymphokinfreisetzung einschließlich Interleukin2. Gleichzeitig wird über γ-Interferon die Makrophagen-Aktivierung gehemmt. Im Endeffekt bewirkt CYA also eine reduzierte B-Zell-Aktivierung. Bei sorgfältiger Kontrolle von Serumspiegel und Nierenfunktion ist CYA der Langzeit-Kortisonmedikation vorzuziehen, die eine wesentlich komplexere Immunmodulation zur Folge und zahlreiche unerwünschte Nebenwirkungen hat.

Literatur

1. Barohn J, Kissel JT, Warmolts JR, Mendell JR (1989) Chronic inflammatory demyelinating polyneuropathy. Arch Neurol 46:878-884
2. Dyck PJ, Daube J, O'Brian P, Pineda A, Low PA, Windebank AJ, Swansson C (1986) Plasma exchange in chronic inflammatory demyelinating polyneuropathy. N Engl J Med 314:461-465
3. Dyck PJ (1990) Intravenous immunoglobulin in chronic inflammatory demyelinating polyradiculoneuropathy associated with IgM monoclonal gammopathy. Neurology 40:327-328
4. Hartung HP, Heininger K, Toyka KV (1990) Neue Aspekte zur Pathogenese und Therapie des Guillain-Barré-Syndroms und der chronischen Polyneuritis. Nervenarzt 61:197-207
5. Van Doorn PA, Brandlyneuropathy. Neurology 40:209-212

Eitrige Meningitis bei Durafisteln - Indikation zur Frühoperation

J. Winkler, G. Becker, S. Schwab, E. Hofmann, J. Müller und U. Bogdahn

Einleitung

Bei der Behandlung eitriger, durch Durafisteln verursachter Meningitiden bestehen kontroverse Therapiekonzepte: primär antibiotische Therapie und zweizeitige chirurgische Versorgung versus einer primären chirurgischen plastischen Deckung der Fistel unter suffizienter antibiotischer Therapie (4, 5, 7). Neben den früh- und spät-posttraumatischen Durafisteln müssen bei den atraumatischen Fisteln kongenitale Mißbildungen und direkte durch entzündliche, tumoröse oder ischämische Prozesse entstandene Knochenarrosionen in die differentialdiagnostischen Überlegungen miteinbezogen werden (1, 2). Streptococcus pneumoniae verursacht dabei mehr als 80 % der durch Durafisteln entstandenen eitrigen Meningitiden (6, 10). Aufgrund von Letalitätsraten von bis zu über 40 % bei Pneumokokken-Meningitiden und dem Auftreten von schwerwiegenden intrakraniellen Komplikationen wie Hirnödem, zerebralen Infarkten, Sinusvenenthrombosen, Abszedierungen, Hydrozephalus und zerebrales Anfallsleiden, ist ein einheitliches Grundkonzept über konservative und chirurgische Therapie zwingend erforderlich (8, 9).

Methodik, Patienten und Ergebnisse

Bei insgesamt 5 Patienten mit septischem Krankheitsbild bestand aufgrund der klinischen Untersuchung und der durchgeführten Labordiagnostik (Blutleukozytose, Liquorbefunde) der dringende Verdacht auf eine fortgeleitete rhinogene oder otogene Meningitis, die durch eine Durafistel bedingt sein könnte. Durch bildgebende Verfahren (koronare CT-Diagnostik) ließ sich bereits bei einem früh- und spät-posttraumatischen Fall sowie bei einem Hypophysentumor mit Keilbeinarrosion ein knöcherner Defekt vermuten. Hingegen entging bei zwei eitrigen Sinusitiden der erst intraoperativ gesicherte Dura-Defekt einem neuroradiologischen Nachweis. Bis auf einen antibiotisch vorbehandelten Fall gelang bei der pirmären Aufnahme der Erregernachweis durch Blut- und Liquorkulturen sowie mit Hilfe eines Latex-Agglutinations-Tests. Bei allen 4 Patienten mit Erregernachweis handelte es sich um eine Pneumokokken-Meningitis. Unter breiter perioperativer antibiotischer Abdeckung wurde trotz Vorliegen schwerer septischer Krankheitsbilder eine plastische Deckung des Defektes (neurochirurgische/Hals-Nasen-Ohren-ärztliche operative Exploration und Revision) innerhalb von 3 Tagen durchgeführt. Das septische Bild und die eitrige Meningitis konnte rasch beherrscht werden. Neben dieser frühen operativen Sanierung und perioperativen Antibiose führten wir zur Prophylaxe intrakranieller Komplikationen eine antiödematöse Therapie sowie eine Vollheparinisierung durch. Eine antikonvulsive Therapie wurde nur bei Vorliegen von zerebralen Anfällen eingeleitet. Vier der fünf Patienten zeigten bei Entlassung keine oder nur gering klinisch faßbare Residuen. Ein Patient, der schon ca. 14 Tage vor Verlegung in unsere Klinik ausschließlich konservativ behandelt wurde, erlitt einen massiven Defektzustand.

Diskussion

Die Frage, ob eine rhinogene oder otogene Meningitis eine absolute Operationsindikation darstellt, wird in der Literatur kontrovers diskutiert. Manche Autoren vertreten die Meinung, daß die primäre operative Versorgung auf den Verlauf der bestehenden eitrigen Meningitis keinen Einfluß hat (5). Andere halten eine operative Sanierung des Entzündungsherdes erst nach einer antibiotischen konservativen Therapie für notwendig (7). Aus unseren Beobachtungen halten wir in Übereinstimmung mit anderen (4) es stets für erforderlich, den Fokus einer otogenen oder rhinogenen Meningitis operativ auszuschalten und zusätzlich eine massive Antibiose einzuleiten. Im Vorfeld dieser obligaten Frühoperation muß eine schnelle Erregerdiagnostik und ausführliche neuroradiologische Diagnostik mit Hilfe eines koronaren Dünnschicht-Computertomogramms der Schädelbasis zum Nachweis einer Durafistel erfolgen (9, 10). Bei fehlendem Nachweis einer Liquorfistel durch bildgebende Verfahren stellten wir bei dringendem klinischem Verdacht die Indikation zu einer operativen Exploration, wobei sich durch diese zwischenzeitlich occulte Leckagen auch in weiteren Fällen nachweisen ließen (3). Neben dieser invasiven Diagnostik der Schädelbasis und nötigenfalls operativen Exploration halten wir zur Prophylaxe der häufigsten intrakraniellen Komplikationen neben einer suffizienten antiödematösen Therapie eine Vollheparinisierung für indiziert. Eine generelle antikonvulsive Therapie erscheint uns bisher nicht gerechtfertigt. Die Mortalität und Morbidität der fortgeleiteten eitrigen Pneumokokken-Meningitiden könnte durch primäre Sanierung der Infektionsquelle unter frühzeitiger gezielter Antibiose und ausreichender therapeutischer Prophylaxe der intrakraniellen Komplikationen weiter gesenkt werden.

Literatur

1. Burman LA, Norrby R, Trollfors B (1985) Invasive pneumooccal infections: incidence, predisposing factors and prognosis. Rev Infec Dis 7:133-142
2. Bogdahn U, Mertens HG (1989) Prognostik in der Intensivtherapie des Zentralnervensystems. Springer, Berlin
3. Durham L, Mackenzie IJ, Foy P, Bowden A (1986) Recurring meningitis: beware the normal looking ear. Brit Med J 293:1230
4. Ganz H (1972) Der derzeitige Stand von Klinik und Behandlung der otogenen und rhinogenen Hirnkomplikationen. Otologische Betrachtungen. HNO 20:33-47
5. Grasl M, Türk R (1984) Zur Therapie der otogenen und rhinogenen Meningitis. Laryng Rhinol Otol 63:392-395
6. Hand WL, Sandford JP (1970) Post-traumatic bacterial meningitis. Ann Intern Med 72:869-874
7. Khan NB (1982) Die otogene und rhinogene Meningitis. Laryng Rhinol Otol 61:98-101
8. Samuel J, Fernandes CMC, Steinberg JL (1986) Intracranial otogenic complications: a persisting problem. Laryngoscope 96:272-278
9. Schmutzhard E, Aichner F, Berek K, Kofler M, Lehner B, Pfausler B, Gerstenbrand F (1989) Akute Komplikationen der Pneumokokken-Meningoenzephalitis. Intensivbehandlung. Jahrgang 14, 3:91-95
10. Wood M, Anderson M (1988) Neurological infections. Saunders, Philadelphia

Subakute sklerosierende Panenzephalitis (SSPE) -
Ein Therapieversuch mit ß-Interferon (Klinik,
Neurophysiologie, Neuroradiologie)

A. Delcker, H. Gerhard und J. Faiss

Bisher liegen in der Literatur von insgesamt 54 Patienten mit einer SSPE Ergebnisse über die Behandlung mit natürlichen Interferonen vor. Von diesen 54 Patienten wurden 41 mit Alpha-Interferon und 13 mit ß-Interferon behandelt. Bei keinem der 54 Patienten kam es zur Heilung, zwanzig Patienten zeigten nach Literaturangaben im Zusammenhang mit der Interferonbehandlung eine (zumindest vorübergehende) Besserung (2, 4, 5). Dennoch ist auch bei diesen zwanzig Patienten ein therapieunabhängiger, wellenförmig progredienter Krankheitsverlauf denkbar (3, 6). Besonders rasch progrediente Krankheitsverläufe zeigen ältere Patienten mit einem Beginn der SSPE jenseits der Pubertät.

Falldarstellung

Eine 20jährige Patientin mit einer seit 7 Monaten bestehenden langsam progredienten Visusminderung des rechten Auges wurde zunächst aufgrund des Nachweises oligoklonaler Banden im Liquor unter der Diagnose einer Retrobulbärneuritis stationär mit Kortison behandelt. Einen Monat später trat zusätzlich eine Visusminderung am linken Auge auf. Eine augenärztliche Untersuchung zeigte das Bild einer retinalen Nekrose im Maculabereich. Zusammen mit der progredienten Visusminderung links kam es zu einer zunehmenden Verhaltensänderung (Reizbarkeit, Aggressivität) der Patientin. Das Auftreten psychomotorischer Anfälle mit Nestelbewegungen, Kauen, Schmatzen führte schließlich zur zweiten stationären Aufnahme in unserer Klinik. An Vorerkrankungen war bei der Patientin ein Masern-Infekt im 1. Lebensjahr bekannt.

Neurologischer Befund : Bei der 2. stationären Aufnahme befand sich die Patientin im Stadium IIB nach Freeman (1969) mit Zeichen einer zunehmenden beinbetonten Tetra-spastik, einer sakkadierten Blickfolge und einer Dysarthrie. Zusätzlich war die Patientin psychomotorisch verlangsamt und nur unzureichend orientiert. In den nächsten Behand-lungstagen kam es zu einer raschen Befundverschlechterung, die Patientin entwickelte hierbei neben der zunehmenden spastischen Tetraparese das Bild einer pontomesenzephalen Symptomatik. Da die speziellen Liquoruntersuchungen (s. unten) die Diagnose einer SSPE stützten, wurden über einen Zeitraum von 4 Wochen 3x wöchentlich 1x 10^6 I. E. ß-Interferon über ein Ommaya - Reservoir intrathekal gegeben. Dennoch kam es zu keiner Änderung des klinischen Zustandsbildes (anhaltendes Stadium IIIA nach Freeman.

Liquorbefund vom Aufnahmetag: 7 / 3 Zellen, Gesamtprotein 431 mg/l. Deutliche Immunreaktion (IgG im ZNS: 17,4 mg/100 ml) mit stark positiven oligoklonalen Banden. Komplementbindungsreaktion auf Masern-Antikörper im Liquor: 1 : 256, im Serum: 1 : 512. Im Liquor liessen sich in der isoelekrischen Fokussierung oligoklonale Banden darstellen, die fast ausschließlich spezifisch gegen das Nukleokapsidprotein des Masernvirus gerichtet waren. Bei gleichem IgG-Gehalt von Serum und Liquor stellten sich die oligoklonalen Banden im Liquor stärker dar als Hinweis für die intrathekale Synthese dieser Antikörper. Der IgG- Quotient war stark erhöht.

Neurophysiologische Befunde

EEG: Überwiegendes Alpha-EEG während des ersten stationären Aufenthalts. Beginnende Synchronisationstendenz bei vorherrschender Theta-Delta-Aktivität erst 6 Wochen nach der zweiten stationären Aufnahme.

AEP: Die frühen akustisch evozierten Potentiale behielten während der gesamten Behandlungszeit grenzwertige Latenzen bei gut erhaltenen Amplituden der Peaks I - V trotz bereits klinisch bestehender pontomesencephaler Symptomatik.

Neuroradiologie

Unauffälliges Schädel-CT zum Zeitpunkt des ersten stationären Aufenthalts. Nach 4wöchiger Interferon-Therapie finden sich im kontrastangehobenen CT diffuse, nahezu das gesamte Marklager betreffende, bilaterale Hypodensitäten mit einer Akzentuierung in den links frontalen Marklagerabschnitten. Zusätzlich sind auch infratentoriell hypodense Areale im Bereich des rechten Ncl. dentatus, weniger ausgeprägt auch links sichtbar. Bei der Kontrolluntersuchung 3 Wochen danach zeigt sich eine deutliche Zunahme der Marklager-Ödeme, wobei das bereits vorbestehende hypodense Areal links frontal an Umfang noch zugenommen hat. Auch die infratentorielle Schädigung der weißen Substanz ist progredient. Die NMR war zu Beginn des ersten und zweiten stationären Aufenthalts normal.

Diskussion

Auch unsere Patientin mit einer gesicherten SSPE ließ keine auf die intrathekale ß-Interferon-Behandlung zurückgehende Befundbesserung erkennen. Dies stimmt mit den bisherigen Therapieergebnissen in der Literatur überein, insbesonders wenn 1. der therapieunabhängige wellenförmig progrediente Krankheitsverlauf einer SSPE berücksichtigt wird, 2. eine passagere Besserung in diesem Rahmen gesehen wird, und 3. eine alleinige Senkung des Masern-Antikörper-Titers ohne klinische Besserung nicht als Besserung des Therapieergebnisses gewertet wird. Zusätzlich unterstreicht der insgesamt 8monatige Vorsprung der klinischen Symptomatik vor EEG-, AEP-, CT- und NMR-Veränderungen ihre Bedeutung. Besonders die als typisch hingestellten EEG-Veränderungen mit periodischen EEG-Komplexen fehlten zunächst völlig. Vielleicht mag hierfür die besondere Verlaufsform der SSPE, die bei älteren Patienten mit einem Beginn der SSPE jenseits der Pubertät angenommen wird, ursächlich sein. Dieser Verlauf würde sich durch eine monatelange rein klinische Vorphase vor einem anschließend rasch progredienten Verlauf mit Auffälligkeiten in Neurophysiologie und Neuroradiologie auszeichnen.

Das Literaturverzeichnis ist bei den Verfassern erhältlich.

Polyneuropathien unbekannter Genese: Eine follow-up-Studie

F. Grahmann, M. Winterholler und B. Neundörfer

Trotz ausgedehnter Diagnostik bleibt ein Teil der peripheren Polyneuropathien (PNP) ätiologisch ungeklärt. Im Erlanger Krankengut beträgt der Anteil ungeklärter PNP 15 %, bezogen auf alle Altersgruppen (5). Das Ziel dieser Studie war die Klärung der Frage, ob ambulante Nachuntersuchungen zur Diagnosefindung beitragen.

Wie in anderen Studien (1, 2, 4, 6) wurden keine Fälle von akuter oder chronischer Polyradikulitis Guillain-Barré aufgenommen. Zwischen August 1984 und Januar 1989 wurden 79 stationäre Patienten unserer Klinik mit der Diagnose "Polyneuropathie unklarer Genese" entlassen. Aus dieser Gruppe konnten wir 41 Patienten (31 Männer und 10 Frauen zwischen 24 und 81 Jahren) nachuntersuchen. Zwischen stationärem Aufenthalt und der Nachuntersuchung waren im Mittel 24 (6 - 57) Monate vergangen. Es handelte sich somit um eine ziemlich heterogene Gruppe. Bei 20 Patienten konnte die Ätiologie auch durch eine Nervenbiopsie nicht geklärt werden. Wir verwendeten in dieser Studie ein teilstandardisiertes Interview und den "Münchner Alkoholismustest" (MALT) für die Anamnese sowie eine klinisch-elektrophysiologische Untersuchung zur Einteilung nach Manifestationstypen. Der modifizierte "neurological disability score" (NDS) nach Dyck (3) wurde zur Beschreibung der Ausfälle und Verlaufsbeurteilung verwandt. Die Punkteskala geht nach der Schwere der Behinderungen durch die neurologischen Ausfälle von 0 - 22 Punkte. Bei der laborchemischen Diagnostik wurden diverse serologische und toxikologische Tests, Immunelektrophorese des Serums, Vitamin B1, B12 und Folsäure-Spiegel und der Kryoglobulinnachweis im Serum wiederholt.

Bei den 41 untersuchten Patienten hatten 25 (61 %) einen symmetrisch-paretischen, 9 (22 %) einen symmetrisch-sensiblen und 7 (17 %) einen assymmetrischen Manifestationstyp. 9 Fälle (22 %) konnten endgültig geklärt werden. In 2 Fällen mit Mononeuritis multiplex handelte es sich um eine bioptisch gesicherte, epi- und endoneurale Mikrovaskulitis. Bei einer Patientin bestand der Verdacht auf eine zugrundeliegende Neuroborreliose. Durch die Verweigerung der LP konnten wir diese serologisch jedoch nicht beweisen. Die 7 weiteren geklärten Fälle waren alle distalsymmetrische PNP. Im einzelnen diagnostizierten wir: Eine benigne, monoklonale Gammopathie vom IgG kappa Typ kombiniert mit Kryoglobulinämie, eine Paraproteinämie IgM lambda bei niedrig malignem Non-Hodgkin Lymphom, eine Alkohol-PNP, eine kombinierte, alkoholische und ischämische und eine rein ischämische PNP bei arterieller Verschlußkrankheit. Metaqualonintoxikation und evtl. eine chronisch-obstruktive Bronchitis verursachten eine weitere PNP. Beim letzten Fall wurde ein M. Friedreich endgültig bestätigt. Unerwarteterweise bildeten 14 der 32 weiterhin ungeklärten PNP (44 %) eine homogene Gruppe mit folgenden Kriterien: Alle haben eine primär axonale Läsion mit unspezifischem Nervenbiopsiebefund. Der Beginn ist schleichend mit chronisch-progredientem Verlauf mit Erreichen eines Plateaus. Die Behinderungen bleiben gering (NDS bis Grad 3). Die Patienten sind bei Krankheitsbeginn 45 - 65 Jahre alt. Auch andere Arbeiten mit kleineren Fallzahlen bestätigen die bezüglich der Behinderung relativ gute

Prognose und langsame Progredienz der meisten unklaren Fälle (4, 7). Diese Gruppe muß einen großen Anteil hereditärer PNP enthalten, die wir ohne Familienuntersuchungen nicht erfaßt haben. Dyck (2) fand nur durch begleitende Verwandtschaftsuntersuchungen 42 % hereditäre PNP in seiner Serie.

Zusammenfassend stellen wir fest, daß ambulante Nachuntersuchungen ungeklärter PNP mit gezieltem Screening die diagnostische Aufklärungsrate signifikant erhöhen (hier 22 %) und von den unklaren PNP gibt es eine große, homogene Untergruppe (44 %) mit spezifischen klinisch-pathologischen Charakteristika. Hereditäre PNP und die sog. unspezifische Alters-PNP bilden einen beträchtlichen Anteil der ungeklärten PNP.

Literatur

1. Corvisier N, Vallat JM, Hugon J, Lubeau M, Dumas M (1987) Les neuropathies de cause indetermineé. Rev Neurol (Paris) 143:279-283
2. Dyck PJ, Oviatt KF, Lambert EH (1981) Intensive evaluation of referred unclassified neuropathies yields improved diagnosis. Ann Neurol 10:222-226
3. Dyck PJ, Karnes JL, Daube J, O'Brian P, Service FJ (1985) Clinical and neuropathological criteria for the diagnosis and staging of diabetic polyneuropathy. Brain 108:861-880
4. Etti J (1987) Verlauf der Polyneuropathien in Hinblick auf die klinische Symptomatik und auf die elektrophysiologischen Befunde. Dissertation, Universität Heidelberg
5. Fagius J (1983) Chronic cryptogenic polyneuropathy - the search for a cause. Acta Neurol Scand 67:173-180
6. Grahmann F, Neundörfer B, Schober S (1990) Peripheral polyneuropathy in late life. Neurologija (Zagreb) (Suppl) 2, Vol 39:82
7. Hopf HC, Althaus HH, Vogel P (1973) An evaluation of the course of peripheral neuropathies based on clinical and neurographical reexaminations. Europ Neurol 9:90-104
8. McLeod JG, Tuck RR, Pollard JD, Cameron J, Walsh JC (1984) Chronic polyneuropathy of undetermined cause. J Neurol Neurosurg Psychiatry 47:530-535

Polyneuropathien bei benignen Gammopathien

K. Kunze und G. Pfeiffer

Polyneuropathien bei Paraproteinämien sind nicht so selten, wobei Häufigkeitsangaben von Krankengut und Selektionskriterien abhängen. Immerhin werden bei multiplen Myelomen Häufigkeiten von 13 bis 39 %, beim osteosklerotischen Myelom von bis zu 50 % und bei den sogenannten benignen Gammopathien unter Miteinbeziehung von elektromyographischen und neurographischen Befunden noch größere Häufigkeiten angegeben (2, 3, 5). Es handelt sich dabei vorwiegend um symmetrische, sensibel-motorische Polyneuropathien, die distal an den unteren Extremitäten betont sind und dann sich meistens nach proximal hin ausbreiten. Vom Manifestationstyp und klinischem Verlauf her entsprechen damit diese Polyneuropathien den chronischen (progredienten) ideopathischen Polyradikuloneuritiden. Damit ergibt sich bereits die Zuordnung zu den immunologisch bedingten Erkrankungen, die sich bei weiteren immunologischen Untersuchungen auch bestätigte (1, 4). Progredienz und klinischer Schweregrad können dabei sehr unterschiedlich sein und eine Reihe von Fällen können sehr langsam laufen, so daß Grund für die Annahme besteht, daß solche Polyneuropathien pathogenetisch einen Teil der ungeklärten chronischen Polyneuropathien ausmachen.

Aus unserem Krankengut von 26 Patienten mit einer monoklonalen Gammapathie fanden sich 15 Patienten, die initial von internistischer Seite aus als sogenannte benigne Gammopathie klassifiziert werden konnten. Davon hatten 12 eine Polyneuropathie. Es handelte sich um 8 Männer und 4 Frauen mit einem mittleren Alter von 59 Jahren (43 bis 80 Jahre), bei denen in 2 Fällen eine IgA-Gammopathie, in 8 Fällen eine IgG- und in 2 Fällen eine IgM-Gammopathie vorlag. Von seiten der Polyneuropathie handelte es sich im wesentlichen um eine weitgehend symmetrische, sensibel motorische Polyneuropathie, die distal und an den unteren Extremitäten stärker ausgeprägt war. Bei 2 Patienten bestand ein proximaler Schwerpunkt im Rahmen der Gesamtsymptomatik, wobei bei diesen beiden Patienten keine eindeutigen sensiblen Ausfälle bestanden. 3 Patienten hatten zusätzliche Schwerpunktlokalisationen. Elektromyographisch und neurographische Untersuchungen zeigten bei allen Patienten, bis auf eine Ausnahme, Zeichen einer vorwiegenden axonalen Schädigung, wobei bei 6 Patienten maximale motorische und sensible Nervenleitungsgeschwindigkeiten leicht bis mäßig herabgesetzt waren, nur in einem Fall bestanden nur Herabsetzungen der Nervenleitgeschwindigkeiten ohne Denervierungsschädigung. Hirnnervenausfälle fanden sich nicht. Das Liquoreiweiß war nur in 2 Fällen über 800 mg/l erhöht, Zellzahlerhöhungen lagen nicht vor. Auffällige zusätzliche immunologische Befunde im Liquor waren nicht vorhanden.

Die Muskelbiopsie zeigte in 10 Fällen eine mehr oder minder ausgeprägte neurogene Schädigung mit Zeichen einer Mikroangiopathie.

Die erste Patientin dieser Gruppe war eine 58jährige Frau, die seit 5 Jahren eine zunehmende, vor allem motorische und nur gering sensible Polyneuropathie mit deutlichen Atrophien distal an den unteren und oberen Extremitäten entwickelt hatte, wobei Paresen und Atrophien im Jahr vor der Aufnahme hier deutlich zugenommen hatten. Einziger pathogenetischer Hinweis war eine benigne IgG-Gammopathie vom Typ Kappa. Es wurde deshalb 1982 eine Plasmapherese in 5 Serien mit insgesamt einem Austausch von 19 Litern durchgeführt. Danach kam es zu einer leichten Besserung der Paresen, insbesondere zu einem Rückgang der kurz zuvor aufgetretenen proximalen Schwäche und damit zu einer Besserung der Gangstabilität. Im weiteren Verlauf ergab sich von hämatologischer Seite aus der Befund eines Immunozytoms. Es wurde deshalb eine Chemotherapie mit 17 Serien (Leukeran/ Prednison) angeschlossen. Die Paresen besserten sich weiterhin leicht. Eine neue Exazerbation trat in den folgenden Jahren nicht mehr auf. Eine Plasmapherese wurde nur noch bei einem weiteren Patienten mit sich entwickelnder Polyneuropathie durchgeführt, die dann auch zu einer leichten Besserung führte. Eine durchgreifende Besserung trat aber bei diesem Patienten erst unter Kortison ein mit einem eindeutigen Rückgang der Paresen an oberen und unteren Extremitäten. Bei 4 weiteren Fällen, in 2 Fällen davon in Kombination mit Chemotherapie, wurde unter Kortikosteroiden eine eindeutige Besserung mit Rückgang der Paresen mindestens um 1 Grad bzw. in schweren Fällen von nicht mehr gehfähig bis zum Gehen erreicht. In 6 Fällen kam es entweder allein unter Kortikosteroiden oder in Kombination von Kortikosteroiden mit Chemotherapie zu einer Stabilisierung der Befunde, d. h. die zuvor rasche Progredienz der Polyneuropathie blieb aus. In diesem Zusammenhang ist zu berücksichtigen, daß bis auf die zuerst geschilderte Patientin und einen weiteren Patienten die Anamnese im Mittel 13 Monate betrug (2 bis 48 Monate). Die weitere Beobachtungszeit bisher betrug 1 - 8 Jahre.

Die Befunde bei diesen Polyneuropathien entsprechen den vorliegenden immunologischen Untersuchungen, auch unter Berücksichtigung der Mikroangiopathie, wie sie hier in den Muskelbiopsien nachgewiesen wurde (1, 4, 6). Bisher sind in der Literatur immer wieder nur einzelne Fälle mit zum Teil unterschiedlichen Ergebnissen, beispielsweise "geringem bis deutlichem Effekt in 4 bis 5 Patienten" (1) mitgeteilt worden. Prädiktoren lassen sich bis jetzt noch nicht ableiten, es scheint aber so zu sein, daß die frühest mögliche Diagnostik und Therapie die entscheidenden Faktoren sind. Weiterhin ist zu berücksichtigen, daß es im Verlauf zu einer Transformation beispielsweise in einem unserer Fälle zum Immunozytom oder zu einer spezifischeren Diagnose, z. B. in einem unserer Fälle der Nachweis eines osteosklerotischen Myeloms, welches sich zunächst als benigne Gammopathie darstellte, kommen kann. Diese osteosklerotischen Myelome sind sehr selten, Therapieergebnisse bisher sehr schlecht. Dieser Patient, der nicht mehr gehfähig war, hat jetzt überhaupt keine Ausfälle mehr und ist voll berufsfähig.

Literatur

1. Dalakas MC, Engel WK (1981) Ann Neurol 10:45-52
2. Kelly II (1985) Muscle and Nerve 8:138-150
3. Mc Leod JG, Walsh IC and Pollard JD, Saunders WB (1984) Philadelphia London Toronto
4. Meier C, Roberts K, Streck A et al (1984) Acta Neuropathol (Berlin) 64:297-307
5. Ösby EL, Noring et al (1982) Br J Haematol 51:531-539
6. Powell HC, Rodriguez M et al (1984) Ann Neurol 15:386-394

Polyneuropathie im Rahmen eines POEMS-Syndroms - eine Fallbeschreibung

D. Timmann und G. Schwendemann

Das *POEMS-Syndrom* (für: Polyneuropathie, Organomegalie, Endokrinopathie, M-Protein, skin changes bzw. Hautveränderungen) (1), synonym Crow-Fukase (8) oder Takatsukis Syndrom (4), ist eine seltene, vorwiegend in Japan und China (8, 13) beschriebene Multisystemerkrankung unklarer Ätiologie. Für Europa und USA liegen wenige Einzelfallbeschreibungen vor (2 - 7, 9 - 12, 14). Die folgende Fallbeschreibung ist die dritte im uns bekannten, vorliegenden deutschen Schrifttum (6, 9).

Fallbeschreibung: 58jährige Patientin mit seit 1986 mehrfach histologisch gesichertem M. Castleman (synonym angiofollikuläre lymphatische Hyperplasie oder giant lymph node hyperplasia) vom plasmazellulären Typ mit immunhistochemisch überwiegend IgA-positiven Plasmazellen (Professor Hansmann, Abt. für Pathologie, Universität Kiel) entwickelte seit 1988 langsam progrediente Sensibilitätsstörungen der Füße sowie eine zunehmende Gangunsicherheit. 1989 trat eine linkshemisphärische RIND-Symptomatik mit einer für wenige Tage anhaltenden Schwäche der rechten Körperhälfte und motorischen Aphasie auf.

Klinisch fand sich eine Schwäche der Zehenextension vom MRC-Kraftgrad 4/5, bds. ausgefallene ASR, eine sockenförmig begrenzte Hypästhesie und -algesie, eine Pallhypästhesie sowie eine afferente Gangunsicherheit. Die Haut der Akren war verdickt und zyanotisch, links inguinal ein Lymphknoten palpabel.

Elektroneurographisch fand sich eine gemischte, vorwiegend motorische Polyneuropathie (NLG: N tibialis 21 m/s, keine F-Welle; N. suralis 42 m/s; N. medianus 40 m/s). Die *N. suralis-Biopsie* zeigte vereinzlte Markfaserdegenrationen und einzelne Gefäße mit Endothelproliferationen ohne Entzündungszeichen (Dr. Thomas, Abt. f. Neuropathologie, Universität Düsseldorf).

In der *Knochemarkshistologie* fand sich ein unauffälliger Befund, in einem knochenszintigraphisch nachgewiesenen Herd im linken Femur histologisch ein Fibrom, im Abdomen-CT ein vergrößerter inguinaler Lymphknoten. An pathologischen *Laborparametern* fanden sich ein IgA-Lambda-Paraprotein im Serum und Urin (IgA 616 mg/dl), pathologischer Glukosebelastungstest, Hyperlipoproteinämie Typ IV n. F., Autoantikörper gegen Zellkern (1 : 2048), Vitamin B12 grenzwertig niedrig (nach Substitution keine Symptomveränderung), Eiweißerhöhung im Liquor (666 mg/dl); normwertig waren BSG, Nieren- und Leberwerte, MAG-Autoantikörper, T3, T4, fT4 sowie HIV-Serologie.

Zusammengefaßt ergibt sich eine Symptomkombination, die für das POEMS-Syndrom typisch ist: Dieses ist gekennzeichnet durch eine gemischte, vorwiegend motorische Polyneuropathie (5) bei Paraproteinämie (zumeist IgG- oder IgA-Lambda (5, 8)) mit und ohne Myelom (8). Kombiniert sind vielfältige weitere klinische Manifestationen: Anasarka (periphere Ödeme, Aszitis), Hautveränderungen (Hyperpigmentierung, Hypertrichosis, Verdickungen), Endokrinopathie (pathologische Glukosetoleranz, Amenorrhoe, Impotenz), Organomegalie (Hepatomegalie, Splenomegalie, Lymphadenopathie) neben seltenen Symptomen wie Liquoreiweißerhöhung und Polyzythämie. In der größten japanischen Übersichtsarbeit (8) werden bei bestehender Lymphadenopathie in bis zu 60 % der Fälle Veränderungen im Sinne eines M. Castleman vom plasmazellulären Typ beschrieben, einer lymphoproliferativen Erkrankung mit Follikelhyperplasie und Plasmazellvermehrung. Von der Symptomkombination bei POEMS lagen bei unserer Patientin eine Polyneuropathie, M. Castleman, pathologische Glukosebelastung und Hyperlipoproteinämie, eine IgA-Lambda-Paraproteinämie und Hautveränderungen vor.

Im Vergleich zu den in der Literatur beschriebenen Fällen (5, 6, 8) mit rasch progredientem Verlauf bis zur schwerden Tetraparese innerhalb von zwei Jahren fällt in dem hier beschriebenen Fall ein sehr viel langsamerer klinischer Verlauf auf. Auf eine Chemotherapie (Melphalan oder Cyclophosphamid in Kombination mit Kortikosteroiden), für die gute therapeutische Erfolge beschrieben werden (5, 8), wurde deshalb zum jetzigen Zeitpunkt verzichtet.

Literatur

1. Bardwick PA et al (1980) Plasma cell dyscrasia with polyneuropathy, organomegaly, endocrinopathy, m protein and skin changes: the POEMS syndrome. Medicine, Baltimore 59:311-322
2. Bergovignan FX et al (1987) Uncompacted lamellae in three patients with POEMS syndrome. Eur Neurol 27:173-181
3. Berkovic SF et al (1986) Proximal motor neuropathy, dermato-endocrine syndrome and IgG kappa paraproteinemia. Arch Neurol 43:845-848
4. Bitter MA et al (1985) Giant lymph node hyperplasia with osteoplastic bone lesions and the POEMS (Takatsuki's) syndrome. Cancer 56:188-194
5. Donaghy M et al (1989) Peripheral neuropathy associated with Castleman's disease. J Neurol Sci 89:253-267
6. Dworak O et al (1988) Angiofollikuläre lymphatische Hyperplasie mit Plasmozytom und Polyneuropathie. Klin Wochenschr 66:591-595
7. Hyman BT, Westrick MA (1986) Multiple myeloma with polyneuropathy and coagulopathy. Arch Intern Med 146:993-994
8. Nakanishi T et al (1984) The crow-fukase syndrome: a study of 102 cases in Japan. Neurology (Cleveland) 34:712-720
9. Meier C et al (1986) Polyneuropathie, Organomegalie, Endokrinopathie und Hautveränderungen bei einem Fall mit solitärem Myelom. Schw med Wschr 116:Nr 39
10. Schulz W et al (1989) POEMS syndrome associated with polycythemia vera. Cancer 63:1175-1178
11. Soubier M et al (1990) Neurologic manifestations of POEMS syndrome. Neurology 40 (Suppl 1):269
12. Scully RE et al (1987) Case reports of the Massachusetts General Hospital. Case 10-1987. N Engl J Med 316:606-617
13. Thajeb P et al (1989) The POEMS syndrome among Chinese: association with Castleman's disease and some immunological abnormalities. Acta Neurol Scand 80:492-500
14. Williams C, Mandler RN (1990) Neurologic complications of POEMS syndrome and Castleman's lymphoma. Neurology 40 (Suppl 1)

Untersuchung der Vibrationsschwelle bei Gesunden und Patienten mit peripheren Nervenstörungen*

D. Claus, F. Müller, F. Grahmann und B. Neundörfer

Vibrationsreize erregen rasch adaptierende Druckrezeptoren (FAII, Pacini) und lösen afferente Salven in schnell leitenden Nervenfasern aus (A alpha). Daneben werden auch Meissnersche Tastkörperchen und Muskelspindeln stimuliert. In einer früheren Arbeit konnte bestätigt werden, daß die Untersuchung der Vibrationswahrnehmung mit einem elektromagnetischen Vibrator empfindlichere Meßergebnisse liefert als der Test mit einer Stimmgabel (1). Nun sollen verschiedene Meßalgorithmen miteinander verglichen werden.

1. Vibrameter

Die Vibrationsschwelle (VT) wurde bei 67 Gesunden (20 - 72; 39 +/- 14 J.) mit einem durch einen phasenkonstanten Oszillator gesteuerten elektromagnetischen Vibrameter (100 - 120 Hz), bei dem die Reizamplituden am Vibrationskopf direkt optisch gemessen und digital angegeben werden (µm), bestimmt (SOMEDIC AB, Stockholm). Das Gerät war über ein paralleles Interface mit einem Computer verbunden. Dadurch konnte die Reizapplikation geregelt und die Auswertung vorgenommen werden. Gemessen wurde volar an der Endphalanx des rechten Mittelfingers, die Hauttemperatur wurde zu Beginn auf 35 +/- 1° C eingestellt, der Auflagedruck des Meßkopfes betrug ca. 3000 N/cm^2. Der Vibrator war in ein Stativ eingespannt. In randomisierter Reihenfolge wurden die Wahrnehmungsschwellen nach der Eingrenzungsmethode (I) (2), der Titrationsmethode (II), der Forced choice Methode (III) und der Method of constant stimuli (IV) bestimmt. Zur Untersuchung der Reliabilität wurden die Messungen an einem zweiten Tag wiederholt. Um die Sensitivität der Tests zu prüfen, wurden 39 Diabetiker untersucht (20 - 69; 47 +/- 16 J.), bei 21 von ihnen war klinisch eine Polyneuropathie diagnostiziert worden.

2. Vibratester 100

Der später entwickelte Vibratester 100 arbeitet nach den gleichen Verfahren (Phywe GmbH, Göttingen). Die Reizamplitude wird akzelerometrisch direkt am Stimulator gemessen und ihre u. a. durch Schwankungen des Auflagedrucks bedingten Abweichungen werden über einen Regelkreis automatisch korrigiert. Mit diesem Gerät wurden in der vorher beschriebenen Weise 75 gesunde Probanden am rechten Malleolus medialis untersucht (19 - 68, 36 +/- 13 J.).

Bei der Eingrenzungsmethode werden rampenförmig zu- oder abnehmende Stimuli dargeboten. Der Proband signalisiert Beginn oder Ende der Reizwahrnehmung durch Knopfdruck. Die definierte Amplitude von Rechteckstimuli nimmt bei der Titrationsmethode schrittweise ab, bis der Reiz nicht mehr erkannt wird. Bei der Forced choice Messung muß der Proband erkennen, in welcher von zwei Untersuchungsphasen eine Vibration definierter Amplitude gegeben wurde. Die Reizamplituden werden entsprechend der "up and down transformed rule" (3) modifiziert.

Ergebnistabelle

Meßort	re. Mittelfinger SOMEDIC				re. Malleolus PHYWE		
Methode	Eingr.VT	Titr.VT	F.choiceVT	Const.stim.	Eingr.VT	Titr.VT	F.choiceVT
n	67				75		
Mittelw. (µm)	1,02	0,92	0,94	50 % Schw.= 0,95	0,61	0,42	0,50
SD	0,63	0,51	0,47	0,48	0,39	0,42	0,54
Var.Koeff. (%)	62	55	50	51	64	101	108
Dauer (min)	4	7	9	8			
Korrelation Tag 1/2:							
R	0,75	0,72	0,63	0,70	0,79	0,81	0,56
Spearman z	5,68	5,90	5,58	5,09	3,20	2,90	3,15
(p < 0,01)							

Die mit dem Vibrameter nach den Verfahren I bis III gefundenen Schwellen weichen nicht wesentlich von der mit der Method of constant stimuli definierten 50 % Perzeptionsschwelle ab. Die mit allen Verfahren gefundenen Werte sind altersabhängig. Bei den 39 Diabetikern wurden am Mittelfinger pathologische Vibrationsschwellen mit den Methoden I in 12, II in 9 und III in 10 Fällen gefunden. Die relativ geringe Häufigkeit pathologischer Befunde ist mit dem Meßort zu erklären. Eine Korrelation zur klinischen Polyneuropathiediagnose fand sich nur mit der Eingrenzungsmethode (Fisher p < 0,02). Die Eingrenzungsmethode erlaubt eine schnelle Messung (Dauer 4 min). Sie weist, die Variabilität (Var.Koeff.) und die Reliabilität der Ergebnisse betreffend (Korrelationskoeffizient R und Spearman z), gegenüber den komplizierteren Meßverfahren II und III keine Nachteile auf. Die gefundenen Ergebnisse an Gesunden und Patienten zeigen, daß die Vibrationswahrnehmung mit einem Vibrameter mit der Eingrenzungsmethode zuverlässig bestimmt werden kann.

Mit dem durch akzelerometrische Amplitudenmessung und kontrollierte Reizamplitude ausgezeichneten Vibratester 100 werden sogar am Sprunggelenk niedrigere Wahrnehmungsschwellen gemessen. Ob die Ergebnisse deshalb auch sensibler sind als mit dem anderen Gerät, kann derzeit nicht entschieden werden. Bezogen auf die Variabilität und Reproduzierbarkeit der Normwerte zeichnet sich wiederum kein Vorteil der komplizierteren Titrationsmethode oder des Forced choice Verfahrens gegenüber der Eingrenzungsmethode ab.

Literatur

1. Claus D, Carvalho VP, Neundörfer B, Blaise JF (1988) Zur Untersuchung des Vibrationsempfindens. Nervenarzt 59:138-142
2. Goldberg JM, Lindblom U 1979) Standardised method of determining vibratory perception thresholds for diagnosis and screening in neurological investigation. J Neurol Neurosurg Psychiatry 42:793-803
3. Wetherhill GB, Chen H, Vasudeva RB (1966) Sequential estimation of quantal response curves: a new method of estimation. Biometrika 53:439-454

*Mit Unterstützung der J. und F. Marohn-Stiftung

Was bringt die Temperatur- und Schmerzschwellenbestimmung für die Polyneuropathiediagnostik?

S. Laicher, H. Wiethölter, A. Stevens, F. Stetter und J. Dichgans

Bei 8 - 10 % der Diabetiker kommt es zunächst zur sogenannten "small-fibre-"Neuropathie, wobei die dünn und nicht myelinisierten Nervenfasern geschädigt werden, die Temperatur- und Schmerzreize leiten (3, 6, 10). Die üblichen elektrophysiologischen Methoden (Nervenleitgeschwindigkeiten, EMG) erfassen nur die Funktion der dick bemarkten motorischen und sensiblen Nervenfasern. Es wurden daher zahlreiche Methoden zur quantitativen Messung der Funktion von dünn (Kältempfindung) und nicht myelinisierten (Warm- und Schmerzempfindung) Nervenfasern entwickelt und für die klinische Anwendung empfohlen (1, 2, 4, 5, 7, 8, 9).

Wir bestimmten die Temperatur- und Schmerzschwellen mit Hilfe einer Kontaktthermode ("pain and thermal sensitivity tester MPI 100"[R], Phywe, Göttingen): Ein Metallplättchen (5,8 cm^2), das sich in Abhängigkeit von der Richtung des durchfließenden Stromes erwärmt bzw. abkühlt, wurde auf Hand- und Fußrücken aufgelegt. Für die Messung der Warm- und Kaltschwellen steigt bzw. fällt die Temperatur ausgehend von 32°C mit 0.7°C/ sec. und der Proband drückt eine Antworttaste, sobald er eine Temperaturänderung empfindet. Es finden jeweils 7 Durchgänge statt, der Mittelwert stellt die Warm- bzw. Kaltschwellen dar. Für die Bestimmung der Schmerzschwelle steigt die Temperatur ausgehend von 40° C, der Proband drückt die Antworttaste, sobald er eine Schmerzempfindung wahrnimmt. Der Mittelwert von 5 Messungen stellt die Schmerzschwelle dar. Werden 50°C erreicht, wird der Vorgang automatisch abgebrochen.

Es wurden 133 Personen untersucht: 46 Kontrollpersonen im Alter von 21 - 70 Jahren (Mittelwert +/- 1 SD 42,4 +/- 14,2 Jahre), 12 Patienten mit Diabetes mellitus (58,4 +/- 8,3 Jahre), 22 Alkoholkranke (47,2 +/- 13,1 Jahre), 17 Pat. mit einer Polyneuropathie nicht diabetischer bzw. nicht äthylischer Ursache (56,1 +/- 13,8 Jahre), 26 Pat. mit zentralen und radikulären Sensibilitätsstörungen (46,8 +/- 15,9 Jahre) sowie 10 Patienten mit einem depressiven Syndrom (37,7 +/- 9,5 Jahre).

Bei der Festlegung des Normbereiches fand sich eine ausgeprägte interindividuelle Variabilität. Oberer Normwert für die - nicht altersabhängige - Schmerzschwelle an der Hand (Mittelwert + 2 SD) war 48,3°C, am Fuß 47,8°C. Warm- und Kaltschwellen waren signifikant (p < 0.005) altersabhängig, als pathologisch wurden alterskorrigierte Werte außerhalb des Bereiches von Mittelwert +/- 2 SD definiert.

Korreliert man die Ergebnisse der Schwellenbestimmungen mit klinischen und elektrophysiologischen Parametern (Parästhesien, Hypästhesie, Thermhypästhesie, Hypalgesie im gemessenen Bereich, normale oder abgeschwächte bzw. fehlende Muskeleigenreflexe, Vibrationsempfindung, vegetative Störungen, motorische und sensible Nervenleitgeschwindigkeiten) mit Hilfe von Kontingenztafeln, so findet sich eine signififikante Abhängigkeit nur für das Vibrationsempfinden (X^2= 9,46, p < 0.005) und die motorische NLG (X^2= 5,7, p < 0.05), beides also Funktionen dick bemarkter Nervenfasern. Die klinischen Befunde normaler oder gestörter Temperatur- und Schmerzempfindung korrelieren nicht mit den gemessenen normalen oder pathologischen Temperatur- und Schmerzschwellen. Es resultiert eine Spezifität der Methode von 63 % (Schmerzempfindung) bzw. von 59 % (Temperaturempfindung) und eine Sensitivität von 47 bzw. 23 %.

Zur Abklärung des Einflusses psychischer Faktoren auf die Schwellenbestimmungen wurden 14 Patienten ohne Sensibilitätsstörungen (Alter 47,3 +/- 17,5) untersucht. 7 dieser Patienten hatten psychische Auffälligkeiten im Sinne eines leichten hirnorganischen Psychosyndroms, einer Depression oder einer beginnenden Demenz. Zusätzlich zu den Warm- und Kaltschwellen wurden die Reaktionszeiten am Wiener Reaktionsgerät gemessen. Es fand sich eine signifikante (p < 0.005) Korrelation zwischen Warm- und Kaltempfindungsschwellen und den Reaktionszeiten. Zur Abklärung intraindividueller Schwankungen als Folge psychischer Einflüsse wurden die Temperatur- und Schmerzschwellen sowie die Reaktionszeiten vor und jeweils 10 Minuten nach i. v. verabreichtem Valium (4 Einzeldosen, insgesamt 8 mg) bestimmt. Die Warm- und Schmerzschwellen stiegen signifikant (p < 0.005) an, gleichzeitig verlängerten sich die Reaktionsgeschwindigkeiten.

Zusammenfassend ist die Temperatur- und Schmerzschwellenbestimmung aufgrund der hohen inter- und intraindividuellen Variabilität, der niedrigen Sensitivität und Spezifität als Folge des großen Einflusses schwer kalkulierbarer psychischer Faktoren (Müdigkeit, Motivation, Konzentration usw.) zur Diagnose und Verlaufskontrolle der small-fibre-Neuropathie nicht geeignet.

Literatur

1. Arezzo JC, Schaumburg HH, Laudadio C (1986) Thermal sensitivity tester: device for quantitative assessment of thermal sense in diabetic neuropathy. Diabetes 35:590-592
2. Bertelsmann FW, Heimans JJ, Weber EJM, van der Veen EA, Schouten JA (1985) Thermal discrimination thresholds in normal subjects and in patients with diabetic neuropathy. J Neurol Neurosurg Psych 48:686-690
3. Brown MJ, Asbury AK (1984) Diabetic neuropathy. Ann Neurol 15:2-12
4. Claus D, Hilz MJ, Hummer I, Neundörfer B (1987) Methods of measurement of thermal thresholds. Acta Neurol Scand 76:288-296
5. Dyck PJ, Karnes J, O'Brien PC (1984) Detection thresholds of cutaneous sensation. In: Dyck PJ, Thomas PK, Lambert EH (Hrsg) Peripheral neuropathy. 2nd ed, Philadelphia, Saunders:107-121
6. Fowler CJ, Sitzoglou K, Ali Z, Halonen P (1988) The conduction velocities of peripheral nerve fibres conveying sensations of warming and cooling. Neurol Neurosurg Psych 51:1164-1170
7. Fruhstorfer H, Detering I (1974) A simple thermode for rapid temperature changes, Pflügers Arch 349:83-85
8. Jamal GA, Hansen S, Weir AI, Ballantyne JP (1985) An improved automated method for the measurement of thermal thresholds. 1. Normal subjects. J Neurol Neurosurg Psych 48:354-360
9. Kenshalo DR (1963) Improved method for the psychophysical study of the temperature sense. Rev Sci Instrum 34:883-886
10. Wiethölter H, Dichgans J (1989) Klinik und Diagnostik der diabetischen Neuropathie. Akt Endokr Stoffw 10:7-12 (Sonderheft)

Einfluß der Hämodialyse auf Temperatur- und Vibratometrieschwellen bei chronisch terminaler Niereninsuffizienz

M.J. Hilz, D. Claus, G. Rösl, B. Neundörfer und R.B. Sterzel

Die Entwicklung der nephrogenen Polyneuropathie kann als Parameter einer adäquaten Dialyse benutzt werden (5, 7). Jebsen et al. empfehlen vierteljährliche Kontrollen der Nervenleitgeschwindigkeiten (5). Dies lehnen die chronisch kranken Patienten oft als zu belastend ab (6). Erwünscht wären unbelastende, unkomplizierte Kontrollmethoden wie etwa die elektromagnetische Vibratometrie, die A beta- Fasern prüft (1, 4), oder die Marstock-Thermotestung, die A delta- und C- Fasern beurteilt (2). Wir untersuchten daher, ob diese Methoden nach einer einzelnen Hämodialyse Besserungen des Temperatur- und Vibrationsempfindens nachweisen.

Bei 20 chronisch terminal niereninsuffizienten Patienten (33 bis 80 Jahre, Durchschnittsalter 51,8 Jahre), die bereits zwischen 12,7 Monaten und 9,5 Jahren (durchschnittlich seit 3,55 Jahren, Standardabweichung 2,57 Jahre) von der Dialyse abhängig waren, wurden kurz vor und unmittelbar nach einer Hämodialyse im Bereich beider Innenknöchel die Vibrations-, Kalt- und Warm-Wahrnehmungsschwellen mit einem Vibrameter Somedic AB und einem Marstock-Thermotester bestimmt. Die Thermode erwärmte sich mit 2,5° C/sec und kühlte sich mit 2,0° C/sec ab. Jeder Kalt- und Warmreiz wurde 8 bis 10 mal angeboten, bevor die Schwellen nach der method of limits bestimmt wurden. Die Vibrationsschwelle VT wurde aus der vibration perception threshold und der vibration dissappearance threshold gemittelt. (Weitere Methodik und altersbezogene Normwerte siehe (1, 2, 4)). Mit dem McNemar - Test nach wurde geprüft, ob nach Behandlung die *Anzahl* pathologischer Schwellen abnimmt. Mittels Wilcoxon-Test wurde berechnet, ob sich die *Schwellenwerte* insgesamt bessern.

Nach der Dialyse war die *Anzahl* pathologischer Vibratometrie- oder Thermotest-Befunde nicht seltener als zuvor. Pathologische Thermotest-Ergebnisse, insbesondere die Kaltschwellen waren sogar etwas, wenn auch nicht signifikant häufiger. Umso beachtlicher ist es, daß die *durchschnittlichen Schwellenwerte* nach der Dialyse trotzdem günstiger lagen als zuvor: Die Vibratometrieschwellen besserten sich links tendenziell (Wilcoxon: p=0,06), rechts hochsignifikant (Wilcoxon: p= 0,01). Die Thermotestschwellen besserten sich teilweise, so lag die Warmschwelle rechts nach Dialyse signifikant niedriger (Wilcoxon: p= 0,02), die Kaltschwelle nahm rechts tendenziell ab (Wilcoxon: p= 0,09).

Zunächst erstaunt es, daß pathologische Befunde nach der Dialyse nicht seltener als zuvor waren, zum Teil sogar zunahmen. Nach der Dialyse sind die meisten Patienten jedoch erschöpft und arbeiten daher kaum motiviert und konzentriert bei einer psycho-physischen Untersuchung wie der Thermotestung oder der Vibratometrie mit. Die Ergebnisse psycho-physischer Methoden werden von zentralen Verarbeitungsmechanismen stark beeinflußt (3). So ist die fehlende Abnahme pathologischer Befunde durch die ungünstige Untersuchungssituation bei Dialyseende, nicht etwa durch negative Dialyseeffekte an den Nervenfasern, zu erklären.

Trotz der ungünstigen Voraussetzungen und der daraus resultierenden teilweisen Zunahme pathologischer Befunde bessern sich die *durchschnittlichen Schwellenwerte* zumindest teilweise signifikant. Diese Funktionsbesserung nach Entfernung dialysabler Toxine belegt, daß in der Urämie an A beta-, A delta- und C-Fasern neben morphologischen Läsionen rasch reversible, nicht-strukturelle Schädigungen wirksam werden (8).

Vibratometrie und Thermotestung ergänzen die Neurographie im Dialyse-Intervall, wenn die Mitarbeit der Patienten nicht beeinträchtigt ist. Die Methoden eignen sich aber nicht, um z.B. während einer Dialyse zu entscheiden., ob die Therapie adäquat ist oder ob die Sitzung verlängert werden sollte.

Literatur

1. Claus D, Carvalho VP, Neundörfer B, Blaise JF (1988) Zur Untersuchung des Vibrationsempfindens, Normalbefunde und methodologische Aspekte. Nervenarzt 59:138-142
2. Claus D, Hilz MJ, Hummer I, Neundörfer B (1987) Methods of measurement of thermal tresholds. Acta Neurol Scand 76:288 - 296
3. Fagius J, Wahren LK (1981) Variability of sensory treshold determination in clinical use. Journal of the neurological sciences. J Neurol Sci 51:11-27
4. Goldberg JM, Lindblom U (1979) Standardised method of determinig vibratory perception tresholds for diagnosis and screening in neurological investigation. J Neurol Neurosurg Psychiatry 42:793-803
5. Jebsen RH, Tenckhoff H, Honet JC (1967) Natural history of uremic polyneuropathy and effects of dialysis. N Engl J Med 277:327-333
6. Nielsen VK (1974) The peripheral nerve function in chronic renal failure. VII. Longitudinal course during terminal renal failure and regular haemodialysis. Acta Med Scand 195:155-162
7. Sterzel RB, Gutjahr L, Stoltenburg-Didinger G (1976) Die periphere Neuropathie urämischer Patienten. Therapiewoche 26:2572-2575
8. Tegner R, Lindholm B (1985) Vibration perception treshold compared with nerve conduction velocity in the evaluation of uremic neuropathy. Acta Neurol Scand 71:284-289

Autonome Beteiligung bei alkoholischer und diabetischer Neuropathie*

D. Claus, F. Grahmann, J. Demling und B. Neundörfer

Ziel der Untersuchung war es, der Frage nachzugehen, wie häufig sich im Rahmen eines chronischen Alkoholismus und bei Diabetes mellitus Zeichen einer gestörten autonomen Innervation des Herzens finden.

Es wurden 23 Alkoholiker (24 - 66 J., Durchschnitt 47 J., MALT positiv) und 78 Patienten mit einem klinisch manifesten Diabetes mellitus (19 - 79 J., Durchschnitt 48 J.) untersucht. Klinisch war bei 60 % der Diabetiker und bei 95 % der Alkoholiker eine Polyneuropathie diagnostiziert worden (2 obj., 1 subj. Symptom).

Die Wahrnehmungsschwellen für Temperaturreize wurden dorsal der Innenknöchel nach der Eingrenzungsmethode (1) gemessen (PATH Tester MPI 100). Zur Untersuchung der autonom gesteuerten Variabilität der Herzfrequenz wurde ein automatisches EKG-Analysesystem verwendet (Pro Sci Card). Wenn zwei der untersuchten fünf Parameter (Streuung des RR-Intervalls, Variationskoeffizient und RMSSD bei ruhiger Atmung und unter HV) eine gegenüber dem Normalkollektiv (50 Gesunde, 16 - 68, Durchschn. 40 J.) geminderte Streuung der Herzfrequenz nachwiesen, war das Ergebnis pathologisch.

Eine ein- oder beidseitig beeinträchtigte Temperaturwahrnehmung fand sich bei den Alkoholikern (warm: 14/23, 61 %; kalt: 16/23, 70 %) - entsprechend der häufigeren Manifestation einer Polyneuropathie - öfter als bei den Diabetikern (warm: 34/78, 44 %; kalt: 37/78, 47 %). Zeichen einer gestörten autonomen Innervation des Herzens waren mit annähernd gleicher Inzidenz festzustellen (Diabetiker: 34/78, 44 %; Alkoholiker 9/23, 39 %). Sowohl bei Diabetikern als auch bei Alkoholikern fand sich eine gute Korrelation zwischen einer Beeinträchtigung der Temperaturwahrnehmung und der kardialen Frequenzmodulation (p < 0,001).

Bei den Patienten mit einer alkoholtoxischen Polyneuropathie finden sich recht häufig Hinweise für eine Funktionsstörung dünnkalibriger Nervenfasern, welche sowohl die Temperaturwahrnehmung als auch autonome Funktionen vermitteln. Ebenso wie bei der diabetischen Neuropathie kann diese Störung zur Entwicklung trophischer Ulzera beitragen. Die Korrelation der peripheren Befunde des Thermotests zur beeinträchtigten autonomen Herzinnervation könnte Ausdruck einer gemeinsamen Noxe sein. Eine direkte Beziehung zur Alkoholkonsumption und anamnestischen Angaben über die Dauer des Alkoholismus konnte nicht nachgewiesen werden.

Die vegetative alkoholische Polyneuropathie manifestiert sich primär am Vagusnerven (2, 5), deshalb kommt es im Beginn selten zu einer orthostatischen Hypotension. Die klinisch beobachtete Hyperhidrose muß auch an eine sympathische Störung denken lassen. Zusätzlich werden noch andere Symptome einer autonomen Polyneuropathie wie Dysphagie, Hypothermie, gestörte kardiovaskuläre Reflexe, Impotenz, Pupillenstörungen beobachtet (3, 4). Johnson und Robinson (3) hatten 79 Alkoholiker nachuntersucht und konnten zeigen, daß beim Vorliegen einer autonomen Beteiligung die Lebenserwartung verkürzt ist. Es kann zu plötzlichen unerklärten Todesfällen kommen, zu denen auch die alkoholtoxische Kardiomyopathie beitragen mag. Mit einer Batterie autonomer Tests der Herzfunktion waren bei 22 der 79 Patienten (28 %) pathologische Befunde erhoben worden. Von den 12 der 79 Patienten, die innerhalb des 7jährigen Beobachtungszeitraumes gestorben waren, hatten zuvor 5 einen und 4 zwei abnorme autonome Testergebnisse gehabt. Ihre Überlebensrate war demnach signifikant verkürzt. Todesursachen waren Atemstörungen und kardiovaskuläre Erkrankungen. Bei den Alkoholikern mit unauffälligen autonomen Tests war die Absterberate gegenüber der Normalpopulation hingegen nicht erhöht.

Es war bisher zu wenig bekannt, daß auch im Zusammenhang mit der alkoholischen Polyneuropathie Störungen von seiten des autonomen Nervensystems auftreten. Sie sind mit den gleichen Risiken behaftet wie bei Diabetikern (Narkoserisiko, Arrhythmien, gastrointestinale Störungen). Anders als bei Diabetikern können sich die autonomen Funktionen bei Alkoholikern aber unter Abstinenz normalisieren (6).

Literatur

1. Claus D, Hilz MG, Neundörfer B (1990) Thermal discrimination thresholds: a comparison of different methods. Acta Neurol Scand 81:533-540
2. Duncan G, Johnson RH, Lambie DG, Whiteside EA (1980) Evidence of vagal neuropathy in chronic alcoholics. The Lancet ii:1053-1057
3. Johnson RH, Robinson BJ (1988) Mortality in alcoholics with autonomic neuropathy. J Neurol Neurosurg Psychiatry 51:476-480
4. Melgaard B, Somnier F (1981) Cardiac neuropathy in chronic alcoholics. Clin Neurol Neurosurg 83:219-224
5. Novak DJ, Victor M (1974) The vagus and sympathetic nerves in alcoholic polyneuropathy. Arch Neurol 30:273-284
6. Tan ETH, Johnson RH, Lambie DG, Whiteside EA (1984) Alcoholic vagal neuropathy: recovery following prolonged abstinence. J Neurol Neurosurg Psychiatry 47:1335-1337

*Mit Unterstützung der J. und F. Marohn-Stiftung

Hirnatrophie, Corpus callosum - Maße und Demenz bei Parkinson-Patienten

Th. Günther, H. Baas, P.-A. Fischer und B. Lochner

Einleitung

Atrophische Veränderungen des Corpus callosum (CC) sind bei Alzheimer-Patienten und MS-Patienten sowohl morphologisch als auch MR-tomographisch beschrieben (10). Hier korrelierten reduzierte CC-Maße mit hirnorganisch dementiven Beeinträchtigungen (2, 3, 6, 12). CC-Maße scheinen somit eine enge Beziehung zu dementiven Symptomen aufzuweisen. Hirnorganische Beeinträchtigungen i. S. der Demenz treten bei Parkinson-Pat. abhänig von der Krankheitsdauer in einer Frequenz bis ca. 70 % auf (4). Gleichzeitig finden sich bei ca. 50 % der Parkinson-Pat., insbesondere bei dementen Pat., hirnatrophische Veränderungen in der CCT (9). Die Hirnatrophiediagnostik in CCT oder MRT stellt bei rein visueller Auswertung ein begrenzt reliables Verfahren dar. Verschiedene Verfahrenen wurden zur objektiven Quantifizierung hirnatrophischer Prozesse erarbeitet. Sie limitieren sich aber durch einen erheblichen Meßaufwand. In der vorliegenden Arbeit wurde versucht, bei Parkinson-Pat. das Ausmaß hirnorganisch dementiver Veränderungen in Korrelation zu CC-Maßen zu setzen, um zu prüfen, inwieweit diese CC-Maße bei Parkinson-Pat. als repräsentativer *Atrophie-/Demenz-Marker* dienen können.

Methodik

Es wurden 16 Pat. mit isoliertem Parkinson-Syndrom oder Parkinson plus-Syndrom (Demenz als führende zusätzliche Symptomatik) untersucht. Die MRT wurde in T1 gewichteten Sequenzen in sagittaler Schichtung durchgeführt (Picker: 0,5 Teslar). Die Balkenvermessung erfolgte an Genu, Splenium, maximaler + minimaler Truncusdicke und Truncusmitte. Mittelwerte wurden aus o. g. genannten Maßen errechnet. Die MRT wurden ergänzend visuell auf innere oder äußere Atrophiezeichen sowie lakunäre Herde geprüft. Der psycho-pathologische Status wurde mit besonderer Gewichtung der Demenz mit Hilfe des Mini Mental Status (MMS), Unified Parkinson's Disease Rating-Scale Teil 1 (UPDRS1), SCAG-Summenscore und eines SCAG-Subscores für Demenz (Items 1 - 4, 8, 12, 15, 16, 18) untersucht. Die statistische Auswertung erfolgte mittels chi^2-Test und Berechnung linearer Korrelationen nach Pearsson (SPSS PC$^+$, Microsoft Inc.).

Ergebnisse

Das Alter der Pat. betrug 66,4 +/- 11,1 Jahre. Die Krankheitsdauer betrug 5,7 +/- 5,2 Jahre. Die L-Dopa Dosis/die lag bei 548 +/- 212 mg. Die semiquantitativ-visuelle MRT-Auswertung zeigte bei 5/16 Pat. eine über der Altersnorm liegende innere und äußere Atrophie. Bei 6/16 Pat. zeigten sich lakunäre Herde. Die Balkenvermessung ergab folgende Werte für die Dicke: Genu 10,7 +/- 2,2 mm, Splenium 11,0 +/- 1,6 mm, Truncusmitte 5,2 +/- 1,3 mm, minimale Truncusdicke 4,1 +/- 1,2 mm, maximale Truncusdicke 5,5 +/- 1,3 mm. Für die mittlere Balkendicke wurden 7,5 +/- 1,7 mm errechnet. Die einzelnen CC-Maße zeigten hohe Interkorrelationen untereinander (r0,208 - 0,762). Die mittlere Balkendicke wies die höchsten Korrelationen auf. Sie wurde deshalb in die weiteren Berechnungen als repräsentativer Balkenparameter einbezogen. Die psychometrischen Daten ergaben im MMS 26,9 +/- 4,0 Pkte, in der UPDRS1 3.8 +/- 2,5 Pkte, im SCAG-Summenscore 38 +/- 11 Pkte. und im SCAG-Demenzscore 20,2 +/- 7,6 Pkte. Die einzelnen psychometrischen Skalen wiesen mit Ausnahme der UPDRS1 hohe Interkorrelationen von r > 0,7 auf. Ein signifikanter Zusammenhang zwischen Balkenmaßen, repräsentiert durch die mittlere Balkendicke, und visuell gewerteten Zeichen der Hirnatrophie (p < 0,449 chi²-Test) oder lakunärer Herde (p < 0,735 chi²-Test) konnte nicht gefunden werden. Mit den Daten der psychometrischen Untersuchungsreihe ergaben sich für die Balkenmaße ebenfalls keine signifikanten Zusammenhänge. Die mittlere Balkendicke korrelierte weder mit SCAG-Summenscore, SCAG-Demenzscore, noch mit MMS, oder UPDRS1 (Abb. 1).

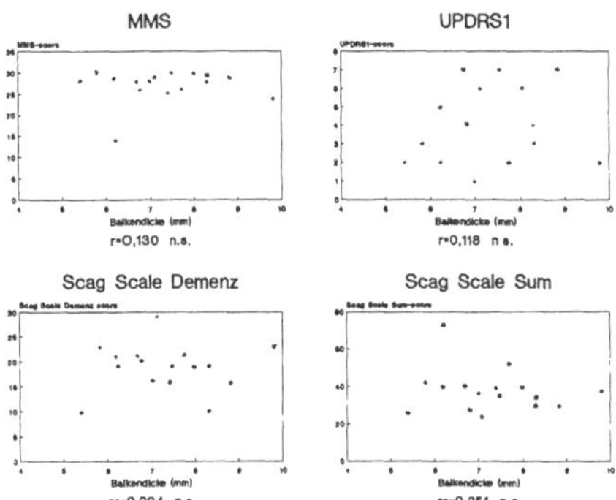

Abb. 1. Balkendicke versus psychometrische Testverfahren

Diskussion

Ziel der Arbeit war es, Korrelationen zwischen Balkenmaßen und auf dementive Veränderungen fokussierten psychometrischen Daten, wie sie bei SDAT- und MS-Pat. gefunden worden sind, auch bei Parkinson-Pat. nachzuweisen. Gleichzeitig sollte festgestellt werden, ob Balkenmaße bei diesem Patientengut als repräsentative, einfach meßbare Parameter für kortikale Atrophien herangezogen werden können. Hierzu wurden in unserer Arbeit erstmals exakte psychometrische Daten bei Parkinson-Pat. in Zusammenhang mit Balkenmaßen gebracht. Im Unterschied zu den Voruntersuchungen an SDAT- und MS-Pat. konnten wir aber in unserem Untersuchungskollektiv keine solchen Zusammenhänge finden. Wie bei den Voruntersuchungen ist aufgrund der rel. kleinen Fallzahl eine definitive Aussage noch nicht möglich. Da sich aber auch keine tendenziellen Zusammenhänge abzeichneten, scheinen zumindest in unserem Pat.-Kollektiv Balkenmaße als Demenz/Atrophie-Marker von begrenztem Wert zu sein. Die Ursache dieser unterschiedlichen Resultate bleibt zunächst unklar. Möglicherweise wurden durch die kleinen Fallzahlen die Krankheitsspektra nicht repräsentativ abgedeckt. Auch unser Patientengut konzentrierte sich vorwiegend auf leichtere Demenzformen. Weitere Untersuchungen mit größeren Fallzahlen sind gefordert.

Das Literaturverzeichnis ist bei den Verfassern erhältlich.

Heredität und Familiarität bei Morbus Parkinson

P. Vieregge, A. Glaese, G. Ulm und D. Kömpf

Familienstudien und bevölkerungsbezogene Fall-Kontrollstudien haben keine familiäre Häufung bei unausgelesenen Strichproben von Patienten mit idiopathischem Parkinson-Syndrom (IPD) erbracht (5). Einzig für die Patientengruppe mit Symptombeginn unter 40 Jahren ist in 30 - 40 % der Indexfälle eine gewisse familiäre Häufung festgestellt worden (1, 8, 9, 11). Methodische Einschränkungen verschiedener Studien sind: Keine oder zu kleine Kontrollgruppe (1, 4, 8, 9), fehlende Signifikanzberechnungen (1, 9), fehlende Unterscheidung der Bezugsgröße (Index-Patienten vs. Sippengröße) (1), ausschließliche Betrachtung von Geschwistern (3). Nachdem Verwandte der jungen IPD-Patienten in o. a. Untersuchungen mehrheitlich einen Erkrankungsbeginn im 50. - 60. Lebensjahr zeigten, ist zu erwarten, daß auch bei Patienten mit einem Erkrankungsalter jenseits des 40. - 50. Lebensjahres eine gewisse familiäre Häufung an IPD anzutreffen ist. Die Bedeutung unterschiedlicher klinischer Prädominanztypen (7) im Rahmen von Familienuntersuchungen ist bisher nicht bekannt, auch nicht, ob Patienten mit bzw. ohne Tremor am Erkrankungsbeginn sich in der Familiarität unterscheiden. Zusätzlich wurden in dieser Untersuchung nicht-hereditäre medizinische Risikofaktoren auf ihre Bedeutung für das familiäre Vorkommen von IPD untersucht.

161 ambulante und stationäre Patienten mit IPD (83 m, 78 w; mittleres Alter 65,6 Jahre; mittleres Erkrankungsalter 56,4 Jahre) wurden einer Stammbaum-Analyse unterzogen. Verwandte ersten und zweiten Grades über 30 Jahre galten als Risikopersonen. Neben der Schilderung typischer Symptome wurden für nahezu alle familiär berichteten Fälle ärztliche Berichte zur Dokumentation der Diagnose herangezogen. Die Verteilung der Index-Patienten auf die Typologie war: Tremor-Dominanz-Typ: 27; akinetisch-rigider Typ: 42 Äquivalenz-Typ: 92 Fälle. Beginn mit Tremor 101, ohne Tremor 60 Fälle. 98 Probanden (Ehegatten, Patienten mit Erkrankungen des peripheren Nervensystems, gastrointestinalen Erkrankungen) wurden für dieselbe Geburtsdekade gematcht und dienten als Kontrollen (44 m, 54 w; mittleres Alter 63,9 Jahre).

Die mittlere Sippengröße (14,4 vs. 14,0) und der Anteil von Verwandten ersten und zweiten Grades an der Gesamtsippe war bei Patienten und Kontrollen vergleichbar. 15 IPD-Patienten (8 m, 7 w) hatten 17 Angehörige ersten und zweiten Grades mit derselben Erkrankung. Nur je ein Index-Patient und eine Angehörige hatten ein Erkrankungsalter unter 50 Jahren. Bei allen übrigen Patienten lag dieses meist zwischen dem 55. und 70. Lebensjahr. Die Analyse der Familienstammbäume dieser Patienten zeigte keine Bevorzugung eines bestimmten Prädominanztypus, auch der Erkrankungsbeginn mit oder ohne Tremor differenzierte nicht. Bei den Verwandten ersten Grades waren Eltern sechsmal, Geschwister siebenmal vertreten. Es ergab sich weder eine maternale noch eine paternale Präponderanz. Die familiären Fälle zeigten keine Assoziation zu Schilddrüsen-Erkrankungen, zur Häufigkeit früh ergrauten Kopfhaares in einer Familie oder zur diastolischen Hypertonie. Ein bestimmter Erbgang war nicht erkennbar.

Beim Vergleich der Patienten- und Kontrollsippen fand sich ein IPD bei Familienmitgliedern sowohl ersten Grades (1,9 vs. 0,2; p < 0,05) wie ersten und zweiten Grades (0,7 vs.

0,07; p < 0,01) signifikant häufiger bei den Patienten. Gleiches wurde beobachtet, wenn die Zahl der Index-Patienten bzw. Kontrollen zur Bezugsgesamtheit erhoben wurde. Der Anteil von IPD-Verwandten war mit 0,7 % der Gesamtsippe höher als die zu erwartende mittlere Prävalenz bei 60- bis 75jährigen Patienten (0,32 %; (6)). Noch deutlicher war der Unterschied zur mittleren Inzidenz (0,02 %; (10)). Im Vergleich der Index-Patienten zur Kontrollgruppe fanden sich keine Unterschiede im Alter der Eltern bei der Geburt, der Stellung in der Geschwisterreihe der Index-Patienten, der Häufigkeit von prä- und perinatalen Komplikationen, anderer neurologischer Erkrankungen, Kopftraumen, früh ergrautem Kopfhaar oder Schilddrüsen-Erkrankungen.

Die Daten ergeben eine nur geringe Unterstützung der Hypothese, daß bei familiärem Vorkommen des IPD hereditäre Faktoren eine gewisse Rolle spielen. Dennoch geht die familiäre Häufigkeit über die Prävalenz - noch deutlicher über die Inzidenz-Erwartung hinaus. Nicht-hereditäre Faktoren (s. o.) waren in dieser Studie bei den Index-Patienten nicht identifizierbar, dürfen aber ebenso wie Umweltfaktoren für die Auslösung eines IPD gerade bei Zugrundelegung einer langen Latenz des Nigraprozesses bis zur klinischen Manifestation nicht vernachlässigt werden (2).

Literatur

1. Barbeau A, Pourcher E (1982) New data on the genetics of Parkinson's disease. Can J Neurol Sci 9:53-60
2. Calne S, Schoenberg B, Martin W, Uitti RJ, Spencer P, Calne DB (1987) Familial Parkinson's disease: possible role of environmental factors. Can J Neurol Sci 14:303-305
3. Duvoisin RC, Gearing FR, Schweitzer MD, Yahr MD (1969) A family study of parkinsonism. In: Barbeau A, Brunette JR (Hrsg) Progress in Neurogenetics. Excerpta medica, Inf Congr Ser No 175:492-496
4. Kondo K, Kurland LT, Schull WJ (1973) Parkinson's disease. Genetic analysis and evidence of a multifactorial etiology. Mayo Clin Proc 48:465-475
5. Marttila RJ, Rinne UK (1988) Parkinson's disease. J Neurol Neurosurg Psychiat 51:429-431
6. Mutch WJ, Dingwall-Fordyce I, Downie AW, Paterson JG, Roy SK (1986) Parkinson's disease in a Scottish city. Br Med J 292:534-536
7. Poewe W, Gerstenbrand F, Ransmayr G (1983) Klinische Manifestationstypen des Parkinson-Syndroms. Neuropsychiatr Clin 2:223-227
8. Quinn N, Critchley P, Marsden CD (1987) Young onset Parkinson's disease. Mov Dis 2:73-91
9. Roy M, Boyer L, Barbeau A (1983) A prospective study of 50 cases of familial Parkinson's disease. Can J Neurol Sci 10:37-42
10. Schoenberg BS (1986) Descriptive epidemiology of Parkinson's disease: Disease distribution and hypothesis formulation. Adv Neurol 45:277-283
11. Yokochi M, Narabayashi H (1981) Clinical characteristics of juvenile parkinsonism. In: Rose FC, Capildeo R (Hrsg) Research progress in Parkinson's disease. Pitman Medical, Kent

Apomorphin in der Therapie und Differentialdiagnose von Parkinson Syndromen

T. Gasser, J. Schwarz, C. Trenkwalder, G. Arnold und W.H. Oertel

Die Diagnose 'idiopathisches Parkinson Syndrom' (IPS) beruht auf dem Nachweis der klinischen Kardinalsymptome Akinese, Rigor, Tremor und Störung der Stellreflexe. Nur rund 80 % der Patienten mit der klinischen Diagnose IPS zeigen jedoch auch die dafür typischen neuropathologischen Veränderungen (4). In einem großen Teil der übrigen Fälle wurde neuropathologisch die Diagnose einer anderen degenerativen ZNS-Erkrankung wie einer Progressiven Supranukleären Blickparese (PSP) oder einer Multisystematrophie (MSA) gestellt.

Das IPS ist ein Dopaminmangelsyndrom. Es kann daher angenommen werden, daß die Parkinson-Symptomatik bei Patienten mit IPS durch dopaminerge Medikamente gebessert wird, während Patienten mit nicht-idiopathischen Parkinson Syndromen, bei denen z. B. auch die postsynaptischen striatalen Strukturen betroffen sind, nicht oder nur gering von einer L-DOPA-Therapie profitieren. Die Wirkung der oralen L-DOPA-Therapie ist oft nicht einfach zu beurteilen, unter anderem, weil periphere pharmakokinetische Faktoren die Wirksamkeit von L-DOPA beeinträchtigen können. Ein rascher und einfacher Test, um das Ansprechen auf dopaminerge Stimulation zu prüfen, wäre daher hilfreich (1, 5).

Apomorphin (APO) ist ein potenter Dopaminagonist an D1- und D2-Rezeptoren. Es kann subkutan appliziert werden und weist eine intraindividuell gut reproduzierbare Pharmako-kinetik auf (2).

Wir haben an 86 Patienten mit Parkinson Syndromen untersucht, ob durch die einmalige Gabe von APO das Ansprechen auf orale L-DOPA-Gabe vorhergesagt werden kann. Die Patienten wurden in 4 Gruppen unterteilt:

Gruppe 1 (positive Kontrollgruppe): Patienten mit der klinischen Diagnose IPS, die eindeutig auf die bisherige L-DOPA-Medikation angesprochen haben (n = 28). *Gruppe 2* (negative Kontrollgruppe): Patienten mit einem Parkinson Syndrom und eindeutigen klinischen Zeichen, die über ein IPS hinausgingen und auf eine Multisystematrophie oder Progressive Supranukleäre Blickparese hinwiesen (n = 12). *Gruppe 3:* Patienten mit der klinischen Diagnose IPS, bei denen aber die Wirkung der L-DOPA-Therapie fraglich war (n = 25). *Gruppe 4:* Patienten mit der klinischen Diagnose IPS, die bisher nicht mit dopaminergen Medikamenten behandelt wurden (n = 23).

Die Medikation wurde 1 bis 5 Tage vor dem Test abgesetzt. Alle Patienten erhielten 2 Tage vorher Domperidon (Motilium^R), einen peripher wirksamen Dopamin-D$_2$-Antagonisten, um die Nebenwirkungen zu vermindern. APO wurde in einer Dosis von 2 bis 5 mg subkutan gegeben.

Zur Beurteilung des Tests wurden der Teil 3 der Unified Parkinson's Disease Rating Scale, der die motorische Gesamtsymptomatik erfaßt, und die Geschwindigkeit des "Finger-Tapping" verwendet.

Eine Besserung von mehr als 25 % in beiden Tests wurde als positive, eine Besserung von weniger als 10 % als negative, dazwischen liegende Ergebnisse als partielle APO-Antwort gewertet.

Alle Patienten der Gruppe 1 (eindeutige Reaktion auf L-DOPA) reagierten auch eindeutig auf APO. Dagegen reagierte keiner der Patienten mit MSA oder PSP (Gruppe 2) eindeutig positiv.

Von den 25 Patienten der Gruppe 3 (keine eindeutige Wirkung von L-DOPA) waren alle, die positiv auf APO reagierten, auch durch eine nachfolgende Erhöhung der L-DOPA-Dosis eindeutig gebessert. 19 Patienten dieser Gruppe reagierten nicht oder nur partiell auf APO. Nur einer dieser Patienten profitierte klar von einer Erhöhung der L-DOPA-Dosis. Von den unbehandelten Patienten (Gruppe 4) reagierten 13 eindeutig, 3 partiell und 5 nicht auf APO. 10 der 13 APO-positiven Patienten waren auch nach oraler L-DOPA-Gabe gebessert. Die übrigen 3 Patienten (die "falsch positiven") tolerierten wegen gastrointestinaler Nebenwirkungen bisher keine adäquate L-DOPA-Dosis. Umgekehrt waren 2 der 8 Patienten, die nicht eindeutig auf APO reagiert hatten (die "falsch negativen"), dennoch durch L-DOPA gebessert. Diese Patienten wiesen eine sehr geringe Symptomatik auf und erreichten nicht die für eine "positive APO-Reaktion" notwendige 25-prozentige Besserung der Rating Scores und der Geschwindigkeit des 'Finger Tapping', obwohl sie klinisch gebessert waren.

In Übereinstimmung mit Hughes et al. (3) sagte in beiden Testgruppen ein positiver Apomorphin-Test mit hoher Wahrscheinlichkeit ein Ansprechen auf orale L-DOPA-Gabe voraus (p < 0,01, Chi^2-Test). Bei Patienten mit bisher fraglichem Ansprechen auf L-DOPA ergab sich ein positiver Vorhersagewert von 100 %, d. h. alle Patienten, die eindeutig APO-positiv waren, profitierten auch von einer Erhöhung der L-DOPA-Dosis, während im umgekehrten Fall die Chancen für eine Besserung durch L-DOPA gering waren (negativer Vorhersagewert von 94 %). Bei den bisher unbehandelten Patienten ergab sich ein positiver Vorhersagewert von 78 % und ein negativer von 75 %. Weitere Untersuchungen müssen zeigen, ob durch eine Verbesserung der Testmethodik die Wertigkeit des Tests verbessert werden kann.

5 der 86 untersuchten Patienten verstarben aus studienunabhängigen Gründen. Zwei Patienten aus der Gruppe 1 (eindeutige Reaktion auf APO und L-DOPA) zeigten neuropathologisch die Veränderungen des idiopathischen Parkinson Syndroms. Von 3 APO-negativen Patienten hatte einer neuropathologisch ein Shy-Drager-Syndrom, die beiden anderen eine striatonigrale Degeneration.

Unsere Ergebnisse zeigen, daß der Apomorphintest zur Therapieplanung sowohl bei Patienten mit bisher fraglicher Besserung auf L-DOPA als auch bei bisher unbehandelten Patienten sinnvoll ist. Ob Patienten, die im frühen Stadium nicht auf APO reagieren, tatsächlich auch im weiteren Verlauf klinische oder neuropathologische Zeichen entwickeln, die über ein idiopathisches Parkinson Syndrom hinausgehen, ob also die Reaktion auf Apomorphin auch eine differentialdiagnostische Aussage zuläßt, müssen weitere Untersuchungen zeigen.

Literatur

1. Barker R, Duncan J, Lees A (1989) Subcutaneous apomorphine as a diagnostic test for dopaminergic responsiveness in parkinsonian syndromes. Lancet i, March 25:675
2. Gancher ST, Woodward WR, Boucher B, Nutt JG (1989) Peripheral pharmacokinetics of apomorphine in humans. Ann Neurol 26:232-238
3. Hughes AJ, Lees AJ, Stern GM (1990) Apomorphine test to predict dopaminergic responsiveness in parkinsonian syndromes. Lancet ii, July 7:32-34
4. Jellinger K (1987) Overview of morphological changes in Parkinson's disease. Adv Neurol 45:1-18
5. Oertel WH, Gasser T, Ippisch R, Trenkwalder C, Poewe W (1989) Apomorphine test for dopaminergic responsiveness. Lancet ii, June 2:1262-1263

Klinisches Rating und Neurotransmitterbestimmung im Tagesverlauf bei Referenzpersonen und Patienten mit hyperkinetischen Syndromen

St. Winkel, U. Kauerz, A. Fabienke, L. Lachenmayer, K. Kunze und C. Dieu

Gestützt durch die Bestimmung der Neurotransmitter (1) Dopamin und Serotonin mit Metaboliten durch Hochleistungsflüssigchromatographie mit elektrochemischer Detektion (2, 3), gewinnt die klinische Untersuchung (4) bei Patienten mit hyperkinetischen Syndromen zusätzlich an Aussagekraft und trägt zum Verständnis biochemischer Korrelate (5) bei.

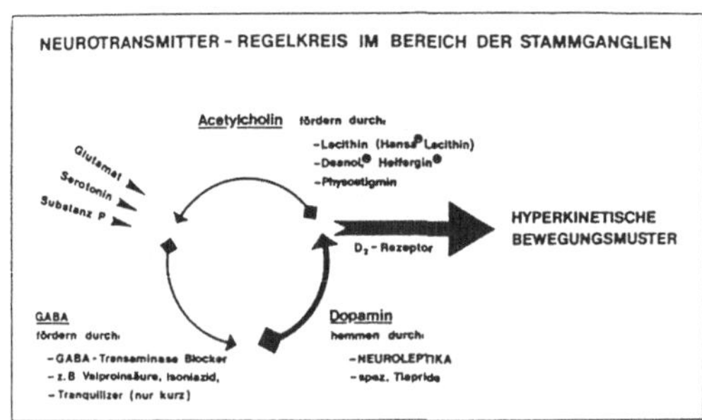

Abb. 1. Neurotransmitter-Regelkreis mit Bedeutung für hyperkinetische Bewegungsstörungen. Aus: JC Aschoff, Nervenheilkunde, Heft 4, 1984, S. 65-72

Zunächst ermittelten wir, nach Altersdekaden geordnet, bei je 15 Männern und Frauen (klinisch gesund, keine Medikation, ausgewogene Ernährung) die Plasma-Neurotransmitterkonzentration im Tagesverlauf. Die Mediane der Altersgruppen zeigten nur geringe Unterschiede in Bezug auf die Transmitterkonzentration im Tagesverlauf (z. B. in der Altersdekade von 51 - 60 Jahren: L-DOPA x 1,6 ng/ml; Homovanillinsäure (HVA) x 14 ng/ ml; 3-0-Methyl-DOPA (3-OMD) x 30 ng/ml; Dihydroxyphenylacetat (DOPAC) x 3,9 ng/ml; 5-Hydroxyindolessigsäure (5-HIAA) x 28 ng/ml). Jedoch wurde zusätzlich deutlich, daß mit zunehmendem Alter das Ausmaß der Schwankungen im Tagesverlauf deutlich geringer ausgeprägt war.

Patienten mit hyperkinetischen Syndromen wurden im Tagesverlauf klinisch beobachtet (4) und parallel Plasmaproben stündlich und einmalig auch der Liquor cerebrospinalis auf deren Neurotransmitterkonzentrationen hin gemessen. Die klinische Untersuchung wurde durch eine Selbsteinschätzung des Patienten zur Ermittlung des Beschwerdeempfindes ergänzt.

Die Plasmakonzentrationen der Transmitter liegen insbesondere bei Patienten mit Chorea Huntington oberhalb des Normbereiches. Vor allem für 3-OMD wurden deutlich erhöhte Werte im Plasma und Liquor gefunden, welche im Tagesverlauf erheblich schwankten, begleitet von eher geringen klinischen Schwankungen. Beide Patienten (Brüder, Abb. 2) zeigten ein klinisch manifestes Krankheitsbild.

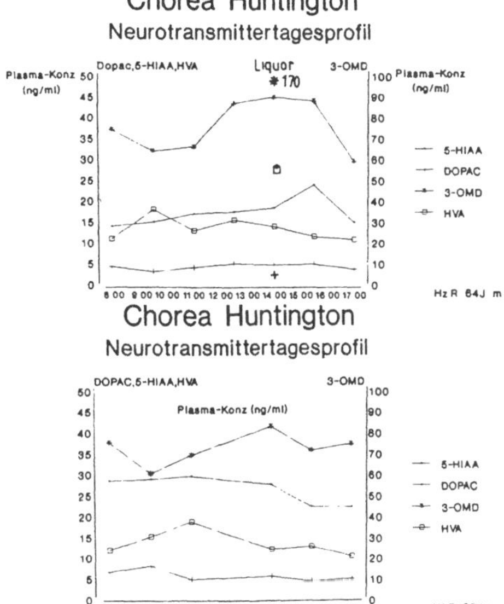

Abb. 2.

Eine klinisch gesunde 47jährige Patientin bei familärer Belastung (Vater und Bruder) mit Chorea Huntington zeigte ebenfalls z. T. stark erhöhte Plasmakonzentrationen. Ob dies ein Hinweis für eine subklinische Manifestation sein kann, wird sich erst durch die Langzeitbeobachtung belegen lassen. Bei einer Patientin (79 J.) mit Neuroleptika-induzierten Dyskinesien, einem Patienten (32 J.) mit einem atheto-dystonen Syndrom, einer Choreoathetose mit Torticollis Spasticus (52 J., m.), einem Torticollis Spasticus (47 J., w.) und einem hyperkinetischen Syndrom unklarer Zuordnung (55 J., w.) deuten sich parallel klinische Schwankungen und Schwankungen des Serotoninstoffwechsels an, die aufgrund der geringen Fallzahlen derzeit jedoch nur als Beobachtungen, nicht als konstanten Zusammehang bewertet werden können. Keine sicheren Zusammenhänge wurden bei einem Patienten (25 J.) mit Torsionsdystonie zwischen klinischem Befund und Neurotransmitterkonzentrationen im Tagesverlauf gesehen. Durch weitere systematische Gegenüberstellung von klinischer Untersuchung und Neurotransmitterkonzentrationen im Tagesverlauf wäre möglicherweise ein verbesserter therapeutischer Zugang dieses Beschwerdekomplexes denkbar.

Literatur

1. Aschoff JC (1984) Nervenheilkunde 4:65-72
2. Beers MF, Stern M, Hurtig H, Melvin G, Scarpa A (1984) Simultaneus determination of L-dopa and 3-O-methyldopa in human serum by high-performance liquid chromatography. J Chromatography 336:380-384
3. Boomsma F, van der Hoorn FAJ, Man in 't Veld AJ, Schalekamp MADH (1988) Determination of 3,4-dihydroxy-phenylalanine (DOPA) in plasma and cerebrospinal fluid by high performance liquid chromatography with electrochemical detection. Clinica Chimica Acta 178:59-70
4. Simpson GM, Lee JH, Zoubok B et al (1979) A rating scale for tardive dyskinesia. Psychopharmacology 64:171-179
5. Young AB, Penney JB (1984) Neurochemical anatomy of movement disorders. Neurologic Clinics - Vol 2, 3:417-433

Untersuchungen zur L-Dopa Einzeldosiskinetik bei Patienten mit fortgeschrittenem Parkinson-Syndrom

H. Baas, L. Demisch, P.-A. Fischer, R. Stark und T. Harder

Einleitung

Die motorische Antwort auf L-Dopa ist bei Parkinson-Pat. insbesondere im Langzeitverlauf durch zwei Hauptkomplikationen gekennzeichnet: 1. *Primäres oder sekundäres Therapieversagen (sog. Nonresponder).* 2. *Fluktuationen.* Therapieversagen findet sich bevorzugt bei Pat. mit Parkinson plus-Syndrom (PD plus). Bezüglich zugrunde liegender pathogenetischer Mechanismen werden sowohl pharmakokinetische als auch pharmakodynamische Mechanismen diskutiert. Die in der Literatur vorliegenden konkreten pharmakokinetisch/pharmakodynamischen Daten sind unvollständig. L-Dopa Plasmakonzentrations(LPC)-Profile in Korrelation mit akuteller Beweglichkeit wurden bei fluktuierenden Pat. meist unter nicht standardisierten Bedingungen als Tagesprofile durchgeführt. Von Nonrespondern liegen nur wenige LPC-Untersuchungen vor. Exakte Einzeldosiskinetiken mit Dosis-Wirkungsbeziehungen wurden kaum untersucht und eine Unterteilung nach Subgruppen einzelner Fluktuationsformen erfolgte nicht. Die vorliegende Untersuchung wurde durchgeführt, um die Bedeutung pharmakokinetischer Parameter in Pathogenese von Fluktuationen und ungenügender motorischer Antwort zu bestimmen.

Patienten und Methodik

Bei 49 Patienten wurden L-Dopa Einzeldosiskinetiken bestimmt und mit der aktuellen Beweglichkeit korreliert. Die Patienten wurden in 5 Untergruppen unterteilt: Gruppe 1: Parkinson plus (n = 12); Gruppe 2: De novo (n = 8); Gruppe 3: Keine klinisch manifesten Fluktuationen (n = 9); Gruppe 4: End-of-dose Akinese (n = 11); Gruppe 5: Ausgeprägte Hyperkinesien (n = 9). Allen Pat. wurde eine Standarddosis L-Dopa/Benserazid 100/25 mg p. o. nach $\geq$ 12 Std. Medikamenten- und Nahrungskarenz verabreicht. Standardisierte klinische Untersuchungen wurden 2x vor L-Dopa Gabe und anschließend über 210 Min. in 15 - 30 min-Intervallen durchgeführt. Die Untersuchungsbatterie umfaßte komplettes CURS-Rating, Untersuchung der Feinmotorik mittels Purdue-Pegboard 20 Stifte (PP) rechts/links und Gangprüfung mittels modifiziertem Webster-step-second Test (WSST). L-Dopa und 3-OMD Konzentrationen wurden mittels HPLC mit ED bestimmt.

Ergebnisse

Im Gesamtkollektiv fanden sich folgende Basisdaten: Alter x63,9 +/- 9,7 J, Geschlecht m = 24, w = 25, PD-Dauer x8,3 +/- 5,9 J, H & Y x2,8 +/- 1,2. Die 5 Subgruppen unterschieden sich nicht bezüglich Alter und Geschlecht. Die PD-Dauer war in den Gruppen 4 + 5 länger als in den Gruppen 2 + 3 (x14/12 J vs. x3,6/3,9 J). Der PD-Beginn war in Gruppe 4 + 5 früher als in Gruppe 1 - 3 (x48/54 J vs. x57/61/59 J).

Die motorische Reaktion der 5 Gruppen auf L-Dopa war erwartungsgemäß nicht einheitlich. Es fand sich sowohl bei der %-Verbesserung der CURS-Werte als auch in PP und WSST bei de novo/motorisch stabilen Patienten eine signifikant längere L-Dopa Wirkdauer als bei Pat. mit end-of-dose Akinesien/Hyperkinesen. Die Amplitude der %-Besserung war nicht unterschiedlich. Die Gruppe der PD plus Patienten wich deutlich ab. Hier war nur eine minimale motorische Reaktion auf die L-Dopa Gabe zu beobachten (Abb. 1 a). Trotz deutlicher Variabilität der individuellen LPC-Einzelprofile zeigten sich zwischen den Gruppen 1 - 5 zum Teil signifikante Unterschiede der gemittelten LPC-Profile. Bei den Gruppen 2 - 5 war ein weitgehend identischer rascher Konzentrationsanstieg mit einem Peak ca. 30 - 45 Min. nach Einnahme nachweisbar. In Gruppe 1 erfolgte die L-Dopa Resorption signifikant verzögert (Abb. 1 b). In dieser Gruppe war die interindividuelle Variabilität besonders markant, ein normales Resorptionsprofil wiesen nur 2/11 Pat. auf. Die Cp_{max} war bei PD plus-Pat. bei gleichzeitig verlängerter t_{max} signifikant erniedrigt. AUC und $t_{1/2}$ waren in allen 5 Gruppen identisch. Mit Ausnahme der erwartungsgemäß niedrigen Konzentrationen bei de novo Pat. ergaben sich für die 3-OMD Konzentrationen keine Unterschiede zwischen den Gruppen.

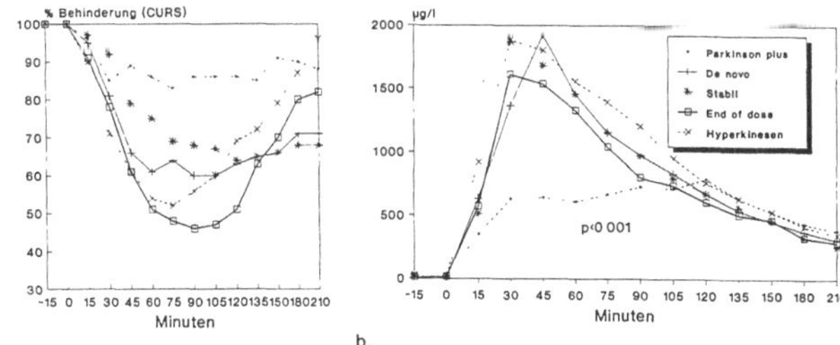

Abb. 1. Motorische Reaktionen (a) und LPC-Profile (b) der 5 Gruppen

Diskussion

Unsere Ergebnisse zeigen, daß Veränderungen der L-Dopa Pharmakokinetik offensichtlich in der Pathogenese von Fluktuationen keine entscheidende Rolle spielen. Trotz unterschiedlicher motorischer Antworten finden sich zwischen den Gruppen 2 - 5 keine signifikanten Unterschiede pharmakokinetischer Parameter. Zentrale pharmakodynamische Faktoren sind hier wahrscheinlich bedeutsamer. Eine deutlich verzögerte L-Dopa Resorption bei gleichzeitig fehlender oder ungenügender motorischer Antwort findet sich jedoch bei einer Subgruppe von Parkinson-Patienten. In unserem Untersuchungskollektiv fokussierte sich dieses Phänomen auf PD plus-Patienten. Die Ursache der gestörten Resorption bleibt dennoch unklar. Möglicherweise spielen zentrale vegetative Funktionsstörungen mit einer veränderten intestinalen Motilität und verzögerter Magenentleerung eine Rolle. Aufgrund unserer initialen Eingruppierung entstandene Pseudokorrelationen konnten weitgehend ausgeschlossen werden. Zwischen Pat. mit intakter und verzögerter Resorption fanden sich keine signifikanten Unterschiede bezüglich anderer Daten. Die Bedeutung einer verzögerten Magenentleerung für die L-Dopa Resorption muß durch weitere direkte Untersuchungen der intestinalen Motilität bestätigt werden.

Das Literaturverzeichnis ist bei den Verfassern erhältlich.

Die prächirurgische, elektrophysiologische Diagnostik komplexer Epilepsien mit Hilfe chronisch implantierter Subduralelektroden

A. Hufnagel, C.E. Elger, J. Schramm, W. Burr und G. Hefner

Ziel der prächirurgischen Diagnostik medikamentös therapieresistenter Epilepsien ist die genaue Lokalisation des epileptischen Fokus (2, 3, 6). Elektrophysiologische Methoden nehmen hierbei eine zentrale Stellung ein. Die Fokuslokalisation gelingt durch extrakranielle EEG-Aufzeichnungen jedoch nur bei etwa einem Drittel der Patienten, so daß invasive Ableittechniken angewandt werden müssen. Diesbezüglich stehen Foramen-Ovale-Elektroden, Tiefenelektroden, epidurale Elektroden und subdurale Streifen- oder Gitterelektroden zur Verfügung. Wir berichten über unsere klinischen Erfahrungen mit chronisch implantierten subduralen Streifenelektroden (n = 79) bzw. subduralen Gitterelektroden (n = 4).

Alle 83 Patienten litten an einer medikamentös therapieresistenten fokalen Epilepsie temporalen (ca. 80 %) oder extra-temporalen (ca. 20 %) Ursprungs. In allen Fällen war es möglich gewesen, anhand von extrakraniellen EEG-Aufzeichnungen interiktaler und iktaler epileptiformer Aktivität eine Hypothese über die Lokalisation des (der) epileptischen Fokus (Foci) zu bilden und somit eine gezielte Implantation der Subduralelektroden durchzuführen (7 - 9). Insofern eine intrazerebrale Läsion mittels bildgebender Verfahren nachgewiesen worden war, wurde diese stets in das Implantationsschema mit einbezogen.

Die Implantationen erfolgten in Allgemeinnarkose. Streifenelektroden mit 4, 6 oder 8 Elektrodenkontakten wurden durch Bohrlochtrepanationen über das fokale Areal vorgeschoben. Ohne Schwierigkeiten war es dabei möglich, ansonsten elektrophysiologisch nicht zugängliche Hirnareale wie die Temporo-Basis, Fronto-basis, den Interhemisphären-Spalt oder den dem Tentorium aufgelagerten Kortex zu erreichen. Kleinere Elektrodengitter mit 2 x 8 oder 4 x 8 Elektrodenkontakten wurden über schlitzförmig erweiterte Bohrlochtrepanationen vorgeschoben. Die Implantation von 8 x 8 Kontakt Elektrodengittern erforderte eine großflächige Schädeltrepanation. Bis zu 100 Elektrodenkontakte auf 4 - 14 Elektrodenstreifen oder einem Elektrodengitter und Elektrodenstreifen standen zur Ableitung zur Verfügung. Komplikationen in Form von Wundinfektionen, zerebro-meningealen Infektionen oder perioperativen Blutungen traten bei keinem der Patienten auf. Die Verweildauer der implantierten Elektroden lag zwischen 5 und 16 Tagen. Etwa die Hälfte der Patienten klagte während der ersten 1 bis 2 Tage über Kopfschmerzen. Gelegentlich wurde Liquorfluß entlang der nach außen fistelnden Elektrodenkabel beobachtet. Die Extraktion der Elektroden erfolgte perkutan unter Kurznarkose (5).

Die Reallage der Subduralelektroden im Verhältnis zur Hirnoberfläche kann mit verschiedenen Methoden festgestellt werden. Eine erste Orientierung liefern Röntgennativaufnahmen des Schädels. Aufgrund der Metallartefakte stellen sich die Elektrodenkontakte im Computertomogramm oder besser noch im Kernspintomogramm gut dar. Für kernspintomographische Untersuchungen muß eine Magnetisierbarkeit der Elektroden jedoch zuvor extracorporal ausgeschlossen werden. Zusätzlich kann mittels einer Computersimulation, welche sich auf die individuellen anatomischen Daten des Patienten stützt, die Lage der

Elektroden im Verhältnis zur Kortexstruktur errechnet und graphisch dargestellt werden.

Primäre Anwendung der Subduralelektroden ist die kortikographische Aufzeichnung iktaler Ereignisse bzw. die topographische Analyse und Quantifizierung interiktaler epileptiformer Aktivität. Im Gegensatz zu Oberflächenableitungen sind Elektrokortikographien über implantierte Subduralelektroden durch ihre weitestgehende Artefaktfreiheit auch während iktaler Ereignisse charakterisiert. Dies ermöglicht nicht nur eine exakte visuelle Analyse der Aufzeichnungen, sondern erleichtert überdies den Einsatz von rechnergestützten Verfahren, wie z. B. Spike-Quantifizierungsverfahren, Spike-Topogrammen, Laufzeitberechnungen oder Anfallserkennungsprogrammen (1, 4). Hierdurch gelang die Lokalisation des primären epileptischen Fokus bzw. weiterer Foci auf ein resezierbares Areal in ca. 95 % der Fälle. Sechs Patienten wurden aufgrund der diagnostizierten ungünstigen elektrophysiologischen Verhältnisse nicht operiert.

Neben der Langzeit-Aufzeichnung spontaner hirnelektrischer Aktivität wurden bei 23 Patienten kortikale Elektrostimulation über die implantierten Subduralelektroden mit dem Ziel der Induktion epileptiformer Nachentladungen oder klinischer Anfälle durchgeführt. Hierdurch wurden bei 26 % der Patienten typische und bei 13 % der Patienten atypische Auren oder klinische Anfälle induziert. Die elektrisch induzierten Anfälle wurden lokalisatorisch nur dann verwertet, wenn sie sowohl klinisch als auch elektrophysiologisch dem spontanen Anfallsmuster entsprachen (7).

Bei 5 Patienten erfolgte die topographische Bestimmung wichtiger Hirnareale mit Hilfe der Elektrostimulation. Hierzu eignen sich subdurale Gitterelektroden. Schon präoperativ konnte bei diesen Patienten die Lage funktionell wichtiger Hirnareale wie z. B. der Sprachregion oder des präzentralen Gyrus und ihre Beziehung zum zu resezierenden epileptogenen Areal festgelegt werden. Dadurch konnte der epilepsiechirurgische Eingriff zügiger und sicherer durchgeführt werden.

Eine weitere Anwendungsmöglichkeit der Subduralelektroden besteht während der akuten intraoperativen Kortikographie. So kann z. B. nach erfolgter Resektion des primären epileptogenen Hirnareals die Epileptogenität angrenzender, nicht exponierter Bezirke durch Vorschieben einer subduralen Streifenelektrode exploriert werden.

Zusammenfassend handelt es sich bei der elektrophysiologischen Diagnostik mit Hilfe chronisch implantierter Subduralelektroden um eine sichere und gut verträgliche Technik mit guter Plazierbarkeit und Lokalisierbarkeit der Elektroden. Sie ermöglicht aufgrund nahezu artefaktfreier elektrokortikographischer Aufzeichnung eine exakte Lokalisation des epileptischen Fokus. Überdies kann durch direkte kortikale Elektrostimulation über die implantierten Elektroden in einigen Fällen das spontane Anfallsmuster reproduziert werden und es kann schon präoperativ eine topographische Bestimmung funktionell wichtiger Hirnareale erfolgen.

Das Literaturverzeichnis ist bei den Verfassern erhältlich.

Therapieresistente Anfallsleiden bei porenzephalen Kindern. Erfolgreiche neurochirurgische Therapie durch Zystenfensterung

K.H. Krähling, D. Palm, H.-J. König und G. Kurlemann

Porenzephale Zysten sind prä-, peri- oder postnatal erworbene Defekte der Großhirnhemisphären, die sich typischerweise als große, glattwandige Zysten manifestieren. Medial sind sie lediglich durch eine Membran vom Ventrikellumen getrennt, sie reichen bis an die Hirnoberfläche heran, wo sie von einer dünnen arachnoidalen Membran oder von einer ganz dünnen Schicht aus Kortex- und Leptomeninxresten begrenzt werden. Sie entstehen vorwiegend im Stromgebiet der Arteria cerebri media als Folge eines akuten Sauerstoffmangels bzw. einer Einblutung. Auf diese Schädigung reagiert das noch unreife Gehirn bis etwa zum zweiten Lebensjahr mit einer ausgeprägten Gewebseinschmelzung und nicht wie beim Erwachsenen mit einer Narbenbildung. Auf diese Weise entstehen die charakteristischen, großen, liquorgefüllten porenzephalen Zysten. Klinisch gehen sie einher mit psychomotorischen Entwicklungsstörungen und schwer therapierbaren, nicht selten therapieresistenten Anfallsleiden, die zudem häufig progredient verlaufen. Eine Anfallsauslösung ist durch drei Faktoren denkbar:

Erstens könnte eine Liquordrucksteigerung in der allseits abgeschlossenen Zyste das umgebende Hirn irritieren und den Anfall auslösen.

Zweitens könnten die Anfälle durch Inhaltsbestandteile der Zystenflüssigkeit ausgelöst werden, die sich in der allseits abgeschlossenen Zyste gewissermaßen wie in einem Teich ohne Abfluß zunehmend konzentrieren.

Drittens könnten die Anfälle aus der Übergangszone zwischen der äußeren Zystenmembran und dem gesunden Hirn ausgelöst werden, wo man häufig ulegyre Narbenbildungen findet.

Unter Beachtung dieser Aspekte haben wir bei 30 solchen Kindern im Alter bis zu zwei jahren mit BNS-Anfällen und bei 25 Patienten zwischen 2 und 19 Jahren mit fokalen, sekundär generalisierten Anfällen in einer mikroneurochirurgischen Operation die porenzephalen Zysten eröffnet, ihre äußere Membran fortgenommen (uncapping) und ein Fenster zum benachbarten Ventrikel angelegt. Durch diesen Eingriff konnte bei insgesamt fast 65 % der Fälle Anfallsfreiheit, bei 27 % sogar ohne Medikation, erreicht werden. Bei 29 % der Kinder waren Anfallschwere und -häufigkeit vermindert, sie blieben allerdings medikationsbedürftig. Nur in 6 % war keine Wirkung feststellbar, zu einer Verschlechterung kam es nicht. Ein Kind verstarb am Beginn unserer Serie unmittelbar postoperativ unter den Zeichen anästhesiologischer Probleme. Die Ergebnisse waren in der Gruppe der kleinen Kinder bis zu zwei Jahren (BNS-Anfälle) deutlich besser, von ihnen wurden fast 83 % anfallsfrei. Bei der älteren Gruppe mit den fokalen, sekundär generalisierten Anfällen waren das nur 44 %. In allen Fällen wurde auch eine deutliche Besserung der psychomotorischen Entwicklung gesehen.

Es stellt sich die Frage, wodurch dieses beeindruckende postoperative Ergebnis bedingt wird. Anders als vermutet konnten nämlich keine signifikanten Drucksteigerungen in den

Zysten festgestellt werden. Eine dauerhafte Drucksteigerung als Ursache für das Krampf-leiden scheidet also sicher aus, gelegentliche Druckspitzen innerhalb der Zyste sind aber als Anfallsauslöser natürlich nicht auszuschließen. Die CT- und NMR-Befunde ergaben in keinem Falle Hinweise auf eine von der Zyste ausgehende Druckwirkung.

Auch die Untersuchung der Zystenflüssigkeit und der Vergleich mit dem intraventriku-lären Liquor zeigte Normalwerte. In allen Fällen waren Glukose, Aminosäuren, Elektrolyte, Eiweißgehalt und Eiweißverteilung völlig normal. Offensichtlich enthält also die Zyste normalen Liquor, womit eine Anfallsauslösung von dieser Seite ebenfalls ausscheiden dürfte. Wir müssen allerdings anmerken, daß diese Liquoruntersuchungen bisher nur in einem kleinen Teil der Fälle durchgeführt wurden und somit ihre Ergebnisse zunächst nur begrenzte Aussagekraft besitzen.

Die Risiken dieses im Grunde einfachen neurochirurgischen Eingriffs halten sich in vertretbaren Grenzen. Bei allen Kindern kam es postoperativ zu einer ausgeprägten unspe-zifischen Meningitis mit Fieberphasen über drei bis vier Tage. Diese Erscheinungen konnten jedoch stets durch ausgiebige Lumbalpunktionen zum Verschwinden gebracht werden.

Weiterhin traten in den ersten wenigen Tagen nach der Operation bei etwa der Hälfte der Patienten die Anfälle gehäuft auf, was als Folge der operationsbedingten Irritation des Hirns nicht anders zu erwarten ist. Unter zunächst unverändert fortgeführter antikonvulsiver Medikation kam es auch hier nicht zu wesentlichen therapeutischen Problemen.

Da die eröffneten Zysten kollabieren können, besteht grundsätzlich immer die Gefahr von subduralen Ergüssen und Blutungen. Wir haben solche Fälle gelegentlich sonographisch oder computertomographisch gesehen, in einigen wenigen Fällen war eine operative Revision erforderlich. Diese Probleme machen aber auch eindrücklich klar, daß ein solches Opera-tionsverfahren in die Hand des Neurochirurgen und nicht in die des Kinderchirurgen gehört.

Zusammenfassend läßt sich feststellen, daß die beschriebene Methode bei Kindern mit porenzephalen Zysten und therapieresistenten Anfallsleiden eine wirksame Therapie dar-stellt. Nach unserem augenblicklichen Kenntnisstand muß allerdings offen bleiben, worauf die überraschende Besserung der Anfallssituation zurückzuführen ist. Da das Verfahren aber erfolgversprechend ist, sind weitere intensive Bemühungen um die Abklärung dieses Gegenstandes erforderlich.

In unserer eigenen Klinik werden wir in Zukunft die epileptogenen Foci durch intra-operative Oberflächen-EEG's genauer einzugrenzen suchen, um sie dann womöglich gezielt zu entfernen. Operativ technisch können wir jetzt einen Teil dieser Zysten mit einem Ventrikuloskop unter Verwendung einer flexiblen Faser mit Neodym-Yag-Laserlicht fen-stern, was das Ausmaß der operativen Irritation natürlich erheblich vermindert.

Die Therapie katamenialer Epilepsien mit GnRH-Agonisten

J. Bauer, L. Wildt, D. Flügel, Y. Ghane und H. Stefan

Katameniale Epilepsien zeichnen sich durch die betonte oder ausschließliche perimenstruelle und/oder periovulatorische Manifestation fokaler und/oder sekundär generalisierter epileptischer Anfälle aus. Die Iktus erweisen sich zum einen häufig als pharmakotherapieresistent, ihre Auslösungsursache ist letztlich noch nicht definitiv bekannt. Die Fluktuation der Hormonspiegel im Laufe des Menstruationszyklus legt nahe, daß die epileptischen Anfälle durch die Hormonschwankungen zumindest mit ausgelöst werden. Als Nachweis eines solchen ursächlichen Zusammenhanges und als eventuelles therapeutisches Prinzip bietet sich daher die Ausschaltung der menstruellen Hormonrhythmik an. Die Anwendung oraler Kontrazeptiva ist dabei durch die Interferenz mit gleichzeitig eingenommenen Antileptika begrenzt. Eine Alternative bietet die kontinuierliche Gabe eines Gonadotropin Releasing Hormon (GnRH)-Agonisten. Im Gegensatz zur physiologischen pulsatilen GnRH-Sezernierung führt die kontinuierliche GnRH-Gabe zu einer Rezeptor Down-Regulation (4), so daß es zu einem Erliegen der menstruellen Hormonrhythmik (LH, FSH, Östradiol, Progesteron) kommt (6). Es wird also eine reversible Ausschaltung der gonadotropen Partialfunktion der Hypophyse erreicht, ohne daß es zu einer Interaktion mit den Antiepileptika kommt. L. Wildt konnte diesen Effekt bei Untersuchungen an Rhesusaffen verifizieren (unveröffentliche Ergebnisse).

10 Patientinnen im Alter zwischen 20 und 50 Jahren, die an pharmakotherapieresistenten Epilepsien mit fokalen und sekundär generalisierten Anfällen litten, wurden zusätzlich zur beibehaltenen Antiepileptikatherapie (Carbamazepin, Phenytoin und/oder Valproat) mit dem synthetischen GnRH-Anologen Decapeptyl[R] behandelt. Eine Ampulle Decapeptyl[R]-Depot wurde alle 4 Wochen i. m. verabreicht. Unter dieser Behandlung trat eine Amenorrhoe auf, die Hormone LH, FSH, Progesteron und Östradiol waren im Blutserum kaum oder nicht mehr nachweisbar. Während des Behandlungszeitraums von 3 bis 24 Monaten (durchschnittlich 8 Monate) traten bei 4 Patientinnen Hitzewallungen, bei 3 Patientinnen Kopfschmerzen und in einem Fall eine Gewichtszunahme als Nebenwirkungen der Therapie auf.

Bei 5 Patientinnen manifestierten sich die epileptischen Anfälle ausschließlich perimenstruell oder periovulatorisch. In dieser Gruppe konnte eine Anfallsfreiheit bei 3 Frauen erzielt werden (Anfallsfrequenz zuvor 1 bis 10/Monat), in einem Fall wurde die Frequenz von 4/Monat nach zunächst einjähriger Anfallsfreiheit zuletzt auf 1/alle 2 Monate gesenkt. Bei einer weiteren Patientin zeigte sich kein positiver Effekt.

Bei weiteren 5 Patientinnen waren die Anfälle perimenstruell oder periovulatorisch gehäuft aufgetreten. In dieser Gruppe wurde keine Patientin anfallsfrei. Bei 3 Patientinnen nahm die Anfallsfrequenz jedoch um bis zu 50 % ab, in einem weiteren Fall nahm die Anfallsstärke ab. Ebenfalls bei einer Patientin konnte kein positiver Effekt erzielt werden.

Somit konnte bei 3/10 Patientinnen Anfallsfreiheit erzielt werden, bei 5/10 Patientinnen besserte sich die Anfallsfrequenz, in 2/10 Fällen trat keine Anfallsfrequenzänderung auf.

Die Ergebnisse demonstrieren bei der Mehrzahl der Patientinnen den positiven Einfluß der selektiven Ausschaltung der gonadotropen Partialfunktion der Hypophyse auf die Anfallsfrequenz. Dieses Ergebnis unterstreicht die Kausalität der hormonellen Auslösung katamenialer epileptischer Anfälle, die vereinzelt bestritten wurde (1). Darüber hinaus bietet sich die kontinuierliche GnRH-Agonisten-Gabe als mögliches therapeutisches Verfahren bei pharmakotherapieresistenten katamenialen Epilepsien an. Die Möglichkeiten eines längerfristigen Einsatzes sind jedoch vor dem Hintergrund möglicher Folgeerscheinungen, wie Osteoporose, noch zurückhaltend zu bewerten.

Die zugrundeliegenden Ursachen der perimenstruellen oder periovulatiorischen Auslösung epileptischer Anfälle sind letztlich unklar. Östrogenen wird ein anfallsfördernder Effekt zugeschrieben (3), über den Zusammenhang mit der menstruellen Wasserretention wurde diskutiert (2), ein Zusammenhang mit der veränderten Metabolisierung von Antiepileptika erwogen (5).

Literatur

1. Almquist R (1955) The rhythm of epileptic attacks and its relationship to the menstrual cycle. Ejnar Munksgaard, Kopenhagen
2. Ansell B, Clarke E (1956) Epilepsy and menstruation, the role of water retention. Lacet 2:1232-1235
3. Bäckströrm T, Landren S, Zetterlund B, Blom S, Dubrovsky B, Bixo M, Södergard R (1984) Effects of ovarian steroid hormones on brain excitability and their relation to epilepsy seizure variation during the menstrual cycle. In: Porter R (Hrsg) Advances in epileptology. Raven press, New York:269-277
4. Clayton RN (1983) Hypothalamic releasing hormone receptors. Clinics in endocrinology and metabolism 12: 175-189
5. Shavit G, Lerman P, Korczyn A, Kivity S, Bechar M, Gitter S (1984) Phenytoin pharmacokinetics in catamenial epilepsy. Neurology 34:959-961
6. Wildt L, Sir-Petermann T (1989) Physiologie und Pathophysiologie der Ovarialfunktion. Klinikarzt 18:503-510

MRT der HWS bei AIDS-Patienten mit Anämie: Signalarmes Knochenmark in T1-gewichteter Sequenz (Erste Ergebnisse)

H. Henkes, J. Hierholzer, M. Cordes, W. Schörner, B. Sander, R. Felix und U. Piepgras

Pathologische Blutbild- und Knochenmarkveränderungen sind im Erkrankungsvollstadium des Erworbenen Immunschwächesyndroms (AIDS) nahezu die Regel (6, 8, 9). Dazu gehören auch Anämien mit unterschiedlicher Ursache und Schweregrad. Die Kernspintomographie (MRT) wurde in mehreren Publikationen bereits als Methode zur bildgebenden Untersuchung verschiedener Organe hinsichtlich ihres Eisengehaltes bei Störungen des Eisenstoffwechsels vorgestellt (1, 4, 5, 7). In der vorliegenden Studie sollen Art, Ausmaß und Häufigkeit von Knochenmarkveränderungen bei AIDS-Patienten mit Anämie mittels kernspintomographischer Darstellung der zervikalen Wirbelsäule untersucht werden. Erste Ergebnisse werden hier vorgestellt.

Patienten, Methoden

Bisher wurden 10 Patienten (25 - 46 Jahre) mit gesicherter HIV-Infektion und dem Erkrankungsvollbild des Erworbenen Immunschwächesyndroms (AIDS) mit einer Anämie von $\leq$ 12 g Hb/dl sowie 10 alters- und geschlechtsgepaarte gesunde Probanden prospektiv an einem 0,5 T Magnetom^R untersucht. Das Sequenzprotokoll umfaßte T1- (FLASH 315/14 alpha = 90°), Protonendichte- und T2-gewichtete (SE 1600/30, 60) Aufnahmen der Halswirbelsäule in mediosagittaler Schichtführung. Es erfolgte eine quantitative Auswertung, bei der in ROI-Technik die Signalintensität des zweiten bis fünften Halswirbelkörpers und der angrenzenden Bandscheibe gemessen und das daraus resultierende arithmetische Mittel sequenzbezogen erfaßt wurde.

Ergebnisse

Wir fanden folgende sequenzbezogenen Relationen der Signalintensitäten von zervikalen Wirbelkörpern und angrenzenden Bandscheiben bei Patienten und Probanden (Signalintensität (HWK 2...5: Bandscheibe 2/3...5/6):4}:

	T1-gewichtet: FLASH 315/14		T2-gewichtet: SE 1600/60	
	MW	Minimum	MW	Minimum
AIDS-Patienten	0,65	0,53	1,36	0,94
Probanden	0,85	0,71	1,35	1,03

In T1-gewichteter Darstellung mittels Gradienten-Echo Sequenz ergibt sich damit für die Patientengruppe eine im Mittel und bei Berücksichtigung der Minimalwerte *reduzierte Signalintensität der Wirbelkörpe*r im Vergleich mit der Probandengruppe. Dieser Befund ist anhand der mäßig T2-gewichteten Spin-Echo Aufnahmen nicht zu bestätigen. Für die spätere statistische Auswertung und für die Korrelation mit biochemischen Daten (3) werden an einem größeren Patientenkollektiv gewonnene Ergebnisse herangezogen werden.

Diskussion

Der hier beschriebene Befund beruht auf einer vermehrten Eisenspeicherung im blutbildenden Knochenmark (z. B. als Hämosiderin) (2) bei den an AIDS erkrankten Patienten mit Anämie. Welche Speicherform (Hämosiderin, Hämoproteine, Ferritin, niedermolekulares Eisen) zu den Signalintensitätsveränderungen führt, wird in der Literatur insbesondere anhand von Leberuntersuchungen umfangreich diskutiert (5, 7). Als zugrundeliegendes physikalisches Phänomen ist insbesondere die auf paramagnetischen Substanzeigenschaften beruhende Verkürzung der T1- und T2-Relaxationszeit, daneben aber auch die makromolekulare Bindung von Wasser zu nennen (1). Wasserunlösliches, intralysosomales Hämosiderin führt zu lokalen Magnetfeldinhomogenitäten. Die davon betroffenen Wasserstoffprotonen verlieren schneller ihre Phasenkohärenz, was einer verkürzten T2-Relaxationszeit entspricht (preferential T2 proton relaxation enhancement, PTSPRE). Der PT2PRE-Effekt ist proportional dem Quadrat der Konzentration der paramagnetischen Substanz, der Anzahl ungepaarter Elektronen (fünf é bei Hämosiderin), der Magnetfeldstärke B0 (hier 0,5 T). Bei Spin-Echo Sequenzen nimmt mit zunehmend längerer Echo-Zeit (TE) der signalmindernde Effekt des PT2PRE zu. Eine noch größere Sensitivität gegenüber dem PT2PRE findet sich jedoch bei Gradienten-Echo Sequenzen, bei denen der refokussierende 180°-Impuls entfällt. Dadurch wird verständlich, warum die vorliegenden Ergebnisse eine Signalminderung der Wirbelkörper bei Darstellung mittels (T1-gewichteter) Gradienten-Echo Sequenz (FLASH), nicht aber anhand der Spin-Echo Aufnahmen zeigen.

Schlußfolgerung

Die vorliegenden ersten Ergebnisse zeigen bei anämischen AIDS-Patienten eine im Trend reduzierte Signalintensität der zervikalen Wirbelkörper im Vergleich mit den angrenzenden Bandscheiben, insbesondere bei Darstellung mittels T1-gewichteter Gradienten-Echo Sequenz. Diese Beobachtung ist als Hinweis auf das Vorliegen einer Eisenverwertungsstörung mit vermehrter Eisenspeicherung im Knochenmark bei dieser Patientengruppe zu werten.

Die Kernspintomographie erweist sich als eine aussagekräftige Methode zur Untersuchung der mit den verschiedenen Anämieformen einhergehenden Störungen von Eisenstoffwechsel- bzw. -speicherung.

Das Literaturverzeichnis ist bei den Verfassern erhältlich.

Autonome Neuropathie bei HIV-Patienten

J. Kolb, W. Enzensberger, J. Madlener und P.-A. Fischer

Das human immunodeficiency virus (HIV) kann im Verlauf der HIV-Krankheit alle Abschnitte des Nervensystems befallen und dadurch zu primären Neuromanifestationen führen (3,6). Am wenigsten geklärt sind die Verhältnisse im Bereich des autonomen Nervensystems (ANS), wo bisherige klinische Studien zu durchaus widersprüchlichen Ergebnissen geführt haben (1, 7, 9 - 12).

Wir haben in einer prospektiven Studie 48 fortgeschritten kranke HIV-Patienten (25x LAS, 23x AIDS) und 12 HIV-negative Probanden vergleichbaren Alters hinsichtlich des Vorliegens einer autonomen Neuropathie untersucht. Sämtliche Patienten und Probanden wurden standardisiert exploriert und klinisch-neurologisch untersucht, um vorher festgelegte Ausschlußkriterien zu überprüfen (insbesondere andersartige Noxen oder Erkrankungen des ANS in der Anamnese sowie das Vorliegen sekundärer HIV-Neuromanifestationen). Als Hauptparameter wurden bei der Untersuchung des ANS nach der Methode von Ewing (4) die Variabilität der Herzfrequenz bei tiefer Respiration (HF-Resp) und beim Valsalva-Manöver (HF-Val) berücksichtigt sowie die Ruhefrequenz des Herzens ausgezählt. Zusätzlich haben wir bei jedem Patienten zur Beurteilung der Hirnfunktion eine 16-Kanal-Ruheableitung des Elektroenzephalogrammes durchgeführt und zur Untersuchung des peripheren Nervensystems eine apparative Schwellenwertbestimmung der Vibrationsempfindung an verschiedenen Meßpunkten Os metacarpale, Os tibiale, Os metatarsale) (2, 3, 8).

In der nachfolgenden Tabelle ist eine Auswahl wichtiger Meßergebnisse zusammengestellt, wobei sowohl eine Gruppenauswertung enthalten ist (Vergleich HIV-Positiver mit HIV-Negativen) als auch eine zusätzliche Unterteilung der HIV-Patienten nach dem Kriterium, ob eine AIDS-Enzephalophathie (AE) vorlag oder nicht (2, 3).

Tabelle. Auswahl von Untersuchungsbefunden bei 48 HIV-Patienten und 12 Kontroll-Probanden zur Beurteilung der Funktion des autonomen Nervensystems

Kollektiv	HIV-Gesamt-Gruppe (N = 48)	Normal-Gruppe (N = 12)	HIV mit AE (N = 24)	HIV ohne AE N = 24	Meßeinheit
EEG	9,2 +/- 1,1	10,1 +/- 0,7	8,4 +/- 0,9	10,0 +/- 0,3	Hz
HF-Resp	14,0 +/- 6,8	20,1 +/- 7,3	9,7 +/- 5,3	18,4 +/- 5,4	beats/min
HF-Val	1,19 +/- 0,18	1,35 +/- 0,24	1,16 +/- 0,15	1,22 +/- 0,22	Quotient ohne Einheit

Die gefundenen Gruppenunterschiede (HIV-positiv/HIV-negativ) waren für beide ANS-Parameter signifikant (HF-Resp $t = -2,6$; $p < 0,01$/HF-Val $t = 2,49$; $p < 0,05$). Die mittlere Ruhe-Herzfrequenz lag bei den HIV-Patienten bei 79, bei den Kontrollpersonen bei 73 Schlägen pro Minute. Bei der Unterteilung der HIV-Patienten (mit AE/ohne AE) zeigte sich, daß die Patienten mit AE signifikant häufiger eine Störung des ANS aufwiesen ($F = 18,71$, $p << 0,001$), während die Patienten ohne AE mit der Normalgruppe vergleichbare Ergebnisse erzielten. Die Gruppe der HIV-Patienten mit AE zeigte auch signifikant pathologische

Resultate bei der Vibrationsmessung, was den gleichzeitigen Befall des peripheren Nervensystems anzeigt (aus Platzgründen in der Tabelle nicht dargestellt). Ein Teil der Patienten wurde mit Zidovudin behandelt, was aber ohne erkennbaren Einfluß auf die Ergebnisse war.

Schlußfolgerungen

1. HIV-Patienten haben bei fortgeschrittener HIV-Krankheit häufig eine meßbare Beteiligung des ANS.
2. Die Störungen des ANS entwickeln sich offenbar in aller Regel synchron mit den primären HIV-Schädigungen des zentralen und peripheren Nervensystems.
3. Diesen pathologischen Befunden des ANS kann eine Bedeutung für die Progredienz der HIV-Krankheit zukommen, da zwischen dem ANS und dem Immunsystem funktionelle Beziehungen bestehen (5).

Literatur

1. Craddock C (1987) Cardiorespiratory arrest and autonomic neuropathy in AIDS. Lancet II:16-18
2. Enzensberger W, Fischer P-A, Helm EB, Stille W (1985) Value of electroencephalography in AIDS. Lancet I:1047-1048
3. Enzensberger W (1989) Neuromanifestationen bei AIDS. Schwer, Stuttgart
4. Ewing DJ, Clarke BF (1986) Autonomic neuropathy: Its diagnosis and prognosis. Clin Endocr Metab 15:855-888
5. Felten D, Felten S, Carlson S (1985) Noradrenergig and peptidergig innervation of the lymphoid tissue. J Immunol 135:755-765
6. Fischer P-A, Schlote W (Hrsg) (1987) AIDS und Nervensystem. Springer, Berlin Heidelberg New York
7. Freeman R, Roberts M, Friedman L (1990) Autonomic function and human immunodeficiency virus infection. Neurology 40:575-580
8. Goldberg J, Lindblom U (1979) Standardised method of determining VPT for diagnosis and screening in neurological investigation. J Neurol Neurosurg Psych 42:793-803
9. Lohmöller G, Matuschke A, Goebel FD (1989) Falsch-positiver Test einer autonomen Neuropathie bei HIV-Infektion und AIDS? Med Klin 84:242-245
10. Miller R, Semple S (1987) Autonomic neuropathy in AIDS. Lancet II:343-344
11. Scott G, Piaggesi A, Ewing D (1989) Sequential autonomic function tests in HIV-infection. V Int Conf on AIDS, Montreal, ThBP 291
12. Villa A, Foresti V, Confalonieri F (1987) Autonomic neuropathy and HIV-infection. Lancet II:915

Quantitative Western Immunoblotting Analyse zum neuro- biologischen Verlauf HIV-I seropositiver Patienten

H.C. Schumacher, P. Selbstaedt und A. Rolfs

Einleitung

Die Charakterisierung von prädiktiven Parametern für eine Progression in das symptomatische Stadium der Infektion mit dem Humanen Immundefekt Virus Typ I (HIV-I) ermöglicht den gezielten Einsatz von Azidothymidine (AZT, Schiavini 1989). Unterschiedliche klinische Entitäten, wie z. B. die HIV-I-assoziierte Enzephalopathie (HIV-I-Ep), könnten pathogenetisch mit der humoralen Immunantwort gegen das HIV-I zusammenhängen. Mit Hilfe der Western Blotting (Wb) Analyse lassen sich die IgG-Fraktionen gegen die verschiedenen Strukturproteine des HIV-I (gag, env, pol) im Liquor cerebrospinalis (CSF) und Serum densitometrisch quantifizieren. Wir untersuchten die Wertigkeit einer HIV-I-spezifischen IgG-Antikörpersynthese (HIV-I-IgGS) mittels Wb für die Progression der HIV-Infektion und die Entwicklung einer HIV-I-Ep.

Patienten und Methoden

Im Rahmen einer prospektiven Studie wurden 161 parallel gewonnene Liquor/Serumproben von 104 verschiedenen HIV-I infizierten Patienten mittels Western Blotting (Fa. DuPont) auf die Produktion von IgG-Antikörpern gegen die verschiedenen Strukturproteine des HIV-I (env-Proteine: gp160, gp120, gp41; gag-Proteine: p55, p24, p17; pol-Proteine: p66, p51, p31) hin untersucht. Die Quantifizierung dieser HIV-I-IgGS gegen einzelne HIV-I-Strukturproteine erfolgte laserdensitometrisch. 50 Patienten gehörten den Walter-Reed-Stadien (Redfield 1986) 1-3, 54 Patienten den Walter-Reed-Stadien 4-6 an. Eine sichere intrathekale IgG-Synthese wurde beim alleinigen Nachweis von protein-spezifischen IgG-Banden in CSF oder bei einer mindestens um 50 % größeren Integrationsfläche der proteinspezifischen Bande im CSF im Vergleich zum korrespondierenden Serum festgelegt.

Ergebnisse

Eine intrathekale HIV-I-IgGS wurde in 38 % aller untersuchten Proben festgestellt (env 26 %, gag 14 %, pol 16 %). Eine Progression der HIV-I Infektion ging mit einer Zunahme von IgG-Antikörpern gegen env-Proteine und einer Abnahme gegen gag-Proteine einher (Tab. 1). Eine Assoziation der globalen intrathekalen HIV-I-IgGS zur Entwicklung einer HIV-I-Ep war nicht nachweisbar (Tab. 2). Eine HIV-I-Ep war mit dem Fehlen bzw. geringer HIV-I-IgGS gegen p66, p55 und p17 im Serum einerseits und einer HIV-I-IgGS gegen p31 im Liquor andererseits assoziiert (Tab. 3).

Tabelle 1. Relative Intensität der HIV-I-spezifischen IgG-Banden und Walter Reed Stadium (WR).

HIV-Proteine	WR 1-3	WR 4-6	p
env-Glycoproteine			
CSF	71 +/- 26	82 +/- 18	0,004
Serum	57 +/- 20	65 +/- 21	0,011
gag-Proteine			
CSF	15 +/- 18	7 +/- 12	0,039
Serum	20 +/- 15	14 +/- 13	0,006
pol-Proteine			
CSF	11 +/- 12	9 +/- 11	0,215
Serum	22 +/- 12	20 +/- 14	0,076

p: Mann-Whitney Test, zweiseitig.

Tabelle 2. Intrathekale HIV-I-IgGS im Westernblot und HIV-I-Ep. Verlaufsbeobachtungen an 33 Patienten.

Verlauf der HIV-I-IgGS	Gesamtkollektiv	HIV-I-Ep
zunehmend	14 (42 %)	5 (45 %)
abnehmend	7 (21 %)	2 (18 %)
wechselnd	3 (9 %)	0 (0 %)
fehlend	9 (27 %)	4 (36 %)

Tabelle 3. Assoziation einer spezifischen IgG-Synthese gegen verschiedene HIV-I-Strukturproteine mit einer HIV-I-Ep.

HIV-I-IgGS		HIV-I-Ep		p
		nein	ja	
Summe von p17, p55 und p66 im Serum	≤11%	28 (67%)	14 (33%)	0,0004
	>11%	58 (94%)	4 (6%)	
p31 im CSF	0%	47 (90%)	5 (10%)	0,0381
	> 0%	39 (75%)	13 (25%)	

p: Chi-Quadrat Test, zweiseitig

Literatur

1. Redfield R, Wright C, Tramont E et al (1986) N Engl J Med 314:131-132.
2. Schiavini DG, Puel JML, Averous SA, Bazex JA (1989) J Clin Microbiol 27:2062-2066

Nachweis von HIV-I DNA im Liquor cerebrospinalis bei asymptomatischen Patienten

A. Rolfs, M. Vallée und H.C. Schumacher

Einleitung

Patienten mit einer Infektion des Humanen Immundefektvirus Typ I (HIV-I) leiden unter einer Reihe von neurologischen Komplikationen. Zwischen 10 und 25 % aller Patienten mit einem klinisch manifesten erworbenen Immundefekt (AIDS) oder dem AIDS-related-complex (ARC) zeigen neurologische Symptome, im Endstadium der Erkrankung entwickeln mehr als die Hälfte aller Patienten eine Enzephalopathie [2]. Auch gesunde Seropositive ohne klinisch nachweisbare Beschwerden zeigen bereits Veränderungen im Zentralnervensystem (ZNS) [4]. HIV-I wurde in der grauen und weißen Hirnsubstanz, in Neuronen und Gliazellen nachgewiesen und aus dem Liquor isoliert [5]. Es ist anzunehmen, daß zahlreiche neurologische Symptome direkte Folge einer HIV-I-Infektion des ZNS sind, wobei die Affinität zu bestimmten neuronalen Strukturen durch spezifische "neurotrope" HIV-I-Varianten verursacht zu sein scheint. Hierbei ist möglicherweise die envelope-Region für die Kontrolle über Zell-Tropismus und Zytopathologie verantwortlich [1].

Die Polymerase chain reaction (PCR) ist eine Methode, mit der es gelingt, sogar kleine Mengen aus Liquorzellen isolierter DNA und RNA zu amplifizieren. Die Methode bietet sich an, bereits im Frühstadium der HIV-I-Infektion virale Strukturen nachzuweisen. Wir stellten uns hierzu die Frage, ob der Nachweis bestimmter Regionen des HIV-I mit dem neurobiologischen Verlauf der Patienten korreliert.

Patienten und Methode

Im Rahmen einer prospektiven Studie untersuchen wir DNA aus lymphomonozytären Zellen des Liquors und Blutes von bislang 32 HIV-I-infizierten asymptomatischen Patienten auf verschiedene HIV-I-Regionen: env, gag, LTR, eine Neuroleukin-homologe Region [3], die CD4-Bindungsregion und die CPE-Region [1], die für den zytopathischen Effekt mitverantwortlich gemacht wird. Als Positivkontrolle dient der BH10-Klon, als Negativkontrolle genomische DNA HIV-I-negativer Patienten, als internen Standard benutzten wir ß-globin-Primer. Für die PCR-Reaktion wurden jeweils 0.1 µg genomischer DNA eingesetzt, die amplifizierten Produkte durch den Einbau von ^{32}P-dCTP radioaktiv markiert, in einem Polyacrylamid-Gel aufgetrennt und ihre Spezifität mit bekannten Restriktionsenzymen nachgewiesen.

Ergebnisse und Diskussion

Bei den bisher untersuchten Patienten ergeben sich unterschiedliche Muster für die Amplifikate im Liquor und im Blut (Tab. 1). Interessanterweise weisen wir in einigen Proben ein vergrößertes LTR-Amplifikat von ungefähr 140 Basenpaaren (bp) nach, wogegen die erwartete Größe bei 103 bp liegt. Es könnte sich dabei um eine mutierte Sequenz handeln. In nahezu allen Fällen finden wir ein Signal für die gag-Region. Auffällige Unterschiede zwischen Liquor und Blut ergeben sich bezüglich der CPE-Region und der env-Region. Die CPE-Region ist mitverantwortlich für das unterschiedliche Ausmaß des zytopathischen Effekts und daher wichtig für den Verlauf der HIV-I-Infektion. Um eindeutig feststellen zu können, ob die Patienten mit einem Signal für die CPE-Region und einer vergrößerten LTR-Region einen schlechteren klinischen Verlauf zeigen, müssen die Patienten über einen längeren Zeitraum beobachtet werden.

Die PCR zeigt sich als schnelle und unter Beachtung strenger Sicherheitsmaßnahmen auch als sichere Methode zum Nachweis HIV-I-spezifischer Sequenzen im Liquor. Für den Nachweis verschiedener Regionen des Virus ergeben sich dabei unterschiedliche Verteilungsmuster in Liquor und Blut. Untersuchungen auf RNA-Ebene und Sequenzierungen der Amplifikate können in der Zukunft Aufschluß über die Bedeutung einzelner HIV-I-spezifischer Regionen für den neurobiologischen Verlauf der Patienten geben.

Tabelle 1. Häufigkeit positiver HIV-I- bzw. Kontrollgen-Amplifikate im Liquor cerebrospinalis und im Blut

	LTR	gag	NRO	CD4	CPE	env 141bp	env 488bp	ß-globuin ß-actin
Liquor	7/32 21.9 %	31/32 96.9 %	7/32 21.9 %	5/32 15.6 %	15/32 46.9 %	16/32 50.0 %	7/13 53.8 %	32/32 100 %
Blut	3/32 9.4 %	30/32 93.8 %	8/32 25.0 %	2/32 6.3 %	6/32 18.8 %	9/32 28.1 %	8/13 61.5 %	32/32 100 %

Literatur

1. Fisher AG, Ratner L, Mitsuya H et al (1986) Infectious mutant of HTLV-III with changes in the 3'region and markedly reduced cytopathic effects. Science 233:655-659
2. Ho DD, Rota TR, Schooley RT et al (1985) Isolation of HTLV-III from the cerebrospinal fluid and neural tissue of patients with neurological syndromes to the acquired immunodeficiency syndrome. New Engl J Med 313:1493-1497
3. Lee MR, Ho DD, Gurney ME (1987) Functional interaction and partial homology between human immunodeficiency virus and neuroleukin. Science 237:1047-1051
4. Rolfs A, Grützediek V, Curio G, Schumacher HC (1990) Die evozierten Potentiale in der HIV-I-Frühdiagnostik. In: Riedel RR, Jerusalem F (Hrsg) HIV-Infektionen und die Nervensystem-Manifestationen. (Im Druck)
5. Rolfs A, Schumacher HC (1990) Early findings in the cerebrospinal fluid of patients with HIV-I infection of the central nervous system. New Engl J Med 323:418-419

Immunzytologie des Liquor cerebrospinalis bei HIV-I infizierten Patienten: Prognostische Wertigkeit für die Entwicklung einer zerebralen Toxoplasmose

H.C. Schumacher, M. Wiedau und A. Rolfs

Einleitung

In Mitteleuropa erleiden im Verlauf einer Infektion mit dem Humanen Immundefektvirus Typ I (HIV-I) ca. 30 - 50 % aller Patienten eine zerebrale Toxoplasmose (cTo), welche trotz einer gezielten Therapie eine 1-Jahres-Mortalitätsrate von 70 - 80 % besitzt (Handler 1983, Haverkos 1987). Ein frühzeitiger Therapiebeginn der cTo senkt die durch sie bedingte Morbidität und Letalität. Wir überprüften die prädiktiv-prognostische Wertigkeit der Leukozytensubpopulationen (LSP) in Liquor cerebrospinalis (CSF) und Venenblut (VB) für die Entwicklung einer zerebralen Toxoplasmose.

Patienten und Material

Im Rahmen einer prospektiven Studie wurden bei 47 HIV-I infizierten Patienten (mittleres Lebensalter 36 Jahre) die LSP in CSF immunzytochemisch mit der APAAP-Methode (Mason 1985) und im parallel gewonnenen VB mittels Durchflußzytometrie (FACS) quantifiziert. Bei Anwendung der Walter-Reed-Klassifikation (Redfield 1986) gehörten 35 Patienten den Stadien 1-3 und 12 Patienten den Stadien 4-6 an. Für jede LSP wurde ein Grenzwert festgelegt, der zur Bildung von zwei Gruppen führte (hohes vs. niedriges cTo-Risiko). Die statistische Analyse mit dem Zielereignis "zerebrale Toxoplasmose" erfolgte nach dem Produkt-Grenzwert-Schätzer (PGS, Kaplan & Meier 1958) und dem logrank-Test (Mantel 1966; 5%-Signifikanzniveau, zweiseitiges p).

Ergebnisse und Diskussion

Das Risiko für die Entwicklung einer cTo war bei einem CD4/CD8-Quotient im CSF von ≤ 0,3, einem Leu7+-Zellgehalt von ≥11 % im CSF bzw. von >24 % im VB, einem HLA-Dr+-Zellgehalt von ≤ 20 % im VB und einem Leu19+-Zellgehalt von ≥11 % im CSF statistisch signifikant erhöht (Tab. 1, Abb. 1), wobei 7 von 13 der Erkrankungen sich innerhalb von 6 Monaten nach Studienbeginn manifestierten. Der CD4/CD8-Quotient im VB hatte keine statistisch signifikante prädiktiv-prognostische Wertigkeit für die Entwicklung einer cTo (Tab. 1). Wir empfehlen die halbjährliche Quantifizierung der oben beschriebenen LSP in CSF und VB bereits in frühen Stadien der HIV-I Infektion und eine gezielte Toxoplasmoseprophylaxe bei einer entsprechenden Befundkonstellation.

Tabelle 1. Entwicklung einer zerebralen Toxoplasmose in Abhängigkeit von den Leukozytensubpopulationen in Liquor und CSF

Parameter	Risiko-Gruppe	Anzahl der Patienten	Anzahl an Toxoplasmose Erkrankten	p
CD4/CD8 CSF	$\leq 0,3$	13	8	0,0002
	$> 0,3$	34	5	
CD4/CD8 VB	$\leq 0,4$	21	8	0,0568
	$> 0,4$	26	3	
Leu7+ CSF	$\geq 11\ \%$	7	4	0,0013
	$< 11\ \%$	38	7	
Leu7+ VB	$\geq 24\ \%$	12	6	0,0054
	$< 24\ \%$	31	4	
Leu19+ CSF	$\geq 11\ \%$	7	4	0,0121
	$< 11\ \%$	34	7	
HLA-DR+ VB	$\leq 20\ \%$	12	6	0,0087
	$> 20\ \%$	30	4	

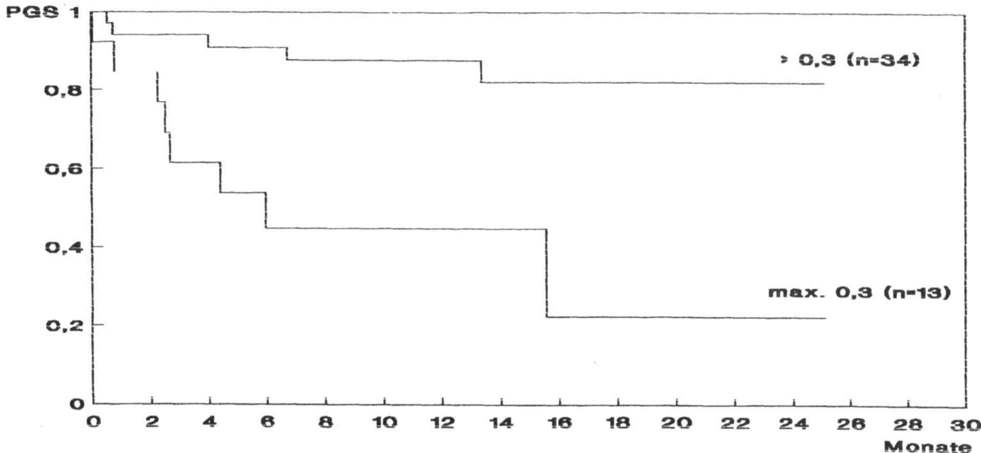

Abb. 1. CD4/CD8-Quotient im Liquor cerebrospinalis und Entwicklung einer zerebralen Toxoplasome

Literatur

1. Handler M, Ho V, Whelan M, Budzilovich G (1983) J Neurosurg 59:994-1001
2. Haverkos HW (1987) Am J Med 82:907-914
3. Kaplan EL, Meier P (1958) J Am Statist Assoc 53:457-481
4. Mantel N (1966) Cancer Chemother Rep 50:163-70
5. Mason D (1985) Technics in Immunocytochemistry Vol. 3, Academic Press
6. Redfield R, Wright C, Tramont E et al (1986) N Engl J Med 314:131-132

AIDS und Parkinson-Syndrom*

W. Enzensberger, U. Woelki, H. Gräfin Vitzthum, W. Schlote und P.-A. Fischer

Die klinische Diagnostik primärer und sekundärer Neuromanifestationen bei der HIV-Krankheit (human immunodeficiency virus) steht vor dem Problem, daß ihre Symptomatik wenig charakteristisch ist und zudem oft das Ergebnis sich überlagernder Mehrfachkomplikationen (2, 3). Wir haben retrospektiv aus insgesamt über 500 HIV-Patienten diejenigen mit einem symptomatischen Parkinson-Syndrom analysiert, um zu klären, ob diesem klinischen Syndrom bei HIV-Patienten eine spezifische differentialdiagnostische Bedeutung zukommt. Am häufigsten entwickelte sich ein Parkinson-Syndrom bei HIV-Patienten mit AIDS-Enzephalopathie oder mit Toxoplasmose-Enzephalitis.

Von 63 Patienten mit AIDS-Enzephalopathie (ohne sonstige HIV-Neuromanifestationen) boten 15 Patienten (= 24 %) neben einem hirnorganischen Abbau mit bradyphrenie-ähnlicher Antriebsstörung eine Parkinson-Symptomatik (Stadium II bis III nach Hoehn und Yahr). Von den extrapyramidalen Kardinalsymptomen führte in aller Regel die allgemeine Akinese (93 %), während Rigor (13 %) und Tremor (27 %) seltener anzutreffen waren. In den zusatztechnischen Befunden, d. h., im Elektroenzephalogramm (EEG) und in der kranialen Computertomographie (CCT) sowie im Grad des Immundefektes (Zahl der Helferzellen) und im Alter unterschieden sich Patienten mit AIDS-Enzephalopathie und Parkinson-Syndrom nicht sicher von solchen ohne Parkinson-Syndrom. Von 22 Patienten mit Toxoplasmose-Enzephalitis (ohne sonstige HIV-Neuromanifestationen) entwickelten 8 Patienten (= 36 %) im Zusammenhang mit der opportunistischen Infektion eine Parkinson-Symptomatik (Stadium II bis IV nach Hoehn und Yahr). Auch bei den Toxoplasmose-Patienten war neben dem hirnorganischen Psychosyndrom regelmäßig die Akinese führend (100 %), während ein Rigor wesentlich seltener (25 %), Tremor überhaupt nicht zu beobachten waren. Die Zusatzparameter (EEG, CCT, Immunstatus, Alter) ergaben wiederum keinen grundlegenden Unterschied zwischen den Subkollektiven, wenngleich auffiel, daß Toxoplasmose-Patienten mit Parkinson-Syndrom ihre Granulome obligatorisch im Bereich der Stammganglien hatten, während dies bei Patienten ohne Parkinson-Symptomatik nur fakultativ der Fall war.

Die neuropathologische Untersuchung von 12 obduzierten AIDS-Patienten, die klinisch ein Parkinson-Syndrom gezeigt hatten, ergab ein ausgesprochen variables Schädigungsmuster; dies gilt sowohl hinsichtlich der Lokalisation des Krankheitsprozesses (Substantia nigra, Caudatum, Pallidum, Putamen) als auch im Hinblick auf die spezielle Ursache (HIV, Toxoplasma gondii, Papovaviren, primäres ZNS-Lymphom) (4). Andererseits hatten keineswegs alle AIDS-Patienten, bei denen autoptisch z. B. Nigraveränderungen gesehen wurden (11 von 55 Patienten hatten eine Depigmentierung der Substantia nigra), im klinischen Verlauf extrapyramidale Symptome gezeigt (4).

Schlußfolgerungen

1. Die HIV-Infektion gehört heute zu den möglichen Differentialdiagnosen des Parkinson-Syndroms, insbesondere wenn es sich um jüngere Patienten aus einem HIV-Risikokollektiv handelt und wenn die Akinese der führende extrapyramidale Befund ist.

2. Eine Parkinson-Symptomatik muß bei HIV-Patienten Anlaß zu einer raschen und umfassenden zerebralen Diagnostik geben, da prinzipiell fast alle primären und sekundären Neuromanifestationen als Ursache in Frage kommen.

3. Die Behandlung sollte sich zunächst gegen die spezielle Ursache richten (z. B. Toxoplasmose-Therapie), erst in zweiter Linie mit Parkinson-Medikamenten erfolgen, da diese bei HIV-Patienten problematisch sein können (schlechte Compliance, häufige Dosisanpassung, Induktion exogener Psychosen).

4. HIV-Patienten sollten, wenn möglich, keine potentiell Parkinson-induzierenden Medikamente verordnet bekommen (z. B. Kalzium-Antagonisten, Neuroleptika, Antiemetika) (1, 4 - 6).

Literatur

1. Edelstein H, Knight RT (1987) Severe parkinsonism in two AIDS patients taking prochlorperazine. Lancet ii:341-342
2. Enzensberger W (1989) Neuromanifestationen bei AIDS. Schwer, Stuttgart
3. Enzensberger W, Fischer P-A (1990) Neurologische Probleme bei der HIV-Infektion - ein Überblick. Nervenarzt 61:340-350
4. Enzensberger W, Woelki U, Gräfin Vitzthum H, Schlote W, Fischer P-A (1990) AIDS, Nigraveränderungen und Parkinson-Syndrom. In: Fischer P-A (Hrsg) Parkinson-Syndrom und Nigraprozeß. Editiones (Roche), Basel (im Druck)
5. Nath A, Jankovic J, Pettigrew LC (1987) Movement disorders and AIDS. Neurology 37:37-41
6. Wilson JA, Smith RG (1987) Relation between elderly and AIDS patients with drug-induced Parkinson's disease. Lancet ii:686

*Unsere Arbeit wird unterstützt durch Mittel des BMAUS (Va2-43335-9/8)

Immunzytochemischer HIV-Nachweis im Liquor

B. Wildemann, B. Storch-Hagenlocher, H. Blechinger, S. Rabuffetti und U. Wieland

Das HI-Virus besitzt ähnlich anderen Lentiviren neurotrope Eigenschaften und kann unabhängig vom Grad der Immunschwäche neurologische Erkrankungen nicht opportunistischer Genese hervorrufen. Unter ihnen dominiert die subakute Enzephalopathie. Sie entsteht vermutlich infolge einer direkten HIV-Infektion des Nervensystems, ihre Pathogenese ist nicht definiert. Die in vivo-Diagnose der HIV-Enzephalopathie bereitet vor allem im Frühstadium erhebliche Schwierigkeiten und kann nach klinischen und apparativen Kriterien allein nicht mit Sicherheit gestellt werden. Liquordiagnostisch sind die konventionellen Verfahren zum direkten Virusnachweis respektive die Virusisolierung nach Liquorkokultivierung oder die HIV1 p24-Antigendetektion im Nativliquor von geringer Sensitivität und Spezifität. Wir haben durch immunzytochemische Methoden eine Verbesserung der Sensitivität des HIV-Antgennachweises im Liquor angestrebt und deren Spezifität bezüglich direkt HIV-assoziierter zentralnervöser Symptome überprüft. Die intrazelluläre HIV-Detektion erfolgte an Zytoausstrichen kokultivierter Liquorzellen unter Verwendung der APAAP-Methode bei 21 Patienten in unterschiedlichen Krankheitsstadien.

Untersucht wurde Liquor von 21 HIV-infizierten Patienten in unterschiedlichen Krankheitsstadien mit und ohne neurologische Symptome. Der direkte Virusnachweis erfolgte durch Bestimmung des HIV p24-Antigens im Nativliquor und nach Liquorkokultivierung durch Virusisolierung und immunzytochemische Verfahren. Die Virusisolierung erfolgte nach maximal 30tägiger Kulturzeit durch Detektion des HIV p24-Antigens. Zum immunzytochemischen Virusnachweis wurden nach 12 - 20 Tagen Kulturzeit Zytoausstriche angefertigt. Die intrazelluläre HIV-Antigenexpression wurde unter Verwendung der APAAP-Methode als Detektionssystem mit einem anti-HIV1 p24/p18 (1:1000/1:2000) Antikörpergemisch (Genetic Systems, Seattle, USA) aufgezeigt. Die infizierten Zellen wurden durch lichtmikroskopische Auszählung von 1000 Zellen pro Zellsediment und in mindestens 5 Zytoausstrichen pro Patient quantifiziert.

Die klinischen und liquordiagnostischen Daten sind in der Tabelle zusammengefaßt. Die meisten HIV-infizierten Patienten, die zum Zeitpunkt der Lumbalpunktion neurologische Symptome aufwiesen, unter ihnen alle Patienten mit klinisch manifester Enzephalopathie, befanden sich im Stadium 6 der Klassifikation nach Walter Reed (WR). Der immunzytochemische Nachweis HIV-infizierter mononukleärer Zellen im kokultivierten Liquor gelang in 6 von 21 Liquorproben. In je 2 Fällen wurden mehr als 10 bzw. 1 - 5 HIV-Antigen exprimierende Zellen, in je einem Fall 5 - 10 bzw. weniger als 1 positive Zelle pro 1000 mononukleäre Zellen ermittelt. Die 3 Patienten mit einem Anteil infizierter Zellen von mehr als 5/1000 befanden sich im Stadium WR6, zwei litten an einer fortgeschrittenen HIV-Enzephalopathie, einer an einer zerebralen Toxoplasmose. Von den anderen 3 Patienten waren zwei neurologisch unauffällig und im Frühstadium der Infektion, ein Patient im Stadium WR5 war an einer aseptischen Meningitis erkrankt. Bei zwei Patienten im Vollbild AIDS und manifester Enzephalopathie ließ sich immunzytochemisch keine intrazelluläre Virusexpression aufzeigen.

Die Ergebnisse der Virusisolierung stimmten mit einer Ausnahme mit denen der Immunzytochemie überein. Sie war bei 5 der Patienten mit immunzytochemisch nachweisbarer intrazellulärer Virusantigenexpression erfolgreich, in einem Fall konnten trotz negativer Virusanzucht infizierte mononukleäre Zellen im Zytoausstrich identifiziert werden. Diese Patientin war im Frühstadium der Erkrankung und neurologisch unauffällig. Der direkte Virusnachweis im nativen Liquor gelang nur in 3 Fällen, wobei eine Korrelation zu immunzytochemischem Virusnachweis und Erregeranzucht nicht erkennbar war.

Tabelle. Klinische und liquordiagnostische Daten von 21 HIV-infizierten Patienten

Patient	Stadium nach Walter Reed WR)	HIV-Antigen im Nativliquor	Virus-isolierung	Immun-zytochemie	Neurologische Symptome
1	2	-	-	-	keine
2	2	-	+	+	keine
3	2	-	-	-	Psychose
4	2	-	-	+	keine
5	4	-	-	-	keine
6	4	+	-	-	Polyneuropathie
7	4	-	-		keine
8	5	-	-	-	keine
9	5	+	-	-	Myelopathie
10	5	-	+	+	asept. Meningitis
11	6	-	-	-	spinales Lymphom
12	6	-	-	-	Hirnnervenausfälle
13	6	-	-	-	Enzephalopathie
14	6	-	-	-	Toxoplasmose
15	6	-	-	-	Enzephalopathie
16	6	-	-	-	Enzephalopathie
17	6	-	-	-	CMV-Retinitis
18	6	-	+	+	Enzephalopathie Polyneuropathie
19	6	-	+	+	Toxoplasmose
20	6	+	+	+	Enzephalopathie CMV-Myelitis
21	6	-	-	-	Polyneuropathie

Die Virusisolierung nach konventioneller Liquorkokultivierung und der immunzytochemische Virusnachweis erwiesen sich als Verfahren vergleichbarer und gegenüber der HIV-Antigendetektion im Nativliquor höherer Sensitivität. In einem Fall war der immunzytochemische Virusnachweis überlegen.

Der immunzytochemische Virusnachweis gelang bei Patienten mit und ohne neurologische Symptomatik und unabhängig vom Stadium der Erkrankung. Eine diagnostische Spezifität hinsichtlich der HIV-Enzephalopathie ließ sich nicht erkennen.

Bei Patienten im Vollbild AIDS war der immunzytochemische Virusnachweis mit prozentual höherem Anteil infizierter Zellen positiv.

Die Immunzytochemie kann die Sensitivität des direkten Virusnachweises im Liquor erhöhen und empfiehlt sich als ergänzendes Verfahren zur konventionellen Virusisolierung.

Wertigkeit testpsychologischer Untersuchungen in verschiedenen Stadien der HIV-Infektion

S. Rabuffetti, B. Wildemann, B. Storch-Hagenlocher, H. Blechinger und M. Hartmann

In Zusammenarbeit mit der Hautklinik der Universität Heidelberg werden seit ca. zweieinhalb Jahren HIV-infizierte Patienten in verschiedenen Krankheitsstadien klinisch-neurologisch in der Neurologischen Universitätsklinik Heidelberg untersucht. Im Rahmen einer klinischen Studie werden die HIV-infizierten Patienten auch testpsychologisch untersucht. Es wird die Frage nach einer stadienspezifischen "Leistungs- und Persönlichkeitsprägung" gestellt, die letztlich zur Früherkennung dementiver Veränderungen bei gegebener HIV-Infektion dienen soll. Bislang wurden 43 männliche und 21 weibliche Patienten testpsychologisch untersucht, so daß sich eine Gesamtstichprobe von N = 64 HIV-infizierten Patienten ergibt.

Die Stichprobe wird mit einer Testbatterie, die aus dem Aufmerksamkeits-Belastungs-Test (d2-Test; zur Erfassung der Konzentrations- und Aufmerksamkeitsleistung), dem Paar-Assoziations-Test (PAT; zur Erfassung des verbalen Kurz- und Langzeitgedächtnisses), dem Reduzierten Wechsler-Intelligenztest (WIP; zur Erfassung der Intelligenz) und dem Minnesota Multiphasic Personality Inventory (MMPI; zur Erfassung der Persönlichkeit) besteht, untersucht. Die Zuordnung der Patienten in die betreffenden Stadien nach der Walter Reed-Klassifikation (WR) ermöglicht einen stadienspezifischen varianzanalytischen Vergleich der Gruppen. Neben der Einwegvarianzanalyse werden die Testergebnisse korrelationsstatistisch (Pearson-Korrelationkoeffizient) überprüft, um eventuelle stadienunspezifische Effekte aufzeigen zu können.

Für die Konzentration und das "Arbeitstempo" im d2-Test ergeben sich stadienspezifische Prozentränge, die um den Durchschnitt von 50 +/- 10 % nicht signifikant variieren. In der Daueraufmerksamkeit unterscheiden sich die Gruppen WR 3/4 und WR 6 signifikant von den anderen Gruppen. Widererwartend zeigen die WR 6-Gruppe die beste, die WR 3/4-Gruppe die schlechteste Daueraufmerksamkeitsleistung.

In der verbalen Gedächtnisleistung, die mit dem PAT erfaßt wird, zeigen alle WR-Gruppen eine vergleichbare verbale Gedächtnisleistung; sowohl für die kurzfristige Merkfähigkeit als auch für die langfristige Merkfähigkeit erreichen die einzelnen Gruppen Fehlerwerte, die sich nicht signifikant voneinander unterscheiden. Für die WR 3-Gruppe und für die WR 4-Gruppe ist die größte Abweichung gegenüber den anderen Gruppen zu erkennen. Die WR 4-Gruppe erzielt die höchste Gesamtfehlerquote (Gedächtnisleistung: 79,5 %), die WR 3-Gruppe hingegen weist die geringste Fehlerquote auf (Gedächtnisleistung: 100,0 %).

Die Intelligenzleistungen, erfaßt mit dem WIP, zeigen in den Untertests Allgemeines Wissen (AW), Bilderergänzen (BE), Gemeinsamkeitenfinden (GF) sowie im Gesamt-IQ für alle WR-Gruppen vergleichbare Intelligenzquotienten. Im Untertest Mosaik-Test (MT) erreichen jedoch die WR 2-Gruppe und die WR 3/4-Gruppe signifikant höhere Intelligenzquotienten als die anderen WR-Gruppen. Dieses Ergebnis ist insofern interessant, als daß man tendenziell eine IQ-Verschlechterung bei höher werdender Stadieneinteilung erkennen kann.

Im MMPI ergeben sich homogene Persönlichkeitsprofile für die Gruppen WR 2, WR 3/ 4, WR 4, WR 5 und WR 6. Obwohl nur in der Persönlichkeitsskala "Schizoidie" ein signifikanter Mittelwertsunterschied zwischen der WR 5-, WR 6- und WR 2-Gruppe gegenüber der WR 3/4- und WR 4-Gruppe und auch gegenüber der WR 3-Gruppe besteht, zeigen die jeweiligen WR-Gruppen in einigen Persönlichkeitsskalen unterschiedliche Ausprägungsgrade.

In der stadienübergreifenden Korrelationsanalyse zeigen sich besonders zwischen den Persönlichkeitsskalen des MMPI den dem d2-Test, aber auch zwischen den Persönlichkeitsskalen des MMPI und des "Allgemeinen Wissen" und des "Gemeinsamkeitenfinden" im WIP signifikante Zusammenhänge (die Korrelationen liegen zwischen $4 = -.25$ und $r = -.31$; bei einer Irrtumswahrscheinlichkeit von $p < 0,05$).

Zusammenfassend lassen sich zwei Hauptergebnisse aufzeigen:

(1) Es konnte eine stadienspezifische Leistungsprägung im "Mosaik-Test" des WIP nachgewiesen werden, d. h., je höher das WR-Stadium, desto niedriger die Mosaik-Test-Leistung.

(2) Es besteht ein korrelativer Zusammenhang zwischen der Konzentrationsleistung, der verbalgebundenen Intelligenzleistung und der Persönlichkeitsausprägung.

Die Leistungsverschlechterung im "Mosaik-Test" bei zunehmendem WR-Stadium wird als Defizit in der räumlich-visuellen, der formal-logischen, den abstrakten und den kombinatorischen kognitiven Funktionen gewertet. Der mit höherem Stadium eintretende Verlust der komplexen kognitiven Funktionen läßt sich auch mit Hilfe des Embedded Figures Test (EFT) aufzeigen, der ebenfalls bei den HIV-infizierten Patienten durchgeführt wurde, jedoch aus Prioritätsgründen hier nicht gesondert aufgeführt werden konnte. Der EFT, der das formal-logische, abstrakte Denken und die Diskriminationsfähigkeit erfaßt, zeigt für die WR-Gruppen die gleiche Tendenz wie beim Mosaik-Test: Je höher das WR-Stadium, desto geringer die Testleistung im EFT (die Korrelation zwischen Mosaik-Test und Embedded Figures Test beträgt $r = .62$; $p < 0,0001$).

Der korrelative Zusammenhang der Konzentrationsleistung und der verbalgebundenen Intelligenz mit der Persönlichkeitsausprägung der HIV-infizierten Patienten läßt vermuten, daß die Auseinandersetzung mit der Krankheit und vor allem die Krankheitsverarbeitung für die betreffenden Leistungsscores verantwortlich sind, d. h., die psychische Belastung um das Wissen der HIV-Infektion beeinflußt stadienunspezifisch die Basisfunktionen der Konzentration und der sprachgebundenen Intelligenz.

Wille und frontale Theta-Aktivität

A.W. Kornhuber, M. Lang, W. Kure und H.H. Kornhuber

Wille wird mit Selbstkontrolle, Entschlossenheit beim wohlüberlegten Handeln und Durchführung schwieriger Aufgaben in Verbindung gebracht. Für die Willenstätigkeit muß es eine neurophysiologische Grundlage geben. Wir haben bei einer Aufgabe, bei der Versuchspersonen ein Gewicht hielten oder einen selbstgesetzten Schmerzreiz ertrugen, die elektroenzephalographisch ableitbare Hirntätigkeit untersucht.

16 rechtshändige Versuchspersonen, 10 männliche und 6 weibliche zwischen 22 und 28 Jahren, nahmen an dem Experiment teil. Die Aufgabe bestand darin, für mindestens 15 Sekunden einen selbst ausgelösten Schmerzreiz zu ertragen oder ein Gewicht zu halten. In beiden Aufgaben mußte ein Knopf mit dem Zeigefinger von der Versuchsperson selbst heruntergedrückt werden. Die Versuchspersonen entschieden über Beginn und Ende selbst. Der Schmerzreiz wurde durch einen Strom ausgelöst, der über eine intrakutane Goldelektrode in der Fingerbeere zugeführt wurde (max. 0,0005 A). Die zu haltende Gegenkraft wurde durch einen am Auslöseknopf befestigten Hebel ausgeübt. Nachdem gemeinsam mit der Versuchsperson die individuell noch erträglichen Maximalwerte für Schmerz und Kraft bestimmt wurden, fanden 75 % dieser Werte als eigentliche 'Aufgabe' im Versuch Verwendung, 25 % für die 'Kontrolle'. Diese Werte wurden den Versuch über konstant gehalten. Die rechte und die linke Hand wurden in getrennten Versuchsblöcken verwendet. Die Kombination von entweder 'Kraft' oder 'Schmerz', rechter oder linker Hand und 'Kontrolle' (25 % des Maximums) oder 'Aufgabe' (75 % des Max.) ergab insgesamt 8 (2 * 2 * 2) verschiedene Versuchsbedingungen, die auf jeweils zwei Blöcke aufgeteilt wurden. Je eine Hälfte des Experiments wurde an zwei aufeinanderfolgenden Versuchstagen durchgeführt. Die einzelnen Versuchsblöcke folgten in zufälliger Reihenfolge. 9 Ag-AgCl Elektroden wurden nach dem 10-20-System über F3, F4, FCz (in der Mitte zwischen Fz und Cz), C3, C4, Cz, P3, P4 und Pz positioniert, die zusammengeschalteten Ohren mit Kompensation des Übergangswiderstandes als Referenz. Das EOG wurde in schräger Richtung zur Artefaktkontrolle abgeleitet, um horizontale und vertikale Augenbewegungsartefakte zu erkennen. Einzelereignisse wurden als artefaktfrei bewertet, wenn keine sichtbare Drift, keine Muskeloder Schluckartefakte, keine Lidschlag- und keine Augenbewegungsartefakte erkennbar waren. Für jede Versuchsperson wurden für jede Versuchsbedingung nach unmittelbarer Entscheidung zunächst 40 artefaktfreie Einzelereignisse gesammelt, die anschließend im ausgeschriebenen EEG nochmals einer visuellen Kontrolle unterzogen wurden. Um Spiegelfrequenzartefakte zu unterdrücken, wurde vor der Digitalisierung (12 Bit) mit 30 dB/ Oktave und 20 Hz Grenzfrequenz tiefpaßgefiltert. Die mittlere Leistung wurde im Theta-Band (3-7 Hz) nach Berechnen der spektralen Leistungsdichte aus Zeitintervallen von 1,28s Dauer (FFT, 128 Punkte, Bartlett-Fenster) 5 s vor (A) und 5,5 s (B) nach dem Beginn und Ende von Kraft bzw. Schmerz ermittelt. Die relative Veränderung der Theta-Leistung nach Beginn bzw. Ende wurde als (B-A)/A berechnet. Für die Statistik wurde eine ANOVA für die absolute Differenz der relativen Theta-Leistung zwischen 'Aufgabe' (75 %) und 'Kontrolle' (75 %) mit den Faktoren 'Kraft/Schmerz' (2 Stufen), 'LinkeRechte Hand' (2 Stufen), 'Frontale/ Centrale/Parietale Elektrodenposition' (3 Stufen) und 'Linke/Mittlerer/Rechte Elektrodenpo-

sition' (3 Stufen) für Beginn und Ende getrennt durchgeführt. Signifikante Ergebnisse wurden bei Faktoren mit mehr als zwei Stufen durch den Wilcoxon-Mann-Whitney U-Test einer Einzelprüfung unterzogen. Für Signifikanz wurde eine zweiseitige Irrtumswahrscheinlichkeit (p) unter 0,05 angenommen, für eine 'schwache Signifikanz' ein p < 0,1).

Das Hauptergebnis dieser Untersuchung war ein frontales Überwiegen der relativen Theta-Leistung während der Durchführung der 'Aufgabe' im Vergleich zur 'Kontrolle'. Für die ausführende Hand fand sich kein Unterschied, so daß die Daten gemeinsam betrachtet werden konnten. Nach dem Beginn der Aufgabe kam es frontal zu einem Anstieg von 7,5 % in der 'Kraft'-Bedingung, 2,7 % zentral und 1,3 % parietal. In der 'Schmerz'-Bedingung kam es mit vergleichbarer Topographie zunächst zu einem Abfall der Theta-Leistung (frontal -1%, zentral -4,2 %, parietal -6,8 %). Nach Ende der Aufgabe kam es allerdings zu einem Abfall der Theta-Leistung, der den Anstieg insgesamt überwog. Auch dieser Abfall war frontal betont. Für das Ende ergab sich in der ANOVA folgende Statistik: insgesamt hochsignifikanter Abfall der Differenz (75 % - 25 %) der relativen Theta-Leistung ($F = 18,4$, 1 df, p < 0,0001), signifikanter Einfluß des Faktors 'Frontale/Zentrale/Parietale Elektrodenpos.' ($F = 3,41$, 2 df, p = 0,034), jedoch kein Einfluß von 'Linke/Mittlere/Rechte Elektrodenpos.', schwacher Einfluß des Faktors 'Kraft/Schmerz' ($F = 3,58$, 1 df, p = 0,0591). Der U-Test zeigte keinen signifikanten Unterschied zwischen frontalen und zentralen Elektroden (p = 0,87), jedoch zwischen frontalen und parietalen (p = 0,012) sowie zwischen zentralen und parietalen Elektroden (p = 0,002). In der 'Kraft'-Bedingung fiel die Theta-Leistung frontal um 3,4 % ab, zentral 4,7 % und parietal 1 %, in der 'Schmerz'-Bedingung frontal um 9,1 %, zentral 7,0 % und parietal um 2,2 %.

Die Beobachtung, daß der Abfall der Theta-Leistung nach Ende der Aufgabe deutlicher ausfällt als zu Beginn, insbesondere in der 'Schmerz'-Bedingung, paßt gut zu Angaben der Versuchspersonen, daß das Halten des Gewichtes und mehr noch das Ertragen des Schmerzreizes jedesmal zunehmend unangenehmer wurde, einer zunehmenden inneren Anstrengung bedurfte. Obwohl in der 'Schmerz'-Bedingung der Strom konstant war, baute sich der empfundene Schmerz über eine gewisse Zeit auf. In allen Versuchsbedingungen wurde ein frontales bzw. ein fronto-zentrales Überwiegen der die Aufgabe begleitenden Theta-Aktivität deutlich. Dieses Ergebnis entspricht neuropsychologischen Befunden. Nach Läsionen des frontalen Kortex kommt es häufig zu einer verminderten Triebkontrolle, Wille und Motivation sind beeinträchtigt (3), insbesondere nach Schädigung des orbitofrontalen Kortex (2). Da auch die zentralen Elektroden noch Aktivität des frontalen Kortex erfassen (1), kann die die Aufgabe begleitende Theta-Aktivität hauptsächlich dem frontalen Kortex zugeordnet werden. Die beiden Versuchsbedingungen erforderten zu ihrer Durchführung eine Willensanstrengung, da sie insbesondere jeweils zum Ende einer Aufgabe hin gegen das Bestreben, sich der unangenehmen Aufgabe zu entledigen, durchzuführen waren. Wir schließen aus unserem Ergebnis, daß eine frontal erhöhte Theta-Aktivität ein neurophysiologisches Korrelat der Willenstätigkeit ist.

Literatur

1. Homan RW, Herman J, Purdy P (1987) Cerebral location of international 10-20 system electrode placement. Electroencephalography and clinical Neurophysiology 66:376-382
2. Kleist K (1934) Gehirnpathologie. Barth, Leipzig
3. Stuss DT, Benson DF (1986) The frontal lobes. Raven Press, New York

Multikanal-Magnetfeldmessungen: Lokalisation und zeitlicher Ablauf von Funktionsstörungen des Nervensystems

H. Stefan, S. Schneider, P. Schüler und J. Bauer

Die Nervenzelle weist einen positiven und negativen Ladungsschwerpunkt auf, ähnlich einem elektrischen Dipol. Elektische Aktivität bewirkt ein magnetisches Feld senkrecht zu der Stromrichtung. Im Vergleich zum EEG sind von dem Magnetoenzephalogramm verschiedene hypothetische Vorteile für die Lokalisationsdiagnostik zu erwarten. Bei der Magnetoenzephalographie sind die Signale weniger als beim EEG durch die verschiedene Leitfähigkeit unterschiedlicher Gewebe (Gehirn, Knochen, Haut, Meningen, Liquor etc.) beeinflußt. Ein anderer Unterschied besteht darin, daß im Gegensatz zum EEG bei der Magnetfeldmessung keine Referenzelektrode erforderlich ist. Diese Vorteile der Magnetfeldmessung sprechen für eine exaktere Lokalisation umschriebener Funktionsstörungen des Nervensystems als bisher mit Oberflächen-EEG-Elektroden möglich war. Da Magnetfelder nur eine sehr geringe Intensität aufweisen, wurden Geräte mit hoher Empfindlichkeit (SQUID = Super conducting quantum interference device) entwickelt. Messungen mit ein- oder wenig Kanalmagnetoenzephalographie-Systemen waren zeitraubend und daher nicht praktikabel. Durch die Entwicklung von Vielkanal-Systemen konnte die Ableitezeit erheblich reduziert werden. Durch die Korrelation der multikanal-magnetoenzephalographischen Lokalisation der fokalen epileptischen Aktivität mit der Gehirnanatomie des Patienten (Stefan et al. 1990) ergeben sich neue Möglichkeiten auf nicht-invasivem oder wenig-invasivem Wege, z. B. sensorisch evozierte Aktivität oder spontane epileptische fokale Aktivität zu lokalisieren (Abbildung). Aufgrund der vorliegenden Ergebnisse ist davon auszugehen, daß die Lokalisation des epileptischen Primärfokus und die Propagation fokaler epileptischer Aktivität wesentlich gegenüber nicht invasiven EEG-Ableitungen verbessert werden kann.

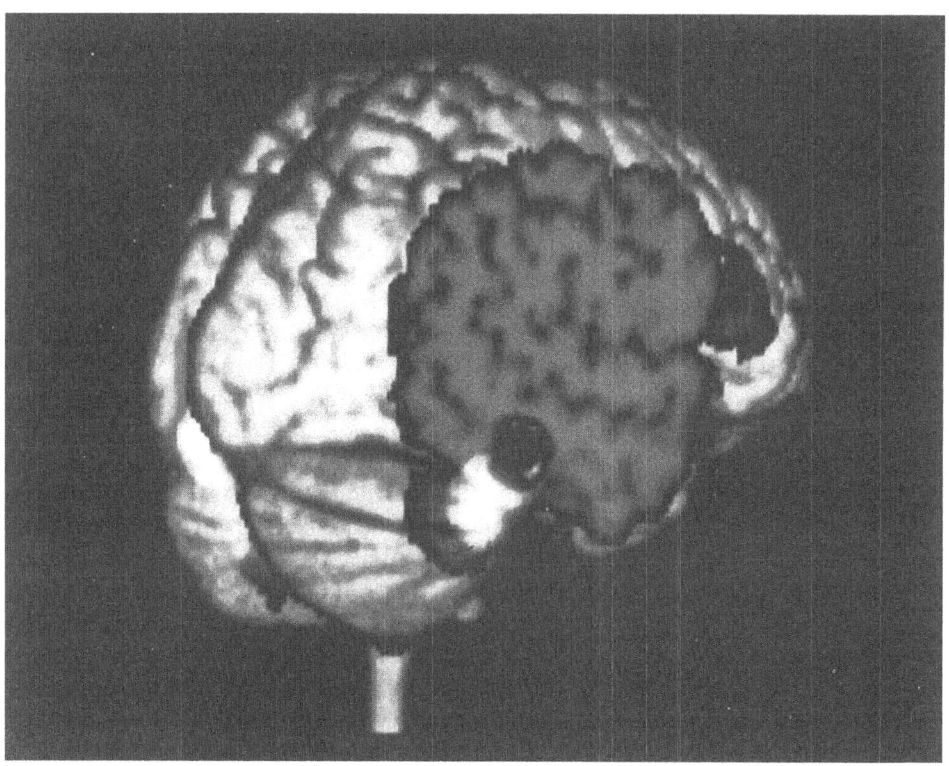

Abb. Lokalisation fokaler epileptischer Aktivität im Temporalhirn in unmittelbarer Umgebung einer Läsion (Fusion von Magnetoenzephalographie und Kernspintomographie durch Benutzung des gleichen Koordinatensystemes, weiß = fokale epileptische Aktivität).

Literatur

1. Stefan H, Schneider S, Abraham-Fuchs K, Bauer J, Feistel H, Pawlik G, Neubauer U, Röhrlein G und Huk WJ (1990) Magnetic source localization in focal epilepsie. Brain 5

Bereitschaftspotential bei zerebellärer Ataxie*

K. Wessel, R. Verleger, D. Nazarenus, G.P. Huss und D. Kömpf

Seit den Untersuchungen von Kornhuber und Deecke (1965) ist bekannt, daß willkürlichen Fingerbewegungen ein negatives EEG-Potential vorausgeht, das Bereitschaftspotential (BP). Das BP entsteht kortikal und entspricht wahrscheinlich elektrischer Aktivität des motorischen und prämotorischen Kortex (2, 5). Bei Patienten mit motorischen Störungen erhebt sich die Frage, ob das BP pathologisch verändert ist. Zwei Möglichkeiten wären denkbar, einerseits ein reduziertes BP als direkte Folge der beschädigten motorischen Bahn, andererseits ein vergrößertes BP als Ausdruck eines Kompensationsversuches der Patienten. Es ist unklar, ob das BP bei Patienten mit M. Parkinson verändert ist (1, 3), bei Patienten mit zerebellärer Atrophie (CA) liegen diesbezüglich nur wenige Befunde vor, die meist ein normales BP, bei einzelnen Fällen einen früheren Beginn des BP beschreiben (6). Die Unspezifität dieser Befunde zum BP bei Patienten mit motorischen Störungen könnte dadurch bedingt sein, daß die Situation, in der das BP gemessen wurde, jeweils unstrukturiert und unkontrolliert war, was individuell unterschiedliche motorische Strategien bedingen kann. Wir haben deshalb gut strukturierte und kontrollierte Untersuchungsbedingungen sowie motorische Paradigmen, die einen Bezug zu den motorischen Störungen der Patienten hatten, eingeführt.

Es wurden 7 Patienten mit CA untersucht, alle litten an einer hereditären oder idiopathischen spät beginnenden zerebellären Ataxie mit rein zerebellärer Symptomatik. Patienten mit Hinweisen für eine Systemüberschreitung im Sinne einer olivo-ponto-zerebellären Atrophie wurden ausgeschlossen. Die Befunde wurden mit denen von 6 altersentsprechenden normalen Kontrollpersonen verglichen. Die langsamen EEG-Potentiale wurden mit Silber-Silber-Chlorid-Elektroden gemessen und mit einem Nihon-Kohden 4421 verstärkt (Zeitkonstante 10 sec). Die elektronischen Mittlungen wurden off-line mit eigener Software durchgeführt, um Augen- oder Bewegungsartefakte auszuschließen. Drei verschiedene motorische Paradigmen wurden benutzt: a) eine schnelle willkürliche Flexion des Zeigefingers zum Drücken des Trigger-Knopfes mit einer Frequenz von höchstens einmal alle 3 sec, b) schnelles Drücken von 7 Knöpfen auf einer Tastatur mit 6 Tasten in einer auf einem Bildschirm visuell vorgegebenen Reihenfolge (7), c) eine zielgerichtete Bewegung, mit der der Curser einer Computer-Maus in ein auf einem Bildschirm vorgegebenes Zielareal gebracht werden mußte.

Bei der einfachen Knopfdruck-Aufgabe (Paradigma a) begann das Bereitschaftspotential bei den Patienten mit CA eindeutig früher (durchschnittlich 2 sec vor Bewegungsbeginn) als bei den normalen Kontrollpersonen (durchschnittlich 0,8 sec vor Bewegungsbeginn). Beim motorischen Paradigma b), der komplexen Fingerbewegungssequenz auf der Tastatur, zeigten die Patienten wiederum einen signifikant früheren Beginn des BP als normale Kontrollpersonen.

Bei diesem motorischen Paradigma entwickelten dabei normale Kontrollpersonen zudem ein eindeutiges Amplitudenmaximum des BP unter den Elektroden Fz, Cz und C3 (die linkshemisphärische Elektrode C3 lag über der für die immer mit der rechten Hand ausgeführten Aufgaben dominanten Hemisphäre). Diese topographische Differenzierung war bei den Patienten mit CA aufgehoben, hier war die Amplitude des BP über Fz, Cz, Pz, Oz, C3 und C4 gleich hoch. Bei der zielgerichteten Bewegung (Paradigma c) ergaben sich entsprechende Resultate mit signifikant früherem Beginn des BP bei der Patientengruppe und hier fehlender topographischer Differenzierung, während bei den normalen Kontrollpersonen das BP jetzt ein Amplitudenmaximum über Cz, C3 und Pz zeigte.

Die Ergebnisse zeigen, daß es für die Auslösung des BP bei Patienten mit CA sinnvoll ist, motorische Aufgaben zu verwenden, deren Durchführung durch das zerebelläre Defizit erschwert ist. Bei komplexen Bewegungssequenzen mit den Fingern und bei zielgerichteten Bewegungen zeigen die Patienten mit CA im Vergleich zu normalen Kontrollpersonen einen signifikant früheren Beginn des BP. Während normale Kontrollpersonen darüber hinaus bei diesen Aufgaben ein Amplitudenmaximum des BP über Cz und C3, beim Paradigma b) auch über Fz und beim Paradigma c) auch über Pz zeigen, war diese topographische Differenzierung bei den Patienten mit CA aufgehoben. Unsere Ergebnisse zeigen, daß zerebello-kortikale Bahnen bei der Generierung des BP eine Rolle spielen. Möglicherweise stellt die größere zeitliche und räumliche Ausdehnung des BP bei Patienten mit CA das neurophysiologische Korrelat des Versuches dar, das motorische Defizit zu kompensieren.

Literatur

1. Barrett G, Shibasaki H and Neshige R (1986) Cortical potential shifts preceding voluntary movement are normal in parkinsonism. Elektroenceph Clin Neurophysiol 63:340-348
2. Brunia CHM, Haag SAVM, Scheirs JGM (1985) Waiting to respond: Electrophysiological measurements in man during preparation for a voluntary movement. In: Heuer H, Kleinbeck U, Schmidt K-H (Hrsg) Motor behavior. Programming, control and acquisition. Springer, Berlin:35-78
3. Dick JPR, Rothwell JC, Day BL, Cantello R, Buruma O, Gioux M, Benecke R, Berardelle A, Thompson RD, Marsden CD (1989) The Bereitschaftspotential is abnormal in Parkinson's disease. Brain 112:233-244
4. Kornhuber HH, Deecke L (1965) Hirnpotentialänderungen bei Willkürbewegungen und passiven Bewegungen des Menschen: Bereitschaftspotential und reafferente Potentiale. Pflügers Archiv 284:1-17
5. Lang W, Goldenberg G, Podreka I, Cheyne D and Deecke L (1990) Parkinsonism as a disturbance of movement initiation. J Psychophysiol (im Druck)
6. Shibasaki H, Shima F, Kuroiwa Y (1978) Clinical studies of the movement-related cortical potential (MP) and the relationship between the dentatorubrothalamic pathway and readiness potential (RP). J Neurol 219:15-25
7. Taylor MJ (1987) Bereitschaftspotential during the acquisition of a skilled motor task. Electroenceph Clin Neurophysiol 45:568-576

*unterstützt durch die DFG (We 1284/1-1)

Elektroenzephalographischer Befund bei Alkoholabhängigen - Folge oder Ursache des Alkoholismus?

K. Fasshauer, A. Horn und H-J. Greven

Über EEG-Befunde bei chronischen Alkoholikern finden sich in der Literatur teilweise divergierende Mitteilungen. Überwiegend werden geringe Alphaausprägung und Beimischung vermehrter Betaaktivität beschrieben (3,4). Aussagewert und Bedeutung dieser Eigentümlichkeiten im EEG chronischer Alkoholiker lassen sich am ehesten durch den intraindividuellen Vergleich von Befunden im Verlauf einer Entwöhnungstherapie bestimmen. Die Befunde nach abgeschlossener längerfristiger Entwöhnung erlauben dann rückblickend die Beurteilung des EEGs im Stadium der chronischen Alkoholabhängigkeit.

Untersucht wurden 51 chronische Alkoholiker (45 Männer und 6 Frauen) im Alter von 21 - 55 Jahren (Altersmittel 37,8 Jahre). Je 3 EEG-Ableitungen erfolgten nach zweiwöchiger Alkoholentzugsbehandlung zu Beginn, in der Mitte und am Ende einer 6monatigen stationären Entwöhnungstherapie jeweils zur gleichen Tageszeit. Alkohol- und Medikamentenfreiheit waren durch Kontrollen gesichert, ausgeschlossen waren Patienten mit hirnorganischen Veränderungen und ausgeprägten Leberfunktionsstörungen. Bei visueller Auswertung der EEGs wurde quantitativ die Anzahl sicher definierbarer Alpha- und Betawellen in einer Referenzableitung O1:A1 in 6 artefaktfreien Segmenten zu je 5 s Dauer mit definierten Intervallen ausgezählt. Die Menge der Thetawellen wurde in der Referenzableitung Cz:A1 in konsekutiven artefaktfreien Segmenten von insgesamt 30 s Dauer ausgezählt. Bestimmt wurden ferner die dominierende Frequenz und Amplitude im Alphaband und der prozentuale Anteil regelmäßiger Alphaaktivität von mindestens 2,5 s Dauer und einer Mindestamplitude von 30 µV in 30 s eines artefaktfreien Kurvenabschnitts. Die statistische Auswertung erfolgte computerunterstützt mit Hilfe des zweiseitigen Wilcoxon-Tests für paarige Stichproben.

Beim Vergleich der auf diese Weise gewonnenen Werte fand sich eine auf dem 1%-Niveau signifikante Abnahme der Betawellen von durchschnittlich 231,81 auf 120,16 von der ersten zur dritten Ableitung (45,15 % auf 23,40 %). Die Alphawellen nahmen zu von durchschnittlich 196,25 auf 239,22 (29,83 % auf 36,36 %). Die Thetawellen nahmen ab von durchschnittlich 13,85 auf 7,88 (42,95 % auf 24,45 %). Der Alpha/Beta-Quotient nahm zu (20,88 % auf 48,89 %). Die dominante Amplitude im Alphaband nahm zu (von 46,86 µV im Mittel auf 59,49 µV), die dominante Frequenz im Alphaband nahm ab (10,69 Hz auf 9,94 Hz, 95 % Grenzen: 10,4 -11 Hz zu 9,7 - 10,2 Hz).

Die beschriebenen Befunde lassen insgesamt erkennen, daß es bei sichergestelltem Alkoholentzug über 6 Monate bei chronischen Alkoholikern zu faßbaren EEG-Veränderungen kommt. Unter der Annahme des letzten Befundes als Normalbefund eines funktionalen zerebralen Aktivierungsniveaus bei dem einzelnen Patienten ist zu folgern, daß chronische Alkoholtoxizität zu einer Desynchronisation im EEG führt mit geringerer Ausprägung der Alphaaktivität und vermehrter Beta- und Thetaaktivität. Nach der auf Befunden von P. Naitoh und R.F. Docter (1, 2) beruhenden Spannungs-Reduktions-Theorie des Alkoholismus repräsentiert die bei Alkoholikern anzutreffende geringe Alphaausprägung und vermehrte Beimengung von Beta- und Thetaaktivität einen erhöhten Grad psychischer Grundspannung, der durch Alkoholkonsum und einen hiermit verbundenen Anstieg langsamerer Alphaaktivität verringert werden kann. Wenn die Entwicklung einer Alkoholabhängigkeit und die bekannte Rückfallgefährdung nach Alkoholentwöhnung hiermit im Zusammenhang stehen würden, wäre zu erwarten, daß die erwähnten Eigentümlichkeiten des Alkoholiker-EEGs bei diesen Menschen den möglicherweise genetisch determinierten individuellen Normalbefund darstellen würden und als Normvariante weitgehend fixiert wären. Der Nachweis der EEG-Veränderungen in unseren Untersuchungen während 6-monatiger Entwöhnungstherapie in Richtung auf eine Synchronisierung und "individuelle Normalisierung" läßt jedoch eher darauf schließen, daß die EEG-Eigentümlichkeiten chronischer Alkoholiker vorübergehender Natur sind und mit den toxischen Auswirkungen des chronischen Alkoholkonsums in Verbindung stehen. Die Spannungs-Reduktions-Theorie des Alkoholismus läßt sich durch unsere Untersuchungen daher nicht bestätigen. Die beschriebenen Änderungen im EEG-Befund chronischer Alkoholiker weisen aber zusätzlich auf die Bedeutung einer ausreichenden Zeitdauer einer Entwöhnungstherapie hin.

Literatur

1. Naitoh P (1972) The effect of alcohol on the antonomic nervous system of humans. In: Kissin B, Begleiter H (Hrsg) The biology of alcoholism, Bd 2:367-429
2. Naitoh R, Docter RF (1968) Electroencephalographic and behavioral correlates of experimentally induced intoxication with alcoholic subjects. 28th Intern Congr Alcohol and Alcoholism, Washington D C
3. Spehr H, Stemmler G (1985) Postalcoholic diseases: Diagnostic relevance of computerized EEG. Electroenceph Clin Neurophysiol 60:106-114
4. Volavka J, Pollock V, Gabrielli WF, Mednick SA (1985) The EEG in persons at risk for alcoholism. Recent developments in alcoholism 3:21-36

Neue Methoden zur Erfassung von Funktion und Morphologie des N. trigeminus bei Patienten mit Gesichtsschmerzen

M. Riepe, A.C. Ludolph, G. Fahrendorf, G. Reuther, R. Kromminga und H. Masur

In der Diagnostik von Gesichtsschmerzsyndromen bestanden bisher bei den elektrophysiologischen und bildgebenden Verfahren enge Grenzen. Wir versuchten mit Hilfe zweier neuer Techniken (der transkutanen magnetischen Hirnnervenstimulation und einer speziellen dreidimensionalen kernspintomographischen Technik) einen Beitrag zur differentialdiagnostischen Zuordnung von Gesichtsschmerzsyndromen und zur Beurteilung der Operationsindikation zu leisten.

Eine besondere Schwierigkeit bei der Untersuchung des motorischen Astes des N. trigeminus stellt die Abgrenzung volumengeleiteter Potentiale aus der angrenzenden - vom N. facialis innervierten - Muskulatur sowie die Kontrolle des Stimulusartefaktes dar. Auch die bisherigen Angaben zu Normwerten sind nicht völlig konsistent (1, 3, 4).

Bei unseren Untersuchungen benutzten wir eine Technik, die identisch mit derjenigen war, die von Hess und Mitarbeitern für den N. facialis beschrieben worden ist (6). Durch den Einsatz von Nadelelektroden gelang es, die Potentiale der trigeminusinnervierten Muskulatur von denjenigen der Fazialismuskulatur abzugrenzen.

Als Gesamtlatenz bzw. periphere Latenz ergab sich bei Normalpersonen für den M. masseter 6,9 (SD = 0,6) ms bzw. 2,2 (SD = 0,3) ms (zum Vergleich: M. orbic. oris 11,0 (SD = 0,8) ms bzw. 4,5 (SD = 0,4) ms). Anhand eines Kollektivs von Patienten mit Enzephalomyelitis disseminata kann dabei auch für den Hirnnervenbereich gezeigt werden, daß subklinische Funktionsdefizite nachgewiesen werden können. Das erforderliche Maß an Präinnervation konnte nach unseren Beobachtungen auch bei Patienten mit Gesichtsschmerzsyndromen, die aus Vorsicht vor Schmerzen z. T. nur zögerlich mitarbeiten konnten, aufrechterhalten werden.

Außer dieser elektrophysiologischen Methode ist es in neuerer Zeit durch spezielle Techniken der Datenakquisition für die Kernspintomographie möglich geworden, einzelne Nerven in ihrem Verlauf darzustellen und somit die morphologische Diagnostik zu erweitern (7). Die von uns durchgeführten Kernspinuntersuchungen umfassen zum Ausschluß von Hirnstammläsionen (Tumor oder Demyelinisierung) Protonendichte- und T2-gewichtete axiale Spin-Echo-Sequenzen. Zur Darstellung der Gefäß-Nerven-Lagebeziehungen werden axiale und koronare T1-betonte Spin-Echo-Aufnahmen sowie dreidimensionale FLASH-Gradientenecho-Sequenzen aufgezeichnet, die auch im CINE-Verfahren wiedergegeben werden. Die effektive Schichtdicke beträgt bei diesen Aufnahmen 1 mm. Die Befundung der so erhaltenen Bilder erfolgte in Unkenntnis der klinischen und elektrophysiologischen Ergebnisse durch einen erfahrenen Neuroradiologen (G. Fahrendorf).

In Anlehnung an Bennett und Jannetta (2) nahmen wir eine Einordnung der klinischen Symptomatik in typische Trigeminusneuralgie, atypische Trigeminusneuralgie und sonstige Gesichtsschmerzsyndrome vor. Die elektrophysiologischen Ergebnisse an 18 Patienten (8 typisch, 7 atypisch, 3 sonstige) waren bei Patienten mit Beschwerden im Bereich des zweiten und dritten Trigeminusastes unauffällig; ein Ergebnis, das in Einklang mit der Literatur steht. Bei einigen Patienten mit Schmerzsyndromen im Bereich des ersten Astes sahen wir jedoch Latenzverlängerungen nach magnetischer Kortexstimulation. Bei allen Patienten mit deutlichen Latenzverlängerungen wurde im RI eine Kompression des Nerven durch ein Gefäß beschrieben. Ein möglicher Grund für die Leitungsdefizite bei Beteiligung des ersten Astes ist, daß die Fasern des ersten sensiblen Astes innerhalb der Radix sensoria in einem Areal repräsentiert sind, das der Radix motoria direkt benachbart ist (5), so daß denkbar ist, daß auf diese beiden Bereiche eher eine gemeinsame Kompression ausgeübt werden kann, die zu Leitungsdefiziten im motorischen Anteil führt, als beispielsweise auf den dritten Ast und die motorische Wurzel. Auch bei einer Mitbeteiligung des ersten Astes gab es allerdings einige Patienten, die keine elektrophysiologischen Auffälligkeiten zeigten. Kompressionen des N. trigeminus durch ein Gefäß im Bereich der Wurzeleintrittszone wurden in insgesamt 11 von 15 Patienten mit typischer oder atypischer Neuralgie gefunden sowie bei einem der drei Patienten mit sonstigen Gesichtsschmerzsyndromen. Die kernspintomographischen Befunde konnten bisher bei vier Patienten (2 typische, 2 atypische Neuralgien) mit den intraoperativen Befunden verglichen werden. Bei drei Patienten zeigte sich eine Übereinstimmung der kernspintomographischen Befundung und der intraoperativen Bewertung. Bei einem weiteren Patienten stellte sich der kernspintomographisch als Lagebeziehung ohne Kompressionseffekt beschriebene Befund intraoperativ als Gefäßimpression dar.

Die bisherigen Ergebnisse zeigen, daß mit den vorgestellten Methoden funktionelle und morphologische Alterationen im Bereich der Wurzeleintrittszone aufgedeckt werden können, deren genauer prädiktiver Wert allerdings noch unter besonderer Berücksichtigung intraoperativer Befunde kontrolliert werden muß. In diesem Zusammenhang sollten möglicherweise auch andere Syndrome überprüft werden, bei denen die Impression eines Nervs durch ein Gefäß eine ätiologische Rolle spielen könnte (z. B. der Spasmus facialis).

Literatur

1. Benecke R, Meyer B-U, Schönle P, B. Conrad (1988) Transcranial magnetic stimulation of the human brain: responses in muscles supplied by cranial nerves. Exp Brain Res 71:623-632
2. Bennett MH, Jannetta PJ (1983) Evoked potentials in trigeminal neuralgia. Neurosurgery 13:242-247
3. Cruccu G (1986) Intracranial stimulation of the trigeminal nerve in man. I. Direct motor responses. J Neurol Neurosurg Psychiatry 49:411-418
4. Cruccu G, Berardelli A, Inghilleri M, Manfredi M (1989) Functional organization of the trigeminal motor system in man. Brain 112:1333-1350
5. Gudmundsson K, Rhoton AL, Rushton JG (1971) Detailed anatomy of the intracranial portion of the trigeminal nerve. J Neurosurg 35:592-600
6. Rösler KM, Hess CW, Schmid UD (1989) Investigation of facial motor pathways by electrical and magnetic stimulation: sites and mechanisms of excitation. J Neurol Neurosurg Psychiatry 52:1149-1156
7. Tash RR, Sze G, Leslie DR (1989) Trigeminal neuralgia: MR imaging features. Radiology 172:767-770

684

Ein Vergleich zweier Verfahren zur Ermittlung der peripheren und zentralen Leitungszeit zur oberen und unteren Extremität

P. Thier, E. Koenig und T. Bogumil

Die Bestimmung der zentralen Leitungszeit (CMCT - central motor conduction time) mit der kortikalen Magnetstimulation erfordert eine unabhängige Schätzung der peripheren Leitungszeit (PMCT) (2. motorisches Neuron), entweder aufgrund spinaler elektrischer oder magnetischer Stimulation oder aufgrund der F-Wellen Latenzen. Wegen der sehr begrenzten Anwendbarkeit der spinalen Elektrostimulation am Patienten (aufgrund ihrer Schmerzhaftigkeit) werden hier die PMCT nach spinaler Magnetstimulation (PMCTM) und die durch Auslösung von F-Wellen ermittelte PMCTF an der oberen und unteren Extremität miteinander verglichen.

Methoden

9 männliche und 6 weibliche gesunde Versuchspersonen (Vpn) im Alter zwischen 20 und 29 Jahren wurden kortikal (in der üblichen Lokalisation für Arm und Bein) und spinal mit einem Gerät vom Typ Magstim 200 (Spulendurchmesser 9 cm) magnetisch stimuliert. Es wurden wenigstens 4 konsistente Antworten bei optimaler Spulenplazierung mit Oberflächenelektroden an der Hand vom M. abductor digiti minimi (im Sitzen mit Vorinnervation durch Abspreizen des Kleinfingers) und am Fuß vom M. extensor digitorum brevis (Vorinnervation durch Stehen mit vorgehaltenen Armen) abgeleitet. Bei der Ableitung vom Arm betrug die Intensität des kortikalen Stimulus 80 % der Maximalleistung des Gerätes, bei Ableitung vom Bein 100 %. Zur Bestimmung der PMCTM wurde bei 100 % der Geräteleistung mit jeweils beiden Stromflußrichtungen in der Spule in der Mittellinie der Wirbelsäule in verschiedenen Höhen stimuliert, nämlich in Schritten von jeweils 2 cm zervikal von 2 cm oberhalb bis 4 cm unterhalb des Proc. spinosus von HWK 7 bzw. lumbal von 4 cm oberhalb bis 8 cm unterhalb einer Verbindungslinie zwischen beiden Beckenkämmen. Die PMCTF wurde aus der minimalen Latenz der F-Wellen (nach 16facher Auslösung) und der distalen Latenz (M-Latenz) des N. ulnaris bzw. N. peroneus folgendermaßen berechnet: PMCTF = (F-Lat. + M-Lat. - 1) : 2.

Die CMCT wurde dann ermittelt durch Subtraktion der kürzesten PMCTM bzw. der PMCTF von der kürzesten gemessenen Gesamtlatenz nach kortikaler Stimulation, so daß sich eine CMCTM und eine CMCTF ergab.

Bei allen Probanden wurden die Körpergröße (164 - 191 cm, im Mittel 177,9 cm), die Armlänge (vom Proc. spinosus des 7. HWK bis zur Fingerspitze des Mittelfingers bei 90° seitlich abduziertem Arm; 78 - 97 cm, im Mittel 88,9 cm) und die Beinlänge (im Stehen von der Spina iliaca anterior superior bis zum Malleolus lateralis; 89 - 107 cm, im Mittel 98 cm) gemessen. Die Torsolänge wurde als Differenz von Körpergröße und Beinlänge bestimmt (72 - 88 cm, im Mittel 79,9 cm).

Ergebnisse

Nach kortikaler Magnetstimulation betrug die minimale Gesamtleitungszeit im Mittel der 15 Versuchspersonen bei Ableitung von der Hand 21,1 +/- 1,6 ms (x +/- 1 Standardabweichung) und bei Ableitung vom Fuß 38,9 +/- 2,7 ms. Die Latenzen nach spinaler Magnetstimulation waren sowohl nach zervikaler wie nach lumbaler Stimulation bemerkenswert unabhängig von der Lokalisation der Spule und der Richtung des Stromflusses (keine signifikanten Effekte). Für die Berechnung der PMCTM wurde die jeweils kürzeste Latenz (unabhängig von der Spulenorientierung) nach Stimulation über HWK 7 bzw. 2 cm unterhalb der Verbindungslinie zwischen beiden Beckenkämmen zugrunde gelegt (zervikale PMCTM 14,4 +/- 1,2 ms, obere Normgrenze definiert als Mittelwert + 2 Standardabweichungen 16,8 ms; lumbale PMCTM 23,3 +/- 1,7 ms, obere Normgrenze 26,7 ms). Die nach der oben angegebenen Formel berechnete PMCTF ist zervikal geringfügig (15,2 +/- 1,3 ms, obere Norm 17,8 ms) und lumbal deutlicher länger (26,8 +/- 2,1 ms, obere Norm 31,0 ms) als die PMCTM, beide korrelieren hochsignifikant miteinander (am Arm r = 0,86, am Bein r = 0,77). Für die PMCTF des Armes zeigt sich eine hochsignifikante (r = 0,81), für die PMCTM eine signifikante Korrelation (r = 0,75) mit der Armlänge, mit der Beinlänge korreliert die PMCTM hochsignifikant (r = 0,77), die PMCTF signifikant (r = 0,71). Die CMCTM (zum Arm 6,7 +/- 1,2 ms, obere Norm 9,1 ms, zum Bein 15,6 +/- 2,2 ms, obere Norm 20,0 ms) war bedingt durch Berechnung als Differenz von Gesamtleitungszeit und PMCT (da die PMCTM kürzer als die PMCTF war) länger als die CMCTF (zum Arm 5,9 +/- 0,9, obere Normgrenze 7,7 ms, zum Bein 12,1 +/- 1,8 ms, obere Norm 15,7 ms)). Beide Messungen der CMCT korrelierten hochsignifikant miteinander (zum Arm r = 0,81, zum Bein r = 0,79). Die CMCTM nach lumbal korrelierte signifikant mit der Körpergröße und der Torsolänge (r = 0,54 bzw. 0,58), während bei der CMCTF nur eine signifikante Korrelation mit der Torsolänge bestand (r = 0,52). Durch die Bildung der Differenz zwischen der CMCT nach lumbal und der CMCT nach zervikal haben wir versucht, ein Maß für die spinale Leitungszeit (SMCT) zu gewinnen. Aufgrund der nach lumbal deutlich längeren CMCTM (im Vergleich zur CMCTF) und der ja nur relativ geringen Differenz der zervikalen CMCTM und CMCTF ergibt sich eine deutlich längere SMCTM (8,9 +/- 2,6 ms, obere Norm 14,1 ms) als SMCTF (6,2 ms +/- 2,1 ms, obere Norm 10,4 ms). Beide Maße für die spinale Leitungszeit korrelieren hochsignifikant miteinander (r = 0,79).

Diskussion

Die Studie zeigt, daß sich die Bestimmung der peripheren Leitungszeit (PMCT) mit der F-Wellen-Methode und mittels spinaler Magnetstimulation zuverlässig durchgeführt werden kann. Der Stimulationsort scheint für die spinale Magnetstimulation von untergeordneter Rolle zu sein. Selbst Abstände von 6 cm zervikal und 12 cm lumbal führten zu fast identischen Ergebnissen. Wegen des hohen elektrischen Widerstandes des Knochens könnte man hier die Wurzelaustrittszone im Foramen spinale vermuten. Dies erklärt auch die geringe Differenz zwischen zervikaler PMCTM und PMCTF. Lumbal ergibt sich eine größere Differenz zwischen PMCTM und PMCTF, da die F-Welle vom Foramen spinale über die Cauda epuina erst das Motoneuron im Konus erreichen muß. Umgekehrt ergibt sich für die spinale Leitungszeit nach Magnetstimulation (SMCTM) ein deutlich längerer Wert als für die SMCTF, weil bei Annahme eines Angriffes des spinalen Magnetreizes am Formen spinale die Cauda equina der zentralen bzw. spinalen Leitungszeit zugerechnet würde.

Die Auswirkungen der transkraniellen Magnetstimulation auf die kurzzeitige Gedächtnisspanne - Analyse mit computergestützter psychometrischer Methode

A. Hufnagel, C.E. Elger, C. Helmstaedter, H. Durwen, J. Wygrala und T. Sudhop

Unter Sicherheitsaspekten wurde bei 12 gesunden Probanden mit computergestützter, testpsychologischer Methode geprüft, ob die transkranielle Magnetstimulation eine Auswirkung auf die unmittelbare verbale und räumlich-visuelle Gedächtnisspanne bzw. die Enkodierung oder zerebrale Verarbeitung von Gedächtnisinhalten hat.

Methode

Die Probanden mußten sich nach einem standardisierten, computergesteuerten Verfahren auf einem Bildschirm demonstierte Zahlenreihen (Digit-Span-Test) oder die räumliche Aufeinanderfolge von nacheinander erleuchteten Würfeln (Corsi-Block-Test) einprägen und unmittelbar im Anschluß an die Demonstration aktiv durch Eingabe in den Computer reproduzieren. Durch stufenweise Verlängerung der Zahlenreihe bzw. Erhöhung der Anzahl der auf dem Bildschirm demonstrierten Würfel wurde zunächst die maximale Gedächtnisspanne anhand von 5 Leerversuchen ohne transkranielle Magnetstimulation ermittelt. Hiernach wurde simultan zum Erscheinen eines jeden zu merkenden Items (Zahl oder Würfel) auf dem Bildschirm ein transkranieller Magnetimpuls entweder über dem Vertex oder über der rechten oder linken temporalen Region appliziert. Überprüft wurden:

1. *Verschiedene Applikationsorte*: CZ, halbe Strecke T3/T5 bzw. T4/T6,
2. *Verschiedene zeitliche Verzögerungen* zwischen dem Erscheinen des einzuprägenden Items und der Applikation des Magnetimpulses von: - 50 ms, 0 ms, 50 ms oder 200 ms,
3. *Verschiedene Magnetspulen*: (7 cm oder 14 cm Außendurchmesser, ringförmig).

Eine 7 cm im Außendurchmesser große Magnetspule wurde zur Applikation von Impulsen über der Temporalregion verwandt und eine 14 cm im Außendurchmesser große Spule zur Applikation von Impulsen über dem Vertex. Die Spulen wurden jeweils flach aufgelegt. Im Uhrzeigersinn induzierender Strom wurde zur Stimulation der linken Hemisphäre und umgekehrt im Gegenuhrzeigersinn induzierender Strom zur Stimulation der rechten Hemisphäre benutzt. Die magnetische Stimulationsintensität lag jeweils 20 % über der kortikalen Schwellenreizstärke zur Auslösung von motorisch evozierten Potentialen am Musculus abductor pollicis brevis, welche zuvor ermittelt worden war.

Im praktischen Vorgehen wurde nach Durchführung der 5 Leertestungen die maximale Gedächtnisspanne für jeden der beiden Tests kombiniert mit jeder Lokalisation der Spulen und jeder zeitlichen Verzögerung überprüft. Nach Ablauf der Hälfte und nach Beendigung der vollständigen Testserie wurden erneut Testungen ohne Stimulation durchgeführt, um einen Lerneffekt bzw. Konzentrationsabfälle zu erfassen.

Ergebnisse

Nebenwirkungen der transkraniellen Magnetstimulation wurden trotz der hohen absoluten Stimulationszahl von insgesamt bis zu 1200 Stimuli von keinem der Probanden angegeben bzw. vom Untersucher beobachtet. Die maximale unmittelbare Gedächtnisspanne ohne Stimulation lag für den Bereich des Zahlengedächtnisses bei 7,68 +/- 1,03 Zahlen (n = 12). Die maximale Gedächtnisspanne für den Corsi-Block-Test lag bei 7,33 +/- 0,88 (jeweils Gruppendurchschnitt +/- 1 Standardabweichung; n = 12). Durch Lerneffekte stieg die Gedächtnisleistung im Digit-Span-Test auf 8,25 +/- 1,22 Zahlen nach der Hälfte der Serie respektive 8,17 +/- 1,27 Zahlen nach Beendigung der Serie. Analog kam es im Corsi-Block-Test zu einer Verbesserung der Ergebnisse im Sinne eines Lerneffektes auf 8,17 +/- 1,34 nach Durchführung der Hälfte der Testserie bzw. 7,83 +/- 1,40 Items nach Abschluß der Testreihe. Diese Verbesserungen waren jeweils auf einem Niveau von p > 0,01 (Wilcoxen-Vorzeichen-Rang-Test) signifikant. Nahezu alle maximalen Gedächtnisspannen im Digit-Span-Test oder Corsi-Block-Test unter simultaner Applikation von transkranieller Magnetstimulation lagen höher als der Durchschnitt der 5 Leertestungen vor Beginn der Serie, aber niedriger als die beiden Kontrolltestungen nach Durchführung der Hälfte bzw. der vollständigen Serie. Signifikante Unterschiede zwischen einer einzelnen Testreihe und dem Durchschnitt der Leertestung konnten für keine Lokalisation der Spule und auch keine der oben erwähnten zeitlichen Verzögerungen ermittelt werden.

Diskussion

Eine grobe Beeinflussung des Gedächtnisses wurde bereits von Bridgers et al. (2) durch testpsychologische Untersuchungen vor und nach Applikation einer transkraniellen Magnetstimulationsserie ausgeschlossen. Die jetzige Untersuchung an 12 gesunden Probanden verdeutlicht, daß auch eine subtile Beeinträchtigung der unmittelbaren Gedächtnisspanne für das Zahlen- und räumlich-visuelle Gedächtnis im Bereich der Encodierung oder cerebralen Verarbeitung von Gedächtnisinhalten nicht erfolgt. Dies kann einschränkenderweise jedoch nur für die transkranielle Magnetstimulation über der Temporallappenregion oder dem Vertex und auch nur für die angegebenen zeitlichen Verzögerungen von -50 ms, 0 ms, 50 ms, und + 200 ms behauptet werden. Die Ergebnisse können in zweierlei Richtung interpretiert werden:

1. könnte der induzierte magneto-elektrische Stromimpuls im Hirngewebe nicht ausreichend sein, um die Encodierung von Gedächtnisinhalten oder deren Weiterverarbeitung zu blockieren oder

2. könnte durch eine bilateral oder multitope Repräsentation der gedächtnisbildenden Hirnstrukturen eine Kompensationsmöglichkeit für den Wegfall der Leistung im Bereich des Stimulationsareals gegeben sein.

Zusammenfassend ist nicht von einer Beeinflussung der Enkodierung oder cerebralen Verarbeitung von Gedächtnisinhalten im Bereich des unmittelbaren Gedächtnisses durch Applikation transkranieller Magnetstimulation auszugehen. Die Methode erscheint auch unter diesem Aspekt sicher.

Das Literaturverzeichnis ist bei den Verfassern erhältlich.

Dreidimensionale Ganganalyse - ein Beitrag zur funktionellen Diagnostik

T. Platz, S. Hesse und K.-H. Mauritz

Gangbildveränderungen sind häufig im klinischen Alltag. Verschiedene neurologische Erkrankungen führen zu einer Beeinträchtigung des Gangbildes. Trotz der großen klinischen Bedeutung muß für die funktionelle Diagnostik des Gangbildes oftmals der subjektive klinische Eindruck genügen. Zur objektiven Beurteilung einer Beeinträchtigung und damit auch zur Beurteilung von therapeutischen Maßnahmen sind quantifizierende Methoden erforderlich. Ein Verfahren der computergestützten dreidimensionalen Ganganalyse soll vorgestellt werden. Die Aussagekraft der Methode für Diagnostik, Therapieplanung und Therapieerfolgskontrolle soll dargestellt werden.

Methode

Es werden sowohl eine optoelektronische, dreidimensionale als auch eine visuelle Ganganalyse durchgeführt. Für die optoelektronische Analyse wird ein SELSPOT II-System eingesetzt. Infrarotlicht entsendende Dioden werden am Patienten befestigt, die mit einer Frequenz von 50 Hz sequentiell angesteuert werden. Die mit infrarot-sensitiven Kameras aufgenommenen Signale stehen zur Berechnung von 3-D-Positions-Daten, Winkel, Geschwindigkeit und Beschleunigung zur Verfügung. Es werden die allgemeinen Zyklusdaten (Zyklusdauer, relative Dauer von Stand- und Schwungphase, Dauer des Zweifußstandes und Schrittlänge) bestimmt, ferner absolute Winkel und Winkelveränderungen gemäß einer Auswerteroutine ermittelt. Die visuelle Analyse erfolgt anhand von Videoaufnahmen und umfaßt Parameter der Rumpf- und Armbewegungen sowie eine Beurteilung des Bewegungsablaufes in Hüft-, Knie- und Sprunggelenk. Bisher wurden sowohl zweizeitige (vor und nach Rehabilitationsbehandlung) als auch einzeitige (mit und ohne Tragen einer Orthese) Vergleichsuntersuchungen durchgeführt.

Ergebnisse

Die Leistungsfähigkeit des Systems wird an einigen Beispielen demonstriert. Gezeigt wird u. a. die vergleichende Untersuchung bei einem Patienten mit rechtsseitiger Hemiparese bei Aufnahme und vor Entlassung aus stationärer Rehabilitationsbehandlung (vier Wochen Intervall). Es sind dargestellt die Winkelveränderungen des Kniegelenkes (Abb. 1) und des Sprunggelenkes (Abb. 2) als Funktion der Zeit. Das normale Bewegungsverhalten des Kniegelenkes besteht im Stand aus einer geringen initialen Flexion ("loading response"), gefolgt von einer Extension, zum Standende wird die Flexion eingeleitet, die im Schwung ihr Maximum hat. Im gezeigten Beispiel (Abb. 1) imponiert für das Kniegelenk zuerst eine Minderung der Extension im Stand sowie der Winkelamplitude im Schwung. Bei der

Nachuntersuchung besteht ein höheres Extensionsniveau im Stand sowie eine größere Flexionsamplitude im Schwung. Als normales Bewegungsverhalten im Sprunggelenk wird im Stand zunächst eine durch Gewichtsübernahme und Körpervorverlagerung bedingte Dorsiflexion beobachtet, mit Anheben der Ferse zum Ende des Standes kommt es zur einer Plantarflexionsbewegung, die im initialen Schwung ihr Maximum hat, ihr folgt eine (aktive) Dorsiflexion. Im geziegten Beispiel (Abb. 2) fehlte anfänglich eine Dorsiflexion im Schwung, die zuletzt nachgewiesen werden konnte. Die allgemeinen Gangparameter (Abb. 3) demonstrieren eine funktionelle Besserung: das Gangbild ist vor Entlassung symmetrisch, die Zyklusdauer ist kleiner, die Schrittlänge höher, die maximale freie Geschwindigkeit (10 Meter-Strecke) gesteigert.

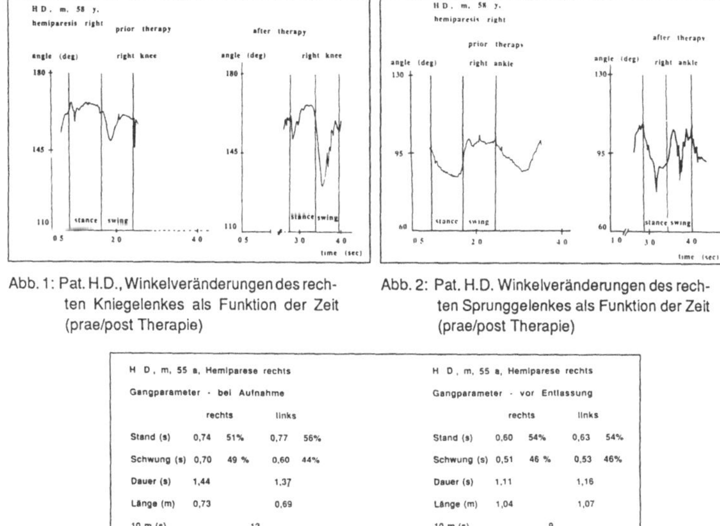

Abb. 1: Pat. H.D., Winkelveränderungen des rechten Kniegelenkes als Funktion der Zeit (prae/post Therapie)

Abb. 2: Pat. H.D. Winkelveränderungen des rechten Sprunggelenkes als Funktion der Zeit (prae/post Therapie)

H D, m, 55 a, Hemiparese rechts

Gangparameter · bei Aufnahme

	rechts		links	
Stand (s)	0,74	51%	0,77	56%
Schwung (s)	0,70	49 %	0,60	44%
Dauer (s)	1,44		1,37	
Länge (m)	0,73		0,69	
10 m (s)		13		

H D, m, 55 a, Hemiparese rechts

Gangparameter · vor Entlassung

	rechts		links	
Stand (s)	0,60	54%	0,63	54%
Schwung (s)	0,51	46 %	0,53	46%
Dauer (s)	1,11		1,16	
Länge (m)	1,04		1,07	
10 m (s)		9		

Abb. 3: Pat. H.D., allgemeine Gangparameter (prae/post Therapie)

Diskussion

Vorgestellt wird eine dreidimensionale, kinematische Ganganalyse mittels eines SELSPOT II-Systems. Während die allgemeinen Gangparameter eine generelle funktionelle Einschätzung erlauben, gewährleistet die qualitative und quantitative Beurteilung des Bewegungsverhaltens von Hüfte, Knie und Sprunggelenk sowie weiterer Parameter die Einschätzung von Art und Ausmaß der jeweils krankheitsspezifischen Veränderungen. Die Möglichkeit der Verlaufs- bzw. Therapieerfolgskontrolle wurde demonstriert.

Die Methode ermöglicht eine objektive Erfassung bisher meist nur klinisch beschriebener Gangbildveränderungen bei neurologischen Erkrankungen, die Formulierung von Therapieschwerpunkten, die Erfassung des Therapieerfolges sowie die vergleichende Untersuchung von therapeutischen Ansätzen (Krankengymnastik, Orthesen, funktionelle Elektrostimulation, Pharmaka).

Als Ergänzung zur dargestellten kinematischen Analyse wäre eine integrierte elektromyographische Analyse sowie die Erfassung von Bodenreaktionskräften wünschenswert, eine entsprechende Erweiterung der vorgestellten Ganganalyse ist geplant.

Das Literaturverzeichnis ist bei den Verfassern erhältlich.

Die Anwendung motorisch evozierter Potentiale in einem Fall von Hemiplegia cruciata

H.E. Schulze, A. Ebner und U.A. Besinger

Einleitung

Obwohl das Krankheitsbild der Hemiplegia cruciata sowie dessen anatomische Zuordnung in vielen Lehrbüchern beschrieben ist, sind Mitteilungen über tatsächlich beobachtete Krankheitsfälle ausgesprochen rar. Während um die Jahrhundertwende und in der ersten Hälfte unseres Jahrhunderts klinische Fälle und z. T. die Korrelation mit Obduktionsergebnissen noch häufiger in der Literatur auftauchen, ist unseres Wissens in den letzten 20 Jahren nur eine einzige Arbeit (3) erschienen. Dabei geben gerade die in den letzten beiden Jahrzehnten entwickelten elektrophysiologischen Verfahren die Möglichkeit, eine topische Zuordnung der Läsion sowie Funktionsstörungen und deren evtl. Reversibilität auch in vivo zu untersuchen. In der vorliegenden Arbeit soll ein Patient mit diesem Krankheitsbild sowie den zugehörigen Veränderungen der evozierten Potentiale vorgestellt werden.

Klinische Fallvorstellung

Der 55jährige Patient verspürte Ende Dezember 1989 plötzlich eine Schwäche im rechten Bein und linken Arm, welche über Wochen unverändert persistierte. An Vorerkrankungen bestanden lediglich rezidivierende Lumboischialgien sowie ein bekannter Hypertonus. Bei der klinischen Untersuchung fanden sich die Muskeleigenreflexe der oberen Extremität linksbetont, der unteren Extremität rechtsbetont. Die Bauchhautreflexe waren beidseits nicht sicher auslösbar. Im Armvorhalteversuch fiel ein leichtes Absinken sowie eine diskrete Pronation des linken Armes auf bei deutlicher Minderung der groben Kraft. Im Beinhalteversuch war ein Absinken rechts zu beobachten, auch subjektiv gab der Patient ein Schweregefühl an, die grobe Kraft war vor allem für die Hüft- und Kniebeugung rechts gegenüber links deutlich eingeschränkt, Fersen- und Zehenstand waren rechts deutlich unsicherer. Des weiteren fand sich rechts ein unerschöpflicher Fußklonus. Schmerzen und Sensibilitätsstörungen wurden nicht angegeben. Die Doppler-Sonographie einschl. Duplex Scan ergab einen Normalbefund, die visuell-evozierten, akustisch-evozierten sowie somatosensorisch-evozierten Potentiale sowie die peripheren Nervenleitgeschwindigkeiten waren sämtlich im Normbereich, auch elektromyographisch fand sich keine pathologische Spontanaktivität sowie ein dichtes Interferenzmuster als Zeichen einer regelrechten peripheren Innervation, allenfalls eine leichte chronische neurogene Schädigung, vermutlich auf dem Boden des bekannten Bandscheibenleidens. Der Liquorbefund zeigte einschl. der Untersuchung auf oligokonales IgG gleichfalls ein unauffälliges Ergebnis. Kernspintomographisch fanden sich vereinzelte gliöse Herde, die lakunären Infarkten auf dem Boden einer Arteriosklerose bei Hypertension entsprechen dürften. Ein raumfordernder Prozeß konnte weder im Hirnstamm noch im Zervikalmark nachgewiesen werden.

Die Untersuchung mit der Methode der transkraniellen motorischen Stimulation (Durchführung mit Gerät Magstim 200, Hersteller Madaus Elektronik) liefert für die obere Extremität links eine deutliche Amplitudenreduktion sowie eine erhebliche Verzögerung der zentralen motorischen Latenzzeit auf 12,8 ms (oberer Normgrenzwert bis 8,3 ms) bei regelrechter Überleitungszeit C7-Abduktor pollicis brevis von 13,6 ms bei Reizung vom Nacken aus ohne und mit Vorinnervation bei unauffälligen Ergebnissen auf der Gegenseite. Für den M. tibialis anterior rechts ließ sich ohne und mit Vorinnervation lediglich ein kleines aufgesplittertes Potential mit einer Amplitude von 0,21 mV erhalten, die Überleitungszeit Kortex-M. tibialis anterior beträgt 36,8 ms (oberer Normgrenzwert 31,9 ms). Für den M. tibialis anterior links findet sich mit Innervation eine Überleitungszeit von 29,6 ms, die Amplitude des evozierten Potentials ist mit über 2 mV um ein Vielfaches größer. Unter Hämodilution erfolgte eine deutliche Rückbildung der Paresen, welche zum Schluß nur noch in den Vorhalteversuchen zur Darstellung gelangten.

Diskussion

Bereits in frühen Veröffentlichungen (2) wird festgestellt, daß die gekreuzten Paresen bei der Hemiplegia cruciata in der Regel nicht spastisch sind, die Muskeleigenreflexe nur eine geringe Steigerung erfahren, der Babinski-Reflex meist positiv ist (2). Wiederholt wird die Seltenheit der Hemiplegia cruciata betont (1). Eine ausführliche Übersicht über in der Literatur beschriebene Fälle wahrer und falscher Hemiplegia cruciata gibt Scharfetter (4). Er trifft hier die Unterscheidung zwischen der wahren Hemiplegia cruciata, der eine Läsion unmittelbar seitlich der Mittellinie in der Pyramidenkreuzung zugrunde liegt und der falschen Hemiplegia cruciata, bei der eine beidseitige kortikale Monoplegie, jeweils einen Arm und ein Bein betreffend, vorliegt. Ausführlich beschäftigt er sich mit der Frage, ob die Kreuzung der die untere Extremität versorgenden Anteile der Pyramidenbahn kaudal oder kranial der die obere Extremität versorgenden liegt (5). Erwähnt wird in diesem Zusammenhang auch, daß sicherlich viele als Hemiplegia cruciata bezeichnete Fälle in Wahrheit auf disseminierte kortikale Läsionen zurückzuführen waren und deshalb besser als Monoplegia corticalis bimembris cruciata bezeichnet werden sollten. Insbesondere das Fehlen jeglicher Begleitsymptome von seiten des Hirnstammes würde einen solchen Verdacht nahelegen.

Auch in dem von uns geschilderten Fall finden sich rein motorische Läsionen ohne eine Beeinträchtigung der sensiblen Bahnen des unteren Hirnstammes einschl. des zentralen Sympatikus. Andererseits fehlen eine ausgeprägte Spastik, das Einsetzen der Lähmung des linken Armes und des rechten Beines waren zeitgleich und die kernspintomographisch nachgewiesenen kleinen und vereinzelten gliösen Herde würden unseres Erachtens nicht ausreichen, eine kortikale oder subkortikale Genese von Monoparesen dieses Ausmaßes zu erklären. Der mit der Anwendung evozierter Potentiale gelungene Nachweis einer bevorzugten Schädigung der zentralmotorischen Bahnen bei weitestgehender Aussparung sensibler Bahnen vermag die ungewöhnlichen klinischen Untersuchungsbefunde zu objektivieren, allerdings ist auch hierdurch nicht die Unterscheidung zwischen einer wahren und einer falschen Hemiplegia cruciata möglich.

Das Literaturverzeichnis ist bei den Verfassern erhältlich.

Doppelentladungen motorischer Einheiten und ihr mechanischer Effekt im pathologischen, willkürlichen und simulierten Tremor

J. Elek, A. Konstanzer, M. Schubert und R. Dengler

Das Entladungsmuster einzelner motorischer Einheiten (MEen) beim pathologischen Tremor ist gekennzeichnet durch eine Synchronisation verschiedener MEen (3) und durch das Auftreten von Doppelentladungen (2), das sind Entladungen derselben ME mit kurzem Intervall (20 - 90 ms). In der vorliegenden Arbeit wurden Doppelentladungen und ihr mechanischer Beitrag beim Tremor untersucht.

Teil I: Doppelentladungen bei pathologischem und willkürlichem Tremor

Entladungen einzelner MEen und Kraftentwicklung des M. interosseus dorsalis I wurden während isometrischer Kontraktion (10 % der Maximalkraft) an Patienten mit Parkinson-Tremor (6 Pat., 22 MEen), essentiellem Tremor (3 Pat., 9 MEen) und an gesunden Probanden, die willkürlich Tremor nachahmten (3 Probanden, 9 MEen), abgeleitet.

Es konnte gezeigt werden, daß Doppelentladungen sowohl bei pathologischen als auch bei willkürlichem Tremor in vergleichbarer Häufigkeit auftraten. In beiden Fällen zeigte das Intervall zwischen zwei Entladungen einer Doppelentladung eine negative Korrelation zur Amplitude des nachfolgenden Tremorausschlages, d. h. kürzere Doppelentladungsintervalle waren von höheren Tremorausschlägen gefolgt. Signifikante negative Korrelationskoeffizienten (p < 0,05) ergaben sich für 63 % der ME bei pathologischem Tremor und alle ME bei willkürlichem Tremor.

Diese Korrelation zwischen Doppelentladungsintervall und Tremoramplitude könnte auf die Summierung von Einzelzuckungskräften derselben ME nach kurz aufeinanderfolgender Aktivierung zurückgeführt werden. Zusätzlich könnte sie aber auch Folge einer verstärkten Synchronisierung der anderen, gleichzeitig aktiven MEen sein. Um den mechanischen Effekt von Doppelentladungen und Synchronisierung zu trennen, war es deshalb notwendig, den Kraftbeitrag von Doppelentladungen allein zu untersuchen.

Teil II: Simulation von Doppelentladungen durch intramuskuläre Mikrostimulation

In einer weiteren Serie von Experimenten wurden Doppelentladungen durch intramuskuläre Mikrostimulation MEen (5) des M. interosseus dorsalis I bei 8 gesunden Probanden simuliert: Terminale Axone einzelner MEen wurden mit bipolaren Nadelelektroden elektrisch stimuliert, wobei Einzel- und Doppelreize mit Intervallen von 10 - 80 ms verwandt wurden (Wiederholungsfrequenz 1 Hz). Die zugehörigen Zuckungskräfte wurden gemessen.

Die Auswertung zeigt ebenfalls eine negative Korrelation zwischen Stimulationsintervall und Amplitude der nachfolgenden Kraftschwankung, wobei sich die Einzelzuckungskräfte nach Doppelreizung mehr als linear aufsummierten: nach Doppelreizen mit einem Intervall von z. B. 20 ms betrug die Zuckungskraft im Mittel das 3- bis 5fache der Einzelzuckungskraft, bei einem Intervall von 50 ms das 2,5- bis 3,5fache der Einzelzuckungskraft. Diese Ergebnisse bestätigen Ergebnisse aus tierexperimentellen Untersuchungen (1, 4) an einem menschlichen Muskel.

In einigen Experimenten mit sehr stabilen Ableitungsbedingungen konnten die Doppelreize auch mit einer höheren Wiederholungsfrequenz von bis zu 6 Hz, vergleichbar dem Entladungsmuster MEen beim Parkinsontremor, appliziert werden. Auch unter diesen Bedingungen zeigte sich eine mehr als lineare Aufsummierung der Zuckungskräfte im Vergleich zur Einzelzuckungskraft, wenngleich schwächer ausgeprägt, bedingt durch die beginnende Fusionierung der Kraftkurve.

Zusammenfassung

Aus unseren Ergebnissen schließen wir, daß das zentrale Nervensystem bei pathologischem (d. h. unwillkürlichem) und bei willkürlichem Tremor dasselbe Entladungsmuster von MEen verwendet. Der Mechanismus der mehr als linearen Aufsummierung von Einzelzuckungskräften nach Doppelentladungen trägt hierbei zu einer gesteigerten Kraftentwicklung und damit Verstärkung des Tremors bei. Dies konnte sowohl unter Bedingungen nachgewiesen werden, wo Doppelentladungen und Synchronisierung vorhanden sind (Teil I), als auch nach Doppelentladungen allein (Teil II). Dies unterstreicht den mechanischen Beitrag von Doppelentladungen zur Tremorstärke.

Literatur

1. Burke RE, Rudomin P, Zajak III FE (1976) The effect of activation history on tension production by individual muscle units. Brain Res 109:515-529
2. Dengler R, Gillespie J, Argenta M, Elek J, Wolf W, Struppler A (1989) The impact of paired motor unit discharges on tremor. Electromyogr clin Neurophysiol 29:113-117
3. Dengler R, Wolf W, Schubert M, Struppler A (1986) Discharge pattern of single motor units in basal ganglia disorders. Neurology 36:1061-1066
4. Parmiggiani F, Stein RB (1981) Nonlinear summation of contractions in cat muscles. II. Later facilitation and stiffness changes. J Gen Physiol 78:295-311
5. Taylor A, Stephens A (1976) Study of human motor unit contractions by controlled intramuscular microstimulation. Brain Res 117:331-335

694

Zeitvariate Spektralanalyse des EEG - eine klinische Alternative zur Fouriertransformation*

H.-J. Volke, G. Mühlau, G. Gottlebe und K.-P. Hoffmann

Die klassische Fouriertransformation zählt nach wie vor zu den am häufigsten genutzten Methoden der automatisierten EEG-Analyse. Die von diesem Verfahren vorausgesetzte Stationarität ist biologisch nicht gegeben (2). Dadurch kann es bei der Analyse von Biopotentialen unter Einsatz der Fouriertransformation zu fehlerbchafteten Ergebnissen kommen (1).

Die zeitvariate Spektralanalyse (3) verzichtet auf die Voraussetzung der Stationarität und bezieht sich in ihren Aussagen direkt auf die physiologisch definierten Frequenzbänder. Dadurch werden Aussagen möglich, die in dieser Form durch andere Verfahren nicht zu erhalten sind. Aufgrund der Dekomposition des abgeleiteten Elektroenzepahlogramms können auch Aussagen über den Zeitpunkt des Auftretens einer Welle mit einer bestimmten Frequenz und Amplitude getroffen werden. Bei der Analyse über einen vorgegebenen Zeitbereich ergibt sich damit die Häufigkeit des Auftretens dieser Welle. Dies läßt sich graphisch darstellen, indem auf der Abszisse die Frequenz, auf die Ordinate die Amplitude und in der dritten Dimension die Häufigkeit aufgetragen wird. Werden gleiche Häufigkeiten durch Linien verbunden, erhält man die im oberen Teil der Abbildung dargestellten Frequenz-Amplituden-Histogramme. Diese eine dem Algorithmus eigene Darstellungsform stellt einen Informationsgewinn dar und ermöglicht neue, weiterführende Aussagen. Die derzeitigen Ergebnisse deuten auf einen möglichen Einsatz für Verlaufsuntersuchungen (z. B. Therapiekontrolle und Monitoring) hin.

Bei Untersuchungen an gesunden Probanden und Patienten mit unterschiedlichen neurologischen Erkrankungen wurde das Verfahren der zeitvariaten Spektralanalyse getestet. Die Abbildung zeigt drei charakteristische Frequenz-Amplituden-Histogramme. In der Mitte ist das analysierte Elektroenzephalogramm (Ableitort 02) einer gesunden 45jährigen Frau dargestellt. Links handelt es sich um eine medikamentös bedingte erhöhte beta-Aktivität (Ableitort F4). Die rechte Seite zeigt einen theta-delta-Fokus frontotemporal rechts bei einem Astrozytom (Ableitort F4). Unter den Abbildungen ist jeweils das 16kanalige Elektroenzephalogramm dargestellt.

Literatur

1. Gevins AS (1987) Methods of analysis of brain electrical and magnetic signals. In: Remond A (Hrsg) Handbook of electroencephalography and clinical neurophysiology. Revised series T 1, Elsevier, Amsterdam New York Oxford
2. Mühlau G (1990) Neuroelektrodiagnostik. Fischer, Jena
3. Volke H-J, Dettmar P (1990) Timevariant spectral analysis of electroencephalograms. Biom 32303-317

* Die Untersuchung erfolgte mit Unterstützung von MADAUS Medizin Elektronik GmbH & Co.KG, Gundelfingen/Freiburg

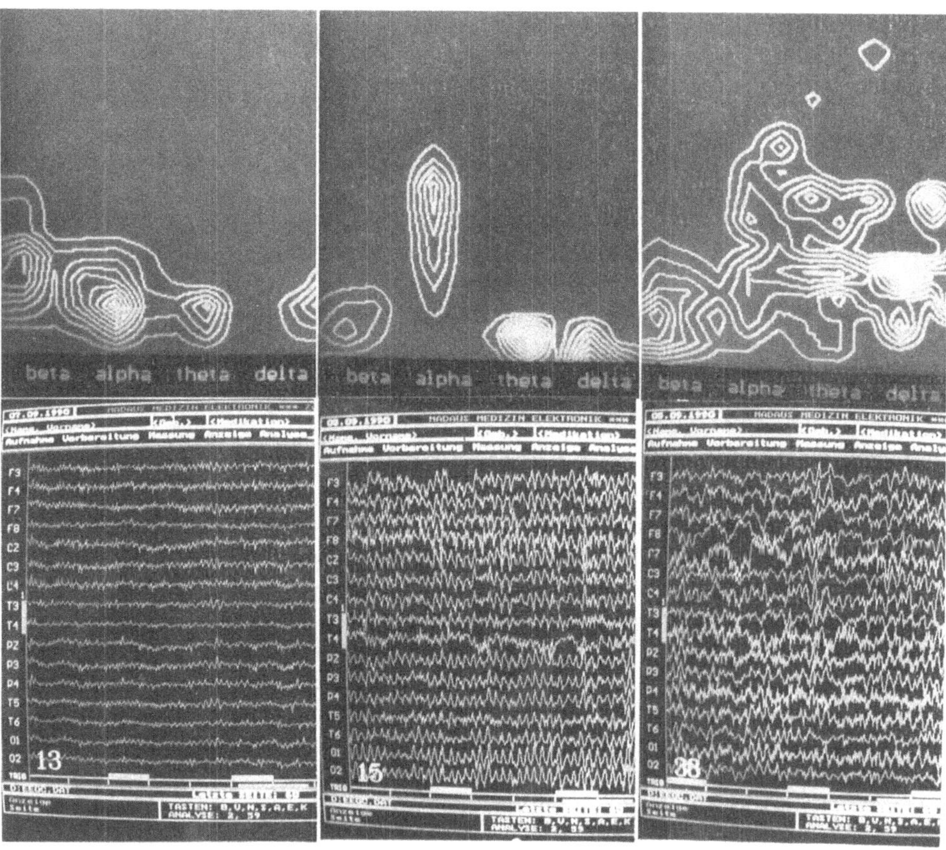

Abb. Frequenz-Amplituden-Histogramme von drei ausgewählten EEG-Abschnitten unterschiedlicher Personen

Partielle humorale Defekte bei neurologischen Patienten

M. Constantinou, M.E. Westarp, V. Schreiner und H.H. Kornhuber

Die als Gammaglobuline wandernden Immunglobuline werden von Plasmazellen extrahepatisch gebildet. Der tägliche IgG-Abbau ist eine exponentielle Funktion des Plasmaspiegels, der IgA- und IgM-Abbau ist dem Plasmaspiegel proportional, IgD/E-Katabolismus sind plasmaspiegelunabhängig; quantitativ tragen IgD, IgE sowie IgG_3 und IgG_4 nur unwesentlich zum Gammagipfel der Elektrophorese bei; IgG_2-Defekte fallen oft klinisch auf [8]. Klinisch relevant für erniedrigte Gammagipfel bleiben damit IgG_1, IgA und IgM.

Methodik

Von 1530 stationären Patienten vom 1.1.-1.12.89 wurden die Serum-Elektrophoresen $\leq$ 48 h nach Aufnahme untersucht. Entero-hepato-renale Einflüsse wurden abgegrenzt mit: Albumin = 39-53 g/l, alpha-1 = 1-3 g/l, alpha-2 = 3-7 g/l und ß-Globulin = 5-10 g/l. Gammaglobuline wurden zwischen 9 und 16 g/l als normal angenommen. Primäre Hypogammaglobulinämien wurden ausgeschlossen, und 30 Routineparameter inkl. EEG, EKG, Röntgen-Thorax, bei Verdacht auch Influenza-A-, Coxsackie-B- und HIV-Antikörper untersucht. Die Lymphozytentypisierung umfaßte CD 3/4/8 (T), Leu 7/CD16/NKH-1 (Killer-Zellen), CD 25/CB-1/Ta-1 (T-Aktivierung), T10, HLA-DR und CD-20 (Gesamt-B). Normwerte mg/dl IgG 800-1600, IgA 90-450, IgM m= 60-250, w= 70-280 lasernephelometrisch.

Ergebnisse

80 Männer und 44 Frauen von 11 - 88 Jahren (Mittel 56,0, Median 53,4 Jahre) hatten isoliert erniedrigte Serum-Gammaglobuline unter 9,0 g/l, entsprechend 8 % von 1530 untersuchten Patienten - während 4 % der Untersuchten Erhöhungen über 16,0 g/l aufwiesen. Mittelwert, Median und 25 %-Perzentile der 124 Hypogammaglobuline waren 8.0 $\pm$ 1.0, 8.2 g/l, und 7.4 g/l. Gammaglobuline und Ig-G korrelierten signifikant (r= 0.44, p < 0.05). Zahlenmäßig am häufigsten unter den bekannten Einzelursachen für Gammaglobulinverminderung waren 22 Operationen/Traumen, 10 mal Kortikosteroid-Medikation >50 mg Prednisolon-Äquivalent, 8 bekannte oder neu diagnostizierte Malignome sowie 7 leichte Niereninsuffizienzen mit normalem Alphaglobulin und Kreatinin <150 mg/dl. Einige Pat. hatten Koloenteritiden, Sinusitiden, Arthritiden, gedeckte Knochenbrüche, lymphoid infiltrierte Knochenzysten, Amyloidpolyneuropathie, Sjögren's Syndrom und Phenytointherapie. Ein 55jähriger Mann mit ischämischem Hirninfarkt starb acht Jahre später an einem lymphozytischen Non-Hodgkin-Lymphom, eine 73jährige Frau mit ischämischem Hirninfarkt und Hypogamma-Globulinämie zeigte nach 18 Monaten ein IgG-kappa Plasmozytom. Insgesamt hatten 94 Patienten nur einen wahrscheinlichen Grund für ihre Hypo-Gammaglobulinämie. Die mit 35/94 größte Einzel-Assoziation war täglicher Alkoholkonsum von über 30 g mit 13 U/l < gamma-GT > GPT > GOT. Die 50 %-gGT-Perzentile der 116 ausführlich dokumentierten Hypogammaglobulinämien lag bei 19.0 U/l, verglichen mit 16.0 U/l bei allen 1530 Patienten, und 14.0 U/l bei 353 Kontroll-Patienten mit völlig normaler Elektrophorese. Aufgetrennt

nach gGT, fanden sich bei höherer gGT sowohl mehr Hypogammaglobulinämie-Patienten als Normalelektrophorese-Kontrollpatienten als auch mehr Hypogammaglobulinämie-Patienten ohne als mit bekannten Gründen für eine Gammaglobulinminderung bei höherer gGT. Aufgrund großer Spannbreite (3 - 673 U/l) und kurzer Halbwertszeit fand sich mit gGT keine numerisch signifikante Korrelation von Gammaglobulin oder Verhältnis Nichtgamma-zu-Gammaglobulinen (Mittel 0.555, Median 0.553, n= 124). Bei sieben weiblichen und sieben männlichen Gesunden zwischen 21 und 33 Jahren verhielten sich ebenfalls Gammaglobuline (m = 9.7 und f= 10.9 g/l) und mittlere gGT (m = 14.6 und f = 8.1 U/l) gegensinnig. Ein 31jähriger Kollege mit Gammaglobulinen um 7 g/l war in jeder Hinsicht unauffällig, mit Ausnahme vorübergehender niedriger Titer gegen glatten Muskulatur, und 6 % CD25-, 18 % DB1- sowie 21 % Ta1-positiven T-Lymphozyten wie bei möglicherweise viralem Infekt. Von 80 Patienten des gleichen Zeitraumes mit kompletten Ig-Klassen hatten 27 erniedrigte Gammaglobuline. Hier betrug die Summe aus IgG+ IgA+ IgM = 1120 + 200 mg/dl, entsprechend 14.4 % + 2.2 % der Gammaglobuline. Während bei fünf Patienten mit Alkohol- oder Opiatabusus der mittlere Gammaglobulin-Anteil von IgG+ IgA+ IgM mit 11.6 % niedrig lag, hatten die vier gemessenen Malignom-Patienten mit 21 % einen hohen Anteil funktionaler Ig's.

Diskussion

In früheren Untersuchungen fand sich nur bei 39 von 68 erwachsenen Patienten ohne monoklonale Gammopathie eine Ursache (21 Niereninsuffizienzen, 9 Malignome), 29/68 Hypogamma-globulinämien blieben unerklärt [1]. Wir konnten bei 124 Hypogammaglobu-linämie-Patienten 116 hinreichend abklären, um in 94 Pat. eine führende Assoziation herzustellen. Bei 49 dieser 94 waren bereits bekannte Ursachen einer Erniedrigung zu finden. 35 der verbleibenden 45 waren mit regelmäßiger Alkoholbelastung assoziiert. Obwohl Verminderungen zwischen 50 % und 99 % der unteren Norm in gängiger labormedizinischer Literatur nicht separat ausgewiesen, und Gammopathie als Hypergammaglobulinämie definiert werden [7], fanden wir unter 1530 Elektrophoresen doppelt so viele reine Hypo-gammaglobulinämien unter 9 g/dl wie Vermehrungen über 16 g/l. Gerade mäßige erhöhte gGT-Werte über 13 U/l, wie bei regelmäßigem "normalem" Alkohol-konsum zu finden, waren mit einer Gammaglobulin-Verminderung vergesellschaftet: Kornhuber et al. hatten bereits gezeigt, daß die gGT-Grenzen von 28 und 18 U/l anhand einer regelmäßig Alkohol konsumierenden Bevölkerung zu hoch validiert worden waren [4, 5]. Hyper-insulinämie, Übergewicht und arterieller Bluthochdruck nehmen gerade in der zweiten Hälfte dieses revisionsbedürftigen "Normbereichs" zu [4, 5]. Alkoholbelastung supprimiert die T-Mito-genantwort und vermindert die T-Helferzellen [6]. Die Halbwertszeit von i.v. injiziertem markiertem Humangammaglobulin ist bei Leberzirrhose signifikant vermindert [3]. Alko-holkonsum führt bereits ohne Leberumbau zu tendenziell niedrigerem Serum-IgG [9], was für eine frühe Ig-Abgabestörung spricht.

Dank: Herrn PD Dr. Hartmann für die IgG$_{1-4}$ Subklassifikation, Frau Dr. Fetzer und Herrn Dr. Hertenstein für die Unterstützung bei der Lymphozyten-Subtypisierung, Dr. Anselm Korn-huber für Hilfe mit Auswerteprogrammen, Prof. Dr. P.A. Berg für die Suche nach natürlich vorkommenden Autoantikörpern.

Das Literaturverzeichnis ist bei den Verfassern erhältlich.

Bedeutung der Antikörperproduktion gegen verschiedene Borrelia burgdorferi Partialantigene im Krankheitsverlauf der Neuroborreliose

P. Oschmann, H. Wellensiek. A. Schnettler, C. Hornig und W. Dorndorf

Nach unseren eigenen Erfahrungen lassen sich mit herkömmlichen serologischen Verfahren wie IFT oder ELISA bei einer Borrelieninfektion noch nach vielen Jahren positive Antikörpertiter nachweisen, unabhängig ob antibiotisch behandelt wurde oder nicht. Wir können dabei Zeiträume bis zu 10 Jahren überblicken. Zusätzlich stellt der hohe Prozentsatz (ca. 10 %) von klinisch asymptomatischen Antikörperträgern in der Bevölkerung ein Problem der Serodiagnostik dar, der in Risikogruppen wie Waldarbeiter bis zu 35 % betragen kann (2).

Aufgrund der daraus resultierenden mangelhaften Aussagekraft eines positiven Antikörpertiters wandten wir uns dem Immunoblot zu, in welchem Antikörper gegen unterschiedliche Borrelia burgdorferi Partialantigene nachweisbar sind (1, 4). Unser Ziel war es zu prüfen, inwieweit damit eine spezifischere und sensitivere Diagnostik sowie eine Therapieüberwachung möglich ist.

Wir untersuchten 71 Patienten mit einer Neuroborreliose Stadium II (2, 3) sowie als Kontrollgruppe 50 Patienten mit anderen neurologischen Erkrankungen. Von den 71 Patienten mit einem Neuroborreliose Stadium II waren 23 Patienten akut erkrankt, 25 Patienten waren vor durchschnittlich 4 Jahren antibiotisch therapiert worden und weitere 23 Patienten waren vor durchschnittlich 7 1/2 Jahren zum Teil mit Kortikoiden behandelt worden.

Ergebnisse

Zur Beantwortung der Frage, welche Antikörper gegen Borrelia burgdorferi Partialantigene spezifisch für eine Borreliose sind, verglichen wir die Immunoblots der Gruppe der Akuterkrankten mit dem Kontrollkollektiv. Zu diesem Zweck wurden Antikörper vom IgM- und IgG-Typ gegen 12 verschiedene Borrelia burgdorferi Partialantigene erfaßt (100 kd, 75 kd, 66 kd, 60 kd, 41 kd, 35 kd, 30 kd, 21 kd, 18 kd, 15 kd, 12 kd, < 10 kd).

Dabei zeigte sich, daß die Betrachtung einzelner Antikörper im Vergleich zum IFT und ELISA keine Zunahme der Sensitivität und Spezifität mit sich bringt. Gegenüber einigen Antigenen z. B. dem 41 kd, 65 kd, 12 kd-Proteinen fanden sich bei den Kontrollpatienten sogar in 50 bis 100 % aller Fälle Antikörper im IgG-Bereich. Eine Erhöhung der Empfindlichkeit des Testverfahrens könnte nur durch eine kombinierte Betrachtung von Antikörpern gegen mehrere Borrelia burgdorferi Partialantigene möglich sein oder aber durch eine Verlaufsbeobachtung von charakteristischen Antikörpermustern.

Unsere nächste Frage war, ob Antikörper gegen Borrelia burgdorferi Partialantigene existieren, die sich zur Therapieüberwachung eignen könnten. Zu diesem Zwecke verglichen wir die Immunoblots von Patienten, die vor 4 Jahren antibiotisch behandelt wurden, mit solchen, die nie eine Antibiose erhielten. Dabei zeigte sich, daß in allen Partialantigenbereichen bei den vor 7 1/2 Jahren zum größten Teil mit Kortikoiden Behandelten eine signifikant größere Anzahl von intensiveren Antikörperbanden besonders im IgM-Bereich vorlag.

Bemerkenswert ist, daß keiner dieser Patienten mehr an einer klinisch floriden Neuroborreliose litt, obwohl man bei nachweisbaren IgM-Banden an eine Erregerpersistenz denken könnte. Am ausgeprägtesten waren die Unterschiede im 100 kd, 35 kd, 30 kd (alle IgG und IgM), 21 kd (IgM) und 12 kd (IgG) Bereich.

Da es sich bei dem beobachteten Unterschied in der spezifischen Immunantwort um einen Therapieeffekt handeln dürfte, untersuchten wir akut erkrankte Patienten im Verlauf unter der Fragestellung, ob man diese Antikörper zur Therapiekontrolle verwenden könnte. Dabei zeigte sich, daß die Anzahl von Patienten mit einer IgG Antikörper-Synthese gegen bestimmte Partialantigene nach Therapie sogar noch anstieg und erst nach Jahren abfiel (100 kd, 75 kd). Gegen andere Partialantigene (41 kd, 35 kd, 30 kd, 21 kd) konnte eine persistierende IgG-Antikörperbildung über mindestens 4 Jahre beobachtet werden.

Dagegen nahm die Anzahl von Patienten mit IgM Antikörpern gegen bestimmte Partialantigene (100 kd, 35 kd, 21 kd) bereits nach Monaten stetig ab.

Zusammenfassung und Schlußfolgerungen

1. Der Nachweis von IgG- bezugsweise IgM-Antikörpern gegen einzelne Partialantigene von Borrelia burgdorferi im Immunoblot erhöht weder die Spezifität noch die Sensitivität der serologischen Diagnostik.
2. Bei unbehandelten Patienten mit Neuroborreliose sind noch nach Jahren häufiger IgG- und IgM-Antikörper gegen bestimmte Partialantigene (12 kd, 21 kd, 30 kd, 35 kd, 100 kd) von Borrelia burgdorferi nachweisbar als bei antibiotisch therapierten.
3. Ein Unterschied in der IgG-Antikörperbildung von antibiotisch behandelten und nichtbehandelten Patienten mit Neuroborreliose läßt sich im Immunoblot erst nach Jahren feststellen, so daß deren Nachweis keine praktikable Therapieüberwachung gewährleistet.
4. Ein Unterschied in der IgM-Antikörperbildung von antibiotisch behandelten und nichtbehandelten Patienten ist im Immunoblot teilweise schon nach Monaten erkennbar und kann deshalb als ein Parameter der Therapiekontrolle genutzt werden.
5. Der Nachweis von Antikörpern gegen bestimmte Partialantigene von Borrelia burgdorferi (100 kd) erlaubt Rückschlüsse auf den Zeitpunkt der Infektion.

Literatur

1. Craft IE, Fischer DK et al (1986) Antigens of b.b. recognized during Lyme disease. J Clin Invest 78:934-939
2. Oschmann PA (1988) Diagnose, Therapie und Verlauf der akuten und chronischen Borreliosen. Inaugural Dissertation an der Med Fakultät der Bay Max Universität Würzburg
3. Steere AC (1989) Lyme disease. N Engl J Med 321:586-596
4. Wilske B, Praec Mursic V et al (1988) Immunchemische Analyse der Immunantwort bei Spätmanifestation der Lyme-Borreliose. Zbl Bakt Hyg 267:549-558

Myasthenia gravis: Bestimmung von anti-Acetylcholin-Rezeptor-Autoantikörpern mit Hilfe der humanen Tumorzellinie TE671

R. Voltz, R. Hohlfeld, A. Fateh-Moghadam, Th. Witt, M. Wick, B. Siegele und H. Wekerle

Zur Diagnosesicherung der Myasthenia gravis dient die Bestimmung von Autoantikörpern gegen den nikotinischen Acetylcholin-Rezeptor (AChR) des Muskels (Übersicht bei 6). Dies erfolgt mit Hilfe eines Immunpräzipitationstests (1, 2). Als Antigen-Quelle wird menschliches Material verwendet (3), hauptsächlich Amputate von Patienten mit Diabetes mellitus. Die Amputate sind oft nur schwer verfügbar und im Hinblick auf die Menge und Art des AChR nicht standardisiert. Bei der partiellen Denervierung durch die diabetische Polyneuropathie steigt der Anteil an extrajunktionalen AChR, der sich auch immunologisch von dem junktionalen Rezeptor der Synapse unterscheidet. Dadurch sind die anti-AChR-Antikörper-Werte zwischen unterschiedlichen Amputatpräparationen nicht exakt vergleichbar.

Die humane Tumorzellinie TE671, ursprünglich beschrieben als Medulloblastom (5), inzwischen als Rhabdomyosarkom identifiziert (8), exprimiert ausschließlich extrajunktionalen AChR (4, 7). Unsere Studie zeigt, daß TE671 anstelle von Amputaten für den Immunpräzipitationstest verwendet werden kann.

Optimierung der Kulturbedingungen für TE671

Die AChR-Expression auf TE671 konnte um das Zweifache gesteigert werden, wenn die Zellen in Rollerflaschen ohne CO2 in Hepes-gepuffertem DMEM-Medium kultiviert wurden. Eine weitere dreifache Steigerung der Expression war möglich durch gleichzeitigen Zusatz von 2,5 µM Dexamethason und 1 mM Nikotin zum Kulturmedium DMEM.

Korrelation von $AChR_{Amputat}$ und $AChR_{TE671}$

Bei der Gruppe der Antikörper-positiven Patienten mit generalisierter Mysthenie (n = 50) zeigte sich beim Vergleich der Werte mit Amputat-Muskel und TE671 ein Korrelationskoeffizient von r = 0,98. Unter den 50 untersuchten Patienten mit okulärer Myasthenie zeigten 25 Patienten in beiden Tests negative Titer, die Korrelation bei den 25 Antikörper-positiven Patienten war r = 0,95. 13 Patienten mit Penicillamin-induzierter Myasthenie zeigten einen Korrelationskoeffizienten von r = 0,99.

Auch in der longitudinalen Korrelation verhielten sich beide Tests gleich: Der klinische Score und der Antikörper-Titer zeigten interindividuell (n = 9= keine, intraindividuell im Langzeitverlauf (n = 20) jedoch eine gute Korrelation. Kam es bei Patienten unter immunsuppressiver Therapie (n = 20) zu einem Antikörper-Abfall, so konnte er in beiden Tests nachgewiesen werden.

Bestimmung des Referenzbereiches für $AChR_{TE671}$ und $AChR_{Amputat}$

Wir bestimmten $AChR_{Amputat}$ und $AChR_{TE671}$ bei 94 gesunden Spendern ($AChR_{TE671}$ Mittelwert: 0,41 nmol/l, Standardabweichung 0,15 nmol/l), bei 41 Patienten mit anderen Autoimmunerkrankungen (0,73/0,30) sowie bei 34 Patienten mit anderen neuromuskulären Erkrankungen (0,42/0,27). Somit ergibt sich für die drei Kontrollgruppen zusammen als obere Grenze des Referenzbereiches (Mittelwert plus zwei Standardabweichungen) ein Wert von 1,00 nmol/l. Wegen des Streubereichs der drei Gruppen von 0,03 bis 1,43 nmol/l ist erst ein Wert über 1,5 nmol/l als eindeutig positiv zu bewerten.

Zusammenfassend

zeigt $AChR_{TE671}$ in allen Myasthenie-Gruppen und im longitudinalen Verlauf das gleiche Testverhalten wie $AChR_{Amputat}$. Die obere Referenzbereichsgrenze liegt bei 1,0 nmol/l, Werte ab 1,5 nmol/l können als eindeutig positiv bewertet werden. Die Zellinie TE671 bietet damit eine standardisierte und leicht verfügbare Quelle für den AChR-Antikörper-Test.

Literatur

1. Besinger UA, Toyka KV, Hömberg M et al (1983) Myasthenia gravis: Long-term correlation of binding and bungerotoxin blocking antibodies against acetylcholine receptors with changes in disease severity. Neurology (Cleveland) 33:1316-1321
2. Lindstrom JM, Seybold ME, Lennon VA et al (1976) Antibody to acetylcholine receptor in myasthenia gravis. Neurology (Cleveland) 26:1054-1059
3. Lindstrom J, Campbell M, Nave B (1978) Specificities of antibodies to acetylcholine receptors. Muscle & Nerve 1:140-145
4. Luther MA, Schoepfer R, Whiting P et al (1989) A muscle acetylcholine receptor is expressed in the human cerebellar medulloblastoma cell line TE671. J Neurosci 9(3):1082-1096
5. McAllister RW, Isaacs H, Rongey R et al (1977) Establishment of a human medulloblastoma cell line. Int J Cancer 20:206-212
6. Schönbeck S, Chrestel S, Hohlfeld R (1990) Myasthenia gravis: Prototype of the anti-receptor autoimmune disease. Int Rev Neurobiol (im Druck)
7. Schoepfer R, Luther M, Lindstrom J (1988) The human medulloblastoma cell line TE671 expresses a muscle-like acetyl-choline receptor. FEBS lett 226(2):235-240
8. Stratton MR, Darling J, Pilkington GJ et al (1989) Characterization of the human cell line TE671. Carcinogenesis 10(5):899-905

Autoantikörper bei Schizophrenie

A. Henneberg, S. Ruffert und H.H. Kornhuber

Neben biochemischen und psychodynamischen Modellen sind für die Ätiologie der Schizophrenie auch Autoimmunvorgänge verantwortlich gemacht worden (Kornhuber und Kornhuber 1987). Für diese Hypothese sprachen bisher genetische Modelle (Burch 1964), die Störung der Blut-Hirn-Schranke bei Erkrankten (Kornhuber und Bauer 1986) sowie eine Verschiebung der T-Lymphozyten-Subpopulationen (Henneberg und Mitarbeiter 1990). Auch waren schon früher Arbeiten erschienen, die über Antikörper gegen Hirngewebe bei Schizophrenen berichteten (Übersicht in DeLisi et al. 1985). Allerdings blieben diese Ergebnisse nicht unwidersprochen und zeigten auch gewisse Mängel in der Durchführung (Patienten und Kontrollen nicht alters- und geschlechtsentsprechend; keine "blinde" Auswertung der Ergebnisse; unterschiedliche Testung von Patienten und Kontrollen etc.).

Deshalb entschlossen wir uns, erneut Patientenseren auf Bindung an normales Hirngewebe zu untersuchen. Nach den Empfehlungen der WHO für die Suche von Autoantikörpern (zitiert in Thompson 1988) wählten wir die indirekte Immunfluoreszenzmethode, wobei als Testgewebe Kryostatschnitte von normalem menschlichen Post-mortem-Hirngewebe dienten, im Einzelnen Frontalkortex, Putamen, Hippocampus, Area entorhinalis, Area septalis und - als Kontrollgewebe - Ncl. olivaris und Thyreoidea.

Untersucht wurden 30 Patienten mit einer Schizophrenie nach DSM III. Sie waren im akuten Schub ihrer Erkrankung auf eine offene Station aufgenommen worden und standen unter neuroleptischer Therapie (meistens Haloperidol). Das Durchschnittsalter betrug 34 Jahre (s = 10,5), es wurden 20 männliche und 10 weibliche Probanden untersucht mit einer mittleren Krankheitsdauer von 4,3 Jahren (s = 7,63) und einer mittleren Schubanzahl von 2,5 (s = 2,09).

Die Kontrollpersonen waren alters- und geschlechtsentsprechende Patienten der Neurologischen Klinik Dietenbronn, die unter einer nicht-entzündlichen neurologischen Erkrankung litten, oder einer Städtischen Chirurgischen Klinik bzw. Kollegen und Studenten ohne Anamnese von psychiatrischen Erkrankungen. Weder Patienten noch Kontrollen wiesen anamnestisch eine andere Autoimmunkrankheit auf, Blutsenkung und Differentialblutbild waren zum Zeitpunkt der Untersuchung normal.

Patienten und ihre zugeordneten Kontrollen wurden am selben Tag getestet, die Versuche wurden "blind" durchgeführt.

Bei 22 von 30 Patienten kam es meist im Frontalhirn und/oder der Area septalis zu Ansammlungen von ringförmigen Bindungen, die sich bei gleichzeitiger lichtmikroskopischer Betrachtung des Präparates einer Schicht von Zellen zuordnen ließen, also nicht unsystematisch über das Gesamtpräparat verteilt waren. Zum Teil zeigten diese fluoreszierenden Ringe noch eine punktförmige Anfärbung in der Mitte. Diese Erscheinungen wurden von uns als "spezifische Bindung" (an Zellkerne) angesehen, die bei 5 Seren (22,7 %) im IgG-Bereich, 9 Seren (40,9 %) im IgM-Bereich und bei 8 Seren (36,4 %) in beiden Bereichen lagen.

Gleiche Bindungen waren auch bei 4 von 30 Kontrollen nachzuweisen.

Bei unserer Studie konnte eindeutig in 73 % der Seren schizophrener Patienten eine Antikörperbindung nachgewiesen werden, die in 95 % der Fälle ausschließlich oder unter anderem gegen Zellkerne der Area septalis und des Frontalkortex gerichtet war. Diese Bindung erschien gewebsspezifisch, da in keinem der Fälle eine antinukleäre Bindung an Zellen der Olive oder von Schilddrüsengewebe gefunden werden konnte. Für die Sicherheit der Ergebnisse sprechen der Versuchsaufbau mit einerseits nach DSM III klassifizierten Patienten, andererseits "blinder" Auswertung der Experimente.

Auch bei Kontrollseren kam es in 13 % der Experimente zu einer Bindung, allerdings war bei 2 dieser 4 Patienten im Nachhinein anamnestisch ein erheblicher Alkoholmißbrauch festzustellen. In einer mittlerweile durchgeführten Untersuchung an chronischen Alkoholikern konnten wir bei 40 % der Patienten ebenfalls Autoantikörper gegen Hirngewebe im Serum finden.

Bei den von uns nachgewiesenen Antikörpern handelt es sich um keine generelle antinukleäre Bindung, wie sie zum Beispiel nach Medikation mit Phenothiazinen beschrieben worden ist, weil die Bindung nicht auf allen Hirngeweben nachzuweisen war und auch in keinem der Fälle auf Schilddrüse gesehen wurde.

Deshalb schlagen wir vor, bei schizophrenen Patienten, zumindest im akuten Schub, eine immunsuppressive Therapie zu versuchen.

Literatur

1. Burch PRJ (1964) Schizophrenia: some new aetiological considerations. Brit Psychiat 110:818-824
2. Henneberg A, Riedl B, Dumke H-O, Kornhuber HH (1990) T-lymphocyte subpopulations in schizophrenic patients. Eur Arch Psychiat Neurol Sci 239:283-284
3. Kornhuber HH, Kornhuber J (1987) A neuroimmunological challenge: Schizophrenia as an autoimmune disease. Arch Ital Biol 125:271-272
4. Kornhuber J, Bauer K (1986) Störung der Blut-Liquor-Schranke bei Schizophrenie. Dtsch Med Wschr 26:1041
5. DeLisi LE, Weber RJ, Pert CB (1985) Are there antibodies against brain in sera from schizophrenic patients? Biol Psychiatry 20:110-115
6. Thompson RA (1988) Laboratory investigations in clinical immunology: methods, pitfalls and clinical indications. Clin Exp Immunol 74:494-503

Die Stabilität von Aminosäuren ist abhängig vom pH

M.E. Kornhuber

Die meisten klassischen Neurotransmitter sind Aminosäuren (AS) oder AS-Derivate. Zunehmend wird deren Bedeutung (vor allem Glutamat und GABA) für Erkrankungen des Nervensystems - z. B. Apoplexie, Epilepsie, Schizophrenie - erkannt. Bei neurochemischen Untersuchungen ergibt sich dabei unter anderem das Problem lagerungsbedingter Konzentrationsänderungen, selbst nach Tieffrieren enteiweißter Proben (z. B. für Glutamat und Aspartat; Ref. 1). Die vorliegende Studie geht den Ursachen für diese Lagerungseffekte nach. Wegen der bislang üblichen Lagerung bei saurem pH (nach Säureenteiweißung) wurde insbesondere der Einfluß von Säure (und Base) auf die AS-Konzentration unter Lagerung untersucht, und zwar am Beispiel von Blutserum (S) sowie eines künstlichen AS-Gemisches (KS).

Mit Ultrafiltern, also ohne Säurezusatz enteiweißtes S wurde nach Zugabe eines internen Standards in 30 Fraktionen (F) aufgeteilt. Zu jeweils 6 F wurde entweder 1 M HCl oder 0,01 M HCl oder Wasser oder 0,01 M NaOH oder 1 M NaOH hinzugefügt. Jede der 6 F einer Gruppe wurde nun einer anderen der folgenden Lagerungsbedingungen unterworfen, so daß bei jeder Lagerungsbedingung die 5 pH-Abstufungen vorlagen (die Ziffern in eckigen Klammern beziehen sich auf Abb. 2 a und 2 b): keine Lagerung ([1] Ausgangsbedingung to); 1 Monat/- 50° C [2]; 24 Stunden/0° C [3]; 72 Stunden/0° C [4]; 1 Monat/- 8° C [5]; 24 Stunden/ + 55° C [6]. Jeweils anschließend wurden die Proben neutralisiert und bei - 50° C bis zur Analyse tiefgefroren. In entsprechender Weise wurde das KS behandelt, mit dem Unterschied, daß zu insgesamt 18 F lediglich 1 M HCl, Wasser oder 1 M NaOH zugesetzt wurde. Die AS wurden nach Kopplung an das Fluoreszenzreagens ortho-Phthaldialdehyd hochdruckflüssigchromatograph getrennt und fluorimetrisch nachgewiesen (2). Abb. 1 zeigt ein typisches Serumaminosäurechromatogramm. AAA (alpha-Aminoadipinsäure) und GABA wurden als interner Standard beigefügt; beide AS liegen im Blut nur in Spuren vor.

Abb. 1

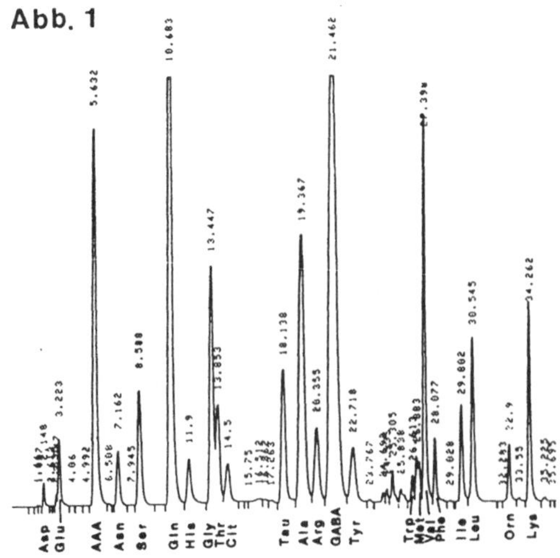

Ausgeprägte Abweichungen vom jeweiligen Ausgangswert nach Wasserzugabe (t_o, H_2O) fanden sich sowohl im S als auch im KS nach Zugabe von 1 M NaOH, gefolgt von 1 M HCl, und zwar am stärksten für Glutamin (Gln), Glutamat (Glu), Asparagin Asn und Aspartat (Asp); Abb. 2a zeigt dies für KS. Demgegenüber blieben nach Zusatz von Wasser - bei sonst identischen Lagerungsbedingungen - die Konzentrationen aller AS konstant, außer nach 24 Stunden bei + 55° C (Abb. 2b; KS). Das heißt, daß die AS-Stabilität tatsächlich vom pH abhängt. Unter 1 M NaOH bzw. 1 M HCl wichen auch die Konzentrationen von Arginin und Ornithin in S und KS sowie von Tyrosin, Methionin, Glycin und Histidin nur im S von den Ausgangswerten ab. Die übrigen AS zeigten gegenüber den Ausgangswerten nicht signifikant veränderte Konzentrationen. Lediglich nach 24 Stunden bei 55° C wurden meist erhöhte Konzentrationen registriert, vermutlich infolge Hydrolyse von Peptiden und kleinen Eiweißpartikeln.

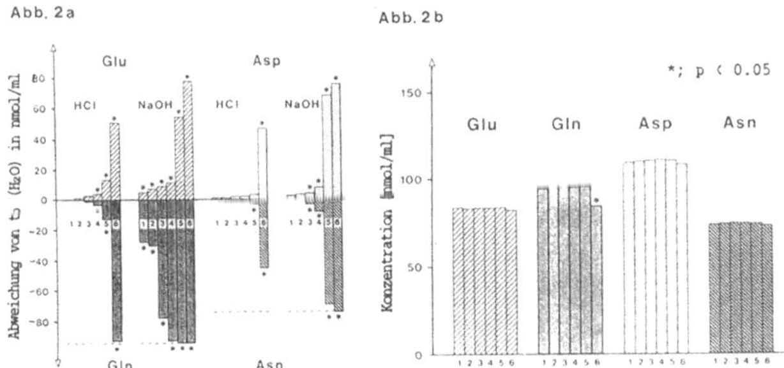

An 6 bei - 50° C gelagerten S wurde die Langzeitstabilität der AS bei etwa neutralem pH untersucht. Tab. 1 zeigt die Ergebnisse wiederum für die kritischen AS Glutamin, Glutamat, Asparagin und Aspartat nach 6 und 12 Monaten im Vergleich zu den Ausgangswerten. Weder nach 6 noch nach 12 Monaten waren signifikante Änderungen für die AS-Konzentrationen nachweisbar.

Tabelle 1. (Gegeben sind Mittelwerte in nmol/ml +/- SD)

Aminosäure	Ausgangswert	6 Monate	12 Monate
Glutamin	703,6 +/- 82,6	669,0 +/- 74,9	653,9 +/- 49,9
Glutamat	39,4 +/- 9,0	40,7 +/- 9,4	39,9 +/- 11,1
Asparagin	49,7 +/- 17,6	51,5 +/- 15,1	49,6 +/- 9,6
Aspartat	11,9 +/- 2,7	12,2 +/- 3,0	12,4 +/- 3,0

Als Schlußfolgerung ergibt sich die Empfehlung, enteiweißte Blutserumproben bei neutralem pH-Milieu zu lagern. Bei Tieffrieren ist so noch nach einem Jahr mit unveränderten Konzentrationen zu rechnen.

Literatur

1. Dickinson JC, Rosenblum H, Hamilton PB (1956) Ion exchange chromatography of the free amino acids in the plasma of the newborn infant. Pediatrics 36:2-13
2. Zettlmeißl H, Bloome J, Kornhuber HH (1986) A sensitive, fast, durable, highly selective method for the determination of amino acids and biogenic amines in the cerebrospinal fluid and other body fluids and tissues. Arch Ital Biol 124:129-132

Nachweis mutmaßlich neurotoxischer Katecholamine im Blutplasma; Einfluß von Radikalfängern auf deren Bildung in vitro

M.E. Kornhuber, M. Betz, H.H. Kornhuber, R. Prinzing und H. Zettlmeißl

Kürzlich wurden wir auf das Vorkommen von meta- und ortho-Tyrosin (bis 50 ng/ml) in Proben neurologischer Patienten sowie einiger gesunder Probanden aufmerksam (1). Aus diesen Stoffen, die vermutlich durch Autoxidation, also nicht-enzymatische Oxidation durch freie Hydroxyl-Radikale entstehen, können durch weitere Autoxidation unter anderem mutmaßliche Neurotoxine, etwa das liquorgängige 6-Hydroxy-DOPA (6-OH-POPA) sowie 6-Hydroxy-Dopamin (6-OH-DA) gebildet werden. Über Vorkommen und Bedeutung dieser Substanzen ist gegenwärtig eine lebhafte Diskussion im Gange, vor allem im Hinblick auf die Pathogenese des Parkinson-Syndroms. Die meisten Daten stammen aus Tierversuchen, während am Menschen noch kaum Messungen zum Vorkommen unter physiologischen und pathologischen Bedingungen vorliegen.

Es wurde ein Hochdruckflüssigkeitschromatographie-Verfahren zur Analyse dieser verschiedenen Katecholamine entwickelt, wobei die Detektion auf der natürlichen Fluoreszenz der untersuchten Stoffe beruht (Anregung 290 nm, Emission 360 nm). Da die Halbwertszeit für 6-OH-DOPA sowie 6-OH-DA mit etwa 30 Minuten (Plasma) recht gering ist, wurde die Zeit zwischen Blutentnahme und Analyse auf 25 Minuten standardisiert. Hämolyse durch osmotischen Schock führte entgegen unserer Erwartung nicht zur Bildung von 6-OH-DOPA bzw. 6-OH-DA.

Es wurden frisch gewonnene Plasma-Ultrafiltrate gesunder Probanden sowie von Patienten mit Parkinson-Syndrom, Niereninsuffizienz, apoplektischem Insult sowie multipler Sklerose (MS) untersucht. Es werden nun die vorläufigen Ergebnisse mitgeteilt. Bei Gesunden (Abb. 1 a) waren nie Werte oberhalb der Nachweisgrenze (100 pg/ml) meßbar, und zwar unabhängig von Alter, Geschlecht, Tageszeit, Nahrungsaufnahme, Kaffeekonsum sowie Rauchgewohnheiten. Demgegenüber waren bei allen untersuchten Patientengruppen oxidierte Katecholaminderivate nachweisbar. Die höchsten Konzentrationen wurden bei niereninsuffizienten Patienten vor Dialyse gemessen (bis 200 ng/ml; n = 15), während sie nach der Dialyse unter der Nachweisgrenze lagen. Dieser Befund entspricht der Tatsache, daß die dekompensierte Niereninsuffizienz eine Kontraindikation der Therapie mit L-DOPA ist. Möglicherweise spielen die oxidierten Katecholaminderivate neben anderen Faktoren eine Rolle bei der Entstehung der Polyneuropathie bei Niereninsuffizienten. Weniger hohe Konzentrationen wurden bei Patienten mit Parkinson-Syndrom unter Therapie mit L-DOPA gemessen (n = 20; Abb. 1 b). Beim Vorliegen einer Überdosierungs-Psychose wurden unter dieser Therapie besonders hohe Werte gemessen. Unter Berücksichtigung der strukturellen Ähnlichkeit mit Halluzinogenen wie Meskalin erscheint eine psychotomimetische Wirkung dieser Verbindungen denkbar. Für Patienten mit Tage bis wenige Wochen zurückliegendem apoplektischem Insult zeigen erste Messungen (n = 6) durchweg mäßig erhöhte Konzentrationen der oxidierten Katecholamine, während sie in Proben von MS-Patienten nur gelegentlich bei rasch progredienten Verläufen nachweisbaren waren (1).

In einem in vitro-System konnte die Oxidation von Phenylalanin mit Hydroxylradikalen, aus der diese Substanzen hervorgehen (von uns modifiziertes Fenton-Reagenz; Phenylalanin), in Anwesenheit von Radikalfängern vermindert oder teilweise ganz aufgehoben werden. In diesem System erwiesen sich unter anderem als wirksam: Ascorbinsäure, Vitamin E, beta-Karotin, alpha-Liponsäure, Glutathion, gewisse Selenverbindungen und diverse Kortisone.

Die Bedeutung der Befunde (beispielsweise für den Krankheitsverlauf des Parkinson-Syndroms unter L-Dopa-Therapie) läßt sich gegenwärtig noch nicht abschätzen. Insbesondere sind weitere klärende Untersuchungen zur Neurotoxizität von 6-OH-DA und ähnlichen Substanzen nötig (siehe auch 2). Hilfreich wären ferner Untersuchungen über das Vorhandensein dieser Stoffe im Liquor bei gleichzeitiger Erfassung natürlich vorkommender Radikalfänger.

Literatur

1. Zettlmeißl H, Häusermann S, Maurer H, Kornhuber HH (im Druck) In: Deecke et al (Hrsg) From neuron to action. Springer
2. Evans JM, Cohen G (1989) Can trace amounts of neurotoxins destroy dopamine neurons? Neurochem Int 15:127-129

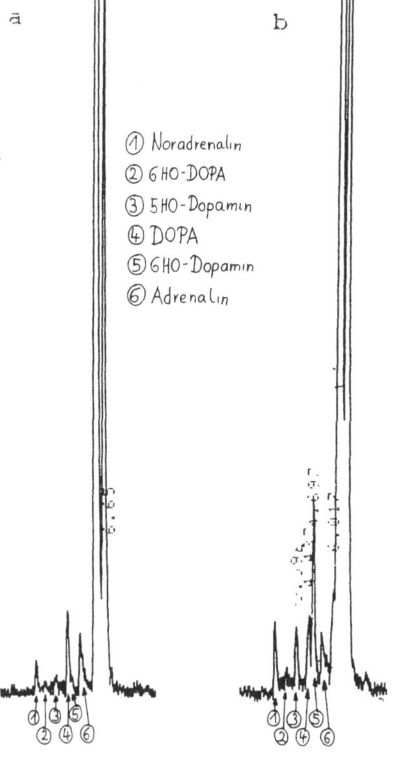

Abb. 1. Typische Chromatogramme der selbst-fluoreszierenden Verbindungen in Plasma-Ultrafiltration eines gesunden Probanden (a) sowie eines Patienten mit Parkinson-Syndrom unter Therapie mit L-DOPA (b).

Gibt es spezifische MR-tomographische Befunde bei der Amyotrophen Lateralsklerose (ALS) ?

C. Oberwittler, U. Bick, A.C. Ludolph, G. Fahrendorf, H. Masur und G.G. Brune

Bei der Amyotrophen Lateralsklerose (ALS) kommt es zu einem Verlust der kortikalen und spinalen Motorneurone. Eine Degeneration der Axone und Myelinscheiden im Verlauf des Tractus Corticospinalis gehört zum pathologisch-anatomischen Bild der Erkrankung. In den Arealen der Ganglienzelldegeneration findet sich eine Proliferation von Gliazellen (3).

Die MR-Tomographie eignet sich besonders gut zur Darstellung von Myelinveränderungen in den zerebralen Marklagern. Es liegt daher nahe, neurodegenerative Erkrankungen wie die amyotrophe Lateralsklerose (ALS) MR-tomographisch zu untersuchen. Goodin, D.S. et al (2) haben bei drei von insgesamt fünf ALS-Patienten Veränderungen der Marklager im Kernspintomogramm beschrieben. Die Autoren berichteten über eine im Verlauf des Tractus corticospinalis vorhandene symmetrische Erhöhung der Signalintensität im T2-gewichteten MRT bei zwei jungen Patienten mit schneller Progredienz und haben diese zumindest teilweise als Ausdruck des degenerativen Prozesses interpretiert.

Gegenstand unserer Studie ist die Frage, ob sich bei Patienten mit ALS MR-tomographisch Marklagerläsionen finden, die im Zusammenhang mit dem Krankheitsprozeß stehen. MR-Tomogramme von 12 Patienten (7 Männer, 5 Frauen), die an einer sporadischen Form der ALS litten, wurden ausgewertet. Das Durchschnittsalter betrug 58 Jahre (37,4 bis 74,5 J.), die durchschnittliche Krankheitsdauer 17,8 Monate (3 bis 48). Bei drei Patienten stand die Störung der bulbären Funktionen im Vordergrund, bei sieben waren bulbäre und spinale Ausfälle gleichermaßen vorhanden und bei zwei Patienten überwog die spinale Symptomatik. Die Diagnose stützte sich auf die progrediente Beteiligung des ersten und zweiten Motorneurons. Bei einem Patienten (Nr. 12) bestanden vaskuläre Risikofaktoren (Hypertonus, Karotisstenose), einmal (Nr. 10) eine BSG-Erhöhung ohne Nachweis von Autoantikörpern oder eines Neoplasmas und einmal (Nr. 2) ein serologisscher Nachweis eines LED als Begleiterkrankungen. Die MR-Tomogramme wurden an einem Gerät mit einer Feldstärke von 1.5 Tesla (Magnetom, Fa. Siemens) durchgeführt. Die Schichtdicke betrug 5 bzw. 8 mm, die Auflösung betrug 256 x 256 Pixel. Es wurden T1- und T2-gewichtete Bilder angefertigt.

Ergebnisse

Keinerlei Auffälligkeiten zeigte das MRT bei drei Patienten. Von 12 Patienten wiesen 2 Zeichen einer kortikalen Atrophie auf. Bei einem dieser Patienten mit einer Krankheitsdauer von 2 Jahren war dies der einzig pathologische Befund. Die Marklager waren bei vier Patienten unauffällig. In vier Fällen fanden sich in den Marklagern einzelne punktförmige Signalintensitäten im T2-Bild von wenigen mm Größe. Bei vier Patienten bestanden bis maximal 1 cm große signalintensive Läsionen der Marklager und teilweise auch der Stammganglien. Bei einem dieser Patienten (Nr. 12) bestanden vaskuläre Risikofaktoren. Er wies als einziger eine deutliche periventrikuläre Hyperintensität (PVH) auf. Bei einer weiteren Patientin mit derartigen Läsionen (Nr. 10) bestand eine Erhöhung der BSG (s. o.). Einmal fand sich eine geringe diffuse Signalintensitätserhöhung des Marklagers (Nr. 4). Zwischen Art und Ausmaß der MRT-Befunde und dem Alter, der Erkrankungsdauer oder dem klinischen Läsionsmuster der Erkrankung bestand kein Zusammenhang.

Diskussion

Goodin et al (2) hatten bei zwei ALS-Patienten Veränderungen in der hinteren capsula interna beschrieben, die sie als Ausdruck des degenerativen Prozesses interpretierten. Dagegen konnten Mirowitz, S. et al. (4), z. T. im unmittelbaren Vergleich mit histologischen Befunden zeigen, daß es sich bei diesen symmetrischen Arealen im hinteren Abschnitt der Capsula interna medial des Putamens um eine physiologische Veränderung handelt, die bei 60 von 112 Normalpersonen im T2-Bild zu sehen waren. Sie kamen zu dem Schluß, daß es sich um weniger stark myelinisierte Fasern des parietopontinen Traktes handelt. In einer weiteren Studie (6) an 63 ALS-Patienten, die bisher nur als Zusammenfassung vorliegt, wird von "cortico-spinal-tract lesions" berichtet, ohne daß dies näher definiert wurde. Es muß offen bleiben, ob es sich hierbei um die von Mirowitz et al. (4) beschriebenen physiologischen Variationen der hinteren capsula interna handelt.

Zusammenfassend

fanden sich in unserer Studie bei 3 von 12 ALS-Patienten völlig normale MR-Tomogramme. Die häufigsten Veränderungen stellten bei unserer Untersuchung signalintensive Läsionen im Marklager und im Stammganglienbereich dar. Diese als unspezifisch anzusehenden Läsionen sind ein häufiger Befund bei klinisch gesunden Personen. Als Ursache werden vor allem entwicklungsbedingte und vaskuläre Mechanismen vermutet. Die bei zwei Patienten vorhandene Atrophie könnte in einem Fall Ausdruck des Degenerationsprozesses sein (Krankheitsdauer 2 Jahre). In verschiedenen CT-Studien bei ALS-Patienten wurde die Frage des Zusammenhangs zwischen einer 'Atrophie' im CT und dem klinischen Bild kontrovers diskutiert (1). Wir meinen, daß die in dieser Untersuchung gefundenen MR-tomographischen Veränderungen bei ALS-Patienten nicht mit dem degenerativen Prozeß in Verbindung stehen.

Literatur

1. Galassi R, Montagna P, Morreale A et al (1989) Neuropsychological, electroencephalogram and brain computed tomography findings in motor neuron disease. Eur Neurol 29:115-120
2. Goodin DS, Howley HA, Olney RK (1988) Magnetic resonance imaging in Amyotrophic Lateral Sclerosis. Ann Neurol 23:418-420
3. Kushner PD, Stephenson DT (1989) Reactive Gliosis in Amyotrophic Lateral Sclerosis. Ann Neurol 26:301
4. Mirowitz S, Sartor K, Gado M, Torack R (1989) Focal signal-intensity variations in the posterior capsule: normal MR findings and distinction from pathologic findings. Radiology 172:535-539
5. Sarpel G, Chaudry F, Hindo W (1987) Magnetic resonance imaging of periventricular hyperintensity in a veterans administration hospital population. Arch Neurol 44:725-728
6. Sherman JI., Clawson LL, Kuncl R et al (1989) MR of brain white matter in Amyotrophic Lateral Sclerosis (ALS) Am J Neurorad 10:906

Heterotopien grauer Substanz: MR-Befunde und klinische Aspekte

G. Schuierer, H. Stefan, F. Nüssel, G. Wenzel und W.J. Huk

Heterotopien sind Ansammlungen grauer Substanz in anormaler Lokalisation in Marklager und Kortex. Diese Fehlbildungen bestehen histologisch aus Neuronen und Gliazellen und sind oft mit weiteren zerebralen Mißbildungen assoziiert (2). Sie werden zusammen mit der Agyrie-Pachygyrie (Lissencephalie), der Schizenencephalie, der Hemimegalencephalie sowie der (Poly)-Mikrogyrie zu den Migrationsstörungen gerechnet (1, 4).

Der häufigste Typ ist die noduläre Heterotopie, bei der die graue Substanz in einzelnen oder multiplen Knoten oft auffallend symmetrisch entlang der Wand der Seitenventrikel lokalisiert ist (Abb. 1). Die lamellären Heterotopien sind dadurch gekennzeichnet, daß die heterotope graue Substanz symmetrische, streifenförmige Konglomerate oder Bänder bildet und von Ventrikelwand und Kortex jeweils durch weiße Substanz getrennt ist (Abb. 2). Bei dieser lamellären Form kann, wie bei den anderen Migrationsstörungen obligat, die Rindenstruktur anormal sein (2). Ein weiterer Typ ist die kortikale Dysplasie, die von besonderem Interesse ist, da hier die Möglichkeit einer operativen Therapie (3) der Anfälle besteht, die das häufigste Symptom aller Heterotopieformen sind (5).

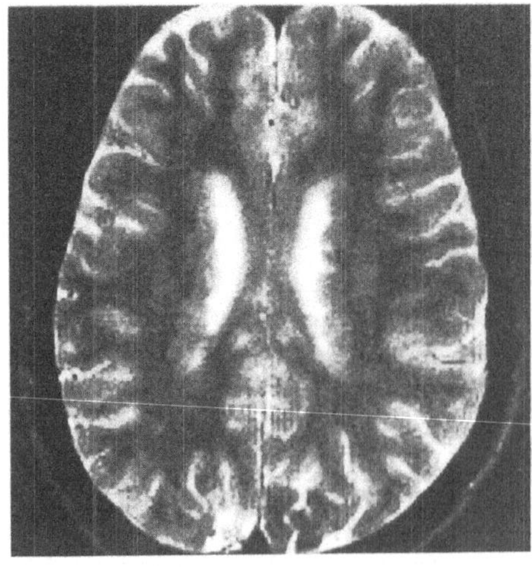

Abb. 1. Noduläre Heterotopien
(T2-gewichtetes Bild)

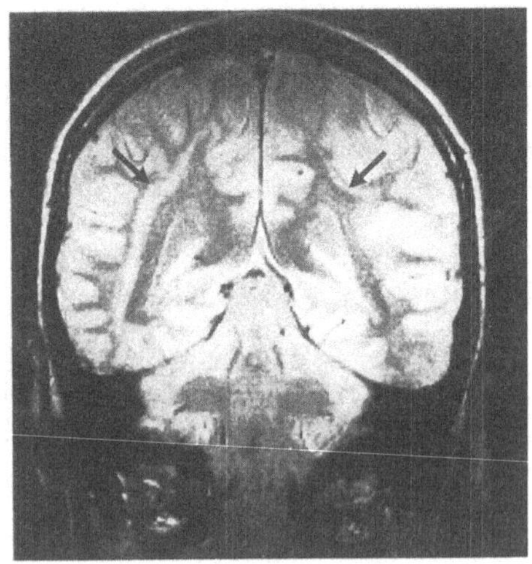

Abb. 2. Lamelläre Heterotopien
(Protonendichtebild)

Die MR-Tomographie ist heute mit das wichtigste bildgebende Verfahren in der Epilepsie-diagnostik. Wir haben daher anhand von 15 Patienten (Altersspanne 3 Wo. bis 66 Jahre) mit im MRT nachgewiesener Heterotopie überprüft, ob ein Zusammenhang zwischen Form und Ausmaß der Heterotopie und der klinischen Symptomatik besteht. Dazu wurden die mit einem 1.0 oder 1.5T-Gerät angefertigten MR-Tomogramme retrospektiv ausgewertet. Es standen, mit einer Ausnahme, T1- und T2-gewichtete Aufnahmen und in allen Fällen Aufnahmen in mindestens zwei verschiedenen Ebenen zur Verfügung.

Anlaß für die MR-Untersuchung waren Entwicklungsstörungen und/oder Anfälle, die bei 13 Patienten bestanden (Partialanfälle ohne (1x) oder mit (6x) sekundärer Generalisation, 6x Grand-Mal-Anfälle). Die Anfälle waren zwischen der 3. Lebenswoche und dem 34. Lebensjahr erstmals aufgetreten. Eine statomotorische Entwicklungssverzögerung lag bei 4 Kindern vor, wobei in 2 Fällen keine Anfallsäquivalente nachweisbar waren.

Rein noduläre Heterotopien fanden sich bei 13 Patienten, lamelläre bei 2 Patienten, wobei in einem Fall zusätzlich noduläre Heterotopien bestanden. Während 5 Patienten keine anderen im MRT erkennbaren zerebralen Mißbildungen aufwiesen, hatten 10 Patienten weitere, z. T. multiple Anomalien. Am häufigsten lagen Aplasien oder Hypoplasien des Balkens (5x), umschriebene Anomalien der Gyrierung (4x) und/oder eine Dandy-Walker-Malformation (3x) vor, daneben fanden sich u.a. Dysplasien des Temporallappens (2x) und eine Arachnoidalzyste. Drei Patienten hatten einen Hydrozephalus.

Die Auswertung der MR-Tomogramme zeigte, daß die MRT Heterotopien optimal nachweisen kann. Sie sind gekennzeichnet durch die Isointensität mit der Hirnrinde in allen Meßsequenzen (3), die auch das wesentliche Unterscheidungsmerkmal ist zur wichtigsten Differentialdiagnose, der tuberösen Sklerose. Für einen zuverlässigen Nachweis im MRT unbedingt notwendig sind Aufnahmen in 2 Ebenen, wobei die Schichtdicke 5 - 6 mm nicht überschreiten sollte. Bevorzugt fanden sich noduläre Heterotopien im Bereich des Trigonums und des Daches der Seitenventrikel. Zerebelläre Heterotopien (2) konnten wir auf MR-Tomogrammen bisher nicht beobachten.

Klinisch waren die Heterotopien zumeist mit Anfällen assoziiert, wobei bei Auftreten der Anfälle im Kindesalter zumeist (9 von 11) weitere Anomalien vorlagen. Andererseits wiesen die beiden anfallsfreien Kinder im MRT weitere zerebrale Mißbildungen auf. Die häufige Kombination mit Mißbildungen des Balkens stützt Theorien, daß Heterotopien etwa im 5. Embryonalmonat induziert werden (6). In 2 Fällen, in denen die Anfälle erst im Erwachsenenalter aufgetreten waren, waren die Heterotopien die einzig nachweisbare Strukturanomalie. Insgesamt konnten wir zwischen dem Ausmaß und Typ der Heterotopien und dem Typ der Anfälle, ihrer Erstmanifestation sowie dem EEG-Befund keine Korrelation finden.

Literatur

1. Barkovich JA, Chuang SH, Norman D (1987) MR of neuronal migration anomalies. AJNR 8:1009-1017
2. Friede RL (1989) Developmental neuropathology, 2. Auflage. Springer, Berlin
3. Kuzniecki R, Berkovic S, Andermann F, Melanson D, Olivier A, Robitaille Y (1988) Focal cortical myoclonus and rolandic cortical dysplasia: Clarification by magnetic resonance imaging. Ann Neurol 23:317-325
4. Pollei SR, Boyer RS, Crawford S, Harnsberger HR, Barkovich AJ (1988) Disorders of migration and sulcation. Sem. ultrasound, CT and MR 9:231-246
5. Smith AS, Weinstein MA, Quencer RM, Muroff LR, Stonesifer KJ, Li FC, Wener L, Soloman MA, Cruse RP, Rosenberg LH, Berke JP (1988) Association of hetreotopic gray matter with seizures: MR imaging. Radiology 168:195-198
6. van der Knaap MS, Valk J. (1988) Classification of congenital anomalies of the CNS. AJNR 9:315-326

CT und MRT in der Diagnostik epi- und subduraler Effusionen

H. Henkes, W. Schörner, W. Dewes, C. Sprung, K. Terstegge, P. Schubeus, K. Neumann, R. Felix und U. Piepgras

Mehrere aktuelle Publikationen gelten dem Einsatz der Kernspintomographie (MRT) bei Patienten mit geschlossenem Schädel-Hirn-Trauma (3), mit extrazerebralem Hämatom (4, 6, 8, 10, 11, 14), Hygrom (1) und Emphyem (13). Mit wenigen Ausnahmen (3, 10) wurden dabei native Untersuchungen an kleineren Patientenkollektiven durchgeführt.

In der vorliegenden Studie sollten bestimmt werden: 1. das kernspintomographische Erscheinungsbild der verschiedenen epi- und subduralen Effusionen, 2. die diagnostische Sensitivität von CT und MRT beim Nachweis solcher Flüssigkeitsansammlungen, 3. der Stellenwert des Gd-DTPA (Magnevist[R]) als intravenös applizierbares Kontrastmittel für die MRT bei dieser Indikation.

Patienten, Methoden

32 Patienten (7 - 87 Jahre) mit 37 intrakraniellen extraaxialen, durch CT gesicherten Effusionen wurden prospektiv an einem 0,5 bzw. 1 T MagnetomR untersucht. Das Sequenzprotokoll umfaßte T2-gewichtete Aufnahmen und T1-gewichtete Aufnahmen vor und unmittelbar nach intravenöser Injektion von 0,1 mmol Gd-DTPA/kg KG in axialer und/oder koronarer Schnittführung. Auswertekriterien: Lokalisation (epi- oder subdural), Inhalt (Hämatom, Hygrom, Empyem), Alter (< 1 Woche: akut; > 1 & < 2 Wochen: früh subakut; > 2 Wochen & < 1 Monat: spät subakut; > 1 Monat: chronisch) (1, 4, 6, 7, 10), Dichte (CT) und Signalintensität (SI) (MRT) relativ zum angrenzenden Kortex; Sensitivität beider Methoden; Nachweis einer meningealen Kontrastmittelanreicherung.

Ergebnisse

I. Diagnosen (Anzahl der Effusionen in Klammer) und MRT-Befund: *Akutes epidurales (1) und subdurales Hämatom (3): hyperdens* (CT) und iso- bis hyperintens in allen drei MRT-Sequenzen. *Subdurale Hämatome:* hyperdens (früh *subakut (4)*) bis hypodens (CT) (*spät subakut (6), chronisch (9)*) und "panhyperintens" (hohe SI in allen MRT-Sequenzen). Allerdings fanden sich davon bei *drei chronisch subduralen Hämatomen* niedrige SI auf den T1-gewichteten Aufnahmen. *Hygrome (9):* hypodens (CT) und iso- bis hypointens auf T1-gewichteten, hyperintens auf T2-gewichteten Aufnahmen, mit unterschiedlichen SI auf Protonendichte-Aufnahmen. *Empyeme (2):* hypodens (CT) und hyperintens auf T2-gewichteten Aufnahmen, mit hoher oder niedriger SI auf T1-gewichteten Aufnahmen. *Residuale Veränderungen (3)* zeigen kein einheitliches Dichte- und Signalintensitätsverhalten. *II. Sensitivität* von CT und MRT: Bei *8* Effusionen ergaben CT und MRT gleichwertige diagnostische Informationen. Bei *22* Effusionen war die MRT gegenüber der CT als eindeutig überlegen zu bewerten, etwa aufgrund höheren Kontrastes von Effusion und Hirngewebe oder hinsichtlich des Nachweises der Effusionsausdehnung in basisnahe Regionen. Insgesamt *7* Effusionen konnten *nur* kernspintomographisch nachgewiesen werden. *III. Gd-DTPA* unterstützte MRT: Bei *15/37* Effusionen fand sich eine Kontrastmittelanreicherung meningealer Strukturen angrenzend an die Flüssigkeitsansammlung. Dabei handelte es sich um: *1* akutes epidurales, *2* akute subdurale, *2* früh subakute, *1* spät subakutes und *5* chronisch subdurale Hämatome, *3* Hygrome und *1* Empyem.

Diskussion

Die Signalintensität intrakranieller Blutungen hängt u. a. von der sukzessiven Entstehung und der Konzentration paramagnetischer Hämoglobinabbauprodukte, z. B. Methämoglobin, ab. "Selektive T2-Relaxationsverstärkung" und "Proton-Elektron Dipol-Dipol Protonen-Relaxationsverstärkung" sind die zugrundeliegenden Mechanismen (5). Letzterer Effekt und die Anwesenheit von gelöstem extrazellulärem Methämoglobin resultieren in verkürzter T1- und T2-Relaxationszeit und erhöhter Protonendichte und bedingen die charakteristisch hohe SI von subakuten und chronischen Subduralhämatomen (4). Empyeme enthalten eiweißreiche Flüssigkeit und sind hyperintens zu Liquor und hypointens zur weißen Substanz auf T1-gewichteten Aufnahmen und hyperintens zu Liquor und Kortex auf T2-gewichteten Aufnahmen (13). Hohe Signalintensität in T1-gewichteter Sequenz bei Empyemen kann Hinweis sein auf das Vorliegen eines infizierten Hämatoms oder einer hämorrhagischen Komponente der Flüssigkeitsansammlung. Die überlegene Sensitivität der MRT basiert wie auch bei anderen Indikationen auf der artefaktfreien Darstellung kalottennaher Regionen und auf der hohen Empfindlichkeit gegenüber paramagnetischen Blutabbauprodukten (3, 8, 11, 13). Alle in der CT nicht nachgewiesenen Effusionen waren allerdings klein und erforderten in keinem Fall eine neurochirurgische Intervention. Kontrastmittelanreicherungen bei chronisch epiduralen (9) und subduralen (7) Hämatomen sind aus der CT bekannt. Morphologische Grundlage dieses Phänomens ist die Bildung sogenannter Neomembranen (2). Eine abschließende Bewertung des diagnostischen Stellenwertes der Kontrastmittelanwendung ist anhand des vorliegenden Datenmaterials noch nicht möglich.

Schlußfolgerung

Die MRT ist ein aussagekräftiges Untersuchungsverfahren für den Nachweis und die Charakterisierung intrakranieller extraaxialer Effusionen - mit höherer Sensitivität als die CT insbesondere bei kleineren Flüssigkeitsansammlungen. Eine intensive Kontrastmittelanreicherung meningealer Strukturen ist in über 40 % bei Patienten mit epi- und subduralen Effusionen nachweisbar.

Das Literaturverzeichnis ist bei den Verfassern erhältlich.

Atraumatische Punktionstechnik reduziert postpunktionelle Syndrome

B. Müller, K. Adelt und H. Reichmann

Das charakteristische postpunktionelle Syndrom (PPS) tritt in ca. 30 % nach diagnostischer LP auf. Techniken zur Vermeidung des PPS konnten sich bisher klinisch nicht generell durchsetzen. Die Benutzung der atraumatischen Punktionsnadel (aN) nach Sprotte erfordert nur wenig mehr Kosten und Aufwand. Wir prüften in einer randomisierten Doppel-Blind-Studie, ob mit der aN postpunktionelle Beschwerden reduziert werden.

Patienten und Methodik

100 Patienten mit elektiver, diagnostischer LP
Nadeln: Atraumatische (22 gauge) Nadel mit Führungskanüle
versus   Standardnadel (20 gauge) mit Quincke-Schliff

Durchführung

Anamnese, Untersuchung insb. vegetative Funktionen durch eine unabhängige Prüferin, Selbst- und Fremdbeurteilung (Zerssen-Skala, Angst vor LP), Lumbalpunktion (sitzend) entsprechend der Randomisation und Dokumentation von Sofortbeschwerden bei LP durch die Stationsärzte.

Nachuntersuchung

6 bis 48 h, dann täglich bis zum Abklingen postpunktioneller Beschwerden durch die unabhängige Untersucherin.

Ergebnis

Bei 90 der 100 Patienten konnte die LP protokollgemäß durchgeführt werden, 10x war ein Wechsel der Punktionstechnik erforderlich. Mit der atraumatischen Nadel konnte die Frequenz des PPS gegenüber der Standardtechnik von 30 % auf 5 % gesenkt werden. Auch die Beschwerden während oder unmittelbar nach LP nahmen ab. Auf die Dauer eines evtl. PPS hatte die Technik hingegen keinen Einfluß. Mittlerweile setzen wir die atraumatische Nadel mit 24 gauge ohne technische Probleme und meist ohne Lokalanästhesie routinemäßig ein, insbesondere auch bei ambulanten Patienten.

Tabelle. Postpunktionelles Syndrom und Punktionstechnik

PPS	sN	aN	Nadel sN->aN	aN->sN	Technikwechsel gesamt
keines	28	34	2	5	69
mäßig	5	6			11
ausgeprägt	15	2		3	22
gesamt	48	42	2	8	100

Zusammenfassung

Mit einer Doppel-Blind-Studie konnten wir zeigen, daß durch LP mit einer atraumatischen Nadel die Frequenz postpunktioneller Syndrome deutlich reduziert werden kann. Die Technik eignet sich für die tägliche Routine auch bei ambulanten Patienten.

Ambulante Lumbalpunktion mit einer atraumatischen Nadel ("Würzburger Nadel")

A. Engelhardt, S. Oheim und B. Neundörfer

Die Lumbalpunktion ist auch durch die neuen bildgebenden Verfahren nicht überflüssig geworden. Zur Diagnostik entzündlicher Erkrankungen des ZNS, im CT nicht nachweisbarer Subarachnoidalblutungen und der Meningeosis carcinomatosa ist sie weiterhin unentbehrlich. Da in etwa 40 % der Fälle mit postpunktionellen Kopfschmerzen zu rechnen ist (1), werden Lumbalpunktionen unter ambulanten Bedingungen nur noch selten durchgeführt. Andererseits wäre aus wirtschaftlichen und sozialen Gründen eine ambulante Durchführung der LP häufig wünschenswert. Eine erhebliche Reduzierung der Kopfschmerzrate muß hierfür jedoch Voraussetzung sein.

Als ursächlich für das unangenehme postpunktionelle Syndrom gilt seit langem ein Duraleck mit epiduralem Liquorabfluß und konsekutivem Unterdruck (1, 3). Durch Verminderung des Kanülenquerschnitts wird die Kopfschmerzhäufigkeit geringer (1). Diesem Prinzip sind jedoch durch erheblich verringerte Flußraten Grenzen gesetzt.

Seit 1986 verwenden wir zur Liquordiagnostik und Myelographie ausschließlich eine, in der Würzburger Anästhesiologie von Sprotte und Mitarbeitern (4) für die Regionalanästhesie entwickelte, "atraumatische" Kanüle. Sie zeichnet sich insbesondere durch ein besonderes Konstruktionsprinzip der Kanülenspitze aus: sie ist kreiskegelförmig mit nach außen gewölbter Mantellinie. Die Kanülenöffnung befindet sich seitlich und reicht knapp bis zur Hälfte des Kanülendurchmessers. Die Wanddicke ist geringer als bei vergleichbaren herkömmlichen Kanülen. Konstruktionsbedingt werden die Durafasern bei der Punktion lediglich auseinandergedrängt und nicht, wie bei dem üblichen Quincke-Schliff, geschnitten. Hierdurch wird die Entstehung des Liquorlecks vermieden.

In einer prospektiven Studie an 203 stationären Patienten, welche vor sowie zwei und sieben Tage nach der LP mit einem standardisierten Fragebogen interviewt wurden, zeigte sich, daß typische postpunktionelle Kopfschmerzen nur bei 5 Personen (entsprechend 2,5 %) auftraten (Engelhardt 1990). Die Handhabung der Kanüle war für alle Anwender unproblematisch.

30 ambulant punktierte Patienten in konsekutiver Reihenfolge wurden mindestens eine Woche nach der Punktion befragt. In dieser Gruppe berichtete 1 Patient über typische postpunktionelle Kopfschmerzen. In allen Fällen wurden die Schmerzen als leicht eingestuft. Nur ein Patient nahm deshalb Schmerzmittel ein.

Bei Anwendung der "Würzburger Nadel" treten postpunktionelle Kopfschmerzen so selten auf, daß die LP unter ambulanten Bedingungen vertretbar ist. Wegen der geringen Belastung für den Patienten sind auch häufigere Punktionen, etwa im Rahmen von Verlaufsuntersuchungen bei entzündlichen und neoplastischen Erkrankungen des ZNS, leichter durchzusetzen als bisher. Schließlich sollte noch darauf hingewiesen werden, daß retrospektiv bei über 3000 Lumbalpunktionen weder Materialfehler wie Kanülenbrüche noch schwerwiegende Komplikationen wie Hirnnervenausfälle, subdurale Hämatome oder postpunktionelle Einklemmung, beobachtet wurden.

Literatur

1. Diener HC, Bendig M, Hempel V (1985) Der postpunktionelle Kopfschmerz. Fortschr Neurol Psychiat 53:344-349
2. Engelhardt A, Oheim S, Neundörfer B (1990) Lumbar puncture with a new atraumatic needle. J Neurol 237:54
3. MacRobert RG (1918) The cause of lumbar headache. J Amer Med Assoc 70:1350-1353
4. Sprotte G, Schedel R, Pajunk H, Pajunk H (1987) Eine "atraumatische" Universalkanüle für einseitige Regionalanästhesien. Regionalanästhesie 10:104-108

Zur Wertigkeit von Spätbefunden und Beschwerden nach operativer Therapie eines Karpaltunnelsyndroms

H. Strenge, M. Hasenbring, U. Steller, K. Buchholtz, S. Barkus-Weidemann und B. Helbig

Über das Karpaltunnelsyndrom (KTS) existiert eine umfangreiche Literatur, in der das klinische Spektrum, die diagnostischen Schritte und das angemessene therapeutische Vorgehen in aller Ausführlichkeit dargestellt werden (6). In auffälligem Kontrast zu diesen detaillierten Informationen über den diagnostischen und therapeutischen Entscheidungsprozeß stehen die eher lückenhaften und bisweilen widersprüchlichen Angaben, die sich mit den postoperativen Behandlungsergebnissen befassen; sie basieren häufig auf einer recht globalen Beurteilung des neurologischen Befundes oder auf groben Einschätzungen der Befindlichkeit durch den Patienten (6). Eine umfassendere Charakterisierung des postoperativen Zustandsbildes mit Restsymptomen, Beschwerden und Beeinträchtigungen im Alltag ist bislang nicht vorgenommen worden. In der folgenden Erkundungsstudie sollen daher langfristige Behandlungsergebnisse mit einem mehr dimensionalen Ansatz eingehender analysiert werden.

Die Untersuchung erfolgte an 24 Frauen und 14 Männern im Alter von 20 bis 76 Jahren (Median 53), die wegen eines KTS in der Orthopädischen Universitätsklinik Kiel nach standardisierter Technik mit Schnittführung in der Hohlhand und vollständiger Durchtrennung des Lig. carpi transversum behandelt worden waren. Der Eingriff lag 15 - 23 Monate (Median 20) zurück, erfolgte in 13 Fällen links-, in 25 rechtsseitig und betraf 28mal die Gebrauchshand.

Bei sämtlichen Patienten wurden als erstes die aktuellen Beschwerden an der operierten Hand mittels eines Fragebogens erfaßt, in dem 31 aus der Literatur (1, 2) bekannte Symptome vorgegeben waren. Auf zwei siebenstufigen Rating-Skalen wurden sowohl die Intensität und Häufigkeit der Beschwerden (Pole: "gar nicht", "sehr/immer") als auch die dadurch hervorgerufene Belastung für die zurückliegenden zwei Wochen erfaßt. In entsprechender Weise erfolgte danach die Einschätzung der aktuellen Funktionseinschränkungen im Alltag, wobei wiederum 31 besonders charakteristische Items einzeln abgefragt wurden. Die anschließende klinisch-neurologische Untersuchung enthielt neben einer gezielten Prüfung der Kraft und sämtlicher sensiblen Qualitäten einschließlich der Zwei-Punkt-Diskrimination eine topographische Schmerzanalyse sowie eine Funktionsprüfung der Hand. Diese wurde über Verhaltensproben aus dem Alltag in neun verschiedenen Ausführungen (5) quantifiziert und umfaßte das grobe Greifen, das Präzisionsgreifen sowie den Picking-up-Test mit und ohne optische Kontrolle. Abgeschlossen wurde die Untersuchung mit einer motorischen und sensiblen Neurographie des N. medianus (3) und einem EMG der Thenarmuskulatur.

Über aktuelle alltagsrelevante Funktionseinschränkungen mit grobmotorischen (66 %) oder feinmotorischen (61 %) Defiziten sowie über eine Schwäche der Hand (53 %) berichteten mehr als die Hälfte aller Patienten. Zu den häufigsten Untersuchungsbefunden zählten Reizsymptome bei Provokation (70 %) sowie Auffälligkeiten bei der sensiblen Neurographie (73 %). Bemerkenswert ist, daß Korrelationsberechnungen eine weitgehende Unabhängigkeit zwischen dem neurologischen Befund, den Verhaltensproben und den angegebenen Funktionseinschränkungen und Beschwerden aufzeigten. Lediglich die Angabe von Schmerzen an der operierten Hand korrelierte überzufällig (p < 0,05) mit einem positiven Provokationstest (r = 0,57), mit zusätzlichen Beschwerden motorischer und sensibler Qualität (r = 0,42 bzw. 0,44) sowie mit feinmotorischen Einschränkungen im Alltag (r = 0,33).

Die Ergebnisse lassen erkennen, daß die einzelnen Erhebungs- und Untersuchungsinstrumente unterschiedliche Informationen liefern und einen eigenständigen Beitrag zur Definition des postoperativen Status leisten. Übergreifende Rückschlüsse von neurologischen Einzelbefunden auf bestimmte andere Funktionsbereiche oder subjektive Beschwerden des Patienten können eine methodisch kombinierte, zeitaufwendigere Untersuchung mit gezielter Fragestellung bei der Beurteilung von Spätfolgen eines KTS nicht ersetzen.

Literatur

1. Aebi-Ochsner C, Ludin HP (1979) Das Karpaltunnelsyndrom - klinische Symptomatologie und elektrophysiologische Befunde. Fortschr Neurol Psychiat 47:307-319
2. Benini A (1975) Das Karpaltunnelsyndrom und die übrigen Kompressionssyndrome des Nervus medianus. Thieme, Stuttgart
3. Ludin HP, Tackmann W (1979) Sensible Neurographie. Thieme, Stuttgart
4. Moberg E (1958) Objective methods for determining the functional value of sensibility in the hand. J Bone Joint Surg, B 40:454-476
5. Potvin AR, Tourtellotte WW (1985) Quantitative examination of neurologic functions. Volume II: Methodology for test and patient assessments and design of a computer-automated System. CRC Press, Inc, Boca Katon
6. Tackmann W, Richter HP, Stöhr M (1989) Kompressionssyndrome peripherer Nerven. Springer, Berlin Heidelberg New York

Antidepressiva-assoziiertes malignes neuroleptisches Syndrom

E. Hund, B. Wildemann, K. Scheglmann und M. Hutschenreuther

Seit mehr als 20 Jahren ist das sog. maligne neuroleptische Syndrom (MNS) als potentiell lebensbedrohliche Nebenwirkung der Neuroleptika-Therapie bekannt. Die Inzidenz wird heute auf ca. 1 % aller neuroleptisch behandelten Patienten geschätzt, die Mortalität auf 10 bis 15 %, in älteren Übersichten auf 20 bis 30 % (11). Männer erkranken doppelt so häufig wie Frauen. Es sind alle Altersgruppen betroffen; 80 % der Patienten sind unter 40 Jahre alt (5, 11). Patienten mit einer organischen Hirnschädigung haben eine höhere Mortalität als Patienten mit rein psychiatrischen Erkrankungen. Die gleichzeitige Gabe von Lithium-Präparaten erhöht das Erkrankungsrisiko. Innerhalb weniger Stunden entwickelt sich ein schweres Krankheitsbild mit den Kardinalsymptomen Fieber, Rigor, Bewußtseinsstörungen und profuser Diaphorese. Als unspezifische Begleitsymptome finden sich Leukozytose, CPK-Erhöhungen, Tachykardie, arterielle Hypertonie und Harninkontinenz. Richtungsweisende Laborparameter fehlen (2, 3, 8).

Differentialdiagnostisch müssen zunächst eine Enzephalitis, die Toxoplasmose und ein Tetanus abgegrenzt werden (5, 10). Weiterhin sollte an das anticholinerge Syndrom gedacht werden, da Neuroleptika und Antidepressiva anticholinerge Eigenschaften aufweisen. Schließlich muß das MNS von der pathogenetisch differenten malignen Hyperthermie (MH), dem Hitzschlag und der letalen (perniziösen) Katatonie unterschieden werden (3, 6, 10). Während sich das MNS als gefährliche Nebenwirkung einer Neuroleptika-Therapie in den vergangenen Jahren gut etabliert hat, ist weithin unbekannt, daß auch andere, nicht-neuroleptische Substanzen in der Lage sind, dieses Syndrom auszulösen. Bisherige Berichte assoziieren die Entwicklung eines MNS mit der Gabe von Antiemetika, Antidepressiva und katecholamindepletierenden Substanzen sowie mit dem Absetzen dopaminerger Substanzen (2). Wir selbst beobachteten ein MNS bei einem 52jährigen Patienten, der in nichtsuizidaler Absicht die Einnahme von Antidepressiva gesteigert hatte. Innerhalb von 5 Stunden entwickelte sich ein vital bedrohliches Krankheitsbild mit Koma, Temperatursteigerung auf 41 Grad C, maximaler, passiv nicht überwindbarer Muskelrigidität, profuser Diaphorese und Sialorrhöe. Die initiale Annahme einer Antidepressiva-Überdosierung wurde wegen der fehlenden peripher-anticholinergen Symptomatik zurückgestellt. Auch die chinidinartigen und zentralnervösen Symptome einer Vergiftung mit trizyklischen Antidepressiva (9) wurden zu keinem Zeitpunkt beoachtet.

Als wesentliches Element in der Pathogenese des MNS wird heute eine Störung der zentralen dopaminergen Reizübertragung angesehen. Die Blockierung nigrostriataler Rezeptoren erklärt die rigorartige Steigerung des Muskeltonus, während die Hemmung dopaminerger thermoregulatorischer Zentren im Hypothalamus zu einer gestörten Wärmeabgabe führt (5). Die Blockierung spinaler Dopaminrezeptoren wird für die Entwicklung dysautonomer Störungen verantwortlich gemacht. Für diesen Pathomechanismus spricht, daß alle Neuroleptika, Metoclopramid und trizyklischen Antidepressiva Dopaminrezeptoren blockieren, ein MNS auch nach Absetzen dopaminerger Substanzen beobachtet wurde und therapeutische Erfolge mit Dopamin-Agonisten erzielbar sind. Offen hingegen bleibt, wieso nur ein Teil der neuroleptisch behandelten Patienten ein MNS entwickelt bzw. ein MNS auch bei niedrigen Neuroleptikadosen möglich ist. Häufig ist eine Reexposition mit der gleichen oder einer anderen neuroleptischen Substanz ohne die Entwicklung eines MNS möglich. Experimentelle und histopathologische Untersuchungen haben darüber hinaus Hinweise auf eine begleitende muskuläre Störung ergeben (1, 4).

Es ist daher wahrscheinlich, daß die Störung der dopaminergen Reizübertragung nur eine notwendige, nicht aber hinreichende Bedingung für die Entwicklung eines MNS ist. Ansatzpunkte für den Einfluß weiterer pathogenetischer Faktoren ergeben sich aus der Komplexität des zentralen dopaminergen Systems. So sind die nigrostriatalen dopaminergen Bahnen eng mit anticholinergen und GABAergen Neuronen verknüpft (2, 5). Auf subzellulärer Ebene sind Einflüsse auf die intrazellulären second messenger Kalzium und cAMP zu diskutieren (5). Hier wird der Ansatzpunkt für den ungünstigen Einfluß einer begleitenden Lithiumtherapie gesehen. Ferner ist die Ausstattung dopaminerger Neurone in verschiedenen ZNS-Regionen mit Dopamin-Rezeptoren und -Autorezeptoren unterschiedlich.

Zusammenfassend läßt sich sagen, daß das MNS eine Störung der zentralen dopaminergen Reizübertragung darstellt. Entgegen der historischen Namensgebung kann eine solche dopaminerge Transmitterkrise nicht nur nach der Einnahme von Neuroleptika, sondern auch nach Gabe anderer Substanzen mit Dopmanin-antagonistischer Wirkung auftreten. Die Diagnose eines MNS sollte daher nicht deshalb versäumt werden, weil eine neuroleptische Medikation in der Anamnese fehlt oder eine nicht-psychiatrische Grunderkrankung vorliegt. Rasches Erkennen des klinischen Bildes, sofortiges Unterbrechen evtl verantwortlicher Medikation, promptes Einleiten supportiver Maßnahmen und Gabe von Dantrolen, Benzodiazepinen und Dopamin-agonistischen Substanzen können die Mortalität dieses Krankheitsbildes weiter senken (7).

Literatur

1. Cyroff SN, Rosenberg H, Fletcher JE, Heiman-Patterson TD, Mann SC (1987) Malignant hyperthermia susceptibility in neuroleptic malignant syndrome. Anesthesiology 67:20-25
2. Ebadi M, Pfeiffer RF, Murrin LC (1990) Pathogenesis and treatment of neuroleptic malignant syndrome. Gen Pharmac 21:367-386
3. Guze BH, Baxter LR (1985) Neuroleptic malignant syndrome. New Engl J Med 313:163-166
4. Jones EM, Dawson A (1989) Neuroleptic malignant syndrome: a case report with post-mortem brain and muscle pathology. J Neurol Neurosurg Psychiatry 52:1006-1009
5. Kaufmann CA, Wyatt RJ (1987) Neuroleptic malignant syndrome. In: Meltzeer HY (Hrsg) Psychopharmacology: The third generation of progress. Raven Press, New York:1421-1430
6. Mann SC, Caroff SN, Bleier HR, Welz WKR, Kling MA, Hayashida M (1986) Lethal Catatonia. Am J Psychiatry 143:1374-1381
7. Olmsted TR (1988) Neuroleptic malignant syndrome: Guidelines for treatment and reinstitution of neuroleptics. Southern Med J 81:888-891
8. Pope HG, Keck PE, McElroy SL (1986) Frequency and presentation of neuroleptic malignant syndrome in a large psychiatric hospital. Am J Psychiatry 143:1227-1233
9. Proudfoot AT, Meredith TJ, Vale JA (1987) Poisoning from antidepressants, hypnotics, antihistamines, and anticonvulsants. In: Weatherall DJ, Ledingham JGG, Warrell DA (Hrsg) Oxford textbook of medicine 2 ed, Vol 1, Oxford University Press, Oxford:624-628
10. Rosebush P, Stewart T (1989) A prospective analysis of 24 episodes of neuroleptic malignant syndrome. Am J Psychiatry 146:717-725
11. Shalev A, Hermesh H, Munitz H (1989) Mortality from neuroleptic malignant syndrome. J Clin Psychiatry 50:18-25

Klinische und neurophysiologische Verlaufsuntersuchungen nach Herztransplantation

H. Strenge, H. Porschke, C. Stauch, L. Döring, L. Freise, U. Steller und B. Völker-Heyse

Herztransplantierte Patienten sind aufgrund ihrer speziellen Anamnese, des chirurgischen Eingriffs mit extrakorporalem Kreislauf, der komplikationsträchtigen postoperativen Phase und der immunsuppressiven Therapie mit Cyclosporin A einer Vielzahl von Risikofaktoren ausgesetzt, die sich auf die Funktion des peripheren und zentralen Nervensystems auswirken können (1, 2, 4, 7). In einer ersten Pilotstudie zeigte sich bei diesem Personenkreis ein auffallend hoher Anteil an pathologischen elektrodiagnostischen Befunden (5). Die vorliegende Untersuchung dient einer systematischeren Erfassung des klinisch-neurologischen und neurophysiologischen Status dieser Patienten im postoperativen Verlauf.

21 Männer und eine Frau im Alter von 19 bis 67 Jahren (Median 47) wurden nach orthotoper Herztransplantation in der Abteilung Kardiovaskuläre Chirurgie der Universität Kiel mehrfach nachuntersucht. Die Operation war in 13 Fällen wegen einer primären, achtmal wegen einer ischämischen Kardiomyopathie und bei einem Patienten wegen einer Herzinsuffizienz nach Transposition der großen Gefäße notwendig geworden. Durchschnittlich 3 Wochen nach dem Eingriff sowie nach 3, 6 und 12 Monaten wurden der klinisch-neurologische Befund erhoben und eine Neurographie des N. medianus motorisch und sensibel, des N. peronaeus und des N. suralis durchgeführt. Zusätzlich wurden ein EEG, visuell evozierte Potentiale (VEP) nach Schachbrettmuster-Stimulation und frühe akustisch evozierte Potentiale (AEP) nach monauraler Reizung mit Sogimpulsen (10 Hz, 70 dB SL) abgeleitet. Die nachfolgenden Ergebnisse entstammen einer noch laufenden Längsschnittstudie, in der die einzelnen Patienten mit jeweils 3 bis 4 vollständigen Datensätzen vertreten sind und in 10 Fällen auch präoperative Vergleichsbefunde vorliegen.

Im Vordergrund des klinischen Bildes standen zu allen postoperativen Untersuchungszeitpunkten zerebelläre Symptome wie Dysmetrie, Dysdiadochokinese und Intentionstremor sowie ein feinschlägiger Händetremor. Hiervon waren insgesamt 16 bzw. 11 Patienten (73 % bzw. 50 %) während des ersten postoperativen Jahres betroffen. Deutlich seltener fanden sich Reflexsteigerungen (8 Pat.), Pyramidenzeichen (3 Pat.) oder eine Abschwächung der Muskeleigenreflexe (3 Pat.). Von den elektrodiagnostischen Methoden führte die postoperative Neurographie in 91 % zu pathologischen Befunden, wobei allerdings häufig nur einzelne Nerven betroffen (7/20) und auch schon präoperativ Abweichungen zu registrieren waren (7/10). Bei den AEP fanden sich pathologische Verzögerungen einzelner Komponenten oder Überleitungszeiten in 16 Fällen; bei 11 dieser Patienten handelte es sich um postoperativ neu oder flüchtig auftretende Befunde. Die VEP zeigten bei 13 Untersuchten eine pathologische Latenzerhöhung der Hauptkomponente P 100; diese bestand in 2 Fällen in geringerer Ausprägung bereits präoperativ, zeigte nach der Transplantation aber eine deutliche Zunahme und trat bei allen übrigen Patienten neu in Erscheinung. In 10 Fällen war das EEG mindestens einmal im Beobachtungszeitraum leicht allgemeinverändert.

Die Daten zeigen insgesamt eine deutliche Tendenz zum postoperativen Auftreten von Kleinhirnstörungen und Tremor, die bei etwa einem Drittel der Patienten auch während des gesamten weiteren Verlaufs zu verfolgen waren. Eine Häufung von Funktionsstörungen im Bereich der Hör- und Sehbahn zeichnet sich besonders im ersten Halbjahr nach der Transplantation ab, während EEG-Veränderungen und neurographische Auffälligkeiten allenfalls in den ersten drei Monaten eine leichte Zunahme erkennen lassen.

Aufgrund unserer Ergebnisse und den bisher mitgeteilten Erfahrungen (6, 8) sind die zerebralen Dysfunktionen nicht unmittelbar auf den operativen Eingriff zu beziehen. Vielmehr sind die klinischen Auffälligkeiten als mögliche Nebenwirkungen des Cyclosporin A (Cy A) aufzufassen (3, 4), auch wenn ein statistisch bedeutsamer Zusammenhang mit dem jeweiligen Cy A-Blutspiegel nicht herzustellen war (vgl. 4). Für die VEP und AEP 3 und 6 Monate postoperativ ergab sich eine bemerkenswerte, unerwartete Beziehung zu der individuellen mittleren Cy A-Konzentration in den letzten 4 Wochen vor Ableitung der Potentiale: Die Patienten mit pathologischen Befunden hatten im Mittel durchweg niedrigere Cy A-Blutspiegel im Vormonat und unterschieden sich darin bei den AEP 3 Monate nach und den VEP 6 Monate nach OP signifikant von den Patienten mit Normbefunden (5 % Niveau im U-Test). Ein zeitlicher Zusammenhang zu Abstoßungsreaktionen (Texas-Index > 4 nach herzbioptopischer Untersuchung) bestand nicht.

Literatur

1. Gross M, Sweny P, Pearson R, Kennedy J, Fernando O, Moorhead J (1982) Rejection encephalopathy. J Neurol Sci 56:23-34
2. Hall W A, Martinez A, Dummer J, Griffith B, Hardesty R, Bahnson H, Lunsford D (1989) Central nervous system infections in heart and heart-lung transplant recipients. Arch Neurol 46:173-177
3. Kahan BD (1989) Cyclosporine. New Engl J Med 321:1725-1738
4. Lane R, Roche S, Leung A, Greco A, Lange L (1988) Cyclosporin neurotoxicity in cardiac transplant recipients. J Neurol Neurosurg Psychiat 51:1434-1437
5. Porschke H, Strenge H, Klostermann H (1989) Neurological findings in patients before and after heart transplantation using clinical and electrophysiological methods. Correlation to clinical history and immunosuppressive medication. Intern Conf "The Brain and Cardiac Surgery", Oxford
6. Strenge H, Lindner V, Paulsen G, Regensburger D, Tiemann S (1990) Early neurological abnormalities following coronary artery bypass surgery. Eur Arch Psychiatr Neurol Sci 239:277-281
7. Weissenborn K, Feistner H, Wahlers T, Fieguth H (1988) Periphere Neuropathien nach Herztransplantation - eine bisher unbekannte Nebenwirkung des Ciclosporin. Akt Neurol 15:22-24
8. Zeitlhofer J, Saletu P, Asenbaum S, Anderer P, Fitzal S, Wolner E (1988) Neuromonitoring bei Herzoperationen: Prä- und postoperative Ergebnisse von EEG, SEP und frühen AEP bei Patienten mit extrakorporalem Bypass. Z EEG-EMG 19:181

Zentralnervöse und/oder periphere Funktions-beeinträchtigung bei Urämie: Konstellation neurophysiologischer Parameter bei chronischer Niereninsuffizienz und bei dialysepflichtigen Patienten

B. Pohlmann-Eden

Nur wenige Autoren haben systematisch bei ein und demselben Patientenkollektiv den Zusammenhang zwischen peripherer und zentraler Neurotoxizität der Urämie geprüft (2, 3, 5, 6, 7, 8). Prill diskutierte bereits 1969 einen differenten Pathomechanismus für zentrale und periphere Symptome bei Urämie mit der Begründung, daß es unabhängig von zentralnervösen Störungen und wesentlich früher bereits zu einer nephrogenen Polyneuropathie käme (7). Diese Hypothese wurde von Neundörfer in Frage gestellt, der zum einen elektroenzephalographische (EEG) Auffälligkeiten bereits im Anfangsstadium der Niereninsuffizienz bei niedrigen Kreatininwerten dokumentieren konnte (4), außerdem eine signifikante Korrelation zwischen abnormen EEG-Befunden und abnehmender Peronaeus-Nervenleitgeschwindigkeit (NLG) aufzeigte und ursächlich gemeinsame, in enger Abhängigkeit befindliche Faktoren vermutete (5). Ein differenter Pathomechanismus wurde kürzlich wieder bei einer Gruppe dialysierter Patienten favorisiert, da sich eine deutlichere Abhängigkeit peripherer neurographischer Parameter vom Krankheits- und Dialyseverlauf sowie von einigen klinisch-metabolischen Parametern zeigte, während die visuell evozierten Potentiale (VEP) davon völlig unabhängig sehr frühzeitig ohne klinisches Korrelat alteriert waren und sich keine Interkorrelation zwischen VEP und NLG zeigte (3).

In einer eigenen Untersuchung wurden 34 chronisch niereninsuffiziente Patienten (NI-Gruppe) im Alter von 54,6 +/- 12,9 Jahren und einem Serumkretinin von 4,46 +/- 2,24 mg/dl und 28 Patienten aus dem chronischen Dialyseprogramm (DIAL-Gruppe) im Alter von 50,8 +/- 12,9 Jahren und einem Serumkreatinin von 12,8 +/- 2,60 mg/dl klinisch-neurologisch, mittels metabolischer (Harnstoff, Kreatinin, Kalzium, Parathormon (PTH), beta-2-Mikoglobulin, Aluminium, Hämoglobin) und neurophysiologischer Zielparameter (EEG, NLG, F-Welle, VEP, frühen akustischen und somatosensibel evozierten Potentialen: FAEP und SEP) untersucht.

In der *univariaten Analyse* (t-test, Wilcoxon-A.) zeigte sich ein höherer Anteil zentralnervöser Irritationen in der Dialysegruppe (z. B. 56 % pathologische EEG-Muster und 61,9 % abnorme VEP-Potentiale) gegenüber der NI-Gruppe 41 % und 39,3 %). Elektromyo- und neurographisch ließ sich in 87 % der NI-Gruppe gegenüber 79 % in der DIAL-Gruppe der Befund einer gemischt axonal-demyelinisierenden sensomotorischen Polyneuropathie erheben. Die Medianus-SEP fielen in 42,4 % der NI-Gruppe und 76 % der DIAL-Gruppe (Tibialis-SEP jeweils 67 %) pathologisch aus, wobei als Befund eine periphere Funktionsstörung mit fehlender Beeinträchtigung des lemniscus medialis imponierte; bei der DIAL-Gruppe fehlten hochsignifikant häufiger (p < 0,001) die auf den Primärkomplex des Kortexpotentials folgenden Potentialkomponenten. Der hohe Prozentsatz auffälliger FAEP-Befunde (77 % in der NI-Gruppe gegenüber 35 % in der DIAI-Gruppe) erklärte sich v. a.

durch eine Beeinträchtigung in der peripheren Hörstrecke bei nur in < 10 % gestörten Abschnitten im Bereich des Hirnstamms.

Nach definierten neurophysioloigschen Beurteilungskriterien gemäß Tabelle 1. fanden sich in beiden Gruppen teils subklinisch und frühzeitig viel *häufiger kombinierte zentral-periphere* Beeinträchtigungen (DIAL 70 %, NI 56 %) als isoliert *periphere* (NI-Gruppe 26 %, DIAL 17 %) oder *zentrale* (NI-Gruppe 18 %, DIA-Gruppe 13 %) Funktionsstörungen. In einer NI-Untergruppe mit rein zentralnervösen Funktionsbeeinträchtigungen ließen sich trendmäßig höhere Retentionswerte und höhere Serum-PTH-Werte und eine längere Krankheitsdauer aufweisen.

Tabelle 1. Neurophysiologische Kriterien für eine zentrale oder periphere funktionelle Beeinträchtigung bei Urämie

Funktionelle Beeinträchtigung	Neurophysiologisches Kriterium
Zentral	pathologisches VEP
	pathologisches IPL im FAEP
	"theta-discharges", erhöhter 4-7Hz-Anteil (> 25 %) im FEG
	Verlust "später" Komponenten im Kortex-SEP
Peripher	pathologische NLG
	Denervationsaktivität im EMG
	verspätete zerebrale SEP-Antworten
	bei normaler CNC

Dies korrelierte mit der Beobachtung, daß Patienten mit hohen PTH-Werten signifikant mehr (p < 0,05) elektroenzephalographische Auffälligkeiten boten. Dagegen fanden sich schlechtere periphere neurographische Parameter in einer Dialyse-Untergruppe mit niedriger Dialysator-Clearance für mittelmolekulare Substanzen. In der Regressions-Analyse nach Spearman zeigten die meisten neurophysiologischen Parameter lediglich schwache - selten auch signifikante - Korrelationen mit dem Grad der gestörten Ausscheidungsfunktion (Kreatinin und Harnstoff). Eine Faktoranalyse zur Dimensionierung des metabolischen und neuro-physiologischen Merkmalsraums mit dichotomisierten Variablen dokumentierte kein gruppenspezifisches neurophysiologisches Schädigungsmuster in Abhängigkeit von (auch gruppendiskriminierenden) Laborkonstellationen, untermauerte aber die Bedeutung einer zentralen Rolle des PTH für eine *zentralnervöse Toxizität* bei Urämie.

Unsere Ergebnisse lassen keine ausreichende Evidenz für differente Urämietoxine für periphere oder zentrale Funktionsstörungen des Urämieprozesses erkennen und einen kom-plexen Pathomechanismus mit derzeit noch unzureichend klassifizierbaren Urämietoxinen vermuten, die mit der eingeschränkten Nierenfunktion kumulieren und in Abhängigkeit vom Vorhandensein weiterer Neurotoxine wahrscheinlich zahlreiche intraindividuelle Varinaten zulassen. Sie stützen den Verdacht, daß von Parathormon, das keinerlei Einflüsse auf das periphere Nervensystem zeigte, eine spezielle, vom Kalziumstoffwechsel unabhängige, *zentrale* Neurotoxizität ausgehen könnte, dies entspricht den tierexperimentellen Befunden von Akmal et al. (1); andererseits ließ sich im Rahmen der Überprüfung des Dialysatorein-flusses eine *Beeinträchtigung nur peripherer Nervenabschnitte* durch *"middle molecules"* wahrscheinlich machen.

Das Literaturverzeichnis ist beim Verfasser erhältlich.

Der Effekt von Carbamazepin auf das okulomotorische und vestibuläre System

E. Koenig, U. Christaller, V. Schrader und J. Dichgans

Carbamazepin (CBZ) führt relativ häufig zu Nebenwirkungen (Schwindel, Doppelbilder), deren Ursache im vestibulären und okulomotorischen System vermutet werden darf. Bislang vorliegende Untersuchungen stellen den Effekt von CBZ überwiegend auf Sakkaden dar (3). Augenfolgebewegungen, optokinetischer Nystagmus (OKN) und vestibulo-okulärer Reflex (VOR) sollen daher hier untersucht werden.

Für die Plazebo-kontrollierte Studie wurden 20 gesunde Versuchspersonen (Vpn) im Alter von 21 bis 31 Jahren randomisiert auf zwei Gruppen verteilt. Jede Vp wurde zunächst mit DC-Elektrooculographie (EOG) in einer 1. Registrierung (P1 = Plazebogruppe, C1 = CBZ-Gruppe) untersucht. Vpn der CBZ-Gruppe erhielten nach einer Initialdosis von 200 mg CBZ täglich 100 mg mehr bis zu einer Dosis von 3 x 200 mg (5. - 8. Tag). Der CBZ-Serumspiegel wurde am 8. Tage 2 Std. nach CBZ-Einnahme vor der 2. EOG-Registrierung (C2) bestimmt. Die Kontrollgruppe wurde mit einer gleichen Menge Plazebeo-Tabletten behandelt und auch ein 2. Mal mit EOG registriert (P2).

Der bei unseren Vpn gemessene CBZ-Serumspiegel von im Mittel 11,9 µg/ml ist bei dieser Dosierung ungewöhnlich hoch, möglicherweise wegen der nach Einnahme relativ raschen Resorption (4) und der noch geringen Induktion der CBZ-abbauenden Enzyme.

Die Maximalgeschwindigkeit von Sakkaden (ausgelöst durch einen vorhersagbar horizontal mit einer Amplitude von 20° hin und her springenden Lichtpunkt) war aus Primärposition nach lateral (im Mittel - 31 %) wie auch von exzentrischer Position zurück zum Zentrum (- 25 %) in Ableitung C2 hochsignifikant im Vergleich zu P2 vermindert, und zwar deutlicher als in einer Gruppe (5) chronisch behandelter Epileptiker im Vergleich mit einem Normalkollektiv (- 6 %) (Serumspiegel allerdings mit 8,0 µg/l geringer). In der Studie (5) war auch eine geringere Genauigkeit der Sakkadenamplitude feststellbar, auch bei uns fanden sich in C2 signifikant mehr hypometrische Sakkaden als in P2.

Die Augenfolgebewegungen auf einen mit einem dreiecksförmigen Geschwindigkeitsprofil horizontal vor der Versuchsperson hin- und herbewegten punktförmigen Lichtreiz waren bei allen Geschwindigkeiten (27, 40, 60°/s) in C2 signifikant langsamer als in P2 und bei 60°/s auch hochsignifikant langsamer als in C1. Eine Herabsetzung der Blickfolge war bereits bei einer mit einer Kombination von CBZ, Phenobarbital und Phenytoin behandelten Gruppe von Epileptikern gezeigt worden (2). Dagegen führte die Einmalgabe von 400 mg CBZ bei gesunden Vpn zu keiner Störung der Augenfolgebewegungen, jedoch eine solche von 1000 mg CBZ (1).

Die Geschwindigkeit des OKN, ausgelöst durch eine Rotation der gesamten visuellen Umwelt mit 90°/s, war in C2 im Vergleich zu C1 hochsignifikant erniedrigt. Ähnliche frühere Befunde (6) sind kaum vergleichbar, da sehr viel höhere CBZ-Dosen appliziert wurden (mindestens 1600 mg/die).

Perrotatorischer und postrotatorischer Nystagmus wurden durch Be- und Entschleunigung auf einem Drehstuhl mit 18°/s für 5 s (90°/s Geschwindigkeit) hervorgerufen. Die

Maximalgeschwindigkeit des Nystagmus war im Vergleich von C2 und C1 unverändert, während Nystagmusdauer sowohl per- wie postrotatorisch (- 17 % bzw. - 15 %), die Zeitkonstante für sein Abklingen (- 27 % bzw. - 16 %) und die kumulative Amplitude (- 35% bzw. - 30 %) (überwiegend signifikant) vermindert waren. Dies ist als eine Herabsetzung des Speichervermögens im vestibulären Geschwindigkeitsspeicher zu interpretieren. Es darf hier wohl von einer spezifischen CBZ-Wirkung ausgegangen werden, da sich im Vergleich von P1 und P2 keine Veränderung findet, also auch keine Adaptation.

Als Paradigmen, die physiologischerweise zu einer Reduzierung der Aktivität im vestibulären Geschwindigkeitsspeicher führen, wurden die Fixationssuppression (Fixation der stationären visuellen Umwelt für 5 s unmittelbar nach Ende der Beschleunigung) und die Suppression durch Otolithenreiz (postrotatorische Kopfneigung um 90° nach vorn aus der Bewegungsachse heraus) verwendet. Durch Fixationssuppression ließ sich sowohl in C1 (- 35% der kumulativen Amplitude) wie in P1 (- 34 %) die zu erwartende Reduzierung des Nystagmus im Vergleich zum perrotatorischen Nystagmus ohne Fixation finden. In C2 nahm durch die Fixation die kumulative Amplitude nochmals signifikant ab (- 32 % im Vergleich zu C2 ohne Fixation), obwohl C2 ohne Fixation ja durch die CBZ-Gabe gegenüber C1 bereits um 31 % reduziert war, so daß davon auszugehen ist, daß die Entladung des vestibulären Speichers unter CBZ auch noch gelingt.

Durch postrotatorischen Otolithenreiz ließ sich im Vergleich zum postrotatorischen Nystagmus ohne Kopfbewegung immer eine hochsignifikante Verminderung aller Nystagmusparameter (kumulative Amplitude, Dauer, Zeitkonstante) auf ähnliche absolute Werte bei allen Gruppen (P1, P2, C1, C2) nachweisen. So ist insbesondere die kumulative Amplitude in C2 und C1 nach Otolithenreiz identisch (- 3 %), im Gegensatz zum Versuch ohne hemmenden Otolithenreiz (C2 wie oben erwähnt - 30 % im Vergleich zu C1). Dieser Befund spricht dafür, daß durch die Kombination von CBZ-Gabe und Otolithenreiz keine stärkere Nystagmushemmung als durch den Otolithenreiz allein erzielt werden kann. Vermutlich wird durch diesen Reiz der vestibuläre Geschwindigkeitsspeicher bereits vollständig entladen und der postrotatorische Nystagmus unter beiden Bedingungen allein von der Dynamik des peripher vestibulären Systems bestimmt.

Zusammenfassend erklären die Ergebnisse den Schwindel bei CBZ-Gabe nicht hinreichend als vestibulär verursacht, da bei normalem Verstärkungsfaktor des VOR visuelle Scheinbewegungen (sog. Oszillopsien) bei Kopfbewegungen nicht zu erwarten sind. Da auch durch visuelle Reize Schwindel ausgelöst werden kann, spielt wahrscheinlich die Störung visuell ausgelöster Augenbewegungen unter CBZ eine Rolle.

Literatur

1. Bittencourt PRM, Chen SS, Richens A (1981) Effect of antiepileptic drugs on eye movements in healthy subjects. Epilepsy International Congress Abstr (Kyoto, Japan):249-250
2. Bittencourt PRM, Gresty MA, Rickens A (1980) Quantitative assessment of smooth pursuit eye movements in healthy and epileptic subjects. J Neurol Neurosurg Psychiat 43:1119-1192
3. Esser J, Brandt T (1983) Pharmakologisch verursachte Augenbewegungsstörungen - Differentialdiagnose und Wirkungsmechanismen. Fortschr Neurol Psychiat 51:41-56
4. Rawlins MD, Collste P, Bertilson L, Palmer L (1975) Distribution and elimination kinetics of carbamazepine in man. Europ J clin Pharmacol 8:91-96
5. Tedeschi G, Casucci G, Allocca S, Riva R, Di Costanzo A, Tata MR, Quattrone A, Baruzzi A, Bonavista V (1989) Neuroocular side effects of carbamazephine and phenobarbital in epileptic patients as measured by saccadic eye movement analysis. Epilepsia 30:62-66
6. Umeda Y, Sakata E (1977) Equilibrium disorders in carbamazepine toxicity. Ann Otol (USA) 1/I:318-322

Ein Fall von Wismut-Enzephalopathie durch Einnahme von Magentherapeutika

G. Essinger und M. Huppertz

Seit 1974, dem Jahr der Erstpublikation der sogenannten Wismut-Enzephalopathie von Burns et al. (3) und Buge et al. (2) gilt dieses Krankheitsbild in Verbindung mit der oralen Einnahme von Wismutsalzen als unbestrittene klinische und biochemische, also nosologische Entität. Neben Myoklonien kommt es dabei vor allem zu zerebellären Symptomen sowie Hirnleistungsstörungen. Auch generalisierte zerebrale Anfälle wurden bei einem Drittel der Patienten beobachtet (5). Bilden sich die Symptome in der Regel gut bis vollständig zurück, werden auch letale Ausgänge bis zu 8 % der Fälle angegeben 6). Wismut wurde aufgrund der Nebenwirkungen 1974 in Australien als Arzneimittelzusatz verboten und steht seit 1975 in Frankreich auf der "Giftliste". In der Bundesrepublik erlebt Wismut seit dem Nachweis des Erregers Campylobacter Pylorii auf Magenepithelien von Patienten mit chronischer Gastritis durch Warren und Marshall 1982 (7) eine Renaissance in der Therapie von gastritischen Magenbeschwerden.

Fallbeispiel: Eine 37jährige Patientin wird nach zwei abortiven generalisierten zerebralen Anfällen notfallmäßig in die Klinik eingewiesen. In den letzten beiden Wochen vor der Aufnahme war es zu häufigen Myoklonien, einem leichten Tremor der Hände, zunehmender Schwäche, Gewichtsverlust, deutlichen Konzentrationsstörungen und Nervosität gekommen. In der weiteren Anamnese bestanden langjährige Magenbeschwerden, gastroskopisch war die Diagnose einer chronischen Gastritis erstellt worden. Seit 15 Monaten nahm die Patientin dagegen regelmäßig verschiedene Magenmittel ein, die allesamt Wismut enthalten. So zuletzt 4 - 6 Tabletten Jatrox[R], 4 - 5 Tabletten Nervogastrol[R] und unregelmäßig Libratar Complex[R].

Bei der Aufnahme bestand eine milde zerebelläre Symptomatik, unregelmäßig traten Myoklonien auf, daneben Tremor der Hände. Am ausgeprägtesten war ein hirnorganisches Psychosyndrom mit Denk- und Affektstörungen sowie massiver Beeinträchtigung der Konzentration und des Kurzzeitgedächtnisses.

Auffällig waren eine leichte Allgemeinveränderung im Ausgangs-EEG und eine vermehrte Kleinhirnfurchenzeichnung im CT. Der Liquor cerebrospinalis und das NMR waren unauffällig. Ab dem 4. Tag des stationären Aufenthaltes konnte mit Hilfe des Landesuntersuchungsinstitutes in Berlin engmaschig der Wismutspiegel im Vollblut, Serum und Urin bestimmt werden. Zu Beginn waren sie bis zum Vierfachen der Toxizitätsgrenze erhöht. Aus Untersuchungen von Haaren der Patientin konnten die hohen Wismutsalzapplikationen im letzten Jahr zeitlich fraktioniert erfaßt werden.

Im klinischen Verlauf bildeten sich die neurologischen Symptome innerhalb von zwei Wochen vollständig zurück. Hartnäckig erwiesen sich psychopathologische Veränderungen. So bestanden noch bei der Entlassung der Patientin nach vier Wochen leichte Konzentrations-, Merkfähigkeits- und Wortfindungsstörungen, die allerdings im Rahmen einer ambulanten Nachuntersuchung etwa einen Monat später ebenfalls nicht mehr nachgewiesen werden konnten.

Eine Behandlung ab der 3. Woche mit dem Chelatbildner Dimaval[R] führte vorübergehend zu einem leichten Anstieg der Wismutausscheidungen im Urin, wovon jedoch noch kein sicherer therapeutischer Effekt abgeleitet werden kann.

Mit dem Abklingen der Symptome trat die dem Medikamentenmißbrauch zugrunde liegende neurotische Störung eines psychosomatischen Beschwerdebildes mit Schlaflosigkeit, innerer Unruhe und diffuser, teilweise hypochondrisch konkretisierter Angst in den Vordergrund und führte zu einer weiteren psychotherapeutischen stationären Behandlung.

Möglicherweise sind Intoxikationen durch die häufige wiederholte Einnahme von Wismut-haltigen Präparaten häufiger als angenommen. Insbesondere gilt dies, wenn nur milde Symptome auftreten und diese, wie bei unserer Patientin, nicht von Symptomen einer neurotischen Störung, die ja auch den Medikamentenmißbrauch bewirkte, abzugrenzen sind. Derartige Beobachtungen sollten überprüft und zusammengetragen werden, ggf. ist eine engere Indikationsstellung für Wismut-haltige Medikamente zu überlegen.

Literatur

1. Beyer K-H, Grobisch T, Baudisch H (1990) Wismutsalze und ihre heutige therapeutische Bedeutung. Pharmazie 21:36-40
2. Buge A et al (1974) Encéphalopathies myocloniques par les sel de Bismuth. La Nouvelle Press Médical 36:2315-2320
3. Burns R et al (1974) Reversible encephalopathy possibly with Bismuth subgallat ingestion. Brit Med J 1:220-223
4. Krüger G (1984) Wismut Enzephalopathie. Fortschritte Neurologischer Psychiatrie 52:24-31
5. Martin-Bouyer G (1981) Epidemiological study of encephalopathies following bismuth administration per os. Clin Toxicol 18:1277-1283
6. Martin-Bouyer G (1976) Intoxications par les sels de bismuth administrés par voie orale, enquete epidemiologique. Therapie 31:683-691
7. Warren JR, Marshall B (1983) Lancet I

Hyperviskosität bei benigner intrakranieller Drucksteigerung

M. Brockmann, S. Koeppen, R. Maleßa, G. Schwendemann und L. Heilmann

Die benigne intrakranielle Drucksteigerung (BID) ist ein Syndrom, das mit verschiedenen ätiologischen Faktoren in Verbindung gebracht wird, wie Adipositas, Sinusthrombose, verschiedenen endokrinen Störungen, Vitamin A-Intoxikation, Tetrazyklineinnahme und anderen. Der zugrundeliegende pathophysiologische Mechanismus ist - außer bei der Sinusthrombose - unbekannt.

Bei einem Patienten, der zur stationären Abklärung bei bestehender BID in die Neurologische Universitätsklinik Essen aufgenommen wurde, fielen eine deutlich erhöhte Plasmaviskosität und Erythrozytenaggregation auf. Unter rheologischer Therapie mit Pentoxifyllin ergaben sich neben einem Verschwinden der initial geklagten Obskurationen ein deutlicher Abfall der rheologischen Parameter. Wir haben diesen Fall zum Anlaß genommen, bei allen Patienten mit BID eine rheologische Diagnostik durchzuführen mit der Fragestellung:
- Geht eine BID regelmäßig mit einer Hyperviskosität einher?
- Sind im Verlauf Parallelen zwischen klinischer Symptomatik und rheologischen Parametern zu erkennen?

Innerhalb von etwa 3 Jahren erfüllten neben dem oben beschriebenen Patienten 3 weitere Patienten die diagnostischen Kriterien der BID: Stauungspapillen bds., CCT und/oder MRI ohne Raumforderungszeichen und ohne Hydrozephalus; Liquordruck bei lumbaler Messung über 200 mm H_2O; neurologischer Befund außer Papillenbefund, Visusminderung und Abducensparese unauffällig; Liquorstatus o. B. Hämatokrit, übriges Blutbild und Gerinnungsparameter waren bei allen 4 Patienten ohne pathologischen Befund. Weitere Angaben zu den Patienten einschließlich der Arterioskleroserisikofaktoren sind der nachstehenden Tabelle zu entnehmen.

	Patient	Beschwerden	seit	Befunde	Sonstiges
1	45 J/m	Obskurationen	2 W.		
		"Kreisesehen"	2 M.		
2	21 J/w	Kopfschmerzen	1 M.	Abducensparese	Hypertonie, Nikotin
		Doppelbilder		einseitig	Adipositas
3	14 J/w	Kopfschmerzen	2 W.	Abducensparese	Adipositas
		Doppelbilder	1 W.	einseitig	
4	21 J/w	Kopfschmerzen	3 M.	Visus 0,4/1,0	Nikotin
		Unscharfsehen			

Die rheologischen Parameter wurden bei Aufnahme ohne Medikation sowie vor Entlassung unter Therapie bestimmt. Untersucht wurden jeweils Plasmaviskosität (PV): Kapillarschlauchviskosimeter, Erythrozytenaggregationsindex (EA): Aggregometer Fa. Myrenne sowie der Thrombozytenaggregationsindex (PAR): (3).

Die rheologischen Parameter sind der nachfolgenden Tabelle zu entnehmen. Bei allen 4 untersuchten Patienten war ohne Medikation die Plasmaviskosität deutlich erhöht; bei 3 Patienten fand sich zudem eine vermehrte Erythrozytenaggregation; der Thrombozytenaggregationsindex war nur in einem Fall pathologisch. Während der 2- bis maximal 5wöchigen stationären Behandlung waren während der medikamentösen Therapie (s. Tabelle) die rheologischen Parameter bei Patient 1 - 3 deutlich rückläufig, bei Patient 4 war keine eindeutige Tendenz zu erkennen. Der klinische Verlauf war in jedem Fall positiv. Die Kopfschmerzen verschwanden, soweit vorhanden, innerhalb von 2 Wochen.Bei Patient 2 bildeten sich die Stauungspapillen vollständig zurück; bei Patient 3 waren Stauungspapillen und Abducensparese bei Entlassung nicht mehr nachweisbar. Bei unverändertem Papillenbefund bei Patient 1 und 4 war ersterer bei Entlassung beschwerdefrei, bei Patient 4 verbesserte sich der Visus von 0,4 auf 0,8.

	vor Therapie	bei Entlassung	Therapie
1	PV = 1,48 EA = 35,1 PAR = 1,04	PV = 1,38 (mPas) EA = 24,6 -	Pentoxifyllin
2	PV = 1,42 EA = 24,4 PAR = 1,49	PV = 1,36 (mPas) EA = 22,1 PAR = 1,0	Pentoxifyllin ASS, Diuretikum
3	PV = 1,49 EA = 28,8 PAR = 0,94	PV = 1,10 (mPas) EA = 22,0 PAR = 1,0	Pentoxifyllin ASS
4	PV = 1,46 EA = 18,9 PAR = 1,17	PV = 1,48 (mPas) EA = 14,5 PAR = 1,59	Pentoxifyllin ASS, Diuretikum

(Normwerte: PV < 1,30 mPas; EA < 20,0; PAR < 1,26)

Die bei allen untersuchten Patienten mit BID deutlich erhöhte Plasmaviskosität und die in 3 von 4 Fällen vermehrte Erythorzytenaggregation weisen auf ein überzufällig häufiges Zusammentreffen von BID und Hyperviskosität hin. Eine Bedingung der rheologischen Störungen durch Arterioskleroserisikofaktoren ist allenfalls bei 2 Patienten zu diskutieren. Es stellt sich die Frage, ob die Hyperviskosität - unabhängig von ihrem Zustandekommen - ein pathophysiologischer Faktor der BID ist. Aus theoretischen Überlegungen heraus wäre dies durchaus denkbar, da Störungen im Bereich der Mikrozirkulation bei der Pathogenese der BID diskutiert werden (1, 2). Ein Hinweis für die Richtigkeit dieser Hypothese wäre ein Rückgang bzw. Verschwinden der Symptomatik nach medikamentöser Normalisierung der Viskosität. Unsere Ergebnisse zeigen zwar eine parallele Entwicklung zwischen klinischem Verlauf und rheologischen Parametern, kritisch bleibt aber anzumerken, daß einerseits Medikamente mit verschiedenem Wirkungsmechanismus gleichzeitig zur Anwendung kamen, andererseits die Spontanprognose der BID überwiegend gut ist.

Literatur

1. Johnston I, Paterson A (1974) Benign intracranial hypertension. Brain 97:301-312
2. Raichle ME, Grubb RL, Phelps ME, Gado MH, Caronna JJ (1978) Cerebral hemodynamics and metabolism in pseudotumor cerebri. Ann Neuro 14:104-111
3. Wu KK, Hoak JC (1974) A new method for the quantitative detection of platelet aggregates. Lancet II:924-926

Cauda equina Syndrom nach Spinalanästhesie

R. Körber, H.-J. Braune und G. Huffmann

Bei einem 21jährigen Mann wurde wegen einer Meniskusoperation eine lumbale Spinalanästhesie durchgeführt. Gleich nach Abklingen der Narkose fiel ein rechtsbetontes, unvoll-
ständiges Cauda-Syndrom L 2 mit peripheren Paresen, Sensibilitätsstörungen und Blasenentleerungsstörungen auf. Die Blasenstörungen bildeten sich innerhalb von 5 Tagen komplett
zurück. Die motorischen und sensiblen Ausfälle zeigten dagegen nur eine langsame Besse-
rungstendenz. Neurologisch bestanden 8 Monate nach Auftreten der Symptomatik noch
geringe Paresen des M. extensor hallucis longus rechts und des M. gastrocnemius rechts, die
Oberflächen- und Tiefensensibilität war rechts ab Dermatom L 5 einschließlich des Reit-
hosengebietes herabgesetzt.
    Liquor: 5/3 Zellen, Schrankenstörung.
    Lumbales MRT: o.B.
    Neurophysiologische Befunde: F-Welle des N. peroneus rechts fehlend. Tibialis-SEP
rechts über LWK 1 und 5 fehlend, über Kortex signifikant latenzverzögert; bei Kontrolle nach
einem Monat unauffällig.

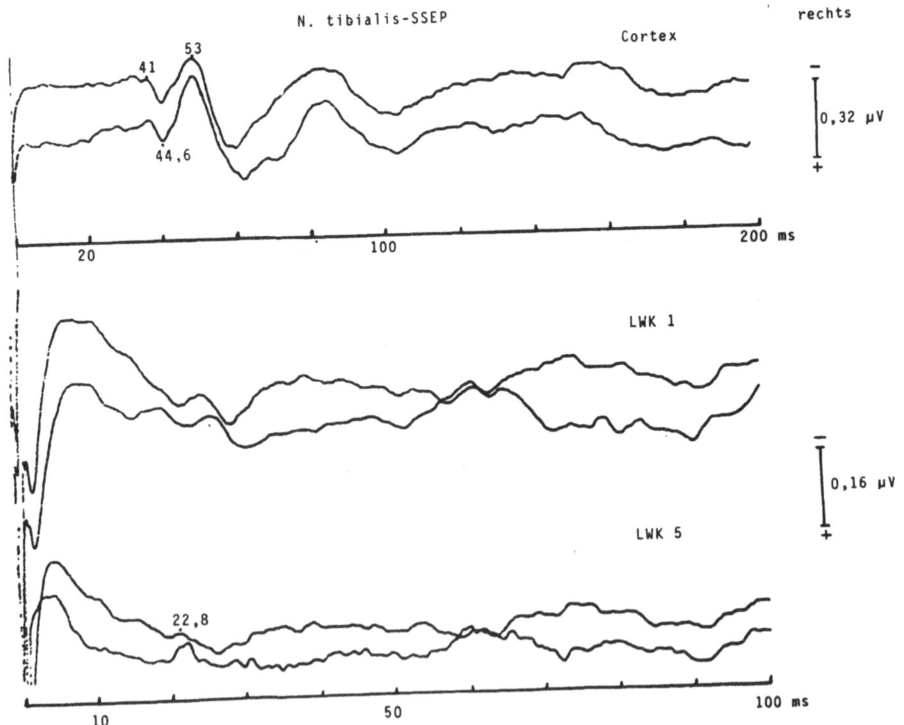

Abb. 1. Tibialis-SEP rechts über LKW 1 und 5 fehlend, über Kortex im Seitenvergleich signifikant verzögert

Die Komplikationsrate nach Spinalanästhesie wird nach wie vor kontrovers diskutiert. Großen Übersichtsarbeiten (1, 2) über die Risikoarmut der Spinalanästhesie stehen einzelne Fallberichte von z. T. schwerwiegenden Zwischenfällen nach Spinalanästhesie gegenüber. Auch in dem berichteten Fall ist es zu erheblichen neurologischen Komplikationen gekommen, als deren Ursache mehrere Entstehungsmechanismen (z. B. Arachnoiditis, Arteriitis, Meningitis, mechanisch) denkbar sind, eine direkt-toxische Wirkung erscheint uns jedoch am wahrscheinlichsten. Ätiologisch können sowohl Lokalanästhetika, Lösungsmittel, gleichzeitig injizierte Vasokonstriktoren oder kontaminierte Substanzen wirksam sein. Denkbar ist auch eine direkte Verletzung der Nervenwurzeln durch die Injektionsnadel, z. B. im Bereich der foramina intervertebralia.

Literatur

1. Dripps RD, Vandam LD (1954) Long-term follow up of patients who received 10,098 spinal anesthetics. JAMA 156:1486-1491
2. Lund PC (1972) Spinal anesthesia-current concepts. In: Nolte H, Meyer J (Hrsg) Die rückenmarksnahen Anästhesien. Thieme, Stuttgart

Körperzusammensetzung bei Muskelkranken im Vergleich zu Normalpersonen

K.-H. Krause, P. Berlit, C. Kuhn und C.D. Reimers

Prinzipiell besteht ein großes Interesse, die Körperzusammensetzung bei Muskelkranken zu bestimmen; es ist davon auszugehen, daß durch die Grunderkrankung im Vergleich zu Gesunden mehr Fett- und weniger Muskelgewebe vorliegt. Die bisherigen Verfahren zur Messung der Körperzusammensetzung - hydrostatische Wägung (Densitometrie) und Messung von Isotopenverteilungen im Körper - sind für routinemäßige Untersuchungen nicht brauchbar. Mittels Computertomographie, Kernspintomographie und Sonographie kann der Umbau in einzelnen Muskelabschnitten visualisiert werden, wobei die Strahlenbelastung bei der Computertomographie, die hohen apparativen Kosten bei der Kernspintomographie sowie der enorme zeitliche Aufwand bei der Sonographie zu bedenken sind. Die bioelektrische Impedanzmessung ist ein nicht invasives, den Patienten nicht belastendes, sehr rasch durchführbares und preiswertes Verfahren, das sich in ernährungswissenschaftlichen Studien als zuverlässige Methode zur Bestimmung der Körperzusammensetzung erwiesen hat (1).

Methodik

Die bioelektrische Impedanzmessung wurde mit dem Body composition Analyzer BIA 101 der Firma Akern/RJL (Florenz, Italien/Detroit, USA) durchgeführt. Dabei wird nach Anlegen von 4 Hautelektroden ein schwacher hochfrequenter Wechselstrom durch den Körper geleitet; die Widerstandskomponenten ("resistance" und "reactance") der Leitfähigkeit ("impedance") werden gemessen. Über die "resistance" (Ohmscher Widerstand) und die "reactance" (kapazitiver Widerstand) kann unter Berücksichtigung von Geschlecht, Lebensalter und Körpergewicht die Körperzusammensetzung (Wasser, Magermasse, Fett) errechnet werden.

Untersucht wurden 31 Männer und 21 Frauen mit Mypopathien (Dystrophia myotonica 4 Männer (M), 7 Frauen (F); Muskeldystrophie (MD) vom Gliedergürteltyp 6 M, 3 F; fazioskapuloperonäale MD 7 M, 1 F; x-chromosomale MD Typ Becker-Kiener 3 M, Typ Duchenne 1 M; Ophthalmoplegia plus 4 M, 3 F; mitochondriale Myopathie 1 F; kongenitale MD Batten Turner 1 F; nekoritisierende Myopathie 1 M; distale Myopathie 1 M; Einschlußkörperchenmyositis 2 M; Myositis 2 M, 6 F). Der Vergleich erfolgte mit 30 gesunden Männern und 25 Frauen. Dabei wurden für die beiden Normalkollektive Regressionsgleichungen 3. Ordnung berechnet, die den Fettgehalt (in %) mit Größe, Körpergewicht und Alter korrelierten. Für die Männer und Frauen mit Myopathien wurde dann jeweils der Fettgehalt unter Berücksichtigung der übrigen Parameter mit dem Whitney-Mann-Test verglichen.

Ergebnisse

Der prozentuale Fettgehalt der Männer mit Myopathien betrug bei einem Alter von 41,9 +/- 15,3 Jahren (x +/- s. d.), einem Körpergewicht von 71,5 +/- 17,4 kg und einer Körpergröße von 172,7 +/- 12,9 cm 29,8 +/- 9,2 %. Bei den Männern des Kontrollkollektivs lagen die entsprechenden Werte bei 15,7 +/- 5,2 % für den Fettgehalt, 38,9 +/- 13,0 Jahren für das Lebensalter, 76,1 +/- 11,6 kg für das Körpergewicht und 175,2 +/- 7,5 für die Körpergröße. Der Unterschied im Fettgehalt war mit einem P < 0,001 signifikant (Whitney-Mann-Test, zweiseitig). Bei den Frauen mit Myopathie lag der Fettgehalt bei einem Alter von 49,1 +/- 17,2 Jahren, bei einem Körpergewicht von 57,2 +/- 10,1 kg und einer Körpergröße von 161,1 +/- 5,4 cm bei 30,5 +/- 6,2 %. Für die gesunden Frauen betrugen diese Werte 26,1 +/- 5,2 % für den Fettgehalt, 44,6 +/- 17,6 Jahre für das Lebensalter, 59,9 +/- 10,4 kg für das Körpergewicht und 162,5 +/- 4,4 cm für die Körpergröße. Der Unterschied im Fettgehalt war zum Niveau P < 0,01 signifikant (Whitney-Mann-Test, zweiseitig). Dabei lagen die prozentualen Fettgehalts-Werte bei den Frauen im Mittel um 3,5, bei den Männern um 8,2 Standardabweichungen über den für das gesunde Kollektiv ermittelten Normen.

Diskussion

Als Ergebnis ist somit festzuhalten, daß sich sowohl Männer als auch Frauen mit Myopathien in ihrem mit Hilfe der bioelektrischenn Impedanzmessung ermittelten Fettgehalt deutlich von dem eines Normalkollektivs unterschieden. Daß dabei die Unterschiede bei den Männern noch erheblich größer waren als bei den Frauen, könnte dadurch erklärt werden, daß bereits die gesunden Frauen einen wesentlich höheren Fettanteil aufweisen als die Männer, so daß die Abweichungsmöglichkeit nach oben begrenzt sein dürfte. Nachdem erste Untersuchungen (2) Hinweise auf eine Abhängigkeit der Erhöhung des Fettgehaltes vom Schweregrad der Myopathien ergeben haben, könnte diese Methode für die Verlaufsbeobachtung, gegebenenfalls auch für die Evaluierung von Therapieeffekten, durchaus von Wert sein. Entsprechende Untersuchungen an einem größeren Patientenkollektiv, das dann auch hinsichtlich möglicher Unterschiede der Fettanteile bei den verschiedenen Myopathien überprüft werden sollte, erscheinen nach den bisherigen Resultaten von großem Interesse.

Literatur

1. Baumgartner RN, Chumlea WC, Roche AF (1988) Bioelectrical impedance phase angle and body composition. J Clin Nutr 48:16
2. Berlit P, Lutzmann D, Kuhn C, Leweling H (1989) Bioelektrische Impedanzmessung: Eine neue Methode zur Diagnose und Verlaufskontrolle von Muskeldystrophien. 9. Kongreß des Wissenschaftlichen Beirates über neuromuskuläre Erkrankungen, Hamburg

Muskuläre Ermüdbarkeit bei Patienten mit Kearns-Sayre Syndrom

A. Konstanzer, R. Dengler, S. Zierz, M. Schubert und J. Elek

Einleitung

Patienten mit Ophtalmoplegia plus zeigen als Hauptsymptom eine langsam progrediente externe Ophtalmoplegie mit Ptose, dazu retinale Veränderungen, Störungen der Erregungsausbreitung im Elektrokardiogramm und auch Zeichen für eine zerebelläre Störung. Häufig klagen die Patienten über schnelle Ermüdbarkeit der Extremitätenmuskulatur, obwohl die grobe Kraft erhalten ist. Um diese verstärkte Belastungsintoleranz quantitativ zu fassen, wurde bei einem Handmuskel unter kontrollierter Belastung Kraft und EMG abgeleitet.

Material und Methode

Der M. adductor pollicis von 10 Patienten (mittleres Alter 33,3 Jahre, durchschnittliche Maximalkraft 42,5 +/- 15,7 N) und 6 Versuchspersonen (mittleres Alter 27,6 Jahre, 51,1 +/- 7,7 N) wurde einem Belastungstest unterzogen. Es waren 120 Arbeitszyklen von je 6 Sekunden isometrischer Kontraktion mit 50 % der Maximalkraft und 4 Sekunden Pause zu absolvieren. In regelmäßigen Abständen (zur Zeit O, nach 5, 10, 15 und 20 Minuten) wurde der N. ulnaris am Hangelenk elektrisch supramaximal stimuliert (20 % über der Reizstärke für die größte elektrische Antwort). Dabei wurde das Muskelaktionspotential (MAP) mittels Oberflächenelektroden und die Zuckungskraft (ZK) über einen Kraftmesser gemessen.

Ergebnisse

I Praetetanische Ableitung

1. Versuchspersonen
Die Kraft verringerte sich nach 20 Minuten um 27,3 +/- 15,3 %, das MAP um 12,6 +/- 9,5 %.

2. Patienten
a) bei 4 Patienten blieben Kraft und MAP im Normbereich.
b) bei 4 Patienten verringerte sich die Kraft deutlich, im Mittel um 56 %, während das MAP im Bereich der Normwerte blieb. Im allgemeinen begann die Kraftminderung zwischen Minute 10 und 20.
c) bei 2 Patienten zeigte sich eine deutliche Reduktion von Kraft (Minderung im Mittel um 40 %) und MAP (47 %). Die Kraft begann bereits nach 5 Minuten abzusinken.

II Posttetanische Ableitung

1. Versuchspersonen
Unmittelbar nach willkürlicher Maximalkontraktion von 4 Sekunden stieg die ZK im mittel um 6 %, das MAP um 1 % und an.

2. Patienten
Posttetanisch stieg die ZK im mittel um 15,8 %, das MAP um 1,6 % an.

Schlußfolgerung

Die 4 Patienten, deren Werte für ZK und MAP vor und nach Belastungstest im Normbereich blieben, boten klinisch keine Atrophien oder Schwächen der Handmuskeln und bemerkten auch subjektiv keine Einschränkungen.

Die 4 Patienten mit alleiniger Minderung der ZK bei normalen MAP zeigten klinisch eine leichte Atrophie der Handmuskeln bei gut erhaltener grober Kraft. Daher beruht die Belastungsintoleranz dieser Patienten wahrscheinlich auf einer erhöhten Ermüdbarkeit der Muskelfasern selbst. Ein Zusammenhang mit den biochemischen Defekten der Atmungskette darf vermutet werden.

Zwei Patienten mit fortgeschrittenen Symptomen der Erkrankung zeigten eine deutliche Verminderung von ZK und MAP nach dem Belastungstest. Dabei könnten auch Ermüdungsphänomene im Bereich des peripheren Nerven, der neuromuskulären Übertragung sowie der Muskelzellmembran eine Rolle spielen.

An einer größeren Anzahl von Patienten soll der Wert dieser Untersuchungen für die klinische Beurteilung der Patienten, z.B. auch zur Objektivierung von Therapieeffekten, weiter überprüft werden.

Migrationsstörungen im Zentralnervensystem: Symptome und Folgen

F. Hanefeld, H.-J. Christen und S. Mortazavi

Fehlbildungen des ZNS sind seit langem bekannt und morphologisch genau beschrieben (1, 4). Besonderes Interesse haben in den letzten Jahren Migrationsstörungen gefunden, da diese mit den modernen bildgebenden Verfahren früh erfaßt werden können. Hierzu gehören Gyrationsstörungen wie die Agyrie (Lissenzephalie), Pachygyrie, Mikro-(Poly) gyrie, die Schizenzephalie und Heterotopien. Die Ursachen dieser zerebralen Differenzierungsstörungen sind vielfältig. Exogene (Toxine, Infektionen, Traumata) wie endogene (genetische) Faktoren sind ätiologisch von Bedeutung. Der zugrundeliegende Pathomechanismus ist eine Störung der Migration der Nervenzellen (etwa 7. bis 16. SSW). Hieraus resultieren die o. g. generalisierten oder umschriebenen makroskopisch erkennbaren Veränderungen der Rindenstrukturen wie auch der Zytoarchitektonik. So findet sich bei vielen Lissenzephalieformen ein abnormer Neokortex, der nur 4 Rindenschichten aufweist.

Neben zahlreichen bereits im Kindesalter manifesten Syndromen, bei denen Migrationsstörungen auftreten können, unterscheidet man einen Typ I und II der Agyrie/Pachygyrie (Miller-Dieker bzw. Walker-Warburg-Syndrom (2, 5). Neben familiärer Häufung wurden beim Typ I Störungen auf dem kurzen Arm des Chromosoms 17 beobachtet (3).

In den letzten 4 Jahren konnten wir bei 35 Patienten Migrationsstörungen des ZNS mittels Ultraschall, CT und MRT nachweisen. In der überwiegenden Zahl handelt es sich um Lissenzephalien (Tabelle).

Führende Symptome, die zur Diagnosestellung führten, waren Entwicklungsverzögerungen, Krampfanfälle oder eine Mikrozephalie.

Einige Patienten zeigten eine relativ charakteristische faziale Dysmorphie mit hoher Stirn, fliehendem Kinn, tiefsitzenden teilweise dysplastischen Ohren und vertikalen Hautfalten der Stirn beim Schreien.

16 der 26 Patienten mit Lissenzephalie-Syndrom litten an Krampfanfällen. Bei 11 Kindern handelte es sich um atypische BNS-Krämpfe mit sehr frühem Beginn (Durchschnittsalter 4 Monate). 2 Patienten litten an myoklonisch-astatischen Anfällen, 3 ausschließlich an Grand mal-Anfällen. Im EEG fanden sich bei den meisten Patienten nach Verschwinden der Hypsarrhythmie neben multifokalen hypersynchronen Potentialen Vigilanz-unabhängige hochgespannte Theta- und Beta-Wellen. Sie sind besonders im Schlaf deutlich und sollten nicht als Krampfpotentiale betrachtet werden. Bei offener Fontanelle kann die Sonographie Hinweise auf eine Gyrationsstörung geben, entscheidend für die Diagnose ist jedoch die Computertomographie und insbesondere die Magnetresonanztomographie.

Charakteristische Befunde sind die flachen, antevertierten Sylvischen Furchen bei ausgebliebener Operkularisierung. Dadurch erhält das Gehirn eine typische Acht oder stundenglasähnliche Kontur.

Der Kortex erscheint glatt, verdickt, die Verzahnung von grauer und weißer Substanz fehlt. Häufig ist eine Demarkierungslinie parallel zur Oberfläche (die der fehlenden 4.

Rindenschicht entspricht) erkennbar. Die Ventrikel sind häufig okzipital betont erweitert (Colpozephalie).

Zusätzlich sind meist ein Cavum vergae und Cavum septi pellucidi nachweisbar. Assoziierte Fehlbildungen sind ein Balkenmangel, Kleinhirnhypoplasien sowie paraphysere Verkalkungen.

Die Patienten mit Lissenzepahlie und Pachygyrie zeigen schwerste motorische und intellektuelle Entwicklungsstörungen. Im weiteren Verlauf kam es bei allen Patienten zu einer Dezeleration des Schädelwachstums, so daß also jetzt 16 von 26 mikrozephal sind.

Die BNS-Epilepsie wurde meist abgelöst von myoklonisch-astatischen Anfällen kombiniert mit Grand mal.

Die Patienten mit Heterotopien und Mikrogyrie fielen wegen ihrer therapieresistenten Epilepsie auf. Das jetzt 7jährige Mädchen mit Hemimegalenzephalie sowie eine Patientin mit Schizenzephalie besuchen eine Regelschule, während die 2 anderen Kinder mit Schizenzephalie schwerste Behinderungen aufweisen.

Unter den 35 Patienten ist ein Geschwisterpaar. Es handelt sich um ein 9 Monate altes Mädchen und einen 4 1/2jährigen Jungen blutsverwandter arabischer Eltern. Neben einer extremen Mikrozephalie und Tetraspastik imponiert besonders der bei Anenzephalen beschriebene Gampersche Begrüßungsreflex Die MRT zeigt eine komplexe Hirnfehlbildung mit Agyrie.

Die vorgestellten Patienten zeigen das weite Spektrum der im frühen Kindesalter nachweisbaren Entwicklungsstörungen des Gehirnes. Sie sind in ihrer Ursache wie Symptomatik heterogen, häufig assoziiert mit weiteren Fehlbildungen und stellen eine besondere Gruppe unter den Patienten mit mentaler Behinderung und/oder therapieresistenter Epilepsie dar. Sie sind ein Modell zum Studium normaler und gestörter Funktionen des Nervensystems. Die modernen bildgebenden Verfahren, besonders die MR-Tomographie, gestattet eine frühzeitige Diagnose, die sowohl unter therapeutischen und prognostischen wie auch genetischen Aspekten von Bedeutung ist.

Migrationsstörungen im ZNS (N = 35, 21 Mädchen, 14 Jungen)		
		N
Lissenzephalie (Agyrie/Pachygyrie)		26
Erstsymptome: (Alter bei Diagnose: 3 Monate)		
Entwicklungsretardierung	7/26	
Krampfanfall	12/26	
Mikrozephalus	9/26	
Hydrozephalus	3/26	
Hemiparese	1/16	
Schizenzephalie		3
Heterotopie		4
Polymikrogyrie		1
Hemimegalenzephalie		1

Literatur

1. Barth PG (1987) Disorders of neuronal migration. Can J Neurol Sci 14:1-16
2. Dieker H, Edwards RH, Zu Rhein LG et al (1969) The lissencephaly syndrome. Birth defects: original article series 5(2):53-64
3. Dobyns WB, Stratton RF, Parke J et al (1983) Miller-Dieker syndrome: lissencephaly and monosomy 17p. J Pediatr 102:552-558
4. Friede RL (1989) Developmental Neuropathology. Springer
5. Miller JQ (1963) Lissencephaly in 2 siblings. Neurology 13:841-850

Vestibuläre, okulomotorische und pupillomotorische Störungen bei unilateralen Läsionen im Bereich des posterioren Thalamus

W. Heide, M. Fetter, E. Koenig, D. Petersen und H. Wilhelm

Über die Symptomatik supratentorieller Läsionen des vestibulären Systems ist bislang wenig bekannt. Einerseits ist unklar, ob diese wie infratentorielle Läsionen zu einer Asymmetrie des vestibulo-okulären Reflexes (VOR) führen können, andererseits wird die thalamische und kortikale Lokalisation vestibulärer Projektionen des menschlichen Gehirns immer noch kontrovers diskutiert (4, 5, 8). Die im folgenden beschriebenen 3 Fälle von unilateralen Läsionen (2 akute und 1 chronisch progrediente) des posterioren Thalamus stellen einen wichtigen Beitrag dazu dar.

Fall 1: Ein 30jähriger Mann entwickelte akut eine rechtsbetonte Stand- und Gangataxie, eine Hypästhesie des rechten Beines und einen homonymen Gesichtsfelddefekt im rechten oberen Quadranten, der eine für Geniculatum-Läsionen typische Sektorform hatte. Im MRT stellte sich ein Infarkt im Versorgungsgebiet der linken A. chorioidea posterior dar, der Teile des lateralen Pulvinar thalami, des Corpus geniculatum laterale (C. g. l.) und des retrolentikulären Schenkels der inneren Kapsel betraf (Abb. 1).

Fall 2: Eine 27jährige Frau erkrankte akut an unsystematischem Schwindel, Kopfschmerzen, einer leichten Hemihypästhesie rechts und flüchtigen vertikalen Doppelbildern. CT und MRT zeigten ein Kavernom mit Einblutung im linken Pulvinar thalami, bis an den Colliculus superior heranreichend.

Fall 3: Ein 47jähriger Mann entwickelte innerhalb von 2 Monaten eine schwere rechtsseitige Sensibilitätsstörung und einen sektorförmigen homonymen Gesichtsfelddefekt im rechten unteren Quadranten. Im CT und MRT fand sich ein später bioptisch gesichertes malignes Astrozytom, das vom Pulvinar und C. g. l. bis in die lateralen Stammganglien reichte.

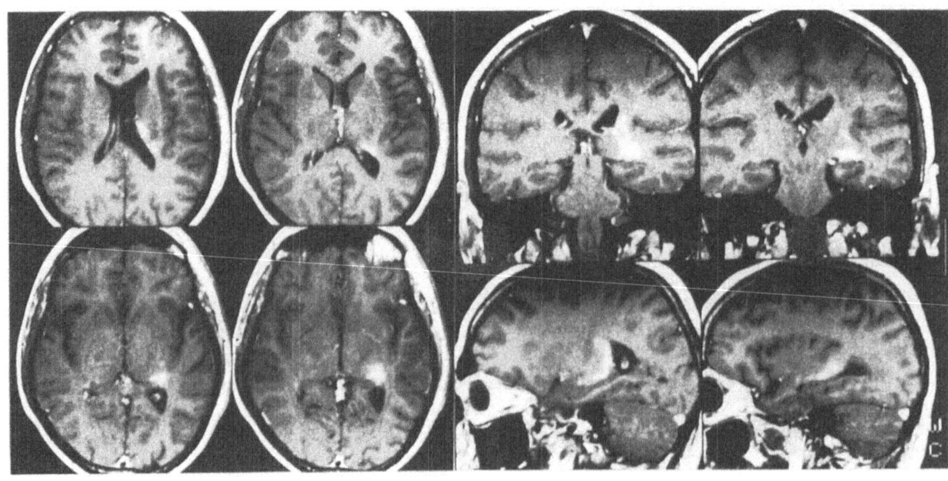

Abb. 1. MRT von Pat. 1, Spinecho 0,6/15 + Gd.-DTPA

Pupillenmotorik: leichte Mydriasis und deutliche afferente Pupillenstörung (0,6 log. Einheiten im "swinging-flashlight"-Test) des kontralateralen Auges in Fall 1 und 3, die bisher nur für Traktus optikus-, nicht aber für C. g. l.-Läsionen beschrieben wurde (1) und durch die bekannten pupillomotorischen Bahnen kaum erklärbar ist. Fall 2: vorbekannte Pupillotonie.

Okulomotorische Befunde (Registrierung mittels DC-Elektrookulographie):

1) Hypometrische visuell geführte Sakkaden ins kontralaterale Halbfeld bei Pat. 1 und 3, was durch Schädigung transthalamisch verlaufender Projektionen des frontalen Augenfeldes zum Coll. superior erklärbar ist (2).

2) Bei allen Patienten eine persistierende Sakkadierung des fovealen Pursuit und eine nur partiell reversible Minderung des Verstärkungsfaktors (Gain) des Ganzfeld-OKN (optokinetischer Nystagmus), jeweils bei Stimulusbewegung nach ipsilateral (Abb. 2), wie es für Läsionen des parieto-okzipitalen Assoziationskortex bekannt ist. Dieser projiziert durch das Stratum sagittale internum, die hintere Kapsel und das Pulvinar zum Hirnstamm (9).

3) Nur bei den akuten Läsionen eine reversible statische und dynamische Asymmetrie des VOR, und zwar in Form eines leichten Spontannystagmus nach ipsilateral und eines bei Drehung nach ipsilateral gesteigerten und nach kontralateral verminderten VOR-Gain (Abb. 2), wie es beim Menschen nur nach halbseitigen zerebellären Läsionen beschrieben wurde (3), bei Affen allerdings auch in der Akutphase nach unilateralen Läsionen der Area 7 a des posterioren parietalen Kortex (7), die reziprok mit den Vestibularis-Kernen und dem Pulvinar verbunden ist (6, 8) und im intraparietalen Sulcus liegt, wo man auch beim Menschen ein vestibuläres Areal vermutet (4).

Schlußfolgerung

Einseitige posteriore Thalmus-Läsionen führen zu einer persistierenden OKN- und einer nur in der Akutphase nachweisbaren VOR-Asymmetrie, sofern durch das Pulvinar und die angrenzende innere Kapsel ziehende Efferenzen des posterioren parietalen Kortex betroffen sind.

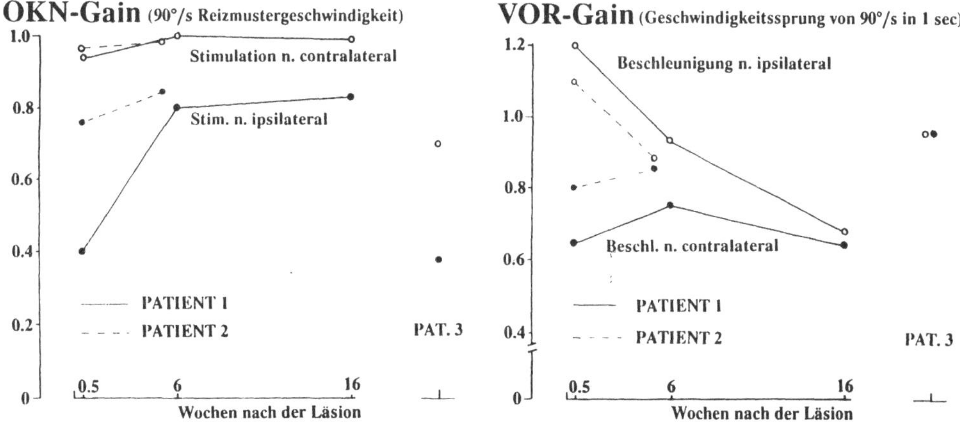

Abb. 2.

Das Literaturverzeichnis ist bei den Verfassern erhältlich.

Die periphere selektive Denervation von Hals- und Nackenmuskeln als neueres Verfahren in der Therapie des Torticollis spasmodicus

G. Dieckmann und V. Vadokas

Die chirurgische Behandlung des Torticollis spasmodicus begann im 17. Jahrhundert mit einer Myotomie durch Minnius (8). Ende des vergangenen Jahrhunderts folgte die Ära der Neurotomien, beginnend mit Keen 1891 (6). Die erste Rhizotomie zur Behandlung des neurologischen Torticollis wurde 1924 von McKenzie (7) mitgeteilt. Ihr schloß sich 1926 die zervikale hintere Rhizotomie von Foerster (4) und 1930 die vordere Rhizotomie von Dandy (3) an, beide kombiniert mit Neurotomie des spinalen N. accessorius. 1970 schlugen Hassler und Dieckmann (5) eine stereotaktische Thalamotomie vor, um überwertige subkortikale Impulse zum Pyramidensystem an ihrem Entstehungsort abzufangen. Zusätzlich empfahlen sie eine Neurotomie des spinalen N. accessorius, ein Verfahren, dem Bertrand et al. sich 1978 (1) anschlossen, um ab Anfang der 80er Jahre unter Einbeziehung von Teilen zervikaler Rami dorsales nur noch peripher selektiv zu denervieren (2), ähnlich wie Xinkang 1981 (9).

Um den Grund für eine in die Peripherie verlagerte Denervierung zu verstehen, ist es hilfreich, das Muster des Bewegungsablaufes bei einem neurologischen Torticollis zu analysieren. Zum einen besteht eine Wendung in der Horizontalen um eine senkreche Achse, wobei die Nase zur Seite führt. Zum anderen liegt eine Rotation des Kopfes um eine vertikale Achse vor, wobei das Ohr der Schulter genähert wird. Seltener ist ein Retrocollis bzw. ein Anterocollis. Die Wendung in der Horzontalen wird im wesentlichen durch den M. sternocleidomastoideus kontralateral zur Wenderichtung bewirkt; die Rotation mit Annäherung des Ohres zur Schulter im wesentlichen durch den M. semispinalis und M. splenius capitis, geringer auch durch den M. trapezius der gleichen Seite.

Die inspektorische und palpatorische Evaluierung, welche Muskeln im jeweils vorliegenden Torticollis überwiegend befallen werden, wird durch die Ableitung des EMG objektiviert und durch temporäre Novocainblockaden überprüft.

Ziel des von Bertrand angegebenen operativen Eingriffes ist, selektiv den M. sternocleidomastoideus einer Seite und den M. splenius capitis, M. semispinalis und eventuell Teile des M. trapezius der anderen Seite zu denervieren. Dies ist möglich durch eine peripher ansetzende Neurotomie, die sowohl die Zervikalwurzel wie auch den Spinalnerven intakt läßt.

Der aus dem N. accessorius in den Sternocleidomastoideus inserierende Ast einer Seite wird reseziert, der N. accessorius selbst bleibt erhalten. Der zweite Teil des Eingriffes besteht in der Resektion der Rami dorsales der zervikalen Spinalnerven von C1 bis C4 oder C5 der anderen Seite.

Von Juni 1988 bis Juni 1990 haben wir 20 Patienten nach dieser Art operiert. Es ergab sich eine gute Besserung bei 15 (75 %). Teilgebessert waren 4 Patienten. 2 litten zusätzlich an einer segmentalen Dystonie. 1 Patient war ungebessert, hier mußte der Eingriff wegen einer Blutung aus der A. vertebralis abgebrochen werden.

Die Beurteilung "gut" ist bewußt indifferent gehalten, da die Festlegung des Grades der Besserung vom Zeitpunkt der Nachuntersuchung abhängt. Es gibt sehr gute Ergebnisse schon einige Tage nach der Operation. Andererseits tritt die volle Besserung erst Wochen oder Monate nach dem Eingriff ein. Eine anschließende Physiotherapie ist ein integraler Bestandteil der Behandlung. Ihr Ziel besteht in einer Relaxion der Nackenmuskulatur, einem Retrainieren der antagonistischen Muskulatur und einer Hemmung eventuell noch vorhandener Überinnervationen in nicht denervierten Muskeln.

Ziel dieser kombinierten Behandlung ist, ein Maximum von Besserung der unwillkürlichen Bewegungen bei einem Minimum der Beeinflussung der normalen Bewegungen zu erhalten. Das Operationsrisiko und die Operationsfolgen sind gering, da im Gegensatz zu Rhizotomien oder Thalamotomien der Eingriff rein peripher in der Muskulatur erfolgt und somit auch potentiell nebenwirkungsärmer ist als die bisherigen Verfahren.

Literatur

1. Bertrand C, Molina-Negro P, Martinez SN (1978) Combined stereotactic and peripheral surgical approach for spasmodic torticollis. Appl Neurphysiol 41:122-133
2. Bertrand C, Molina-Negro P, Martinez SN (1982) Technical aspects of selective peripheral denervation for spasmodic torticollis. Appl Neurophysiol 45:326-330
3. Dandy WE (1930) An operation for the treatment of spasmodic torticollis. Arch Surg 20:1021-1032
4. Foerster O (1926) Operative Behandlung des Torticollis spasticus. Zbl Chir 53:2804-2805
5. Hassler RD, Dieckmann G (1970) Die stereotaktische Behandlung des Torticollis aufgrund tierexperimenteller Erfahrungen über die richtungsbestimmten Bewegungen. Nervenarzt 41:473-487
6. Keen WW (1891) A new operation for spasmodic wry neck. Namely, division or exsection of the nerves supplying the posterior rotator muscles of the head. Ann Surg 13:44-47
7. Mc Kenzie KG (1924) Intrameningeal division of the spinal accessory and roots of the upper cervical nerves for the treatment of spasmodic torticollis. Surg Gynecol Obstet 39:5-10
8. Minnius I (1645) Zit. in Wycis HT, Moore JR (1954) The surgical treatment of spasmodic torticollis. J Bone Jt Surg 36:119-126
9. Xinkang C (1981) Selective resection and denervation of cervical muscles in the treatment of spasmodic torticollis: Results in 60 cases. Neurosurgery 8:681-688

Die selektive periphere Denervierung zur Behandlung des Torticollis spasmodicus

H.-P. Richter und V. Braun

Seit dem 22.6.1988 operierten wir 34 Patienten mit einem Torticollis spasmodicus nach der von Bértrand 1982 beschriebenen selektiven peripheren Denervierung der beteiligten Muskeln (1). Dabei werden die Nervenäste nahe am Eintritt in die Muskeln reseziert: der Ast des N. accessorius zum M. sternocleidomastoideus und die Rami dorsales C1 bis C6, die die tiefe Nackenmuskulatur und in ihr vor allem den kräftigen M. splenius capitis versorgen.

Bei allen Patienten bis auf einen lag der Beginn der Erkrankung mindestens zwei Jahre zurück. Alle waren ausgiebig konservativ behandelt worden. Keiner hatte aber Botulinumtoxin-Injektionen erhalten. Bei einigen waren unserem Eingriff andere Operationen vorausgegangen, z. B. Durchtrennung des M. sternocleidomastoideus, mikrovaskuläre Dekompression des N. accessorius oder Fusion von Halswirbeln, jedoch bei keinem ein stereotaktischer Eingriff. 4 Patienten waren zuvor in einer anderen Klinik nach der Bértrand'schen Methode operiert worden, darunter zwei in Kanada. Einen unserer Patienten operierten wir zweimal.

Nach der klinischen Untersuchung wurden stets ein Schädel-CT und eine ausgiebige elektromyographische Untersuchung angefertigt. Dabei leiteten wir mit Nadelelektroden bipolar aus jeweils symmetrischen Muskeln ab, überwiegend dem M. sternocleidomastoideus, dem M. splenius capitis und dem M. trapezius. Bei keinem der Patienten war nur ein einziger Muskel betroffen. Im Falle eines rein horizontalen Torticollis (Nomenklatur in Anlehnung an Hassler und Dieckmann 1970 (3)) waren es der M. sternocleidomastoideus der einen und der M. splenius capitis der anderen Seite. Bei der in unserem Patientengut häufigsten Form, dem kombiniert horizontal-rotatorischen Torticollis, waren es gleichseitige Mm. sternocleidomastoideus und splenius capitis.

Den Eingriff halten wir dann für indiziert, wenn es sich um einen reinen Torticollis ohne Beteiligung von Rumpf oder Extremitäten handelt, die Symptomatik mindestens zwei Jahre besteht und eine gründliche konservative Behandlung vorangegangen ist. Patienten mit Retrocollis, bei dem die Mm. trapezii ganz im Vordergrund stehen, wurden nicht operiert.

Ziel der Operation ist die Denervierung der betroffenen Muskeln durch Resektion der peripheren motorischen Nervenäste. Damit unterscheidet sich der Eingriff ganz grundsätzlich von den zervikalen Rhizotomien mit ihren z. T. gravierenden Folgeerscheinungen. Bei Beteiligung der tiefen Nackenmuskeln resezieren wir nicht etwa spinale Wurzeln, sondern lediglich die extraspinalen Rami dorsales C1 bis C6. Wir haben die Bértrand'sche Technik insofern modifiziert, als wir den Eingriff mikrochirurgisch durchführen und auf eine Durchtrennung tiefer Nackenmuskeln wie der Mm. rectus captitis posterior major und obliquus capitis inferior verzichten. Der Eingriff wird dadurch weniger traumatisch, und die z. T. sehr feinen und zahlreichen Nervenäste sind bei Benutzung des Operationsmikroskops besser zu identifizieren als mit konventioneller makrochirurgischer Technik. Im übrigen entspricht das Vorgehen dem von Bértrand empfohlenen: Die Patienten werden in halbsitzender Position operiert. Sie sind während des Eingriffs nicht relaxiert, damit die Nervenäste mittels monopolarer Stimulation aufgesucht werden können. Bei allen Rezidiveingriffen fanden sich noch Nervenäste, die bei der ersten Operation nicht entdeckt worden waren. Alle Patienten wurden postoperativ intensiv krankengymnastisch nachbehandelt, zunächst in aller Regel unter stationären Bedingungen.

Intraoperative Komplikationen kamen nicht vor. Ein Patient hatte eine Nachblutung im Operationsgebiet am Hals, die chirurgisch entfernt werden mußte. Fast alle Patienten hatten postoperativ eine Hypästhesie im Versorgungsgebiet des N. occipitalis der operierten Seite. Keiner hatte eine bleibende, zwei aber hatten eine passagere Okzipitalisneuralgie. Wir haben 31 der 34 Patienten ausgewertet. Bei den übrigen 3 Patienten liegt der Eingriff erst sehr kurz zurück. Bei 26 von 31 Patienten (84 %) besserte sich der Torticollis postoperativ. Bei all diesen besserten sich auch die Schmerzen. Ein zusätzlich zum Torticollis bestehender Kopftremor wurde durch die Operation nicht beeinflußt.

Das Operationsergebnis wurde von den Patienten selbst eingeschätzt: 9/31 (29 %) beurteilten es als sehr gut, 14/31 (45 %) als gut, je 3/31 (10 %) als mäßig oder gering. 2/31 (6 %) waren Versager.

Diese Ergebnisse sind denen Bértrands vergleichbar. Er führt die Operation seit 1976 durch und berichtete 1987 über 131 operierte Patienten (2). Bei einigen von ihnen lag die Operation 10 Jahre zurück. Unser längster Nachbeobachtungszeitraum beträgt 2 1/4 Jahre.

Die Resultate der selektiven peripheren Denervierung übersteigen die anderer neurochirurgischer Eingriffe deutlich. Schwerwiegende Folgeerscheinungen, wie sie nach stereotaktischer Thalamotomie und zervikaler Rhizotomie vorkommen können, sind nach dieser Operation unbekannt. Auch sind Kopfhaltung und -beweglichkeit selbst in der postoperativen Frühphase nicht wirklich eingeschränkt. Bei den günstigen Ergebnissen, die seit einigen Jahren von der Botulinumtoxin-Injektion berichtet werden, wird man die selektive periphere Denervierung in Zukunft auch bei den Versagern dieser Therapie einsetzen und bei den Patienten, bei denen aufgrund von Antikörperbildung gegen das Toxin weitere Injektionen nicht sinnvoll sind.

Literatur

1. Bértrand C, Molina Negro P, Martinez SN (1982) Technical aspects of selective peripheral denervation for spasmodic torticollis. Appl Neurophysiol 45:326-330
2. Bértrand C, Molina Negro P, Bouvier G, Gorczyca W (1987) Observations and analysis of results in 131 cases of spasmodic torticollis after selective denervation. Appl Neurophysiol 50:319:323
3. Hassler R, Dieckmann G (1970) Die stereotaktische Behandlung des Torticollis aufgrund tierexperimenteller Erfahrungen über die richtungsbestimmten Bewegungen. Nervenarzt 41:473-487

Ergebnisse der operativen Behandlung bei Muskeldystrophie vom Typ Duchenne

Th. Naumann, P. Kluger und W. Puhl

Aufgrund des Versagens einer medikamentösen Behandlung bei DMD sind die Orthopäden jetzt gefordert. Das bei DMD vorliegende und unaufhaltsam fortschreitende Muskelungleichgewicht zwischen Beugern und Streckern führt an den großen Gelenken zu Fehlhaltungen in Beugestellung mit weichteiligen Kontrakturen. Ziel der orthopädischen Behandlung muß eine frühzeitige Beseitigung der Kontrakturen im Bereich des Beckens, der Kniegelenke und der Sprunggelenke sein. Werden die Kinder im weiteren Verlauf der Erkrankung geh- und stehunfähig, so ist auf eine sich progredient entwickelnde paralytische Skoliose zu achten. Im europäischen und überseeischen Ausland werden seit Jahren operative Maßnahmen bei DMD angeboten. Spencer, Vignos (2), Dubowitz (1) u. a. halten den Zeitpunkt für den weichteiligen Eingriff dann für gegeben, wenn die Kinder sich unmittelbar vor der Gehunfähigkeit befinden. Sie bekommen dann Gehapparate, mit denen sie noch ca. 1 Jahr laufen können.

Rideau (3) allerdings sieht die Chancen einer erfolgreichen Behandlung in der Prävention. Er fordert, die Operation zu einem Zeitpunkt vorzunehmen, an dem die Muskelkraftwerte noch gut sind und die Beugekontrakturen nur wenig ausgeprägt sind. Dies trifft auf das 4. bis 6. Lebensjahr zu. Seit Januar 1989 haben wir in der orthopädischen Klinik in Ulm 36 Duchenne-Patienten einem operativen Eingriff unterzogen. 27 Duchenne-Kinder wurden an den Weichteilen operiert, 9 Kinder wegen einer progredienten Skoliose. Die Indikation für die Weichteileingriffe sahen wir in der Beseitigung der vorliegenden Kontrakturen an den unteren Extremitäten und in der Verbesserung der Steh- und Gehfähigkeit.

Der Eingriff wird in Neuroleptanalgesie durchgeführt und dauert ca. 2 1/2 Stunden. Durch Ablösen der prox. Spinamuskeln und des Einkerbens des M. tensor. fascia latae mit Entfernung des Tract. iliotibialis wird die Hüftbeugeabduktionskontratur weitgehend beseitigt. Die Kniebeugesehnen werden verlängert, ebenso die Achillessehnen. Postoperativ erhalten die Kinder Oberschenkelgipse oder Baykastverbände, mit denen sie am folgenden Tag vor das Bett gestellt und mobilisiert werden.

In den folgenden Tagen wird eine intensive Gangschulung durchgeführt. Der stationäre Aufenthalt beträgt ca. 2 Wochen. 8 - 10 Wochen postoperativ hat sich ihr Gangbild wieder normalisiert und sie zeigen dann eine bessere Geh- und Stehfähigkeit.

27 Duchenne-Patienten wurden einem derartigen Eingriff unterzogen.

4 Patienten waren präoperativ geh- und stehunfähig. 5 waren lediglich stehfähig, 11 waren noch gehfähig im fortgeschrittenen Stadium der Erkrankung und 7 Patienten waren mit Kontrakturen noch gut geh- und stehfähig. Postoperativ waren zwei Patienten neuerlich mit Gehapparaten (GA) gehfähig geworden, 2 stehfähig, 5 Patienten wurden neuerlich mit GA gehfähig. Von den 11 Patienten, die gerade noch gehfähig waren, wurden alle gut gehfähig. Keine dieser Patienten benötigte einen Gehapparat. Bei den 7 Patienten wurden die Kontrakturen vollständig beseitigt, so daß sie ein gutes Gangbild zeigten. Keiner unserer Patienten, der vor dem Eingriff noch gehfähig war, wurde postoperativ gehunfähig.

Der Eintritt der Rollstuhlpflichtigkeit kann mit diesem Eingriff hinausgezögert, aber nicht verhindert werden. Ist die Muskelschwäche derart fortgeschritten, daß das Kind nicht mehr in der Lage ist, zu gehen oder zu stehen, wird es in der Folgezeit auf den Rollstuhl angewiesen sein. In 80 % der Fälle kommt es mit Eintritt der Rollstuhlphase zu einer sich progredient entwickelnden Skoliose. Hier ist der Orthopäde neuerlich gefordert.

Wissen wir doch, daß bei diesem Krankheitsbild Rumpforthesen oder Sitzschalen ungeeignet sind, um auf die Fehlhaltungen und -formen ausreichend einwirken zu können. Nicht zu vergessen ist die neg. Einwirkung auf die Atmung des Patienten.

Die Indikation zu einem wirbelsäulenaufrichtenden Eingriff sehen wir bei bereits eingetretener Geh- und Stehunfähigkeit, bei Vorliegen eines Beckenschiefstandes oder bei asymmetrischer Hüftbeugeabduktionskontraktur, bei langen C-förmigen Skoliosen und tiefliegenden Sitzkyphosen, der einseitige Knievorschub im Sitzen ist Hinweis für eine starke Beckenrotation, die sich negativ auf die Entwicklung einer Skoliose auswirkt.
Die Operation bietet dem Patienten eine Reihe von Vorteilen: Beseitigung der progredienten Skoliose, korsettfreies Sitzen im Rollstuhl, aber auch eine bessere Sitzhaltung. Die Arme sind dann für Tätigkeiten im Sitzen frei. Weiterhin kommt es zu einer Besserung der pulmonalen Situation und letztendlich ist die Lagerung im Bett für den Patienten und die Eltern einfacher.

Die Risiken, die mit einem solchen operativen Eingriff verbunden sind, müssen mit dem Patienten und den Eltern zuvor ausführlich besprochen werden. Hier wäre einerseits die möglicherweise vitale Gefährdung des Patienten durch den Eingriff bzw. durch die Narkose zu nennen, zum anderen eine unzureichende Korrektur der Skoliose, aber auch Materialversagen, wie Stab- und/oder Drahtbrüche und letztendlich die Wundinfektion. Neurologische Probleme sind nicht zu erwarten, da bei unserer Operationstechnik der Spinalkanal nicht tangiert wird.

Wir verwenden einen eigens für paralytische Skoliosen im Kindesalter entwickelten Teleskopstab, der das Wirbelsäulenwachstum respektiert. Befestigt wird der Stab außerhalb des Spinalkanals an der Basis der Dornfortsätze. Neurologische Komplikationen sind dadurch nicht zu erwarten.

Seit Oktober 1989 haben wir 9 DMD-Patienten wegen einer progredienten Skoliose an der Wirbelsäule aufrichtend ohne knöcherne Fusion operiert. Der jüngste Patient war 8 1/2 Jahre, der älteste 14,2 Jahre. Präoperativ bestanden Cobb'sche Winkel zwischen 10 und 30 Grad bei lumbalen und thorakolumbalen Kurven. Postoperativ konnte eine Korrektur von 92 % im Mittel bei einem Cobbwinkel zwischen 0 und 8 Grad erreicht werden.

Unsere Operationstechnik gestattet eine korsettfreie Nachbehandlung. Die Kinder kommen in der Regel zwischen dem 6. bis 8. postoperativen Tag in den Rollstuhl und sind dann meistens schon recht mobil. Eine spezielle prä- und postoperative Krankengymnasik ist Teil des Behandlungsplanes. Das stets vorliegende restriktive Atemsyndrom erfordert ein intensives Atemtraining zur Schulung der Atemkoordination und Atemlenkung.

Tritt in der Folgezeit krankheitsbedingt ein Unterbeatmungssyndrom auf, so ist eine maschinell unterstützte nächtliche Beatmung zur Besserung der klinischen Symptome angezeigt. Die Prognose quod vitam wird dadurch beträchtlich verbessert. Lebensverlängernde Maßnahmen scheinen für diese Kinder nur dann sinnvoll, wenn auch ihre Lebensqualität verbessert werden kann. Dies scheint ein gangbarer Weg zu sein.

Das Literaturverzeichnis ist bei den Verfassern erhältlich.

Kontraktilität, Histochemie und Myosinverteilung des denervierten schnellen Kaninchenmuskels nach Intervallstimulation mit langen Impulsen

T. Mokrusch, U. Carraro, A. Engelhardt, M. Staberock, B. Schwandt, C. Rizzi, C. Catani und B. Neundörfer

Ein von unserer Arbeitsgruppe neu entwickeltes Konzept zur Elektrostimulation peripherer Lähmungen hat sich tierexperimentell am Kaninchenmuskel bewährt (8, 9). Wir verwenden einen bidirektionalen Rechteckimpuls, der mit 20 ms Dauer selbst für den Niederfrequenzbereich relativ breit ist. In mehreren Denervationsversuchen mit einer Beobachtungsdauer zwischen ein und acht Monaten war die Stimulation mit Oberflächenelektroden als Intervalltherapie von zweimal täglich 6 bis 9 Minuten durchgeführt worden. Die Kontraktionskraft (Einzelreize) des denervierten schnellen Muskels konnte - abhängig von den Meßparametern - zwischen 40 % und 100 % des Normalwertes erhalten werden. Der hierbei gebildete Muskel war relativ mitochondrienreich (intermediär in der NADH-Tetrazoliumreduktase-Reaktion) und stellte sich in den myofibrillären ATPase-Reaktionen als Typ IIB dar. Dies entspricht einerseits einem langsamen Fasertyp mit oxidativer Energiegewinnung, andererseits ist eine schnelle IIB-Faser definitionsgemäß "fast-glycolytic". Dementsprechend wäre eher das Vorliegen von IIA-Fasern zu erwarten gewesen, die als "fast-oxidativ" gelten.

Diese während der Elektrostimulation neu gebildete Muskelfaser wurde deshalb in einem dreimonatigen Denervationsversuch näher untersucht. Eine Gruppe von sechs weißen Neuseeländer-Kaninchen wurde nach Denervation täglich zweimal neun Minuten stimuliert (25 Hz, 20 ms, 20 mA). Eine gleichgroße Kontrollgruppe blieb unbehandelt. Bei Versuchsende wurden am schnellen M. tibialis anterior Kontraktions- und halbe Relaxationszeit mit der intakten Gegenseite verglichen (%). Die Messungen erfolgten am blutversorgten Muskel bei 25° C. Die in typischer Weise nach Präinkubation bei pH 4.3, 4.6 und 9.4 erhaltenen myofibrillären ATPase-Färbungen wurden morphometrisch ausgewertet, die Verteilung von schweren Myosinketten wurde gelelektrophoretisch mit einer SDS-PAGE untersucht (4).

Während die Denervation eine Zunahme von Kontraktionszeit und halber Relaxationszeit bewirkte (jeweils 110 %), blieb das Kontraktionsverhalten nach Stimulation im wesentlichen unverändert. Die Muskelfasern wurden durch die Behandlung einheitlich mitochondrienreich. Die Verteilung von schnellen Typ II- (97,4 %) und langsamen Typ I-Fasern (2,6 %) blieb konstant, jedoch kam es innerhalb der vorherrschenden Typ II-Population während der Therapie zu einem deutlichen Wandel in Richtung II B-Fasern (von 58,6 % auf 94,6 %). Unbehandelt nahm der Myosingehalt von 19,0 +/- 7,3 auf 3,7 +/- 1,4 mg/g.m. (Gramm Muskel) ab, nach Stimulation blieb er konstant (20,2 +/- 10,2 mg/g.m.). Unbehandelt änderte sich die Verteilung der schweren Ketten nicht, nach Stimulation zeigte sich ein deutlicher Anstieg der II B-Population von 79,3 +/- 11,3 % auf 96,8 +/- 6,5 %, II A-Ketten nahmen von 17,5 % auf 3,3 % ab. Typ I war selten: Im normalen Muskel noch mit 3,2 +/- 2,6%, nach Denervation und Stimulation nicht mehr nachweisbar.

Nach Denervation eines Skelettmuskels kommt es neben den üblichen atrophischen Veränderungen (Abnahme der Kontraktionskraft, Verkleinerung des Faservolumens) auch zu Änderungen des Kontraktionsverhaltens. Der schnelle Muskel wird in der Regel langsamer, doch ist dies speziesabhängig und folgt einem bestimmten Zeitverlauf (1, 5, 6, 7). Unser Experiment belegt eine Verlangsamung nach drei Monaten.

In allen bisher publizierten Stimulationsversuchen wurde einheitlich berichtet, daß sowohl der innervierte als auch der denervierte schnelle Skelettmuskel durch die Elektrostimulation langsamer wird. Hierbei schien die Reizart keine Rolle zu spielen: Auch mit Impulsserien, die Entladungen schneller Neurone imitieren sollten, wurde der Muskel nicht schneller, sondern langsamer (3, 6, 10, 11, 12, 13). Insofern sind unsere Befunde auf den ersten Blick erstaunlich. Anhand von Befunden aus Paralleluntersuchungen mit anderen Stimulationsparametern diskutieren wir einen Einfluß der Impulslänge auf das Kontraktionsverhalten (in Vorbereitung).

Der zweite ungewöhnliche Befund ist das Auftreten eines Fasertyps, der einerseits als II B zu bezeichnen ist und andererseits mitochondrienreich wie eine intermediäre Faser ist. Solche Fasern, die als II D oder II X bezeichnet werden, sind auch am gesunden schnellen Kaninchenmuskel nachweisbar und haben ein elektrophoretisches Laufverhalten zwischen 2 A und 2 B. Das Überwiegen dieses Fasertyps nach Behandlung wäre durch eine entsprechende Änderung der Genexpression erklärbar.

Literatur

1. Al-Amood WS, Lewis DM (1989) A comparison of the effects of denervation on the mechanical properties of rat and guinea-pig skeletal muscle. J Physiol 414:1-16
2. Ausoni S, Gorza L, Schiaffino S, Gundersen K, Lomo T (1990) Expression of myosin heavy chain isoforms in stimulated fast and slow rat muscles. J Neurosci 10:153-160
3. Buller A, Eccles J, Eccles R (1960) Interaction between motor-neurons and muscles in respect of the characteristic speed of their responses. J Physiol 150:417-439
4. Carraro U, Catani C, Saggin L, Zrunek M, Szabolcs M, Gruber H, Streinzer W, Mayr W, Thoma H (1988) Isomyosin changes after functional electrostimulation of denervated sheep muscle. Muscle Nerve 11:1016-1028
5. Gutmann E, Melichna J, Syrovy I (1972) Contraction properties and ATPase activity in fast and slow muscle of the rat during denervation. Exp Neurol 36:488-498
6. Hennig R, Lomo T (1987) Effects of chronic stimulation on the size and speed of long-term denervated and innervated rat fast and slow skeletal muscles. Acta Physiol Scand 130:115-131
7. Kotsias BA, Muchnik S (1987) Mechanical and electrical properties of denervated rat skeletal muscles. Exp Neurol 97:516-528
8. Mokrusch T, Eichhorn KF, Sack G, Iglesias V, Klamer H, Sembach O, David E und Neundörfer B (1988) Elektrotherapie schlaffer Lähmungen - ein neuer Ansatz. Biomed Technik 33:231-235
9. Mokrusch T, Engelhardt A, Eichhorn KF, Prischenk G, Prischenk H, Sack G, Neundörfer B (1990) Effects of long-impulse electrical stimulation on atrophy and fibre type composition of chronically denervated fast rabbit muscle. J Neurol 237:29-34
10. Nix WA (1990) Effects of intermittent high frequency electrical stimulation on denervated EDL muscle of rabbit. Muscle Nerve 13:580-585
11. Pette D, Müller W, Leisner E, Vrbova G (1976) Time dependent effects on contractile properties, fibre population, myosin light chains and enzymes of energy metabolism in intermittently and continuously stimulated fast twitch muscles of the rabbit. Pflügers Arch 364:103-112
12. Reichmann H, Hoppeler H, Mathieu-Costello O, von Bergen F, Pette D (1985) Biochemical and ultrastructural changes of skeletal muscle mitochondria after chronic electrical stimulation in rabbits. Pflügers Arch 404:1-9
13. Sreter FA, Pinter K, Jolesz F, Mabuchi K (1981) Fast to slow transformation of fast muscles in response to long-term phasic stimulation. Exp Neurol 75:95-102

Behandlung des Torticollis spasmodicus mit lokalen Injektionen von Botulinum Toxin - 1-Jahres-Ergebnisse bei 37 Patienten

W. Poewe, F. Heinen, B. Kleedorfer, M. Wagner, L. Schelosky und G. Deuschl

Einleitung

Lokale Injektionen von Botulinum Toxin Typ A haben sich in den letzten Jahren zur Therapie der Wahl des essentiellen Blepharospasmus und hemifacialen Spasmus entwickelt (1). Inzwischen ist der Torticollis spasmodicus die dritte Hauptindikation für lokale Botulinum Toxin-Injektionen geworden, jedoch gibt es bislang nur wenig Berichte über die Langzeitergebnisse mit diesem Behandlungsansatz (2, 3).

Im folgenden werden 1-Jahres-Ergebnisse einer Gruppe von 37 Patienten mit Torticollis spasmodicus aus einem größeren mit Botulinum Toxin behandelten Kollektiv dargestellt.

Patienten und Methodik

37 Patienten (23 m, 14 w; mittleres Alter 46,5, mittlere Krankheitsdauer 7,3 Jahre) wurden im Mittel über 12,3 (10 - 29) Monate mit lokalen Injektionen von Botulinum Toxin behandelt (insgesamt 138 Behandlungssitzungen mit 3,7 (1 - 10 Sitzungen pro Patient). Die Ausgangs- und Folgeuntersuchungen schlossen ein klinisches Rating nach Tsui und Mitarb., eine standardisierte Video-Aufnahme sowie eine polymyographische Analyse der simultanen Aktivität der beidseitigen Nackenmuskulatur (M. sternocleidomastoideus, M. splenius capitis, M. trapezius, M. levator scapulae in Einzelfällen) ein. Zu injizierende Muskeln wurden anhand des klinischen und Poly-EMG-Befundes bestimmt. Die mittlere Dosis pro Behandlungssitzung betrug 20,8 (12 - 30 ng) für die Erstinjektion und 15,8 (5 - 50 ng) für Re-Injektionen. In 32 Sitzungen wurde nur ein Muskel behandelt, bei 84 Sitzungen wurden zwei, bei 18 drei und bei 4 Sitzungen vier Muskeln injiziert.

Ergebnisse

38 (86 %) der Patienten hatten eine deutliche positive Wirkung nach der initialen Botulinum Toxin-Injektion mit einer mittleren Reduktion von 50 % des Tsui-Scores, wobei in 23 Fällen die posturale Score-Verbesserung über 50 % lag und nur in einem Fall eine Reduktion von weniger als 25 % des motorischen Scores ausmachte. 26 von 31 Patienten mit assoziierten Nackenschmerzen (84 %) hatten eine deutliche Schmerzlinderung nach der ersten Botulinum Toxin-Injektion. Die mittlere Latenz zum Wirkeintritt betrug 20 (7 - 41 Tage) mit einer mittleren Wirkungsdauer von 95 (14 - 270) Tage. Von fünf nicht reagierenden Patienten zeigten drei bei geänderten Injektionsparametern bei Folgeinjektionen eine gute Wirkung.

Während des Nachbehandlungszeitraumes mit durchschnittlich vier Injektionen pro Patient ergab sich eine weitgehende Konstanz der Wirkungsparameter, wobei die Rezidiv-scores nicht das ursprüngliche Basalniveau erreichten, so daß mit wiederholten Injektionen eine stetige Score-Verbesserung zu beobachten war. Das Muster der bei Rezidiven involvierten Muskulatur war ebenfalls weitgehend konstant, so daß 68 von 101 Re-Injektionen in bereits vorbehandelte Muskeln gemacht wurden und nur 16 Wiederholungsinjektionen ausschließlich in zuvor unbehandelte Muskeln stattfanden.

22 % aller Therapiesitzungen führten zu Nebenwirkungen in Form transienter Schluck-störungen (durchschnittliche Dauer 13 (3 - 28) Tage und in 10 % der Injektionen kam es zu transienter Nackenmuskulaturschwäche. Das Ausmaß der Schluckstörungen war nur in zwei Fällen deutlich ausgeprägt, so daß eine vorübergehende Umstellung der Ernährung auf breiige Kost erforderlich wurde.

Zwei Patienten zeigten bei zwei bzw. vier Nachinjektionen ein konstantes Nichtanspre-chen auf die Behandlung.

Diskussion

Die vorliegende 1-Jahres-Untersuchung der Effektivität von lokalen Botulinum Toxin-Injektionen beim Torticollis spasmodicus bestätigt die früheren Berichte über eine bis zu 90%ige Erfolgsrate dieses Behandlungsansatzes (2, 3, 4, 5). Weiter konnte belegt werden, daß auch mit wiederholten Injektionen initiale Besserungen reproduzierbar sind, allerdings ohne Hinweis auf zunehmend lange Besserungsintervalle. Die beobachteten Nebenwirkungen waren durchweg tolerabel und transienter Natur, so daß lokale Botulinum Toxin-Injektionen auch über längere Nachbehandlungszeiträume von bis zu 29 Monaten als effektiver und sicherer Behandlungsansatz des Torticollis spasmodicus gelten können.

Literatur

1. Elston JS (1987) Long term results of treatment of idiopathic blepharospasm with botulinum toxin injections. Br J Ophthalmol 71:664-668
2. Blackie JD, Lees AF (1990) Botulinum toxin treatment in spasmodic torticollis. J Neurol Neurosurg Pschiatry 53:640-643
3. Jankovic J, Schwartz K (1989) Botulinum toxin injections for cervical dystonia. Neurology 40:277-280
4. Tsui JK, Elsen A, Stoessi A, Calne S, Calne DB (1986) Double-blind study of botulinum toxin in spasmodic torticollis. Lancet 2:245-246
5. Stell R, Thompson PD, Marsden CD (1988) Botulinum toxin in spasmodicus torticollis. J Neurol Neurosurg Psychiatr 5:920-923

Klinik, Diagnose und Therapie der fokalen Dystonien - Einführung

W.H. Oertel, T. Gasser, J. Schwarz und G. Arnold

Der Begriff "Dystonie" wird heute beschreibend als ein "Syndrom von anhaltenden Muskelkontraktionen" definiert, das "häufig drehende, schraubende, wiederholt auftretende Bewegungen oder abnorme Körper(teil)-Stellungen" (1) bedingt. Das Krankheitsbild Dystonie wird mit Adjektiven wie folgt (Tab. 1) klassifiziert:

Tabelle 1.

Ätiologie (Vererbung)	Beginn (Jahre)	Lokalisation1)	Verlauf
idiopathisch/primär	kindlich (< 13)	fokal	reversibel
- sporadisch	jugendlich (13 - 20)	segmental	stationär
- erblich	erwachsen (> 20)	multifokal	progredient
symptomatisch		generalisiert	
		hemidystones S.	

1) Die Definition der unter 'Lokalisation' aufgeführten Begriffe findet sich in Referenz 1

Mehr als 85 % der Dystonien im Erwachsenenalter sind idiopathisch und fokal. Fokale idiopathische Dystonien sind nach Körperregion und Syndromname in Tabelle 2 aufgeführt:

Tabelle 2.

Körperregion	Name der fokalen Dystonien
Lid	*Blepharospasmus* Meige-Syndrom
Oromandibulär	oromandibuläres S. (= segmentale D.)
Hals-/Nackenmuskeln	Rotationstorticollis/Latero-/Retro-/Antecollis spasmodicus
Stimmlippen	dystone Dysphonie
Hand	Schreibkrampf, Geigenspieler-Dystonie und andere "occupational dystonias"
Arm	Armdystonie
Fuß	Fußdystonie

Für die beiden häufigsten fokalen Dystonien, Blepharospasmus und Torticollis spasmodicus lauten die klinisch wichtigsten *Differentialdiagnosen* wie folgt:

Blepharospasmus: Spasmus hemifacialis (Augenbraue zieht aufwärts), Levator-Disinsertions-Syndrom (z. B. Zustand nach augenärztlichem Eingriff), Apraxie der Lidhebung, Lid-Tic, Lid-Myoklonie, faziale Synkinesie.

Torticollis spasmodicus (Ts): - zentralnervös: M. Wilson, postenzaphalitischer Ts, aktue kraniale Dystonie nach Neuroleptika-Gabe (Frühdyskinesie), tardive Dystonie, Syringomyelie, Syringobulbie; - Nicht-dystone Ursachen: kompensatorischer Schiefhals bei Trochlearis-Parese, kongenitaler Pendelnystagmus, Kopftremor; - Erkrankungen der HWS und des kraniozervikalen Übergangs: akutes HWS-Syndrom, angeborene oder erworbene atlantoaxiale Fehlstellungen wie atlanto-axiale Subluxation, atlantoaxiale Rotationsfixation; Neurinom, Meningeom, zervikaler Diskusvorfall, degenerative Veränderungen der HWS; - psychogener Schiefhals (2).

Zusatzuntersuchungen bei fokalen Dystonien umfassen ein kraniales CT und/oder ein Kernspintomogramm des Schädels mit sagittaler Darstellung des Hirnstamms. Zwecks Ausschluß eines M. Wilson sind Kupfer und Coeruloplasmin-Bestimmung im Serum und ophthalmologische Spaltlampenuntersuchung angezeigt. Beim Torticollis spasmodicus werden zusätzlich das Röntgen des Schädels und der HWS in Funktionsstellung mit kraniozervika- lem Übergang und eine EMG-Polygraphie empfohlen.

Symptomatische Dystonien treten bei einer Vielzahl seltener neurologischer Erkran- kungen auf. Diesbezügliche, insbesondere laborchemische Untersuchungen finden sich in Referenz 3.

Therapie

Für Blepharospasmus und Rotations-Torticollis spasmodicus gilt - nach kurzfristiger oraler Gabe von L-DOPA - ab 1990 die lokale Injektion von Botulinum-Toxin A (siehe folgende Beiträge) als Mittel der ersten Wahl.

Als therapeutischer Stufenplan wird bei allen anderen fokalen (und generalisierten) Dystonien folgendes Vorgehen empfohlen:

1. L-DOPA (bis 3x 200 - 250 mg) zwecks Ausschluß des sehr seltenen L-DOPA- empfindlichen 'Segawa-Syndroms'

2. Anticholinergika-Therapie mit z. B. Trihexiphenidyl (Artane), Steigerung bis zu nicht tolerablen Nebenwirkungen

3. Therapieversuch mit Dopamin-Aufnahme-Hemmern (Tetrabenazin, derzeit nur über Internationale Apotheken erhältlich) oder Dopamin-Antagonisten

Tabelle 3 zeigt den Vergleich des Effektes von L-DOPA, Trihexiphenidyl und Botuli- num-Toxin A (BOTOX) in 50 konsekutiven Patienten der Neurologischen Klinik der LMU München mit fokalen Dystonien.

Tabelle 3. Wirkung

Therapie	Deutlich besser	besser	unverändert
L-DOPA	0	1	49
Trihexyphenidyl	3	2	45
Botulinum Toxin A	27	12	6

Eine operative Behandlung des Blepharospasmus wie "Musculus orbicularis stripping", Nervus facialis-Avulsion oder die Resektion des Ramus zygomatico-temporalis sind unserer Meinung Verfahren der dritten Wahl. Ob die selektive periphere Denervation der Rami dorsales (C1 - C5/C6) der Hals- und Nackenmuskulatur (Bertrand and Molina-Negro, 1990; siehe auch die Beiträge von Dieckmann und Vadokas und von Richter und Veit) eine Alternative für die oben aufgeführte Behandlung des Torticollis spasmodicus darstellt, ist zu prüfen.

Das Literaturverzeichnis ist bei den Verfassern erhältlich.

Die Botulinum-Toxin (BOTOX) Therapie oromandibulärer Dystonie, spasmodischer Dysphonie und Dystonie im Extremitätenbereich

A.O. Ceballos-Baumann, C. Hasenau, R. Dengler und B. Conrad

Die verfügbaren medikamentösen und chirurgischen Behandlungen von fokalen Dystonien bleiben oft unbefriedigend. Seit wenigen Jahren hat die selektive und vorübergehende funktionelle Denervierung mittels lokaler Injektionen von Botulinum-Toxin A (BOTOX) Anwendung in der Klinik gefunden. Neben dem Blepharospasmus und der zervikalen Dystonie (Torticollis spasmodicus) können auch weitere fokale Dystonien einen Indikationsbereich darstellen (für Refs 1). Hierzu gehören die spasmodische Dysphonie, charakterisiert durch einen gepreßten Stimmeinsatz sowie Pausen und Abbrüche in der Stimmbildung, die oromandibuläre Dystonie (periorales Grimmassieren, Schnauzbewegungen bis hin zu Mundöffnungsstörungen durch Spasmen der Kaumuskulatur) und dystone Störungen in den Extremitäten.

Von 198 der BOTOX Therapie zugeführten Pat. wurden bei 3 die spasmodische Dysphonie, bei 7 die Extremitäten-Dystonien und bei 18 die oromandibuläre Dystonie (OMD) behandelt. Die Injektionen wurden zur genauen Lokalisierung unter simultaner EMG-Kontrolle (Ausnahme: die oberflächlichen Gesichtsmuskeln) durchgeführt, d. h., eine Teflon-beschichtete hohle Nadel wurde gleichzeitig als EMG und Injektionsnadel gebraucht. Die Dosierung von Botulinum-Toxin A Haemagglutininkomplex (Porton Down, England) wurde individualisiert für jeden Patienten und richtete sich nach vorangegangenen Erfahrungen bei der Behandlung des Blepharospasmus und der zervikalen Dystonie (2, 3); bei Zielmuskeln in der rechten Hand wurde der Effekt langsam titriert.

Spasmodische Dysphonie - Adduktor Typ
Bei 3 Pat. mit spasmodischer Dysphonie wurde unter simultaner EMG-Kontrolle perkutan durch die membrana cricothyroidea in den vocalisthyroarytenoideus Muskelkomplex injiziert. Die Behandlung wird derzeit noch auf semiambulanter Basis ohne Narkose unter Anästhesie-Bereitschaft im OP durchgeführt. 2 Pat. konnten nach Behandlung wieder annähernd normal verbal kommunizieren. Es kam bisher (Dosisfindungsphase) zu einer subjektiven und objektiven Symptomlinderung (bis zu 80 %), was den gepreßten Charakter der Stimme sowie Pausen und Abbrüche in der Stimmbildung angeht. Bei 3 von 8 Behandlungen kam es zu keiner Wirkung, wohl aufgrund der Schwierigkeit, den vocalisthyroarytenoideus Muskelkomplex exakt zu lokalsieren. Passagere und tolerable Nebenwirkungen stellen Heiserkeit und leichte Dysphagie von maximal 3 Wochen Dauer dar.

Oromandibuläre Dystonie (OMD): perioraler und mandibulärer Typ
Die OMD konnte in einen perioralen Typ (12 Pat.) meist im Rahmen eines Meige Syndroms (Blepharospasmus plus OMD, 11 Pat.) und ein mandibulärer Typ (6 Pat.) unterteilt werden. Beim perioralen Typ kamen als Zielmuskeln der M. orbicularis oris, der M. risorius, der M. caninus, die submentale Muskulatur und das Platysma u. a. in Betracht. Beim mandibulären Typ wurde der M. temporalis und masseter, ggf. auch die pterygoideii, injiziert. Die

klassische orobuccolinguale tardive Dyskinesie als Folge der Einnahme von Dopamin-Rezeptor-Blockern stellte keine Indikation dar. Nur bei subjektiver Beeinträchtigung und Persistenz der OMD Dystonie nach Injektionen im Bereich des M. orbucularis oculi im Falle eines Meige Syndroms wurden subcutane Depots individualisiert für jeden Pat. im Bereich der perioralen Muskulatur appliziert. Steifigkeit der Unter- und Oberlippe bildeten das einschränkende Moment, so daß 7 von 11 der Pat. mit Meige nach mehreren Wiederholungsbehandlungen nur noch Injektionen im Bereich des M. orbicularis oculi wünschten.

Bei 6 Pat. mit Mundöffnungsstörungen, Bruxismus bzw. Trismus im Rahmen der OMD wurde unter simultaner EMG-Kontrolle der M. masseter und temporalis (bei einer Pat. auch die Mm. pterygoideii) injiziert. Als Verlaufskontrolle wurde die Schneidekantendifferenz (SKD) über 20 Sek. gemessen. Bei 4 Pat. war die SKD < 2 cm; nach Therapie bei 3 Pat. > 3,5 cm, bei 1 Pat. > 4 cm (physiologisch). Bei 2 Pat. mit predominierendem Bruxismus erwies sich die SKD als ungeeigneter Verlaufsparameter. Die begleitende Schmerzsymptomatik resultierend aus der Überaktivität der Kaumuskulatur, die zu sekundären Veränderungen in Mundhöhle und Kiefer führte, konnte ebenfalls positiv beeinflußt werden. Reinjektionen bei Nachlassen der Wirkung wurden bei allen 6 Pat. gewünscht. Kaustörungen traten bisher nicht auf.

Extremitäten Dystonien
Die Methode ist durch die Notwendigkeit der genauen Lokalsiation der dystonen Muskeln in den Extremitäten und der Titrierung des Effektes speziell bei Behandlung rechter Handmuskeln zwar aufwendig, doch konnten 6 von 7 Pat. erheblich von der Behandlung profitieren. Von 6 Pat. mit Dystonien der Hand und des Arms zeigten 6 Flexionsspasmen von Hand bzw. Fingern (1 unter ihnen nur aktionsinduzierte Spasmen), 1 Hyperextensionsspasmen von Fingern, 1 Supinationsspasmen sowie 1 Dystonie der Oberarm- und Schultermuskulatur. 1 Pat. wies eine Zehenstrecker-Dystonie im Rahmen eines Parkinson-Syndroms auf. Es kam zu einem Sistieren der Symptomatik bei 2 Pat., bei 3 zu einer objektiven Symptomlinderung, bei dem Pat. mit Beteiligung der Oberarm- und Schultermuskulatur zu keinem objektiven Effekt. Alle 6 Pat. mit Dystonie bedingten Schmerzen berichteten über eine vollständige bzw. erhebliche Schmerzreduktion. Trotz Titrieren des Effektes trat regelmäßig eine Schwäche der behandelten Muskulatur ein, die allerdings funktionell nicht beeinträchtigend war.

Unerwünschte Wirkungen waren bei allen Indikationen immer vorübergehend. Die Dauer des Therapieeffektes betrug im Mittel etwa 1/4 Jahr bei den verschiedenen Indikationen. Dies ist vergleichbar mit den Erfahrungen bei Blepharospasmus bzw. zervikaler Dystonie (1, 2, 3). Das Einsetzen der Wirkung wies bei den hier dargestellten Indikationen eine Latenz von min. 0,5 Tagen (Spasmodische Dysphonie) bis zu max. 14 Tagen (Extremitäten-Dystonie) auf.

Literatur

1. Ceballos-Baumann AO, Benecke R, Dengler R, Deuschl G, Dressler D, Oertel WH, Poese W (1990) Therapie fokaler Dystonien mit Botulinum-Toxin A (BOTO) In: Elger CE, Dengler R (Hrsg) Jahrbuch der Neurologie 1989/90. Biermann Verlags GmbH, Zülpich:39-48
2. Ceballos-Baumann AO, Gasser T, Dengler R, Oertel WH (1990) Lokale Injektionsbehandlung mit Botulinum-Toxin A bei Blepharospasmus, Meige Syndrom und Spasmus hemifacialis. Beobachtungen an 106 Patienten. Nervenarzt (im Druck)
3. Ceballos-Baumann AO, Konstanzer A, Dengler R, Conrad B (1990) Lokale Injektionen von Botulinum-Toxin A bei zervikaler Dystonie: Verlaufsbeobachtungen an 45 Patienten. Akt Neurol (im Druck)

Erfahrungen mit der Botulinum-Toxin-Therapie des essentiellen Blepharospasmus

R. Dengler, A.O. Ceballos-Baumann, W. Oertel und A. Konstanzer

Über eine erfolgreiche Therapie des essentiellen Blepharospasmus mit lokalen Injektionen von Botulinum-Toxin A (BOTOX) wurde erstmals 1985 von A. B. Scott et al. (5) berichtet. Diese Beobachtungen wurden seither von mehreren Gruppen bestätigt (Literatur siehe in 1), so daß die BOTOX-Therapie des Blepharospasmus inzwischen weite Verbreitung gefunden hat. Im folgenden sollen kurz eigene und in der Literatur vorgestellte Erfahrungen mit dieser Therapieform referiert werden. Die angegebenen Dosierungen beziehen sich auf das Präparat Botulinum-Toxin A, vertrieben vom Public Health Laboratory Service (PHLS), Porton Down, England, mit dem die Verfasser arbeiten.

Zwischenzeitig wurden in der Bonner sowie in den Münchner Kliniken zusammen mehr als 100 Patienten mit Belpharospasmus, z. T. in Kombination mit perioralen Dyskinesen, behandelt. Die Zahl der Injektionsstellen wurde vom Schweregrad bzw. der Ausbreitung der Symptomatik abhängig gemacht und lag bei 3 - 6 für jedes Auge. Z. B. wurde injiziert am medialen und lateralen Rand des Ober- und Unterliedes sowie medial und lateral über der Augenbraue (3). BOTOX wurde in Tuberkulinspritzen mit feinsten Kanülen subkutan eingespritzt, so daß sich kleine Quaddeln bildeten. Von anderen Autoren werden etwas unterschiedliche Injektionsstellen und eine intramuskuläre Applikation gewählt (2). Nach eigenen Erfahrungen sind jedoch für die Gesichts-, insbesondere die nah an der Oberfläche liegenden und sehr dünnen Lidmuskeln subkutane Gaben gleich zuverlässig. Die injizierte Menge BOTOX für beide Augen zusammen lag bei etwa 5 - 10 ng des englischen Produktes.

Die Wirkung der BOTOX-Injektionen trat meist nach 3 - 4 Tagen ein und erreichte das volle Ausmaß nach 7 und gelegentlich erst nach bis zu 14 Tagen. Nach eigenen Erfahrungen konnte Beschwerdefreiheit in 35 % und eine wesentliche Besserung in weiteren 55 % erreicht werden. Auch bei Patienten mit schon lange bestehendem schwerem Blepharospasmus ließen sich gute, z. T. dramatische Erfolge erzielen. Bei einigen Patienten mit zunächst unzureichender Wirkung haben wir nach 2 Wochen nachinjiziert und eine Besserung erreicht. Bei wenigen Patienten war zwar ein BOTOX-Effekt in Form einer Schwäche des M. orbicularis oculi zu sehen, die Patienten fühlten sich jedoch subjektiv nicht gebessert. Die Wirkdauer lag im Mittel bei 10 Wochen und soll in manchen Fällen bis zu 6 Monate erreichen. Nach Abklingen der Wirkung war der Blepharospasmus häufig geringer ausgeprägt als vor der Erstinjektion, möglicherweise auch, weil die Patienten meist bereits bei den ersten Zeichen der nachlassenden Wirkung auf Reinjektion drängten. Ein Wirkungsverlust war bei den Wiederholungsbehandlungen nicht erkennbar und häufig war eine Dosisreduktion im Laufe mehrerer Reinjektionen möglich.

Bei den Nebenwirkungen handelte es sich im Prinzip um eine unerwünscht starke Hauptwirkung. Generell waren sie vorübergehender Natur und tolerabel. Der Häufigkeit nach geordnet wurden beobachtet ein unvollständiger Lidschluß in 36 %, vermehrter Tränenfluß in 12 %, ein trockenes Auge in 9 %, eine einseitige Ptose in 8 % und eine beidseitige in 4 %, eine ausgeprägte Schwäche des M. orbicularis oculi in 5 % und

Doppelbilder in 2 %. Am meisten zu fürchten ist sicherlich die Ptosis, die sich am ehesten durch eine sorgfältige Injektionstechnik mit Vermeidung der medialen Portionen des Oberlides verhindern läßt. Die Dauer der beobachteten Ptosen lag bei uns um 2 - 3 Wochen mit Ausnahme eines Falles mit einer Dauer von 6 Wochen. Der unvollständige Lidschluß stellte in der Regel kein Problem dar und hält meist nur 1 - 2 Wochen an. Um Keratitiden zu vermeiden, wurde eine nächtliche Prophylaxe mit Bepanthen Augensalbe durchgeführt. Kleine Hämatome lassen sich nicht völlig vermeiden, größere Einblutungen haben wir bislang auch bei 4maliger Behandlung eines marcumarisierten Patienten nicht gesehen. Systematische Nebenwirkungen werden bei den für den Blepharospasmus erforderlichen Dosen nicht gesehen, wenngleich sich gelegentlich mit Hilfe des Einzelfaser-EMG Wirkungen auf Endplatten entfernter Muskeln nachweisen lassen (4).

Die von uns beobachtete Rate an erfolgreichen Behandlungen wie auch die Häufigkeit von Nebenwirkungen deckt sich weitgehend mit den Literaturangaben (siehe 1). Gegenwärtig kann BOTOX beim essentiellen Blepharospasmus sicherlich als Mittel der ersten Wahl bezeichnet werden. Wie bei jeder therapeutischen Neueinführung gibt es jedoch noch offene Fragen zu den Langzeiteffekten, die weitere sorgfältige Beobachtungen erfordern.

Literatur

1. Dengler R, Konstanzer A, Ceballos-Baumann A (1990) Lokale Therapie mit Botulinum Toxin A bei fokalen Dystonien. Akt Neurol (im Druck)
2. Poewe W, Kleedorfer B (1989) Therapie des essentiellen Blepharospasmus und hemifacialen Spasmus mit lokalen Injektionen von Botulinum Toxin Typ A: Erfahrungen an 50 Patienten. Akt Neurol 16:78-82
3. Roggenkämper P (1986) Blepharospasmus-Behandlung mit Botulinustoxin (Verlaufsbeobachtungen). Klin Mbl Augenheilk 189:283-285
4. Sanders DB, Massey EW, Buckley EG (1986) Botulinum toxin for Blepharospasm: single fibre EMG studies. Neurology 36:545-547
5. Scott AB, Kennedy RA, Stubbs HA (1985) Botulinum A toxin injection as a treatment for blepharospasm. Arch Ophthalmol 103:347-350

Therapie des Torticollis spasmodicus mit Botulinus Toxin A: Polymyographische Identifikation relevanter Muskeln

G. Deuschl, F. Heinen, B. Kleedorfer, M. Wagner, C.H. Lücking und W. Poewe

Der Torticollis spasmodicus (Ts) und andere fokale Dystonien können neuerdings durch lokale Injektion von Botulinus Toxin A behandelt werden (1). Wirkprinzip ist die lokale, temporäre, chemische Denervierung einzelner Muskeln, die zu einer Parese vormals dyston hyperaktivierter Muskeln führt. Diese Behandlung hat zur Voraussetzung, daß die für die dystone Fehlstellung verantwortlichen Muskeln vor Behandlung möglichst eindeutig identifiziert werden (6). Der Beitrag polymyographischer Untersuchungen zu dieser Fragestellung wird in der vorliegen Arbeit zusammengefaßt.

Es wurden Polymyographien von 100 Patienten mit Ts ausgewertet. Die standardisierte, gleichzeitige Ableitung erfolgte von den Mm. sternocleidomastoidei und den Mm. trapezii mit Oberflächenelektroden, für die Mm. splenii und Mm. levatores scapulae mit Nadelelektroden (3, 4, 5, 6). Beurteilt wurde die dystone Spontanaktivität, die Aktivität unter der sogenannten geste antagonistique (z.B. aktive Berührung des Kinns mit der Hand) und die Aktivität bei alternierenden Kopfdrehungen. - Entsprechend der klinischen Symptomatologie (1) konnten vier Gruppen von Patienten mit Ts unterschieden werden. Bei 72 Patienten fand sich ein *rotatorischer Ts*, der bei 43 Patienten nach links (Nase zeigt zur linken Seite) und bei 29 Patienten nach rechts gerichtet war. Davon waren bei 39 Patienten zwei Muskeln, nämlich der zur Drehrichtung gleichseitige M. splenius und der gegenseitige M. sternocleidomastoideus hyperaktiv. Bei 25 Patienten waren 3 Muskeln dyston aktiv und zwar zusätzlich zu den obengenannten Muskeln der gegenseitige M. splenius oder M. sternocleidomastoideus. Selten (7 Patienten) war auch der gegenseitige m. trapezius beteiligt. Bei 8 Patienten war nur ein Muskel dyston aktiv (gleichseitiger M. splenius oder gegenseitiger M. sternocleidomastoideus). Die zweite Gruppe bildeten 11 Patienten mit *Laterocollis* mit dystoner Aktivität im gleichseitigen M. splenius und gleichseitigen M. sternocleidomastoideus, teilweise zusammen mit dystoner Aktivität im gleichseitigen M. trapezius und gleichseitigen M. levator scapulae. Zum Teil wurde auch der M. semispinalis als mitverantwortlicher Muskel identifiziert. Die dritte Gruppe bestand aus 9 Patienten, die einen *Retrocollis* mit dystoner Aktivität in beiden Mm. splenii, zum Teil auch beiden Mm. trapezii aufwiesen. Die vierte Gruppe (8 Patienten) setzt sich aus dystonen Mustern zusammen, die elektromyographisch nicht eindeutig einer der obengenannten Gruppen zuzuordnen war und die unter dem Begriff *"Ts mit komplexem Muster"* zusammengefaßt wurden. Fast alle abgeleiteten Muskeln waren dabei in die überwiegend phasisch-dystone Aktivität einbezogen. Klinisch imponierten dabei 7 Patienten durch eine Seitneigung und 1 Patient durch eine Retroflexion des Kopfes. Die Zuordnung eines Patienten zu einer dieser vier Gruppen erlaubt die Entscheidung der Frage, ob nur unilateral oder bilateral an der Halsmuskulatur injiziert werden muß.

Die dystone Muskelaktivität kann tonisch, phasisch (gruppenartige Aktivierung mit einer Dauer zwischen 200 ms und mehreren Sekunden) oder rhythmisch (Frequenz: 3 - 11 Hz) ausgeprägt sein. Im allgemeinen ist die Identifikation der hauptsächlich für die Dystonie verantwortlichen Muskeln bei rein phasischen oder rhythmischen Mustern schwieriger. Eine unvollständige oder vollständige Suppression der dystonen Aktivität durch eine geste antagonistique war bei 72 % der Patienten nachweisbar. Häufig war die Suppression in den hauptsächlich betroffenen Muskeln am geringsten. Bei aktiver alternierender Kopfdrehung waren die besonders betroffenen Muskeln relativ zum symmetrischen Muskel stärker aktiv und wurden bei Bewegungen gegen die Richtung der Dystonie geringer gehemmt. In Einzelfällen können die letztgenannten Tests zusätzliche Hinweise auf die zu behandelnden Muskeln geben.

Zusammenfassend unterstützt die polymyographische Untersuchung von Patienten mit Ts die Identifizierung der hauptsächlich für die dystone Bewegungsstörung verantwortlichen Muskeln. Zusammen mit der klinischen Untersuchung können damit die für die Injektion geeigneten Muskeln ausgewählt werden.

Literatur

1. Deuschl G (1989) Torticollis spasmodicus: Eine fokale Dystonie. Nervenarzt 60:377-383
2. Fasshauer K (1983) Klinische und elektromyographische Verlaufsuntersuchungen beim Torticollis spasmodicus. Nervenarzt 54:535-539
3. Herz E, Hoefer PFA (1949) Spasmodic torticollis I. Physiologic analysis of involuntary motor activity. Arch Neurol Psychiat 61:129-136
4. Lücking CH (1980) Phasische und tonische Bewegungsstörung des Torticollis und der Torsionsdystonie. In: Mertens HG, Przuntek H (Hrsg) Verhandlungen der deutschen Gesellschaft für Neurologie, Bd I. Springer, Berlin:144-155
5. Podivinsky F (1969) Torticollis. In: Vinken PJ, Bruyn GW (Hrsg) Diseases of the basal ganglia. Handbook of clinical Neurology, Vol 6. North Holland Publishing Company, Amsterdam:567-603
6. Thompson PD, Stell R, Maccabe JJ, Day BL, Rothwell JC, Marsden CD (1990) Elektromyography of neck muscles and treatment in spasmodic torticollis. In: Berardelli A, Benecke R, Manfredi M, Marsden CD (Hrsg) Motor Disturbances II, Academic Press, London:289-304
7. Yanagisawa N, Goto A (1971) Dystonia musculorum deformans analysis withelektromyography. J Neurol Sci 13:39-65

Botulinum-Toxin bei nicht-dystonen Hyperkinesen: Spasmus hemifacialis, Bruxismus und Hyperkinesen nach hypoglossofazialen Anastomosen

D. Dressler

Botulinum-Toxin (BT), lokal in geeigneter Verdünnung injiziert, ermöglicht eine gut dosierbare und nach einigen Monaten reversible Muskelblockade. BT stellt damit einen neuen Ansatz zur Behandlung hyperkinetischer Störungen dar. Bislang ist BT hauptsächlich bei dystonen Störungen wie Blepharospasmus, Torticollis spasmodicus, Writer's Cramp und spastischer Dysphonie eingesetzt worden (1). Vorgestellt wird jetzt der Einsatz von BT zur Behandlung nicht-dystoner Hyperkinesen.

Spasmus hemifacialis ist eine hyperkinetische Störung, bei der, meist periokulär beginnend, einseitige tonische oder klonische Zuckungen der mimischen Muskulatur auftreten. Pathophysiologisch wird eine durch ektatische Gefäße ausgelöste mechanische Irritation des N. facialis in seinem proximalen Verlauf angenommen (2). Mikrochirurgische Dekompressionsoperationen sind zwar in vielen Fällen außerordentlich erfolgreich, stellen jedoch einen mehrstündigen neurochirurgischen Eingriff dar, der mit z. T. schwerwiegenden Komplikationen verbunden sein kann. Therapieversuche mit Carbamazepin bieten meist nur bei gering ausgeprägter Symptomatik und über einen kurzen Zeitraum Linderung (3). BT-Injektionen in den M. orbicularis oculi und gelegentlich in die Bukkolabialfalte führen nach wenigen Tagen zu einer massiven Abnahme der Stärke und zu einer deutlichen Reduktion der Häufigkeit der Spasmen. Immer wieder beobachtet wird auch eine Beruhigung nicht-injizierter Muskeln. Nebenwirkungen treten in Form von Ptosis, Diplopia, Keratitis, Hämatom, Ektropion, Lagophthalmos, Mundwinkelparese, Pelzigkeitsgefühl und Tränenfluß auf. Alle diese Nebenwirkungen werden selten beobachtet, treten dosisabhängig auf und sind nach kurzer Zeit voll reversibel. Die Wirkungsdauer der BT-Injektionen beträgt im Mittel 12 bis 14 Wochen.

Bruxismus, hartnäckige und unkontrollierbare Kaubewegungen mit Läsionen des Zahnschmelzes und der Lippen stellen ein immer wieder auftretendes Problem in der neurologischen Intensivmedizin dar. Es werden 2 Patienten vorgestellt, die im Rahmen einer spastischen Tetraparese und eines Multiinfarktgeschehens heftige, therapierestistente Bruxismen ausgebildet hatten. BT-Injektionen in den M. masseter beidseits verhinderten die Muskelkontraktionen, ohne die Kaufunktion zu gefährden.

Hypoglossofaziale Anastomosen, angewandt zur Reinnervation der mimischen Muskulatur bei Läsionen des N. facialis, führen auf Grund umgeleiteter hypoglossaler Nervenimpulse nicht selten zu unwillkürlichen Hyperkinesen der mimischen Muskulatur. Es wird eine Patientin vorgestellt, bei der es im Verlauf einer Operation eines Akustikus-Neurinoms zu einer kompletten Durchtrennung des N. facialis mit langstreckigem Gewebeverlust kam. Eine hypoglossofaziale Anastomose führte zu einer befriedigenden Reinnervation der mimischen Muskulatur. Schluckbewegungen und Kaubewegungen allerdings lösten kosmetisch äußerst störende, nicht unterdrückbare halbseitige Gesichtskrämpfe aus. BT-Injektionen in die betroffene Muskulatur halfen bei der Austarierung des Gleichgewichts zwischen mimischer Hypoinnervation und Hyperinnervation.

Der Einsatz von BT zur Therapie nicht-dystoner Hyperkinesen stellt eine interessante Erweiterung der traditionellen Indikationen für BT-Injektionen dar.

Literatur

1. Dressler D, Benecke R, Conrad B (1989) Botulinum-Toxin in der Therapie kraniozervikaler Dystonien. Nervenarzt 60:386-393
2. Jannetta PJ, Abbasy M, Maroon JC, Ramos FM, Albin MS (1977) Etiology and definitive microsurgical treatment of hemifacial spasm. J Neurosurg 47:321-328
3. Jesel MM, Isch-Treussard C (1964) Essai de traitement de l'hemispasme facial primitif par le tegretol (Geigy). Rev Oto-neuro-ophthal 39:130-135

Befunde bei chronischer Bleiintoxikation unter besonderer Berücksichtigung von CCT und kranialer MRT

C. Schröter, H. Schröter und G. Huffmann

Toxische Effekte von anorganischem Blei waren bereits den Ärzten in der Antike bekannt. Dank strenger Sicherheitsvorkehrungen wird die klinisch manifeste Bleivergiftung bei Erwachsenen heute nur noch selten beobachtet. Eine *59jährige Töpferin* berichtete, nach einer diätetisch bedingten Gewichtsabnahme von 15 kg in drei Monaten an Schlafstörungen, allgemeinem Unwohlsein, Übelkeit und krampfartigen Schmerzen im Abdomen gelitten zu haben. Zwei Wochen vor der Aufnahme in unsere Klinik war eine psychotische Symptomatik mit Gedankenabbrüchen, Zerfahrenheit und angedeutet paranoiden Ideen aufgefallen. Sie verkannte Personen und Situationen. Unter stationärer neuroleptischer Behandlung war die Patientin bereits an dem der Aufnahme folgenden Tag gedanklich geordnet. Bereits in den Jahren 1964 und 1982 waren kurz andauernde psychotische Episoden mit Denkzerfahrenheit, Wahn und akustischen Halluzinationen aufgetreten. Die Mutter der Patientin war an einer Schizophrenie erkrankt.

An Befunden wies die bei der Verlegung zu uns leicht kritik- und distanzgeminderte Patientin eine Bleipolyneuropathie mit symmetrischen atrophischen Paresen im Bereich der Unterarme und Hände mit besonderer Betonung der Extensorengruppen auf. Darüber hinaus fanden sich eine Anämie, eine Hyperurikämie und eine leichte Niereninsuffizienz. Die Bleispiegel im Blut lagen in einem Untersuchungszeitraum von mehreren Monaten zwischen 40 und 75 µg/dl. Im Prophyrinstoffwechsel fanden sich ausgeprägte Veränderungen. Eine Störung des Parathormonstoffwechsels lag nicht vor.

Das kraniale Computertomogramm (CCT) zeigte eine leichte diffuse kortikale Atrophie. In beiden Kleinhirnhemisphären waren ausgeprägte grobfleckige, subkortikale Verkalkungen nachweisbar. Kleinfleckige und girlandenförmig angeordnete subkortikale Verkalkungen fanden sich in beiden Okzipitallappen, bds. frontolateral sowie rechts präzentral, ferner zarte Pallidumverkalkungen. Ähnliche Veränderungen wurden bei Einwohnern in Queensland in Australien, bei denen eine chronische Bleiexposition vorlag, im CCT (5) und in autoptischen Untersuchungen beobachtet. Darüber hinaus wurden nur fünf ähnliche Befunde, jeweils bei Patienten mit einer beruflichen Bleiexposition von über 25 Jahren, beschrieben (3, 7).

Das *Magnetresonanztomogramm des Schädels* ergab in den T2-gewichteten Sequenzen im Bereich beider Seitenventrikel mit besonderer Ausprägung im Bereich der Temporalhörner streifenförmige Bezirke erhöhter Signalintensität. Weitere Areale stellten sich in symmetrischer Anordnung im lateralen Stammganglien-, Insel- und hinteren Thalamusgebiet sowie im Bereich der Pons dar. Soweit wir die Literatur erfassen konnten, handelt es sich um *die erste Beschreibung eines MRT bei chronischer Bleiintoxikation.*

Histologische Untersuchungen bei Patienten mit einer Bleienzephalopathie (2) sowie von Gehirnen mit Verkalkungen bei chronischer Bleiexposition (8) legen nahe, daß Blei direkt zu einer Endothelschädigung kleiner zerebraler Gefäße mit resultierenden perivaskulären Exsudaten und hierdurch schließlich zu den "nicht-arteriosklerotischen intrazerebralen

Kalkablagerungen" führt. In den wenigen Berichten über vergleichende CCT- und MRT-Untersuchungen bei Patienten mit intrazerebralen Verkalkungen beim FAHR-Syndrom (4, 6, 9) und bei AIDS (1) fanden sich in den verkalkten Arealen im CCT eine verminderte Signalgebung im MRT. In der Umgebung der Verkalkungen zeigten sich dagegen Gebiete erhöhter Signalintensität. Die verminderte Signalintensität im Bereich der Verkalkungen wurde durch die geringe Protonendichte des Kalziums erklärt, die erhöhte Signalgebung am ehesten durch perivaskuläre Exsudate. Es wurde vermutet, daß die signalreichen Bezirke ein frühes Stadium im Verlauf des Krankheitsprozesses darstellen, das der Mineralisierung vorausgeht, und die Verkalkungen den Endzustand anzeigen. Auch bei unserer Patientin erscheint es möglich, daß die Signalanhebungen durch eine Schädigung der kleinen Gefäße mit resultierendem Exsudat bedingt sind. Allerdings ist anzumerken, daß die Verkalkungen im CCT und die signalintensiven Zonen im MRT nicht, wie beim FAHR-Syndrom beschrieben, eng benachbart sind.

Unsere Kasuistik läßt an einen Zusammenhang der kurzdauernden psychotischen Episoden mit der Bleiintoxikation denken. Der zweiten Episode waren ein akuter Infekt und der Beginn der Menopause, der dritten Episode eine starke Gewichtsreduktion vorausgegangen, was möglicherweise zu einem gesteigerten Knochenumbau und damit zu einer vermehrten Bleifreisetzung führte. In engem zeitlichen Zusammenhang trat neben der psychiatrischen Symptomatik auch die Bleipolyneuropathie auf. Der Krankheitsverlauf läßt an das Vorliegen einer körperlich begündbaren Psychose mit schizophrenieartiger Symptomatik im Rahmen einer Exazerbation der chronischen Bleiintoxikation denken. Aufgrund der familiären Belastung kann jedoch eine blande verlaufende endogene Psychose differentialdiagnostisch nicht ausgeschlossen werden. Möglicherweise führte auch die Bleiintoxikation bei anlagebedingter Disposition zum Auftreten der psychotischen Episoden.

Literatur

1. Belman AL, Lantos G, Horoupian D, Novick BE, Ultman MH, Dickson DW, Rubinstein A (1986) AIDS: Calcification of the basal ganglia in infants and children. Neurology 36:1192-1198
2. Blackmann SS (1937) The lesions of lead encephalitis in children. Bull Johns Hopk Hosp 61:1-61
3. Brückmann H, Krieger D, Zeumer H (1988) Intracerebral subcortical calcinosis following long-term exposure to lead. Fortschr Röntgenstr 148, 1:95-96
4. Gomes CR, Luque A, Horenstein S (1989) Microvasculaopathy may precede idiopathic cerebral calcifications - Case Report. Angiology 67-72
5. Graham J, Jayasinghe L, Baddeleye H (1981) Cerebellar calcifications. Diagn Imag Clin Med 50:99-106
6. Lang C, Huk W, Pichl J (1989) Comparison of extensive brain calcification in postoperative hypoparathyroidism on CT and NMR scan. Neuroradiology 31:29-32
7. Reyes PF, Gonzales CF, Zalewska MK, Besarab A (1986) Intracranial calcification in adults with chronic lead exposure. American Journal of Roentgenology 146/2:267-270
8. Saal JR, Coombe IF, Thomas BW, Tonge JI, Burry AF (1978) Cerebellar calcification-ultrastructure and histochemistry. Pathology 10:351-63
9. Scotti G, Scialfa G, Tamieri D, Landoni L (1985) Case Report: NMR imaging in Fahr disease. J Comput Assist Tomogr 9:790-792

Wir danken Prof. Dr. Lütcke und Priv.-Doz. Dr. Spalke, Abt. f. Neuroradiologie der Univ. Marburg, für die Überlassung des CCT sowie Dr. Mariß, Röntgenabt. der Hardtwaldklinik Zwesten, für die Überlassung des MRT.

Adrenomyeloneuropathie

W. Köhler und G. Hertel

Die Adrenomyeloneuropathie stellt eine phänotypische Variante der X-chromosomal vererbbaren Adrenoleukodystrophie dar. Charakteristischerweise tritt zwischen dem 20. und 30. Lebensjahr bei bis dahin gesunden Männern eine langsam progrediente, spastische Paraparese auf. Meist gleichzeitig führt eine allgemeine Schwäche, Gewichtsabnahme, Übelkeit und Erbrechen sowie verstärkte Hauptpigmentation zur Diagnose eines Morbus Addison (1).

Der neurologische Befund ergibt neben der immer bestehenden spastischen Paraparese häufig sensible Störungen besonders der Pallästhesie, ataktische Störungen, Blasenfunktionsstörungen, Impotenz, eine distal symmetrische milde Polyneuropathie und, in fortgeschrittenen Krankheitsstadien, ein leichtes hirnorganisches Psychosyndrom.

Heterozygote Überträgerinnen erkranken in 10 - 15 % mit späterem Erkrankungsbeginn (43 +/- 11 Jahre) und leichterem Verlauf (4). Nur ausnahmsweise entwickelt sich eine Nebennierenrindeninsuffizienz. Bei diesen Patientinnen wird die Symptomatik häufig als multiple Sklerose, Heredoataxie oder spinaler Prozeß unklarer Genese fehlgedeutet. Dies betrifft in gleicher Weise betroffene Männer ohne wesentliche Hinweise auf eine Nebennierenrindeninsuffizienz.

Im Gegensatz zur kindlichen Verlaufsform finden sich regelhaft unauffällige computertomographische Befunde, wohingegen in der Kernspintomographie meist unterschiedlich starke Demyelinisierungsherde im Hirnstammbereich, der Sehbahn, Hörbahn, Pyramidenbahn, aber auch in den Hemisphärenmarklagern gefunden werden (2).

Entscheidend für die Diagnose ist die Bestimmung der sehr langkettigen gesättigten Fettsäuren (very long chain fatty acids, VLCFA) in Serum, kultivierten Fibroblasten oder Amnozyten (pränatale Diagnostik) der Patienten (5, 8).

Der zugrunde liegende, genetisch determinierte (langer Arm des X-Chromosoms, Genlocus Xq28) Enzymdefekt (Lignoceroyl-CoA-Synthetase) führt zur gestörten ß-Oxidation der VLCFA in den Peroxisomen (3 und 9).

Welche Rolle die erhöhten Fettsäurewerte für die Pathogenese der Erkrankung spielen oder ob sie nur auslösendes Moment in einer immunologischen Kaskade sind, ist zum jetzigen Zeitpunkt unklar (4).

Der Versuch, therapeutisch über eine Restriktion der Zufuhr von sehr langkettigen Fettsäuren mit der Nahrung eingreifen zu können, brachte keinen Erfolg (6). Erst die gleichzeitige orale Gabe kürzerkettiger, einfach ungesättigter Fettsäuren (Glyceroltrioleat, C18:1; Glycerotrierucat, C22:1) führt über eine kompetitive Enzymhemmung zur Normalisierung der VLCFA-Blutwerte (7). Die klinische Wirksamkeit dieser Therapie wird momentan an mehreren Zentren prospektiv untersucht. Erste Ergebnisse weisen dabei auf einen positiven Effekt auf den Verlauf der Adrenomyeloneuropathie hin.

Literatur

1. Griffin JW, Goren E, Schaumburg HH, Engel WK, Loriaux L (1977) Adrenomyeloneuropathy: A probable form of adrenoleukodystrophy. Neurology, 27:1107
2. Kumar AJ, Rosenbaum AE, Naidu S et al (1987) Adrenoleukodystrophy: Correlating MR imaging with CT. Radiology 165:497-504
3. Migeon Ba, Moser HW, Moser AB et al (1981) Adrenoleukodystrophy: Evidence for X-linkage, inactivation and selection favoring the mutant allele in heterozygous cell. Proc Nath Acad Sci USA, 78:5066-5070
4. Moser HW, Naidu S, Kumar AJ, Rosenbaum AE (1987) The adrenoleukodystrophics. Crit Rev Neurobiol 3(1):29-88
5. Moser HW, Moser AB, Frayer KK, Chen W, Schulmann JD, O'Neill BP, Kishimoto Y (1981) Adrenoleukodystrophy: Increased plasma content of saturated very long chain fatty acids. Neurology 31:1046
6. Moser AB, Borel J, Odone A et al (1987) A new dietary therapy for adrenoleukodystrophy: Biochemical and preliminary clinical results in 36 patients. Ann Neurol 21:240-249
7. Rizzo WB, Leshner RT, Odone BA et al (1989) Dietary erucic acid therapy for X-linked adrenoleukodystrophy. Neurology 39:1415-1422
8. Singh J, Moser AB, Moser HW et al (1984) Adrenoleukodystrophy: Impaired oxidation of very long chain fatty acids in white blood cells, cultured skin fibroblasts an amniocytes. Pediatr Res 18:286-289
9. Wanders RJA, van Roermund CWT, van Wijland MJA et al (1988) Direct demonstration that the deficient oxidation of very long chain fatty acids in X-linked adrenoleukodystrophy is due to an impaired ability of peroxisomes to activate very long chain fatty acids (1988). Biochem Biophys Res Commun 153:618-624

Die Adreno-Myelo-Neuropathie - eine Kasuistik

R. Körber, C. Baerwald, H.-J. Braune und G. Huffmann

Einleitung

Die Adreno-Leuko-Dystrophie (ALD) des Kindesalters und die Adreno-Myelo-Neuropathie (AMN) des Erwachsenenalters sind zwei unterschiedliche Manifestationsformen einer X-chromosomal vererbten Störung des Lipidstoffwechsels (Griffin et al. 1977, Moser et al. 1980). Vermutlich als Folge des gestörten Abbaus der überlangen Fettsäuren (im anglo-amerikanischen Sprachraum very long chain fatty acids: VLCFA) resultiert eine Akkumulation insbesondere der C24- und C26-Fettsäuren.

Anamnese

Bei einem 25jährigen bisher gesunden Patienten kam es seit März 1987 zu einer langsam progredienten Paraparese und Blasenentleerungsstörungen. Myelographie, kraniales CT und MRT des Schädels und des Spinalkanals ergaben einen Normalbefund. Der Liquor war zunächst unauffällig, bei Kontrolle fiel eine Pleozytose von 24/3 Zellen auf. Oligoklonales IgG und aktivierte B-Lymphozyten waren nicht nachweisbar. Im September 1987 wurde nach Urosepsis mit Elektrolytentgleisung internistischerseits eine primäre NNR-Insuffizienz (M. Addison) diagnostiziert.

Neurologischer Befund

Spastische Paraparese, Muskeleigenreflexe der Beine gesteigert, Babinski bilateral positiv. Minderwahrnehmung für alle Qualitäten ab Th 8.

Technische Befunde

MRT: kranial, zervikal und thorakal unauffällig. Motorische NLG von N. medianus, N. tibialis und N. peronaeus gering bis deutlich verlängert. Evozierte Potentiale: Tibialis-SEP beidseits fehlend, Medianus-SEP beidseits verzögert, FAEP: Peak II bis V beidseits verzögert. Untersuchung des Lipidstoffwechsels siehe Tabelle 1.

Familienanamnese

Der ältere Bruder ist ebenso wie der Vater und die Mutter des Patienten gesund. Der neurologisch unauffällige jüngere Bruder ist seit dem 2. Lebensjahr an M. Addison erkrankt.

Diskussion

Aufgrund der Symptomenkonstellation eines M. Addison mit einer progredienten spastischen Paraparese vermuteten wir das Vorliegen einer Adreno-Myelo-Neuropathie (AMN). Die Sicherung der Diagnose ist nur über den Nachweis erhöhter Konzentrationen der überlangen Fettsäuren möglich. Außer bei dem Patienten selbst konnten auch bei dem jüngeren Bruder D. K. erhöhte VLCFA-Werte nachgewiesen werden. Bei ihm wird die klinische Symptomatik (noch) lediglich vom M. Addison bestimmt. Die klinisch unauffällige Mutter H. K. konnte aufgrund der erhöhten VLCFA-Werte als Konduktorin ermittelt werden.

Die phänotypische Expression des genetischen Defekts erwies sich somit - in Übereinstimmung mit anderen Kasuistiken (Vogel et al. 1989, Elrington et al. 1989) innerhalb der untersuchten Familie als sehr variabel.

Differentialdiagnostisch ist in erster Linie die Enzephalomyelitis disseminata und die Querschnittsmyelitis zu berücksichtigen. Gegen diese Erkrankungen sprechen jedoch die elektroneurographisch nachgewiesene Beteiligung des peripheren Neuron, das Fehlen von aktivierten B-Lymphozyten und oligoklonalem IgG sowie das unauffällige MRT.

Tabelle 1. Bestimmung der VLCFA-Wewrte im Plasma

Patient	C26 nmol/ml	Ratio C24/C22	Ratio C26/C22
	0,83 +/- 0,46*	0,84 +/- 0,08*	0,013 +/- 0,09*
D.K. (m)	2,34°	1,29°	0,033°
A.K. (m)	3,22°	2,55°	0,094°
H.K. (w)	3,0°	0,98	0,038°

*Normwerte nach Moser et al. (1981) Neurology 31:1241
°Außerhalb des Normbereichs

Literatur

1. Elrington GM, Bateman DE, Jeffrey MJ, Lawton NF (1989) Adrenoleukodystrophy: Heterogeneity in two brothers. J Neurol Neurosurg Psychiatry 52:310-313
2. Griffin JW, Goren E, Schaumburg H, Engel WK, Loriaux L (1977) Adrenomyeloneuropathy: A probable variant of adrenoleukodystrophy I. Clinical and endocrinologic aspects. Neurology 27:1107-1113
3. Moser HW, Moser AB, Kawamura N, Migeon B, O'Neill BP, Fenselau C, Kishimoto Y (1980) Adrenoleukodystrophy. Studies of the phenotype, genetics and biochemistry. Johns Hopkins Med J 147:217-224
4. Vogel HP, Jakobs C, Oelkers W, Quabbe HJ (1989) Der Adreno-Leuko-Dystrophie/Adreno-Myelo-Neuropathie-Komplex. Akt Neurol 16:159-164

Zur Klinik und Diagnostik lumbo-sakraler meningealer Zysten

T.M. Wallasch

Perineuralzysten wurden erstmals als Entität von Tarlow im Jahre 1938 morphologisch und als Ursache klinischer Symptome beschrieben (1). Die Terminologie nicht-parasitärer 'spinaler extraduraler meningealer Zysten' (MC) in der Literatur ist uneinheitlich und mißverständlich. An einer Fallbeschreibung mit ungewöhnlich großen MC werden die klinische Symptomatik, neuroradiologische Befunde sowie chirurgische Therapiemöglichkeiten erörtert. Es wird die Klassifikation nach Narbors (2) als klinisch orientierte, einfache und übersichtliche Einteilung von MC beschrieben.

Falldarstellung: Eine 38jährige Frau mit einer seit 5 Jahren bestehenden Rückenschmerzenanamnese klagte über einen in das linke Bein ausstrahlenden Schmerz mit Beschwerdezunahme beim Laufen. Blasen- oder Mastdarmstörungen bestanden nicht. Die körperliche Untersuchung ergab keine pathologischen Befunde. Der Liquor cerebrospinalis war unauffällig. AP und seitliche Aufnahmen der LWS waren regelrecht. Eine lumbale Myelographie (Abb. 1) zeigte sacculäre kontrastmittelgefüllte Zysten der L2- bis L4-Wurzeln, das postmyelographische CT erbrachte den Nachweis von Nervenwurzelstrukturen im Zysteninnenraum (Abb. 2): die Diagnose von MC vom Typ II wurde gestellt.

Tarlov beschrieb als wesentliches Unterscheidungskriterium von "Perineuralzysten" gegenüber "meningealen Zysten" die fehlende Kontrastmittelfüllung bei der Myelographie. Heute ist mittels postmyelographischer Computertomographie bewiesen, daß sich sowohl "Perineuralzysten" als auch "meningeale Zysten" primär mit Kontrastmittel füllen und somit mit dem Subarachnoidalraum kommunizieren. Einheitliche histologische Merkmale zur Klassifikation von MC existieren nicht. Die Klassifikation nach Narbors (2) teilt MC in drei Gruppen ein:

extradurale meningeale Zysten ohne Nervenwurzelfasern (Typ I);
extradurale meningeale Zysten mit Nervenwurzelfasern (Typ II);
intradurale meningeale Zysten (Typ III):

MC vom Typ I sind durale Divertikel, die im gesamten Bereich des Spinalkanals vorkommen können. Sie wurden früher als "extradurale meningeale Zysten" oder "sakrale Meningozelen" bezeichnet. Zervikale oder thorakale Zysten vom Typ I werden häufiger als sakrale Typ I-MC symptomatisch und können langsam progrediente spastische Paraparesen hervorrufen, während in der lumbosakralen Region radikuläre neurologische Symptome oder lumbagiforme Beschwerdekomplexe das klinische Bild beherrschen. Therapeutisch sind sacrococcygeale MC durch Verschluß des Ostiums operativ anzugehen. MC vom Typ I, die oberhalb des Sacrums auftreten, sind gewöhnlich komplett chirurgisch zu entfernen. MC vom Typ II sind Erweiterungen der spinalen Nervenwurzelscheiden der Hinterwurzeln. Sie wurden früher als "Perineuralzysten" oder "Nervenwurzeldivertikel" bezeichnet. Sie bevorzugen die Sakralregion und sind meist asymptomatisch. Ggf. besteht das operative Vorgehen in der partiellen Resektion unter Schonung nervaler Strukturen.

MC vom Typ III wurden in "arachnoidale Zysten" oder "arachnoidale Divertikel" eingeteilt. Sie werden entlang der posterioren Anteile des spinalen Subarachnoidalraumes gefunden. Anteriore Zysten sind sehr selten. Wie MC vom Typ II treten sie häufig multipel auf und sind meist asymptomatisch. Symptome können eine chirurgische Therapie notwendig machen, die in der kompletten Exzision besteht. Spinale meningeale Zysten sind seltene Ursache radikulärer oder pseudoradikulärer neurologischer Symptome. Das diagnostische Procedere sollte neben Nativaufnahmen der Wirbelsäule eine Myelographie mit wasserlöslichen Kontrastmitteln vorsehen. Bei fehlender primärer Kontrastmittelfüllung der Zysten ist die Durchführung einer postmyelographischen Computertomographie essentiell, um andere differentialdiagnostische Prozesse, wie spinale Tumoren oder Bandscheibenvorfälle, auszuschließen. Die spinale Kernspintomographie wird in der Diagnostik spinaler meningealer Zysten bislang nicht routinemäßig durchgeführt. Die Verwendung von 'high surface quality coils' wird in Zukunft eine nicht-invasive Diagnostik mit der Kernspintomographie zum Nachweis der Klassifizierung und der differentialdiagnostischen Abgrenzung von MC ermöglichen.

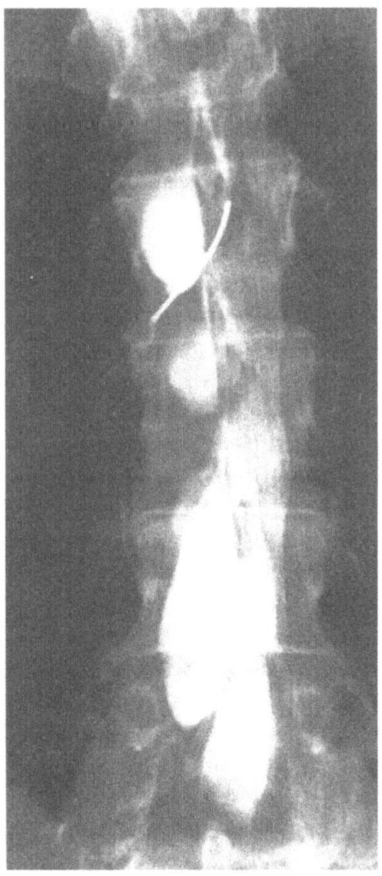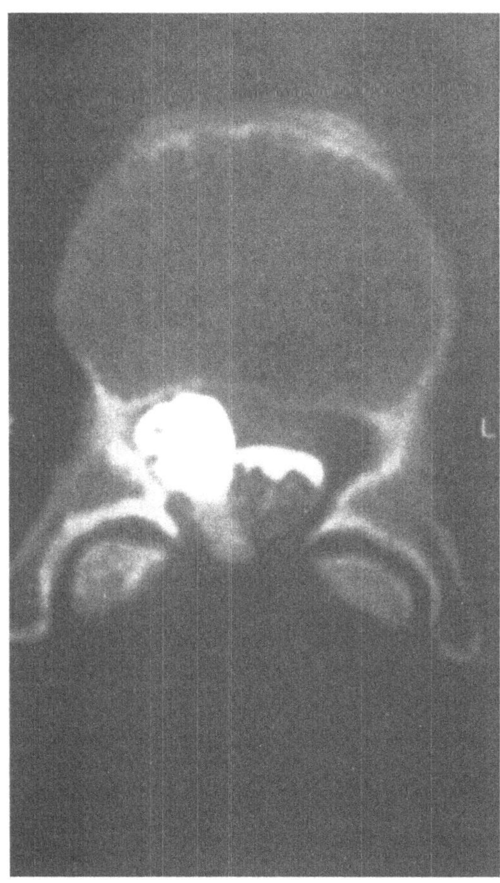

Literatur

1. Tarlov IM (1938) Perineural cysts of the spinal nerve roots. Arch Neurol Psych 40:1067-1074
2. Narbors MW, Pait TG, Byrd EB, Karim NO, Davis DO, Kobrine AI, Rizzoli HV (1988) Updated assessment and current classification of spinal meningeal cysts. J Neurosurg 68:366-377

Paroxysmale dystone Choreoathetose

C. Klinz und K.-H. Biesold

Die paroxysmale dystone Choreoathetose (PDC) ist eine seltene neurologische Störung, die 1940 erstmals in einer medizinischen Zeitschrift beschrieben wurde (6). Obgleich die Symptomatik bislang häufig zu Fehldiagnosen Anlaß gegeben hat (8), bereitet die richtige Zuordnung in Kenntnis der Charakteristika keine Schwierigkeiten und führt dann in der Regel zu einer befriedigenden Behandlung. Das Krankheitsbild wird anhand einer Videoaufzeichnung vorgestellt.

Kasuistik

Ein junger Mann würde zur Abklärung anfallsartiger Verkrampfungen eingewiesen, die seit frühester Kindheit auftraten und durch koffeinhaltige Getränke, Alkohol oder Streß ausgelöst wurden. Die Paroxysmen ereigneten sich höchstens einmal pro Tag am späten Nachmittag oder Abend, nie jedoch während des Schlafes.

Die Vorgeschichte war unauffällig. Zwei Großtanten hatten in ihrer Jugend ebenfalls teils durch Streß ausgelöste, bei vollem Bewußtsein ablaufende und mehrere Minuten dauernde "Anfälle" gehabt. Bei der 2jährigen Tochter war eine ähnliche Symptomatik in einer auswärtigen Klinik als fokale Epilepsie verkannt worden. Während des stationären Aufenthaltes konnten die Anfälle wiederholt durch Trinken mehrerer Tassen Kaffee provoziert werden, wobei wir in einem Fall diese Videoaufzeichnung vorgenommen haben. Sie begannen ca. 2 Std. nach der Kaffeeinnahme mit unwillkürlichen Kontraktionen und geschraubten oder zuckenden Bewegungen im distalen Abschnitt einer Extremität, breiteten sich dann auf die gesamte jeweilige Körperhälfte und schließlich auf den ganzen Körper aus und erreichten nach etwa einer halben Stunde ihr Maximum. Das Bewußtsein war nicht eingeschränkt. Der Patient schwitzte sehr stark und hatte leicht vermehrten Speichelfluß. Die Dyskinesien waren extremitätenbetont, betrafen aber auch die Rumpf-, Gesichts- und Zungenmuskulatur. Bei schweren Anfällen konnte er nicht stehen und er hatte eine undeutliche Aussprache. Gezielte Feinbewegungen konnten durchaus vollzogen werden, wobei die Symptomatik in der jeweiligen Extremität weitgehend sistierte, sich in den anderen Gliedmaßen aber gleichzeitig verstärkte. Nach intensiver körperlicher Betätigung waren die Hyperkinesien vorübergehend deutlich abgeschwächt. Die Symptomatik ebbte nach 1 - 4 Std. in gleicher Reihenfolge wie ihr Auftreten wieder ab.

Der klinische Untersuchungsbefund war im anfallsfreien Intervall unauffällig. Die Diagnostik einschließlich der Laborchemie, eines intraiktal abgeleiteten EEGs und CT sowie NMR des Schädels ergab keinerlei pathologischen Befund.

Während Valproinsäure keinen Einfluß auf die Symptomatik hatte, ist der Patient unter der sehr geringen Dosierung von 3mal 0,5 mg Clonazepam pro Tag beschwerdefrei.

Es handelt sich hierbei um die typische Ausprägung einer PDC. Für die Diagnosestellung sind lediglich Anamnese und klinische Beobachtung relevant. Das Krankheitsbild ist gekennzeichnet durch bei vollem Bewußtsein auftretende choreoathetoide oder dystone

Bewegungsmuster, die länger als 5 Minuten bis zu mehreren Stunden anhalten, höchstens 3mal pro Tag vorkommen und durch koffeinhaltige Getränke, Alkohol oder Streß ausgelöst werden. Als vegetative Begleitsymptomatik sind Schwitzen, Gesichtsrötung und vermehrte Speichel- oder Tränensekretion beschrieben worden (1, 2, 3). Es liegt immer ein autosomal-dominanter Vererbungsmodus vor. Der Beginn liegt in den ersten Lebensjahren, meist tritt mit höherem Alter eine Besserung ein.

Die Pathogenese ist unbekannt, allgemein wird jedoch die durch Lance (4) geäußerte Annahme favorisiert, es handele sich um eine Störung der kortikalen Kontrolle des Neostriatums und seiner thalamischen Verbindungen durch komplexe Neurotransmittermechanismen.

Auch dieses Beispiel bestätigt wiederum die hervorragende Wirksamkeit des Benzodiazepinderivates Clonazepam in gut verträglicher Dosierung (4, 5, 7), weshalb es als Mittel der Wahl in der Behandlung der PDC angesehen werden darf.

Literatur

1. Forssman H (1961) Hereditay disorder characterized by attacks of muscular contractions, induced by alcohol amongst other factors. Acta Med Scand 170:517-533
2. Frey AM (1986) Die Pflasterkästen. Ein Feldsanitätsroman. Fischer, Frankfurt/M:94-95
3. Lance JW (1963) Sporadic and familial varieties of tonic seizures. J Neurol Neurosurg Psychiatry 26:51-59
4. Lance JW (1977) Familial paroxysmal dystonic choreoathetosis and its differentiation from related syndromes. Ann Neurol 2:285-293
5. Mayeux R, Fahn S (1982) Paroxysmal dystonic choreoathetosis in a patient with familial ataxia. Neurology 32:1184-1186
6. Mount LA, Reback S (1940) Familial paroxymal choreoathetosis: preliminary report on a hitherto undescribed clinical syndrome. Arch Neurol 44:841-846
7. Tibbles JAR, Barnes SE (1980) Paroxysmal dystonic choreoathetosis of Mount and Reback. Pediatrics 65:149-151
8. Walker ES (1981) Familial paroxysmal dystonic choreoathetosis: a neurologic disorder simulating psychiatric illness. Johns Hopkins Med J 148:108-113

Kearns Sayre Syndrom: Darstellung dreier Patienten

P.M. Brenner, D. Claus, A. Engelhardt, A. Spitzer, D. Dressler, B. Neundörfer, V. Rummelt, G.E. Lang und H. Reichmann

Das Kearns Sayre Syndrom (KSS) definiert sich als Symptomenkombination einer Retinitis Pigmentosa, einer chronisch progredienten Ophthalmoplegie sowie durch den Erkrankungsbeginn vor dem 15. Lebensjahr. Neben diesen obligatorischen Symptomen muß eines der folgenden akzessorischen Symptome gefordert werden: 1) zerebelläre Dysfunktion, 2) Herzreizleitungsstörungen oder 3) eine Erhöhung des Liquorgesamteiweißgehaltes über 100 mg/dl (4, 7).

Bislang handelt es sich um eine spontan auftretende Erkrankung unklarer Ätiologie. Deletionen der mitochondrialen (mt) DNA wurden beschrieben, dennoch sind Anverwandte oftmals klinisch nicht betroffen und Deletionen nicht auffindbar (2, 3). Biochemische Defekte sind vielfach nicht nachweisbar. Bislang wurde in Einzelfällen ein Mangel an Carnitin oder der Carnitinpalmitoyltransferase beschrieben (6). Öfter finden sich Defekte der Atmungskette, hier besonders des Komplexes I (5, 7), des Komplexes IV (1) und selten des Komplexes V (7). 1989 beschrieben Rivner et al. (8) erstmals einen Komplex II-Defekt bei KSS. Ein zweiter Fall ließ sich im Rahmen unserer Untersuchungen nachweisen.

Patientendarstellung: Bei drei männlichen Patienten im Alter von 23 bis 30 Jahren lag das Vollbild eines KSS vor. Der Erkrankungsbeginn ließ sich auf das 7. bzw 14. Lebensjahr festlegen. Die klinische Untersuchung zeigte bei jedem der drei Patienten eine Ptosis und Opthalmoplegie. Bei zweien war eine leichtgradige Schwäche der Nacken-, der proximalen Arm- und Beinmuskulatur vorhanden . Zerebelläre Ataxie, Minderwuchs , beginnender dementiver Abbau und strumpf- und handschuhförmige Hypästhesie mit abgeschwächten MER lagen nur bei einem vor, eine sensoneurale Hörminderung konnte in zwei Fällen aufgezeigt werden.

Laborparameter: Eine CK Erhöhung war nur einmal nachweisbar, die Serumaldolase lag jeweils im Normbereich. Der Serumlactat/Pyruvat-Quotient war in zwei Fällen deutlich über der Norm. Antimitochondriale Antikörper fehlten. Eine partielle Hypophyseninsuffizienz mit Hypogonadismus kam in einem Fall zur Darstellung. Der Liquoreiweißgehalt war mit Werten zwischen 110 mg% und 200 mg% in allen drei, der Laktatgehalt in zwei Fällen erhöht.

Elektrophysiologische Untersuchungen: Alle 3 Patienten wiesen myopathische EMG Veränderungen bei normalen NLGs auf. Eine beidseitige Potentialverzögerung der VEP war in zwei, eine Verlängerung aller Peaks der AEP in einem Fall nachzuweisen. Die EEGs waren unauffällig.

Fundoskopisch lag bei allen eine bilaterale Retinitis pigmentosa mit sog. Knochenkörperchen vor. Die Elektroretinographie mit skotopischer und photopischer Testung ließ in zwei Fällen eine Amplitudenreduktion erkennen. Im EKG war lediglich in einem Fall ein WPW Syndrom nachzuweisen, Schenkelblockbilder kamen nicht vor. Die Echokardiographie war unauffällig.

Bildgebende Verfahren: Weder die Muskelsonographie noch ein NMR der Oberschenkelmuskulatur ließen Atrophien oder bindegewebige Veränderungen erkennen. Die Ruhepeaks der P31 NMR Spektroskopie lagen allesamt im Normbereich. Das kran. CT zeigte in einem Fall eine kortikale Atropie , das kran. NMR hingegen bei zweien eine kortikale wie auch eine Kleinhirnatrophie. Zudem kamen in der T2-Gewichtung beidseitige signalintensive Läsionen einmal punktförmig, ein andermal diffus in der weißen Substanz zur Darstellung.

Spezielle Zusatzuntersuchungen: Die Muskelbiopsie aller Patienten wiess typische ragged red fibres in der Gomori Trichrome Färbung auf, außerdem myopathische Alterationen und strukturelle Veränderungen der Mitochondrien in der Elektronenmikroskopie. Eine Deletion der mt DNA war lediglich in einem Fall ohne spezifisch nachweisbaren Atmungskettendefekt auffindbar. Nur einmal gelang der Nachweis eines isolierten Atmungskettendefektes, wobei es sich hierbei jedoch um einen Komplex II-Defekt mit isolierter Reduktion der Succinat Dehydrogenase und der Succinat Zytochrom C Reduktase-Aktivität handelte, verbunden mit einer Minderanfärbung einzelner Fasern in der histochemischen Succinatdehydrogenasefärbung, begleitet von einem partiellem Zytochrom Oxidase-Defekt.

Diskussion

Auf Grund der klinischen Symptomatik wie auch der Muskelbiopsiebefunde war in allen 3 Fällen von einem KSS auszugehen. Fallberichte über Patienten mit einer mitochondrialen Enzephalomyopathie auf Grund von Komplex II-Defekten der Atmungskette sind selten und zumeist existieren nur indirekte Hinweise für eine solche Konstellation, dies bei reduzierter Succinat Zytochrom C Reduktase-Aktivität. Diese Komplexeinheit repräsentiert dennoch einen größeren Abschnitt der Atmungskette, so daß sowohl der Komplex II wie auch III betroffen sein könnte.

In Übereinstimmung mit dem von Rivner erstmals dargestellten Fall einer Patientin mit KSS bei Komplex II-Defekt fand sich jedoch in der biochemischen Analyse eines Patienten eine isolierte Minderung sowohl der Succinat Dehydrogenase als auch der Succinat Zytochrom C Reduktase-Aktivität, beides Untereinheiten des Komplex II. Unterstüzt wurden diese Befunde durch die geminderte Anfärbung in der histochemischen SDH Färbung. Entsprechend war eine Deletion der mt DNA in diesem Fall nicht nachweisbar, zumal dem Komplex II keine durch die mt DNA kodierte Untereinheiten zu eigen sind. Laborparameter wie etwa die Kreatininkinase oder Aldolase versagen vielfach in der Diagnostik mitochondrialer Enzephalomyopathien. Hilfreich sind hier die Laktat- und Pyruvatbstimmungen und die oben genannten Zusatzuntersuchungen. Bei klinisch vermuteter Diagnose sollte dennoch frühzeitig eine Muskelbiopsie mit histo- und auch biochemischer Analyse nebst Elektronenmikroskopie durchgeführt werden.

Das Literaturverzeichnis ist bei den Verfassern erhältlich.

Familiäre Mitochondriocytopathie mit Manifestation als Kearns-Sayre-Syndrom bei heteroplasmatischer Deletion in der muskulären mitochondrialen DNA

E. Wilichowski, F. Hanefeld, C. Lock, A. Bruhn und D. Rating

1. Einführung

Das Kearns-Sayre-Syndrom (KSS) gehört zusammen mit dem MERRF- und dem MELAS-Syndrom, dem M. Leigh sowie dem M. Alpers zu der heterogenen Gruppe der "Mitochondrialen Enzephalomyopathien". Bei diesen Krankheitsbildern stehen zentralnervöse Symptome wie psychomotorische Retardierung, dementieller Abbau, Epilepsie, Ataxie und Zeichen einer Pyramidenbahnschädigung ganz im klinischen Vordergrund - im Gegensatz zu den "Mitochondrialen Myopathien" mit rein myopathischen Verläufen (wie Muskelhypotonie, chronisch progrediente externe Ophthalmoplegien). Beide Gruppen werden unter dem Begriff "Mitochondriozytopathien" zusammengefaßt, da ihnen die typischen muskelbioptischen Befunde einer mitochondrialen Störung (in Form von "ragged red fibers" und pathologische Mitochondrienkonfigurationen) gemeinsam sind und auch in vielen, jedoch nicht in allen Fällen Defizienzen der mitochondrialen Atmungskette nachweisbar ist.

Das KSS ist gekennzeichnet durch Retinitis pigmentosa, externe Ophthalmoplegie, Kardiomyopathie mit Reizleitungsstörungen, Ataxie und den Zeichen einer mitochondrialen Myopathie in der Muskulatur. Regelmäßig läßt sich ein erhöhtes Liquoreiweiß nachweisen, das Laktat im Serum, Liquor und Urin kann erhöht sein.

Obwohl familiäre KSS-Fälle sehr selten sind (bei 2 - 3 % aller Patienten), wurden wegen der nachweisbaren Atmungsketten-Komplexdefekte mutative Veränderungen der mitochondrialen DNA (mt-DNA) als Ursache vermutet. Tatsächlich zeigen Studien der letzten Jahre, daß mehr als 90 % aller KSS-Patienten heteroplasmatische Deletionen in der mt-DNA aufweisen.

Wir präsentieren eine klinische und genetische Studie von drei Patienten mit typischen klinischen Bildern des KSS.

2. Patienten, Material und Methoden, Ergebnisse

Die muskuläre mt-DNA von 27 Patienten mit verschiedenen Formen von Mitochondriozytopathien wurde auf größere Strukturanomalien hin untersucht. Hierzu wurde die extrahierte DNA zunächst mit der Restriktionsendonuklease linearisiert und anschließend nach der "Southern blot"-Hybridisierungsmethode analysiert. Drei der untersuchten Patienten weisen danach eine heteroplasmatische Deletion auf. Durch weitere Restriktionsanalysen mittels verschiedener Enzyme wurden die Deletionen näher charakterisiert und die Deletionen im mitochondrialem Genom lokalisiert (Deletionsmapping). Die Deletionen waren ausschließlich bei den KSS-Patienten nachweisbar. Sie umfassen 4,1 bis 5,5 kb (kilo Basenpaare), der Anteil an deletierter Population zu normal konfigurierter mt-DNA-Population von 16,5 kb schwankt zwischen 38 und 62 %. In allen Fällen sind mindestens 4 Strukturgene und 5 bis 7 tRNA-Gene deletiert, während die Regionen, die für die Replikation und die Transskription notwendig sind, bei allen erhalten geblieben sind. Wir konnten die Deletionen nicht in der mt-DNA von kultivierten Fibroblasten und den Thrombocyten der drei Patienten nachweisen.

Falldarstellung: Michaela G., geboren am 7.12.1974:

Familienanamnese: - Großvater mütterlicherseits im Alter erblindet
                             - Eltern gesund, Mutter "immer die Kleinste"
                             - Zwillingsschwester gesund, normale Größe
Schwangerschaft, Geburt und frühkindliche Entwicklung: normal
Mit 7 Jahren: - motorische und mentale Verlangsamung
Mit 10 Jahren: - Nachtblindheit
Mit 12 Jahren: - Minderwuchs (20cm u.3.Perz.), Tremor, Ataxie,
                               Ptosis
Mit 13/14 Jahren: - Verschlechterung, keine Pubertätszeichen
Untersuchungsbefunde: - keine Panzytopenie
                             - normales Laktat im Serum und im Urin
                             - erhöhtes Liquorprotein
                             - STH-Mangel (eine STH-Substitution zeigte keineWirkung auf
                               die Wachstumsgeschwindigkeit)
                             - Rechtsschenkelblock
                             - Retinitis pigmentosa
                             - "ragged red fibers" in der Muskulatur
                             - keine biochemisch nachweisbare Defizienz dermitochondria-
                               len Atmungsketten-Komplexe
                             - normales kraniales CT und NMR
                             - erhöhter Laktatgehalt des Gehirns in der ^{H}NMR- Spektroskopie
                               (ca. 5fach erhöht)
Die Mutter und die Zwillingsschwester der Patientin sind klinisch unauffällig. In der durch Nadelbiopsie gewonnenen Muskulatur der Mutter zeigten sich jedoch eindeutige Zeichen einer Mitochondrialen Myopathie (mit "ragged red fibers" und pathologischen Mitochondrienkonfigurationen). Die Restriktionsanalyse der muskulären mt-DNA sowie der aus Thrombozyten und Fibroblasten von Mutter und Schwester zeigte jedoch nur eine Population von normal strukturierter mt-DNA von 16,5 kb Größe. Die ^{H}NMR-Spektroskopie des Gehirns der Mutter war normal (keine Laktaterhöhung).

3. Diskussion

Von den 27 Patienten mit unterschiedlichen Formen von Mitochondriozytopathien konnten bei 3, die alle an einem KSS leiden, heteroplasmatische Deletionen in der muskulären mt-DNA, nicht jedoch in der anderer Gewebe nachgewiesen werden. Bei den anderen Patienten müssen entweder kleinere, mit der "Southern blot"-Methode nicht erfaßbare Strukturveränderungen oder Punktmutationen der mt-DNA oder mutative Veränderungen der nukleären DNA der Chromosomen angenommen werden.

Die heteroplasmatischen Deletionen bei den KSS-Patienten sind alle unterschiedlicher Größe und Lokalisation im mitochondrialen Genom. Diese genetische Heterogenität korreliert jedoch nicht mit dem klinischen Bild und dem Verlauf dieser Patienten. Sie sind nicht in solchen Geweben oder Organsystemen nachweisbar, von denen beim KSS keine Symptome ausgehen, was eine organspezifische Verteilung der mutierten mt-DNA-Population vermuten läßt.

Der Nachweis von heteroplasmatischen Deletionen der mt-DNA ist einer der bedeutendsten genetischen Faktoren bei dem KSS und ist bei mehr als 90 % aller KSS-Patienten in der Muskulatur zu führen (1, 3). Nur in wenigen Fällen wurden bisher heteroplasmatische Deletionen in anderen Geweben (Fibrblasten, Thrombocyten, Leukozyten, Leber) beschrieben (3). Sie sind von unterschiedlicher Größe, der überwiegende Teil ist im letzten zwei Drittel des mitochondrialen Genoms lokalisiert.

Heteroplasmatische Deletionen derselben Art lassen sich auch bei einem ganz anderen Krankheitsbild nachweisen, dem Pearson-Syndrom, einer nicht neurologischer Erkrankung, das durch fatale Panzytopenie, kongenitale Laktazidose und einer exokrinen Pankreas-Insuffizienz charakterisiert ist (4), hierbei jedoch nur in den Leukozyten. Dies führte zu der Hypothese, daß die klinische Manifestation von heteroplasmatischen Deletionen von der Gewebeverteilung der mutierten Populationen abhängt. Durch mitotische Segregation während der (früh)embryonalen Entwicklung können sich die unterschiedlichen Populationen auf ganz verschiedene Gewebe bzw. Organsysteme in zusätzlich unterschiedlichen Quantitäten verteilen:

- Eine in der Oocyte oder Zygote heteroplasmatisch vorliegende Deletion führt zu einer Manifestation als KSS dann, wenn durch mitotische Segregation die deletierte DNA-Population vorzugsweise in das ZNS und in die Muskulatur gelangen.

- Segregiert die deletierte Population vorwiegend in die Knochenmarks-Stammzellen und in die Pankreaszellen, entwickelt sich das Pearson-Syndrom.

Die Beobachtung eines Mädchens, das nach einer Phase mit spontan remittierender Panzytopenie und sideroachrestischer Anämie das klinische Bild eines KSS entwickelte, unterstützt diese Vorstellung (2).

Bei unseren Patienten mit KSS sind die heteroplasmatischen Deletionen nur in der Muskulatur nachweisbar. Jedoch läßt die Tatsache, daß bei der oben beschriebenen Patientin der Laktatgehalt des Gehirns erhöht ist, vermuten, daß die mutativ veränderte mt-DNA-Population in einem bisher nicht bekannten Ausmaß auch im ZNS vorhanden ist und zu funktionellen Störungen und Ausfällen führt. Dies unterstützt die Hypothese einer gewebespezifischen Segregation mutierter mt-DNA beim KSS.

Die überwiegende Mehrzahl aller KSS-Erkrankungen treten sporadisch auf. Nur bei 2 - 3 % aller Patienten finden sich ebenfalls erkrankte Familienmitglieder. Bisher konnte bei keinem KSS-Patienten mit heteroplasmatischer Deletion eine mutativ veränderte mt-DNA bei Familienangehörigen nachgewiesen werden, so daß bis heute von zygotischen oder postzygotischen Neumutationen ausgegangen wird. Die Mutter unserer KSS-Patientin M. G. zeigt jedoch die eindeutigen morphologischen Zeichen einer mitochondrialen Myopathie in der Muskulatur. Die "SOUTHERN blot"-Analyse der muskulären mt-DNA zeigte aber keine Veränderungen, es war nur eine Population von normaler Größe nachzuweisen. Wir nehmen an, daß die Mutter Trägerin einer mt-DNA-Mutation ist, die mutierte Population jedoch zu gering für den Nachweis mit der "Southern blot"-Methode ist.

Das Literaturverzeichnis ist bei den Verfassern erhältlich.

Paranoid-halluzinatorische Psychose nach chronischer Intoxikation durch Phenylisopropylamine im Rahmen einer Polytoxikomanie

D. John

Neben Intoxikationen durch herkömmliche Rauschdrogen werden auch zunehmend Fälle drogeninduzierter Psychosen nach Einnahme sog. Designer-drugs aus der Reihe der Phenylisopropylamine beobachtet. Es handelt sich vor allem um 3,4-methylendioxy-phenylisopropylamin (MDA) bzw. um N-monomethyl-3,4-methylendioxyisopropylamin (MDMA) mit dem Szene-Namen "Exstasy" (3). Diese, dem Amphetamin strukturell verwandten Substanzen, haben auch eine dem Serotoninantagonisten (LSD) ähnliche Wirkung auf das serotoninerge System. Dies erklärt teilweise die in der Intoxikation vorliegenden Mischbilder, wobei stimulierende und halluzinogene Substanzeigenschaften beobachtet werden (3). Zudem wird MDA ein "gesteigertes Erleben der Ichheit" zugeschrieben.

Im folgenden werden drei Kasuistiken vorgestellt. Alle Pat. hatten im Rahmen einer Polytoxikomanie MDA oder MDMA eingenommen.

Fall 1. Männlich, 21 Jahre

Mit 15 Jahren erstmals Haschisch, dann auch LSD, Heroin nasal, Alkohol, MDA, MDMA. Schulabbruch, derzeit arbeitslos. In den 4 Wochen vor Aufnahme entwickelte sich ein psychotisches Bild, das von tiefgreifenden Störungen der Ich-Identität mit Auflösung des Körperschemas, formalen Denkstörungen (Gedankenabreißen), Mikrohalluzinationen (Kreise, Lichtblitze, einfache Farberscheinungen, Dröhnen) Affektlabilität und einer dysphorischen Stimmungslage gekennzeichnet war. Dabei deutlich beeinträchtigte zeitliche und situative Orientierung. Trotz 20 mg Haloperidol/die keine wesentliche Besserung, es persisitierte ein adynamer Zustand mit Affektverflachung. Nach 3 Wochen Entlassung gegen ärztlichen Rat. Neurologische Untersuchung ohne Auffälligkeiten. EEG: Unregelmäßiges alpha-EEG ohne Herd und ohne epilepsiespezifischen Potentiale. CT des Gehirnschädels nativ: Zeichen der äußeren Regression. Ein Jahr nach Entlassung Nachricht, daß das adyname Zustandsbild weiter anhält.

Fall 2. Weiblich, 23 Jahre

Mit 13 Jahren erstmals Haschisch, mit 16 Jahren LSD. Schulschwierigkeiten, keine geregelte Arbeit. 2 Monate vor Klinikaufnahme mehrfach MDMA, in den Wochen bis zur Aufnahme Auftreten einer deutlichen Störung der Ich-Identität mit Störung des Körperschemas, Gedankenlautwerden, optische Halluzinationen bedrohlichen Inhalts, Verfolgungsideen, Angst, Suizidalität, innerer Unruhe, mangelnde situative Orientierung. Unter der Tagesdosis von 40 mg Haloperidol in absteigender Dosierung deutliche Besserung nach 10 Tagen, dann über die nächsten 3 Wochen adynames, aspontanes Zustandsbild mit Nivellierung des Affektes und Kritikminderung. Bei Entlassung Entwickeln realistischer Zukunftsperspektiven. Neurologische Untersuchung unauffällig.

Fall 3. Weiblich, 23 Jahre

Mit 22 Jahren erstmals Amphetamine, Kokain, MDA, MDMA. Am Tag der Aufnahme, 2 Tage nach Einnahme der letzten Dosis, Verfolgungsideen, bedrohliche optische und szenische Halluzinationen, depressive Stimmungslage, Suizidabsichten. Auch ohne Arzneigabe gute Rückbildung innerhalb von 10 Tagen. Zwischenzeitlich trat ein adynames, aspontanes Zustandsbild auf. Neurologischer Befund unauffällig.

Alle 3 Pat. entwickelten im Zusammenhang mit der Einnahme von MDA oder MDMA eine Psychose, die jeweils von einer depressiven Stimmungslage und einer ausgeprägten Suizidalität begleitet war. In den schwereren Fällen trat noch eine Ich-Identitätsstörung, vorwiegend optische Halluzinationen, formale Denkstörungen und eine mangelnde Orientierung hinzu. Im Abklingen der Psychose, nach Sistieren der produktiven Symptomatik, waren die Patienten aspontan und adynam bzw. affektiv verflacht und kritikgemindert. Vergleichbar ist am ehesten der psychopathologische Befund bei Amphetamin-Sucht (4), wobei ebenfalls depressiv-dysphorische Syndrome nach Abklingen paranoid-halluzinatorischer Zustände beobachtet werden. An chronische Intoxikationen durch LSD erinnert das Auftreten von "flash-back-Psychosen" (vgl. Fall 2). Insgesamt ergibt sich eine gute Übereinstimmung mit der Untersuchung von Bron et al. (1, 2), die jugendlichen Patienten hatten auch dort überwiegend Haschisch, LSD und Amphetaminderivate konsumiert.

Dem MDMA wird eine irreversibel Bindung an Serotoninhaltige Zellen zugeschrieben. So finden sich im Tierversuch Degenerationen von 5-HT-haltigen Axonen im Stratum lacunosum des Hippocampus und im Striatum, nicht jedoch im Hirnstamm (5). Eventuell ist Fall 1 hierauf zu beziehen. Eine wesentliche Differentialdiagnose ist auch die paranoid-halluzinatorische Form der Schizophrenie, wobei stets bei einem Querschnittsbild offenbleiben muß, ob sich unter dem Bild einer Schizophrenie eine symptomatische Psychose entwickelte oder ob die Intoxikation zur Manifestation einer Schizophrenie führte (1, 2).

Da Phenylisopropylamine lediglich in den ersten 3 Tagen nach Einnahme im Urin nachweisbar sind, gelingt ein laborchemischer Nachweis in der Regel nicht.

Es wurden 3 Kasuistiken von Patienten mit chronischer Intoxikation durch MDMA oder MDA im Rahmen einer Polytoxikomanie vorgestellt. Nach Abklingen einer produktiv-psychotischen Symptomatik mit Ich-Störung, Denkstörung, Halluzinationen und Depressivität stellte sich ein aspontan adynames Syndrom ein. Klinisch ist die stets vorhandene Suizidalität das vordringlichste Problem der Akutbehandlung.

Literatur

1. Bron B, Fröscher W, Gehlen W (1976) Differentialdiagnostische und syndromgenetische Probleme und Aspekte drogeninduzierter Psychosen im Jugendalter. Fortschr Neurol Psychiat 44:673-682
2. Bron B, Fröscher W, Gehlen W (1977) Analyse chronischer Zustandsbilder bei jugendlichen Drogenkonsumenten. Fortschr neurol Psychiat 45:53-75
3. Glennon RA (1987) Psychoactive Phenylisopropylamines. In: Psychopharmacology - The third generation of progress. Raven Press, New York:1627-1634
4. Hesse E (1971) Rausch-, Schlaf- und Genußgifte. Enke, Stuttgart
5. Scallet AC, Lipe GW, Ali SF et al (1988) Neuropathological evaluation by combined immunohistochemistry and degeneration-specific method: Application to methylenedioxymethamphetamine. Neurotoxicology 9 (3):529-537
6. Schmidbauer W, Scheidt J vom (1989) Handbuch der Rauschdrogen. Fischer, Frankfurt
7. Wellhöner HH (1976) Pharmakologie und Toxikologie. Springer, Berlin Heidelberg New York

Die transiente globale Amnesie: Follow-up Ergebnisse bei 41 Patienten

S. Fegers

Bender (1) hat 1956 erstmals über 12 Patienten mit dem "syndrome of isolated episode of confusion with amnesia" berichtet. Den 1958 von Fisher und Adams (3) geprägten Begriff der transienten globalen Amnesie (TGA) möchten wir dem in deutschsprachigen Publikationen häufiger benutzten Synonym "amnestische Episoden" aus Gründen der sprachlichen Klarheit vorziehen. Von 1979 bis 1990 wurden in der Neurologischen Abteilung des Krankenhauses Maria Hilf in Mönchengladbach 50 Patienten (26 Männer und 24 Frauen) mit einer TGA untersucht, davon 36 Patienten stationär und 14 konsiliarisch. Alle in die vorliegende Studie aufgenommenen Patienten erfüllten die Diagnosekriterien von Caplan (2):

Es gab in jedem Fall Zeugen für den Beginn und den Verlauf der TGA; die Symptomatik war immer auf eine plötzlich einsetzende ausgeprägte Merkfähigkeitsstörung mit unterschiedlich ausgedehnter retrograder Amnesie und ratlos artikulierten Fragestereotypien (z. B.: Was ist passiert? Wie bin ich hierhergekommen?) begrenzt;

es fanden sich klinisch keine anderen neurologischen Reiz- oder Ausfallserscheinungen;

die Symptomatik dauerte maximal einen Tag.

Bei 41 Patienten (23 Männer und 18 Frauen) konnten katamnestische Angaben und Befunde gewonnen werden. Der zeitliche Abstand zur TGA bewegte sich zwischen 6 Wochen und 11 1/2 Jahren und lag im Mittel bei 4 Jahren und 9 Monaten.

Das Durchschnittsalter betrug 64 Jahre (Extremwerte 48 bzw. 77 Jahre), es ergaben sich dabei keine wesentlichen Altersunterschiede zwischen der Gruppe der Männer und der Frauen.

In fünf Fällen konnte während der TGA ein EEG abgeleitet werden, einmal ein FAEP. Es ergaben sich jeweils keine pathologischen Befunde.

Im CCT konnte je zweimal ein Multi-Infarkt-Syndrom und eine alte ACP-Ischämie nachgewiesen werden sowie einmal ein älterer Stammganglieninfarkt. In 34 Fällen wurde eine dopplersonographische Untersuchung der extrakraniellen hirnversorgenden Gefäße vorgenommen, in vier Fällen eine TCD. Hier zeigte sich in drei Fällen eine unilaterale 60- bis 70 %ige ACI-Stenose.

Angiographie (5 Fälle), NMR (4 Fälle) und Hirnszintigraphie (7 Fälle) ergaben keine wesentlichen Auffälligkeiten.

Die kardiologischen Untersuchungen (EKG, Echo-KG, Holter-EKG) ergaben in sieben Fällen eine Rhythmusstörung, bei drei Patienten Blockbilder, je einmal Zeichen einer hypertensiven Herzkrankheit, einer COCM und einer Aortenstenose.

Bei 13 Patienten lag der Nüchtern-Wert des Serum-Cholesterins über 250 mg%, je einmal waren die Triglyzeride und der HkT signifikant erhöht. Bei mehr als der Hälfte der Patienten bestand eine Hypertonie, bei sechs Patienten eine Migräne, bei sieben eine KHK. Nur jeder zehnte Patient betrieb einen Nikotinabusus mit mehr als 10 Zigaretten täglich.

Bei keinem der nachuntersuchten Patienten stellte sich eine erneute TGA ein. Drei Patienten beklagten milde Gedächtnisstörungen, in zwei Fällen wurde ein ACVB wegen kardialer Erkrankungen vorgenommen, eine Patientin erlitt etwa 18 Monate nach der TGA einen Mediaterritorialinfarkt mit konsekutiver Pflegebedürftigkeit.

Vier Patienten verstarben: ein 67jähriger Patient erlitt 6 Wochen nach der TGA einen Myokardinfarkt und verstarb nach zunächst erfolgreicher Reanimation im Multi-Organ-Versagen, ein Pat. verstarb an der Ruptur eines Bauchaortenaneurysmas, eine Patientin an einem Zervix-Karzinom und ein Patient durch Suizid bei vorbestehender endogener Depression.

Die Ergebnisse unterstreichen den benignen Charakter der TGA, wie er unter anderem auch von Jensen und Olivarius (5) sowie von Hinge und Mitarbeitern (4) hervorgehoben wird. Eine arterielle Hypertonie ist der wesentlichste Risikofaktor. Inwieweit vorbestehende bzw. parallel verlaufende thrombotische Risikofaktoren und Gefäßerkrankungen die Prognose hinsichtlich nachfolgender Herz- oder Hirninfarkte bestimmen, erscheint noch nicht hinreichend geklärt. Miller und Mitarbeiter (6) fanden bei ihren 277 Patienten in 7 Fällen einen nachfolgenden tödlichen Herzinfarkt, in 11 Fällen einen ischämischen Insult.

In jedem Falle sollte die TGA Anlaß zu einer gründlichen Klärung sein, wobei neben dem Ausschluß der sogenannten symptomatischen Fälle die Fahndung nach vaskulären Risikofaktoren von immenser Bedeutung ist.
Die Indikation zur invasiven Diagnostik sollte in Übereinstimmung mit Rittmann et al. (8) nur beim Auftreten zusätzlicher neurologischer Symptome gestellt werden.

Sicher bedürfen auch Patienten mit rezidivierenden TGA einer intensiven Klärung. Müller (7) errechnet eine Rezidivrate von 3,4 %/Jahr. Allerdings wiesen selbst Patienten mit mehrfachen Rezidiven kein höheres Hirninfarktrisiko auf als die altersentsprechende Normalpopulation.

Literatur

1. Bender MB (1956) Syndrome of isolated episode of confusion with amnesia. J Hillside Hosp 5:212-215
2. Caplan LR (1986) Transient global amnesia: criteria and classification. Neurology 36:441
3. Fisher CM, Adams RD (1958) Transient global amnesia. Trans Amer Neurol Ass 83:143-146
4. Hinge HH, Jensen TS, Kjaer M, Marquardsen J, de Fine Olivarius B (1986) The prognosis of transient global amnesia: Results of a multicenter study. Arch Neurol 43:672-676
5. Jensen TS, de Fine Olivarius B (1981) Transient global amnesia - its clinical and pathophysiological basis and prognosis. Acta Neurol Scandinav 63:220-230
6. Miller JW, Petersen RC, Metter EJ, Millikan CH, Yanagihara T (1987) Transient global amnesia: clinical characteristics and prognosis. Neurology 37:733-737
7. Müller HR (1989) Die Transient Global Amnesia. Mit einem Beitrag zur ihrer Prognose. Schweiz Rundsch Med Prax 78:970-975
8. Rittmann M, von Kummer R, Betz H (1984) Zerebrale Angiographie bei transitorisch globaler Amnesie. Nervenarzt 55:644-650

Adrenomyeloneuropathie: Diagnostisch wegweisende elektrophysiologische und kernspintomographische Befunde

J. Machetanz, C. Bischoff und J. Klingelhöfer

Die Adrenomyeloneuropathie (AMN) ist einer von mehreren Phänotypen des x-chromosomal vererbten Adrenoleukodystrophie (ADL)-Komplexes. Das entscheidende diagnostische Verfahren ist die Bestimmung langkettiger Fettsäuren. Hierbei handelt es sich jedoch um ein Verfahren, welches derzeit nur in gezielten Verdachtsfällen durchgeführt werden kann. Im Vorfeld und zur Ergänzung dieser Diagnostik haben somit andere Verfahren einen hohen Stellenwert. Anhand einer Kasuistik wird speziell auf die motorisch evozierten Potentiale (MEP) eingegangen und ein bislang unseres Wissens nicht beschriebenes Lokalisationsmuster der Läsionen im kernspintomographischen Befund dargestellt.

Bei dem einunddreißigjährigen Patienten war seit dem 13. Lebensjahr eine Nebennierenrinden- und seit dem 21. Lebensjahr eine Gonadeninsuffizienz bekannt. Familienanamnestisch war ein Bruder im Alter von 12 Jahren unter dem klinischen Bild einer Adrenoleukodystrophie verstorben. Die Primärpersönlichkeit des Patienten war einfach strukturiert und er erschien in seinem Verhalten auffallend unflexibel. Die sekundäre Geschlechtsbehaarung war vermindert ausgeprägt. Es lagen deutliche Skelettdeformitäten mit großen Akren, Hohlfüßen sowie einem ausgeprägten Hohlrundrücken vor. Die Armeigenreflexe waren rechtsbetont lebhaft, der Patellarsehnenreflex beidseits, rechtsbetont gesteigert. Das Zeichen nach Babinski war beidseits positiv. An den unteren Extremitäten bestand eine distal betonte Sensibilitätsstörung für alle Qualitäten. Das Gangbild war spastisch ataktisch. Die Prüfung der Farbsichtigkeit zeigte eine Blau-Gelb-Schwäche. Unauffällig waren: Kariogramm, Spermiogramm, Liquorbefund, Antikörpertiter gegen: Parietalzellen, Speicheldrüsenausführungsgänge, NNR Antigene sowie ANA, AMA, SMA.

Elektrophysiologisch fanden sich: Verzögerte Nervenleitgeschwindigkeiten (NLG) an den oberen und unteren Extremitäten (Nn. peroneus re. 34 m/s; tibialis beidseits 34 m/s; suralis beidseits 33 m/s; medianus: sensibel 41 m/s, motorisch 46 m/s). Das EMG der Mm. tibialis anterior und gastrocnemius rechts war unauffällig. Bei der kortikalen und spinalen Magnetstimulation kam es zu einer Verzögerung der zentralen und peripheren motorisch evozierten Potentiale (MEP). Die zentralmotorischen Latenzen waren deutlich verzögert (M. interosseus 1 manus: 14 ms links, 24,5 ms rechts [Norm bis 9.5 ms] und M. tibialis anterior: 31 ms beidseits [Norm bis 18 ms]). Die visuell evozierten Potentiale waren unauffällig. Bei den akustisch evozierten Hirnstammpotentialen ließen sich nach den regelrechten Potentialen I und II keine weiteren Komponenten mehr abgrenzen. Die somatosensorisch evozierten Potentiale (SSEP) des N. medianus zeigten mit kortikalen N20 Komponenten von 26.8 ms rechts und 25.9 ms links [Norm bis 22.3 ms] bds. verzögerte Werte, wobei die zentrale Latenz als Differenz zwischen der N20 Komponente und den in Höhe HWK7 abgeleiteten spinalen Potentialen mit 8.9 ms rechts und 8.0 ms links [Norm bis 7.2 ms] verzögert war. Kortikale SSEPs vom N. tibialis waren nicht darstellbar.

Bei der spinalen Kernspintomographie (MRI) zeigte sich ein deutlich verschmächtigtes Myelon in Höhe der Hals- und Brustwirbelsäule. Das kraniale MRI erbrachte in den T2 gewichteten Bildern hyperintense Veränderungen, die vom Marklager des vorderen linken Temporallappens bis in die periventrikuläre Substanz des Occipitallappens reichten.

Die Konzentration der langkettigen Fettsäuren im Plasma (2) war deutlich erhöht (C26:0:3.06 nmol/ml; C24:0/22:0 = 1.23; C26:0/22:0= 0.056). Die Mutter des Patienten wies grenzwertig erhöhte Werte auf, wie sie mit einer heterozygoten Merkmalsträgerin vereinbar sind.

Diskussion

Bei Patienten mit Adrenomyeloneuropathie sind die peripheren NLG ebenso verzögert wie die kortikal abgeleiteten sensibel evozierten Potentiale (5), wobei die Befunde an den unteren Extremitäten ausgeprägter sind als an den oberen. Bei dem vorgestellten Patienten fiel eine Diskrepanz zwischen den Verzögerungen der peripheren NLG sowie der zentralen sensiblen Latenzen (ca 1.17fache der Normwertgrenze) einerseits und den zentralmotorischen Latenzen (ca 2.2fache der Normwertgrenze) andererseits auf. Diese überproportional verzögerten zentralmotorischen Latenzen wiesen auf einen besonderen Befall der kortikospinalen Bahnen hin. Im kranialen MRI wurde jedoch keine korrespondierende Läsion dieser Bahnen sichtbar. Analoge Befunde wurden bei den akustisch evozierten Hirnstammpotentialen erhoben (1, 4, 6), wo in manchen Fällen ebenfalls elektrophysiologische Befunde sensitiver als die bildgebenden Verfahren waren. Alternativ ist zu diskutieren, ob die extreme Verzögerung der zentralmotorischen Latenzen auf diejenigen Veränderungen zurückgehen, welche im spinalen MRI als Verschmächtigung des Marks ihren Niederschlag finden.

Ein weiterer Aspekt ergibt sich dadurch, daß die Lokalisation der kranialen MRI Veränderungen des vorgestellten Patienten einem bislang unseres Wissens nicht beschriebenen Verteilungsmuster folgte. Im Gegensatz zu den bei ADL als typisch geltenden symmetrischen Veränderungen mit occipito-parieto-temporaler, occipito-parieto-frontaler, frontaler und parietaler Lokalisation (3) wie auch zu den bei AMN vorzufinden fleckförmigen Läsionen einzelner Bahnsysteme fanden sich im vorliegenden Fall einseitige Läsionen mit Maximum im vorderen Temporallappen. Demgegenüber waren nur kleinere hyperintense Veränderungen in den periventrikulären occipitalen Bereichen nachweisbar. Da die Diagnose des vorgestellten Patienten aufgrund des klinischen Bildes, der Familienanamnese und des pathologischen Befundes der langkettigen Fettsäuren als gesichert anzusehen ist, kann den bislang bekannten und häufig als nahezu pathognomonisch dargestellten Lokalisationen von MRI Veränderungen beim ADL-Komplex ein weiteres Muster hinzugefügt werden.

Das Literaturverzeichnis ist bei den Verfassern erhältlich.

Neurologische Befunde und soziales Schicksal von Absolventen zweier Schulen für Geistigbehinderte

D. Bechinger, V. Baur, U. Fetzer und H.H. Kornhuber

Die Förderung Geistigbehinderter in der Bundesrepublik wurde in den Jahren nach dem 2. Weltkrieg verbessert. Unter insgesamt 290 Absolventen (A) zweier Schulen für Geistigbehinderte waren 95 mit einer Nachuntersuchung, 78 auch mit einer neurologischen Untersuchung einverstanden. Die A und deren Eltern wurden nach schulischem Werdegang, Beschäftigung, sozialer Eingliederung und Ätiologie der Behinderung befragt. Leistung und Leistungswille wurden nach einer dreistufigen Skala von den Eltern und den Gruppenleitern der Werkstatt eingeschätzt. Für die Einteilung nach sozialen Schichten war der Beruf des Vaters entscheidend. Zusätzlich wurde eine Prüfung der Motorik mit dem Lincoln-Oseretzky-Test, LOS-KF 18, bei der 18 Aufgaben verschiedener Schwierigkeiten gegeben werden, durchgeführt. Es erfolgte ferner eine Befragung nach der CONNERS Teacher Rating Scale (CS: 39 Punkte) und dem Bristol Social Adjustment Guide (BG: 30 Punkte). Da es sich um Fragen nach negativen Verhaltensweisen handelt und jede Bejahung als Punkt gerechnet wird, bedeutet eine höhere Punktzahl eine stärkere Verhaltensauffälligkeit. Aus der CONNERS Scale werden Faktoren I - V berechnet: Benehmen, Unaufmerksamkeit-Passivität, Spannung-Angst, Hyperaktivität, soziale Integration. Die A waren zwischen 16 und 33 Jahre alt. Bei 34 bestand eine Trisomie 21. 20 hatten eine Epilepsie. Von 121 A, die nicht geantwortet hatten, liegen jedoch folgende Daten vor: Tätigkeit, Wohnform, Sozialstatus, Behinderungsgrad, Familienstand. Aus der sozial gehobenen Schicht hatten 15 geantwortet, 7 nicht, aus der Mittelschicht 59 geantwortet, 72 nicht, aus der sozial schwachen Schicht 21 geantwortet, 41 nicht. 165 A arbeiteten in einer Werkstatt für Behinderte (WfB), 37 in der "freien Wirtschaft" als ungelernte Arbeitskräfte. In der WfB waren von 87 Arbeitsversuchen 79 erfolgreich. Die 8 A, die gescheitert waren, waren weiterhin in der WfB untergebracht; sie hatten kein Einkommen. Die Verdienstspanne der übrigen betrug bei 35 A bis 100,- DM pro Monat, bei 31 101,- bis 200,- DM, bei 11 200,- bis 300,- DM, bei 3 300,- bis 400,- DM, bei 1 400,- bis 1.000,- DM, bei 3 1.000,- bis 2.000,- in der WfB. Der Rest der A war arbeitslos oder im Pflegeheim. Der Durchschnittslohn liegt bei 163,09 DM/Monat (einschl. Null-Verdiener). Die in der freien Wirtschaft tätigen A erzielten im Durchschnitt 975 DM/Monat.

165 A wohnten bei den Eltern, 25 im Wohnheim, 13 waren in einem Pflegeheim untergebracht, 11 hatten eine eigene Wohnung, Rest unklar. Von den 95 untersuchten A waren 60 in den täglichen Verrichtungen (Essen, An-Ausziehen, Körperpflege, Sauberkeit) zeitweise, 15 ständig auf Hilfe angewiesen, 20 waren in dieser Hinsicht weitgehend selbständig. 12 konnten einigermaßen sicher mit Geld umgehen, 14 gingen allein einkaufen. Von den 95 untersuchten A stammten 21 aus einer sozial schwachen Schicht (Gruppe 1), 59 aus einer mittleren (Gruppe 2), 15 aus einer gehobenen sozialen Schicht (Gruppe 3). Aus Gruppe 1 hatten 11 behinderte Geschwister, aus Gruppe 2 und 3 je 2 behinderte Geschwister (p < 0,0005).

32 der 95 A konnten nicht schreiben, 30 lediglich den Namen, 33 kurze Sätze. 39 konnten nicht lesen, 20 einzelne Worte, 36 auch Texte. Mit Zahlen > 10 konnten 22, bis 10 23, 50 A

784

konnten gar nicht rechnen. Von den 78 neurologisch Untersuchten war bei 66 der neurologische Befund auffällig, bei 31 deutlich i. S. manifester neurologischer Ausfälle, bei 35
fanden sich leichte neurologische Ausfallssymptome: 31mal fanden sich pathologische
Hirnnervenbefunde, wobei ein Strabismus mit 20 am häufigsten war (überwiegend conver-
gens). 48mal fanden sich motorische neurologische Symptome, 24 spastisch, 7 extrapyramidal und 17 zerebellär. Leichte motorische Auffälligkeiten ("soft signs"), wurden in Form
von vermehrten assoziierten Mitbewegungen der oberen Extremitäten 31mal, gestörten
Zeigeversuchen 12, Störung der Feinmotorik 38 gefunden. Haltungsanomalien fanden sich
in Form von Bajonettfingern 5, Kyphosen 6, Skoliosen 8, schweren Lordosen 9, Hüftdys-
plasien 2, Varus-Valgusstellungen der Füße 7, Spitzfuß 1, Klumpfuß 1. 4 A hatten eine
reproduzierbare Störung von epikritischer und protopathischer Sensibilität. Bei 21 konnte
eine Sensibilitätsstörung weitgehend ausgeschlossen werden, bei den meisten Probanden
waren die Angaben nicht verwertbar. Bei 56 der 78 A fanden sich Sprach- oder Sprechauf-
fälligkeiten. Diese waren bei den motorisch auffälligen A nicht signifikant häufiger als bei
den motorisch Unauffälligen. Die 18 Aufgaben des motorischen Tests (LOS KF 18) konnten
von keinem A vollständig gelöst werden. Maximal 15 Aufgaben konnten nur von 2 der A bzw.
13 - 15 Aufgaben von 5, 10 - 12 Aufgaben von 7, 7 - 9 Aufgaben von 16, 4 - 6 Aufgaben von
19, 1 - 3 Aufgaben von 21, 0 Aufgaben von 10 der A gelöst werden.

Die Fragen der CS und des BG wurden von den Eltern und den Gruppenleitern der
Werkstatt beantwortet. Im Durchschnitt waren die Beurteilungen des Werkstattpersonals
ungünstiger als die der Eltern, besonders in der Beurteilung des Verhaltens (Benehmen), von
Spannung-Angst und Hyperaktivität. Ungünstiger war das Urteil der Eltern bei dem Faktor
Unaufmerksamkeit-Passivität. Eine vergleichbare Diskrepanz zwischen Beurteilungen der
Werkstatt und dem Elternhaus ergab sich auch im Bristol Social Adjustment Guide. In der CS
korrelierte Leistung negativ vor allem mit Faktor II (Unaufmerksamkeit und Passivität), der
Leistungswille negativ mit Faktor IV (Hyperaktivität).

Die hohe Zahl pathologischer neurologischer Befunde spricht dafür, daß die meisten
Geistigbehinderten auch mehr oder weniger motorisch behindert sind. Wenn auch die
geistige Behinderung bei ihnen im Vordergrund steht, sollte die somatische Seite nicht
übersehen und ebenfalls behandelt werden. In Ulm erhalten die Mitarbeiter der WfB
Gruppengymnastik. Die meisten A hatten eine positive Einstellung zur Werkstatt, was sich
auch in der Leistung ausdrückte. Daß die meisten A der Schulen für Geistigbehinderte nur
Arbeit in der WfB finden, liegt an der Kompliziertheit unserer Arbeitswelt. Das Unvermögen,
sogenannte Kulturtechniken wie Lesen, Schreiben, Rechnen zu erlernen und die häufige
körperliche Behinderung erlauben in der Regel nur die Unterbringung in einer beschützenden
Werkstatt. In der Vermeidung geburtstraumatischer Hirnschäden wurden Fortschritte gemacht. Im Hinblick auf die Zunahme von Alkoholembryopathie und prä- oder perinataler
Hirnschäden bei intrauteriner Dystrophie infolge Zigarettenrauchens seit 1968 tut Prävention
not.

Die klinischen, elektrophysiologischen und neuroradiologischen Charakteristika eines neuen Krankheitsbildes: adulte Patienten mit behandelter Phenylketonurie

A.C. Ludolph, K. Ullrich, U. Bick, H. Masur, G. Fahrendorf und S. Nedjat

Die Ursache der autosomal-rezessiv vererbten Hyperphenylalaninämie (HPA) ist die reduzierte oder fehlende Aktivität der hepatischen Phenylalaninhydroxylase. Je nach Ausmaß der Aktivitätsminderung können verschiedene Schweregrade der Stoffwechselstörung unterschieden werden: Patienten, die an einer PHA I (klassische Phenylketonurie) oder II (milde Phenylketonurie) leiden, müssen so früh wie möglich nach der Geburt behandelt werden, um schwere Beeinträchtigungen, insbesondere der intellektuellen Entwicklung, zu vermeiden. Patienten mit HPA III hingegen (persistierende Hyperphenylalaninämie) wiesen wahrscheinlich keine klinisch faßbaren Schäden seitens des Nervensystems auf.

Die in den sechziger Jahren begonnene diätetische Behandlung von Patienten mit Phenylketonurie (PKU) hat zu überzeugenden Ergebnissen geführt - es ist jedoch bis heute nicht entschieden, wie lange diese Therapie fortgesetzt werden muß. In der Praxis wurde bisher die Lockerung oder gar Aufgabe der diätetischen Behandlung beim Heranwachsenden propagiert. In der Zwischenzeit haben die ersten behandelten HPA Patienten das Adoleszenten- beziehungsweise Erwachsenenalter erreicht. Ziel der vorliegenden Untersuchung war es, mit Hilfe klinischer, elektrophysiologischer und neuroradiologischer (MRI) Methodik das neurologische Bild dieser jetzt im Erwachsenenalter stehenden Patienten zu definieren.

Bei 20 Patienten wurde die Behandlung früh, das heißt innerhalb von 2 Monaten nach der Geburt begonnen. Bei 2 weiteren Erkrankten wurde die Stoffwechselstörung im Alter von 22 (24) Monaten entdeckt. 10 Patienten waren der Stoffwechselstörung vom Typ I, 8 dem Typ II und 4 dem Typ III zuzuordnen. Das Durchschnittsalter betrug zum Untersuchungszeitpunkt 18,2 (13 - 24) Jahre. Alle Patienten wurden neurologisch untersucht, es wurde nach subklinischen Defiziten im visuellen, akustischen, sensiblen und motorischen System mittels elektrophysiologischer Methodik gefahndet. Bei neun ausgewählten Individuen wurde eine Kernspintomographie des Neurokraniums (T1- und T2- sowie protonengewichtete Bilder) durchgeführt. Die Qualität der diätetischen Kontrolle wurde retrospektiv anhand der Krankenblätter eingeschätzt.

Die Analyse des sozialen Werdegangs zeigte, daß die schulische Entwicklung von PKU-Patienten hinter dem durchschnittlichen Ausbildungsniveau in der Bundesrepublik Deutschland zurückbleibt. Beide spät behandelten Patienten waren mental retardiert und lebten unter beschützten Bedingungen, einer wies eine leichte spastische Paraplegie auf. Bei den früh behandelten Patienten ergab die neurologische Untersuchung einen weitgehend unauffälligen Befund, insgesamt fünf (einschließlich der beiden spät behandelten) gaben eine Beeinträchtigung der Tiefensensibilität an. Diese Befunde korrelierten mit Reduktionen der sensiblen Nervenleitgeschwindigkeit (N. suralis). Geringgradige subklinische Defizite konnten im peripher-sensiblen System bei weiteren 8 Patienten entdeckt werden. Dieses Ergebnis bestätigt die Erfahrung anderer (3). Bei den spät behandelten Patienten traten deutliche Defizite im akustischen (AEP), zentral-sensiblen (SSEP) und motorischen System (evozierte Muskelantworten nach Stimulation des Kortex und der Wurzeln) auf. Dabei waren vor allem die Bahnen für die unteren Extremitäten betroffen. Bei den früh behandelten traten lediglich geringfügige Defizite im zentral-sensiblen und -motorischen System auf; hier fanden sich ausschließlich Defizite in den Bahnensystemen, die die oberen Extremitäten versorgen. Dieses Muster spiegelt möglicherweise die zeitliche Sequenz der Myelinisierung der langen Bahnensysteme wider (1).

Die Kernspintomographie zeigte bei allen Patienten, die an HPA I oder HPA II litten, ausgeprägte Veränderungen der weißen Substanz. Dies galt auch für die Erkrankten, die nach den geltenden Kriterien aufgrund der Aufzeichnungen offensichtlich gut diätetisch einge-stellt waren. Die eindeutigsten und konstantesten Veränderungen fanden sich im Bereich der parietookzipitalen peritrigonalen weißen Substanz. Bei den schwerer betroffenen Patienten breiteten sich diese Veränderungen in die frontale und subkortikale weiße Substanz aus. Zwei der Erkrankten wiesen eine leichte zerebrale Atrophie auf: es handelte sich um einen spät behandelten, aber auch um einen augenscheinlich gut eingestellten und früh behandelten Patienten. Bei Betrachtung der Gesamtgruppe war keine Relation dieser morphologischen Veränderungen zu Beginn, Qualität und Dauer der Behandlung, aber auch dem IQ nachzu-weisen. Ebenso fehlte eine Korrelation zu den Ergebnissen der Untersuchung der visuell evozierten Potentiale, die - in Bestätigung der Resultate anderer Autoren (2) - bei etwa einem Drittel der Erkrankten (7 von 22) in der Regel deutlich verlängerte Latenzen aufwiesen. Diese Diskrepanz zwischen morphologischen und funktionellen Befunden könnte durch das Vorliegen pharmakologischer Effekte - wie eines Dopaminmangels - erklärt werden.

Es liegen also bei dieser Patientengruppe Hinweise auf das Vorliegen pharmakologischer - potentiell reversibler - Defekte vor. In Verbindung mit der Tatsache, daß Hinweise darauf bestehen, daß die kognitiven Defizite bei der Phenylketonurie möglicherweise auch einen reversiblen Anteil aufweisen, stellt sich für den Neurologen und den Psychiater die Frage nach der Weiterführung der Diät im Erwachsenenalter.

Literatur

1. Brody BA, Kinney HC, Kloman AS, Gilles FH (1987) Sequence of central nervous system myelination in human infancy. I. An autopysy study of myelination. J Neuropathol Exp Neurol 46:283-301
2. Korinthenberg R, Ullrich K. Füllenkemper F (1988) Evoked potentials and EEG in PKU. Neuropaediatrics 19:175-178
3. Villasana D, Butler IJ, Williams JC, Roongta SM (1989) Neurological deterioration in adult phenylketonuria. J Inher Metab Dis 12:451-457

Spontane Remission eines Massenprolaps C5/C6 bei einer erwachsenen Frau - ein Äquivalent zur Discitis calcarea bei Kindern?

H. Masur, G. Fahrendorf, C. Oberwittler, S. Nedjat und E. Hilker

Die spontane Remission eines Massenprolaps beim Erwachsenen ist ein äußerst ungewöhnlicher Befund. Bei Kindern gibt es als seltene Ursache von akuten Rückenschmerzen das Krankheitsbild der intervertebralen Discitis (Discitis calcarea). Die Erkrankung ist durch Rückenschmerzen, Schonhaltung und u. U. durch unspezifische Entzündungszeichen gekennzeichnet. Gelegentlich kommt es dabei zu einer Herniation. Der Verlauf ist trotzdem günstig. Die Beschwerden bilden sich zumeist spontan zurück (2). Auch die radiologischen Veränderungen (besonders gut sichtbar im MRT) unterliegen einer weitgehenden Rückbildung (1, 3, 4). Der von uns beobachtete Fall wirft aufgrund der radiologischen Befunde und des Vorlaufs die Frage auf, ob es sich um eine Discitis intervertebralis bei einer erwachsenen Frau handelte.

Eine 54jährige Frau klagte seit 3 Monaten über plötzlich aufgetretene wechselnd ausgeprägte Schmerzen im Bereich des Nackens. Ein auswärtiges CT ergab den Verdacht auf eine unklare spinale Raumforderung in Höhe C5/C6. Der Neurostatus und die elektrophysiologischen Untersuchungen (EMG, SSEPs und MEPs) waren unauffällig. In der zervikalen Myelographie war eine mediale Raumforderung mit Impression des Durasackes und eine Höhenminderung des Bandscheibenraumes C5/C6 sichtbar. Im CT-Myelogramm war die Dichte der raumfordernden Komponente deutlich erhöht. Das MRT machte eine massive ventrale spinale Raumforderung ausgehend bzw. angrenzend an den Diskus intervertebralis mit Impression des Zervikalmarks sichtbar (Abb. 1a). Im T2-gewichteten Bild zeigte der Diskus mit der intraspinalen Raumforderungskomponente eine erhöhte Signalintensität und signalarmen Zentrum und Randsaum (Abb. 1b). Von einer Operation wurde zunächst abgesehen. Nach einem Jahr hatte sich das Schmerzsyndrom deutlich gebessert. Im MRT hatte sich die alte Raumforderung bis auf ein minimales bandförmiges Substrat fast vollständig zurückgebildet (Abb. 2).

Auch wenn bei unserer Patientin zum Zeitpunkt der Untersuchung keine Entzündungszeichen vorlagen, so legen die morphologischen Befunde und der Verlauf doch den Verdacht nahe, daß es sich hier um eine Discitis intervertebralis handeln könnte (die Entzündungszeichen mögen kurz zuvor noch bestanden haben) und nicht um einen einfachen Massenprolaps. Ein plötzlicher Beginn des Schmerzsyndroms ist für beide Zustände kennzeichnend. Die fast totale Resorption von degenerierten Bandscheibenmaterial und die veränderte Signalintensität im T2-gewichteten MRT-Bild legen eher eine Discitis intervertebralis nahe. Dies ist bemerkenswert, da man bisher davon ausgegangen ist, daß dieses Krankheitsbild nur bei Kindern vorkommt. Es ist zu berücksichtigen, daß die Diagnostik dieses Krankheitsbildes erst mit der MR-Tomographie sicher möglich ist (1). U. U. wird in Zukunft durch den häufigeren Gebrauch dieser Technik auch bei Erwachsenen häufiger eine intervertebrale Discitis diagnostiziert.

788

Literatur

1. Lester Jr. JW, Miller WA, Carter MP, Hemphil JM (1989) MR of childhood calcified herniated cervical disk with spontaneous resorption. AJNR 10:48-50
2. Mainzer F (1973) Herniation of the nucleus pulposus - a rare complication of intervertebral-disk calcification in children. Radiology 107:167-170
3. McGregor JC, Butler P (1986) Disc calcification in childhood: computed tomographic and magnetic resonance imaging appearences. Br J Radiol 59:180-182
4. Wells RG, Sty JR (1985) Comparative imaging disk calcification in childhood. Clin Nucl Med 10:821-822

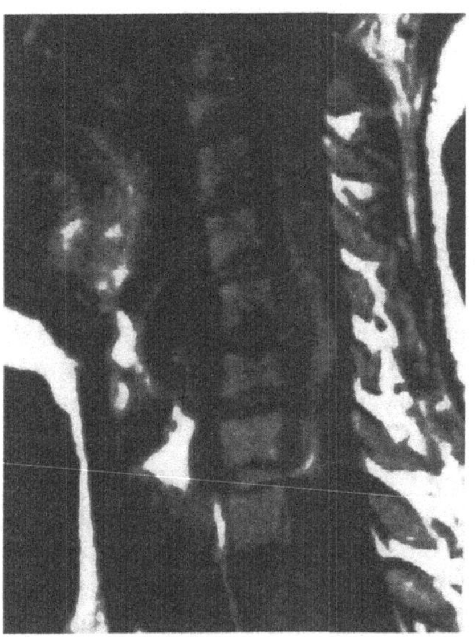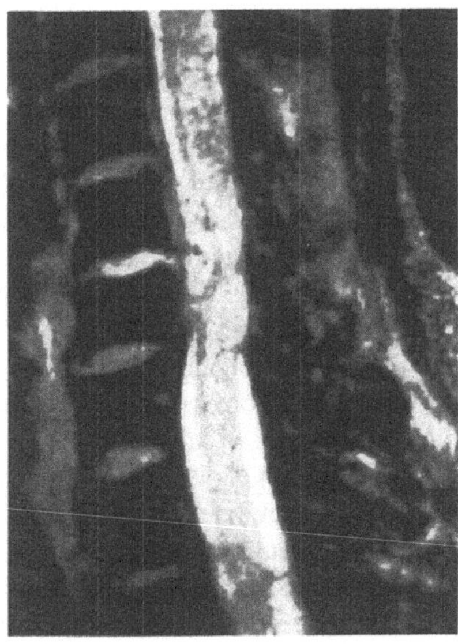

Abb. 1. Zervikales MRT (medialer Sagittalschnitt)
a) T1-gewichtetes Bild mit einer massiven ventralen Raumforderung, ausgehend bzw. angrenzend an den Diskus intervertebralis
b) T2-gewichtetes Bild mit veränderter Signalintensität der Raumforderung

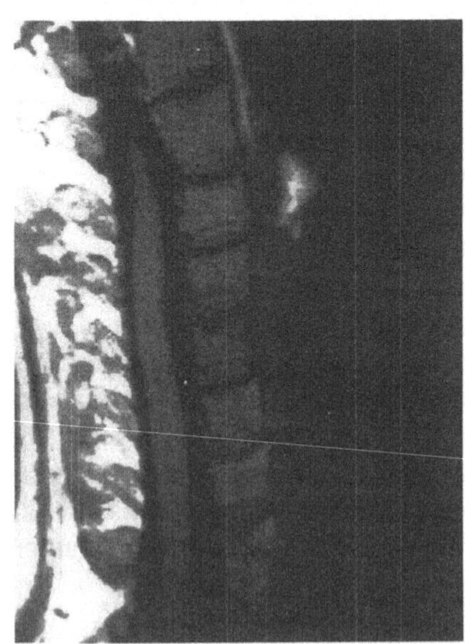

Abb. 2. Zervikales MRT (nach einem Jahr) mit einem minimalen bandförmigen Restsubstrat in Höhe C5/C6

Myasthenia gravis - deskriptive Datenanalyse bei 60 Patienten zur Identifizierung verlaufsprognostisch relevanter Variablen

F. Engler

Aus den Krankenakten von 63 stationären Patienten mit Myasthenia gravis (MG) der Uni-Neurologie Kiel wurden mittels eines speziell konstruierten Erhebungsbogens Angaben zu soziodemographischen, symptomatisch-klinischen, autoimmunologischen und therapeutischen Daten erfaßt. Diese Daten wurden einer statistischen Analyse unterzogen mit dem Ziel, die klinischen Klassifikationen der MG nach Ossermann und Engel (1) auf ihre Relevanz und Anwendbarkeit zu prüfen. In einem follow-up konnten 32 dieser Patienten nach klinischer Symptomatik, Medikation, Nebenwirkungen der Therapie, Alltagsbeeinträchtigungen und psychischer Krankheitsverarbeitung befragt werden. In einer vergleichenden Analyse sollten prognostisch relevante Faktoren identifiziert werden. Eine Detailauswertung psychologischer Variablen in bezug zum Krankheitsverlauf sowie die Darstellung von Coping-Strategien der MG-Patienten ist in Vorbereitung.

Für die Ossermann-Klassifikation (Gruppen I, II a, II b, III, IV nach okuläre, milde generalisierte, mittelschwer generalisierte, akut progressive und späte schwere Symptome) fanden wir keine bedeutsame Anwendbarkeit in unserem Datensatz. Zwar lassen sich die rein okulären Fälle sinnvoll abgrenzen, aber schon die Gruppe der generalisierten Symptomatik stellt sich heterogen dar und ließe sich sinnvoll in glossopharyngeale und (im engeren Sinne) generalisierte Symptome teilen. Nach dieser Einteilung zeigten unsere Patienten folgende initiale Symptomatik: okulär 79,4 %, glossopharyngeal 30,2 % und Körperschwäche 27,0 %, rein okuläre Formen waren bis zu 47,6 % vertreten. Die Schwere der initialen Symptomatik als Klassifizierungsmerkmal ist ohne genaue Operationalisierung nicht reliabel und in unserer Untersuchung übrigens auch nicht prognoserelevant.

Engel (2) beschreibt in seiner Übersichtsarbeit eine Klassifikation, die Erkrankungsalter, Geschlecht und HLA-Antigen-Status neben dem Basiskriterium mit/ohne Thymom berücksichtigt. Auch wir finden zwei Erkrankungsgipfel: einer vor und einer nach dem 40. Lebensjahr, wobei in der Gruppe "vor dem 40. Lebensjahr ohne Thymom" die Frauen zahlenmäßig signifikant (p = 1 %) überwiegen. Neben diesen Übereinstimmungen zeigt sich das Erkrankungsalter auch in bezug auf die initiale Symptomatik bedeutsam. Junge Patienten zeigen selten, alte häufig okuläre Initialsymptome (p = 1 %). Die Engel-Klassifikation erfaßt damit Kriterien, die auch in unserer Studie bedeutsame Differenzierungsmöglichkeiten eröffnen. Sie ist in deskriptiver Hinsicht tragfähig, ob sich auch in therapeutisch-prognostischer Hinsicht Relevanz bietet, ist bisher unklar.

Im diagnostischen Bereich erwies sich der Tensilon(R)-Test als überraschend aussagekräftig. Er zeigte in 2,6 % negative, in 5,1 % fragliche und in 92,3 % positive Befunde (Auswertung nach Arzturteil). Die Acetylcholin-Rezeptor Antikörper (AChR-Ak) waren dagegen in 42,6 % normal, entsprechend 57,4 % pathologisch. Diese niedrigen Werte führen wir einerseits darauf zurück, daß in unserem Patientenkollektiv die Gruppe der rein okulären Myastheniker mit 47,6 % überrepräsentiert ist (4), zum anderen wollen wir darauf aufmerksam machen, daß die Diagnose der Myasthenia gravis eine klinische und keine Labor-Diagnose ist. Pathologische AChR-Ak sind ein wichtiger Baustein zur Diagnose, aber kein Ein- oder Ausschlußkriterium. Während generell mit 80 - 90 % pathologischen AChR-Ak bei der Myasthenia gravis gerechnet wird, zeigt eine repräsentative Untersuchung von Tindall (5) bedeutsame Differenzen in Abhängigkeit vom klinischen Zustandsbild. Patienten in Remission hatten in 24 %, welche mit rein okulären Symptomen zu 50 % und nur die generalisierten Formen zwischen 80 und 100 % pathologische AChR-Ak. Neben den pathogenetisch spezifischen AChR-Ak zeigten sich in unserem Patientenkollektiv Auto-antikörper gegen quergestreifte Muskulatur in 20 von 29 Seren, gegen glatte Muskulatur in 12 von 20, gegen nukleäre Komponenten in 9 von 17 und gegen Schilddrüse in 5 von 10.

Therapeutisch kam am häufigsten Pyridostigminbromid, Mestinon(R), mit 90,2 % zur Anwendung. Mit Azathioprin wurde in 33,8 %, mit Kortikoiden in 6,5 %, mit Plasmasepara-ration in 5,2 % und mit Thymektomie in 10,6 % therapiert. Der Vergleich von Behand-lungsplänen aus den 70er Jahren mit denen aus den 80er Jahren zeigt einen Trend, weg von der rein symptomatischen Therapie mit Acetylcholinesterasehemmern hin zu immunmodu-lierenden und immunsuppressiven Therapien.

Bei der Suche nach prognostisch relevanten Faktoren bildeten wir im follow-up zwei unabhängige Kriterien zur Beurteilung des Krankheitsverlaufs: einen Selbstbeurteilungs-Score, inwieweit sich der Patient durch seine Krankheit beeinträchtigt fühlt und einen symptomatischen Score mit einer schlechten Bewertung bei mehr als 5 Symptomen in häufiger Ausprägung oder bei Ateminsuffizienz. Beide Scores stimmten in allen Analysen überein. In bezug auf die Verlauf-Scores untersuchten wir die Untergruppen, Geschlecht, Alter, outcome während der initialen stationären Behandlung, AChR-Ak und initiale Symptomatik. Wir fanden keine signifikanten Beziehungen als Grundlage einer Verlaufs-Prognose. Dieses Ergebnis wird teilweise durch die geringen Fallzahlen in den Untergruppen bedingt, es war für uns dennoch überraschend.

Im follow-up interessierten uns auch psychologische Variblen in Bezug zur Symptomatik und zur Krankheitsverarbeitung. Es wurden als standardisierte Fragebogen das Beck-Depressionsinventar, Eysencks Persönlichkeitsinventar und ein Coping-Fragebogen ange-wandt. Hier soll nur erwähnt werden, daß depressive Symptome bei unseren Patienten in vergleichsweise ähnlicher Häufigkeit wie bei Patienten mit multipler Sklerose (3) angegeben wurden und daß ein signifikanter Zusammenhang (p = 1 %) zwischen der Schwere der Symptomatik und der Depressivität zu finden ist.

Literatur

1. Engel AG (1987) Myasthenia gravis and myasthenic syndromes. In: Braunwald E et al (Hrsg) Harrisons principles of internal medicine. McGraw-Hill, New York
2. Engel AG (1984) Myasthenia gravis. Annals of Neurology 16, 5:519-534
3. Joffe RT, Lippert GP, Gray TA, Sawa G, Horvath Z (1987) Mood disorder and multiple sclerosis. Archives of Neurology 44:376-378
4. Soliven BC, Lange DJ, Penn AS, Younger D, Jaretzki A, Lovelace RE, Rowland LP (1988) Seronegative myasthenia gravis. Neurology 38:514-517
5. Tindall RSA (1981) Humoral immunity in myasthenia gravis: biochemical characterisation of acquired antireceptor antibodies and clinical correlations. Annals of Neurology 10:437-447

Lumbosakrale Raumforderung 21 Jahre nach einem zervikalen Tumor

J. Eckert, G. Hedtmann, M. Horn, W. Schlote und W.I. Steudel

Ein 64jähriger Patient aus unserer Klinik bemerkte im Januar 1990 zum ersten Mal eine Gehschwäche, die sich bis zur stationären Aufnahme in die Neurochirurgische Universitätsklinik in Frankfurt/Main im Juni 1990 zu einem inkompletten Cauda-Syndrom entwickelte. Aus der Vorgeschichte ist die operative Entfernung eines zervikalen, intraspinalextramedullären Tumors im Jahre 1969 bekannt, dessen histologische Diagnose "Zylindrom" (adenoid-zystisches Karzinom genannt) lautete. Dieses Karzinom entsteht überwiegend in den Mundspeicheldrüsen (8). Ein Primärtumornachweis gelang seinerzeit nicht, so daß man keinen Hinweis für ein metastatisches Geschehen hatte.

Die radiologische Diagnostik (Myelo-CT und spinales NMR) zeigte eine ausgedehnte lumbosakrale, intradural-extramedulläre Raumforderung mit massiver Aufweitung des Spinalkanals und Ummauerung der darin liegenden Strukturen. Diese reichte von der unteren Brustwirbelsäule bis in den Sakralkanal. Zusätzlich fand sich im kranialen NMR in der rechten Parietalregion parasagittal eine Neubildung, die sich hinsichtlich Lokalisation und Signalverhalten wie ein Meningeom verhielt, die aber in der Karotisangiographie keine Externaversorgung erhielt. Unklar blieb eine zystische Formation nahe des linken Sinus kavernosus und ein plaqueförmiges GD-Enhancement im Bereich der linken Pyramidenspitze.

Der Operationssitus offenbarte ein "schaumgummiartiges, bröseliges" Material, das mit allen umgebenden Strukturen fest verklebt war und infolge eines Duradurchbruchs in der unteren Lumbalregion die benachbarten Gewebe infiltrierte. Das mikroskopische Präparat zeigte ein nahezu azelluläres Bild tubulärer Strukturen mit dazwischenliegendem amorphem Gewebe; die vorläufige histologische Diagnose war die einer lumbosakralen Manifestation der multilokulären Echinokokkose (Larvalstadium des Fuchsbandwurms) (11). Trotz wiederholter Untersuchungen blieb eine serologische Bestätigung der Diagnose aus (2). Daraufhin erneut angefertigte Gewebsschnitte zeigten an einigen wenigen Stellen menschliche Tumorzellen, die sich kranzförmig an Gefäßwänden aufreihten. Die Gefäße waren stark hyalin degeneriert.

Zusammen mit der positiven Immunhistochemie auf "S-100-Antikörper" (S-100), auf "neuronspezifische Enolase" (NSE) und auf "glial fibrillary acid protein" (GFAP), das als verläßlichster Marker zur Identifikation neuroektodermaler Tumoren gilt (12), konnte die Diagnose eines "myxopapillären Ependymoms" gestellt werden. Diese Ependymomform, die wie andere Ependymome zu den eher gutartigen, gliösen Neubildungen gerechnet wird (3, 9), entsteht typischerweise im Bereich der Cauda bzw. des Filum terminale (1, 5, 9, 11); eine Primärmanifestation an anderen Stellen des ZNS ist - wenn auch beschrieben - äußerst ungewöhnlich (4). Diese Neubildung zeichnet sich aus durch ihre Potenz zur lokalen Gewebsinfiltration und durch das Wiederauftreten nach operativer Entfernung, die als Therapie der Wahl gilt (7). Eine mögliche Metastasierung erfolgt in erster Linie auf dem Liquorweg (1, 10); extraneurale, systemische Metastasen gelten als extreme Rarität (1, 9, 10).

792

Eine Radiatio wird im Falle einer inkompletten Tumorentfernung bzw. beim Auftreten eines Tumorrezidivs vorgenommen (7, 11). Die Prognose nach operativer Therapie ist als sehr gut zu bezeichnen, bei manchen Autoren wird die 10-Jahres-Überlebensrate höher als 90 % angegeben (1, 3).

Wegen der äußerst ungewöhlichen Primärlokalisation des "Zylindroms" vor 22 Jahren wurden die noch archivierten Gewebsproben des damals entfernten Tumors erneut untersucht. Die jetzt durchführbare Immunhistochemie zeigte auch hier eine positive Reaktion auf S-100, auf NSE und besonders auch auf GFAP. Negativ blieben die Reaktionen auf die epithelialen Tumormarker, "epitheliales Membranantigen" (EMA), "keratin-like-antigen" (Kl 1) und karzinoembryonales Antigen (CEA), so daß es sich auch damals um einen neuroektodermalen und nicht um einen epithelialen Tumor handeln mußte. Die weitere morphologische Diagnostik zeigte dann auch in diesem Fall ein Ependymom, das einen höheren zellulären und einen geringeren myxoiden Anteil besaß. Ob es sich bei dem aktuellen lumbosakralen "myxopapillären Ependymom" um eine unabhängig von dem zervikalen Prozeß entstandene Neoplasie handelt, oder ob es als eine umdifferenzierte Abtropfmetastase (1, 6, 10) des damaligen zervikalen Ependymoms anzusehen ist, kann nicht entschieden werden. Gegen letztere Annahme spricht die äußerst lange Rezidivfreiheit von 22 Jahren und die Tatsache, daß eine Primärmanifestation des "myxopapillären Ependymoms" außerhalb der Caudaregion wie o. a. sehr selten ist.

Die Frage, ob die intrakraniellen Raumforderungen auch im Zusammenhang mit dem zervikalen Ependymom stehen, kann zum jetzigen Zeitpunkt nicht beantwortet werden, da das weitere therapeutische Vorgehen erst nach abgeschlossener Rekonvaleszenz mit dem Patienten besprochen werden kann.

Literatur

1. J. Cervós-Navarro, Ferszt R (1989) Klinische Neuropathologie. Thieme, Stuttgart New York:348-351
2. Gottstein B, Witassek F, Eckert J (1986) Neues zur Echinokokkose. Schweiz med Wschr 116:810-817
3. Mörk SJ, Löken AC (1977) Ependymoma - a follow-up study of 101 cases. Cancer 40:907-915
4. Piekarski (1987) Medizinische Parasitologie, 3. Auflage. Springer, Berlin:197-204
5. Rawlinson DG, Herman MM, Rubinstein LJ (1973) The fine structure of a myxopapillary ependymoma of the filum terminale. Acta neuropath (Berlin) 25:1-13
6. Read G (1984 The treatment of ependymoma of the brain or spinal canal by radiotherapy: a report of 79 cases. Clinical Radiology 35:163-166
7. Rotter W (1983) Lehrbuch der Pathologie. UTB Schattauer, Band III:291-292
8. Roux FX, Rey A, Lecoz P, George B, Thurel C, Cophignon J, Mikol J (1984) Astrocytomes et ependymomes intramédullaires de l'adulte - la tactique thérapeutique influe-t-elle sur les résultats à long terme? Neurochirurgie (Paris) 30:99-105
9. Rubinstein LJ (1972) Atlas of tumor pathology, fascicle 6: tumors of the central nervous system:104-126
10. Rubinstein LJ, Logan WJ (1970) Extraneural metastases in ependymoma of the cauda equina. Journal of Neurol Neurosurg Psychiat 33:763-770
11. Sonneland PRL, Scheithauer BW, Onofrio BM (1985) Myxopapilläry ependymoma - a clinicopathologic and immunocytochemical study of 77 cases. Cancer 56:883-893
12. Specht CS, Smith TW, DeGirolami U, Price JM (1986) Myxopapillary ependymoma of the filum terminale-a light and electron microscopic study. Cancer 58:310-317

Sachverzeichnis

Die Seitenangaben beziehen sich jeweils auf die erste Seite des Beitrages, in dem das betreffende
Stichwort behandelt wird.

Adrenomyeloneuropathie
781
Adrenoleukodystrophie 764
AEP, siehe FAEP
Aesthesioneuroblastom 307,
452
AIDS 317, 658, 660, 662, 664,
666, 668, 670, 672
- Anämie 658
- MRT 658
- Parkinson-Syndrom bei
668
Akustikusneurinom, FAEP
446
Alkoholismus, EEG-Befunde
bei chronischem 680
Alopecia areata 179
Alzheimer-Demenz, Glukose-
stoffwechsel bei 519
Amaurosis fugax 573
Amenorrhoe-Galaktorrhoe-
Syndrom (AGS) 529
amnestische Episode 779
amyotrophische Lateralsklerose,
MRT-Befunde 708
Aphasien 456, 458, 460, 462
- Aachener Aphasie-Test
456
- Acute-Aphasia-Screening
Protocol 456
- Frenchy-Aphasia-Screening-
Test 456
- gekreuzte 462
- Sprachfähigkeit 458
arteriosklerotische Plaques
571, 577, 578, 581
- B-Bild-Sonographie 571,
577
- Plaquemorphologie 577
- Plaqueprogression 577
- Texturanalyse 581
Astrozytome (siehe Hirntumo-
ren, Strahlentherapie,
Chemotherapie)
Atlastherapie 236
Augenbewegungsverhalten
551

- Fixationsunruhe 551
- Latenz- und Suchzeiten
551
- visuelle Aufmerksamkeit
551
- visuelle Erkennungsaufgaben
551
autochthone IgG-Bildung 329
Autoimmunität 181
Autoregulation der Arteria basi-
laris 537
Azathioprin 197, 212
B-Zellen 147, 155, 173
Baclofen, intrathekale Gabe von
220, 222, 224
Bandscheibenvorfall, zervikaler
73
basale Meningitis 531
Bereitschaftspotential 678
Biopsie, siehe Hirnbiopsie
Blasentraining 202
Blastome 434
Bleiintoxikation 762
Borrelieninfektion 614, 698
Botulinus-Toxin 750, 752,
754, 756, 758, 760
Carbamazepin, okulomoto-
risches und vestibuläres
System unter 726
Cauda-equina-Syndrom nach
Spinalanästhesie 732
Chemotherapie 379, 400, 402,
404, 408, 410, 418, 420, 422,
424, 428, 430
Chorea 57, 521
CMV-Enzephalitis 604
Coenästhesien 61
Colitis ulcerosa 179
Computertomographie 69,
89, 269, 284, 290, 319, 364,
369, 373, 549, 712
- Frühdiagnose 364
- Hirntumoren 269, 286,
290, 319
- und Magnetresonanztomo-
graphie, postoperative 284
- meningeale Erkrankungen

373
- Metastasen 290
- multiple Sklerose 69, 89
- Nasennebenhöhlenkarzinom
290
- ZNS-Lymphome 315, 317,
319
COP-1 192
Coronavirus 181
Cyclophosphamid 192, 197,
202, 422
Cyclosporin A 192, 197, 212
Cysteinyl-Leukotriene 337
Cytomegalievirus 604
Deafferentierung 65
Depression bei MS 63
Deutsche Schlaganfall-Daten-
bank 533
Discitis calcarea 787
Dissektion 545, 565, 585
Durafisteln, Therapiekonzepte
bei 624
Doppler-CO_2-Test 563, 592
Doppler-Sonographie 543,
547, 559, 561, 563, 565, 569,
571, 575, 577, 578, 579, 581, 583,
585, 596
Duplex-Sonographie 567
Dyslexie
- Acethylcholinesterase
(AChe) 466
- Aetiologie 497
- Behandlung 511
- Definition 496
- Diagnose 505
- Dysgraphie 483
- Dysorthographie 483
- Dyspraxie 483
- emotionale Entwicklung
491
- familiäre Häufigkeit 480
- Frühentwicklung des Zen-
tralnervensystems 466
- Gedächtnis, Lauterkennung,
Lautzuordnung 481
- Gefäßfehlbildungen 473
- Gehirnasymmetrien 468,

473
- genetischer Einfluß 496
- Häufigkeit 496
- Heteropien 473
- Intelligenz 496
- Intelligenztest 505
- kindliche Entwicklung 478
- Körpernahsinne 484
- kortikale Organisation 471
- Lateralisierung 468
- Migrationsstörungen 473
- Mikrofehlbildungen 473
- neuronales Netzwerk 467
- passive Zellwanderung 467
- Planum temporale 473
- regionale Hirndurchblutung (rCBF) 471
- Retina 467
- Schichtenaufbau der Großhirnrinde 467
- Schichtenverwerfungen 473
- Schichtzugehörigkeit 496
- Sensomotorik 483
- sensomotorische Hirnleistung 475
- sensomotorische Integrationstherapie 483
- sprachassoziierte Motorik 475
- Sprachdominanz 489
- Sprachentwicklung 478
- Sprachmotorik 475
- Verarbeitung sprachlicher Informationen 502
- Vernetzungsstörungen 474
EAE 168, 218
Effusionen, Bildgebung bei 712
Eklampsie, transkranielle Dopplersonographie bei 575
Elektrophorese, zweidimensionale 151
Embolisierung von Meningeomen 406
Enzephalomyelitis, experimentell-allergische 168, 218
Enzephalitis
- virale 598, 600, 604, 606 612, 616, 626
-- nicht herpetische 600
Enzyme, hydrolytische 251, 253

Enzymtherapie 251, 253
Epilepsie 59, 513, 515, 652, 654, 656
- bei MS 59
  fokale 513, 515, 652
- katameniale 656
Evers-Diät 247
extra-intrakranieller Bypass 592
Fettsäuren, essentielle 247
Fibrohistiozytom, malignes 313
Fibronektin 606
Fingerfeinmotorik, rCBF und 525
Fischöle bei MS 232
Fixationsunruhe 551
fokale Dystonien 55, 648, 742, 744, 746, 754, 756, 758, 760
- Anticholinergika 754
- Dopaminaufnahme-Hemmer 754
- Botulinus-Toxin 750, 752, 754, 756, 578, 760
- L-DOPA 755
fokale Epilepsie, SPECT-Befunde 513, 515
FAEP 96, 98, 131, 136
Gammopathie, monoklonale 696
Ganganalyse, dreidimensionale 688
Geistigbehinderte 783
Gonadotropin-RH-Agonisten 656
Giant-Aneurysmen 549
Ginkgo biloba 241
Gliome, siehe Hirntumoren
Gruppentherapie 188
Guillain-Barré-Polyneuritis 602, 620, 622
- Spontanverlauf 602
- Therapie 620, 622
Gutachten 255, 260, 264, 266
Hämatome, spontane intrazerebrale 557
Hemiplegia cruciata 690
Herpes-simplex-Virus-Enzephalitis 612
Heterotopien 473, 710
Hirnbiopsie, stereotaktische 321, 323, 325
Hirninfarkt, ischämischer 456, 458, 460, 462, 523, 535, 537, 539, 541, 543, 545, 583, 588, 590, 594

- Alkoholkonsum 539
- Autoregulation 535
- Behandlung 583, 588, 590
- Flunarizin 590
- frühe Antikoagulation 588
- Risikofaktoren 539
Hirntumoren (siehe auch kindliche Hirntumoren, maligne Gliome)
- Behinderungsprofil 434, 438, 440
- Chemotherapie 400, 402, 404, 408, 410, 418, 420, 422, 424, 426, 428, 430
- CT 269, 282, 284, 289, 290, 319, 364, 373
- Differentialdiagnose 79, 304, 364
- Differenzierung 304
- Embolisation 406
- experimentell erzeugte 362
- Frühdiagnose 269
- Lasertherapie 385
- MRT 269, 280, 282, 284, 385
- Operation 269, 282, 288, 296, 381, 387, 396, 398, 400, 402, 404, 416, 422, 428, 436
- PET 275, 385
- Plasmaretinoide 352
- Rehabilitationschancen 438
- Rezidiv 282, 398, 400
- Sekundärneoplasie 442
- Strahlentherapie 383, 392, 394, 402, 404, 416, 422, 428, 442, 450
- Therapiekomplikationen 296, 402, 442, 450
- Tumorbiologie 341, 346, 348, 350, 352, 354, 356, 358, 410
- Überlebensqualität 436, 438, 440
Histiocytosis X 369
HIV-Infektion 145, 317, 604, 658, 660, 662, 664, 666, 668, 670, 672
- ARC 664
- autonomes Nervensystem 660
- CMV-Infektion 604
- immunzytochemischer Virusnachweis 670

- Leukozytensubpopulatio-
  nen 666
- Liquorkokultivierung 670
- testpsychologische Unter-
  suchungen 672
- Western Immunoblotting
  662
- zerebrale Toxoplasmose
  666
HLA-Faktoren 25, 48, 162,
  179
Homocystinurie 541
Homöopathie 236
HTLV-I-Enzephalopathie
  (HAM, TSP) 67
Hyperkinesen 648, 760
Hyperthyreose 179
Hyperviskosität 730
hypothalamo-hypophysäre
  Erkrankung 529
IgA 177
IgG-Index 145
Immunkomplexe 251
Immunoblot 143, 662
Immunotherapie von Hirn-
  tumoren, Grundlagen 410
Immunzytochemie 147, 155,
  335, 339, 375, 377, 671
- Meningealkarzinomatose
  335, 375
- primäres malignes Melanom
  339
Interferone 43, 171, 416, 616,
  626
Intervallstimulation 748
isoelektrische Fokusierung
  40, 138, 143, 145, 147, 153, 155,
  333
JHM-Virus 181
juxtaselläre Region, entzünd-
  liche Prozesse der 529
Karpaltunnelsyndrom 718
Katecholamine 706
Kearns-Sayre-Syndrom 736,
  774
Kernspintomographie, siehe
  MRT
kindliche Hirntumoren 402,
  404, 428
- Chemotherapie 402, 428
- Operation 402, 404, 428
- Strahlentherapie 402, 404,
  428
Kolloidzysten 371
Konversionsneurose 75
Kortexstimulation, magnetische

118, 123, 125, 127, 129, 684, 686,
  690
Laminoplastik 228
Latenz- und Suchzeiten 551
Legasthenie, siehe Dyslexie
Leukämie 377
Linolsäure 232
Liquorpherese 620
Lumbalpunktion, atraumatische
  Nadel („Würzburger Nadel")
  716
Lymphome 315, 317, 319, 327,
  364, 377
Magnetresonanz, siehe MRT
Magnetstimulation, siehe
  Kortexstimulation, magne-
  tische
Magnettherapie 236
maligne Gliome (siehe auch
  Hirntumoren, kindliche
  Hirntumoren)
- Chemosensitivität 418,
  420, 432
- Chemotherapie 400, 402,
  420, 422, 424, 428, 430, 432
- CT 282, 284, 289
- MRT 269, 280, 282, 284,
  288, 398
- Metastasen 420, 424
- Morphologie 299, 304,
  323, 325
- Operation 269, 387, 398,
  400, 402, 404, 416, 422, 436
- postoperativer Verlauf
  284, 296
- Prognose 292, 294, 296,
  400, 422, 436, 438, 440
- Rezidivoperation 398, 400
- stereotaktische Biopsie
  321, 323, 325
- Strahlentherapie 381, 383,
  392, 394, 396, 400, 402, 404,
  416
- - interstitielle 383, 394
- Therapiekomplikationen
  296, 383
- Überlebensqualität 436,
  438, 440
malignes neuroleptisches
  Syndrom 720
Masernvirus 18
Massenprolaps, Discitis calcarea
  nach 787
meningeale Zysten 768
Meningeome 406, 426, 434,
  444

- adjuvante Therapie 426
- Embolisation 406
- und Karzinome 444
Meningiosis neoplastica 147,
  329, 331, 335, 364, 375, 377, 452
Meningitis tuberculosa 531
Metabolismus von Hirntumo-
  ren 275, 356
Metastasen 331, 379, 387, 396,
  434, 444
Mikrohamartome, und Neuro-
  fibromatose 311
Mitochondriozytopathie 774
Mitoxantron 202, 204, 206,
  208, 210
Morbus Binswanger 69, 71
Morbus Parkinson, siehe
  Parkinson-Syndrom
MRT 69, 87, 89, 94, 96, 98,
  100, 102, 106, 175, 208, 210, 212,
  269, 280, 282, 284, 385, 549,
  566, 600, 618, 658, 684, 708,
  710, 712, 762, 781
Multikanal-Magnetfeldmessung
  676
Multiple Sklerose
- Aktivitätsmarker 46, 160,
  162, 164, 173, 175
- Anfangssymptome 32, 38
- Anfälle bei 59
- Auslösefaktoren 255
- Begutachtung 255, 260,
  264, 266
- Computertomographie
  69, 89
- Coping 188, 190
- Depression bei 63
- Differentialdiagnose 53,
  61, 69, 71, 73, 75, 77, 79, 81, 85,
  155
- Epidemiologie 25, 30
- Erkrankungsalter 38, 40,
  42
- Ernährungsfaktoren 30,
  247
- evozierte Potentiale 96,
  98, 106, 108, 113, 116, 118, 123,
  125, 127, 129, 136
- extrapyramidale Störungen
  bei 55, 57
- Fehldiagnose bei 85
- Führerschein 260
- genetische Faktoren 25,
  48, 179
- Gesichtsfeldausfall 53
- Herdlokalisation 100

- Immunologie   48, 157, 160, 162, 164, 171, 173, 177, 179
- Immunsuppression   197, 202, 204, 206, 208, 210, 212, 214, 216, 218
- kindliche Form der   38
- Klimaeinflüsse   36
- kognitive Störungen   102, 104, 186, 266
- Kortexstimulation, magnetische   118, 123, 125, 127, 129
- Liquordiagnostik   46, 87, 138, 143, 145, 147, 151, 153, 155 160, 164, 173
- Lymphozytensubpopulationen   64, 160, 164, 206
- Magnetstimulation   118, 123, 125, 127, 129
- Malignomrisiko bei   30
- MRT   69, 87, 89, 94, 96, 98, 100, 102, 106, 175, 208, 210, 212
- neurochirurgische Behandlung   226, 228
- Neurotransmitter   166
- Phantomerleben   65
- Physiotherapie   230
- Prognose   32, 44
- Psychose bei   61, 63, 155
- Psychotherapie   188, 190
- Rehabilitation   186
- Spätform der   40, 42
- Steroide   216
- subklinische   108
- Therapie   192, 197, 202, 204, 208, 210, 212, 214, 216, 218, 220, 222, 224, 226, 228, 230, 232, 236, 241, 243, 245, 249, 251, 253
- Trauma und   264
- Trigeminusneuralgie   226
- Trigger   255
- Verlauf   32, 38, 44, 46
- Vestibularisprüfung   83
- Vitaminbehandlung   245
- zervikale Myelopathie und   73, 118
Musiktherapie   243
Muskeldystrophie   746
Muskelkrankheiten   720, 734, 736, 746, 774
Myasthenia gravis   700, 789
Myelin-Oligodendrozyt-Glykoprotein (MOG)   157
Myelopathie, zervikale   73, 118
myxopapilläres Ependymom

791
MRZ-Reaktion   138, 155
MTT-Test   418
Nervus trigeminus, transkutane magnetische Stimulation   116, 682
Neopterin   149
Neuroblastome   358
Neuroborreliose   698, 714
Neurofibromatose   288, 311
Neuropathien, siehe Polyneuropathien
Neuropeptid Y   166
Neurosarkoidose   608
Niereninsuffizienz   724, 638
NMR, siehe MRT
Non-Hodgkin-Lymphome, siehe Lymphome
okuläre Durchblutungsstörungen   573
oligoclonale Banden   40, 138, 143, 145, 147, 153, 155, 329, 333
Onkogene   341, 358
- neuroepitheliale Tumoren   341
- Neuroblastome   358
paraneoplastische Syndrome, intrathekale IgG-Synthese   333
Parkinson-Syndrom   65, 642, 644, 646, 650, 668
- Apomorphin   646
- AIDS und   668
- Corpus callosum   642
- Demenz   642
- Demenz-Atrophie-Marker   642
paroxysmale dystone Choreoathetose   770
PET   275, 385, 471, 517, 519, 521, 523, 525
Phantomerleben   65
Phenylisoprophylamin-Intoxikation   777
Phenylketonurie   785
Plaques, siehe arteriosklerotische Plaques
Plasmapherese   214
pleomorphes Xanthoastrozytom   309
POEMS-Syndrom   632
Polyneuropathien   625, 630, 632, 634, 636, 638, 640, 722, 724
porenzephale Zysten   654
postanoxisches Syndrom   517

postpunktionelles Syndrom   714
primäre Lymphome, siehe Lymphome
Proteasen   251, 253, 348
Psychose   61, 63, 155
rCBF   471, 523, 525, 543
Roßkastanienextrakt   241
Ruta graveolens   236
Sarkoidose-Myositis   610
Schizophrenie   61, 63, 702
Schlaf   547
sekretorisches Immunsystem   177
Silberfärbung   143, 153
Sinusitis   527
Somatostatin   166
Sozialrecht   255, 260, 264
Spastik, Therapie der   220, 222, 224, 228, 230
SPECT   290, 513, 515, 517, 519
Spektroskopie bei Hirntumoren   286
spinale Raumforderung   454, 791
- Differentialdiagnose   454
- myxopapilläres Ependymom   791
stereotaktische Bestrahlung   594
stereotaktische Biopsie   321, 323, 325
Steroidbehandlung, intrathekale   216
Strahlentherapie   381, 392, 396, 408, 442, 450, 594
- Angiome   594
- Hyperfraktionierung   392
- interstitielle   383, 394
- Spätschäden   450
- Thymome   408
Subarachnoidalblutung   553, 556, 579, 580
Subduralelektroden   652
Sulfosalazin   218
SSPE, Beta-Interferonbehandlung der   626
T-Zell-Subpopulationen   46, 48, 160, 164, 206
T-Zell-Vakzination   168
Therapien, unkonventionelle   232, 236, 241, 243, 249, 253
Thymome   408
Torticollis spasmodicus   55, 742, 744, 752, 758
transdiskale Sonographie   559

transiente globale Amnesie
779
transkranielle Dopplersonographie, siehe Dopplersonographie
trankskranielle Magnetstimulation, siehe Kortexstimulation, magnetische
Tremor 692
tropische spastische Paraparese
67
Tumor-Suppressorgene 346
Tumornekrosefaktor 157
Tumorwachstumsinhibitoren
356
Ultraschall-Behandlung 249
vertebrobasiläre Insuffizienz
537
Vibrationsschwelle 634, 638
Vielfach-Resistenz 170, 432
visuelle Aufmerksamkeit 551
visuelle Erkennungsaufgaben
551
Vitamine 81, 245
Voice-onset-time (VOT) 464
Vojta-Gymnastik 230
Wernicke-Enzephalopathie
448
Wille, Theta-Aktivität und
448
Wismut-Enzephalopathie
728
zeitvariate Spektralanalyse des
EEG 694
zelluläre Immunreaktionen
157, 160, 162, 164, 168, 170, 171,
181, 410
zerebelläre Dysarthrie 464
zerebrale Perfusionsreserve
535, 543, 563, 592
zerebrovaskuläre Reservekapazität 592
ZNS-Lymphome, siehe Lym-
phome
ZNS-Tumoren, Differenzierung
304

Verzeichnis der Autoren und Vortragenden*

Ackermann, H., Dr., Neurologische Klinik, Tübingen   464

Adams, E. F., Dr., Neurochirurgische Klinik der Universität Erlangen-Nürnberg   426

Adams, R., Dr., Max-Planck-Institut für Neurologische Forschung, Köln   519

Adelt, K., Dr., Neurologische Klinik der Universität Würzburg   714

Agnoli, A. L., Dr., Neurologische Klinik und Abt. Neuroradiologie, Universitätsklinik
Gießen   280, 529

Albert, F. K., Dr., Neurochirurgische Universitätsklinik, Heidelberg   489

Albrecht, M., Priv.-Doz. Dr., Klinik für Anästhesiologie der Medizinischen Universität
Lübeck   537

Altenmüller, E., Dr., Neurologische Universitätsklinik, Tübingen   489

Altmannsberger, H.-M., Prof. Dr., Zentrum für Pathologie der Justus-Liebig-Universität
Gießen   375

Amberger, V., Institut für Hirnforschung der Universität Zürich   348

Ammeling, B., Dr., Abt. Neurologie, Klinikum RWTH, Aachen   596

Anschütz, F., Prof. Dr., Darmstadt   5

Apfel, R., Dr., Neurologische Klinik der Universität Würzburg   350, 420

Arlt, A., Dr., Neurologische Universitätsklinik, Hamburg-Eppendorf   616

Arning, C., Dr., Neurologische Abt., Allgemeines Krankenhaus Barmbek, Hamburg   567

Arnold, G., Dr., Neurologische Klinik und Poliklinik, Klinikum Großhadern, Ludwig-
Maximilians-Universität München   646, 752

Arnold, H., Prof. Dr., Klinik für Neurochirurgie, Medizinische Universität Lübeck   436

Baas, H., Dr., Abt. für Neurologie, Klinikum der Johann Wolfgang Goethe-Universität
Frankfurt am Main   642, 650

Backhaus, B., Dr., Neurologische Universitätsklinik, Ulm   539

Baerwald, C., Dr., Medizinische Universitätsklinik mit Poliklinik, Marburg   766

Bagelmann, H., Neurologische Universitätsklinik, Hamburg-Eppendorf   136

*Titel und Adressen wurden den Angaben der Autoren entnommen.

800

Bamborschke, S., Dr., Klinik und Poliklinik für Neurologie und Psychiatrie der Universität Köln   377

Barkus-Weidemann, S., Abt. Psychiatrie der Christian-Albrechts-Universität Kiel   718

Bauer, B., Dr., Klinik fu. Neurologie und Psychiatrie der Medizinischen Akademie, Magdeburg   422, 440

Bauer, J., Dr., Klinik für Epileptologie der Universität Bonn   656, 676

Baum, K., Dr., Neurologische Klinik, UKRV, Freie Universität Berlin   100, 618

Baumgartner, R., Dr., Basler Kinderspital, Basel   81

Bechinger, D., Prof. Dr., Neurologische Abt. und Kinderneurologie der Universität Ulm   783

Becker, G., Dr., Neurologische Universitätsklinik, Würzburg   561, 624

Behl, C., Dr., Neurologische Klinik der Universität Würzburg   350, 420

Beil, C., Dr., Universitätsklinik für Neurologie, Köln   517

Berberich, W., Dr., Radiologische Universitätsklinik, Homburg/Saar   392

Bergmann, M., Dr., Institut für Neuropathologie der Westfälischen Wilhelms-Universität Münster   311

Berkefeld, J., Dr., Neuroradiologische Abt., Klinikum der Johann Wolfgang Goethe-Universität Frankfurt am Main   96

Berlit, P., Prof. Dr., Neurologische Klinik am Klinikum Mannheim der Universität Heidelberg   127, 149, 292, 305, 444, 454, 734

Besinger, U. A., Dr., Neurologische Abt., Kreiskrankenhaus Ammerland, Westerstede   690

Bettag, M., Dr., Neurochirurgische Klinik, Heinrich-Heine-Universität Düsseldorf   385

Betz, M., Dr., Neurologische Universitätsklinik, Ulm   706

Bick, U., Dr., Institut für Klinische Radiologie der Westfälischen Wilhelms-Universität Münster   708, 785

Biesold, K.-H., Dr., Abt. Neurologie und Psychiatrie des Bundeswehr-Krankenhauses, Hamburg   770

Biniek, R., Dr., Abt. Neurologie, Klinikum RWTH, Aachen   456, 596

Bischoff, C., Dr., Neurologische Klinik und Poliklinik der Technischen Universität München   579, 781

Bise, K., Dr., Institut für Neuropathologie, Ludwig-Maximilians- Universität München   321, 323

Bittner, R., Dr., Universitätsklinikum Rudolf Virchow, Charlottenburg, FU Berlin   282, 373

Blankenburg, W., Prof. Dr., Psychiatrische Universitätsklinik und Poliklinik, Marburg   61

Blechinger, H., Dr., Neurologische Universitätsklinik, Heidelberg   670, 672

Bock, W. J., Dr., Neurochirurgische Klinik, Heinrich-Heine-Universität Düsseldorf   385

Bödeker, R.-H., Dr., Neurologische Universitätsklinik, Zentrum für Neurologie und Neurochirurgie, Gießen   553, 557

Böker, D.-K., Prof. Dr., Neurochirurgische Klinik, Krankenhaus Nordstadt, Hannover   354

Boese, J., Dr., Gemeinnützige Hertie-Stiftung, Frankfurt am Main   232

Boethling, J., Dr., Neurologische Universitätsklinik, Bonn   523

Bogdahn, U., Prof. Dr., Neurologische Klinik der Universität Würzburg   81, 350, 420, 561, 624

Bogumil, T., Dr., Neurologische Universitätsklinik, Tübingen   684

Bohmann, G., Dr., Neurologische Universitätsklinik, Erlangen-Nürnberg   85

Borgis, K.-J., Dr., Institut für Radiologie, Medizinische Universität Lübeck   77

Braun, V., Dr., Neurochirurgische Klinik der Universität Ulm   744

Braune, H.-J., Dr., Neurologische Universitätsklinik mit Poliklinik, Marburg   59, 116, 173, 732, 766

Braus, D. F., Dr., Abt. Neuropathologie, Pathologisches Institut der Albert-Ludwigs-Universität Freiburg   394

Bredow, H.-G., Dr., Neurologische Klinik, Allg. Krankenhaus Altona, Hamburg   531

Brenner, P. M., Dr., Neurologische Klinik, Friedrich-Alexander-Universität Erlangen   290, 772

Bressmer, H., Institut für Biomedizinische Technik der Universität Stuttgart   581

Brigel, C., Dr., Neurologische Klinik, Pathologisches Institut, Universität Erlangen   309

Brockmann, M., Dr., Neurologische Klinik der Universitätsklinik, Essen   730

Brück, W., Dr., Abt. Neuropathologie der Universität Göttingen   448

Brückmann, H., Dr., Abt. Neurologie, Klinikum RWTH, Aachen   69, 71, 596

Bruhn, A., Dr., Max-Planck-Institut für Biophysikalische Chemie, Göttingen   774

Brune, G. G., Dr., Klinik für Neurologie der Westfälischen Wilhelms-Universität Münster   708

Buchholtz, K., Dipl.-Psychol., Abt. Medizinische Psychologie der Christian-Albrechts-Universität Kiel   718

Buchinger, B., Dr., Neurologische Universitätsklinik, Zentrum für Neurologie und Neurochirurgie, Gießen   553

Büll, U., Dr., Abt. Neurologie, Klinikum RWTH, Aachen   460, 535

Bünte, S., Dr., Medizinische Klinik der FU Berlin   179

Buettner, U. W., Prof. Dr., Neurologische Klinik, Eberhard-Karls-Universität Tübingen   131

Burgi, A., Dr., Neurologische Klinik des Klinikums Mannheim der Universität Heidelberg 454

Burkhardt, D., Dr., Neurologische Universitätsklinik, Göttingen 327

Burr, W., Priv.-Doz. Dr., Universitätsklinik für Epileptologie, Bonn 652

Calabrese, P., Dr., Abt. Biopsychologie, Ruhr-Universität Bochum 104

Carraro, U., Prof. Dr., Istituto di Patologia Generale, Padova 748

Carvajal-Lizano, M., Dr., Neurologische Universitätsklinik Hamburg-Eppendorf 563

Catani, C., Istituto di Patologia Generale, Padova 748

Ceballos-Baumann, A. O., Dr., Neurologische Klinik, TU München 754, 756

Christaller, U., Dr., Neurologische Universitätsklinik, Tübingen 726

Christe, W., Dr., Universitätsklinikum Rudolf Virchow, Charlottenburg, FU Berlin 515

Christen, H.-J., Dr., Universitäts-Kinderklinik, Göttingen 448, 738

Claus, D., Prof. Dr., Neurologische Universitätsklinik, Erlangen 634, 638, 640, 772

Conrad, B., Prof. Dr., Neurologische Klinik und Poliklinik der Technischen Universität München 521, 547, 579, 754, 781

Constantinou, M., Dr., Neurologische Universitätsklinik, Ulm 696

Conzen, M. A., Dr., Neurochirurgische Klinik, Krankenanstalten Gilead-Bethel, Bielefeld 396

Cordes, M., Dr., Universitätsklinikum Rudolf Virchow, Charlottenburg, FU Berlin 513, 515, 658

Damian, M. S., Dr., Neurologische Klinik der Justus-Liebig-Universität Gießen 98, 106

Deister, A., Dr., Neurologische Universitätsklinik, Bonn 471

Delavier, U., Dr., Universitätsklinikum Rudolf Virchow, Charlottenburg, FU Berlin 515

Delcker, A., Dr., Neurologische Klinik und Poliklinik der Universität Essen 626

Demisch, L., Dr., Abt. für Psychiatrie, Universität Frankfurt am Main 650

Demling, J., Dr., Neurologische Universitätsklinik, Erlangen 640

Demuth, K., Dr., Neurologische Universitätsklinik, Würzburg 424

Dengler, R., Prof. Dr., Neurologische Klinik der Universität Bonn 692, 736, 754, 756

Dettke, M., Dr., Deutsches Krebsforschungszentrum, Heidelberg 171

Deuschl, G., Priv.-Doz. Dr., Neurologische Universitätsklinik und Poliklinik, Freiburg 750, 758

Dewes, W., Dr., Universitätsklinikum Rudolf Virchow, Charlottenburg, FU Berlin 712

Dichgans, J., Prof. Dr., Neurologische Klinik der Universität Tübingen 294, 606, 608, 636, 726

Dieckmann, G., Prof. Dr., Abt. Funktionelle Neurochirurgie, Zentrum Neurologische Medizin, Georg-August-Universität Göttingen   742

Diedrich, U., Dr., Neurologische Universitätsklinik, Göttingen   341

Dieu, C., Dr., Neurologische Universitätsklinik, Hamburg   648

Dittmann, W., Priv.-Doz. Dr., Neurochirurgische Universitätsklinik, Würzburg   296, 398

Dittrich, M., Dr., Universitäts-Kinderklinik, Neurochirurgische Klinik und Strahlentherapie, Mainz   402

Döring, L., Dr., Abt. Neurologie der Christian-Albrechts-Universität Kiel   722

Dommer, T., Dr., Neurologische Universitätsklinik, Zentrum für Neurologie und Neurochirurgie, Gießen   557

Donhuijsen, K., Prof. Dr., Institut für Pathologie, Universitätsklinikum Essen   452

Dorndorf, W., Dr., Neurologische Universitätsklinik u. Mikrobiologisches Institut, Gießen   698

Drenkard, D., Dr., Neurologische Klinik der Universität Würzburg   350, 420

Dressler, D., Dr., Neurologische Klinik, Georg-August-Universität Göttingen   290, 760

Dressler, D., Dr., Neurologische Klinik der Universität Erlangen-Nürnberg   772

Dürr, G., Dr., Neurologische Universitätsklinik, Würzburg   350

Dummer-Smoch, L., Dr., Psychologisches Seminar der Pädagogischen Hochschule, Kiel   505

Durwen, H., Dr., Universitätsklinik für Epileptologie, Bonn   686

Ebel, H., Dr., Neurochirurgische Klinik, Krankenanstalten Gilead-Bethel, Bielefeld   396

Ebner, A., Dr., Neurologische Abt., Kreiskrankenhaus Ammerland, Westerstede   690

Eckert, J., Dr., Abt. Neurologie der Städtischen Kliniken, Darmstadt   791

Eder, H.-T., Dr., Universitätsnervenklinik, Psychiatrie, Homburg/Saar   612

Eichstädt, H., Dr., Universitätsklinikum Rudolf Virchow, Charlottenburg, FU Berlin   515

Einsiedel, Gräfin H.v., Priv.-Doz. Dr., Neuroradiologische Abteilung, Institut für Röntgendiagnostik der Technischen Universität München   521

Elek, J., Dr., Neurologische Klinik der Universität Bonn   692, 736

Elger, C. E., Prof. Dr., Universitätsklinik für Epileptologie, Bonn   652, 686

Engelhardt, A., Dr., Neurologische Klinik, Universität Erlangen   309, 716, 748, 772

Engenhart, R., Dr., Radiologische Universitätsklinik, Heidelberg   594

Engler, F., Dr., Neurologische Universitätsklinik, Kiel   789

Enzensberger, W., Priv.-Doz. Dr., Abt. für Neurologie, Zentrum der Neurologie und Neurochirurgie, Universitätsklinikum Frankfurt am Main   317, 660, 668

804

Essinger, G., Dr., Neurologische Klinik der Städtischen Kliniken, Darmstadt   728

Ewald, R. W., Dr., Mannheim   179

Fabienke, A., Dr., Neurologische Universitätsklinik, Hamburg   648

Fahlbusch, R., Prof. Dr., Neurochirurgische Klinik der Universität Erlangen-Nürnberg   426, 446

Fahrendorf, G., Dr., Institut für Klinische Radiologie der Westfälischen Wilhelms-Universität Münster   682, 708, 785, 787

Faiss, J., Dr., Neurologische Klinik und Poliklinik, Universitätsklinikum Essen   626

Faiss, J. H., Dr., Neuroradiologische Abt. der Universitätsklinik, Tübingen   294

Fasshauer, K., Prof. Dr., Alexianer-Krankenhaus, Krefeld   680

Fateh-Moghadam, A., Prof. Dr., Institut für Klinische Chemie, Klinikum Großhadern, München   700

Faustmann, M., Dr., Neurologische Klinik und Poliklinik, Universitätsklinikum Essen   452

Fegers, S., Dr., Mönchengladbach   779

Fehrenbach, R., Dr., Psychiatrische Universitätsklinik, Freiburg   63

Feiden, W., Dr., Institut für Neuropathologie, Ludwig-Maximilians-Universität München   321, 323

Feinendegen, L. E., Prof. Dr., Institut für Medizin, Forschungsanlage Jülich   521

Feldheim, U., Dr., Neurologische Klinik, Leopoldina Krankenhaus, Schweinfurt   555

Feldmann, M., Dr., Neurologische Klinik, Georg-August-Universität Göttingen   290

Felgenhauer, K., Prof. Dr., Neurologische Klinik der Universität Göttingen   155, 327

Felix, R., Dr., Universitätsklinikum Rudolf Virchow, Charlottenburg, FU Berlin   282, 373, 513, 515, 658, 712

Ferstl, F., Dr., Universitätsklinikum Rudolf Virchow, Charlottenburg, FU Berlin   513

Fetter, M., Dr., Neurologische Universitätsklinik, Tübingen   740

Fetzer, U., Dr., Fachklinik für Neurologie, Schwendi-Dietenbronn   204, 206, 208

Fiedler-Kaufmann, I., Dr., Neurologische Klinik Selzer, Baiersbronn-Schönmünzach   245

Finkbeiner, T., Dr., Neurologische Universitätsklinik/Knappschaftskrankenhaus, Bochum   175

Firnhaber, W., Prof. Dr., Neurologische Klinik der Städtischen Kliniken, Darmstadt   1, 30, 40

Fischer, P.-A., Prof. Dr., Neurologische Abt., Klinikum der Johann Wolfgang Goethe-Universität Frankfurt am Main   96, 317, 369, 642, 650, 660, 668

Flehmig, I., Dr., Institut für Kindesentwicklung, Hamburg   483

Flügel, D., Dr., Neurologische Klinik mit Poliklinik der Universität Erlangen-Nürnberg 656

Forsting, M., Dr., Abt. Klinische Neuroradiologie, Neurologische Universitätsklinik, Heidelberg 406, 489

Frank, B., Dr., Neurologische Klinik mit Klinischer Neurophysiologie, Medizinische Hochschule Hannover 57, 65

Freise, L., Dr., Abt. Neurologie der Christian-Albrechts-Universität Kiel 722

Freund, H. J., Prof. Dr., Neurologische Universitätsklinik, Düsseldorf 475

Friedel, U., Dr., Klinik für Neurologie und Psychiatrie der Medizinischen Akademie, Magdeburg 440

Fritsch, H., Dr., Neurochirurgische Klinik, Ludwig-Maximilians-Universität München, Klinikum Großhadern 321

Fünfgeld, E. W., Prof. Dr., Med. Fak. Philipps-Univ. Marburg u. Univ. des Saarlandes, Homburg, u. Schloßbergklinik Wittgenstein, Bad Laasphe 241

Fuhrmeister, U., Priv.-Doz. Dr., Neurologische Klinik, Leopoldina Krankenhaus, Schweinfurt 555

Gabriel, R., Dr., Melbecker Straße 29, 2121 Deutsch-Evern 483

Gallenkamp, U., Dr., Neurologische Klinik, Kreiskrankenhaus Lüdenscheid 541

Gareis, G., Dr., Klinik und Poliklinik für Hals-Nasen-Ohrenkranke der Universität Erlangen-Nürnberg 83

Gasser, T., Dr., Neurologische Klinik und Poliklinik, Klinikum Großhadern, Ludwig-Maximilians-Universität München 646, 752

Gehlen, W., Prof. Dr., Neurologische Universitätsklinik, Knappschafts-Krankenhaus, Bochum-Langendreer 87, 104, 175, 450

Gellerich, I., Dr., Klinik für Neurologie und Psychiatrie der Medizinischen Akademie, Magdeburg 440

Gerhard, H., Dr., Neurologische Klinik und Poliklinik der Universität Essen 452, 626

Gericke, C., Dr., Neurologische Abt., Universitätsklinikum Rudolf Virchow, Charlottenburg, FU Berlin 160

Ghane, Y., Neurologische Klinik mit Poliklinik der Universität Erlangen-Nürnberg 656

Gibbels, E., Prof. Dr., Klinik und Poliklinik für Neurologie und Psychiatrie der Universität Köln 602

Giebisch, U., Klinik und Poliklinik für Neurologie und Psychiatrie der Universität Köln 602

Gieseler, K., Dr., Klinik für Strahlentherapie und Radiologische Onkologie, Heinrich-Heine-Universität Düsseldorf 408

Glaese, A., Dr., Klinik für Neurologie, Medizinische Universität Lübeck 644

806

Glindemann, R., Dr., Abt. Neurologie, Klinikum RWTH, Aachen   456

Glöckner, W. M., Dr., II. Medizinische Klinik, Klinikum RWTH, Aachen   622

Gmeiner, H.-J., Dr., Neurologische Klinik der Universität Erlangen-Nürnberg   598

Gold, R., Dr., Max-Planck-Ges., Klinische Forschungsgruppe für MS und Neurologische Universitätsklinik, Würzburg   81, 210, 212

Goossens-Merkt, H., Dr., Neurologische Universitätsklinik, Hamburg-Eppendorf   616

Gottwald, W., Prof. Dr., Neurologische Universitätsklinik, Erlangen-Nürnberg   83

Grahmann, F., Dr., Neurologische Klinik und Poliklinik der Universität Erlangen-Nürnberg   628, 634, 640

Greulich, W., Dr., Neurologische Universitätsklinik, Knappschaftskrankenhaus, Bochum-Langendreer   450

Greven, H.-J., Alexianer-Krankenhaus, Krefeld   680

Grözinger, M., Dr., Neurologische Klinik im Klinikum Mannheim   149

Grond, M., Dr., Neurologische Universitätsklinik, Köln   517, 519

Grote, W., Prof. Dr., Neurochirurgische Universitätsklinik der GHS Essen   404

Gündisch, O., Institut für Neuropathologie, Ludwig-Maximilians-Universität München   323

Günther, T., Dr., Abt. für Neurologie der Universitätsklinik Frankfurt am Main   642

Gullotta, F., Prof. Dr., Institut für Neuropathologie der Westfälischen Wilhelms-Universität Münster   311, 371, 416

Guse, F., Dr., Abt. Neurologie, Klinikum RWTH, Aachen   588

Gut, E., Dr., Neuroradiologische Abt. der Universitätsklinik, Tübingen   294

Gutjahr, P., Prof. Dr., Universitäts-Kinderklinik, Neurochirurgische Klinik und Strahlentherapie, Mainz   402, 442

Haag, P., Abt. Klinische Neuroradiologie, Neurologische Universitätsklinik, Heidelberg   406

Haan, J., Dr., St. Josef-Hospital, Ruhr-Universität Bochum   42

Haas, J., Dr., Neurologische Klinik mit Klinischer Neurophysiologie, Medizinische Hochschule Hannover   38, 147

Hacker, H., Prof. Dr., Abt. für Neuroradiologie, Universität Frankfurt am Main   369

Hagelstein, U., Neurologische Klinik Selzer, Baiersbronn   243

Hahm, H., Dr., Neurologische Klinik des Allgemeinen Krankenhauses, Hamburg-Altona   575

Haid, C. T., Prof. Dr., Klinik und Poliklinik für Hals-Nasen-Ohrenkranke der Universität Erlangen   83

Hajak, G., Dr., Psychiatrische Klinik der Universität Göttingen   547

Hamann, G., Dr., Neurologische Universitätsklinik, Homburg/Saar   315, 379

Hanefeld, F., Prof. Dr.h.c., Abt. Neuropädiatrie der Universitäts-Kinderklinik, Göttingen
448, 738, 774

Hansen, C., Dr., Neurologische Universitätsklinik, Hamburg-Eppendorf   616

Hansen, K., Neurochirurgische Abt., UKRV, Charlottenburg, FU Berlin   549

Harder, T., Dr., Abt. für Pharmakologie, Universität Frankfurt am Main   650

Hartard, C., Dr., Neurologische Universitätsklinik, Hamburg   44, 164

Hartmann, A., Dr., Neurologische Universitätsklinik, Bonn   471, 523

Hartmann, G., Dr., Institut für Radiologie und Pathophysiologie, DKFZ, Heidelberg   381

Hartmann, M., Dr., Neurologische Universitätsklinik, Heidelberg   672

Hartmann, V., Dr., Pathologisches Institut des Allg. Krankenhauses Altona, Hamburg   531

Harvarik, R., Dr., Neurologische Klinik des Allg. Krankenhauses Altona, Hamburg   600

Hasenau, C., Dr., Hals-Nasen-Ohren-Klinik, TU München   754

Hasenbring, M., Priv.-Doz. Dr., Abt. Medizinische Psychologie der Christian-Albrechts-Universität Kiel   718

Haupt, W. F., Dr., Klinik und Poliklinik für Neurologie und Psychiatrie der Universität Köln
602

Haupts, M., Dr., Neurologische Universitätsklinik, Knappschaftskrankenhaus, Ruhr-Universität Bochum   42, 104, 175

Hedde, J.-P., Priv.-Doz. Dr., Radiologische Abt. der Krankenanstalten, Köln-Merheim   331

Hedtmann, G., Dr., Abt. Neurologie der Städtischen Kliniken, Darmstadt   791

Hefner, G., Dr., Universitätsklinik für Epileptologie, Bonn   652

Heide, W., Dr., Klinik für Neurologie, Med. Universität Lübeck   740

Heilmann, L., Dr., Frauenklinik der Universitätsklinik, Essen   730

Heim, T., Dr., Universitätsklinikum Rudolf Virchow, Charlottenburg, FU Berlin   282

Heinen, F., Dr., Neurologische Universitätsklinik und Poliklinik, Freiburg   750, 758

Heiss, W.-D., Prof. Dr., Neurologische Universitätsklinik und Max-Planck-Institut für Neurologische Forschung, Köln   275, 458, 517, 519

Helbig, B., Dr., Abt. Orthopädie der Christian-Albrechts-Universität Kiel   718

Helm, E. B., Prof. Dr., Abt. Infektiologie, Zentrum der Inneren Medizin, Universitätsklinikum Frankfurt am Main   317

Helmstaedter, C., Dr., Universitätsklinik für Epileptologie, Bonn   686

Henkes, H., Dr., Universitätsklinikum Rudolf Virchow, Charlottenburg, FU Berlin   282,
313, 373, 513, 515, 658, 712

808

Henneberg, A., Dr., Neurologische Klinik der Universität Ulm   702

Henningsen, H., Priv.-Doz. Dr., Neurologische Klinik im Klinikum Mannheim   149

Hentschel, D., Dr., Siemens AG, Bereich med. Technik, Erlangen   286

Henze, T., Dr., Neurologische Klinik der Georg-August-Universität Göttingen   541

Herholz, K., Priv.-Doz. Dr., Max-Planck-Institut für Neurologische Forschung und Universitätsklinik für Neurologie, Köln   275, 458, 519

Hermes, M., Dr., Abt. Neurologie, Universitäts-Nervenklinik, Homburg/Saar   94

Herrlinger, J. D., Dr., Deutsche Schlaganfall-Forschungsgruppe, Abt. Neurologie, Rehabilitationskrankenhaus, Ulm   590

Herrmann, S., Dr., Neurologische Klinik und Abt. Neuroradiologie, Universitätsklinik, Gießen   280

Hertel, G., Dr., Neurologische Abt., Krankenhaus Moabit, Berlin, und Deutsche Schlaganfall-Forschungsgruppe, Rehabilitationskrankenhaus, Ulm   590, 764

Herting, B., Neurologische Universitätsklinik, Würzburg   356

Herzog, H., Dr., Institut für Medizin, Forschungsanlage Jülich   521

Hess, W., Prof. Dr., Neurologische Klinik und Poliklinik der Universität Bern   118

Hesse, S., Dr., Abt. für Neurologische Rehabilitation, Klinik Berlin   688

Heun, R., Dr., Max-Planck-Forschungsgruppe, Würzburg   210

Heun, R., Dr., Abt. Neurologie, Universitäts-Nervenklinik, Homburg/Saar   216

Heye, N., Dr., Universitätsklinikum Rudolf Virchow, Charlottenburg, FU Berlin   282, 313, 373

Hielscher, H., Prof. Dr., Neurologische Klinik und Poliklinik der Philipps-Universität Marburg   116, 362

Hierholzer, J., Dr., Universitätsklinikum Rudolf Virchow, Charlottenburg, FU Berlin   658

Hildebrandt, G., Priv.-Doz. Dr., Neurochirurgische Klinik, Neuroradiologische Abt. im Zentrum für Radiologie, Gießen   224, 529

Hilker, E., Dr., Klinik für Neurologie, Universität Münster   787

Hilz, M.-J., Dr., Neurologische Klinik der Universität Erlangen-Nürnberg   638

Hinse, P., Dr., Neurologische Universitätsklinik, Hamburg   585

Hömberg, V., Neurologische Klinik, Heinrich-Heine-Universität Düsseldorf   129

Hoff, J., Dr., Neurochirurgische Klinik, Krankenanstalten Gilead-Bethel, Bielefeld   396

Hofmann, E., Dr., Abt. für Neuroradiologie, Universität Würzburg   210, 212, 325, 624

Hohlfeld, R., Prof. Dr., Neurolog. Univ.-Klinik, Klinikum Großhadern, München, u. Abt. f. Neuroimmunologie, M.-Planck-Inst. f. Psych., Martinsried   157, 214, 700

Hopf, U., Dr., Medizinische Klinik, UKRV, Charlottenburg, FU Berlin   618

Hoppen, T., Dr., Universitäts-Kinderklinik, Neurochirurgische Klinik und Strahlentherapie, Mainz 402

Horn, A., Dr., Alexianer-Krankenhaus, Krefeld 680

Horn, M., Dr., Universitätsklinikum, Frankfurt am Main 791

Hornig, C., Priv.-Doz. Dr., Neurologische Universitätsklinik, Gießen 280, 698

Huber, W., Dr., Abt. Neurologie, Klinikum RWTH, Aachen 456, 551

Hülser, P.-J., Dr., Deutsche Schlaganfall-Forschungsgruppe, Abt. Neurologie, Rehabilitationskrankenhaus, Ulm 590, 620, 696

Hüwel, N., Dr., Neurochirurgische Universitätsklinik, Mainz 228

Huffmann, G., Prof. Dr., Neurologische Universitätsklinik mit Poliklinik, Marburg 59, 116, 173, 732, 762, 766

Hufnagel, A., Dr., Universitätsklinik für Epileptologie, Bonn 652, 686

Huk, W. J., Dr., Abt. für Neuroradiologie der Universität Erlangen-Nürnberg 286, 710

Hummel, M. M., Dr., Psychiatrische Universitätsklinik und Poliklinik, Marburg 61

Hund, E., Dr., Neurologische Universitätsklinik, Heidelberg 720

Hund, M., Dr., Abt. Neurologie, RWTH Aachen 551

Hunneman, D. H., Dr., Zentrum Physiologie und Pathophysiologie der Universität Göttingen 81

Huppertz, M., Dr., Neurologische Klinik der Städtischen Kliniken, Darmstadt 728

Huss, G. P., Dr., Klinik für Neurologie der Medizinischen Universität Lübeck 678

Hutschenreuther, M., Dr., Neurologische Universitätsklinik, Heidelberg 720

Igloffstein, J., Dr., Neurologische Abt., Allgemeines Krankenhaus St. Georg, Hamburg 559

Ische, H., Dr., Neurologische Klinik, Georg-August-Universität Göttingen 290

Jacobi, G., Prof. Dr., Abt. für Pädiatrische Neurologie, Zentrum der Kinderheilkunde, Frankfurt am Main 428

Jaspert, A., Dr., Neurologische Klinik und Poliklinik der Ruhruniversität Bochum, BG-Krankenhaus Bergmannsheil 123

Jeske, J., Dr., Universitätsklinik für Neurologie, Köln 275

John, D., Dr., PKH Philippshospital, Riedstadt 777

Joraschky, P., Priv.-Doz. Dr., Psychosomatische Abt. der Psychiatrischen Universitätsklinik, Erlangen-Nürnberg 75

Jügelt, E., Dr., Sauerlandklinik, Hachen 230

Jung, S., Dr., Klinische Forschungsgruppe für MS, Neurologische Universitätsklinik, Würzburg 168, 170

Kaboth, U., Dr., Medizinische Universitätsklinik, Göttingen 327

Kalff, R., Priv.-Doz. Dr., Neurochirurgische Universitätsklinik der GHS Essen   404

Kallert, T. W., Dr., Klinik für Neurologische Rehabilitation des Nervenkrankenhauses, Bayreuth   125

Kappos, L., Prof. Dr., Max-Planck-Ges., Klinische Forschungsgruppe für MS, Würzburg u. Neurologische Universitätsklinik, Kantonspital Basel   81, 210, 212

Kaps, M., Priv.-Doz. Dr., Neurologische Klinik der Justus-Liebig-Universität Gießen   98, 106, 375

Karbe, H., Dr., Max-Planck-Institut f. Neurologische Forschung und Universitätsklinik für Neurologie, Köln   458

Kauerz, U., Dr., Neurologische Universitätsklinik, Hamburg   648

Kehler, U., Dr., Klinik für Neurochirurgie, Medizinische Universität Lübeck   436

Keske, U., Dr., Universitätsklinikum Rudolf Virchow, Charlottenburg, FU Berlin   513

Kessler, C., Priv.-Doz. Dr., Neurologische Klinik mit Poliklinik der Medizinischen Universität Lübeck   537, 569, 571, 573

Kessler, J., Dr., Universitätsklinik für Neurologie und Max-Planck-Institut für Neurologische Forschung, Köln   517, 519

Kießling, W. R., Priv.-Doz. Dr., Neurologische Klinik Selzer, Baiersbronn   188, 190, 243, 245, 247, 249

Kimmig, B., Prof. Dr. Dr., Abt. Klinische Radiologie (Strahlentherapie), Heidelberg   594

Kirchner, H., Dr., Deutsches Krebsforschungszentrum, Heidelberg   171

Kitze, B., Dr., Neurologische Klinik der Georg-August-Universität Göttingen   541

Kleedorfer, B., Dr., Universitätsklinik für Neurologie, Innsbruck   750, 758

Kleiser, B., Dr., Neurologische Abteilung der Universität Ulm   592

Klingelhöfer, J., Priv.-Doz. Dr., Neurologische Klinik und Poliklinik der Technischen Universität München   547, 579, 781

Klinz, C., Dr., Abt. Neurologie und Psychiatrie des Bundeswehrkrankenhauses Hamburg   770

Klös, G., Dr., Neurologische Abt., Klinikum der Johann Wolfgang Goethe-Universität Frankfurt am Main   96

Klostermann, W., Dr., Klinik für Neurologie der Medizinischen Universität Lübeck   55

Kluger, P., Dr., Orthopädische Klinik und Querschnittgelähmtenzentrum im RKU, Forschungs- und Lehrbereich der Universität Ulm   746

Knoke, B., Klinik für Neurochirurgie, Medizinische Universität Lübeck   436

Köhler, W., Dr., Neurologische Abt., Krankenhaus Moabit, Berlin   764

Köhncke, G., Neurologische Universitätsklinik, Hamburg   164

Kölmel, H. W., Prof. Dr., Neurologische Abt., Klinikum Rudolf Virchow, Charlottenburg, FU Berlin   46, 53, 145, 151, 153, 160

Kölzer, C., Dr., Klinik für Strahlentherapie und Radiologische Onkologie, Heinrich-Heine-Universität Düsseldorf   408

Kömpf, D., Prof. Dr., Klinik für Neurologie der Medizinischen Universität Lübeck   55, 537, 569, 571, 573, 610, 644, 678

Koenig, E., Priv.-Doz. Dr., Neurologische Universitätsklinik, Tübingen   684, 726, 740

König, H.-J., Priv.-Doz. Dr., Neurochirurgische Klinik der Westfälischen Wilhelms-Universität Münster   654

Köning, W., Dr., Neurochirurgische Klinik der Städt. Krankenanstalten, Köln-Merheim   434

Köppel, C., Dr., Klinische Forschungsgruppe für MS, Neurologische Universitätsklinik, Würzburg   432

Koeppen, S., Dr., Neurologische Klinik der Universitätsklinik, Essen   730

Körber, R., Dr., Neurologische Universitätsklinik mit Poliklinik, Marburg   116, 732, 766

Köttgen, E., Prof. Dr., Institut für Klinische Chemie und Biochemie, Klinikum Rudolf Virchow, Charlottenburg, FU Berlin   151

Kohler, J., Dr., Neurologische Universitätsklinik, Freiburg   63

Kolb, J., Abt. für Neurologie, Universitätsklinikum, Frankfurt am Main   660

Kolbe, H., Dr., Neurologische Klinik mit Klin. Neurophysiologie, Medizinische Hochschule Hannover   57

Konstanzer, A., Dr., Neurologische Klinik der Technischen Universität München   692, 736, 756

Kornhuber, A. W., Dr., Neurologische Universitätsklinik, Ulm   527, 539, 674

Kornhuber, B., Prof. Dr., Abt. für Pädiatrische Hämatologie und Onkologie, Zentrum der Kinderheilkunde, Frankfurt am Main   428

Kornhuber, H. H., Prof. Dr. Dr.h.c., Neurologische Klinik der Universität Ulm   202, 204, 206, 208, 352, 527, 539, 590, 614, 620, 674, 702, 706

Kornhuber, J., Dr., Neurologische Klinik der Universität Ulm   539

Kornhuber, M. E., Dr., Neurologische Klinik der Universität Ulm   704, 706

Koschorek, F., Dr., Abt. Neuroradiologie des Klinikums der Johann Wolfgang Goethe-Universität Frankfurt am Main   102

Koszak, B., Dr., Radiologische Abt. der Krankenanstalten, Köln-Merheim   331

Kotterba, S., Dr., Neurologische Klinik und Poliklinik der Ruhruniversität Bochum, BG-Krankenhaus Bergmannsheil   123

Koulousakis, A., Dr., Abt. für Stereotaxie und funktionelle Neurochirurgie der Universität Köln   79, 222, 226

Krack, B., Dr., Neurologische Universitätsklinik, Zentrum für Neurologie und Neurochirurgie, Gießen   553

812

Krähling, K. H., Priv.-Doz. Dr., Neurochirurgische Klinik der Westfälischen Wilhelms-Universität Münster   654

Krämer, G., Dr., Neurologische Klinik und Poliklinik der Johannes-Gutenberg-Universität Mainz   581

Krapf, H., Dr., Neurologische Universitätsklinik, Ulm   204, 206, 208, 527

Krause, K.-H., Prof. Dr., Friedrich-Baur-Institut, Ludwig-Maximilians-Universität München   734

Krauseneck, P., Prof. Dr., Neurologische Universitätsklinik, Würzburg   296, 398, 424

Krauss, J., Dr., Neurologische Klinik und Poliklinik der Universität Würzburg   325

Kriechbaum, W., Dr., Neurologische Universitätsklinik, Tübingen   489

Kromminga, R., Dr., Klinik für ZMK, Westfälische-Wilhelms-Universität Münster   682

Krone, A., Dr. med. habil., Neurochirurgische Klinik und Poliklinik der Universität Würzburg   325, 432

Ksinsik, C., Neurologische Universitätsklinik, Würzburg   398

Kuchelmeister, K., Dr., Institut für Neuropathologie der Westfälischen Wilhelms-Universität Münster   371

Künkel, H., Dr., Neurologische Klinik mit Klin. Neurophysiologie, Medizinische Hochschule Hannover   57

Künstler, E., Dr., Max-Planck-Ges., Klinische Forschungsgruppe für MS und Neurologische Universitätsklinik, Würzburg   210, 212

Kuhn, C., Dr., Abt. für Pathophysiologie, Klinikum Mannheim der Universität Heidelberg   734

Kummer, R.v., Priv.-Doz. Dr., Abt. Klinische Neuroradiologie, Neurologische Universitätsklinik, Heidelberg   406

Kunze, F., Dr., Neurologische Universitätsklinik, Hamburg-Eppendorf   616

Kunze, K., Prof. Dr., Neurologische Universitätsklinik und Poliklinik, Hamburg-Eppendorf   44, 164, 563, 583, 630, 648

Kunze, S., Prof. Dr., Neurochirurgische Klinik der Universität Heidelberg   489, 594

Kure, W., Dr., Abt. Neurologie der Universität Ulm   674

Kurlemann, G., Dr., Neuropädiatrischer Bereich der Universitätsklinik Münster   654

Kutzner, J., Dr., Universitäts-Kinderklinik, Neurochirurgische Klinik und Strahlentherapie, Mainz   402

Kuwert, T., Dr., Institut für Medizin, Forschungsanlage Jülich   521

Kwiet, K.-D., Dr., Abt. Neurologie, Universitäts-Nervenklinik, Homburg/Saar   216

Lachenmayer, L., Dr., Neurologische Universitätsklinik, Hamburg   585, 648

Ladebeck, R., Siemens AG, Bereich med. Technik, Erlangen   286

Lagrèze, H. L., Dr., Neurologische Universitätsklinik, Bonn   471, 523

Laicher, S., Dr., Neurologische Universitätsklinik, Tübingen   636

Lakomek, M., Prof. Dr., Kinderklinik, Georg-August-Universität Göttingen   448

Lang, C., Priv.-Doz. Dr., Neurologische Klinik der Universität Erlangen-Nürnberg   598

Lang, G. E., Dr., Neurologische Klinik der Universität Erlangen-Nürnberg   772

Lang, M., Abt. Neurologie der Universität Ulm   674

Lange, R., Dipl.-Biol., Neurologische Abt. des Klinikums Rudolf Virchow, Charlottenburg, FU Berlin   151

Langer, R., Dr., Universitätsklinikum Rudolf Virchow, Charlottenburg, FU Berlin   513

Lanksch, W. R., Prof. Dr., Neurochirurgische Klinik, Universitätsklinikum Rudolf Virchow, Charlottenburg, FU Berlin   313

Laubach, R., Neurologische Universitätsklinik, Hamburg   44

Lauer, K., Dr., Neurologische Klinik der Städtischen Kliniken, Darmstadt   25, 30, 40

Laufen, H., Dr., Neurologische Universitätsklinik, Ulm   204, 206

Laufens, G., Prof. Dr., FB Chemie-Biologie, Universität GH Siegen   230

Laun, A., Dr., Neurologische Universitätsklinik, Zentrum für Neurologie und Neurochirurgie, Gießen   553

Lausberg, G., Dr., Neurochirurgische Universitätsklinik am Knappschaftskrankenhaus, Bochum   337

Layer, P., Dr., Max-Planck-Institut für Entwicklungsbiologie, Tübingen   466

Lefèbre, C., Dr., Klinik für Neurologie der Medizinischen Universität Lübeck   610

Leibold, M., Dr., Abt. Neurologie, Klinikum RWTH, Aachen   565

Leonhardt, G., Dr., Abt. Neurologie, Klinikum RWTH, Aachen   588, 596

Liebert, U. G., Dr., Institut für Virologie und Immunbiologie, Universität Würzburg   181

Liebetrau, U., Dr., Neurologische Klinik der Städtischen Krankenanstalten, Köln-Merheim   331

Lochner, B., Dr., Frankfurt am Main   642

Lock, C., Abt. Neuropädiatrie der Universitäts-Kinderklinik, Göttingen   774

Lodde, B., Dr., Neurologische Universitätsklinik/Knappschaftskrankenhaus, Bochum   87

Lorenz, R., Prof. Dr., Abt. für Allgemeine Neurochirurgie, Zentrum Neurologie/Neurochirurgie, Frankfurt am Main   428

Lorenz, W. J., Dr., Institut für Radiologie und Pathophysiologie, DKFZ, Heidelberg   381, 383

Lotz, S., Dr., Pathologisches Institut des Allg. Krankenhauses Altona, Hamburg   531

814

Lowitzsch, K., Prof. Dr., Neurologische Klinik, Klinikum Ludwigshafen, Akadem. Lehrkrankenhaus der Universität Mainz   108

Luboldt, H.-J., Neurologische Klinik der Technischen Universität München   166

Ludolph, A. C., Dr., Klinik für Neurologie der Westfälischen Wilhelms-Universität Münster   67, 682, 708, 785

Lücking, C. H., Dr., Neurologische Universitätsklinik, Freiburg   758

Lutz, M., Dr., Neurologische Klinik und Pharmakologisches Institut der Universität Würzburg   420

Machetanz, J., Dr., Neurologische Klinik und Poliklinik der Technischen Universität München   781

Madlener, J., Dr., Abt. für Neurologie, Zentrum der Neurologie und Neurochirurgie, Universitätsklinikum Frankfurt am Main   317, 660

Maier-Hauff, K., Prof. Dr., Neurochirurgische Abt., UKRV, Charlottenburg, FU Berlin   549

Malessa, R., Dr., Neurologische Klinik der Universitätsklinik, Essen   730

Malin, J.-P., Prof. Dr., Neurologische Klinik und Poliklinik der Ruhruniversität Bochum, BG-Krankenhaus Bergmannsheil   123

Manegold, U., Dr., Helmut-Bauer-Institut für Rehabilitationsforschung bei Multipler Sklerose, Göttingen   186

Manz, F., Dr., Neurologische Abt., Kreiskrankenhaus, Lemgo   339

Maravic, C.v., Klinik für Neurologie mit Poliklinik der Medizinischen Universität Lübeck   571, 573

Maravic, M.v., Dr., Klinik für Neurologie mit Poliklinik der Medizinischen Universität Lübeck   537, 569, 571

Markowitsch, H., Dr., Abt. Biopsychologie, Ruhr-Universität Bochum   104

Marquardt, J., Dr., Neurologische Klinik, Leopoldina Krankenhaus, Schweinfurt   555

Maslowski, K., Institut für Neuropathologie der Westfälischen Wilhelms-Universität Münster   311

Masur, H., Dr., Klinik für Neurologie der Westfälischen Wilhelms-Universität Münster   682, 708, 785, 787

Mathis, J., Dr., Neurologische Klinik und Poliklinik der Universität Bern   118

Matzander, G., Dr., Neurologische Klinik der Technischen Universität München   547

Mauch, E., Dr., Fachklinik für Neurologie, Schwendi-Dietenbronn   202, 204, 206, 208, 614

Mauritz, K.-H., Prof. Dr., Abt. für Neurologische Rehabilitation, Klinik Berlin   688

Mautner, V.-F., Dr., Neurologische Abt., Allgemeines Krankenhaus Harburg, Hamburg   288

Mehdorn, E., Prof. Dr., Klinik für Augenheilkunde mit Poliklinik der Medizinischen Universität Lübeck   573

Mehrkens, H.-H., Dr., Neurologische Universitätsklinik, Ulm   620

Meier, T., Dr., Klinik und Poliklinik für Hals-Nasen-Ohrenkranke der Universität Erlangen-Nürnberg   83

Meier, T., Universitätskinderklinik, Homburg/Saar   379

Meier, T., Dr., Abt. Neurologie, Klinikum RWTH, Aachen   577

Meir, E.v., Dr., Neurochirurgische Abt., Universitätsspital (CHUV), Lausanne   410

Meixensberger, J., Dr., Neurologische Universitätsklinik, Würzburg   356

Melbert, G., Dipl.-Psych., Neurologische Klinik Selzer, Baiersbronn   188

Melms, A., Dr., Neurologische Universitätsklinik, Tübingen   329

Menger, H., Dr., Neurologische Klinik, Wuppertal   462

Menges, C., Dr., Abt. Neurologie, Klinikum RWTH, Aachen   69, 71

Mennel, H. D., Prof. Dr., Abt. Neuropathologie, Medizinisches Zentrum für Pathologie, Klinikum Lahnberge, Philipps-Universität Marburg   299, 362

Menzel, J., Dr., Neurochirurgische Klinik der Städt. Krankenanstalten, Köln-Merheim   434

Mertens, H. G., Prof. Dr., Neurologische Universitätsklinik, Würzburg   81

Mertin, J., Dr., Schmieder-Kliniken, Gailingen   218

Meyer-Rienecker, H., Prof. Dr., Neurologische Abt. der Nervenklinik der Universität Rostock   48

Meyermann, R., Prof. Dr., Institut für Hirnforschung der Universität Tübingen   325

Meyermann, R., Dr., Klinische Forschungsgruppe für MS, Neurologische Universitätsklinik, Würzburg   432

Michaelis, R., Prof. Dr., Universitätskinderklinik, Abt. Neuropädiatrie, Entwicklungsneurologie, Tübingen   478

Mielke, R., Dr., Max-Planck-Institut für Neurologische Forschung, Köln   519

Minke, A., Neurologische Klinik, Heinrich-Heine-Universität Düsseldorf   129

Mitrovic, T., Dr., Universitätsklinikum Rudolf Virchow, Charlottenburg, FU Berlin   282

Möbius, H. J., Dr., Abt. für Neurologie, Zentrum der Neurologie und Neurochirurgie, Universität Frankfurt am Main   369

Mohr, K., Neurochirurgische Klinik, Städtisches Klinikum, Fulda   73

Mokrusch, T., Dr., Neurologische Universitätsklinik, Erlangen-Nürnberg   748

Mortazavi, S., Dr., Universitäts-Kinderklinik, Göttingen   738

Mrass, G., Neurochirurgische Klinik und Poliklinik der Universität Würzburg   325

Mühlau, G., Dr., Neurologisch-Psychiatrische Klinik Hans Berger, Jena   694

Mühler, E., Dr., Universitätsnervenklinik, Psychiatrie, Homburg/Saar   612

816

Müller-Jensen, A., Prof. Dr., Neurologische Klinik des Allg. Krankenhauses Altona, Hamburg 531, 575, 600

Müller-Jensen, M., Dr., Neurologische Universitätsklinik, Hamburg 585

Müller, B., Dr., Neurologische Klinik und Poliklinik der Universität Würzburg 296, 325, 398, 424, 714

Müller, F., Dr., Neurologische Universitätsklinik, Erlangen-Nürnberg 634

Müller, H., Dr., Präsident des Bayer. Landessozialgerichts, München 255

Müller, H.-A., Prof. Dr., Pathologisches Institut der Universität Würzburg 296, 398

Müller, J., Dr., Pathologisches Institut der Universität Würzburg 296, 624

Müller, M., Dr., Neurologische Klinik mit Poliklinik der Medizinischen Universität Lübeck 573

Müllges, W., Dr., Abt. Neurologie, Klinikum RWTH, Aachen 545, 565, 622

Münch, M., Dr., Neurologische Abt., Universitätsklinikum Rudolf Virchow, Charlottenburg, FU Berlin 145, 515

Mundinger, F., Prof. Dr., Abt. Stereotaxie und Neuronuklearmedizin, St. Josefs-Krankenhaus, Freiburg 394

Nafe, B., Dr., Institut für Medizinische Dokumentation und Statistik der Johannes-Gutenberg-Universität Mainz 581

Nagel, D., Dr., Abt. für Hals-Nasen-Ohrenheilkunde der Universität Ulm 527

Naumann, J., Dr., Neurochirurgische Klinik der Städt. Krankenanstalten, Köln-Merheim 434

Naumann, T., Dr., Orthopädische Klinik und Querschnittgelähmtenzentrum im RKU, Forschungs- und Lehrbereich der Universität Ulm 746

Nazarenus, D., Klinik für Neurologie der Medizinischen Universität Lübeck 678

Nedjat, S., Dr., Klinik für Neurologie, Universität Münster 785, 787

Nehmiz, E., Dr., Neurologische Klinik Selzer, Baiersbronn 247

Nehrig, C., Dr., Neurologische Klinik, UKRV, Charlottenburg, FU Berlin 100, 618

Netz, J., Dr., Neurologisches Therapiezentrum, Heinrich-Heine-Universität Düsseldorf 129

Neuhaus, C., Institut für Medizinische Immunologie der Charité Berlin 162

Neuhofer, C., Dr., Salzburg 251

Neumann, H. G., Dr., Neurologische Klinik und Pharmakologisches Institut der Universität Würzburg 420

Neumann, K., Dr., Universitätsklinikum Rudolf Virchow, Charlottenburg, FU Berlin 712

Neundörfer, B., Prof. Dr., Neurologische Klinik und Poliklinik der Universität Erlangen-Nürnberg 309, 628, 634, 638, 640, 716, 748, 772

Nichtweiss, M., Dr., Neurologische Klinik der Städtischen Kliniken, Darmstadt   73, 319, 364

Niewald, M., Dr., Radiologische Universitätsklinik, Homburg/Saar   392

Nikkhah, G., Dr., Neurochirurgische Klinik, Nordstadt Krankenhaus, Hannover   418

Nittner, K., Univ.-Prof. Dr., Abt. für Stereotaxie und funktionelle Neurochirurgie, Köln   226

Nolte, P., Dr., Abt. Neurologie, Klinikum RWTH, Aachen   596

Nüssel, F., Dr., Abt. für Neuroradiologie der Universität Erlangen-Nürnberg   710

Oberwittler, C., Dr., Klinik für Neurologie der Westfälischen Wilhelms-Universität Münster   708, 787

Oertel, W. H., Prof. Dr., Neurologische Klinik und Poliklinik, Klinikum Großhadern, Ludwig-Maximilians-Universität München   646, 752, 756

Oheim, S., Dr., Neurologische Klinik, Universität Erlangen-Nürnberg   716

Oppel, F., Prof. Dr., Neurochirurgische Klinik, Krankenanstalten Gilead-Bethel, Bielefeld   396, 400

Oschmann, P., Dr., Neurologische Klinik, Justus-Liebig-Universität, Gießen   375, 698

Ostertag, B., Dr., Abt. für Stereotaktische Neurochirurgie, Neurochirurgische Universitätsklinik, Homburg/Saar   392

Paganetti, P. A., Dr., Howard Hughes Medical Institute, Stanford University, USA   348

Palm, D. G., Prof. Dr., Neuropädiatrischer Bereich der Universitätsklinik Münster   654

Pannek, H. W., Dr., Neurochirurgische Abt., Krankenanstalten Gilead, Bielefeld   400

Pape, H., Dr., Klinik für Strahlentherapie und Radiologische Onkologie, Heinrich-Heine-Universität Düsseldorf   307, 408

Pastyr, O., Dr., Institut für Radiologie und Pathophysiologie, DKFZ, Heidelberg   381, 383

Patzold, U., Prof. Dr., Neurologisch-Psychiatrische Klinik, Städtisches Klinikum, Braunschweig   197

Perneczky, A., Dr., Neurochirurgische Universitätsklinik, Mainz   228

Peskar, B. A., Dr., Pharmakologisches Institut der Ruhr-Universität Bochum   175

Petersen, B., Klinik für Neurologie der Medizinischen Universität Lübeck   569

Petersen, D., Dr., Abt. für Neuroradiologie, Mediz. Strahleninstitut der Universität Tübingen   608, 740

Petrovici, J.-N., Prof. Dr., Neurologische Klinik der Städtischen Krankenanstalten, Köln-Merheim   331

Pfeiffer, G., Dr., Neurologische Universitätsklinik und Poliklinik, Hamburg-Eppendorf   630

Piepgras, U., Dr., Universitätsklinikum Rudolf Virchow, Charlottenburg, FU Berlin   712

818

Pietrzyk, U., Dr., Universitätsklinik für Neurologie, Köln   517

Pietz, K., Dr., Neurologische Klinik, Medizinische Hochschule, Hannover   177

Platz, T., Dr., Abt. für Neurologische Rehabilitation, Klinik Berlin   688

Poburski, R., Dr., Neurologische Klinik, Krankenhaus Nordstadt, Hannover   89

Poewe, W., Prof. Dr., Abt. für Neurologie, Universitätsklinikum Rudolf Virchow, Charlottenburg, FU Berlin   750, 758

Pohlmann-Eden, B., Priv.-Doz. Dr., Neurologische Klinik, Klinische Fakultät in Mannheim der Universität Heidelberg   149, 724

Poltz, W., Dr., FB Chemie-Biologie, Universität GH Siegen   230

Porschke, H., Dr., Abt. Psychiatrie der Christian-Albrechts-Universität Kiel   722

Poser, S., Prof. Dr., Neurologische Klinik, Georg-August-Universität Göttingen   32, 171, 260

Pospiech, J., Dr., Neurochirurgische Universität der GHS Essen   404

Prange, H., Dr., Neurologische Klinik der Universität Göttingen und Schlaganfall-Forschungsgruppe, Rehabilitätskrankenhaus, Ulm   171, 590

Preuss, M., Dr., Abt. für Neurochirurgie, Klinikum Steglitz, FU Berlin   604

Prinzing, R., Dr., Neurologische Universitätsklinik, Ulm   706

Prosiegel, M., Dr., Fachklinik Enzensberg, Hopfen am See   218

Puhl, W., Prof. Dr., Orthopädische Klinik und Querschnittgelähmtenzentrum im RKU, Forschungs- und Lehrbereich der Universität Ulm   746

Rabuffetti, S., Dipl.-Psych., Neurologische Universitätsklinik, Heidelberg   672

Rakicky, J., Dr., Neurologische Klinik am Klinikum Mannheim der Universität Heidelberg   127, 305, 444

Rating, D., Prof. Dr., Abt. Neuropädiatrie der Universitäts-Kinderklinik, Göttingen   774

Raudies, G., Dr., Neurologische Klinik Selzer, Baiersbronn   247

Rechlin, T., Dr., Neurologische Abt. der Universitätsklinik, Erlangen-Nürnberg   75

Reess, J., Dr., Fachklinik für Neurologie, Schwendi-Dietenbronn   614

Reiber, H., Priv.-Doz. Dr., Neurologische Klinik der Universität Göttingen   155

Reiche, W., Dr., Abt. Neurologie, Klinikum RWTH, Aachen   460, 535

Reichel, D., Dr., Neurologische Abt., Universitätsklinikum Rudolf Virchow, Charlottenburg, FU Berlin   46

Reichmann, H., Priv.-Doz. Dr., Neurologische Universitätsklinik, Würzburg   356, 714, 772

Reimann, G., Sauerlandklinik, Hachen   230

Reimers, C. D., Dr., Friedrich-Baur-Institut, Ludwig-Maximilians-Universität München   734

Remschmidt, H., Dr., Klinik und Poliklinik für Kinder- und Jugendpsychiatrie, Philipps-Universität Marburg   496, 502

Reusche, E., Dr., Institut für Pathologie der Medizinischen Universität Lübeck   610

Reuther, G., Dr., Klinik für Radiologie, Universität Münster   682

Richter, H.-P., Prof. Dr., Neurochirurgische Klinik der Universität Ulm   744

Riedel, C., Neurologische Abt., Universitätsklinikum Rudolf Virchow, Charlottenburg, FU Berlin   145, 153

Riepe, M., Dr., Klinik für Neurologie, Universität Münster   682

Riffel, B., Dr., Neurologische Klinik mit klinischer Neurophysiologie des Zentralklinikums Augsburg   113

Ringelstein, E. B., Prof. Dr., Abt. Neurologie, Klinikum RWTH, Aachen   71, 460, 535, 543, 545, 565, 577, 588, 596, 622

Ringendahl, H., Dipl.-Psych., Neurologische Klinik, Wuppertal   462

Rings, J., Dr., Neurologische Klinik der Städtischen Krankenanstalten, Köln-Merheim   331

Ritter, G., Dr., Neurologische Klinik, Georg-August-Universität Göttingen   260

Rizzi, C., Istituto di Patologia Generale, Padova   748

Röckelein, G., Dr., Neurologische Klinik, Pathologisches Institut, Universität Erlangen-Nürnberg   309

Rösl, G., Dr., Neurologische Klinik der Universität Erlangen-Nürnberg   638

Roggendorf, W., Prof. Dr., Neuropathologische Abt., Pathologisches Institut der Universität Würzburg   325

Rohrbach, E., Dr., Max-Planck-Forschungsgruppe, Würzburg   210

Rolfs, A., Dr., Abt. für Neurologie, Klinikum Steglitz, FU Berlin   604, 662, 664, 666

Romstöck, J., Dr., Neurochirurgische Klinik der Universität Erlangen-Nürnberg   446

Roosen, K., Dr., Neurochirurgische Klinik der Justus-Liebig-Universität Gießen   224

Rosenkranz, K., Dr., Univeristätsklinikum Rudolf Virchow, Charlottenburg, FU Berlin   515

Rosenthal, D., Dr., Neurochirurgische Klinik der Johann Wolfgang Goethe-Universität Frankfurt am Main   73

Rossberg, C., Dr., Abt. Neuropathologie, Zentrum Pathologie der Philipps-Universität Marburg   362

Rothacher, G., Dr., Neurologische Klinik und Poliklinik der Johannes-Gutenberg-Universität Mainz   581

Rudolf, J., Dr., Universitätsklinik für Neurologie, Köln   275, 517

Rüb, K., Neurologische Universitätsklinik Ulm   527

Rüther, E., Prof. Dr., Psychiatrische Klinik, Georg-August-Universität Göttingen   547

820

Rüttinger, H., Dr., Abt. Neurologie, Universitäts-Nervenklinik, Homburg/Saar   94, 216

Rüttinger, P., Dr., Abt. Neurologie, Universitäts-Nervenklinik, Homburg/Saar   216

Ruffert, S., Neurologische Klinik der Universität Ulm   702

Rummelt, V., Dr., Neurologische Klinik der Universität Erlangen-Nürnberg   772

Sackmann, W., Dr., Neurologische Universitätsklinik, Knappschaftskrankenhaus, Bochum-Langendreer   450

Samtleben, W., Dr., I. Medizinische Klinik, Klinikum Großhadern, München   214

Sander, B., Dr., Universitätsklinikum Rudolf Virchow, Charlottenburg, FU Berlin   373, 658

Sander, D., Dr., Neurologische Klinik der Technischen Universität München   579

Sartor, K., Prof. Dr., Abt. Klinische Neuroradiologie, Neurologische Universitätsklinik, Heidelberg   406, 489

Sauer, B., Dr., Neurologische Klinik, Leopoldina Krankenhaus, Schweinfurt   555

Sauerbrei, W., Dr., Neurologische Universitätsklinik, Erlangen-Nürnberg   85

Schabbert, S., Dr., Institut für Radiologie und Pathophysiologie, DKFZ, Heidelberg   381, 383

Schabet, M., Dr., Neurologische Universitätsklinik, Tübingen   294, 329

Schachenmayr, W., Prof. Dr., Institut für Neuropathologie, Justus-Liebig-Universität Gießen   418

Schäfer, R., Prof. Dr., Abt. für Krebsforschung, Institut für Pathologie der Universität Zürich   346

Schaik, W. van, Klinische Forschung, Geretsried   251, 253

Scharein, S., Dr., Neurologische Universitätsklinik, Hamburg   164

Schaub, A., Dr., Psychiatrische Universitätsklinik, Bonn   471, 523

Scheglmann, K., Dr., Neurologische Universitätsklinik, Heidelberg   720

Scheidt, P., Dr., Neurologische Klinik, Georg-August-Universität Göttingen   171

Schejbal, P., Dr., Neurologische Universitätsklinik, Knappschaftskrankenhaus, Ruhr-Universität Bochum   42

Schelosky, L., Dr., Abt. für Neurologie, Universitätsklinikum Rudolf Virchow, Charlottenburg, FU Berlin   750

Scherb, T., Dr., Universitätsnervenklinik, Psychiatrie, Homburg/Saar   612

Schicker, C., Neurologische Universitätsklinik, Würzburg   212

Schimrigk, K., Prof. Dr., Universitätsnervenklinik und Poliklinik – Neurologie, Homburg/Saar   216, 236, 315, 379, 392

Schipper, H. I., Prof. Dr., Neurologische Klinik, Philipps-Universität Marburg   138, 327

Schlegel, W., Dr., Institut für Radiologie und Pathophysiologie, DKFZ, Heidelberg   381, 383

Schliack, H., Prof. Dr., Isernhagen   13

Schlichting, U., Neurologische Universitätsklinik, Hamburg-Eppendorf   563

Schlote, W., Prof. Dr., Neurologisches Institut (Edinger-Institut) der Universität Frankfurt am Main   319, 369, 473, 668, 791

Schluesener, H. J., Dr., Klinische Forschungsgruppe für MS, Neurologische Universitätsklinik, Würzburg   168, 170, 432

Schmidt, D., Dr., Universitätsklinikum Rudolf Virchow, Charlottenburg, FU Berlin   513, 515

Schmidt, P., Klinik für Neurologie der Medizinischen Universität Lübeck   537

Schmitt, G., Prof. Dr., Klinik für Strahlentherapie und Radiologische Onkologie, Universität Düsseldorf   307, 408

Schmitz, R., Dr., Universitätsklinikum Rudolf Virchow, Charlottenburg, FU Berlin   513

Schnabel, K., Prof. Dr., Radiologische Universitätsklinik, Abt. Strahlentherapie, Homburg/ Saar   315, 392

Schnabel, R., Prof. Dr., Neuropathologisches Institut Bethel, Bielefeld   400

Schnabel, T., Dr., Klinik für Strahlentherapie und Radiologische Onkologie, Universität Düsseldorf   307

Schneider, B., Dr., II. Med. Abt., Allgemeines Krankenhaus St. Georg, Hamburg   559

Schneider, E., Prof. Dr., Neurologische Abt., Allgemeines Krankenhaus Harburg, Hamburg   288

Schneider, I., Dr., Neurologische Klinik, Wuppertal   462

Schneider, S., Dr., Radiologische Universitätsklinik, Freiburg   63

Schneider, S., Dr., Siemens AG, Erlangen   676

Schnettler, A., Dr., Neurologische Universitätsklinik u. Mikrobiologisches Institut, Gießen   698

Schöffel, M., Dr., Neurologische Abt. der Klinik für Psychiatrie und Neurologie der Charité Berlin   162

Schönbeck, S., Dr., Neurologische Klinik, Klinikum Großhadern, München   214

Schönmayr, R., Priv.-Doz. Dr., Neurochirurgische Klinik, Nordstadt Krankenhaus, Hannover   418

Schörner, W., Prof. Dr., Universitätsklinikum Rudolf Virchow, Charlottenburg, FU Berlin   100, 282, 373, 549, 618, 658, 712

Scholz, D., Dr., Institut für Medizin, Forschungsanlage Jülich   521

Schoog, R., Dr., Neurologische Universitätsklinik, Ulm   204

822

Schrader, V., Dr., Neurologische Universitätsklinik, Tübingen   726

Schramm, J., Prof. Dr., Neurochirurgische Universitätsklinik, Bonn   652

Schreiner, V., Dr., Neurochirurgische Klinik des Bundeswehrkrankenhauses, Ulm   696

Schrell, U., Dr., Neurochirurgische Klinik der Universität Erlangen-Nürnberg   426

Schröder, J. M., Prof. Dr., Institut für Neuropathologie, Klinikum RWTH,
    Aachen   304

Schröter, C., Dr., Neurologische Universitätsklinik und Poliklinik, Marburg   762

Schröter, H., Dr., Neurologische Universitätsklinik und Poliklinik, Marburg   762

Schubert, M., Dr., Neurologische Klinik der Universität Bonn   692, 736

Schubeus, P., Dr., Universitätsklinikum Rudolf Virchow, Charlottenburg, FU Berlin   712

Schüler, P., Dr., Neurologische Klinik der Universität Erlangen-Nürnberg   286, 676

Schütz, H.-J., Priv.-Doz. Dr., Neurologische Universitätsklinik, Zentrum für Neurologie
    und Neurochirurgie, Gießen   553, 557

Schuierer, G., Dr., Abt. für Neuroradiologie der Universität Erlangen-Nürnberg   286, 710

Schulz-Varszegi, M., Dr., Psychiatrische Klinik der Universität Göttingen   547

Schulze, H. E., Dr., Neurologische Abt., Kreiskrankenhaus Ammerland, Westerstede   690

Schumacher, H. C., Dr., Abt. für Neurologie, Klinikum Steglitz, FU Berlin   604, 662, 664,
    666

Schupp, W., Dr., Abt. für Neurologie und Neuropsychologie, Fachklinik Enzensberg, Hop-
    fen/Füssen   438

Schwab, M., Prof. Dr., Institut für Experimentelle Pathologie, Deutsches Krebsforschungs-
    zentrum, Heidelberg   358

Schwab, M. E., Prof. Dr., Institut für Hirnforschung der Universität Zürich   348

Schwab, S., Dr., Neurologische Universitätsklinik, Würzburg   624

Schwabe, D., Dr., Abt. für Pädiatrische Hämatologie und Onkologie, Zentrum der Kinder-
    heilkunde, Frankfurt am Main   428

Schwandt, B., Neurologische Universitätsklinik, Erlangen   748

Schwarz, J., Dr., Neurologische Klinik und Poliklinik, Klinikum Großhadern, Ludwig-Maxi-
    milians-Universität München   646, 752

Schwarz, M., Dr., Universitäts-Kinderklinik, Neurochirurgische Klinik und Strahlentherapie,
    Mainz   402

Schwechheimer, K., Prof. Dr., Abt. Neuropathologie, Pathologisches Institut der Albert-Lud-
    wigs-Universität Freiburg   394

Schwendemann, G., Prof. Dr., Abt. für Neurologie, Zentralkrankenhaus Bremen-Ost   452

Schwendemann, G., Dr., Neurologische Klinik, Universitätsklinikum Essen   632, 730

Seeldrayers, P., Dr., Neurologische Klinik, Universität Würzburg   210

Seidel, D., Prof. Dr., Augustahospital Anholt, Isselburg-Anholt   192

Seier, F., Dr., Neurologische Universitätsklinik, Würzburg   424

Seiler, U., Dr., Abt. Neurologie, Klinikum RWTH, Aachen   69, 71

Seitz, D., Prof. Dr., Hamburg   19

Seitz, R. J., Dr., Neurologische Klinik, Heinrich-Heine-Universität Düsseldorf   525

Selbstaedt, P., Dr., Abt. für Neurologie, Klinikum Steglitz, FU Berlin   662

Seyfert, S., Priv.-Doz. Dr., Neurologische Klinik der FU Berlin   179

Siegele, B., Institut für Klinische Chemie, Klinikum Großhadern, München   700

Sievers, C., Dr., Neurologische Klinik und Poliklinik der Johannes-Gutenberg-Universität
Mainz   581

Simmet, T., Dr., Institut für Pharmakologie und Toxikologie der Ruhr-Universität
Bochum   175, 337

Simon, F., Dr., Neurologische Klinik, Kreiskrankenhaus Gummersbach/Akad. Lehrkrankenhaus der Universität Köln   36

Sindern, E., Dr., Neurologische Klinik mit Klinischer Neurophysiologie, Medizinische Hochschule Hannover   38, 333

Singer, I., Dr., Neurologische Universitätsklinik, Zentrum für Neurologie und Neurochirurgie, Gießen   557

Sinha, P., Dr., Institut für Klinische Chemie und Biochemie, Universitätsklinikum Rudolf
Virchow, Charlottenburg, FU Berlin   151

Skiba, N., Dr., Neurologische Klinik des Nervenkrankenhauses, Bayreuth   125

Smektala, K., Dr., Neurologische Universitätsklinik/Knappschaftskrankenhaus,
Bochum   175

Sommer, C., Dr., Abt. Neurologie, Klinikum RWTH, Aachen   622

Sommer, N., Dr., Neurologische Klinik der Universität Tübingen   606, 608

Specht, F., Prof. Dr., Abt. für Kinder- und Jugendpsychiatrie der Georg-August-Universität
Göttingen   491

Spittler, J. F., Dr., Neurologische Universitätsklinik/Knappschaftskrankenhaus,
Bochum   87

Spitzer, A., Dr., Neurologische Klinik der Universität Erlangen-Nürnberg   772

Spitzer, K., Priv.-Doz. Dr. Dr., AG Deutsche Schlaganfall-Datenbank, Neurologische Universitätsklinik, Hamburg-Eppendorf   44, 533, 563, 583

Sprung, C., Dr., Universitätsklinikum Rudolf Virchow, Charlottenburg, FU Berlin   712

Staberock, M., Neurologische Universitätsklinik, Erlangen-Nürnberg   748

824

Städt, D., Dr., Max-Planck-Forschungsgruppe und Neurologische Universitätsklinik, Würzburg   210, 212

Stark, E., Priv.-Doz. Dr., Neurologische Klinik mit Klinischer Neurophysiologie, Medizinische Hochschule Hannover   38, 147, 333, 335, 339

Stark, R., Dr., Abt. für Neurologie, Klinikum der Johann Wolfgang Goethe-Universität Frankfurt am Main   650

Stauch, C., Abt. Kardiovaskuläre Chirurgie der Christian-Albrechts-Universität Kiel   722

Stauder, G., Dr., Klinische Forschung, Geretsried   251, 253

Steckenreuther, I., Dr., Neurochirurgische Klinik der Justus-Liebig-Universität Gießen   224

Stefan, H., Prof. Dr., Neurologische Klinik mit Poliklinik der Universität Erlangen-Nürnberg   286, 598, 656, 676, 710

Stein, G., Neurologische Universitätsklinik, Homburg/Saar   315

Steller, U., Dr., Abt. Neurologie im Zentrum Nervenheilkunde der Christian-Albrechts-Universität Kiel   102, 718, 722

Sterzel, R. B., Dr., Nephrologische Klinik der Universität Erlangen-Nürnberg   638

Stetter, F., Dr., Universitätsnervenklinik, Tübingen   636

Steude, U., Priv.-Doz. Dr., Neurochirurgische Klinik, Ludwig-Maximilians-Universität München, Klinikum Großhadern   321, 323

Steudel, W.-I., Prof. Dr., Abt. für Allgemeine Neurochirurgie, Klinikum der Johann Wolfgang Goethe-Universität Frankfurt am Main   269, 319, 387, 791

Stevens, A., Dr., Neurologische Klinik der Universität Tübingen   606, 636

Stöhr, M., Prof. Dr., Neurologische Klinik mit klinischer Neurophysiologie des Zentralklinikums, Augsburg   113

Stoll-Dieterle, H., Dipl.-Psych., Neurologische Klinik Selzer, Baiersbronn   190

Storch-Hagenlocher, B., Dr., Neurologische Universitätsklinik, Heidelberg   670, 672

Strauss, C., Dr., Neurochirurgische Klinik der Universität Erlangen-Nürnberg   446

Strenge, H., Priv.-Doz. Dr., Abt. Neurologie der Christian-Albrechts-Universität Kiel   718, 722

Sturm, V., Prof. Dr., Abt. f. Stereotaxie und funktionelle Neurochirurgie, Neurochirurgische Universitätsklinik, Köln   381, 383

Suchenwirth, R., Prof. Dr., Herrsching-Breitbrunn   264, 266

Sudhop, T., Universitätsklinik für Epileptologie, Bonn   686

Szelies, B., Dr., Max-Planck-Institut für Neurologische Forschung und Universitätsklinik für Neurologie, Köln   458

Taghavy, A., Prof. Dr., Neurologische Universitätsklinik, Erlangen-Nürnberg   83, 85

Tegenthoff, M., Dr., Neurologische Klinik und Poliklinik der Ruhruniversität Bochum, BG-Krankenhaus Bergmannsheil   123

Terstegge, K., Dr., Universitätsklinikum Rudolf Virchow, Charlottenburg, FU Berlin   712

Thie, A., Priv.-Doz. Dr., Neurologische Universitätsklinik, Hamburg-Eppendorf   563, 583, 585

Thier, P., Dr., Neurologische Universitätsklinik, Tübingen   684

Thron, A., Prof. Dr., Abt. Neuroradiologie, Klinikum RWTH, Aachen   69

Tiel, K., Neurologische Abt., Universitätsklinikum Rudolf Virchow, Charlottenburg, FU Berlin   53

Timmann, D., Dr., Neurologische Klinik, Universitätsklinikum Essen   632

Tkocz, H. J., Dr., Radiologische Universitätsklinik, Homburg/Saar   392

Tönjes, W., Dr., Abt. Neurologie, Universitäts-Nervenklinik, Homburg/Saar   216

Tonn, J. C., Dr., Neurochirurgische Klinik der Justus Licbig-Universität Gießen   224, 418

Tornow, K., Dr., Neuroradiologische Abt. des Klinikums Mannheim der Universität Heidelberg   454

Trenkwalder, C., Dr., Neurologische Klinik, Klinikum Großhadern, Ludwig-Maximilians-Universität München   646

Treuer, H., Dr., Abt. f. Stereotaxie und funktionelle Neurochirurgie, Neurochirurgische Universitätsklinik, Köln   381, 383

Tribolet, N.d., Prof. Dr., Neurochirurgische Abt., Universitätsspital (CHUV), Lausanne   410

Ullrich, K., Dr., Klinik für Pädiatrie, Westfälische-Wilhelms-Universität Münster   785

Ulm, G., Dr., Paracelsus-Elena-Klinik, Kassel   644

Ulrich, F., Priv.-Doz. Dr., Neurochirurgische Klinik, Heinrich-Heine-Universität Düsseldorf   385

Urban, V., Dr., Neurochirurgische Universitätsklinik, Mainz   228

Vadokas, V., Dr., Abt. Funktionelle Neurochirurgie, Zentrum Neurologische Medizin, Georg-August-Universität Göttingen   220, 742

Vallée, M., Dr., Abt. für Neurologie, Klinikum Steglitz, FU Berlin   664

Verleger, R., Dr., Klinik für Neurologie der Medizinischen Universität Lübeck   678

Vieregge, P., Dr., Klinik für Neurologie der Medizinischen Universität Lübeck   55, 77, 610, 644

Villagran, R., Dr., Neuropathologisches Institut Bethel, Bielefeld   400

Vitzthum, H. Gräfin, Dr., Neurologisches Institut (Edinger-Institut) der Universität Frankfurt am Main   473, 668

Völker-Heyse, B., Dr., Abt. Neurologie der Christian-Albrechts-Universität Kiel   722

Voges, J., Dr., Abt. f. Stereotaxie und funktionelle Neurochirurgie, Neurochirurgische Universitätsklinik, Köln   383

Volk, B., Prof. Dr., Abt. Neuropathologie, Pathologisches Institut der Albert-Ludwigs-Universität Freiburg   394

Volk, H.-D., Doz. Dr., Institut für Medizinische Immunologie der Charité Berlin   162

Volke, H.-J., Doz. Dr., WB Physiologie, Technische Universität Dresden   694

Voltz, R., Neurologische Univ.-Klinik, Klinikum Großhadern, München, u. Abt. f. Neuroimmunologie, Max-Planck-Inst. f. Psychiatrie, Martinsried   700

Voth, D., Dr., Universitäts-Kinderklinik, Neurochirurgische Klinik und Strahlentherapie, Mainz   402

Voth, E., Dr., Abt. Nuklearmedizin, Georg-August-Universität Göttingen   290

Wagels, T., Dr., Neurologische Klinik am Klinikum Mannheim der Universität Heidelberg   305, 444

Wagener, G., Dr., Institut für Pharmakologie und Toxikologie der Philipps-Universität Marburg   362

Wagner, M., Dr., Universitätsklinik für Neurologie, Innsbruck   750

Wagner, M., Dr., Neurologische Universitätsklinik, Freiburg   758

Wallasch, T.-M., Dr., Neurologische Universitätsklinik, Kiel   768

Wannenmacher, M., Prof. Dr. Dr., Abt. Klinische Radiologie (Strahlentherapie), DKFZ, Heidelberg   594

Warecka, C., Dr., Neurologische Klinik, Medizinische Universität Lübeck   77

Warnke, A., Priv.-Doz. Dr., Klinik und Poliklinik für Kinder- und Jugendpsychiatrie, Philipps-Universität Marburg   496, 502

Weber, F., Dr., Neurochirurgische Klinik der Städt. Krankenanstalten, Köln-Merheim   434

Weckesser, M., Dr., Neurologische Klinik, Klinikum RWTH Aachen   543

Weckesser, S., Dr., Neurologische Klinik, Klinikum RWTH Aachen   543

Weidauer, S., Dr., Neurologische Klinik der Städtischen Kliniken, Darmstadt   319

Weidenmaier, W., Dr., Radiologische Klinik des Klinikums der Universität Ulm   208

Weigel, K., Dr., Abt. für Neurochirurgie, Klinikum Steglitz, FU Berlin   604

Weilbach, S., Dr., Neurologische Universitätsklinik, Würzburg   350

Weiller, C., Dr., MRC Cyclotron Unit, Hammersmith Hospital, London   69, 71, 460, 535, 543, 545, 565, 577, 588

Weindl, A., Prof. Dr., Neurologische Klinik der Technischen Universität München   166, 521

Weindler, M., Dr., Neurologische Universitätsklinik, Ulm   620

Weinrich, W., Prof. Dr., Neurologische Klinik, Krankenhaus Nordstadt, Hannover   89

Weitbrecht, W.-U., Priv.-Doz. Dr., Neurologische Klinik, Kreiskrankenhaus Gummersbach/ Akad. Lehrkrankenhaus der Universität Köln   36

Wekerle, H., Prof. Dr., Abt. für Neuroimmunologie am Max-Planck-Institut für Psychiatrie, Martinsried   700

Wellensiek, H., Dr., Neurologische Universitätsklinik u. Mikrobiologisches Institut, Gießen   698

Weller, M., Dr., Neurologische Klinik der Universität Tübingen   329, 606, 608

Wennhold, B., Dr., Psychiatrische Universitätsklinik und Poliklinik, Marburg   61

Wenzel, G., Dr., Klinik für Kinder und Jugendliche der Universität Erlangen-Nürnberg   710

Wessel, K., Priv.-Doz. Dr., Neurologische Klinik mit Poliklinik der Medizinischen Universität Lübeck   77, 573, 610, 678

Westarp, M.-E., Dr., Neurologische Universitätsklinik, Ulm   352, 696

Wetterling, T., Dr., Psychiatrische Klinik, Medizinische Universität Lübeck   77

Wick, M., Dr., Institut für Klinische Chemie, Klinikum Großhadern, München   700

Widder, B., Priv.-Doz. Dr., Neurologische Abteilung der Universität Ulm   592

Wiedau, M., Dr., Neurologische Abt., Klinikum Steglitz der FU Berlin   666

Wieland, U., Dr., Institut für Medizinische Virologie der Universität Heidelberg   670

Wiethölter, H., Priv.-Doz. Dr., Neurologische Klinik der Universität Tübingen   329, 606, 608, 636

Wild, K.v., Prof. Dr., Neurochirurgische Abt., Clemenshospital, Münster   416

Wildemann, B., Dr., Neurologische Universitätsklinik, Heidelberg   670, 672, 720

Wildt, L., Prof. Dr., Frauenklinik der Universität Erlangen-Nürnberg   656

Wilhelm, H., Dr., Abt. für Neuroopthalmologie, Universitäts-Augenklinik, Tübingen   740

Wilhelm, J., Dr., Neurologische Universitätsklinik, Würzburg   350

Wilichowski, E., Dr., Abt. Neuropädiatrie der Universitäts-Kinderklinik, Göttingen   774

Willmes, K., Dr., Abt. Neurologie, Klinikum RWTH, Aachen   456

Winkel, S., Dr., Neurologische Universitätsklinik, Hamburg   648

Winkelmann, U., Nervenarztpraxis Altona, Hamburg   511

Winkelmann, W., Dr., Nervenarztpraxis Altona, Hamburg   511

Winkelmüller, W., Prof. Dr., Neurochirurgische Abt., Paracelsus-Klinik, Osnabrück   416

Winking, M., Dr., Neurochirurgische Universitätsklinik am Knappschaftskrankenhaus, Bochum   337

Winkler, J., Dr., Neurologische Universitätsklinik, Würzburg   81, 561, 624

Winter, D. A., Dr., Neurologische Klinik der Justus-Liebig-Universität Gießen   98, 106

Winterholler, M., Neurologische Klinik und Poliklinik der Universität Erlangen-Nürnberg   628

Wirsing, U., Dr., Neurologische Universitätsklinik, Bonn   523

Wirtz, R., Dr., Neurochirurgische Universitätsklinik, Heidelberg   406

Witt, T. N., Dr., Neurologische Universitätsklinik, Klinikum Großhadern, München   700

Woelki, U., Dr., Neurologisches Institut (Edinger-Institut) der Universität Frankfurt am Main   317, 473, 668

Wolf, K. D., Dr., Abt. Neurologie, Universitäts-Nervenklinik, Homburg/Saar   216

Wollinsky, K. H., Dr., Neurologische Universitätsklinik, Ulm   620

Wowra, B., Dr., Neurochirurgische Klinik der Universität Heidelberg   430, 594

Wullen, T., Dr., Universitätsklinik für Neurologie, Köln   517

Wurm, R., Dr., Klinik für Strahlentherapie und Radiologische Onkologie, Heinrich-Heine-Universität Düsseldorf   307, 408

Wurster, U., Dr., Neurologische Klinik mit Klinischer Neurophysiologie, Medizinische Hochschule Hannover   38, 143, 147, 177, 333

Wygrala, J., Universitätsklinik für Epileptologie, Bonn   686

Zangemeister, W. H., Prof. Dr., Neurologische Universitätsklinik, Hamburg-Eppendorf   136

Zeller, W.-J., Prof. Dr., Institut für Toxikologie und Chemotherapie, Deutsches Krebsforschungszentrum, Heidelberg   430

Zettlmeißl, H., Dr., Neurologische Universitätsklinik, Ulm   706

Ziegler, W., Dr., AG Neurophonetik, MPI für Psychiatrie, München   464

Zierz, S., Priv.-Doz. Dr., Neurologische Klinik der Universität Bonn   736

Zimmer, C., Dr., Neuropathologisches Institut der Freien Universität Berlin   313

Zimmermann, F.-T., Dr., Neurochirurgische Klinik der Städt. Krankenanstalten, Köln-Merheim   434

Zimmermann, H., Dr., Psychiatrische Universitätsklinik, Freiburg   63

Zwer, M., Dr., Abt. Neurologie, Universitäts-Nervenklinik, Homburg/Saar   216